U0224944

中国石油地质志

第二版·卷八

胜利油气区

胜利油气区编纂委员会 编

石油工业出版社

图书在版编目（CIP）数据

中国石油地质志.卷八，胜利油气区 / 胜利油气区
编纂委员会编.—北京：石油工业出版社，2022.5
ISBN 978-7-5183-4323-2

Ⅰ.①中… Ⅱ.①胜… Ⅲ.①石油天然气地质－概况
－中国②油气田开发－概况－东营 Ⅳ.①P618.13
②TE3

中国版本图书馆CIP数据核字（2020）第220170号

责任编辑：马新福
责任校对：罗彩霞
封面设计：周　彦
审图号：GS（2022）1518号

出版发行：石油工业出版社
　　　　　（北京安定门外安华里2区1号　100011）
　　　　　网　址：www.petropub.com
　　　　　编辑部：（010）64523544　图书营销中心：（010）64523633
经　销：全国新华书店
印　刷：北京中石油彩色印刷有限责任公司

2022年5月第1版　2022年5月第1次印刷
787×1092毫米　开本：1/16　印张：39.5
字数：1000千字

定价：375.00元

ISBN 978-7-5183-4323-2

《中国石油地质志》

（第二版）

总编纂委员会

主　编：翟光明

副主编：侯启军　马永生　谢玉洪　焦方正　王香增

委　员：（按姓氏笔画排序）

万永平	万　欢	马新华	王玉华	王世洪	王国力
元　涛	支东明	田　军	代一丁	付锁堂	匡立春
吕新华	任来义	刘宝增	米立军	汤　林	孙焕泉
杨计海	李东海	李　阳	李战明	李俊军	李绪深
李鹭光	吴聿元	何文渊	何治亮	何海清	邹才能
宋明水	张卫国	张以明	张洪安	张道伟	陈建军
范土芝	易积正	金之钧	周心怀	周荔青	周家尧
孟卫工	赵文智	赵志魁	赵贤正	胡见义	胡素云
胡森清	施和生	徐长贵	徐旭辉	徐春春	郭旭升
陶士振	陶光辉	梁世君	董月霞	雷　平	窦立荣
蔡勋育	撒利明	薛永安			

《中国石油地质志》

第二版·卷八

胜利油气区编纂委员会

序

三十多年前，在广大石油地质工作者艰苦奋战、共同努力下，从中华人民共和国成立之前的"贫油国"，发展到可以生产超过 1 亿吨原油和几十亿立方米天然气的产油气大国，可以说是打了一个大大的"翻身仗"，获得丰硕成果，对我国油气资源有了更深的认识，广大石油职工充满无限信心、继续昂首前进。

在 1983 年全国油气勘探工作会议上，我和一些同志建议把过去三十年的勘探经历和成果做一系统总结，既可作为前一阶段勘探的历史记载，又可作为以后勘探工作的指引或经验借鉴。1985 年我到石油勘探开发科学研究院工作后，便开始组织编写《中国石油地质志》，当时材料分散、人员不足、资金缺乏，在这种困难的条件下，石油系统的很多勘探工作者投入了极大的热情，先后有五百余名油气勘探专家学者参与编写工作，历经十余年，陆续出版齐全，共十六卷 20 册。这是首次对中华人民共和国成立后石油勘探历程、勘探成果和实践经验的全面总结，也是重要的基础性史料和科技著作，得到业界广大读者的认可和引用，在油气地质勘探开发领域发挥了巨大的作用。我在油田现场调研过程中遇到很多青年同志，了解到他们在刚走出校门进入油田现场、研究部门或管理岗位时，都会有摸不着头脑的感觉，他们说《中国石油地质志》给予了很大的启迪和帮助，经常翻阅和参考。

又一个三十年过去了，面对国内极其复杂的地质条件，这三十年可以说是在过去的基础上，勘探工作又有了巨大的进步，相继开展的几轮油气资源评价，对中国油气资源实情有了更深刻的认识。无论是在烃源岩、油气储层、沉积岩序列、构造演化以及一系列随着时间推移的各种演化作用带来的复杂地质问题，还是在石油地质理论、勘探领域、勘探认识、勘探技术等方面都取得了许多新进展，不断发现新的油气区，探明的油气田数量逐渐增多、油气储量大幅增加，油气产量提升到一个新台阶。截至 2020 年底（与 1988 年相比），发现的油田由 332 个增至 773 个，气田由 102 个增至 286 个；30 年来累计探明石油地质储量增加 284 亿吨、天然气地质储量增加 17.73 万亿立方米；原油年产量由 1.37 亿吨增至 1.95 亿吨，天然气年产量由 139 亿立方米增至 1888 亿立方米。

油气勘探发现的过程既有成功时的喜悦，更有勘探失利带来的煎熬，其间积累的经验和教训是宝贵的、值得借鉴的。《中国石油地质志》不仅仅是一套学术著作，它既有对中国各大区地质史、构造史、油气发生史等方面的详尽阐述，又有对油气田发现历程的客观分析和判断；它既是各探区勘探理论、勘探经验、勘探技术的又一次系统回顾和总结，又是各探区下一步勘探领域和方向的指引。因此，本次修编的《中国石油地质志》对今后的油气勘探工作具有新的启迪和指导。

在编写首版《中国石油地质志》过程中，经过对各盆地、各地区勘探现状、潜力和领域的系统梳理，催生了"科学探索井"的想法，并在原石油工业部有关领导的支持下实施，取得了一批勘探新突破和成果。本次修编，其指导思想就是通过总结中国油气勘探的"第二个三十年"，全面梳理现阶段中国各油气区的现状和前景，旨在提出一批新的勘探领域和突破方向。所以，在2016年初本版编委会尚未完全成立之时，我就在中国工程院能源与矿业工程学部申请设立了 "中国大型油气田勘探的有利领域和方向" 咨询研究项目，全国有32个地区石油公司参与了研究实施，该项目引领各油气区在编写《中国石油地质志》过程中突出未来勘探潜力分析，指引了勘探方向，因此，在本次修编章节安排上，专门增加了"资源潜力与勘探方向"一章内容的编写。

本次修编本着实事求是的原则，在继承原版经典的基础上，基本框架延续原版章节脉络，体现学术性、承续性、创新性和指导性，着重充实近三十年来的勘探发展成果。《中国石油地质志》修编版分卷设置，较前一版进行了拆分和扩充，共25卷32册。补充了冀东油气区、华北油气区（下册·二连盆地）两个新卷，将原卷二"大庆、吉林油田"拆分为大庆油气区和吉林油气区两卷；将原卷七"中原、南阳油田"拆分为中原油气区和南阳油气区两卷；将原卷十四"青藏油气区"拆分为柴达木油气区和西藏探区两卷；将原卷十五"新疆油气区"拆分为塔里木油气区、准噶尔油气区和吐哈油气区三卷；将原卷十六"沿海大陆架及毗邻海域油气区"拆分为渤海油气区、东海—黄海探区、南海油气区三卷。另外，由于中国台湾地区资料有限，故本次修编不单独设卷，望以后修编再行补充和完善。

此外，自1998年原中国石油天然气总公司改组为中国石油天然气集团公司、中国石油化工集团公司和中国海洋石油总公司后，上游勘探部署明确以矿权为界，工作范围和内容发生了很大变化，尤其是陆上塔里木、准噶尔、四川、鄂尔多斯等四大盆地以及滇黔桂探区均呈现中国石油、中国石化在各自矿权同时开展勘探研究的情形，所处地质构造区带、勘探程度、理论认识和勘探进展等难免存在差异，为尊重各探区勘探研究实际，便于总结分析，因此在上述探区又酌情设置分册加以处理。各分卷和分册按以下顺序排列：

卷次	卷名	卷次	卷名
卷一	总论	卷十四	滇黔桂探区（中国石化）
卷二	大庆油气区	卷十五	鄂尔多斯油气区（中国石油）
卷三	吉林油气区		鄂尔多斯油气区（中国石化）
卷四	辽河油气区	卷十六	延长油气区
卷五	大港油气区	卷十七	玉门油气区
卷六	冀东油气区	卷十八	柴达木油气区
卷七	华北油气区（上册）	卷十九	西藏探区
	华北油气区（下册）	卷二十	塔里木油气区（中国石油）
卷八	胜利油气区		塔里木油气区（中国石化）
卷九	中原油气区	卷二十一	准噶尔油气区（中国石油）
卷十	南阳油气区		准噶尔油气区（中国石化）
卷十一	苏浙皖闽探区	卷二十二	吐哈油气区
卷十二	江汉油气区	卷二十三	渤海油气区
卷十三	四川油气区（中国石油）	卷二十四	东海—黄海探区
	四川油气区（中国石化）	卷二十五	南海油气区（上册）
卷十四	滇黔桂探区（中国石油）		南海油气区（下册）

　　《中国石油地质志》是我国广大石油地质勘探工作者集体智慧的结晶。此次修编工作得到中国石油、中国石化、中国海油、延长石油等油公司领导的大力支持，是在相关油田公司及勘探开发研究院 1000 余名专家学者积极参与下完成的，得到一大批审稿专家的悉心指导，还得到石油工业出版社的鼎力相助。在此，谨向有关单位和专家表示衷心的感谢。

中国工程院院士　　翟光明

2022 年 1 月　北京

FOREWORD

Some 30 years ago, under the unremitting joint efforts of numerous petroleum geologists, China became a major oil and gas producing country with crude oil and gas producing capacity of over 100 million tons and billions of cubic meters respectively from an 'oil-poor country' before the founding of the People's Republic of China. It's indeed a big 'turnaround' which yielded substantial results, allowed us to have a better understanding of oil and gas resources in China, and gave great confidence and impetus to numerous petroleum workers.

At the National Oil and Gas Exploration Work Conference held in 1983, some of my comrades and I proposed to systematically summarize exploration experiences and results of the last three decades, which could serve as both historical records of previous explorations and guidance or references for future explorations. I organized the compilation of *Petroleum Geology of China* right after joining the Research Institute of Petroleum Exploration and Development (RIPED) in 1985. Though faced with the difficulties including scattered information, personnel shortage and insufficient funds, a great number of explorers in the petroleum industry showed overwhelming enthusiasm. Over five hundred experts and scholars in oil and gas exploration engaged in the compilation successively, and 16-volume set of 20 books were published in succession after over 10 years of efforts. It's not only the first comprehensive summary of the oil exploration journey, achievements and practical experiences after the founding of the People's Republic of China, but also a fundamental historical material and scientific work of great importance. Recognized and referred to by numerous readers in the industry, it has played an enormous role in geological exploration and development of oil and gas. I met many young men in the course of oilfield investigations, and learned their feeling of being lost during transition from school to oilfields, research departments or management positions. They all said they were greatly inspired and benefited from *Petroleum Geology of China* by often referring to it.

Another three decades have passed, and it can be said that though faced with extremely complicated geological conditions, we have made tremendous progress in exploration over the years based on previous works and acquisition of more profound knowledge on China's oil and gas resources after several rounds of successive evaluations. New achievements have been made in not only source rock, oil and gas reservoir, sedimentary development, tectonic evolution and a series of complicated geological issues caused by different evolutions over time, but also petroleum geology theories, exploration areas, exploration knowledge, exploration techniques and other aspects. New oil and gas provinces were found one after another, and with gradual increase in the number of proven oil and gas fields, oil and gas reserves grew significantly, and production was brought to a new level. By the end of 2022 (compared with 1988), the number of oilfields and gas fields had increased from 332 and 102 to 773 and 286 respectively, cumulative proved oil in place and gas in place had grown by 28.4 billion tons and 17.73 trillion cubic meters over the 30 years, and the annual output of crude oil and gas had increased from 137 million tons and 13.9 billion cubic meters to 195 million tons and 188.8 billion cubic meters respectively.

Oil and gas exploration process comes with both the joy of successful discoveries and the pain of failures, and experiences and lessons accumulated are both precious and worth learning. *Petroleum Geology of China*'s more than a set of academic works. It not only contains geologic history, tectonic history and oil and gas formation history of different major regions in China, but also covers objective analyses and judgments on discovery process of oil and gas fields, which serves as another systematic review and summary of exploration theories, experiences and techniques as well as guidance on future exploration areas and directions of different exploratory areas. Therefore, this revised edition of *Petroleum Geology of China* plays a new role of inspiring and guiding future oil and gas exploration works.

Systematic sorting of exploration statuses, potentials and domains of different basins and regions conducted during compilation of the first edition of *Petroleum Geology of China* gave rise to the idea of 'Scientific Exploration Well', which was implemented with supports from related leaders of the former Ministry of Petroleum Industry, and led to a batch of breakthroughs and results in exploration works. The guiding idea of this revision is to propose a batch of new exploration areas and breakthrough directions by summarizing 'the second 30 years' of China's oil and gas exploration works and comprehensively sorting out current statuses and prospects of different exploratory areas in China at the current stage. Therefore, before the editorial team was fully formed at the beginning of 2016, I applied to the Division of Energy and Mining Engineering, Chinese Academy of Engineering for the establishment of a consulting research project on 'Favorable Exploration Areas and Directions of Major Oil and Gas Fields in China'. A total of 32 regional oil companies throughout the country participated in the research project, which guided different exploratory areas in giving prominence to analysis on future exploration potentials in the course of compilation of *Petroleum Geology of China*, and pointed out exploration directions. Hence a new dedicated chapter of 'Exploration Potentials and Directions of Oil and Gas Resources' has been added in terms of chapter arrangement of this revised edition.

Based on the principles of seeking truth from facts and inheriting essence of original works, the basic framework of this revised edition has inherited the chapters and context of the original edition, reflected its academics, continuity, innovativeness and guiding function, and focused on supplementation of exploration and development related achievements made in the recent 30 years. This revised edition of *Petroleum Geology of China*, which consists of sub-volumes, has divided and supplemented the previous edition into 25-volume set of 32 books. Two new volumes of Jidong Oil and Gas Province and Huabei Oil and Gas Province (The Second Volume ·Erlian Basin) have been added, and the original Volume 2 of 'Daqing and Jilin Oilfield' has been divided into two volumes of Daqing Oil and Gas Province and Jilin Oil and Gas Province. The original Volume 7 of 'Zhongyuan and Nanyang Oilfield' has been divided into two volumes of Zhongyuan Oil and Gas Province and Nanyang Oil and Gas Province. The original Volume 14 of 'Qinghai-Tibet Oil and Gas Province' has been divided into two volumes of Qaidam Oil and Gas Province and Tibet Exploratory Area. The original volume 15 of 'Xinjiang Oil and Gas Province' has been divided into three volumes of Tarim Oil and Gas Province, Junggar Oil and Gas Province and Turpan-Hami Oil and Gas Province. The original Volume 16 of 'Oil and Gas Province of Coastal Continental Shelf and Adjacent Sea Areas' has been divided into three volumes of Bohai Oil and Gas Province, East China Sea-Yellow Sea Exploratory Area and South China Sea Oil and Gas Province.

Besides, since the former China National Petroleum Company was reorganized into CNPC, SINOPEC and CNOOC in 1998, upstream explorations and deployments have been classified based on the scope of mining rights, which led to substantial changes in working range and contents. In particular, CNPC and SINOPEC conducted explorations and researches under their own mining rights simultaneously in the four major onshore basins of Tarim, Junggar, Sichuan and Erdos as well as Yunnan-Guizhou-Guangxi Exploratory Area, so differences in structural provinces of their locations, degree of exploration, theoretical knowledge and exploration progress were inevitable. To respect the realities of explorations and researches of different exploratory areas and facilitate summarization and analysis, fascicules have been added for aforesaid exploratory areas as appropriate. The sequence of sub-volumes and fascicules is as follows:

Volume	Volume name	Volume	Volume name
Volume 1	Overview	Volume 14	Yunnan-Guizhou-Guangxi Exploratory Area (SINOPEC)
Volume 2	Daqing Oil and Gas Province	Volume 15	Erdos Oil and Gas Province (CNPC)
Volume 3	Jilin Oil and Gas Province		Erdos Oil and Gas Province (SINOPEC)
Volume 4	Liaohe Oil and Gas Province	Volume 16	Yanchang Oil and Gas Province
Volume 5	Dagang Oil and Gas Province	Volume 17	Yumen Oil and Gas Province
Volume 6	Jidong Oil and Gas Province	Volume 18	Qaidam Oil and Gas Province
Volume 7	Huabei Oil and Gas Province (The First Volume)	Volume 19	Tibet Exploratory Area
	Huabei Oil and Gas Province (The Second Volume)	Volume 20	Tarim Oil and Gas Province (CNPC)
Volume 8	Shengli Oil and Gas Province		Tarim Oil and Gas Province (SINOPEC)
Volume 9	Zhongyuan Oil and Gas Province	Volume 21	Junggar Oil and Gas Province (CNPC)
Volume 10	Nanyang Oil and Gas Province		Junggar Oil and Gas Province (SINOPEC)
Volume 11	Jiangsu-Zhejiang-Anhui-Fujian Exploratory Area	Volume 22	Turpan-Hami Oil and Gas Province
Volume 12	Jianghan Oil and Gas Province	Volume 23	Bohai Oil and Gas Province
Volume 13	Sichuan Oil and Gas Province (CNPC)	Volume 24	East China Sea-Yellow Sea Exploratory Area
	Sichuan Oil and Gas Province (SINOPEC)	Volume 25	South China Sea Oil and Gas Province (The First Volume)
Volume 14	Yunnan-Guizhou-Guangxi Exploratory Area (CNPC)		South China Sea Oil and Gas Province (The Second Volume)

Petroleum Geology of China is the essence of collective intelligence of numerous petroleum geologists in China. The revision received vigorous supports from leaders of CNPC, SINOPEC, CNOOC, Yanchang Petroleum and other oil companies, and it was finished with active engagement of over 1,000 experts and scholars from related oilfield companies and RIPED, thoughtful guidance of a great number of reviewers as well as generous assistance from Petroleum Industry Press. I would like to express my sincere gratitude to relevant organizations and experts.

Zhai Guangming, *Academician of Chinese Academy of Engineering*

Jan. 2022, *Beijing*

前　言

胜利油气区地理范围位于山东省北部、西部平原区和渤海部分海域，区域构造单元分属渤海湾盆地济阳坳陷、临清坳陷东部、渤中坳陷东部，以及昌潍坳陷、胶莱盆地等，探区面积 $3.58 \times 10^4 km^2$。其中位于渤海湾盆地的济阳坳陷是胜利油气区的主战场，其地质认识发展历程和勘探实践是东部断陷盆地的典型代表。截至 2018 年底，胜利油气区共发现油气田 74 个，累计探明石油地质储量 $53.48 \times 10^8 t$，70 个油气田投入开发，累计生产原油 $11.68 \times 10^8 t$。

1961 年 4 月 16 日，于济阳坳陷东营凹陷东营中央背斜构造上钻探的华 8 井，获自喷日产油 8.1t 工业油流，是渤海湾油气区的首口发现井，它不仅宣告了胜利油田的诞生，同时也拉开了渤海湾盆地油气勘探的序幕。综合胜利油田勘探发现史、储量增长史及理论技术进步史，将胜利油田的勘探历程划分为探索发展阶段（1962—1982 年）、高速发展阶段（1983—1995 年）、稳定发展阶段（1996—2012 年）和持续发展阶段（2013 年以来）四个历史阶段。

探索发展阶段（1962—1982 年）：胜利油田地质工作者以为国找油、艰苦创业的奋斗精神，"三老四严"、科学求是的工作作风，以背斜理论为指导，1962 年 9 月 23 日在营 2 井获日产 555t 高产油流，是当时全国日产量最高的油井；1965 年钻探坨 11 井日产油 1134t，是我国第一口千吨井。这一阶段发现了胜坨、东辛、孤岛等 44 个油田，探明石油地质储量 $13.29 \times 10^8 t$，1974 年 9 月 28 日人民日报对外宣告中国第二大油田——胜利油田建成，1978 年产油量达到 $1946 \times 10^4 t$。

高速发展阶段（1983—1995 年）：1982 年初，胜利油田地质工作者首次提出"济阳坳陷是一个油气资源丰富，成油条件复杂的复合油气区"，"五环式分布是济阳坳陷油气藏展布的基本模式"等论点。1983 年，提出了济阳坳陷是多套生储盖组合、多期断裂活动、多次油气聚散平衡形成的不同层系、不同类型、不同成因的油气藏组成的复式油气区，形成了复式油气聚集带理论，这一理论对胜利油田乃至渤海湾盆地的勘探具有决定性意义。本阶段济阳坳陷以复式油气聚集理论为指导，积极"上坡、下洼、探边"，发展滩海，开辟海上，发现了孤东、埕岛、牛庄、平南、王庄、义和庄、临南、东风港等一批油田，新增探明石油地质储量 21.23×10^8t，实现胜利油田勘探的第二次历史跨越，油田产量达到历史最高峰（年均生产原油 3000×10^4t 以上，1991 年达到最高年产量 3355×10^4t）。

稳定发展阶段（1996—2012 年）："九五"伊始，胜利油气区济阳坳陷的资源探明程度达到 55.5%，新增探明石油地质储量中隐蔽油气藏比例占到 60% 以上。从1996 年起到 21 世纪初，围绕着隐蔽圈闭的形成及分布规律、隐蔽油气藏形成机制和评价、隐蔽油气藏勘探配套技术开展持续攻关，引领济阳坳陷进入岩性类、地层类等隐蔽油气藏勘探为主的勘探阶段。创新形成了以"断坡控砂、复式输导、相势控藏"为核心的隐蔽油气藏理论，实现了对隐蔽油气藏勘探由"碰"到"找"，由"定性预测"到"定量评价"的转变，实现了陡坡带砂砾岩体油藏、洼陷带浊积岩油藏、缓坡带滩坝砂油藏、新近系河道砂油藏持续稳定增储，前古近系潜山勘探方兴未艾。新发现油气田 8 个，新增探明石油地质储量 18.75×10^8t，取得了 1983—2012 年连续 30 年年均新增探明储量过亿吨，2003—2012 年连续 10 年三级储量均过亿吨的辉煌成就，确保了胜利油气区油气勘探的持续发展。

持续发展阶段（2013 年以来）：2013 年以来，国际原油价格持续走低，胜利油田坚持以效益为中心，创新地质认识，发展勘探技术，提出油气藏在空间分布上有序性、相似性、差异性特征，进一步完善了隐蔽油气藏勘探理论，实现了勘探方向的主动转移，对复杂断裂带、复杂岩相带、地层超剥带等地区展开综合评价，优选勘探目标，发现了一批埋深浅、产能稳定、效益好的区块，保证了储量的相对稳定增长，实现了低油价下的持续效益发展。

1993 年出版的《中国石油地质志·卷六 胜利油田）》，翔实记载了胜利油田前两个阶段石油地质理论认识和勘探开发成果，作为基础性史料和科技著作，对油田的地质工作发挥了重要参考作用，得到业界广大读者的认可和引用。此次修编把胜利油田稳定发展阶段和持续发展阶段在石油地质理论和勘探开发工作中的重要进展充实到《中国石油地质志（第二版）·卷八 胜利油气区》中，为广大油气地质工作者提供理论认识更新、实践性更强、参考价值更高的资料。

本卷论述了胜利油气区以济阳坳陷为主的基本石油地质特征和油气聚集规律，也涉及了勘探开发一些典型案例，具有一定的广度和深度，望有益于今后的油气勘探。

《中国石油地质志（第二版）·卷八 胜利油气区》修编工作坚持实事求是的理念，在继承 1993 年版《中国石油地质志·卷六 胜利油田》章节脉络的基础上，增加和补充了页岩油气、勘探案例等内容。全卷以济阳坳陷地质认识及勘探实践成果为主，分

15 章：前言由刘书会撰写；第一章概况、第二章勘探历程由方旭庆、李友强编写；第三章地层由何青芳编写；第四章构造由贾红义编写；第五章沉积环境与相由王宁、刘克奇编写；第六章烃源岩由刘庆、张学军编写；第七章储层由王宁、刘克奇编写；第八章地层水由李晓燕、杨永红编写；第九章天然气地质由李孝军编写；第十章页岩油气由包友书编写；第十一章油气藏形成与分布由向立宏、刘书会编写；第十二章油气田各论由张海燕等编写；第十三章典型油气勘探案例由田美荣、孙锡文、孙锡年、孟涛、王智邦编写；第十四章油气资源潜力与勘探方向由李友强编写；第十五章外围地区由孙锡文、常国贞编写。全卷最后通校工作由王永诗、付瑾平完成，文字编辑由邹潋滟完成。

在本卷的编写和统稿过程中，宋明水、王永诗、刘书会、郝雪峰进行了全面组织、审核与把关，曹忠祥、吕希学、赵铭海、王学军、张守鹏、徐春华、穆星等对相关章节内容进行了专业审核，付瑾平、田美荣、邹潋滟等专家对编写提纲和各章节内容进行了多轮审核和细致修改，李友强在本卷后期修改中作为主要联系人承担了稿件修改的组织与汇总统稿工作，邱荣华等专家对本卷进行了全面审阅和指导，赵兰全、张盛等在编写工作中给予协助，在此一并表示感谢！

由于水平有限，书中的不足之处在所难免，谨请批评指正。

PREFACE

The eastern exploration area of Shengli Oilfield is located in the northern and western plain areas of Shandong Province and part of Bohai Sea. The regional tectonic units are divided into Jiyang Depression, eastern Linqing Depression, eastern Bozhong Depression, Changwei Depression and Jiaolai Basin, with an exploration area of $3.58 \times 10^4 km^2$. Jiyang Depression, located in Bohai Bay Basin, is the main battlefield of eastern exploration area in Shengli Oilfield, and its geological understanding development process and exploration practice are typical representatives of the eastern fault basin. By the end of 2018, 74 oil and gas fields have been discovered in the eastern exploration area of Shengli Oilfield, with a cumulative proved reserves $53.48 \times 10^8 t$, and 70 fields have been put into development, with a cumulative oil production of $11.68 \times 10^8 t$.

On April 16, 1961, Well Hua-8 drilled on the central anticline structure of Dongying Sag, Jiyang Depression, with flowing oil production rate of 8.1t, was the first well discovered in Bohai Bay petroleum province. It not only announced the birth of Shengli Oilfield, but also opened the prelude of oil and gas exploration in Bohai Bay Basin. Based on the exploration and discovery history, reserves growth history and theoretical and technological progress history of Shengli Oilfield, the exploration history of Shengli Oilfield is divided into four historical stages: exploratory development stage (1962—1982), high-speed development stage (1983—1995), stable development stage (1996—2012) and sustainable development stage (since 2013).

Exploratory development stage (1962—1982): Under the striving spirit of working hard to seek oil for the mother land and the work style of "three honests" and "four stricts" and seeking truth from the sciences, guided by the anticline theory, Well Ying-2 was discovered on September 23, 1962, which produced 555 t/d and was the highest production well in China at that time. In 1965, Well Tuo-11 with a daily oil production of 1,134t was drilled, and it was the first well with kiloton daily oil production in China.

In this stage, 44 oilfields such as Shengtuo, Dongxin and Gudao were discovered, with proved reserves of $13.29×10^8$t. On September 28,1974, the *People's Daily* announced the completion of Shengli Oilfield, the second largest oilfield in China. In 1978, the annual oil production of Shengli Oilfield reached $1,946×10^4$t.

High-speed development stage（1983—1995）: At the beginning of 1982, geologists of Shengli Oilfield put forward the arguments of "Jiyang Depression is a compound petroleum province with rich hydrocarbon resources and complicated oil-generation conditions", "five rings distribution is the basic mode of hydrocarbon reservoir distribution in Jiyang Depression" for the first time. In 1983, it was put forward that Jiyang Depression was a compound petroleum province composed of different layer systems, types and origins of hydrocarbon reservoirs, which were formed by multiple source-reservoir-cap assemblages, multi-stage fault activities, multiple oil and gas accumulation and dispersion equilibrium, forming the theory of compound hydrocarbon accumulation zone, which was of decisive significance to the exploration of Shengli Oilfield and even Bohai Bay Basin. In this stage, guided by the theory of compound hydrocarbon accumulation, the exploration was actively carried out at the slope, low-lying area and margin area, developed at the sea beach and started at the offshore area in Jiyang Depression. A number of oilfields such as Gudong, Chengdao, Niuzhuang, Pingnan, Wangzhuang, Yihezhuang, Linnan, Dongfenggang, etc. were discovered, and the newly increased proved reserves was up to $21.23×10^8$t. The second historical leap of Shengli Oilfield exploration was realized, and the annul oil production reached the highest peak in history（average annual oil production was more than $3,000×10^4$t, and reaching the highest annual oil production of $3,355×10^4$t in 1991）.

Stable development stage（1996—2012）: From the beginning of "the Ninth Five-Year Plan", the resource exploration degree of Jiyang Depression in the eastern exploration area of Shengli Oilfield had reached 55.5%, and the proportion of subtle oil and gas reservoirs in the newly increased proved reserves has accounted for more than 60%. From 1996 to the beginning of this century, continuous research has been carried out around the formation and distribution of subtle traps, the mechanism and evaluation of subtle oil and gas reservoirs, and the exploration supporting technologies of subtle oil and gas reservoirs, leading the exploration in Jiyang Depression to enter the exploration stage dominated by exploration of subtle oil and gas reservoirs such as the lithological/stratigraphic oil and gas reservoirs. The theory of "fault slope controlling sand, compound transport and facies potential controlling reservoir" had been innovated and formed. The exploration of subtle oil and gas reservoir had been changed from "meet by chance" to "purposeful search", from "qualitative prediction" to "quantitative evaluation", and the reserve of the glutenite reservoir in steep slope zone, turbidite reservoir in low-lying zone, beach bar sand reservoir in gentle slope zone and Neogene channel sand reservoir had been continuously and steadily increased, the pre-Paleogene buried hill exploration was in the ascendant. Eight new oil and gas fields had been discovered, with an increase of 18.75×10^8t of newly increased proved reserves. Shengli Oilfield had achieved the brilliant achievements of over 100million tons of newly increased proved reserves for 30 consecutive years from 1983 to 2012, and over 100million tons of third-class oil reserves for 10 consecutive years from 2003 to 2012, ensuring the sustainable development of oil and gas exploration in the eastern exploration area of Shengli Oilfield.

Continuous development stage (since 2013) : Since 2013, the international crude oil price has continued to decline, and Shengli Oilfield insists on taking benefit as the center, innovating geological knowledge, developing exploration technology, putting forward orderly, similar and different characteristics of oil and gas reservoir in spatial distribution, further improving the exploration theory of subtle oil and gas reservoir, realizing the active transfer of exploration direction, and the comprehensive evaluation was carried out in the areas of complicated faults belt, complex lithofacies belt and stratigraphic over stripped belt to optimize exploration objectives. A number of blocks with shallow burial depth, stable production capacity and good benefits were found, which ensured the relatively stable growth of reserves and realized the sustainable development of benefits under low oil price.

Petroleum Geology of China (Volume 6, Shengli Oilfield) , published in 1993, records in detail the theoretical understanding and exploration and development achievements in the first two stages of Shengli Oilfield. As a basic historical data and scientific and technological works, it plays an important reference role in the geological work of Shengli Oilfield and is recognized and cited by the readers in the industry. This revision enriches the important progress in the petroleum geology theory and exploration and development work in the stable development stage and sustainable development stage of Shengli Oilfield into the *Petroleum Geology of China* (exploration area in the east of Shengli Oilfield), and provides data with updated theoretical understanding, more practical and higher reference value for the vast number of oil and gas geologists.

This volume discusses the basic petroleum geological characteristics and oil-gas accumulation laws of Jiyang Depression in the eastern exploration area of Shengli Oilfield, and also involves some typical cases of exploration and development, with certain breadth and depth, which is expected to be beneficial to the future oil-gas exploration.

The revision of *Petroleum Geology of China* (exploration area in the east of Shengli Oilfield) adheres to the concept of seeking truth from facts. On the basis of inheriting the chapter vein of *Petroleum Geology of China* in 1993 edition, Shale Oil and Gas Geology, Typical Exploration Cases are added and supplemented. The whole volume is mainly composed of geological understanding and exploration practice results on Jiyang Depression, and consists of 15 chapters: the Preface is written by Liu Shuhui; Chapter 1 Introduction and Chapter 2 The Course of Petroleum Exploration, written by Fang Xuqing and Li Youqiang; Chapter 3 Stratigraphy, written by He Qingfang; Chapter 4 Geology Structure, written by Jia Hongyi; Chapter 5 Sedimentary Environment and Facies, written by Wang Ning and Liu Keqi; Chapter 6 Hydrocarbon Source Rock, written by Liu Qing and Zhang Xuejun; Chapter 7 Reservoir Rock, written by Wang Ning and Liu Keqi; Chapter 8 Formation Water, written by Li Xiaoyan and Yang Yonghong; Chapter 9 Natural Gas Geology, written by Li Xiaojun; Chapter 10 Shale Oil and Gas Geology, written by Bao Youshu; Chapter 11 Reservoir Formation and Distribution, written by Xiang Lihong and Liu Shuhui; Chapter 12 The Geologic Description of Oil and Gas Fields, written by Zhang Haiyan; Chapter 13 Typical Exploration Cases, written by Tian Meirong, Sun Xiwen, Sun Xinian, Meng Tao and Wang Zhibang; Chapter 14 Petroleum Resource Potential and Exploration Prospect, written by Li Youqiang; Chapter 15 Peripheral Exploratory Areas, written by Sun Xiwen and Chang Guozhen. At last, Wang Yongshi and Fu Jinping finished the work of the whole volume, and Zou Lianyan finished the text editing.

During the compilation of this volume, Song Mingshui, Wang Yongshi, Liu Shuhui and Hao Xuefeng organized, reviewed and checked the contents of relevant chapters in an all-round way. The contents of relevant chapters were reviewed professionally by Cao

Zhongxiang, Lü Xixue, Zhao Minghai, Wang Xuejun, Zhang Shoupeng, Xu Chunhua and Mu Xing conducted. Fu Jinping, Tian Meirong, Zou Lianyan and other experts conducted multiple rounds of reviews on the compilation of outlines and contents of each chapter with careful revision. Li Youqiang, as the main contact person in the later revision of this volume, undertook the organization and exchange of the manuscript revision.Qiu Ronghua and other experts have comprehensively reviewed and guided this volume, and Zhao Lanquan, Zhang Sheng and other experts have assisted in the preparation work. Thanks all!

Due to the limited level, the shortcomings and inadequacies in the article are inevitable. Please criticize and correct them.

目 录

CONTENTS

第一章 概　况

第一节 地 理 概 况

济阳坳陷位于山东省北部，东临渤海，西至津浦铁路，北以漳卫新河与河北省为界，南至胶济铁路，大体位于东经 116°40′~119°、北纬 37°~38° 的地理范围之内。所属行政区域包括济南、德州、滨州、东营及潍坊等五个市的 22 个县级区划。东营市为胜利油田分公司行政驻地（图 1-1）。

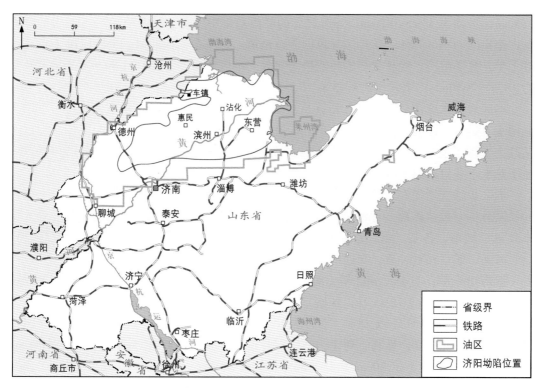

图 1-1　胜利油田山东探区矿权分布及济阳坳陷地理位置图

一、自然地理概况

济阳坳陷处在黄河下游的冲积平原和入海的三角洲地带。地势平坦，西微高，东略低，西南部最高处海拔 28m，东北部最低处海拔仅 1m 左右，自然比降较小，为 1/3000~1/12000。境内主要河流有黄河、小清河、徒骇河和马颊河等，均由西南向东北注入渤海。海岸线长达 260km，沿海滩涂地约 950km²。地面为来自黄河上游黄土高原的疏松次生黄土。据考证，本区黄河淤积层形成于距今 7000 余年，利津县城及下游黄河三角洲的形成，不过千年历史。由于黄河决口改道、洪流侵蚀和淤垫结果，形成了岗、坡、洼相间的地貌。

黄河由西南向东北注入渤海，水流充沛，平均年径流量 $417.8 \times 10^8 m^3$。河水含泥沙量大，平均 $25.3 L/m^3$，年携泥沙量平均为 $11.8 \times 10^8 t$（伏汛、秋汛时期占年输泥沙量的 83%）。除 $4 \times 10^8 \sim 5 \times 10^8 t$ 漂入渤海外，其余沉积于河口三角洲处，平均每年造陆面积达 $50.7 km^2$。黄河水质良好，pH 值为 7.4 左右，属弱碱性，硬度 $3 \sim 4 mg/L$，矿化度为 $0.5 \sim 1.0 g/L$，盐分不高，有害物质少，符合国家现行饮用水质标准。黄河水是胜利油田分公司和东营市的工农业用水。

本区地处北温带，属大陆性季风气候区，春夏秋冬四季分明。春季雨少，气候干燥，风速大，回暖快；夏季降雨多，气候湿热；秋季雨量较少，秋高气爽；冬季雪少，气候干燥。年平均气温 12.2℃，一年中最热为 7 月份，月平均气温在 $26 \sim 27.5$℃，最高气温达 31.3℃，极端最高气温曾达 41.9℃；最冷月为 1 月份，月平均气温为 $-3.3 \sim -3.9$℃，最低为 -9℃，极端最低气温可达 -23℃。年降雨量最大为 901.4mm，最小为 315mm，平均为 $539 \sim 582 mm$，三分之二的降雨量集中于夏、秋两季，7—9 月份的降雨量占全年的 $60\% \sim 70\%$。常年主导风向为东南风。冬季多为西北风，平均风速 3m/s。冬春干旱，夏季雨涝，晚秋又旱的特点极为显著。本区干燥度为 $1.3 \sim 1.84$，年平均蒸发量为 $1879 \sim 2049 mm$，蒸发比 $3.3 \sim 3.8$。

本区地下水资源较为丰富，新近系上新统明化镇组在广大地区均有淡水层，可供工业用水。另外，还有地热资源可以利用，在孤岛、五号桩、义和庄及草桥等四个地区的钻井中发现了地下热水。如草桥热异常区面积可达 $100 km^2$，根据草 2 井测试资料估算，地下热水（井口水温 58℃）储量可达 $1000 \times 10^4 m^3$ 以上。

本区水陆交通便利，西有津浦铁路，南有胶济铁路，并有东营—淄博、东营—德州的铁路分别与胶济铁路、津浦铁路直接相连，都能通达北京、天津、济南、青岛等大城市及港口城市。各县、区、市公路干线相通，特别是油田境内公路交通尤为发达，铁路、海港、航空相互补充，交通十分便利。

据历史记载，自公元 692 年（唐代）以来，本区共遭遇地震 54 次，有较大影响者为 4 次，如 1668 年 7 月 25 日，郯城、莒县发生 8.5 级地震，利津县"房屋多倾倒"，广饶县"房屋倒塌甚多"，无棣县"黑水涌出"，"大觉寺塔圮其半"；1969 年 7 月 12 日，渤海发生 7.4 级地震，垦利、利津、沾化三县遭受严重震灾，"孤岛地裂，长约 1000m，宽 $30 \sim 40 cm$，北端下沉 30cm"，其他地方也"地裂多处，冒水涌砂，房屋倒塌"；1976 年 7 月 28 日唐山发生 7.8 级地震，无棣县倒塌房屋 564 间，地裂缝长达数百至千米，宽 $10 \sim 30 cm$，利津县黄河大坝裂缝两处，冒水喷砂 100 余处，沾化县倒塌房屋 560 间，出现多处地裂缝及喷水冒砂点。因此，在本区兴建大型工程建设项目时，必须考虑到地震灾害的影响。

二、工农业发展概况

本区的工业以石油的勘探开采为主，是我国重要的石油生产基地。此外，以各县（市、区）为中心发展的工业有橡胶、有色金属、机械、发电、纺织、炼油、化工、造纸、农机修配、酿造、粮油加工和食品生产。此外，沿海地区还有山东省产量最大的盐场。

农业生产方面，粮食作物主要有小麦、玉米、谷子、大豆、高粱。经济作物主要有棉花、花生、黄烟和麻等，其中棉花播种面积较广，花生次之。沿海一带水产也较为丰富，海产品占水产品总量的98%以上，主要有海参、虾类、鱼类和贝类，特别是近几年来沿海滩涂地带的养殖业得到迅速发展。

第二节　油气勘探概况

胜利油田油气勘探开发工作是在华北平原及渤海湾地区矿产资源普查的基础上逐步发展起来的，大致可分为两个时期：1955—1961年为区域侦察时期；1962—2017年间为以济阳坳陷勘探为主的时期。

1955—1961年，在华北平原区包括河北、山东、河南、安徽省及渤海湾地区进行了重磁力的区域普查、详查和电法及地震大剖面的测量，并在重点构造上进行了基准井、参数井的钻探，于1961年4月在济阳坳陷内的华8井馆陶组获得8.1t工业油流，突破了出油关，使得渤海湾地区的油气勘探进入了一个崭新的时期。

1962—2018年，为以济阳坳陷为主的勘探开发时期。其中，1962—1982年为探索发展阶段，其着眼于济阳、黄骅坳陷，重点勘探东营凹陷，在逐步解决了坳陷中（特别是复杂区内）断裂对油气控制双重性的认识问题后，又以背斜油气藏为主要寻找对象，发现了胜坨、东辛、永安、现河、郝家、滨南、临盘、孤岛等一批油气田，为建立我国东部的第二个石油工业基地奠定了雄厚的物质基础，使本区石油年产量达 1946×10^4t，出现了历史上勘探和开发的高潮；1983—1995年为综合勘探开发济阳坳陷复式油气区阶段，采用新技术，勘探开发多种类型的复式油气聚集带，并开辟海滩地区勘探，使石油地质储量、石油产量又有大的增长，年产量超过 3000×10^4t；1996—2012年为综合勘探开发济阳坳陷隐蔽油气藏阶段，创新形成了隐蔽油气藏勘探理论及配套勘探技术系列，以高精度三维地震等新技术为支撑，综合勘探河道砂岩、滩坝砂岩、砂砾岩和三角洲—浊积岩四种类型的岩性油气藏，加大前古近系潜山及沙四下亚段—孔店组红层的钻探，储量稳步增长，年产油量保持在 2700×10^4t 以上，实现了自1983年以来连续30年年均新增探明石油地质储量过亿吨、2003年以来连续10年年均新增探明 / 控制 / 预测三级储量均过亿吨的辉煌成果；2013—2018年为综合勘探济阳坳陷复杂隐蔽油气藏阶段，该阶段，在低油价下，中国石化实施新的"勘探"及"储量"管理办法（以下简称两个管理办法），促使勘探开发进入发展新阶段，深化探区剩余资源再认识，持续配套精细勘探开发技术，以效益为中心，综合勘探开发复杂断裂带、复杂岩相带、地层超剥带、构造转换带等复杂隐蔽油气藏，保持了储量的相对稳定增长，年产油量保持在 2700×10^4t 左右，实现了低油价下的高效勘探开发。

截至2018年底，胜利油田济阳探区共完成重力勘探 3.25×10^4km，其中高精度重力测量 2426km²；完成磁力勘探 5.85×10^4km²，其中高精度航磁测量 1.47×10^4km²；

电法勘探 25078km^2；实施二维地震 19.18×10^4km，三维地震 3.36×10^4km^2；完钻各类探井 7132 口，进尺 1844.29×10^4m。在济阳坳陷先后找到了 74 个不同类型的油气田，累计探明石油地质储量 53.48×10^8t。有 70 个油气田投入开发，累计生产原油 11.68×10^8t。

创新形成了复式油气聚集带理论、隐蔽油气藏勘探理论、断陷盆地精细勘探理论等多项特色理论及配套的勘探开发技术，获得各级奖励共 7758 项。其中，122 项获国家级奖，889 项获省级、部级奖；获得授权专利 3809 件，其中发明专利 346 件，实用新型专利 3463 件。

第二章 勘 探 历 程

济阳坳陷的勘探是在华北平原区勘探的基础上发展起来的，经过了华北平原区域普查、济阳坳陷勘探开发两个大的时期，各时期根据勘探进展及勘探认识的变化又划分为若干阶段。

第一节 华北平原区域普查时期

华北平原包括太行山—嵩山以东、燕山以南、大别山以北、鲁西隆起以西的广大地区。行政区域包括河北省中部及南部、河南省西部、山东省北部和西部、安徽省北部，总面积约 $40 \times 10^4 km^2$。除周围山区广泛出露古生界及前寒武纪地层外，还有部分中生界出露。区域普查时期进行了重力、磁力、电法和地震普查勘探（"五一"型仪器），钻基准井、参数井、资料井 32 口，有 12 口井见油层。其中华 7 井在 1960 年发现了古近系生油层，1961 年于华 8 井首次获得工业油流，1962 年又于营 2 井获得日产 555t 的高产油流。这一期间又可分为三个阶段。

一、华北平原区域侦察阶段（1955—1957 年）

新中国成立后，根据国家在全国范围内开展石油普查工作的统一部署，地质部于1955 年成立了华北石油普查大队（又称 226 队），担负华北平原的地球物理勘探和周围山区的地质调查、填图工作。1956 年石油工业部西安地质调查处又相继成立直属 111 队华北平原资料研究组，负责石油地质资料的综合研究工作。同年，石油工业部西安地质调查处还组建了华北石油钻探大队，负责基准井、参数井的钻探工作。

在上述单位通力合作下，本阶段主要开展了华北平原边缘露头地区地质填图及油气调查、华北平原覆盖区重 / 磁 / 电 / 震探查以及华北平原基准井钻探等三方面的工作。

1. 露头区地质填图及油气调查

1955—1957 年，地质部华北石油普查大队完成了太行山、豫西、大别山、山东省无棣、嘉祥、巨野县及北京西山等地区的 1 : 20 万、1 : 10 万地质填图，局部地区完成了1 : 1 万、1 : 5 万的地质填图。通过这些工作，初步明确了华北平原边缘地区地层、构造的分布状况，证实了唐山赵各庄采石场中奥陶统石灰岩方解石晶洞中液体油的存在，发现山东省平阳县琅磨山、嘉祥县凤凰山以及河北省隆尧山地区寒武—奥陶系石灰岩新鲜面有油味存在。

2. 覆盖区物探工作普查

1955 年，地质部华北石油普查大队物探队完成了华北平原北部及开封坳陷范围内1 : 100 万重力、磁力面积概查。配合重力、磁力工作在山东省境内做了 9 条电测深大剖面。1956—1957年，对华北平原南部周口及开封坳陷和北部冀中、临清坳陷进行了1：20万重力测量，在开封和周口坳陷进行了1：20万地磁和1：100万航磁测量工作，并在河北、河南及安徽省境内做了14条电测深大剖面。地震工作除做了高堂—齐河、涿县—临淄、定县—交河三条大剖面外，还选择了河北省的沧县兴济镇、南宫县明化镇、山东省的馆陶地区等进行了地震面积普查工作。

通过上述物探工作，明确了华北平原重力、磁力异常的分布状况：东部地区（包括沧县隆起和聊城—兰考大断层以东）为区域性重、磁力异常高带；西部地区（包括冀中、临清、开封坳陷）为区域性重、磁力异常低带。结合电测深和地震大剖面，初步明确了隆起与坳陷的轮廓。

3. 对华北平原进行基准井钻探

1956年，石油工业部西安地质调查处华北石油钻探大队所属32104队开始钻探华北平原的第一口基准井——华1井。这口井的地理位置在河北省南宫县明化镇（图2-1）。该井位是在1955—1956年上半年重、磁力资料和少量地震普查资料的基础上，石油工业部与地质部、中国科学院的专家们共同讨论，由石油工业部确定的。当时推测华北平原之下可能有海相中—新生代地层，认为沧县隆起有可能为海相古近系所组成的大背斜。华1井于1956年10月26日开钻，1957年11月30日完钻。在井深1063.0m由新近系明化镇组钻入中奥陶统石灰岩。由于钻遇裂缝、溶洞而发生强烈井漏，后继续钻至井深1936.7m完钻，完钻层位为寒武系。同年，地质部在沧县兴隆镇所钻的浅井于井深775m也钻遇奥陶系石灰岩。这两口井的钻探结果表明沧县重、磁力异常高带是一个由下古生界石灰岩组成的大隆起。

4. 阶段认识

通过上述地质、地球物理和钻探资料，对华北平原内部区域构造单元首次划分出了坳陷与隆起；认识到华北平原在古生代是华北地台的一部分，在新生代地层之下广泛分布着下古生界；推测华北平原之下有三套可能的含油目的层系，即奥陶系、中—上石炭统及海相中—新生界，特别是可能有海相古近系及新近系存在，建议给予高度重视；评价华北平原西部的高阳（冀中）、临清、开封三个坳陷是找油最有希望的地区。

二、临清、开封坳陷侦察阶段（1958—1959年）

根据第一阶段的认识，本阶段把勘探工作的重点转入临清和开封坳陷。

为加强中国东部地区的石油勘探工作，实现我国石油勘探战略向东部转移的任务，石油工业部于1958年5月成立了松辽石油勘探局，8月成立了华北石油勘探处，同时还成立了华东石油勘探局。从中国西北调遣队伍，加强东部地区的勘探。地质部根据中央关于体制下放和发挥地方积极性的精神，将原华北石油普查大队撤销，组建了山东、河北、河南、安徽和京津等省（市）石油普查队，分别负责各自范围内的石油普查工作。并组成中原石油物探大队，负责华北平原的物探工作。

这个阶段主要开展了地质填图、物探、华2—华5井钻探工作。

1. 地质填图

在华北平原周围地区，如山东省莱阳、河南省济源和河北省凤凰山、梁平等地区，地质部所属的各省石油普查队和石油工业部华北石油勘探处进行了填图工作。在凤凰山白垩系中发现了油苗、沥青和天然气。在胶莱坳陷"下白垩统"也发现了油砂及沥青脉。济源坳陷"侏罗系"有油味。这些工作为进一步推断华北平原覆盖区的石油地质条件提供了线索。

2. 物探工作

重力测量,除继续完成了华北平原南部周口坳陷和山东省莱阳坳陷1:20万面积测量(共$4.21 \times 10^4 km^2$)外,还在华北平原东部济阳、黄骅地区的$2.1 \times 10^4 km^2$范围内进行了1:10万面积测量。

磁力测量,完成渤海及其周围地区1:100万航空磁力面积测量$15 \times 10^4 km^2$,在山东省中部地区完成了1:10万面积测量。

电法勘探,主要在冀中坳陷的安平、武城地区、开封坳陷及济阳坳陷的商河、惠民地区进行了1:20万面积测量,共做剖面2500km,面积2325km²。

地震勘探,1958年中原物探大队在华北平原南部做了开封—阜阳、漯河—泗阳、郓城—兰考、鄢陵—开封等四条地震大剖面,剖面总长度为740km,并在临清坳陷的临清和堂邑地区、河南省的周口、丁庄地区及河北省的高阳地区进行了面积普查及详查工作。华北石油勘探处在开封坳陷南部的邸阁地区进行了地震面积普查、详查,共完成面积$1.26 \times 10^4 km^2$,剖面长2120km,发现了邸阁、丁庄、北堂邑等凸起。1959年,除继续在临清坳陷的南堂邑地区、冀中坳陷的安阳地区及开封坳陷进行地震面积普查和详查外,还开始对济阳坳陷的商河县沙河街地区、惠民县林樊家地区进行了地震面积详查,发现了沙河街和林樊家两个构造。

3. 钻探工作

石油工业部华北石油勘探处的两台3200m钻机,其中一台(32120队)完成了华2井钻探之后,调往太康隆起钻探基准井——华5井;另一台(32104队)完成了华1井钻探之后进入临清坳陷从事华3井(基准井)及华4井(参数井)的钻探(图2-1)。

华2井位于河南开封神岗集东48m处。于1958年8月18日开钻,同年11月7日因发生事故而完钻,完钻井深2108.44m(井深1820m以上为古近系和新近系,1820m以下井段,有人认为是白垩系,也有人认为是新生界)。华3井位于山东冠县房尔塞北东1000m处(原属馆陶县),于1958年5月1日开钻,8月7日因事故完钻,完钻井深1809.28m(井深1570m以上属新近系,1570m以下井段划归白垩系)。华4井位于山东堂邑县八甲刘村正南103m处,于1958年12月18日开钻,1959年10月30日因发生井漏卡钻事故而完钻,完钻井深2908.5m(井深1512m以上属新近系,1512～1640m为"白垩系"红层,1640～2013m为二叠系,2013～2220m为中—上石炭统,2220～2908.5m为奥陶系),在二叠系—石炭系和奥陶系的岩心节理、裂缝中见油迹、油斑共9处,这是首次在华北平原覆盖区的钻井中见到的油气显示。华5井位于河南尉氏县邸阁镇东北400m处,构造处于开封坳陷南部太康古生界隆起之上,1959年3月28日开钻,同年11月4日完钻,完钻井深2494.82m[井深1031m以上为新近系,1031～1822m为二叠系,1822～1942m为石炭系,1942～2461m为奥陶系,2461～2494.82m为寒武系(未穿)]。

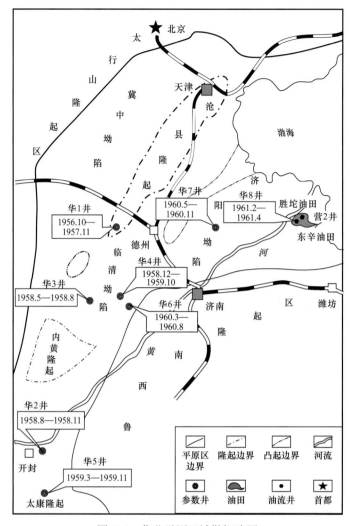

图 2-1　华北平原区域勘探略图

4. 阶段认识

1）对"无棣火山活动带"的认识

"无棣火山活动带"包括埕子口—宁津、无棣—义和庄、滨县—陈家庄凸起重力、磁力高的范围。过去，根据无棣县境内有第四系玄武岩浆的喷发，把该区划为岩浆活动地区。山东省石油普查大队在商河县郑店所钻的郑1井，在井深924m处见太古宇花岗片麻岩，说明该区重磁力高异常的产生并非全部是近代玄武岩浆喷发所引起。因此，华北石油勘探处综合研究队重新对重磁力高异常带进行了解释，把绝大部分地区解释为太古宇变质岩埋藏较浅的隆起，从而扭转了"近代火山岩浆活动破坏了油气"的认识，增强了在华北平原东部地区开展石油勘探的信心。

2）对牛头镇—隆尧长垣的认识

河北省石油普查队所钻的牛头镇浅井，于井深996m见到寒武系，北部大兴隆起区在200～400m井深处见到寒武系和震旦系，隆尧地区尧浅9井在井深250m以下见到石炭系，说明牛头镇—隆尧长垣在新生界之下主要由下古生界所组成。

3）对"堂邑背斜带"的认识

于临清坳陷"堂邑背斜带"所钻的华4井和开封坳陷南部隆起上所钻探的华5井都说明新生界之下为古生界。

4）对含油目的层的认识

这一阶段，华4井在奥陶系、石炭系—二叠系裂缝中见到含油显示，在平原边缘区的济源、凤山、莱阳等小型凹陷的中生界见到油气苗及沥青显示，提高了这些凹陷的含油气远景评价。同时在新近系又发现分布较为广泛的浅层天然气。如盐山浅井在井深900m处发生过天然气井喷；滨县、涿县、馆陶、南宫、堂邑等浅井中都曾发现有天然气；在天津附近的第四系浅井和顺义浅井中，分别于7~8m和138~377m井段发现过气层；引起人们对寻找天然气的重视。但是，华北平原的主要油气勘探目的层系和地区在哪里，本阶段还是没有解决。

三、济阳坳陷侦察阶段（1960—1961年）

根据第一、第二阶段的勘探成果，华北石油勘探处的地质家们经综合研究提出开展华北平原东部济阳、黄骅坳陷的勘探工作，随之发现了古近系生油层并突破了出油关，揭开了华北平原及渤海湾地区找油的序幕。

1.发现古近系沙河街组生油层

该阶段在济阳地区进行了1:10万的重力详查，在平原北部16×10⁴km²范围内进行了1:20万的航磁测量，在济阳坳陷东营地区完成了1950km²的电法面积测量，在青城地区完成了1670km²的电法面积测量。并在济阳坳陷东营凹陷北部1500km²范围内进行了地震普查和详查，剖面长度为1000km。在黄骅坳陷1000km²范围内做地震剖面850km。通过上述工作发现了东营构造带和羊三木、盐山等构造。

石油工业部华北石油勘探处钻探了华6、华7两口参数井，地质部山东石油普查队钻探了惠深1井。

华6井位于临清坳陷堂邑县张炉集宋家村西北约500m处，钻探该井目的是追踪华4井古生界裂缝的含油气情况。该井于1960年10月11日开钻，同年12月至井深2117m因事故而完钻，于井深1237.5m钻遇古近系孔店组红层。

由于1959年否定了无棣火山活动带，开展了惠民凹陷商河县沙河街地区及惠民县林樊家地区的地震勘探工作，分别发现了沙河街构造和林樊家构造。为了解华北平原东部济阳坳陷的地层、构造及含油气情况，华北石油勘探处于惠民凹陷的沙河街构造进行了华7参数井的钻探（由32120钻井队施工），设计井深3200m，开钻日期为1960年5月24日，当年11月11日完钻，完钻井深2713.56m。该井取心进尺1691.07m，岩心长458.59m。华北石油勘探处综合研究队对岩心进行了细微的观察描述，并采样派人去大庆与松基三井的生油岩对比，发现并明确了古近系生油层：上部1269~1502m井段为灰色、深灰色泥岩夹油页岩及灰质粉砂岩，含大量介形虫、鱼、腹足类化石，是最好的生油层；下部1502~1973m井段为灰绿色泥岩与粉砂岩互层夹灰白色细砂岩及少数薄层粉红色砂质泥岩，也具有生油能力。上、下两部生油层厚度为704m，其中泥质岩厚达501m，占总厚度的72%。根据生油条件分析，有机碳含量为1.836%、氯仿沥青含量为0.00793%、二价铁与三价铁比值为3.22。储层分析，孔隙度为3.1%~30.2%，渗透率为

1～1473mD。这套地层不但有良好的生油条件，而且还具有很好的储集条件，被命名为古近系沙河街组。

惠深 1 井，位于惠民凹陷林樊家构造上，是地质部山东省石油普查队钻探的第一口深井。该井于 1960 年开钻，至 1961 年完钻，完钻井深 1383m，完钻层位为古近系红层（后被命名为孔店组），未钻遇古近系沙河街组（缺失）。

该阶段取得了以下重要认识：（1）通过惠民凹陷华 7 参数井的钻探，首次发现了古近系沙河街组生油岩系，从而大大增加了在华北平原找油的信心；（2）提高了对渤海湾盆地东部的远景评价。

华 7 井生油层的发现，证明渤海湾盆地的济阳坳陷、黄骅坳陷是油气勘探十分有利的地区。在此基础上制定了济阳、黄骅坳陷为重点的勘探部署。1960 年夏，地质部和石油工业部的有关单位在郑州市召开了一年一度的石油勘探工作协调会，会上交流了钻探和华北地区物探资料研究的成果，特别是东营地区的成果，引起了人们的重视。同年 11 月两部又在天津召开"华北石油普查工作会议"。在这次会上，制定了沿渤海湾周围地区的整体部署任务，大家一致同意以渤海湾盆地东部古近纪—新近纪沉积坳陷为重点，确定了东营、义和庄、盐山、羊三木、北塘、马头营六个突破点。为了早日突破出油关，石油工业部华北石油勘探处首先钻探东营构造。地质部山东石油普查队钻探义和庄构造，河北省石油普查队钻探盐山、羊三木、北塘及马头营等构造。

2.建立新生代地层层序

1960 年全国地层会议之后，华北石油勘探处综合研究队按照全国地层草案规范的精神，对华北平原内深井揭露的新生代地层进行了划分对比及地层命名。"界、系"采用国际性的地层单位名称，"统"采用地方性的地层单位名称，同时以基准井、参数井首次发现地层的地理位置给予命名。小于统的地层单位称段，如第一段、第二段……凡可与边缘露头地区进行地层对比而与之相当者，不再取新的名称、仍沿用以前已用的名称。

根据上述原则，将华北平原新生界自上而下划分命名为：第四系平原组，新近系明化镇组和馆陶组，古近系沙河街组（东营组是根据 1961 年华 8 井钻探后命名的）、五图组（相当于现今的孔店组）。建立了现今广泛使用的地层层序和名称。为进一步开展华北平原新生代地层和构造的研究奠定了基础。

3.华 8 井突破出油关

这期间地质部中原物探大队、石油工业部华北石油勘探处物探队、河北省物探队进行了地震工作，共做地震普查和详查面积 6200km²，其中济阳坳陷为 3000km²。

地质部中原物探大队及华北石油勘探处的 701 队主要于东营凹陷北部，包括中央隆起带、坨庄—胜利村—永安镇地区约 1000km² 内施工。由于当时地震测线稀，加之所使用的为"五一型"仪器，所得反射层的资料不能连续追踪，质量极差，没有得到深层反射，只能提供假想层构造图。图上仅显示东营—辛镇构造有背斜轮廓，被一条近东西向正断层切割。胜利村和广利构造只有鼻状构造显示。据此确定了华 8 参数井的井位。该井位确定在东营构造顶部，地理位置在广饶县东营村东 1500m 处，由华北石油勘探处 32120 队负责钻探。设计井深 2500m，目的是了解古近系沙河街组在济阳坳陷东部的地层及含油气情况。1961 年 2 月 26 日开钻，同年 4 月 5 日完钻，完钻井深为1755.88m。在1189.07～1194.39m井段第一次取心，岩性为棕红色泥岩。第二次取心在1194.39～1200.39m，心长0.45m，岩性为褐黑色疏松油砂。随后继续取心7次至1233.07m，又多次发现油砂。为了尽快了解油层产能，决定停止取心（该井取心进尺50.2m，心长16.86m），钻完该组油层至1755.88m，提前完钻。

华8井钻遇馆陶组321.5m，古近系东营组厚298.5m（未穿）。其中馆陶组岩性为棕红色砂质泥岩与灰绿色粉砂岩、泥质粉砂岩间互，构成该井主要含油层系，油层岩性为黑褐色疏松含油砂岩。东营组岩性为灰绿色泥岩、泥质粉砂岩夹棕红色泥岩、灰色细砂岩，顶部夹薄层油页岩，中部泥岩为翠绿色且含有介形虫、腹足类化石和分散黄铁矿，下部粉砂岩增多，底部为厚层状含砾粗砂岩，也有油层分布。经研究对比，本组地层与华7井的沙河街组不同，定名为东营组。经电测解释，在1194～1755m井段有油层13层厚24.2m（有效厚度15.6m），单层厚度1～2.8m，地层真电阻率为7～30Ω·m，含油饱和度52%～71%，孔隙度为28.7%～36.5%，渗透率为3600～71000mD。另有可疑油层17层35m（有效厚度23.4m）。

经分析，选择1207.8～1630.5m井段油层8层16.2m进行测试。1961年4月16日至5月4日用6～9mm油嘴求产，日产油8.5～11.4m³、水22.3～47.3m³。原油相对密度0.9423，黏度41mPa·s（100℃），天然气成分CH_4为95.3%～97%，地层水总矿化度为18968mg/L，属$CaCl_2$水型。

华8井是华北平原第一口发现工业油流井。它不但宣告了胜利油田的诞生，同时也宣告了渤海湾油区的诞生，也是继松辽油区发现后的又一重大发现。

华8井出油后，为了扩大勘探成果，同年华北石油勘探处在东营构造带又钻了两口探井（营1井、辛1井），证实了古近系沙河街组为重要的含油层系，发现了东辛油田。

营1井位于东营构造带东营背斜的南部断块上，钻探目的主要是了解沙河街组及其含油气情况，完成华8井没有完成的地质任务，设计井深3000m，由华北石油勘探处32120队负责施工。该井于1961年6月15日开钻，当年9月10日完钻，完钻井深2897.9m。于1686～2896.6m井段钻遇古近系沙河街组，1789～2642m井段见油层17层（有效厚度29m）。在1961年11月9日至1962年1月22日间，选择2638～2642.4m井段油层（有效厚度3.2m）进行试油，10mm油嘴日产油4～7m³。营1井是古近系沙河街组第一口获工业油气流的井，首次证实了沙河街组为含油层系。

辛1井位于东营构造带东部辛镇局部构造上，钻探目的层系仍为古近系沙河街组，设计井深3000m，由华北石油勘探处32104队负责施工。该井于1961年6月19日开钻，当年7月23日完钻，完钻井深2525.89m。于1899～2525.89m钻遇古近系沙河街组，在2058～2461m井段发现油层18层，有效厚度43.4m。同年11月3日对2290～2370.6m井段油层22m进行试油，10mm油嘴日产油36～60.8m³。辛1井于古近系沙河街组再次发现油层，证明该地层是东营构造带重要的含油层系，并扩大了该带的含油范围。

在这一时期，整个华北平原从区域侦察到发现油流，仅经历了6个年头。华1至华8为8口基准井，分别分布在沧县隆起（华1井）、开封坳陷（华2井）、太康隆起（华5井）、临清坳陷（华3、华4与华6井）与济阳坳陷（华7与华8井）。华7井发现了古近系生油层，华8井在新近系馆陶组、古近系东营组发现了工业油流，为华北平原的勘探起到了极为重要的开创作用。

这个时期，地质部各石油勘探单位钻各类探井 8 口。其中济阳坳陷的惠深 1 井与黄骅坳陷羊三木构造的羊 1 井（有油气显示），都起到了重要作用。

石油工业部与地质部所属各石油勘探单位的通力协作、密切配合，不但孕育诞生了胜利油田与大港油田，也使包括海域在内的整个渤海湾盆地展现了广阔的含油气远景。

第二节　济阳坳陷勘探开发时期

华 8 井的突破，开启了济阳坳陷以及整个渤海湾盆地波澜壮阔的油气勘探开发历史征程。根据勘探发现与产量情况、主要理论技术发展情况，济阳坳陷勘探时期可划分为探索发展、高速发展、稳定发展和持续发展四个大的历史阶段。

一、探索发展阶段（1962—1982 年）

该阶段以东营凹陷北区已发现油气构造为出发点，逐渐向整个东营凹陷以及济阳坳陷其他凹陷扩展，应用重、磁、电及二维地震等手段，以大会战的方式，开展了济阳坳陷的油气探索发展历程，又可划分四个阶段。

1. 勘探东营凹陷北区阶段（1962—1963 年）

继华 8、营 1、辛 1 井获得工业油流后，石油工业部抽调华东石油勘探局在江苏省的勘探队伍以及青海的勘探队伍来加强东营凹陷的勘探工作。由于勘探力量的限制，主要在黄河以南东营凹陷北部进行区域勘探。

本阶段部署钻井队 6 个，地震队 5 个，垂向电测深队 1 个，放射性化探队 1 个。以背斜构造油气藏认识为指导，以东营构造带为重点，以沙河街组油层为主要勘探目的层系进行重点勘探。探井部署双十字剖面共 11 口甩开钻探，除继续了解东营、辛镇构造的含油气情况外，对坨庄、胜利村、现河庄、永安镇等构造均进行钻探。此外，对陈家庄、义和庄凸起也部署了预探井 4 口（陈 1、陈 2、陈 3、义 1 井）。

在上述部署中，营 2 井于 1962 年 9 月 23 日钻至井深 2758.57m，在沙河街组见到良好的含油气显示并发生井喷，采用钻杆完井，测试 2738.0～2758.57m 井段 20.57m 厚的油层（未穿），15mm 油嘴日产油 555t。为了纪念当时全国第一口最高产油井（9 月 23 日为营 2 井喷油之日），把原华东石油勘探局改名为 923 厂。之后，开始追踪沙二段高压高产油层，主要在东营构造北区的西部甩开钻探，又于营 4、营 6 井发现沙三段高压高产油层，胜利村构造上所钻的坨 7 井发现了沙二段高产厚油层。本阶段共钻井 14 口，有 9 口探井见油层，不仅发现了沙三段高产油层，并且肯定了沙二段为主要勘探目的层系，认为其具有大面积含油的前景。除东辛油田外，又发现了胜坨油田等，为开展华北地区石油勘探会战奠定了基础。

2. 全面解剖东营凹陷阶段（1964—1966 年）

1964 年的石油勘探会战，从东营地区的复杂地质情况出发，制定了"区域展开、重点突破、各个歼灭"的勘探方针。"区域展开"，就是对整个凹陷进行区域性的侦察工作，全面了解凹陷内地层、生储盖组合、构造和含油气情况；"重点突破"，是在区域展开的基础上，选择有代表性的而又比较有把握的含油气构造进行重点解剖，取得经验指导勘探；"各个歼灭"，是集中勘探力量，对含油有利地区逐个解剖，把石油地质情况基本搞清楚，查明油气田的分布状况。

1964—1966 年的勘探工作就是在上述勘探方针的指导下分阶段进行的，组织了围歼坨庄、胜利村，"大战通（滨镇）—王（家岗）—惠（民）"战役及分区歼灭永安镇、滨南战役。共钻探井 345 口，有 232 口井钻遇油层。发现并探明了胜坨、永安镇、现河庄、郝家、纯化、滨南、尚店、平方王等 8 个油田。

1）集中勘探坨庄—胜利村构造带

位于坨庄构造上的坨 1 井，于 1964 年 5 月 28 日测试沙二段油层 24.9m，15mm 油嘴日产原油 396t。之后，1964 年 6 月 29 日，又对胜利村构造顶部坨 7 井沙二段油层试油，射开 7 层 24.2m，15mm 油嘴日产油 361t。经过分析研究，认识到坨庄、胜利村两个局部构造的油水关系比较简单，油层有可能连片分布。于是首先选择坨庄构造为突破点，用 4 台钻机，按十字剖面部井 4 口（坨 2、坨 3、坨 4、坨 5 井），三个月完成钻探任务，控制含油面积 15km²。紧接着又集中勘探力量于胜利村构造，用 12 台钻机，按断块部署探井，大致构成三条剖面 24 口井（坨 9、坨 10、坨 11、坨 12、坨 13、坨 17、坨 18、坨 19、坨 20、坨 21、坨 22、坨 28 等井），于 1965 年一季度相继完成钻探任务，选择坨 11 井、坨 9 井分别测试沙二段油层，获得日产原油 1134t 和 1036t 的高产油流，控制胜利村构造含油面积 40km²。经过 8 个月的钻探，共发现馆陶组、东营组、沙一段、沙二段、沙三段等含油层组，基本探明了胜坨油田。这是东营凹陷内发现并探明的第一个多含油层组富集高产的大油田。从此石油工业部决定将 923 厂改名为胜利油田。

2）开展通—王—惠战役

在基本探明了胜坨油田的石油储量之后，以期发现更多的"胜坨式"油田，决定于 1965 年集中 18 台钻机、16 个地震队，在东营凹陷南斜坡和惠民凹陷东部地区约 8000km² 范围内展开"通—王—惠战役"。其中东营凹陷内部署 8 台钻机、6 个地震队，所钻 9 口探井中有 6 口见油层，发现了纯化镇油田和陈家桥、八面河、高青含油地区，并新发现了沙四段含油层系。在惠民凹陷集中 10 台钻机、10 个地震队，钻探了林樊家、沙河街、商河、阳信、商家店、斜庙、梁家道口等构造，钻探井 10 口，未发现油层。下半年及时调整了部署，惠民凹陷的钻机回师东上，开展东营凹陷的辛镇、宁海、纯化镇、郝家、永安镇、滨南六个地区的构造预探和评价性钻探，探明了纯化镇油田，发现了永安镇、滨南、宁海、郝家、金家等含油地区，扩大了东辛油田的含油范围。至此，东营凹陷呈现出全凹陷含油的轮廓，为分区歼灭和探明控制油田创造了条件。

3）永安镇和滨南地区的分区勘探

永安镇地区的勘探面积约 600km²。1965 年所钻 3 口探井（永 1、永 2、永 3 井）均见油层，其中永 2 井、永 3 井沙二段油层，15mm 油嘴测试获日产原油 282～308t 的高产。因此，对永安镇地区的含油远景评价较高。从该地区整体出发，部署了 7 条剖面 40 口探井进行解剖。上钻机 8～11 台，2 个地震队及相应的试油队和地质综合研究队伍，并成立了前线指挥部。经过 7 个月的勘探，共钻探井 33 口（报废井除外），其中 11 口井见油层，控制了永安镇油田，发现了广利和新利村两个含油地区。滨南地区于 1965 年 10 月滨 2 井发现沙二段油层，15mm 油嘴测试日产原油 117t。之后，根据沙二段砂岩储层向西可能大面积上倾尖灭含油的情况，又钻探了3口探井，其中滨3、滨4两口井在沙二段见油层。滨5井发现了沙四段油层88.4m，15mm油嘴测试日产原油208t。1966年同样选择该地区进行分区歼灭，其目的不但是继续扩大沙二、沙四段含油战果，更主要的是侦察平方王凸起，了解它的含油气情况，为此部署了3条探井剖面，钻探了8口井，明确了滨南一区是沙二段油层的主要富集区。在平方王凸起上所钻的滨1井，发现厚达68.7m的沙四段油气层，射开7层25.6m，5mm油嘴日产原油16.1t。针对平方王凸起是一个继承性的古构造，面积大、形态简单的特点，又立即按十字剖面部署9口探井，集中5台钻机，用4个月时间控制了该油田。

通过三次勘探战役，基本探明了胜坨、永安、滨南、平方王、东辛、纯化镇等油田；发现了馆陶组、东营组、沙一段、沙二段、沙三段和沙四段含油层组。

3. 沾—车—惠凹陷区域勘探阶段（1967—1975年）

东营凹陷基本完成整体解剖之后，为及时了解济阳坳陷其他凹陷的含油气情况，1967年1月—1968年6月，对沾化—车镇—临邑地区进行区域侦察。本阶段共钻探井25口，其中15口见油层，发现了孤岛油田和垦利、罗家含油地区。继孤岛油田的发现井——渤2井在馆陶组获得工业油气流后，于1968年7月—1969年5月，组织了"围歼孤岛、探明石油地质储量"的战役。共钻探井48口，其中31口见油层，基本探明孤岛凸起浅层披覆构造大油田，开拓了凸起找油的新领域。与此同时还发现了渤南、孤北、车镇等含油地区。

1969年6月—1971年10月，针对石灰岩油层、凸起披覆构造、断裂带构造油藏进行勘探。本阶段共钻探井103口，其中见油层井68口，发现了埕东油田、渤南油田、单家寺油田和盘河油田。在渤南油田所钻的义11井、义47井于沙三段获日产超千吨的高产油流。

1971年10月—1975年，对河口地区进行重点勘探，基本探明渤南油田、发现了义和庄潜山油藏和大王庄等含油地区。同时加强惠民凹陷西部地区的勘探，扩大了临盘油田的含油范围，并发现了商河油田。1972年和1974年对东营凹陷南斜坡进行了重点勘探，发现了王家岗油田。

通过对沾化、车镇、惠民三个凹陷的勘探，共钻探井1201口，有961口见油层，645口获工业油流。发现了18个油田（孤岛、埕东、垦西、垦利、渤南、罗家、义东、大王庄、临盘、商河、玉皇庙、王家岗、草桥、八面河、广利、梁家楼、单家寺、乐安等油田）。大中型构造油田大都已被发现，圈定了现今油田的分布范围。

4. 新区勘探准备阶段（1976—1982年）

至1975年，济阳坳陷累计完成地震剖面65775km，探井1578口，发现27个油田，陆上大中型构造油气藏（背斜型与断块型油气藏）的大规模勘探告一段落。勘探陷入徘徊不前的低谷，进入了"查三小"和战略整理期。

1）加强老区"三小"油藏勘探，开始新区新领域勘探（1976—1980年）

继1975年冀中坳陷发现潜山大油田之后，1976—1977年，济阳坳陷又以义和庄潜山、平南和滨南潜山为重点进行了勘探，基本上查明了这些地区的潜山及上覆断块的含油气情况。

1978—1979年，根据"精查三小、着眼三大、大找三新"的原则，深化济阳坳陷的勘探。所谓"三小"，就是在老油区开展小滚动背斜、小断块、小潜山油气藏的勘探；所谓"三大"，就是开展大的不整合油藏、大的地层超覆油藏和大的砂岩体尖灭油藏的勘探；所谓"三新"，就是加强新地区、新层系、新类型的勘探。

1976—1980年间共钻探井487口，有油层井369口，获工业油流井234口。在陆上老区发现了义和庄、义北、单家寺、利津、史南、孤南等中小油田，同时在一批老油田外围发现了新的含油层系。开展了海滩地区的勘探，发现了桩西、五号桩、长堤油田。这个时期，桩古2井日产原油达204t，五号桩油田所钻的渤97井日产原油265t，长堤油田的桩3井、桩11井也都获得工业油流。至1980年，桩西—五号桩地区已钻井40口，其中有油气层井30口，发现了8套含油层系，形成了重点勘探的阵地。与此同时进一步总结了济阳坳陷的成藏条件及油气藏分布规律，为深化以后勘探提供了依据。

2）以济阳坳陷东部为重点，加强滩海地区及非背斜油气藏勘探（1981—1982年）

1981年2月召开了地质技术座谈会，对济阳坳陷勘探潜力进行了分析，认为济阳坳陷处于中等勘探程度（预探井密度为0.04口/km²），且各地区的勘探程度极不平衡，提出可供勘探的有利地区有三类30块：第一类，在老油田附近，有十几块，每块有可能增加几十万吨到百万吨左右的石油地质储量；第二类，有十几片，钻过一些探井，不同程度地见到工业油流，每片有可能拿到百万吨到千万吨地质储量；第三类，也有十几片，区域地质条件比较好，属于战略侦察的地区或领域。决定以济阳坳陷东部地区为重点，以非背斜油气藏为主要目标，加强东营凹陷边缘地区的勘探。

本阶段动用钻机28～40台，地震队19～22个，完成地震测线16809km，钻探井345口，有油（气）层井248口，其中获工业油气流的井153口。探明了单家寺、宁海、金家等油田的石油储量，发现了林樊家、套尔河油田及垦东、孤北、六户等含油地区，逐步形成了桩西—五号桩及东营凹陷西边缘为重点的含油区，同时加深了老油田周围地区的勘探。该阶段储量和产量经历一个低谷期，仅探明利津、宁海、单家寺、义和庄、义北、套尔河等6个中小油田，7年累计探明石油地质储量1.95×10⁸t，年均探明2780×10⁴t；原油年产量由1978年的1945.7×10⁴t降到1982年的1634.61×10⁴t。

通过这两年的勘探工作，进一步认识到滩海新区是济阳坳陷勘探大油气田的有利地区，老油区中相对勘探程度较低的洼陷、边缘地区是勘探地层—岩性油气藏的有利地区。

5.阶段成果

本阶段以背斜理论为指导，以东营和辛镇构造为突破口，开展区域地质研究和盆地构造精查，相继发现了胜坨、东辛等39个油田，探明石油地质储量12.61×10⁸t，年产油达到第一个高峰1946×10⁴t，为建立中国第二大石油工业基地奠定了基础。

二、高速发展阶段（1983—1995年）

1983年，针对储量、产量双下滑的严峻勘探形势，进一步总结20余年来济阳坳陷的勘探实践，深化认识济阳坳陷成藏条件及油气藏分布规律，建立了独具特色的复式油气聚集区勘探理论，指出陆相断陷盆地断裂构造发育、储集体分布复杂、圈闭类型多样，存在多期成盆演化、多套主力烃源岩、多次油气运聚高峰，发育五类有利区带、多种油藏类型。以复式油气聚集理论为指导，重点勘探滨海地区、积极拓展老油区，富烃洼陷多油藏类型齐头并进，取得了丰硕勘探成果，济阳坳陷进入高速发展阶段。

本阶段以滨海地区为勘探重点，整体解剖了埕岛—桩西—孤东潜山披覆构造带、大王北构造带、东营凹陷的梁家楼—牛庄—六户地区及八面河断裂鼻状构造带。共完成各类探井 2283 口，有 1762 口见油层，其中有 1030 口获工业油气流。

1. 重点勘探滨海地区

通过人力控制黄河改道，淤沙造陆 270km²，1984 年发现孤东大油田，为胜利油田产能建设跨上新台阶奠定了基础。1988 年预探埕岛潜山披覆构造，埕北 12、埕北 20 井在馆陶组钻遇油层，1989 年上报埕北 12、埕北 20 馆陶组探明石油地质储量 4366×10^4t，发现了埕岛油田。车镇凹陷的滨海地区发现了大王北油田。渤南油田东部的含油气范围进一步扩大，成为亿吨石油储量的大油田。此外，在滩海地区还发现新滩、红柳、老河口、飞雁滩、英雄滩等油田，进一步明确了滩海地区有巨大勘探远景，实现了勘探领域由陆地向滩海的跨越。1991 年 1 月埕东北坡完钻埕科 1 井，发现二叠系油层 19 层 211.5m，开创了世界第一口水平探井先例。

2. 老油区"上坡、下洼、探边"

以非背斜油气藏为主要目标，对义和庄、陈家庄潜山披覆构造带和东营凹陷博兴、牛庄洼陷、八面河断裂鼻状构造带及惠民凹陷临南洼陷进行勘探，发现了以太古宇潜山油藏为主的王庄油田、以地层不整合油藏为主的高青油田；发现了以沙三、沙四段岩性和岩性—构造油藏为主的牛庄、大芦湖、小营和临南油田；探明了东营凹陷南部斜坡带八面河油田的石油储量。

3. 阶段成果

通过本阶段的勘探工作，发现了 25 个油气田，探明石油地质储量 22×10^8t。净增年产油量 800×10^4t，1987 年突破了年产石油 3000×10^4t 的大关（年产石油 3160.2×10^4t），成为中国第二大油田。1987—1995 年保持年产量 3000×10^4t 以上，并在 1991 年达到历史产量峰值 3355.19×10^4t。形成的"渤海湾盆地复式油气聚集（区）带勘探理论与实践——以济阳等坳陷复杂断块油田的勘探开发为例"1985 年获国家科技进步特等奖，从而使胜利油田的勘探、开发进入了一个新时期。

三、稳定发展阶段（1996—2012 年）

至 1995 年底，按照二次资源评价结果，济阳坳陷石油探明程度达到 51.9%，新增探明石油地质储量中地层类、岩性类等油气藏的比例占到 62%，整体达到较高勘探程度。这一期间，针对隐蔽油气藏形成机制和勘探技术开展攻关研究，形成了隐蔽油气藏理论、多样性潜山理论及配套勘探技术系列。该理论及勘探技术的形成与发展，指导并推动了济阳坳陷勘探的稳定发展。

1. 理论创新引领稳定发展（1996—2004 年）

1）隐蔽油气藏勘探理论引领勘探大发展

针对隐蔽油气藏的形成、分布、控藏要素及预测评价等一系列科学难题，组织国内知名科研院所开展"断陷盆地第三系隐蔽油气藏形成机制与勘探"攻关研究。首次对大型复杂陆相断陷盆地进行了全盆地的高精度层序地层研究，发现了陆相低位扇，揭示了"断裂坡折带—低位扇"岩性油藏成藏规律，提高了砂体预测成功率，为隐蔽油气藏理论框架体系的形成奠定了基础。经过系统研究，形成了"断坡控砂、复式输导、相势控藏"的勘探理论，实现了对隐蔽油气藏勘探由"碰"到"找"的转变，由"定性预测"到"定量评价"的飞跃，"陆相断陷盆地隐蔽油气藏形成机制与勘探"2004年获得国家科技进步一等奖。以隐蔽油气藏理论为指导，深化济阳老区勘探，不断获得重大发现。

（1）郑家—王庄地区发现大型整装地层油藏。通过精细地质和构造分析研究，提出断陷盆地由稳定充填期向拗陷期转换的过程中，形成的边缘大型地层圈闭油气"T—S"型运聚模式。以该认识为指导，在郑家—王庄地区部署郑412、郑363、郑斜41、郑科平1等37口探井，发现了馆陶组、沙一段、沙三段多套含油层系的亿吨级稠油地层油藏，2003年新增探明石油地质储量 6223×10^4t、预测石油地质储量 1072×10^4t。

（2）新近系河道砂岩油藏持续增储。以往对新近系油气藏的勘探，主要运用构造成藏勘探思路，注重构造和断层对油气运移聚集的控制作用。通过对这类油气藏的深入分析，对新近系岩性油气藏油气运聚机理有了新的认识，提出"网—毯式油气运聚"模式，促进了太平油田和陈家庄凸起北坡馆下段岩性—地层油藏勘探，扩大了埕东北坡、埕岛、垦东等地区馆上段岩性油藏范围，新增探明石油地质储量 17607×10^4t、控制石油地质储量 9286×10^4t、预测石油地质储量 6879×10^4t，新近系岩性油藏成为胜利油田重要的增储领域。

（3）洼陷带岩性油藏规模增储。在"断坡控砂"认识的指导下，通过高精度层序地层研究，进一步加强浊积岩描述，在东营凹陷、渤南洼陷、临南洼陷、博兴洼陷等多个地区浊积岩勘探中取得重要进展。该阶段浊积岩油藏累计新增探明石油地质储量 25703.16×10^4t，新发现江家店油田。

2）多样性潜山勘探取得重要进展

通过精心研究，大胆实践，提出了潜山发育和成藏多样性新认识。认为济阳坳陷多期次、多方式构造运动的叠加，在盆地内部古潜山类型具有多样性、发育具有分带性、时空展布具有期次性，潜山类型不同，其储集类型、分布模式各异，成藏机理也不相同。这些认识上的突破，带动济阳坳陷潜山勘探，发现了富台油田，孤西、桩海、东营南坡潜山勘探也取得重要发现。新增潜山探明石油地质储量 16683×10^4t。"断陷盆地多样性潜山带成因、成藏与勘探配套技术"2003年获国家科技进步二等奖。

3）天然气领域勘探取得新突破

1998年，济阳坳陷第一口中层天然气专探井丰气1井钻探成功，获得日产气 $54563m^3$，充分展现了深层良好的勘探潜力。2004年，孤北古1井石炭系—二叠系测试，6mm油嘴日产气 $11.67 \times 10^4 m^3$，成为单井产量最高的煤成气井，首次上报煤成气天然气控制储量 $68.1 \times 10^8 m^3$。

4）外围新区勘探取得新突破

加大阳信洼陷勘探力度，阳101井沙四段突破了工业油流关，发现了阳信油田，新增沙四段控制储量 1005×10^4t、预测储量 1037×10^4t；沙一段生物气预测储量 $146 \times 10^8 m^3$。在辽东东探区发现胜顺油田，控制储量 663.13×10^4t。

5）阶段成果

隐蔽油气藏理论的提出，开辟了陆相断陷盆地油气勘探的新纪元。该阶段完成三维地震 $13065.5km^2$，探井1300口，探井进尺 355.58×10^4m，累计探明石油地质储量

$10.95 \times 10^8 t$，年均 $1 \times 10^8 t$，胜利油田步入稳定发展期。

2. 理论深化推动稳定发展阶段（2005—2012 年）

1）揭示咸化湖盆高效生排烃机理

传统认为，济阳坳陷主要烃源岩是淡水湖泊环境的沙三段，沙四段只是次要的烃源岩，同时认为分散有机质是主要的烃类贡献者。该阶段对济阳坳陷油气和烃源岩的综合研究，取得重要突破。首先是对沙四段有机质类型有了全新的认识，提出"沙四段有机质为咸化环境产物，比沙三段淡水环境的有机质更容易向油气转化，富集有机质是烃类主要贡献者"的新认识，与淡水环境烃源岩相比，咸化湖泊烃源岩具有早生、早排、排烃周期长的特点，其产烃率为 50%～70%、排烃效率高达 60%～90%，分别是淡水环境的 2 倍和 1.5 倍。根据这一认识，济阳坳陷主要凹陷沙四段烃源岩资源量增加了 $28.71 \times 10^8 t$。这些认识对济阳坳陷油气资源评价和部署思路、部署领域的转变发挥了重要作用，由注重晚期成藏向关注多套烃源岩多期成藏转变，由注重现今成藏条件分析向关注恢复不同成藏期条件分析转变，有利勘探领域的进一步拓展，勘探潜力得到大幅提升。

2）隐蔽油气藏理论不断发展完善

针对滩坝砂岩、浊积岩、砂砾岩体、河道砂等重点增储领域勘探关键问题，强化储层发育机制、成藏机制与成藏过程量化研究，成藏动力形成机制认识逐渐深入，建立了陆相断陷盆地大型滩坝砂油藏成储成藏新模式、形成了深层砂砾岩体成藏理论模式，指导了滩坝砂、砂砾岩等成熟领域持续增储。

（1）滩坝砂岩油藏获突破性进展。1965 年东营凹陷通 5 井发现了滩坝砂油藏，获得 73t/d 高产工业油流。过去认为陆相断陷盆地缓坡带滨浅湖滩坝砂体分布具有"溜边、爬坡、分布局限"的特点，主要针对凹陷内部大—中型正向构造部署，一直没有大的场面。该阶段以"古环境因素控砂，压—吸充注控藏"研究为核心，创立了"陆相断陷盆地大型滩坝砂油藏勘探理论"，缓坡带滩坝砂岩油藏成为重要增储阵地。通过系统开展滩坝砂岩成因、成藏综合研究，攻关形成了断陷湖盆滩坝砂体宏观地质建模和地球物理精细描述配套技术，实现了滩坝砂油藏由零星勘探向规模勘探转变。按照横向探边、纵向到底、由易到难、滚动部署的勘探思路，在继续扩大博兴洼陷滩坝砂岩含油面积基础上，向北部利津深洼带探索，钻探的梁 76 井沙四段上亚段 3751.1～3791.9m，油层 18.4m/11 层，压裂日产油 7.5t，突破了 3500m 以深储层不发育的传统认识，滩坝砂岩油藏埋深向下拓展了 1000m。2011 年，实现了东营凹陷原有 12 个油田同一层系滩坝砂岩油藏的整体含油连片，新增探明石油地质储量 $1.94 \times 10^8 t$。之后，推广到东营凹陷东部、沾化凹陷的渤南洼陷和孤北洼陷，车镇凹陷以及惠民凹陷的临南洼陷，滩坝砂岩成为该阶段重要的增储类型。该阶段上报的滩坝砂探明石油地质储量为以往近 40 年该类油藏探明石油地质储量的总和。

（2）陡坡带砂砾岩体油藏形成勘探开发配套技术。1990—1998 年，随着三维地震资料的普及，逐步形成了"沟梁相间，沟扇对应，大沟对大扇，小沟对小扇"的认识，在此指导下的陡坡带勘探不断取得突破性进展。21 世纪以来，逐步探索深层砂砾岩体，总结并提出深层砂砾岩体"扇根封堵、扇中富集，纵向叠置、横向连片"成藏新认识，2007 年扇间钻探盐 222 井，沙四段上亚段测井解释油层 4 层 283.73m，3985.84～4194.57m 油层 1 层 208.7m，试油获日产油 17.7t，突破了构造控藏、扇间储层不发育的传统认识，并形成了砂砾岩体期次精细划分、砂砾岩体有效储层识别描述、含油性定量评价、储层压裂及井工厂开发等配套技术系列，盐家油田于2009年上报盐22—永920探明石油地质储量4167×10⁴t。以盐家勘探经验为指导，向东营北带东西甩开、整体评价，掀起深层砂砾岩体勘探的高潮，在沾化、车镇陡坡带砂砾岩体勘探亦不断取得新进展。该阶段，陡坡带砂砾岩体累计上报探明石油地质储量9101.2×10⁴t，控制石油地质储量8245.4×10⁴t，预测石油地质储量3092.79×10⁴t。砂砾岩体成为继滩坝砂岩之后重要的规模储量勘探领域。

3）沙四段下亚段—孔店组勘探取得突破

为拓展勘探空间，开展"红层"成藏基础地质研究，基本明确了沙四段下亚段—孔店组沉积储层发育特征，实现了红层"哑地层"地划分对比，建立了油气运聚模型，在东营地区和渤南地区红层油藏勘探取得突破，探明储量1282×10⁴t，控制储量837×10⁴t，预测储量5202×10⁴t。

4）外围小洼陷勘探发现桥东油田

本阶段加强了济阳坳陷富油凹陷以外的低勘探程度小洼陷探索，青东凹陷勘探成效良好。青东凹陷勘探始于1979年，先后钻探了青东2、青东1、青东5、青东斜6等井，一直未获得突破，致使该区的勘探工作停滞不前。2007年部署实施了青东三维地震，基于咸化环境烃源岩高效生排烃认识及断陷盆地走滑构造的研究，提出了青东凹陷不同于仅残留孔店组的潍北凹陷，而与东营凹陷类似，发育沙三段下亚段—沙四段上亚段成熟烃源岩。风险探井青东12井在沙四段上亚段获得51t/d工业油流，突破了青东凹陷胜利探区工业油流关，2009年上报预测石油地质储量1943.53×10⁴t，发现了桥东油田。2008—2012年，青东凹陷上报控制、预测石油地质储量近亿吨。2013年青东5块上报探明石油地质储量1107.94×10⁴t，建产20×10⁴t/a。

5）页岩油探索未获突破

2011年，中国石化股份有限公司提出加快陆相页岩油气勘探开发的工作要求，胜利油田在沾化凹陷和东营凹陷开展评价部署工作，先后完成罗69、牛页1、樊页1和利页1四口系统取心井，并在沾化凹陷部署完钻了渤页平1、渤页平2和渤页平1-2三口页岩油气水平探井以及在东营凹陷部署完钻了梁页1HF。同时开展了泥页岩岩相、储集性、可压性及资源评价等多方面的攻关研究。根据初步研究，济阳坳陷古近系沙河街组一段、三段和四段3套烃源岩中，TOC含量大于2.0%、镜质组反射率大于0.5%以及泥页岩厚度大于50m的有利区面积分别是：沙一段1044km²，沙三段下亚段2590km²，沙四段上亚段1890km²。其中沙四段上亚段和沙三段下亚段泥页岩碳酸盐岩组分含量高，具有明显的闭塞湖盆咸化成因特点，页岩油气具有较大的勘探开发潜力。钻探没有获得预期效果，认识到陆相页岩油比国外海相页岩气成藏条件复杂得多，2012年进入了基础研究阶段。

6）阶段成果

本阶段不断深化发展隐蔽油气藏勘探理论及配套技术，实现了勘探领域由浅层向深层的大幅迈进，同时积极预探青东、富林、青南等低勘探程度小洼陷，勘探领域不断拓展，发现了新北、桥东两个油田，新增探明石油地质储量7.92×10⁸t，年均新增三级石油地质储量过亿吨。

四、持续发展阶段（2013—2018 年）

2013 年，中国石化实施了"勘探""储量"两个新的管理办法，勘探系统负责控制石油地质储量和预测石油地质储量申报，探明石油地质储量则交由开发申报，并对拟申报储量进行了严格界定，要求控制石油地质储量三年内升级、预测石油地质储量五年内升级，期间内不能升级的将予以核销。2014 年国际油价断崖式下跌，并长期低位徘徊。两个新"办法"实施与低油价的叠加，勘探进入了效益为先、精细勘探的新阶段。

为适应新常态，探索建立了适应勘探阶段和目标类型的精细评价思路和方法。一是提出了富油凹陷油气藏分布有序性、差异性理论新认识，指出断陷盆地富油凹陷的结构及成藏要素具有相似性、盆地内油气藏类型分布具有有序性、油气成藏及富集模式具有差异性；二是建立了"层单元"精细落实剩余资源的评价方法；三是形成了储量空白区"七步走"精细勘探思路方法，为成熟探区精细勘探提供了方法指导；四是勘探领域向中浅层复杂构造、盆缘地层、潜山等主动战略转移。

1. 精细勘探，成熟领域稳定增储

以"有序性"认识为指导，应用"七步走"精细勘探方法，分析评价沙四上亚段及以上成熟层系储量"空白区"的勘探潜力。描述河道砂岩由主水道→分支水道、砂砾岩体由主沟谷控制的大型扇体→侧缘沟谷控制的小型扇体、洼内岩性由大中型深水扇→多种触发机制下形成的多类岩性体转变，落实埕岛地区埕北 208 井区、垦东北部垦东 89 井区、盐家西翼盐 229 井区等多个地区发现了 1000×10^4t 级以上的规模储量区块，成熟领域仍是稳定增储的主要方向。

2. 积极探索，三新领域持续突破

1）小洼陷勘探成效显著

（1）青南洼陷发现青南油田。该洼陷勘探始于 1966 年钻探的莱 3 井，因烃源岩、主要目的层及沉积储层认识不清，该区勘探长期停滞。在油气藏分布有序性认识指导下，认为青南洼陷沙四段上亚段发育优质烃源岩，且发育与烃源岩共生的滩坝砂岩。钻探的莱 87 井沙四段上亚段获得日产油 31.3t、气 $1478m^3$ 的工业油气流，2012 年上报预测石油地质储量 2261.58×10^4t，勘探开发一体化结合，2013 年上报控制石油地质储量 916.67×10^4t，发现了胜利油田东部第 75 个油田——青南油田。

（2）三合村洼陷发现三合村油田。前期探井证实洼陷古近系生油岩埋深浅，生油条件差，仅探明部分浅层气。本阶段认为北部渤南洼陷沙四段咸化环境烃源岩具有东营期生烃和排烃的条件；在对三合村地区东营成藏期构造特征、沉积条件、输导条件、圈闭条件、保存条件等关键要素恢复的基础上，认为在东营期渤南洼陷的油气可运移至三合村洼陷沙河街组聚集。在该认识指导下，钻探的罗 322、垦 119 井等均获得成功，发现沙河街组、东营组、馆陶组等多套含油层系。2014 年发现了胜利油田东部第 76 个油田——三合村油田。探明储量 227×10^4t，控制储量 3384×10^4t，预测储量 890×10^4t。

2）古生界勘探彰显活力

（1）上古生界彰显一定勘探潜力。作为济阳坳陷一套残留型地层，上古生界一直未得到足够的重视。本阶段加强研究和部署，在车镇北带钻探的风险探井车古 27 井日产气 $76412m^3$；高青地区钻探的花古斜 101 井二叠系日产油 34.1t，控制储量 400×10^4t。

此外在大王庄和义和庄地区亦取得一定效果。

（2）下古生界勘探又取得突破。通过构造解析和区域应力场研究，提出"挤—拉—滑—剥"共控成山、前古近纪消亡断层具有封堵性的认识，探井部署由高山头迈向斜坡区，大胆探索潜山低部位，钻探的埕北313井在下古生界日产油325t、气10823m³。2016—2017年控制储量1630×10⁴t。古生界在沉寂多年后重新焕发出增储活力。

该阶段共完成三维地震4471.57km²，探井434口，进尺121.68×10⁴m，工作量降低至以往的一半。新增探明石油地质储量1.33×10⁸t，控制石油地质储量3.31×10⁸t，预测石油地质储量3.29×10⁸t，发现青南、三合村两个油田。

五、开发历程简要回顾

胜利油气区油气田开发，自胜坨油田1966年7月正式投入开发以来，主要经历了基础产能建设、高速高产、持续稳产、高质量发展四个开发阶段。

一是基础产能建设阶段（1964—1980年）。按照国家"迅速增加石油产量"的要求，"边勘探、边开发、边建设"，在"区域展开、重点突破、各个歼灭"的勘探方针指导下，先后发现了胜坨、东辛、滨南、孤岛、埕东、渤南、临盘等49个油田，探明石油地质储量11.40×10⁸t；坚持高节奏、高强度、高速度开发建设油田，到1978年建成了中国第二大油田——胜利油田。

二是高速高产阶段（1981—1995年）。新区勘探大找"三新"，新增探明石油地质储量13.4×10⁸t；加强对孤岛、胜坨、东辛等油田的开发调整，组织开展大规模的孤东开发会战，投入开发了孤东、五号桩等13个油田，新建年生产能力1308×10⁴t，使原油产量由1981年的1611×10⁴t提高到1986年的2951×10⁴t。新投入开发桩西、长堤、老河口、河滩等23个油田；组织开展了滨海地区大会战，为高产稳产创造了条件。在老区以实施"控水稳油"为中心、以"双低"单元综合治理为重点，加强区块整体调整、扩大稠油热采规模、开展化学驱先导试验取得较好效果。期间，原油产量在3000×10⁴t以上连续5年稳定增长，1991年达到3355×10⁴t，创出历史最高水平；到1995年，原油产量连续9年保持在3000×10⁴t以上。

三是持续稳产阶段（1996—2015年）。面临新增储量资源品位下降、老油田产量递减加快的局面，实施"科技兴油"战略，依靠创新突破，实现了从陆上到海上、从稀油到稠油、从水驱到化学驱、从东部到西部的拓展。1996—2015年，年产油平均保持在2700×10⁴t以上，自1997年连续储采平衡，实现了储量、产量和效益的良性循环，并积累了特高含水期油田持续稳产的宝贵经验。

四是高质量发展阶段（2016年以来）。国际油价震荡走低，聚焦价值引领，全力打好效益稳产进攻仗，加快西部接替增效益、加大海上增量创效益、做稳老区控递减保效益。聚焦提质增效，在效益开发上下功夫，积极探索走上高质量发展之路，注采对应率、分注率、层段合格率等稳产基础指标持续向好，稀油自然递减率由2016年的14.3%下降到2018年的8.5%。

胜利油田面对复杂的油藏地质条件，以大量的开发现象、海量的开发数据入手，不断地实践认识、认识再实践，创立了陆相水驱剩余油富集、高温高盐油藏化学驱等理论，有效指导精细油藏描述、低渗透油藏开发、化学驱开发等技术的创新。胜利油田创新发展了精细油藏描述技术、复杂结构井开发技术、高温高盐油藏化学驱开发技术、边际稠油油藏热采开发技术、滩浅海油藏开发技术、低渗透油藏开发技术等多项技术。通过技术创新，使产量结构从单一水驱为主向水驱、化学驱、稠油热采、海上等多元化的产量结构转变，并支撑了胜利油田年产油量的产期稳定。

截至 2018 年底，济阳坳陷已投入开发 70 个油田，累计探明含油面积 $3347.23km^2$，探明石油地质储量 53.48×10^8t。累计生产原油 11.68×10^8t，为国家经济建设做出了重大贡献。

第三章 地 层

济阳坳陷从老到新包含的地层有：新太古界泰山岩群，下古生界寒武系和下—中奥陶统，上古生界上石炭统和二叠系，中生界侏罗系和白垩系，以及新生界古近系、新近系及其上覆的第四系。太古宇为基底，缺失元古宇、古生界上奥陶统、志留系、泥盆系和下石炭统及中生界三叠系。

济阳坳陷前古近系与上覆古近系之间呈区域角度不整合接触，由凹陷内部到边缘，古近系逐层超覆于前古近系之上，直至覆盖全区。从济阳坳陷前中生界古地质图（图3-1）可以看出，新太古界主要出露于埕宁隆起区和陈家庄凸起等处，寒武系、奥陶系、石炭系和二叠系分布在各凹陷西部边缘和南斜坡地带。济阳坳陷地层划分方案如表3-1所示。

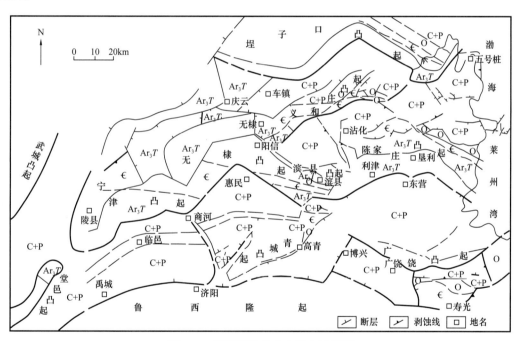

图 3-1 济阳坳陷前中生界古地质图

表 3-1 济阳坳陷地层简表

界	系	统	组	代号	绝对年龄 / Ma	岩性特征	厚度 /m
新生界	第四系	全新统		Qh	0.01	灰黄色粉砂与黑灰色淤泥质粉砂土夹海相层	200~450
		更新统	平原组	Qpp	2.0	黄灰色、棕黄色及灰褐色黏土与粉砂岩夹海相层	

界	系	统	组	代号	绝对年龄/Ma	岩性特征	厚度/m
新生界	新近系	上新统	明化镇组	$N_{1-2}m$	5.1	棕黄色、棕红色泥岩夹棕黄色粉砂岩	650~1300
		中新统	馆陶组	N_1g	24.6	灰色含砾砂岩、砂岩夹灰色、绿色、紫色泥岩	200~1000
	古近系	渐新统	东营组	E_3d	32.8	灰色、灰绿色泥岩与砂岩、含砾砂岩互层	700~1000
		始新统	沙河街组	$E_{2-3}s$	50.5	深灰色泥岩与灰白色砂岩夹碳酸盐岩和油页岩	>2000
		古新统	孔店组	$E_{1-2}k$	65.5	棕红色与紫红色砂岩、泥岩夹灰色砂岩、泥岩	>1000
中生界	白垩系	上统	"王氏组"	K_2w	99	紫色、杂色砾岩、含砾砂岩、砂岩与泥岩	0~300
		下统	西洼组	K_1x	125	灰色安山岩与紫色砂泥岩	>700
			蒙阴组	K_1m	145	杂色含砾砂岩与灰色砂岩、灰绿色泥岩互层	0~200
	侏罗系	上统	三台组	$J_{2-3}s$	199.6	紫色泥岩与灰白色泥岩、砂岩、砾岩互层	200~300
		中统	坊子组	$J_{1-2}f$		暗色、紫色、灰绿色泥岩、砂岩夹煤层	200~400
		下统					
古生界	二叠系	乐平统	石千峰组	P_3s	260	紫红色、棕红色、灰紫色泥岩与浅紫色砂岩	0~600
		阳新统	上石盒子组	P_2sh	277	黄绿色厚层砂岩及紫色、灰色泥岩、泥质砂岩	400~500
			下石盒子组	P_2x		灰色及灰绿色泥岩、砂岩夹薄煤层	40~120
		船山统	山西组	P_1s	295	灰色泥岩、碳质泥岩与石英砂岩夹煤层	60~90
	石炭系	上统	太原组	$C_2—P_1t$	320	灰色泥岩、碳质泥岩与砂岩夹石灰岩及煤层	160~180
			本溪组	C_2b		杂色铁铝岩、铝土岩、灰色泥岩夹石灰岩	40~100
	奥陶系	中统	"八陡组"	O_2b	470	深灰色块状灰岩、灰色泥质白云岩	50~260
			上马家沟组	O_2sm		黄色角砾状泥灰岩、含燧石结核灰岩、豹皮灰岩、石灰岩及白云岩	280~300
			下马家沟组	O_2xm		黄色角砾状灰岩、豹皮灰岩、石灰岩夹白云岩	180~200
		下统	冶里—亮甲山组	O_1y+l	490	灰—浅灰色结晶白云岩，含竹叶状白云岩、燧石结核白云岩	90~120
	寒武系	芙蓉统	凤山组	ϵ_4f	500	浅灰色结晶白云岩、泥质条带灰岩	100~110
			长山组	ϵ_4c		灰色泥质条带灰岩、竹叶状灰岩夹黄绿色页岩	50~100
			崮山组	ϵ_4g		疙瘩状灰岩、泥质条带灰岩夹黄绿色页岩	40~60

界	系	统	组	代号	绝对年龄/Ma	岩性特征	厚度/m
古生界	寒武系	第三统	张夏组	$\epsilon_3 z$	513	灰色鲕状灰岩及显微晶灰岩	180～190
			徐庄组	$\epsilon_3 x$		灰绿色、紫灰色页岩夹石灰岩，含海绿石砂岩	80～100
			毛庄组	$\epsilon_3 mz$		下部石灰岩，上部暗紫色页岩、砂岩	30～60
		第二统	馒头组	$\epsilon_2 m$	521	灰色隐晶白云岩及紫红色页岩	100～150
太古宇			泰山岩群	$Ar_3 T$	2800	常见黑云角闪变粒岩、斜长角闪岩、绿泥石片岩	>500

第一节 太 古 宇

太古宇是济阳坳陷最古老的基底岩层，常组成凸起的核部，如埕子口凸起、无棣凸起、陈家庄凸起、滨县凸起和广饶凸起等（图3-1）。太古宇埋深变化大，陈家庄凸起及其以北的埕子口凸起和无棣凸起埋深为580～1450m；滨县凸起、广饶凸起等埋深多超过1500m。济阳坳陷揭示的最大厚度为1430m。

太古宙岩石经历了20多亿年的地质演化，接受多期次火成岩侵入和多次压性、张性、剪切应力的改造作用，岩性变得极为复杂。鲁西地区新太古界泰山岩群是迄今为止我国保存较好、发育比较完全的典型新太古代绿岩带地区之一（程裕淇等，1994；曹国权等，1996）。所谓"泰山岩群"是分布于鲁西地区各断隆之上的新太古代变质地层单位，由曹国权等（1996）首次提出使用，是从原"泰山群"厘定而出的变质地层，分布面积不足原"泰山群"的10%。"泰山群"这一概念现已弃用，"泰山岩群"以外的地质体均划归为太古宙侵入岩。

鲁西地区泰山岩群包括孟家屯组、雁翎关组、山草峪组和柳杭组（表3-2），是一套经受了中压角闪岩相变质的沉积—火山建造，呈不规则状包裹体分散地残留在新太古代或古元古代花岗质侵入体内。济阳坳陷仅个别井某些井段见泰山岩群变质地层，岩石类型主要见有黑云角闪变粒岩、斜长角闪岩、绿泥石片岩等。

泰山岩群沉积之后，鲁西地区构造岩浆活动强烈频繁，新太古代发生3期岩浆侵入活动：早期形成英云闪长质片麻岩；中期形成TTG质花岗岩；晚期最强烈，形成大规模钾质花岗岩，为新太古代岩体，可进一步划分为峄山岩套、傲徕山岩套和四海山岩套，岩性主要为二长花岗岩、钾长花岗岩和闪长岩类。济阳坳陷新太古代岩体（表3-3）主要由花岗质侵入岩组成，岩性主要为二长花岗岩类；其次为闪长质侵入岩，岩性为石英闪长岩类；少量钾长花岗岩类，时代属于新太古代晚期。二长花岗岩类和钾长花岗岩类属于傲徕山岩套，闪长岩类属于峄山岩套。傲徕山岩套未发生区域变质作用，仅局部变质或变形呈片麻状构造；峄山岩套则经历了绿片岩相变质作用，岩石常具片麻状构造。

表 3-2　鲁西地区泰山岩群划分沿革表

北京地质学院（1958—1960）		程裕淇等（1962—1963）		《1：20万泰安、新泰幅区调报告》（1990）			《鲁西前寒武纪地质》曹国权等（1996）			《山东省岩石地层》（1996）	
泰山群		傅家庄—单家峪角闪质岩带		泰山岩群	柳杭组		泰山岩群	柳杭组	上亚组	柳杭组	二段
						下亚组			中亚组		一段
									下亚组		
	山草峪组	山草峪组			山草峪组	四段		山草峪组	第四大层	山草峪组	四段
						三段			第三大层		三段
						二段			第二大层		二段
						一段			第一大层		一段
	雁翎关组	雁翎关组	上亚组		雁翎关组	上亚组		雁翎关组	上亚组	雁翎关组	三段
						中亚组			中亚组		二段
			下亚组			下亚组			下亚组		一段
	太平顶组	任家庄组									
	万山庄组							孟家屯组		孟家屯组	

表 3-3　济阳坳陷新太古代岩石岩心概况

井号	取心井段 /m	心长 /m	岩石类型
埕北 302	4172.58～4232.93	5.93	二长花岗岩及英云闪长岩类
埕北 303	3713.09～3950.00	29.51	二长花岗岩为主，闪长岩类其次，顶部见伟晶岩脉
利古斜 601	3028.39～3150.00	54.15	二长花岗岩为主，少量石英闪长岩和花岗闪长岩，顶部见伟晶岩脉
郑 361	1297.00～1298.30	1.20	二长花岗岩
郑 362	1215.00～1266.00	26.00	二长花岗岩为主，部分石英闪长岩和花岗闪长岩
郑 363	1244.00～1303.00	10.40	二长花岗岩为主，少量闪长岩类
郑 4-2	1531.00～1674.37	90.25	二长花岗岩为主，石英闪长岩其次，常见伟晶岩脉
桩古 39	4391.17～4647.27	50.20	斜长花岗岩为主，少量石英闪长岩
埕古 19	1784.30～3162.30	15.90	二长花岗岩为主，见黑云煌斑岩

　　济阳坳陷新太古界基本上为下古生界所覆盖，在坳陷边缘或凹陷之间的凸起区常直接被新生代地层覆盖。电阻率曲线呈高阻尖峰状，自然电位曲线变化幅度较大。大致可与太行山东麓的阜平群和辽东南部地区的鞍山群相当。

第二节 古 生 界

济阳坳陷古生界与华北地区基本一致，属标准的地台型沉积，下古生界碳酸盐岩厚度达 1400m，上古生界碎屑含煤建造近 1000m，自下而上包括寒武系、奥陶系、石炭系和二叠系。

遵循新的年代地层划分原则，按照中国区域年代地层表的划分方案，同时兼顾传统和便于成果应用，本书古生界岩石地层的划分仍沿用传统的方案，岩石地层组的界限则依据具有相对等时意义的标志层，建立年代地层和岩石地层的关系（表3-4）。古生界划分对比中，下古生界主要以牙形石，上古生界以蜓、有孔虫和孢粉等化石为依据，还常应用一些生物碎屑和岩矿薄片标志（图3-2）。

表3-4 山东省古生界划分沿革表

地层	《山东省区域地层表》（1978）		《山东省区域地质志》（1991）		《中国石油地质志卷六·胜利油田》（1993）	山东省国土资源厅（2014）		本书
二叠系	石千峰组		凤凰山组		石千峰组	石千峰组		石千峰组
	上石盒子组	孝妇河组	上石盒子组	孝妇河组	上石盒子组	石盒子群	孝妇河组	上石盒子组
		奎山组		奎山组			奎山组	
		万山组		万山组			万山组	
	下石盒子组		下石盒子组		下石盒子组	黑山组		下石盒子组
	山西组		山西组		山西组	月门沟群	山西组	山西组
石炭系	太原组		太原组		太原组		太原组	太原组
	本溪组		本溪组		本溪组		本溪组	本溪组
奥陶系	八陡组		八陡组		八陡组	八陡组		八陡组
	阁庄组		阁庄组			阁庄组		
	马家沟组		五阳山组		上马家沟组	五阳山组		上马家沟组
	北庵庄组	上段	土峪组			土峪组		
		下段	北庵庄组			北庵庄组		
	纸坊庄组	上段	东黄山组		下马家沟组	东黄山组		下马家沟组
		中段	纸坊庄组	上段	冶里—亮甲山组	三山子组		冶里—亮甲山组
		下段		下段				
寒武系	凤山组		凤山组		凤山组	炒米店组		凤山组
	长山组		长山组		长山组			长山组
	崮山组		崮山组		崮山组	崮山组		崮山组
	张夏组		张夏组		张夏组	张夏组		张夏组
	徐庄组		徐庄组		徐庄组	馒头组		徐庄组
	毛庄组		毛庄组		毛庄组	朱砂洞组		毛庄组
	馒头组		馒头组		馒头组	李官组		馒头组
			五山组					

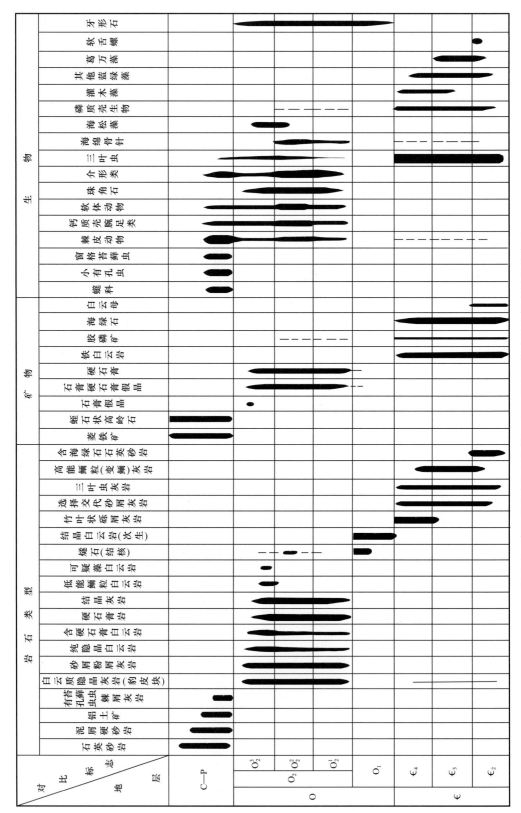

图 3-2 济阳坳陷古生界生物、岩石和岩石薄片对比标志纵向分布图

济阳坳陷下古生界广泛分布，但由于构造运动及长期的风化侵蚀，地区性分布有一定的差异。在凹陷部位埋藏较深、保存较全；在凸起部位埋藏较浅，分布局限。凸起带的分布大致可归纳为三种情形：第一种为大面积遭剥蚀，如西北部的埕子口凸起、无棣凸起和宁津凸起仅在凸起边缘分布，陈家庄凸起、青城凸起和滨县凸起等地区则剥蚀殆尽、厚度为零；第二种为局部遭剥蚀，如东南部的滨县凸起和广饶凸起等地区剥蚀程度较轻，在凸起侧部和边缘均有分布，厚度100～500m；第三种为保存完整，如孤岛凸起和义和庄凸起，厚度500～1400m。

中生代以来，济阳坳陷经历了长期、多次、复杂、强烈的构造运动，致使上古生界保留不全。地层主要分布于各凹陷的中心部位，凸起高部位已全部或大部分被剥蚀。现今残余地层分布具有南北成带，东西分块的特点：南区石炭系—二叠系分布在惠民凹陷和东营凹陷的南部斜坡部位；北区沾化凹陷的石炭系—二叠系分布明显受断层控制，平面分布不连续，呈断块状分布。相对沾化凹陷而言，车镇凹陷石炭系—二叠系分布较广且连续（图3-3）。

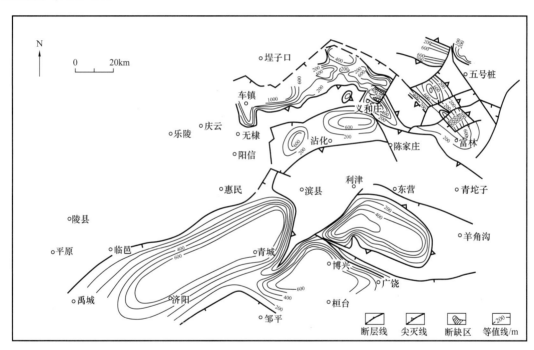

图3-3 济阳坳陷上古生界残余地层等厚图

一、寒武系（∈）

寒武系可分7个组，自下而上依次为馒头组、毛庄组、徐庄组、张夏组、崮山组、长山组、凤山组（图3-4）。三叶虫化石较丰富。与下伏新太古界呈角度不整合接触，各组之间连续沉积。

1. 馒头组（$\in_2 m$）

"馒头页岩"一名为B.Willis和E.Blackwelder（1907）所创。1953年卢衍豪、董南庭将馒头页岩自下而上分为馒头组、毛庄组、徐庄组。这三个组的层型剖面源自山东省济南市长清区张夏镇馒头山。

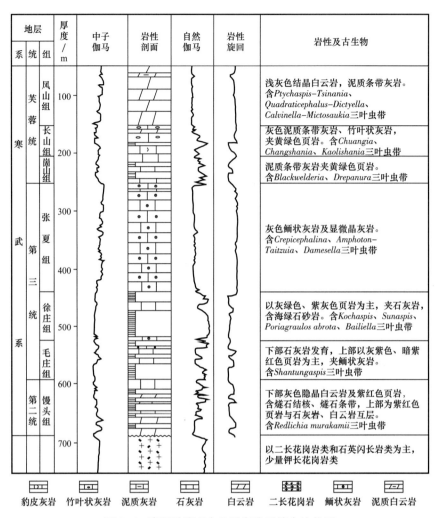

地层			厚度 /m	中子伽马	岩性剖面	自然伽马	岩性旋回	岩性及古生物
系	统	组						
寒 武 系	芙 蓉 统	凤山组	100					浅灰色结晶白云岩，泥质条带灰岩。含*Ptychaspis-Tsinania*、*Quadraticephalus-Dictyella*、*Calvinella-Mictosaukia*三叶虫带
		长山组	200					灰色泥质条带灰岩，竹叶状灰岩，夹黄绿色页岩。含*Chuangia*、*Changshania*、*Kaolishania*三叶虫带
		崮山组						泥质条带灰岩夹黄绿色页岩。含*Blackwelderia*、*Drepanura*三叶虫带
	第 三 统	张 夏 组	300 400					灰色鲕状灰岩及显微晶灰岩。含*Crepicephalina*、*Amphoton-Taitzuia*、*Damesella*三叶虫带
武		徐 庄 组	500					以灰绿色、紫灰色页岩为主，夹石灰岩，含海绿石砂岩。含*Kochaspis*、*Sunaspis*、*Poriagraulos abrota*、*Bailiella*三叶虫带
		毛 庄 组						下部石灰岩发育，上部以灰紫色、暗紫红色页岩为主，夹鲕状灰岩。含*Shantungaspis*三叶虫带
	第 二 统	馒 头 组	600 700					下部灰色隐晶白云岩及紫红色页岩，含燧石结核、燧石条带，上部为紫红色页岩与石灰岩、白云岩互层。含*Redlichia murakamii*三叶虫带
								以二长花岗岩类和石英闪长岩类为主，少量钾长花岗岩类

豹皮灰岩　竹叶状灰岩　泥质灰岩　石灰岩　白云岩　二长花岗岩　鲕状灰岩　泥质白云岩

图 3-4　济阳坳陷下古生界寒武系综合柱状图

下部为灰色隐晶白云岩及紫红色页岩，含燧石结核和燧石条带；上部为紫红色页岩与石灰岩、白云岩互层，厚度 100～150m。从陈家庄—孤岛一线向北至桩西，向南至草桥均有分布。自然伽马值较高，曲线呈尖峰状高低不平，自下向上曲线峰值增高，反映自下向上黏土及陆源碎屑含量增高的特点。地层识别标志以砖红色、紫红色页岩为特征，底部含燧石结核的白云岩覆盖于新太古界之上，以岩性的巨大差别与新太古界分界。

该组层型剖面岩性为紫红色页岩夹石灰岩，含村上氏莱德利基虫（*Redlichia murakamii*）三叶虫带，其中产中华莱德利基虫（*R.chinensis*），层位相当于我国南方的龙王庙阶，时代属寒武纪第二世晚期。

2. 毛庄组（$\epsilon_3 mz$）

下部发育较厚的石灰岩，上部以灰紫色、暗紫红色页岩、粉砂质页岩为主，夹鲕状灰岩，厚度 30～60m。自然伽马值下部峰值低，上部峰值高，反映泥质含量逐渐增高。地层识别标志以灰紫色、暗紫红色页岩、粉砂质页岩为特征，页岩中富含云母。

该组层型剖面岩性以暗紫色云母页岩为主，顶部夹鲕状灰岩。含山东盾壳虫属（*Shantungaspis*）三叶虫带，产刺山东盾壳虫（*S.aclis*）、东方山东盾壳虫

（ *S.orientalis* ）、馒头裸壳虫（ *Psilostracus mantoensis* ）等。时代属寒武纪第三世早期。

3. 徐庄组（$\epsilon_3 x$）

以灰绿色、紫灰色页岩为主，夹石灰岩，含海绿石砂岩，页岩中富含云母片，厚度80～100m。自然伽马高值，曲线呈块状，顶部可呈锯齿状，反映页岩较厚、石灰岩夹层少的特征。地层识别标志以灰绿色、紫灰色页岩，含海绿石砂岩为特征，页岩颜色与毛庄组有明显差别。

该组层型剖面岩性以紫、灰、绿色页岩与鲕状灰岩互层为主，三叶虫丰富，含4个三叶虫带，自下而上为柯赫氏虫属（ *Kochaspis* ）带、孙氏盾壳虫属（ *Sunaspis* ）带、娇弱毛孔野营虫（ *Poriagraulos abrota* ）带和毕雷氏虫属（ *Bailiella* ）带。时代属寒武纪第三世中期。

4. 张夏组（$\epsilon_3 z$）

1907年B.Willis等创立"张夏灰岩"一名；1953年卢衍豪、董南庭建立张夏组，层型剖面为山东省济南市长清区崮山镇虎头崖—黄草顶剖面。

以灰色鲕状灰岩及显微晶灰岩为主，顶部产微体腕足类，厚度180～190m。自然伽马值低，曲线平直，反映本组以碳酸盐岩为主。地层识别标志以厚层鲕状灰岩与其他层位相区别。

该组层型剖面岩性以巨厚的鲕粒灰岩为主，富含三叶虫，自下而上含3个三叶虫带：小裂头虫属（ *Crepicephalina* ）带、双耳虫属—太子虫属（ *Amphoton-Taitzuia* ）带和德氏虫属（ *Damesella-Yabeia* ）带。时代属寒武纪第三世晚期。

5. 崮山组（$\epsilon_4 g$）

崮山组由B.Willis和E.Blackwelder于1907年创名，1924年孙云铸将唐山赵各庄张夏层之上的一部分薄层灰岩夹页岩称崮山层。1958年中国科学院地质研究所改称为崮山组。层型剖面位于山东省济南市长清区崮山镇唐王寨。

主要为疙瘩状灰岩、泥质条带灰岩夹黄绿色页岩，产微体腕足类，厚度40～60m。自然伽马值较高，从下到上曲线峰值降低。地层识别标志以疙瘩状灰岩与黄绿色页岩为特征，与下伏张夏组分界明显。

该组层型剖面岩性为绿色页岩夹紫色、黄色页岩，蓝灰色灰岩夹竹叶状灰岩。自下而上含2个三叶虫带，蝴蝶虫属（ *Blackwelderia* ）带和蝙蝠虫属（ *Drepanura* ）带。时代属寒武纪芙蓉世早期。

6. 长山组（$\epsilon_4 c$）

1924年孙云铸将唐山赵各庄一带晚寒武世地层自下而上划分为崮山层、长山层、凤山层。1956年中国科学院地质研究所将其改称为组。长山组和凤山组的层型剖面均位于河北省唐山赵各庄。

以灰色泥质条带灰岩和竹叶状灰岩为主，夹黄绿色页岩，厚度50～100m。自然伽马值低—中等，局部具峰值，总体呈上缓下陡的锯齿状。地层识别标志以具紫红色氧化圈竹叶状灰岩为特征，与下伏崮山组分界不明显。

该组层型剖面岩性以紫色灰岩夹竹叶状灰岩为主，夹紫色薄层泥质粉砂岩。自下而上含3个三叶虫带：庄氏虫属（ *Chuangia* ）带、长山虫属（ *Changshania* ）带和蒿里山虫属（ *Kaolishania* ）带。时代属寒武纪芙蓉世中期。

7. 凤山组（$\epsilon_4 f$）

主要为浅灰色结晶白云岩、泥质条带灰岩，厚度100～110m。自然伽马值较低平，曲线无明显特征。地层识别标志是以浅灰色结晶白云岩夹泥质条带灰岩与下伏长山组相区别，分界划在具氧化圈竹叶状灰岩的顶部。

该组层型剖面岩性为灰色薄板状黏土质灰岩夹竹叶状灰岩。自下而上含3个三叶虫带：褶盾虫属—济南虫属（*Ptychaspis-Tsinania*）带、方头虫属—小网形虫属（*Quadraticephalus-Dictyella*）带和卡尔文属—杂索克属（*Calvinella-Mictosaukia*）带。时代属寒武纪芙蓉世晚期。

二、奥陶系（O）

华北地区奥陶系以碳酸盐岩为主，岩相稳定，除冶里组、亮甲山组在南部地区受准同生后白云岩化影响外，其余各组段与层型剖面岩性基本一致，易于对比。济阳坳陷奥陶系缺失上统，下、中统自下而上分为冶里组、亮甲山组、下马家沟组、上马家沟组和"八陡组"（图3-5），与上覆石炭系之间为平行不整合接触。由于冶里组和亮甲山组岩性近似，根据钻井资料不易区分，故在油区通常合并称之。对本区奥陶系的生物化石研究以牙形石较为深入，华北地区奥陶系所含的13个牙形石带（安太庠等，1983），本区已见到8个。

1. 冶里—亮甲山组（$O_1 y+l$）

冶里组系孙云铸、葛利普于1920年所命名，标准地点在河北唐山赵各庄地区；亮甲山组由叶良辅、刘季辰1919年在秦皇岛柳江盆地创名。

为一套灰色、浅灰色结晶白云岩，底部含竹叶状白云岩，中部含燧石结核白云岩，厚度90～120m。自然伽马值较低平，局部有峰值。本组与凤山组为整合接触，以一层竹叶状灰岩分界。亮甲山组的燧石结核白云岩是良好的标志层。

与层型剖面相比，济阳坳陷本段地层化石较少。底部产纤细圆柱牙形石（*Teridontus gracilis*）和锯齿肿牙形石（*Cordylodus prion*），顶部产华美尖牙形石（*Scolopodus rex*）、镰牙形石属（*Drepanodus*）、矢牙形石属（*Acontiodus*）和针锐牙形石属（*Acodus*）等。层型剖面中冶里组以中—薄层灰岩、竹叶状灰岩为主夹页岩，亮甲山组以含燧石结核的厚层灰岩为主，牙形石丰富，两组已建7个牙形石带。其底部第一带为北马道尤他角牙形石—塞维尔单肋牙形石（*Utahconus beimadaoensis-Monocostodus sevierensis*）带，顶部第七带为短矛副锯颚牙形石（*Paraserratognathus paltodiformis*）带。它们分别出现在济阳坳陷冶里—亮甲山组底部和顶部，时代属早奥陶世。

2. 下马家沟组（$O_2 xm$）

"马家沟灰岩"一词由孙云铸、杨钟健等于1922年在河北唐山的马家沟建立，是指亮甲山组与石炭系之间含珠角石类的厚灰岩，其岩性和生物群都明显地分出两套，故王鸿祯在1953年第一次明确地把它划分为两个组，分别称为下马家沟组和上马家沟组，此后一直沿用至今。层型剖面位于河北省唐山市赵各庄长山马家沟组。

下部以灰、黄灰色角砾状泥灰岩和泥质白云岩为主，其次为白云质灰岩和角砾状泥质白云岩；中、上部为深灰色灰岩、豹皮灰岩夹白云岩及少量燧石结核，厚度180～200m。下部自然伽马值为明显的锯齿状，中、上部曲线较低平，顶部有稀疏的高

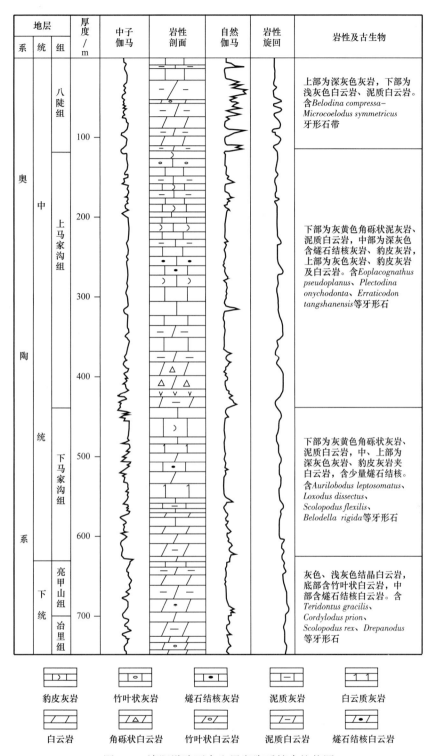

图 3-5 济阳坳陷下古生界奥陶系综合柱状图

峰。该组与下伏亮甲山组呈平行不整合接触，分层在角砾状灰岩之底部。

该组化石多产于中、上部，主要有薄体耳叶牙形石（*Aurilobodus leptosomatus*）、分离斜牙形石（*Loxodus dissectus*）、弯曲尖牙形石（*Scolopodus flexilis*）、野上尖牙形

石（*S.nogamii*）、坚硬小针牙形石（*Belodella rigida*）和长基角齿牙形石（*Cornuodus longibasis*）等。唐山地区下马家沟组含2个牙形石带，下部为薄体耳叶牙形石—分离斜牙形石（*Aurilobodus leptosomatus-Loxodus dissectus*）带；上部为唐山牙形石（*Tangshanodus tangshanensis*）带。济阳坳陷下马家沟组所产牙形石均为这两个化石带中的重要属种，时代属中奥陶世早期。

3. 上马家沟组（O_2sm）

下部为浅灰色、灰黄色角砾状泥灰岩和泥质白云岩互层；中部为深灰色含燧石结核灰岩和豹皮灰岩互层；上部为深灰色、褐灰色灰岩夹薄层白云质灰岩、白云岩、泥质白云岩和少量燧石结核及角砾状灰岩，厚度约280～300m。下部自然伽马峰值中等，锯齿状；中部曲线低平，具少数尖峰；上部峰值低—中等，具稀疏小尖峰或不平直状，曲线自下而上明显由高变低。与下伏下马家沟组呈整合接触，分界在角砾状灰岩之底部。

该组化石多产于中、上部，主要有假平始盾牙形石（*Eoplacognathus pseudoplanus*）、爪齿褶牙形石（*Plectodina onychodonta*）、唐山怪齿牙形石（*Erraticodon tangshanensis*）、简单耳叶牙形石（*Aurilobodus simplex*）、具耳耳叶牙形石（*A.aurilobus*）、斯堪的牙形石属（*Scandodus*）和压扁富牙形石（*Dapsilodus compressus*）等。

华北地区上马家沟组含3个牙形石带，自下而上是瑞典始盾牙形石—林西矢牙形石（*Eoplacognathus suecicus-Acontiodus？ linxiensis*）带、爪齿褶牙形石（*Plectodina onychodonta* 带、斯堪的牙形石属—锯齿耳叶牙形石（*Scandodus-Aurilobodus serratus*）带。唐山地区缺失上马家沟组上部地层及相应的斯堪的牙形石—锯齿耳叶牙形石带，这套地层在华北南部地区多有分布，如河北邯郸、山东莱芜、泗水、新泰等地。济阳坳陷上马家沟组发育齐全，牙形石丰富，上述3个牙形石带的主要分子均已见到，时代属中奥陶世中期。

4. "八陡组"（O_2b）

八陡组及阁庄组为陈均远1976年所建，二者位于奥陶系上马家沟组之上，上石炭统本溪组之下，为唐山地区所缺失。八陡组层型剖面为山东博山八陡地区，阁庄组层型剖面为山东新泰地区。

八陡组以深灰色块状灰岩为主，阁庄组以灰白色泥质白云岩为主。根据所产头足类和牙形石，八陡组时代与北美黑河阶（Black River Stage）相当。济阳坳陷的"八陡组"实际上包括了陈均远所建的八陡组和阁庄组，相当于倪丙荣（1977）划分的峰峰组，故加引号以示区别。

济阳坳陷"八陡组"下部为浅灰色、灰黄色的白云岩、泥质白云岩，局部夹角砾状灰岩；上部主要为深灰色、褐灰色灰岩夹少量泥质灰岩和白云质灰岩。厚度变化大，50～260m。下部自然伽马值高，曲线明显突出，自下而上峰值增高，刺刀状尖峰密集；上部自然伽马值低平，曲线平直，仅具少数尖峰。与下伏上马家沟组呈整合接触，分界在白云岩集中段之底部。

该组下部未见化石，上部牙形石丰富，主要有对称微腔牙形石（*Microcoelodus symmetricus*）、不对称微腔牙形石（*M.asymmetricus*）、塔斯满牙形石属（*Tasmanognathus*）、支架牙形石属（*Erismodus*）和扁平似针牙形石（*Belodina compressa*）等。八陡组已建立扁平似针牙形石—对称微腔牙形石（*Belodina compressa–Microcoelodus symmetricus*）带，其所含牙形石分子与济阳坳陷"八陡组"上部的基本一致，时代属中奥陶世晚期。

中奥陶世以后，华北地台整体隆升，遭受风化剥蚀，使奥陶系顶部残余厚度各地不一，济阳坳陷"八陡组"残余厚度由东北向西南增厚。

三、石炭系（C）

济阳坳陷石炭系缺失下石炭统，上石炭统本溪组、上石炭统—二叠系船山统太原组均为陆相含煤碎屑岩夹海相灰岩层，厚度比较稳定，约200m（图3-6、图3-7）。

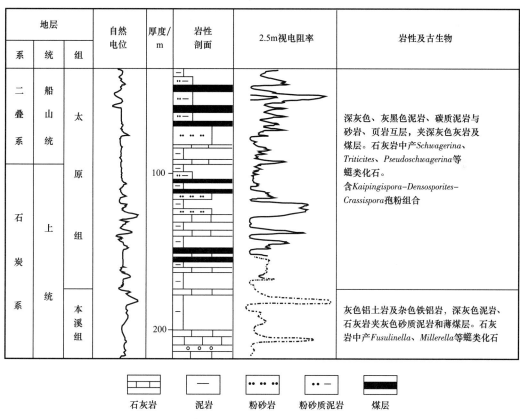

图 3-6 济阳坳陷上古生界石炭系综合柱状图

1. 本溪组（C$_2$b）

本溪组为赵亚曾、李四光1926年命名，层型剖面位于辽宁省本溪市牛毛岭。

底部为紫红色、黄褐色和灰色铁铝质泥、页岩，下部为灰色铝土岩；中、上部为深灰色泥岩、石灰岩夹灰色砂质泥岩和薄煤层，厚度一般为40～50m。在孤岛凸起周围岩性变粗，砂岩增多，厚度增大为60～100m。在平方王潜山周围岩性变细，以石灰岩为主，厚度20～30m。自然电位呈中低幅微波状，下部幅度变化小，上部呈明显偏正异常；电阻率由下而上逐渐增大，曲线形态特征为漏斗形＋齿化箱形＋指状组合。以底部的杂色铁铝岩、灰色铝土岩与下伏奥陶系呈平行不整合接触。

该组含2～3层石灰岩，产丰富的䗴类化石，自下而上为草埠沟灰岩、徐家庄灰岩和南定灰岩。

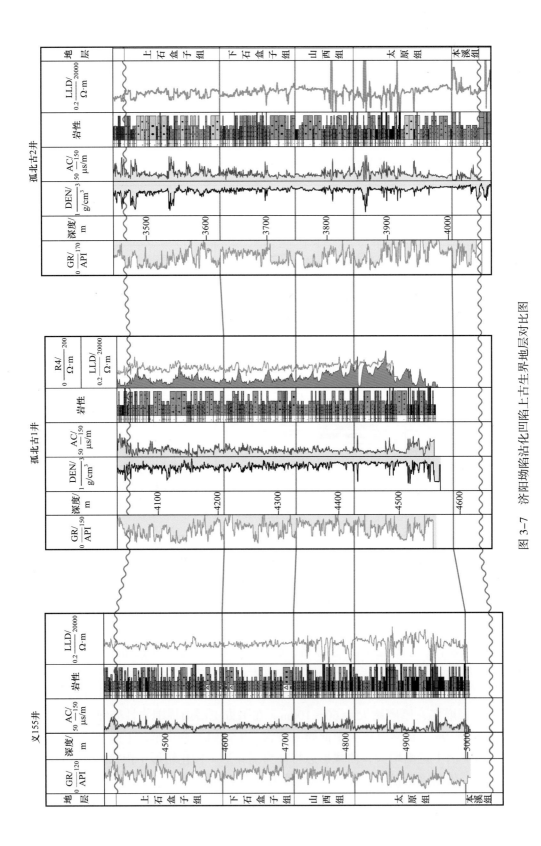

图 3-7　济阳坳陷沾化凹陷上古生界地层对比图

草埠沟灰岩，命名地点是山东淄川区沣水草埠岭附近的草埠沟。主要为褐灰色、浅灰色、灰色生物隐晶灰岩，含海相生物化石及黄铁矿晶粒，厚度1～2m，横向分布不稳定。产中间型始史塔夫蜓（*Eostafella intermedia*）、克何屯假史塔夫蜓（*Pseudostafella khotunensis*）、苏伯特蜓属（*Schubertella*）、小泽蜓属（*Ozawainella*）和小纺锤蜓属（*Fusiella*）等蜓类化石和球根瘤虫（*Tuberitina bulbacea*）、马尔捷夫瘤虫（*T.maljavhini*）等有孔虫。

徐家庄灰岩，根据山东章丘明水火车站东南约7.5km之徐家庄命名。为灰色、深灰色厚层生物灰岩，含丰富的海相化石及燧石结核或条带。厚度为3～10m，全区分布稳定。产蜓类化石似球形假史塔夫蜓（*Pseudostafella sphaeroidea*）、肿小泽蜓（*Ozawainella.turgida*）、小纺锤蜓属以及有孔虫类粘结瘤虫（*Tuberitina collosa*）、球根瘤虫和马尔捷夫瘤虫等。

南定灰岩，根据山东淄博南定镇地面露头命名，此层石灰岩在义和庄凸起周围较发育，岩性为灰色、深灰色生物隐晶灰岩，主要属种有宽松苏伯特蜓（*Schubertella lata*）、微小密勒蜓（*Millerella minuta*）和小泽蜓属，并产粘结瘤虫和球根瘤虫等有孔虫。

以上三层石灰岩中所含蜓类化石均为我国北方晚石炭世重要分子或标准化石，其中徐家庄灰岩和南定灰岩所产化石基本都是山东淄博地区本溪组纺锤蜓—小纺锤蜓（*Fusulina-Fusulinella*）化石带的成分，而草埠沟灰岩因产中间型始史塔夫蜓和克何屯假史塔夫蜓，层位可能相当于本溪组下部。

该组孢粉为环囊孢属—奇异套环孢（*Endosporites-Densosporites mirus*）组合，主要属种有套环孢属、光面单缝孢属（*Laevigatosporites*）、粗网孢属（*Reticulatisporites*）、圆形光面孢属（*Punctatisporites*）、光面三缝孢属（*Leiotriletes*）、聚囊粉属（*Vesicaspora*）、弗氏粉属（*Florinites*）和环囊孢属等。套环孢属和环囊孢属在我国山西大同上石炭统组合中发现，故本溪组时代属晚石炭世早期。

2. 太原组（C_2—P_1t）

太原组为翁文灏、葛利普1922年命名，层型剖面为山西省太原市西山月门沟剖面。

为深灰色、灰黑色泥岩、碳质泥岩与砂岩、页岩互层，夹深灰色生物灰岩及煤层，一般含煤8～10层，底部为厚层长石石英砂岩。厚度160～180m，横向分布较稳定。与下伏本溪组呈整合接触。自然电位曲线成微波状起伏，下部呈多个齿状钟形组合，上部为箱形+漏斗形组合，整体表现为多个沉积旋回特征；电阻率曲线变化宽缓，下部中高阻齿状钟形，上部变为多个中低阻箱形+漏斗形组合。

济阳坳陷义和庄凸起北坡太原组可以三分，分别为太一段、太二段和太三段。太一段下部为灰、深灰色厚层泥岩，中部为中厚层砂岩，上部为煤层，厚度一般25～35m；太二段为灰、灰黑泥岩、碳质泥岩夹中厚层砂岩，砂岩发育在上部和下部，顶部为煤层，厚度一般50～70m；太三段为薄层灰色砂岩、灰质砂岩夹薄层灰黑色碳质泥岩、泥岩，底部有煌斑岩，厚度一般55～75m。

该组含5～7层石灰岩，根据其岩石特征及生物组合可划分为3套：下部为深灰色、褐色薄层生物灰岩，偶见石英、长石等陆源碎屑，厚度2～3m，产希瓦格蜓属（*Schwagerina*）、麦蜓属（*Triticites*）和假希瓦格蜓属（*Pseudoschwagerina*）等化石；中部为深灰色、褐灰色薄层含生物隐晶灰岩或生物灰岩，含陆源碎屑和生物壳瓣化石，厚度 2～3m，分布较稳定，产希瓦格蝬属、苏伯特蝬属和小泽蝬（未定种）等化石；上部为灰色、灰黑色生物灰岩，含陆源碎屑，一般由 2～3 层组成，单层厚 1m 左右，主要产希瓦格蝬属、苏伯特蝬属和威尔斯氏布尔顿蝬（*Boultonia willsi*）等化石。

5～7 层石灰岩与煤层的组合是太原组的典型特征，其与本溪组的分界在一套灰白色中粗粒石英砂岩之底界。电性上太原组顶部表现为由石灰岩与煤层组成的下滑斜坡状电阻率曲线，该曲线所反映的黑色泥岩顶界即为太原组与山西组的分界，亦即石炭系与二叠系的分界。

该组孢粉为开平孢属—套环孢属—厚环孢属（*Kaipingispora-Densosporites-Crassispora*）组合，主要属种有开平孢属、套环孢属、小鳞木孢（*Lycospora pusila*）、厚环孢属、芦木孢属、蠕瘤孢属、光面三缝孢属、圆形光面孢属、厚角孢属（*Triquitrites*）、三角刺面孢属（*Acanthotriletes*）、蕉叶孢属（*Perocanoidospora*）、弗氏粉属和苏铁粉属（*Cycadopites*）等。假希瓦格蝬属的首现为二叠系的开始，而假希瓦格蝬属及相当的其他化石组合在研究区首见于太原组内的不同部位，故太原组是跨石炭—二叠系界线的岩石地层单位（中国地层典编委会，2000），时代属晚石炭世晚期—二叠纪船山世早期。

四、二叠系（P）

济阳坳陷二叠系为陆相碎屑岩，早期含煤，晚期为紫红色砂、泥岩层，包括船山统太原组上部、山西组，阳新统下石盒子组、上石盒子组和乐平统石千峰组（图 3-7、图 3-8）。

1. 山西组（P₁s）

山西组为 Willis 和 Blackwelder 于 1907 年命名，层型剖面在山西省太原市晋祠柳子沟北岔沟。

为深灰色及灰色泥岩、砂质泥岩、中细粒石英砂岩与碳质泥岩、煤层组成的多旋回韵律层，地层厚度较稳定，一般 60～90m，横向上岩性变化较大，底部以厚层长石石英砂岩与下伏太原组整合接触。自然电位曲线呈微波状，下部中低幅正异常，呈齿化箱形 + 钟形 + 漏斗形组合特征，上部低幅微波状，幅度变化小，上部和下部构成 2 个旋回；电阻率曲线呈中高阻齿化箱形 + 漏斗形组合特征。

山西组不含海相石灰岩，含煤 3～4 层，上部含煤性不好，杂色砂岩增多。砂岩中含有菱铁质结核或条带，煤层硫分含量较低。煤层发育程度较太原组要差。

该组孢粉为光面单缝孢属—蕉叶孢属（*Laevigatosporites-Perocanoidospora*）组合，主要属种有光面单缝孢属、圆形光面孢属、刺面三缝孢属、三角锥瘤孢属（*Lophotriletes*）、蕉叶孢属、费氏粉属和苏铁粉属等。可与河北开平煤田赵各庄组中部的孢粉组合对比，时代属二叠纪船山世晚期。

2. 下石盒子组（P₂x）

1922 年 E.Norin 命名，创名地点位于山西太原东山陈家峪石盒子沟。

为灰色及灰绿色泥岩、砂岩夹碳质泥岩、薄煤层，其顶部为一套灰白色、紫色等杂色铝土岩，厚度 40～120m，与下伏山西组呈整合接触。自然电位曲线垂向上整体变化

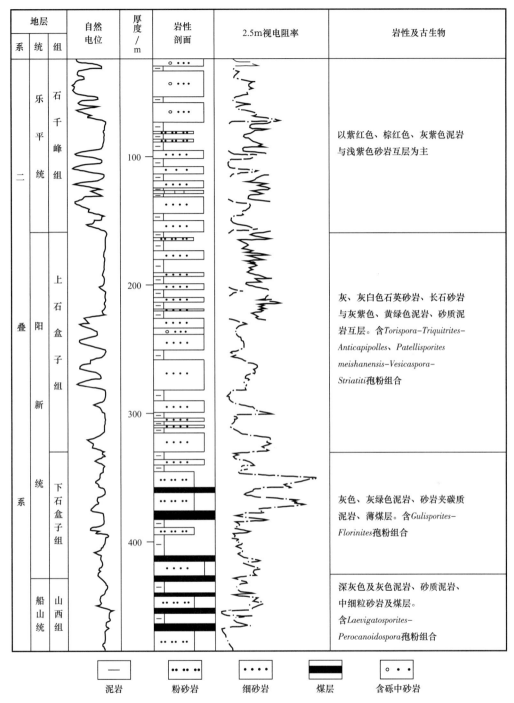

地层			自然电位	厚度/m	岩性剖面	2.5m视电阻率	岩性及古生物
系	统	组					
二叠系	乐平统	石千峰组		100			以紫红色、棕红色、灰紫色泥岩与浅紫色砂岩互层为主
	阳新统	上石盒子组		200 300			灰、灰白色石英砂岩、长石砂岩与灰紫色、黄绿色泥岩、砂质泥岩互层。含*Torispora-Triquitrites-Anticapipolles*、*Patellisporites meishanensis-Vesicaspora-Striatiti*孢粉组合
		下石盒子组		400			灰色、灰绿色泥岩、砂岩夹碳质泥岩、薄煤层。含*Gulisporites-Florinites*孢粉组合
	船山统	山西组					深灰色及灰色泥岩、砂质泥岩、中细粒砂岩及煤层。含*Laevigatosporites-Perocanoidospora*孢粉组合

—	•• ••	• • • •	▬▬▬	∘ • • •
泥岩	粉砂岩	细砂岩	煤层	含砾中砂岩

图 3-8 济阳坳陷上古生界二叠系综合柱状图

小，呈对称微波状；电阻率曲线表现为下部高阻犬牙状，上部呈低阻齿状＋指状＋钟形组合。下石盒子组以碎屑岩为主，底部夹薄煤层或煤线，以一套中—粗粒长石石英砂岩与山西组暗色泥岩分界。这套砂岩在视电阻率上呈"M"形或"山"形的高阻反映。

该组含有匙唇孢属—费氏粉属（*Gulisporites-Florinites*）孢粉组合，主要属种为厚环孢属、匙唇孢属、山西宽唇盾环孢（*Gravisporites shansiensis*）、块瘤圆形块瘤孢

（*Verrucosisporites verrucosus*）和少条带条纹单缝孢（*Striolatospora rarifasciatus*）、费氏粉属、蝶囊粉属（*Platysaccus*）、单束多肋粉属、松型粉属（*Pityosporites*）和苏铁粉属等。可与河北开平煤田唐家庄组—赵各庄组上部以及山西河曲下石盒子组的孢粉组合对比，时代属二叠纪阳新世早期。

3. 上石盒子组（P_2sh）

1922 年 E.Norin 命名，创名地点位于山西太原东山陈家峪石盒子沟。

为灰、灰白色石英砂岩、长石砂岩与灰紫色、黄绿色泥岩、砂质泥岩互层，厚度约 400～500m，下与下石盒子组为整合接触，上与中生界或古近系为不整合接触。下部自然电位曲线表现为多个漏斗形＋钟形组合，电阻率曲线为多个中高阻齿化箱形＋钟形＋指状＋齿化漏斗形组合；中部自然电位曲线表现为钟形＋漏斗形＋齿化箱形组合，电阻率曲线阻值逐渐变低，下部变化宽缓，上部呈中高阻齿状；上部自然电位曲线形态为对称低幅微波状，整体幅度变化小，电阻率曲线呈低阻齿状。下石盒子组顶部的灰色铝土岩，横向稳定，厚度变化较大，以其顶界作为上、下石盒子组的分界。

济阳坳陷部分地区如东营凹陷高青、王家岗地区，沾车凹陷孤北地区的上石盒子组可细分为三段：下部称万山段，主要为黄绿色厚层砂岩夹绿色、紫色砂质泥岩；中部称奎山段，主要为灰白色厚层粗粒石英砂岩夹黄绿色、紫色泥质粉砂岩和泥岩；上部称孝妇河段，主要为灰色、紫色泥岩夹黄绿色、浅灰色砂岩和泥质粉砂岩，三段之间为整合接触。

该组包括两个孢粉组合：（1）一头沉孢属—厚角孢属—逆沟粉属（*Torispora-Triquitrites-Anticapipolles*）组合；（2）梅山杯环孢—聚囊粉属—肋纹系（*Patellisporites meishanensis-Vesicaspora-Striatiti*）组合。前者分布于上石盒子组下部，常见厚环孢属、厚角孢属、一头沉孢属、折缝二囊粉属（*Linitisporites*）、叉肋粉属（*Vittatina*）和冷杉多肋粉属（*Striatoabietites*）等。后者分布于上石盒子组上部，主要属种有梅山杯环孢、斜面圆形光面孢、三角粒面孢属（*Granulatisporites*）、光面三缝孢属、松型粉属、原始松粉属（*Protopinus*）和云杉粉属（*Piceaepollenites*）等。以上两组合与浙江长兴龙潭组和山西堡德上石盒子组的孢粉组合可比较，时代属二叠纪阳新世晚期。

4. 石千峰组（P_3s）

1922 年 E.Norin 命名，层型剖面位于山西太原西山西铭煤矿骆驼脖子沟—石千峰山。

以紫红色、棕红色、灰紫色泥岩与浅紫色砂岩互层为主。济阳坳陷石千峰组揭露不够充分，仅在沾化凹陷孤北、东营凹陷高青地区有少量分布，厚度 0～600m。与下伏上石盒子组呈整合接触，以其底部的砾岩及砂砾岩分界。该组以一套红色碎屑岩沉积与其他层位相区别，由红层转变为碎屑岩含煤沉积。

石千峰组未见化石，根据岩性特征，大体可与山东淄博、章丘等地区的石千峰组对比，但山东地矿局完成的 1∶20 万章丘幅区域调查成果发现石千峰群（原石千峰组）底部与石盒子群低角度不整合界面存在铱异常 T/P 界面，因此将该群（原划凤凰山组）划归三叠系。由于胜利油区石千峰组未见三叠系证据，仍沿用二叠纪乐平世石千峰组。

第三节 中 生 界

中生代以来，济阳坳陷经历了独特而极其复杂的盆地演化过程。在印支运动、燕山运动和喜马拉雅运动等多期构造运动叠加的影响下，中生代原型盆地已经被完全肢解，中生界遭受强烈剥蚀，并被巨厚的古近系和新近系覆盖，研究程度较低。济阳坳陷中生界缺失三叠系，但侏罗系和白垩系十分发育，自下而上为侏罗系坊子组、三台组，白垩系蒙阴组、西洼组和"王氏组"。目前，鲁东王氏组这一名称已经废除，并代之以上白垩统王氏群，而油区这段地层的名称还需要进一步求证，现仍暂用"王氏组"（表3-5）。

表3-5 山东省中生界划分沿革表

地层		《中国北方含油气区白垩系·鲁西北区》（1990）	《山东省区域地质志》（1991）	《鲁西北区》（王秉海等，1992）	《中国北方侏罗系（Ⅵ）华北地层区》（修申成，2003）	《鲁西地层分区》（李守军等，2010）	山东省国土资源厅（2014）	本书
白垩系		"王氏组"	王氏组	"王氏组"		固城组	固城组	
						"王氏组"	王氏群	"王氏组"
		西洼组	青山组	西洼组	西洼组	西洼组	青山群	西洼组
		蒙阴组			蒙阴组	蒙阴组	莱阳群	蒙阴组
侏罗系			分水岭组	蒙阴组	三台组	三台组/汶南组	三台组	三台组
		三台组	三台组	三台组				
			坊子组或汶南组	坊子组		坊子组	坊子组	坊子组

济阳坳陷中生界大致可分为两个沉积区：以沾化凹陷东部和东营凹陷南斜坡为代表的东部沉积区和以惠民凹陷南部的临南地区为代表的西部沉积区，大致以沿东营凹陷西部的高青、平方王、陈家庄凸起至义和庄凸起一线为界（修申成等，2003）。东部沉积区由于靠近沂沭断裂带，早期煤系地层发育，中晚期地壳活动频繁，以砂砾岩为主并伴有火山喷发，沉积厚度巨大，但不稳定（图3-9）；西部沉积区由于远离沂沭断裂带，沉积粒度较细，煤系贫乏，火山碎屑不发育，沉积厚度相对稳定（图3-10）。

一、侏罗系（J）

侏罗系自下而上发育中—下侏罗统坊子组和上—中侏罗统三台组。

1. 坊子组（$J_{1-2}f$）

谭锡畴1923年创名"坊子系"，1956年刘鸿允等始称坊子组，命名剖面位于山东省潍坊市坊子煤矿区。

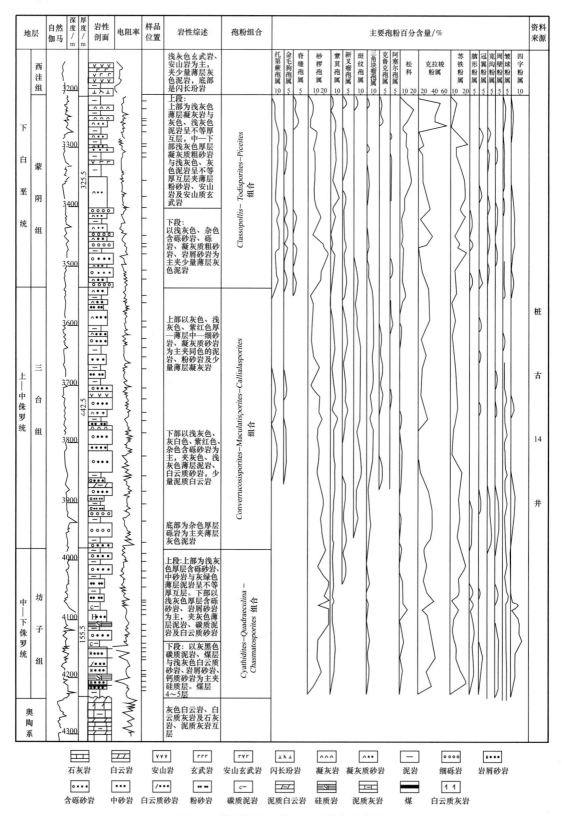

图 3-9　济阳坳陷东部中生界综合柱状图

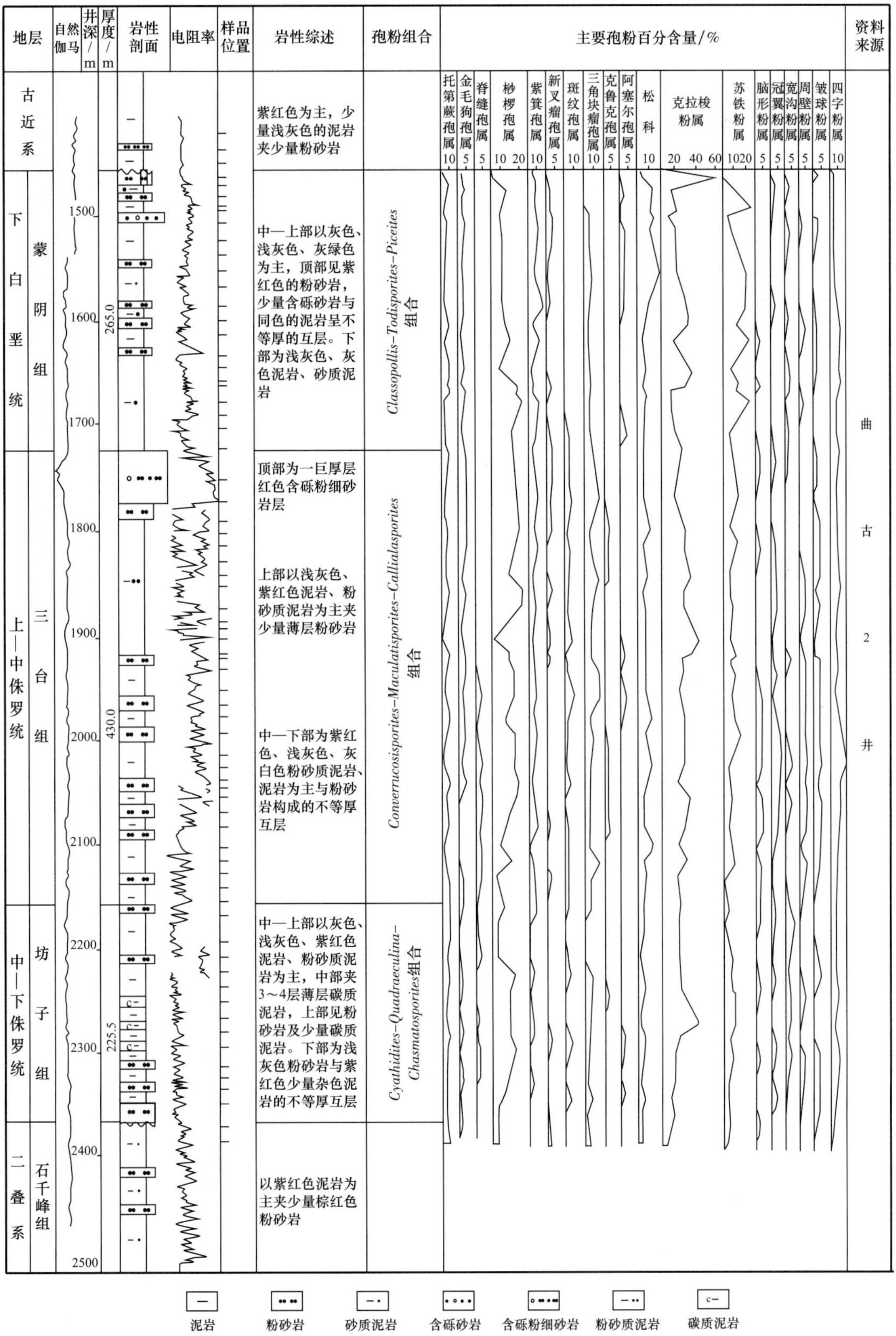

图 3-10 济阳坳陷西部中生界综合柱状图

坊子组属暗色含煤碎屑岩系，厚度400m左右。下部为灰色、灰黑色、灰绿色泥岩、碳质泥岩夹灰色砂岩；中部为灰色、灰紫色泥岩、细砂岩夹碳质泥岩和煤层；上部为灰色砂岩、紫色泥岩夹薄层碳质泥岩和煤层。与下伏二叠系呈角度不整合接触。电阻率曲线具低幅锯齿状低阻与刺刀状、指状、块状高阻相间的特点，起伏大。主要识别为下部的煤系地层或碳质泥岩和上部含砾砂岩和泥岩互层。

该区坊子组分布比较普遍。东部地区两分性明显，下段煤层集中，以浅灰和灰白色岩屑砂岩，深灰色泥岩、碳质泥岩为主，上段岩性粗，以浅灰和灰白色含砾粗砂岩、岩屑砂岩为主，夹泥岩和碳质泥岩，主要分布于沾化凹陷全区、车镇凹陷的大王庄及大王北、东营凹陷的南部、西部和北部斜坡带，其中沾化凹陷东部的桩西—五号桩地区厚度最大，一般200～400m，最厚可达830.04m。西部地区岩性较细，以灰、灰黑与紫红的杂色泥岩、碳质泥岩和粉砂岩的交互出现为主，基本不含煤层，局部地区见煤线，主要分布在惠民凹陷南部，即临南地区的曲堤镇及德州凹陷的局部地区（图3-11）。

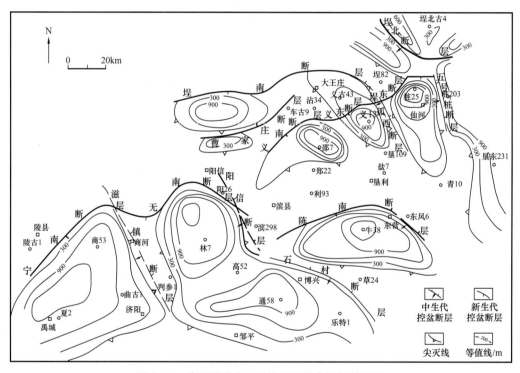

图3-11 济阳坳陷中生界坊子组残余地层等厚图

该组孢粉化石丰富，为桫椤孢属—四字粉属—广口粉属（*Cyathidites-Quadraeculina-Chasmatosporites*）组合，主要属种有克拉梭粉属（*Classopollis*）、苏铁粉属（*Cycadopites*）、四字粉属、假杜仲粉属（*Eucommiidites*）、桫椤孢属、阿赛勒特孢属（*Asseretospora*）和新叉瘤孢属（*Neoraistrickia*）等。与鄂尔多斯盆地中侏罗统延安组孢粉组合可对比，时代属早侏罗世晚期—中侏罗世早期。

2. 三台组（J$_{2-3}$s）

Solgar在20世纪初创名三台系，谭锡畴（1923）称为"三台系或红绿砂岩系"，北京地质学院（1961）称为三台组。命名剖面位于山东省淄博市昆仑镇禹王山至三台山一带。

下部为紫色泥岩和灰色白云质泥岩、砂岩及含砾砂岩互层，上部为紫、灰紫色泥岩和砂质泥岩，夹厚层灰色煌斑岩。厚度200～300m，最厚可达500m以上。与下伏坊子组呈假整合或不整合接触。巨厚层高电阻率，上部为高、低电阻率间互。地层识别标志为整体以红色、杂色为主。

济阳坳陷东部地区三台组以浅灰色、杂色、紫红色细砾岩、含砾粗砂岩和砂岩为主，夹灰色泥岩、粉砂岩和凝灰岩，分布范围较坊子组略大，以沾化凹陷最为发育，车镇凹陷东北部、埕北地区也有分布，东营凹陷分布较为局限；西部地区三台组岩性较东部地区偏细，以杂色、紫红色、灰色、浅灰色粉砂岩、泥岩和粉砂质泥岩互层为主，顶部见紫红色含砾粉细砂岩，仅见于惠民凹陷的临南曲堤镇地区（图3-12）。

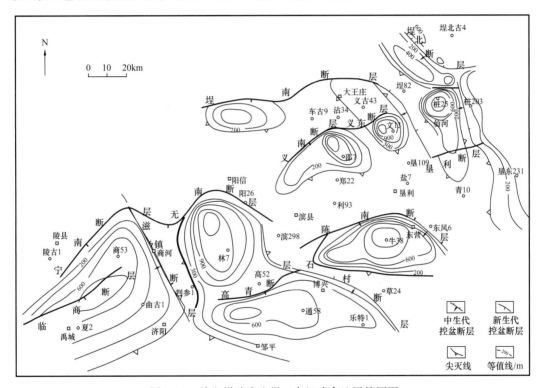

图3-12 济阳坳陷中生界三台组残余地层等厚图

该组孢粉化石较为丰富，但比早期的坊子组较少，为三角块瘤孢属—斑纹孢属—冠翼粉属（*Converrucosisporites-Maculatisporites-Callialasporites*）组合，主要属种有疏散三角块瘤孢（*Converrucosisporites sparsus*）、斑纹孢（*Maculatisporties maculatus*）和托第蕨孢属（*Todisporites*）等。孢粉组合与坊子组较接近，不同的是三角块瘤孢属、斑纹孢属等很发育，大致可以与河北后城组对比，时代属中侏罗世晚期—晚侏罗世早期。

二、白垩系（K）

白垩系分为下白垩统蒙阴组、西洼组和上白垩统"王氏组"。

1. 蒙阴组（K_1m）

谭锡畴 1923 年在山东创名"蒙阴系"，层型剖面位于山东省新泰市分水岭。

下部为杂色含砾砂岩与灰色砂质泥岩互层，上部为浅灰色、灰色、灰绿色泥岩和砂质泥岩互层。厚度很不稳定，一般为 200m，最厚可达 600m 以上。与下伏三台组呈不整合接触。下部以厚层状高电阻率间低电阻率为特征，上部在低电阻率背景上局部高电阻率。

济阳坳陷东部地区蒙阴组可分为上、下两段，下段偏粗，上段较细，两者均以凝灰质含砾粗砂岩、粗砂岩和岩屑砂岩为主，夹灰和深灰色泥岩、白云质泥岩、玄武岩及玄武质安山岩。西部地区蒙阴组以灰色、浅灰色、灰绿色泥岩、粉砂质泥岩和泥岩的互层为主，间夹含砾砂岩、粗砂岩，其顶部见紫红色泥岩、粉砂岩。

该区蒙阴组分布较广泛，车镇凹陷，沾化凹陷的孤岛、垦利、垦东、五号桩、义和庄，东营凹陷西南部的高青及南坡的王家岗，惠民凹陷南坡的曲堤，济阳坳陷东北部老河口、埕北等地都有分布（图 3-13）。

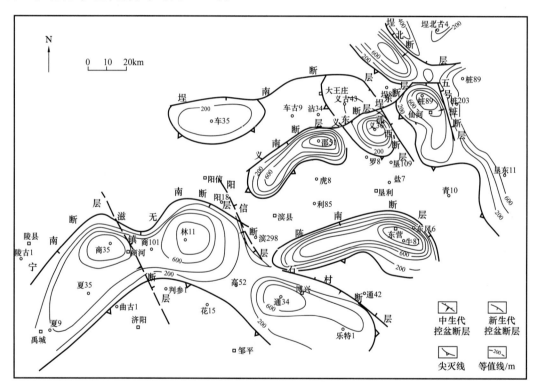

图 3-13　济阳坳陷中生界蒙阴组残余地层等厚图

该组孢粉化石较为贫乏，为克拉梭粉属—托第蕨孢属—拟云杉粉属（*Classopollis-Todisporites-Piceites*）组合，该组合中克拉梭粉属达到中生界最高含量，松科花粉类型和含量较三台组大有增加，托第蕨孢属有一定含量，海金沙科分子常见，层位大致与华北分区的义县组甚至九佛堂组相当，时代属早白垩世早期。

2. 西洼组（K_1x）

西洼组系陈丕基 1980 年根据鲁西南蒙阴县城西洼地层剖面命名。

下部为浅灰色安山岩夹灰绿色凝灰岩、紫色泥岩和砂质泥岩；中部为浅灰色安山岩夹棕红、紫色泥岩与灰色、灰绿色凝灰岩；上部为棕红色泥岩、杂色泥岩、砂质泥岩夹灰白色泥岩。厚度约700m。整合或假整合于下伏蒙阴组之上。电阻率曲线表现为下部以高阻、极高阻夹薄、较薄低阻为特征，上部为平直低阻段。地层识别标志为大套中基性火山岩及火山碎屑岩。

济阳坳陷西洼组分布广泛，主要分布于沾化凹陷桩西、五号桩、孤东、孤岛、孤南、埕岛及垦东等地区，义和庄及义东、义南、罗家等地区有零星分布，东营凹陷西南部的高青和西南斜坡，惠民凹陷南坡的曲堤也有发现（图3-14）。

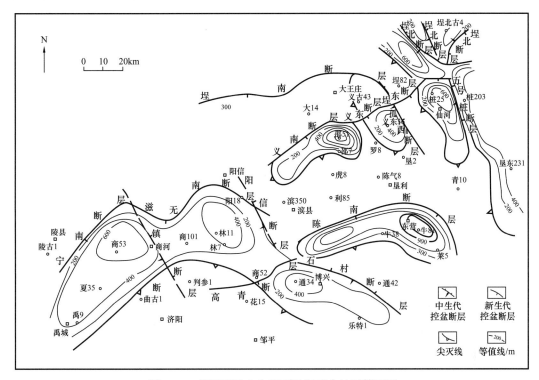

图3-14　济阳坳陷中生界西洼组残余地层等厚图

该组孢粉以无突肋纹孢属—纵肋单沟粉属（*Cicatricosisporites–Jugella*）组合为特征，其中克拉梭粉属、苏铁粉属含量很高，但已出现一些新的类群，如纵肋单沟粉属、无突肋纹孢属和杂乱肋纹孢属（*Fixisporites*）等。产介形类化石蒙阴女星介（*Cypridea*（*C.*）*mengyingensis*）、蒙阴女星介（亲近种）（*C.*（*C.*）aff. *mengyinensis*）等；轮藻化石扇形轮藻（未定种）（*Flabellochara* sp.）。孢粉组合含有丰富的早白垩世特征化石纵肋单沟粉属、无实肋纹孢属、杂乱肋纹孢属等，可与鲁东地区下白垩统莱阳群上部对比。蒙阴女星介首见于鲁西南蒙阴盆地西洼组，可与蒙古人民共和国东部准巴音组、我国志丹群中的维蒂姆女星介（*Cypridea*（*C.*）*vitimensis*）相比较。扇形轮藻属是早白垩世地层中常见的分子，在美洲、欧洲、亚洲均有分布。时代属早白垩世晚期。

3. "王氏组"（K_2w）

王氏组由谭锡畴1923年创名的"王氏系"演变而来，标准剖面建于山东省莱阳市王氏村。

济阳坳陷"王氏组"发育不全，钻遇的井很少，地层揭露不充分也不全面，可能仅揭示了相当鲁东王氏组上部的地层，下部岩性、生物群及底界都还不清楚，难以系统、准确地划分对比，故暂冠以引号以示与鲁东区的王氏组区别。

下部以红色含砾砂岩为主，上部为浅灰色、灰绿色泥岩、棕红色泥质粉砂岩夹蓝灰色泥岩。与上、下地层之间均呈角度不整合接触。分布相对局限，出露于林樊家地区、孤岛凸起东坡及临南洼陷、利津洼陷、民丰洼陷等地。厚度200～300m，未见底。林樊家地区的林4井钻遇厚391.69m未穿。

该组孢粉为希指蕨孢属—皱极粉属—鹰粉属（*Schizaeoisporites-Rugupolarpollenites-Aquilapollenits*）组合，主要属种有希指蕨孢属、凤尾蕨孢属（*Pterisisporites*）、皱极粉属（*Rugupolarpollenites*）、麻黄粉属（*Ephedripites*）、脊榆粉属（*Ulmoideipites*）、榆粉属（*Ulmipollenites*）和刺参粉属 *Morinoipollenites*）等。介形类有穴状女星介（*Cypridea*（*Cypridea cavernosa*）、大型假伟星女星介（*C.*（*Pseudocypridina*）*gigantea*）、小尖假伟星女星介（*C.*（*P.*）*apiculata*）等，此外还有球状轮藻属（*Sphaerochara*）等化石。大型假伟星女星介、小尖假伟星女星介是陆相晚白垩世地层中的常见分子，松辽盆地上白垩统四方台组、明水组以及鲁东莱阳坳陷王氏组7～8段等都有发现。孢粉组合中皱极粉属、江汉粉属、刺参粉属、希指蕨孢属等是我国晚白垩世的特有分子，可与江汉盆地渔洋组、苏北泰州组、广东三水盆地大塱山组、松辽盆地明水组一段等的孢粉组合对比。时代属晚白垩世。

第四节　新　生　界

济阳坳陷新生界分布普遍，与前新生界呈角度不整合接触。据千余口探井的数十万米岩心以及地震和测井资料揭示，总厚度近万米，其中古近系超过7000m，新近系1000～2000m。新生界自下而上划分为古近系孔店组、沙河街组、东营组，新近系馆陶组、明化镇组和第四系平原组（图3-15）。

新生界生物群包括十几个门类，但最具有地质意义的是介形类、腹足类、轮藻、沟鞭藻类、疑源类和孢粉。它们在古近纪时十分繁盛，且地方性色彩极浓。渐新世末期，本区构造运动加剧，整体上升，加之古气候的变迁，湖盆曾一度全部消亡，所有水生生物几乎全部灭绝。环境的沧桑变化，使得本区的生物群面貌多变，形成了与之相适应的不同组合（表3-6）。

一、古近系（E）

济阳坳陷古近系以湖相沉积为主，仅个别时期有短暂的以河流相为主的沉积。根据岩石及古生物组合特征，由老到新划分为孔店组、沙河街组和东营组。

1. 孔店组（$E_{1-2}k$）

孔店组为原石油工业部六四一厂第一勘探处曾宪嘉等于1964年据黄骅坳陷南部孔店构造上的孔1井1366～3019m地层而命名，为一套红、黑、红三分的砂、泥岩地层，并按其三分性自下而上进一步分成三段（图3-16）。

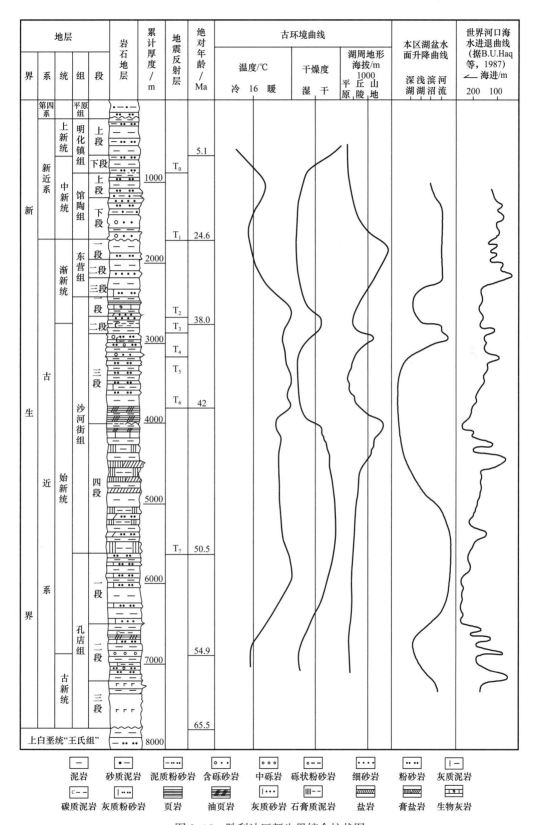

图 3-15　胜利油区新生界综合柱状图

表3-6　胜利油区新生界微体古生物群划分简表

地层					化石组合								
系	统	组	段	亚段	介形类 组合	介形类 亚组合	腹足类 组合	腹足类 亚组合	轮藻 组合	孢粉 组合	孢粉 亚组合	沟鞭藻类及疑源类 组合	沟鞭藻类及疑源类 亚组合
新近系	上新统	明化镇组	上段	上	牛庄异星介—丰县假玻璃介组合		膨胀麦氏螺—太谷中国蜗牛组合		帕普轮藻—苏北灯枝藻组合	草本植物花粉高含量组合	藜粉属—蒿粉属—松科亚组合		微刺藻亚组合
				下					哈萨克斯坦米枝青轮藻组合		榆粉属—石竹粉亚组合	毛球藻组合	光面球藻属亚组合
			下段		介—后蚤土星介组合								
	中新统	馆陶组	上段		山东中星介—山旺河星介组合	前扁河星介—济阳小爬星介—山东中星介亚组合	仙河镇昆利螺—平滑旺河田螺组合			粗肋泡属—山核桃粉属—伏平粉属组合	小菱粉—桦科亚组合		
			下段	上	光滑湖介—玻璃河星介组合	孤岛湖介—扁平玻璃河星介亚组合			盐城灯枝藻—较小球状轮藻组合	松科—小菱粉—桦科组合	松科—小菱粉亚组合		
				下									
古近系	渐新统	东营组	一段		正武异星介—林氏美星介组合 ／ 独山山土星介组合				乌尔姆梅球轮藻组合	松科—榆粉属—胡桃科组合			开口拟箱藻亚组合
			二段		弯背东营介组合		单列瘤天津螺					拟箱藻属—角凸藻属组合	粒网球藻—穴沟藻属亚组合
			三段		单峰华花介组合		兴隆台田螺—旋脊底青螺组合			波形榆粉—云杉粉属组合			角凸藻属亚组合

化石组合

地层					介形类		腹足类		轮藻	孢粉		沟鞭藻类及疑源类	
系	统	组	段	亚段	组合	亚组合	组合	亚组合	组合	组合	亚组合	组合	亚组合
古近系	渐新统	沙河街组	一段	上	惠民小豆介组合	李家广北亚组合	上旋脊渤海螺—短圆恒河螺组合	山东狭口螺亚组合		栎粉属—枫香粉组合		多刺甲藻属—菱球藻组合	多刺甲藻属—拟箱藻属亚组合
古近系	渐新统	沙河街组	一段	中	惠民小豆介组合	辛镇广北亚组合	上旋脊渤海螺—短圆恒河螺组合	北镇松圈螺亚组合		栎粉属—枫香粉组合		多刺甲藻属—菱球藻组合	双饰多刺甲藻—疏管藻属亚组合
古近系	渐新统	沙河街组	一段	下	惠民小豆介组合	普通小豆介亚组合	上旋脊渤海螺—短圆恒河螺组合	拟沼螺型似水螺亚组合		栎粉属—枫香粉组合		多刺甲藻属—菱球藻组合	褶皱藻属—多刺甲藻属亚组合
古近系	渐新统	沙河街组	二段	上	椭圆拱星介组合	长形拱星介亚组合	旋脊似瘤田螺—方形平顶螺组合	旋脊似瘤田螺亚组合	伸长似轮藻组合	麻黄粉属—芸香粉属组合		多刺甲藻属—菱球藻组合	毛球藻亚组合
古近系	渐新统	沙河街组	二段	下	椭圆拱星介组合	卵形拱星介亚组合	旋脊似瘤田螺—方形平顶螺组合	阶状似瘤田螺亚组合		麻黄粉属—芸香粉属组合		多刺甲藻属—菱球藻组合	细面维藻亚组合
古近系	始新统	沙河街组	三段	上	中国华北介组合	惠东华北介亚组合	圪庄旋脊螺组合	三脊塔螺亚组合		小亨氏栎粉—榆粉属组合		渤海藻属—副渤海藻属组合	刺面渤海粒亚组合
古近系	始新统	沙河街组	三段	中	中国华北介组合	脊刺华北介亚组合	圪庄旋脊螺组合	扁平高盘螺亚组合	优美山东轮藻组合	小亨氏栎粉—榆粉属组合		渤海藻属—副渤海藻属组合	粒面渤海粒藻面亚种亚组合
古近系	始新统	沙河街组	三段	下	中国华北介组合	隐瘤华北介亚组合	圪庄旋脊螺组合	高升前壮螺亚组合		小亨氏栎粉—榆粉属组合		渤海藻属—副渤海藻属组合	粒面渤海粒藻小型亚种—亚圆形弗罗姆藻亚组合
古近系	始新统	沙河街组	四段	上	光滑南星介组合	后翘南北介亚组合	中国中华扁卷螺组合		潜江扁球轮藻组合	杉粉属—三孔脊榆粉—松科粉组合		德弗兰藻属组合	
古近系	始新统	沙河街组	四段	下	火红美星介组合	济阳美星介亚组合	滨县椎实螺组合			麻黄粉属—栎粉属—松科组合			
古近系	始新统	孔店组	一段		五图真星介组合					麻黄粉属—榆粉属—三孔沟类—希指蕨孢属组合			
古近系	始新统	孔店组	二段	上	五图真星介组合		昌乐滴螺组合		五图塔克轮藻组合	脊榆粉属—拟榛属—三角孢粉组合			
古近系	始新统	孔店组	二段	下	五图真星介组合		昌乐滴螺组合		五图塔克轮藻组合	脊榆粉属—拟榛属—三角孢粉组合			
古近系	古新统	孔店组	三段		五图真星介组合					副栎木粉属—褶皱弗罗姆粉—鹰粉属组合			

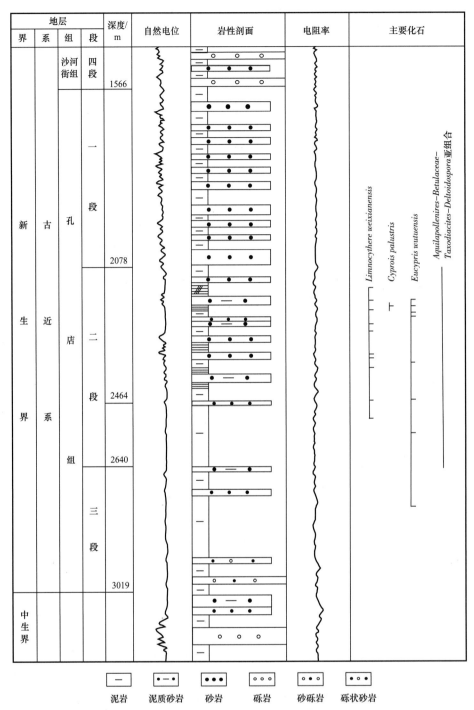

图 3-16 河北黄骅坳陷孔 1 井孔店组生物地层综合柱状图

孔店组分布在一些与北西向正断层有关的半地堑原型盆地中，埋深大，在凹陷中心地带可达 5000m 以上，最大沉积厚度在惠民凹陷，可达 4000 余米，惠民凹陷的平均沉积厚度也最大，为 1000m 左右，其次是东营凹陷，最大沉积厚度约 3000m，平均沉积厚度约 800m。车镇、沾化凹陷孔店组的沉积厚度一般不超过 500m，个别地区有近 1500m 的沉积，平均沉积厚度约 300m（图 3-17）。与下伏地层呈角度不整合接触。

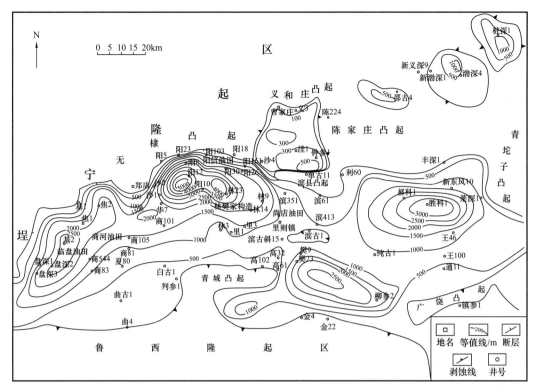

图 3-17　济阳坳陷孔店组地层等厚图

1）孔店组三段（E_1k_3）

孔店组三段（简称孔三段）为灰绿色、紫灰色厚层玄武岩夹少量紫红色、灰绿色及灰色泥岩、砂质泥岩，顶部夹少量薄层碳质泥岩。厚度240～710m。视电阻率曲线为很高的尖锋，自然电位曲线为幅度不太高的负异常，较为明显。该段地层分布于潍北凹陷南部斜坡，济阳坳陷尚未揭示。据孔三段玄武—安山岩 K-Ar 法同位素测定，绝对年龄值为 55.74Ma±0.9Ma，时代属古新世。

2）孔店组二段（$E_{1-2}k_2$）

孔店组二段（简称孔二段）为灰色、深灰色泥岩夹砂岩、含砾砂岩、油页岩、碳质泥岩及煤层等。昌潍坳陷的潍北凹陷发育较全，厚度为100～700m。济阳坳陷仅有少数井钻遇，东营凹陷胜科1井钻遇厚度952m未穿，埋深7025m。与下伏地层呈不整合接触。细分为上、下两个亚段。

（1）孔二段下亚段为灰紫色、紫红色泥岩夹少量灰色、杂色泥岩、粉砂岩和碳质泥岩。化石稀少，仅在五号桩地区桩深1井的孔二段上亚段五图真星介化石层和砾质岩段以下的暗紫色泥岩内见到一套以荒漠戈壁轮藻（*Gobichara deserta*）和华南新轮藻（*Neochara huananensis*）等为主的小个体轮藻。这是迄今所发现的济阳坳陷古近系层位最低的轮藻化石。孢粉见榆粉属、脊榆粉属、栎粉属、杉粉属和松科等。

昌潍坳陷孔二段下亚段见孢粉化石副桤木粉属—褶皱粉属—鹰粉属（*Paraalnipollenites-Betulaepollenites plicoides-Aquilapollenites*）组合，时代属古新世。

（2）孔二段上亚段为灰色、深灰色泥岩与灰色、浅灰色砂岩、钙质粉砂岩呈不等厚互层，夹油页岩、碳质泥岩及煤层。下半部见紫红色、暗紫色泥岩及浅灰色岩屑砂岩，底部普遍有含砾粗砂岩或杂色砾岩。视电阻率曲线由下而上逐渐增高，出现成组的高阻尖峰。自然电位曲线呈指状负异常。

该亚段介形类为五图真星介（*Eucypris wutuensis*）组合，主要有五图真星介、潍县湖花介（*Limnocythere weixianensis*）和沼泽拟星介（*Cyprois palustris*）等。腹足类为昌乐滴螺（*Physa changleensis*）组合，见昌乐滴螺、平旋中华扁卷螺（*Sinoplanorbis planospiralis*）及近柱状滴螺（*Physa subcylindrica*）等属种。轮藻为五图培克轮藻（*Peckichara wutuensis*）组合，主要属种有五图培克轮藻、微波状新轮藻（*Neochara sinuolata*）、多环假宽轮藻等；孢粉为脊榆粉属—拟榛粉属—三角孢属（*Ulmoideipites-Momipites-Deltoidospora*）组合，主要属种有小榆粉（*Ulmipollenites minor*）、三孔脊榆粉（*Ulmoideipites tricostatus*）、拟榛粉属（*Momipites*）、栎粉属（*Quercoidites*）、破隙杉粉（*Taxodiaceaepollenites hiatus*）、无口器粉属（*Inaperturopollenites*）和麻黄粉属（*Ephedripites*）等。时代属早始新世。

3）孔店组一段（E_2k_1）

孔店组一段（简称孔一段）岩性为棕红色砂岩与紫红色泥岩不等厚互层，夹少量绿色泥岩。下部见较多灰色砂岩，上部常有含膏泥岩及薄层石膏和钙质砂岩成组出现。东营、沾化凹陷的中心部位发育较多的盐膏层及含膏泥岩。视电阻率曲线呈较高而明显的锯齿状，上部有成组出现的高阻尖峰；自然电位曲线上见成组的负异常，其幅度自下而上逐渐降低。厚度300~850m。孔一段在济阳坳陷均有不同程度的发育，厚度变化也较大，最厚处大于1000m。与下伏孔二段为整合接触。

该段水生生物化石稀少，孢粉为麻黄粉属—榆粉属—希指蕨孢属—三孔沟类（*Ephedripites-Ulmipollenites-Schizaeoisporites*-三孔沟类）组合，主要属种有栎粉属、漆树粉属、大戟粉属（*Euphorbiacites*）、无患子粉属（*Sapindaceidites*）、桃金娘粉属（*Myrtaceidites*）、杉粉属（*Taxodiaceaepollenites*）、麻黄粉属和希指蕨孢属等。轮藻多为孔二段延续属种。

孔一段孢粉组合和孔二段上亚段的大体相当，希指蕨孢属和麻黄粉属的含量相对较高，孔二段上亚段也有这类分子出现，并且有些属种相同，故孔一段的时代接近于孔二段上亚段，时代属早始新世。

2. 沙河街组（$E_{2-3}s$）

沙河街组由原石油工业部华北石油勘探处101综合研究队帅德福等于1960年根据济阳坳陷惠民凹陷沙河街构造华7井1272~2150m地层命名（图3-18），命名剖面的沙河街组主要为暗色湖相砂泥岩，夹少量碳酸盐岩和生物碎屑灰岩。

济阳坳陷沙河街组分布广泛、厚度较大，与下伏孔店组为不整合接触，在凹陷边缘可超覆在前新生界不同层位上，自下而上细分为4个段10个亚段，各段在岩性和厚度上从凹陷中部向边缘都有不同程度的变化。

1）沙河街组四段（E_2s_4）

沙河街组四段（简称沙四段）总体上受北东向断裂构造的控制，分布范围较孔店组大，但沉积厚度比较小。惠民凹陷沙四段沉积中心位于北部，最大厚度在1000m以上，平均400~500m；东营凹陷最大厚度800m，平均300m；沾化凹陷沙四段主要分布于孤北、渤南、四扣及沉降幅度较小的邵家、埕北、孤南等洼陷带，厚度400~2000m；

车镇凹陷沙四段沉积厚度在郭局子洼陷和大王北洼陷最大，厚度约 1500m（图 3-19）。细分为上、下两个亚段。

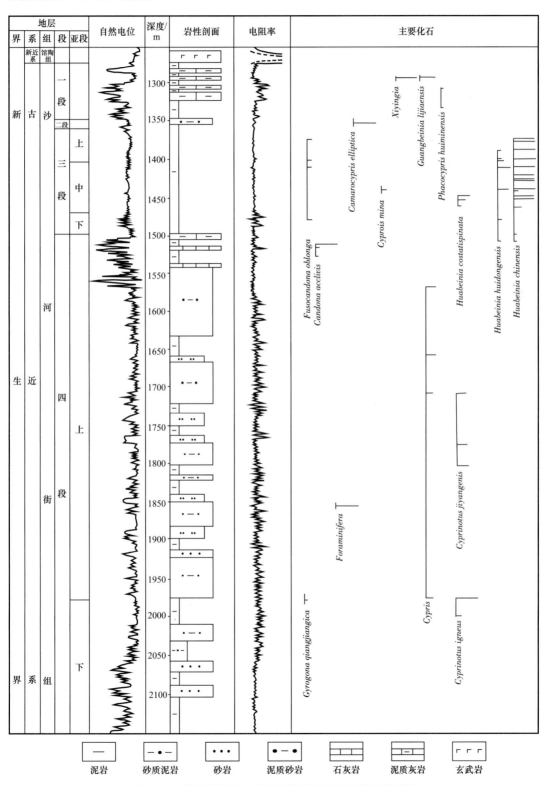

图 3-18　济阳坳陷华 7 井沙河街组生物地层综合柱状图

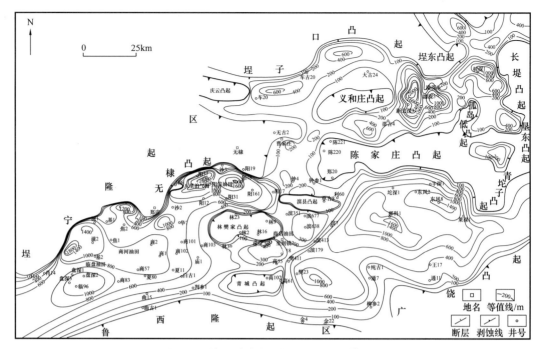

图 3-19 济阳坳陷沙河街组沙四段地层等厚图

（1）沙四段下亚段以紫红色、灰绿色泥岩为主，夹砂岩、粉砂岩、含砾砂岩及薄层碳酸盐岩、盐岩及石膏夹层。东营、沾化及车镇凹陷中部常有数量不等的盐岩及石膏层发育。东营凹陷中央断裂背斜带盐膏层最为发育，胜坨地区含膏盐井段大于 1000m，盐膏层单层厚度 10m 以上，常含泥砾。该套地层厚度变化较大，凹陷边缘斜坡常缺失或厚仅几十米，而凹陷中央很厚，如东营凹陷中央隆起带钻遇厚度 1753m，红层未穿。惠民凹陷盐膏层不发育，红层厚度大于 2000m，其中可能包括部分孔一段。视电阻率曲线变化较大，盐膏层和碳酸盐岩层多为高阻尖峰；自然电位曲线在对应砂岩部位为明显负异常，异常幅度变化较大。与下伏孔一段及上覆沙四段上亚段呈不整合接触。

沙四段下亚段—孔一段红层作为早期充填的一套陆相碎屑岩，经历复杂的演变，区域变化非常大，厚度从几十米到上千米不等，而且未见明显的间断，二者化石组合面貌差别不大，生物地层界限不清，传统上用岩石地层学方法划分为"单红"和"双红"，但这种颜色界线向洼陷内无法实现等时对比，同时缺乏稳定的岩电标志以及地震、测井提取沉积学参数难等因素，以至于地层界限难以确定。在对东营凹陷南坡红层研究中，整合生物地层学、岩石地层学、矿物地层学和层序地层学等多种方法，形成了"接触关系明顶底、岩电特征找界面、多元融合定方案、地震约束建格架"的红层"哑地层"划分对比技术，提出了"麻黄粉约束下的黏土矿物法"确定沙四段下亚段与孔一段的分界面，这种方法针对红层的特殊性，根据岩电特征对干旱气候的响应变化，充分利用了测、录井资料纵向上的连续性优势，以及地震资料横向上的优势，有效地解决了红层纵向划分、横向对比的难题，在东营凹陷南坡红层划分对比中取得了良好的效果（图 3-20）。

该亚段水生生物较为单调，介形类为火红美星介（*Cyprinotus igneus*）组合，主要有火红美星介及淡水至半咸水生活的真星介属、金星介属（*Cypris*）和拟星介属（*Cyprois*）

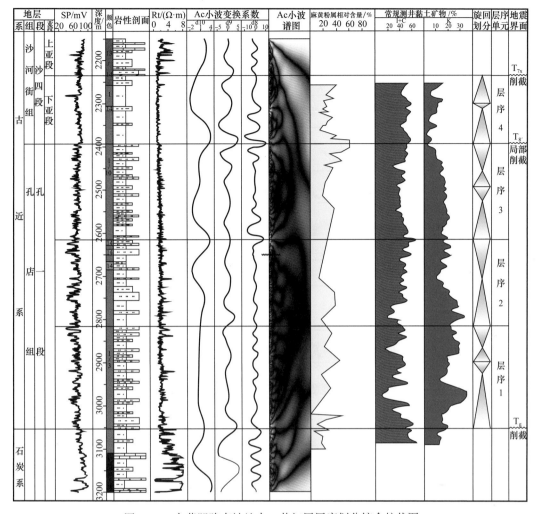

图 3-20 东营凹陷南坡纯古 1 井红层层序划分综合柱状图

等。腹足类为滨县椎实螺（*Lymnaea binxianensis*）组合，见有滨县椎实螺及东营琥珀螺（*Succinea dongyingensis*）等，此组合属种和个体数量都较少，化石保存较差。轮藻为潜江扁球轮藻（*Gyrogona qianjiangica*）组合，以潜江扁球轮藻大量发育为主要特征，还见到江陵钝头轮藻（*Obtusochara jianglingensis*）和窄锥似轮藻（*Charites stenoconica*）等。孢粉为麻黄粉属—栎粉属—松科（*Ephedripites-Quercoidites*-Pinaceae）组合，组合特征与麻黄粉属—榆粉属—希指蕨孢属—三孔沟类组合类似，主要区别是希指蕨孢属、三孔沟类花粉明显减少，栎粉属、松科、杉科增加，麻黄粉属有所减少。时代为中始新世。

（2）沙四段上亚段下部以蓝灰色泥岩、灰白色盐膏层为主，夹深灰色泥质白云岩及少量灰色、紫红色泥岩；上部主要为深灰色、灰褐色泥岩、油页岩、泥质灰岩和石灰岩互层，顶部夹生物灰岩和白云岩。各凹陷北部边缘开始出现厚度不等的砂砾岩体，缓坡发育有石灰岩、白云岩，洼陷带发育有泥岩、泥灰岩及油页岩等。厚度 100～400m，最大可达 650m，厚度中心位于惠民、东营凹陷北部陡坡带附近。与下伏沙四段下亚段呈不整合接触，与上覆沙三段下亚段呈不整合或整合接触（图 3-21）。

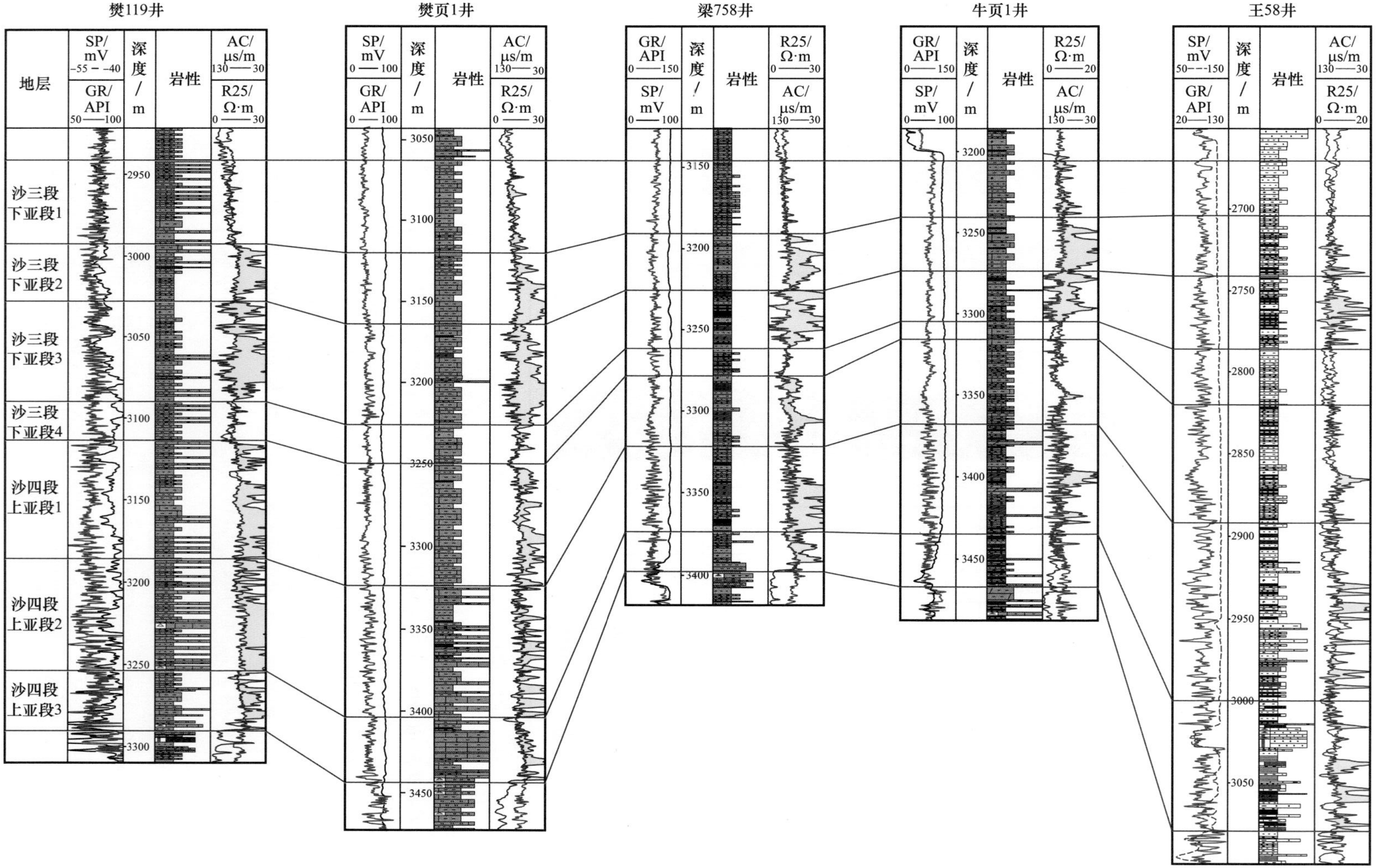

图 3-21 济阳坳陷东营凹陷沙河街组四段—三段地层对比图

济阳坳陷不同凹陷或同一凹陷不同部位的岩性有一定差别。东营凹陷南部斜坡带粒屑碳酸盐岩较发育，见有深灰色、灰褐色泥岩夹生物灰岩、鲕状灰岩、角砾状灰岩、页状灰岩、页状白云岩、油页岩及少量薄层管状礁白云岩；西部平方王地区为块状、管状藻礁白云岩；北部和东部地区为砂砾岩夹灰色、灰绿色泥岩；中部广大地区则为深灰色、灰黑色泥岩夹致密灰岩、白云岩和页岩，其下多见薄层盐岩、石膏。视电阻率曲线基值自上而下向负向逐渐偏移，对应渗透层呈指状或箱状负异常。沾化、车镇凹陷的北缘陡坡地带为砂砾岩发育区；南部缓坡地带及凸起周围为粒屑灰岩发育区，适当部位可形成管状藻礁白云岩，如沾化凹陷的义东、邵家等地；凹陷中部发育盐岩石膏层，如渤南、罗镇、四扣及大王庄北部等地区，均有含膏灰岩、含膏白云岩、含膏泥岩、石膏及盐岩等化学沉积物，石膏的含量自下而上逐渐减少。视电阻率较高、高阻层连续出现，自然电位曲线自上而下负向逐渐偏移，对于渗透层的负异常幅度不太明显。惠民凹陷目前尚未发现盐膏层，主要为灰色砂、泥岩夹生物灰岩、鲕状灰岩及油页岩，一般厚度较小。视电阻率曲线基值较低，仅部分高阻尖峰，自然电位曲线有负向偏移。

该亚段水生生物极为丰富。介形类为光滑南星介（*Austrocypris levis*）组合，可分为两个亚组合：下部为济阳美星介（*Cyprinotus jiyangensis*）亚组合，主要属种有济阳美星介、光滑南星介、纯洁真星介（*Eucypris albata*）等，以美星介为主；上部为后翘南星介（*Austrocypris posticaudata*）亚组合，主要属种有光滑南星介、后翘南星介、纯化金星介（*Cypris chunhuaensis*）和坡形玻璃介（*Candona acclivis*）等，较济阳美星介亚组合的属种类型和个体数量都显著增多。腹足类为中国中华扁卷螺（*Sinoplanorbis sinensis*）组合，主要属种有中国中华扁卷螺、高锥小河北螺（*Hopeiella alticonica*）和柳桥水螺（*Hydrobia liuqiaoensis*）等。轮藻仍为潜江扁球轮藻组合，但属种较沙四段下亚段多。孢粉为杉粉属—三孔脊榆粉—松科（*Taxodiaceaepollenites–Ulmoideipites tricostatus*–Pinaceae）组合，主要有小栎粉（*Quercoidites minutus*）、亨氏栎粉（*Q.henrici*）、小亨氏栎粉（*Q.microhenrici*）、凤尾蕨孢属、块瘤纹四孢（*Verrutetraspora verrucosa*）等。沟鞭藻类为德弗兰藻属（*Deflandrea*）组合，其中德弗兰藻属在组合中占优势，塞内加尔藻属（*Senegalinium*）、曙藻属（*Luxadinium*）和东营娇球藻（*Subtilisphaera dongyingensis*）等局部发育。有孔虫有三玦虫属（*Triloculina*）、诺宁虫属（*Nonion*）、卷转虫属（*Ammonia*）和圆盘虫属（*Discorbis*）等。鱼类有胜利双棱鲱（*Diplomystus shengliensis*）、渤海艾氏鱼（*Knightia bohaiensis*）和始新洞庭鳜（*Tungtingichthys eocaenus*）。钙质超微化石仅见楔石藻属（*Sphenolithus*）和渤海网窗石藻（*Reticulofenestra bohaiensis*）。管藻植物有中国枝管藻（*Cladosiphonia sinensis*）和山东枝管藻（*C.shandongensis*）。多毛类虫管有山东龙介虫（*Serpula shandongensis*）和济阳弯管虫（*Gitonia jiyangensis*）。时代属中始新世。

2）沙河街组三段（E$_2$s$_3$）

沙河街组三段（简称沙三段）以湖相沉积为特征，主要为灰色及深灰色泥岩夹砂岩、油页岩及碳质泥岩等。假整合或不整合于沙四段之上，凹陷边缘常因超覆沉积而缺失部分底部地层。厚度一般700～1000m，凹陷中部最厚可达1200m以上。沙三段沉积时期，气候温暖潮湿，湖泊水体进一步淡化，极利于水生生物的生长和繁衍，渤海湾生物群大发展，各门类地方性属种大量形成。细分为上、中、下三个亚段。

（1）沙三段下亚段为深灰色泥岩与灰褐色油页岩不等厚互层，夹少量灰色石灰岩及白云岩。厚度一般为100～300m，最厚处可达600m，向凹陷边缘逐渐变薄或缺失（图3-22）。与下伏沙四段上亚段之间为不整合或整合接触，与上覆沙三段中亚段呈整合或局部不整合接触。

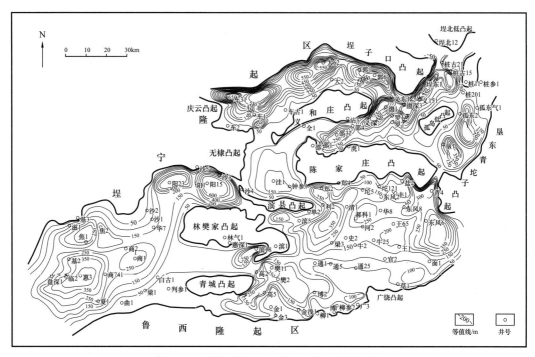

图3-22　济阳坳陷沙三段下亚段地层等厚图

沾化凹陷的渤南洼陷油页岩尤为发育，形成上、下两套油页岩，视电阻率曲线上可见两组高峰，下组基值成丘状，为幅度不大高的尖峰状锯齿；上组为密集的高阻尖峰。凹陷边缘的部分地区为一套砂泥岩互层夹油页岩或碳质泥岩，如惠民凹陷盘河地区的盘河油层段，为灰色砂、泥岩互层夹薄层碳质泥岩，厚度100～200m。东营凹陷的广利、滨南等地见砂、泥岩互层段，厚几十米，自然电位曲线除对应砂岩处见负异常外，一般较平直。

该亚段介形类为中国华北介（*Huabeinia chinensis*）组合中隐瘤华北介（*Huabeinia obscura*）亚组合，主要属种有隐瘤华北介、原始华北介（*Huabeinia primitiva*）和坡形玻璃介（*Candona acclivis*）等。腹足类为坨庄旋脊螺（*Liratina tuozhuangensis*）组合中高升前壮螺（*Prososthenia gaoshengensis*）亚组合，主要属种为高升前壮螺、坨庄旋脊螺及八面河刺柱螺（*Coptostylus bamianheensis*）等。轮藻为优美山东轮藻（*Shandongochara decorosa*）组合，主要属种为优美山东轮藻、长形山东轮藻（*Shandongochara profunda*）和光亮临邑轮藻（*Linyiechara clara*）等。孢粉为小亨氏栎粉—榆粉属（*Quercoidites microhenrici-Ulmipollenites*）组合，主要属种有栎粉属、榆粉属、杉粉属和松科等，见个别的凤尾蕨孢属和水龙骨单缝孢属（*Polypodiaceaesporites*）

等。沟鞭藻类与疑源类为渤海藻属—副渤海藻属（*Bohaidina-Parabohaidina*）组合中粒面渤海藻小型亚种—壶形弗罗姆藻（*Bohaidina granulata* subsp.*minor-Fromea chytra*）亚组合，主要属种有光面副渤海藻（*Parabohaidina laevigata*）、壶形弗罗姆藻和疑源类污脏棒球藻（*Fillisphaeridium aspersum*）、粒面球藻属（*Granodiscus*）等。时代为中始新世。

（2）沙三段中亚段以灰色、深灰色巨厚泥岩为主，夹有多组浊积砂岩或薄层碳酸盐岩。视电阻率曲线自下而上逐渐降低，对应含油渗透层或碳酸盐岩层见高阻尖峰；自然电位曲线近于平直，对应砂层为指状或箱状负异常。厚度300～500m，凹陷深处可达600～700m，向边缘减薄（图3-23）。地层岩性全区较稳定，仅沾化凹陷的孤北、渤南、义东及车镇凹陷的大王庄北部等地区为油页岩及泥岩，夹少量钙质岩。与下伏沙三段下亚段及上覆沙三段上亚段呈整合或局部不整合接触。

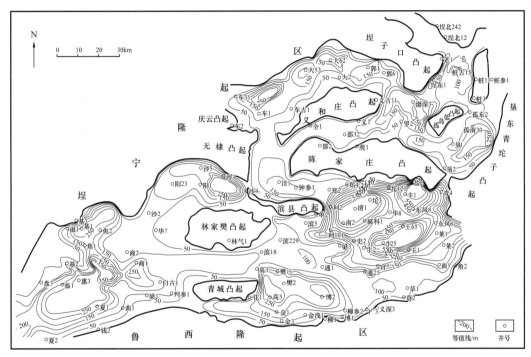

图3-23　济阳坳陷沙三段中亚段地层等厚图

该亚段介形类为中国华北介（*Huabeinia chinensis*）组合中脊刺华北介（*Huabeinia costatispinata*）亚组合，该组合华北介属达到鼎盛时期，以中国华北介、脊刺华北介、惠东华北介发育为特征。腹足类为坨庄旋脊螺（*Liratina tuozhuangensis*）组合中扁平高盘螺［*Valvata（Cincinna）applanata*］亚组合，主要分子与下部亚组合近似，有高升前壮螺、坨庄旋脊螺、扁平高盘螺及阶状似瘤田螺（*Tulotomoides terrassa*）等。沟鞭藻类与疑源类为渤海藻属—副渤海藻属（*Bohaidina-Parabohaidina*）组合中粒面渤海藻粒面亚种（*Bohaidina granulata* subsp.*granulata*）亚组合，主要属种有光面渤海藻（*Bohaidina laevigata*）、粒面副渤海藻（*Parabohaidina granulata*）和皱网副渤海藻（*P.retirugosa*）等，疑源类有多刺滨州藻（*Binzhoudinium multispinosum*）、低矮宋氏藻（*Songiella brachypoda*）和球形宋氏藻（*S. globola*）等。轮藻为优美山东轮藻组合，孢粉为小亨氏栎粉—榆粉属组合，组合特征与沙三段下亚段相似，不易区分。时代属晚始新世。

（3）沙三段上亚段为灰色、深灰色泥岩与粉砂岩互层，夹钙质砂岩、含砾砂岩、油页岩及薄层碳质页岩，厚度300～500m。砂砾岩以反旋回为主，砂岩顶部常为钙质砂岩、含砾砂岩或鲕状灰岩，局部碳质泥岩较发育。惠民凹陷的临南洼陷北坡油页岩极发育，沾化、车镇凹陷深处见有油页岩集中层段，东营凹陷的碳质泥岩较发育（图3-24）。视电阻率曲线基值不高，大部分呈锯齿状夹高阻尖峰，油页岩、碳质泥岩集中层段高阻尖峰也集中，自然电位曲线为钟状和弧形负异常。与下伏沙三段中亚段为整合或局部不整合接触。

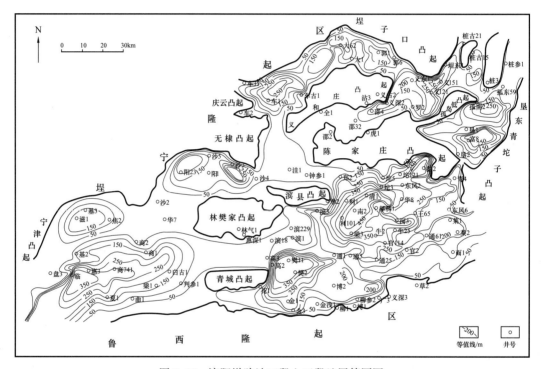

图3-24　济阳坳陷沙三段上亚段地层等厚图

该亚段介形类为中国华北介（*Huabeinia chinensis*）组合中惠东华北介（*Huabeinia huidongensis*）亚组合，主要属种为中国华北介、惠东华北介、单刺华北介（*Huabeinia unispinata*）和半圆坨庄介（*Tuozhuangia semirotunda*）等。腹足类为坨庄旋脊螺（*Liratina tuozhuangensis*）组合中三脊塔螺（*Pyrgula tricarinata*）亚组合，优势成分为扁平高盘螺和坨庄旋脊螺，特有化石为三脊塔螺、胜利狭口螺（*Stenothyra shengliensis*）等。沟鞭藻类与疑源类为渤海藻属—副渤海藻属（*Bohaidina-Parabohaidina*）组合中刺甲藻属（*Spiniferites*）亚组合和细瘤面锥藻（*Conicoidium tuberculatum*）亚组合。刺甲藻属亚组合分布于沙三段上亚段下部，主要属种有粒面渤海藻、光面渤海藻和皱网副渤海藻等，疑源类中较丰富的属种有斯氏粒面球藻（*Granodiscus staplinii*）、透明光面球藻和盘星藻属等；细瘤面锥藻亚组合分布于沙三段上亚段上部，组合中化石丰度及种类明显减少，渤海藻类以个体较小、下壳退化的种类为主，疑源类更加丰富，微刺藻、污脏棒球藻和透明光面球藻等在凹陷边缘较丰富。轮藻为优美山东轮藻组合，孢粉为小亨氏栎粉—榆粉属组合，组合特征与沙三段下亚段相似，不易区分。时代属晚始新世。

3）沙河街组二段（$E_{2-3}s_2$）

沙河街组二段（简称沙二段）沉积时期，济阳坳陷出现南北分异。早期，南部的东营和惠民凹陷区以三角洲平原沼泽泥质岩为主，北部沾车凹陷区则多遭剥蚀；晚期，南部以红色河流相粗碎屑岩为特征，惠民的阳信等局部地区还见有少量含膏泥岩层，北部则以半咸水滨浅湖白云质沉积为主。该段湖相沉积范围缩小，渤海湾生物群淡水类型的发展比较突出，如介形类和腹足类以淡水类型发育为特征。沟鞭藻类衰退，而以淡水生的绿藻及疑源类为主。细分为上、下两个亚段。

（1）沙二段下亚段为绿色、灰色泥岩与砂岩、含砾砂岩互层，夹碳质泥岩，分布不稳定，多出现在各凹陷中部，面积较小，向边缘和凸起往往缺失。上部见少量紫红色泥岩。视电阻率曲线基值较低，夹部分中低阻尖峰，自然电位曲线为指状负异常。厚度为0～200m，最大厚度不超过350m（图3-25）。与下伏沙三段呈整合或假整合接触。

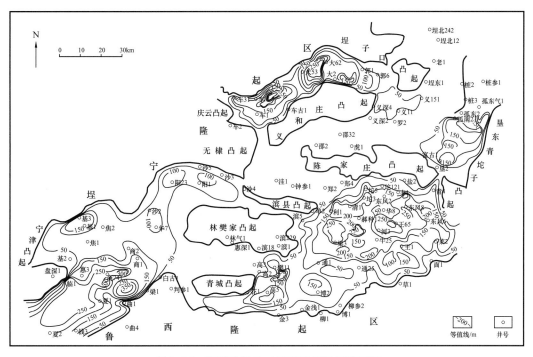

图3-25 济阳坳陷沙二段下亚段地层等厚图

该亚段介形类为椭圆拱星介（*Camarocypris elliptica*）组合中卵形拱星介（*Camarocypris ovata*）亚组合，属种基本上都是沙三段上亚段惠东华北介亚组合的延续，主要分子有卵形拱星介、济南土星介（*Ilyocyprimorpha jinanensis*）及单刺华北介（*Huabeinia unispinata*）等。腹足类为旋脊似瘤田螺—方形平顶螺（*Tulotomoides spiralicostata-Truncatus quadrata*）组合中阶状似瘤田螺（*Tulotomoides terrassa*）亚组合，主要属种有阶状似瘤田螺、厚唇副豆螺（*Parabithynia crassilabia*）及山东小旋螺（*Gyraulus shandongensis*）等。孢粉为麻黄粉属—芸香粉属（*Ephedripites-Rutaceoipollis*）组合，主要属种为栎粉属、榆粉属、桦科及榛粉属（*Momipites*）、松科、麻黄粉属和杉科等。沟鞭藻类与疑源类为渤海藻属—副渤海藻属（*Bohaidina-Parabohaidina*）组合中毛球藻属（*Comasphaeridium*）亚组合，以毛球藻属大量出现为标志。时代属晚始新世。

（2）沙二段上亚段为灰绿色、紫红色泥岩与灰色砂岩的互层，夹钙质砂岩、砂岩及含砾砂岩。沾化、车镇凹陷该亚段顶部夹薄层白云岩、白云质灰岩或生物灰岩。视电阻率曲线基值较下部略高，呈锯齿状，夹中、低阻尖峰，自然电位曲线见指状负异常。分布范围较小，厚度50～100m，沾化、车镇凹陷可大于200m（图3-26）。与下伏沙二段下亚段为不整合接触。

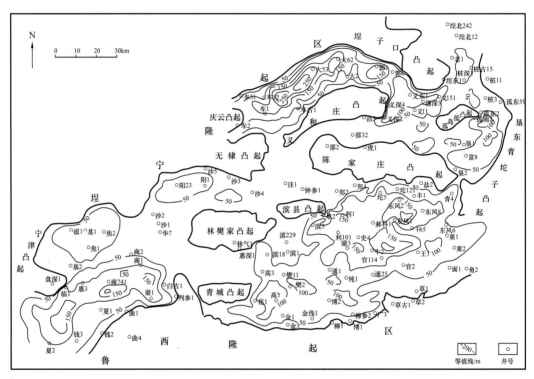

图3-26 济阳坳陷沙二段上亚段地层等厚图

该亚段介形类为椭圆拱星介（*Camarocypris elliptica*）组合中长形拱星介（*Camarocypris longa*）亚组合，主要属种有长形拱星介、椭圆拱星介、胜利村金星介（*Cypris shenglicunensis*）、肖庄美星介（*Cyprinotus xiaozhuangensis*）和三脊纹星介（*Virgatocypris triangularis*）等。轮藻为伸长似轮藻（*Charites producta*）组合，主要属种有伸长似轮藻、宽锥似轮藻（*Charites subconica*）、辛镇栾青轮藻（*Hornichara xinzhenensis*）等，以似轮藻属为主。腹足类为旋脊似瘤田螺—方形平顶螺（*Tulotomoides spiralicostata-Truncatus quadrata*）组合中旋脊似瘤田螺（*Tulotomoides spiralicostata*）亚组合，主要属种有旋脊似瘤田螺、方形平顶螺和坨庄拟黑螺（*Melanoides tuozhuangensis*）等。沟鞭藻类与疑源类为多刺甲藻属—菱球藻属（*Sentusidinium-Rhombodella*）组合中多刺甲藻属—褶皱藻属（*Sentusidinium-Campenia*）亚组合，主要成分是环圈褶皱藻（*Campenia circellata*）、粒面副渤海藻（*Parabohaidina granulata*）和山东繁棒藻（*Cleistosphaeridium shandongense*）等，疑源类粒面球藻属、

透明光面球藻（*Leiosphaeridia hyalina*）和棒形棒球藻（*Fillisphaeridium baculatum*）等。孢粉为麻黄粉属—芸香粉属组合，组合特征与沙二段下亚段相似，不易区分。时代属早渐新世。

4）沙河街组一段（E_3s_1）

沙河街组一段（简称沙一段）沉积时期，海水再度入侵，湖泊扩张，渤海湾生物迅速发展，腹足类的发展达到鼎盛状态。岩性主要由灰色、深灰色、灰褐色泥岩、碳酸盐岩和油页岩组成。全区分布广泛且较稳定，是重要的对比标志层段（图3-27）。细分为上、中、下三个亚段。

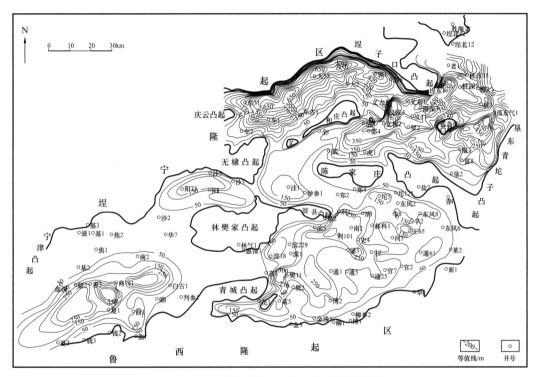

图3-27　济阳坳陷沙河街组一段地层等厚图

（1）沙一段下亚段为灰色、深灰色、灰绿色泥岩夹砂质灰岩、白云岩及钙质砂岩。沾化、车镇凹陷为油页岩夹白云岩、生物灰岩、泥灰岩。视电阻率曲线在东营、惠民凹陷为低平小锯齿状，沾化、车镇凹陷为高阻尖峰，俗称"剪刀电阻"，自然电位曲线较平直。厚度30～70m，与下伏沙二段呈整合接触。

该亚段介形类为惠民小豆介（*Phacocypris huiminensis*）组合中普通小豆介（*Phacocypris vulgata*）亚组合，主要属种有普通小豆介、光滑洼星介（*Glenocypris glabra*）和椭圆洼星介（*G. elliptica*）等。腹足类为上旋脊渤海螺—短圆恒河螺（*Bohaispira supracarinata-Gangetia brevirota*）组合中拟沼螺型似水螺（*Hydrobioides assimineoides*）亚组合，代表属种拟沼螺型似水螺、下辽副贝加尔螺（*Baicalia（Parabaicalia）xialiaoensis*）和微小肋盘螺（*Costovalvata minuta*）等。孢粉为栎粉属—枫香粉属（*Quercoidites-Liquidambarpollenites*）组合，主要属种有栎粉属、波形榆粉、枫香粉属、拟榛粉属、唇形三沟粉属、单束松粉属（*Abietineaepollenites*）、双

束松粉属（*Pinuspollenites*）及杉粉属等。沟鞭藻类与疑源类为多刺甲藻属—菱球藻属（*Sentusidinium-Rhombodella*）组合中双饰多刺甲藻—疏管藻属（*Senntusidinium biornatum-Paucibucina*）亚组合，优势属种是双饰多刺甲藻、菱球藻属及盘山繁棒藻（*Cleistosphaeridium panshanensis*）和疑源类棒形棒球藻（*Fillisphaeridium baculatum*）及长棒球藻（*F.longibaculatum*）。钙质超微化石见渤海网窗石藻，在济阳坳陷各凹陷均有分布，东营凹陷的边缘地区以及沾化凹陷的孤东、孤南地区分布最广，车镇凹陷和惠民凹陷只在个别井中有所出现。鱼类有鳍科义和庄王氏鱼（*Wangia yihezhuangensis*）。时代属早渐新世。

（2）沙一段中亚段为灰色、深灰色泥岩夹生物灰岩、鲕状灰岩、针孔状藻白云岩及白云岩等。沾化、车镇凹陷油页岩发育，视电阻率曲线总的为高阻尖峰，自然电位曲线略呈小突负异常。东营、惠民凹陷为三组梳状高阻尖峰。厚度40～80m。与下伏沙一段下亚段呈整合接触。

该亚段介形类为惠民小豆介（*Phacocypris huiminensis*）组合中辛镇广北介（*Guangbeinia xinzhenensis*）亚组合，主要属种有辛镇广北介、中华玻璃介（*Candona sinensis*）、具刺湖花介（*Limnocythere armata*）和无刺华花介（*Chinocythere inspinata*）等。腹足类为上旋脊渤海螺—短圆恒河螺（*Bohaispira supracarinata-Gangetia brevirota*）组合中北镇松圈螺（*Lyogyrus beizhenensis*）亚组合，主要属种有北镇松圈螺、柱形松圈螺（*Lyogyrus cylindricus*）、长颈圆松螺（*Lysiogyrus longicollus*）和上旋脊渤海螺等。孢粉为栎粉属—枫香粉属组合，沟鞭藻类和疑源类为多刺甲藻属—菱球藻属组合中双饰多刺甲藻—疏管藻属亚组合，组合特征与沙一段下亚段相似，不易区分。时代属早渐新世。

（3）沙一段上亚段为灰色、灰绿色、灰褐色泥岩夹钙质砂岩和粉细砂岩。沾化、车镇凹陷夹有油页岩，视电阻率曲线为中低锯齿状尖峰，由上而下形成三个逐一升高的中高电阻，俗称"步步高"。自然电位曲线近于平直，局部见幅度不高的负异常。厚度40～180m，分布广泛，且较稳定，与下伏沙一段中亚段呈整合接触。

该亚段介形类为惠民小豆介（*Phacocypris huiminensis*）组合中李家广北介（*Guangbeinia lijiaensis*）亚组合，主要属种有李家广北介、光亮西营介（*Xiyingia luminosa*）和大西营介（*X.magna*）等。腹足类为上旋脊渤海螺—短圆恒河螺（*Bohaispira supracarinatia-Gangeta brevirota*）组合中山东狭口螺（*Stenothyra shandongensis*）亚组合，主要属种有山东狭口螺、短圆恒河螺、旋脊渤海螺（*Bohaispira spiralifera*）和渤海肥水螺（*Pachydrobia bohaiensis*）等。沟鞭藻类和疑源类为多刺甲藻属—菱球藻属（*Sentusidinium-Rhombodella*）组合中多刺甲藻属—拟箱藻属（*Sentusidinium-Pyxidiniopsis*）亚组合，主要属种有繁棒藻属、似菱球藻属、多刺甲藻属等。孢粉为栎粉属—枫香粉属组合，组合特征与沙一段下亚段相似，不易区分。时代属早渐新世。

3. 东营组（E₃d）

东营组的命名剖面为山东省东营市东营村东营凹陷北部的华8井1452～1745m地层（图3-28）。

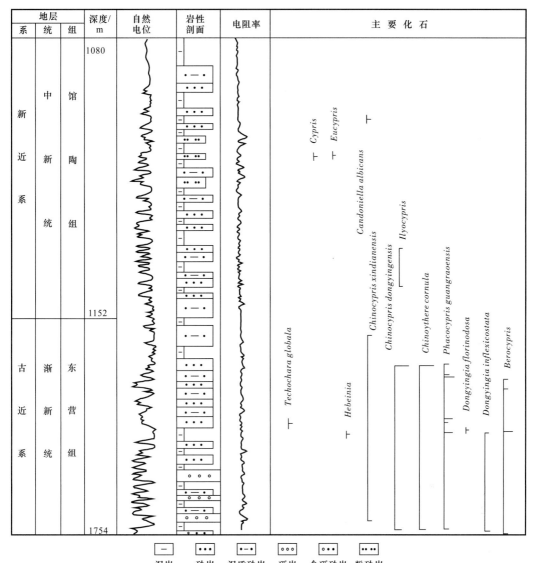

图 3-28　济阳坳陷华 8 井东营组生物地层综合柱状图

　　东营组为灰绿色、灰色、少量紫红色泥岩与砂岩、含砾砂岩、砾状砂岩的不等厚互层，或夹薄层碳酸盐岩。与下伏沙一段呈整合或假整合接触。

　　该组顶部多遭剥蚀厚度不稳定，从凹陷中部向边缘直到凸起部位厚度逐渐减薄，缺失地层越来越多，也有凸起完全缺失东营组。各凹陷沉积有一定的差异（图 3-29）。东营凹陷东粗西细，西部以较深水的泥质岩为主，东部表现为三个由粗变细的旋回：早期为碳质泥岩夹层的河口至三角洲平原环境沉积；中期有一次短暂的水进，过渡为红色和灰绿色粉细砂、泥质沉积的河流泛滥平原环境；晚期湖盆消亡，无沉积。惠民凹陷是西粗东细，西部表现为下粗上细的正旋回，以河流三角洲和滨浅湖沙坝相带的砂质岩为主；东部以泥质岩发育为特征。沾化凹陷的东营组发育较全，纵向上是下细上粗，横向上是西细东粗。车镇凹陷水体较深，整个东营组都以泥质岩为主。

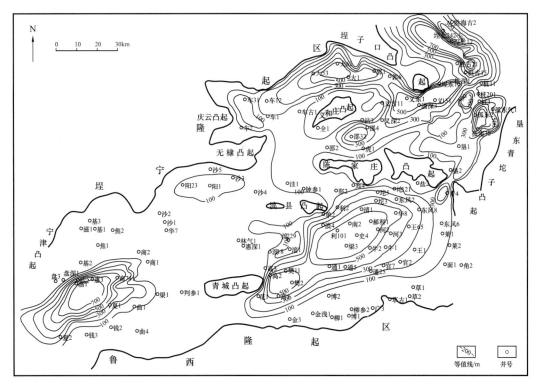

图 3-29 济阳坳陷东营组地层等厚图

东营组自下而上分为三段。

1）东营组三段（E_3d_3）

东营组三段（简称东三段）岩性以砂岩与泥岩不等厚互层为特点，厚度 0～420m，与下伏沙河街组呈整合或假整合接触。

东营凹陷岩性较粗，色调较浅，可构成下粗上细正旋回：中、下部为浅灰色、灰白色砂岩、含砾砂岩夹灰绿色砂质泥岩及褐灰色泥岩；上部为灰绿色、少量紫红色泥岩夹细砂岩。视电阻率曲线底部见中高阻尖峰，向上呈低阻小锯齿状；中、下部自然电位曲线为明显的高幅度箱状、指状负异常，上部近于平直，偶见小鼓包状负异常。沾化凹陷岩性较细，以灰绿色及灰色泥岩为主，夹薄层浅灰色及灰白色粉砂岩、钙质砂岩及少量白云质砂岩。车镇凹陷主要为一套暗色泥岩，视电阻率曲线为锯齿状，见中低阻尖峰；自然电位曲线近于平直，见少量小鼓包负异常。惠民凹陷砂岩较发育，以浅灰色、灰白色砂岩、含砾砂岩为主，夹灰绿色、灰褐色泥岩，少量薄层碳质泥岩，底部可见薄层劣质油页岩。视电阻率曲线为低值中低锯齿状，下部见中阻尖峰；自然电位曲线为高幅度指状，部分箱状负异常。总体上，东营凹陷较薄，惠民、车镇、沾化等凹陷较厚。

该段介形类为单峰华花介（*Chinocythere unicuspidata*）组合，主要属种有单峰华花介、双峰华花介（*Chinocythere bicuspidata*）、近指纹瓜星介（*Berocypris substriata*）、扁脊东营介（*Dongyingia laticostata*）和相等纺锤玻璃介（*Fusocandona equalis*）等。腹足类为兴隆台田螺—旋脊底脊螺［*Viviparus xinglongtaiensis-Stenothyra（Basilirata）spiralis*］组合，主要属种有兴隆台田螺、旋脊底脊螺和旋饰具肩狭口螺（*Stenothyra carinohumeralis*）等。轮藻为乌尔姆梅球轮藻（*Maedlerisphaera ulmensis*）组合，主要

属种有乌尔姆梅球轮藻、中华梅球轮藻（*Maedlerisphaera chinensis*）和张巨河克氏轮藻（*Croftiells zhangjuheensis*）等。孢粉为波形榆粉—云杉粉属（*Ulmipollenites undulosus-Piceaepollenites*）组合，主要属种有波形榆粉、中新榆粉（*Ulmipollenites miocaenicus*）、拟榛粉属、桦科、单束松粉属、双束松粉属、云杉粉属（*Piceaepollenites*）、水龙骨单缝孢属、槐叶萍孢属（*Salviniaspora*）及真蕨目等。沟鞭藻类及疑源类为拟箱藻属—角凸藻属（*Pyxidiniopsis-Prominangularia*）组合中角凸藻属（*Prominangularia*）亚组合，主要属种有东营角凸藻（*Prominangularia dongyingensis*）、伸长沧县藻（*Cangxianella elongata*）和粒面球藻属等。时代属晚渐新世。

2）东营组二段（E$_3$d$_2$）

东营组二段（简称东二段）以灰绿色及深灰色泥岩、砂质泥岩为主，夹薄层灰白色及浅灰色粉砂岩、钙质粉砂岩，少量白云质灰岩，厚度200～280m，与下伏东三段为连续沉积。

东营凹陷岩性较粗，砂岩发育，下部以灰绿色及紫红色泥岩、砂质泥岩为主，夹灰白色含砾砂岩、砂岩，上部为灰绿色粉细砂岩夹棕红色、灰绿色泥岩、砂质泥岩，组成一个正旋回，中、下部视电阻率曲线近于平直，上部呈低阻小尖峰状，自然电位曲线为中—高幅度的箱状、指状负异常。惠民凹陷主要为灰绿色、灰褐色泥岩，夹少量泥质粉砂岩，视电阻率曲线为低值小锯齿状，自然电位曲线近于平直，粉砂岩处见低幅度负异常。沾化、车镇凹陷以灰绿色、深灰色砂质泥岩、泥岩为主，夹薄层灰白色粉砂岩、少量钙质砂岩，底部见多层白云质灰岩，顶部出现含砾砂岩，视电阻率曲线为低值小锯齿状，上部见中阻尖峰，自然电位曲线近于平直，仅上部见低幅度小鼓包负异常。

该段介形类为弯脊东营介（*Dongyingia inflexicostata*）组合，主要属种有弯脊东营介、双球脊东营介（*Dongyingia biglobicostata*）、指纹瓜星介（*Berocypris striata*）、广饶小豆介（*Phacocypris guangraoensis*）和辛镇华花介（*Chinocythere xinzhenensis*）等。腹足类为单列瘤天津螺（*Tianjinospira monostichophyma*）组合，主要属种有单列瘤天津螺、双列瘤天津螺（*Tianjinospira disticophyma*）和车镇底脊螺（*Stenothyra (Basilirata) chezhenensis*）等。沟鞭藻类与疑源类为拟箱藻属—角凸藻属（*Pyxidiniopsis-Prominangularis*）组合中粒网球藻属—穴沟藻属（*Granoreticella-Lacunodinium*）亚组合，主要属种有细网拟箱藻、网面拟箱藻（*Pyxidinopsis reticulata*）和开裂穴沟藻等。轮藻为乌尔姆梅球轮藻组合，孢粉为波形榆粉—云杉粉属组合，组合特征与东三段相似，不易区别。时代属晚渐新世。

3）东营组一段（E$_3$d$_1$）

东营组一段（简称东一段）为湖盆演化旋回末期沉积，其顶部遭受不同程度的剥蚀，各凹陷缺失的程度也不一样。惠民凹陷完全缺失，东营凹陷较薄，沾化、车镇凹陷较厚。岩性为灰绿色及紫红色泥岩、粉砂质泥岩，夹浅灰色及灰白色砂岩、含砾砂岩。东营凹陷较细，沾化、车镇凹陷一般下部粗、上部细，构成正旋回。视电阻率曲线呈低阻小尖峰，自然电位曲线为小鼓包负异常，相对泥岩处近平直。厚度0～110m，与下伏东二段为整合接触。

该段介形类及腹足类稀少，轮藻为东三段、东二段延续的属种。孢粉为松科—榆粉属—胡桃科（Pinaceae-*Ulmipollenites*-Juglandaceae）组合，主要属种有榆粉属、栎粉属、胡桃科、桦科、唇形三沟粉属、毛茛粉属、单束松粉属、双束松粉属和云杉粉属等。沟鞭藻类与疑源类为拟箱藻属—角凸藻属（*Pyxidiniopsis-Prominangularis*）组合中开口拟箱藻（*Pyxidinopsis pylomica*）亚组合，主要属种有开口拟箱藻、透明光面球藻等，显示了本区古近纪藻类生物群最后衰亡的面貌。时代属晚渐新世。

二、新近系（N）

济阳坳陷新近系发育齐全、分布广泛、沉积厚度大。底部与古近系、顶部与第四系全区性的角度不整合接触，由老到新可分为馆陶组和明化镇组。

1. 馆陶组（N₁g）

馆陶组于 1957 年由石油工业部华北勘探处命名，命名剖面为河北省馆陶县临清坳陷馆陶凸起的华 6 井 905～1400m 井段地层。济阳坳陷馆陶组厚度变化较大，东营、惠民凹陷一般 200～400m，车镇、沾化凹陷 750～1000m，个别地区可大于 1000m。本组以块状砾质岩为底，区域性超覆不整合于古近系之上。细分为上、下两段。

1）馆陶组下段

馆陶组下段（简称馆下段）为灰色、浅灰色、灰白色厚层块状砾岩、含砾砂岩、砂岩夹灰色、灰绿色、紫红色泥岩、砂质泥岩。底部块状砂岩及底砾岩是识别标志。视电阻率曲线呈低值略平，见稀疏的中低阻尖峰，自然电位曲线一般为高幅度箱状负异常。厚度 200～500m（图 3-30）。

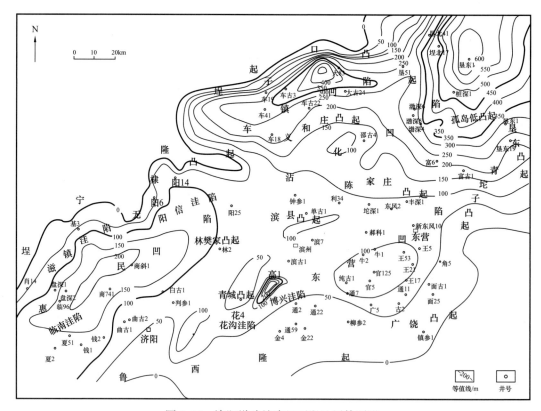

图 3-30　济阳坳陷馆陶组下段地层等厚图

该段水生生物较少，介形类为正式异星介—林家美星介—独山土星介（*Heterocypris formalis-Cyprinotus linjiaensis-Ilyocypris dunschanensis*）组合，主要属种有正式异星介、近陡异星介（*Heterocypris subderuptus*）、林家美星介、独山土星介和粗糙土星介（*Ilyocypris aspera*）等。轮藻化石极为罕见，仅于东营南部的部分地区见零星的苏北灯枝藻（*Lychnothamnus subeiensis*）。孢粉为松科—小菱粉—桦科（Pinaceae-*Sporotrapoidites minor*-Betulaceae）组合。可进一步分为两个亚组合：（1）松科—小菱粉（Pinaceae-*Sporotrapoidites minor*）亚组合见于馆下段下部，主要属种有榆科、胡桃科、罗汉松粉属、杉粉属、麻黄粉属、水龙骨单缝孢属和桫椤孢属等；（2）小菱粉—桦科（*Sporotrapoidites minor*-Betulaceae）亚组合见于馆下段上部，主要属种有榆科、胡桃科、拟桦粉属、拟榛粉属、桤木粉属、杉粉属、铁杉粉属、罗汉松粉属、水藓孢属、水龙骨单缝孢属和圆形块瘤孢属等。时代属早中新世。

2）馆陶组上段

馆陶组上段（简称馆上段）为紫红色、暗紫色、灰绿色泥岩、砂质泥岩与粉砂岩互层，夹粉、细砂岩。下部砂岩较发育，上部泥岩较发育。视电阻率曲线基值较低，上部为小锯齿状，中、下部呈中—高阻尖峰。自然电位曲线上部略平直，下部见中低幅度负异常。厚度120～380m（图3-31），与下伏馆下段整合接触。

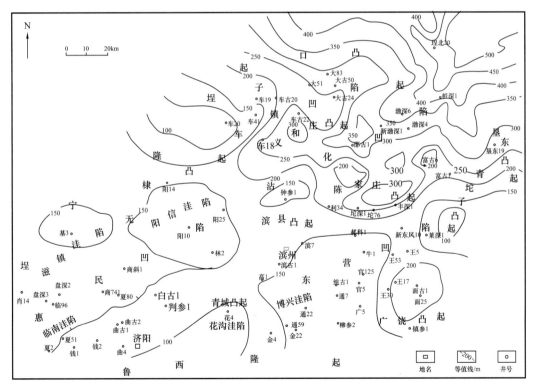

图3-31　济阳坳陷馆陶组上段地层等厚图

该段介形类为山东中星介—山旺河星介—光滑湖花介（*Mediocypris shandongensis-Potamocypris shanwangensis-Limnocythere luculenta*）组合中孤岛湖花介—扁平玻璃介—山旺河星介（*Limnocythere gudaoensis-Candona planus-Potamocypris shanwangensis*）亚组合，主要属种有山东中星介、山旺河星介、光滑湖花介、扁平玻璃介和孤岛湖

花介等。腹足类为仙河镇垦利螺—平滑田螺（*Kenliospira xianhezhenensis-Viviparus demolita*）组合，常见属种有仙河镇垦利螺、锥形垦利螺（*Kenliospira conica*）和梨形豆螺（*Bithynia puriformis*）等。轮藻为盐城灯枝藻—较小球状轮藻（*Lychnothamnus yanchengensis-Sphaerochara minor*）组合，主要属种有盐城灯枝藻、较小球状轮藻等。孢粉为粗肋孢属—山核桃粉属—伏平粉属（*Magnastriatites-Caryapollenites-Fupingopollenites*）组合，主要属种有胡桃科、桦科、榆科、单束松粉属、双束松粉属、铁杉粉属、雪松粉属、罗汉松粉属、粗肋孢属、水龙骨单缝孢属、瘤面水龙骨单缝孢属（*Polypodiisporites*）和石苇孢属（*Cyclophorusisporites*）等。水生浮游藻类较发育，适于淡水环境的盘星藻属、葡萄藻属、毛球藻属等局部地区大量繁盛。时代属中中新世。

2. 明化镇组（$N_{1-2}m$）

明化镇组于1956年由石油工业部华北石油勘探处命名，命名剖面为河北省南宫市临清坳陷明化镇凸起中西部的华1井19.50～1063m井段地层。

为棕黄色、棕红色泥岩夹浅灰色、棕黄色粉砂岩及部分海相薄层。上部粉砂岩发育，下部夹钙质铁锰结核、石膏晶体及灰绿色泥岩条带。视电阻率曲线基值在明化镇组顶、底端为低值，向中部逐渐抬高，俗称"弓形电阻"，上部出现高电阻集中层段，下部出现少量高阻尖峰，自然电位曲线见中等幅度的正异常。

明化镇组沉积中心在惠民凹陷的临邑西、阳信以及东营凹陷的利津、沾化凹陷的埕北等地，厚度650～1300m。东营、惠民凹陷较薄，车镇、沾化凹陷较厚（图3-32）。本组与下伏馆陶组呈整合或假整合接触，顶部与第四系呈区域性不整合接触。细分为上、下两段。

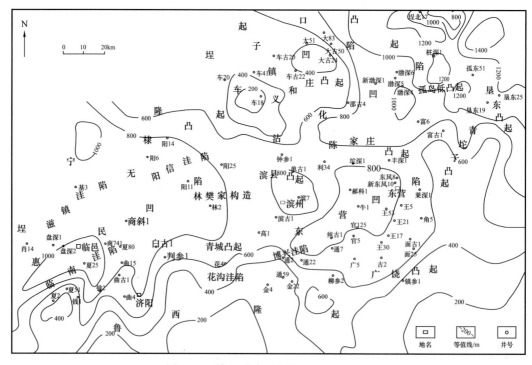

图3-32　济阳坳陷明化镇组地层等厚图

1）明化镇组下段

明化镇组下段（简称明下段）以棕红色、紫红色和灰绿色泥岩为主，间夹钙质铁锰结核、石膏晶体及灰绿色泥岩条带。

该段介形类大多是馆上段延续的属种，为山东中星介—山旺河星介—光滑湖花介组合中前扁河星介—济阳小爬星介—山东中星介（Potamocypris praedeplanata-Herpetocyprella jiyangensis-Mediocypris shandongensis）亚组合，组合中山东中星介和光滑湖花介等数量明显减少，出现新种前扁河星介、尖尾河星介（Potamocypris acuta）和济阳小爬星介等。孢粉为草本植物花粉高含量组合中榆粉属—石竹粉属（Ulmipollenites-Caryaphyllidites）亚组合，主要属种有藜科、菊科、石竹科、蓼科、禾本科、榆科、桦科、粗肋孢属、三角孢属、水龙骨单缝孢属等。腹足类为膨胀麦氏螺—太谷中国蜗牛（Marstonia inflata-Cathaica taiguensis）组合，常见属种有膨胀麦氏螺、太谷中国蜗牛和白小旋螺（Gyraulus albus）等。有孔虫为卷转虫属—希望虫属—五玦虫属（Ammonia-Elphidium-Quinqueloculina）组合，主要有异地希望虫（Elphidium advenum）、意大利星诺宁虫（Astrononion italicum）、微温卷转虫（Ammonia tepida）以及五玦虫属（Quinqueloculina）等。时代属晚中新世。

2）明化镇组上段

明化镇组上段（简称明上段）以灰色、暗褐色、肉红色泥岩、砂质泥岩及细砂岩为主。

该段介形类为牛庄异星介—丰县假玻璃介—后膨土星介（Heterocypris niuzhuangensis-Pseudocondona fengxianensis-Ilyocypris salebrosa）组合，主要属种有牛庄异星美星介、丰县假玻璃介和布氏土星介（Ilyocypris bradyi）等。轮藻可分为两个组合：下部为哈萨克斯坦栾青轮藻（Hornichara kasakstanica）组合，哈萨克斯坦栾青轮藻常见，其次是匏状栾青轮藻（Hornichara lagenalis）及盐城灯枝藻宽阔型（Lychnothamnus yanchengensis f.platuta）等；上部为帕普轮藻—苏北灯枝藻（Chara pappii-Lychnothamnus subeiensis）组合，苏北灯枝藻、盐城灯枝藻宽阔型、短卵形灯枝藻（Lychnothamnus breviovatus）等最为常见。孢粉为草本植物花粉高含量组合中藜粉属—蒿粉属—松科（Chenopodipollis-Artermisiaepollenites-Pinaceae）亚组合，以松科花粉占绝对优势，见少量的粗肋孢属、凤尾蕨孢属等。腹足类属膨胀麦氏螺—太谷中国蜗牛组合，有孔虫属卷转虫属—希望虫属—五玦虫属组合，组合特征与明下段相似，不易区分。时代属上新世。

三、第四系（Q）

济阳坳陷第四系主要为海陆过渡相沉积，为一套黄灰色、棕黄色及灰褐色黏土与粉砂岩夹海相地层，沉积中心在东营辛镇—郝家，沾化的垦利、富林、罗家和惠民商河—临邑一带，厚度200～450m，与下伏地层新近系明化镇组呈区域性不整合接触。

第四系自下而上分更新统平原组（Qpp）及全新统（Qh），更新统平原组可分为下段、中段和上段。

下段为灰黄色黏土、砂质黏土夹粉砂，含有大量钙质结核，与下伏地层不整合接触。本段介形类有苏氏小玻璃介（Candoniella suzini）、粗糙土星介（Ilyocypris *salebrosa*）、柯氏土星介（*I.cornae*）和布氏土星介等；轮藻有似轮藻属、似松轮藻属（*Lychonothamnites*）；沟鞭藻类不发育，绿藻较丰富，主要有布郎葡萄藻（*Botryococcus braunii*）、环纹藻属（*Concentricystis*）和盘星藻属等。

中段为棕黄色、灰褐色黏土与粉砂互层夹海相层，与下伏地层为整合接触。陆相层中介形类有布氏土星介、粗糙土星介和纯净小玻璃介等，轮藻有迟钝轮藻属（*Amblyochara*）和似松轮藻属等，海相夹层中介形类有宽卵中华美花介（*Sinocytheridea latiovata*）和滨海弯贝介（*Loxoconcha binhaiensis*）等，有孔虫见微温卷转虫和简单希望虫（*Elphidium simplex*）等，沟鞭藻类极不发育，绿藻类主要有环纹藻属和卵形藻属等。

上段为棕黄、灰黄和灰黑色黏土与土黄色粉细砂互层夹海相层，与下伏地层为整合接触。陆相层中介形类有布氏土星介、柯氏土星介等，轮藻有格氏轮藻属（*Grambastrichara*）、迟钝轮藻属等，海相夹层中介形类有弯背介属、中华美花介属和棘艳华介属（*Echinocythereis*）等，有孔虫见希望虫属、卷转虫属等，沟鞭藻类以刺果口盖藻（*Operculodinium centrocarpum*）、范氏瘤突藻（*Tuberculodinium vancampoae*）和具刺加固藻（*Impagidinium aculeatum*）等为主，淡水藻类布郎葡萄藻、环纹藻属、卵形藻属及疑源类毛球藻属等常见。

全新统为灰黄色黏土夹粉砂夹海相层，顶部含植物根系，整合于更新统之上。陆相层中介形类有柯氏土星介，海相层中介形类有中华美花介属、弯背介属等，有孔虫见微温卷转虫、异地希望虫和五玦虫属等，沟鞭藻类见刺甲藻属，绿藻类有盘星藻属和环纹藻属等。

第四章　构　　造

构造作用或构造运动常是其他地质作用的起始或触发的主要因素。研究含油气盆地构造地质，探讨盆地内沉积地质体的形成、形态和变形构造的成因机制，以及时空分布和演化规律，可以从本质上认识控制盆地含油气系统的地质构造因素。

第一节　区域大地构造背景

济阳坳陷构造运动的时空分布、类型及强度差异受控于区域构造背景。通过各种地质和地球物理资料，重塑盆地构造运动史，划分不同类型构造区及构造单元，研究各构造单元之间的共同性和差异性，阐明它们的运动规律。

渤海湾盆地地处我国东部华北平原、下辽河平原和渤海湾，基本构造单元包括 6 个坳陷和 4 个隆起，即下辽河坳陷、渤中坳陷、黄骅坳陷、冀中坳陷、济阳坳陷、临清坳陷和埕宁隆起、沧县隆起、沙垒隆起、邢衡隆起、内黄隆起。发育有几百至近万米的新生代陆相沉积层，是我国东部主要的油气产区之一（图 4-1）。

济阳坳陷属于渤海湾盆地的一个次级构造单元，东部以郯庐断裂带与胶东隆起相隔，西部和北部与埕宁弧形隆起相毗邻，南部以齐（河）—广（饶）断裂与鲁西隆起为界，西窄东宽，东西长 240km，宽数十到百余千米不等，总面积约 26000km^2。济阳坳陷是叠置在华北克拉通基底之上的中—新生代"北断南超"的箕状断陷。在地壳厚度等值线图与布格异常等值图上基本为北北东走向，地壳厚度表现为减薄趋势，但明显受探区构造控制。根据深度反演结果，莫霍面深度在 32～34km 之间。

寒武纪前，包括济阳坳陷在内的渤海湾盆地经历了泰山运动、五台运动及中条（吕梁）运动等三次大的褶皱运动，下伏新太古代岩体和泰山岩群普遍遭受了中高级变质程度的混合岩化和花岗岩化，形成了华北地台的基底，并造成新太古界与寒武系之间的不整合面。华北地台古生代构造运动较为平稳，期间规模较小的振荡运动频繁，地壳稳定升降，海侵与海退交替，接受了滨浅海—海陆交替—陆地的古生界沉积组合，形成了区域盖层。三叠纪晚期—侏罗纪早期，印支运动的发生使渤海湾地区地壳褶皱抬升，地台活化，形成了一系列断陷和断块隆起，受此影响，地台盖层北东向的宽缓同心褶皱和冲断层十分发育。晚侏罗世—早白垩世，燕山构造运动发生，济阳坳陷进入第一期断陷时期，强烈的岩浆侵入和火山喷发使断陷区地层经历了区域隆升剥蚀均夷过程。新生代，在裂陷作用下，进入了箕状断坳阶段和新近纪的区域性坳陷阶段，使前新生代地质结构及中—新生界断陷受到了强烈的改造，形成古近系—新近系包围"基岩"起伏山峦的古潜山—凹陷相间的格局。

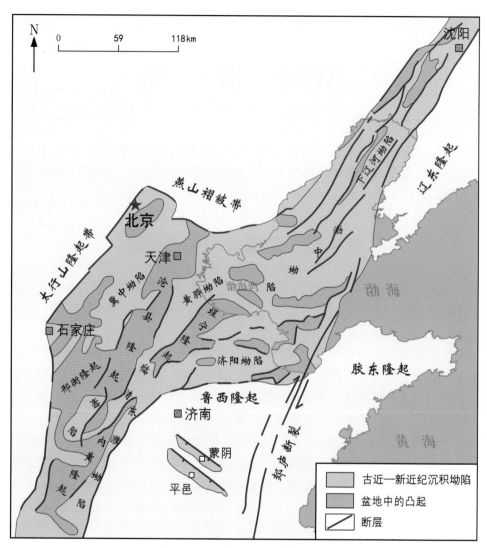

图 4-1 渤海湾盆地区域构造位置图

第二节 构造层和构造运动

作为沉积盆地构造演化阶段的产物，构造层反映的构造事件具有持续时间长、波及范围广的特点。构造层划分的主要依据为地层的岩石组合特征、沉积充填序列、不整合和构造变形特征。

济阳坳陷的地震剖面结构普遍存在五个主要侵蚀面：喜马拉雅侵蚀面（T_1）、燕山侵蚀面（T_r）、印支侵蚀面（T_g）、加里东侵蚀面（T_{g1}）和蓟县侵蚀面（T_{g2}）。其形成的强反射波基本上可全区追踪。综合大量地球物理、区域地质资料，以地层之间的区域性不整合和假整合划分为五个构造层，即底构造层、下构造层、中构造层、上构造层和顶构造层。其间又可划分寒武系—奥陶系、石炭系—二叠系、三叠系—下侏罗统、上侏罗统—下白垩统、上白垩统和古近系及新近系内部的各亚构造层等（图 4-2、图 4-3、表 4-1）。

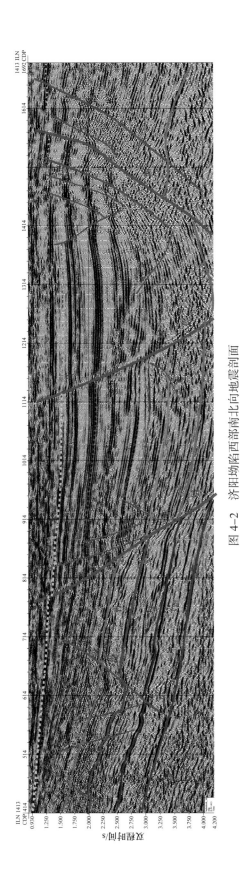

图 4-2 济阳坳陷西部南北向地震剖面

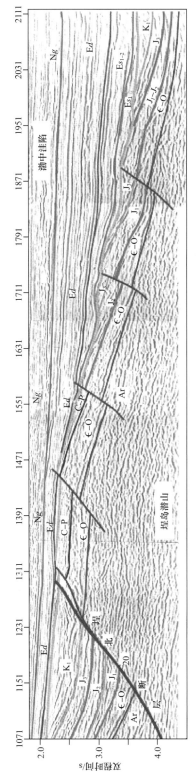

图 4-3 济阳坳陷桩海地区东西向地震地质解释剖面

表 4-1　济阳坳陷构造层划分及构造运动

构造层序	亚构造层序	地层代号	地层接触关系	绝对年龄/Ma	构造运动幕	构造运动	盆地发展阶段
顶构造层	平原组	Qp	不整合	2.0	喜马拉雅运动Ⅲ幕	喜马拉雅运动	拗陷
	明化镇组	Nm	假整合	5.1			
	馆陶组	Ng	不整合	24.6			
上构造层	沙二上亚段—东营组	$Es_2^{上}$—Ed	沉积间断或不整合	37.0	喜马拉雅运动Ⅱ幕		断陷
	沙三段—沙二下亚段	Es_3—$Es_2^{下}$	局部沉积间断	42.0	喜马拉雅运动Ⅰ幕		
	沙四段	Es_4	较大沉积间断	50.5			
	孔店组	Ek	不整合	65.5			
中构造层	上白垩统	K_2	假整合到不整合	100	燕山运动Ⅲ幕	燕山运动	断陷
	上侏罗统—下白垩统	J_3—K_1	假整合、不整合	145	燕山运动Ⅱ幕		
	三叠系—中侏罗统	T—J_{1-2}	不整合	199.6	燕山运动Ⅰ幕		
下构造层	石炭系—二叠系	C—P	假整合	320	加里东—海西—印支运动	加里东—海西—印支运动	地台盖层
	寒武系—奥陶系	ϵ—O	不整合	541			
底构造层	泰山岩群—新太古代岩体	Ar_3T		2800	泰山运动	前寒武纪运动	地台基底

一、构造层

根据济阳坳陷地层学及构造几何学特征，五大构造层均有其独特的构造—岩相组合。

1.底构造层

底构造层为新太古界泰山岩群和新太古代岩体，为该区结晶基底，也是华北地台基底。是一套经混合岩化和花岗岩化的中深变质岩系，与上覆地层的角度不整合面和变质岩系是识别标志。

2.下构造层

下构造层由下古生界和上古生界两大构造亚层组成，之间呈假整合接触。

1）寒武系—奥陶系（ϵ—O）亚构造层

寒武系—奥陶系亚构造层主要为浅海碳酸盐岩夹碎屑岩沉积，总厚度

1300～1600m，岩性和厚度比较稳定。自下而上包括寒武系和下—中奥陶统，缺失上奥陶统至泥盆系。岩性以石灰岩为主，地震剖面上有三个较强的反射面，其地震剖面特征清楚，大部分地区可连续追踪，内部一般为空白反射段。构造亚层底界为下寒武统馒头组页岩反射，低频强反射（T_{g2}）。T_{g1} 为奥陶系顶面的反映。

2）石炭系—二叠系（C—P）亚构造层

石炭系—二叠系亚构造层厚 900～1100m，与奥陶系八陡组平行不整合接触。石炭系—二叠系亚构造层包括石炭系中上部和二叠系。石炭纪接受海陆交互相沉积，多次发生海水进退；二叠纪为陆相沉积，为进积型充填式海退沉积序列。岩石类型主要以砂岩为主，夹有泥岩、页岩及煤层。主要构造样式表现为大型挤压褶皱、逆冲断层和负反转构造。顶部为印支剥蚀侵蚀面，地震反射为（T_g）。

3. 中构造层

中构造层由侏罗系及白垩系组成，济阳坳陷缺失三叠系。中—下侏罗统与上侏罗统之间为角度不整合接触。

1）三叠系—中侏罗统亚构造层

华北地区下三叠统多为干旱的红色碎屑岩沉积。其与下伏二叠系为整合关系，而与上覆中—新生界为区域性角度不整合。常见二叠系与中—下三叠统呈近东西向展布。

济阳坳陷中—下侏罗统发育坊子组，盆地原型为大型地台基础上的中小型坳陷盆地，其内主要发育坊子组含煤碎屑岩组合。坊子组视厚度 267m，区域 90～330m。沾化凹陷东部、车镇凹陷东部和义和庄凸起东部分布较普遍，厚度 400～500m；东营凹陷钻井揭示为零星分布；惠民凹陷钻井揭示少，分布情况不清。地层对比表明，该含煤地层虽有一定的稳定性，但常含有砂砾岩、含砾砂岩、紫色泥岩，与上古生界煤系地层相比，其厚度、岩性变化要快得多，因而推断中—下侏罗世盆地规模不大，多为近源的半地堑沉积。无棣凸起、陈家庄凸起及东营凹陷大部分地区可能没有接受沉积。

在地震剖面上，该构造层表现为远离北西向控制断层一端顶部遭受削蚀，与上覆不同层位地层呈角度不整合接触，底部与古生界呈平行不整合接触；靠近北西向控制断层一端则为超覆或平行于下伏古生代地层，呈角度不整合或平行不整合接触。中—下侏罗统在地震剖面上为多相位反射，顶部反射为 T_j。

2）上侏罗统—下白垩统亚构造层

晚侏罗世末至早白垩世，火山活动强烈，在黄骅、济阳、鲁东等区分别形成了众多的火山断陷湖盆群，沉积了巨厚的含热河生物群的湖沼相与湖相碎屑岩系。中—晚侏罗世三台组沉积时期为河湖相碎屑岩组合，视厚度 424m，区域厚度 240～470m。角度不整合于下伏构造层之上。三台组电性特征多为中低值间互的梳状电阻，侵入岩为高电阻，地震反射特征不明显，中、弱振幅反射，同相轴连续性较差。三台组同上覆下白垩统蒙阴组之间表现为顶部削蚀的不整合接触。蒙阴组底部发育大套厚层砾岩、含砾砂岩，为冲积扇沉积环境。地层中出现大套中基性火山及火山碎屑岩。早白垩世，莱阳组有湖沼相含煤碎屑岩及半深湖—深湖相暗色碎屑岩系赋存，厚数千米至数百米不等。

下白垩统蒙阴组电性特征多为下、中部电阻率高、低阻值相间，上部低值。地震反射特征表现为整体同相轴反射不稳定，局部强振幅，连续性差。

下白垩统西洼组以中基性喷出岩为主，呈北西向展布，视厚度 857m，区域厚度

150～1500m。岩性为一套巨厚的中基性火成岩和陆相碎屑岩地层。下部为安山岩发育段，厚460m，中部为灰色块状安山岩夹杂色砂砾岩，并有玢岩侵入，电阻率为高值；上部以碎屑岩为主，厚395m，灰色凝灰质砂岩、杂色含砾砂岩、紫红色泥岩互层，夹灰色凝灰岩和安山岩。同蒙阴组相比，下段火山岩成分明显增多，上段火山岩成分较少。电性特征为电阻率中、高值相间。火山间歇期碎屑以冲积扇体系为主。地震反射特征表现为强振幅，同相轴稳定，连续性好。

3）上白垩统亚构造层

中—下白垩统属于区域隆起背景上的残留盆地，以干旱气候条件下的红色含盐较高的碎屑岩与粗碎屑岩沉积为主。济阳地区上白垩统上部为红色泥岩、含膏泥岩夹砂岩、白云岩，下部较粗，为红色砂砾岩夹泥岩。地震资料推测厚度达1000m。

顶部剥蚀面反射较强为 Tr 反射界面，也是中构造层的顶界面。区域性角度不整合面，全坳陷范围发育，地震剖面上表现为杂乱反射。下伏地层包括中生界、古生界或更老地层，多数褶皱变形或高角度倾斜，不同地域有上超、下超和对下伏层的削蚀、削截及断层破裂的错落现象。全区易于追踪对比，连续性中等到较好，振幅中等偏强，常呈双轨出现。

4. 上构造层

上构造层为古近纪沉积盖层，自下而上可分为孔店组（Ek）、沙四段（Es$_4$）、沙三段（Es$_3$）—沙二段下亚段（Es$_2$$^\text{下}$）和沙二段上亚段（Es$_2$$^\text{上}$）—东营组（Ed）亚构造层。

1）Ek 亚构造层

Ek 沉积时期，济阳坳陷表现为若干分隔断陷，多沉积中心和沉降中心。东营、惠民和沾化凹陷相对独立成湖，而每个凹陷也可分隔成相对独立的沉积和沉降中心，如东营凹陷包括博兴和利津两个相对独立的湖盆中心。孔店组由下而上可划分为孔三段（Ek$_3$）、孔二段（Ek$_2$）和孔一段（Ek$_1$）。

孔三段岩性为灰绿色、紫灰色厚层玄武岩夹少量紫红色、灰绿色及灰色泥岩、砂质泥岩。自然电位曲线为幅度不太高的负异常，视电阻率曲线为很高的尖峰。

孔二段主要是一套暗色湖相沉积。岩性为灰色、深灰色泥岩夹砂岩、含砾砂岩、油页岩、碳质泥岩及煤层等。孔店组二段上部（碳质页岩顶部）为 T$_8$ 反射界面。

孔一段岩性为棕红色砂岩与紫红色泥岩不等厚互层，夹少量绿色泥岩。下部见较多的灰色砂岩，自下而上砂岩逐渐变细、厚度减薄。上部常有含膏泥岩及薄层石膏和钙质砂岩成组出现。视电阻率曲线呈较高而明显的锯齿状，上部有成组出现的高阻尖峰。自然电位曲线上成组出现的负异常，幅度自下而上逐渐降低。

孔店组电阻率基值稍高。孔店组与沙四段的界面——T$_8$′ 反射界面，为区域的不整合界面。一般由2～3个弱相位组成，连续性较差，在东营凹陷反射界面不清晰。沉积上常对应于红砂红泥层段顶部。

2）沙四段亚构造层

依据岩性组合，沙四段可分为沙四段下亚段和沙四段上亚段两部分。

沙四段下亚段岩性以紫红色、灰绿色泥岩为主，夹砂岩、粉砂岩、含砾砂岩及薄层碳酸盐岩、盐岩及石膏夹层。东营、沾化及车镇凹陷中部有数量不等的盐岩及石膏夹层。东营凹陷中央断裂背斜带盐膏层最为发育，最大的含膏盐井段大于1000m，钻遇厚度 1753m，红层未穿，盐岩石膏单层厚度 10m 以上，常含泥砾。该套地层厚度变化较大，凹陷边缘地带常缺失或仅厚几十米，而凹陷中央很厚。惠民凹陷的红层厚度大于 2000m，其中可能包括部分孔店组。惠民凹陷和临清坳陷的盐膏不发育，特征不明显。视电阻率曲线变化较大。盐岩石膏和碳酸盐岩层多为高阻尖峰。自然电位曲线在对应砂岩部位为明显负异常，异常幅度变化较大。

沙四段上亚段岩性以灰色、深灰色、灰褐色泥岩为主，夹碳酸盐岩、砂岩及油页岩，各凹陷岩性略有变化，凹陷内不同部位亦有差别。东营凹陷南部斜坡地区粒屑碳酸盐岩较发育，见有深灰色、灰褐色泥岩夹生物灰岩、鲕状灰岩、角砾状灰岩、页状灰岩、页状白云岩、油页岩及少量薄层管状礁白云岩；西部平方王地区为块状管状藻礁白云岩；北部和东部地区为砂砾岩夹灰色、灰绿色泥岩；中部广大地区则为深灰色、灰黑色泥岩夹致密灰岩、白云岩和页岩，其下多见薄层盐岩、石膏。沾化、车镇凹陷的北缘陡坡地带为砂砾岩发育区；南部缓坡地带及凸起周围为粒屑灰岩发育区，适当部位可形成管状藻礁白云岩；中部发育为盐岩石膏层，含膏灰岩、含膏白云岩、含膏泥岩、石膏及盐岩等化学沉积物，石膏含量自下而上逐渐减少。惠民凹陷主要为灰色砂、泥岩夹生物灰岩、鲕状灰岩和油页岩，厚度较小。视电阻率曲线下部为中—高阻尖峰，向上逐渐变为近于平直。自然电位呈小波状起伏。沙四段上、下亚段的分界为 T_7 地震反射界面。

3）沙三段—沙二段下亚段亚构造层

沙三段以湖相沉积的暗色砂、泥岩为特征。岩性主要为灰色及深灰色泥岩夹砂岩、油页岩及碳质泥岩。油页岩集中出现于下部。假整合或不整合于沙四段之上，凹陷边缘常因超覆沉积而缺失部分底部地层。厚度 700～1000m，凹陷中部最厚可达 1200m。济阳坳陷沙三段可分为下亚段、中亚段和上亚段。

沙三段下亚段岩性为深灰色泥岩与灰褐色油页岩不等厚互层，夹少量灰色石灰岩及白云岩。厚度为 100～300m，向凹陷边缘逐渐变薄或缺失。油页岩特征明显，以褐灰、褐黄色为主，页理不发育，质地细腻、含油率高。岩性简单，主要为泥岩和油页岩，沾化凹陷的渤南洼陷油页岩发育较好。凹陷边缘的部分地区为一套砂泥岩互层夹油页岩或碳质泥岩，如惠民凹陷盘河地区的盘河泊层段，为灰色砂、泥岩互层夹薄层碳质泥岩，厚 100～200m。东营凹陷的广利、滨南等地亦见砂、泥岩互层段，厚几十米。视电阻率曲线上可见两组高峰，下组基值成丘状，为幅度不太高的尖峰状锯齿；上组为密集的高阻尖峰。自然电位曲线比较平直。沙三段底部油页岩集中段，地震反射强而密集且连续性好，为 T_6 地震反射层。

沙三段中亚段岩性以灰色、深灰色巨厚泥岩为主，或夹有多组浊积砂岩或薄层碳酸盐岩。厚度为 300～500m，凹陷深处可达 600～700m，向边缘减薄。沙三段中亚段岩性全区较稳定，济阳坳陷仅沾化、车镇凹陷孤北、渤南、义东及大王庄北部等地为油页岩、油泥岩及泥岩，夹少量钙质岩。视电阻率曲线自下而上逐渐降低，对应含油页岩层或碳酸盐岩层见高阻尖峰。自然电位曲线近于平直，对应砂层为指状或箱状负异常。

沙三段上亚段岩性为灰色、深灰色泥岩与粉砂岩互层，夹钙质砂岩、含砾砂岩、油页岩及薄层碳质页岩，厚 300～500m。砂砾岩以反旋回为主，砂岩顶部常为钙质砂岩、含砾砂岩或鲕状灰岩，局部碳质泥岩较发育。在惠民凹陷的临南洼陷北坡油页岩极发育。沾化、车镇凹陷深处亦见有油页岩、油泥岩集中层段。潍北凹陷为砂泥岩互层。视电阻率曲线基值不高，大部分呈锯齿状夹高阻尖峰。自然电位曲线为箱形和弧形负异常。沙三段上亚段的底为 T_4 地震反射层。

沙二段下亚段岩性为绿色、灰色泥岩与砂岩、含砾砂岩互层，夹碳质泥岩，分布不稳定，多出现在各凹陷中部，面积较小，向边缘和凸起多缺失。厚度为 100～200m，最大厚度不超过 350m。上部见少量紫红色泥岩。沙二段的底为 T_3 地震反射层。

4）沙二段上亚段—东营组亚构造层

沙二段上亚段岩性为灰绿色、紫红色泥岩与灰色砂岩互层，夹钙质砂岩、砂岩及含砾砂岩。与下伏地层呈不整合—假整合接触，分布范围较小，厚度 50～100m。视电阻率曲线基值较下部略高，呈锯齿状，夹中、低阻尖峰。自然电位曲线见指状负异常。沙一段为连续沉积。岩性主要由灰色、深灰色、灰褐色泥岩、油泥岩、碳酸盐岩和油页岩组成。部为泥岩、油泥岩或油页岩夹砂质灰岩、白云岩；上部为灰色、灰绿色泥岩、油泥岩，夹钙质砂岩、粉砂岩。视电阻率曲线呈高阻尖峰，下部俗称"剪刀电阻"，上部为"步步高"。自然电位曲线比较平直。沙一段底部油页岩夹白云岩，生物灰岩段一组强反射由二个相位组成，高频强振幅，连续性好，为 T_2 区域性地震反射标准层。

东营组以砂岩与泥岩不等厚互层为特点，与下伏沙一段呈整合或假整合接触。岩性为灰绿色、灰色、少量紫红色泥岩与砂岩、含砾砂岩呈不等厚互层，或夹薄层碳酸盐岩。从凹陷中心向边缘岩性逐渐变粗，砂砾岩增加，泥质岩减少。东营组由于顶部多遭剥蚀，从凹陷中部向边缘直到凸起部位厚度逐渐减小，不少凸起上完全缺失。残留厚度 0～420m，东营凹陷较薄，惠民、沾化、车镇凹陷较厚。视电阻率曲线呈中—低阻尖峰，自然电位曲线近于平直。东营组与沙一段的分界面为 T_1' 地震反射界面。

5. 顶构造层

顶构造层由馆陶组（Ng）、明化镇组（Nm）和第四系平原组（Qp）亚构造层组成。

1）馆陶组亚构造层

馆陶组沉积是自东北向西南的超覆过程。济阳坳陷的沾化、车镇凹陷早期为地形坡降大水流急的辫状河沉积，沉积了大套块状砂砾岩；晚期则为地形平缓的曲流河泥岩夹粉砂岩沉积，砂岩含量逐渐变小，其馆陶组厚 750～1000m。南部地形平缓、物源较贫，发育曲流河和分支河流，沉积物较细，为砂、粉砂、泥质沉积，含砾石较少。惠民凹陷局部出现积水洼地和沼泽，地层厚 200～400m。视电阻率曲线呈低值略平，见稀疏的中低阻尖峰。自然电位曲线一般为高幅度箱状负异常。地震剖面上多数地区为连续的水平中等强度反射，少数地区可见微弱的拱张现象，其中馆陶组底部区域性块状砂岩及底砾岩形成强反射界面，即为 T_1，馆陶组与下伏地层为区域性不整合接触。

2）明化镇组亚构造层

济阳坳陷明化镇组为河流相、冲积相夹海相沉积，与下伏馆陶组呈整合或假整合接触。岩性为棕黄色、棕红色泥岩夹浅灰色、棕黄色粉砂岩，厚 650～1300m。上部粉砂岩发育，下部夹钙质铁锰结核、石膏晶体及灰绿色泥岩条带。视电阻率曲线基值在明化镇组顶、底端为低值，中部逐渐抬高，俗称"弓形电阻"，上部出现高电阻集中段，下部出现少量高阻尖峰。自然电位曲线见中等幅度的正异常，其为淡水层的反映。地震反射剖面上，明化镇组基本呈一水平层。厚度一般为 650～1300m。东营、惠民凹陷较薄，车镇、沾化凹陷较厚。明化镇组底部，地震剖面上有一组高频强振幅密集反射层，即 T_0

地震反射层。

3）平原组亚构造层

平原组岩性主要为土黄、棕红色黏土及砂土。与下伏地层呈区域性不整合接触，为快速充填的砂泥质沉积，厚200~400m。

二、构造运动

构造运动的起因是上地幔活动，由地球内动力引起岩石圈地质体变形、变位的机械运动。构造旋回是地球内生作用，即壳、幔、核以及壳、幔、核不同层次间多层圈相互作用的历史记录。构造旋回反映事物发展中各"事件"（片段）之间的内在联系，反映事物演化的本质，是整个地壳发展具有阶段性特征的表现，通常以角度不整合确立其旋回性，并以旋回的最后一次构造运动命名。一个构造旋回中，由于地壳运动性质的不同，往往可划分为若干构造幕，一个构造幕即是一次构造运动。

1. 前寒武纪构造运动

济阳坳陷及其周围的最老地层为新太古代岩体和泰山岩群，经泰山运动以强烈的褶皱和断裂变动为特征，为本区最早的构造运动期。前寒武纪以25亿年为界，划分为太古宙和元古宙。其中元古宙又分为古元古代（25亿—18亿年）、中元古代（18亿—10亿年）和新元古代（10亿—6亿年）。

太古宙大陆地壳已大部分形成，绿岩带比高级变质区构造环境更加活跃，太古宙晚期有大规模的克拉通化。元古宙由于地壳已明显具有刚性特征，出现了向板块构造转变的构造体系。寒武纪前，渤海湾地区经历了泰山运动、五台运动和中条（吕梁）运动等3次大的褶皱运动，下伏泰山岩群普遍遭受了中高级变质程度的混合岩化和花岗岩化，形成了华北地台的基底，并造成太古宇与寒武系之间的不整合面。

2. 加里东—海西—印支运动

吕梁运动形成华北地台基底后，进入了盖层发展阶段，从中元古代到三叠纪，地台以整体升降运动为主。中—新元古代，地台内部的隆起凹陷差异表现明显。稍晚，在地台局部地区还出现过一些构造运动。

吕梁运动以后，济阳坳陷所属区域抬升遭受剥蚀，缺失整套元古宇沉积，蓟县运动之后，接受了古生代寒武纪和奥陶纪沉积。中奥陶世末，由于加里东运动，振荡上升遭剥蚀，缺失晚奥陶世到早石炭世沉积，接受了中石炭世到二叠纪的海陆交互相和陆相沉积。海西运动末期本区全面抬升，大区域的缺失中生代三叠纪沉积（局部可有）。济阳坳陷所属的基底为鲁西地块，古生代期间处于构造稳定阶段。

印支期的时限为250—205Ma，仅含三叠纪，称为印支运动。印支运动的动力可能源自沿大别—东秦岭一带发生的华北陆块与华南陆块的强烈碰撞作用，碰撞造成巨大的北东—南西向挤压力，导致北西向压性构造的形成及广泛分布。在北东—南西向挤压应力场的作用下，济阳坳陷产生了一系列北西向逆冲褶皱隆起带及其伴生的宽缓向斜，由此造成了地层缺失、角度不整合、褶皱和岩浆活动。济阳坳陷缺失三叠系，中—下侏罗统以角度不整合覆于古生界或泰山群之上（两者之间角度较小，一般小于30°）。印支运动产生的挤压逆冲造成北西向负反转构造的广泛分布以及一系列北西西向展布的褶皱及冲断构造，使原有地层遭受不同程度的剥蚀夷平，且对碳酸盐岩潜山及三叠系烃源岩演化也产生了重要影响。

在近南北向挤压力的作用下，形成了鲁西与济阳坳陷古生界的近东西走向的宽缓褶曲及随后的近东西向逆冲作用。在济阳坳陷内发育典型的逆冲推覆断层，而在临清坳陷则表现为众多的盲冲断层的发育并使古生界局部增厚。

3. 燕山运动

中生代地壳运动和火山活动，在全球都是非常活跃而强烈的。中国东部陆相断陷盆地裂陷期即燕山运动时期，时间为中生代侏罗纪—白垩纪。可分为3个运动幕：Ⅰ幕发生在早—中侏罗世；Ⅱ幕发生在晚侏罗世—早白垩世；Ⅲ幕发生在晚白垩世。

1）燕山Ⅰ幕

早侏罗世，华北板块为相对平静期，中小型坳陷盆地发育于弱挤压环境下，华北地区北西西—南东东方向的最大主应力与伊佐奈崎板块向我国东部挤压作用相关。燕山早期的张裂作用使济阳坳陷的原北西向逆断层反转为正断层，沉积了中—下侏罗统。

中侏罗世末的燕山运动为强烈的造山作用阶段，伊佐奈崎板块朝北西西方向挤压加强，使华北东部许多地块发生强烈挤压逆冲变形，济阳坳陷发育了大量北北东走向的宽缓挤压褶皱及薄皮逆冲构造。中侏罗世晚期的西太平洋板块俯冲带进一步向欧亚大陆板块俯冲，导致济阳坳陷发生剧烈的燕山早期构造变形，北西西走向的断裂负反转，形成了一系列北西西向负反转断层和负反转褶皱，造成现今古生界向洼中减薄以及断层下降盘地层厚度小于上升盘残留厚度，呈"薄底型"或"秃底型"的褶皱形态，同时，北西西走向的断裂的负反转奠定了济阳坳陷古近纪沉积湖盆的构造格局。

燕山Ⅰ幕期末，波及中国东部的广泛地区，以剧烈的火山活动和强烈的断裂作用为特征。

2）燕山Ⅱ幕

晚侏罗世—早白垩世仍为大区域挤压构造背景下的局部陆内块断裂陷作用成盆期，块断地质结构明显。伊佐奈崎板块呈南东东—北西西向强烈俯冲，造成该区构造线为北北东向，盖层基底都发生了褶皱和断裂变形，它波及面广、强度大，断裂和岩浆活动频繁、剧烈。期末的强烈构造活动也使得先存地层发生北北东—北东走向的宽缓褶皱作用，在鲁西地块上的盖层中表现明显。早白垩世（燕山中期末）形成的挤压褶皱构造在济阳坳陷滩海地区特别明显，但剥蚀程度差别较大。

3）燕山Ⅲ幕

伊佐奈崎板块俯冲消失，华北板块东部与太平洋板块接触，太平洋板块主要向北或向北北西向俯冲，与华北的走滑边界或弱活动边界接触，使得华北地区在该期构造活动减弱，并以隆起为主。晚白垩世为弱成盆与弱造山共同作用阶段，在隆起背景上形成了小型挤出拉分盆地。济阳坳陷表现出强烈的挤压特征（图4-4）。地震资料和钻井资料揭示，埕岛地区中—古生界存在明显的开阔向斜，也可能存在多条北北西逆断层；车西地区中生界、古生界存在明显的北北西向圆弧褶皱，并有多条逆冲断层伴生；惠民凹陷曲堤镇地区中生界、古生界也存在逆冲断层，该断层明显错开了 T_r、T_{g1}、T_{g2} 层位，但错开距离较小，最大视断距约200m，断层面陡直，倾角约70°，平面上呈北东向，可追踪长度约2000m。黄骅坳陷西部钻井资料亦证实存在中—古生界逆断层（延伸长20km以上，断距在1000m以上），鲁西隆起中—古生界露头区存在大量的压性构造。综合分析认为，济阳坳陷，特别是沾化、车镇地区中生界、古生界的压性构造普遍存在。从已经发现的压性构造看，褶皱卷入地层均为前新生代，褶皱变形终止于 T_r 反射界面，桩古29井下古生界碳酸盐岩叠复于中生界火山岩之中，说明上述压性构造形成于中生代末。就平面分布而言，它们基本上都呈北北西走向。此外，由于燕山期运动对印支期构造、地貌的改造，造成古生界反倾，形成"负向结构"现象，即在中生界保留较厚的地方，下伏的古生界由于印支期的剥蚀而残缺不全，这种现象在孤岛、大王北地区钻井已经证实。地震资料表明，在埕东北坡、义和庄西北坡和东北坡、罗家地区、孤南地区、东营凹陷南坡等地都存在这种现象。

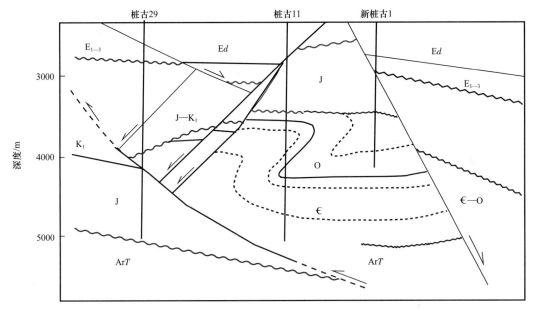

图4-4　济阳坳陷桩西潜山（桩古29逆断层）剖面

4.喜马拉雅运动

喜马拉雅运动泛指新生代以来的造山运动。发生于新生代的喜马拉雅运动在亚洲大陆广泛发育，在济阳坳陷有四个主要运动幕：Ⅰ幕（侯镇幕）、Ⅱ幕（济阳幕或济阳运动阶段）、Ⅲ幕（东营运动）和Ⅳ幕（新近纪拗陷阶段）。

1）喜马拉雅运动Ⅰ幕（侯镇幕）

此幕构造运动属断陷初始期，萌芽阶段表现不明显便进入了剧烈阶段，之后又逐渐进入消亡阶段，影响范围较小。沉积地层为孔店组。由于在昌潍坳陷侯镇附近剧烈，形成沉降中心，孔店组沉积厚度大，故称为侯镇幕。

孔店组沉积时期，在郯庐断裂带右旋走滑作用下，形成了局部近南北向拉伸应力场。北西向和近东西向断层为控盆断层，而北东向断层多表现为传递或走滑性质，断面倾角较大，伸展量不大，主要表现为垂直运动。北西向断层起主控作用，这在沾化凹陷表现尤为明显，但与中生代相比，北西向断层活动减弱，北北西—近南北向断层基本停止活动，如埕北低凸起内部、陈家庄凸起内部的北西向中生代断层。北东和北北东向断层加速了断陷活动，如埕南断层中段、埕东断层、义东断层、宁津南断层、无棣南断层西段、陈南断层西段及高青断层等，对沉积起到了不同程度的控制作用。由此可见，张扭作用是孔店组沉积时期的主要断裂活动形式，北西向断裂是对前期构造的改造。

地震反射孔店组下部表现为稀疏弱振幅，不整合于下伏地层上，反映了裂谷初期火山岩及火山碎屑岩充填式沉积的反射特征。孔店组发育巨厚的玄武岩层，玄武岩层中夹薄层深灰色、黑色泥岩、碳质泥岩及薄煤层，亦反映出火山活动时的湖泊及沼泽环境。

2）喜马拉雅运动Ⅱ幕（济阳幕或济阳运动阶段）

（1）断陷旋回Ⅰ（50.5—42Ma）。此期，太平洋板块以近南北方向、8.9cm/a的速率向东亚大陆作斜向减速俯冲。中国东部陆缘所受到的来自太平洋板块的挤压应力相对于早白垩世末至古新世弱，并且还受到左旋扭应力场的影响。因此，在东部陆缘区产生了强烈的走滑伸展断陷活动。该时期济阳坳陷断裂活动十分活跃，不同规模、不同走向、不同性质的断层同时活动，呈现出全面拉张断陷的特点，发育了多个独立的沉积中心。总体上有如下几个构造沉积特点：第一，产生了大量的北东—北东东向断层和少量的北西西向或近东西向断层，从断层规模、序次和活动性质分析，它们的发生和发育受北（北）东向断层扭张活动的控制，如济阳坳陷的邵家断层、义东断层、埕东断层及垦东断层作为边界断层，产生的右旋扭张应力场控制了北北东向孤北断层、孤南断层、垦利断层的发生和发育，同样，临邑断层、夏口断层及曲堤断层的产生受控于齐河断裂派生的右旋扭张应力场，东营凹陷的北东向二级断层亦有类似的成因，如八面河断层次生的一系列羽状断层也反映了其右旋扭张性质；第二，控制济阳坳陷该时期活动的一级应力场为右旋扭张性质，优势拉张方向为北北西—南南东，扭张断层控制盆地伸展；第三，北东东或北西西向断层的逐渐发育，在狭窄凹陷开始形成潜山，如沾化凹陷的孤岛、垦利潜山，车镇凹陷的大王庄潜山，在开阔凹陷导致"中央背斜带"的形成，如东营凹陷北东东向断层牵引诱发了中央背斜带，惠民凹陷沉降沉积中心迁移至临南洼陷，林樊家构造开始形成。

（2）断陷旋回Ⅱ。42—37Ma前，太平洋板块对东亚大陆的北西向俯冲速率降低到5.8cm/a，为中—新生代以来诸板块运动速率的最低值。这时，有4个主要的伸展裂陷构造活动特征：① 断陷边界形成犁式断裂，向地壳内部延伸的倾角逐渐变缓，成为壳内软流层附近的韧性拆离带，控制了其上盘断陷的伸展与沉降；② 断陷中出现对倾的"Y"形盆倾断裂系统，并且控制了断陷中深断槽的形成，在深断槽中沉积了厚达2000～3000m的沙三段深湖相沉积（1000m以上的优质烃源岩），协调了沉积盖层沿盆倾断层断面向深部的重力滑动；③ 较大的北东东向张剪性断层与北西向横张性断层都产生了不同程度的走滑—伸展构造活动，以北北东向断裂的走滑—伸展活动最活跃，沙三段沉积末期，沿北北东、北东向犁式断层面开始出现逆牵引构造雏形；④ 多发育中心式火山喷发结构，常见火山岩属亚碱性—碱性—强碱性系列，主要为玄武岩、粗面岩、玄武粗安岩等复杂岩性组合，氧化镁含量最高达12.97%，平均为9.85%，与原始岩浆的氧化镁含量10%～12.5%相近，锶、钛同位素最接近上地幔的数值，由此，该时期火山岩主要来源于深部上地幔低镁高钠的粗面岩，是经过钠质混染的次生岩浆。

3）喜马拉雅运动Ⅲ幕（东营运动阶段）

37—2Ma前，太平洋板块以10.2cm/a速率沿北西西向对东部大陆作快速俯冲。同时，印度板块向北俯冲的挤压应力辐射对东部大陆产生的远程效应增强。在东部大陆边缘的日本海、冲绳海与南中国海，主要受弧后热扩张的动力学机制控制，于晚渐新世—新近纪相继形成新的弧后裂谷盆地。在东部大陆内部，明显受右旋扭动应力场与大陆边缘弧后裂谷扩张产生的侧向挤压控制，使渤海湾等大陆裂谷的裂陷活动向渤中凹陷一带转移，并于晚渐新世末期，全盆地遭受强烈的侧向挤压隆起，结束了古近纪伸展裂陷旋回。

此时期，北西向断层消亡或仅有微弱活动，如孤西断层早在沙三段中亚段沉积期就已停止活动；五号桩断层在沙二段—沙一段沉积期稍有活动，沙一段沉积末已基本停止；石村断层大部分消亡，仅东南端有微弱活动；无棣南断层东段、宁津南断层仅有微弱活动。北北东向及北东东向断层稳定发育，地层均呈北东向展布，尤其北东东向断层活动增强，如临邑断层、夏口断层、孤南断层等；与之呈共轭关系的北西西向断层（如大1断层）也强烈活动。近东西向的伸展断层，如桩西断层、滨县北断层及林樊家南断层稳定发育。相反，一些燕山期发育的北（北）东向老断层活动减弱，如宁津东断层、无棣南断层西段等。

该时期，坳陷内一些大型继承性鼻状构造基本定形，如大王庄、罗家、孤北、石村鼻状构造等。陡坡带与砂砾岩体有关的鼻状构造也已基本成形，如车镇凹陷车5、大55鼻状构造等。东营、临邑中央背斜带及其复杂的断裂系统在构造及非构造因素的共同作用下也已形成。还形成了众多不同规模的潜山披覆构造，如桩西、长堤、垦利、套尔河、平方王、广利等潜山披覆构造等。

4）喜马拉雅运动Ⅳ幕（新近纪坳陷期）

从馆陶组沉积时，全区进入坳陷阶段，出现了较为均匀的热沉降活动。但是与世界上其他裂谷演化阶段所不同的是，断陷活动在明化镇组沉积期又有所回升，其原因可能与日本海在相应时期的快速弧后扩张和青藏高原的快速隆升有一定的联系。在热沉降坳陷与挤压坳陷复合作用下，济阳坳陷由古近纪分割的断陷湖泊沉积转化为新近纪统一的坳陷沉积。地幔隆起上方对应的坳陷中心，沉降幅度和沉积厚度最大。

（1）热沉降期（馆陶组沉积阶段）。馆陶组沉积时期，区域构造应力场进入调整性活动期，断陷期间强烈的水平方向引张力不再占据主导地位，取而代之的垂向重力统治了区域构造变形。断层的活动性大为减弱，馆陶组底的落差一般都小于100m，而且越往上落差越小，南部一般至馆上段消失，北部可至明化镇组上部，消失深度大致在700～800m。断陷期隆凹相间的构造面貌被夷平，早期隆起区与凹陷区共同接受了厚度相差不大的河流相沉积。

（2）加速沉降期（明化镇组—Q_4沉积阶段）。明化镇组沉积时期的加速沉降是相对于馆陶组沉积期缓慢的热沉降而言。主要表现为沉降速率在这一时期明显加快。坳陷作用对盆地的构造变形仍起控制作用。但是从邻区的资料看，海域部分有比较强烈的剪切变形，其规模较小。构造活动主要受北东东向挤压应力场控制，盆地内多数北东向断裂表现出右旋剪切特点。但一些北西向断裂则表现出左旋剪切性质，这一时期，济阳坳陷东北部地区构造沉降突然加强，最终导致海水入侵，渤海湾形成。这一构造事件可能与渤中地区地幔大规模上涌有直接关系。在此情况下，剧烈的断裂作用移至渤中地区。

第三节　基本构造特征

济阳坳陷是在华北克拉通基础上发育起来的张性断块盆地，经历了古生代、中生代和新生代构造演化，是一个凸凹相间、多期叠合坳陷。

一、构造单元

隆起和坳陷为基本构造单元，其中大型凸起与凹陷称为一级构造单元。

1. 一级构造单元

根据本区地质构造特点，一级正向构造单元包括鲁西隆起和埕宁隆起。其间发育了济阳坳陷负向构造单元。

1）隆起

埕宁隆起分割了黄骅坳陷和济阳坳陷，向北延伸，分割了黄骅坳陷和渤中坳陷。埕宁隆起的重、磁力场以正异常为主，总体呈北东走向。

鲁西隆起东以郯庐（郯城—庐江）断裂为界，西以聊考（聊城—兰考）断裂为界，北以齐广（齐河—广饶）断裂为界，南以开封—郯城秦岭隐伏隆起带为界，为华北克拉通基岩广泛出露区，出露的岩石主要为前寒武纪和古生代、中生代以及新生代的残留地层。构造走向基本为北西和北北西向。

2）济阳坳陷

济阳坳陷为一典型的"北断南超"箕状断陷，总体呈北东走向，东面毗邻郯庐断裂，西北以大型基岩断裂与埕宁隆起相接，南邻鲁西隆起区，由西向东撒开，西窄东宽，东西长 240km，宽数十至百余千米不等，面积 $2.65 \times 10^4 km^2$。济阳坳陷重力异常值为 +28～-35mgal。高异常对应着受剥蚀的基底层凸起，而低异常则是凹陷区中—新生代碎屑沉积物的响应。古近系厚（超过 6000m），新近系较薄（仅 2000m 左右）。新生界之下，中生界剥蚀残留，古生界保存相对较全，中—新元古界缺失，变质基底为泰山岩群。济阳坳陷内多个凸起带将其分为车镇凹陷、惠民凹陷、沾化凹陷和东营凹陷 4 个凹陷带（表 4-2）。

表 4-2　济阳坳陷最基本的构造单元简表

类别	一级	二级	三级
正向构造单元	鲁西隆起和埕宁隆起	广饶凸起、青城凸起、滨县凸起、陈家庄凸起、义和庄凸起、青坨子凸起、无棣凸起带、垦东凸起、埕子口凸起	
负向构造单元	济阳坳陷	东营凹陷	牛庄洼陷、民丰洼陷、利津洼陷、博兴洼陷
		沾化凹陷	孤北洼陷、渤南洼陷、邵家洼陷、孤南洼陷、富林洼陷
		车镇凹陷	车西洼陷、大王北洼陷、郭局子洼陷
		惠民凹陷	临南洼陷、滋镇洼陷、阳信洼陷、里则镇洼陷、流钟洼陷

2.二级构造单元

1）凸起

凸起是坳陷的正向构造单元，缺失古近系，与凹陷的具体分界线为古近系尖灭线，也有以控凹断裂分界，如阳信断层、陈南断层（东段）、济阳断裂、滨县断裂和齐—广断裂等。其中，广饶凸起，面积 440km²；青城凸起，面积 330km²；滨县凸起，面积 130km²；陈家庄凸起，面积 820km²；义和庄凸起，面积 310km²；青坨子凸起，面积 820km²；无棣凸起、埕子口凸起和垦东凸起环绕凹陷边界分布。

2）凹陷

凹陷是坳陷的负向构造单元，分布有较厚的古近系。济阳坳陷有东营凹陷、惠民凹陷、沾化凹陷和车镇凹陷（图 4-5），其主要表现为北断南超的半地堑，形态与所在位置有关。

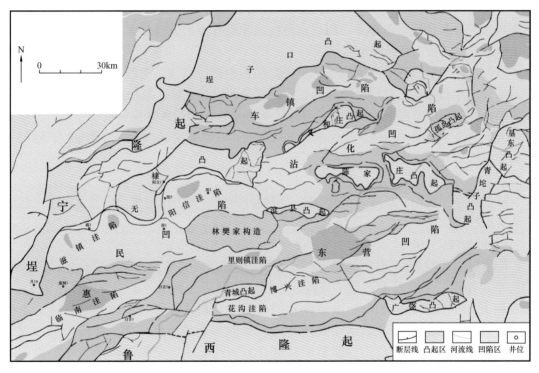

图 4-5 济阳坳陷构造单元分布图

（1）东营凹陷。东营凹陷位于济阳坳陷南部，北邻陈家庄凸起、滨县凸起，西接林樊家低凸起和青城凸起，南抵鲁西隆起、广饶凸起，东以沂沭大断裂为界。凹陷东西长达 140km，南北宽 74km，总面积约 6000km²。凹陷总体呈"北断南超"的构造格局，构造带沿其长轴方向（EW）延伸，沿短轴方向（SN）分带，主要分为北部陡坡带、中央背斜带、洼陷带、南部缓坡带。由北西走向的草桥—纯化与尚店—平方王潜山构造带分为东西两部分。陡坡带位于陈家庄凸起的南坡，以近岸冲积扇沉积为主；中央背斜带位于凹陷的中部，东西向展布，断裂复杂，是东营凹陷主要的断块油藏聚集区，主要包括东营构造、辛镇构造、纯化构造等；洼陷带主要包括牛庄洼陷、民丰洼陷、利津洼陷、博兴洼陷，是主要的生油单元；南部缓坡带分布范围广，构造相对简单，地层由北向南层层超覆。

（2）沾化凹陷。沾化凹陷位于济阳坳陷东北部，总面积3848km^2，具北断南超、东西双断、断层发育、分割强烈的结构特点。凹陷内发育的主要断层有埕北断层、埕东断层、义东断层、孤北断层、孤南断层、长堤断层、孤东断层、垦东断层等，将凹陷切割为孤北洼陷、渤南洼陷、邵家洼陷、孤南洼陷及富林洼陷等5个生油洼陷、10个向斜和5个鼻状构造，其周缘环绕埕北低凸起、埕东凸起、义和庄凸起、陈家庄凸起、垦东凸起和孤东—长堤潜山带等6个凸起（潜山带），孤岛凸起位于凹陷中央。

（3）车镇凹陷。车镇凹陷位于济阳坳陷北部，是一北断南超、近东西向延伸的"S"形狭长分布的箕状断陷，面积约2400km^2。自西向东可划分为车西、大王北、郭局子三个洼陷，其中车西与大王北洼陷被车3北西向鼻状构造所分隔、大王北与郭局子洼陷被大古60北东向鼻状构造所分隔。自北向南又可细分为北部陡坡带、中央洼陷带和南部缓斜坡带等3个次级构造单元，四周由西向东顺时针方向依次被无棣凸起、庆云凸起、埕子口凸起、义和庄凸起所包围。

（4）惠民凹陷。惠民凹陷位于济阳坳陷的西南部，东与东营凹陷、沾化凹陷相连，西与临清坳陷相接，北以埕宁隆起为界，南邻鲁西隆起北缘，勘探面积约6500km^2。惠民凹陷由临南洼陷、滋镇洼陷、阳信洼陷、里则镇洼陷及流钟洼陷等五个负向构造单元和沙河街构造、林樊家构造、惠民南坡三个正向构造单元组成，北东向展布，长轴与北东向断裂构造方向一致。

3. 三级构造单元

根据构造、沉积、成藏等相似原则，可划分为陡坡带、洼陷带、中央背斜带、缓坡带和潜山披覆构造带。

1）陡坡带

陡坡带是指控制凹陷的边界断层及其伴生构造带。这些边界断层为分割凸起和凹陷的基底断层，上升盘为凸起（或隆起）区，长期遭受剥蚀（多为物源提供区），下降盘则沉积了巨厚的沉积物，主要发育因地层崩塌滑落而形成的砂砾岩扇体。不同地区陡坡带的构造样式及其活动规律不同，导致形成的砂体类型、规模以及油气富集程度有明显的差异，特定的断裂及其组合方式控制了特定的砂体乃至圈闭类型的发育。

总体来讲，陡坡带具有三个特征：（1）地层产状陡，且剖面形态大多呈上陡下缓的铲形；（2）深而窄，由于长期继承性的断陷活动，古近系—新近系断层上下盘顶底界面深差达3000~4000m，最大可达7000~8000m；平面上宽度只有数千米，最宽也只有几十千米；（3）长而曲折，陡坡带由控凹边界断层组成，绵延距离长，均在100km以上，但平面形态曲折多变，总体上呈由多组断层耦合而成的锯齿状。

2）洼陷带

洼陷带夹持于陡坡带和缓坡带之间，是断陷湖盆长期性的沉降带，也是盆地内烃源岩发育的主要区域。洼陷带与陡坡带、缓坡带之间并没有严格的界限，其划分主要以构造样式与充填地层的沉积相带变化为依据。洼陷带多为深湖—半深湖沉积，地层的岩性和厚度一般比较稳定，以灰黑、深灰、褐灰色油页岩、油泥岩为特征，常见薄层泥灰岩、白云岩夹层。主要发育近岸砂体前缘滑塌浊积扇、深水浊积扇及三角洲成因的储集体，在特定的水动力条件下还可沿洼陷带的轴向发育大型的三角洲及前缘滑塌浊积扇沉积。

洼陷带一般具有以下特征：（1）三级、四级层序底界面为整合面，即上、下层序之间无沉积间断；（2）湖侵期虽然湖盆的水域增大、水体变深，但对其影响不大，其地层的展布也无明显变化；（3）随湖盆的充填，高位期水体逐渐变浅，由深水沉积逐渐转变为浅水的河流、三角洲沉积。

3）中央背斜带

中央背斜带一般处于半深湖—深湖区，两侧邻近洼陷带，具有同沉积发育的特点，是各种沉积体系发育的有利地区。中央背斜带断裂发育，构造样式比较复杂，形成断块、岩性、构造—岩性等各种类型的圈闭，如东营凹陷与惠民凹陷的中央背斜带。

东营凹陷中央背斜带是由众多因素共同作用下形成的一个非常复杂的正向断裂背斜构造带，也被经常称作塑性拱张背斜带，是始新统膏盐层发育区；具有边断边隆，断裂发育的特点，为典型的伸展断弯褶皱；中央背斜带北部为民丰洼陷、南部为牛庄洼陷、西部为利津洼陷，可分为东部的辛镇平行式断裂体系、中部的东营放射状断裂体系、西部的现河庄帚状断裂体系等三个断裂体系，成为油气运移最佳指向区带。

惠民凹陷中央背斜带位于临南洼陷与滋镇洼陷之间，东西长 70km、南北宽 15km，面积约 1000km^2，北以斜坡向滋镇洼陷内倾伏，南以临商断层与临南洼陷分隔，南北向表现为南断北超构造特点，东西向表现为"两高一洼"的构造格局（西部为盘河背斜构造、中部为宿安沟、东部为商河背斜构造），内部被临商帚状断裂分割，形成多类型的构造圈闭，反映出背斜带演化的复杂性。

4）缓坡带

与陡坡带相比，缓坡带构造活动弱，地形坡度比较平缓。一般情况下，缓坡带的构造走向线、断层走向线、地层超覆（尖灭）线近于平行。基底地层被反向断层切割，形成规模不大的断块潜山。充填地层的构造形态比较简单，主要是在古地貌背景上发育一些规模不等的鼻状构造与披覆背斜构造，在正断层发育的地区，多形成地垒、地堑、断阶等构造样式。

缓坡带主要发育滨浅湖环境下的各种成因类型的储集体。因靠近湖岸，河流作用和物源的影响特别明显。垂向上沉积厚度较小，呈互层状，横向上各沉积相带较稳定，冲积扇、辫状河三角洲、扇三角洲、远岸浊积扇、滨浅湖、滩坝及河流相砂体在不同时期、不同部位广泛发育，其中远岸浊积扇、滨浅湖、滩坝及河流相砂体为缓坡带发育的主要砂体类型。

5）潜山披覆构造带

潜山披覆构造带是一种在潜山古地形基础上发育起来的构造带。古近纪渐新世箕状断陷阶段是潜山披覆构造的主要形成时期，其最终定型期在新近纪中—上新世，其展布规律严格受中生代燕山运动Ⅱ幕形成的基底断裂所控制。潜山披覆构造带由两部分组成，即由潜山剥蚀面以上的古近系披覆构造与潜山剥蚀面之下的块断山或潜山所组成。古近系—新近系披覆构造形态多受潜山剥蚀面形态所控制，尤其是邻近潜山剥蚀面的古近系—新近系，向上披覆构造幅度逐渐减小以至消失；潜山剥蚀面以下的潜山多为断层切割的单面山或断块山、断褶山。组成潜山的地层视其剥蚀程度的差异而有差别，潜山形成后抬升剧烈地层遭受强烈剥蚀，组成潜山的地层时代则老，甚至为太古宇；反之则保存地层多，组成潜山的地层时代较新。所有的构造带中以潜山披覆构造带的圈闭类型最为齐全：古近系不整合面以下有多层、多类结构的潜山圈闭，如多层结构的断块山、断块山内幕圈闭，石灰岩深部溶蚀带圈闭、石灰岩洞穴型圈闭等；在潜山剥蚀面以上的较低部位，可形成地层超覆圈闭，在较高部位形成披覆构造圈闭，也称盖层披覆构造圈闭；在长期活动的断层下降盘则有一系列构造圈闭；邻近潜山披覆构造的向斜或洼陷边缘则存在复合圈闭。潜山披覆构造带是典型的由多层多类圈闭所组成的复式圈闭带。

济阳坳陷主要潜山构造带的形成，与古生代开始形成的宽缓褶皱和以印支期为主的逆冲断裂的形成密切相关。局部褶皱或褶皱—断裂复合的构造为褶皱潜山的形成提供了基础。燕山期的块断作用，加强了凸起带的分隔和抬升剥蚀，形成了与之相关的断陷（凹陷）内的断块，这些断块为后期的断块山及其披覆带的形成奠定了基础。

根据晚古生代尤其是中生代以来构造演化形成的自然构造区划，济阳坳陷潜山带之间主要由主干断裂相隔［如埕南（老河口）大断裂、义南大断裂、陈南大断裂、益都断裂等］或由斜坡枢纽线自然分带（如无棣—义和庄潜山带北部边界、滨县—陈家庄潜山带北部边界、广饶—纯化潜山带北部边界等），个别的根据所属局部潜山构造的包罗线划分（如林樊家—王判镇潜山带边界），可划分10个潜山披覆构造带：埕岛—桩西—长堤潜山披覆构造带；孤西潜山披覆构造带；埕南潜山披覆构造带；无棣—义和庄披覆构造带；垦东—青坨子潜山披覆构造带；滨县—陈家庄潜山披覆构造带；高青—平南—于家庄潜山披覆构造带；林樊家—王判镇潜山披覆构造带；广饶—纯化潜山披覆构造带；王家岗—八面河潜山披覆构造带。

二、主要断裂发育特征

作为断陷型的叠合盆地，断裂是控制盆地演化的主要构造形式，各构造时期的断裂活动控制了盆地的形态、格局，也控制了地层的沉积与剥蚀，盆地边界断裂往往也是沉积与剥蚀的突变边界；后期发育的断裂则控制了对前期盆地的改造。

1. 主要断裂分布特征

济阳坳陷内中—新生代断裂十分发育（图4-6），数量多，活动强度大，除各级边界断层外，各凹（注）陷内部断层也十分发育，各级断层合计近2000条，断裂发育具有多期次性、多伸展方向、多断层类型、多种组合方式的特征。

1）断层分级特征

按照断层的规模和对构造、沉积、油气的控制作用，将济阳坳陷断层主要划分为五个级别。

一级断层（控坳断层）：是控制盆地的关键断层，据地震资料，本区的一级断层南部有两条，齐广断层和陵县—宁南断层；北部有两条，即埕北断层与埕南断层。它们分别为北掉和南掉断层，共同组成深部地壳地垒，其上部为埕宁隆起，断层倾角很陡，说明具有走滑性质。一级断层在中生代已经形成。

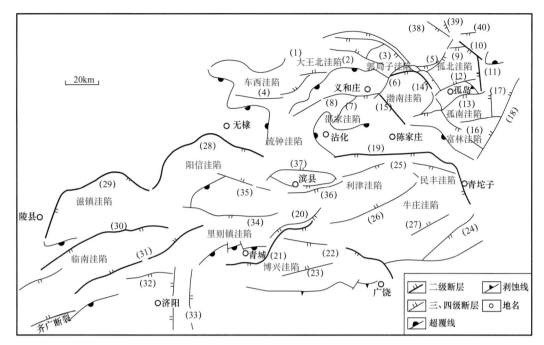

图 4-6 济阳坳陷主断层平面分布图

车镇凹陷：（1）埕南断层；（2）大 1 断层；（3）大 90 断层；（4）曹家庄断层。

沾化凹陷：（5）埕东断层；（6）义东断层；（7）邵家断层；（8）义南断层；（9）桩南断层；（10）桩西断层；（11）长堤断层；（12）孤北断层；（13）孤南断层；（14）孤西断层；（15）罗西断层；（16）垦利断层；（17）孤东断层；（18）垦东断层。

东营凹陷：（19）陈南断层；（20）平南断层；（21）高青断层；（22）石村断层；（23）博兴断层；（24）八面河断层；（25）胜北—永安镇断层；（26）中央断层；（27）陈官庄断层。

惠民凹陷：（28）阳信断层；（29）陵县—宁南断层；（30）临邑断层；（31）夏口断层；（32）曲堤断层；（33）仁风断层；（34）林南断层；（35）林北断层；（36）滨南断层；（37）滨北断层。

埕北凹陷：（38）埕北断层；（39）埕北 20 断层；（40）埕北 30 断层

二级断层（控凹断层）：是控制盆地内凹陷与凸起的边界断层，如阳信断层、陈南断层（东段）、济阳断层和滨县断层等，断层构造包括 NE 向、SN 向、NW 向、EW 向断层。二级断层的特征是发育深度有限，多在上地壳层内，地震资料显示，这些断层在 3km 切片上即有显示，随着深度的增加，在 5km、7km、9km 切片上，显示越来越清楚，超过 11km 切片上断层变得模糊，这些断层多为铲式正断层，为岩石圈伸展背景下形成的。

三级断层（控洼断层）：为控制盆地中洼陷和中央隆起的主要断层，但形成深度不如二级断层，如临邑断层、夏口断层，这些断层在产状上也与二级断层中的铲式正断层不同，而多为陡倾的正断层。

四级断层（控扇断层）：主要控制扇体形态的断层，一般限于在新生代地层中出现，四级断层中还有很大一部分的重力作用下形成的断层，包括形成于新生代地层中的阶梯状断层、对冲断层及塑性拱张断层。

五级断层（控砂断层）：主要控制砂体形态的断层，延深不大，规模小，一般限于在新生代地层中出现。

济阳坳陷各凹陷主要断层及其几何参数统计见表 4-3 和表 4-4。

表 4-3　济阳坳陷洼陷带最基本的断层类型和主要断层特征统计

凹陷名称	断层名称	走向	倾角 /(°)	长度 /km	最大视断距 /m				
					T_{g1}	T_r	T_6	T_2	T_1
东营凹陷	东营中央断层	NWW	39～48	23.6	—	—	2000	1400	200
惠民凹陷	临邑断层	NEE	31～68	136.6	＞8000	5000	500	2200	300
	夏口断层	NEE	21～51	90.6	7000	2000	1000	800	200

表 4-4　济阳坳陷中—新生代主要断层特征表

凹陷名称	断层名称	断层性质	走向 /(°)	倾向 /(°)	倾角 /(°)	长度 /km	活动时期	活动高峰时期
惠民凹陷	陵县—宁南断层	正	西段 25～30	SE	40～60	60	Ek—Ng	$Es_4 \backslash Es_1$
			东段 75～80	SW				
	阳信断层	正	西段 70～75	SE	40–50	75	Ek—Ng	Es_3
			东段 115～120	SW				
	齐广断层	正	西段 45～50	NW	60	50	Ek—Q	$Es_4 \backslash Es_1$
			东段 80～85	NNW				
车镇凹陷	埕南断层	正	西段 15	SW	30～45	150	Ek—Ng 初	$Es_4 \backslash Es_1$
			中段 40	SE				
			东段 25	SW				
沾化凹陷	罗西断层	逆—正	310～320	SW	40	25	T_3—Es_4	T_3—J_3—K
	孤西断层	逆—正	310	SW	45～50	28	T_3—Es_3 初	$T_3 \backslash J_3$—Ek
	五号桩断层	逆—正	335～340	SW	50～55	25	T_3—Es_4 末	$T_3 \backslash J_3$—Ek
	义南断层	正	65	SE	55	50	Ek—Ng	$Es_4 \backslash Es_1$
	义东断层	正	30	SE	65～70	20	Ek—Q	Es_3
	埕东断层	正	25～30	SE	55～60	20	Ek—Q	$Es_3 \backslash Es_1$
东营凹陷	石村断层	逆—正	290～300	SW	45～50	90	T_3—Ed	$T_3 \backslash Es_3$
	陈南断层（东段）	逆—正	340～350	SW	50	50	T_3—Ng	$T_3 \backslash Es_3$
	高青断层	正	西段 90	S	45～55	70	Ek—Ng	$Es_3 \backslash Es_1$
			东段 30～35	SE				
	滨南断层	正	60～70	SE	55～60	35	Ek—Ng	$Es_4 \backslash Es_1$
	陈南断层（西段）	正	75～85	S	10～30	80	J_3+k—Ed	Es_3

2）断裂的平面与剖面组合特征

从平面分布上来看，断层的平面组合样式主要有以下几种，即平行式断层、雁列式和帚状断层和斜交式断层（图4-7）。

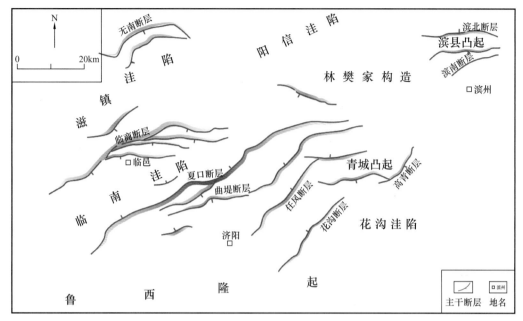

图4-7 济阳坳陷西部新近纪主断层平面分布图

根据断层在剖面上的组合形态，可分出不同的组合方式。济阳坳陷最常见的组合方式有："Y"形、"反Y"形、"复合Y"形（图4-8）。

"Y"形组合是犁式滑脱正断层上方主要的断裂组合方式，是铲形断层之上的地层受倾向剪切与重力作用的结果，常与滚动背斜伴生。尤其在塑性层中往往形成复杂的"包心菜"式复杂的剖面组合，因此在滚动背斜及底劈构造中"Y"形组合最为普遍。

"反Y"形断层组合是由断面本身的旋转与上覆地层的重力共同作用的结果所造成的，由低层次同倾角断层组合成"反Y"形。这类组合一般主断层面较缓，次级断层面较陡，易形成断鼻构造。

"Y"与"反Y"形断层组合易形成背斜或断鼻构造，平面上为帚状，剖面上各次级断裂分明，是主要的油气赋集场所。

济阳坳陷经过中—新生代不同期次不同性质构造应力场的作用，形成了复杂而有序的走滑、伸展、反转构造。济阳坳陷内的多组断层相互切割、交叉，一起构成不同的组合关系。在平面上，断层组合表现为锯齿状、网格状和羽状（图4-9）。

2.基底断层发育特征

依据地震剖面、钻井、火山岩分布、重力资料等识别出的济阳坳陷基底主断层主要存在五个主要优势方位：北东向（30°～40°）、北北东向（60°）、北西向（340°）、北西西向（290°）和近东西向，除此之外还有少量的南北向断层。

1）NW向负反转正断层

罗西断层、阳信断层、孤西断层、埕北断层、陈南断层的东段及埕南断层的东段、石村断层等为典型北西向正断层，它们平面上呈平行式分布，剖面上多呈铲式断层，

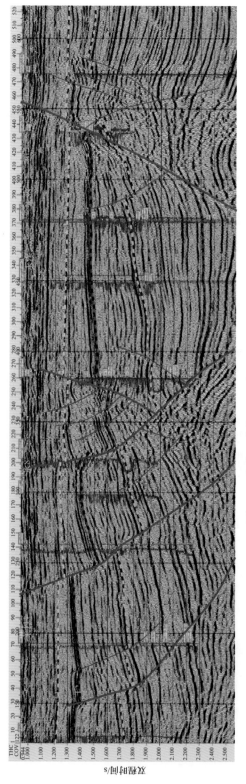

图 4-8　东营凹陷莱 111—永 88 近南北向连井剖面

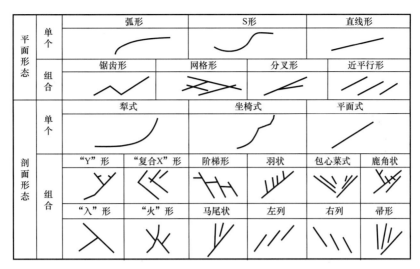

图 4-9　断层的平面、剖面几何形态特征

倾角缓（30°～55°），断层带没有明显的扭张或扭压派生构造，夹持在早期北东向断层之间，主要发育在中生代时期，控制了中生代南北向呈块状沉积，且在新生代活动强度明显变弱或趋于不活动。北西向断层活动时代早于北东、北东东向断层，而且在不同时代其活动性质也显示明显变化。这些断层在本质上是负反转断层，断层两盘地层结构上有典型的负向结构。北西向断层在西部的惠民凹陷活动结束较早，而东部沾车地区的北西向构造活动强度大而且活动时间长，结束相对晚些，从古近纪到新近纪不一。

2）近东西向正断层和负反转断层

近东西向正断层主活动期为沙河街组至东营组沉积期，较为典型的正断层是垦利断层、陈南断层（西段）、孤北断层、高青断层（西段）、义南断层、大1断层等。近东西向的负反转断层不十分发育，桩西断层和孤南断层较为典型。晚古生代形成的东西向断层规模（如陈南断层西段、无南断层等）相对较小，到中生代时近东西向构造形迹在西边的惠民凹陷保存相对好些，而在北边的沾车地区逐渐消失。新生代形成的近东西向断层或凸起（青城凸起、滨县凸起）呈现出由北东向转为近东西向展布特征，与新生代时期北东向与北西向断层活动调节有关。

3）近南北向断层

近南北向断层主要发育有长堤断层、孤东断层和白桥断层。

4）北东向正断层

北东向和近东西向构造发育较为复杂，晚古生代时期形成的北东向或北北东向断层（如埕北断层、高青—垦东断层等）控制了盆地东西向呈条带状展布，新生代时期形成的北东向断裂（如临商断层、夏口断层等二级控凹断层）则控制了盆地内凹陷的沉积。

3. 断层的发育与迁移规律

多期构造运动导致沉积、构造纵向上叠加的差异性、不稳定性和横向上的不连续性。每次成盆期中都具明显的新生性和分割性，后期运动对前期盆地有一定的改造作用（图 4-10）。构造扭张、挤压、伸展等运动及其诱发的塑性地层拱张和重力滑动等均可作为断层的成因。

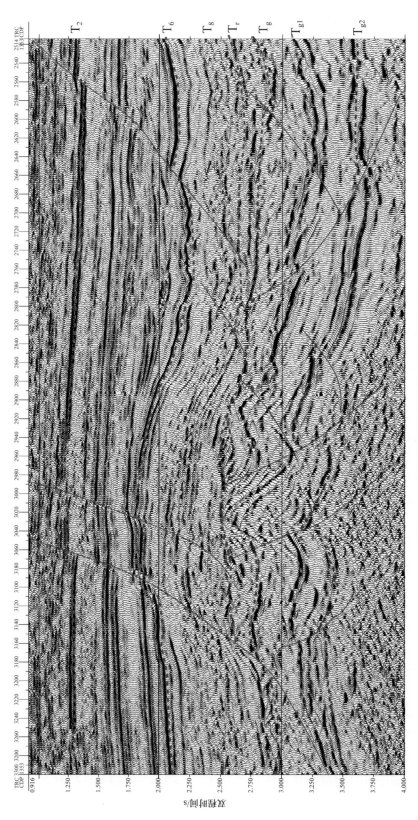

图 4-10 东营凹陷南部斜坡东西向地震剖面图

从剖面图中（图 4-10）可以看出，早期构造活动较强烈，构造变形也越来越复杂，上新世以来，新构造运动表现更为强烈，自西向东存在着构造逐渐变新变晚变弱的地质演化过程。

平面上，以洼陷为单位，构造组合变化各具特色，沾化凹陷、惠民凹陷、东营凹陷自成体系，构造演化特征差异较大。济阳坳陷东部自北向南，车镇凹陷、沾化凹陷、东营凹陷都表现为单断式，西部惠民凹陷表现为双断式，但其北部边界断层的活动性也明显强于南部边界断层。

总之，济阳坳陷断层变迁规律是，在纵向上，以 EW 向延伸为主，SN 向为条块界线，叠加了 NE、NNE、NW、NNW 向断层。以 EW 向构造为主框架，叠加了 SN 向、NW 和 NE、NEE 向断层，后期断层继承、改造、复杂化了早期形成的断层。NW 和 NE 向断层由于其构造运动和形成的时期不同，在剖面上也表现出各自的特点。NW 向深大断层的存在和后期的持续活动，控制了沿带大型鼻状构造的发育和油气充注的方向，导致沿 NW 向出现众多的油气田。NE 向断层产生的序次性导致各断陷发育在平面上具有明显的差异性，直接造成新生代和前新生界某些含油体系最早形成于两边具有较大走滑或传递性大、物源条件便利的断陷盆地内。在平面上，各凹陷近东西向控盆断层发育，凹凸相间，各次洼发育呈不平衡性，分割性强，但整体变化仍具有规律性。

三、主要构造样式

济阳坳陷先后经历了多种应力的综合作用，其形成演化过程是多种应力联合、复合作用的结果。构造变形样式往往受不止一种构造因素或不止一个方向的应力场所制约，具有复合变形的特征。根据构造样式形成的岩石变形机制，将济阳坳陷构造样式划分为伸展构造、收缩构造、走滑构造和反转构造四大构造系统，根据受力性质、大小和方向等因素进一步划分出次一级构造样式和构造类型（表 4-5）。

表 4-5　济阳坳陷构造样式分类

类型	应力场	动力学背景	构造类型	油气聚集带
伸展构造样式	拉伸作用	燕山—喜马拉雅期：太平洋板块向欧亚大陆的俯冲导致板内块体沿大型走滑断裂逃逸而形成伸展构造	犁式正断层，滚动背斜，伸展断弯褶皱，掀斜断块，底辟褶皱等	滚动背斜带，潜山披覆构造带，断阶带
收缩构造样式	挤压作用	印支期：华南地块与华北地块之间的碰撞和挤压引起板内构造变形效应 燕山期：太平洋板块向欧亚大陆的俯冲引起板内挤压变形效应	逆冲断层，推覆构造，平卧褶皱，反冲断层，冲起构造，倒转褶皱	逆冲推覆构造带，挤压背斜构造带
走滑构造样式	剪切作用	印支期：大型逆冲推覆构造运移过程中的差异运动形成的掠断层 燕山—喜马拉雅期：太平洋板块斜向俯冲，因而导致板内块体走滑断裂系统发育	花状构造，走滑断层，线形窄向斜，雁列式褶皱，雁列式断块	走滑断裂构造带
反转构造样式	拉伸或挤压作用	燕山—喜马拉雅期：太平洋板块向欧亚大陆的斜向俯冲，沿郯庐断裂的右行走滑	负向结构，负反转褶皱，负反转断层	潜山带

1. 伸展构造样式

济阳坳陷是一个典型的陆相断陷盆地，拉伸应力作用产生的伸展构造系统是盆地内分布最广泛的构造样式，拉张和重力的联合作用，产生了多类型和多级次的伸展构造样式。伸展构造样式几乎无一例外与正断层活动有关，这些正断层控制着不同形态和规模的垒堑构造、滚动背斜以及掀斜断块的形成和发展演化，它们构成了伸展盆地中主体油气圈闭样式。研究表明，已发现的深层伸展构造类型有犁式正断层、滚动背斜、伸展断弯褶皱、掀斜断块和底辟褶皱等。这些构造主要发育于晚中生代和沙四段—孔店组沉积时期。

引起盆地拉张的动力学背景与欧亚板块、太平洋板块和印度板块之间相互作用的远场应力场以及来自软流圈热隆起的应力场的叠加有关。因伸展作用与沉积盆地的发育和生油凹陷的发育、储集相带的分布及油气田的形成关系非常密切，所以受到人们的普遍重视。拉张区地壳受引张作用的变薄过程就是地壳内不同层次、不同尺度、不同类型正断层的发育过程，从几何形态和运动学特征可以划分为非旋转平面状正断层、旋转平面状正断层、梨状正断层、低角度正断层或滑脱断层四种类型。拉张盆地在构造演化过程中常形成大量的生长断层（同生断层），这些断层一般组合成箕状断陷形态，对翘型、反翘型和单翘型是其三种空间组合。在伸展构造样式中，拆离断层具有区域性，是根本控制因素，而断阶构造和构造坡折带是深部拆离断层的浅部构造响应。

1）拆离断层

济阳坳陷内表现最典型的拆离断层就是陵县—阳信断层，是惠民凹陷的北部边界断层，断层主体走向为北东东向，长度120km，分属于滋镇洼陷和阳信洼陷的陵县断层和阳信断层，表现为凹向洼陷的弧形。该断层在孔店组—沙四段沉积早期开始发育，沙三段—东营组沉积时期断裂活动加剧，伴生的临商—林南断裂系和夏口断裂系持续活动，馆陶组沉积时期开始减弱，一直活动到第四纪。该断层为大型铲形基底滑脱断层，上部倾角可达60°～70°，向下迅速变缓，滑脱面向南延伸30～40km，凹陷内断至基底的二级断层向深部与之相交。该断层控制了惠民凹陷的构造演化及沉积特征。该断层长期活动，但活动强度不一，孔店组—沙四段沉积时期，断层活动强烈，在沙三段—东营组沉积时期，断层活动相对较弱，大部分地区表现为断开滑脱层的小型平直断层，它们控制了沙三段—东营组的发育（图4-11）。

2）断阶构造

断阶构造主要由一系列同生正断层组成，发育于断陷盆地陡坡带，发育的断层所切穿的地层层位存在很大的差异，一部分切穿了基底和古近系，并向深部交会于控凹断层之上，对滑脱型潜山的发育起着重要的控制作用，如济阳坳陷车镇凹陷陡坡带；另一部分仅切穿古近系，并向深部交会于控凹断层之上，如济阳坳陷东营凹陷陡坡带（图4-12）。

从主干断层与次级断层的组合关系来看，断阶构造一般以一条呈上陡下缓的铲状基底断层为主拆离面（控凹断层），其上的若干次级断层向下归并于该拆离面上并导致断块上宽下窄形态的发育。根据次级断层与地层的产状关系，可分为反向（滑动）和顺向（滑动）两种类型：反向（滑动）断阶的基本特征是主拆离断层上盘的次级断层倾向与地层倾向相反，地层倾角一般小于断层倾角，主要与坡—坪—坡式拆离断层的形态有

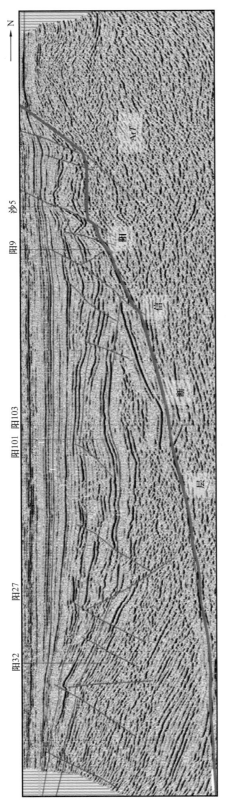

图4-11 济阳坳陷惠民凹陷南北向地震剖面图

关，当然也与断块沿断层面下滑时的牵引和重力影响作用有关；顺向（滑动）断阶的断面倾向与地层倾向相同，主要分布在凹陷陡坡带浅部，如东营凹陷北部陡坡带的胜北、利津等断裂带以及惠民凹陷临商断裂带。

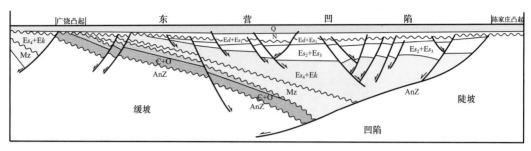

图 4-12　济阳坳陷东营凹陷南北向地震地质剖面

3）构造坡折带

构造坡折带发育在断陷盆地的缓坡带。根据断裂坡折带的边界断层、内部结构、平面展布、构造位置、发育演化，断裂坡折带可进一步划分为单断式坡折带、断阶式坡折带和复合式坡折带。在这些不同类型的断裂坡折带中，单断式较少见，而断阶式和复合式坡折带较为常见。济阳坳陷东营凹陷南部缓坡带就是由多条盆倾正断层控制的断阶式坡折带（图 4-13），而惠民凹陷南部缓坡带就是由盆倾正断层和反倾正断层共同发育形成的堑垒复合式坡折带（图 4-14）。

2. 收缩构造样式

收缩构造样式也称为挤压构造样式，发育时期主要集中在印支期，燕山晚期和沙四段沉积末期也有这类构造局部发育。

按照盆地基底的卷入与否，将挤压构造划分为基底卷入型、盖层滑脱型及由其组合的叠置型 3 种或卷入基底厚皮构造和盖层滑脱薄皮构造两种。挤压构造中虽然存在基底卷入的厚皮构造和盖层滑脱的薄皮构造的划分，但因挤压构造应力场的大小、方向的不断变化和岩层性质的非均一性以及与伸展、走滑构造作用的多期更替，在区域上往往与拉张构造、重力滑动构造、反转构造相共生，成为互相影响、互相补偿与转化的时空统一体。对挤压构造类型及其时空展布规律的研究是伸展应力场分析的基础，同时为与伸展、走滑应力场的更替过程提供素材，最终为盆地油气生成、运移、聚集与保存以及井位部署提供依据。

通过盆地内地震剖面的构造精细解释和地表露头构造特征的对比研究，认为济阳坳陷的前新生界主要存在倒转褶皱、断展褶皱、断弯褶皱、逆冲叠瓦构造和逆冲三角带构造等 5 种挤压构造样式。

1）倒转褶皱

济阳坳陷桩西古潜山、渤古 1 井和孤古斜 25 井构造解释（图 4-15）和鲁西隆起露头区北部的博山一带、沂源陡起峪村北均发育倒转褶皱。在济阳坳陷孤古斜 25 井所揭示的倒转褶皱中，卷入地层为寒武系张夏组—奥陶系下马家沟组石灰岩、泥灰岩，该倒转褶皱由一个倒转背斜和倒转向斜组成，褶皱轴面近于水平。这两个倒转褶皱中，以孤古斜 25 井所揭示的倒转褶皱的倒转程度更大，博山一带倒转背斜的形成可能与走滑断层有关。

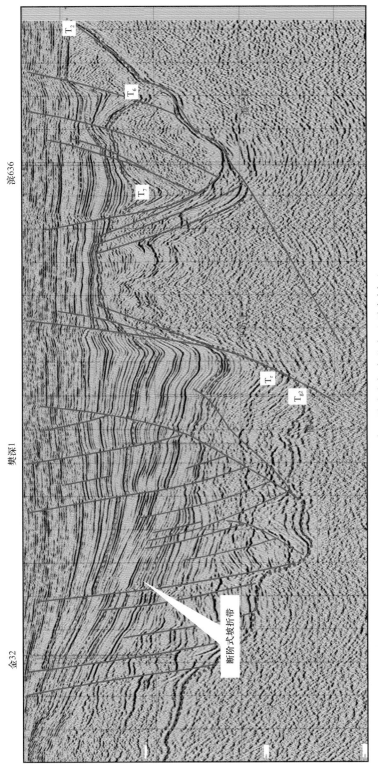

图4-13 济阳坳陷东部南北向地震大剖面

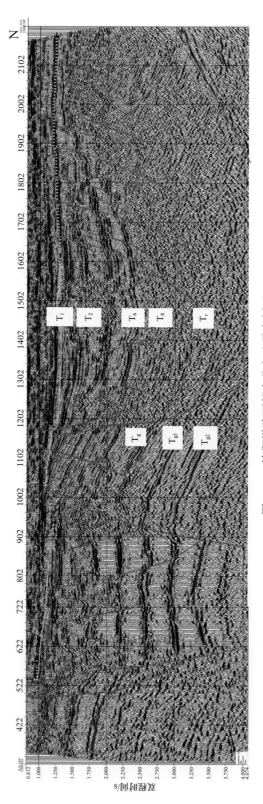

图 4-14　济阳坳陷西部南北向地震大剖面

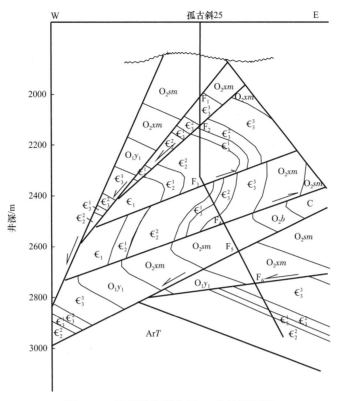

图 4-15　济阳坳陷孤古斜 25 井地质剖面

2）断展褶皱

鲁西隆起淄川西露头区（图 4-16）发现这种断展褶皱。其发育于古生界的石灰岩、泥灰岩地层内，可能是印支期南北向挤压应力场作用的产物。该背斜前翼陡、后翼缓，轴面倾斜，具明显不对称性，较低层位上通常为尖棱状，而较高层位上通常为平顶状。

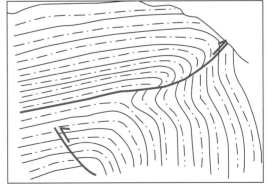

图 4-16　鲁西隆起博山一带倒转背斜

3）逆冲叠瓦构造

济阳坳陷逆冲叠瓦构造形成于印支期，并使上盘的上古生界遭受强烈剥蚀，而向深部可能归并于太古宇内部的滑脱面上，是卷入基底的厚皮构造（图 4-17）。在鲁西隆起由南向北的逆冲作用也形成了逆冲叠瓦构造（图 4-18），构造发育于古生代地层内，在规模上也远小于济阳坳陷内的逆冲叠瓦构造。

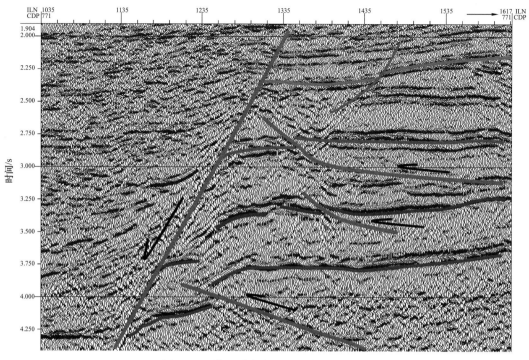

图 4-17 济阳坳陷内叠瓦逆冲地震剖面

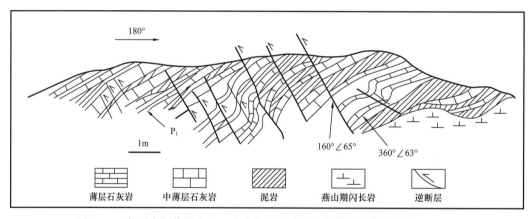

图 4-18 鲁西隆起蒙阴小山口由南往北逆冲叠瓦构造（据李三忠等，2005）

4）逆冲三角带构造

如图 4-19，济阳坳陷发育的逆冲三角带构造，两条逆冲断层的上盘均为古生界寒武系—奥陶系、石炭系—二叠系，而公共下盘地层则为寒武系—奥陶系，是由两条先后发育的逆冲断层组合而成。这是由一组相背倾斜的逆断层（逆冲断层、反冲断层）围限而成的构造组合区域，其中对冲的逆冲断层构成三角形的两腰，而深部原地未受构造扰动的公共下盘构成三角形的底边，发育于两组逆冲—褶皱组合带交会处。

3. 走滑构造样式

走滑构造基本构造成分包括走滑构造带及其伴生构造。雁行断裂是最常见的走滑伴生构造。区域上，济阳坳陷夹持在华北地块两条大型走滑断裂带——郯庐断裂带和兰聊断裂带之间，其形成和演化明显受到走滑作用的影响，形成一系列呈线性走滑构造样式，在地震剖面上表现为正花状构造或负花状构造。花状构造、雁列式褶皱、帚状构造在坳陷区内均有发现。

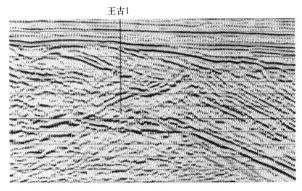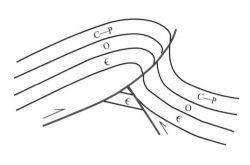

图 4-19 济阳坳陷逆冲三角带构造地震剖面（左）及其地质解释示意图（右）

1）花状构造

花状构造是走滑构造伴生的一种特有构造样式。依据走滑断层力学性质，花状构造分为正花状构造和负花状构造两种。

正花状构造是聚敛型扭动的产物，由剪切断层所产生的剪压作用形成。桩海地区的孤东、垦东和长堤断层等，因其构造的复杂性而极具隐蔽性。以往对这些断层有许多解释方案，如高角度正断层、高角度逆冲断层等。钻探实践和研究表明为压扭性走滑断层（图 4-20）。

负花状构造是离散型走滑构造的产物，由剪切断层所产生的剪张作用形成。昌潍坳陷处于郯庐断裂带内，受郯庐断裂走滑作用影响较大，扭动构造较发育。图 4-21 显示潍北凹陷东部边界的塌陷构造，此构造容易被误解释为正断层及其伴生的分支断层，但实为负花状构造。其中部的主干断裂近于直立，呈上缓下陡产状，派生 4 条次级断层向上扩散、向下收敛于近于直立的主断层，形成以主干断层为主平移活动的花状构造，即以中部主干断裂为支柱向两侧派生出小的正断层分支。表明大断裂具有明显的走滑运动特征，断裂带内地层呈凹陷形态。

鲁西隆起的露头构造考察中，在九龙山寒武系下部的红色砂质泥岩夹砂岩的地层中，也发育负花状构造（图 4-22）。

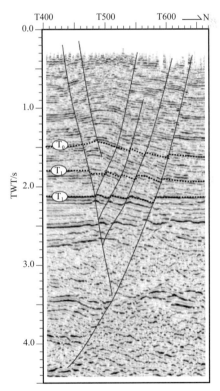

图 4-20 济阳坳陷垦东 3D 区 I100 测线地震剖面及解释成果

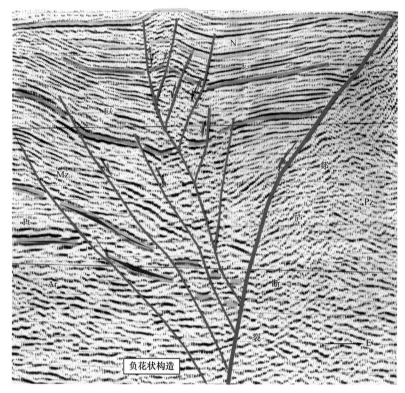

图 4-21　昌潍坳陷潍北凹陷东西向地震剖面（示负花状构造）

图 4-22　鲁西隆起九龙山寒武系内部负花状构造

2）雁列构造

雁列构造系指褶皱或断裂沿某一区域大型走滑构造带彼此平行排列，其褶皱轴向或断裂走向与主走滑构造带的夹角基本相等。济阳坳陷东营凹陷北部滨南、利津、胜北 3 条二级断层是由东营凹陷北部边界断层陈南断层所诱发的次级断裂（图 4-23）。这 3 条断层在平面上成右行雁列式排列，形成北带雁列构造，单条断层延伸长度在 15km 左右，各断层在西段呈北东走向，东段转为东西走向并趋于消失，最大断距超过1000m。这些断层长期活动，控制了东营凹陷古近纪的沉积，上升盘为陡坡带粗碎屑快速堆积，下降盘则为巨厚的深湖相泥、页岩沉积。另外其下降盘派生发育多次级断层和系列滚动背斜构造，这些构造紧邻生油洼陷，形成了极为富集的油气藏。东营凹陷类似的雁列构造还有南部缓坡带的陈官庄—王家岗—八面河雁列构造，中带的现河庄—东营雁列构造等。沾化凹陷亦有此类构造。

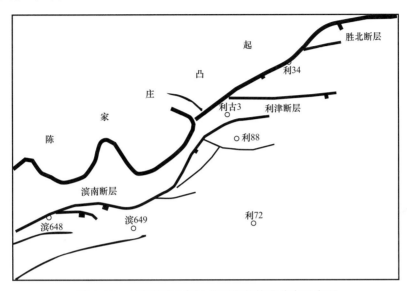

图4-23　东营凹陷北部边界雁列状构造分布示意图

在鲁西隆起露头区安丘寒武系泥灰岩、石灰岩地层中，发育一组右行走滑的雁列断层（图4-24），推测该雁列断层的形成可能与郯庐断裂的右旋走滑作用相关。

图4-24　鲁西隆起安丘寒武系右行走滑雁列断裂

3）帚状构造

帚状构造是旋卷构造中一种普遍而又常见的构造样式，一般由一组大致向一端收敛、向另一端撒开的呈弧形展布的断裂、褶皱或隆起—坳陷组成，弧形的内侧往往有刚性砥柱出现。

济阳坳陷的凹凸格局呈现出帚状构造的特征。该帚状构造由南部的鲁西隆起和西北部的埕宁隆起所限制，成为向南西收敛、向北东撒开的形态，坳陷内一致的北断南超的断陷区成为内旋层，而埕宁隆起就成为向北西凸出的外旋层，鲁西隆起就成为该帚状构造的砥柱。受东部郯庐断裂走滑作用和西部稳定的尼山穹隆的影响，鲁西隆起东南部的临沂煤田断裂构造的空间组合呈现出明显的帚状构造特征。该帚状构造的断裂在临沂市以北主体为走向北西、倾向南西的正断层，而以南主体为走向南北、倾向西的正断层，整体形态呈现为向北部撒开、向南部收敛帚状形态，组成帚状构造的各断层的断层带较为发育，如青云山断层东侧挤压破碎带中奥陶统石灰岩严重破碎，并与石炭系页岩、二叠系杂色泥岩、碳质页岩相互混杂。除弧形走向断层外，临沂煤田的北部发育北东走向、南部还发育近东西走向的断层，这些断层一般与弧形断层相互垂直。

济阳坳陷临商断层是惠民中央背斜带的南界断层，延伸长度约50km，总体向西收敛，向东发散，呈现明显的帚状构造特征（图4-25），反映断层在拉张的同时，还存在扭动作用。断层西段走向为北东向，向东过渡到近东西向，由基底卷入过渡到盖层滑脱，由一条发散到多条，规模逐渐减小。西段断层规模较大，主干断层倾角可达47°。古近系底面落差最大处2000m，向上可断达明化镇组。其东段分支4条，各条断层的断距在400m左右，前缘断层直接面向中央凹陷，形成向北逐渐抬高的断阶。断层从Ek沉积时期开始活动，与北部边界滑脱断层一道使断块旋转，导致断层上升盘逐渐发展成为中央背斜带。断层在$Es_3^{\text{下}}$—$Es_3^{\text{中}}$沉积时期有一次活动高峰，$Es_3^{\text{上}}$—Es_2沉积时期活动强度较小，进入Es_1—Ed沉积时期，断层又进入新一轮的活动高峰期。

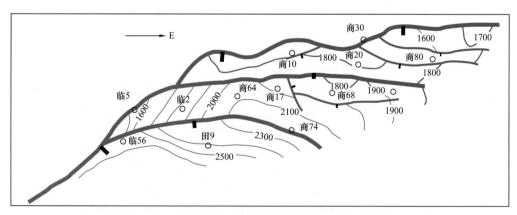

图4-25 惠民凹陷临商断裂带T_2构造纲要图（示帚状构造）

4. 反转构造样式

反转构造的形成与地球动力学背景的转换或区域构造应力场的变化有关，是指同一地质体，在不同的演化阶段，由于应力场的改变，造成伸展或压缩构造上的叠加。一个张性或张扭性盆地的演化后期，由于区域构造动力学背景的变化，转变为压性或压扭性应力场，盆地由引张下沉到挤压上隆，断裂由正断层转变为逆断层，剖面上表现为下凹上隆，下正上逆；或者反之，即压性或压扭性转变为张性或张扭性，构造变形由下部的挤压变为上部的引张。这种构造反转应力场虽然经历了根本的变化，但变形强度不一定强烈，盆地深部和浅部的构造形态还保存着明显的反转状态。济阳坳陷曾经经历过多期伸展与收缩的构造活动，由于晚中生代—古近纪强烈的伸展作用，使得许多印支期逆冲断层完全反转，改造或掩盖了早先的挤压形迹，故区内主体表现为负反转构造样式。负反转构造在坳陷东部普遍发育，呈条带状沿北西方向展布，主要见于滨海地区、东营凹陷东部、沾化凹陷东部等地段，反转强度由东向西逐渐减弱。济阳坳陷中生代主应力场为北北东—南南西向挤压，形成了罗西、孤西等北西向古潜山带，负反转断层发育。济阳坳陷还存在一种轻微负反转构造，是由强度较小的负反转构造作用形成的。即后期的伸展断陷强度弱，伸展量小，不足以明显叠加改造早期的逆冲构造形迹，导致断层两盘的地层仍表现为逆断层接触。这种轻微负反转构造是全面了解盆地构造演化历史的一个重要线索。

一般地，根据断面上伸展作用和挤压作用转换过程的差异，将反转构造分为正反转构造和负反转构造两种类型。前者为先期因伸展作用而形成地堑、半地堑，后期受到挤压而形成褶皱或逆冲断层；后者为先期形成挤压褶皱和逆冲断层，后期因伸展作用而形成正断层及半地堑、地堑。对于正反转构造，按反转作用的诱因可进一步划分为与构造应力场有关的挤压型、走滑型和与构造应力场无关的流体推挤型、重力驱动型等四种。济阳坳陷大规模的正反转构造尚不多见，仅在东营凹陷永安镇等少数地区有东营期发育的小型正反转构造。

负反转构造在渤海湾盆地内部分布较为普遍，依据挤压—伸展时间的差异可以分为印支期挤压—燕山期伸展和（晚）中生代挤压—新生代伸展两种类型，其中前者发育规模较小，往往受到后期新生代伸展构造的影响，后者发育规模较大，受后期构造的影响较小。

印支期挤压—燕山期伸展的负反转构造在济阳坳陷的不同部位发育程度有所差异。如沾化凹陷和车镇凹陷内北东走向的陈54—义135井地震地质剖面（图4-26），北东部的五号桩断层、中部的孤西断层、西南部的罗西断层分别控制了孤北洼陷、渤南洼陷、陈家庄凸起北部的一个小型洼陷。五号桩断层所控制的孤北洼陷的古生界受到强烈剥蚀，局部剥蚀殆尽，而中生界发育最厚；孤西断层由两条断层组成，它所控制的渤南洼陷的上古生界在近断层地带全部剥蚀，下古生界也受到一定程度的剥蚀，中生界发育厚度较孤北洼陷要小；罗西断层所控制的陈家庄凸起北部的洼陷，规模较小，在缓坡一侧仅残留有下古生界，中生界发育范围也较小。由东北部的五号桩断层到中部的孤西断层再到西南部的罗西断层，古生界所遭受的剥蚀强度依次降低，中生代的沉积厚度也相应减小，显示了由东北向西南印支期叠瓦逆冲构造的幅度逐渐降低、晚燕山期的伸展强度也相应降低的变化趋势。而由两条分支断层组成的孤西断层，在两条分支断层之间地带的受剥蚀程度较断层东北大又较断层西南小，说明西南部分支断层的逆冲作用较强，在体现早期逆冲作用多样性的同时，对后期潜山构造及其发育也起到了很强的控制作用。

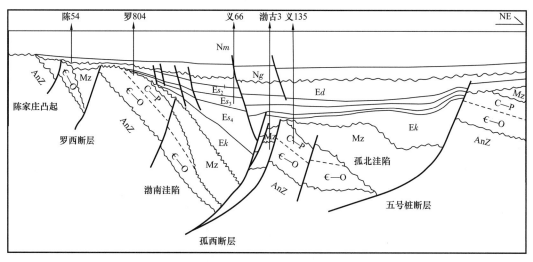

图 4-26 济阳坳陷陈 54—义 135 连井地质剖面图

济阳坳陷还存在埋北断层、陈南断层、车西断层、阳信断层、石村断层、磁镇断层等负反转构造，这些负反转构造均呈北西走向，倾向南西，并大致形成 5 条逆冲断裂带（图 4-27），由东北向西南分别为五号桩—埋北逆冲断裂带、孤西—埋南逆冲断裂带、陈南—罗西—车西逆冲断裂带、石村—阳信逆冲断裂带及滋镇逆冲断裂带。其中北部的五号桩—埋北逆冲断裂带的垂直逆冲断距达 2000m 以上，埋南—罗西—车西逆冲断裂带的逆冲断距仅为 300～500m，显示了由北东向南西方向逆冲强度逐渐减弱的现象。

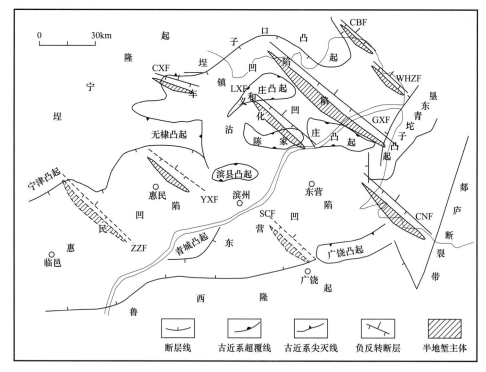

图 4-27 济阳坳陷负反转构造分布图（据宗国洪等，1999；陈洁等，1999，有改动）

CBF—埋北断层；WHZF—五号桩断层；GXF—孤西断层；CXF—车西断层；LXF—罗西断层；CNF—陈南断层；
SCF—石村断层；YXF—阳信断层；ZZF—滋镇断层

第四节 构造对油气成藏的控制作用

构造作用控制着盆地的形成、发展与演化，控制着盆地沉积体系的空间展布和生储盖组合，控制着盆地中油气圈闭的形成。由此，也控制了其中油气的生成、运移与聚集。

一、构造对沉积的控制作用

构造活动对沉积的影响因素是多方面的。盆地形成与地幔热隆起有密切关系，盆地发育过程中，特别是在裂陷期，由于强烈拉张作用，常有大量火山喷溢活动形成火山岩和火山碎屑沉积；同时张裂作用造成盆岭相间地形高差较大，物源多为近距离，剥蚀和搬运速率都很高，陆源碎屑沉积发育，多为不稳定的、成熟度低的碎屑物包括长石、石英、岩屑等组分。构造运动决定着湖盆下沉，湖盆沉降幅度决定着古水深，在内陆和滨海沼泽环境下沉积物适于成煤，在深水湖盆、还原条件下沉积物适于生油。

1. 对沉积旋回的控制

断陷盆地的断裂活动就是构造活动的具体表现形式。一个断裂活动周期即反映一个构造运动幕，盆地实际表现为一个完整的沉积旋回。济阳坳陷古近纪包含三个大的沉积旋回，实际上，每个构造运动幕包含着更次一级的作用幕，每个次一级的作用幕也就控制了不同的沉积旋回（表4-6）。

表4-6 济阳坳陷古近纪构造运动幕与沉积旋回的关系

喜马拉雅运动	阶段	层位	东营凹陷	惠民凹陷	沾化凹陷	车镇凹陷
Ⅲ幕	3	Ed	储	储	生	生
Ⅲ幕	2	Es_1	生	生	生	生
Ⅲ幕	1	$Es_2^{上}$	储	储	储	储
Ⅱ幕	3	$Es_2^{下}$	储	储	储	储
Ⅱ幕	3	$Es_3^{上}$	储	储	储	储
Ⅱ幕	2	$Es_3^{中}$	生、储	生、储	生、储	生、储
Ⅱ幕	2	$Es_3^{下}$	生、储	生、储	生、储	生、储
Ⅱ幕	2	$Es_4^{上}$	生、储	生、储	生、储	生、储
Ⅱ幕	1	$Es_4^{下}$	储	储	储	储
Ⅰ幕	3	Ek_3	储	储	储	
Ⅰ幕	2	Ek_2	生	生	生	
Ⅰ幕	1	Ek_1	储	储		

在郯庐断裂带右旋走滑作用下，济阳地区古近纪喜马拉雅运动Ⅰ幕形成了局部近南北向拉伸应力场，构造运动以垂向快速沉降为主要特点。由于地层沉降较水体蔓延速度

快，因而该运动期的沉积除孔三段、孔二段为一套较薄的暗色湖相地层外（辅助生油层），较厚的孔一段则为棕红色砂岩与紫红色泥岩不等厚互层，自下而上砂岩逐渐变细，厚度减薄，上部常有含膏泥岩及薄层石膏出现，分布广泛，钻遇厚1000m以上，地震资料推测孔店组最大厚度可达3000m以上，盆地边缘为巨厚的砾岩层，说明孔一段沉积时期为较干旱的氧化环境。

Ⅱ幕断裂活动十分活跃，不同规模、不同走向、不同性质的断层同时活动，呈现出全面拉张断陷的特点。沉降速率呈现由慢到快再到慢的完整旋回，发育了多个独立的沉积中心。沙四段下亚段岩性以紫红色、灰绿色泥岩为主，夹砂岩、粉砂岩、含砾砂岩及薄层碳酸盐岩，向上以蓝灰色泥岩、灰白色盐岩石膏层为主，夹深灰色泥质白云岩及少量灰色、紫红色泥岩，蓝灰色泥岩多集中在上半部，习惯称为蓝灰色泥岩段，盐岩石膏层多集中在中下半部；沙四段上亚段岩性以灰色、深灰色、灰褐色泥岩为主，夹碳酸盐岩、砂岩及油页岩，是一套好的生油层。济阳坳陷在沙三段沉积时期明显扩展，湖水变深，主要发育烃源岩。该时期沙三段下亚段、中亚段为一套灰色泥岩夹砂岩、油页岩及碳质泥岩沉积，厚600～1000m，为济阳坳陷主力生油岩，反映了快速沉降的饥饿型深湖—半深湖环境；沙三段上亚段、沙二段下亚段为滨浅湖沉积环境，以发育湖岸滩坝、河流三角洲等分选较好的细砂岩、粉砂岩为主，是一套好的储层。

Ⅲ幕，济阳坳陷初始短暂扩张期，沉积了沙一段—东三段烃源岩，之后则出现暂时的相对"挤压"，水体变浅，是储层发育阶段，发育了东二段—东一段储层。

济阳各凹陷古近纪发育孔二段、沙四段上亚段、沙三段中—下亚段、沙 段—东三段四套烃源岩和孔一段—孔四段下亚段、沙三段上亚段—沙二段、东营组中—上部三套储层。但由于构造作用沿南北方向强度的变化，各断陷这4个沉积旋回也不尽相同。如车镇凹陷缺少孔二段烃源岩，但发育了东三段（基本未进入生油门限）烃源岩。

2. 对沉积中心的控制

箕状断陷湖盆沉降中心受控于主控断层，断裂活动即构造活动的强度也就基本决定了盆地的沉积速率。表4-7展示了济阳坳陷各断陷湖盆主要发育阶段的沉积速率，研究表明断裂构造活动的强烈期（沙三段沉积时期）也是沉积充填高峰期。

表4-7 济阳坳陷古近纪各断陷沉积速率表   单位：mm/a

时代		东营凹陷	惠民凹陷	沾化凹陷	车镇凹陷
Ed 沉积期		0.14～0.04	0.12～0.04	0.2～0.04	0.2～0.06
		平均 0.09	0.08	平均 0.12	平均 0.13
Es₁ 沉积期		0.14～0.04	0.12～0.04	0.12～0.04	0.12～0.04
		平均 0.09	平均 0.08	平均 0.08	平均 0.08
Es₂ 沉积期		0.12～0.04	0.14～0.04	0.1～0.02	0.14～0.04
		平均 0.08	平均 0.09	平均 0.06	平均 0.09
Es₃ 沉积期		0.5～0.14	0.43～0.12	0.33～0.07	0.33～0.07
		平均 0.32	平均 0.28	平均 0.2	平均 0.2

时代	东营凹陷	惠民凹陷	沾化凹陷	车镇凹陷
Es_4 上沉积期	0.1～0.04	0.2～0.06	0.08～0.025	0.05～0.02
	平均 0.07	平均 0.13	平均 0.05	平均 0.035
Ek—Es_4 下沉积期	0.24～0.07	0.31～0.08	0.08～0.02	0.12～0.04
	平均 0.15	平均 0.19	平均 0.05	平均 0.08

由于各断陷盆地构造位置不同，主控断层发育强度也存在阶段性的差异，济阳坳陷 4 个箕状断陷湖盆的沉积速率呈现由南向北、由西向东的差异变化。构造活动强度遵循由老到新由西南向东北变强的规律，对应的各层系除厚度有明显的差异外，分布范围也大不相同。惠民凹陷孔店组—沙四段下亚段分布广，且厚度大，保留最大厚度达 5000m，而北部的沾化凹陷该层系最大厚度只有 1000m，且仅分布在孤西断层及五号桩断层下降盘的局部地区；车镇凹陷钻井揭示近 1000m 的以红色泥岩为主的早期充填主要属于沙四段下亚段。沙三段沉积时期，全区均处于构造活动发育高峰，沉降沉积速率最大且分布广泛。沙二段上亚段沉积时期，出现了北部构造活动（沉降）大于南部的现象。东营组沉积时期，北部的车镇、沾化凹陷大面积沉降，接受了巨厚（中心大于 1000m）的以暗色泥岩为主的湖相沉积，而南部的惠民与东营凹陷的最大厚度只有 700m，且基本为河流相沉积，尤其是惠民凹陷，除临南洼陷外的其他地区沙二段及上覆沉积层很薄，且在古近纪末期的构造运动中被削蚀殆尽。

在济阳坳陷发育过程中，尤其是古近纪，沉积中心虽稍有转移，但主要表现为继承性。如，在沙二段沉积早期，东营凹陷沉降中心位于利津、樊家、牛庄和民丰洼陷，在沙二段上亚段—沙一段直至东营组沉积时期这些地区仍为沉降中心。各凹陷中的小洼陷在古近纪演化过程中均属长期稳定沉降区域，是湖相泥岩即生油岩主要发育区域。

3. 对沉积体系的控制

箕状断陷的断块翘倾运动引起上盘地表的不对称沉降，并在不断扩展中逐渐形成了半地堑构造样式，对断陷的沉积体系均产生重要影响。一断一翘的构造样式，决定着物源区的古地貌发育。上盘隆起因坡向背对断陷，若没有先成指向断陷的地形斜坡，则不能向其下降盘断陷提供大量物源，随着主控断层造成的地形反差的不断增大，这里广泛发育侵蚀河流，它们所携带的沉积物经断崖进入湖盆快速卸载，一般发育冲积扇、近岸浊积扇及扇三角洲沉积体系；而上盘的翘起，使指向盆地的地形坡降均匀地增大，有利于发育平直的短轴河流，它们携带的沉积物进入湖盆通过宽缓的斜坡带，卸载的方式是渐变的，更多地发育冲积扇、扇三角洲及近岸滩坝沉积体系；沿盆地长轴方向水系贯通，是较开阔的单断湖盆（如东营和惠民）重要的大型沉积体系即三角洲沉积体系发育区。在湖盆扩展衰退期，主断层造成的地形反差逐渐减小，广泛地发育河流三角洲沉积体系。

4. 对生储盖配置的控制

古近纪断陷湖盆内发育了良好的生储盖组合。半地堑的主体部位湖泊发育，深湖区位于边界主断裂的一侧，沉积深湖和半深湖泥页岩，可作为烃源岩。盆地的缓坡多发育扇三角洲沉积体系，盆地陡坡则发育湖底扇沉积体系，盆地的长轴端部常发育正常三角洲沉积体系。深湖、半深湖中常发育浊积岩，浊积岩系中的砂岩体被湖相泥岩包围就构成了良好的生储盖组合。地堑内湖区范围常经历由小到大再到小的过程，断陷作用的多旋回性使湖相泥岩与各类砂岩在垂向上相互叠置，形成了多套的生储盖组合。

断陷盆地断层的切割使不同时代、不同深度的地层相互沟通，断块的差异升降运动使上盘的新地层与下盘的老地层通过断面直接接触。从而形成"新生古储"或"下生上储"等生储盖配置组合。一般地，控凹主断层面亦为削蚀面，俗称"断剥面"，如陈南断层、阳信断层、义东断层、义南断层、埕南断层等。在长期的差异升降运动中，下盘断剥面不断遭受风化和改造，在外界条件适合的情况下，可形成新生古储油气藏。如：东营凹陷的王庄太古宇潜山油藏，油源来自其上盘的沙三段—沙四段暗色泥岩；平方王奥陶系潜山油藏，油源也是其上盘的沙三段，盖层为其上覆沙四段；车镇凹陷的义和庄奥陶系潜山油藏，其圈闭亦为造山期断层控制，油气来自下降盘东侧的渤南洼陷。

在主断层强烈活动期，沿下降盘形成的冲积扇、浊积扇体与深洼陷区生油岩镶嵌，在次级断裂构造的配合下，可构成块断盆地特有的储盖配置，这是差异升降运动的必然产物。东营凹陷北部陡坡断裂带的含油扇体群就很有代表性。

二、构造作用与油气运聚

济阳坳陷油气运移动力和输导条件主要包括4方面的内容：（1）压实排驱，强调盖层的负荷作用；（2）浮力运移，突出地层倾角的重要作用；（3）断层；（4）沉积间断和不整合。这些均与断陷盆地的构造条件密切相关。即构造控制了沉积，才有油气的生成与后来的压实排驱；构造作用控制的单断盆地的特殊构造样式，使油气依靠浮力进行的二次运移在总运移条件中也占据了比较重要的位置；至于断层与不整合、沉积间断，本身就是构造作用的具体表现。

1. 断层对油气的运聚作用

济阳坳陷进入生油门限的烃源岩为沙一段及以下地层，其中沙三段及其以下烃源岩的生烃总量占盆地总生烃量的92%，而沙二段及其以上非烃源岩地层中已探明的石油地质储量占盆地总储量的65%以上。从油气藏类型看，与断层有关的构造圈闭中的储量占总储量的60%～70%。如果将压实排驱等作为油气运移的主要因素，那么以上的现实和盆地区广泛分布的油气藏（不仅仅是靠近生油层的储层和生油中心周围），油气储量集中在断裂发育区，以及生油岩之上多套储层的多个油水界面的存在等现象是不易解释的。应该说这是断层作用的结果。断层不仅使本身缺乏褶皱的盆地广泛发育油气圈闭，而且使下部油气源与上部多套储层纵向沟通，使下部油气在上部圈闭中聚集成藏，或破坏原生油气藏并在上部形成次生油气藏。

1）断层的开启性与封闭性

济阳坳陷以断裂发育、油气藏类型丰富而著称。多年的勘探实践证实，除岩性圈闭以外的大多数油气圈闭均与断层有关，而且越是断裂发育的构造带油气越富集。

大量事实表明，断陷盆地中的断裂作为油气运移通道是主要的。当然也可作为封闭断层，它是一对矛盾的统一体。所谓的断层的开启性和封闭性只是断层在发展过程中某个活动阶段表现出的特殊性能。

2）断层性质与断层级别

传统的观念认为：盆地的一、二级断层为油源断层，封堵性差；三级断层或为油源断层或为封堵断层；四、五级断层一般为封堵性断层。但实际上，所谓断层的封堵性和开启性是断层在成油期以后的构造作用与沉积作用过程中不同阶段表现出的不同性质，与断层级别无直接关系，也不能凭断层在某一时期表现出的开启性或封闭性而定义其为哪种性质的断层。其实，任何断层，尤其是断陷盆地中的同沉积断层，在其发展过程中曾反复变换着它的性质。即断层面可从张性变为压性再转变为张性等。在断裂活动期，表现为开启，已生成的油气可在地史的这一瞬间运移或散失；而在同沉积期和静止期则一般呈封闭状态。

在储层较发育的区域，断层两盘储层见面时，可能破坏其横向封堵作用。

3）断裂活动可使油气发生快速运聚

断层短暂的开启及短暂的油气运移足以形成次生油气藏。通过断层对油气运聚作用的讨论，认为断陷盆地中断层对油气的运聚作用是广泛的、强烈的、快速的、频繁的，也是不彻底的。相对断层对油气的封闭作用又是短暂的。否则，盆地深层就不会存在油气藏了。

2. 不整合及沉积间断对油气的运聚作用

济阳坳陷各凹陷边缘的超剥带和临凹一侧的斜坡带广泛发育地层及复合类圈闭。目前已探明的地层类油气藏的储量在总储量中也占了相当的比例。由于对这类油气藏的勘探起步晚（20世纪80年代），加上其圈闭较隐蔽，因而可断言，随着勘探方法、分析技术的提高，该类油藏的勘探潜力还很大。

盆地边缘的油气圈闭（主要是地层类）相对远离生油中心，不难想象，仅靠断层的纵向运移是不够的。向这类圈闭供油的主要渠道应该是不整合面与沉积间断面，只有通过它们才能实现油气横向上的远距离搬运。自然，坡上大面积分布的砂层的吸排作用也是一个不可忽视的因素。东营与惠民凹陷之间的林樊家油田主要为东营组、馆陶组剥、超不整合油藏，这里距最近的生油区——利津洼陷的水平距离也有20km以上，高差近3000m，该区油源对比已证实了两者的亲缘关系，说明其油气藏的形成经历了远距离的搬运。断层垂向沟通（时通时关）油源（或原生油藏）与不整合或沉积间断面，而后者又以源源不断地溪流形式将油气输送至高部位的圈闭中，从而形成远离生油区的地层油气藏。

东营凹陷草桥油田奥陶系石灰岩潜山油藏、金家不整合油藏等均为油气沿不整合通道进行横向远距离运移成藏的成功代表作。还有沾化凹陷的飞雁滩油田潜山不整合油藏，虽油田东部通过埕东大断层与五号桩生油洼陷接触，但油藏的横向分布特点及分布面积使人们不得不承认不整合的通道作用。

3. 不对称结构对油气运移量的控制作用

断陷盆地油气田的环带状分布，表明其生油中心以放射状向四周排油。但由于单断盆地陡坡构造带和缓坡构造带与生油凹（洼）陷的接触形式不同，水平距离有差别，地层倾角不同导致的势能（浮力）差异，还有后期断裂和翘倾作用及它们共同造成的圈闭类型的不同，使较大型的圈闭陡多缓寡，陡坡构造带（包括靠近主控断层的中央断裂背斜构造带）聚集了较缓坡构造带更多的油气。

盆地陡坡带地层倾角较大，沉积盖层厚，与生油中心的水平距离也小于缓坡，构造带断裂及各种储集类型发育，并有较大规模的滚动背斜、披覆构造、断鼻构造等相配合，有利于形成大型的油气藏。济阳坳陷的勘探实践已证实了这一点，据计算，北部陡坡带的石油地质储量约为南部缓坡带的1.8倍。造成这种格局的原因还由于缓坡带地层倾角较小，盖层较薄，断裂构造亦不及陡坡带发育。但缓坡带不整合与沉积间断极为普遍，地层圈闭和岩性圈闭以及复合型圈闭类型繁多，分布面广，如果有大型的圈闭，同样可形成大油田，如东营凹陷的乐安油田、车镇凹陷的大王庄油田等。断陷盆地的"凹中隆"，即中央断裂背斜构造带或延伸至生油区的鼻状构造（车镇凹陷的大王庄）等，属盆地的"近油楼台"，可以从四面八方接触油源，有着比任何构造带更先得到油气的优势。如东营中央断裂背斜带的东辛和现河油田、惠民凹陷的盘河油田、沾化凹陷的孤岛油田等都是凭借这种有利的地势，成了闻名全国的大油田。总之，济阳坳陷油源充足，成油期较晚，油气运移似乎存在先陡后缓、陡快缓慢的现象，但并不见"陡饱缓饥"明显的不均衡。

4.走滑构造与油气的关系

由于特殊的大地构造位置，扭动构造运动在地史期间普遍存在。它影响着岩层变形和圈闭的形成，可促进断陷盆地内油气加速运移至构造圈闭内。

中国东部断陷盆地多为古近纪拉张翘倾运动中形成的箕状断陷，这种断陷具有良好的生油条件。由于沉积剖面的纵向和横向上都有扭应力的作用，有利于油气运移和富集。正如李四光先生的名言"拧湿毛巾"道理一样。

走滑断裂活动可形成雁列、花状等一系列典型的伴生构造，这些构造往往紧邻生油凹陷，并且经断裂与烃源岩相通，是良好的油气圈闭。走滑断裂不但可以形成利于油气成藏的静态要素，而且走滑活动还利于生油母质向油气转化、可改善储层物性、利于油气的排出和运移。走滑断层切割深度大、断面陡直、分叉断裂向上分散的普遍特征，使它在垂向上能够沟通更多的烃源岩，油气输送到断背斜上部，成为比其他断层更为有效的运移通道。走滑断层的应力释放区往往是油气富集的地区。

走滑断裂造成的最有利的构造圈闭是雁列背斜和帚状构造。东营断陷内胜坨、东辛、临邑组成的帚状构造带就是济阳坳陷油气富集、高产构造带。

花状构造一方面表现为普通油气圈闭的性质，另一方面又表现为扭断裂活动对油气的影响。只要具备生、储、盖地质条件，成藏就优于其他构造样式。由于扭应力作用，使生油层中分散的油气被强拧驱赶运移至花状构造背形核部（花蕊）。特别是在脆性地层发育地区，由于扭断裂强烈剪切而形成的裂隙是一般断裂所不能相比的，从而构成良好的储集空间，这也是花状构造优于其他构造样式的地质条件之一。

第五章　沉积环境与相

除个别层系，济阳坳陷自太古宇至新生界第四系皆有分布。

济阳坳陷太古宇的岩石类型包括岩浆岩和变质岩两大类，以岩浆岩为主，主要为二长花岗岩，其次为闪长岩（王学军等，2016）。下古生界为一套稳定的海相沉积，上古生界以海陆过渡相沉积为主；中—新生界则以陆相沉积为主。其中，新生界以陆相断陷盆地沉积充填为特征。断陷盆地的幕式演化和气候的周期性变化，控制了层序的发育及其内部构成。断陷盆地不同构造单元之间在古湖泊地理和古地貌上的差异，决定了层序内部体系域的差异以及体系域内复杂的沉积体系组合，进而控制了各类圈闭的发育及分布（宋国奇等，2014）。在断陷盆地的陡坡带，主要发育扇三角洲、近岸水下扇沉积，扇三角洲前缘受断层的影响，向盆地方向滑塌形成湖底扇。在缓坡带，主要发育三角洲和扇三角洲沉积，伴随着湖平面的升降变化，一方面，由于波浪和沿岸流等作用，在浪基面附近可形成滩坝沉积；另一方面，三角洲和扇三角洲前方由于重力作用可形成滑塌浊积岩。在洼陷内部，主要发育半深湖—深湖沉积以及重力流形成的湖底扇（图 5-1、图 5-2）。

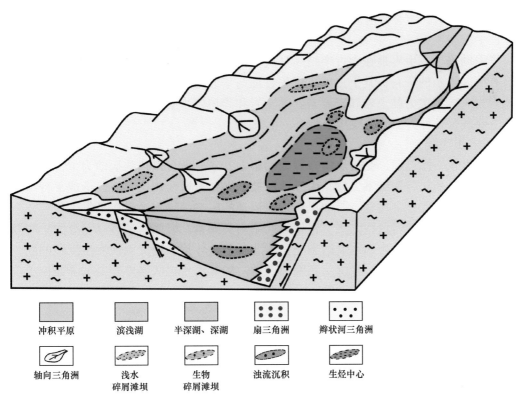

| 冲积平原 | 滨浅湖 | 半深湖、深湖 | 扇三角洲 | 辫状河三角洲 |
| 轴向三角洲 | 浅水碎屑滩坝 | 生物碎屑滩坝 | 浊流沉积 | 生烃中心 |

图 5-1　断陷盆地沉积体系发育模式图

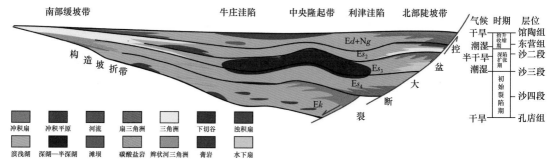

图 5-2　断陷期沉积充填模式图

第一节　古生界、中生界沉积相

济阳坳陷下古生界以海相碳酸盐岩沉积为主，其次为碎屑岩。上古生界则发育潮坪、潟湖、河控浅水三角洲和湖泊沉积。中生界以陆相沉积为特征，发育的沉积相类型主要有冲积扇、曲流河、扇三角洲、河流三角洲、滨浅湖、半深湖—深湖、湖湾、沼泽以及火山喷发相等。

一、古生界

华北地台经历元古宙的风化剥蚀后，地势趋于平坦，因此下古生界沉积相变较小，岩相在横向上基本稳定。上古生界石炭系为一套海陆交互相沉积建造，发育太原组含煤地层夹含螳灰岩，二叠系因海退而转变为陆相碎屑沉积夹煤层。

1. 下古生界

济阳坳陷下古生界是在太古宇结晶基底上发育的一套稳定地台型海相沉积岩系。根据已有探井揭示的资料，其下古生界沉积特征与华北地区基本相同。下古生界岩性以碳酸盐岩为主，其次为黏土岩和碎屑岩。黏土岩和碎屑岩主要发育在底部，向上减少；中上部主要发育各种类型的碳酸盐岩。

1）沉积背景

在加里东—海西期，受板块构造运动的影响，华北地台以造陆运动为主，整体表现为水平升降，断层与褶皱不发育，由于地层被水平抬升遭受剥蚀，因此形成平行不整合面，上下地层呈假整合接触。受加里东构造运动的影响，华北地台在早古生代整体发生沉降，沉积以碳酸盐岩台地为主，包括寒武系与奥陶系。海西运动可以划分为早海西运动与晚海西运动。受早海西运动的影响，华北地台整体抬升遭受剥蚀发生沉积间断，缺失了志留系、泥盆系与下石炭统。在晚海西期，华北地台再次整体发生沉降而位于沉积基准面以下，接受沉积形成了上石炭统与二叠系。

2）沉积体系

济阳坳陷寒武系及中—下奥陶统总体以台地相及潮坪、潟湖相碳酸盐岩为主，早期有较多潮坪泥、砂质沉积及少量滨海砂、砾岩沉积，中—下奥陶统为典型地台型沉积。

（1）潮坪沉积。根据岩性组合特点可细分为沙坪、泥坪、云坪、灰坪、灰云坪和泥云坪等沉积微相。潮坪相沉积标志明显：陆源碎屑潮坪以潮汐层理为特征；碳酸盐岩潮坪可发育藻纹层、豹皮状构造、微细平行层理、蒸发岩矿物等。

（2）台地—浅海沉积。主要包括潟湖、局限台地、开阔台地和陆棚浅海等沉积亚相，其中开阔台地边缘常见鲕粒滩和风暴岩沉积（表 5-1）。

表 5-1　寒武系—奥陶系台地—浅海沉积相

沉积相	岩性特征
潟湖	紫红色或灰色泥质灰岩、泥灰岩，出现较厚层蒸发岩、膏溶角砾岩
局限台地	石灰岩、云灰岩，夹云斑灰岩、泥质条带灰岩及砂泥岩，含燧石结核
开阔台地	泥质条带灰岩、石灰岩、砂屑灰岩、虫迹（生物扰动）灰岩
陆棚浅海	泥岩、泥质条带灰岩，夹薄层泥晶灰岩

济阳坳陷下古生界自下而上依次发育馒头组、毛庄组、徐庄组、张夏组、崮山组、长山组、凤山组、冶里—亮甲山组、下马家沟组、上马家沟组和八陡组。中—下寒武统的馒头组、毛庄组、徐庄组岩性以碎屑岩、黏土岩为主，夹碳酸盐岩。这是一套在前期风化剥蚀的背景上，早古生代海侵形成的海相沉积。沉积初期地形起伏较大，海域不广，海水局限于小范围内，属于海湾、潟湖等近岸低能浅水环境。馒头组上部至徐庄组沉积了紫红色、暗紫色、灰绿色页岩或粉砂岩、海绿石砂岩，并夹石灰岩或鲕状灰岩，属潮下低能局限海或水下浅滩相沉积。

中寒武统张夏组岩性以厚层鲕状灰岩为特征，鲕粒可达 2mm，鲕状灰岩中含三叶虫、棘皮动物碎片，属潮下带高能环境下的浅滩相沉积。

上寒武统崮山组、长山组岩性组合以黄绿色页岩、泥质条带灰岩、竹叶状灰岩为特征，总体上属潮下低能局限海沉积，有时处于下潮间带环境。

上寒武统凤山组、下奥陶统冶里—亮甲山组岩性以浅灰色结晶白云岩为主，下部夹竹叶状白云岩，上部含燧石结核白云岩。见有腕足类、棘皮动物、三叶虫、牙形石等化石，为正常海潮下带的生物类型。这套白云岩为次生交代成因，其原岩属潮下带沉积，并伴有潮下高能环境下的浅滩沉积。

中奥陶统下马家沟组、上马家沟组和八陡组 3 组地层在岩性组合、生物化石和沉积构造等特征上分别对应着 3 个沉积旋回，每一个旋回都以潮上带开始，以潮下带结束。下部都是以黄灰色泥质白云岩夹角砾状灰岩为主，不含化石；中上部都以深灰色石灰岩、含燧石结核灰岩、豹皮灰岩为主，含丰富的广海型动物化石。在含生物化石的石灰岩中，泥砂等陆源物质很少，为"清水沉积"，属广海低能环境下的潮下带沉积。

2. 上古生界

1）沉积背景

晚石炭世，济阳地区隶属华北盆地，华北盆地是一稳定的内陆表海沉积盆地，其类型为克拉通内坳陷盆地。盆地基底主要为中奥陶统石灰岩侵蚀—夷平风化面。海侵发生于晚石炭世本溪期，盆地北侧的天山—大兴安岭陆间海槽经多次俯冲、消减，于二叠纪末以弧形切线方式碰撞闭合，对华北盆地的充填、演化具有深刻影响，主要表现在盆地沉积期提供陆源物质。晚二叠世盆地发生转化，由陆表海盆地转化成为大型陆相盆地。自早二叠世的晚期，整个华北盆地已基本不受海平面变化的直接影响，盆地性质发生了根本性变化，即由陆表海盆地转化成为大型陆相盆地，其间有一过渡性阶段，即三角洲沉积充填阶段。

济阳地区当时所在的盆地位置是华北大型聚煤盆地的东偏南缘。在内陆表海沉积盆地充填沉积时期，海侵主要来自东侧，即由东向西。在大型陆相盆地充填沉积时期，济阳地区与鲁西基本一致，差异不大。

2）沉积体系

（1）潮坪沉积。济阳坳陷潮坪沉积体系中已识别有下列成因相：潮道（包括潮渠、潮沟）、泥坪、砂泥混合坪、沙坪、潮汐沙脊、潮坪沼泽、潮坪泥炭沼泽。其中潮道和砂泥混合坪发育最好，其次为潮坪沼泽。潮坪沼泽沉积形成的泥岩和粉砂质泥岩颜色较深，多为深灰至黑灰色，含有大量黄铁矿散晶，见有植物根化石或根痕化石，发育有生物扰动构造，其上部则为泥炭沼泽沉积（薄层煤层）。海相沉积直接上覆于泥炭沉积之上，在济阳坳陷上石炭统中常见这种现象。

（2）障壁—潟湖沉积。济阳坳陷障壁—潟湖体系、障壁体系和台地—障壁体系比较发育。其中石炭系可识别出障壁岛、潮汐三角洲、潟湖等三套成因相组合。与障壁—潟湖体系有关的砂体是重要的储层类型。

（3）河控浅水三角洲沉积。济阳坳陷浅水三角洲是受潮汐作用影响的河控浅水三角洲体系，三角洲平原的规模可能比较大。虽然多数成因相都可识别出，但三角洲前缘组合和前三角洲组合不甚发育，或被快速推进摆动的分流河道冲刷、改造和破坏掉了。三角洲平原相分为上三角洲平原相和下三角洲平原沉积相。上三角洲平原相起骨架作用的是分流河道，分流河道之间发育决口沉积和越岸沉积，这两种沉积充填着分流河道间的洼地，逐渐演化成沼泽沉积并形成较为广泛的厚煤层。分流间洼地按照海水影响的界线划分为分流间泛滥平原和分流间湾。下三角洲平原沉积相主要包括决口扇三角洲相、分流间湾相、水下分流河道相、分流河口沙坝及席状砂相、远端沙坝相、潮汐沙（滩）脊相等。在分流间洼地或分流间泛滥平原，虽有河水注入，但覆水深度较浅，植物繁茂，逐步形成泥炭沼泽。主要由含有机质的黑色、深灰色泥岩、黏土岩、砂质泥岩、碳质泥岩和煤层等组成，含有植物根茎化石，也可见到由洪水带入的粉砂质或细砂质沉积。

（4）河流—湖泊复合沉积。石盒子组为一套大规模海退事件后的陆相河流—湖泊沉积充填沉积序列。因后期构造作用强烈，济阳坳陷的二叠系（尤其上部地层）保存不全，呈零星分布。河流—湖泊复合沉积体系的主要沉积相有河床滞留相、越岸相、边滩相、天然堤相、泛滥平原相等。

二、中生界

1.沉积背景

三叠纪，印支运动使济阳坳陷成为华北高地的一部分，缺失沉积。侏罗纪早期，联合古陆开裂，海水入侵，全球性气候又转潮湿。济阳坳陷虽未遭海侵，但形成了一系列山间断陷盆地的湖沼相含煤碎屑岩沉积。其中的砂质岩以近物源堆积的岩屑砂岩为主。侏罗纪中期，古气候变干，紫红色河流相粗碎屑岩成为主要沉积物，此外还有少量泥云质湖相沉积。侏罗纪晚期—白垩纪早期，济阳坳陷地处华北高地，属北方潮湿暖温带和华南半干旱亚热带之间的过渡型气候，火山活动增强，以山间断陷盆地中堆积的灰色湖相碎屑沉积和中基性火山岩、凝灰岩为主。晚白垩世，干旱气候带扩大，成为半干旱气候带的一部分，红色河流相碎屑沉积发育，火山活动大幅度减弱，中基性火山岩仅零星分布。

根据砂岩和砾岩含量、岩石矿物成熟度以及微量元素分析，可以发现济阳坳陷中生代的多处物源以及各主要物源的特征。济阳坳陷中生代盆地总体呈北东—南西方向展布，盆地内部的凹陷呈北西—南东方向延伸，盆地的主要物源分别来自西北侧的埕宁隆起和东南侧的鲁西隆起。盆地内部的局部凸起仅向盆地提供部分碎屑物质，控制碎屑物质的范围有限。因此，区域盆地格局控制主要物源，局部盆地格局控制次要物源。

2. 沉积体系

已有研究表明，中生代盆地具有盆大、湖浅、坡缓以及发育浅水型三角洲的特点。盆地西北侧主要发育有冲积扇—辫状河（冲积平原）—辫状河三角洲沉积；盆地东南侧主要发育有冲积扇—曲流河（冲积平原）—三角洲沉积；盆地内部发育湖泊沉积。

1）冲积扇—辫状河（冲积平原）—辫状河（浅水）三角洲沉积

侏罗纪，这一沉积体系主要发育在盆地的西北侧，来自剥蚀区的碎屑物质经过短距离搬运汇聚到盆地中心，沉积体系不断向盆地中进积。白垩纪，这一沉积体系主要发育在北西向断层的两侧及盆地的西北侧，在北西向断层东北侧多属于进积型，在北西向断层的西南侧多属于退积型。

（1）冲积扇。义 136 井 3088.88～3099.9m 和 3231.61～3243.25m 井段、孤北古 2 井3062～3066m 井段为典型的冲积扇相特征。由于后期剥蚀作用，冲积扇的扇根大部分没有保留下来，扇中和扇缘沉积较为发育。

（2）辫状河。沾北 3 井 1587.54～1637.72m 和 1656.23～1671.15m 井段、王 111 井2172.57～2190.14m 井段和高 41-1 井 1912～2250m 井段为典型的辫状河特征。纵向上呈粒度向上变细的正旋回特征，下部为粒度较粗的河道沉积，上部为粒度较细的泛滥平原沉积。

（3）辫状河（浅水）三角洲。大 43-35 井 1765～1783m 井段、义东 11 井2090.02～2100.4m 和 2114.43～2136.68m 井段以及桩古 17 井 3655～3686m 井段为典型的辫状河（浅水）三角洲相特征。可划分出三角洲平原、三角洲前缘和前三角洲三个亚相，其中以三角洲前缘最为发育。

2）冲积扇—曲流河（冲积平原）—（浅水）三角洲沉积

根据地质、测井和地震资料，已确定出曲流河（冲积平原）和（浅水）三角洲沉积。这一沉积体系主要发育在盆地的东南侧，来自剥蚀区的碎屑物质经过长距离搬运向盆地中心汇聚。

（1）曲流河。高 56 和花 16 井为典型的曲流河特征。纵向上呈粒度向上变细的正旋回特征，下部为粒度较粗的河道沉积，上部为粒度较细的泛滥平原沉积。

（2）（浅水）三角洲。金浅 3 井和金浅 4 井为典型的（浅水）三角洲特征。三角洲平原分流河道发育暗紫色砾岩和灰色细砂岩；三角洲前缘分流河道发育灰色白云质细砂岩和细砂岩；三角洲前缘分流间湾沉积主要发育灰黑色泥岩及粉砂质泥岩；三角洲前缘分流河口沙坝主要沉积有灰色细砂岩。

3）湖泊沉积

湖泊沉积形成于早—中侏罗世初期。这一时期滨浅湖范围较大，湖水较浅，湖湾环境广泛存在。早—中侏罗世中期湖泊范围继续扩大，湖水较深，济阳坳陷部分区域有半深湖发育。早—中侏罗世晚期气候逐渐变得干燥，剥蚀作用较强，湖盆范围逐渐缩小，湖平面下降。晚侏罗世早期湖盆范围保持稳定，主要为滨浅湖沉积。晚侏罗世晚期湖盆范围开始扩大。早白垩世湖盆中心位于两北西向断层（阳信断层、滋镇断层）中间偏西南侧。中白垩世湖盆沉积中心向北东方向移动，此时在一些北西向断层（陈南断层）的西南侧有半深湖发育。晚白垩世湖水逐渐变浅，滨浅湖逐渐萎缩。

湖泊沉积中滨浅湖面积较大，半深湖仅仅在局部区域有所发育。高 531 井 827.8～862.5m 井段、孤南 36 井 3870～3876m 井段及垦 93 井 2825.6～2851.07m 井段均钻遇了湖泊相沉积。

（1）滨浅湖沉积。岩性主要为灰色、紫杂色泥岩及暗紫色砂质泥岩、杂色泥质粉砂岩等，局部夹细砂岩薄层。砂岩具有较高的成熟度，分选与磨圆比较好。见有水平层理、透镜状层理、压扁、波状、平行、楔状交错层理及浪成沙纹交错层理等。泥质砂岩中常见生物钻孔、炭屑及钙质结核。

（2）半深湖沉积。岩性以灰色和深灰色泥岩、粉砂质泥岩为主，粉、细砂岩多呈薄层夹于泥岩中。发育水平、波状层理及透镜状层理。偶见炭屑、生物钻孔和介形虫化石，可见菱铁矿、黄铁矿等弱还原条件下的自生矿物。

（3）湖湾沉积。岩性主要为灰黑色泥岩、深灰色白云质泥岩及黑色碳质泥岩，中间夹有白云质粉砂岩，含大量植物化石（新卢木），泥岩中见有生物潜穴和黄铁矿颗粒。

3. 沉积体系展布

中生代济阳坳陷盆地呈凸凹相间的构造格局，由相互分割的 7 个小湖盆组成。

1）坊子组

坊子组沉积时期，气候潮湿多雨，北西向断层的逆推导致沉积物的快速堆积，湖平面频繁升降，从而导致多层薄煤层的沉积，在靠近断层的区域主要沉积了一套灰色砂砾岩夹薄层泥岩。由于湖盆面积较大、湖水较浅，因此大多为滨浅湖相，半深湖仅仅在局部区域有发育（图 5-3）。盆地西北侧陡坡边缘区发育有冲积扇—辫状河—三角洲沉积体系，东南侧缓坡边缘区有冲积扇—曲流河—三角洲沉积体系。孤西—五号桩地区垦东古 2、埕北 306 等井区以及孤西断层的西南侧和大王庄的东北部，发育有河流和三角洲。

2）三台组

三台组沉积时期湖水较浅，主要发育滨浅湖亚相（图 5-4）。盆地西北边缘冲积扇—河流—滨浅湖沉积体系较为发育。在冲积扇的前缘辫状河把碎屑物带入浅湖。由于气候干旱，许多河流是季节性的河流并且经常干涸断流，主要发育一套紫色砂砾岩、泥岩。盆地的长轴方向，河流体系非常发育。在孤西—五号桩地区碎屑物主要来源于东北方向，垦 93、桩 203 和埕北 306 等井区为滨浅湖发育区，垦东古 2 井区及其西南部、义159 和义 136 等井区东北部发育河流和三角洲。

3）蒙阴组

蒙阴组沉积时期湖水较浅，主要发育滨浅湖亚相（图 5-5）。冲积扇—河流—滨浅湖沉积体系仍然占主导地位，主要发育在湖盆靠近北西向断层的缓坡边缘区。在盆地的长轴方向，河流体系非常发育。在孤西—五号桩地区，滨浅湖较发育，冲积扇仍然主要发育在孤西断层的东北侧，河流和三角洲主要分布在垦东古 2 井区及其西南部、义 136 井区东北部。

4）西洼组

西洼组沉积时期湖水依然较浅，主要发育滨浅湖亚相（图 5-6），与蒙阴组沉积体系

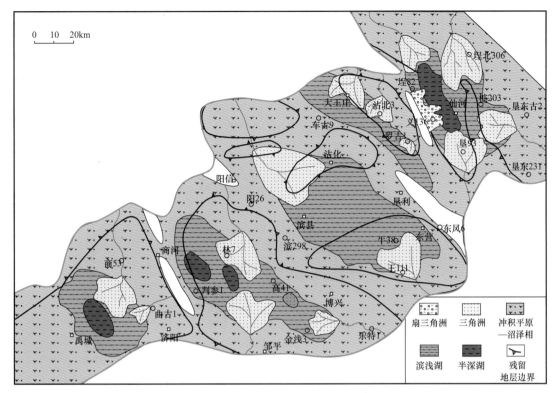

图 5-3 济阳坳陷中生界坊子组沉积相图

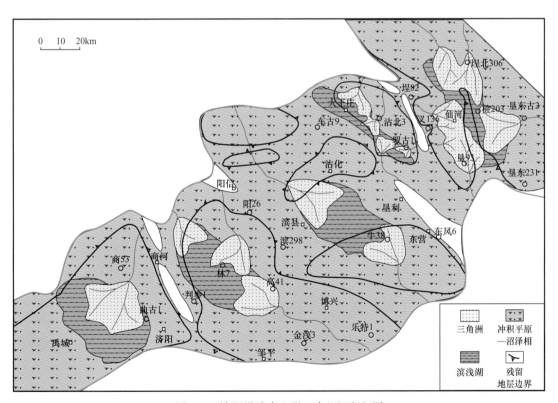

图 5-4 济阳坳陷中生界三台组沉积相图

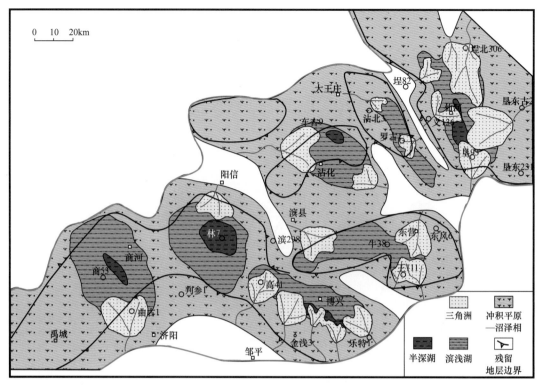

图 5-5 济阳坳陷中生界蒙阴组沉积相图

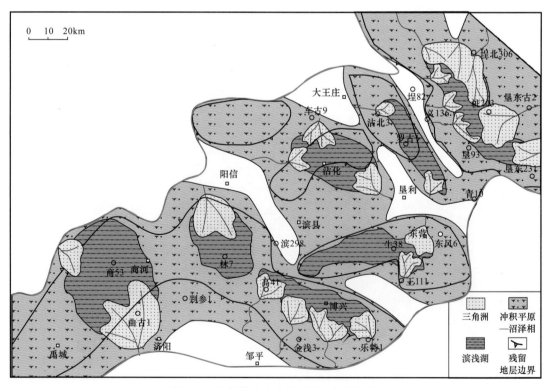

图 5-6 济阳坳陷中生界西洼组沉积相图

大体相同。冲积扇—河流—滨浅湖沉积体系仍然占主导地位，主要发育在湖盆靠近北西向断层的缓坡边缘区。在盆地的长轴方向河流体系非常发育。在孤西—五号桩地区，滨浅湖较发育，碎屑物源既有从东北方向由河流注入，也有从孤西断层由短程河流（辫状河）注入。孤西—五号桩地区垦东古2井区及其西南方向、义136井东北部，发育河流和三角洲沉积。东营地区王111、高青地区高41等井区河流相非常发育。

第二节　古近系沉积相

古近纪济阳坳陷正值裂陷充填期。其中，孔店组—沙四段沉积期是坳陷的初始裂陷阶段，发育一套干旱气候条件下以浅湖、滨湖相为主的灰色泥岩，夹粉细砂岩、红色泥岩、盐岩石膏和冲积环境下形成的砂、砾岩夹红色泥岩沉积；沙三段—沙二段下亚段沉积期是盆地的强烈裂陷伸展阶段，发育了潮湿气候条件下巨厚的以湖相、河流、三角洲和重力流为特征的沉积建造；沙二段上亚段—东营组沉积期是盆地的裂陷收敛阶段，坳陷南部的惠民、东营凹陷发育了一套以浅湖相灰色泥岩夹细砂岩、生物灰岩和河流冲积相细砂岩、含砾砂岩夹灰色、灰绿色及紫红色泥岩为主的沉积组合，北部沾化、车镇凹陷则发育了一套以湖泊、三角洲为主的沉积，沉积厚度巨大；此后，济阳坳陷整体抬升接受剥蚀（李丕龙等，2004；蔡希源等，2004；张善文，2006；郝雪峰，2006；鲜本忠等，2007；操应长等，2009；王永诗等，2012）。济阳坳陷古近系沉积演化特征如图5-7所示。

一、孔店组沉积相

孔店组沉积时期，济阳坳陷正处于盆地的初始沉降阶段（刘传虎等，2012）。坳陷内地形高低悬殊，分割性较强。由于钻井揭露较少和年代确定的困难，许多问题有待深入研究。孔店组为一套干旱条件下盆地初始缓慢沉降期的河流、滨浅湖沉积，分为3段。

1. 岩性

孔三段主要为灰绿色、紫灰色厚层玄武岩夹少量紫红色、灰绿色及灰色泥岩、砂质泥岩，顶部夹少量薄层碳质泥岩。自然电位曲线为幅度不太高的负异常，视电阻率曲线为很高的尖峰。

孔二段主要是一套暗色湖相沉积。岩性为灰色、深灰色泥岩夹砂岩、硬砂岩、含砾砂岩、油页岩、碳质泥岩及煤层。可进一步分为上、下两个亚段。孔二段下亚段以灰色、深灰色泥岩及部分灰紫色泥岩为主，夹灰色及浅灰色含砾砂岩、粉砂岩、凝灰质砂岩等，中间普遍夹数层碳质泥岩。视电阻率曲线呈低平小锯齿状，自然电位曲线近于平直。孔二段上亚段为灰色、深灰色泥岩与灰色、浅灰色砂岩、钙质粉砂岩呈不等厚互层，夹油页岩、碳质泥岩及煤层。底部普遍有含砾粗砂岩或杂色砾岩。视电阻率曲线由下而上逐渐增高，出现成组的高阻尖峰，自然电位曲线成指状负异常。

孔一段为棕红色砂岩与紫红色泥岩不等厚互层，夹少量绿色泥岩。下部见较多的灰色砂岩，自下而上砂岩趋于变细、减薄。上部常有含膏泥岩及薄层石膏和钙质砂岩成组出现。视电阻率曲线呈较高而明显的锯齿状，上部有成组出现的高阻尖峰，自然电位曲线上见成组出现的负异常，其幅度自下而上逐渐降低。

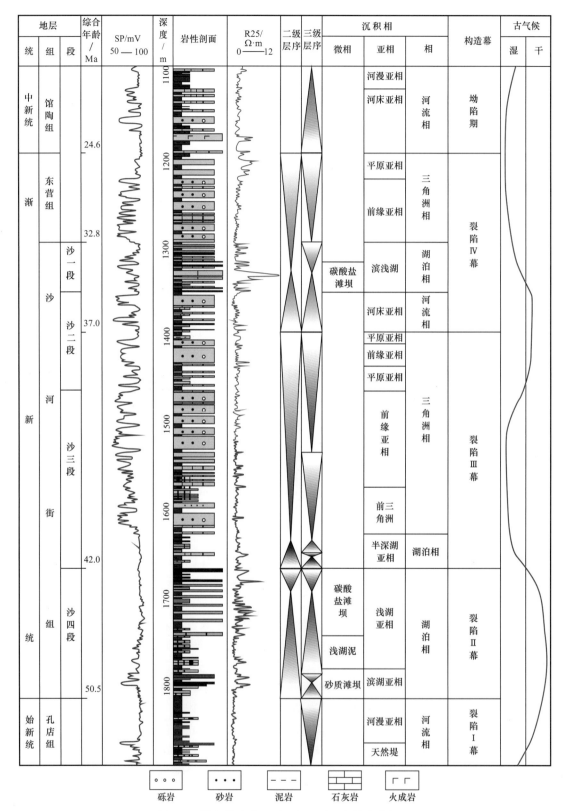

图 5-7　济阳坳陷古近系、新近系沉积综合分析图

2. 古植被景观

孔三段与孔二段孢粉具有高分异度、低优势度的特点。碳质泥岩发育的湖沼相地层中出现以沼生植物为优势的孢粉群。古气候总的特点是热湿，属亚热带型。植被地理景观上，柔荑花序植物发育，有一定量的古老被子类。有榆、桦、胡桃、杨梅、山毛榉和木兰等科植物组成林块，还有少量银杏、苏铁和较热气候带中生长的拟樟、棕榈点缀于其中。杉科植物茂盛，还有水龙骨科，紫萁、石松等蕨类植物，眼子菜和浮萍等水生被子类植物也开始出现于湖水中。山上长有一定量的松柏植物林。它们组成了常绿、落叶、阔叶和针叶林的混交林，相当于今日长江流域的亚热带型植被景观。

孔一段沉积时期植物稀少，主要有麻黄属，还有一定量的希指蕨和松、杉、榆、栎和山毛榉等属。表明孔二段沉积的末期，气候变干，地势有所升高，低地逐渐缩小，湖盆干枯。孔二段时期一度繁茂的大块森林消失，杉、榆和山毛榉等在残留低地四周生长，组成稀疏的森林。耐旱的灌木麻黄属繁盛起来。这一特征一直延续到沙四段下亚段沉积时期。

3. 地球化学特征

根据郝科1井微量元素分析，孔一段沉积期存在三个变化期。第一个变化期反映在5807~5500m井段，属稳定环境期。表现为 Sr/Ba、Ca/Mn、Al/Ca 比值低而平稳，Fe/Mn 比值有微弱的变化。第二个变化期反映在5500~5100m井段，表现为 Sr/Ba 多大于1，Fe/Mn 比值变化较大，Ca/Mn、Al/Ca 有异常高点出现。据此推测，这一沉积时期属干旱性气候，盆地有一定量的化学沉积。第三个变化期反映在5100~4700m井段，属于稳定环境期，表现在 Sr/Ba、Ca/Mn、Al/Ca、Fe/Mn 比值及其变化与5807~5500m井段相似。

据郝科1井和东风10井等深层探井的岩性及古水化学性质分析，孔一段上部盐类沉积主要为石膏，以膏泥岩和膏质泥岩两种形式存在。这说明盐水的演化至石膏饱和沉淀为止，原始注入水体的量有限。据此推测孔店组的水化学类型为 $Ca-Na-CO_3-SO_4$ 型水，属盐湖发育期。

4. 可能的沉积环境

在孔店组沉积时期，坳陷内大体存在两种沉积类型（孔三段有待研究）。

1）孔二段

以林2井为代表井（1295~2469m井段），属湖泊相—沼泽相沉积。根据孢粉资料分析，孔二段属于亚热带型气候，温暖而潮湿，多为湖泊—沼泽相沉积。除湖泊环境下沉积的暗色砂、泥岩外，惠民凹陷肖庄一带还有煤及碳质泥岩沉积，应属沼泽环境。该沉积期的产物在坳陷内分布局限，只在沾化凹陷的孤北洼陷、东营凹陷及惠民凹陷的中心部位有沉积，其余广大地区缺失孔二段。

2）孔一段

以东风6井为代表井，为泛滥湖泊—冲积平原相沉积，化石较孔二段明显减少。孔二段沉积末期，地势升高，原来的沼泽和浅湖环境被破坏，加之气候变化，矮小短灌木类占优势。孢粉组合中麻黄粉占显著位置，其他还有凤尾蕨，裸子类中以松科、杉科较多，被子植物中常见栎属和榆属花粉。仅在少数残留沼泽或低洼积水地周围保持了少量原来的植物组合。

5. 沉积相类型

济阳坳陷孔店组沉积时期大致发育着以下六种沉积相类型。

1）湖泊相

湖泊沉积主要出现在孔二段沉积时期，在此时期济阳坳陷与渤海湾其他地区一样，处于温湿环境。各凹陷普遍发育大小不等的浅湖沉积或积水的低洼地区。惠民凹陷中部的林1井、林2井、肖1井、盘深1井都有孔二段暗色地层，林2井孔二段厚542m，暗色层厚250m。沾化凹陷东部的桩78井钻遇以湖相暗色砂、泥岩为主的地层。由此可见，孔二段沉积时期惠民凹陷、沾化凹陷有湖盆存在，只因钻井资料少，对湖盆大小、展布及水体深浅的了解不详。

2）水下扇相

孔二段惠民凹陷和沾化凹陷东部都有湖盆存在。推测在凹陷的陡坡一带发育有大小不等的水下扇砂岩体，如惠民凹陷北部。只因各凹陷边缘地区资料少，难以准确确定水下扇的位置、形态及大小，有待今后进一步证实。

3）盐湖相

孔店组沉积初期，东营凹陷由于地势低洼，时有海水侵入。孔二段沉积以后，整个济阳坳陷的气候由温湿转为干热，水体逐渐变小直至消失。在地势较低洼的东营凹陷北部洼陷，由于比较闭塞，沉积有较多的石膏。洼陷中心偏东的新东风10井，钻遇1260m厚（3440～4700m井段）红色、灰色泥岩和泥膏岩互层的岩层。该时期延续时间长，沉积了较厚的含石膏和盐岩的地层。盐岩和盐质膏层累计厚80m，还夹有多层泥膏岩。各种盐类的沉积厚度占地层厚度的50%以上。

石膏与盐的形成条件，除了温度外还有湖水的含盐浓度，当浓度达到原来含盐度的3.3～4.8倍时，才有可能生成石膏。东营凹陷孔一段的膏盐沉积，说明当时水体盐度很高，很有可能超过正常海的盐度，并逐渐进入蒸发浓缩达到盐湖沉积的早期阶段。

4）河流相

东营凹陷和惠民凹陷的南部边缘发育大小不等的砂岩体，岩性主要为砂岩、粉砂岩和泥岩，以红色为主。说明湖盆边缘有多条河流携带大量的碎屑物质进入盆缘地区堆积下来。岩层中生物化石稀少，但潜穴较发育。砂岩中常含有紫红色泥砾和钙质结核，沉积构造主要有波痕层理、水平层理和块状层理。推测可能为干旱气候下的间歇河流沉积。该相带主要发育在惠民、东营凹陷南部地带，多在孔一段沉积时期形成。孔二段在凹陷边缘也有发育。

5）洪积扇相

孔店组沉积时期，盆地与周边山地高差较大，沉积仍以近源剥蚀和充填为主。所以粗碎屑均沿盆地边缘以冲积扇形式分布。沾化凹陷南部陈家庄凸起北坡的罗镇地区，孔店组—沙四段洪积扇规模较大，目前有多口井钻遇砂砾岩体。罗10井钻遇砂砾岩体最厚，近400m，其上部有部分沙四段。此外还有罗24、罗古1、罗古3、垦6、垦51等井，都钻遇较厚的砂砾岩体。岩性从下到上都是红色的砂砾岩，夹少量泥岩。因目前无探井钻穿，砂砾岩体的最大厚度不详。这套洪积扇地层虽厚，但向盆地方向迅速尖灭，从陈家庄凸起边缘向沾化凹陷内仅延伸6km、宽近20km、面积约120km^2，平面分布呈东西向，属规模较大的洪积扇。

6）沼泽相

惠民凹陷南部的曲1井区，在孔一段沉积早期，发育有几层碳质泥岩沉积。说明当时这里地势低洼、积水以至形成了短期的沼泽相沉积。

6. 沉积体系展布

孔店组沉积初期，由于填平补齐作用，使得孔三段分布非常局限。从桩深1井揭示的地层看，沉积体系属陆上冲积扇和洪积扇。

孔二段由于沉积的分隔性使得各凹陷特点有所不同。东营凹陷受纯化鼻状构造分隔，孔二段主要分布在北部洼陷带和博兴洼陷。根据地震资料结合少数探井分析，以湖相沉积体系为主，周边发育冲积扇。惠民凹陷与沾化凹陷类似，孔二段主要发育湖相沉积体系，但根据肖1井资料，惠民凹陷西部发育有三角洲沉积体系（图5-8）。

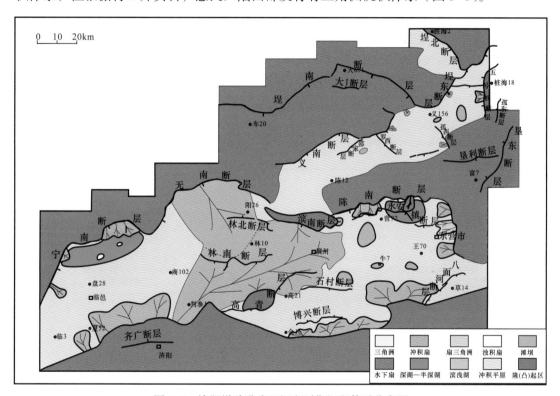

图5-8 济阳坳陷孔店组沉积时期沉积体系分布图

孔一段主要发育冲积扇—河流、古盐湖等沉积体系。东营凹陷以河流、冲积扇沉积为主，局部发育有湖相沉积。在郝科1井—东风5井区为古盐湖沉积，樊4井区为湖泊沉积。沿东营凹陷北部陡坡带边缘发育冲积—洪积扇砂岩体。东营凹陷南部西段发育有洪积扇，东段以冲积扇为主。惠民凹陷和沾化凹陷与东营凹陷类似，只是惠民凹陷河流沉积体系较为发育，沾化凹陷多发育冲积扇沉积体系。

7. 各凹陷沉积相

1）东营凹陷

根据钻井资料，东营凹陷孔店组最大厚度达2900m（未穿），与其下伏前古近系呈不整合接触。为盆地形成初期缓慢沉降背景下的河流、干盐湖沉积，气候较为干旱。根据胜科1井钻井和地质资料，东营凹陷孔店组主要发育孔一段和孔二段。

孔二段下部为灰色泥岩、粉砂质泥岩与浅灰色、灰色细砂岩、泥质粉砂岩、白云质粉砂岩互层。孔二段中上部岩性为紫红色、紫色、绿灰色泥岩、粉砂质泥岩与浅灰色粉砂岩、泥质粉砂岩互层，夹薄层灰白色石膏岩。

孔一段为紫红色、紫色、绿灰色泥岩、砂质泥岩、粉砂质泥岩与紫红色、灰紫色、紫灰色、浅灰色粉砂岩、细砂岩、泥质粉砂岩互层，上部夹薄层灰白色泥膏岩、膏岩及灰色膏质泥岩。由于泥岩和砂岩均为红色，被称为双红地层。

根据古盐度分析，孔一段沉积时期北部湖盆范围小，古盐度较高，属于微咸水沉积环境，南部斜坡带整体古盐度较湖盆中心低，呈现淡水—微咸水沉积环境。

根据古水体氧化还原性分析，孔一段泥岩颜色仍以氧化色为主，但还原色泥岩含量明显增加，表明湖盆水体深度有所增加，并且水体开始变得相对稳定。

根据重矿物结合特征元素分析，东营凹陷南坡孔一段到沙四段下亚段红层的沉积物源主要来自西北无棣凸起和南部鲁西隆起。

孔一段上亚段沉积时期，以干旱气候为主，水体较浅，在盆地的不同部位发育了不同的沉积相类型（图 5-9）。凹陷南坡主要以冲积扇沉积体系为主，东部内侧发育漫湖三角洲沉积。在盆地西部发育规模巨大的漫湖三角洲沉积，由平方王向南北两侧砂体厚度逐渐变大。凹陷内部发育规模不等的孤立分布的滨湖滩坝沉积。盆地陡坡带发育范围较小的半深湖沉积，丰深 2 井附近发育规模较小的近岸水下扇沉积。

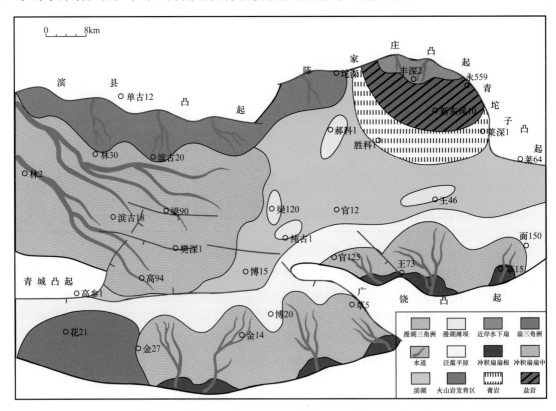

图 5-9　东营凹陷古近系孔一段上亚段沉积时期沉积相图

2）沾化凹陷

沾化凹陷孔店组沉积时期水体范围较小，沉积物注入丰富，气候干燥，湖盆局限，总体上是红色的砂泥沉积。在平面分布上，沾化凹陷除渤南、孤北深洼部位外大部分地区均暴露于地表，没有接受沉积。孔店组晚期水体范围相对之前有所扩大，但总体上仍然较小，只是局部接受了沉积。孔店组下部多呈紫红色，中部含碳质泥岩和暗色油页岩，上部含紫红色泥岩。

沾化凹陷孔店组主要沉积相类型包括冲积扇、河流相及浅湖相沉积。早期以河流相—冲积扇为主；中期则是河流相—冲积扇—泛滥平原沉积，局部开始有滨浅湖甚至半深湖出现；后期以冲积扇为主，靠孤西断层附近沉积了较小规模的三角洲，末期滨浅湖相沉积范围扩大。

3）惠民凹陷

惠民凹陷孔店组沉积和沉降中心位于北部的阳信洼陷和滋镇洼陷，向南逐渐变薄，南坡的曲1井仅见孔一段超覆在下白垩统之上。

孔三段目前仅有林2井钻穿，地层厚度107m，岩性为灰绿色、紫灰色厚层玄武岩夹少量紫红色、灰绿色及灰色泥岩、砂质泥岩，顶部夹少量薄层碳质泥岩。孔二段主要岩性为灰色、深灰色泥岩夹砂岩、岩屑砂岩、含砾砂岩、油页岩、碳质泥岩及煤层等。孔一段岩性为棕红色砂岩与紫红色泥岩不等厚互层，夹少量绿色泥岩。

关于惠民凹陷孔店组沉积相问题，过去很多学者认为是洪水—漫湖沉积。总体上看，孔店组沉积期，惠民凹陷主要为涨缩型湖盆，湖盆水面升降频繁。在湖盆面积大小反复变化的背景上，盆地边缘受局部物源注入影响，发育有小型洪—冲积沉积体。有研究学者认为，该时期发育有末端扇沉积体系和辫状河三角洲沉积。

孔店组沉积时期，在半干旱气候环境下河流终端水量减少。物源区的碎屑物质被季节性降雨和由此产生的洪水流搬运至河流终端，形成了砂质沉积为主的末端扇沉积。这类沉积的水动力条件主要是牵引流。由于湖盆水面升降频繁，在季节性降雨和洪水流的交替影响下，河道砂岩沉积中泥条及泥质夹层非常发育，且溢岸沉积砂泥互层非常频繁。据钻井取心分析，盘深1、盘深3、临深1、民深1、阳10、禹9等井主要为末端扇的中部亚相沉积。由于末端扇相各相带的沉积环境不同，水动力条件不同，因而层理构造及层序特征也不同。中部亚相位于近端亚相的前方，是末端扇沉积体系的主体，也是砂体最发育部位，砂岩含量高，砾岩少见。

林樊家以南地区孔店组主要发育辫状河三角洲沉积。据构造演化分析，孔店组沉积初期阳信洼陷和里则镇洼陷的沉积中心位于林樊家。此时青城凸起北部地形相对较陡，强烈的构造运动使得该区遭受剥蚀。大量碎屑物质向北注入林樊家沉积区，在斜坡带上发育了辫状河三角洲沉积。孔二段沉积时期气候相对湿润，湖盆水体稳定，辫状河三角洲规模相对较小。林2井在孔二段钻遇大量灰色泥岩层，说明水体已相对稳定。林2井区附近应已位于前三角洲的位置。随着盆地伸展的延续，林樊家地区南北两侧断层逐渐发育，南部有所抬升，水体变浅，沉积中心逐渐向北移动。到孔一段沉积时期，沉积中心已北移到现今阳信洼陷的南部。青城凸起北部斜坡带逐渐变得平缓，距稳定水体也越来越远。青城凸起北部的辫状河三角洲规模逐渐扩大，辫状河三角洲平原向北扩展。随着林南断层的发育，从孔店组沉积末期开始，一直到沙四段沉积时期，林樊家低凸起逐渐形成，孔店组因构造抬升遭受剥蚀，辫状河三角洲沉积随之消失。

4）车镇凹陷

孔二段为灰色、深灰色泥岩夹砂岩、硬砂岩、含砾砂岩、油页岩、碳质泥岩及煤层。下部岩性以灰色、深灰色泥岩及部分灰紫色泥岩为主，夹灰色及浅灰色含砾砂岩、粉砂岩、凝灰质砂岩等。中间普遍夹多层碳质泥岩。上部岩性为灰色、深灰色泥岩与灰色、浅灰色砂岩、钙质粉砂岩呈不等厚互层，夹油页岩、碳质泥岩及煤层。

孔一段为棕红色砂岩与紫红色泥岩不等厚互层，夹少量绿色泥岩。下部见较多的灰色砂岩，自下而上砂岩逐渐变细、厚度减薄。上部常有含膏泥岩及薄层石膏和钙质砂岩成组出现。

车镇凹陷孔店组最大地层度达2000m，为一套盆地初始缓慢沉降期干旱条件下的河流、滨浅湖沉积。孔二段主要为浅湖相沉积，孔一段主要为冲积—河流相沉积。

二、沙四段沉积相

沙四段沉积时期，济阳坳陷沉降速率呈现由慢到快再到慢的完整旋回。早期（沙四段下亚段沉积时期），在干旱气候条件下，沉积了紫红色泥岩、棕褐色粉砂岩、砂质泥岩和薄层碳酸盐岩，且部分地区发育有岩盐及石膏夹层。晚期（沙四段上亚段沉积时期），在半干旱气候条件下沉积了厚达100～400m的灰色泥岩夹碳酸盐岩、砂岩及油页岩。沙四段上亚段是济阳坳陷主力生油岩之一，反映了水体平静、缓慢下沉的湖盆环境。

1. 岩性

济阳坳陷内各凹陷已钻遇的沙四段最大厚度达一千多米。沙四段可划分为上亚段和下亚段两个亚段。

沙四段下亚段为紫红色泥岩夹棕色、棕褐色粉砂岩和砂质泥岩和薄层碳酸盐岩。坳陷东部常有数量不等的盐岩及石膏夹层。丰深1、丰深2等探井在沙四段下亚段钻遇暗色泥岩，为优质烃源岩。

沙四段上亚段可进一步分为下部和上部两段地层。下部以蓝灰色泥岩、灰白色盐岩石膏层为主，夹深灰色泥质白云岩及少量灰色、紫红色泥岩，其中，蓝灰色泥岩多集中在上半部，而盐岩石膏层多集中在下半部；上部主要为深灰色、灰褐色泥岩、油页岩、泥质灰岩和石灰岩互层，在其上部夹生物灰岩和白云岩，局部形成枝管藻点状白云岩。沙四段上亚段下部在东营凹陷过去曾被称为纯化镇组，又被细划出纯上段和纯下段，目前仍有部分学者沿用这一称呼。

2. 古植被景观

沙四段下亚段植物稀少，主要为麻黄属，还有一定量的希指蕨和松、杉、榆、栎和山毛榉等属。这说明孔二段沉积时期的干旱气候一直延续到沙四段下亚段沉积时期。

沙四段沉积时期气候趋于湿热，新的水进开始。以山毛榉的栎属占优势的南亚热带森林植物迅速繁盛起来，同时杂有小片榆林。平原湿地附近，杉树茂盛。在较高山上，松树成林，再度出现大片亚热带落叶、常绿阔叶和针叶林植物的混交林。山丘低处有以麻黄属为主的灌木林。湖盆内则进入了油页岩、碳酸盐岩的沉积期。

3. 地球化学特征

从溴氯系数来看，沙四段上亚段的下部灰色含盐和含氯化物层段普遍比沙四段下亚段杂色含盐段高。从硼含量来看，灰色含盐段下部硼含量平均为0.024，硼钾比平均为0.39，相对硼含量最高；其上的含硫酸盐建造段，硼含量普遍降低，反映湖泊此时已强烈淡化。从锶含量来看，锶镁相对增高，相应层段 Ca^{2+} 含量也比较高，Sr^{2+}/Ba^{2+} 比值由灰色含盐段下部的大于1向上至其上的泥膏盐段逐渐降到1以下。

沙四段上亚段的上部硼含量及硼钾比是剖面中最低的。用硼测得该段古盐度大多为18‰～32‰，说明湖盆已由盐湖相对淡化成了咸水湖。从锶钡比、锶及其比值变化看，在灰色含碳酸盐岩段（即灰质岩段）中的泥岩，Sr^{2+}/Ba^{2+} 值明显增高，平均为1.48。与其下的地层相比，进入灰色含盐段 Sr^{2+}/Ba^{2+} 值突然升高至2以上。再向上的灰质岩段 Sr^{2+}/Ba^{2+} 值则介于两者之间。纵向上 Sr^{2+}/Ba^{2+} 值变化反映了湖水的淡化过程，沙四段沉积后期盐湖阶段已经结束并进入了咸水湖泊阶段。

从以上岩性、古生态景观和地球化学特征，反映出沙四段下亚段沉积的早期属间歇性盐湖环境，后期演化为稳定盐湖沉积环境。而进入沙四段上亚段沉积时期，主要为咸水湖泊沉积环境。

4.沉积体系展布

沙四段沉积的早期，济阳坳陷延续了孔店组沉积末期的特点，但随着构造的持续断陷下沉和气候逐渐转向湿暖，盆地由盐湖演化为咸水湖。所以，沙四段沉积环境经历了间歇性盐湖→稳定盐湖→咸水湖泊三个阶段。

济阳坳陷沙四段下亚段沉积时期，在间歇性盐湖沉积环境下，发育了以冲积扇—河流、湖泊为主的沉积体系（图5-10）。东营凹陷沙四段下亚段以中央隆起带为中心以古盐湖沉积为主，中央隆起带以南为洪（冲）积扇、河流及湖泊沉积。博兴洼陷沙四段下

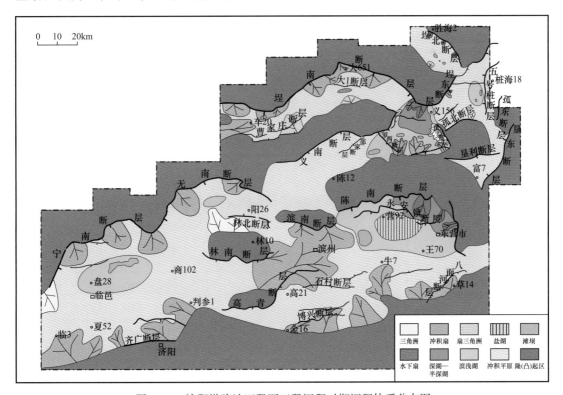

图5-10 济阳坳陷沙四段下亚段沉积时期沉积体系分布图

亚段沉积时期在洼陷四周有较多的小型间歇性水系注入湖盆,因此并不发育东营地区特有的膏盐层,主要为洪(冲)积扇、河流及泛滥平原沉积。惠民凹陷沙四段下亚段与孔一段属同一类型沉积,即以河流、湖泊沉积为主。沾化凹陷沙四段下亚段局限地分布在孤北洼陷和渤南洼陷,以洪积扇、冲积扇沉积体系为主,在两个洼陷中部发育有古盐湖沉积。车镇凹陷在边界断层向湖盆一侧发育洪积扇和蒸发盐湖形成的膏岩沉积。

从沙四段上亚段开始,济阳坳陷进入持续断陷时期,气候由干热向湿热转变,水体开始扩大,湖盆由盐湖演化为咸水湖泊。广大的滨浅湖地区生物浅滩(礁)、砂质滩坝较为发育,深湖—半深湖区发育有各种类型的浊积扇(图5-11)。东营凹陷的中北部、沾化凹陷的渤南、孤北洼陷、车镇凹陷的大王北等地,发育了面积不大的深湖—半深湖,其他广大地区水体较浅,以滨浅湖为主。沿东营凹陷北部边缘滨南—陈南断裂、车镇凹陷北部大王北—郭局子洼陷埕南断裂、沾化凹陷孤北洼陷埕东、五号桩断裂处,发育有一系列的近岸水下扇。这些扇体往往侧向上相接,连成一片,呈裙带状分布。在各凹陷其他水体较浅且靠近物源的地区则发育有扇三角洲。其中,惠民凹陷北部陵县—阳信边界断裂处的扇三角洲连片、规模大,并向盆地推进至中央隆起带附近。惠民凹陷缓坡处发育的扇三角洲个数多、规模小,多呈朵状出现。在惠民凹陷西南部的禹城、田口、瓦屋等地及东营凹陷西部高青地区、东部广利地区发育有三角洲沉积。该时期的三角洲面积不大,向盆内延伸不远。车镇凹陷砂砾岩扇体沿陡坡断裂带呈裙状分布,对应古冲沟发育大量扇体。埕南断裂带发育扇三角洲沉积。车西地区以碎屑岩沉积为主,车东的大王庄和郭局子地区则为碳酸盐岩沉积区,车镇南部缓坡带发育三角洲沉积。

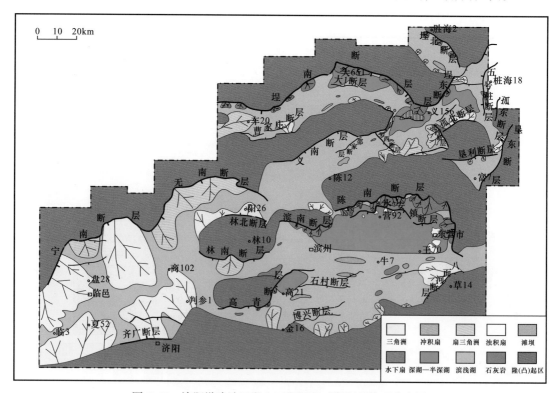

图5-11 济阳坳陷沙四段上亚段沉积时期沉积体系分布图

5. 碳酸盐岩沉积

陆相断陷盆地湖泊相碳酸盐岩是一种独特的沉积体系。济阳断陷湖盆碳酸盐岩以石灰岩沉积为主，主要发育于沙四段上亚段和沙一段下亚段，是古湖盆从淡水向咸水直到盐、碱湖演变过程的必然产物。它的分布主要受控于构造背景、气候和物源供给等方面的影响（姜秀芳，2011）。

济阳坳陷沙四段发育的多种类型的湖相碳酸盐岩，垂向发育主要受气候、水深的控制。沙四段上亚段沉积的早期由于气候干热，湖水随季节进退幅度较大，湖水蒸发量大于注入量，形成盐湖和咸水湖，在盆地边缘发育碳酸盐岩沉积。在东营凹陷和沾化凹陷都钻遇到石膏和岩盐。沙四段上亚段沉积晚期，气候开始转向潮湿，湖水呈咸水性质，碳酸盐岩沉积范围较大。

1）结构类型

通过岩心观察和薄片分析，结合野外地质考察，在参考国内外专家观点的基础上，结合济阳坳陷碳酸盐岩特点，将碳酸盐岩划分为钙结壳型、颗粒型、生物粘结型、泥晶型等四类（表5-2）。它们依次分布在滨湖、浅湖和深湖相区。

表 5-2　济阳坳陷主要湖泊碳酸盐岩类型表

类别	岩石类型	结构组分		岩石名称
		组分	主要填隙物	
1	颗粒碳酸盐岩	颗粒含量>50%	亮晶	亮晶砂屑（生物屑、鲕粒、核形石）灰（云）岩
		50%>颗粒含量>25%	亮晶	砂屑（生物屑、鲕粒、核形石）亮晶灰（云）岩
		25%>颗粒含量>10%	泥晶	砂屑（生物屑、鲕粒、核形石）泥晶灰（云）岩
2	生物粘结碳酸盐岩	骨架>10% 非骨架生物组分>50%	亮晶或泥晶	枝管藻灰（云）岩、粘结岩、亮或泥晶螺（介形虫等）灰云岩
3	泥晶碳酸盐岩	颗粒含量<10%	泥晶	泥晶灰（云）岩
4	钙结壳碳酸盐岩	壤化颗粒>10%		结晶颗粒云（灰）岩

（1）颗粒碳酸盐岩。在济阳坳陷古近系湖相沉积中，以颗粒支撑的颗粒碳酸盐岩甚为常见。颗粒主要有介形虫、螺和藻等生物化石、内碎屑、鲕粒、团粒等粒屑，多发育于浅湖颗粒滩相，主要包括砂屑内碎屑组成的颗粒型碳酸盐岩、鲕粒粒屑组成的颗粒型碳酸盐岩和藻团粒屑组成的颗粒型碳酸盐岩。砂屑内碎屑组成的颗粒型碳酸盐岩是济阳坳陷主要的碳酸盐岩类型，也是主要的储集岩类。此类岩石以颗粒灰岩和颗粒白云岩为主，是颗粒滩亚相的典型岩石。鲕粒粒屑组成的颗粒型碳酸盐岩是滨湖相岸滩亚相中常见的颗粒型灰岩，是较弱水动力条件的产物。鲕粒的形成多与藻类沉积有关，因此藻鲕、核形石和具泥晶套的鲕粒构成湖成鲕粒的主要类型。鲕粒核心常为泥晶白云岩砂屑颗粒或生物碎屑。与海相鲕粒碳酸盐岩相比，湖相鲕粒粒径一般较小，同心层圈少，表鲕发育，鲕核以泥晶白云岩砂屑为主。

（2）生物粘结碳酸盐岩。也被称为生物礁灰岩，较为常见，主要由原地生长或原地堆积的生物化石组成，包括树枝状枝管藻、介形虫和螺等生物。软体动物和介形虫等生物化石粒屑不易白云化，以螺、介形虫最多见。生物粒屑常与砂屑、表鲕、球粒等粒屑相伴生。显微镜下生物枝管藻的骨架孔隙发育，主要为溶孔、生物骨架孔和生物体腔孔。济阳坳陷在古近纪始新世晚期，古湖泊水体的性质与潟湖类似，有利于生物礁的发育。沙四段和沙一段生物礁主要以藻礁为主或以藻作为重要组分，一般呈藻生物层、藻礁丘等产状，主要分布于滨县凸起单家寺南的平方王油田、沾化凹陷义和庄东及其东南部的义东油田、邵家油田、东营凹陷的东辛油田及孤岛油田西部等地区。

（3）钙结壳碳酸盐岩。济阳坳陷沾化凹陷义东地区发育少量的钙结壳。钙结壳概念来源于1983年AAPG论文集碳酸盐沉积环境专刊。钙结壳属古土壤的范畴，是半干旱气候条件、地表暴露环境下，在先期沉积物、土壤或岩层内部或上部，以细粒白垩状土壤形式沉积的致密胶结低镁方解石。钙结壳通常为白色和浅棕色，有时为红色和黑色，认为结构复杂多变是其主要特征之一。钙结壳从剖面上，自下而上一般由硬盘、板状钙结层、结核状钙结层、白垩状钙结层等四部分构成。钙结壳是干燥气候下滨湖母质灰岩暴露环境的产物，存在于岩层上部或内部。钙结壳往往覆盖岩石表面或沿着砾石的外缘、呈包覆状沉积，从而形成典型的层纹状钙结包壳。这是碳酸盐岩在近地表暴露环境中迅速溶解同时又迅速沉淀出新的碳酸盐组分的结果。岩石具有成层性差、结构混杂和溶蚀孔洞发育等特点。镜下能看见结构混杂、团块、收缩缝、帐篷构造、结核、流水沟、植物根模、肺泡孔、针状纤维、植物残体、纹层状流石、钙化的蛹、溶蚀孔、洞等典型构造。

（4）泥晶碳酸盐岩。泥晶型碳酸盐岩在济阳坳陷浅湖—半深湖区都有分布。这类岩石主要为化学及生物化学沉积，主要由原始沉积物文石质灰泥和白云岩化泥晶白云岩组成，主要分布在浅湖—半深湖区。岩石中不含或含少量颗粒，所含颗粒多以生物碎屑或完整化石为主，除近滩相沉积外，高能颗粒少见。在与暗色泥云岩成互层的半深湖区，原始沉积的文石质灰泥部分发生原生交代白云化，形成薄层交代泥晶白云岩。滩相或滩内洼地的泥晶灰岩，其成分较为纯正。在陆源供给量较大时可形成泥灰岩，岩心上常可见从泥岩→泥灰岩→石灰岩的渐变过渡关系，有时夹于滩相砂屑白云岩间。

2）碳酸盐岩分布

沙四段碳酸盐岩主要发育在湖盆边缘和斜坡，呈带状分布。在济阳坳陷的四个凹陷内，东营凹陷碳酸盐岩分布最广泛，碳酸盐岩发育区覆盖整个凹陷的近三分之二面积。沾化凹陷主要发育在西部义东和罗家地区。车镇凹陷仅在南部缓坡带见有分布。惠民凹陷碳酸盐岩很少发育，仅见于阳信洼陷。湖相碳酸盐岩很多是生物成因或生物诱发成因。受生物繁殖速度和数量的影响，湖相碳酸盐岩厚度横向不稳定、变化较快。厚度一般为1~60m，目前钻遇最大厚度的碳酸盐岩见于金家地区，达63m，但在平面上分布范围很小。以下是各凹陷碳酸盐岩剖面分布特征及规律。

东营凹陷是济阳坳陷四个凹陷中碳酸盐岩最发育的一个凹陷。东营凹陷内碳酸盐岩呈环带分布，凹陷中部的洼陷区几乎没有碳酸盐岩发育。主要沿湖盆斜坡分布，其长轴大多平行岸边。碳酸盐岩的发育明显受断陷盆地结构的控制，在平面分布上呈现明显的不对称发育特征。盆地南部和西部以缓坡构造发育为特征，浅湖水域较宽，碳酸盐岩分布广泛，沉积厚度大，发育规模较大。沙四段上亚段沉积时期，东营凹陷的沉降中心在东部，东北部陡坡带有大量陆源碎屑注入，碳酸盐岩发育较少，仅零星发育沉积厚度小、范围局限的碳酸盐岩沉积。凹陷中部的洼陷区碳酸盐岩沉积几乎不发育。受平南断层控制，平南及平方王地区古地形为水下隆起，四周均为湖水较深的洼地，滨县凸起发育下古生界海相石灰岩，可通过化学风化和溶解作用使大量 $CaCO_3$ 进入湖盆，利于碳酸盐沉积。在平南高地沙四段上亚段沉积早期，主要形成生物粘结岩，晚期随水体的变浅，主要形成颗粒碳酸盐岩。在林樊家岸边由于平南—平方王高地的障壁作用，早期主要形成生物粘结岩，晚期形成颗粒型滩。平南与林樊家之间的深水洼地早期沉积了泥晶灰岩，晚期形成了生物粘结岩。

沾化凹陷内构造分隔强烈，虽宏观上北陡南缓，但大部分洼陷边界以断层为界，沿岸湖水与断面上出露的古隆起（下古生界碳酸盐岩）接触。湖水对湖岸的古生代碳酸盐岩发生直接侵蚀和溶解，为沙四段湖水提供了钙质来源。沾化凹陷沙四段上亚段沉积时期只有孤岛凸起以西地区没于水下。同时断裂构造活动相对较弱或沿岸出露可溶性较强的下古生界碳酸盐岩，缺乏陆源碎屑供给，水体清澈。因此在义东断裂带、罗家鼻状构造和邵家地区周围发育碳酸盐岩。

车镇凹陷碳酸盐岩主要发育在义和庄凸起周围缓坡带。而北部陡坡沿岸形成了大型的钙质砂砾岩扇体群，仅在英雄滩鼻状构造之上有碳酸盐岩沉积。车西洼陷受陆源碎屑注入的影响，碳酸盐岩不发育，仅在盆缘带有零星探井钻遇。缓坡带主要有套尔河斜坡、大王庄鼻状构造和义北斜坡等三个碳酸盐岩发育区。

惠民凹陷沙四段碳酸盐岩仅零星发育，主要分布于凹陷东北部的阳信洼陷。碳酸盐岩沿阳信洼陷边缘呈环带状分布，规模较小，由东往西厚度呈减小趋势。东部以阳24、阳201、阳30等井为中心，厚度较大。向西至阳8井碳酸盐岩厚度减薄，阳8井以西几乎没有碳酸盐岩沉积。惠民凹陷西部临南洼陷，仅在最深洼的靠近营子街断层下降盘，有极小规模碳酸盐岩的分布。白云岩占惠民凹陷中碳酸盐岩的大部分，石灰岩仅在阳信东部紧邻滨县凸起部位发现。这主要是受埋藏较深、成岩演化程度较高引起的。惠民凹陷沙四段碳酸盐岩的主要岩性为深水沉积的泥晶碳酸盐岩。沙四段上亚段沉积时期，东部阳信洼陷湖水较深，主要发育深湖环境下沉积的泥晶碳酸盐岩。西部临南洼陷南部斜坡带主要发育在营子口断层下降盘且断层走向发生变化的地带，湖水相对较深，水动力明显减弱，有利于泥晶碳酸盐岩的沉积。

6. 各凹陷沉积相

1）东营凹陷

沙四段下亚段为间歇性盐湖沉积。顶部和下部各发育一套盐膏层集中段，中间为灰色泥岩。凹陷南部及边缘地区为紫红色泥岩夹棕色、棕褐色粉砂岩、砂质泥岩和薄层碳酸盐岩。沙四段下亚段具有北厚南薄的趋势。北部陡坡带砂岩与砂砾岩发育，砂砾岩百分含量可达 60%～70%。北部利津—民丰洼陷发育盐湖沉积。

沙四段上亚段下部以灰色、灰白色泥岩、砂质泥岩为主，夹灰白色粉砂岩、粉细砂岩及薄层白云岩、灰质泥岩。南斜坡局部发育蓝灰色泥岩段，夹灰色泥质白云岩、灰白色盐岩石膏层及少量灰色、紫红色泥岩。上部岩性为深灰色、灰褐色泥岩、油页岩和薄层灰岩、泥质灰岩互层，夹生物灰岩和白云岩，局部形成枝管藻点状白云岩。北部边缘出现厚度不等的砂砾岩体，缓坡发育有石灰岩、白云岩。洼陷带发育有泥岩、泥灰岩及油页岩等。

沙四段下亚段沉积时期，盆地构造格局继承了孔一段沉积时期的格局，湖盆水体有所加深，但气候仍以干旱为主。沙四段下亚段沉积时期古盐度较孔一段沉积时期更高，以盐湖沉积为主，特别是洼陷带和北部陡坡带，形成大套盐岩、石膏沉积。在盐湖背景下，凹陷周边也有一些碎屑物源的注入。另外，根据丰深1、丰深2等井钻探，发现存在暗色泥岩沉积，属优质烃源岩。这表明，在靠近北部陡坡带的洼陷区，存在较深湖沉积。根据重矿物结合特征元素分析，东营凹陷南坡沙四段下亚段沉积物源主要来自西北无棣凸起和南部鲁西隆起。北部陡坡带受一些碎屑物源注入的影响，局部沉积有近岸水下扇。盆地缓坡带由于物源规模减小，冲积扇沉积向盆地边缘退缩。盆地西部发育大规模的漫湖三角洲，砂体厚度由平方王向南北两侧加厚，由博兴洼陷内部向洼陷南斜坡砂体厚度逐渐减薄，滨县凸起下方砂体厚度相对较薄。盆地内部主要发育规模不等且孤立分布的滨湖滩坝沉积。

沙四段上亚段沉积时期，主要发育来自盆地短轴方向的陡坡近岸水下扇及缓坡冲积扇—滩坝沉积体系。两者均有叠合连片的趋势。沙四段上亚段沉积早期气候由干旱向潮湿转变，此时除中北部地区发育了面积不大的深湖—半深湖以外，其他广大地区均以滨浅湖环境为主（图5-12）。沉积充填特征总体上表现为：北部陡坡带沿陡坡边缘发育近岸水下扇，相对较窄，横向连片成裙状分布。近岸水下扇前方沉积有深水浊积扇。凹陷中部为深湖—半深湖相泥岩、钙质泥岩夹油页岩沉积相带。南部缓坡为小型水下扇和宽缓的滨岸碎屑滩坝沉积，滩坝相带在凹陷西部广泛分布。值得注意的是，凹陷东部开始有三角洲发育，在其前方八面河北、王家岗东部地区局部发育滩坝砂体，青坨子地区碎屑物源相对不发育。

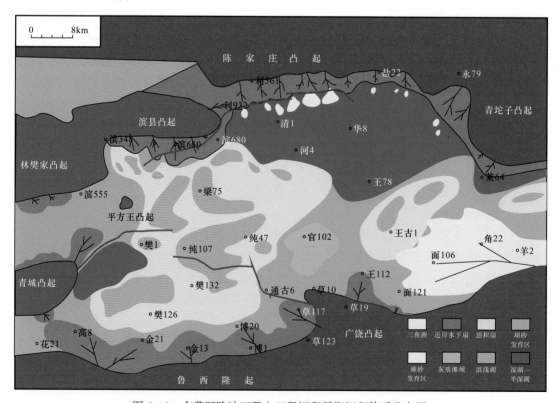

图5-12　东营凹陷沙四段上亚段沉积早期沉积体系分布图

沙四段上亚段沉积晚期为湖平面上升的演化过程，凹陷持续扩张。此时，以凹陷陡坡带、缓坡带发育为数众多的扇三角洲、近岸水下扇为特征（图5-13）。东部青坨子凸起物源体系控制的沉积作用逐渐增强。与沙四段上亚段沉积早期相比，南部缓坡带西部和东部地区物源出现了此消彼长的转换关系。西部地区以浅湖—半深湖泥发育为主，仅发育少量的滩坝砂体。相对西部而言，东部滩坝砂体非常发育，在王家岗东部、广利西地区及八面河北部地区均发育滩坝砂体。沿南部凸起的八面河地区发育大面积的三角洲砂体。随着湖盆的扩张，滨浅湖沉积作用逐渐减弱，滨浅湖砂体沉积范围、沉积规模逐渐减小。南坡中部陈官庄地区发育了碳酸盐岩滩沉积。南坡西部地区的水流体系控制的三角洲沉积作用也逐渐减弱。

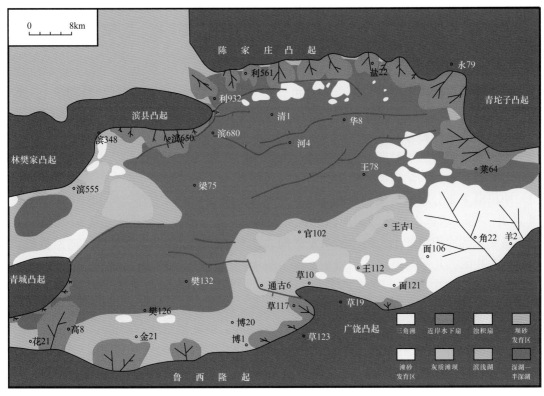

图5-13　东营凹陷沙四段上亚段沉积晚期沉积体系分布图

2）沾化凹陷

沙四段下亚段的下部为灰色、紫红色泥岩和白云质、钙质泥岩夹灰白色含膏泥岩、硬石膏层、砂岩和砂砾岩；中部为紫红色钙质泥岩和白云质粉砂岩和细砂岩；上部为紫红色泥岩、钙质粉砂岩与灰白色含膏泥岩和盐岩互层。沙四段上亚段的下部为灰色泥岩夹灰白色硬石膏层、紫红色、灰色泥岩、深灰色泥质白云岩和粉砂岩、砂岩等；上部为深灰、褐灰色泥岩、油页岩、泥灰岩和石灰岩互层，顶部夹生物灰岩和白云岩。

沙四段下亚段沉积时期为干旱—半干旱气候，湖盆规模较小，盆地某些部分地形高差较大，如凹陷北部。地层主要发育在渤南洼陷、桩西—孤北及富林洼陷部分地区，以冲积扇—极浅水沉积为主，湖水水位低，受季节和洪水变化影响很大，形成大段的红层沉积。

沙四段上亚段沉积早期，孤西、埕南、长堤断层活动较强烈。湖盆发育在这些断层下降盘，水体深度不大，为滨浅湖环境。沿断层下降盘发育扇三角洲，其中渤南洼陷规模较大，孤北洼陷湖盆和扇体规模都较小，孤南和富林洼陷尚暴露于地表，未沉积地层。湖盆向缓坡一侧发育砂岩滩坝储层，为扇三角洲砂岩受波浪改造搬运堆积的产物。沙四段上亚段沉积中期，湖盆范围扩大明显，渤南洼陷和孤北洼陷连成一片，孤南洼陷和富林洼陷开始接受沉积。沿陈家庄凸起和孤岛凸起北坡发育扇三角洲，洼陷内发育砂岩滩坝，局部构造台阶上发育礁灰岩，缓坡带物源贫乏区发育生物滩坝。在长堤断层下降盘局部发育半深湖沉积。沙四段上亚段沉积后期，湖盆范围缩小，渤南洼陷和孤北洼陷分离，富林洼陷和孤南洼陷暴露于地表。此时渤南洼陷盐湖发育，孤北洼陷砂岩滩坝最为发育，邵家—罗家—垦西地区普遍发育生物灰岩滩坝。沙四段上亚段沉积末期，湖盆收缩明显，剥蚀作用明显，仅在埕南—孤西构造转换带和长堤—桩南构造带下降盘残留部分地层，沉积相类型为扇三角洲和砂岩滩坝。

3）惠民凹陷

沙四段下亚段以紫红色、灰色泥岩和灰色、棕色粉砂岩互层为特征。沙四段上亚段在凹陷西部湖盆边缘以灰色、砂泥岩互层为特征，夹少量碳质页岩；在凹陷东部商河地区岩性以褐色油页岩为主。

沙四段下亚段沉积时期，盆地水域范围较小、水体浅、气候干燥，以洪水—漫湖和冲积扇沉积为主。凹陷南坡外侧主要以冲积扇沉积为主，内侧发育洪水漫湖的漫湖坪沉积。冲积扇主要分布于禹城、临南和曲堤等地区。禹城冲积扇发育于禹11—钱斜7—钱斜11井一带，扇体由鲁西隆起向西北推进到禹5、禹参1和禹9井。夏3、钱斜141和钱斜9井区冲积扇较小，扇体呈鸟足状向北北东方向推进到曲斜7井区，向西推进到钱斜502井区，几乎与禹城冲积扇相连接。曲堤冲积扇是由两个扇体组成，分布面积较大，北部向盆地中心推进到夏11井区，西部推进到曲斜66和曲12井区。凹陷北部发育有冲积扇、漫湖三角洲和漫湖沉积。漫湖泥坪、漫湖沙坪和漫湖混合坪由盆地边缘向盆地中心呈带状展布。漫湖三角洲发育于肖庄地区，由盆地边缘向南部中心推进到肖7井区，东部到肖4井区。滋1井区和沙2—华7井区发育两个小型冲积扇。凹陷中心以漫湖席状砂和漫湖滩坝沉积为主，总体上呈东北宽、西南窄的带状分布特征。滩坝砂体呈南西—北东向展布，南西可达临18井区，北东可达商2和华7井之间。阳信洼陷南部为起于林樊家凸起的漫湖三角洲沉积体系，向北西可延展到阳8、阳24和阳30井区。洼陷北部在阳501—阳5井区和阳9—阳201井区发育两个冲积扇，其沉积物由无棣凸起向南东推进。洼陷中心为漫湖席状砂沉积，向边缘依次为漫湖沙坪、混合坪和泥坪沉积。

沙四段上亚段沉积时期，惠民凹陷由早期的洪水漫湖演化为正常湖泊，以滨浅湖发育为主，深湖—半深湖分布范围极小。此时，河流三角洲沉积体系和扇三角洲极为发育。凹陷南部主要发育河流三角洲沉积体系，主要有禹城—临南辫状河三角洲、江家店—曲堤曲河流三角洲两个沉积体系。禹城—临南辫状河三角洲由三个小型辫状河三角洲组成，由鲁西隆起向北、西北和西三个方向推进。该三角洲向北到街202井区，向东到钱斜9、曲斜7井区，向西北到禹3井区。江家店—曲堤曲河流三角洲沉积体系由三个小型的三角洲组成，由鲁西隆起向北西推进。该三角洲北部到商102井区，西部到夏511井区，东北部到店1井区。凹陷北坡以曲河流三角洲沉积体系为主，发育少量扇三角洲。三角洲主要分布在肖庄—盘河一带，以及商河地区。肖庄—盘河河流三角洲沉积体系由两个大型三角洲组成，自埕宁隆起向南和南东方向推进。三角洲向西到肖1井区，向南到肖2和肖13井区，向西到盘28—盘24井区。商河三角洲由埕宁隆起向南推进，可达到夏42、商71和商72井区。滋1井区发育扇三角洲。阳信洼陷北坡扇三角洲非常发育，多个扇三角洲由无棣凸起向洼陷中心推进，几乎覆盖阳信洼陷的北坡，向洼陷中心可达到阳20—阳101—阳8—华7井一线。洼陷南坡为三角洲沉积，多个三角洲相连接，由林樊家突起向北西推进，可达到阳12—阳32—阳16井一线。

4）车镇凹陷

沙四段下亚段主要为灰色、浅灰色砾岩、砂砾岩与紫红色泥岩互层，砂岩含量较高。沙四段上亚段主要为灰色、浅灰色砂岩、含砾砂岩与灰色、深灰色泥岩、泥灰岩互层。

沙四段下亚段沉积时期气候干旱—半干旱，蒸发量大。车镇凹陷陡坡带边界断裂活动开始增强，盆地开始扩张。地形特征上表现为，盆地北坡呈陡坡地形，南坡为具坡折地形。边界断层向湖盆一侧发育大量的洪积扇等陆上粗碎屑物质和蒸发盐湖形成的膏岩地层，以红色砾岩、含砾砂岩、泥岩、膏岩为主。陡坡带地层较之洼陷带明显加厚，陡坡上沙四段下亚段多遭受剥蚀。构成沙四段下亚段的沉积相类型主要有冲积扇（干旱型）、咸化滨湖、扇三角洲和浅湖沉积。冲积扇主要分布于凹陷北缘埕南断层下降盘，以车31、车16井区和大王北、郭局子等地区最为发育，厚度巨大。这些冲积扇占据了盆地北部陡坡带和中央洼陷带，平面上呈一狭窄条带状，向南可越过坡折带至南部缓斜带并逐渐过渡为厚度很薄的咸化湖沉积。浅湖沉积分布局限，仅发育在车西、大王北和郭局子等盆地中心部位。它是由四周流水所携带的富含有机质的泥、粉砂汇集在一起并长期淹没于水下所形成的。沙四段下亚段这种沉积相的空间配置关系可用盐湖沉积模式进行解释，与美国西部始新世绿河组沉积期干盐湖沉积模式可类比。

沙四段上亚段沉积时期，古地形继承了沙四段下亚段的特点。凹陷边界断层活动开始加剧，砂砾岩扇体随可容空间增大不断向北迁移，沿陡坡断裂带呈裙状分布。砂砾岩扇体的分布明显受古地形的控制，对应古冲沟发育大量扇体，纵向上呈由粗到细的正旋回。埕南断裂带发育扇三角洲沉积。这一时期车镇凹陷内碎屑岩与碳酸盐沉积区规模大致相当。前者发育于车西地区，后者发育于车东的大王庄和郭局子地区。北部陡坡带主要为砂砾岩沉积，其中以车西的车3鼻状构造最为发育。凹陷南部缓坡带发育三角洲沉积，在车东地区发育碳酸盐岩浅滩。构成沙四段上亚段的沉积相类型主要有扇三角洲、浅湖沉积、三角洲沉积和碳酸盐浅滩沉积。它们在平面上有序分布，可构成两种沉积相空间展布组合。一种是由浅湖和"进积—退积型"（扇）三角洲等沉积所组成，主要分布在车31、车16等井区。扇三角洲沉积受埕南断层控制，平面上呈狭窄条带状，往南至中央洼陷渐变为浅湖沉积。浅湖沉积仅限于盆地中心部位，向西至车西洼陷和向南至缓斜坡地带渐变为三角洲沉积。另一种是由扇三角洲、浅湖和碳酸盐浅滩等沉积所组成，主要分布于大25井区和大王北、郭局子地区。与前一种沉积相展布组合不同的是，南部缓斜坡带为碳酸盐浅滩沉积。以上两种沉积相展布组合中，扇三角洲沉积与碳酸盐浅滩沉积交接过渡带位于车16、车7井区，岩性为含膏泥岩、粉砂岩和石灰岩。继续向东渐变为碳酸盐浅滩沉积，向西则渐变为三角洲沉积。造成沙四段上亚段沉积相分布格局的原因，可解释为沙四段上亚段沉积时期义和庄凸起淹没于水下，难以提供大量陆源碎屑物质，因而以碳酸盐沉积为主；该时期无棣凸起和庆云凸起仍露出水面遭受风化、剥蚀，为车镇凹陷西区提供大量陆源碎屑物质。

三、沙三段沉积相

沙三段沉积时期，济阳坳陷处于强烈断陷伸展阶段，断陷活动强，湖盆水体深。由于基底结构、凹陷形态及断层发育的不同，凹陷之间表现出明显的差异性。沙三段沉积期是济阳坳陷沉积发展的深陷期和主要生油岩发育期，也是决定各凹陷含油气潜力的最重要沉积阶段。大套深水暗色泥岩夹各种类型重力流的砂岩、砂砾岩和砾岩是这个时期的普遍特征。沙三段下亚段沉积期济阳坳陷以深湖泥质沉积和水下扇广布为特征，深湖区范围最广；沙三段中亚段沉积期深湖泥质沉积区有所收缩，并发育水下扇、扇三角洲和三角洲沉积；沙三段上亚段沉积期深湖泥质沉积区大幅收缩，以发育三角洲和扇三角洲为主。

1. 岩性

沙三段以湖相沉积的暗色砂、泥岩为特征。主要岩性为灰色及深灰色泥岩夹砂岩、油页岩及碳质泥岩。地层厚度一般 700～1000m，最厚可达 1200m 以上，由下、中、上三个亚段组成。

沙三段下亚段为深灰色泥岩、油泥岩与灰褐色油页岩不等厚互层，夹少量灰色砂岩、石灰岩及白云岩，厚度一般为 100～300m，向凹陷边缘逐渐变薄或缺失；沙三段中亚段以深灰色泥岩、油泥岩为主，夹有多组浊积砂岩或薄层碳酸盐岩，向上砂岩增多，沙三段中亚段上部发育有块状粉砂岩、砂岩；沙三段上亚段为灰色、深灰色泥岩、油泥岩与粉砂岩互层，夹钙质砂岩、含砾砂岩、油页岩及薄层碳酸盐岩，厚 0～500m，砂砾岩以反旋回为主，砂岩顶部常为钙质砂岩、含砾砂岩、砂岩。

2. 古植被景观

这一时期的植物群包括蕨类的石松科、海金砂科、里白科、凤尾蕨科和水龙骨科等。草本植物有毛茛科、唇形科、柳叶科、茜草科、百合科和水生眼子菜等。栎属繁盛，还有一定量的榆、胡桃、木兰、冬青、桃金娘等科，占据着平原低丘。三角洲泛滥平原等低湿地带长有石松、水龙骨、杉、桤木和柳叶菜等。除沙三段中亚段沉积的中期外，高地或高山发育，针叶林茂盛，坡地上还有少量喜干的麻黄属。

3. 沉积相类型

1）湖相

以沉积物性质为依据，将济阳坳陷湖泊相划分为具有还原条件静水区的深—半深湖亚相和受波浪湖流作用的氧化—弱还原动水区的滨浅湖亚相。

（1）深湖—半深湖亚相。位于盆地中心偏边界大断层一侧。深湖—半深湖亚相沉积各凹陷沙三段下亚段和中亚段普遍发育，沙三段上亚段主要出现于东营、沾化凹陷。岩性以深灰、褐灰色泥岩、油页岩、油泥岩为主，常见自生黄铁矿晶粒，呈厚层块状或显细微水平层理，夹有薄层泥灰岩或白云岩。东营凹陷沙三段下亚段、中亚段深湖相沉积，岩性为较厚的不渗透泥页岩，夹少量砂岩。沙三段中亚段沉积末期，在利津、博兴洼陷发育有薄层白云岩，分布范围广，层位稳定，厚度 3～10m，面积约 440km²，是湖盆演化晚期沉积作用的产物。沾化凹陷渤南、孤北洼陷沙三段的四套油页岩和孤南、富林洼陷沙三段下亚段的油页岩，厚度可达几十米至几百米，分布面积可占盆地沉积面积的 70% 以上，油泥岩和暗色泥岩的分布则更为广泛。渤南和孤北洼陷沙三段有浊积砂体出现。沙三段深湖—半深湖沉积底栖生物稀少，浮游、游泳生物较多，属种单调，体小壳薄。主要有中国华北介等深水化石。除东营、沾化凹陷外，惠民凹陷沙三段中亚段深湖相泥岩中也发育有浊积岩体。

（2）滨浅湖亚相。滨浅湖亚相位于深—半深湖亚相外围，即波浪和湖流作用所及地带至湖岸带地区。岩性为浅灰、灰绿、暗紫色泥岩、粉砂质泥岩，夹粉砂岩、细砂岩薄层，有时出现鲕粒灰岩和生物灰岩。常见水平层理、波状层理和浪成波痕及虫孔构造。近岸部分常出露水面，出现泥裂、雨痕、气泡等暴露标志，平面上主要分布于盆地缓坡一侧，陡坡侧则相带较窄。滨浅湖亚相带是各类陆源碎屑入湖的地带，近岸水下扇、扇三角洲、三角洲及滩坝等砂体十分发育。富含藻类、腹足类、介型类化石，以及鲕粒等内碎屑。虽然沙三段和沙二段都发育有滨浅湖亚相沉积，但古地形特征、沉积物组合、水动力条件及沉积背景有明显不同。以东营凹陷为例，沙三段沉积时期的滨浅湖亚相，属通常意义上的"正常滨浅湖亚相"，主要发育于湖盆发育的早—中期，平面上呈环带状展布于深湖亚相的外围。沙二段沉积时期的滨浅湖亚相，发育于湖盆发育的后期阶段，由于沉积物的不断充填、淤塞，湖盆逐渐变浅，深湖亚相消失，整体上演变为比较稳定的浅湖环境。

2）河流相

随着断陷湖盆的不断演化和沉积物的持续注入，济阳坳陷各凹陷内河流体系开始发育，形成了河流相和洪泛平原相。如东营凹陷沙三段沉积中期在莱州湾地区出现河流相和洪泛平原相，沙三段沉积晚期河流体系在盆地的东、南边缘广泛发育，并逐渐向盆地中心推进。沾化凹陷沙三段沉积晚期在孤南、富林洼陷发育辫状河沉积。

3）三角洲相

沙三段沉积早—中期三角洲主要分布于东营凹陷东部及惠民凹陷西部。东营凹陷的永安镇、新立村三角洲砂体厚度大，砂岩累计厚度达 50～200m，向南延伸，如永 21 井砂岩厚达 230m，以粉、细砂岩为主。惠民凹陷西部临盘地区沙三段下亚段的三角洲砂岩较发育，往东砂岩减薄，至商河油田一带过渡为暗色泥岩。惠民凹陷沙三段中亚段三角洲砂岩分布在商 35 井以西，向东尖灭，向西减薄。

在沙三段沉积晚期，河流三角洲的充填加积作用超过坳陷的沉降作用，发生补偿，湖泊水体收缩，湖水变浅，古生物化石种属增多。如中国华北介、具脊盘螺等与喜湿性植物如副渤海藻、桤木属等滋生兴旺。到沙三段沉积末期，在坳陷南部东营凹陷一带，沙三段沉积时期的生物大量灭绝，环境由半深湖相过渡到浅湖相。在坳陷东西端，隆起区面积大，泰山群古隆起被剥蚀，大量的碎屑物质沿河流搬运入湖，形成三角洲的主要物源。坳陷内大部分地区沙三段上部岩性为灰色泥岩夹砂质岩，地层总厚度 200m，砂、泥岩比为 40% 左右，说明沙三段上部的砂质岩比沙三段中—下部发育。东营、惠民凹陷的砂质岩较车镇、沾化凹陷多，且以三角洲相沉积占优势，三角洲前缘相砂体十分发育。车镇、沾化凹陷中由于沙三段上部受剥蚀保存不全，主要为灰色泥岩与油页岩。北部埕子口凸起以南，和东部垦东青坨子凸起以北，也出现众多的冲积扇及三角洲类型的砂体。

4）扇三角洲相

从沉积体系大类划分上，扇三角洲属于三角洲沉积体系。扇三角洲也具有三层结构，即扇三角洲平原、扇三角洲前缘、前扇三角洲。向陆方向为冲积扇或紧靠老山。粒度较粗，以中粗砂岩为主，砾石含量较高，分选也不如三角洲砂体。扇三角洲平原为水上辫状河或冲积平原沉积，发育沼泽可形成碳质泥岩。扇三角洲前缘相带主要发育水下辫状河道叠合砂岩，而河口沙坝发育较差。

沾化凹陷东部地区扇三角洲主要出现于沙三段中亚段、沙二段、东营组的孤南、富林洼陷东部和沙三段上亚段、东营组各洼陷的缓坡带。

东营凹陷高青扇三角洲分布于博兴洼陷西部，其砂岩体厚度中心位于青城凸起陡崖东侧，其物源可能来自青城凸起或西部更远的鲁西隆起。扇体东西长约30km、南北宽约40km，占博兴洼陷面积的三分之一。高青扇三角洲形成于沙三段沉积中期到沙二段沉积早期，砂体总厚达700m，并与深湖相泥岩交互，属深水型扇三角洲。

5）冲积扇

济阳坳陷沙三段沉积时期冲（洪）积扇主要发育在盆地边缘，尤其是在盆缘断层的下降盘。沙三段沉积的冲积扇，既有陆上冲积扇，也有近岸水下扇。典型的陆上冲积扇以东营凹陷胜坨冲积扇和沾化凹陷罗家洪积扇体为代表。沙三段近岸水下扇在各凹陷都较为发育。如东营凹陷的滨县、陈家庄凸起主要由前震旦系花岗片麻岩组成，是陆源碎屑主要供给区，青坨子凸起是中生界火成岩区，为近岸水下扇次要物源区。鲁西隆起及广饶凸起为凹陷南坡近岸水下扇物源区。丰富的陆源碎屑造成了近岸水下扇的广泛分布。

6）浊流相

济阳坳陷沙三段沉积早—中期，深湖相沉积区占盆地大部分区域，在盆地周边碎屑物源的注入和三角洲不断向湖盆推进过程中，形成了大量的多种类型的重力流沉积。浊流相分布广、类型多，形成了坳陷内重要的砂岩体。根据浊积岩体的成因，大致将其划分为深水浊积扇和滑塌浊积扇两类。

深水浊积扇主要发育在沙三段沉积早—中期的深湖—半深湖区。东营凹陷在沙三段沉积早期和沙三段沉积中期的广大湖盆，发育有源自南部缓坡带和北部陡坡带的深水浊积扇。较为典型的有东营凹陷胜北地区坨102、坨108、坨121等浊积扇。相对而言，来自陡坡带深水浊积扇延伸距离短，一般发育在陡坡盆缘断层下降盘。南部缓坡带形成的浊流可以向湖盆深水区域延伸更远，具有搬运距离远的特点。较为典型的有东营凹陷南坡梁家楼、东科1、牛20等浊积扇。沾化凹陷深水浊积扇主要发育在渤南洼陷和孤北洼陷。

滑塌浊积扇可以根据沉积物来源划分为2种类型。一种是与三角洲有关的滑塌浊积扇，另一种是与其他类型扇体相关的滑塌浊积扇。济阳坳陷沙三段沉积时期发育的滑塌浊积扇大多数属于前者，与三角洲向湖盆进积有关。与三角洲有关的滑塌浊积扇的形成条件是三角洲前缘砂体推进速度快，沉积速率高，且物源供给充足。在这种情况下，堆积在三角洲前缘斜坡上方的沉积物极易在重力等作用下发生滑移、滑动、垮塌和液化，向三角洲前缘斜坡下方流动，在前缘斜坡下部的坡脚部位沉积下来，形成滑塌浊积扇。

济阳坳陷沙三段滑塌浊积扇以东营凹陷沙三段沉积中期东营三角洲多期推进过程中，在其三角洲前缘斜坡的坡脚部位形成的浊积扇最为典型。这些浊积扇具有数量多、个体小、变化快和多期发育的特点。

7）冲积平原相

冲积平原相中河流沉积主要发育在沙三段沉积晚期，其发育部位在靠近凸起的周围。冲积扇沉积物在坡度变缓的环境下形成分支流河道、河漫滩等沉积。在东营凹陷的东部与北部边缘的陈家庄、青坨子凸起向凹陷一侧，北部埕子口凸起南面向凹陷一侧，均发育冲积扇体，在冲积扇的上扇部位，大都为泥石流沉积物。下扇下方发育冲积平原沉积，有分支流河道、漫滩等沉积物。

4.沉积体系展布

沙三段下亚段沉积时期湖盆断陷加剧，气候潮湿。与沙四段上亚段相比，沙三段下亚段沉积体系的展布发生了明显的变化（图5-14），湖泊水体变大、加深。各凹陷中都有大面积的深湖—半深湖存在，滨浅湖所占的比例较小。东营、车镇、沾化等凹陷边界深大断裂处发育有近岸水下扇和深水浊积扇沉积体系，但规模较小。该时期最大的扇三角洲体系位于惠民凹陷的西部和西南部，不同时期的扇体叠合成片，占据了惠民凹陷的西南角。东营凹陷三角洲体系主要分布于西部的高青地区、东部的广利地区，规模不大。各凹陷的缓坡靠近物源处（包括沾化凹陷垦东断裂带）发育有规模较小的扇三角洲。深湖—半深湖中发育浊积扇。

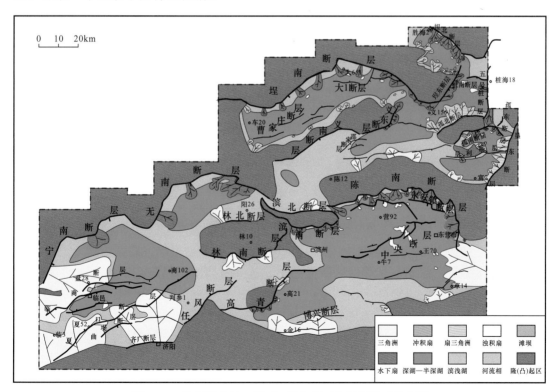

图5-14 济阳坳陷沙三段下亚段沉积时期沉积体系分布图

沙三段中亚段仍处于湖盆深陷期，沉积体系展布与沙三段下亚段相似，但范围有所不同（图5-15）。这一时期湖盆范围稍有扩大，但水体相对变浅，各凹陷中深湖—半深湖范围减小。车镇凹陷北部沿埕南断裂带近岸水下扇发育，多个扇体叠合成片，向湖区延伸较远，可至湖区近中心地带。沿沾化凹陷埕东断裂、五号桩断裂、东营凹陷北带陈南断裂也发育有近岸水下扇、深水浊积扇沉积体系，但规模不大且相互叠合。扇三角洲仍主要分布于凹陷缓坡带水体相对较浅的靠近物源地区。其中，规模较大的有位于惠民凹陷西南部瓦屋地区、东北部基山地区及沾化凹陷垦东断裂带附近的扇三角洲。在扇三角洲向深湖—半深湖过渡的地区（如渤南洼陷），发育有浊积扇。这一时期另一个显著特点，是开始出现较大规模的三角洲。惠民凹陷西南至临南断裂、东营凹陷东部广利—牛庄等地区，发育向湖区延伸较远的河流—三角洲沉积体系。高青地区的三角洲与沙三段下亚段沉积时期的相比，规模有所扩大。

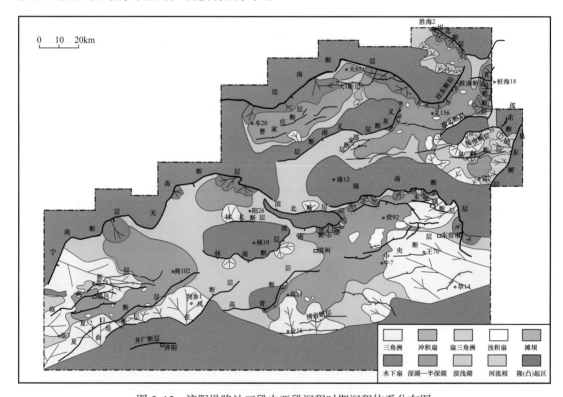

图5-15　济阳坳陷沙三段中亚段沉积时期沉积体系分布图

沙三段上亚段沉积时期盆地拉张作用减弱，气候开始变干旱，湖盆萎缩（图5-16）。各凹陷水体变浅，深湖—半深湖区明显缩小。这一时期济阳坳陷在湖相盆地的背景下，发育多种沉积体系。主要的沉积体系包括：河流、三角洲、扇三角洲、冲（洪）积扇、浊积扇等。扇三角洲主要发育于沾化、车镇凹陷湖盆边缘，具有规模小、数量多的特点。此外，惠民凹陷北部的基山和阳信一带、东营凹陷滨县凸起、林樊家地区零星出现有小型的扇三角洲。河流—三角洲沉积体系主要出现于东营、惠民两凹陷。东营凹陷的河流—三角洲继承了沙三段中亚段的特点，进一步向湖盆中心推进延伸。东营凹陷西南的高青三角洲与东部的东营三角洲逐渐连成一片，占据了整个凹陷的南部和东部地区，面积多于凹陷的一半。惠民凹陷的河流—三角洲沉积体系来自西南部的陵县、禹城方向，几乎覆盖了东抵临邑的广大西南地区。在东营凹陷北带、沾化凹陷孤北西部埋东断裂带发育有规模不大的近岸水下扇沉积体系。

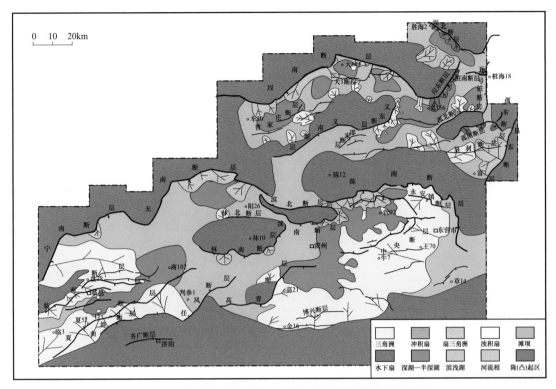

图 5-16　济阳坳陷沙三段上亚段沉积时期沉积体系分布图

5.各凹陷沉积相

1）东营凹陷

东营凹陷沙三段主要岩性以湖相沉积的暗色砂、泥岩为特征，为灰色及深灰色泥岩夹砂岩、油页岩及碳质泥岩。厚度一般 700～1000m，凹陷中部最厚可达 1200m 以上。沙三段下亚段岩性主要为深灰色深湖—半深湖亚相泥岩与灰褐色油页岩的不等厚互层，夹少量石灰岩及白云岩。沙三段中亚段岩性主要为灰色、深灰色巨厚深湖—半深湖亚相泥岩及油页岩，或夹有多组浊积砂岩或薄层碳酸盐岩，东部地区三角洲砂岩发育。沙三段上亚段岩性主要为灰色、深灰色泥岩与粉砂岩互层，夹钙质砂岩、含砾砂岩。西部地区底部发育薄层碳酸盐岩。砂砾岩以反旋回为主，砂泥岩顶部常为钙质砂岩，含砾砂岩。西部地区沙三段上亚段底部一般发育稳定薄层白云岩段。

沙三段下亚段沉积时期气候潮湿，湖盆地区广阔，大多处于半深湖—深湖。在此背景下，盆地周边碎屑物源的注入，在不同部位发育了多种沉积类型的碎屑岩体沉积（图5-17）。沙三段下亚段地层平均厚度较薄，仅有200m。但莱州湾、民丰、博兴、利津等地厚度达 300～500m，构成了凹陷内四个沉降中心。其中莱州湾地区沉降幅度最大，厚度最大达 800m。砂岩平均厚 20m，最厚达 160m，集中分布在莱州湾、滨县凸起和金家附近。砂岩百分含量较低，仅有 20%，反映了这一时期以湖相泥质沉积为主，陆源物质供应不充足，沉积中心和沉降中心之间的不匹配。沙三段下亚段湖相体系最发育，三角洲仅在莱州湾和金家地区发育。而莱州湾地区的三角洲规模最大，砂岩厚度达 160m，并在砂岩顶部发现碳质页岩，同时在地震剖面上前积反射结构清晰。在北部陡坡带和南部缓坡带，在局部物源的注入下，发育有近岸水下扇沉积。相比而言，北部陡坡带的冲积扇较南部缓坡带更为发育。此外，在湖盆中部较深湖部位，局部有深水浊积扇发育。

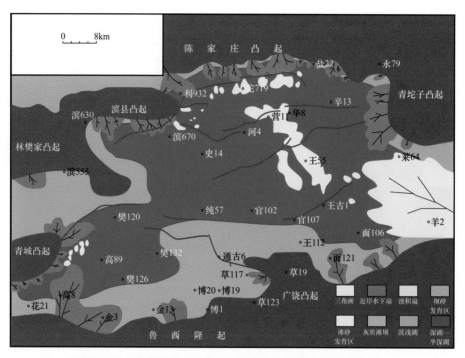

图 5-17　东营凹陷沙三段下亚段沉积时期沉积体系分布图

沙三段中亚段时期盆地强烈拉张导致基底的整体快速沉降，地层沉积厚度明显增大，平均为 400m，最大 800m，反映构造活动强烈，沉降速率加大。牛庄、民丰、利津、博兴地区的地层厚度达 400～800m，构成 4 个主要的沉降中心。沙三段下亚段厚度最大的莱州湾地区，由于构造抬升及三角洲的充填，至沙三段中亚段沉积时期沉积的地层厚度明显减薄，凹陷的沉降中心向西迁移至牛庄、民丰等地（图 5-18）。宏观上，沙三段中亚段沉积时期凹陷处于湖相沉积背景之下，深湖相发育区远大于滨浅湖区。由于半地堑的盆地结构，北部陡坡带滨浅湖范围较狭窄，南部缓坡带滨浅湖分布相对较大。来自北部陈家庄凸起、滨县凸起的碎屑物源注入陡坡带，沉积形成冲积扇体系（包括近岸水下扇）、扇三角洲等多种类型的砂砾岩体。这些砂砾岩体沿凹陷的北部发育，且分布范围较大。而凹陷西北的林樊家构造，在其东南部也发育扇三角洲相沉积。南部鲁西隆起、广饶凸起的陆源碎屑注入，沿缓坡带沉积下来，发育有三角洲、扇三角洲、近岸水下扇等类型的砂岩体。在北部陡坡带和南部缓坡带的冲积扇、扇三角洲砂体的深湖方向，发育有浊流成因的深水浊积扇砂体。

沙三段中亚段沉积时期最大的景观特征是自东向西不断推进的东营复合三角洲沉积。该三角洲不断进积，逐渐充填凹陷东部大部分深湖区域。除东营复合三角洲外，在凹陷西部还发育有一些小型的三角洲沉积，如金家三角洲、高青三角洲等。三角洲体系在沙三段中亚段的顶部分布最广，分别在莱州湾、草桥、金家、高青及胜坨等地发育。分布范围广，砂岩厚度大，是该时期三角洲体系发育的特点。牛庄地区是三角洲发育的

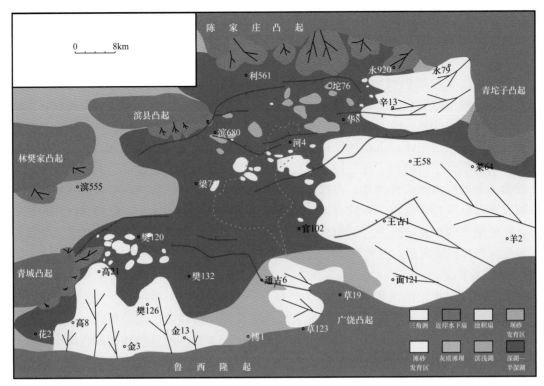

图 5-18 东营凹陷沙三段中亚段沉积时期沉积体系分布图

集中地区，其分布范围最大，有多个河流注入，由永安镇、莱州湾、八面河和陈官庄等多个三角洲汇聚构成一个大型复合三角洲体。根据古水流研究，该时期凹陷东部主要发育两大河流水系。一是莱州湾水系，其携带的碎屑入湖后主要沉积形成了一套中细砂岩，其分选、磨圆均好。二是陈官庄水系，主要沉积形成一套含砾砂岩。两大河流水系在牛庄地区相交汇，构成了东营复合三角洲的主体水系。对沙三段中亚段三角洲相的碳质页岩研究发现，碳质页岩厚约5m，分布范围遍及牛庄地区，与沙三段下亚段沉积时期莱州湾三角洲相的碳质页岩的分布范围相比明显增大，反映了三角洲向盆地内进积。东营三角洲是凹陷东部向西进积的湖盆轴向三角洲，同时与之遥相对应的是凹陷西部发育的高青三角洲。东西轴相的高青三角洲和东营三角洲范围较大，轴相延伸远。南部缓坡带西部的金家地区也发育有规模较大的三角洲相沉积。

重力流沉积在沙三段中亚段沉积时期最为典型，在各个沉降中心区都有发育，但以牛庄和民丰地区最为典型。重力流体系有两种，一为滑塌浊积扇，最具代表的是牛庄地区，它与东营复合三角洲的分布密切相关，是三角洲前缘相沉积物再搬运的产物。另一种为洪水浊积扇，最具代表的是梁家楼浊积扇以及民丰洼陷浊积扇，它们是由携带碎屑物的浊流在深湖区形成的一种浊积扇。

沙三段上亚段沉积时期，盆地拉张作用减弱，气候开始变得干旱，湖盆萎缩。沙三段上亚段地层厚度平均为250m，最厚350～450m，其中民丰、利津和博兴构成三个沉降中心。沙三段中亚段沉积时期的牛庄沉降中心已基本消失，表明沉降中心进一步向西迁移。该时期砂岩厚度增大，平均为150m，永安镇和高青地区有巨厚的砂岩分布，其厚度达250m和400m，构成两个沉积中心，并与其沉降中心相一致。利津地区砂岩厚度仍很薄，其沉积中心和沉降中心不相匹配。沙三段上亚段沉积时期砂岩分布范围广，砂岩百分比值高达40%，属粗碎屑沉积物发育的时期。沙三段上亚段以三角洲沉积相最为发育，除此之外，还发育有湖相、重力流和河流沉积。

沙三段上亚段沉积时期伴随着东营复合三角洲以及盆地周边其他多个三角洲的推进，湖盆范围不断缩小。三角洲体系分布范围广，分别在胜坨、永安镇、莱州湾、八面河、陈官庄、草104、柳参2、金26和金家以及高青等地区发育。其中永安镇三角洲和高青扇三角洲是主体，沉积厚度最大，反映物源供应充足。总体来看，沙三段中亚段沉积时期的东营三角洲到了沙三段上亚段沉积时期，已与北部陡坡带、南部缓坡带的多个规模不等的三角洲汇合连片，占据了凹陷大部分区域。东部沙三段中亚段沉积时期三角洲发育区已成为河流相沉积发育区。凹陷西部仍以湖相沉积为主，但深湖沉积范围局限，以晚期浅湖相充填为主，深湖相沉积仅分布在利津洼陷。湖相沉积区的北部和西部零星发育有冲积扇沉积。在利津洼陷区还发育有重力流沉积，但规模有限。

2）沾化凹陷

沙三段以深水湖泊沉积广泛发育为特征，一般厚500～1500m。沙三段下亚段主要为深灰色、棕褐色泥岩、钙质泥岩和油页岩，底部可见粉砂岩、泥岩和砂岩，地层厚度50～400m。沙三段中亚段岩性为厚层深灰色泥岩、泥灰岩、油页岩和浅灰色薄层粉砂岩和砂岩，地层厚度100～550m。沙三段上亚段主要为灰色、深灰色泥岩和灰色含砾砂岩和砂岩，发育少量碳质泥岩，地层厚度为50～300m。

沙三段沉积早期湖盆分割性较强，晚期连通性好，底超顶剥。不同的洼陷、不同的构造单元沉积类型具有一定的差异性。

沙三段下亚段沉积时期各洼陷互不连通。孤南、孤北洼陷在平面上各沉积构造单元之间沉积体系存在差异。在陡坡带控洼断裂下降盘主要发育有近岸水下扇。近岸水下扇沿陡坡带呈裙带状分布，具有沟扇对应特点。在陡坡带边缘山口伸向湖盆的冲沟，是水下扇较为发育部位。扇体的分布范围、厚度大小主要受断层的活动强度、古地貌沟谷大小等因素控制。对应沟谷的部位扇体厚度较大。洼陷带内以发育滑塌浊积扇为主。孤南洼陷东北部为缓坡，孤东12井区为一鼻状构造，在鼻状构造两侧三角洲发育，且规模较大，分布范围广。孤北洼陷孤北鼻状构造西翼发育有扇三角洲，而在鼻状构造东翼的孤北东次洼发育远岸浊积扇，扇体向北延伸远、规模大、分布范围广。孤南、孤北洼陷内不同类型的沉积体超覆沉积、退积叠加。

沙三段中亚段沉积时期沉积范围扩大，洼陷之间彼此连通。孤南、孤北陡坡带沉积类型与沙三段下亚段具继承性，但在规模上变小。在孤南、孤北洼陷的缓坡带广泛分布三角洲、扇三角洲沉积。垦东、长堤潜山东西两侧以三角洲沉积为主，规模大，分布广。孤岛凸起北部以及埕北凹陷南部缓坡发育扇三角洲，其规模上较段沙三段下亚段扩大。不同方向的物源相互叠置、连片分布。孤南、孤北洼陷不同类型的沉积体超覆沉积、进积叠加。

沙三段上亚段沉积时期受构造运动的影响，遭受区域性剥蚀，分布范围局限。孤南、孤北洼陷陡坡带仍为近岸水下扇沉积，规模变小。缓坡带主要为残留相，以三角洲沉积为主。孤岛、垦东、长提三个物源体系在孤北、孤南洼陷叠合连片。孤南、孤北洼陷不同类型的沉积体仍为超覆沉积、进积叠加。

3）惠民凹陷

沙三段主要由暗色砂、泥岩互层组成。沙三段下亚段钻穿最大厚度370m，发育有两个岩性段。下部为油页岩段，由棕褐色油页岩夹灰色泥岩及少量透镜状砂岩组成，偶尔夹薄层白云岩。上部为盘河油层段，灰色粉细砂岩与灰色泥岩互层，呈下部泥岩为主向上变为砂岩发育的反旋回。盘河砂岩的主体位于西部的盘河镇地区，砂体内夹多层碳质页岩。向东砂岩减少，至商河油田及以东地区，相变为仅几十米厚的泥岩夹油页岩。沙三段中亚段钻穿最大厚度为400m，以灰色、深灰色巨厚泥岩为主。在基山至玉皇庙一带发育有一北北西走向的砂岩体，使该带表现为砂泥互层的特点。沙三段上亚段钻遇最大厚度480m，主要为灰色泥岩与灰白色粉、细砂岩互层，夹少量油页岩及薄层灰质砂岩，顶部发育有70～100m的泥岩段。

沙三段下亚段沉积时期湖盆开始扩张，凹陷边界断层及夏口、临邑断裂活动强烈，盆地以深陷、水域扩展为特征。深湖—半深湖面积大，泥岩、页岩、油页岩以及滑塌浊积扇等深湖亚相沉积发育，滨浅湖所占比例明显减小，凹陷西南部临邑洼陷河流三角洲沉积体系发育，北部阳信洼陷扇三角洲发育。总体上，该时期水域扩展迅速，物源补给相对不足，沉积地层相对较薄。凹陷南坡大部分地区发育曲流河三角洲和辫状河三角洲。辫状河三角洲位于禹城—临南洼陷西南部，由鲁西隆起向北东和北西两个方向推进。曲流河三角洲位于临南洼陷东北部江家店—曲堤一带，由鲁西隆起向北西方向推进。凹陷北部发育较窄的滨浅湖，肖庄—盘河一带发育大型曲流河三角洲，滋镇洼陷北部基3井、基1井和滋1井附近发育扇三角洲。肖庄—盘河曲流河三角洲由埕宁隆起向东和南东方向推进。滋镇洼陷和临南洼陷中心以半深湖—深湖亚相为主，在夏328、商744、商96、商106等井区发育有滑塌浊积扇。阳信洼陷北部发育有范围较小的滨浅湖，在阳5、阳34、沙5、阳9、沙3和阳18等井区发育多个扇三角洲。阳信洼陷南部阳31井区发育由林樊家凸起向北推进的三角洲。洼陷中心为半深湖—深湖沉积区，在阳29、阳16等井区发育有滑塌浊积扇。

沙三段中亚段沉积时期惠民凹陷仍处于深陷期，沉积体系基本继承了沙三段下亚段的特点，但范围有所不同。此时湖盆水体范围变化不大，中央隆起带进一步隆升，盘河地区和商河地区基底强烈抬升。在中部宿安一带形成一个近南北向的继承性沟槽，使滋镇洼陷与临南洼陷相互沟通，成为北部基山砂体进入临南洼陷的通道。临南洼陷南部发育有禹城—临南辫状河三角洲和曲堤曲流河三角洲。禹城—临南辫状河三角洲由鲁西隆起向北推进。曲堤曲流河三角洲相对沙三段下亚段沉积时期向东北方向偏移。临南洼陷中部半深湖和深湖区在夏90、夏19、商73、街斜2等井区发育多个滑塌浊积扇。凹陷北坡主要发育肖庄—盘河三角洲，规模相对沙三段下亚段沉积时期扩大。肖庄—盘河三角洲由埕宁隆起向南东方向推进，东部与滋镇洼陷西南部三角洲相接。滋镇洼陷来自埕宁隆起的三角洲向东南推进，越过宿安沟槽推进到临南洼陷深湖区呈鸟足状展开。滋镇洼陷北部基3井区发育由埕宁隆起向南偏东推进的小型扇三角洲。阳信洼陷沉积中心略向东移，深湖—半深湖面积略为缩小。洼陷北部阳6、阳9、沙3等井区发育扇三角洲。洼陷南部阳31井区发育三角洲沉积，物源来自林樊家低凸起。

沙三段上亚段沉积时期盆地拉张作用减弱，气候开始变得干燥，湖盆萎缩，水体变浅，仅在深陷区发育半深湖，滨浅湖范围明显扩大。该时期沉积体系延续了沙三段中亚段沉积时期的特点，南部斜坡和北部滋镇洼陷仍以三角洲沉积为主，阳信洼陷北部以扇三角洲沉积为主，南部林樊家凸起北部发育小型三角洲，深湖区内滑塌浊积扇发育。凹陷南部双丰辫状河三角洲规模向西和北方方向进一步扩大。曲堤曲流河三角洲由鲁西隆起向南西推进。凹陷北部在肖5、肖9—盘50、临56—临66等井区发育三个小型三角洲。滋镇洼陷发育大型三角洲，由鲁西隆起向南东方向推进。基3井区发育扇三角洲。阳信洼陷北部阳34、沙5等井区发育由无棣凸起向南推进并相互连片的扇三角洲。洼陷北部阳31井区发育由林樊家凸起向北推进的三角洲。

4）车镇凹陷

沙三段下亚段以深灰色、褐灰色油页岩、油泥岩为主，夹薄层灰绿色泥岩和浅灰色粉细砂岩，车镇凹陷北带发育砂砾岩体。沙三段中亚段以褐灰色、深灰色油泥岩、泥岩为主，夹薄层浅灰色砂岩。沙三段上亚段主要为棕褐色、褐灰色油页岩夹薄层灰绿色泥岩，顶部普遍发育三角洲砂体，底部以泥岩为主。

沙三段下亚段沉积时期湖盆断陷最为强烈，气候湿润，降水量大，湖水持续加深，相对湖平面不断上升。在埕南断裂带上发育至少7个物源口，其中车3物源和郭局子物源规模最大。沙三段下亚段主要发育有近岸水下扇、深水浊积扇、三角洲和浅湖—半深湖沉积。受盆地北缘埕南断裂活动的影响，盆地充填具有北陡南缓、北断南超的典型楔形特征。北部陡坡带断裂下降盘因持续下陷，形成深湖区。凸起上大量物源直接注入湖盆，形成大量近岸水下扇沉积。近岸水下扇沉积主要分布于凹陷北缘埕南断层南侧下降盘，以凹陷西区最为发育，平面上呈狭窄条带状。缓坡带总体上表现为西高东低、东边凸起淹没于水下而往西南凸起逐渐露出水面的古地理格局。缓坡带东段水体向东有加深的趋势，形成了薄层灰岩、灰质泥岩和油泥岩、油页岩，属于浅湖沉积。缓坡带中段和西段露出水面并远离沉积物堆积区，为湖盆提供一定量的陆源碎屑物质，向湖盆方向形成规模有限的三角洲沉积。在半深湖—深湖区发育深水浊积扇。深水浊积扇在车西和大王北地区都有发育，但规模较小。

沙三段中亚段沉积时期湖盆持续拉张，湖水加深至最大，沉积物源供给逐渐增多。至沙三段中亚段沉积晚期，拉张作用逐步减弱，水体变浅。沙三段中亚段继承了沙三段下亚段的沉积特点，沉积环境与沙三段下亚段沉积时期非常相似。湖盆中央广大的区域内以暗色泥岩、钙质泥岩等半深湖—深湖相沉积为主。半深湖—深湖区内发育了许多的深水浊积扇，规模小，物源多来自北部的水下扇。北部陡坡带发育多个水下扇，其中，车西、大王北和郭局子地区的水下扇规模均较大。车西地区水下扇各扇体之间连片分布，形成多个砂砾岩扇群，已延伸到半深湖中。车西及大王北地区的滨浅湖中发育有一定规模的滩坝沉积。南部物源少，仅在车西发育有规模不大的三角洲。

沙三段上亚段沉积时期陡坡断裂带活动明显减弱，气候由潮湿转向干旱，湖水明显后退水体变浅，盆地轴向沉积体系发育。沙三段上亚段沉积相分布格局与沙三段中亚段、下亚段不同。沙三段上亚段沉积相类型主要有浅湖—深湖、近岸水下扇、扇三角洲、浊积扇和三角洲等。车西地区继续发育近岸水下扇，在车东地区发育有扇三角洲沉积。扇三角洲沉积分布于盆地北缘车东地区埕南断层下降盘，且扇体的独立性较强。义和庄凸起东段物源不甚充足，仅在郭局子洼陷南坡发育规模极小的三角洲和浊积扇沉积。无棣凸起、庆云凸起提供的物源充分，在车西地区发育两支规模较大的三角洲。三角洲砂体被湖浪改造，在其前方形成一定规模的浊积扇群。南部缓斜坡带西段和中段发育有规模较大的三角洲沉积。车镇凹陷东区沙三段上亚段沉积时期一直淹没于水下，仍以浅湖—半深湖沉积为主。

四、沙二段沉积相

沙二段下亚段沉积时期，济阳坳陷进入裂陷充填末期，拉张作用减弱，可容纳空间增加速率逐渐小于沉积物供给速率，气候由潮湿向干旱转变，湖水明显后退，水体变浅，沉积物供给速率增加。根据层序地层研究，沙二段划分为沙二段上亚段、沙二段下亚段两个亚段，沙二段下亚段沉积结束后，盆地整体抬升，下伏地层遭受剥蚀。之后再次沉降开始形成新的（二级）层序。沙二段上亚段沉积时期，盆地初始拉张，气候干旱，湖泊水浅，范围局限。

1. 岩性

沙二段下亚段岩性为灰绿色、灰色泥岩与砂岩、含砾砂岩互层，夹碳质泥岩。其上部见少量紫红色泥岩。沙二段下亚段分布不稳定，多出现在各凹陷中部，面积较小，向边缘和凸起往往缺失，厚度为0～200m。沙二段上亚段岩性为灰绿色、紫红色泥岩与灰色砂岩互层，夹钙质砂岩、含鲕砂岩及含砾砂岩，与沙二段下亚段呈不整合接触。沾化、车镇凹陷沙二段上亚段顶部夹薄层白云岩、白云质灰岩或生物灰岩。沙二段上亚段分布范围较小，厚度0～100m，沾化、车镇凹陷可大于200m。

2. 古生态景观

沙二段下亚段是继沙三段沉积后期河流三角洲发育晚期形成的沼泽化还原环境，产喜热湿的孢粉、藻类化石，指示局部性气候热湿、水体微咸。沙二段上亚段则属于干燥气候条件下的氧化浅湖至河流相红色碎屑岩相沉积，产喜干热植物群，代表了干热气候下的浅湖河流相环境。沙二段下亚段的古生物是沙三段上亚段古生物的延续，沙二段上亚段的古生物是沙一段古生物的前驱。

3. 沉积相类型

1）冲积扇

沙二段冲积扇主要发育在沾化凹陷富林洼陷、东营凹陷北部陡坡带沙二段下亚段以及南部缓坡带的沙二段上亚段。

东营凹陷陈家庄凸起南麓的胜坨油田北部，由于胜北大断层的影响，坡降大，在沙二段下亚段沉积时期处于干旱环境，季节性暴洪事件将陈家庄凸起的大量花岗片麻岩碎屑携带堆积于断层南侧陡坡处，形成一套冲积扇砂砾岩体。扇根部位为泥石流沉积，砾、砂、泥混杂，分选差。泥岩呈红、黄、绿色，无化石，层理不发育。在扇中部位有低角度斜层理和平行层理，反映急流快速堆积的组合。扇体向南延展向下倾方向并入低坡度的辫状河体系，扇体叠加厚度30～50m。在扇端部位水流漫出，形成较薄而细的漫流沉积。

此外，在沾化、车镇凹陷中凸起的边缘也发育有冲积扇体。如北部的桩西油田桩45-1井岩性为砾状砂岩、细砾岩、中粗砂岩，厚30m。再如渤南油田北端边界附近的义108井、义110井岩心中均出现含砾砂岩、砾状砂岩等粗碎屑沉积物。西部渤南与义东油田之间的四扣洼陷一带，沙二段沉积厚40～60m，岩性粗，义深4、义深7等井的岩心为含砾砂岩夹灰色泥岩，泥岩中见螺化石，属扇体沉积。罗家油田东南也有一些冲积扇体，如罗 35 井有 80m 左右的含砾砂岩。这些扇体由于沉积物粗，具有一定的孔隙度和渗透率，大部分均不同程度的含油。

2）河流相

沙二段河流相主要分布在东营、惠民凹陷。东营凹陷沙二段下亚段河流相主要具有以下特征：

第一，岩性主要由多种粒级的砂岩、砂质砾岩、泥砾岩、粉砂岩和灰绿色及紫红色泥岩等组成。砾石成分复杂，与物源区母岩的岩性有关。砂岩以泥质胶结的不等粒长石砂岩和粗粒岩屑砂岩为主。砂岩矿物成分中石英占 45%～50%，长石占 25%～30%，岩屑占 25%～30%，泥质含量 3%～5%。

第二，垂向上具明显的"二元结构"特征。河流沉积的底部为冲刷面，之上形成河床滞留砾石，上覆板状和大型槽状交错层理，更上则为平行层理、爬升层理和水平层理砂岩、粉砂岩及块状泥岩。单个砂岩序列均为向上变细的正递变层理，并可分为两种类型。一种正递变层理为不连续的递变，砂岩下部粒度较粗，上部略细。这种递变层理内部可具多个小韵律，粒序无规则，显示辫状河垂向加积时洪泛事件能量大小的变化。另一种为连续递变层理，即河流相砂岩为明显的下粗上细逐渐过渡。这种递变层理常由底部中细粒砂岩向上变为粉细砂岩、粉砂岩、泥质粉砂岩。第一种递变层理垂向序列中缺少粉砂岩过渡层，其上直接覆于泥岩层，构成突变，在胜坨地区常见。第二种递变层理垂向序列中上覆粉砂质泥岩和泥岩，构成逐渐过渡的"二元结构"，反映了曲流河侧向加积时水流能量逐渐变弱的特点，在广利地区常见。

第三，测井曲线特征表现为从下往上呈箱形—钟形—指形组合。地震剖面响应为中振幅中连续程度亚平行反射。

3）三角洲相

沙二段三角洲主要发育在东营凹陷、惠民凹陷和沾化凹陷的沙二段下亚段，以东营凹陷的三角洲最为典型。东营凹陷经过沙三段沉积时期多个三角洲不断进积和演化，已经从东部、南部缓坡和北部陡坡向盆地中央推进和扩大。至沙二段下亚段沉积时期多个三角洲在盆地汇合，形成大型复合三角洲。该三角洲为河控三角洲，具明显的"三带结构"，即三角洲平原、前缘、前三角洲。

东营凹陷沙二段下亚段三角洲的平原亚相，分布在东营凹陷东部的胜坨、东辛、牛庄油田一带。向西至胜坨油田西部、坨庄一带为三角洲前缘亚相。再往西一直到利津一带，为前三角洲亚相。平原亚相具有分流河道、道间沉积及沼泽等微相。岩性为细、粉砂岩，绿灰色泥岩。沼泽中碳质页岩发育，岩心中多见植物根系穿层现象。胜坨油田西部、坨庄一带的前缘亚相，发育有前缘河口坝砂体，单砂体厚 10m，呈反韵律，砂体下部有水平层理，向上出现波纹层理、波纹斜交层理。螺蚌化石丰富。前三角洲亚相的岩性主要为灰色泥岩，泥岩中介形虫、螺化石个体完整，与浅水湖相泥岩相接壤。

惠民凹陷沙二段沉积时期，主要发育有两个三角洲体系。一个是西部的唐庄—临邑三角洲体系，从西向东推进。另一个是东部的商西—魏家集—玉皇庙三角洲体系，从北向南推进。唐庄—临邑三角洲存在数个三角洲平原相，分布在临邑大断裂上升盘的唐庄及盘河地区。三角洲前缘相分布在临邑断裂带下降盘的马寨、大芦家一带。商西—魏家集—玉皇庙三角洲也比较完整，其三角洲平原亚相分布在北部宿安商 53—商 23 井区。向南至洼陷中心推进为三角洲前缘相沉积，分布在贾庄、魏家集一带，以粉细砂岩为主，呈反韵律。再往南为前三角洲发育区，除玄武岩喷发区外，为浅—半深湖环境下暗色泥岩夹泥灰岩、油页岩、白云岩沉积。

4）滨湖—浅湖相

沙二段滨湖—浅湖相主要发育了滨浅湖灰色泥岩，局部沉积有滩坝粉砂岩。滨湖—浅湖相多分布于坳陷北部的沾化、车镇凹陷的大部地区。在较为封闭的地带，白云质沉积物多，属咸化浅水环境。沙二段滨湖—浅湖相的滩坝沉积较为局限。沾化凹陷北端的桩西油田西侧发育沿岸沙坝。在车 17、大 37、大 18 井区砂岩厚达 40～60m，多为沿岸沙坝的沉积。义和庄凸起东侧的义东、渤南油田、靠四扣洼陷的义深 8 井等地区也发育有沙坝沉积。车镇、义和庄地区的沙二段大都为滨湖—浅湖相沉积，沉积厚度大于100m，主要为灰色泥岩。向洼陷中心的义 88 井为灰色泥岩，含灰质泥岩夹少许粉砂岩的沉积。泥岩中有螺及介形类化石。在孤东、孤南洼陷中，沙二段沉积厚度大。孤深 1井沙二段沉积厚度达 200～300m，主要为暗色泥岩、粉砂岩的交互层。南部孤南 24 井砂岩厚度大，为粉砂岩（含油），呈反韵律，有螺化石，为较典型的滨岸带沉积。

东营凹陷沙二段下亚段仅在西部残留湖盆边缘部位发育有分布范围局限的滨湖—浅湖相沉积。

惠民凹陷南部管子街—玉皇庙一带为浅湖—半深湖相沉积区。南部大断层一带沉积滨湖沙坝，如夏 32 井、夏 36 井一带沉积粉、细砂岩与灰绿色泥岩互层，有波状交错层理，局部有冲刷现象，显示滩砂的沉积特征。

5）扇三角洲

扇三角洲指临近高地的冲积扇直接推进到稳定蓄水的湖盆中，属于陆地形、近物源背景下形成的粗碎屑岩沉积体系，兼具有冲积扇和三角洲的沉积特征。由于是冲积扇直接入湖，未经过充分的搬运、沉积等作用，故其规模一般较小，平面上呈朵状。而近岸水下扇是近源洪水携带大量陆源碎屑直接入湖，并在湖盆边缘陡岸的深水环境中形成水下扇体。它主要形成于陆相断陷湖盆的扩张期，随着湖水范围的扩大，扇体也不断后退，并始终沿湖盆边缘紧邻山麓部位分布。

沙二段扇三角洲沉积主要分布在沾化凹陷。扇三角洲是沙二段渤南洼陷主要沉积相类型，扇三角洲的发育经历了由早期局部发育，到中期分布范围最大，再到末期有所减小的变化过程。在孤北洼陷的缓坡带、孤南—富林洼陷都见有扇三角洲发育。孤北洼陷缓坡带扇三角洲被后期改造形成滩坝沉积。孤南—富林洼陷北部的扇三角洲是由沙三段沉积末期的近岸水下扇演化而来。

6）近岸水下扇

沙二段仅局部发育有近岸水下扇，主要分布在沾化凹陷，在车镇凹陷也有零星分布。渤南洼陷沙二段沉积末期由北向南发育两个相对独立的近岸水下扇扇体。孤北洼陷的小型近岸水下扇沉积出现在陡坡带。车镇凹陷水下扇发育在北部主要物源区。

4.沉积体系展布

沙二段下亚段沉积时期湖盆进一步收缩，水体继续变浅，各凹陷内深湖—半深湖消失（图 5-19）。沾化凹陷渤南洼陷与富林—孤南洼陷分隔。扇三角洲主要出现于车镇凹陷、沾化凹陷垦东断裂带、惠民凹陷北带基山和阳信地区、东营凹陷滨县凸起等地。除车西洼陷、惠民凹陷阳信地区的扇三角洲相对稍大以外，其他均为小型扇三角洲。沙二段下亚段沉积时期三角洲更为发育，惠民凹陷西南部、东营凹陷的大部地区为来自西部、南部或东部连片的河流—三角洲所覆盖。在沾化凹陷富林、孤南洼陷也分布有规模相对较小的三角洲。

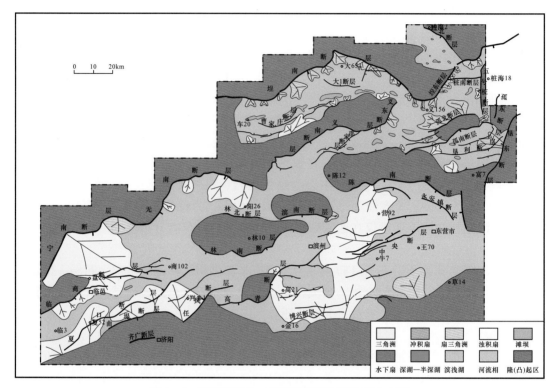

图 5-19 济阳坳陷沙二段沉积时期沉积体系分布图

沙二段上亚段沉积时期基底再次沉降，湖盆扩大。沾车地区普遍发育有数目较多、规模较大的（冲积扇—）扇三角洲体系。近岸水下扇只发育在沿郭局子垲南断裂一带，多个扇体连成一片，但规模不大。扇三角洲、近岸水下扇之间为滨浅湖沉积。惠民凹陷湖水已退走，广大地区为冲积扇—河流体系所占据。东营凹陷的沉积体系继承了沙二段下亚段沉积时期的沉积特点，只是滨浅湖区稍有扩大。

5.各凹陷沉积相

1）东营凹陷

主要岩性以砂岩及砂泥岩互层为特征。沙二段下亚段为灰绿色、灰色泥岩与砂岩、含砾砂岩互层，夹碳质泥岩，地层厚度 100～200m。沙二段上亚段岩性为灰绿色、紫红色泥岩与灰色砂岩互层，夹钙质砂岩、含鲕砂岩及含砾砂岩，地层厚度平均为 75m，最厚 100m。

沙二段下亚段的地层厚度分布均匀，凹陷内没有明显的沉降中心存在。该时期砂岩厚度为 60m，最厚为 100m，但横向分布稳定，砂岩百分比值高达 40% 以上，主要以碎屑岩分布为主。该时期的沉积体系发育有河流、三角洲、湖相体系。河流体系主要分布在凹陷的南部和东部，范围比沙三段上亚段沉积时期扩大。三角洲体系继承了沙三段上亚段沉积时期的发育特点，并进一步向盆地内进积，但在凹陷北部地区，三角洲沉积主要由相互叠置的河口坝组成，反映了沉积作用的脉动性。湖相沉积区域进一步缩小，且只有浅湖沉积，仅限于西部的平方王地区。

沙二段上亚段凹陷范围明显缩小，区内分布稳定。砂岩厚度平均为30m，最厚45m。砂岩集中分布于凹陷的东部，百分比值较高，达40%以上，表明碎屑物质供应丰富。该时期广泛分布着浅湖相及冲积扇沉积。西部利津、博兴等地区主要为浅湖相沉积。冲积扇主要分布在东部牛庄、莱州湾地区，北部陈家庄凸起和青坨子凸起南缘局部发育有冲积扇。除此之外，在凹陷西南的博兴地区发育有三角洲相沉积，北部陈家庄凸起南缘局部也发育有三角洲相沉积。

2）沾化凹陷

沙二段沉积厚度一般为50～150m。沙二段下亚段底部为砂岩、灰色粉砂岩，上部为泥岩、泥灰岩夹碳质泥岩、油页岩和泥晶白云岩等，地层厚度0～200m。沙二段上亚段为灰绿色、杂色泥岩、粉砂岩和含砾砂岩，地层厚度0～260m。

沾化凹陷沙二段主要以河流、湖泊三角洲沉积为主，其中，沉积晚期主要沉积相类型有曲流河三角洲、近岸水下扇、滩坝、滨浅湖等。沿陈家庄凸起北坡罗家地区发育规模不大的三角洲、辫状河三角洲，垦东—青坨子凸起北侧、孤岛凸起周围发育一系列规模不大的扇三角洲，在这些扇体之间及盆地边缘部位发育滩坝沉积。在埕子口凸起周缘也发育较小规模的扇三角洲（图5-20）。

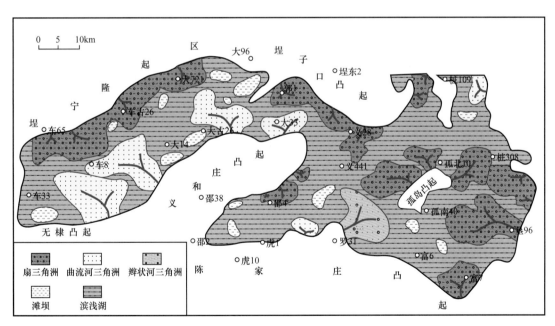

图5-20 沾车地区沙二段沉积晚期沉积体系分布图

沙二段沉积时期义和庄凸起、孤岛凸起及陈家庄凸起为渤南洼陷持续提供了沉积物源。在亚热带温湿气候背景下，渤南洼陷主要为扇三角洲沉积，局部发育三角洲相沉积。

沙二段沉积早期，水体急剧减小，罗家庄大部分地区暴露遭受剥蚀。主要物源来自西部的义和庄凸起和东部的孤岛凸起。来自义和庄凸起的古水流近东西向，来自孤岛凸起的古水流为北西向，两者均以碎屑物源供应为主，但这个时期物源供给不足。靠近孤岛凸起及义和庄凸起附近发育扇三角洲沉积，以水下分流河道砂为主，还发育有水下分流间湾沉积微相和河口沙坝沉积微相。随着扇三角洲向洼陷内部的推进，逐渐发育水下浅滩和坝砂沉积微相。总体上看，三角洲规模较小，湖盆内滩砂分布连续性较差，沙坝规模较小，常呈孤立状分布，反映出湖盆扩张初期物源供给不充足。

沙二段沉积中期物源和古水流继续保持早期的特点，但湖水面积扩大，物源供给充足。埕东凸起也开始发育小规模扇三角洲，义和庄与孤岛凸起三角洲规模有所增大，洼陷内滩砂全区连片分布，坝砂规模也有所增加，反映湖盆逐渐扩张，凸起带物源供给能力增强。洼陷东部发育扇三角洲沉积，新渤深 1—义 21 井区发育砂质滩坝沉积。扇三角洲沉积主要发育两条水下分流河道，分别沿义 121—义 115 井方向及义 120—义 77 井方向延伸。在义 11—义 66 井区发育远沙坝及席状砂沉积，义 77 井区附近发育扇三角洲朵叶的前端。在义东 36 井—义 48 井一带红层比较发育，集中分布在中上部，反映水体逐渐变浅，为水下低隆环境。沙二段沉积中—后期，湖水面积进一步扩大，物源也更为充足。主要物源来自两个方向，一是西部的义和庄凸起，其古水流方向近东西向，主要供应粗碎屑，但供给范围较小。二是孤岛凸起及垦西高地的混合物源，以孤岛凸起物源为主，陆源碎屑稍细，供给范围较大。孤岛凸起扇三角洲发育规模最大，在凸起带北侧发育典型的河口沙坝，埕东凸起三角洲分布范围也有所增大。此外洼陷内滩砂全区连片分布，坝砂数量进一步增加，发育多支月牙形沙坝。

沙二段沉积末期，湖盆扩张达到最大，各物源供给能力减弱，扇三角洲分布范围明显减小。洼陷由北向南发育两个相对独立的近岸水下扇扇体。扇体由义深 6 井区向义 60、义深 8 井区方向延伸。沿垦西至孤岛凸起西侧发育一系列扇三角洲，主要水下河道由义 99 井区指向义 40 井区，义 160 井—渤深 4 井区为其分支河道。另外，在孤岛扇三角洲西侧也发育一套扇三角洲沉积，物源来自垦西高地。这套扇三角洲沉积的主河道位于罗 354、罗 2、罗 17 等井区。扇三角洲北侧的罗 6 井—罗 63、罗 53 等井区发育近岸水下扇的沿岸砂坝。罗 54 井—罗 52 井区、邵 54 井区则为高能环境下的颗粒浅滩微相沉积，岩性为鲕粒白云岩、粒屑白云岩及砂质白云岩。邵 56、邵古 4、邵 31、邵 541 等井区发育近岸生物浅滩微相沉积。沙二段沉积末期随着湖水作用力增强，洼陷内沙坝数量与规模达到顶峰，月牙形沙坝十分发育，形成了沙二段的有利储层。此后湖盆长期间歇，形成了沙二段顶部稳定的高阻白云岩。

3）惠民凹陷

惠民凹陷沙二段以厚层紫红色泥岩为主，夹单个发育的中—厚层状指状砂岩体。泥岩质不纯，微含粉砂质。砂岩局部含灰质，分选差，泥质胶结。另外，地层中还夹有少量碳质页岩。

惠民凹陷沙二段沉积时期，湖盆拉张作用很弱。沉积体系基本继承了沙三段上亚段特征，但在阳信洼陷有所不同。阳信洼陷开始收缩，湖盆水体变浅，湖盆主体为滨浅湖亚相，半深湖—深湖亚相基本不发育。凹陷南部禹城—双丰辫状河三角洲由鲁西隆起向西和东北方向推进，北部越过街斜 2 井区，东部到夏 382 井区，西北到禹 5 井区，三角洲规模相对沙三段上亚段减小。曲堤三角洲由鲁西隆起向西南推进，西部到达夏 36 井区，北部到夏 14、夏斜 402 井区。凹陷北部肖 5 井区发育小型三角洲。沙二段沉积时期临邑三角洲规模较小，滋镇洼陷北坡发育的三角洲与临邑三角洲相连。滋镇三角洲由埕宁隆起向东南方向推进，南部到商83井区，东部到商4井区。阳信洼陷北部在阳6井区和阳34井区发育两个小型三角洲。三角洲分别由无棣凸起向南偏东和正南方向推进，两个三角洲在阳20、阳15井区相连后向西南方向推进。

4）车镇凹陷

车镇凹陷仅发育沙二段上亚段，缺失沙二段下亚段。岩性为灰色、褐灰色、紫红色泥岩与浅灰色砂岩频繁间互。

沙二段沉积时期继承了沙三段上亚段的沉积特征，物源供应充分。凹陷北部是主要物源区，发育有水下扇。南部为次物源区，主要发育有三角洲沉积。洼陷中部的半深—深湖沉积区发育有浊积扇。在大王庄鼻状构造断层活动弱，从凸起剥蚀区到沉积湖区的地形高差较小，地势较平缓，在半干旱亚热带气候条件下，水体季节性缩涨频繁，物源区以间歇性、短距离的小型物源河流为主。由于河流向湖盆的流入量小而不连续，大王庄鼻状构造主体上主要为滨浅湖滩坝沉积体系。这是湖浪和湖流对来自义和庄凸起物源的沉积物进行改造以及对凸起冲蚀作用形成的。

五、沙一段沉积相

沙一段沉积早期盆地快速沉降，气候变得潮湿，湖泊水体明显加深、扩大。沙一段沉积晚期，基底轻度抬升，湖泊水体收缩、变浅。

1. 岩性与古气候

沙一段岩性主要为灰色、深灰色、灰褐色泥岩、油泥岩、碳酸盐岩和油页岩组成。下部为泥岩、油泥岩或油页岩夹砂质灰岩、白云岩。上部为灰色、灰绿色泥岩、油泥岩，夹钙质砂岩、粉砂岩。

沙一段沉积时期亚热带的栎属占据优势地位。沉积早期，耐干旱植物拟白刺、麻黄等仍有较多出现，气候相对干热，晚期干旱性植物减少，气候又开始转向湿热。

2. 沉积相类型

沙一段的主要沉积类型有滨湖、浅湖、深湖相（半深湖、深湖亚相），在滨浅湖相发育有钙粒浅滩、藻滩沉积（姜秀芳，2011）。

1）湖相

（1）滨湖亚相。滨湖亚相沉积区介于湖泊汛期水位与枯水期水位之间。沙一段沉积时期湖水的进退、变化，常间歇性暴露于水面之上，岩性以浅灰、灰绿夹紫红色泥岩和粗碎屑岩为特征，粗碎屑岩约占地层厚度的20%～30%，化石较少，以浅水生物碎屑、孢粉及陆生植物残骸为主，局部见碳质碎屑。

（2）浅湖亚相。沉积区发育于枯水期湖面以下和正常波基面以上的浅水地带。该带水体活跃，波浪、潮流作用较强。泥岩以浅灰色、灰绿色为主。滨外砂质滩坝及钙粒、浅滩、藻滩相沉积相间发育。生物繁盛，主要见介形类和腹足类。

（3）深湖亚相。深湖亚相沉积区位于正常波基面以下较深水域。沙一段深湖亚相岩性以深灰色泥岩夹粉砂岩、泥灰岩、白云岩为特征。化石以介形类为主，腹足类较少。而更深区域的沉积则以灰色、深灰色含有机质的钙质泥岩、油页岩及纹层状白云岩为特征。

浅湖及深湖亚相暗色泥岩均是良好的生油岩。沾化凹陷沙一段厚达500m，生油指标普遍很好。在深湖缓坡带三角洲及滩坝沉积发育，陡坡带以冲积扇沉积为特征。

2）滨浅湖环境下的碳酸盐岩沉积

在沙一段沉积时期，济阳坳陷内湖水覆盖面积广泛，湖水较浅，除洼陷中心外大部分处于滨浅湖沉积环境。古气候温暖、湿润，湖泊周围地形高差较小，周边陆源碎屑供应量少，该时期湖水清澈，有利于生物的大量繁殖。因此，除沙四段之外，沙一段是济阳坳陷内发育湖相碳酸盐岩的另一个重要层位（图5-21）。沙一段沉积有颗粒型、生物粘结型和泥晶型碳酸盐岩。其中，较为典型的是粒屑（颗粒）碳酸盐岩沉积。

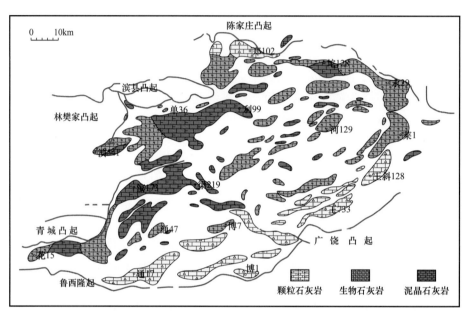

图5-21　东营凹陷沙一段碳酸盐岩岩相分布图

济阳坳陷厚层粒屑灰岩的形成，主要是在利于形成碳酸盐粒屑的古湖盆中，由浪成水流对粒屑搬运、集散和再分布的结果。主要有两种沉积机制。第一种机制是，古湖盆中形成的粒屑经垂直湖岸的水流搬运后，形成堤、坝、滩式粒屑碳酸盐岩沉积。这一机制与滨浅湖滩坝砂沉积机理基本相同，也是湖盆破浪的能量变化，导致碳酸盐粒屑以堤、坝、滩的形式沉积在不同的水深部位。第二种机制是，粒屑经纵向流（沿岸流）搬运后，形成沙嘴、沙洲式粒屑灰岩沉积。这种机制沉积的粒屑灰岩形态与波浪冲向湖岸时的入射角有关。大入射角条件下的充填沉积，易形成普通粒屑滩或三角形粒屑滩，成岩后成为粒屑滩灰岩，如东营凹陷南坡青城凸起两侧的粒屑灰岩便属此类。小入射角条件下，易形成一端连陆地一端伸入水体的沙嘴或连岸沙洲，如孤岛西侧的粒屑灰岩体。

3.沉积体系展布

沙一段沉积时期，济阳坳陷整体沉降，气候潮湿，各凹陷湖盆面积扩大，水体加深。沾化、车镇、东营凹陷有较大面积的深湖—半深湖区。在盆缘靠物源区发育数量不多的小型近岸水下扇、扇三角洲（—浊积扇）沉积体系。东营凹陷三角洲沉积体系快速缩小，退至缓坡带。惠民凹陷以广泛发育的滨浅湖为特色。在各凹陷广大的滨浅湖背景上，常发育一些生物浅滩（图5-22）。

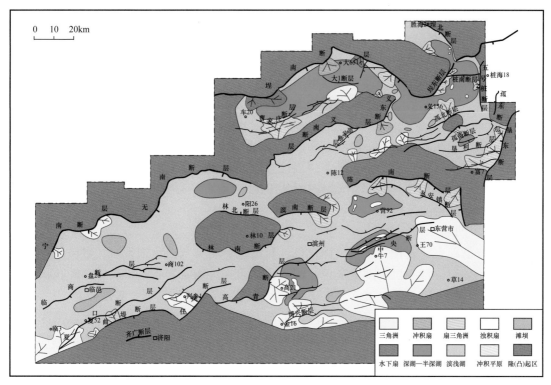

图 5-22 济阳坳陷沙一段—东营组沉积时期沉积体系分布图

4.各凹陷沉积相

1）东营凹陷

岩性主要由灰色、灰褐色泥岩、油泥岩、碳酸盐岩和油页岩组成。下部为泥岩、油泥岩或油页岩夹砂质灰岩、白云岩。中部为灰色、深灰色泥岩夹生物灰岩（螺灰岩、介形虫灰岩）、鲕状灰岩、针孔状藻白云岩及白云岩等。上部为灰色、灰绿色泥岩，夹钙质砂岩、粉砂岩。地层分布广，厚度相对稳定，一般 100～300m。

沙一段沉积时期盆地整体沉降，气候变得潮湿，水体明显加深、扩大，发育了以盆内深湖泥岩、油页岩及盆缘生物滩坝、砂质滩坝为主的湖相沉积。沙一段大致经历了早期滨湖、中期浅湖和后期半深湖—深湖三个发展阶段。沙一段沉积早期在滨湖沉积阶段，凹陷边部发育小型的冲积扇，构成局部分布的沙一段底砾岩层。凹陷内沉积有薄层砂岩，可能为河流沉积。凹陷中心部位发育滩坝沉积。沙一段沉积中期生物茂盛，湖水活跃，波浪和湖流较强，砂质和粒屑滩坝发育，凹陷处于浅湖沉积阶段。生物碎屑滩的发育除了利于生物生长的环境因素外，波浪和湖流的作用非常重要。沙一段沉积后期凹陷处于半深湖—深湖沉积阶段，随着基底局部抬升，湖泊水体收缩、变浅，盆缘发育了数量不多的小型近岸水下扇和扇三角洲沉积体系。

2）沾化凹陷

沾化凹陷沙一段较为发育，主要是开阔的浅湖—深湖环境下的沉积物，由泥岩、石灰岩或生物灰岩、白云岩等组成，底部夹粉细砂岩和砂岩。地层厚度 70m 左右。

沙一段沉积初期凹陷以滨浅湖相的滩坝发育为特征，既有砂质滩坝、又有生物滩，还有二者混合堆积的产物。生物灰岩分布广泛，但其厚度不大，一般为几米，局部可达十几米。在凸起边缘发育一些规模较小的三角洲、扇三角洲沉积。之后，水体迅速加深，分布范围也很广，发育了半深湖—深湖相沉积。随着湖盆进一步扩大，各个洼陷相互连通，水体相对咸化，物源注入相对较少。三角洲、扇三角洲规模较沙二段更小，以垦东凸起北部，孤岛凸起东部，埕岛潜山东、南、西等区域最为发育。在无河流注入的滨湖区泥灰岩、石灰岩、白云岩大面积分布。向湖方向的浅湖区水下的高地发育一套生物灰岩。

凹陷内碳酸盐岩滩相常与泥岩、粉砂岩滩相沉积互层，粗碎屑物质极少见到，表明陆源碎屑物质供应不足。当没有陆源碎屑注入时，以碳酸盐岩滩相沉积为主；当有陆源碎屑注入时，浑浊的水体容易堵塞水生生物的呼吸器官，影响光照和植物的光合作用，从而影响碳酸盐岩的沉积。

3）惠民凹陷

沙一段下部主要岩性为灰色、深灰色、灰绿色泥岩夹灰白色细砂岩、砂质灰岩、白云岩及钙质砂岩。沙一段中部为灰色、深灰色泥岩夹生物灰岩、鲕状灰岩、针孔状灰岩及白云岩等。沙一段上部为灰色、灰绿色、灰褐色泥岩夹钙质砂岩、粉细砂岩。

沙一段沉积时期湖盆基底再次沉降，滨湖—浅湖范围几乎覆盖整个盆地。半深湖—深湖仅在凹陷中心发育，三角洲的数量和规模均减小，滩坝和滑塌浊积扇相对发育。凹陷南部禹城—临南三角洲呈朵状向盆地中心推进，钱11井区发育有小型三角洲，曲古2井区发育有辫状河三角洲。盘参1—夏28—夏46井一带发育有三角洲，由鲁西隆起向西推进。凹陷中部主要发育滩坝和滑塌浊积扇。滩坝沉积发育在盘13、商9、盘50、临102、临6—临18等井区，以及阳信洼陷阳14井区。滑塌浊积扇沉积发育在田9、夏38、夏19等井区。凹陷北部仅在肖4、临92—临2和临28等井区发育有小型三角洲。

4）车镇凹陷

沙一段上部为灰夹绿色泥岩、砂岩，中部为灰色泥岩夹生物灰岩、碎屑灰岩和薄层灰质砂岩，下部为灰色泥岩夹白云岩、油页岩。自然电位曲线较平直，底部可见不规则的低幅负异常，顶部电阻呈锯齿状，底部为"剪刀电阻"，整体呈现"步步高"特征，为沙一段底部特有标志层。

沙一段沉积时期凹陷中部的洼陷区主要为半深湖—深湖沉积，湖盆周缘则为滨浅湖沉积区。注入凹陷的陆源碎屑来自北部。在车西和大王北地区的北部陡坡带有水下扇连片发育，规模较大。在车西和大王北等地区的半深湖—深湖发育有浊积扇沉积，但其规模不大。湖盆边缘的浅水地区形成了滨浅湖沉积。在车西北部、大王北南部和郭局子等地区发育有滩坝沉积，其中郭局子地区滩坝发育范围较大。

六、东营组沉积相

继沙一段沉积之后，湖盆沉降速度减慢并重新开始抬升，湖水逐渐收缩。在此背景下，东营组沉积时期主要经历了河流三角洲迅速向湖盆推进的过程，沉积形成了一套厚达 200～800m 的湖相—河流相地层。该时期，沙一段沉积时期坳陷的主要断裂活动减弱，沉降中心转向沾化凹陷，沉积南北差异性增强。

1. 岩性

主要为灰绿色、灰色、少量紫红色泥岩与砂岩、含砾砂岩呈不等厚互层，夹薄层碳酸盐岩。从凹陷中心向边缘岩性逐渐变粗，砂砾岩增加，泥质岩减少。纵向上具有明显的下细上粗的反旋回特征，可分为三段。

东三段主要为灰色砂岩与灰色、深灰色泥岩不等厚互层。东营、惠民凹陷岩性较粗，岩石颜色较浅，砂岩比较发育。沾化、车镇凹陷岩性较细，以泥岩为主。地层厚度一般0～420m，东营凹陷较薄，惠民、沾化、车镇凹陷较厚。东二段以灰绿色及深灰色泥岩、砂质泥岩为主，夹薄层灰白色及浅灰色粉砂岩、钙质粉砂岩，少量白云质灰岩。东营凹陷岩性较粗，砂岩发育。惠民、沾化和车镇凹陷岩性较细，以泥岩为主。地层厚度0～280m。东一段属湖盆演化旋回末期沉积，其顶部遭受不同程度的剥蚀。各凹陷缺失的程度不一样，惠民凹陷东一段完全缺失，东营凹陷的残余地层较薄，沾化、车镇凹陷地层较厚。岩性为灰绿色及紫红色泥岩、粉砂质泥岩，夹浅灰色及灰白色砂岩、含砾砂岩。东营凹陷岩性较细，沾化、车镇凹陷岩性较粗。地层厚度0～110m。

2. 古植被景观

古生物反映出东营组沉积期气候转凉，山地增多。植被中榆科含量增加，此前以栎属为优势的植物群变为以榆、栎、松并茂的落叶、阔叶和针叶、阔叶混交林。此外，草本植物有所发展，还见有一些较热气候带生活的树种，如海金砂属、竹柏属、木兰属和山龙眼属等。东营组沉积早期，低地沼泽较为发育，低地沼泽内常有柳、桤木和水龙骨等属组成的小林地。在开阔地带，还长有一定量的蓼、藜、菊、百合、唇形和乔本科的草本植物。所以东营组沉积期的古气候和植物群近似于今日长江至黄河流域之间的苏、皖、鲁地区的北亚热带型温暖带混交林。

3. 沉积相类型

东营组沉积期间，整个济阳坳陷仍被分割成几个相对独立的沉积单元。盆地由沉降逐渐转为抬升，水体在轻微扩张后迅速收缩。发育有（辫状河）三角洲相、河流相、扇三角洲相、近岸水下扇相、浊流相和湖泊相沉积（向立宏等，2016）。由于各凹陷的构造背景、古地貌的差异，沉积特征明显不同。

1）湖相

（1）深湖亚相。东营组沉积早期深湖相较为发育，分布在各凹陷中心部位，主要沉积了深灰色、褐灰色泥岩，夹少量灰、浅灰色砂岩和薄层碳酸盐岩、油页岩。见有介形虫属单峰华花介组合，反映出当时水体较深的强还原环境。

（2）滨湖—浅湖亚相。东营组沉积中—后期湖盆水体逐渐变浅，处于弱还原—氧化环境。在此背景下，除三角洲相和河流相沉积之外，主要发育滨湖—浅湖相。滨湖—浅湖沉积广泛分布在深湖相区之外的环湖盆区域，以粉细砂岩沉积为主。由于波浪和湖流作用强，沉积物分选好，磨圆度高。发育水平层理、波状层理和小型板状、楔状层理。滨浅湖发育的沙坝沉积，具有厚度大、范围广的特点，是主要的储层类型。整个沙坝沉积具有向上粒度变粗、分选变好的特点。顶部发育有钙质胶结砂岩，这是沙坝向潟湖一侧受盐度较高的潟湖水体影响的结果。滨浅湖沙坝储层在沾化、车镇、惠民凹陷广泛发育，呈环带状分布在湖盆边缘。东营凹陷仅西部高青、滨南等地区局部发现这类储层。

2）三角洲相

东营组三角洲类型为辫状河三角洲，一般沿湖盆的短轴方向发育。东营组辫状河三角洲沉积序列一般较为完整，但两次扩张期的收缩阶段三角洲平原不发育，只是在盆地处于较长时间的抬升或最后萎缩阶段，三角洲平原沉积才较为发育。三角洲前缘沉积物粒度较粗，多为中砂级以上。三角洲沉积最大厚度位于斜坡带转折处。辫状河三角洲沉积相从东二段沉积时期到东二段沉积时期东营凹陷、沾化凹陷、惠民凹陷均有发育，平面上由湖岸向湖心依次为三角洲平原亚相→三角洲前缘亚相→前三角洲亚相。

（1）三角洲平原亚相。东营凹陷是东营组辫状河三角洲平原亚相主要发育区，主要由辫状河河道和冲积平原组成，潮湿气候条件下可有河漫沼泽沉积。高度河道化、良好的侧向连续性是该亚相典型特征。与曲流河三角洲平原分流河道相比，辫状河三角洲平原亚相河道砂发育、粒度更粗，河道间见红色及灰绿色泥岩。河道稳定性差，平面上易频繁摆动迁移，纵向表现为多个由粗变细的正旋回相互叠置，堤岸微相不发育。靠近物源区砾石杂乱分布、分选差，长石含量高；远离物源区分选性较好、岩性相对较细，长石含量相对较低，以灰白色含砾砂岩、细砂岩为主。

（2）三角洲前缘亚相。三角洲前缘亚相在坳陷的东部大面积稳定展布，由厚层粉细砂岩、泥岩组成。由于受到河流、波浪的反复作用，沉积物经冲刷、簸扬和再分布，形成分选好、质较纯的砂岩集中发育带，这些砂体可构成良好的储层。三角洲前缘亚相主要发育水下分流河道、河口坝、远沙坝、前缘席状砂和水下分流河道间5种沉积微相。

（3）前三角洲亚相。东营组前三角洲亚相主要发育在沾化凹陷滩海地区东三段及东二段，岩性为灰色、深灰色泥岩和粉细砂质泥岩，见有水平层理、块状层理，偶见透镜状层理，泥岩中含有大量植物化石，生物扰动和生物潜穴发育。

3）河流相

东营凹陷的东二段及惠民凹陷、滩海地区东一段广泛发育河流相沉积体系（以辫状河沉积体系为主，局部发育曲流河）。岩性主要为灰色砾状砂岩，夹灰绿色、红色泥岩。粒度概率曲线为二段—三段式，自然电位曲线呈指状、齿化箱形。在沉积剖面上，自下而上表现出下粗上细的间断性正韵律特征。辫状河流沉积相依据其沉积特征可以划分为河床、边滩、河漫滩、心滩、决口扇、泛滥平原、河间洼地等亚相和微相，其中以河床亚相较为典型。

河床亚相主要由砾岩、含砾砂岩、粉细砂岩组成。砾岩中砾石成分复杂，有沉积岩、变质岩、火成岩等，具有一定的磨圆度，呈定向排列。底部大型板状、楔状交错层理发育，顶部常见小型槽状交错层理、水平层理。纵向上多个河床相沉积叠合构成多个正旋回序列，如东营凹陷胜坨油田，仅东三段就划分出5个沉积序列。每个序列与下伏泛滥平原相杂色泥岩呈突变式接触，二者之间具有明显的侵蚀冲刷现象。顶部粉细砂岩与上覆泛滥平原相砂、泥岩一般呈渐变式接触。河床亚相砂体具有厚度大、面积广、孔隙度和渗透率高等特点，是东营组主要储层类型之一。

4）扇三角洲相

济阳坳陷东营组沉积早期，沿凸起陡窄带发育扇三角洲。相对断陷鼎盛期，东营组沉积时期的扇三角洲规模小，分布局限，仅在埕东凸起北坡、埕北低凸起南坡等发育。东营组沉积中后期，扇三角洲体系基本不发育。扇三角洲沉积是在碎屑物质供应充足的条件下形成的，因此层序主体上显示由下向上变粗的反旋回特点。

其中，扇三角洲前缘亚相是由水下分流河道、分流河口沙坝及前缘席状砂等微相所组成。岩性主要为砂岩、粉砂岩及深灰色泥岩，多表现为韵律互层特点。粉细砂岩和泥岩中可见变形层理，这是由于扇三角洲沉积时的坡度比较大，在扇三角洲前缘滑塌形成的。

5）近岸水下扇

近岸水下扇仅在车镇凹陷陡坡带发育，以厚层块状致密含砾砂岩为主。砂体纵向连续分布，夹少量泥岩，呈复合正粒序。概率图显示明显的二段式构成，$C—M$图也呈现浊流沉积特征。近岸水下扇垂向层序有四种类型，即正韵律型、反韵律型、完整韵律型及块状层序，以正韵律型为主。岩性序列交替频繁，但单层都具正粒序特征。从下向上，沉积构造依次为底部冲刷构造、块状构造或递变层理、平行层理、波状水平层理、块状层理。

根据近岸水下扇形成的水动力条件、岩性组合、沉积构造、垂向粒序及电性等特征，可以细分为扇根、扇中和扇端三个亚相。

（1）扇根。扇根位于扇体顶端，正对凸起的沟口，向湖盆方向呈喇叭形展开。扇体底部紧贴基岩，坡度13°～25°，两侧受凸起伸出的山梁所限。在横向剖面上呈透镜体，正中部位常是凸起上沟谷向下延伸的一条主水道。扇根岩性粗，砂砾岩占80%以上，其中砾岩占1/3以上。单层厚度大，泥岩夹层少且薄，颜色为灰绿或紫红色。自下而上依次为基质支撑砾岩—颗粒支撑砂砾岩。砂砾岩分选极差，层理不明显，常见块状层理、粗糙平行层理和不清晰的大型槽状交错层理。底面常为冲刷面或岩性突变面，向上略呈正粒序或厚层块状构造。

（2）扇中。扇中位于扇根前方，呈半弧扇形，面积占整个扇体的65%～70%，也是厚度最大的部位。扇中部位砾岩减少，砂岩最发育，泥岩夹层增多。泥岩以浅灰、灰和灰绿色泥岩为主，少量深灰色泥岩，含浅水介形虫化石。自下而上泥岩厚度增大，色变深。

（3）扇端。扇端位于扇中前方，已进入浅湖—半深湖区。岩性以泥岩为主，夹砂岩，砂岩含量小于25%。泥岩颜色主要为灰、褐灰和深灰色，少量浅灰色，偶见绿灰色。泥岩质纯，见水平层理。砂岩为粉、细砂岩，偶见中、细砂岩薄层，粒序不明显。砂岩发育波状层理、波状交错层理和水平层理，含较多介形虫，有时可见白云岩和油页岩薄层。向盆地方向砂岩呈指状与褐灰、深灰色泥岩互层，并逐渐消失。

6）滑塌浊积扇

济阳坳陷东三段—东二段沉积时期，滑塌浊积扇发育在辫状河三角洲、扇三角洲前方的低洼区。由于断陷末期盆地的地势平坦，东营组滑塌浊积扇相对于沙三段沉积时期的规模较小。东营组滑塌浊积砂岩单层厚度薄，一般为5～10m，扇体分布范围小。东营组滑塌浊积扇仅在孤北洼陷北部的桩南断层下降盘及滩海地区发育，以块状致密细砂岩为主。层序主体上显示由下向上变细的正韵律特点。

东营组滑塌浊积岩以粉砂—细砂岩为主，发育段呈砂泥岩薄互层。岩性总体较细，在桩424井和桩931井岩心中，主要为致密块状砂岩及砂泥岩互层。从粒度上看，滑塌浊积扇粒度较细。例如桩424井东三段三个深度粒度概率图上，曲线呈平缓的弧形，呈由跳跃总体和悬浮总体组成的两段式。悬浮总体含量大，斜率较小，含量大于60%，分选很差；跳跃总体含量小于40%，斜率较大，分选较好。桩424井东三段C—M图上，样品点分布呈平行于C=M线的直条形。

4. 沉积体系展布

受断陷末期单斜式沉积体系的影响，东营组沉积体系的分布具有东西分异、南北一体、物源一致的特征。以北东向排列的凸起带（埕北凸起、埕东凸起、义和庄凸起、滨县凸起、林樊家低凸起、高青凸起）为界，西部的车镇凹陷、惠民凹陷以发育滨浅湖—半深湖沉积体系为主，物源贫乏。东部东营凹陷、沾化凹陷及滩海地区沉积体系丰富，鲁西隆起东部及垦东凸起为其提供了充足的物源。沉积体系的分布由南向北发育河流相及辫状河三角洲相沉积体系。

1) 东三段

东三段沉积时期为东营组发育的初始阶段，地层保留相对完整，凸起的边缘局部遭受剥蚀，地层缺失。整体上看，盆地东北部的厚度大，一般为100～500m，西南薄，一般为100～300m，沉降中心位于滩海地区至渤中凹陷，最厚可达700m。此时由于南部断层活动减弱，北部断裂的活动强烈，整个坳陷的沉积体系具有南浅北深、继承性发育的特点。南部鲁西隆起及垦东凸起与盆地的高差较大，凸起带风化剥蚀产物向盆地内部快速充填。因而形成了东营凹陷、惠民凹陷辫状河三角洲沉积体系，岩性主要为灰色和浅灰色的含砾砂岩，缺乏湖相沉积。北部车镇、沾化、滩海地区继承了沙一段沉积时期的特点，以深湖—半深湖沉积为主，发育深灰色泥岩、油泥岩。仅在孤北洼陷、埕北凸起的东部发育三角洲前缘滑塌浊积扇（图5-23）。

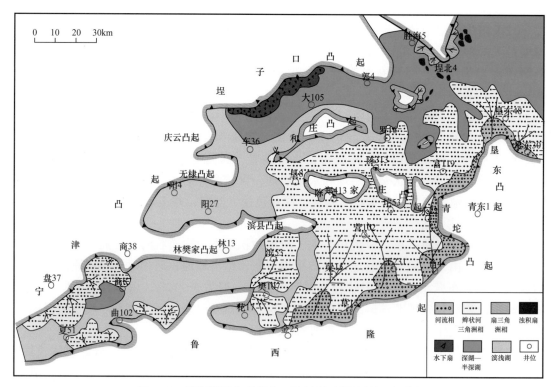

图5-23　济阳坳陷东营组东三段沉积时期沉积相平面图

由于南部湖盆的抬升和大量碎屑物质的供给，来自鲁西隆起的物源由南部东营凹陷向北推进到陈家庄凸起以北的邵家、罗家一带形成跨凹陷的大型辫状河三角洲沉积体系。垦东凸起提供的物源推进到富林洼陷、孤北洼陷、五号桩洼陷一带形成辫状河三角洲沉积体系。这两个辫状河三角洲沉积体系最终连成一片。西部惠民凹陷，由于中央隆起带、林樊家构造的逐渐形成和临商断裂体系的强烈发育，使得南、北洼陷分离，沉降中心和沉积中心均转移至西南部的临南洼陷。临南洼陷东三段厚度可达400m，而阳信地区东三段仅为100m。宁津凸起提供的沉积物源在临南地区形成小型辫状河三角洲沉积体系。阳信洼陷则为一套闭塞的浅湖沉积，岩性以灰色、绿灰色泥岩为主。车镇凹陷与沾化凹陷的北部物源供给贫乏，主要为连片的深湖—半深湖沉积，砂体不发育，仅在车镇凹陷的北部陡坡带、埕北凸起与埕东凸起南部发育小型的近岸水下扇及扇三角洲。

2）东二段

东二段沉积时期为湖盆演化的收缩期。在丰富物源供给和有限的可容空间增量的共同控制下，整个湖盆水体变浅（图5-24）。纵向上东营凹陷由早期的辫状河三角洲沉积演变为辫状河沉积。惠民凹陷发育的辫状河三角洲沉积体系由东三段的进积式演化为东二段的退积式。车镇凹陷主要为滨湖—浅湖相泥岩沉积，仅在车西洼陷北坡发育规模不大的近岸水下扇。沾化凹陷在东二段沉积早期为深灰色、灰色泥岩沉积，中后期湖盆进积充填作用明显，广泛发育辫状河三角洲前缘砂体，一直向北延伸到埕北地区。

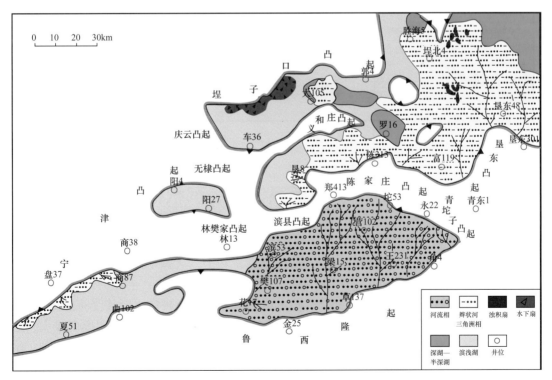

图5-24　济阳坳陷东营组东二段沉积时期沉积相平面图

3）东一段

东一段沉积时期属东营组沉积晚期。由于长期基准面持续下降，湖盆不断萎缩、湖水变浅，整个坳陷东一段广泛发育河流相及滨—浅湖沉积（图5-25）。东一段沉积物粒度较粗，河道化明显，表现低弯度的河流—泛滥平原沉积，红色泥岩增多。由于前期的快速充填作用，整个盆地东一段的地层厚度差异不大，一般在100～200m之间。东营组沉积后由于受东营运动的影响，地层整体抬升遭受剥蚀，东一段的地层剥蚀程度尤为强烈。西部的惠民凹陷仅在临南断层附近尚有东营组的残留地层，阳信地区已基本剥蚀殆尽，东部东营凹陷也剥蚀严重，沾化凹陷地层剥蚀程度要小于东营凹陷。

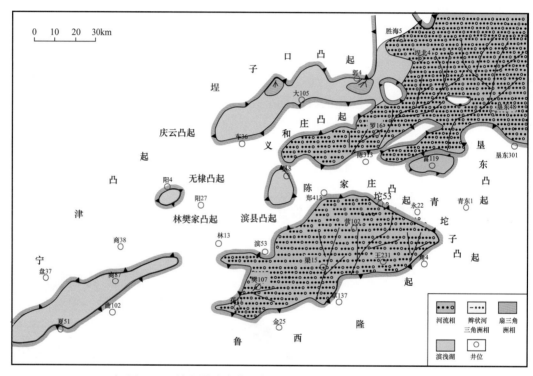

图5-25 济阳坳陷东营组东一段沉积时期沉积相平面图

第三节 新近系馆陶组沉积相

新近纪，济阳坳陷与渤海湾盆地其他地区融为一体整体下沉，接受了一套分布广泛的以河流相为主、局部夹湖相的沉积，地层厚度差别不大（国景星等，2008）。除主要断裂外，其他断裂均停止活动，体现了这一时期整体坳陷的特征。

馆陶组是在古近纪末期地壳上升、湖水退出以后、地壳再次下降接受沉积的产物。沉积初期（馆陶组下段）基本上继承了古近纪的沉积特点，在凹陷区地层厚度较大、层序也较全，凸起区地层明显减薄，有超覆现象，为充填式沉积。晚期为坳陷型沉积，馆陶组上段厚度、岩性及分布均较稳定。

济阳坳陷新近系馆陶组冲积—河流沉积体系垂向上的演化具有由冲积扇—辫状河沉

积到低弯度河再到曲流河的特点。

馆下段沉积时期，济阳坳陷物源主要来自埕宁隆起和东营凹陷东南部的广饶凸起、潍北凸起和垦东—青坨子凸起，陈家庄凸起和义和庄凸起也为局部物源，沉积体系具有近物源的特点。因此，该时期主要在凸起边缘发育冲积扇—辫状河沉积。

馆上段沉积早期，地形趋于平缓，凸起范围缩小，作为物源的功能降低，而以埕宁隆起为主要物源区。受古地形的影响，高部位地层厚度较薄，低部位地层厚。低部位成为辫状河道主要发育区，砂质沉积厚且连续，底部为含砾砂岩沉积，向上粒度变细，泥岩为灰色、灰绿色。高部位经常暴露地表，在洪泛期接受泥质的沉积，受氧化作用影响以棕红色、红色为主，而粗粒沉积多为含砾砂岩。高部位与低部位之间的斜坡处明显具有过渡的沉积特征，泥岩夹层比低部位多而比高部位少（图 5-26），多为绿色。河流发育类型仍然为辫状河，属于远源辫状河，低部位顶部有向低弯度河转变的趋势。

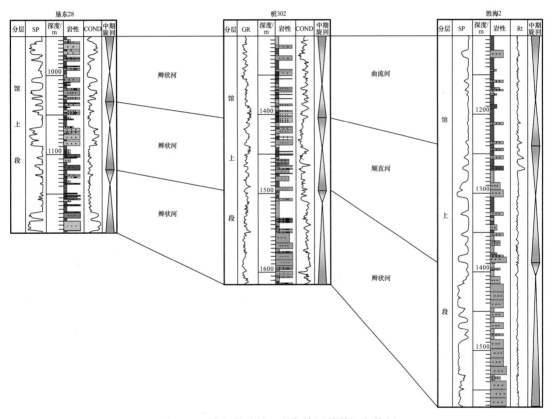

图 5-26　济阳坳陷馆上段各旋回单井沉积特征

馆上段沉积中—后期物源进一步后退，以埕宁隆起区为主要物源。济阳坳陷内部义和庄、陈家庄凸起不复存在。但受古地形影响，原凸起部位沉积厚度较薄，属辫状河道间沉积。低部位由于距物源更远，泥岩沉积明显增多，以泛滥平原沉积为主。河道发育类型为低弯度河。馆上段沉积后期气候变得干旱，济阳坳陷内各区泥岩颜色呈棕红色、紫红色、红色。

一、岩性

馆陶组与下伏地层为区域不整合接触，可以划分为馆上段和馆下段两段。馆下段岩性为灰色、灰白色厚层块状砾岩、含砾砂岩、砂岩夹灰色、灰绿色、紫红色泥岩、砂质泥岩。地层厚度200～500m。馆上段岩性为紫红色、暗紫色、灰绿色泥岩、砂质泥岩与粉砂岩互层，夹粉、细砂岩。下部砂岩较发育，上部泥岩较发育。地层厚度120～380m。

二、古生态景观

古生物研究发现，新近纪早期的中新世植被仍为亚热带阔叶、针叶混交林，草本植物有所增加。馆陶组沉积期是济阳坳陷进入古近纪后的第四个相对湿润期，属亚热带型，气温较高，雨量充沛。

馆下段下部沉积时期由于受古近纪末期气温变凉的影响，植被以针叶、阔叶混交林为主，针叶树种相当发育，落叶阔叶树生长在低平的汇水区四周。水体边部滞流带生长有水生植物菱角。这时的气候主要是温带—暖温带，比较湿润。至馆下段中部沉积时期，地势开始变得平坦，或有丘陵起伏，除较高凸起外，大部分地区接受了沉积。馆下段上部—馆上段沉积时期，沉积范围扩大到全区，水体以曲流河或网状河为主，局部出现浅湖或半深湖。此时气候变得非常温和，雨量充沛，植被丰茂。植物类型分异度较高，优势度低，以常绿和落叶阔叶森林型植被为主。

馆上段到明下段沉积时期，介形类动物群主要生活在一些发育时间较长，面积较大且相对稳定的淡水湖泊和沼泽中。腹足类多为前鳃亚纲的属种，均为水生类型，生活于淡水、浅水或岸边、池沼、河流、小溪等水域。水生植物及绿藻门类型发育，说明水质以淡水为主。在半深水或较深水区葡萄藻非常繁盛，它主要生长于暖温带—亚热带，要求相对平静、阳光充足、没有污染的水体内。

三、沉积相类型

济阳坳陷新近系馆陶组主要存在两种相类型，即山麓洪积相、河流相，其中河流相的发育时间长、覆盖面积广。在较为封闭的环境中，在山麓洪积相的前方发育有扇前洪泛平原沉积。

山麓洪积相可分为冲积扇和坡积带两种类型沉积。扇前洪泛平原沉积又分为扇前洪泛平原亚相和间歇性河道沉积。在河流相沉积主要有辫状河、曲流河沉积两种类型，并可进一步细分为河道亚相、河道边缘亚相、泛滥平原亚相、道间亚相、废弃河道亚相等多个亚相（表5-3）。

表5-3　济阳坳陷新近系馆陶组主要沉积相类型

沉积相类型	沉积亚相或微相
山麓洪积相	冲积扇（未细分）
	坡积带

沉积相类型		沉积亚相或微相
扇前洪泛平原沉积		扇前洪泛平原亚相
		间歇性河道
河流相	辫状河	河道亚相
		河道边缘亚相
		河道间亚相
	曲流河	河道亚相
		河道边缘亚相
		泛滥平原亚相
		废弃河道亚相

1. 山麓洪积相

1）冲积扇

济阳坳陷新近系的冲积扇相主要是在馆陶组沉积早—中期地形高差相对较大的背景上发育起来的，均位于坳陷周缘或坳陷内凸起的边缘。冲积扇的扇根以砾岩为主，扇中以块状含砾砂岩为主，扇缘岩性变细，主要为杂色泥岩、泥质粉砂岩。泥岩多为棕红色，且自下而上单层厚度逐渐增厚。岩石的结构特征上，粒度中值变化大，分选、磨圆极差。粒度概率图上表现为一段式或较为平缓的两段式，反映出块体悬浮搬运的特点。$C—M$图上主要发育 O—P—Q—R 段，缺少均匀悬浮（RS）段。扇根、扇中的砾石小的只有 1～2mm，大的可达 10～15mm。含砾砂岩中值为 0.2～0.5mm，砂岩粒度中值一般为 0.1～0.2mm。沉积构造上看，砾岩中可见正递变粒序层理，砂岩中发育交错层理，底冲刷现象明显，粉砂质泥岩层面上见有泥裂。在冲积扇扇中辫状河道沉积物中很少见到古生物化石，在细粒沉积物中偶尔可以见到植物炭屑。冲积扇横向上砂砾岩厚度变化大，平面上呈扇形或锥形，纵剖面上呈底部不甚规则而顶凸的楔形，横剖面上呈顶凸的透镜状。扇中的辫状河道在平面上多呈放射状或树枝状，横剖面上呈孤立的透镜状或由多个透镜状相互叠置形态。

2）扇前洪泛平原相

岩性主要为紫红色、灰绿色、杂色泥岩、粉砂质泥岩与薄层砂岩、粉砂岩、泥质粉砂岩互层，砂岩中岩屑含量极少。砂岩粒度中值一般小于 0.1mm，粒度概率图上一般呈两段式，悬浮总体含量一般在 65%～75%，跳跃总体与悬浮总体的截点 ϕ 值一般在 3.5～4.0 之间。砂岩中发育平行层理、波状层理等沉积构造，见有生物扰动构造。泥岩中有时可见黄铁矿结核，层面可见泥裂。岩层中见有炭化植物碎屑，有时可与云母片富集成层。砂层累计厚度一般小于 45m，单砂层厚度一般小于 15m。砂层厚度系数一般小于 0.45，砂体横向分布不稳定，形态不规则。

3）间歇性河道相

岩性主要为薄层砂岩、粉砂岩孤立于紫红色、灰绿色、杂色泥岩、粉砂质泥岩中，砂岩中岩屑含量极少。砂岩粒度中值变化较大，一般介于 0.07～0.3mm 之间。概率曲线上一般表现为两段式，跳跃总体与悬浮总体大致相等。砂岩中可见槽状、交错层理、楔状交错层理、平行层理、波状层理等沉积构造。岩石中化石较少见，仅见炭化植物碎屑。砂层累计厚度一般介于 35～55m，单砂层厚度一般大于 6m。砂层厚度系数一般大于 0.45，砂体在横向上呈延伸不是很远的串珠状。

2. 河流相

济阳坳陷新近系馆陶组以河流相沉积为主，且具有分布面积广和延续时间长的特点。岩性以砂岩、泥岩为主，部分地区发育薄层含砾砂岩及砾状砂岩。岩石类型上为岩屑质长石砂岩和长石质岩屑砂岩。砂岩岩屑成分较复杂，有花岗岩、变质石英岩、泥岩、碳酸盐岩等，成分成熟度较低。结构特征上，碎屑颗粒分选差—中等，分选系数一般大于 1.20。粒度概率图上表现为明显的两段式，以跳跃总体为主，有时跳跃总体可分为两个次总体。C—M 图上表现为牵引流型的 S 型特点，PQ、QR、RS 段较为发育。层理类型多样，以大型槽状及板状交错层理为特征，但是它们均发育在河流底部岩性较粗较纯的砂岩中；小型的板状层理、楔状层理、平行层理、波状层理等沉积构造较为常见。粉砂岩和泥岩中可见到钙质结核、炭化植物碎屑及较完整的塔螺化石等。在块状砂岩底部发育冲刷面，冲刷面上可见有泥砾，这是河流相的主要标志之一。

新近系河流相沉积层序具有较为明显的正韵律特征。底部为冲刷面，冲刷面之上常见有滞留沉积物。垂向上"二元结构"明显：下部以中细砂岩、粉砂岩为主，底部可见含砾砂岩，以侧向加积为主。上部为细粒的泥岩、粉砂质泥岩，属于泛滥平原亚相沉积，以垂向加积为主。这种具有正韵律的"二元结构"在沉积剖面上多次重复出现。河流相砂体厚度大，横向上连通性较好。砂体在平面上多呈宽带状，横切河道的剖面上多呈底凸顶平的透镜状和叠加透镜状等。

1) 河道亚相

河道亚相是河流沉积中砂体最为发育，砂层厚度最大的沉积相带。济阳坳陷新近系发育两种类型的河流，即曲流河和辫状河，这两种类型的河流具有不同的沉积特征。

(1) 辫状河河道亚相。岩性以长石岩屑砂岩、岩屑质长石中—细砂岩为主，夹薄层粉砂岩和泥岩。砂岩中石英含量 35%～60%，长石含量 30%～40%，岩屑含量变化较大且成分复杂。砂岩的粒度中值一般为 0.15～0.50mm，分选中等，多呈棱角状及次棱角状。粒度概率图上类型多样，以两段为主，跳跃总体占 70%～80%，且常分为两个次总体，显示出受季节性洪水影响的特点。见有板状及楔状交错层理、平行层理、单向斜层理等。砂体底部常见底部冲刷现象，并在冲刷面附近有 1～5mm 大小不等的泥砾。垂向层序表现出粒序正递变特征，但心滩沉积垂向上正递变不明显，甚至会出现反递变。砂体厚度一般较大，但不同地区不同层位有所差异。砂层一般大于 60m 或 80m，单砂层厚度一般在 30m 以上，砂层厚度系数一般大于 0.6。砂岩孔渗性好，对于单砂层来说，中下部物性最好，向上因泥质增多而导致物性变差。砂体的横切剖面上，心滩中心部位厚度较大，粒度较粗，物性较好，向两侧厚度减薄，泥质成分增多，物性变差。

(2) 曲流河河道亚相。主要以长石细砂岩、粉细砂岩、粉砂岩为主，局部发育含砾砂岩。砂岩中石英含量占 40%～50%，长石含量占 30%～40%，岩屑含量占 15%～28%。砂岩的粒度中值一般为 0.10～0.25mm，分选中等，多呈次棱角状。粒度概率图上类型多样，以两段式为主。跳跃总体占60%～80%，斜率较陡。跳跃总体与悬浮总体的截点ϕ值在2.3～3.5之间。沉积构造常发育低角度的交错层理、小型槽状交错层理、平行层理和上攀层理等，砂体底部常见冲刷充填构造。垂向层序上表现出粒序正递变特征：下部以细砂岩或粉细砂岩为主，发育低角度的交错层理；向上变为粉砂岩及泥质粉砂岩，发育小型槽状交错层理、上攀层理等。砂体厚度一般大于20m，单砂层厚度一般大于4m，砂层厚度系数一般大于0.15或0.20。与河道砂体垂直的方向上，砂体呈底凸顶平的透镜状。

2）河道边缘亚相

河道边缘亚相是河水满岸或漫溢时，在主河道两侧形成的细粒沉积。岩性以薄层细砂岩、粉砂岩、泥质粉砂岩为主，夹灰绿色泥岩、粉砂质泥岩。细砂岩的矿物成分与河道亚相基本相同。粉砂岩以长石粉砂岩为主，黏土杂基含量较高，常达10%～15%，黏土矿物以蒙皂石为主，有时也见钙质胶结物。砂岩的粒度中值变化较大，一般为0.15～0.05mm。粒度概率曲线为两段式或三段式，悬浮总体一般大于40%，高者可达60%以上，跳跃组分明显减少。沉积构造常见上攀层理、波状层理、小型交错层理、滑动构造等，有时还可见到虫孔和生物扰动等生物遗迹构造。河道边缘亚相砂体厚度较小，且因河型不同变化较大。辫状河河道边缘亚相砂体厚度较大，单砂层最大厚度可达8～16m。曲流河河道边缘亚相砂层厚度相对较小，一般小于20m，单砂层厚度一般介于2～6m。横剖面上，河道边缘砂体与河道砂体相邻，呈楔形，延伸距离短，剖面上呈宽度不等的条带状。

3）泛滥平原亚相

泛滥平原亚相是曲流河河道边缘以外的广阔冲积平原沉积。岩性主要为灰绿色及杂色泥岩，夹粉砂岩、泥质粉砂岩。粒度概率曲线表现为两段式，悬浮总体高达70%～80%，截点ϕ值在3.0～4.0。沉积构造常见波状—水平层理、水平层理及生物扰动构造等。河漫湖泊沉积的灰绿色泥岩中可见螺、蚌等完整化石，漫滩沉积中可见炭化植物碎片。泛滥平原亚相的砂层厚度一般较小，单砂层厚度一般小于4m，砂层厚度系数小于0.10。泛滥平原亚相可以划分为泛滥平原主体和道间洼地两个微相。

4）废弃河道亚相

废弃河道亚相是由曲流河的截弯取直作用或者辫状河迁移改道后，废弃河道段经过淤塞堆积而成。砂层厚度一般在20～40m，单砂层厚度一般在4～10m。在空间分布上，砂体远离河道形成弯曲的或新月形砂岩分布带。

四、沉积体系展布

济阳坳陷新近系沉积体系的分布在很大程度上受到古构造和古地形的控制。

馆下段沉积时期受断裂活动控制，坳陷内为填平补齐式沉积，义和庄凸起和陈家庄凸起的存在将坳陷分隔为南部（东营、惠民凹陷）和北部（沾化、车镇凹陷）两大沉积单元（图5-27、图5-28）。南部惠民凹陷仅在局部地区接受沉积。东营凹陷砂体厚度较小，泥岩含量增大，沉积相类型为冲积扇—泛滥平原亚相。东营凹陷南部缓坡区及平原区地形坡度较小，水流能量也较小，物源供应相对减少，冲积扇规模一般较小甚至不发育，仅发育辫状河流相。北部沾化、车镇凹陷沉积厚度大，北缘具有坡度陡、物源近及构造活动强烈、古地形复杂等特点，发育冲积扇和辫状河。车镇凹陷砂层厚度较大，岩石类型以含砾砂岩为主，由于靠近埕宁隆起，砂体多呈扇形分布，为冲积扇沉积。沾化凹陷砂体厚度较大，主要岩性为岩屑质长石中—细砂岩，为辫状河道沉积。

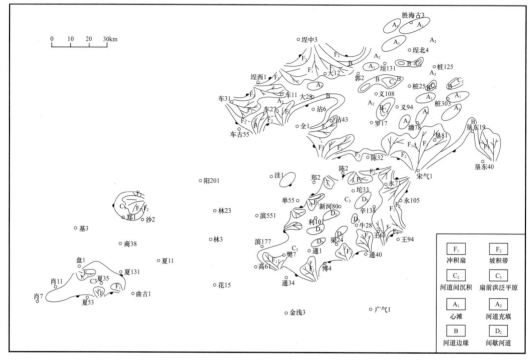

图 5-27　济阳坳陷新近系馆下段沉积早期沉积体系分布图

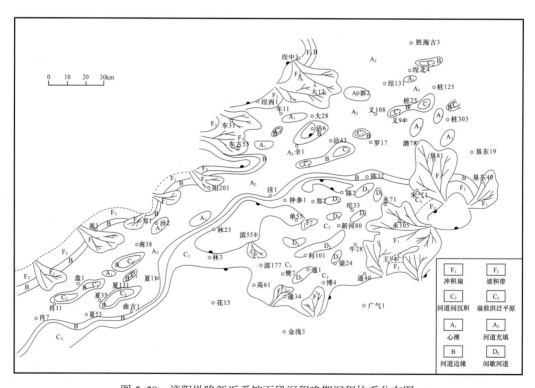

图 5-28　济阳坳陷新近系馆下段沉积晚期沉积体系分布图

馆上段沉积早期开始，坳陷内四个凹陷连为一体，相互贯通（图 5-29、图 5-30）。义和庄、陈家庄和滨县凸起被沉积物覆盖，但受地形影响，沉积厚度相对较薄。坳陷北

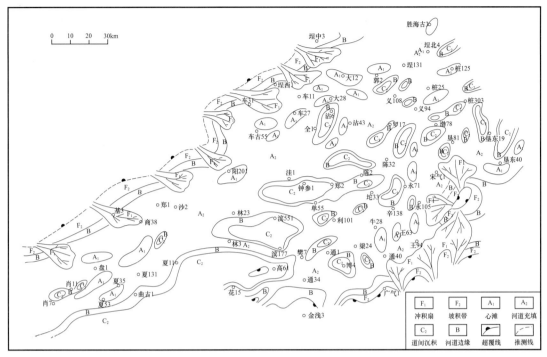

图 5-29　济阳坳陷新近系馆上段沉积早期沉积体系分布图

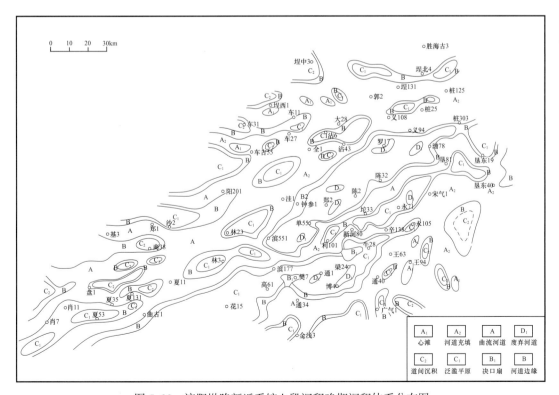

图 5-30　济阳坳陷新近系馆上段沉积晚期沉积体系分布图

缘、东南部主要发育辫状河，其他地区基本上是属于低弯河沉积。砂层厚度明显变薄，泥质含量增大，砂体在平面上连片性较差，多呈透镜状分布。馆上段沉积中—后期整个济阳坳陷已趋平坦，河道亚相范围进一步变小，泛滥平原亚相逐渐占绝对优势，故泥质岩类广泛发育。河流沉积的规模较小，河水能量低，沉积物细，泥质含量高，并以泛滥平原亚相广泛发育为主要沉积特征。这一时期河流的性质已发生较大的变化，为离物源区较远的曲流河沉积。

第六章 烃 源 岩

济阳坳陷发育多套烃源岩。不同烃源岩在沉积环境、有机质丰度、类型、生烃演化和成藏贡献差异很大。其中，古近系沙四段中上部和沙三段下部优质烃源岩发育，是区内的主力烃源岩；沙三段中亚段为一套普通烃源岩，有一定的生烃能力；沙一段也发育一套优质烃源岩，但由于成熟度较低，仅在局部地区具有一定成藏贡献。中生界存在含煤沉积，但烃源岩整体质量较差；石炭系—二叠系也存在煤系烃源岩，以生气为主，其生成的天然气在孤北古1、车古27井已基本得到证实；下古生界为一套海相沉积，烃源岩有效性尚未得到证实。

第一节 古近系烃源岩

一、烃源岩发育特征

1. 古湖泊盐度类型及其演变

湖泊盐度不仅影响湖泊生物的类群和原始生产力，而且对有机质的保存产生重要影响。济阳坳陷所在的渤海湾盆地古近纪广泛发育湖相沉积，但古湖泊的含盐度变化幅度很大，形成不同类型的烃源岩。根据济阳坳陷古近系湖盆发育的实际，古近纪湖泊按盐度划分为盐水（盐度≥50‰）、咸水（35‰≤盐度＜50‰）、半咸水（5‰≤盐度＜35‰）、微咸水（0.5‰≤盐度＜5‰）和淡水（盐度＜0.5‰）等类型，其中前三类为咸化湖。

根据蒸发盐矿物组合、生物标志化合物和微量元素等指标，济阳坳陷古近系烃源岩发育层段的古湖泊盐度和湖泊类型演化可大致分为5个阶段。

（1）孔店组—沙四段下亚段沉积时期，济阳坳陷气候整体较为干旱，仅在东营凹陷北部等地区存在规模较大的暗色泥质岩沉积，富集石盐和石膏等蒸发盐矿物（图6-1），局部还存在杂卤石和芒硝类型矿物，表明该时期湖泊卤水演化整体处于石盐和石膏沉淀阶段，盐度最高可达260‰，湖泊类型为盐湖。

（2）沙四段上亚段沉积时期，济阳坳陷气候开始由干旱向湿润变化，湖水扩张，盐度降低。东营凹陷沙四段上亚段富集白云石和方解石等化学沉淀矿物，局部含石膏类矿物，指示咸化环境的伽马蜡烷富集；车镇凹陷的郭局子洼陷—大王北洼陷和沾化凹陷的渤南洼陷下部石膏类矿物较为富集，局部地区可见到少量石盐矿物，伽马蜡烷富集；其他如惠民凹陷、车西洼陷等地区石膏类矿物少见，伽马蜡烷中等富集。可以看出沙四段上亚段湖泊水体演化整体处于碳酸盐—石膏沉淀阶段，湖泊类型为咸水湖，但不同地区盐度存在一定差异。

坨176井，2999m，沙四段下亚段　　　　　　梁107井，3401m，沙四段下亚段

图6-1　东营凹陷部分探井钻遇石盐矿物手标本特征

（3）沙三段下亚段沉积时期，济阳坳陷气候相对湿润，湖水盐度进一步下降。沙三段下亚段整体富含碳酸盐矿物，但石膏等蒸发盐矿物已非常罕见。其中，东营凹陷碳酸盐矿物以方解石为主，伽马蜡烷含量相对较低，根据硼元素古盐度测定，湖水盐度平均为12‰；渤南洼陷—郭局子洼陷—大王北洼陷地区，其下部白云石含量较高，伽马蜡烷含量中等，且富含噻吩类含硫化合物，表明盐度高于东营凹陷。另外，从湖泊开放性来看，多数学者认为，该时期为闭流湖，蒸发浓缩可造成盐度的一定富集。综合以上分析，认为沙三段下亚段湖泊类型整体为半咸水湖相，但部分地区下部层段为咸水湖，而顶部层段为微咸水湖相。

（4）沙三段中—上亚段沉积时期，气候更加湿润，随着沉降速率减缓和较大河流的形成，湖泊已由闭流湖转化为敞流湖，湖泊盐度大幅度降低，硼元素古盐度测定为1.5‰，湖泊类型为微咸—淡水湖。

（5）经历了沙二段沉积时期气候的干旱转变，沙一段沉积时期气候再次转暖，发育了一套富含油页岩沉积，岩性组合表现出强的韵律性，对气候的变化较为敏感，具有闭流湖盆沉积物的特征，富含碳酸盐等矿物，尤其是其底部发育较多的生物礁，指示咸化环境的伽马蜡烷含量中等富集。表明湖泊水体具有一定的盐度，为半咸水湖。

2. 烃源岩发育特征

济阳坳陷古近纪沉积旋回性非常明显，各个旋回烃源岩形成的环境、有机质构成、有机质质量、岩性组合和生烃特征均存在一定差异。

孔店组沉积时期是济阳坳陷的第一个重要沉降阶段，但该时期为断陷盆地的早期，沉降速率较慢，尚未形成大范围的低洼地形，因而先天的不足造成湖相沉积较为局限，仅在孔店组二段发育一套分布范围较大的暗色泥岩，为中等—差烃源岩。

在孔店组沉积时期断陷活动和构造沉降的基础上，沙四段沉积时期部分凹陷发生较大规模的沉降，为湖相烃源岩的发育奠定了基础。沙四段沉积早期仍沿袭了孔店组的沉积面貌，湖相细粒沉积物不发育。沙四段沉积中期，气候开始由早期的干旱向半干旱—半潮湿转变，部分凹陷存在盐湖和膏盐沉积，具有欠补偿盆地的特征，发育盐湖相烃源岩。沙四段沉积晚期，总体表现为欠补偿—均衡补偿湖盆，湖侵较为广泛，形成一套深灰色湖相泥岩与灰褐色油页岩的不等厚互层，生烃能力较强，为第一套主力烃源岩。

沙三段下亚段至沙二段下亚段沉积时期是济阳坳陷的深断陷阶段，整体表现为均衡补偿湖盆。在沙四段沉积时期低洼地势的基础上，很快形成广阔的深湖环境。沙三段下亚段和沙三段中亚段沉积了一套富含有机质的深湖相泥岩、页岩和油页岩，为区内最重要的另一套主力烃源岩。其后，由于盆地沉降速度的减缓以及大型河流—三角洲的形成，盆地逐渐萎缩，过渡为过补偿盆地，形成一套冲积湖相砂泥岩互层沉积，烃源岩质量逐渐变差。

沙二段上亚段至东营组沉积时期为济阳坳陷断陷期的最后一个旋回，沉积物也经历了一个由粗—细—粗的完整旋回。盆地从早期到晚期先后经历了如下的演化过程：沙二段上亚段至沙一段沉积早期为欠补偿盆地，沙一段沉积中期总体为均衡补偿盆地，东营组沉积时期为过补偿盆地。烃源岩的发育集中在沙一段，形成富含有机质的泥、页岩沉积。

从济阳坳陷断陷期各旋回的沉积演化分析，深断陷期为烃源岩发育的最有利时期。从岩性上分析，生烃潜力最好的富有机质页岩和油页岩总是对应着深断陷期三级层序的湖扩展体系域和高位体系域的早期，如沙四段上亚段、沙三段下亚段。

纵观济阳坳陷，不同凹陷烃源岩的发育，在时间、空间和规模上存在一定的差异，其变迁存在一定的规律。下部的孔店组和沙四段下亚段，烃源岩主要存在于南部的东营凹陷；其上的沙四段上亚段，以南部的东营凹陷最为发育，存在富有机质的页岩和油页岩沉积，向北到沾化凹陷和车镇凹陷，烃源岩的厚度和质量均变差；沙三段烃源岩在东营和沾化凹陷均较为发育，但北部的沾化凹陷，质量和厚度已优于东营凹陷；沙一段烃源岩，由于埋深等的影响，在东营凹陷为非有效烃源岩，但在沾化凹陷已经能够生成一定的油并已找到了储量。不同凹陷、不同烃源层的特征及成烃差异性，表现出随地层的变新由南向北逐渐变好的特点。而对于同一盆地不同沉积时期，往往存在不同的湖泊类型，形成不同特征的烃源岩，并由此造成济阳坳陷油气成因来源复杂及成藏多样性的特点。

二、烃源岩地质地球化学特征

1. 孔二段

孔二段烃源岩主要分布于东营凹陷、惠民凹陷以及沾化凹陷的孤北洼陷等地区。在东营凹陷（东风6、柳参2等井）、沾化凹陷（桩深1、桩80、桩78等井）、惠民凹陷（盘深1、夏23、禹参1等井）钻遇孔二段暗色地层，岩性以绿灰色、灰色泥岩、粉砂质泥岩为主，夹有灰黑色碳质泥岩，总体表现为氧化浅湖沉积，烃源岩相对较差。近年来在东营凹陷中央背斜带钻探的胜科1井，揭示孔二段暗色地层200多米，烃源岩质量相对较好。

根据东营凹陷揭示的孔二段发育状况，结合地震资料解释成果，大致圈定了孔二段烃源岩的平面展布。从图6-2可以看出，孔二段烃源岩主要分布在东营凹陷的东部，最大厚度在500m左右，整体受北西向断裂控制，其分布与其上的沙四段和沙三段烃源岩存在较大差异。这表明当时正处于盆地转型期，凹陷分割性极强，单一洼陷规模相对较小。

东营凹陷孔二段暗色泥岩一般与粉砂岩和砂岩互层存在，表明水体较浅，水动力较强。根据微观分析，胜科1井烃源岩主要表现出以下特征：碎屑矿物含量较高；缺少水平纹层，无机矿物和有机质定向性差；有机显微组分中源自高等植物的有机质碎屑含量相对较高，以镜质组和惰质组等组分为主，仅局部见一定量贫氢次生组分（其前身为无定形等富氢组分），干酪根类型较差，主要以 II$_2$—III 型为主。胜科 1 井暗色泥质岩纵向上可分为两段：6778～6880m 井段，有机碳含量一般小于 0.5%，为差到非烃源岩；6880m 至井底，有机碳含量较高，为 0.5%～1.0%，评价为较好烃源岩。

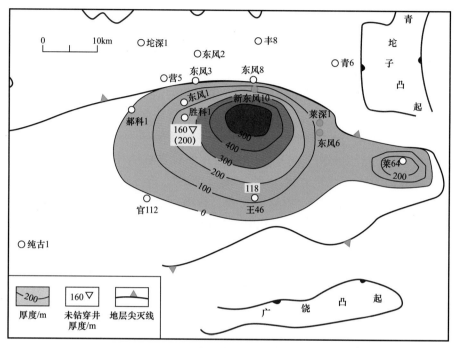

图 6-2　东营凹陷孔二段暗色泥岩厚度等值线图

其他凹陷孔二段烃源岩质量也相对较差。惠民凹陷的临深 1、盘深 1、盘深 3 及禹参 1 等井钻遇孔店组暗色泥岩，有机碳含量为 0.10%～0.77%，氯仿沥青"A"含量为 0.001%～0.005%，干酪根类型较差，主要为 III 型，评价为差—非烃源岩。沾化凹陷桩深 1 井钻遇的孔二段灰色泥岩有机质丰度也相对较低，有机碳含量小于 1.0%，干酪根类型为 III 型，评价为差—非烃源岩。总体来看，济阳坳陷孔二段烃源岩以生气为主，生烃潜力较差。到目前为止，济阳坳陷仅在东营凹陷南坡等少数地区发现疑似源自孔二段烃源岩的工业性油气藏。

2. 沙四段下亚段

根据钻井揭示，济阳坳陷沙四段下亚段暗色泥质烃源岩以东营凹陷厚度和分布范围较大，其他地区分布较为局限。东营凹陷沙四段下亚段烃源岩岩性以深灰色含膏含盐泥岩、膏质泥岩、盐间泥页岩为主，主要分布在凹陷北部，受陡坡带控盆断裂的控制以及盐膏层塑性穿刺等的影响，分别在利津洼陷和民丰洼陷形成两个厚度中心，最厚可达 800m。

在纵向剖面上，东营凹陷沙四段下亚段盐湖相烃源岩有机质丰度和类型差异较大。上部烃源岩多表现为纹层和薄层构造，表明其沉积时期底水相对贫氧，可能主要与高盐度水体的密度分层有关，其有机质丰度较高，有机碳含量一般为 1.0%～2.5%，并且频率分布呈现出明显的右拖尾现象（图 6-3），部分达到好—优质烃源岩标准。有机显微组分分析表明，有机质主要源自湖相浮游生物，以 I 型和 II 型为主，具有较高的生烃潜力。该套烃源岩平面上分布比较稳定，厚度 50～200m；中部和下部的烃源岩以厚层、块状含膏含盐泥岩为主，有机质丰度逐渐降低，有机碳含量一般为0.4%~1.0%，有机质中陆源高等植物碎屑占有较大的比重，镜质组和惰质组比例较高，以Ⅱ型和Ⅲ型为主，总体评价为较好烃源岩，主要以生气为主。

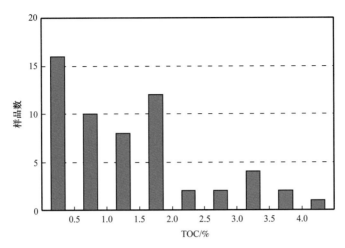

图6-3 东营凹陷沙四段下亚段顶部盐湖相烃源岩有机碳含量频率分布

除东营凹陷以外，其他地区沙四段下亚段烃源岩有机质丰度较低，有机碳含量一般小于1.0%，干酪根类型以Ⅱ₂型和Ⅲ型为主，总体评价为差烃源岩，仅具备一定的生气潜力。

3. 沙四段上亚段

沙四段上亚段烃源岩在厚度、沉积相、岩性组合和地球化学特征等方面表现出较大差异。如图6-4所示，暗色泥岩厚度中心主要分布在东营凹陷、渤南洼陷、阳信洼陷和滋镇洼陷，烃源岩有机碳高值区主要分布在东营凹陷以及沾化凹陷的渤南洼陷（图6-5）。

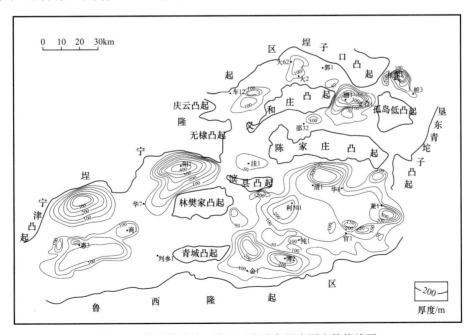

图6-4 济阳坳陷沙四段上亚段暗色泥岩厚度等值线图

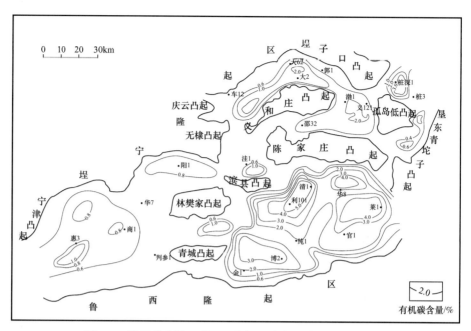

图 6-5 济阳坳陷沙四段上亚段烃源岩有机碳含量等值线图

1）东营凹陷

东营凹陷沙四段上亚段以灰褐色灰质页岩、油页岩、灰质泥岩为主，夹泥灰岩和白云岩等，最大厚度超过 500m。烃源岩层理发育，韵律性明显。镜下观察表明，泥页岩纹层主要包含富钙质、富泥质、富有机质纹层以及富黄铁矿纹层。几类纹层纵向上相互叠置，组成三层式或二层式沉积结构。上述特征记录了藻类生产、死亡和埋藏的地质历程。晚春或夏季湖水分层消失，沟鞭藻类、颗石藻等浮游生物出现高生产力甚至勃发，诱发碳酸盐类沉淀，形成富钙的纹层；夏季湖水存在温度和盐度分层，比重较小的有机质被限制在温跃层之上，当秋季温跃层消失时，有机质迅速沉淀，产生富有机质纹层；冬季浮游植物的生产率降低，沉积物以黏土质为主。上述沉积构造特征表明，沙四段上亚段古湖泊存在稳定的水体分层现象和强还原底水条件。

藻类是沙四段上亚段烃源岩生烃的物质基础。有机岩石学分析表明，该套烃源岩可见到小古囊藻、渤海藻、颗石藻、葡萄藻以及大量被降解后藻类遗体。这些浮游藻类组成的有机质往往顺层分布，形成大量有机质富集层。沙四段上亚段有机碳和氯仿沥青"A"含量均呈双峰形分布，其中有机碳含量分布范围为 0.7%～9.2%，均值为 3.1%，有机质丰度很高；烃源岩中固体有机质赋存形式以纹层状富集型为主，干酪根类型以 I 型和 II$_1$ 型为主，为一套优质烃源岩。

2）沾化凹陷

沾化凹陷沙四段上亚段烃源岩主要分布于孤北和渤南洼陷，在四扣—渤南洼陷及孤北洼陷存在两个厚度中心，最大厚度达 300m 以上，其分布受北西向活动的五号桩、孤西等断层控制，厚度中心位于断层下降盘一侧，向西南方向超覆，后期受近东西向断层活动的影响，局部地区南北两端遭受剥蚀。

渤南洼陷沙四段上亚段为一套盐湖至咸化湖相沉积，纵向上大体分为两段：下部岩性以灰色至绿灰色泥岩和含膏泥岩为主，其中的石膏矿物主要为分散胶结型和结核状，总体属于充氧环境沉积；上部岩性以含膏泥页岩、泥灰岩和灰质泥页岩为主，在洼陷带和斜坡带下部，烃源岩纹层构造较为发育，总体属于还原环境沉积，而在斜坡带上部烃源岩逐渐由纹层状和层状演变为块状构造，总体属于亚还原环境沉积（图6-6）。平面上，不同岩性烃源岩沿洼陷带呈近环状分布，呈现非对称的牛眼状特征。

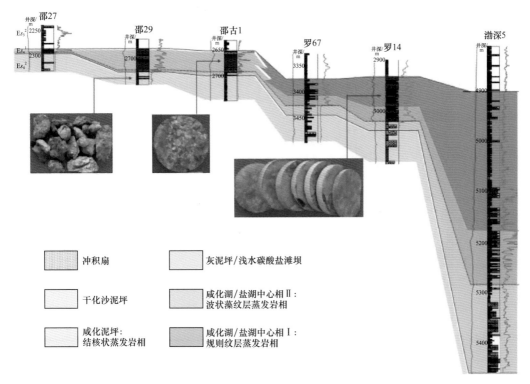

图6-6 沾化凹陷渤南洼陷沙四段上亚段烃源岩纵向剖面

渤南洼陷沙四段上亚段烃源岩以渤深5井为代表。该井位于该层段沉积厚度中心，主要岩性为深灰色泥岩、页岩、灰质泥岩和泥灰岩互层，夹有膏岩和泥膏岩夹层，有机碳含量为0.21%～13.7%，平均为2.67%，氯仿沥青"A"含量为0.0028%～0.15%，平均为0.0358%；生油潜量（热解S_1+S_2）为0.07～2.61mg/g，平均为0.99mg/g。干酪根类型较好，以Ⅰ型和Ⅱ$_1$型为主，为一套好—优质烃源岩。斜坡带沙四段上亚段烃源岩以罗14井为代表，有机碳含量在1.0%以上，最高达4%，平均2.0%左右，生烃潜量在0.16～13.22mg/g之间，平均4.7mg/g，干酪根类型较好，以Ⅰ型和Ⅱ$_1$型为主，为一套好烃源岩（图6-7）。盆地边缘的邵10井，沙四段上亚段岩性以灰色块状泥岩和块状泥灰岩为主，纹层不发育，有机碳含量一般小于1.0%，氢指数多数小于300，干酪根类型以Ⅱ$_2$型和Ⅲ型为主，为一般到差烃源岩。

孤北洼陷沙四段上亚段为一套咸化湖相烃源岩沉积，岩性以灰质、白云质泥岩和页岩为主，与渤南洼陷沙四段上亚段相近，但缺少下部的盐水湖相沉积。目前区内取心较少，且少量取心段相带较差。其生物标志化合物具有富含伽马蜡烷、4-甲基甾烷较发育和植烷优势等特点，表明沉积环境相对较为还原，综合分析认为是一套好烃源岩。

3）车镇凹陷

车镇凹陷不同地区沙四段上亚段烃源岩差异较大。在大王北洼陷、郭局子洼陷和车西洼陷东部的局部地区，发育一套盐水—半咸水湖相烃源岩，岩性以灰色膏质泥岩、含膏泥岩、白云岩、石灰岩和泥灰岩为主，平面上从洼陷边缘到洼陷中心依次为碎屑岩—碳酸盐岩—含膏泥岩的环带状分布；而在西部的车西洼陷大部分地区，以滨浅湖相砂泥岩夹沼泽相泥岩为主。

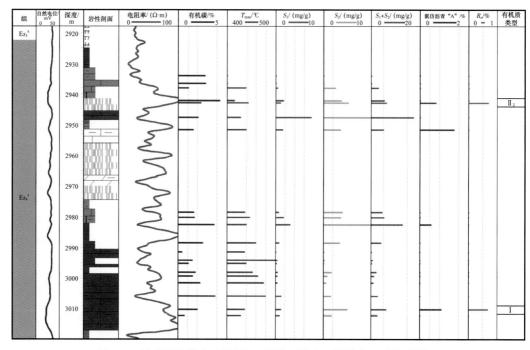

图6-7　沾化凹陷渤南洼陷罗14井沙四段上亚段综合地球化学剖面

东部大王北—郭局子洼陷纵向上烃源岩大致可分为两段：上部以泥质岩类和泥灰岩为主，纹层理较发育，为湖侵期和高位期沉积，烃源岩样品丰度较高，有机碳含量一般在2.0%以上，平均为2.3%，热解生烃潜量平均为12.9mg/g，有机质类型以II_1型为主，综合评价为好烃源岩；下部以膏质泥岩为主，多具块状层理，为低位期沉积，烃源岩丰度较低，有机碳含量通常小于1.0%，综合评价为差烃源岩。

西部车西洼陷为一套泥岩夹粉砂岩、砂岩的河流—滨浅湖相沉积，烃源岩纵向和横向变化较快，分布局限，厚度小。烃源岩有机质丰度低，有机碳及氯仿沥青"A"频率分布呈双峰形，前者存在小于0.5%及1.0%～2.0%两个区间，后者存在小于0.05%及0.15%～0.20%两个区间，高值区以碳质泥岩为主，干酪根类型较差，以II_2型和III型为主。生烃能力较差，仅具有一定的生气能力。

4）惠民凹陷

沙四段上亚段沉积时期，惠民凹陷沉积中心位于北部阳信洼陷和滋镇洼陷，烃源岩由前三角洲亚相和浅湖—半深湖相灰色、深灰色泥岩夹少量油页岩组成，暗色泥岩累计厚度100～300m。烃源岩有机碳含量为0.3%～7.43%，氯仿沥青"A"含量为0.011%～1.8392%，干酪根以II型为主，为一套中等到好烃源岩。临南洼陷主要为浅湖相沉积，厚50～200m，岩性以灰色粉砂质泥岩和泥岩为主，主要分布在中央背斜带和夏口断裂带。与东营凹陷相比，临南洼陷沙四段上亚段油页岩不发育，有机碳含量为

0.30%～1.88%，平均为0.88%，有机质类型以Ⅱ型为主，属差到一般烃源岩，生油潜力较低。

4. 沙三段下亚段

济阳坳陷沙三段下亚段整体为半咸—微咸水湖相沉积，不同地区沉积环境和岩性组合特征差异不大。烃源岩以灰色、灰黑色灰质纹层泥岩、页岩、油页岩及块状泥岩为主，夹少量灰色泥灰岩及白云岩，呈现出较好的韵律性。一般分为三段：下部岩性为厚层泥岩、灰质泥岩夹薄层油页岩；中部以油页岩为主，夹泥岩、灰质泥岩；上部为泥岩、灰质泥岩夹油页岩。视电阻率曲线也可分为三段，由下向上表现为幅度相对较低的尖峰段、密集的束状高阻尖峰段、相对较低的锯齿段。在洼陷部位，岩性以褐灰色—深灰色页岩与深灰色纹层状—块状泥岩最为常见，二者多表现为不等厚互层结构，电阻率曲线表现为束状高电阻率特征。从洼陷带向斜坡带，页岩逐渐减少，泥岩逐渐增多，视电阻率值也明显下降。

沙三段下亚段烃源岩在各个洼陷均有分布，总体上北部地区厚度略大于南部（图6-8）。其中车镇、沾化凹陷厚度300～450m，东营、惠民凹陷厚度一般在250m左右。其厚度中心表现为北东向展布的特点，反映了北东向断裂对其发育有重要控制作用。

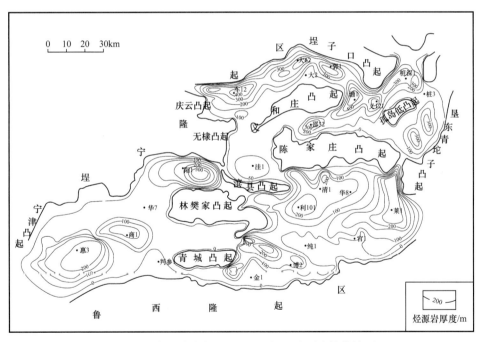

图6-8 济阳坳陷沙三段下亚段烃源岩厚度等值线图

沙三段下亚段有机质丰度整体较高（图6-9），接近对数正态分布，高值区有明显的拖尾现象。其中，有机碳含量分布范围为1.3%～18.6%，均值为4.9%，氯仿沥青"A"含量分布范围为0.11%～2.94%，均值为0.92%。烃源岩有机碳频率分布存在两个区间，第一频率主峰为2.0%～3.0%，主要对应纹层状、弱纹层泥岩；第二区间为6.0%～10.5%，主要对应纹层理发育的页岩样品。相应的岩石生烃潜量（热解S_1+S_2）也存在两个主峰，第一频率主峰为16～20mg/g，而第二频率主峰分布区为40～56mg/g。沙三段下亚段为一套优质烃源岩。

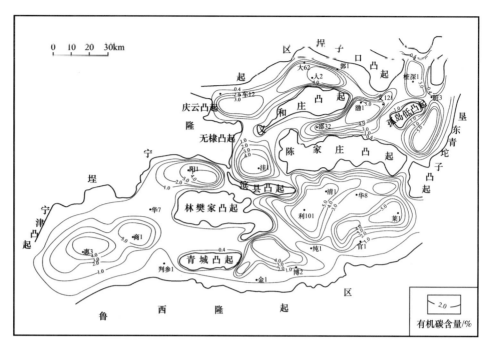

图 6-9　济阳坳陷沙三段下亚段烃源岩有机碳含量等值线图

5. 沙三段中亚段

沙三段中亚段整体为微咸—半咸水湖相沉积，烃源岩以厚层、块状、弱纹层状泥岩和含粉砂质泥岩为主，形成于亚还原—还原环境，整体岩性组合特征在不同地区差异不大。视电阻率曲线大多较为平直，仅在部分深洼陷带表现为中阻类峰，电阻率值整体低于沙三段下亚段，表明有机质丰度逐渐降低。平面上分布较广，但相对来说，东营凹陷和惠民凹陷的临南洼陷厚度较大，沾化凹陷和车镇凹陷厚度较小（图 6-10）。东营凹陷暗色泥岩厚度一般为 200～300m，利津洼陷最厚，最大厚度大于 500m；而沾化凹陷最薄，一般小于 150m。

沙三段中亚段烃源岩整体有机质丰度中等（图 6-11），频率分布图呈单峰形分布，仅存在有机质丰度较低的前峰，而丰度较高的第二峰不明显。有机碳主峰频率分布范围为 1.5%～3.0%，对应的岩石生烃潜量（热解 S_1+S_2）频率分布范围为 4～12mg/g。与沙三段下亚段相比，沙三段中亚段有机质以分散型为主，主要为浮游藻类和壳质组分的降解产物，但镜质体等陆源显微组分含量有一定程度的增加，干酪根整体以 II 型为主，部分洼陷中心烃源岩为 I 型。

截至目前，济阳坳陷尚未发现与该套烃源岩有明显亲缘关系的工业性油藏。

6. 沙一段

沙一段为断坳过渡期沉积的一套咸水—半咸水湖相烃源岩，岩性组合特征在不同地区差异不大。其中—下部岩性以纹层理发育的白云质、灰质泥岩、页岩和油页岩为主，局部地区底部含有较多的生物碎屑灰岩，韵律性非常明显；中—上部逐渐变化为块状、层状和弱纹层状泥岩。岩性变化在测井资料上表现为中—下部为尖峰状或束状高阻，中—上部逐渐变为较为平直的低阻。沙一段烃源岩厚度表现出由西南向东北逐渐变厚的特点（图 6-12）：西南部的惠民凹陷厚度中心分布在临南洼陷，总体厚度最小，最大厚度 150m 左右；东营凹陷厚度略有增加，最大厚度 250m 左右；而北部的车镇凹陷和沾化凹陷最大厚度均超过 300m。烃源岩的厚度分布表现出从盆地边缘向盆地中心逐渐加厚的趋势，表明沉降中心逐渐由盆地边缘向中部逐渐迁移。

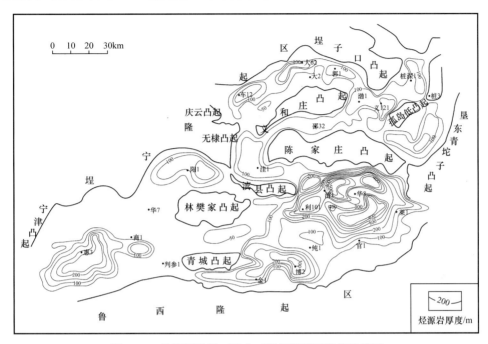

图 6-10　济阳坳陷沙三段中亚段烃源岩厚度等值线图

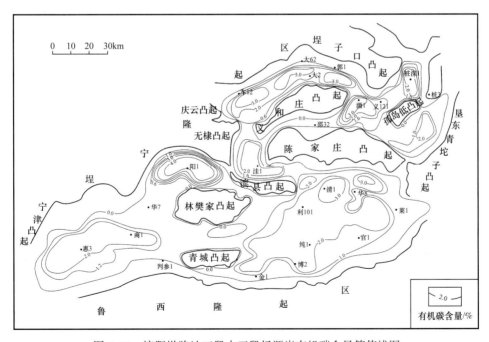

图 6-11　济阳坳陷沙三段中亚段烃源岩有机碳含量等值线图

沙一段烃源岩的有机质丰度整体较高。有机碳含量为 2.0%～5.0%，最大可达 12.0%（图 6-13），其频率分布为非对称形正态分布，高值区表现为明显的右拖尾现象。镜下观察，中—下部烃源岩富含藻类来源的有机质，并且大量以富集机质形式存在，干酪根以Ⅰ型和Ⅱ₁型为主，为一套优质烃源岩；中—上部烃源岩中层状有机质含量逐渐减少，分散有机质含量逐渐增加，干酪根以Ⅱ型为主，为一套好—中等烃源岩。

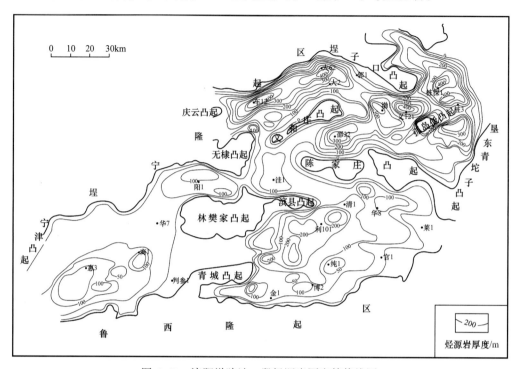

图 6-12　济阳坳陷沙一段烃源岩厚度等值线图

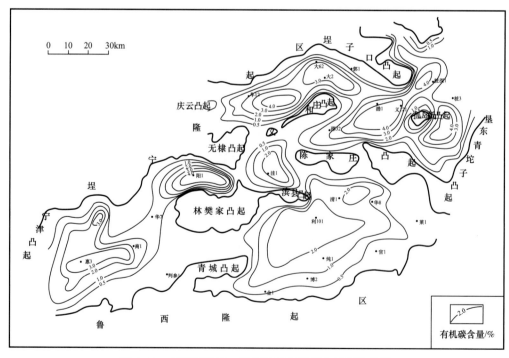

图 6-13　济阳坳陷沙一段烃源岩有机碳含量等值线图

第二节 古近系油气生成

借鉴 Tissot 和 Welte 的干酪根生烃理论，国内将烃源岩演化划分为 5 个阶段，即未成熟阶段、低成熟阶段、成熟阶段、高成熟阶段和过成熟阶段。济阳坳陷古近系烃源岩现今埋深一般小于 4500m，整体处于液态窗内，仅孔店组—沙四段烃源岩在少数凹陷的深洼陷带达到高—过成熟，处于凝析油阶段和湿气阶段。沉积环境的差异导致济阳坳陷古近系烃源岩有机质的组成存在较大差异，并对生烃演化产生了重要影响。以东营凹陷沙四段、沙三段下亚段和沙三段中亚段烃源岩分别作为盐水—咸水（咸化）、半咸水—微咸水、微咸水—淡水湖泊环境的烃源岩代表，根据自然演化剖面中不同有机质地球化学参数的变化，划分生烃演化阶段，总结生烃演化特点及其差异性。

一、不同环境湖相烃源岩生烃演化

1. 盐水—咸水湖相烃源岩

盐水—咸水湖相烃源岩以东营凹陷沙四段烃源岩为代表。其中沙四段下亚段盐水湖相烃源岩埋深一般大于 3500m，演化程度相对较高，与沙四段上亚段合并建立统一的地球化学剖面，以保证生烃演化阶段的完整性。如图 6-14 所示，沙四段烃源岩镜质组反射率（R_o）随深度的变化主要表现出以下特征：埋藏深度小于 3500m，反射率呈缓慢升高的趋势，斜率基本保持恒定，在 2900～3000m 反射率值达到 0.5%；埋藏深度 3500m 以上反射率升高速率加快；埋藏深度 4000m，R_o 值增至 0.8%～1.0%；埋藏深度 5000m，R_o 值增至 1.5% 左右。

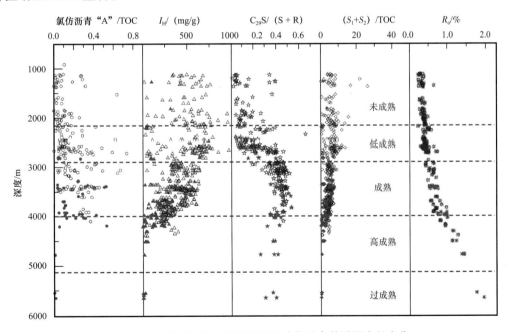

图 6-14 东营凹陷沙四段烃源岩地球化学参数随深度的变化
○，△，☆，◇，□：沙四段上亚段；●，▲，★，◆，■：沙四段下亚段

东营凹陷现今地温梯度平均为 3.4℃/100m，以区内年平均气温 14℃计算，埋深 3000m 对应的现今地温已大于 110℃，对应的镜质组反射率却只有 0.5%；埋深 4000m 对应的现今地温为 140℃左右，而镜质组反射率为 0.8%～1.0%。与其他含油气盆地相比，镜质组反射率相对于地温来说明显偏低。上述特征一方面可能与时代较新、受热时间较短有关，另一方面可能反映了烃源岩的有机质类型较好，镜质体演化受到了一定程度的抑制。

根据镜质组反射率、氢指数等有机质丰度和成熟度参数随深度的演化，沙四段烃源岩演化阶段划分为未成熟阶段、低成熟阶段、成熟阶段、高成熟阶段和过成熟阶段（图 6-14）：未成熟阶段，埋藏深度小于 2200m，镜质组反射率小于 0.40%，有机质演化程度较低，氯仿沥青"A"/TOC 相对较低，该深度段氢指数随深度的增加有缓慢升高，一方面可能与早成岩期有机质的重排作用有关，也不排除随埋深增加沉积有机相变好的因素，由于生烃作用尚未发生，烃源岩中的可溶有机质以少量的生物残留烃为主；低成熟阶段，埋藏深度 2200～3000m，镜质组反射率为 0.40%～0.50%，烃源岩已开始生烃过程，氯仿沥青"A"/TOC 开始增加，但氢指数基本保持不变；成熟阶段，埋藏深度 3000～4000m，镜质组反射率为 0.50%～1.0%，烃源岩进入成熟生烃高峰，生烃量迅速增加，氢指数迅速下降，氯仿沥青"A"维持较高的含量；高成熟阶段，埋藏深度 4000～5200m，镜质组反射率为 1.0%～1.5%，烃源岩生油速率逐渐降低，生气速率逐渐增加，由于天然气的大量生成，烃指数、氢指数和氯仿沥青"A"含量快速降低，烃源岩的生烃潜力逐渐耗尽，该演化阶段主要集中在东营凹陷北带的利津和民丰深洼陷带，区内深层的凝析油主要源自该演化阶段的烃源岩；过成熟阶段，埋藏深度大于 5200m，镜质组反射率大于 1.5%，烃源岩分布非常局限，由于前期烃源岩的生烃潜力已消耗殆尽，成藏贡献不大。

沙四段烃源岩的生烃演化在有机质显微荧光特征上也有表现。埋藏深度小于 3100m，藻类有机质以亮黄色荧光为主；其后，荧光颜色和荧光强度发生迅速的变化，由亮黄色逐渐转化为黄色和褐黄色，至埋藏深度 3400m，有机质纹层荧光已明显变弱，多数为褐色，表明有机质已开始大量转化；埋藏深度大于 3900m，藻类体荧光基本消失，表明生烃潜力大部分已经转化。

2. 半咸水—微咸水湖相烃源岩

半咸水—微咸水环境下的沙三段下亚段烃源岩分布比较稳定，不同地区烃源岩性质差异不大，自然演化地球化学剖面如图 6-15 所示。未成熟阶段，埋深小于 2200m，镜质组反射率小于 0.40%，氯仿沥青"A"/TOC、总烃/TOC 均较低，有机质演化程度较低；低成熟阶段，埋深 2200～3000m，镜质组反射率为 0.40%～0.50%，氯仿沥青"A"/TOC 和总烃/TOC 均开始缓慢增加，但增速较小，一般小于 0.1，表明烃源岩已开始生烃过程，但生烃速率仍较慢，烃源岩含油饱和度仍较低；埋深大于 3000m，镜质组反射率大于 0.50%以后，氯仿沥青"A"/TOC 和总烃/TOC 迅速增加，至 3200m 左右达到峰值，其中前者可达到 0.35～0.40，后者可达到 0.20～0.30，这些特征表明烃源岩已经成熟并进入生烃高峰。区内沙三段下亚段烃源岩最大埋深在 3700～3800m，烃源岩尚未达到高—过成熟阶段。

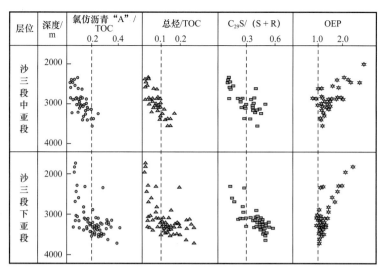

图 6-15 东营凹陷沙三段烃源岩地球化学参数随深度的变化

从甾烷异构化参数 $C_{29}S/(S+R)$ 来看，埋深 2200～3000m，其值持续增加，由最初的小于 0.20 增加到 0.40 左右；3200m 以后，逐渐到达平衡值，平均在 0.45 左右。而 OEP 的变化大致可分为两个阶段：埋深小于 3000m，呈现逐渐降低的趋势，从初始的接近 2.5 逐渐减小到略小于 1.0，一直存在着奇偶优势；埋深达到 3000m 以后，奇偶优势消失，OEP 值基本不再发生变化。一般认为，$C_{29}S/(S+R)$ 达到 0.35 和奇偶优势的消失标志着烃源岩进入成熟阶段。该两项参数与前述成熟阶段的划分是一致的。

3. 微咸水—淡水湖相烃源岩

沙三段中亚段微咸水—淡水环境烃源岩分布较为稳定，各地区差异不大，其生烃演化特征与沙三段下亚段烃源岩较为相似，但其有机质丰度较低，生烃量相对较小。如图 6-15 所示，沙三段中亚段在埋深 3000m 附近，甾烷异构化参数 $C_{29}S/(S+R)$ 已达到 0.30，并于 3200m 左右接近均衡值；而从 OEP 来看，到 3100m 深度已全部小于 1.50，其后逐渐趋近于 1.0，与沙三段下亚段烃源岩存在相同的变化趋势。从氯仿沥青"A"/TOC、总烃/TOC 的总体变化来看，埋深小于 3000m，沙三段中亚段表现出与沙三段下亚段同样的变化趋势，但其绝对值和变化速率明显小于后者；至埋深 3000m，氯仿沥青"A"/TOC 和总烃/TOC 值大多仍不足 0.15 和 0.10；埋深 3000～3500m，两参数值仍保持逐渐增加的趋势；埋深大于 3500m（根据地震分析，已接近沙三段中亚段烃源岩的最大埋深）氯仿沥青"A"/TOC 仅略高于 0.20，而总烃/TOC 最高值仅在 0.15 左右。

二、不同环境湖相烃源岩生烃模式

根据烃源岩自然演化特征，结合生烃物理模拟，建立了不同环境烃源岩的三种生烃模式。

1. 咸化湖相烃源岩生烃模式

咸化湖相烃源岩以东营凹陷沙四段上亚段、沙四段下亚段顶部烃源岩为代表。该类烃源岩存在早期和晚期两个重要的成烃阶段：埋藏深度小于 3000m（R_o 小于 0.5%）为低成熟阶段，以可溶有机质生成低熟油为主，但在 2500～2600m 后已经达到较高的有机质降解率，可排出一定量的低成熟油；3000m之后（R_o大于0.5%）为成熟阶段，以干酪根降解生烃为主，相对轻质的烃类逐渐大量生成（图6-16）。

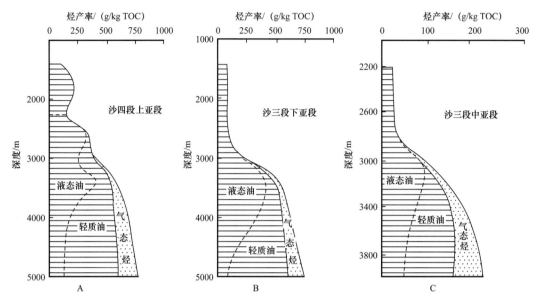

图6-16　济阳坳陷不同环境湖相烃源岩生烃模式
A—咸化湖相烃源岩，代表层段：东营凹陷沙四段上亚段；B—半咸水—微咸水湖相烃源岩，
代表层段：济阳坳陷沙三段下亚段；C—微咸水—淡水湖相烃源岩，代表层段：济阳坳陷沙三段中亚段

2. 半咸水—微咸水湖相烃源岩生烃模式

半咸水—微咸水湖相烃源岩以东营凹陷沙三段下亚段为代表，其热解油产率曲线呈单峰形。在低成熟阶段，从2700～3000m（$R_o \approx 0.4\%$～0.5%）开始生成少量低熟油，该阶段产物可能来自可溶有机质、干酪根低温热降解以及部分原生烃类，但总体有机质降解率不高，并很难从烃源岩中排出；在3000m以后（R_o大于0.5%）进入成熟阶段，生烃量迅速升高（图6-16）。

3. 微咸水—淡水湖相烃源岩生烃模式

微咸水—淡水湖相烃源岩以东营凹陷沙三段中亚段为代表，其热解油产率曲线呈单峰形。在未成熟及低成熟阶段（埋藏深度小于3000m），其生烃量总体保持较低的水平。埋藏深度大于3000m（成熟阶段），生烃量开始逐渐增加，并在进入成熟阶段后达到生烃高峰。所生成油气主要来自干酪根降解，烃产率一般小于300g/kgTOC，生烃能力明显低于半咸水—微咸水湖相烃源岩（图6-16）。

4. 生烃模式差异机制

从不同烃源岩的生烃模式可以看出，咸化湖相的沙四段具有早期生烃和持续生烃的特点，生烃持续时间长，而半咸水—微咸水—淡水的沙三段烃源岩仅存在一个成熟生烃高峰，具有集中生烃的特点。烃源岩生烃模式的差异与其生烃动力学特征是一致的（图6-17）：咸化环境的沙四段上亚段样品活化能分布范围较宽，且低活化能区频率值较高，因而生烃范围跨度较大，具有早期生烃和持续生烃的特点，其中低活化能的官能团断键将会导致低熟油的生成；而半咸水—微咸水环境的沙三段下亚段样品活动化能较为集中，平均活化能相对较高，因而生烃过程相对集中，且具有晚期生烃和集中生烃的特点；偏淡水环境的沙三段中亚段活化能分布虽然较分散，但其活化能值也相对偏高，因此也以晚期干酪根降解生烃为主。生烃演化的不同特点反映了不同环境烃源岩有机质化学组成结构的差异（张林晔等，2005）：沙四段上亚段烃源岩中有机质以非共价键键合方式为主，约占79%，而沙三段下亚段烃源岩中有机质的键合方式以共价键为主（约70%），两种烃源岩有机质化学组成结构的差异决定了其活化能频率分布的差异，进而对生烃过程产生重要影响。

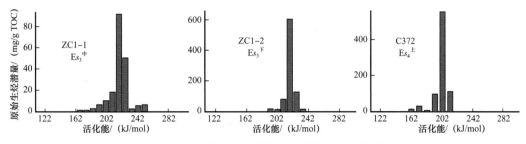

图6-17　济阳坳陷不同层段低熟烃源岩活化能分布

第三节　古近系油气运移

油气的初次运移是指石油烃类从烃源岩中排出进入高渗输导体系的过程，是常规油气成藏的关键环节。自20世纪初该概念提出以后，油气从烃源岩中排出的机制一直受到石油地质学家们的关注。20世纪80年代以后，国内外学者针对烃源岩排烃机理开展了大量研究工作，并在一些基本环节达成共识（Tissot，1984；李明诚，1994；Matthews，1996），为具体盆地的油气初次运移研究奠定了基础。近年来，随着隐蔽油气藏勘探的深入，济阳坳陷古近系相应的烃源岩资料得到了丰富和完善，并在湖相烃源岩排烃动力、排烃通道、排烃机制研究等方面取得一系列进展。

一、排烃动力

异常高压作为烃类排驱的主要驱动力，控制烃源岩中烃类的排出和油气的运移。异常高压的形成机制有多种：世界上许多盆地异常高压的形成与不均衡压实作用有关，该类超压主要出现于泥岩或大套泥岩内的砂岩中，并且以较高的沉积速率为条件；超压形成的另一种重要机制是生烃增压，该类超压主要出现于富含成熟—高成熟优质烃源岩的盆地中，并且与油气运移关系极为密切。相对而言，构造作用、流体密度差异和矿物成岩作用等产生的超压较弱且分布一般较为局限，不是超压形成的主要机制。

济阳坳陷不同地区超压发育特征存在一定差异，东营凹陷、沾化凹陷和车镇凹陷古近系普遍存在较高的异常压力，而惠民凹陷异常压力较弱，分布局限。超压发育区压力总体呈现三段式特征：以东营凹陷为例，埋藏深度小于2500m为正常压力段；2500～3000m为压力过渡段，压力系数0.92～1.27；埋藏深度大于3000m为超压段，压力系数很高，最高可达到1.80以上（图6-18）。

根据烃源岩中残余油饱和度随深度的变化趋势分析（图6-18），济阳坳陷烃源岩生烃演化与超压的形成具有非常好的相关性，表明生烃作用是异常高压形成的主要机制，主要依据如下：干酪根生烃过程流体体积有较大幅度增加，模拟实验表明，济阳坳陷烃源岩在低成熟—成熟阶段仅干酪根的累计生成 CO_2 量即可达 $200m^3/tC_{残}$（王新洲等，1995）；生烃过程中伴生的大量 CO_2 会引起碳酸盐矿物的溶解、迁移和沉淀，产生有效的封隔层，进而阻碍流体的排出而产生异常高压；随着液态和气态烃类的生成，烃源岩含烃饱和度逐渐增加，流体体系逐渐由单相流体系向多相流体系转化，因此使毛细封盖层活化；毛细盖层对含烃流体具有较高的封盖效率，可近似看作具完全封盖能力，因而压力迅速升高（Sursam 等，1997）。对不同层位、不同有机质含量烃源岩演化与压力关系的模拟试验进一步充分证明了这一点（图 6-19）。

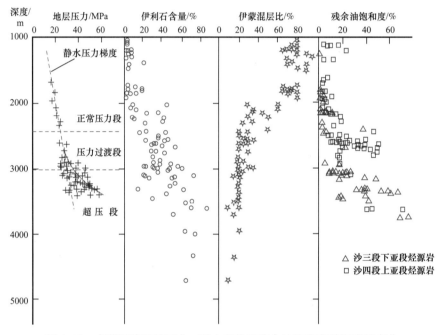

图 6-18　东营凹陷地层压力、黏土矿物和残余油饱和度随深度的变化

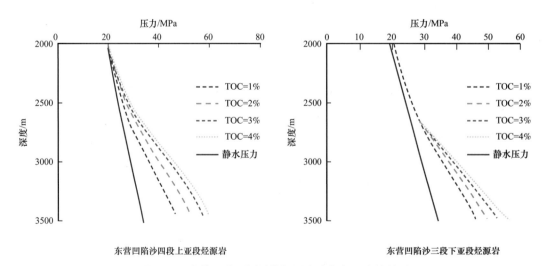

图 6-19　东营凹陷不同层位烃源岩演化与压力的关系

有机质生烃是异常高压形成主要机制的认识对于生排烃和油气运移研究具有重要意义。根据试油结果，东营凹陷洼陷带许多探井的压力系数达到1.50以上，最高的坨71井和新利深1井压力系数分别达到1.86和2.0，超过岩石的水力压裂下限。沾化凹陷的渤南洼陷和孤北洼陷也具有类似特征。在深洼带生烃强度高的地区，烃源岩和岩石会发生水力压裂，不仅形成烃源岩排烃和油气运移的通道，而且可以形成泥岩裂缝性油气藏，甚至深层裂缝性天然气藏。

二、排烃通道

烃源岩中的孔隙系统、微裂隙/构造裂缝、干酪根网络、微小的砂岩、纹层面、缝合线、粉砂岩透镜体等都可成为烃源岩排烃的通道。在埋藏过程中，随着压实、矿物的成岩演化，烃源岩岩石力学性质和主要排烃通道的类型和数量是不断变化的，并对排烃过程产生重要影响。

1. 孔隙

济阳坳陷的烃源岩，包括油页岩、页岩和泥岩，除含有大量黏土矿物以外，还含有一定量的石英、长石等碎屑矿物以及碳酸盐和黄铁矿物等自生矿物。这些矿物一般呈现颗粒状，其含量随烃源岩沉积微相和岩性的变化存在一定差异。如沙四段上亚段深湖缺氧相优质烃源岩经常富集碳酸盐矿物而形成碳酸盐纹层。而在斜坡地带，由于物源输入量大，其中的烃源岩往往富含石英、长石等碎屑颗粒，并经常夹有薄层的砂岩透镜体，主要为浊流等事件沉积物。在压实过程中，这些粗颗粒组分能起到保护较大的孔喉和阻止压实等作用，因而在相同条件下，富含碎屑岩矿物的岩石往往具有相对较高的原生孔隙。Curtis等（1980）曾利用扫描电镜对比分析过碎屑矿物差异对成岩过程孔隙结构的影响：主要由黏土矿物构成，缺少颗粒支撑的样品，黏土矿物压实较紧密，粒间孔体积较低；而含有较多碎屑矿物的样品，则保存了一定量的粒间孔，孔隙体积相对较大。济阳坳陷不同沉积相烃源岩的突破压力特征也证明了这一点。根据李学田等（1992）的研究，发现济阳坳陷泥岩突破压力与沉积相和石英、长石含量存在一定的相关关系，半深湖—深湖静水湖相泥岩一般高于泛滥平原相和滨浅湖相泥岩。因此可以认为，在其他条件相同的情况下，泥质岩中经压实后具有最高封盖能力的一般当属粗粒组构含量最低的岩石类型。但是，泥岩突破压力随深度的变化是一个整体趋势，即使对于粉砂质含量较高的泥岩，在3000m以后也具有较高的突破压力和封盖能力。

泥岩中含有大量黏土矿物，因此除粒间孔隙以外，泥岩还包括存在于黏土矿物中的层间孔隙。黏土矿物类型不同，其层间距亦有差别。在伊/蒙混层矿物中，蒙脱石的层间厚度为85nm，当变为伊利石时，层间厚度变为34nm，而过渡相矿物介于之间。因而在蒙脱石向伊利石转化过程中，层间孔隙将会逐渐减小。黏土矿物的转化和层间孔隙的减小，会对烃源岩吸附烃的能力和运移过程产生重要影响。

2. 微裂隙

济阳坳陷早期对烃源岩中裂缝的研究相对较少。近年来，随着烃源岩排烃和页岩油气研究以及裂缝油气藏的发现，泥岩裂缝和微裂隙研究也有了一定进展（王斌等，2001；慈兴华等，2002）。以岩心观察为主，结合荧光显微镜分析技术和测井资料，对微裂隙母岩、形态、产状、充填物以及纵向上的分布等特征进行系统介绍。

1）顺层或低角度裂隙

该类型微裂隙以顺层面分布为主，很少切穿母岩纹层；裂隙中大多为亮晶方解石所充填，其晶体呈梳状排列，长轴方向一般垂直于纹层面，与周围的母岩纹层呈突变接触，表明其次生成因（图6-20）。亮晶方解石充填物构成的纹层夹层，总体呈现出透镜状至板状的外形，大小不等，最薄的仅有几十微米，而最厚的在1cm以上。在裂隙发育层段，裂隙的丰度非常高，根据粗略估算，部分层段亮晶方解石的总体厚度可占到岩心总厚度的40%以上。根据对岩心手标本的观察，该类型的微裂隙主要见于沙三段下亚段、沙四段上亚段优质烃源岩中，其中以缺氧相最为发育，在间歇充氧相中出现几率差异较大，而在低氧相和充氧相中较为少见。即使对于富有机质的烃源岩层段，裂隙的发育也具有非均质性。裂隙发育段具有较高的有机碳含量，而裂隙不发育段有机碳含量相对较低，两者的有机碳界线在2.0%～4.0%之间。上述顺层微裂隙的发育特征，与富有机质的Posidonia页岩微裂隙极为相似，Littke等（1988）对后者曾进行过论述，说明富有机质的纹层泥质岩中顺层微裂隙的发育可能具有一定的普遍性。

 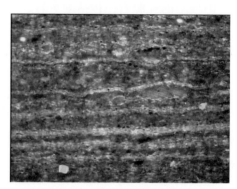

坨142井，3292m，沙四段上亚段　　　　　　河130井，3245.53m，沙三段下亚段，×200

图6-20　烃源岩中顺层微裂隙手标本及镜下特征

除岩心观察以外，录井过程也发现了该类裂隙的广泛存在。根据钻井取心和录井资料对比，优质烃源岩中出现顺层微裂隙时，综合录井中一般都有"方解石脉"的记录。据此对济阳坳陷顺层微裂隙的发育状况进行了统计，发现微裂隙发育段在各个凹陷的深洼陷带都具有较广泛的展布，出现的顶界深度一般为2900～3000m，受钻井资料的限制，微裂隙发育的底界或深度下限尚难确定。不难看出，微裂隙的起始发育深度与优质烃源岩达到成熟阶段并快速生烃的时期基本吻合。

该类微裂隙的发育与烃源岩的岩性、有机质丰度以及成熟度的关系表明，有机质生烃可能是顺层微裂隙形成的主要原因。优质烃源岩埋深达到2900～3000m以后进入成熟阶段，开始大量生烃。生烃过程体积增加，加之温度升高引起的水热增容等效应，使烃源岩孔隙内压力迅速升高，并超过岩石的抗破裂强度，导致了微裂隙的产生。而微裂隙形成以后发生的排烃作用造成裂隙中流体压力下降，碳酸盐逐渐达到过饱和而形成次生方解石的沉淀。另外，从微裂隙的结构、构造特征来看，微裂隙既不存在分叉现象，也不存在相互切割现象，也基本可排除构造裂缝的可能。

根据对烃源岩样品的薄片观察，烃源岩中有时还可见到其他矿物充填（如玉髓）或未充填裂隙（图6-21）。该类裂隙总体沿纹层面分布，相对缺少矿物充填，很难完全排除钻井及取心期间或样品制备过程形成的可能。但以下特征似乎表明其在地下已经形成：（1）从荧光显微镜下观察，少量裂隙中有时可见到液态烃类物质充填；（2）以沙四段上亚段更为常见，多分布于埋藏深度2000～3000m，即大体上对应着烃源岩的未成熟—低成熟阶段。该类裂隙的成因可用类似于充填碳酸盐的裂隙成因解释，但其中未发生胶结的原因可能应从以下几个方面做出解释：（1）裂隙形成时间较短，尚未发生矿物胶结；（2）裂隙形成时相对前一种类型可能存在埋藏深度差异，缺乏形成碳酸盐胶结的条件；（3）裂隙充填物先期以烃类为主，不利于矿物胶结。该类裂隙更多见于钙质纹层页岩。

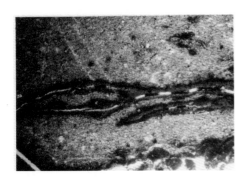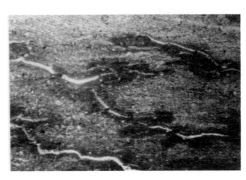

未充填矿物裂隙

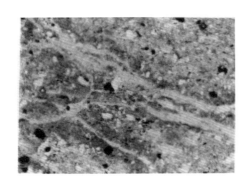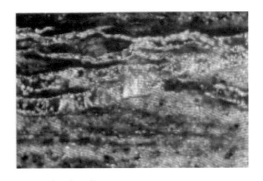

充填矿物裂隙（左图可能为黏土矿物，右图为玉髓）

图6-21　沙四段上亚段中烃类充填裂隙的显微特征

2）垂向或高角度裂隙

垂向或高角度裂隙多垂直层面或与层面具有较大交角，往往存在分叉、交切现象，有些呈羽状排列，多表现为张性裂隙，有时还存在溶蚀现象。这与济阳坳陷古近纪整体上所处的张性环境是一致的。慈兴华等（2002）系统描述了沾化凹陷四扣洼陷烃源岩高角度张裂缝：倾角50°～80°，张开度0.2～3.0cm，长度可达70cm，破裂面不平整，多数已被充填物完全充填或部分充填，如罗67井3301m、3448m见到的就是这种裂缝。裂隙充填物较为复杂，矿物以颗粒状方解石、石膏、盐岩等次生矿物为主，并且经常为液态烃类浸染或含有固体沥青，如图6-22所示。

与顺层微裂隙的发育不同，垂向裂隙的母岩并不局限于优质烃源岩，目前在油页岩、页岩、块状泥岩以及泥灰岩中等各种岩石均有所揭示。连续取心观察，发现脆性岩石中出现的几率较塑性岩石更高一些，一般说来，以斜坡带富含钙质碳酸盐的烃源岩最为发育。另外，许多垂向裂隙发育带的烃源岩中还伴生有大量低角度裂隙，分析认为是由于构造应力作用于各向异性较强的烃源岩造成的。

充填沥青和颗粒状方解石　　　　　　　　充填碳酸盐、石膏和黄铁矿等矿物

图6-22　济阳坳陷高角度裂隙的充填物特征

在洼陷的斜坡与平缓底部的过渡带、断层的末端和断层间的交会处等地层产状变化较大的部位，该类裂缝往往较为富集，典型的如利89井、丰深1井、罗11井、大93井、樊41井等。罗家地区是该类裂隙最为发育的典型地区之一，并形成工业性裂缝型油气藏。慈兴华等（2002）利用古地磁方法对罗家地区的岩心进行定向分析，发现裂缝方位受断层和古应力方向的控制，裂缝中以与研究区主断裂方向垂直的一组泥岩裂缝较发育。上述特征表明张性裂缝与构造活动密切相关，裂缝的发育程度与构造部位有着很大关系。另外，该类裂缝在沙四段下亚段顶部盐湖相地层中也常有富集，典型的如丰深1井和梁107井沙四段下亚段。刘宏伟（2002）根据东濮凹陷中央隆起带盐间泥岩裂缝非常发育的特点，认为拱张作用对该类裂隙也有重要作用。

从埋藏深度来看，一般出现在埋深大于2500m，埋深大于3000m其丰度逐渐增加，在埋藏深度接近4000m及更大的深度时，即使缺少断裂的存在，也能见到高丰度的该类裂隙，典型的如新利深1井。根据对烃源岩生成产物的分析，4000m大致对应着烃源岩生气量迅速增加的阶段，表明烃源岩生烃过程对该类裂隙也存在重要的控制作用，该类裂隙发育的地层往往对应着非常高的孔隙异常压力。

从济阳坳陷区内的垂向裂缝分布特征来看，裂缝形成受到断裂发育、流体超压和岩相三重控制。随着埋深的增加、生烃和黏土转化过程的进行，烃源岩力学性质逐渐由塑性向脆性转变，同时异常压力增高，异常流体压力可以大大降低作用在岩石颗粒上的有效应力，从而降低了岩石的抗破裂能力，在区域和局部应力场的作用下，在应力集中的部位，脆性岩石将会发生破裂，发生烃类的运聚并形成裂缝性油气藏。

三、排烃模式

根据济阳坳陷烃源岩沉降过程中烃类生成、排烃通道、排烃动力、排烃相态和含油饱和度的变化特点，可以看出，排烃过程是在加载、增温、增压的大背景下，烃源岩经过了一系列物理和化学反应后，实现了成烃并完成了能量积累后发生的（关德范等，2004），纵向上表现出明显的分段性特点。济阳坳陷各个凹陷烃源岩发育虽存在一定差异，但在宏观地质背景控制下，总的排烃过程仍存在较多的相似性，下面以东营凹陷为原型进行阐述。

根据东营凹陷主力烃源岩的烃类生成和成岩演化特点，将整个排烃过程划分为三个阶段，即自由排水阶段、烃类和能量积累阶段以及微裂隙排烃阶段（图6-23）。

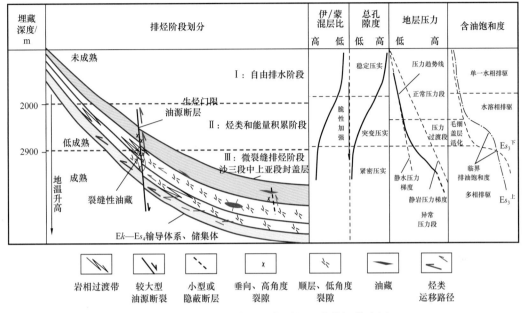

图 6-23　济阳坳陷古近系优质烃源岩排烃模式图

1. 自由排水阶段

沙四段上亚段埋深小于1500m、沙三段下亚段埋深小于2200m，烃源岩处于未成熟阶段。但干酪根中的杂原子基团可发生重排，为生烃过程做准备；烃源岩中的可溶有机质以少量的生物残留烃为主，含油饱和度一般低于5%；成岩作用微弱，黏土矿物尚未开始转化，蒙脱石和伊蒙混层矿物含量较高，伊/蒙混层比80%左右；除富碳酸盐烃源岩外胶结较差，岩石表现出较强的塑性特征；总孔隙度一般大于30%，渗透率较高，因此压实排液过程基本不受阻滞，排出的流体基本不含烃类，以水为主。地层压力多表现为静水压力性质，流体排出的动力以压实过程产生的瞬间地层压力为主。

2. 烃类和能量积累阶段

埋深2000~3000m，烃源岩逐渐进入成熟门限，但尚处于低成熟阶段，生烃量增长缓慢；随生烃量的增高，烃源岩含油饱和度逐渐增加，但一般仍低于30%。黏土矿物开始发生迅速转化，蒙脱石和伊蒙混层矿物相对含量逐渐降低，伊/蒙混层比由80%左右迅速降低到20%，原生泥晶碳酸盐发生重结晶变为微亮晶至亮晶碳酸盐；随着加载和压实作用的进行，烃源岩和泥岩盖层的孔隙度迅速降低，由30%迅速降低到10%以下。沙三段中亚段三角洲前缘相块状砂岩底部不等厚泥岩排水更畅，迅速转变成致密隔层。在这种情况下，烃源岩所含流体因烃类的加入逐渐形成油水两相环境，水的相对渗透率降低，毛细管封闭机制逐渐开始活化，形成较为完全的泥岩封盖，排液速度迅速降低，导致地层压力逐渐升高。在2500m以前，毛细管封闭机制可能尚未活化，仍以单相排水为主，因而异常压力较少出现，少数地区出现的压力异常可能主要与下部地层压力的传递有关。在2500m以后，由于烃源岩中含油饱和度快速升高，毛细管封闭机制开始发生作用，压力升高的速率明显增加。另外，狭义的不均衡压实和水热增压等对异常压力的出现可能也起到辅助性的作用。

对于咸化环境下的优质烃源岩，由于生烃较早，在突变压实阶段的末期，原生孔隙含油饱和度已经很高，部分达到了排烃的临界含油饱和度，在一定情况下可形成工业性油藏。而淡水和微咸水环境形成的沙三段下亚段烃源岩，由于仅存在成熟阶段生烃高峰，该阶段排烃量有限。

3. 微裂隙排烃阶段

埋藏深度3000m之下，烃源岩相继进入成熟生烃高峰，生烃量迅速增加。随生烃量的增高，烃源岩含油饱和度迅速增加，最高可达到50%以上（图6-23）。蒙脱石和伊蒙混层矿物已基本完成转化，伊/蒙混层比维持在20%之下；原生泥晶碳酸盐继续发生重结晶，晶体颗粒逐渐增大；泥岩盖层和烃源岩均进入紧密压实阶段，孔隙度基本维持在10%以下。由于烃源岩上部沙三段中亚段致密盖层的封盖和毛细管封闭机制的存在，流体得到了较完全的封盖，加之生烃作用造成的流体体积增加，地层压力迅速升高，在早期阶段压力增长梯度一般能达到0.02MPa/m，最高可达到0.025MPa/m以上，超过静岩压力梯度。随着压力的迅速升高，优质烃源岩开始产生微裂隙。埋藏深度3000~3500m以顺层微裂隙为主；埋藏深度大于3500m，一方面烃源岩的脆性逐渐增强，另一方面，烃源岩生气量迅速增加，异常压力的强度逐渐加大。根据对东营凹陷和沾化凹陷洼陷带砂岩透镜体的地层压力统计，最高压力系数一般在1.85左右，达到了烃源岩发生水力压裂时压力系数的下限。因此，除顺层微裂隙以外，垂向和高角度微裂隙也开始出现。

在构造不活跃的地区，微裂隙发育主要限于高有机质丰度的烃源岩。对于3000~3500m埋藏深度优质烃源岩，顺层面方向存在较好的有机质网络、纹层面和顺层微裂隙，其中夹杂的微小砂岩透镜体也可以提供顺层排烃的通道，三者形成了顺层排烃的通道网络系统，为烃源岩顺层排烃提供了良好的条件（表6-1）。与烃类和能量积累阶段相比，有机质网络仍保持了较好的输导性能，但纹层面和夹杂的砂岩透镜体或薄砂条，受压实作用的影响，输导能力有一定程度的降低，而微裂隙的输导作用则逐渐增强。基于强韵律性和岩性组合的互层特点，该深度段优质烃源岩生成的烃类首先要经过在纹层面上或顺层微裂隙内富集的过程，然后再经过顺层面运移的阶段，最终进入其他高效的输导体系，如较大的断裂、砂岩体、不整合面等成藏（刘庆等，2004）。对于埋藏深度3500m的优质烃源岩，埋藏压实作用导致纹层面、薄砂层等有关的原生孔隙系统输导能力减弱，干酪根吸附和输导烃的能力也大幅度降低，而强异常高压的存在，导致微裂隙的产状趋向多元化，形成网状的微裂隙通道，输导烃的能力和效率进一步增强，微裂隙排烃成为最重要的方式。

受岩性、有机质丰度和成熟度控制，微裂隙的发育主要局限于洼陷带的沙三段下亚段和沙四段上亚段中央深湖相优质烃源岩带，其上的沙三段中—上亚段为大套的泥岩，岩性以块状泥岩为主，特别是前三角洲泥岩因其较低的有机质丰度、较差的有机质类型、较浅的埋深以及纹层理不发育等特点导致微裂隙不发育。由于较强的压实作用，沙三段中亚段岩石的孔渗性已经变得很差，加之其生烃能力较弱，含油饱和度低，在其与下伏烃源岩之间毛细管封盖作用活化等因素的影响，因而成为良好的顶部封盖层。侧向上由于沉积相和岩相的变化，从洼陷中心向洼陷边缘，沙三段下亚段和沙四段上亚段烃源岩存在由纹层泥页岩向块状泥岩过渡的趋势，烃源岩的质量逐渐变差（张林晔等，2005），加之埋深逐渐减小，生烃能力逐渐降低，微裂隙逐渐消失。从盆地范围来看，优质烃源岩与中等至差烃源岩的岩相过渡带大致位于二级构造带，即构造坡折带中部至坡角处，该带同时对应着顺层微裂隙消失的深度，因而岩相变化又造成较好的侧向封堵。这样，在洼陷带内的优质烃源岩层内就形成了一个压力和裂隙封闭体，或者说盆地范围内的压力封存箱。其顶部封盖层为沙三段中亚段泥岩，侧面封盖层为沙三段下亚段和沙四段上亚段的块状泥岩或断层封堵，而底面目前尚不清楚，推测在洼陷内部可能为沙四段下亚段或孔店组的含膏地层，向斜坡带层位和深度有所变浅，转变为沙四段上亚段优质烃源岩的底。

表 6-1　不同沉积有机相烃源岩中各类排烃通道的重要性差异评价

沉积有机相	成熟阶段	烃源岩排烃通道				
		原生孔隙	薄砂层	微裂隙	层理面	有机质网络
缺氧相	低成熟阶段	++	++	+	+++	++
	成熟阶段	+	+	+++	+	++
	高成熟阶段	+	+	+++	+	+
短暂充氧相	低成熟阶段	++	+++	+	+++	++
	成熟阶段	+	+++	+++	++	++
	高成熟阶段	+	++	+++	+	+
贫氧相、氧化相	低成熟阶段	+	+	+	+	+
	成熟阶段	+	++	+	+	+
	高成熟阶段	++	++	+	+	+

这种压力封存系统以烃源岩中的裂隙系统和砂岩透镜体为"储集空间"，具备上下和侧向封堵，因而基本符合 20 世纪 70 年代初 Bradley 以及 Hunt（1990）提出的压力封存箱概念。压力封存箱的存在，其意义在于生成的烃类和流体将会在该封存箱内发生一定程度的聚集，位于洼陷带烃源岩体内的砂岩透镜体油气藏和泥岩裂缝型油气藏即是该机制发生作用的结果。伴随压力的继续累积和微裂隙范围扩大，封存箱规模逐渐扩大。一旦压力封存箱的盖层被突破或发生泄漏，流体将会在异常压力的驱动下以混相涌流的形式迅速排出并运移聚集成藏。

四、排烃过程

压力封存箱是一个相对稳定的系统，在其演化的大多数时间内以亚稳态存在，其封盖层的破裂，特别是厚度较大的泥质封盖层的破裂在构造稳定期是非常困难的。封盖层开启和烃类释放过程大致存在两种情况：一是构造相对稳定期，由于封存箱内压力的持续增加造成封盖层破裂和排烃；二是构造活动期断裂和断层的活动导致封盖层破裂和大规模排烃。

1. 构造稳定期排烃

在沉积特征和生烃条件相似的情况下，最下部的烃源岩将会最先形成异常高压带并导致微裂隙产生。对于不同层段来说，裂隙形成的序次是自下而上进行的。在发育多套烃源岩的地区，裂隙产生的序次可能分别为沙四段上亚段、沙三段下亚段和沙三段中亚段。而对于同一层段（如沙三段下亚段）的烃源岩来说，也是下部的烃源岩首先破裂。然而，由于烃源岩发育的非均质性和烃源岩质量的差异，裂隙发育并不完全遵从这种规律。如惠民洼陷的临南洼陷和车镇凹陷的车西洼陷，沙四段上亚段烃源岩较差，可能一直未产生裂隙。而对于沙三段下亚段来说，其中的两套油页岩层可能最先发育裂隙，而其中的泥岩段较晚产生裂隙，但这不影响裂隙自下而上发生的整体规律。

在裂隙发展的早期阶段，裂隙发育的范围比较局限，压力和裂隙封存箱的规模较小。由于其上未发生裂隙的烃源岩层数多、厚度大、孔渗性差，很难仅仅依靠内部压力的聚集而被突破。而由于压力封存箱底封层较薄，则可能因为异常压力超过烃源岩的排驱压力或产生垂向或高角度裂隙造成底封层突破。以东营凹陷为例，封盖层一旦被突破，封存箱内的烃类较容易进入沙四段上亚段优质烃源岩（一般限于其上部）下部的储集体，顺烃源岩体的底面发生侧向运移，并在深层滩坝砂岩、红层、砂砾岩体和潜山中富集成藏。烃源岩向下排烃，烃类需要克服浮力，图6-24为超压条件下向下排烃的最大理论深度计算图解，计算公式如下：

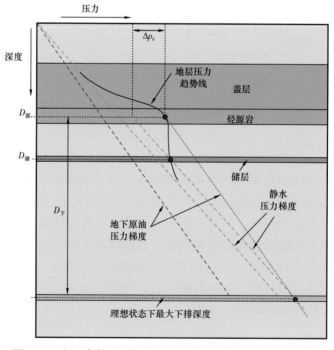

图6-24　超压条件下油气向下运移的最大理论深度计算图解

$$D_{下} = \Delta p_{s} / \left[(\rho_{w} - \rho_{o}) g \right] \qquad (6-1)$$

式中　　$D_{下}$——下排深度；

ρ_{w}——水的密度；

ρ_{o}——地下原油密度；

Δp_s——烃源岩与目的储层剩余压力差；

g——重力加速度。

取：$\rho_w=1.05g/cm^3$，$\rho_o=0.75g/cm^3$，则 $D_{下}=\Delta p_s/0.3g$。因此，在顶部和侧向完全封闭的条件下，每 1MPa 剩余压力差可以造成烃源岩向下排烃深度 333.3m。实际上，烃源岩生成油气要向下排烃必须有侧向和垂向良好的封堵条件，在地质条件下很难达到理论下排最大深度。

随着含烃流体的排出，裂隙将会重新愈合，开始新一轮烃类生成、能量和压力积累、封存箱破裂和排烃的过程。随着盆地沉积作用的进行，地层的埋深不断增加，熟化烃源岩体层位逐渐变新，封存箱向上扩展，异常高压带封隔层间歇性地发生压裂开启和闭合，封隔层和裂隙顶界的位置会不断地向上调整，直至烃源岩生烃作用完成。

根据前述分析，在各个凹陷的深度剖面上，现今的压力峰值一般位于沙三段下亚段烃源岩中，而非沙四段上亚段，即使对于优质烃源岩非常发育的东营凹陷也是如此，表明沙四段上亚段烃源岩已经经历过多次排烃过程。

2. 构造活动期排烃

实际上，泥质岩石的塑性较强，一个封闭的、独立的高压流体封存箱有时很难单纯依靠内部压力的聚集而被突破。因此许多石油地质学家认为，高压带内产生的以垂向裂隙为主的裂隙系统往往是构造活动时期的产物。

在构造活动期，根据应力判断，无论挤压还是拉张过程，均易于产生垂向或高角度断层，并伴生大量垂向或高角度裂隙、微裂隙。如果断裂期压力封存已经形成，则构造运动可导致封存箱盖层破裂，实现压力封存箱与外界储层的沟通。这种沟通一旦实现，在异常高压的驱动下，压力封存箱中聚集的烃类和其他流体将会以混相涌流的方式迅速完成烃源岩的排烃和聚集成藏过程。构造活动期后，随着流体的排出和压力的降低，裂隙将会逐渐胶结和封闭，开始新的能量积累、压力释放和排烃周期。从该角度来看，无论构造稳定期还是构造活动期，排烃过程都或多或少的呈现出幕式的特点，但显然构造活动期每一幕的排烃规模要大得多。

断层的排烃能力，即断层的通透性或封堵性主要受断层性质、规模、落差大小、断面形态、断层两盘储层接触关系、断面能否形成较大排驱压力等多种因素的影响。

相对挤压性断层，张性断层更有利于排烃作用的进行，典型例子为东营凹陷中央背斜带，拉张性的断层导致烃源岩大量向上排出烃类。断层的规模越大、断距越大、断开的层位越多，则供油范围越大，排烃量也越彻底。对于大型的一、二级断层，由于断层带和断裂破碎带较宽，烃源岩复合体的上部或顶部封盖层很容易被破坏，烃源岩中的超压将会迅速得到释放，烃类的排出应以上排为主。

对于张性特征不明显或小型的断层，垂向输导能力可能较为有限，排烃的过程则存在差别。在洼陷中心，几套烃源岩上部的封盖层很厚，断层两侧泥岩与泥岩接触，通透能力有限，可能只有偏上层段生成的部分烃类能突破盖层向上排出，而另一部分则发生侧向运移。在缺少侧向输导体系的情况下，烃类还可向下排放，再侧向运移。因此向上运移的烃类一般具有偏上部烃源岩的油源特征，而向下排出的烃类则具有偏下部烃源岩的特征。梁家楼油田主体部位沙三段上亚段的油气主要源于沙三段下亚段，而底部沙四段上亚段储层的油气主要源自沙四段上亚段烃源岩，即是一个典型的实例（张林晔等，

2005）。当然，随向上排烃范围和排烃量的增加，原油将不再局限于沙三段下亚段生成的烃类，而慢慢增加一些沙四段上亚段生成烃类的比例，这种混源类型在牛庄凹陷沙二段中亚段浊积砂体中也已经有所发现。发展的极端将是沙三段下亚段和沙四段上亚段生成的烃类均完全向上排出，即大型通透性断层的情况，原油排出后多具有混源的特征。当然这只是一种理论模式，或只是描述了一种排烃的趋势。由于影响排烃的因素很多，即使在中央背斜带或胜坨油田，以沙三段下亚段或以沙四段上亚段为主要油源的单源油藏也是经常可以见到的。

五、排烃效率

排烃效率定量评价方法包括模拟实验法、化学动力学法、自然演化剖面法、物质平衡法等，各有其优缺点。其中物质平衡法是根据不同成熟度和演化程度样品的对比分析，利用物质守恒原理进行计算，计算结果相对较为可靠，但该方法需要较好的自然演化剖面，而已建立的东营凹陷两条烃源岩自然演化剖面具备基本条件（图6-14、图6-15），借鉴国外的方法（Cools等，1986；Larter，1988；Bordenave，1993），评价了沙四段和沙三段下亚段优质烃源岩的排烃效率。

沙四段优质烃源岩主要有两套，分别为沙四段上亚段和沙四段下亚段顶部。前者烃源岩埋藏深度和取心深度范围跨度较大，从1000m左右到4200m左右，包含了未成熟、低成熟、成熟至高成熟的热演化阶段，而后者埋藏深度范围较为局限，埋藏深度一般大于3500m，主要处于高—过成熟阶段。由于后者缺少未熟—低成熟样品，故合并为一条剖面进行计算。沙三段下亚段的优质烃源岩样品深度在2000～4000m之间，热演化阶段主要介于未成熟和高成熟之间。具体计算时，沙四段烃源岩排烃门限取2500m，沙三段下亚段排烃门限取3000m（张林晔等，2005）。考虑到湖相烃源岩的非均质性较强，在具体计算时进行了分段平均处理，以保证计算结果更加可靠。排烃效率计算结果见图6-25。

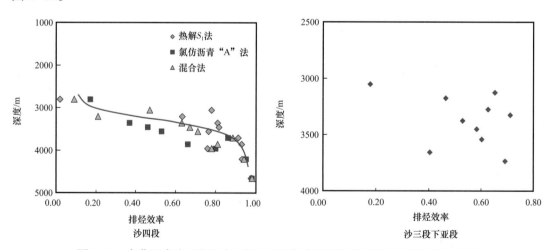

图6-25　东营凹陷沙四段和沙三段下亚段优质烃源岩排烃效率随深度变化曲线

定量计算结果表明，沙四段优质烃源岩排烃效率在埋藏深度超过3000m开始迅速增加，到埋藏深度4000m时已达80%，主力供烃层段排烃效率可达40%～80%；沙三段下亚段优质烃源岩由于整体埋深低于沙四段，其排烃效率总体介于40%～70%之间。

与早期认识相比，埋藏深度较大的烃源岩排烃效率有较大幅度提高，分别提高到2倍、1.5倍。

第四节　古近系油源对比

一、原油特征

1. 原油物性特征

原油的相对密度是评价原油性质的一个重要参数。根据密度特征，济阳坳陷的原油可划分为轻质油、中质油、重质油、重油四种类型。其中，轻质油的相对密度小于$0.84g/cm^3$；中质油的相对密度为$0.84\sim0.93g/cm^3$；重质油的相对密度为$0.93\sim1.00g/cm^3$，重油的相对密度大于$1.00g/cm^3$。

济阳坳陷原油的密度相差很大。以东营凹陷为例，地面原油密度为$0.705\sim1.105g/cm^3$，原油动力黏度为$1.11\sim89107mPa\cdot s$。纵向上，原油密度表现出随埋深变浅逐渐增加的趋势：埋藏深度大于2000m井段，随埋藏深度逐渐变浅，密度缓慢增加，主要与不同深度烃源岩生成的烃类组成差异以及烃类在向上运移过程中天然气的逐渐损失有关；埋藏深度小于2000m井段，原油密度增加的趋势逐渐加快，主要与浅层原油次生变化、原油脱气及生物降解作用有关。平面上原油密度的分布也存在明显的规律：各生油洼陷中心的原油主要为轻质油和中质油，向凹陷边缘区主要分布重质油和重油，呈现明显的环状分布特征（图6-26）；另外，复杂断裂构造带的原油物性变化复杂，原油类型变化较大，如中央背斜带和胜坨油田，原油相对密度的高值区和低值区往往相间出现。其他凹陷的原油密度分布也从一定程度上表现出东营凹陷的特点。

济阳坳陷原油含硫量为$0.01\%\sim13.9\%$，不同地区含硫量差异很大，其中东营和沾化凹陷含硫量总体高于惠民和车镇凹陷。高含硫原油多与盐湖和咸化湖沉积或烃源岩发育有关，如沾化凹陷罗家地区沙四段富含石膏及碳酸盐岩，原油含硫量平均值达7.7%；东营凹陷沙四段盐湖相和咸化湖相烃源岩也非常发育，局部地区原油含硫量高达5.0%。而含硫量最小的为东营凹陷大芦湖油田沙三段产出的原油，大多数小于0.05%。通过对沾化凹陷地区原油的密度、黏度、含硫量之间关系研究发现，原油的含硫量与原油密度具有较好的相关性，而与原油的黏度相关性差一些，部分具有较低黏度、密度小于$0.98g/cm^3$的原油仍然具有较高的含硫量，这表明原油的含硫量不仅与原油的生物降解和次生变化有关，还与原油形成的湖泊环境和成因来源有关。

济阳坳陷原油含蜡量一般为$10\%\sim30\%$，高者可达67%，甚至更高。特高蜡油主要分布在沾化凹陷和东营凹陷，惠民凹陷在临50、夏32、夏39和夏斜96井发现特高蜡油，车镇凹陷特高蜡油最少，仅在车37、车43井有所发现。东营凹陷特高蜡油集中分布区为王家岗油田丁家屋子构造带，八面河、牛庄、胜坨、王庄、滨南、大芦湖等油田为零星分布。王家岗油田的特高蜡油主要储层系是古近系孔店组及深层奥陶系；其他特高蜡油主要分布在沙三段和沙四段储层。面14-1-X71井奥陶系储层发现的原油是济阳坳陷目前已知含蜡量最高的（67%）。沾化凹陷目前所发现的特高蜡油集中分布区为五号桩—桩西油田和埕岛油田，分布层段较多，主要储层系包括沙三段、沙四段、沙二段和中—古生界，其他油田鲜有发现。

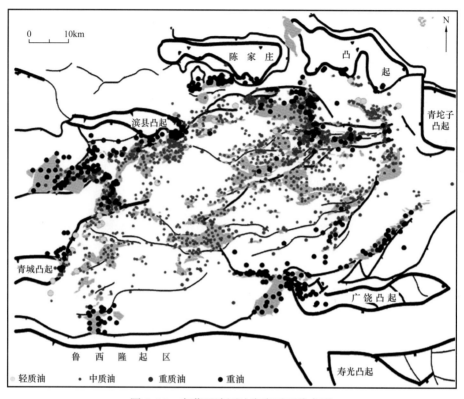

图 6-26　东营凹陷原油密度平面分布图

2. 原油化学特征

1）族组成特征

济阳坳陷原油族组成变化范围大：饱和烃为 16%～81%，芳香烃为 8%～34%，非烃为 6%～39%。这些变化反映了济阳坳陷原油的复杂性。随着原油成熟度的增加和降解程度的降低，饱和烃含量逐渐增加，非烃和沥青质含量逐渐下降（表 6-2）。

表 6-2　济阳坳陷不同类型原油族组成含量变化表

原油类型	代表油田	饱和烃 /%	芳香烃 /%	非烃 /%	沥青质 /%
降解原油	孤东油田 孤岛油田	26～48 28～45	17～34 19～24	15～25 23～33	2～9 10～18
低成熟原油	八面河油田 草桥油田	16～40 16～44	19～31 17～27	21～39 18～39	3.4～6.7 3.7～8.5
成熟原油	牛庄油田 渤南油田	40～70 42～63	9～19 17～22	6～24 8～22	1.9～6.0 1.8～5.5
高成熟原油	桩西油田	55～81	8～13	6～16	2～5

2）饱和烃色谱特征

饱和烃是原油中的主要成分，它不仅能提供有关生烃母质方面的信息，而且还能反映烃源岩的沉积环境和演化特征。济阳坳陷的原油按照饱和烃色谱特征大致可分为 5 类：Ⅰ类以异构烷烃为主，曲线呈山包状，偶见有个别正构烷烃分布，这类原油主要以低成熟油和生物降解原油为主；Ⅱ类正构烷烃峰型呈"馒头"状，曲线平滑，奇偶碳数比值 OEP 为 1～1.15，主峰碳为 C_{17} 或 C_{23}，有时为双峰；Ⅲ类为前峰型，碳数以低碳占优势，C_{15}—C_{17} 位置陡然升起，形成一个高峰，向高碳方向很快递减；Ⅳ类为后峰型，主峰碳位于 C_{25}、C_{27}，高碳数占优势，$\sum C_{21-}/\sum C_{22+}$ 小于 1，OEP 值为 1.15～1.25；Ⅴ类为偶碳优势，主峰碳为 C_{18} 或 C_{28}，OEP 值小于 1，富含植烷，Pr/Ph 小于 0.5。

3）生物标志化合物特征

济阳坳陷原油中含有丰富的生物标志化合物，包括无环类异戊二烯烃、β-胡萝卜烷、规则甾烷、重排甾烷、4-甲基甾烷、甲藻甾烷、三环萜烷、藿烷类、γ-蜡烷、25-去甲基藿烷系列。另外，在沾化凹陷的部分原油中还发现较为罕见的 C_{28}-28，30-双降藿烷和 C_{28}—C_{34} 甲基藿烷系列。上述特征表明，济阳坳陷原油的生烃母质较为复杂，且原油运移、聚集和成藏过程中经受了复杂的次生变化。

大多数原油都含有丰富的异戊二烯类烷烃。姥鲛烷和植烷作为类异戊二烯烷烃中的重要组成部分，一般认为来自叶绿素的植醇基侧链，在氧化环境下富集姥鲛烷，还原环境下富集植烷。济阳坳陷不同层段烃源岩所提供的原油姥鲛烷和植烷含量差别非常明显：半咸水—淡水环境沙三段烃源岩生成的原油一般为姥鲛烷优势，姥鲛烷与植烷的比值约为 1 或大于 1；而咸化环境沙四段烃源岩生成的原油植烷占优势，姥鲛烷与植烷比值小于 1，一般在 0.5 左右；沾化凹陷沙一段烃源岩生成的原油也具备植烷优势的特征。

原油中含有规则甾烷、重排甾烷及 4-甲基甾烷。规则甾烷在正常原油中，C_{27}、C_{28}、C_{29} 的相对含量绝大部分为 $C_{27}>C_{28}<C_{29}$ 或 $C_{27}>C_{28}>C_{29}$，说明其油源主要与低等水生生物有关，仅在个别地区（如东营凹陷南坡高蜡油）的原油为 $C_{27}<C_{28}<C_{29}$。重排甾烷含量在不同来源原油中存在一定的差异，在相近的成熟度条件下，一般咸化环境沙四段来源的原油含量低于半咸水—淡水来源的沙三段原油。

原油中普遍含有二环、三环、四环和五环萜类化合物。五环三萜烷中常见的有 C_{27}，C_{28}—C_{35} 藿烷系列。大部分原油中 C_{35}-五升藿烷小于 C_{34}-四升藿烷，但在东营凹陷南斜坡的八面河油田和王家岗油田、沾化凹陷罗家油田的原油中具有相反的特征，即 C_{35}-五升藿烷大于 C_{34}-四升藿烷。在五环三萜烷中还具有与陆源高等生物来源的其他构型化合物，如五号桩油田原油中具有 γ-羽扇烷，18α-奥利烷等。另外，咸化环境来源的原油 γ-蜡烷含量一般高于半咸水—淡水来源的原油。

二、原油成因来源判识标志

多年的勘探实践和研究表明，沙四段上亚段、沙三段下亚段是济阳坳陷的主力油源岩，沙四段下亚段和沙一段在局部地区有一定成油贡献，为次要烃源岩，其他层段如孔店组和沙三段中—上亚段，在济阳坳陷已发现的工业性油流中尚未证实有实质性的贡献。由于沉积环境、生烃母质等方面的差异，不同凹陷、不同有效烃源岩生物标志化合物特征等差异性很大。

1. 沙四段下亚段

济阳坳陷沙四段下亚段暗色泥岩沉积主要见于东营凹陷，烃源岩以深灰色含膏含盐泥岩、膏质泥岩、盐间泥页岩为主。其主要有机地球化学特征如下：饱和烃中正构烷烃大多呈前峰型分布，主峰碳多为 C_{16}、C_{18} 或 C_{20}，OEP 为 0.93～1.06，Pr/Ph 小于 1，Ph/nC_{18} 介于 0.48～2.87 之间，$\sum C_{21}$/$\sum C_{22+}$ 由浅而深逐渐减小，为 0.43～1.48；类异戊二烯烃具有中等含量的 iC_{15}—iC_{25}；C_{27}—C_{29} 规则甾烷呈 "V" 形分布，C_{28}—C_{30} 4-甲基甾烷相对含量总体表现为倒 "V" 形分布模式，咸化湖相甲藻类生源的甲藻甾烷含量中等；γ-蜡烷指数（γ-蜡烷/C_{30}αβ）一般介于 0.16～0.70 之间；三环萜烷较丰富，三环/五环萜烷为 0.57～1.51，C_{30} 重排藿烷及奥利烷发育，C_{30} 重排/C_{30}αβ 藿烷为 0.17～0.40，奥利烷/C_{30}αβ 为 0.22～1.19；C_{24} 四环萜烷较丰富，与 C_{26} 三环萜烷的比值 C_{24}/C_{26} 为 0.31～2.03；升藿烷具有 C_{33}＞C_{34}＞C_{35} 的正常分布模式；"三芴" 系列中，富含硫芴，平均占 65% 以上；4-甲基硫芴、3+2-甲基硫芴、1-甲基硫芴呈阶梯形分布模式；三芳甾烷丰度大于甲基三芳甾烷，三芳甾烷/甲基三芳甾烷为 1.10～3.42；族组成碳同位素 $\delta^{13}C$ 值多为 –23.0‰～–28.4‰，个别含盐泥岩的 $\delta^{13}C$ 值较轻，为 –26.0‰～–32.2‰。

2. 沙四段上亚段

沙四段上亚段习惯上分为纯上亚段和纯下亚段，是济阳坳陷的主力烃源岩。沙四段上亚段烃源岩在湖水盐度、底水含氧量、湖泊的规模等方面均存在着明显的东西差异，因此不同凹陷具有不同的特征判识标志。

东营凹陷为一套咸化湖相优质烃源岩，富含有机质的页岩和油页岩非常发育，其判识标志为（图 6-27）：饱和烃中正构烷烃分布具偶碳优势，OEP 小于 1，主峰碳多为 C_{18}、C_{22} 或 C_{24}；植烷优势，Pr/Ph 远小于 1，介于 0.10～0.45 之间；β-胡萝卜烷和 γ-胡萝卜烷丰富，类胡萝卜烷成系列分布；C_{27}—C_{29} 规则甾烷多呈 "V" 形分布；C_{29} 4-甲基甾烷丰富；富含咸化湖相甲藻类生源的甲藻甾烷；γ-蜡烷含量丰富，γ-蜡烷指数通常大于 0.2，有的高达 1.0 以上；含硫芳香烃化合物丰富，"三芴" 系列中，硫芴系列占 65% 以上；4-甲基硫芴、3+2-甲基硫芴和 1-甲基硫芴分布呈 "V" 形分布。

沾化凹陷和车镇凹陷东部沙四段上亚段烃源岩分为两类（图 6-28）：第一类，岩性以泥页岩、油泥岩及部分灰质泥岩为主，饱和烃中 Pr/Ph 值一般小于 1，大致在 0.23～0.83 之间，甾烷中规则甾烷分布以 C_{27} 甾烷为优势的 "V" 形分布为主，低 C_{27} 重排甾烷、低 4-甲基甾烷含量，萜烷中三环萜烷含量较高、低 Ts/Tm 值、中等 γ-蜡烷含量、正常的升藿烷分布系列；第二类，岩性以碳酸盐岩、灰质泥页岩为主，正构烷烃偶碳优势，Pr/Ph 值均小于 1，具明显的植烷优势，甾烷中重排甾烷几乎完全缺失，孕甾烷十分丰富，（C_{21}+C_{22}）孕甾烷/规则甾烷为 0.12～0.67，并且升孕甾烷、C_{22} 和 C_{23} 4-甲基甾烷、C_{20} 和 C_{21} 三芳甾烷、C_{21} 和 C_{22} 甲基三芳甾烷同步发育，4-甲基甾烷均十分丰富，甲藻甾烷含量较低，萜烷中含有 $C_{28-29, 30}$-二降藿烷，γ-蜡烷含量较高，γ-蜡烷/C_{30} 藿烷为 0.15～1.35，$C_{24-17, 21}$-断藿烷在碳酸盐生成的有机质含量高于页岩，C_{24} 三环萜烷明显高于 C_{26} 断藿烷含量，$C_{24-17, 21}$-断藿烷/C_{26} 三环萜烷为 1.06～4.32。C_{35} 藿烷异常丰富，C_{35} 藿烷/C_{34} 藿烷为 1.19～4.17，表现出碳酸盐岩烃源岩的典型特征。

另外，沾化凹陷的渤南洼陷沙四段上亚段烃源岩硫芴占芳香烃馏分的 82%～99%，占据绝对优势，有机含硫化合物以二苯并噻吩系列为主，DBT/P（二苯并噻吩/菲）均

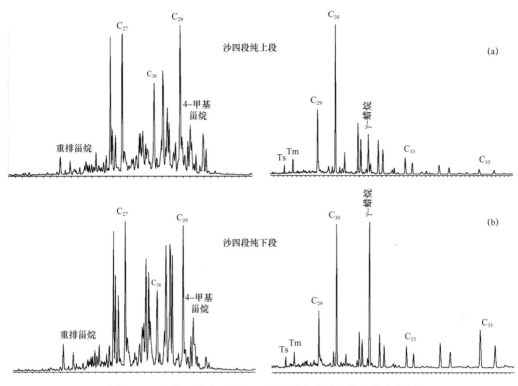

图 6-27 东营凹陷沙四段上亚段烃源岩甾烷和萜烷分布特征

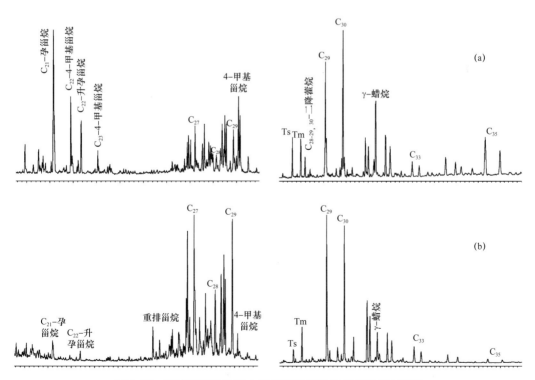

图 6-28 渤南洼陷沙四段上亚段烃源岩甾烷和萜烷分布特征

大于1，分布在2.66～9.81之间。烃源岩中还检测到了较为丰富的芳基类异戊二烯系列化合物，指示了静水、还原和透光的条件，充分体现出了当时较为封闭、低能的沉积环境。

惠民凹陷的临南洼陷和车镇凹陷西部的车西洼陷沙四段上亚段总体评价为一套差至非烃源岩。惠民凹陷的阳信和滋镇洼陷烃源岩成熟度相对较低，其成藏贡献都很小，故不做详细论述。

3. 沙三段下亚段

济阳坳陷沙三段下亚段烃源岩分布较为稳定，总体特征差异不大（图6-29）：饱和烃中正烷烃色谱分布模式多呈单峰型和双峰型分布；东营凹陷重排甾烷较为丰富，而沾化凹陷重排甾烷含量低，C_{27} 重排甾烷 / 规则甾烷为 0.07～0.14，自下而上呈逐渐增加趋势；沟鞭藻来源的 4- 甲基甾烷含量高，C_{28}—C_{30} 4- 甲基甾烷呈 "V" 形分布，而甲藻来源的甲藻甾烷含量低；γ- 蜡烷含量低，γ- 蜡烷指数小于 0.2；含硫化合物自下而上逐渐降低，DBT/P 由 1.12 逐渐降低为 0.26，下部主要成分为硫芴系列、苯并萘并噻吩系列、菲系列及萘系列等，上部主要是烷基苯系列及萘系列等化合物；"三芴" 化合物中以芴系列占优势，一般大于 40%，由下至上氧芴系列含量逐渐增加，硫芴系列含量逐渐减小；碳同位素相对偏重，$\delta^{13}C$ 值一般为 –27.2‰～–28.9‰；单体烃碳同位素表现为正构烷烃 C_{17}—C_{22} 偏重，从 C_{23} 后开始随碳数增加逐渐变轻的特征。

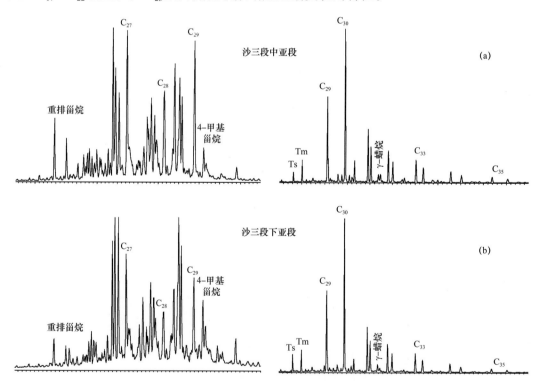

图 6-29　沾化凹陷沙三段下亚段烃源岩甾烷和萜烷分布特征

4. 沙三段中亚段

济阳坳陷沙三段中亚段生物标志化合物在不同地区差异不大，主要表现出以下特征：甾烷中重排甾烷发育，C_{27} 重排胆甾烷与规则甾烷的比值平均为 0.17～0.55；4- 甲基甾烷含量较低或不发育；规则甾烷呈 C_{27} 明显优势的"V"形分布，C_{27} 规则甾烷一般高于 C_{29} 规则甾烷；萜烷中三环萜烷含量较低，C_{26} 三环萜烷与 C_{24} 断藿烷的比值平均在 0.29 附近，Ts/Tm 比值为 0.52～2.43，重排甾烷丰富的 Ts/Tm 比值大于 1；奥利烷含量较低；芳香烃馏分中含硫化合物含量较低，DBT/P 为 0.03～0.27。

5. 沙一段

济阳坳陷沙一段烃源岩有机质丰度较高，仅在沾化、车镇凹陷的部分地区达到生烃门限。其主要生物标志化合物特征如下：正构烷烃中存在奇碳和偶碳优势，姥植比低；甾烷中 C_{28} 规则甾烷相对含量一般大于 30%，重排甾烷以及 4- 甲基甾烷都很低，发育特定半咸水—咸水湖相藻类来源的 C_{26} 甾烷及甲藻甾烷；萜烷中 Ts 丰度低，Ts/Tm 为 0.10～0.79；高 γ- 蜡烷含量；芳香烃馏分中富含芳甾类烃，脱羟基维生素 E 丰富，系列完整，且 β 构型含量小于 γ 构型含量，表明有机质的成熟度较低；富含长链烷基苯系列化合物，占芳香烃中馏分的 25% 左右，含有植烷基苯和 1- 甲基 -3- 植烷基苯，1- 甲基 -3- 植烷基苯在甲基烷基苯中为主峰，表明母岩沉积环境为强还原环境；DBT/P 为 0.09～0.32，含硫化合物较低。

三、原油成因类型及其分布

依据原油物理化学性质和生物标志化合物组成等特征，济阳坳陷原油分为四种成因类型。

1. Ⅰ类原油

Ⅰ类原油主要源自沙四段上亚段烃源岩，其总体地球化学特征表现为（图 6-30）：饱和烃色谱中正构烷烃主峰碳为 C_{22}—C_{28}，姥植比（Pr/Ph）低，一般小于 0.5；甾烷中规则甾烷以 C_{27} 甾烷优势的"V"形分布为主，C_{27} 重排甾烷低，一般含有中等—高含量的 4- 甲基甾烷；萜烷中 γ- 蜡烷含量较高，一般大于 0.2；Ts/Tm 值相对较低，一般小于 0.6。

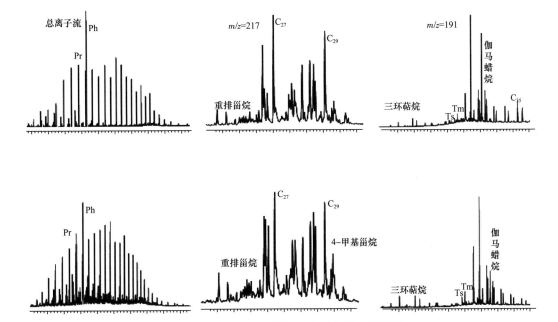

图 6-30　东营凹陷Ⅰ类原油典型色谱—质谱图

东营凹陷Ⅰ类原油分布最为普遍，在洼陷带、中央背斜带以及南部斜坡带均大量存在，涵盖前古近系、古近系到新近系的各个层位。总体来看，该类原油分布整体表现出以下特点：在牛庄洼陷及其南斜坡地区、民丰洼陷、广利洼陷等东部地区该类原油含量极为丰富，而在利津洼陷和博兴洼陷等西部地区，则表现为与其他类型原油共存的现象。

在沾化凹陷Ⅰ类原油又根据 C_{35} 升藿烷与 C_{34} 升藿烷相对含量的差异，还可分为两个亚类：第一亚类 C_{35} 升藿烷相对含量高于 C_{34} 升藿烷，存在明显的"翘尾"现象，在罗家、邵家、垦西等地区分布较广，包括邵家油田前古近系及沙四段，罗家油田沙四段、沙三段、沙二段及沙一段，垦西油田沙三段及东营组储层以及陈家庄油田东营组及馆陶组；第二亚类 C_{35} 升藿烷相对含量低于 C_{34} 升藿烷，主要分布于孤西断裂带附近，成熟度相对较高，储层主要为古生界、中生界，其次是新生界沙四段，总体上埋藏较深，可能主要源自沙四段烃源岩在晚期生成的烃类。

车镇凹陷Ⅰ类原油的分布表现出东西差异，主要分布在东部的大王北、郭局子地区，而在西部的车西地区比较少见。在大王北、郭局子地区的沙二段、古生界以及大王庄油田和英雄滩油田的南部最为集中。

惠民凹陷该类原油含量相对较少，在临南洼陷呈零星分布，主要分布在洼陷的南部斜坡地区，而在阳信洼陷已发现的原油也属该种类型。

2. Ⅱ类原油

Ⅱ类原油主要源自沙三段下亚段烃源岩，总体地球化学特征在各个凹陷差异不大，主要表现为（图6-31）：大多数具有姥鲛烷优势，Pr/Ph 比较高；规则甾烷特征一般表现为 $C_{27}>C_{29}>C_{28}$，4-甲基甾烷含量较高，且含有较丰富的重排甾烷；γ-蜡烷含量较低，一般小于0.2，C_{35} 升藿烷 $/C_{34}$ 升藿烷比值一般小于0.7，大部分小于0.4。

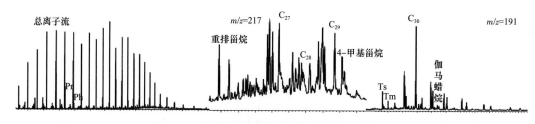

图6-31 沾化凹陷Ⅱ类原油典型色谱—质谱图

与Ⅰ类原油相比，Ⅱ类原油与其平面分布表现出明显的差异。东营凹陷Ⅱ类原油以西部的利津洼陷和博兴洼陷最为富集，表现出明显的近源特性，整体呈北东向分布；牛庄洼陷主要分布在洼陷带，呈零星分布；民丰洼陷尚未发现该类型原油。

沾化凹陷Ⅱ类原油分布广泛：以渤南油田的前古近系、沙三段及沙二段储层最为富集；桩西油田的前古近系、沙四段、沙二段、沙一段以及五号桩油田的沙三段、沙二段和垦利油田前古近系、沙三段、沙二段、沙一段、东营组均有分布；河滩油田及孤南油田沙三段、红柳油田馆陶组也有分布。与Ⅰ类原油相比，该类原油在一定程度上仍表现出近源特征。

车镇凹陷原油以Ⅱ类原油为主，分布范围广泛，主要分布在大王北油田、富台油田、东风港油田和套尔河油田。

惠民凹陷原油以Ⅱ类原油为主。临南洼陷Ⅱ类原油占有绝对优势，均为成熟原油；在阳信洼陷，Ⅱ类原油尚未发现工业性油藏，但存在少量显示，主要见于东部的温家次洼，以低成熟原油居多。

3. Ⅲ类原油

Ⅲ类原油主要源自沙一段烃源岩。总体地球化学特征表现为：植烷优势，C_{37}、C_{38}正构烷烃丰度较高，γ-蜡烷含量丰富，规则甾烷中呈 $C_{27}>C_{28}>C_{29}$ "L"形分布，重排甾烷以及4-甲基甾烷都很低，甲藻甾烷发育，含有源自半咸水—咸水湖相特定藻类的 C_{26} 甾烷。原油成熟度相对较低，$C_{29}20S/20（S+R）$ 多小于 0.35（图6-32）。

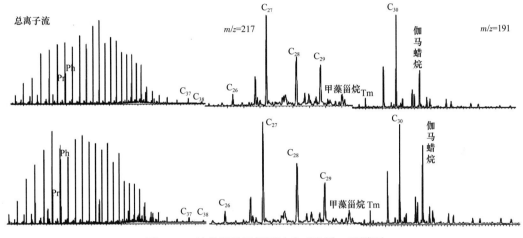

图6-32　沾化凹陷Ⅲ类原油典型色谱—质谱图

该类原油仅在沾化凹陷和车镇凹陷东部的局部地区有小规模分布。沾化凹陷主要分布于老河口油田的沙三段、沙二段和孤南油田、红柳油田及垦利油田的沙二段、沙一段、东营组；车镇凹陷在英雄滩油田和大王北油田有少量分布。该类原油表现出较多原地和近源成藏的特征，主要在沙一段烃源岩底部及下伏的沙二段储层中成藏，这与沙一段烃源岩成熟度相对较低，生成的烃类数量较少、运移动力较弱有关。

4. Ⅳ类原油

Ⅳ类原油为混源油，其生物标志化合物特征表现出前述不同类型原油的过渡特征。济阳坳陷的混源油又可细分为两种亚类，即源自沙三段和沙四段烃源岩的混源油以及源自沙三段和沙一段烃源的混源油。

源自沙三段和沙四段烃源岩的混源油生物标志化合物特征主要表现为：Pr/Ph比和4-甲基甾烷含量相对较高，γ-蜡烷/C_{30}霍烷大于0.10，C_{35}霍烷丰度较高，C_{35}/C_{34}升霍烷比值为0.81～1.02，具有中等重排甾烷含量。该类混源油在东营凹陷分布非常普遍，在利津、牛庄、博兴和民丰洼陷均有分布，以二级断裂带附近分布最为富集：利津洼陷主要集中在二级构造带及斜坡中部地区，尤以胜坨油田最为富集；牛庄洼陷主要分布在洼陷带及北部的中央断裂背斜带；博兴洼陷主要分布在边部的凸起部位。该类混源油在沾化凹陷也广泛分布，以孤岛油田馆陶组油藏最为典型和富集；义东油田前古近系、沙四段、东营组，以及邵家油田沙四段、沙一段、馆陶组有分布；五号桩油田的沙三段及长堤油田前古近系储层中也含有该类原油。在渤南洼陷及其周边地区，该类原油含硫量较高，为 1.17%～3.18%。

源自沙三段和沙一段烃源岩的混源油特征为：C_{28} 规则甾烷发育，含有甲藻甾烷，并存在 C_{26} 胆甾烷；萜烷中富含 γ- 蜡烷，γ- 蜡烷 /C_{30} 藿烷为 0.25～0.51；表征原油成熟度的 C_{29} 甾烷异构化参数只有 0.25～0.27，这些特征都与沙一段低成熟烃源岩特征相似；而重排甾烷和重排藿烷发育，表现为沙三段成熟烃源岩的特征。该类混源油在沾化凹陷孤东地区及垦东潜山披覆构造带主体部位分布较为集中（图 6-33）。另外，在渤南油田沙二段、埕东油田馆陶组、老河口和飞雁滩油田馆陶组、桩西油田的沙二段—东营组以及长堤油田的沙一段、东营组和馆陶组储层均含有产出。在车镇凹陷，仅零星分布于大王北油田中部的沙二段储层。

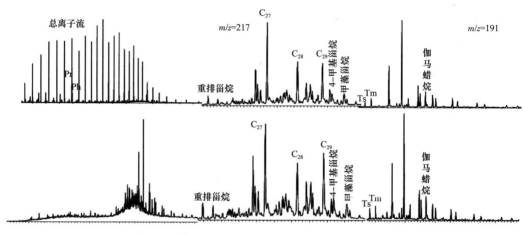

图 6-33　沾化凹陷第 Ⅳ 类原油（Ⅱ 类与 Ⅲ 类混源油）典型色谱—质谱图

第五节　石炭系—二叠系烃源岩

一、空间展布

济阳坳陷上古生界自下而上分为石炭系本溪组和太原组以及二叠系山西组、下石盒子组和上石盒子组。其中晚石炭世至早二叠世早期受海西运动的影响，华北地区发生海侵，沉积了一套海陆交互相和陆相碎屑含煤建造；早二叠世晚期至晚二叠世末期，为大型陆相坳陷盆地，沉积了一套陆相地层，以砂质泥岩与泥岩互层为主，有机质丰度不高，类型以 Ⅱ$_2$—Ⅲ 型为主，含煤性较差。自下而上，石炭纪—二叠纪含煤地层分为三个含煤组，即上石炭统本溪组、太原组和下二叠统山西组。其中，本溪组为滨浅海相沉积，为一套地台型碎屑岩夹石灰岩沉积，且含煤线；太原组为海陆交互相沉积，长期保持沼泽环境，形成了含煤碎屑岩沉积地层；山西组为海陆过渡的河流—三角洲沉积，下部以沼泽相煤层及暗色泥岩沉积为主，煤层单层厚度较小。

石炭纪—二叠纪之后，由于燕山运动的影响，整个华北进入了中—新生代构造强烈运动、地质大变动时期，已有的沉积地层遭受到构造的强烈作用而发生变形、隆起，遭受剥蚀，仅在构造沉降区或构造断陷区内被埋藏、保存。含煤地层也遭受地质历史时期中各种构造作用和岩浆侵入作用，遭受破坏和变质。从总体上看，山东地区的石炭系—

二叠系基本上保存在两大地质单元内：一是鲁西隆起区内的一些次级构造断陷内，也可以说是断块下陷区内，形成了鲁西区的一些重要煤田；另一个地质单元是济阳坳陷区，这是一个中—新生代构造坳陷盆地，盆内次级隆起和凹陷发育，隆起部位基本没有石炭系—二叠系保存，而在一些次级洼地中保存了部分石炭系—二叠系，且埋藏较深。

济阳坳陷石炭系—二叠系烃源岩残余厚度存在一定的非均质性（图6-34至图6-37）。石炭系暗色泥岩全区发育稳定，平面上分割性较大，总体表现出南部地区厚度大、分布范围广，北部地区分布局限的特征。石炭系暗色泥岩厚度主要分布在20～100m的范围内，在牛庄洼陷及南斜坡、林樊家地区、车镇凹陷大王北—郭局子地区及渤南地区等厚度较大，暗色泥岩最厚可达到140m。

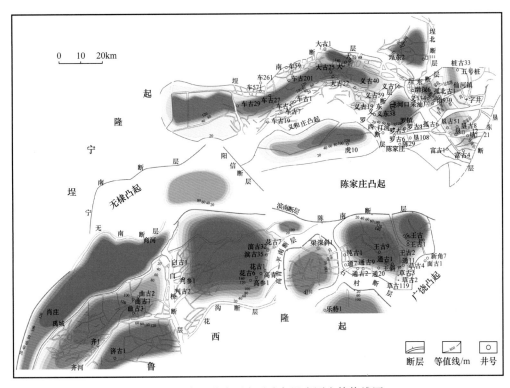

图6-34 济阳坳陷石炭系暗色泥岩厚度等值线图

石炭系煤层也表现出了南北分区、东西分带的特征，其中东营凹陷主要分布在林樊家地区、博兴洼陷、牛庄洼陷及南斜坡等地区，厚度5～30m，在牛庄洼陷及南斜坡厚度最大，达到了35m。惠民地区煤层分布范围较大，分布稳定，厚度5～30m。沾化凹陷石炭系煤层主要分布在渤南地区、孤北凸起和孤南洼陷等地区，厚度5～30m，渤南罗家地区厚度较大，可达40m，而孤岛凸起和富林洼陷分布局限，厚度较薄，在10m左右。车镇凹陷石炭系煤层全区均有分布，厚度5～25m，车西地区厚度较大。

二叠系暗色泥岩与石炭系暗色泥岩分布范围大体一致，整体上厚度略薄于石炭系暗色泥岩厚度，北部的东营和惠民凹陷厚度20～100m，南部的沾车地区厚度20～80m。

二叠系煤层主要分布在惠民、林樊家、渤南及车镇地区，厚度5～15m，明显小于石炭系煤层厚度。此外，在东营凹陷、孤北地区和孤南地区二叠系煤层发育规模明显较小，厚度普遍小于10m。

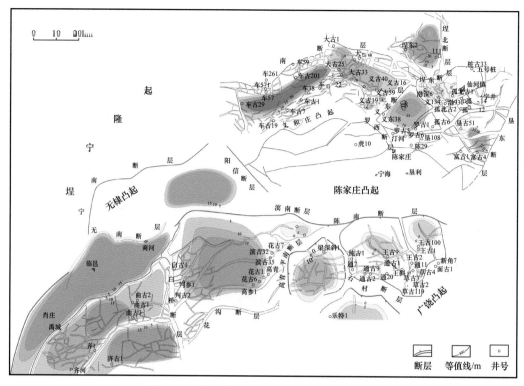

图 6-35　济阳坳陷石炭系煤层厚度等值线图

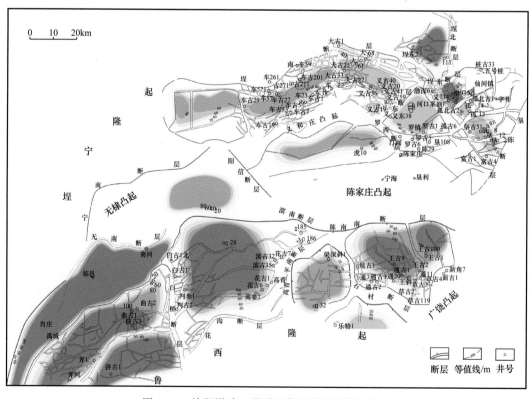

图 6-36　济阳坳陷二叠系暗色泥岩厚度等值线图

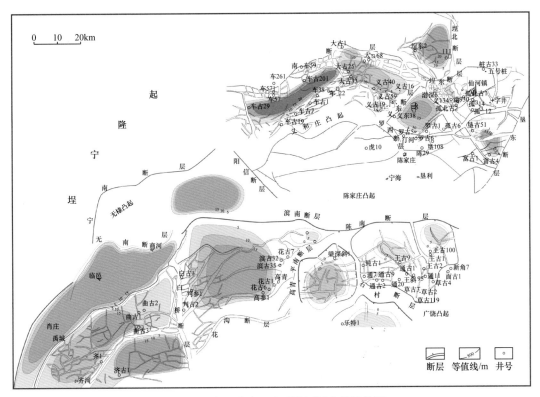

图 6-37　济阳坳陷二叠系煤层厚度等值线图

二、地球化学特征

1.有机质类型

济阳坳陷石炭系—二叠系煤系烃源岩显微组分构成整体以镜质组和惰质组为主，为腐殖型（Ⅲ型）有机质，以生气为主，但不同地区不同组分含量存在一定差异（图 6-38）。相对而言，北部地区沾化和车镇凹陷腐泥组＋壳质组含量相对较高，其中煤平均为 7.3%，泥岩平均为 19.7%，而南部的惠民凹陷分别为 2.8% 和 0，东营凹陷泥岩为 6.4%。镜质组含量则以惠民凹陷最高，煤和泥岩分别为 71.7% 和 59.1%，北部地区次之，分别为 48.8% 和 29.3%，而东营凹陷仅 10.6%。根据煤系烃源岩的主要生烃组分腐泥组、壳质组和镜质组含量分析，石炭系—二叠系烃源岩以生气为主。

从有机质元素组成特征来看，石炭系—二叠系煤系烃源岩的干酪根类型同样表现出腐殖型特点。从济阳坳陷不同地区石炭系—二叠系煤系烃源岩干酪根 H/C 和 O/C 的关系可以看出，H/C 原子比相对较低，主要处于 0.45～0.9 范围内，O/C 原子比主要分布在 0.05～0.14 范围内，表现出典型Ⅲ型有机质的特点。

2.有机质丰度

1）石炭系

惠民凹陷石炭系煤岩的 TOC 含量分布存在两个区间，其中低值区间 TOC 含量为 30.0%～50.0%，高值区间 TOC 含量为 60.0%～80.0%。与其相对应，热解 S_1+S_2 和氢指数也存在两个区间，其中热解 S_1+S_2 分别为 10～75mg/g 岩石和 100～175mg/g 岩石，氢指数分别为 20～70 和 100～200，整体评价为较好气源岩。车镇凹陷石炭系煤岩的 TOC 含量分布也存在两个主要区间，其中低值区间 TOC 含量为 35.0%～50.0%，高值区间 TOC 含量为 60.0%～80.0%。相应地热解 S_1+S_2 和氢指数也存在两个区间，其中热解 S_1+S_2 分别为小于 50mg/g 岩石和大于 100～230mg/g 岩石，氢指数分别为小于 75 和 175～325，总体评价为较好气源岩。沾化凹陷孤南 31 井石炭系煤岩样品，TOC 为 78.3%，热解 S_1+S_2 为 126mg/g 岩石，氢指数 156，为较好气源岩；罗家地区煤岩 TOC 为 47.6%，可能由于火山活动，R_o 已达 4%，热解 S_1+S_2 极低，仅为 7.5mg/g 岩石，属于中等气源岩。

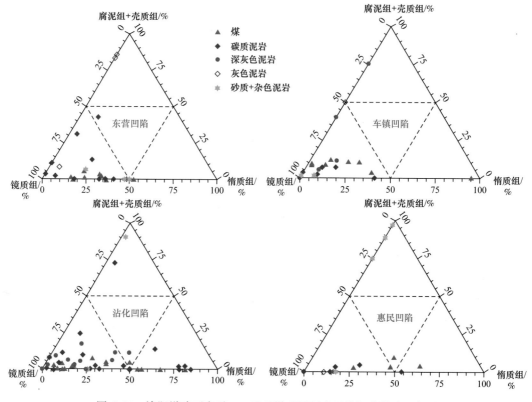

图 6-38　济阳坳陷石炭系—二叠系煤系烃源岩显微组分构成三角图

东营凹陷石炭系泥岩有机碳基本小于 1.5%，热解 S_1+S_2 小于 0.6mg/g 岩石，氢指数分布于 10～100 之间，属于差气源岩。惠民凹陷石炭系泥岩样品有机质丰度参数均相对较低，其中 TOC 主体分布范围为 0.3%～6.3%，主要集中在 0.5%～2.5% 区间；热解 S_1+S_2 处于 0.3～1.5mg/g 的样品占 70%，氢指数主要分布于 40～60 之间。总体评价为中等—差气源岩。车镇凹陷石炭系泥岩有机碳大多小于 1.5%，总体来看为较差烃源岩。沾化凹陷石炭系泥岩有机碳一般大于 1.0%，热解 S_1+S_2 大部分分布于 0.5～4mg/g 岩石之间，总体评价为中等—较好气源岩。

2）二叠系

东营凹陷二叠系煤岩的有机碳主体分布于 60.0%～80.0% 之间，热解 S_1+S_2 大于 80mg/g 岩石，主要分布于 80～180mg/g 岩石之间，氢指数为 100～187，总体评价为较好—好烃源岩。惠民凹陷二叠系煤岩有机碳分布主要存在两个区间，低值区间为

30.0%～40.0% 之间，高值区间为 65.0%～80.0%，后者占全部样品的 80% 左右；热解 S_1+S_2 在 30～180mg/g 岩石之间均有分布，氢指数分布范围较宽，主要介于 30～180，平均值 100，总体评价为较好气源岩。沾化凹陷孤南 31 井二叠系山西组煤岩 TOC 分布于 60.0%～70.0% 之间，热解 S_1+S_2 为 42～156mg/g 岩石，一般大于 100mg/g 岩石，氢指数分布于 100～200 之间，总体上为较好气源岩。

东营凹陷二叠系泥岩样品 TOC 含量均较高，分布范围为 1.2%～30.8%，其中碳质泥岩 TOC 一般大于 10.0%，热解 S_1+S_2 一般大于 3mg/g 岩石，为中等—好气源岩。惠民凹陷二叠系泥岩样品 TOC 主要处于 0.5%～2.5% 之间，热解 S_1+S_2 多数小于 1.5mg/g 岩石，氢指数主要分布于 30～60 之间，整体评价为中等—差气源岩。沾化凹陷二叠系泥岩样品 TOC 主要分布于 0.5%～4.0% 之间，热解 S_1+S_2 一般小于 2mg/g 岩石，总体评价为中等气源岩，孤北地区二叠系泥岩样品 TOC 一般大于 1%，最高可达 5.2%，大部分属于中等—较好气源岩。车镇凹陷二叠系泥岩较少，大 51 井样品为中等—好气源岩。

3. 有机质成熟度及热演化特征

1）实测镜质组反射率

石炭系—二叠系烃源岩镜质组反射率主要处于 0.5%～1.3% 之间，属于成熟阶段；部分样品 R_o 大于 2.0%，达到过成熟阶段。不同地区石炭系—二叠系烃源岩热演化程度差异明显。车镇凹陷成熟度相对较低，凹陷西部埋深 2000～4000m，R_o 为 0.62%～0.71%；凹陷东部老 4 井埋深 2046～2218m，R_o 为 0.60%～1.15%，均处在成熟阶段。沾化凹陷北部的义东、桩西地区埋深 2000～4000m，R_o 为 0.63%～0.90%，处于成熟阶段；南部的罗家等地区成熟度较高，R_o 为 0.98%～1.77%，达到成熟—高成熟阶段；孤岛—孤南地区埋深 2000～3100m，R_o 仅为 0.65%～0.87%，处于成熟阶段。东营凹陷南部斜坡带埋深 1600～2700m，R_o 为 0.63%～1.14%，处于成熟阶段；但在火成岩发育的高青地区，埋深 2200～2400m，R_o 已达到 1.71%～2.41%，处于高成熟—过成熟阶段。惠民凹陷曲堤地区埋深 2400～3600m，R_o 为 0.79%～1.30%，王判镇地区埋深 2400～2700m，R_o 为 0.75%～1.05%，均处于成熟阶段；南部与鲁西南隆起接壤地区的济古 1 井埋深 649～720m，R_o 为 0.66%～0.73%，处在成熟的初期阶段。各凹陷内均有部分样品受火成岩的影响，R_o 在 2.0% 以上，生烃潜力基本耗尽。

2）二次生烃门限深度确定

石炭系—二叠系中生代普遍遭受剥蚀，早期初次成烃所形成油气大部分散失，对目前油气成藏有意义的主要为古近纪以来的二次生烃。因此，确定不同地区的二次成烃门限深度是确定其生烃能力的主要因素。

二次生烃门限深度的确定采用镜质组反射率拟合法，即当不整面下伏地层的反射率变化与上覆地层的反射率值接近及其变化规律趋于一致时，下伏地层即进入二次生烃门限。济阳坳陷因上覆古近系有机质类型好，实测镜质组反射率常受到抑制，常会比正常演化镜质组的反射率值低 0.2% 左右，在进行石炭系—二叠系二次生烃门限确定时予以考虑。济阳坳陷不同凹陷利用镜质组反射率确定的二次生烃门限深度如图 6-39，即东营凹陷 3500m，沾化凹陷 3400m，车镇凹陷 3200m，惠民凹陷 3300m。各凹陷埋深超过这一深度的石炭系—二叠系烃源岩为二次生烃有效烃源岩。

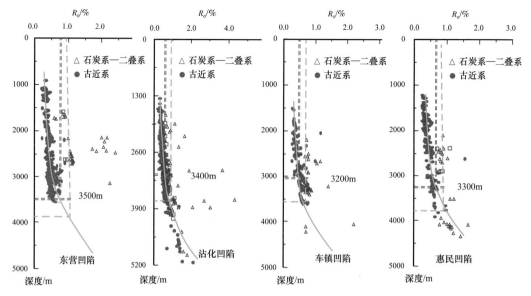

图 6-39 济阳坳陷不同凹陷石炭系—二叠系烃源岩二次生烃门限深度

三、典型油气发现及地球化学特征

胜利油气区已先后在孤北、曲堤、临清和车镇等地区发现了石炭系—二叠系地层油气藏，其中大部分以天然气为主，而在临清地区的高古 4 井石炭系太原组 4516～4518m 获工业气流，日产天然气 2039m³、油 2t，经分析化验这些油气来源以石炭系—二叠系煤成气为主，预示着上古生界煤系烃源岩具有一定的油气资源潜力。

胜利油气区发现的石炭系—二叠系天然气组成及同位素特征有一定差异（表 6-3）。其中临清地区德古 2、梁古 1 等井烃类成分以甲烷为主，含有较高的 CO_2，且 CO_2 同位素特征显示有深部幔源气体混入的特征；高古 4 井天然气组成和同位素特征与其他地区均有不同，其含有较多乙烷成分及其相对较轻的碳同位素组成，说明其母源中含有较多的低等水生生物，经油源对比，其来源于二叠系泥质烃源岩层的可能性大。济阳坳陷惠民凹陷曲古 1 井沙二段的天然气同位素特征表明，其主要来源于石炭系—二叠系煤系地层。沾化凹陷的孤北古 1、孤北古 2、渤 93、渤 930、义 132、义 155 等井上古生界的天然气也具备煤系烃源岩来源特征。车镇凹陷的车古 27 等井上古生界天然气的 $\delta^{13}C_1$ 相对较重，而 $\delta^{13}C_3$、$\delta^{13}C_4$ 相对较轻，显示煤型气与油型气混合特征。这些油气的发现充分证明胜利油气区上古生界烃源岩具有二次生烃能力，具备一定的勘探价值。

表 6-3 石炭系—二叠系发现天然气组成及同位素特征数据表

井号	层位	顶深 /m	底深 /m	天然气组成成分 /%				天然气碳同位素 /‰				
				CH_4	C_{2+}	CO_2	N_2	$\delta^{13}C_{CO_2}$	$\delta^{13}C_1$	$\delta^{13}C_2$	$\delta^{13}C_3$	$\delta^{13}C_4$
高古 4	C—P	4514	4525	74.10	21.13	3.42	1.30	—	−36	−28	−25	—
梁古 1	O	3362	3480	2.49	—	94.59	2.91	−5.2	−26	—	—	—
德古 2	C—P	4190	4198	31.96	—	30.88	35.69	−5.9	−37.9	—	—	—
德古 2	O	4443	4485	40.24	—	48.25	9.78	−6.8	−38.9	—	—	—

井号	层位	顶深 / m	底深 / m	天然气组成成分 /%				天然气碳同位素 /‰				
				CH_4	C_{2+}	CO_2	N_2	$\delta^{13}C_{CO_2}$	$\delta^{13}C_1$	$\delta^{13}C_2$	$\delta^{13}C_3$	$\delta^{13}C_4$
曲古 1	Es_2	1514	1520	77.25	8.72	11.99	0.93	—	−32.64	−23.89	−20.3	—
渤 93	P	3120	3136.2	92.10	5.88	1.47	0.55	—	−37.11	−19.1	−17.1	−18.78
渤 930	P	3546.2	3650	92.88	5.76	0	1.26	—	−35.46	−16.78	−16.05	−15.40
孤北古 1	P	4020.9	4139.5	86.67	7.35	4.54	0.55	—	−35.9	−23.1	−21.2	−21.2
孤北古 2	P	3517.7	3534.2	95.01	3.56	0.09	1.31	—	−36.3	−22.5	−21.8	−22
义 132	C—P	3374	3387	82.10	14.21	1.87	0.98	—	−36.97	−25.4	−25	−25.5
义 155	C—P	4528.8	4574	87.64	4.85	6.64	0.86	—	−32.2	−22	−21.5	−20.9
车古 27	C—P	4940.2	5505.0	81.44	6.7	6.45	4	—	−32.8	−20.4	−28.5	−28.0

第七章 储 层

济阳坳陷发育古生界储层、中生界储层、古近系储层及新近系储层，类型以碎屑岩及碳酸盐岩为主，此外，还发育特殊岩类储层，比如火成岩储层、变质岩储层（赵澄林等，1999；姜秀芳，2010；鲁国明，2011；张鹏飞等，2015）。太古宇发育变质岩和岩浆岩储层，下古生界发育碳酸盐岩储层，其他层系以发育各种类型的碎屑岩储层为主（图7-1）。

第一节 古生界与中生界储层

济阳坳陷古生界储层包括下古生界碳酸盐岩储层和上古生界碎屑岩储层，下古生界碳酸盐岩储层的储集空间以孔、缝、洞为主，上古生界碎屑岩储层的储集空间以孔隙为主。中生界储层类型主要为碎屑岩和火成岩，其中碎屑岩储层的储集空间主要有次生孔隙、原生残余孔隙和构造裂缝等，以次生溶解孔隙为主；火成岩储层的储集空间主要有收缩缝、构造缝、炸裂缝等和残余气孔、斑晶溶解孔、晶间孔等孔隙，以裂缝最为重要。

一、古生界储层

1. 下古生界碳酸盐岩储层

经历了长期的成岩作用和构造运动的改造，下古生界碳酸盐岩发育有大量的成岩次生孔隙、构造裂隙和溶蚀洞缝，具有储集空间类型多、结构复杂、分布极不均匀等特点。

1）储集空间发育特征

岩心观察和微观分析表明，下古生界碳酸盐岩储集空间具有以下特征：一是储集空间类型多，孔、洞、缝三大类均有发育，但大小悬殊，分布不均（表7-1），以角砾间（溶）孔洞、晶间（溶）孔洞、构造缝（含溶蚀缝）为主（图7-2）；二是主要储集空间均为次生成因，它们大多由构造作用和溶蚀作用形成，其组合类型主要是裂缝—孔洞型储层；三是溶孔、溶洞经常沿裂缝发育；四是潜山顶部储层多与古岩溶作用形成的喀斯特角砾岩或角砾化岩石有关；五是微孔隙发育；六是孔隙类型的分布和岩性岩相关系也比较密切。膏模孔、膏溶孔及白云石晶间孔经常共生，多见于中奥陶统含硬石膏白云岩中。次生方解石晶间溶孔及晶内溶孔见于古风化壳附近的次生结晶灰岩中（由去石膏化形成）。厚层隐晶灰岩（豹皮灰岩）中一般仅见有少量非组构选择的孔隙，且分布不均、连通性差。

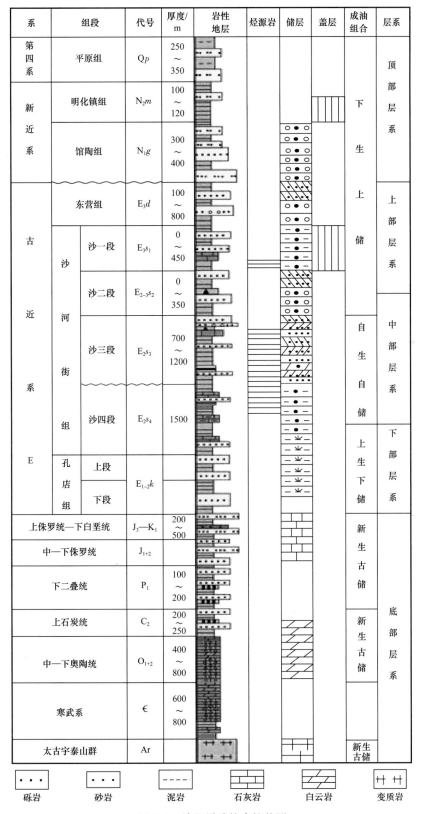

系	组段		代号	厚度/m	岩性地层	烃源岩	储层	盖层	成油组合	层系
第四系	平原组		Qp	250~350						顶部层系
新近系	明化镇组		N₂m	100~120					下生上储	
	馆陶组		N₁g	300~400						上部层系
古近系 E	东营组		E₃d	100~800						
	沙河街组	沙一段	E₃s₁	0~450					自生自储	中部层系
		沙二段	E₂₋₃s₂	0~350						
		沙三段	E₂s₃	700~1200						
		沙四段	E₂s₄	1500					上生下储	下部层系
	孔店组	上段	E₁₋₂k							
		下段								
上侏罗统—下白垩统			J₃—K₁	200~500					新生古储	底部层系
中—下侏罗统			J₁₊₂							
下二叠统			P₁	100~200						
上石炭统			C₂	200~250					新生古储	
中—下奥陶统			O₁₊₂	400~800					新生古储	
寒武系			Є	600~800						
太古宇泰山群			Ar						新生古储	

砾岩　　砂岩　　泥岩　　石灰岩　　白云岩　　变质岩

图 7-1　济阳坳陷综合柱状图

形态分类	成因分类	成因和控制因素	基本特征
洞	孔隙性溶洞	溶蚀而成，分别与晶/粒间孔、裂缝和角砾状岩石关系密切。受岩性、裂缝、温压、水介质等因素控制	普遍见于各层位油层段，小洞为主（2～5mm），八陡组局部见大洞
	裂缝性溶洞		
	角砾间（溶）洞		
缝	构造缝	构造应力形成，受应力性质、岩性、围压等因素控制	多期发育，以微缝、小缝、中缝为主，少量大缝，个别巨缝，多完全充填，部分半充填
	溶蚀缝	沿裂缝溶蚀扩大而形成，受裂缝发育程度、岩性和水介质的性质控制	多期发育，小缝、中缝为主，未充填或半充填
	缝合线	压溶而成，受岩性及水介质等因素控制	普遍可见，宽多在 0.1mm 以下，为泥质、有机质等充填，局部偶见微开启
	干缩缝	同生成岩作用形成，受沉积相、气候控制	见于局部层段，宽多在 0.1mm 以下，多被充填
	层间缝	沉积作用形成，受沉积物质及环境控制	
	闭合缝（裂纹）	应力或沉积作用形成	宏观表现为"裂而不开"，镜下观察为闭合缝或为泥质充填，宽多在 0.01mm 以下
孔	角砾间孔	溶塌、断错等作用形成，受岩性、喀斯特作用、断裂、水介质等因素控制	三者常叠加在一起或共生，普遍见于各层段角砾状岩石中
	角砾间溶孔		
	角砾内溶孔	溶蚀形成	
	晶间（溶）孔	溶蚀形成，受岩性、水介质等因素控制	主要见于凤山组和冶里组—亮甲山组，系溶蚀作用叠加在晶间（微）孔基础上形成
	晶间微孔/缝	结晶、重结晶或交代作用形成	见于各类岩石（相对白云岩最发育）和脉内
	晶内溶孔	埋藏成岩过程中的溶解作用形成	普遍见于各类岩石，但多小于 1μm，不是有效储集空间
	膏模/溶孔	溶蚀形成，受环境和水介质等因素控制	见于风化壳带、硬石膏脉和凤山组、冶里组—亮甲山组白云岩
	脉内（溶）孔	充填结晶或叠加溶蚀作用形成	普遍见于各层段

2）储集空间类型

碳酸盐岩储层中，缝、洞、孔构成比例各异，裂缝大小等级不同，洞缝和孔隙大小差别显著。据此可以将储集空间划分为以下几种类型。

（1）孔隙型。孔隙型储集空间主要发育在灰质白云岩、白云岩，为晶间孔和晶间溶孔，孔隙发育程度 75%～100%。裂缝不发育，裂缝—基质渗透率比小于1。孔隙度一般为 1.3%～3%，裂缝开度 3～36μm，该类型以晶间孔喉连通各种孔隙，渗透率极差。

（2）裂缝孔隙型。裂缝孔隙型储集空间发育在八陡组、上马家沟组、下马家沟组、冶里组—亮甲山组微—细晶白云岩之中。储集空间类型为晶间孔和晶间溶孔及裂缝。孔隙发育程度50%～95%。裂缝发育程度不高，裂缝宽度大，渗透率高。

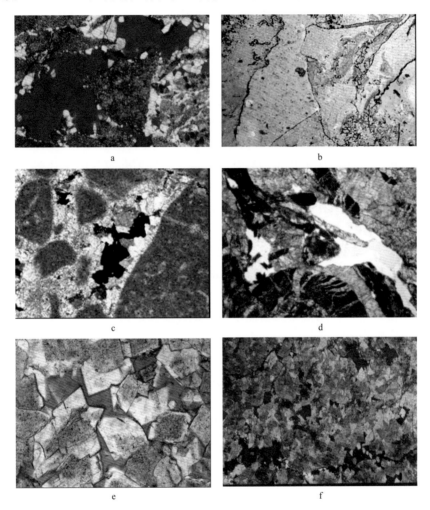

图7-2 华北地区东部下古生界主要储集空间类型

a. 车古201井，角砾间（溶）孔洞和裂缝；b. 渤93井，角砾间（溶）孔洞和裂缝；c. 河北邯郸，角砾间溶孔和溶蚀缝；d. 桩古39井，角砾间溶孔和溶蚀缝；e. 河北邯郸，晶间溶孔和溶蚀缝；f. 车59井，晶间溶孔和溶蚀缝

（3）裂缝型。裂缝型储集空间基本为裂缝，孔隙度1%～5%，裂缝发育程度大于50%，有少量溶洞和孔隙。该类型中裂缝既可作为喉道，也可作为油气储集的场所。

（4）孔隙裂缝型。孔隙裂缝型储集空间晶间孔发育差、裂缝较发育，其发育程度为25%～75%。微裂缝占20%～30%，裂缝渗透率低，但比基质渗透率高许多。微裂缝及白云岩晶间孔隙为喉道，连通各种孔隙所组成的储集空间。该类型孔隙度一般3%～5%，最高达23%。渗透率100～1000mD，裂缝开度30～1100μm。

（5）溶洞裂缝型、裂缝溶洞型和溶洞型。溶洞裂缝型、裂缝溶洞型和溶洞型储集空间以溶洞裂缝为主。裂缝发育程度25%～75%，其中大小裂缝占70%～80%，微裂缝很少。裂缝渗透率很高，一般为数千毫达西。溶洞发育程度25%～75%。以大中型溶洞为主。有时裂缝经溶蚀扩大与溶洞很难严格区分。孔隙发育程度一般小于25%，有一定的储集能力，但渗透率很低。

（6）缝洞孔复合型。这种类型缝、洞、孔三种储集空间均比较发育。孔隙发育程度大多在50%左右，裂缝、溶洞各占一半。裂缝空间内大裂缝约占30%，微裂缝占30%。一般裂缝渗透率高，多为达西级，主要反映大裂缝的渗透率。孔隙的渗透率属中低等级，一般为10～102mD。

3）储集空间控制因素

（1）孔隙发育控制因素。下古生界碳酸盐岩原生孔隙基本消失，现有的孔隙多为在原生孔隙的基础上经各种地质作用改造形成的不同类型的次生孔隙。孔隙类型的分布和岩性关系密切。不同岩石类型原生孔隙特征不同，对各类储层改造作用的响应也不同，从而在一定程度上也影响次生孔隙的特征。例如，粒间溶孔及粒内溶孔多见于八陡组藻团粒白云岩及冶里组—亮甲山组和凤山组大套白云岩段。以潮间高能带形成的亮晶藻团粒白云岩孔隙性最好。微孔隙是大孔隙形成的基础。晶间（溶）孔洞较发育的几种储集岩，微孔隙亦较发育，如凤山组和冶里组—亮甲山组白云岩、八陡组次生结晶灰岩等。对孤古2井中奥陶统储层微观研究发现，大孔隙发育的几种储集岩，在电子显微镜下见到的微孔隙也较发育。成岩后生作用控制孔隙发育。充填胶结作用和压实压溶作用明显使孔隙度降低。溶蚀作用、构造应力、白云石化和白云石的重结晶作用可明显改善储层性能。其中，白云石化作用是碳酸盐储层形成的最重要的机制之一。去白云石化、去膏化作用对孔隙度影响较小。

（2）裂缝发育控制因素。一般说来构造缝多为宽而长的规则裂缝，其分布受岩石的性质、纯度、厚度、岩石组合的控制。构造应力大小、构造部位的不同，导致裂缝的发育程度不同。与构造有关的风化裂缝，多为细而短的不规则裂缝，并随深度的增加迅速消失。埕岛地区7口取心井的研究发现，裂缝分风化破裂裂缝和构造破裂裂缝两大类型。风化破裂裂缝纵向上分布于不整合面以下脆性地层中，破裂带分布深度变化较大，取决于风化时古地貌及早期构造缝、断层的发育程度。在无早期裂缝、断层影响区，一般分布于地表下50～70m范围内（表面风化破裂缝）。构造破裂裂缝多数以垂直半充填缝为主，是主要的有效裂缝类型，部分为斜交剪切破裂缝。济阳坳陷至少有两种成因类型的构造缝，一种是构造挤压作用形成的构造缝，另一种是构造拉张作用形成的构造缝。济阳坳陷下古生界碳酸盐岩裂缝发育的控制因素，主要包括四个方面。一是岩石力学参数特征对裂缝发育有影响，一般来说，碳酸盐岩裂缝发育由弱到强的岩性顺序依次是泥质灰岩、泥质白云岩、石灰岩、白云岩；二是岩石性质不同，其破裂程度存在区别，就风化破裂缝来讲，主要见于石灰岩、白云岩及花岗片麻岩风化壳中，泥质岩或砂岩地层风化期形成的破裂相对不发育（图7-3），构造缝的发育程度也与岩性有一定关系，构造缝优先选择在白云岩类中形成破裂，石灰岩次之；三是应力场对构造裂缝的发育有直接影响，构造应力场高值区，构造裂缝也相对发育；四是裂缝的发育与断层有密切关系，断裂带往往是破裂带。

（3）岩溶发育控制因素。影响古岩溶发育的因素很多，可分为内因和外因两方面。碳酸盐岩岩性是岩溶形成的内因，即物质基础。在常温状态含高浓度的碳酸水介质条件下，石灰岩比白云岩的溶蚀速度大，其溶蚀速度随着方解石的含量增加而增大。岩性不同，岩溶作用的方式亦不相同。石灰岩内易形成规模较大的岩溶洞穴，同时在石灰岩中保留有原生的沉积纹层构造和变形构造。白云岩的岩溶作用虽弱于石灰岩，但白云岩化作用会使孔隙度增大，孔隙类型增多。这就增加了白云岩的溶解速度和含水性，导致溶蚀分解和物理崩解。由此产生的白云岩的岩溶效果并不比石灰岩弱。其岩溶作用的特点是以发育小型溶蚀孔洞为特征。此外，由单一岩石构成的岩层序列比由混积岩或由碎屑岩和碳酸盐岩组成的混积层序更有利于发生岩溶作用。构造因素与古岩溶的发育关系十分密切，是古岩溶发育的重要外部条件。济阳坳陷地质构造复杂，构造

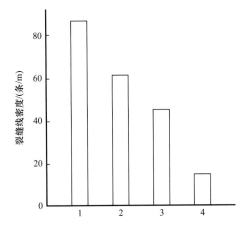

图7-3　义和庄潜山岩性与裂缝发育密度关系图
1—白云岩；2—石灰岩；3—砾屑泥质白云岩；
4—白云质泥岩

运动强烈，各种级别的断层和裂缝十分发育。断层和裂缝增加了致密岩石的透水性。裂缝作为大气淡水通道，也使向下渗流的大气淡水活动性增强，被裂缝分割的岩块与淡水的接触面积增大，溶蚀作用增强，易发生崩塌和形成溶洞。淡水亦可运移到断裂切割岩石达几百米以下的深处，并发生岩溶。因此，地质构造是控制岩溶作用发育的主要因素之一。

2. 上古生界碎屑岩储层

济阳坳陷石炭系—二叠系储层有石灰岩和砂岩（王敏等，2017）。本溪组、太原组石灰岩多为致密的泥晶灰岩和含生物泥晶灰岩，其孔隙不发育；砂（砾）岩是济阳坳陷石炭系—二叠系主要的储层类型。

1）储集空间类型

石炭系—二叠系砂岩经过漫长的成岩作用，大量的原生孔隙几乎消失，形成的次生孔隙构成砂岩孔隙主体。根据孔隙的成因及结构，将石炭系—二叠系砂岩的储集空间划分为原生粒间余孔、粒间溶孔、粒内溶孔、晶间微孔、杂基微孔、超大孔隙及裂缝等类型（图7-4）。

（1）原生粒间余孔。呈不规则状、多角状，孔隙周边仍残留有胶结物，晶形发育完好的自生石英和黏土矿物常见充填其内。这类孔隙主要发育于高成熟度的上石盒子组与下石盒子组石英砂岩中，一般占比不高，占孔隙的5%～8%，局部层段含量可能高些。

（2）粒间溶孔。这是石炭系—二叠系砂岩储层的主要储集空间类型，多为方解石、白云石以及隐晶黏土矿物等易溶组分溶解后而形成。此类孔隙在成熟度较高的长石或岩屑石英砂岩中较为常见。

（3）粒内溶孔。包括颗粒溶孔和粒表溶孔两类。前者主要是由长石、岩屑等易溶碎屑组分溶解而形成的，后者是长石和石英颗粒在一定的成岩环境下形成的粒表溶孔。前者对储层物性有一定改善，后者一般孤立，连通性较差，对储层物性改善作用有限。

（4）晶间微孔。常见于长石石英砂岩和岩屑石英砂岩中。这些岩类中的孔隙常常被

结晶程度较高、晶体粗大的高岭石等黏土矿物所充填，这些黏土矿物晶体中就发育了介于 5～10μm 的微孔。

图 7-4　华北地区东部上古生界主要储集空间类型

a. 孤北古 2 井，3520.4m，原生粒间余孔；b. 禹古 1 井，2959.1m，上石盒子组，粒间溶孔；
c. 孤北古 3 井，4088.7m，上石盒子组，粒内溶孔；d. 垦古 55 井，3603.0m，上石盒子组，高岭石晶间孔；
e. 车古 31 井，2225.8m，上石盒子组，超大孔；f. 车古 31 井，2220.2m，上石盒子组，裂缝

（5）杂基微孔。发育在填隙物杂基中，济阳坳陷深层低孔低渗储层中也较为常见。在普通薄片中很难识别，在铸体薄片中可以发现，表明其孔喉直径小。它可以成为连通不同粒径孔隙的通道，并能成为有效储集空间。

（6）超大孔隙及裂缝。当砂岩在较为强烈的溶解作用下，颗粒与填隙物同时被溶解，会形成大于颗粒直径的超大孔隙，孔径一般为 1～1.5mm。常见的被溶解组分是长石、岩屑等及其周围的碳酸盐胶结物。这类孔隙在济阳坳陷不十分发育，仅在车西地区见到。除此之外，刚性碎屑颗粒受到外界应力作用后常形成粒内裂缝，碎屑颗粒压碎后经碳酸盐充填后溶解常形成次生裂缝，这些裂缝对低孔低渗储层物性的改善有很大的作用。裂缝在沾化凹陷的孤北地区天然气储层中有很大的作用。

2）储层物性及控制因素

（1）储层物性。根据济阳坳陷和露头剖面中样品的测试统计，孔隙度小于 5% 的样品占 74.4%，5%～10% 的占 21.6%，大于 10% 的占 4%。渗透率小于 0.1mD 的样品占 78.4%，0.1～1mD 的样品占 15.3%，1～10mD 的样品占 4.7%，大于 10mD 的样品占

1.6%。表明石炭系—二叠系砂岩储层以低孔低渗为主。石炭系—二叠系本溪、太原及山西组的储层一般物性较差，石千峰组地层残留厚度较小，分布局限，储层主要集中在上、下石盒子组。下石盒子组储层包括三角洲平原分流河道砂岩体和三角洲前缘河口坝砂岩体。据测试，义136井3704.78～3863.79m砂岩孔隙度1.1%～6.2%，渗透率755～813mD。义132井3597m砂岩孔隙度5.2%，渗透率0.235mD。可见下石盒子组大部分储层属于低孔低渗，但也存在一些中低孔中低渗的储层。上石盒子组主要储层段为奎山段及孝妇河段底部的砂岩段，通过对孤北古1、孤北古2、义134等井岩心物性分析，奎山段物性较好，砂岩孔隙度为4.2%～12.3%，主要分布在5.5%～10.2%，渗透率为0.1～59.7mD，主要分布在0.8～10.3mD；孝妇河段底部及中部砂岩厚度大，连通性较好，储层孔、渗性也较好，属于中低孔低渗储层。

（2）控制因素。石炭系—二叠系储层物性的控制因素主要有沉积相、成岩作用、断层及不整合面。在石炭系—二叠系主要发育的潮坪相、障壁岛相、三角洲相及曲流河相四类砂体中，上、下石盒子组的曲流河砂体是最主要储层，其余三类砂体也可作为有效储层。曲流河砂体和三角洲砂体储层物性最好，而潮坪相砂体储层物性最差。石炭系—二叠系成岩作用强烈且类型多样，是影响储层储集性能的重要因素之一。其中压实、压溶作用对储层物性具有负效应。胶结作用造成储层原生孔隙减小和堵塞，降低储层的渗透性能。交代作用的影响较为复杂，如果交代后颗粒体积有所减小，会在一定程度上改善储集性能。溶蚀作用是次生孔隙形成的主要机理，可以改善储层物性。另外，裂缝对石炭系—二叠系储层储集物性具有很好的改善作用，成岩作用过程中形成压实裂缝是其中的一种成因类型。距离断层近的储层物性会得到改善，但影响程度受到断层性质、断层发育时期、断层产状、储层地层产状等条件限制。对孤北地区研究表明，印支期开始活动的孤西断层对储层物性有很大的影响（图7-5），储层孔隙度与距离孤西断层的远近有很好的相关关系；不整合面对其下伏地层中储层物性发育有着一定影响，一方面地层抬升遭受剥蚀时，地表酸性水向下渗透，可溶解储层中不稳定矿物，改善储集性能，另一方面，不整合面作为地下流体的运移通道，使含有有机酸的液体流经不整合面时，对邻近的储层内不稳定矿物进行溶蚀而形成次生孔隙。

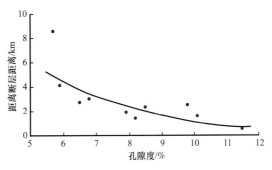

图7-5　孤北地区储层孔隙度与距离孤西断层关系图

3）有效储层分布

济阳坳陷石炭系—二叠系储层可划分为四类（表7-2），其中Ⅰ—Ⅲ类储层均为上、下石盒子组河流相砂体，Ⅳ类储层还包括山西组三角洲砂体和太原组潮坪相砂体。根据储层评价原则，Ⅰ类和Ⅱ类储层属于有效储层，有效孔隙度下限值为6%，渗透率下限为1mD。有效储层主要发育于上、下石盒子组。

有效储层发育在不整合面和断层的影响范围内，上、下石盒子组河流相砂体储层为最有利储层。纵向上有效储层在不同层段的比例，以上石盒子组→下石盒子组→

石千峰组→山西组→太原组→本溪组的顺序依次减小。上石盒子组储层以Ⅰ类和Ⅱ类储层为主，下石盒子组以Ⅱ类和Ⅲ类储层为主，山西组、太原组和本溪组以Ⅳ类储层为主，局部地区可见Ⅱ类和Ⅲ类储层。石千峰组地层残留有限，其储层以Ⅰ和Ⅱ类储层为主。

表 7-2　胜利油田山东探区石炭系—二叠系储层分类

储层分类	孔隙度/%	渗透率/mD	构造作用	沉积作用	成岩作用
Ⅰ类	>10	>5	靠近不整合面和断层	河流相	溶蚀作用和裂缝作用
Ⅱ类	6~10	1~5	靠近不整合面和断层	河流相	溶蚀作用和裂缝作用
Ⅲ类	4~6	0.1~1	远离不整合面和断层	河流相	裂缝作用和胶结作用
Ⅳ类	<4	<0.1	远离不整合面和断层	河流、三角洲、潮坪相	压实作用和胶结作用

在平面上，一般残余厚度大于400m的地区，开始有下石盒子组储层发育。因此，有利储层主要发育在残留地层保存厚度大的地区。

二、中生界碎屑岩储层

1. 储层类型及岩石学特征

济阳坳陷中生界各组地层均发育储层，其中西洼组储层较好。济阳坳陷钻遇中生界的探井较少，研究程度较低，这里仅以局部地区为例予以叙述。从岩性上看，中生界储层以碎屑岩为主，少量火成岩储层。碎屑岩储层中含砾砂岩物性最好，其次为砂岩和粉砂岩，砾岩基本不发育储层。各类型储层因地域不同而具有不同的岩石学特征。

1）坊子组

坊子组储层主要发育在桩海、义北等地区。

桩海地区储层以中粒或不等粒长石质岩屑砂岩、细粒、中粒岩屑质长石砂岩为主，少量岩屑砂岩、粉砂岩和煌斑岩。砂岩结构致密，分选差—中等—好，颗粒呈次圆—次棱角状，线—凹凸—压嵌式接触，孔隙、连晶、基质—孔隙式胶结。义北地区储层主要为细粒、中粒、粗粒和不等粒长石质岩屑砂岩，其次为粉砂岩和煌斑岩。砂岩结构致密，风化程度中等，分选差到中等，颗粒呈次棱角—次圆状，线接触，孔隙胶结为主。

2）三台组

三台组储层主要发育在桩海、义北等地区。

桩海地区储层主要为含砾不等粒长石质岩屑砂岩和细粒、中粒岩屑质长石砂岩。砂岩风化中等，分选差到中等，颗粒呈次圆—次棱角状，点—线式接触，孔隙式胶结为主，偶见连晶式胶结。义北地区储层主要为中粒长石质岩屑砂岩。砂岩分选中等，颗粒呈次棱角状，线式接触，孔隙式胶结。

3）蒙阴组

蒙阴组储层主要发育在桩海、孤北、义北、高青等地区。

桩海地区储层以细粒、不等粒岩屑质长石砂岩和细粒、中粗粒长石质岩屑砂岩为主，岩石结构致密到中等，风化浅到中等，分选中等到好，颗粒呈次圆状，点—线式接触，孔隙式胶结。孤北地区储层主要为含泥质和含白云质粗粒长石质岩屑砂岩，砂岩结构致密，风化中等，分选中等，颗粒呈次圆状—次棱角状，线式接触，孔隙式胶结。义北地区储层主要为极细粒岩屑质长石砂岩，其次有中粒、粗粒长石质岩屑砂岩、中粒岩屑质长石砂岩及粗粉砂岩等。岩石结构致密，风化中等，分选中等为主，颗粒呈次棱角—次圆状，线式接触，孔隙式胶结为主，另见连晶和残余薄膜式胶结。高青地区储层以细粒、中粒岩屑质长石砂岩和含泥质细粒岩屑质长石砂岩为主。岩石结构致密，风化中等，分选中等，颗粒呈次棱角状，颗粒支撑，点—线式接触，孔隙式胶结。

4）西洼组

西洼组储层主要发育在桩海、高青、王家岗等地区。

桩海地区储层主要以各粒级的长石质岩屑砂岩、岩屑质长石砂岩和粗粒凝灰质砂岩为主，少量岩屑砂岩。砂岩结构致密，分选差到中等，风化程度较深，颗粒呈次圆和次棱角状，点式、线式和凹凸式接触均有发育，其中以点—线接触为主，孔隙式胶结为主，普遍见泥质杂基（1%～40%）。高青地区储层以细粒长石质岩屑砂岩为主，少量岩屑质长石砂岩和玄武岩。岩石致密，风化中等到深，分选差到中等，颗粒呈次棱角状，点—线式接触，孔隙式胶结为主，胶结物主要为方解石，增生石英等其他胶结物不发育，泥质杂基普遍存在（3%～15%）。王家岗储层以火山碎屑岩和细粒岩屑质长石砂岩为主。火山碎屑岩中碎屑成分主要为中、基性喷出岩屑，其次为石英颗粒和少量石英岩屑等，长石少见，粒间常充填鳞片状泥质、亮晶方解石等。细粒岩屑质长石砂岩结构致密，分选中等偏差，颗粒呈次棱角状，少量接近次圆状，点—线式接触，孔隙式胶结。

2. 储集空间类型

济阳坳陷中生界碎屑岩储层储集空间主要有孔隙和裂缝两种类型（赵延江等，2008）。

1）孔隙型

中生界碎屑岩储层孔隙类型根据成因可分为原生孔隙、次生孔隙和复合孔隙，次生孔隙以溶解、晶间孔隙为主（图7-6）。次生溶解孔隙又分为两类。一类是颗粒溶解，包括部分溶解孔隙、粒内溶解孔隙、溶解残余孔隙、铸模孔隙和溶蚀孔隙。另一类为填隙物溶解孔隙，是碳酸盐胶结物的溶解形成孔隙、颗粒间不稳定杂基的溶解形成粒间溶孔和颗粒周围填隙物溶解形成的贴粒孔隙。

2）裂缝型

主要发育有构造裂缝、压实裂缝和解理缝（图7-6）。构造裂缝一般延伸较长。压实裂缝是脆性颗粒在各种压力作用下破碎而形成的一种储集空间。解理缝则是长石、云母等解理发育的矿物颗粒在上覆压力作用下沿解理张开，形成的储集空间。

3. 储层孔隙结构

济阳坳陷中生界储层经历了长期的成岩演化，储集空间主要为次生溶解孔隙和裂缝，孔隙结构复杂，严重影响着储层的渗透率。

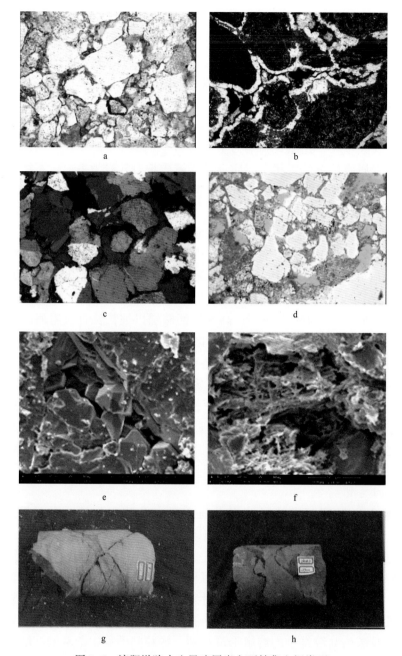

图 7-6　济阳坳陷中生界碎屑岩主要储集空间类型

a. 埕北 30 井，2980.8m，中砂岩，粒间孔；b. 王 111 井，2155.5m，砂砾岩，粒间孔充填油；c. 大 672 井，2537.3m，砾质砂岩，粒间孔；d. 桩 107-1 井，2812.9m，中砂岩，粒间 / 长石溶孔；e. 桩 107-1 井，2820.0m，粒间孔；f. 沾北 3 井，1615.1m，长石溶孔；g. 桩 107-1 井，2849.4m，砂岩，构造裂缝；h. 沾北 3 井，1590.0m，细砂岩，压溶缝

1）坊子组

碎屑岩储层岩心观察发现高角度裂缝。镜下观察发现储集空间主要以泥质微孔隙、微裂缝为主，溶解孔隙较少。扫描电镜观察发现 2～43μm 粒间孔隙发育，6～10μm 的粒间缝，长石溶蚀微孔隙发育，溶孔内充填高岭石、绿泥石和石英等自生矿物。碎屑岩储层为细孔细喉型孔隙结构，连通性较差。

火成岩储层镜下观察发现煌斑岩黑云母溶孔、辉石溶孔、晶间溶孔、构造裂缝等，但连通性很差。

2）三台组

碎屑岩储层镜下观察发现溶解作用减弱，喉道细而曲折，压实裂缝发育。扫描电镜观察发现 5μm 以下微孔隙发育。微观储集空间孔小、喉细、连通较差。

3）蒙阴组

碎屑岩储层岩心中可见高角度或直立裂缝，部分被方解石充填。镜下观察发现储集空间以长石、岩屑溶解孔隙和泥质微孔为主，少数微裂缝和压实裂缝。扫描电镜发现 9～47μm 粒间孔隙不均匀分布，片状和鳞片状黏土矿物晶间微孔隙发育。

火成岩储层在镜下可见溶蚀孔隙。

4）西洼组

碎屑岩储层岩心中可见高角度裂缝和沿裂缝分布的溶孔、溶洞。薄片和铸体薄片观察发现储集空间主要为长石、岩屑和方解石胶结等酸不稳定矿物溶解孔隙，其次为少量的微裂缝，喉道较细，且因溶解作用表面复杂，因此多数情况孔隙连通性差，但是局部方解石胶结物溶解强烈，形成粗孔粗喉型孔隙结构，连通性较好。扫描电镜观察发现 10～48μm 粒间孔不均匀分布，6～20μm 粒间缝发育，长石溶解微孔隙内充填高岭石等黏土矿物。

火山岩储层岩心观察发现，安山岩中可见气孔、绿泥石半充填气孔及绿泥石充填的裂缝，并且大部分气孔被微裂缝连通，渗透性较好。煌斑岩和辉绿岩等侵入岩储层中高角度裂缝和溶洞发育。镜下观察发现有辉石斑晶溶解孔隙、杏仁体内收缩缝及切穿杏仁体的微裂缝，连通性较差。扫描电镜观察发现气孔孔径可达 600μm。总体看来孔隙连通性差，但是在构造裂缝发育的地区，孔隙度和渗透率都很大。

4. 储层物性特征

根据 140 块样品的测试分析，坊子组储层的孔隙度在 0.5%～25.2% 之间，大多数样品在 10%～20%。渗透率范围为 0.009～31mD，多数在 1～10mD。总体看来，坊子组储层物性中等。

根据 113 块样品的测试分析，蒙阴组储层孔隙度在 2.4%～14.1% 之间，大于 10% 和小于 10% 的样品各占一半。蒙阴组储层的渗透率范围为 0.054～36.663mD，多数小于 10mD。总体来看，蒙阴组储层比西洼组储层差。

根据 196 块样品的测试分析，西洼组储层的孔隙度在 3.4%～27.49% 之间，大多数样品在 10%～20%。西洼组储层的渗透率为 0.06～869.453mD，多数在 10mD 左右。总体看来，西洼组储层物性较好。

第二节　古近系储层

济阳坳陷古近系储层主要包括湖相碳酸盐岩和碎屑岩两种类型（张琴等，2003；邱桂强，2007；袁静等，2012；王艳忠等，2013；刘雅利等，2014）。

一、碎屑岩储层

济阳坳陷古近系碎屑岩储层广泛分布于各凹陷各组段，其中以沙三段上亚段、沙二段、东营组中最为发育，岩性有细砾岩、砂岩及粉砂岩，其中以砂岩最为重要。碎屑岩由碎屑颗粒、杂基（基质）、胶结物三种组分构成，杂基和胶结物又称为填隙物。

1. 碎屑颗粒成分

古近系碎屑岩的碎屑成分比较复杂，除含有大量的各种陆源碎屑外，有些岩石还含有少量盆屑，即在盆地内部形成的碎屑颗粒（表 7–3）。

1）陆源碎屑

最常见的陆源碎屑物质有石英、长石、云母等矿物碎屑和各种岩屑，并有少量的重矿物。

石英（包括单晶石英和燧石）的一般含量在 50% 左右，高者可达 60%，最低者不足 20%。石英的含量变化主要取决于岩屑的多少。燧石含量较少，一般只有 1%～2%，自下而上趋于减少。燧石可能主要来源于下古生界碳酸盐岩中的燧石条带或结核。

长石一般含量 30%～40%，钾长石略多于斜长石。由于物源近且母岩多为花岗质片麻岩类，斜长石比较新鲜，极少量有高岭土化现象。这对碎屑岩保持良好的储集性较为有利。

岩屑又称岩块，含量一般在 15% 左右，但变化幅度大，低者含量甚微，高者可达 50% 以上。一般近源沉积岩屑含量相对较高。岩屑成分受母岩性质的影响，有变质岩、喷出岩、浅成侵入岩以及沉积岩。

片状矿物一般含量小于 2%，以白云母为主，黑云母很少见，但个别地区例外。这与母岩（黑云母斜长片麻岩）中含有较多黑云母、搬运距离短、堆积速度快有直接关系。

一般的碎屑岩中不含或偶见方解石及白云石碎屑。在局部地区，有个别层位的碎屑岩含较多的方解石和白云石。这是由于剥蚀区母岩为下古生界碳酸盐岩，在干燥气候下快速侵蚀、搬运和沉积造成的。

重矿物的含量一般不超过 1%，但种类较多。层位上由老到新不稳定矿物绿帘石及角闪石明显增多，而稳定矿物锆石、电气石及金红石等的相对含量明显降低。

2）盆屑

盆地内部形成的盆屑，其成分包括碳酸盐矿物、泥质和砂质。前者可称为异化颗粒，后者分别称为泥屑和砂质内碎屑。盆屑虽出现较少，却是识别沉积相的重要标志。异化颗粒见有鲕粒、内碎屑和生物化石。鲕粒几乎均为表鲕，形成于湖岸带附近，主要出现在沙一段和沙三段的某些砂层中。

内碎屑以砂屑为主，也见有砾屑及粉屑，成分为隐晶白云质或泥灰质，多出现于浅湖相和滨湖相的某些砂岩中。生物化石以螺和介形虫较多见，蚌类较少，还见有脊椎动物骨屑和甲片，成分为胶磷矿。此外，还见有轮藻。

同生泥屑主要为砾级和砂级，多呈饼状或扁平碎屑状，有时呈撕裂片状，轮廓不明显。同生泥屑常见于河道砂层的下部，撕裂屑常见于沙三段中下部的浊积砂岩中，是辅助的指相标志。

表 7-3 古近系碎屑岩成因类型与岩矿标志

岩矿标志			洪积砂岩	主河道砂岩	分流河道砂岩	河口坝砂岩	滨湖砂岩	浅湖砂岩	水下扇砂岩	浊积砂岩
陆源碎屑	结构	粒度范围	砾一粉砂	粗一细砂为主	细砂为主	细砂一粗粉砂为主	粗一细砂为主	粗粉一细砂为主	砾一粉砂	粉细砂为主
		分选性	差	差一中等	中等为主	中一好	中一差	中一好	中一差	差一中
		磨圆度	次棱角一棱角状	次棱角状	次棱角状	次圆一次棱角状	次棱角状	次圆一次棱角状	次棱角状	次棱角状
	成分	石英	常少于30%	40%左右	50%左右	55%左右	45%左右	55%左右	45%左右	50%左右
		长石	含量变化较大	30%左右	35%左右	35%左右	30%左右	30%左右	25%~35%	35%左右
		岩屑	20%~90%	30%左右	15%左右	一般<15%	25%左右	15%左右	15%~30%	15%左右
碳酸盐盐质			无	无	无	易见介形虫碎片、粉屑和砂屑	砂砾屑、表鲕、螺、介形虫	砂屑、粉屑、表鲕、介形虫等	偶有介形虫、螺	偶有介形虫碎片
盆屑	磷质		无	无	偶见	鱼骨、鱼鳞	鱼骨、鱼鳞	鱼骨、鱼鳞	偶有鱼骨、鱼鳞	偶有鱼骨、鱼鳞
	泥质		有时见泥砾	易见泥砾	可见砂级泥屑	难见	偶有砂砾级泥屑	一般无	常见	易见撕裂屑
填隙物质	碳酸盐盐质		无	无	偶有菱铁矿	灰质、白云质、菱铁矿1%~10%	灰质、白云质可达30%	白云质菱铁矿10%左右	白云质1%~15%	显微晶白云质1%~5%
	泥质		常>20%	一般<10%	10%~20%	5%左右	10%左右	15%左右	5%~10%	5%~20%
砂岩岩性			砾质硬砂岩为主	中粗粒或含砾等粒硬砂岩为主	长石砂岩为主	长石粉细砂岩为主	长石砂岩及硬砂岩	长石粉细砂岩为主	长石砂岩为主	长石砂岩、粉砂岩
沉积构造			块状为主	大型斜层理、交错硬砂层理为主	斜层理及交错层理	易见爬升层理、低角度层理	微波状及交错层理较发育	微波状、平行层理发育	递变层理	易见平行层理、滑动变形层理
沉积韵律			微显正	正	正	反	正或反	反	正	正或反

砂质内碎屑的大小可由砾级到粉砂级，形状多变不规则。砂质内碎屑和撕裂屑是识别泥石流沉积的重要标志。

2. 填隙物成分

填隙物包括杂基和胶结物。杂基和胶结物的成因截然不同，但成分上可以相同也可以不同。填隙物与颗粒间相对含量的变化，形成不同的胶结类型。济阳坳陷最好的砂岩油层都是填隙物含量少的具有孔隙式或接触式胶结类型的砂层。

1）黏土矿物

岩石中的黏土矿物含量变化大，多在 15% 以下，对岩石的原生孔隙影响较小。黏土矿物的成分有蒙皂石、高岭石、伊利石、绿泥石及混层黏土矿物。其中既有构成杂基的他生黏土矿物，也有构成胶结物的自生高岭石、自生伊利石和绿泥石，二者的相对含量不易确定。

蒙皂石多见于东营组以上的砂岩中，覆于砂粒表面，呈膜状或孔隙衬边分布，占黏土矿物总量的 50% 以上。自生高岭石多见于沙河街组的砂岩中。在沙三段中、上部，其含量有时可占黏土矿物的 50% 以上。随着埋深增加，晶粒集合体相应变大。在深层随温度增高，高岭石转化为伊利石。伊利石是砂岩中常见的黏土矿物，一般占黏土矿物的 20%，在深层其含量可达 90% 以上。很多伊利石是随埋深温度增高由高岭石转化形成。绿泥石含量较少，一般占黏土矿物总量的 5% 以下，仅个别层段可高达 20%。伊利石/蒙皂石混层黏土矿物普遍可见，在沙河街组砂层中一般含量占黏土矿物的 15%～35%，其中可膨胀性黏土矿物约为 20%。

2）碳酸盐矿物

碳酸盐矿物种类较多，有沉积期或准同生期形成的泥晶（隐晶）碳酸盐矿物，也有成岩期形成的各种亮晶碳酸盐矿物。

隐晶碳酸盐矿物有方解石、白云石及菱铁矿，相当于杂基组分。它是湖泊环境水下沉积的标志。

亮晶碳酸盐胶结物有方解石、含铁方解石、白云石及含铁白云石，结构类型多。栉壳状方解石及白云石是成岩早期形成的。嵌晶状方解石及白云石，有的是在压实作用以前形成的，而富含铁的方解石及白云石大部分形成较晚。

3）碎屑石英增生

即石英次生加大，通常开始出现在 1700m 深度以下，随埋深增加而增强。弱石英加大边很窄，一般小于 10μm，且不连续，在扫描电镜下容易见到。强石英次生加大，在薄片中明显可见，被加大的颗粒多，加大边宽，多为 20～50μm，包边连续。它的形成与岩性有关，低渗透的杂砂岩中不发育。

4）含硫自生成岩矿物

济阳坳陷古近系碎屑岩中主要有石膏、硬石膏、重晶石、天青石及黄铁矿。沙四段及孔店组砂岩以硬石膏为主要胶结物。重晶石及天青石见于沙河街组砂岩中，个别样品含量较高，可具嵌晶结构，黄铁矿在个别砂岩中含量较高，呈凝块状胶结物，在一般砂岩中含量低于 1%。

5）其他自生矿物

（1）其他自生轻矿物。主要有自生长石、海绿石。自生长石多以增生的产状出现，其分布与自生石英加大相似，局部地区较多。海绿石含量极少，仅在各地区各层位的砂岩中偶有发现。

（2）其他自生重矿物。主要有锐钛矿、板钛矿、钙钛矿及自生的阶状石榴石。自生的含钛矿物仅见于个别样品中，很少连续出现。自生阶状石榴石分布广，具有极为规则的阶面结构。根据18口井资料的统计，阶状石榴石和强石英次生加大现象与深度呈线性关系。它们开始形成的温度范围很接近，只是后者略偏低，为 $90℃±5℃$。因此可以认为这两种自生矿物都是较好的矿物温度计，是划分碎屑岩埋藏成岩带的良好标志。

3. 砂岩类型及母岩性质

1）成分类型

砂岩分类有多种方案，就分类依据的组分而言，概括起来可大致分为三组分和四组分两种体系。其中，三组分体系主要是根据砂岩的三种砂级碎屑组分——石英、长石及岩屑，对砂岩进行分类；而四组分体系除了考虑碎屑成分外，还把黏土杂基作为一个组分，引入到砂岩分类中来。按照三组分砂岩划分体系，石英大于 75% 时，定名为石英砂岩。岩屑大于 25% 时，定名为硬砂岩（岩屑砂岩）。岩块小于 25%，长石大于 25% 时，定名为长石砂岩。若三组分都未达要求含量，则定名为长石硬砂质砂岩。古近系砂岩中未见有石英砂岩，以长石砂岩为主，其次为硬砂岩，而长石硬砂质砂岩较少。

（1）长石砂岩。在济阳坳陷分布最广，粒度一般为中—细砂和粗粉砂，磨圆度差，多为次棱角状，随沉积相不同而略有差别。碎屑成分变化不大，一般石英占 45%～55%，长石占 30%～40%，岩块占 10%～20%。钾长石和斜长石含量相近，绝大多数钾长石十分新鲜，表明长石没有经过强烈的化学风化作用和长距离的搬运磨蚀，多为第一轮回的沉积物。这类长石对原油的吸附作用较小，岩石物理性质受填隙物成分和含量影响。

（2）硬砂岩。硬砂岩又称岩屑砂岩，仅占济阳坳陷碎屑岩的 10%～20%，一般具有含砾不等粒结构或中—粗粒结构，而细粒结构者较少。岩屑含量多在 25%～35%，有时可高达 50% 以上。由于含可塑性岩屑较少，受压实作用影响不大，仍具有较高的孔隙度和渗透率，在储集特征上与长石砂岩没有显著差别。硬砂岩多出现在近物源区的洪积扇、河床、滨湖及近陡岸的浊积扇沉积中。在少数地区，沙四段上亚段的硬砂岩，其碎屑颗粒主要是白云石碎屑，这类岩石又被称为碎屑白云岩。

（3）长石硬砂质砂岩。长石硬砂质砂岩的特征介于上述两种砂岩之间，但这类砂岩数量不多。

2）成因类型

济阳坳陷古近系砂岩按照沉积类型可划分为八种，即：冲积扇、河流、三角洲、扇三角洲、近岸水下扇、深水浊积扇、滑塌浊积扇、滩坝砂岩。不同成因类型的砂岩，其储集性能、规模及展布具有不同的特点。

3）母岩性质

济阳坳陷古近系大部分砂岩含有大量新鲜的次棱角状长石及变质岩块。属第一轮回的长石砂岩。长石砂岩的分布和钻遇片麻岩的凸起在空间上关系密切，表明太古宇片麻岩是古近系砂岩的主要母岩。除此之外，中生界的火山岩及古生界的各种沉积岩也可以作为母岩，但成分十分复杂。不同地区、不同层段的情况往往不同。

例如，位于沾化凹陷南坡的罗家地区，沙四段碎屑岩中的岩屑成分主要为中酸性喷出岩、古生界的石灰岩、白云岩、砂岩及泥岩等。这说明其母岩主要是中生界喷出岩类及古生界的沉积岩类，陈家庄凸起北坡为其物源区。东营凹陷北部胜坨油田，沙三段上部的碎屑岩中，也有较多中酸性的喷出岩和古生界的沉积岩岩屑，而沙二段碎屑岩中则以变质岩块为主。根据重矿物锆石的标型特征研究，其物源来自北边的陈家庄凸起。

4.成岩演化与储层特征

成岩作用包括沉积物沉积后直到变质或风化以前在岩层内部发生的所有变化。古近系碎屑岩储层的埋深基本都处在1000m以下，大部分埋深在2000m以下，最大埋深超过3500m。古近系碎屑岩的成岩作用主要有五类，即压实作用、胶结作用、交代作用、自生矿物的形成作用及溶解作用。有的成岩作用类型中又包括许多成岩现象。碎屑岩的多种成岩作用，对岩石中孔隙的演化和分布具有重要的控制作用。

1）不同埋深下的成岩演化

不同埋深的碎屑岩所经历的成岩变化不同，对储集性有着不同程度的影响。以东营凹陷沙三段上部砂岩为例（图7-7），随埋深的加大，成岩变化具有下面一般性规律：埋藏后的碎屑物在孔隙水的影响下，逐渐发生胶结作用。随着含有大量 Ca^{2+} 和 HCO_3^- 的孔隙水逐渐浓缩和 pH 值增高而缓慢地结晶出方解石，形成属于成岩早期的镶嵌状方解石，充填原生孔隙，使碎屑物不再压实。碎屑物被埋于一定的深度后，发生机械压实，原生孔隙降低。这对泥质含量高的砂岩影响较大。压实作用主要发生在成岩早期。随着埋深继续加大，温度和压力的不断增高，出现碳酸盐基质重结晶，产生晶间孔隙。碳酸盐胶结物形成以后，开始了对碎屑的交代。其中，长石较石英易被交代，而交代矿物易溶解，有利于形成次生孔隙。与砂层相间的泥质沉积物，往往含有大量蒙皂石。在成岩过程中，蒙皂石将逐渐转化为伊利石，排出含有 Ca^{2+}、Mg^{2+}、Fe^{3+} 等离子的水溶液。在此水溶液作用下易于形成石英加大，并为形成晚期碳酸盐胶结物提供 Ca^{2+}、Mg^{2+}、Fe^{3+} 等离子。随着砂岩孔隙水性质的改变，在深层发生去白云石化，产生较为粗大的铁方解石晶体，其晶体内含有自形白云石假晶。这种铁方解石较白云石易溶，有利于形成次生孔隙。埋藏于地下深处的碳酸盐和斜长石等不稳定硅酸盐矿物，易于溶解形成次生孔隙。如胜坨油田 3-5-11 井 2173.7m 的斜长石是被含铁白云石交代后溶解，2185.3m 的斜长石则未经交代而直接被溶解。当发生碳酸盐溶解时，溶液中的硅质随着 pH 值降低，会形成石英次生加大，缩小岩石孔隙。

溶解的次生孔隙形成后，可被原油充填，使成岩作用终止。若未被原油充填，在孔隙水的作用下，将继续进行成岩变化。受水中各种离子浓度变化的影响，先后结晶出铁白云石、铁方解石、无铁白云石和含铁白云石。当孔隙水的 pH 值大于9时，硅酸盐矿物将缓慢地溶解。当 pH 值降低时，则形成高岭石充填于残留的孔隙中。如营 19 井 2165m 的砂岩次生孔隙中就有上述几种晚期成岩矿物依次充填的现象。当温度上升到 130℃以上时，高岭石则转化为比较稳定的伊利石。

上述成岩演化过程是一个简化的理想模式，实际情况要复杂得多。但由此可以看出，随着埋深的增加，较强的机械压实作用和胶结作用使砂岩中的原生孔隙逐渐降低，不利于深部形成好的储层。深部溶解作用产生的次生孔隙，可提高某些砂岩的有效孔隙度，一定程度上改善深部储层的储集物性。

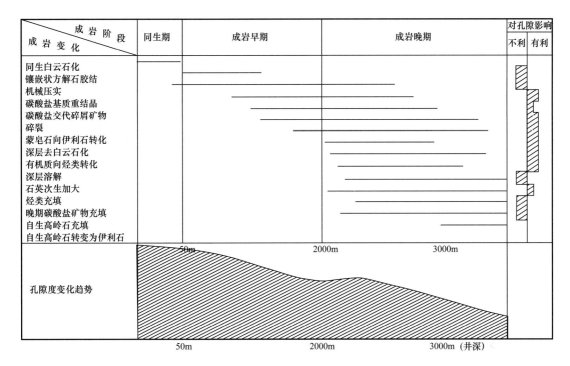

成岩阶段 成岩变化	同生期	成岩早期	成岩晚期	对孔隙影响	
				不利	有利
同生白云石化					
镶嵌状方解石胶结					
机械压实					
碳酸盐基质重结晶					
碳酸盐交代碎屑矿物					
碎裂					
蒙皂石向伊利石转化					
深层去白云石化					
有机质向烃类转化					
深层溶解					
石英次生加大					
烃类充填					
晚期碳酸盐矿物充填					
自生高岭石充填					
自生高岭石转变为伊利石					
孔隙度变化趋势		50m 2000m 3000m			
		50m 2000m 3000m（井深）			

图 7-7 东营凹陷古近系沙三段上亚段砂岩成岩变化图

2）成岩作用的影响因素

通过对近百口探井的薄片及重矿物分析，结合部分扫描电镜观察，发现成岩作用的影响如下。一是压实作用随埋深增加而增强。表现在碎屑颗粒接触性质的逐渐改变，依次变化为：漂浮状→点接触→线接触→凹凸接触→缝合接触。在这一过程中，原生孔隙度降低，岩石的固结性增强。二是胶结作用与岩石的原始结构有关，凡胶结物多的砂岩，都是结构成熟度高的砂岩，属于高能环境的产物。所以胶结作用与沉积相带有关。三是当砂岩发生铁碳酸盐或硫酸盐矿物胶结，往往伴有强烈的交代作用，导致原有矿物溶解及新矿物沉淀，对砂岩的孔隙结构造成一定影响。四是胶结物的含量与砂层厚度有关。根据对 3000m 以下的几个剖面的统计，厚度小于 3m 的砂层，碳酸盐含量大于 15%，甚至可达 25%。厚度大于 3m 的砂层顶部胶结物含量也较高，而砂层中部碳酸盐含量为 10%～15%。这表明碳酸盐的成分来自附近的泥岩。砂岩的某些成岩作用与泥岩的成岩作用有关，可以发生物质交换。五是成岩早期的胶结物分布不连续，说明该时期成岩环境并不稳定，变化较大。而成岩晚期的胶结物，分布比较连续，说明成岩环境比较稳定。六是交代作用及溶蚀作用具有成分选择性。不稳定的碎屑及其他组分，往往容易被交代和溶蚀。因此，成岩作用与砂岩的成分有关。七是许多成岩现象与埋深有关（图 7-8），可称为埋藏成岩作用。根据资料统计，大部分晚期成岩现象只在埋藏达到一定深度后才开始出现。

3）不同成岩阶段的储集特点

目前成岩阶段的划分，采用的是在新编替代规范《碎屑岩成岩阶段划分》（应凤祥等，2003）基础上，结合对东营凹陷和沾化凹陷研究成果制订而成的标准（表 7-4）。按照这一标准，碎屑岩成岩阶段划分为早、中、晚三个阶段。这一划分的依据，一是自生

表7-4 济阳坳陷碎屑岩成岩演化阶段划分方案（原行标 SY/T 5477—2003 修改）

成岩阶段	期	古温度/℃	有机质特征（孢粉颜色TAI / Tmax/℃ / Ro/% / 成熟阶段 / 烃类演化）	成岩环境	示踪矿物	泥岩 I/S中混层的 S/%	砂岩固结程度	砂岩中自生矿物	溶解作用	颗粒接触关系	孔隙类型及连通性
同生成岩阶段		古地温	海绿石	淡水—低矿化度水环境							原生孔隙为主，连通性好
早成岩阶段	A	<60	淡黄；<430；<0.25；未成熟；生物气			>50 蒙皂石带	弱固结—半固结			点状	原生孔隙及次生孔隙，连通性较好
	B	60~85	深黄；430~435；0.25~0.5；半成熟	酸性环境		70~50 无序混层带	半固结—固结				
中成岩阶段	A	85~140	橘黄—棕；435~460；0.5~1.5；低成熟—成熟；原油为主			50~15 有序混层带	固结	I / II / III / IV		点—线状	残余原生孔隙及次生孔隙，连通性较好
	B	140~175	棕黑；460~490；1.5~2.0；高成熟；凝析油—湿气	碱性环境		<15 超点阵有序混层带				线—缝合状	孔隙减少，裂缝出现，连通性差
晚成岩阶段		175~200	黑；>490；2.0~3.5；过成熟；干气			消失 伊利石带					裂缝发育，局部连通性好
构造回返（表生作用）		古常温、常压									

注：① 海绿石、鲕绿泥石的形成；② 同生结核的形成；③ 平行层理面分布的菱铁矿微晶及斑块状泥质；④ 分布于粒间和颗粒表面的泥晶碳酸盐；⑤ 未经热演化的有机质。

（1）含低价铁矿物的褐铁矿化；（2）褐铁矿的浸染现象；（3）碎屑颗粒表面的高价铁氧化膜；（4）表生钙质结核。

矿物分布、形成顺序，二是黏土矿物组合、伊利石/蒙皂石（I/S）混层黏土矿物的转化以及伊利石结晶度，三是岩石的结构、构造特点及孔隙类型，四是有机质成熟度，五是古温度（流体包裹体均一温度、自生矿物形成温度），六是伊利石/蒙皂石（I/S）混层黏土矿物的演化。根据东营凹陷和沾化凹陷储集岩的研究，不同成岩阶段的储层具有各自的特点。

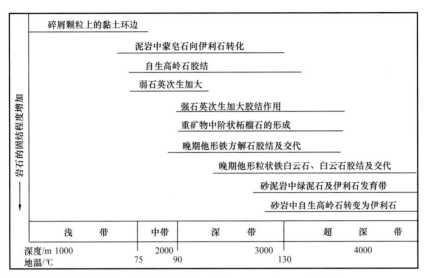

图 7-8　东营凹陷古近系碎屑岩主要成岩现象分布

在东营凹陷，埋深大于 1500m 的碎屑岩储层从浅到深经历了早成岩 B 期、中成岩 A 期和中成岩 B 期。埋深 1500~2350m 的储层处于早成岩 B 期，R_o 大部分为 0.35%~0.5%，伊/蒙间层比为 50%~70%。该阶段的成岩特点之一是压实作用逐渐增强。另外，因碳酸盐胶结物溶蚀作用的增强，导致碳酸盐胶结物的含量有降低的趋势，次生孔隙相对发育，孔隙度呈增大的趋势，但仍以原生孔隙为主。长石的溶蚀作用使高岭石含量增加。蒙皂石向伊/蒙间层矿物转化，伊/蒙混层比有降低的趋势。伊利石和石英次生加大在该阶段较弱，不发育。埋深 2350~3200m 时，伊/蒙间层比小于 50%，且大部分在 20% 左右，可划分到中成岩 A 期。该阶段主要的成岩作用为溶蚀作用，以碳酸盐的溶蚀作用为主，长石次之，呈现出弱—强—弱的变化趋势。在溶蚀作用较强时次生孔隙发育。随着碳酸盐溶蚀作用的减弱，碳酸盐胶结作用逐渐增强。压实作用的增强使原生孔隙减少，但仍保留少量的原生孔隙。高岭石逐渐向伊利石转化，造成高岭石胶结作用减弱，伊利石增多。表明该阶段成岩环境从酸性环境向碱性环境的转化，伊/蒙间层比快速降低，蒙皂石含量减少乃至基本上消失，伊利石含量呈增加趋势。石英次生加大在该阶段比较发育，呈现出弱—强—弱的变化趋势。埋深大于 3200m 时，为中成岩 B 期。该阶段压实、铁白云石及伊利石的胶结、石英次生加大等作用较强，而铁方解石及高岭石的胶结作用以及溶蚀作用相对较弱。

在沾化凹陷，当砂岩埋深介于 2000~3100m 时，岩石进入早成岩 B 期，该阶段有机质半成熟，随着压实作用的逐渐增强，岩石处于半固结—固结状态，原生孔隙减小。由于早期长石和碳酸盐溶蚀作用的出现，发育少量次生孔隙，孔隙度有增加的趋势。孔隙出现原生—次生孔隙混合型，但以原生孔隙为主，少量次生孔隙。碳酸盐胶结作用逐渐增强，呈现出弱—强—弱—强—弱的变化趋势，方解石较白云石胶结作用强。长石的溶蚀作用使高岭石的胶结作用表现为弱—强—弱的变化趋势，这种变化也进一步导致了伊利石胶结作用的逐渐增强，黏土矿物以无序混层为主，伊/蒙间层比为50%～70%。该阶段石英次生加大相对不发育。当砂岩埋深达3100～3650m时，岩石处于中成岩A期，黏土矿物迅速脱出层间水，R_o在0.50%～1.30%之间，有机质也成熟。此时溶蚀作用成为主要的成岩作用，主要以长石溶蚀为主，碳酸盐溶蚀次之，孔隙以次生孔隙为主，仍保留少量原生孔隙。方解石、铁方解石及高岭石的胶结作用明显减弱，白云石、铁白云石、伊利石的胶结作用明显增强。黏土矿物为有序混层，混层比处于15%～50%之间，大部分为20%左右。该阶段石英次生加大明显增强。当埋藏深度达到3650m左右时，岩石进入中成岩B期。R_o在1.30%～2.0%之间，孔隙仍以次生孔隙为主。该阶段成岩作用主要有长石的溶蚀、晚期铁方解石的胶结、石英次生加大、伊利石的胶结作用。

5. 几种砂岩储层垂向演化

济阳坳陷发育有多种沉积相类型的碎屑岩储层，各种类型的砂岩具有不同的储层特征。下面以东营凹陷北部陡坡带近岸水下扇、三角洲、浊积扇、滩坝、河流五种沉积相类型砂体为例，说明各种砂岩的储层特征。

1）陡坡带近岸水下扇砂体

以东营凹陷北部陡坡带为例。东营凹陷北部陡坡带主要发育近岸水下扇沉积（图7-9）。水下扇扇中—扇端位置物性较好，其中以水下河道中粗、细砂岩、粉砂岩相孔隙结构好，不同岩石相平均孔隙度值变化范围为7.2%～15.8%，平均渗透率变化范围为0.2～11.5mD。

北部陡坡带砂岩储层中物性比较好的储层依次是中粗砂岩、细砂岩、粉砂岩。较差的是泥质砂岩、含砾砂岩和砾岩。北部陡坡带不同粒度储层的孔隙度及渗透率随深度的演化有如下规律：在750～1250m深度段，原生孔隙发育，各种粒度储层的物性都较好，最大值在40%；在1250～1750m深度段，孔隙度及渗透率有减小的趋势，主要为胶结作用引起的，所以该深度段的粒间孔隙主要是胶结剩余原生孔，这一阶段碳酸盐胶结物分布普遍，主要是方解石、铁方解石、白云石、铁白云石；在1750～3000m深度段，次生孔隙较发育，孔隙空间主要为混合孔隙，物性最好的为中粗砂岩、细砂岩、粉砂岩，孔隙度最大在35%左右，其次为砾岩、泥质砂岩和含砾砂岩，分选差的含砾砂岩、砾状砂岩及杂基含量高的泥质砂岩，由于压实作用或碳酸盐胶结作用使原生孔隙遭受很大破坏，很难发生溶解作用，物性较差；在3000～3500m深度段，由于各种粒度的储层都受到压实和压溶作用的影响，再加上方解石、铁方解石、铁白云石等胶结作用的影响，各种粒度储层的物性都很差，最大在20%左右；3500m深度以下，随着压实压溶作用的进行，铁白云石胶结物和石英次生加大进一步增加，使孔隙度降低，但在此阶段原先已经聚集油气的层位，仍残留了一定的孔隙，孔隙度在10%左右。

整体来说，北部陡坡带位于边界深大断裂的下降盘，以近岸水下扇砂砾岩沉积为主，由于断层幕式活动周期性强，迅速沉降与相对缓慢沉降交替，故碎屑岩的溶蚀和胶结作用具有明显的纵向分带性。

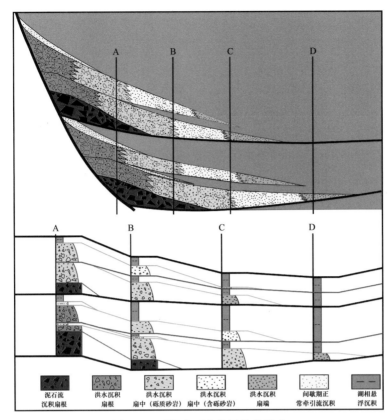

图 7-9　近岸水下扇储层发育模式

图例：泥石流沉积扇根　洪水沉积扇根　洪水沉积扇中（砾质砂岩）　洪水沉积扇中（含砾砂岩）　洪水沉积扇端　间歇期正常牵引流沉积　湖相悬浮沉积

2）三角洲相砂体

对于三角洲相的储层，中粗砂岩物性最好，细砂岩和粉砂岩次之，泥质砂岩最差。

孔隙度的变化主要分为四个段：在1250～1500m深度段，由于岩石比较疏松，粗砂岩、中细砂岩、粉砂岩的最大孔隙度相差不大，都在40%左右，泥质砂岩的最大孔隙度在32%左右（泥质砂岩的孔隙结构差，物性也较差）；在1750～2500m深度段，中粗砂岩、细砂岩孔隙度值较高，溶蚀作用发育，物性好，最大孔隙在35%，粉砂岩、泥质砂岩孔隙最大值为30%左右，这是因为粒度细的粉砂岩，杂基含量高（如泥质砂岩、泥质粉砂岩）的岩石，原生孔隙因压实作用或碳酸盐胶结作用遭受很大破坏；在2500～3500m深度段，各种粒度储层的孔隙最大值都在25%左右，处于此深度段，不同粒度的储层均遭受较强的压实作用和压溶作用，因此物性都较差；在3500m深度以下，随着压实压溶作用的进行，铁白云石胶结物和石英次生加大进一步增加，使孔隙度降低，但在此阶段原先已经聚集油气的层位，仍残留了一定的孔隙，该段孔隙度在8%左右。

3）浊积岩砂体

浊积岩在2400～2600m深度段和2900～3300m深度段孔隙度较大，可达30%和28%左右。渗透率在2400～2700m深度段最大，最大可达10000mD。洼陷带不同层段的物性差异明显，因此在纵向上体现为有效储层与非有效储层相间发育的特点（图7-10）。

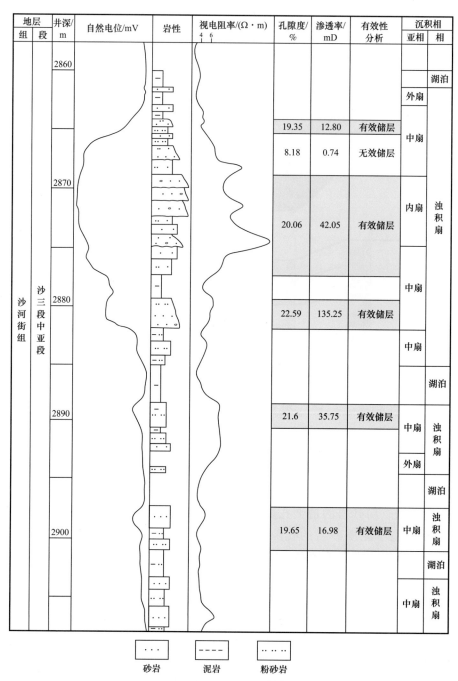

图 7-10　牛庄洼陷带牛 30 井储层有效性分析

总体来看，浊积岩储层演化规律与三角洲储层类似。

4）滩坝砂体

滩坝砂体岩性较细，分选较好，主要为细砂岩和粉砂岩，再加上埋藏较深，所以压实作用增强，主要孔隙为粒间溶蚀孔。孔隙结构主要为中孔中细喉孔隙类型。孔隙较好，分选好，但喉道较细，孔喉连通程度差。

滩坝砂体埋藏深度在 3000m 以上时，孔隙度随深度的增加变化不是很大；孔隙度的最大值出现在深度 1200m 左右，各种粒度储层的孔隙度最大值都在 40%；在 2000～2750m 深度段，出现了次生孔隙，孔隙度最大值为 35%，由于滩坝砂体分选较好，泥质含量较少，所以 2750m 的深度渗透率仍然较高，为 2000mD；埋深大于 3500m 的储层，随着压实压溶作用的进行，铁白云石胶结物和石英次生加大进一步增加，孔隙度降低，但在此阶段原先已经聚集油气的层位，仍残留了一定的孔隙，该段孔隙度在 12% 左右。

5）河流相砂体

河流相砂体各种粒度的储层在 1000～2000m 深度段物性最好。其中细砂岩和中粗砂岩孔隙度最大值在 40% 左右；粉砂岩和泥砾岩孔隙度最大值为 35%；泥质砂岩的物性最差，孔隙度最大值为 32%。这一深度段储层的渗透率也较高，中粗砂岩的渗透率可达 20000mD，这是由成岩作用的溶蚀作用引起的，溶蚀作用大大改善了储层（特别是深层）物性。溶蚀作用是大气淡水、有机质演化产生的酸性地层流体对长石、碳酸盐和盐岩等易溶物质进行溶蚀。在 2000～2200m 深度段储层物性较差，这是由于胶结作用引起的，其中次生加大石英是最常见的硅质胶结物。在 2500～3000m 深度段，储层物性较好，含砾砂岩和中细砂岩的孔隙度最大值在 32%。深度大于 3500m 之后，随着深度的增加，自生黏土矿物含量增大和压实作用增强，镜下可见颗粒间呈缝合线接触，再加上各种胶结作用，使储层的孔隙度、渗透率极低。

6. 储层物性评价

1）储层物性

纵向上，储层物性具有规律性变化。一般来说，储层的孔隙度和渗透率随埋深增加而相应减少，是所有盆地储层物性演化的一般规律，但物性的递减速率在各盆地有很大不同。济阳坳陷的一般规律是：埋深小于 1700m，孔隙度在 30%～35%；深度 1700～2100m，孔隙度在 28%～32%；深度 2100～2700m，孔隙度在 18%～25%；深度 2700～3500m，孔隙度在 10%～15%（图 7-11）。但是，欠压实带的储层孔隙度一般可比相同深度正常压实砂岩的孔隙度高出 2%～5%。渗透率在纵向上的变化情况，不仅受压实的影响，还受砂岩分选性、胶结物类型及其含量、胶结类型等各种因素的影响。所以，渗透率随深度变化的规律性远不如孔隙度明显。

2）储集空间及孔隙结构

济阳坳陷碎屑岩储层的孔、缝、洞等三种形态储集空间中，孔隙是最为主要的一种。孔隙空间类型可细分为粒间孔、粒内孔、填隙物孔等，按成因又可分为原生孔隙和次生孔隙。

济阳坳陷古近系碎屑岩的原生孔隙，大多是存在于碎屑颗粒之间的粒间孔隙。由于碎屑岩体储层大都处于早成岩期或晚成岩 A 期，经历的成岩作用强度不大，原生孔隙十分发育，为主要储集空间。碎屑岩形成后在淋滤、溶蚀、交代、溶解及重结晶等作用下形成的次生孔隙，主要包括

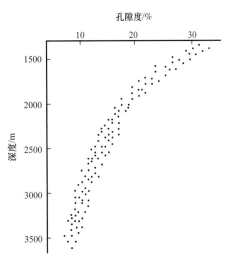

图 7-11 济阳坳陷碎屑岩储层孔隙度随
深度变化图

粒间溶孔、粒内溶孔、铸膜孔及胶结物溶蚀形成的溶孔等。次生孔隙主要发育在晚成岩A期、埋深大于2200m的储层，如利津近岸水下扇。裂缝型储集空间主要发育在埋藏3000m以下，并靠近断层的砂岩体中。

济阳坳陷发育三角洲、河流、浊流、近岸水下扇、滩坝砂等多种沉积类型的砂、砾岩储集体，由于沉积环境和成因类型的不同，其储层物性和孔隙结构也有很大差异，详见表7-5至表7-10。

表7-5 三角洲储层物性及孔隙结构表

沉积相	渗透率/mD	孔隙度/%	最大汞饱和度/%	最大喉道半径/μm	喉道半径平均值/μm	喉道半径中值/μm	均质系数	注入压力中值/10⁵Pa
三角洲平原分流河道	7120 / 2173~11390	29.8 / 17.9~31.3	84.5 / 80.8~86.9	54.3 / 20.6~130.1	24.0 / 10.2~49.1	22.2 / 7.8~50.1	0.43 / 0.36~0.48	0.55 / 0.15~0.98
三角洲前缘砂体	1575 / 371~2822	29.6 / 28.2~31.7	81.9 / 73.5~87.6	17.7 / 11.7~22.6	8.4 / 5.1~12.4	7.2 / 2.4~12.4	0.45 / 0.35~0.53	1.55 / 0.61~3.11

注：横线以上为平均值，以下为区间值。

表7-6 河流相储层物性及孔隙结构表

沉积相	砂体类型	渗透率/mD	孔隙度/%	最大汞饱和度/%	最大喉道半径/μm	喉道半径平均值/μm	喉道半径中值/μm	均质系数	注入压力中值/10⁵Pa	代表井
曲流河	主河道	5808 / 4076~8508	36.4 / 35.2~38.1	88.1 / 84.5~90.3	34.6 / 23.1~53.4	17.2 / 12.3~14.5	16.6 / 10.8~24.6	0.49 / 0.45~0.52	0.49 / 0.30~0.68	孤东12-8
	次河道	3217 / 486~8532	32.1 / 31.2~34.0	80.5 / 79.3~82.4	20.9 / 13.0~32.3	8.7 / 6.7~14.0	5.2 / 2.9~9.3	0.39 / 0.38~0.42	1.82 / 0.79~2.57	
	漫滩天然堤	262 / 95~785	31.5 / 29.7~34.2	71.6 / 68.5~78.4	10.5 / 7.4~16.6	4.2 / 3.2~6.1	1.9 / 1.1~3.3	0.41 / 0.40~0.42	5.2 / 2.2~6.92	
辫状河		15631 / 11750~18740	30.5 / 29.4~32.2	86.8 / 84.9~89.7	80.7 / 40.0~130.9	32.5 / 21.8~48.7	27.8 / 20.5~28.6	0.42 / 0.35~0.55	0.29 / 0.19~0.37	孤东10-2

表7-7 扇三角洲相储层物性及孔隙结构表

沉积相	岩性	孔隙度/%	渗透率/mD	最大喉道半径/μm	喉道半径平均值/μm	均质系数	岩性系数	排驱压力/10⁵Pa	代表井
水下分流河道	含砾不等粒砂岩	15.8	681.4	21.423	7.819	0.37	0.304	0.0343	单142
水下分流河道侧缘	粉砂岩	11.7	27.3	3.756	2.156	0.33	0284	0.32	滨663
河口沙坝	中、细砂岩	14.6	39.7	10.473	5.489	0.42	0.257	0.182	滨660

沉积相	岩性	孔隙度/%	渗透率/mD	最大喉道半径/μm	喉道半径平均值/μm	均质系数	岩性系数	排驱压力/10^5Pa	代表井
水下分流河道间	粉砂岩及泥质粉砂岩	10.1	1.116	1.45	0.71	0.48	0.272	0.4	滨662
前缘席状砂	中、细砂岩及粉砂岩	12.4	35	4.836	1.959	0.43	0.311	0.1521	滨423

表7-8 近岸水下扇相储层物性及孔隙结构表

沉积相	孔隙度/%	渗透率/mD	最大喉道半径/μm	喉道半径平均值/μm	均质系数	岩性系数	排驱压力/10^5Pa	代表井
辫状水道	15.7	32.6	13.736	3.413	0.246	0.1601	0.0535	永924
前缘砂	13.9	25.2	8.097	2.729	0.34	0.1468	0.0908	永924
辫状水道间	8.75	3.56	1.98	0.64	0.17	0.114	0.43	永923
扇根	12.4	1.79	14.561	0.22	0.11	0.2250	0.1625	永925
扇端	6.57	2.58	1.25	0.25	0.29	0.1548	0.569	永923

表7-9 浊积砂体储层物性及孔隙结构表

沉积相		渗透率/mD	孔隙度/%	退汞效应/%	最大喉道半径/μm	喉道半径平均值/μm	粒度中值/mm	碳酸盐含量/%	泥质含量/%	代表井
辫状水道	高电阻油层	45.77	22.69	51.66	16.82	3.28	0.22	10.4	10.1	辛154
	低电阻油层	12.29	18.58	36.98	2.61	0.92	0.15	7.4	7.57	辛162
外扇		4.55	12.9	21.08	1.44	0.345	0.08	11.9	9.45	往79

表7-10 滩坝砂体储层物性及孔隙结构表

沉积相	孔隙度/%	渗透率/mD	最大喉道半径/μm	喉道半径平均值/μm	均质系数	岩性系数	排驱压力/10^5Pa	代表井
坝砂	17.8~28.3	68.9~523	7.748	2.452	0.315	0.2604	0.0949	滨425
滩砂	6.7~18.1	1.737~110	4.908	1.504	0.324	0.1973	0.1499	滨425
灰质滩砂	3.34~16.29	0.57~117.06	1.445	0.371	0.281	0.3334	0.5090	滨424

3）储层物性控制因素

（1）沉积相。沉积相是影响碎屑岩物性的最基本因素。不同沉积砂体和不同沉积相带的储层往往具有不同物性参数。同一砂体，由于沉积相带不同，其碎屑颗粒的大小、分选、磨圆及泥质含量不同，物性也有差异。相比而言，扇三角洲、辫状河三角洲前缘亚相物性最好，近岸水下扇、陡坡深水浊积扇、近岸砂体前缘滑塌浊积扇次之，洪积扇最差。如王庄地区沙三段上亚段扇三角洲储层孔隙度为26%～29%，最高达43%，渗透率为500～2000mD，最高达22674mD。盐家地区盐16井区深水浊积扇孔隙度为20%～25%，渗透率为200～2000mD。而王庄沙四段洪积扇则由于碎屑颗粒大小混杂，分选差，物性普遍较差。

（2）砂岩粒度。大量的数据表明，砂岩的孔隙度基本上不受颗粒平均粒径即中值的影响。分选系数对孔隙度有一定影响，分选系数减小孔隙度会增大。砂岩的渗透率不但与分选系数有关，也与平均粒径的关系很密切，分选性越好、平均粒径越大，砂岩渗透率越高。一般情况下，孔隙度高的砂岩，其渗透率也高。但当渗透率大于5000mD，孔隙度不随渗透率相应升高，这是由于渗透率受中值影响大，而孔隙度基本上不受中值影响。

（3）成岩演化。发育在不同层位和不同沉积相带的碎屑岩储层，埋藏深度范围大，经历的成岩作用各不相同。成岩作用既可以改善也可以降低储层的物性。以下以济阳坳陷陡坡带砂砾岩体储层为例，予以论述。

降低孔隙度的成岩作用主要有压实作用、胶结作用及石英次生加大作用。随着深度加深，孔隙度明显降低（图7-12），压实作用可使孔隙度降低10%～20%。胶结作用的结果是在碎屑颗粒间形成胶结物，堵塞了孔隙空间，从而降低孔隙度（图7-13）。石英次生加大也会在一定程度上减小碎屑岩的孔隙。

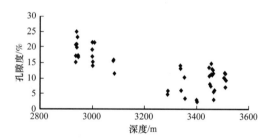 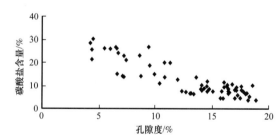

图7-12　胜坨地区坨76井孔隙度与深度关系图　　图7-13　永北地区永924井碳酸盐含量与孔隙度关系图

能够增加碎屑岩孔隙度、改善储集物性的成岩作用主要是溶蚀作用。溶蚀作用可产生次生孔隙，改善储层的孔隙度和渗透性。陡坡带砂砾岩体沙四段—沙三段下亚段储层溶蚀作用较普遍，被溶组分主要有碎屑颗粒（如石英、长石、岩屑等）和碳酸盐胶结物。溶蚀作用的发生与储层埋藏深度和构造（断裂）活动有关。据利津地区定量研究，溶蚀作用可使碎屑岩孔隙度增加约5%。

除上述成岩作用外，砂砾岩体储层还会发育交代作用和黏土矿物的成岩演化。陡坡带的黏土矿物主要为伊利石、伊蒙混层、高岭石，不同地区或层位的黏土矿物成分及含量不同，表明黏土矿物的演化程度不一。黏土矿物含量虽不大，但其成岩演化对储层渗透率有较大的影响。据扫描电镜观察，伊利石多呈网状或发丝状充填孔隙，使孔隙变小，喉道变窄，大大降低储层的渗透性。

4）储层非均质性

近物源短距离搬运，导致湖盆碎屑岩的矿物和结构成熟度都很低。济阳坳陷各凹陷碎屑岩均为长石—岩屑砂岩类，缺少石英砂岩。颗粒分选以中—差为主，杂基含量较高。碎屑岩中泥质及碳酸盐含量都比较高。东营凹陷陡坡带表征孔隙结构均匀程度的均质系数，均小于0.5，且多呈双模态分布和一些非常规现象。

济阳坳陷湖盆河流为近源短流，规模小，流域面积小，尤其是陡坡带河流砂体成因单元的厚度很少超过10m。在缺少垂向、侧向叠加连接的条件下，多形成窄条带状砂体，侧向连续性很差。

以东营凹陷北部陡坡带滨南地区沙四段上亚段砂砾岩砂体为例，说明该类储层的非均质性。沙四段上亚段沉积时期，沿滨县凸起古基岩沟发育了一系列大小不等、形态各异的近岸水下扇和扇三角洲砂砾岩扇体。沙四段上亚段沉积早期，发育了以牵引流为主的扇三角洲—滩坝沉积体系；沙四段上亚段沉积晚期，主要发育近岸水下扇—浊积岩沉积体系。

（1）平面非均质性。扇体由多个物源注入形成，具有多个砂体沉积中心，纵向上相互叠置，平面上受到多条断层的分割，储层特征非常复杂。不同沉积相带储集物性的差异，是造成储层平面非均质性的主要原因。扇三角洲前缘相的水下分流河道微相和近岸水下扇扇中亚相的储集性能最好（表7-7）。其平均孔隙度25.9%，渗透率在50～300mD，最大渗透率687mD，孔喉平均半径为7.829μm，为该区Ⅰ类储层。河口坝微相和前缘砂微相以粉砂岩为主，岩性较细，泥质夹层较水下分流河道微相多。其平均孔隙度15%，平均渗透率35mD，平均孔喉半径1.595μm，为Ⅱ类储层。水下分流河道间微相以泥质粉砂岩为主要储层，杂基含量高、厚度薄、孔隙连通性差。其平均孔隙度5%，渗透率在0.1～3mD，属Ⅲ类储层。

（2）层间非均质性。砂砾岩体沉积的多旋回性是造成层间非均质性的主要原因。陡坡带扇体沉积过程中多旋回特征明显，因而层间非均质性也较强。例如，滨南油田沙四段沉积时期，在构造活动、气候变化及物源注入等多重因素共同影响下，形成一套以垂向加积为主的沉积旋回。沙四段上亚段发育有4个砂组，砂组之间有较厚的泥岩隔层，每个砂组又由若干个小层组成，小层之间也被泥质层相隔。每个小层还有更薄的隔层分为若干个单砂层。每个单层可分隔成不同的砂体微相，成为不同的流体流动单元。

（3）层内非均质性。同一砂层在沉积过程中因沉积条件变化或成岩作用影响，层内不同部位储集物性出现差异，这是造成层内非均质性的主要原因。例如，滨660井在2952～2978m井段厚达26m的一个水下分流河道砂体，由于沉积过程中水流强度的变化，砂体顶、底存在过渡岩性，渗透率变化也呈复合正韵律，该砂层顶、底储集物性较差，渗透率为1～6mD，中部储集物性较好，该砂体渗透率最高可达380mD，不稳定低渗透夹层相对较少，渗透率级差可达260倍，渗透率变异系数0.86，非均质性严重。

5）非均质性影响因素

（1）沉积条件。由于沉积条件，如水流强度和方向、沉积区的古地形、湖盆的深浅、碎屑物质供应等差异，造成了碎屑沉积物的颗粒大小、排列方向、层理构造和砂体几何形态的差异，不同储层、不同相带、不同沉积构造的含油性不同，在岩心中常可见到层理面含油，如滨660井。在正韵律层理中较粗颗粒含油性较好，顶部较细岩性含油性差。

（2）成岩作用。沉积物沉积后的压实、压溶、胶结作用和重结晶作用等改变了原始孔隙度和渗透率的分布状态，增加了储层的非均质性。岩心中常见层理面上溶蚀孔发育，含油性好。

（3）构造活动。断裂活动使储层产生大量构造裂缝。如滨 423 井沙四段上亚段的岩心中见有大量裂缝，这些构造裂缝改变了储层的渗透性方向，致使渗透性在纵、横向上有很大差异。

6）储层评价

研究和实践表明，中国东部中—新生代断陷盆地中能够获得工业油气流的储层有效孔隙度下限为 12%，渗透率下限为 1.0mD，与此对应的喉道半径中值为 0.5μm，有效孔喉半径为 1.0μm。

对于济阳坳陷碎屑岩储层的评价标准，根据实际资料，总结多年的勘探实践，参考其他油田的经验，采取将碎屑岩储层分为常规储层和非常规储层。常规储层根据孔渗特征划分为高渗透率、中渗透率和低渗透率储层三种（表 7-11）。

表 7-11　陆相断陷湖盆砂岩储层分类标准表（据纪友亮，1996）

储层类型 指标		常规储层				非常规储层	
		高渗透率	中渗透率	低渗透率		致密层	超致密层
				中孔隙度低渗透率	低孔隙度低渗透率		
物性	孔隙度 /%	＞27	17～30	25～15	15～12	12～8	＜8
	渗透率 /mD	＞500	500～100	100～10	10～0.1	1.0～0.1	＜0.1
岩性		中、细砂岩、粗粉砂岩		细、粉砂岩、含泥粉砂岩		灰、云质（泥质）粉细砂岩	
基质含量 /%		灰、云质＜10，泥质 3～8		灰、云质＜10，泥质 8～15		灰、云质＜10，泥质＞15，硅质＞10	
单层有效厚度 /m		＞1.0		＞1.5		＞5.0	
有效喉道半径 /μm		＞4.0	＞1.5	＞1.0		＞0.35	
Se/%		＞75				60～80	＜60
自然产能		工业油流					
分布深度 /m		＜2500	＜3200	＜3500		＞3500	＞4000

（1）高渗透率储层。高渗透率储层以大孔粗喉结构为特征，以原生粒间孔、溶蚀粒间孔为主，孔隙连通程度高。岩性以砾岩、含砾砂岩和粗、中、细砂岩为主，碳酸盐含量小于 3%，杂基含量在 8%～30%，结构成熟度高。多见于埋藏深度小于 2500m 的河流相辫状水道、三角洲前缘砂体以及远源的扇三角洲前缘地带和近岸水下扇的扇中亚相。

（2）中渗透率储层。中渗透率储层以中孔中细喉道结构为特征。孔隙流类型以混合孔、原生孔和溶蚀粒间孔为主。主要岩石类型为中、细砂岩和粗粉砂岩。黏土杂基含量小于 8%，胶结物含量小于 10%。成岩作用较强。

（3）低渗透率储层。低渗透率储层又分为中孔低渗和低孔低渗两种，以中孔较细喉道结构和中小孔细喉结构为特征。孔隙类型为溶蚀粒间孔、粒间溶孔和残余原生孔，还有晶间孔和微孔隙，主要发育在陡坡扇体水道间微相和边缘微相，埋藏深度较大，由粉砂岩、细砂岩和泥质粉砂岩组成。胶结物含量10%～15%，泥质杂基含量8%～15%。

非常规储层主要为各种致密层，大多数埋深在3500m以下，成岩作用强烈，岩性细，碳酸盐和杂基含量高。

二、湖相碳酸盐岩储层

主要包括沙四段、沙一段发育的各种湖相成因的碳酸盐岩储层（图7-14）。另外，沙三段局部地区也有一些薄层白云岩储层（姜秀芳，2010）。

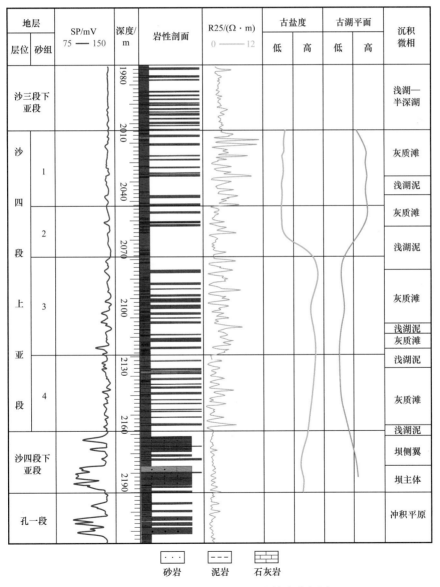

图 7-14 通 29 井沙四段上亚段综合分析图

1.孔隙类型

1）原生孔隙

包括沉积前的原生孔隙和沉积期的孔隙。沉积前孔隙主要有粒内孔、生物骨架孔、生物体腔孔。粒内孔常见于生物碎屑灰岩内，多以体腔孔的形式存在，部分孔隙未见后期充填。生物骨架孔主要是生物枝管藻垂向生长各枝管构成骨架，骨架间形成骨架孔隙，该类孔隙相互连通，孔隙较大，渗透率高。生物骨架孔发育的湖相碳酸盐岩是最优质的储层。生物体腔孔可见于生物枝管藻内，也可见于腹足类生物体腔孔中。

沉积期的孔隙包括遮蔽孔、粒间孔等。遮蔽孔主要见于生物碎屑白云岩或石灰岩中，常见于含介形虫或瓣鳃类化石碳酸盐岩中。粒间孔是沉积时颗粒之间相互支撑作用下形成的。粒间孔又分为压实作用剩余的原生粒间孔隙和胶结作用剩余的粒间孔隙。另外杂基中的微孔隙也属于此类。

2）次生孔隙

按照成因次生孔隙可分为与溶解作用相关的孔隙和与重结晶作用相关的孔隙两种主要类型（表7-12）。此外，尚存在与构造作用相关的储集空间，即裂缝。

表7-12　古近系湖相碳酸盐岩次生孔隙分类

类型	与溶解作用相关的孔隙			与重结晶相关的孔隙	与构造作用相关的孔隙
被溶解对象	填隙物	颗粒	颗粒和填隙物		
孔隙名称	粒间溶孔、胶结物内溶孔	粒内溶孔、铸模孔	特大溶孔	晶间孔、收缩孔	裂缝

与溶解作用相关的孔隙包括粒内溶孔、铸模孔、粒间溶孔、粒间胶结物内溶孔、晶间溶孔、特大溶孔等。粒内溶孔主要见于砂屑白云岩、砂屑灰岩、鲕粒白云岩和石灰岩中的砂屑颗粒或鲕粒内部。部分颗粒内溶蚀较多仅保留原始颗粒外形时就变成了铸模孔，它形成于深埋藏期有机酸的溶蚀作用。粒间溶孔主要发育于颗粒碳酸盐岩中，溶蚀作用可以使颗粒间的胶结物部分或完全被溶蚀。在部分样品中，除了胶结物被溶蚀外，偶尔也见砂屑颗粒被溶蚀现象。粒间溶孔主要形成于深埋过程中的去白云石化后，油气充注以前。粒间胶结物内溶孔主要发育于颗粒间所充填的方解石胶结物内，其特点是常具有连片结构。晶间溶孔主要发育于结晶的碳酸盐岩中，溶蚀作用发生于重结晶的颗粒间，当溶蚀作用强烈时可转为特大溶孔。

与重结晶作用相关的孔隙主要形成于砂屑颗粒内部、砂屑颗粒间的胶结物内和重结晶作用较强的微晶—粉晶白云岩中，以晶间孔和收缩孔为主。常见的类型有收缩孔、生物体重结晶作用形成的晶间孔、砂屑颗粒内的晶间微孔、胶结物内的晶间微孔、重结晶作用形成的晶间孔、方解石脉内的晶间孔等。

此外，还有与构造作用相关的裂缝。裂缝的产生，主要是由于同沉积断裂的活动、水压破裂或成岩作用过程中的机械压实破碎作用，以及碳酸盐岩本身所具有的脆性特征，使得岩石内部形成各种大小不等的微裂隙或微裂纹。

2.孔隙组合类型

碳酸盐岩的孔隙形态变化极大，大小悬殊，分布不均一。孔隙的成因复杂，往往单一的储层内存在着多种成因、多种类型的孔隙。优质储层中常见的孔隙组合类型有以下三种。

1) 生物体腔孔—骨架孔—溶孔组合

主要见于生物粘结白云岩中。生物枝管藻的骨架孔和体腔孔清晰可辨，后生溶孔的发育更提高了储层的孔隙度，致使这类储层的孔隙极为发育。

2) 粒间孔—溶孔组合

常见于砂屑白云岩中，是济阳坳陷碳酸盐岩优质储层最为常见的孔隙组合类型。粒间孔主要受原始沉积环境控制，溶孔可以是粒内溶孔、粒间溶孔或胶结物内溶孔。这类组合中，常缺少去白云岩化作用，粒间孔内不见方解石胶结，所溶蚀的可以是粒间填隙物，有的甚至是砂屑本身。

3) 晶间孔—溶孔组合

主要出现在颗粒灰云岩和微晶白云岩中。初始沉积的砂屑灰岩经过白云化后，转变为白云岩，部分岩石后来又受到去白云石化，形成了较多的均匀或不均匀分布的晶间微孔，它们在表生期或深埋过程中再经受溶蚀也可形成较好的储层。常见有晶间孔—晶间溶孔型、晶间孔—粒内溶孔型、晶间孔—复合溶孔型等组合。

3. 储层控制因素

1) 原生控制因素

（1）沉积类型。碳酸盐岩沉积类型对储层物性的控制作用是由沉积作用决定的。优质储层主要发育于水动力较强的高能环境，如颗粒型碳酸盐岩、生物粘结型碳酸盐岩，这是因为这些岩石成分以颗粒为主，抵抗压实作用的能力较强，有利于原生孔隙的保存，也有利于后期次生孔隙的发育。而在水动力能量低环境下沉积的泥晶型碳酸盐岩中优质储层不发育。研究表明，颗粒型碳酸盐岩的储集性能最佳，生物粘结型次之，钙结壳储层的储集性也较好，泥晶型碳酸盐岩储集性明显差于上述三种类型的碳酸盐岩。

（2）陆源碎屑含量。陆源碎屑对碳酸盐岩储集性影响较大：泥晶型碳酸盐岩随陆源碎屑含量的增大孔渗性增大，储集性变好；颗粒型碳酸盐岩随陆源碎屑含量的增高孔渗性降低，储层物性变差，较细碎屑颗粒起填隙作用。

2) 后生控制因素

（1）断裂活动。断裂活动产生的复杂断裂隙，既可构成碳酸盐岩裂缝性储集空间，又有利于地下水渗滤，为溶蚀孔隙和溶蚀缝的发育创造条件。研究发现，陡坡断裂带断裂系统对物性影响较大，物性较好，孔隙度6%～40%，渗透率0.01～600mD。缓坡断裂带次之，孔隙度4%～27%，渗透率0.02～15mD。中央洼陷带较差，孔隙度3%～13%，渗透率0.05～0.9mD。

（2）成岩作用。主要包括白云化作用、去白云化作用、溶蚀作用及胶结作用。

白云岩是济阳坳陷碳酸盐岩层系中重要的优质储集岩类型，但白云岩中普遍发生白云岩化作用。研究表明，白云岩化主要发生于砂屑灰岩、鲕粒灰岩、藻灰岩中。白云岩化孔缩形成的机制，主要是由于白云岩化前后晶体的体积缩小形成孔隙和使面孔率增加。白云岩化过程中，以下一些原因将引起面孔率增加：一是可能会使粒间孔增加，二是可以形成一些颗粒内晶间孔，三是微晶白云岩中会形成晶间微孔，四是白云岩化可抑制原生孔隙的丢失。

与白云化作用相反，去白云化作用对碳酸盐岩储层有一定的不利影响。一方面，它可使原生粒间孔堵塞和面孔率急剧降低；另一方面，去白云化作用会使原生孔隙内晶间孔和砂屑内晶间孔非均质性增强。去白云化作用可以使作为主要储集空间的砂屑间的粒间孔被部分或完全堵塞，孔隙直径和面孔率均急剧降低，优质储层粗大的粒间孔变成了微细晶间孔。

溶蚀作用对碳酸盐岩储层具有提高孔渗性能的建设性作用。溶蚀作用主要是形成次生溶孔。许多优质碳酸盐岩储层中次生溶孔的形成，归因于各种成因的侵蚀性流体对碳酸盐岩的溶蚀作用。未去白云化的砂屑白云岩中栉壳状白云石和晶粒状白云石溶蚀，可使孔隙增大。去白云化的砂屑灰岩中，粒间微晶方解石充填部分发生溶蚀，可使堵塞的粒间孔扩容。砂屑白云岩颗粒发生溶蚀作用可形成粒内溶孔。通过对一些代表性样品进行溶孔实测发现，溶蚀作用可使孔隙增加 2%～10%。

湖相碳酸盐岩胶结作用较为普遍，胶结物的成分复杂多样，主要为碳酸盐的胶结作用。胶结作用主要发育于颗粒碳酸盐岩和生物粘结白云岩中。充填于粒间孔内的胶结物常为栉壳状方解石、晶粒状白云石、微晶或巨晶方解石和石英。胶结作用的结果，是颗粒间孔隙及裂缝因胶结物充填，使储层物性变差。颗粒型碳酸盐岩受胶结物含量影响较大。随着胶结物含量的增加孔隙度、渗透率减小，物性变差（图 7-15、图 7-16）。

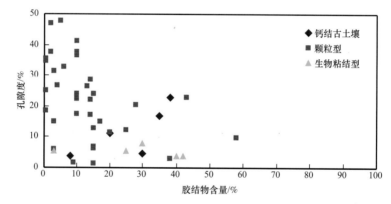

图 7-15　济阳坳陷沙四段上亚段不同类型碳酸盐岩孔隙度与胶结物含量关系图

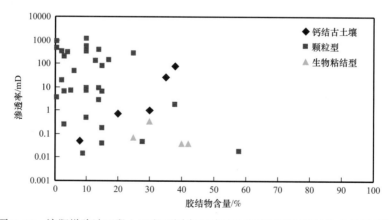

图 7-16　济阳坳陷沙四段上亚段不同类型碳酸盐岩渗透率与胶结物含量关系图

断裂活动、白云化作用、溶蚀作用有利于优质储层的形成；去白云化和胶结作用不利于优质储层的形成。颗粒型、生物密集的生物粘结型、钙结壳的碳酸盐岩特别是白云岩为优质储层；靠近断层的碳酸盐岩储层，物性会更好；当泥晶型碳酸盐岩中含大量陆源碎屑时，储集性也会变优。

4. 储层物性

根据勘探实践，把具有工业油流产能的碳酸盐岩储层定义为优质储层。根据对济阳坳陷 75 口井 102 个油层的试油数据统计，碳酸盐岩优质储层孔隙度的最低门限值为 6%，渗透率为 0.1mD。

济阳坳陷碳酸盐岩储层孔隙度和渗透率具有良好的正相关关系，渗透率随着孔隙度的增加而增加（图 7-17）。孔隙度、渗透率变化范围大，孔隙度为 1%～40%，渗透率为 0.01～600mD，非均质性较强。不同类型碳酸盐岩储层物性存在一定差距。根据统计，颗粒型碳酸盐岩孔隙度为 15%～35%，渗透率为 0.1～500mD；生物粘结型碳酸盐岩孔隙度为 10%～30%，渗透率为 0.03～200mD；钙结壳碳酸盐岩储层孔隙度为 10%～20%，渗透率为 1～40mD；泥晶型碳酸盐岩孔隙度为 2%～22%，渗透率为 0.01～10mD。

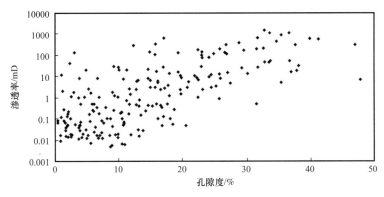

图 7-17　济阳坳陷沙四段上亚段碳酸盐岩的孔隙度与渗透率关系图

颗粒型碳酸盐岩优质储层主要分布在多砂水系入湖区以外的滨湖相、近岸浅湖相。生物密集的生物粘结型碳酸盐岩主要分布于水下隆起顶部的浅湖相清水区、陡坡断阶和缓坡带远岸斜坡。钙结壳碳酸盐岩主要分布在陡坡断阶滨岸相区。含大量陆源碎屑的泥晶型碳酸盐岩优质储层主要分布在砂砾岩扇体前方的深湖和浅湖相区。

第三节　新近系馆陶组储层

济阳坳陷新近系馆陶组广泛发育河道砂体，坳陷的周缘及其内部各凸起的四周发育冲积扇砂体。

一、岩石学特征

济阳坳陷新近系包括馆陶组和明化镇组。馆陶组储集岩体以河流相沉积的碎屑岩为主，主要为砂岩、粉砂岩和泥岩不等厚互层，此外则为冲积扇相沉积的浅灰色、杂色细砾岩、砾状砂岩、含砾砂岩；明化镇组主要发育河流相泛滥平原亚相的泥岩、含砂泥岩沉积，覆盖整个济阳坳陷，是浅层油气的区域性盖层。

1. 成分成熟度

新近系馆陶组岩心薄片鉴定分析表明，石英含量为34%～68%，平均为49%，长石含量为8%～43%，平均为34%，岩屑含量为7%～50%，平均为16%，长石与岩屑含量之和为27%～66%，平均为50.7%，石英含量与长石加岩屑含量之比的平均值为0.98（表7-13）。由此可见，新近系储层具有低成分成熟度的特点。

表7-13　馆陶组砂岩成分成熟度统计表

石英 /%		长石 + 岩屑 /%		石英 /（长石 + 岩屑）
变化范围	平均值	变化范围	平均值	平均值
34～68	49	27～66	50.7	0.98

2. 结构成熟度

根据探井薄片资料统计，80%以上的砂岩分选中等，分选较差和分选较好的砂岩少（不到20%）。泥质含量为1%～28%，平均为13.07%。砂岩碎屑颗粒的磨圆程度以次棱角状为主。砂岩以泥质胶结为主，胶结方式以基底—孔隙式为主。碳酸盐含量比较低，致使储层比较疏松，孔隙度、渗透率比较好。因此，济阳坳陷新近系砂岩储层结构成熟度较低（表7-14）。

表7-14　馆陶组砂岩结构组分统计表

颗粒分选	颗粒磨圆	泥质含量 /%		碳酸盐含量 /%		胶结方式	主要岩石类型
		变化范围	均值	变化范围	均值		
中等＞80%	次棱角状＞98%	1～28	13.07	1～38	12.9	基底—孔隙式	岩屑长石砂岩

3. 成岩矿物

馆陶组各段储集岩的自生矿物，主要是各种自生黏土矿物和碳酸盐矿物，此外还有自生的黄铁矿、石英等。

黏土矿物以蒙皂石为主，其次为高岭石、伊利石和少量绿泥石。蒙皂石含量随埋深增加而减小，当埋深到1400m左右后，蒙皂石开始向伊利石转化形成伊/蒙混层，蒙皂石在弱碱性条件下相对比较稳定。蒙皂石在储层中多以黏土包壳或孔隙衬垫式分布。自生高岭石一般以集合体形式出现，在扫描电镜下，可见原生粒间孔隙中的高岭石呈蠕虫状或书页状集合体。伊利石含量随着埋深增加而增加，主要呈片状、丝状出现于粒间或颗粒表面。绿泥石含量极少，常以孔隙衬垫和孔隙充填方式出现，可能是蒙皂石转化形成的。

储层中见有碳酸盐颗粒、泥晶和亮晶等碳酸盐组分，其成分为方解石、白云石、铁白云石。泥晶方解石形成于早成岩阶段，亮晶方解石形成时间相对较晚。

4. 成岩作用

馆陶组储层处于早成岩阶段的A期。其主要特征是地温一般低于75℃，埋深小于1700m，以机械压实作用为主，化学变化很弱。

砂岩的填隙物主要为易膨胀的蒙皂石类黏土矿物，在扫描电镜下可以见到自生高岭石。砂岩固结性很差，普遍为松散状。成岩性较好的砂岩，其砂粒多以"漂浮"状为主，少部呈点接触。砂岩孔隙的连通性极好，储层物性好，孔隙度多在 30%～35%，高者甚至超过 40%，孔隙大、喉道粗而均匀。如孤东 14 井 1307～1357m 细砂岩储层的喉道半径中值为 16.2μm，最大喉径达 30.7μm。渗透率值一般为 500～6000mD，属于 I 类特高孔渗储层和 II 类高孔渗储层。

5. 孔隙类型与结构

1）孔隙类型

砂岩的储集空间有原生粒间孔、裂隙、解理缝、溶蚀孔、微孔隙等（图 7-18）。原生粒间孔在镜下多呈三角形、四边形及不规则形状。原生粒间孔占储集空间的 90% 以上，面孔率为 10%～32%，平均为 26%。储层喉道主要有缩颈状和片状（包括弯片状）两种类型。裂隙是相对比较坚硬的石英、长石颗粒受外力作用发生断裂形成的，占储集空间的 5%。解理缝占储集空间的 3%。新近系储层埋藏浅、成岩作用弱，所以溶蚀孔隙相对不发育。微孔隙只在扫描电镜下可以观察到。

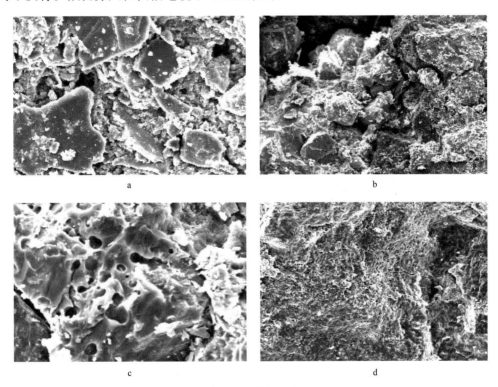

图 7-18　新近系储层的孔隙类型
a. 粒间孔，埕北 9 井，1572.0m；b. 粒间孔，高气 101 井，862.0m；
c. 粒内溶孔，高气 101 井，884.6m；d. 微裂缝，高气 101 井，898.4m

2）孔喉分布

首先，不同沉积微相，孔喉分布范围和均匀程度不同。根据对压汞资料的统计，得出不同相带的孔喉平均半径、孔喉半径中值、孔喉均质系数、变异系数（表 7-15）。可以看出，从心滩（边滩）微相到河道边缘亚相，孔喉平均半径、孔喉半径中值减小，均质系数减小，变异系数增大，即心滩（边滩）微相较河道边缘亚相孔喉分布均质程度高。

表 7-15　馆陶组砂岩不同微相孔喉参数统计表

相带类型	孔喉平均半径 /μm	孔喉半径中值 /μm	孔喉均质系数	变异系数
心滩（边滩）微相	16.274	15.594	0.481	0.585
河道充填微相	10.082	7.979	0.460	0.698
河道边缘亚相	5.309	2.153	0.344	0.867

另外，不同微相具有不同的孔喉比、喉道类型。通过对扫描电镜、岩石铸体薄片进行统计、计算得到不同微相的孔喉比、喉道类型（表 7-16）。可以看出，心滩（边滩）微相的平均孔隙半径最大，达到 65.6μm，孔喉比最小，仅 5.3。河道边缘亚相的平均孔隙半径最小，为 43.2μm，孔喉比最大，为 21.4。

表 7-16　馆陶组砂岩不同微相孔隙半径、孔喉比及喉道类型统计表

相带	孔隙半径 /μm	喉道半径 /μm	孔喉比	喉道类型
心滩（边滩）微相	65.6	12.3	5.3	片状、弯片状
河道充填微相	58.0	7.1	8.2	片状、弯片状、缩颈状
河道边缘亚相	43.2	2.02	21.4	片状、弯片状

3）影响因素

主要影响因素有砂岩的碎屑颗粒大小和泥质含量。砂岩粒度中值与储层的孔喉半径成正比，即粒度中值越大，孔隙结构越好。反之，孔隙结构越差。沙坝微相粒度中值大、较均匀，因此孔隙结构相对较好。河道边缘亚相粒度中值较小，分选也较差，对应的孔隙结构也较差。砂岩中泥质含量高使得孔隙空间减小，导致孔隙结构变差。反之，泥质含量低，孔隙结构相应较好。

此外埋藏成岩作用的强弱、胶结类型等因素对孔隙结构也有一定影响。

二、非均质性

1. 宏观非均质性

1）平面非均质性

平面非均质性主要反映在砂体几何形态、连续性、方向性等方面。对于济阳坳陷新近系而言，平面上沉积相带的多变造成了储层的严重非均质性。

冲积扇砂体的分布范围相对较小，纵、横向上的厚度极不稳定，平面上呈扇形或锥状。泛滥平原及河道间沉积由于其所处的低能环境，以细粒沉积为主。在横向剖面上砂体发育程度较差，呈零星分布。而且岩性偏细，以粉砂岩和泥质粉砂岩为主。河道充填砂体、曲流河床砂体以及河道边缘砂体，在平面分布上呈条带状，范围较大且连续性较好。需要注意的是，河道砂体实际上是多期河道砂体在纵向上叠加的结果，尽管平行于河道方向上砂体厚度表现出相对均质的特点，但各井所钻遇的砂体并不总是同期形成。垂直河道方向上砂体连续性更差。

2）层间非均质性

储层的层间非均质性主要表现在两个方面。一方面，同一层段不同相带，泥质隔层数不同。以馆上段下部为例，从沙坝微相到泛滥平原亚相，泥质隔层分布平均值为 4 或5，泥质隔层分布频率在 0.02～0.04 之间，泥质隔层分布密度则由 0.32 增大为 0.66，表明储层非均质性增强。另一方面，同一相带不同层位，泥质隔层参数不同。例如，在明化镇组下段的沙坝微相和河道充填微相的泥质隔层数、分布频率，都要比馆上段下部相应相带的夹层数要大，表明明化镇组下段的储层非均质性更为严重。

3）层内非均质性

根据孤东 14、孤东 34、渤 107 等井研究，储层内夹层主要有岩性夹层和物性夹层两种。岩性夹层主要是砂岩内部泥质夹层，物性夹层是物性变化形成的夹层。层内夹层越多，非均质性越强。层内非均质性最终反映在层内渗透率的差异上，通常用渗透率变异系数、渗透率级差以及单层突进系数等参数来反映渗透率纵向非均质程度，其值越大，储层非均质性越强。根据馆陶组各相带三种参数进行计算的结果（表 7-17），从沙坝微相到河道边缘亚相，平均渗透率由 1800mD 减小到 800mD，而变异系数、单层突进系数、渗透率级差三个参数急剧增大，表明从沙坝微相到河道边缘亚相非均质程度增强。

表 7-17　馆陶组砂岩不同微相渗透率特征参数变化

相带类型	平均渗透率 /mD	变异系数	级差	突进系数
沙坝微相	1800	0.61	17.0	2.3
河道充填微相	1299	1.31	71.4	4.2
河道边缘亚相	800	2.01	119.6	5.9
泛滥平原亚相	122.6	0.94	11.0	2.7

2. 微观非均质性

储层的微观非均质性，是由于孔隙结构在空间发生变化引起的非均质性。孔隙结构变化包括岩石的孔隙大小、几何形态、分布、孔隙迂曲度、孔喉半径、孔喉比和微裂缝等。储层的微观非均质性是由沉积条件、构造条件、成岩作用等综合因素造成的。

1）岩性非均质性

岩性非均质性主要表现在粒度特征的变化趋势上。例如，心滩、边滩微相的砂岩粒度分布直方图上呈高而窄的单峰，说明其粒度分选比较好。河道充填与河道边缘微相砂岩呈低而宽的单峰，反映粒度分选较差。洪泛平原微相砂岩呈双峰状，反映粒度分选差。据统计，馆陶组储层的粒度中值及粒度变异系数变化均较大，说明馆陶组储层岩性非均质性较为严重。

2）物性非均质性

馆陶组储层在物性上的非均质性也是很明显。其中，平均孔隙度一般介于28.7%～37.2% 之间，平均为 33.2%；孔隙度变异系数介于 0.04～0.16 之间，平均为0.11。平均渗透率一般介于 122.6～1800mD 之间，平均为 l064.1mD；渗透率变异系数介于 0.61～2.01 之间，平均为 1.23；渗透率突进系数介于 2.3～5.9 之间，平均为 3.84；

渗透率级差介于11.0～119.6之间，平均为58.1。这表明，馆陶组储层的物性非均质性也比较严重。

3）孔隙结构非均质性

研究表明，馆陶组孔喉平均半径介于5.039～15.594μm之间，平均为10.328μm；孔喉半径中值介于2.153～16.274μm之间，平均为8.802μm；均质程度较低，均质系数仅为0.344～0.481，平均为0.428；变异系数介于0.585～0.867之间，平均为0.717。由此可见，储层的孔隙结构非均质性较严重。

储层的孔喉分布基本上呈单峰，且峰的位置偏向粗喉道一端，表明对渗透率起主要贡献的是粗喉道。但是，储层形成环境不同，峰的喉道半径区间（峰的宽度）、峰的高度有很大差别。

3. 主要影响因素

影响储层非均质性的主要因素包括沉积条件、成岩作用和构造因素。

由于沉积物源、沉积区古地形、流水的强度和方向等沉积条件的不同，可造成碎屑沉积物在颗粒大小、排列方向、层理构造和砂体几何形态等各个方面的差异，从而影响非均质程度。沉积物在后期压实、压溶、胶结、重结晶等作用下，会改变原始孔隙度和渗透率的分布状态，增加储层的非均质程度。另外，构造（断裂）活动及构造活动强度上的差异，会导致不同岩性储层、处于不同构造位置的储层产生不同规模和方向的裂缝，改变了储层的渗透性方向，造成储层的渗透性在纵横向上的差异。

三、储层评价

在储层沉积相和孔隙结构等特征研究的基础上，根据油层物性参数和孔隙结构参数，将新近系馆陶组不同相带储层分为五大类（表7-18）。

表7-18 馆陶组砂岩储层分类评价表

类别	渗透率/mD	孔隙度/%	平均孔喉半径/μm	孔喉半径中值/μm
Ⅰ类	>5000	>33	>15	>14
Ⅱ类	5000～2000	33～25	15～10	14～9
Ⅲ类	2000～500	25～20	10～5	9～4
Ⅳ类	500～200	20～15	5～2	4～2
Ⅴ类	<200	<15	<2	<2

1. Ⅰ类储层

属特高孔高渗储层，以岩性较纯的中砂岩、细砂岩为主。储层孔隙半径大，可达65.2μm，孔喉粗，孔喉半径一般大于15μm，连通性好。储层孔隙度大于33%，渗透率大于5000mD。这类储层主要分布于河道主流线附近和心滩、边滩等部位，该类储层占整个储层的10%左右。

2. Ⅱ类储层

为高孔高渗储层，以较纯的细砂岩、粉砂岩为主。储层孔隙半径大，孔喉粗，一般孔喉半径在10～15μm之间，连通性好，孔隙度在25%～33%之间。储层渗透率在

2000～5000mD 之间。这类储层主要是河道砂体和边滩砂体，这类储层占整个储层的45% 左右。

3. Ⅲ类储层

属高孔中渗储层，以粉砂岩、粉细砂岩为主，岩性较细，泥质含量相对较高。储层孔喉较大，孔喉平均半径在 5～10μm 之间，连通性变差，孔隙度在 20%～25% 之间。储层渗透率较高，在 500～2000mD 之间。这类储层主要是河道边缘砂体和小型河道砂体，占整个储层的 35% 左右。

4. Ⅳ类储层

为中孔中渗储层，以粉砂岩为主，岩性细且泥质含量高，喉道细小且弯曲度高。储层孔隙度在 15%～20% 之间，渗透率低，一般在 200～500mD 之间。这类储层主要分布在天然堤相中，占整个储层的 5%～10%。

5. Ⅴ类储层

属低孔低渗储层，以泥质粉砂岩为主，岩性细且泥质含量高，孔隙喉道细小且弯曲度高。孔隙度小于 15%，渗透率低，一般小于 200mD。这类储层主要为漫滩相砂体，占整个储层的 5%～10%。

第四节　特殊岩类储层

济阳坳陷主要储层是古近系、新近系的碎屑岩储层以及古近系湖相碳酸盐岩储层。同时，古生界和中生界的碎屑岩及碳酸盐岩储层也占一定比例，此外，还存在一些特殊岩类储层。下面重点描述太古宇结晶岩和中生界、新生界火成岩储层。

一、太古宇结晶岩储层

济阳坳陷太古宇结晶岩为基岩油藏的特殊类型储层。在 1984 年发现的王庄油田，属于高产基岩油藏，其储层就是太古宇结晶岩。

1. 岩石类型

济阳坳陷太古宇结晶基底属于太古宇泰山群。过去对太古宇岩石缺少了解，笼统称之为"片麻岩"，未对岩石类型进行细分。近年来的研究认为，太古宇岩石主要由花岗质侵入岩组成，仅个别井、个别井段见泰山群变质地层。这一结论也与野外太古宇岩石的分布规律相符。

野外考察、岩心观察及镜下鉴定综合研究，确定太古宇潜山储层类型主要为各类压碎岩及钾长花岗岩、二长花岗岩，见少量闪长岩类储层，个别井见煌斑岩储层（王学军等，2016）。

1）碎裂岩

太古宇潜山经历了长期暴露及埋藏地质过程和多期构造变动，形成了大量的动力变质岩类。主要为脆性变形的压碎岩类，包括碎裂岩、碎斑岩及碎粒岩，见有少部分糜棱岩及个别千糜岩。实际观察发现，碎裂岩类是太古宇潜山的重要储层，储集空间为各类微裂缝。

2）钾长花岗岩

钾长花岗岩粒度粗大，肉红色或紫红色，块状构造，常作为伟晶岩脉产出。矿物组成主要为钾长石，其次为石英，少量斜长石，个别样品见少量黑云母或角闪石。钾长石含量均在60%以上，平均79%；石英含量一般10%～35%，平均21%；少部分样品见少量斜长石。

3）二长花岗岩

二长花岗岩普遍见于郑家—王庄、利津、胜坨、义北、义东、桩海—埕北及埕东地区。多以浅肉红色、灰红色及灰色为主。中粒结构常见，另见细粒及粗粒结构。块状构造为主，部分具条带状构造、似片麻理构造。主矿物为斜长石、钾长石和石英，少量黑云母等，少量样品偶见角闪石。斜长石含量一般30%～65%，平均39%；钾长石含量一般20%～40%，平均32%；石英含量一般15%～35%，平均26%；黑云母一般在5%以下，个别达10%及以上。储集空间主要为微裂缝，少量晶间及晶内溶孔。

4）闪长岩类

属常见岩石类型之一，岩性变化多样，主要有石英闪长岩及花岗闪长岩。多呈灰白、灰色，少量呈灰绿、灰黑色。中细粒结构为主，块状、片麻状构造。矿物组成主要为斜长石、石英、黑云母和角闪石，有的样品含少量辉石、帘石，个别样品绿泥石含量高。斜长石含量一般40%～70%，平均54%；石英含量一般10%～25%，平均18%；黑云母含量一般10%～25%，平均16%；钾长石在部分样品中出现，含量10%～25%；部分样品见有角闪石，含量10%～25%。储集空间主要为微裂缝，少量晶间及晶内溶孔。

5）煌斑岩

作为岩脉产出，岩心取自埕古19井，部分井段含油性好。岩石灰褐色，块状构造。镜下观察岩石蚀变强，原岩矿物成分难辨，但保留煌斑结构、暗色矿物斑晶外形及黑云母斑晶。含铁白云石强烈交代岩石，既交代斑晶，也交代基质。储集空间为粒间及粒内溶孔，最高面孔率可达7%。

2. 储集空间类型

野外考察、岩心观察、镜下鉴定及测井解释都表明，太古宇结晶岩主要储集空间为各类裂缝，其次为与裂缝有关的各类溶孔（图7-19）。从成因上考虑，可将太古宇结晶岩储层分为古风化壳型和内幕型两类。

1）古风化壳型储层

野外观察，典型古风化壳型储层（表7-19）从地表向下由强风化带、中强风化带、中等风化带及弱风化带组成。其中，强风化带和中强风化带溶孔发育，总厚20m左右。从古风化壳到基底，风化程度相应由强到弱，风化缝孔发育程度也由强到弱。

从储集空间类型来看，太古宇储集岩孔隙成因有构造、风化和溶蚀三类，主要形成构造裂缝、风化缝、淋溶孔、晶溶孔、晶间孔等储集空间。构造裂缝是岩石因断裂活动而发生破碎形成的裂缝。从野外及岩心观察看构造裂缝多属高角度裂缝。野外露头观察见发育3～4组构造裂缝。镜下观察储层岩石微裂缝发育，岩石局部严重破碎，常呈"角砾状"，甚至呈"碎斑状"或"碎粒状"。风化缝主要是物理风化形成的网状裂缝。相对高温高压环境下形成的各类岩石暴露地表，由于长期的温差、湿度变化，降低了岩石结构强度，产生无定向的收缩缝，收缩缝随后还会逐渐扩大延伸。

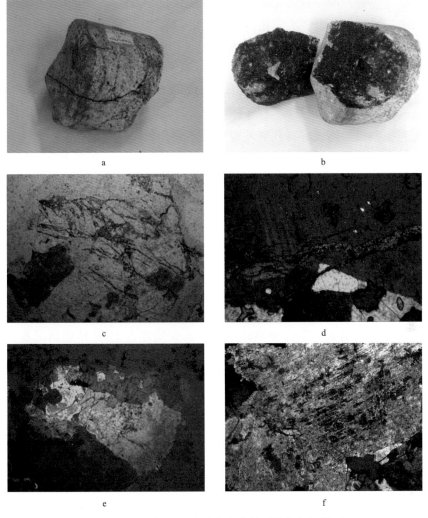

图 7-19　埕古 19 井太古宇内幕储层储集空间类型

a. 2776.7m，高角度构造缝；b. 2776.7m，构造缝面见残余油迹；c. 2655.0m，构造微裂缝发育；

d. 2733.0m，裂缝充填残余孔；e. 2825.0m，长石和石英溶缝孔；f. 2778.0m，长石溶孔

表 7-19　淄博博山太古宇古风化壳结构一览表

风化壳构成	主要特征
强风化带	主体岩石呈黄色，风化强，手轻捏即碎。矿物组成以石英、长石为主，见黑云母，岩性为二长花岗岩。该带厚约 10m
中强风化带	主体岩石风化强、疏松，锤轻击便碎，网状风化裂缝较发育。岩性为二长花岗岩。该带厚约 10m
中等风化带	主体岩石呈浅灰色，风化弱、较致密，见风化较强的碎块（形状有角砾状、块状、片状、旋卷状等）。该带厚约 10～30m
弱风化带	主体岩石青灰色，很致密，锤击不易打碎。晶质结构，主要矿物为石英、长石和黑云母。风化缝孔少见，仅见高角度节理缝。出露少，仅 1～2m

太古宇基底在地质历史过程中经历了漫长的风化暴露期，形成了大量风化裂缝，风化裂缝进一步溶蚀扩大可形成溶缝孔，是古风化壳型储层形成的基础。

35口井457块样品的测试表明，孔隙度绝大多数小于5%，部分在5%～10%之间，个别在10%～15%及15%～20%之间。渗透率绝大多数小于5mD，少部分在5～10mD及10～100mD之间，个别大于500mD。由此可见，太古宇储集岩主要为低孔低渗储层，少部分中低孔中低渗储层。

古风化壳型储层物性较好，孔缝发育，常形成孔隙—裂缝型储层，其次为裂缝—孔隙型储层。其中裂缝以构造缝、风化缝及溶蚀扩大缝为主，孔隙则多为与裂缝有关系的晶间溶孔及粒间溶孔。

2）内幕型储层

内幕型储层的储集空间主要为构造裂缝以及与构造裂缝有关的矿物溶孔。以埕古19井为例，该井在前震旦系内幕（2904.04～2969m）中途测试，获1.01t/d的低产油流。测井解释Ⅰ类储层144.9m/27层、Ⅱ类储层166.9m/34层，解释稠油层9.0m/2层、差油层7.0m/1层、油水同层5.0m/1层。这说明济阳坳陷太古宇基底内幕具有一定储集性能和油气潜力。

济阳坳陷已发现的太古宇内幕型储层有限，仅从埕古19井钻遇情况看，储集空间组合为孔隙—裂缝型。其中裂缝以构造缝为主，局部见溶蚀扩大。孔隙以长石溶孔为主，偶见石英溶孔。

3. 储层物性

太古宇结晶岩储层岩心实测的孔隙度和渗透率明显低于古近系砂岩（表7-20）。但对结晶基岩来说，这样的孔隙度和渗透率数据并不算低，因为好的裂缝孔隙段在取心过程中已被破坏，实测的仅是一些裂缝不发育的岩心。测井解释孔隙度要高得多，孔隙度多在10%左右。郑14井—郑17井井组干扰试井证明油层的连通性很好，有效渗透率在600mD以上。因此，其油井产能大大超过一般砂岩油田，其中郑4井原油日产1100t以上，连续稳产200d未见水；天然气日产量由求产时的35000m³逐渐上升到40000m³以上。

表7-20　王庄油田孔隙度及渗透率实测数据表（据王秉海等，1992）

岩心实测数值		郑4-2	郑10	郑14	郑16	郑29
孔隙度 / %	最小值	0.1	0.5	1.9	2.3	0.02
	平均值	1.8	1.4	2.8	4.87	2.77
	最大值	16.4	2.2	3.7	11.0	18.0
渗透率 / mD	最小值	0.02	0.05	0.14	0.15	0.3
	平均值	7.72	3.46	1.78	2.29	4.3
	最大值	880	13.0	5.0	4.0	6.7

4. 储层分布

太古宇储层的分布在平面上呈南北分带的特征。整体而言，济阳坳陷太古宇储层主要分布于由南向北三大隆起区上的 8 大潜山带（图 7-20）。分别是：位于南部的平方王、郑家—王庄和盐家潜山带；位于中部的义和庄、孤岛潜山带；位于北部的车西、埕古 19、埕北 30 潜山带。其中，埕北 30、埕古 19 和郑家—王庄潜山带在平面上展布范围较大，储层厚度也明显大于其他潜山带（太古宇Ⅰ、Ⅱ类储层厚度通常都在 40～50m，个别井区如埕古 19 古潜山的埕 917 井区，太古宇Ⅰ、Ⅱ类储层厚度可达 100m）；其他如义和庄、平方王等 5 个潜山带平面展布范围较小，Ⅰ、Ⅱ类储层厚度通常也仅有 20m 左右。

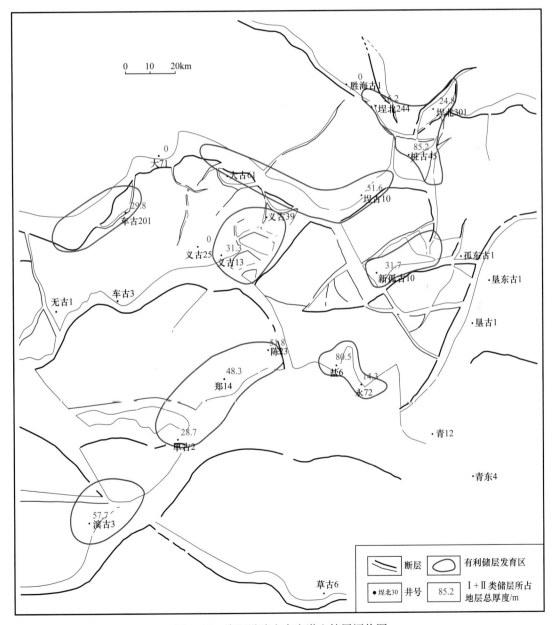

图 7-20　济阳坳陷太古宇潜山储层评价图

二、火成岩储层

1. 平面分布

济阳坳陷新生界火成岩主要分布在北东、北西和近东西向 3 组大断裂带及其附近，发育有孔店组—沙四段、沙三段下亚段—中亚段、沙三段上亚段、沙二段上亚段、沙一段—东营组和馆陶组—明化镇组等 6 套火成岩，叠合分布面积 2700km² （图 7-21）。从纵向演化上看，火成岩的分布由老到新逐渐向盆地边缘推移。

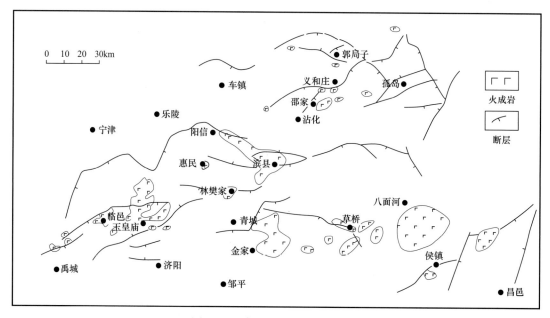

图 7-21　济阳坳陷火成岩分布图

喷出岩多沿分割凸起与凹陷的边界断裂派生的二级断层呈条带状分布。例如，沾化凹陷义南、义东二级断裂附近的邵家火山岩体；东营凹陷石村断层附近的广饶火山岩体，滨南—阳信断裂带附近的滨南—阳信火山岩体群；惠民凹陷临—商断裂带东部的商河火山岩体群，夏口断裂带附近的玉皇庙—魏家集火山岩体群等。

侵入岩主要发育在靠近凹陷内部的盆倾大断层附近。例如，临—商断裂带呈板状向两侧沙河街组侵入的辉绿岩体，沿石村断层纯化段侵入沙三段的纯西辉绿岩体，沿沾化凹陷罗西断层侵入沙三段的义 13 辉绿岩体等。

各凹陷虽均有岩浆活动，但存在巨大差异。例如，惠民凹陷 6 期岩浆活动都有发育，但凹陷东部明显强于西部，火成岩主要分布在临邑洼陷的东部和阳信洼陷；东营凹陷以沙河街组和明化镇组沉积时期的岩浆活动为主，主要发育在西部和南部；沾化凹陷以沙三段沉积时期岩浆活动为主，主要发育在义南—罗家地区。车镇凹陷岩浆活动微弱。

2. 岩石类型

济阳坳陷新生界火成岩主要有辉绿岩与辉长岩、玄武岩、基性火山碎屑岩和安山质岩类 4 种，安山质岩类较为少见（表 7-21）。

1）辉绿岩、辉长岩

主要分布于商河、临邑、罗家及纯化地区，多侵位于页理比较发育的泥岩、油页岩中。辉绿岩体具有从边缘到中心的结晶粒度、矿物含量相对变化的特点。根据罗 151 等井的资料，可将其划分为粗晶雪花状辉绿岩、中粒斑状辉绿岩、致密隐晶质辉绿岩、气孔—杏仁构造煌斑岩。

表 7-21　济阳坳陷新生界火成岩岩性表

层系	地区	岩性
馆陶组	广饶	橄榄拉斑玄武岩、石英拉斑玄武岩
东营组	夏口	碱性橄榄玄武岩、橄榄拉斑玄武岩
沙一段	商河	火山碎屑岩、橄榄拉斑玄武岩、碱性橄榄玄武岩
沙二段	高青	
沙三段	商河、夏口、罗家	辉绿岩
沙四段	滨南	碱性橄榄玄武岩、橄榄玄武岩、石英拉斑玄武岩、拉斑玄武岩、橄榄拉斑玄武岩、火山碎屑岩

粗晶雪花状辉绿岩位于侵入体中部偏上，矿物成分以中性斜长石为主，含量 70%；其次为辉石，含量 20%～30%；它形石英占 2%～3%；副矿物为磁铁矿和磁黄铁矿。岩石中矿物结晶粒度比较粗大，长石粒径 5～7mm，呈"雪花状"，辉石分布其中或包裹长石，呈辉绿辉长结构。

中粒斑状辉绿岩位于中心相和边缘相的过渡地带，岩石具典型的辉绿结构，有时见嵌晶含长结构。上部过渡带以辉绿结构为主，长石含量 50%～60%，辉石含量 40%～50%。下部过渡带嵌晶含长结构多见，暗色矿物稍增多，辉石和长石含量接近相等，偶见黄铁矿、黑云母。岩石表现为绿灰—钢灰色。过渡带未见气孔，但横向裂缝较发育，仅部分裂缝被葡萄石充填。

致密隐晶质辉绿岩位于侵入岩顶部或底部及岩体边缘。矿物晶粒小，长石粒径 0.2～0.3mm，微晶结构，基质具间粒结构或辉绿结构。矿物成分中长石含量 60% 左右，辉石含量 35%～40%，含少量磁铁矿。顶部有时发育气孔，气孔含量一般小于 10%，气孔发育段厚度可达 40～50cm。部分气孔被岩浆期后的葡萄石充填，边缘相常发育水平冷凝收缩缝，被中晚期矿物长石、葡萄石和方解石充填。

气孔—杏仁构造煌斑岩见于商 741 井区。气孔、杏仁所占岩石的体积一般不超过 8%，结晶矿物晶粒较小，为隐晶质。

由于辉绿岩侵入于沙三段烃源岩中，受富含有机酸地层水的影响，辉绿岩中的辉石、长石都遭受不同程度的蚀变，常见辉石纤闪石化、绿泥石化，长石钠黝帘石化和高岭石化。

2）玄武岩

主要分布于滨南、广饶、商河—玉皇庙等地区。可分为致密少孔玄武岩、富气孔和溶孔玄武岩、角砾状玄武岩。

致密少孔玄武岩呈灰色，致密块状。气孔小且孤立，少于 5%。具斑状结构，斑晶为橄榄石，已白云化。基质为填间结构，微晶斜长石间为辉石和玻璃质。辉石已白云化，玻璃质已黏土化。见大小约 1mm 的杏仁，杏仁成分为白云石、方解石、沸石、玉髓等。

富气孔溶孔玄武岩具斑状结构，基质为填间结构。气孔发育，气孔密集带可呈蜂窝状，气孔含量20%～40%，孔径可达6～13mm，有时可见气孔连通成溶蚀扩大孔，孔径可达30mm。镜下可见少部分气孔被沸石、白云石和地表风化的泥质及长石微晶碎块充填。

角砾状玄武岩具角砾状结构，角砾大小20～40mm。角砾成分主要为玄武玻璃质，次为微晶斜长石。局部见隐晶白云石角砾，不规则状，似"撕裂屑"，其中含有陆源砂砾。角砾间孔发育。

3）安山质岩类

主要有安山岩、玄武安山岩、安山玄武岩。

安山岩分布在阳信和垦东等少数地区，具斑状结构，斑晶主要为辉石、角闪石和斜长石、黑云母。岩石风化蚀变较严重，有时斑晶完全蚀变，蚀变后黏土化和碳酸盐化。副矿物有赤铁矿、磷灰石和磁铁矿。基质为微晶斜长石和玻璃质，具交织结构或霏细结构。杏仁和气孔构造比较发育，有时见裂缝。裂缝往往被铁白云石和泥质充填。

玄武安山岩常与安山岩互层分布。岩石具斑状结构，以辉石和斜长石斑晶为主。基质具安山结构，主要为微晶斜长石和玻璃质。岩石蚀变一般较深，斑晶已被铁白云石交代，基质中的玻璃质已黏土化。裂缝发育，部分被碳酸盐和沸石类充填。具杏仁构造，杏仁体由碳酸盐矿物组成。

安山玄武岩见于东营凹陷西南部青城凸起，具间粒结构，主要矿物为基性斜长石及辉石，次生矿物有绿泥石、黄铁矿等。

4）火山碎屑岩

主要有火山角砾岩、火山凝灰岩、熔结火山碎屑岩和沉积火山碎屑岩，常与玄武岩相伴生。因火山喷发地不同（陆地或水下），可形成不同结构和储集性的火山碎屑岩。

火山角砾岩多见于惠民凹陷商河—玉皇庙等地区沙一段和东营组，具火山角砾结构。水下喷发的角砾主要由玻璃质组成，具有密集的气孔（直径约0.01mm）及杏仁构造，杏仁为铁白云石、铁方解石和沸石。玻璃质黏土化、铁白云石化和沸石化。角砾间孔发育，但多被沸石充填。

凝灰岩具凝灰结构，略见层理构造，沿层理充填有碳酸盐矿物等。凝灰质具气孔、杏仁构造。杏仁体密而细小，成分主要为绿泥石、方解石和沸石。凝灰质主要为蒙皂石化、绿泥石化的玄武质玻璃，偶见玄武岩岩屑。它们主要分布地区和层位与火山角砾岩相同。

熔结火山碎屑岩主要分布于惠民凹陷和沾化凹陷的邵家地区。具熔结角砾或凝灰结构，其主要矿物为辉石、角闪石和斜长石，副矿物有磁铁矿和磷灰石，次生矿物为黏土矿物和沸石。

沉积火山碎屑岩是火山作用叠加沉积作用的产物。火山碎屑主要由玻璃质组成，发育密集的气孔（直径约0.01mm）。气孔内充填铁白云石、铁方解石和沸石。火山碎屑间充填有细粉砂和泥质沉积物。

3. 储集空间

储集空间从成因上分为原生储集空间和次生储集空间（表7-22），储集空间形态包括孔隙和裂缝两类。

表 7-22　济阳坳陷古近系火成岩主要储集空间特征表

储集空间类型		大小 /mm	控制因素	岩石类型	发育部位	重要性	代表井
原生储集空间	原生裂缝	$W=2.0\sim5.0$	冷缩张裂	侵入岩及熔岩	岩体顶底	重要	罗151、夏38、商74-6井等
	晶间孔隙	$D_w<0.05$	结晶成岩	侵入岩及熔岩	结晶粗相带	次要	
	屑间孔隙	$D_w<1.0$					
	角砾间孔	$D_w>0.05$	沉积成岩	火山角砾岩	火山口附近	重要	滨674井
	气孔构造	$D<20.0$	挥发分逃逸	熔岩及侵入岩	岩体顶底	重要	滨674井
次生储集空间	构造裂缝	$W=0.1\sim15$	应力及原生节理	火成岩及围岩	侵入岩的中心相带，火山口周围	重要	商741井
	溶蚀空间 溶洞	$D\geqslant5.0$	溶蚀作用	熔岩、侵入岩及碳酸岩夹层	叠加裂缝带	重要	滨674、夏38、罗151井等
	溶蚀空间 溶孔	$D<5.0$					
	溶蚀空间 晶间溶孔	$D<0.1$				次要	
	溶蚀空间 晶内溶孔	$D<0.1$					
	变质矿物晶间、粒间孔	$D_w<0.05$	变质作用	变质角岩	靠侵入岩的变质角岩带	重要	罗151井

注：W—裂缝宽度；D_w—孔隙长轴直径；D—孔隙直径。

1）原生储集空间

原生储集空间包括节理缝、气孔构造、火山角砾间孔、晶间孔、粒间孔及屑间孔隙等。

（1）原生裂缝。原生裂缝是岩浆冷凝差异形成的各种节理缝。其特征一是裂缝宽度小，最大不超过0.5cm，延伸长度较人。二是具有较强的方向性，可分为水平、近垂直和高角度3组，以水平裂缝为主，且多数为次生矿物所充填。三是裂缝发育主要限于岩体的顶底面附近，而中间带较少。原生裂缝系统形成时间早，可直接作为油气的储集空间，在地层水和有机酸溶液作用下易形成溶蚀缝、洞，如果有后期构造作用的叠加将扩大储集空间。

（2）原生孔隙。主要有气孔、收缩孔、角砾间孔、晶间和屑间孔、熔蚀孔等。气孔的大小相差悬殊，多分布于溢流相玄武岩的顶、底部，通常孤立分布。如有裂缝连通，气孔可作为良好的油气储集空间。有些气孔被后来的物质所充填，形成杏仁构造，降低了其作为油气储集空间的可能性。收缩孔常见于喷出岩中，它是火山玻璃质或某种充填物质，因冷凝、结晶而收缩产生的孔隙。角砾间孔发育于火山喷发形成的火山角砾岩中，砾孔能得到较好的保存，往往形成较高的孔隙度。晶间、屑间孔隙形成于岩浆冷却结晶过程，岩石结晶程度越高，孔隙越发育。熔蚀孔是矿物部分或全部被熔蚀而留下的孔隙，浅色、暗色和金属矿物都见到被熔蚀而留下的孔隙。

2）次生储集空间

次生储集空间主要包括各种溶蚀孔隙、风化—溶蚀裂缝、构造裂缝，以及围岩变质形成的变质矿物晶间孔隙。次生储集空间对油气的运移和储存起着重要作用，它往往叠加于原生储集空间之上，改善火成岩储层的储集物性，在风化侵蚀带和构造破碎带更加发育。

溶蚀孔隙是火成岩在地下水的溶蚀下形成的各种孔隙，包括溶洞、溶孔、晶内溶孔、晶间溶孔、次生矿物孔隙和溶蚀微裂缝等。溶蚀孔隙是油气有利的储集空间，如惠民凹陷的夏 38 井火成岩，主要是溶蚀孔隙含油。

风化淋滤缝是出露地表的火成岩在风化作用下形成的裂缝，或在不整合面附近经地下水的溶蚀形成裂缝。裂缝面不规则，一般成齿状，规模小，充填程度低，开启程度高。

构造裂缝是火成岩在构造应力作用下发生破裂而形成的裂缝。构造裂缝一般穿越岩层厚度大，延伸较长，宽度较大，裂缝面平滑。构造裂缝常具有一定的方向性，其产状与构造应力场和原生节理系统有关。根据岩心观察，裂缝可划分为垂直裂缝、高角度裂缝、低角度裂缝和水平裂缝四类。前三类裂缝是构造应力叠加在原生节理系统上而成的，充填程度低，开启性好，是火成岩体有利的储集空间。

变质矿物粒间、晶间孔隙见于沾化凹陷罗 151 侵入体周围的变质角岩，在堇青石、硅灰石等变质矿物的晶休颗粒之间形成了丰富的粒间、晶间孔隙。硅灰石角岩带为极为有利的储层。

一般情况下，火成岩原生孔隙的发育比较局限，连通性也相对较差。而次生孔隙，特别是次生溶蚀孔隙和构造裂缝的发育规模通常都比较大，尤其是构造裂缝，可以沟通多种孔隙（气孔、溶孔等）形成储集系统。因此，火成岩储集性能很大程度上取决于次生孔隙发育程度。

4. 储层分类

根据火成岩类型及主要储集空间类型的组合形式，可将火成岩储层划分为裂缝型侵入岩储层、裂缝—孔隙型侵入岩与热接触变质岩复合储层、孔隙型火山碎屑岩储层、裂缝—孔隙型火山岩储层四种类型。

1）裂缝型侵入岩储层

发育在浅成或超浅成侵入体中。以惠民凹陷商 741 火成岩油藏为例，岩心孔隙度一般小于 10%，但裂缝发育段具较好的渗透性，钻井常见严重的钻井液漏失和井壁垮塌，常形成高产的油藏。

这类储层的储集空间以次生半开启—开启的垂直—高角度裂缝为主，其次为溶蚀孔洞，偶见少量气孔。岩石基质孔隙孔喉半径平均 0.12μm，最大 0.43μm，孔隙之间不连通。最大汞饱和度仅 40.7%。发育的裂缝连通各种不同的孔隙，形成储集空间网络和有效的储集空间，并有利于各种原生储集空间的次生改造，提高火成岩的储集性能。裂缝既是油气的储集空间，也是油气运移的主要通道。

这类储层裂缝包括冷凝收缩缝、原生节理缝、构造缝、溶蚀缝等。在一特定侵入岩体，可以发育某一种或多种裂缝，而构造缝发育最有利于形成良好的储层。在商 741 侵入岩油藏中，裂缝系统具有五种特点：一是裂缝中开启缝占46%，半开启缝占48%，充填缝仅占6%；二是高角度裂缝占70%，低角度缝占20%，垂直缝占10%；三是开启缝以高角度为主，半开启缝以低角度为主，裂缝面平整光滑，为典型构造剪切缝；四是裂缝主要发育方向为近东西向，与该区断裂系统走向一致；五是裂缝段裂缝密度较大，缝长1~15m，缝宽0.2mm左右。裂缝孔隙度0.3%~0.6%。全直径岩心渗透率120mD。

2）裂缝—孔隙型侵入岩与变质岩复合储层

以沾化凹陷罗151火成岩油藏为例，说明裂缝型的侵入岩储层及孔隙型的热变质带储层特征。该油藏除具备侵入岩油藏（商741型）特征外，还具有自身的特点，并且热变质带储层的含油性、储量规模和产能超过了侵入岩储层。

这类储层中侵入岩储集空间包括裂缝、溶蚀孔隙、气孔等，裂缝以构造缝为主，其中高角度裂缝、垂直裂缝较发育。变质岩储层中晶间孔、粒间孔成为主要的储集空间。其裂缝具有四个特征：一是侵入岩裂缝以高角度裂缝为主，变质板岩中发育少量层理微裂缝；二是裂缝主要发育方向与区域构造应力场方向走向一致；三是裂缝发育程度相对较低；四是裂面粗糙，多呈参差状或锯齿状。

火成岩及变质岩孔隙具有五个特征：一是孔隙类型有气孔、晶间孔、粒间孔、溶洞、晶间微溶孔和晶内溶孔；二是侵入岩体顶底边缘的气孔带呈圆形或椭圆形，但连通性较差；三是侵入岩中的晶内、晶间溶孔由长石、辉石解理缝或矿物边缘遭受溶蚀而成，呈长条状或不规则状，孔径一般3~7μm，在岩心中含量一般小于5%；四是侵入岩中的溶洞含量一般小于5%，部分溶洞被方解石、石膏充填或半充填；五是热接触变质角岩带中有粒间孔和晶间孔，孔隙度可达30%以上。

3）孔隙型火山碎屑岩储层

以惠民凹陷商74-6沙一段—东营组火山碎屑锥为代表。储集空间以粒间孔、气孔为主，溶孔次之。在其伴生的白云岩、泥灰岩、泥云岩夹层中，除溶蚀孔洞外，还发育高角度、开启—半开启微细构造裂缝。储集空间以火成岩角砾间小孔隙为主。除局部火山角砾岩外，孔喉半径平均值仅0.3~0.41μm，且分布不均，非均质性强。

4）裂缝—孔隙型火山岩储层

在滨674喷发—溢流相玄武岩中，发育各种原生和次生孔隙、裂缝，可储集油气。储集空间以气孔、溶蚀孔洞、角砾间孔为主，裂缝次之。形态各异、发育程度不同的孔、洞、缝组合连接在一起，形成复杂的储集空间网络。原生孔隙以气孔最为发育，有的呈蜂窝状，连通性较好。气孔部分为白色方解石所充填，气孔孔隙度最大可达50%。角砾间孔径最大可达5mm。次生孔隙主要由气孔溶蚀扩大而成，连通性好。这类储层裂缝以高角度、垂直裂缝为主，开启性较好，低角度缝多为方解石半充填。

以上各储层的空间展布特征及规律可以概括为表7-23。

表7-23　济阳坳陷火成岩油藏储层非均质储型特征表

储层模型	火成相			后生构造形变	断裂活动	侵入岩厚度与变质岩相	火山构造位置	岩浆活动旋回	后生成岩演化
裂缝型侵入岩储层	中心亚相		易发育溶孔、裂缝、晶间孔，通常为好储层			侵入岩厚度小时，难以形成变质岩储层			①机械压实出现成岩缝；②埋藏阶段黏土化矿物溶解，形成溶蚀孔隙；③冷凝、埋藏阶段形成方解、铁白云石和自生石英裂缝
热接触变质岩—裂缝—孔隙型侵入岩储层	过渡亚相		较易发育溶孔、裂缝、晶间孔，通常为较好储层	后生构造形变程度越大，构造裂缝越发育，储集条件越好	断裂越发育储集条件越好	侵入岩厚度大，可以形成变质岩储层			
	边缘亚相		不易发育溶孔、裂缝、晶间孔，通常为非储层						
溢流相玄武岩裂缝—孔隙型储层	火山口亚相		通常为差储层				火山口周围是有利的裂缝发育带，储集条件得到改善	岩浆活动的旋回性决定了火成油藏储层展布的旋回性	①风化破裂；②表生埋藏黏土溶解，溶蚀孔隙；③表生、埋藏阶段溶解，矿物溶解；④表生阶段渗流分解石、白云石充填部分溶蚀孔和气孔
	火山斜坡岩溶亚相	顶板相	粒间孔、溶孔、气孔发育，好储层						
		中间相	孔隙不发育，通常为差储层						
		底板相	溶孔、气孔发育，为好储层						
	远火山斜坡亚相		通常为差储层						
孔隙型火山碎屑岩储层	火山口亚相	上部	粒间孔发育，为好储层						①深度增加，粒间孔隙缩小；②埋藏阶段绿变，黏土矿物溶解；③表生、埋藏阶段，沸石或（铁）白云（铁）石充填
		下部	非储层，差储层						
	火山斜坡亚相		通常为好储层						

- 274 -

第八章 地 层 水

沉积岩中含有的大量地层水以不同的形式与油气共存于地下岩石孔隙中，它既是油气运移的驱动力，也是油气聚集成藏的载体。地层水和油气之间存在着经常性的物质成分交换，其运动规律与油气藏的形成、保存和破坏有着十分密切的联系（查明，1997；李明诚等，2001）。研究并查明地层水的水化学特征和水动力条件，对研究、评价和预测含油气性及油气聚集规律都具有重要意义。

第一节 地层水化学及水动力特征

水化学特征能够反映盆地内不同构造带、不同层系地层水的分布状态，对于地层水的成因来源具有一定的指示意义（曾溅辉，2000）；水动力系统的划分有利于弄清构造带与构造带、层与层之间的水动力联系（楼章华等，2003）。水化学及水动力系统分析是整个地层流体场研究的基础。

鉴于目前地层水及其与油气关系的研究在济阳坳陷的东营凹陷古近系—新近系较为深入，且东营凹陷的构造沉积演化背景具有较好的代表性，因此本书以东营凹陷古近系—新近系为例对地层水及其与油气的关系进行阐述。

一、地层水化学性质

地层水的矿化度是地下水化学场和水动力场经历漫长而复杂演化的反映，以每升中所含离子克数（g/L）表示，通常用110℃下把水分蒸干所剩残渣的量来计量，一般浅层水矿化度低，深层水则较高。苏林水化学类型分为$CaCl_2$、$NaHCO_3$、$MgCl_2$型及Na_2SO_4型，与矿化度具有明显的相关性，并能够反映地层水的赋存环境特征。地表水或浅层地下水主要是Na_2SO_4型，矿化度较低；深层主要是$CaCl_2$型水，矿化度最高；两者之间一般是$MgCl_2$型水，矿化度亦在两者之间；在浅层和深层均可存在$NaHCO_3$型水。

随地层的变老东营凹陷矿化度值逐渐变大，其中沙河街组沙四段、孔店组最高，矿化度主要分布在20～60g/L、60～100g/L及大于100g/L的范围，平均值分别为65.8g/L、62.4g/L，属于浓盐水，这一方面表明沙四段—孔店组沉积时期气候干旱，湖水含盐度高，原生—同生水的矿化度较高，另一方面表明由于埋藏较深，受外来淡化水的影响较小；沙三段和沙二段地层水矿化度主要分布在20～60g/L和5～20g/L的范围内，平均值分别为54.6g/L和34.9g/L，属盐水范畴，这与沙三段沉积时期，断裂活动强烈，盆地断陷作用增强，东营凹陷的大部分地区处于深湖—半深湖环境有关；沙一段和东营组地层水矿化度也主要分布在20～60g/L和5～20g/L的范围内，但平均值较低，分别为19g/L和14.5g/L，属淡盐水；新近系馆陶组地层水也为淡盐水，矿化度主要为5～20g/L，均值为 10.5g/L ；明化镇组地层水矿化度主要小于 5g/l，均值为 3g/L，属于淡水范畴。全区水型主要以 $CaCl_2$ 型为主，到明化镇组水型变为 $NaHCO_3$ 型（表 8-1）。

东营凹陷地层水矿化度随深度的增加表现为阶梯式的增加，在深度 1500m 左右，地层水矿化度由 50g/L 迅速增加到 100g/L 左右，深度增加至 2500m 左右，地层水矿化度由 100g/L 迅速增加到 300g/L 左右（图 8-1）。

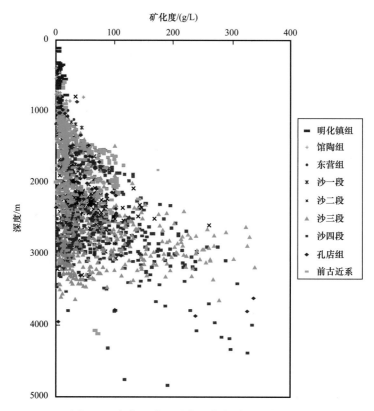

图 8-1　东营凹陷地层水矿化度随深度变化图

表 8-1　东营凹陷地层水矿化度统计表

地层	明化镇组	馆陶组	东营组	沙河街组				孔店组
				沙一段	沙二段	沙三段	沙四段	
矿化度 / g/L	0.42～12.88 3.06（46）	0.72～53.87 10.54（119）	0.38～38.12 14.48（57）	1.57～90.93 19.04（217）	1.59～261.77 34.86（464）	1.75～339.36 54.59（749）	1.29～335.55 65.77（690）	0.48～336.41 62.39（64）
水型	$NaHCO_3$	$CaCl_2$	$CaCl_2$	$CaCl_2$	$CaCl_2$	$CaCl_2$	$CaCl_2$	$CaCl_2$

注：（最小值～最大值）/ 平均值（样品数）。

从地层水平面分布来看，东营凹陷沙四段上亚段的盆地边缘地层水矿化度明显低于盆地中心，主要是由于盆地边缘地层埋藏较浅，矿化度较低的古大气降水或地下水向下溶滤淡化造成的（图 8-2）；沙三段地层水矿化度除表现出由洼陷向边缘逐渐降低的特征外，中央背斜带断裂发育区地层水矿化度明显偏高，例如沙三段中亚段地层水矿化度等值线梯度在中央背斜带急剧变化（图8-3），在中央背斜带形成了明显高于沙三段中亚段背景值的矿化度高值区，这有可能是由于沙四段高矿化度地层水沿中央背斜带断层向上发生了穿层运移，反映了盆地深部高矿化度流体向外排泄运移的方向。

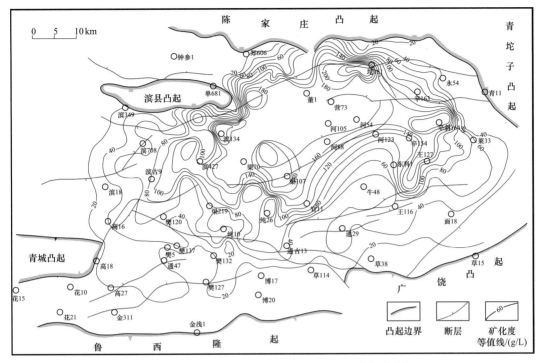

图8-2　东营凹陷沙四段上亚段地层水矿化度等值线分布图

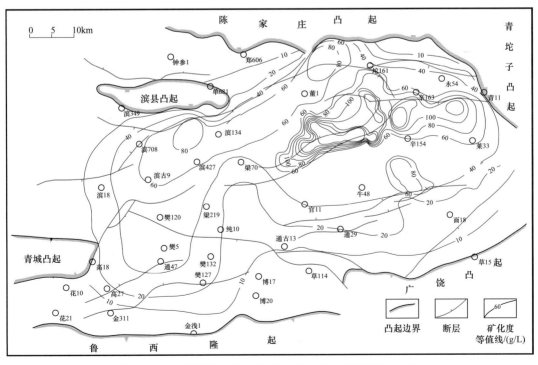

图8-3　东营凹陷沙三段中亚段地层水矿化度等值线分布图

东营凹陷地层水矿化度的变化较好地反映了地层水的平面分布规律，其他苏林水型、离子比值（钠氯系数、脱硫系数、变质系数及盐化系数）的分布情况与地层水矿化度表现出相类似的特征。

二、地层水成因类型

地层水成因类型主要是指地层流体的来源类型，对油气运移方向具有一定的指示作用。济阳坳陷经历了裂陷、断陷、断坳转换（抬升）、坳陷等不同的构造演化阶段，由于深大断裂的长期活动，古流体既有来源于地幔深处的幔源水，也有沉积过程中伴生的经历了成岩作用的沉积埋藏水，还有（古）大气溶滤渗入水，同时还可能是以上几种来源的混合水。

1. 成因类型划分

断裂带中的方解石脉体是断裂活动过程中流体—岩石相互作用的产物，如果形成脉体的流体直接来源于围岩储层，则流体与围岩之间有充足的时间进行碳和氧同位素交换，使脉体与围岩间的碳和氧同位素相近。东营凹陷方解石脉体测试点与不同成因碳酸盐岩碳、氧同位素图版关系显示，高青平南断裂带、纯化草桥断裂带、南部缓坡带、坨胜永断裂带、中央背斜断裂带、陈官庄—王家岗断裂带等地区分布有地幔来源流体（图8-4）。

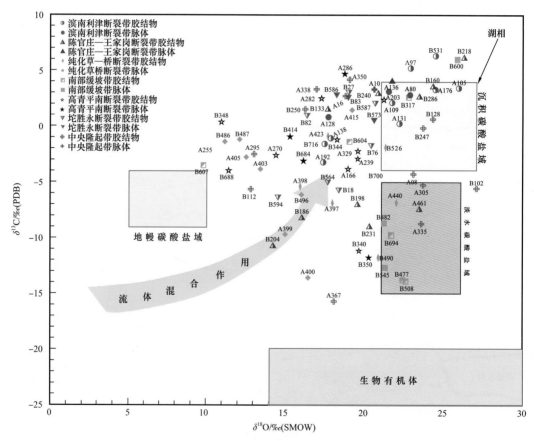

图8-4　东营凹陷节理中方解石脉和孔隙胶结物的碳、氧同位素相关图

由于不同来源流体的 $\delta^{13}C$、$\delta^{18}O$ 和 $^{87}Sr/^{86}Sr$ 比值具有各自的分布区间，东营凹陷地

层水与 $\delta^{13}C$、$\delta^{18}O$ 和 $^{87}Sr/^{86}Sr$ 比值的相关性关系表明其成因来源主要有幔源型、沉积埋藏型、古大气淋滤型和混合型四种类型（图 8-5）。

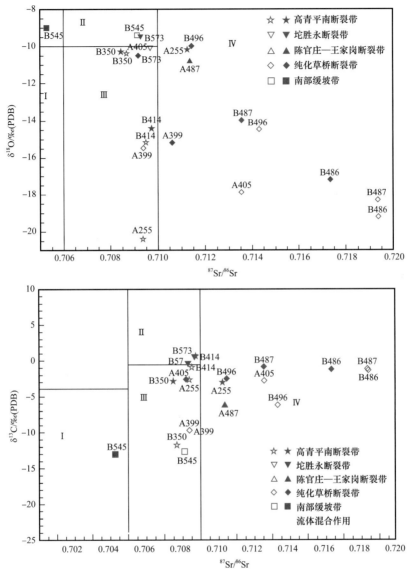

图 8-5　东营凹陷方解石脉体的 $\delta^{13}C$、$\delta^{18}O$ 与 $^{87}Sr/^{86}Sr$ 相关图
I —幔源型流体；II —沉积埋藏型流体；III —古大气淋滤型流体；IV —混合型流体

2. 成因类型分布

碳、氧同位素分布特征显示东营凹陷幔源型流体受断裂带控制，主要分布在高青平南断裂带、纯化草桥断裂带、南部缓坡带、坨胜永断裂带、中央背斜断裂带、陈官庄—王家岗断裂带等地区。沉积埋藏水、古大气淋滤型及混合型地层水的分布则主要受构造带控制。洼陷区主要为沉积埋藏水，经历了较强的变质作用，氯离子富集，含氧的硫酸根离子发生还原反应脱氧，导致矿化度、变质系数增大，钠氯系数、脱硫系数降低；边缘凸起区主要为古大气淋滤水，矿化度、变质系数相对较低，钠氯系数、脱硫系数较高。

另外，由于不同层系沉积环境、埋藏深度和埋藏时间的差异，东营凹陷沉积埋藏水与古大气淋滤水的指标界限也具有明显的差异，如沙四段矿化度大于80g/L的地层水为沉积埋藏水（表8-2），而沉积环境相对淡化且埋藏深度较沙四段浅的沙三段地层水矿化度达到40g/L就为沉积埋藏水（表8-3）。

表8-2 东营凹陷沙四段地层水成因类型划分表

地层水成因	矿化度 /（g/L）	脱硫系数	钠氯系数	变质系数
古大气淋滤型	＜10	＞2	＞1	＜3.5
混合型	10～80	0～8	0.7～1	-6～8
沉积埋藏型	＞80	＜1	＜0.9	＞4

表8-3 东营凹陷沙三段中亚段地层水成因类型划分表

地层水成因类型	矿化度 /（g/L）	脱硫系数	钠氯系数	变质系数
古大气淋滤型	＜10	＞1.5	＞1	＜2
沉积埋藏型	40～80	＜1.5	＜1	＞2
混合型	10～40	＞1.5	＞1	＜2
高矿化度混合水	＞80	0～8	＜0.98	＞2

东营凹陷边缘凸起区与洼陷区之间的斜坡带是混合型地层水的分布区，是古大气溶滤水向心流与沉积埋藏水离心流混合作用形成的；另外在沙三段及以上层系的中央背斜带还分布着穿层越流作用形成的高矿化度混合水（表8-3），是沙四段盐湖相高矿化度沉积埋藏水在断层活动时期沿断裂带向上穿层运移并与上部层系地层水混合形成的。这两种类型的混合水表明沉积埋藏水具有顺层向边缘、穿层向浅部两种运移模式。

总体来看，深部幔源型流体主要沿断裂带零星分布，沉积埋藏型流体主要分布于埋藏较深的洼陷区，大气淋滤型流体则主要分布于浅部层系的凸起区，混合型流体主要分布于沟通深部层系的断裂带发育区和斜坡带地区（图8-6）。

三、地层水动力特征

地层水动力特征是沉积盆地地层压力和水文地质性质的综合反映。沉积盆地的水文地质性质主要从地层水的补给、径流和排泄条件等方面对流体的来源和流动进行分析，地下水的补给源包括内补给源（沉积埋藏水补给）和外补给源（大气溶滤水补给），与地层水成因类型的分布具有一致性。地下水的流动则通过流体势来研究，可以确定能量来源区和低能量区的位置、大小，推测其类型，以及确定驱动的方向和强度（李伟，1996）。

1.地层水压力分布

地层压力是油气成藏的重要动力，东营凹陷超压现象很普遍，纵向上可划分为三个压力带（图8-7）：（1）埋深小于2200m地层压力系数一般为1.0，为静水压力带；（2）过渡压力带地层压力略高于相同深度静水压力，埋深2200～2800m，压力系数一般为1.06～1.4；（3）异常高压带位于凹陷最深部，地层压力普遍在50MPa以上，明显高于静水压力，主要分布在沙河街组沙三段和沙四段，埋深一般大于 2800m，压力系数为 1.4~1.8。从不同层系来看，沙二段及以上地层大部分为正常静水压力环境；沙三段和沙四段普遍发育地层超压，压力系数最大可达 1.8；而孔店组以及前古近系主要为静水压力。这种压力分布特征主要是由于沙三段、沙四段烃源岩生烃增压造成的。

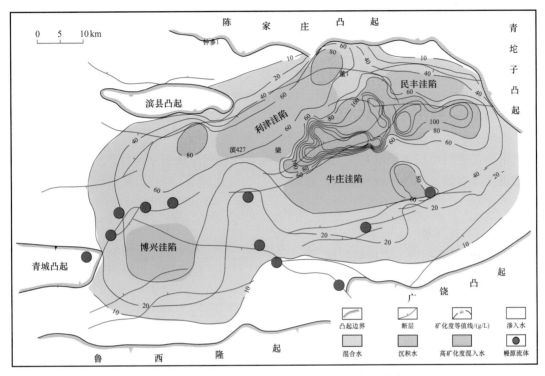

图 8-6 东营凹陷沙三段中亚段地层水成因类型分布图

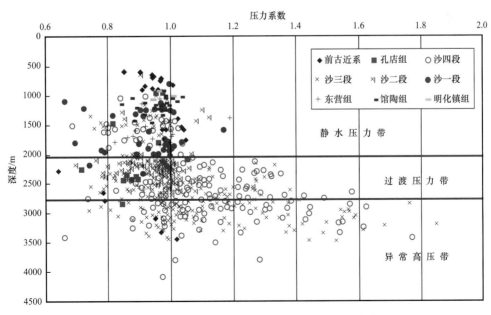

图 8-7 东营凹陷压力系数随深度变化及压力分带

在整个深度范围内，均出现正常压力样点，随着埋藏深度增加，压力系数的分布范围也逐渐增大。这可能是由于不同地区超压封隔层的性质和断层活动性差异所致。一般地在封隔层性能好、断层活动微弱的地区，强超压可得到保存；在封隔层性能不好、断层活动较强的地区，会发生卸压现象，从而形成正常压力。如南斜坡发育的一系列北掉的协调断层使得在斜坡区断裂带附近的压力向南依次降低。

东营凹陷沙四段—沙三段发育多个超压中心，分别处在利津、牛庄、博兴等洼陷的沉积、沉降中心。利津洼陷的超压强度要明显大于牛庄和博兴洼陷，博兴洼陷超压强度最小。压力系统的分布受构造、断裂的影响较大，在盆地的边缘主要为地层压力的常压区，在盆地的斜坡区为压力的过渡带，而在盆地的中心则为压力的超压区，盆地内的凸起、断裂对压力系统具有分隔作用。

2. 地层水水头分布

水头是进行地层水流动特征分析的重要参数，利用原始地层流体压力、井深和地层水的密度等参数，可以进行水头的计算。

$$\Phi = gZ + p/\rho \tag{8-1}$$

式中　　Φ——流体势，m^2/s^2；

Z——深度相当于海拔的深度，m；

ρ——流体在深度 Z 处的密度，kg/m^3；

g——重力加速度，m/s^2；

p——深度 Z 处的孔隙流体压力，N/m^2。

式中第一项代表单位质量的流体相对于基准面（海平面）所具有的重力势能；第二项代表单位体积的流体所具有的弹性势能。在公式的两边除以"g"，可以得：

$$\Phi/g = Z + p/(\rho g) \tag{8-2}$$

其中，Φ/g 即为水头。

东营凹陷馆陶组、东营组水头值较低，沙河街组水头值较高，表明埋藏深度对水头分布具有一定的控制作用：埋藏越深，水头越高，表现为补给区的特征；埋藏越浅，水头越低，表现为排泄区的特征（表8-4）。

表8-4　东营凹陷水头分布特征

层位		馆陶组	东营组	沙河街组
样品数		348	124	622
水头/m	最小值	−849	−843	−1792
	最大值	747	725	3607
	平均值	−40.22	−8.06	147

1）纵向分布特征

地层水水头与埋深的相关关系与地层水压力相似，当埋藏深度小于 2000m 时，水头主要随深度沿静水压力线（AB）增加（图8-8），表明该深度段的水头大小主要来自上覆地层所产生的静水压力。当埋藏深度在 2000～2800m 时，水头仍表现出沿 AB 线增加的特征，但一部分水头偏离 AB 线，表明该深度段的水头大小除了来自上覆地层所产生的静水压力外，还有异常高压的贡献。当埋藏深度大于 2800m 时，地层水水头大多偏离 AB 线，表明该深度段的水头大小主要来自异常高压的贡献。

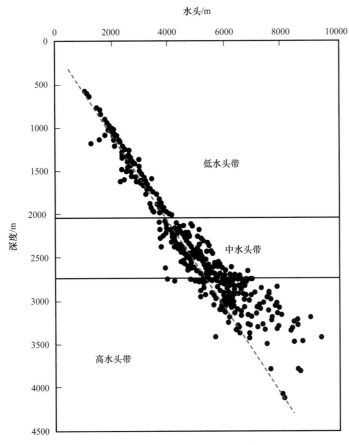

图 8-8　地层水水头纵向分布特征

2）平面分布特征

水头平面分布受控于构造背景。凹陷中心主体部位及陡坡带为水头的相对高值区，凹陷边缘为水头的相对低值区（图 8-9）。总体来看，水头低值井区主要分布在浅部断裂带及凹陷边部埋深较浅的区域，表现出由洼陷到边部的离心流或由深部沿断裂带到浅部的越流特征。从整个济阳坳陷的水头分布来看，东营凹陷平面上具有洼陷区补给、洼陷边部或断裂带区域排泄的水文地质分区特征，但补给排泄极为缓慢，径流条件较差。

3. 地层水动力系统

压力参数是油田水动力系统划分的重要基础，水头（流体势）反映了油田水流动的动力和流动方向与流动趋势，水化学成分可以反演地层水的流动过程和路径。综合以上水化学性质、地层压力、水头分布特征，东营凹陷可划分为 3 个地层水动力系统：渗入水动力系统、渗入和沉积混合水动力系统、沉积水动力系统。

东营凹陷沉积水动力系统主要分布在洼陷区、沙三段以下层系的中央背斜带和陡坡带，压力系数一般大于 1.20，水头一般大于 200m，矿化度一般大于 70g/L，主要为沉积埋藏水，脱硫系数和钠氯比值较低，变质系数较大；渗入水动力系统主要分布在凹陷边缘凸起区，压力系数一般小于 1.0，水头一般小于 100m，矿化度为 25～70g/L，主要为溶滤渗入水，脱硫系数和钠氯比值较高，变质系数较小；而渗入水动力系统和沉积水动力系统之间则分布着渗入和沉积混合水动力系统（图 8-10）。

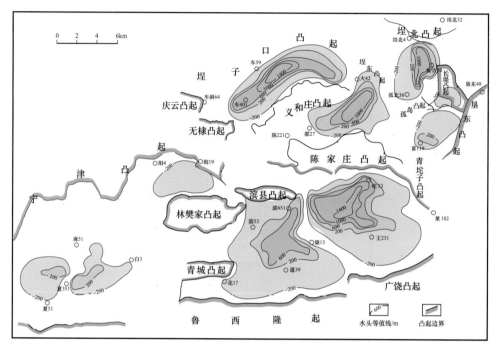

图 8-9　济阳坳陷沙三段水头平面分布图

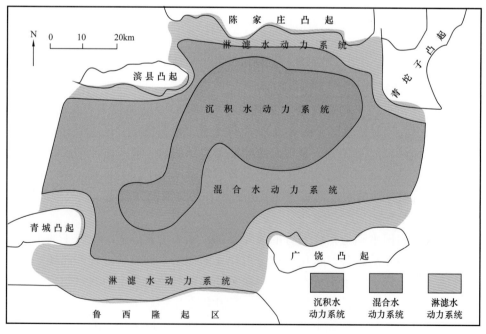

图 8-10　东营凹陷沙四段地层水动力系统

四、地层流体动力演化

不同流体动力演化阶段的盆地流体活动主要有三种方式：泥岩压实水离心流、大气水下渗向心流、构造活动背景条件下的穿层越流。其中泥岩压实水离心流是油气从生油岩中排出后进入储层导致二次运移的主要动力来源。重力作用下的地下水流动对边缘和局部隆起区以及残留盆地中的油气运聚起到了重要的控制作用。地层水的穿层越流主要发生在构造活动时期。

1. 古水文地质旋回

水文地质环境在地质历史时期不断发生变化。但在某个地质时期内，水文地质环境却是相对稳定的，这种稳定性表现在地下水的形成条件具有方向性和地下水的地球化学作用具有阶段性。原苏联学者依据表示沉积、剥蚀和地层上、下接触关系的综合柱状剖面图来划分水文地质旋回，柱状剖面图中的地层沉积段相当于沉积水动力阶段，地层缺失段则主要发生渗入水动力作用。

反映地下水形成的一个特定的地球化学环境的地质时间段为水文地质期。根据构造演化、水动力、水化学条件及水文地质环境等，东营凹陷的水文地质期可划分为沉积作用水文地质期、埋藏封闭作用水文地质期、溶滤作用水文地质期三种形式。

各层系同生沉积时期为沉积作用水文地质期，随沉积基准面上升沉积物不断被深埋的成岩作用时期为埋藏封闭作用水文地质期，径流特征表现为离心流；孔店组沉积末期、沙四段沉积末期、沙二段沉积末期及东营组沉积末期的抬升剥蚀或沉积间断为溶滤作用水文地质期，径流特征表现为向心流。

2. 古流体压力演化

古流体压力受控于古水文地质旋回，是古流体活动的重要动力。古流体压力演化受不同构造带影响，洼陷区、断裂带、盆地边缘具有不同的古流体压力演化特征。

东营组沉积时期之前，随埋藏时间和埋藏深度的增加，东营凹陷洼陷区由于生烃作用导致流体压力不断增大，至东营组沉积末期已经发育较大规模的超压，为烃源岩排烃、古流体活动及油气运聚提供了充足动力，之后东营组沉积末期地层整体抬升造成一定程度的古流体压力下降，进入新近系馆陶组沉积时期，古流体压力又逐渐增大，至明化镇组—第四系沉积时期，超压发育明显增强（图 8-11）。

洼陷斜坡区断裂构造发育区由于烃源岩埋藏较浅，主要由生烃作用而引起的超压非常小，另外断裂和砂体发育，易发生泄压，古流体压力以常压为主，至明化镇组—第四系沉积时期，由于地层的不断埋藏及断裂活动减弱造成一定的压力积累，发育了一定程度的超压（图 8-11）。

凹陷边缘区基本不发育烃源岩，盆缘地层砂地比较高且构造活动频繁，地层经常受到剥蚀，整个地质历史时期古流体压力以常压为主，基本不发育超压。

总体来看，洼陷快速沉积区超压尤其发育，东营凹陷沙三段中—下亚段和沙四段上亚段烃源岩地层为超压主要发育层段，异常压力整体上经历了沙河街组—东营组沉积时期形成—馆陶组沉积初期下降调整—明化镇组沉积初期至第四纪晚期再次增大三个阶段的演化过程。

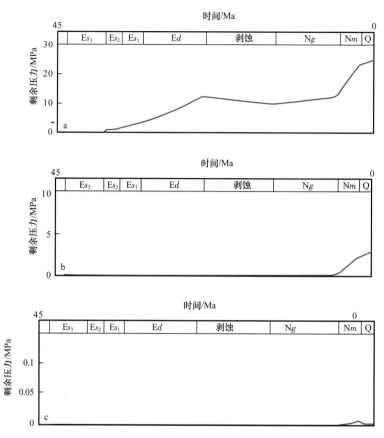

图 8-11　东营凹陷史 14 井、王 121 井、广 4 井沙四段上亚段剩余压力演化图

a. 洼陷区史 14 井；b. 洼陷斜坡区王 121 井；c. 凹陷边缘区广 4 井

3. 古流体活动期次

古流体活动期次比较精确的确定方法是流体包裹体技术。一般的砂岩储层中可观测到五种类型的盐水包裹体，其中与成岩作用及成岩作用后期地层流体活动有关的流体包裹体主要有三种：第一种是砂岩中石英颗粒在挤压作用下形成的微裂隙胶结包裹体，分布在石英颗粒微裂隙中，不穿过石英颗粒加大边，形成时间为成岩中期或晚期，为准同生；第二种是砂岩中石英颗粒的次生加大边中捕获的包裹体，其形成是在成岩晚期，沿着石英颗粒边缘生长而捕获的，形成时间要略晚于第一种类型；第三种是砂岩完全固结或者基本固结后，由于构造或者埋深等地质应力的作用下，发生断裂和变形后形成裂隙所捕获的包裹体，其形成是在成岩作用最晚期，典型特征是包裹体沿着裂隙分布，而裂隙穿插了石英的次生加大边或两个颗粒至两个颗粒以上（卢焕章等，2004；潘立银等，2006）。

在岩相学的基础上，进一步进行包裹体显微温度盐度测试。根据这种盐水包裹体的均一温度—古盐度相关关系（图 8-12），可确定出第一期流体包裹体均一温度在 85～100℃，第二期流体包裹体均一温度在 110～120℃，第三期流体包裹体均一温度大于 125℃。

结合东营凹陷埋藏演化史，可确定这三期流体活动时期分别为 32—20Ma（东营组沉积末期）、15—10Ma（馆陶组沉积中期）、6Ma 以后（明化镇组沉积时期至第四纪）。

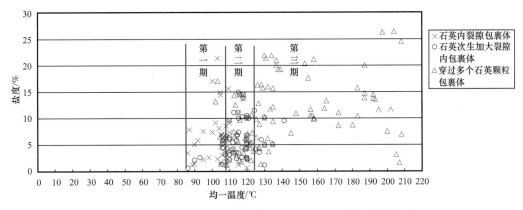

图 8-12　东营凹陷砂岩包裹体均一温度—盐度相关关系图

4. 古流体性质演化

古流体性质演化与沉积时水体的古盐度及其后的埋藏变质作用密切相关，另外断裂活动或超压释放导致的流体活动过程对古流体性质的演化也具有重要影响。

不同成因的成岩自生矿物可以反映古流体性质演化特征。根据东营凹陷沙河街组沙三段、沙四段储层砂岩的镜下鉴定、流体矿物电子探针分析、激光 ICP-MS 稀土元素分析、微量元素分析以及阴极发光观察，结合油气运移和流体—岩石相互作用留下的产物特点，按照与流体有关的成岩矿物特征，古流体性质演化可划分为 4 个阶段：第一阶段流体活动的自生矿物以自生白云石为标志，代表变质程度较高的沉积埋藏水特征，与古水文地质旋回中的埋藏封闭作用水文地质期相对应；第二阶段以粗粒方解石为代表（图 8-13），表明此阶段流体富含 Ca^{2+}，地层流体处于高矿化度阶段，根据流体包裹体古盐度测试，该时期牛庄洼陷沙三段古矿化度平均高于 80g/L（图 8-14），为沙四段高矿化度混入水，对应于东营组沉积末期第一次流体活动，断裂活动导致高矿化度地层水向上穿层运移，该时期也是烃源岩的低成熟阶段；第三阶段流体活动的自生矿物以铁方解石和铁白云石胶结物形式存在，形成于馆陶组沉积时期，此时沙三段中—下亚段烃源岩进入大规模排烃导致洼陷区超压积聚，不仅为含烃流体混相运移提供了动力，也限制了沙四段高矿化度地层水的混入，沙三段低矿化度的沉积埋藏水的离心流或穿层运移作用导致地层水淡化，古矿化度减小，分布于 30~50g/L 之间，该时期也是沙三段岩性、构造—岩性油藏形成时期；第四阶段以晚期碳酸盐岩的溶解为特征，对应于明化镇组沉积期—第四纪流体活动时期及烃源岩的高—过成熟及排出富含天然气烃类阶段，该时期地层水古矿化度为 40~80g/L，与现今地层水矿化度基本一致，是地层水进一步埋藏变质以及断裂活动流体穿层活动、压力释放地层流体混相运移共同作用的结果。

5. 古流体动力演化

东营凹陷古水动力演化可划分为沉积水动力阶段、渗入水动力阶段、埋藏水动力阶段和构造活动水动力阶段（图 8-15）。沉积水动力阶段主要发生于地层沉积段；渗入水动力阶段主要发生于地层缺失段；埋藏水动力阶段则是指目的层上覆地层发生沉积时的水动力作用阶段，该阶段主要表现为沉积埋藏水的离心流运动；构造活动水动力阶段主要发生于断裂构造活动期，主要表现为沉积埋藏水携带油气的混相运移。

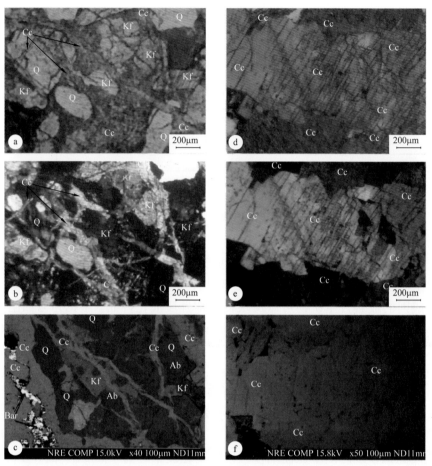

图 8-13　东营凹陷流体活动第二阶段岩心薄片特征（坨 713-4，3004.0m，Es_3）

a，b，c.该阶段流体以自形粒状方解石（Cc）存在为特征，有时还能见到粗粒方解石与重晶石（Bar）共生，并且还被后期的含铁粗方解石脉（Cc）包裹；a 为单偏光，b 为正交偏光，c 为电子探针背散射电子像；d，e，f.粗粒自形的方解石（Cc）颗粒；d 为单偏光，e 为正交偏光，f 为电子探针背散射电子像

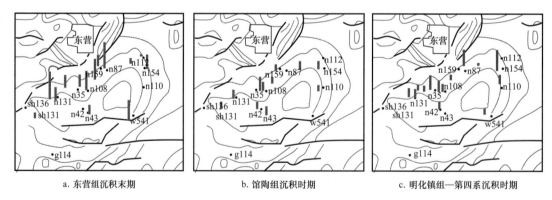

图 8-14　东营凹陷牛庄洼陷地层水古矿化度演化

　　下面以东营凹陷沙三段为例阐述其古流体动力的演化过程：沙三段沉积时期为沉积水动力阶段，主要表现为同生沉积水的压实流动；在沙三段—沙二段下亚段、沙二段上亚段—东营组、馆陶组—明化镇组—平原组至今的沉积时期，沙三段处于埋藏封闭水动力阶段，由于沙三段以泥岩为主，压实作用很强，泥岩不断被压缩，泥岩中的水进入砂

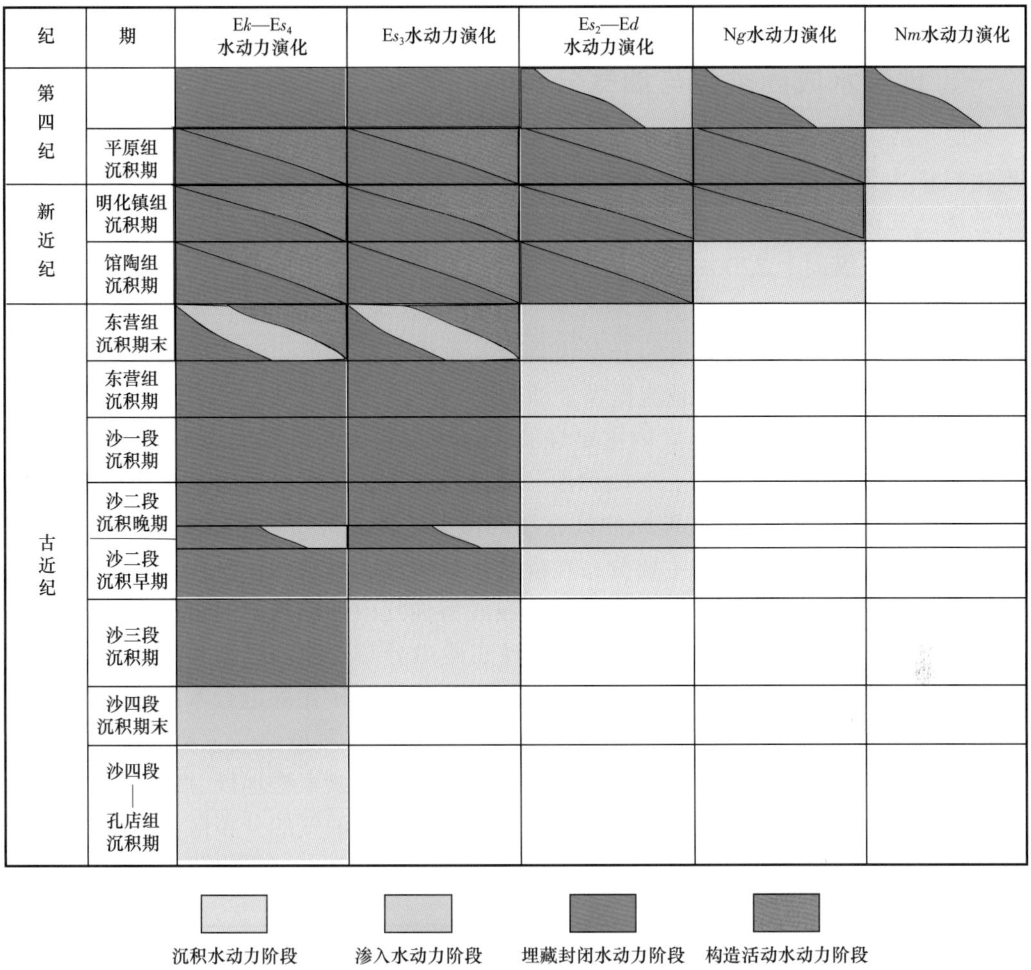

纪	期	$Ek—Es_4$水动力演化	Es_3水动力演化	$Es_2—Ed$水动力演化	Ng水动力演化	Nm水动力演化
第四纪						
	平原组沉积期					
新近纪	明化镇组沉积期					
	馆陶组沉积期					
古近纪	东营组沉积期末					
	东营组沉积期					
	沙一段沉积期					
	沙二段沉积晚期					
	沙二段沉积早期					
	沙三段沉积期					
	沙四段沉积期末					
	沙四段—孔店组沉积期					

沉积水动力阶段　　渗入水动力阶段　　埋藏封闭水动力阶段　　构造活动水动力阶段

图 8-15　东营凹陷古流体动力演化阶段

岩层，同时形成异常高压，压力系数较高；沙二段下亚段沉积末期和东营组沉积末抬升剥蚀期，洼陷区以埋藏封闭水动力作用为主，边缘凸起区具有渗入水动力作用；同时东营组沉积末期还是构造活动水动力阶段，东营沉积末期深部幔源流体混入，同时混合沙四段烃源岩内部酸性流体向上部层系混相运移，从而使沙三段地层水在断裂带附近矿化度明显增大；馆陶组沉积中期，沙四段烃源岩生排烃量不断增大导致超压积聚，含烃酸性流体在压力差或超压释放作用下发生运移充注，为第二次构造活动水动力阶段；压力释放之后，断层活动停止，随着新近系—第四系的持续沉积，沙四段—沙三段烃源岩被进一步埋藏压实，生烃能力持续增长，再次形成封存箱，至明化镇组—第四系沉积时期为第三次构造活动水动力阶段。

第二节　地层水与油气的关系

沉积盆地地层水与油气的关系表现在静态与动态两个方面，静态方面主要是地层水的化学性质、成因类型、水动力系统与油气分布具有明显的相关性，动态方面则表现在古流体活动和演化对油气成藏时期的控制作用。

一、地层水成因类型与油气分布

地层水成因类型以及地层水矿化度分布与油气分布密切相关。东营凹陷沙四段由凹陷到边缘依次为沉积埋藏水、混合水和溶滤渗入水，沙三段洼陷区以沉积埋藏水为主，洼陷边缘凸起区为溶滤渗入水，中央隆起断裂带矿化度高于 80g/L 的地层水是沙四段高矿化度混入水。纵向上 2200m 以下的洼陷区为沉积埋藏水，具有沙四段、沙三段两种类型沉积埋藏水，1100m 以上为溶滤渗入水，1100～2200m 之间为混合水。另外压力系数大于 1.2 的超压区与沉积埋藏水的分布区具有一致性，这样就为沉积埋藏水向凹陷边部的离心流和向上部层系的穿层越流提供了动力。

沉积埋藏水的分布区也是区内主要烃源岩分布层系，与沉积埋藏水的分类相对应，东营凹陷烃源岩也分为沙四段上亚段和沙三段两种类型，两种烃源岩在生物标志化合物上具有明显的差异。该区已发现原油具有沙四段型、沙三段型和混源型三种成因类型。沙四段油气主要为沙四段型，主要分布在混合水区域内，与沙四段沉积埋藏水离心流的指向区是一致的，沙四段沉积埋藏水携带沙四段型油气由凹陷内部向边缘区沿地层水化学场变化梯度较大的方向运聚（图 8-16）。沙三段中分布有沙四段型和沙三段型两种类型的原油：沙四段型原油主要分布于中央背斜带沙四段高矿化度混合水区域，与沙四段沉积埋藏水沿断裂的穿层越流的指向区具有一致性；沙三段型油气主要围绕牛庄洼陷、利津洼陷、博兴洼陷分布，南部王家岗、草桥地区、西部梁家楼地区、北部陡坡带、西部高青—金家地区以及民丰洼陷的东北方向都是沙三段型油气的分布区，沙三段型原油与沙三段混合水的分布区及沙三段沉积埋藏水离心流是一致的（图 8-17）。控洼断层以

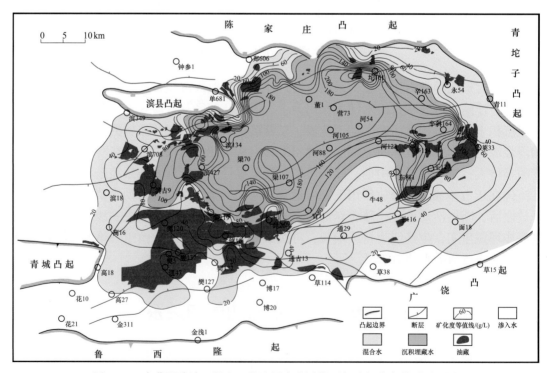

图 8-16　东营凹陷沙四段上亚段地层水成因类型与油气分布关系平面图

外原油为沙四段型,是排烃早期沙四段低含油饱和度含烃流体在离心流及沿控洼断层的穿层越流作用下及浮力驱动机制下运聚成藏;控洼断层以内原油为混源型,是沙三段、沙四段混合含烃流体在沿断层的穿层越流作用下运聚成藏。

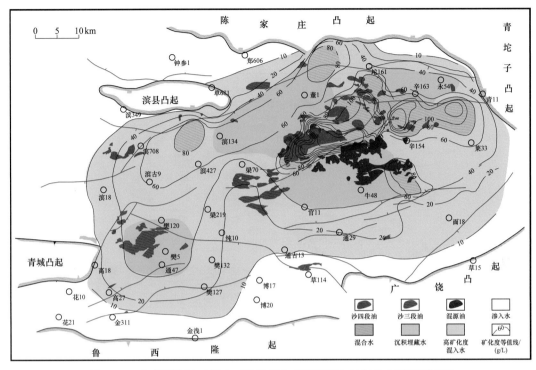

图8-17　东营凹陷沙三段中亚段地层水成因类型与油气分布关系平面图

二、地层水动力系统与油气分布

东营凹陷沉积水动力系统、渗入水动力系统以及混合水动力系统的油气分布特征具有明显的差异性。混合水动力系统是油气聚集的最有利区带,分布的油藏个数最多,其频数占50%以上;沉积水动力系统次之,其频数接近40%,主要分布岩性油藏和构造—岩性油藏;渗入水动力系统油气聚集最少,其频数不到10%。

这种水动力系统与油气分布的关系同时也反映了压力场对油气分布的控制作用,地层压力是推动油气从烃源岩内向外部运移的主要动力,也是决定油气运聚的主要控制因素。油气总是选择最佳运移通道,从高压区向低压区运移,并在运移动力能够输导到的最远圈闭中聚集成藏。异常高压作为油气成藏的主要动力之一,油气的分布与异常压力的分布有着明显的关系。由于异常高压主要处于沉积水动力系统,平面上压力自洼陷中心向边缘变小,最终变为渗入水动力系统。从高压区到常压区含油井段长度减小,油气充满度逐渐降低。在超压区,油藏类型以岩性油藏为主,油气充满度高,油气藏无明显的边底水,非油即干;在过渡区,油藏类型以构造—岩性油藏为主,油气充满度也较高,局部可见到油水间互;在常压区,油藏类型以构造油藏为主,油气充满度较低,油藏往往油水间互现象比较普遍,具有明显的边底水。

混合水动力系统既是泄压区,又是沉积水动力系统和渗入水动力系统的交汇带,一般主要分布在断裂带的高部位,以及两个洼陷之间的相对高部位,地层水的矿化度比较高。东营凹陷中央背斜带断裂发育，沙四段及其下部地层的高矿化度地层水沿断层向上运移进入沙三段及其以上地层，形成地层水泄压区。该区主要为沉积埋藏水，地层流体矿化度较高，一般大于 40g/L，水头和压力系数均比较高。伴随着油田水的流动，油气亦沿断裂带垂向运移并在合适的圈闭中聚集，导致沙三段、沙二段和沙一段在中央背斜带形成大量的油气藏（图 8-18），沙四段平面上泄压区不太发育，只在断裂构造带北部发育两个泄压带，在这两个泄压带发生了油气聚集（图 8-19）。

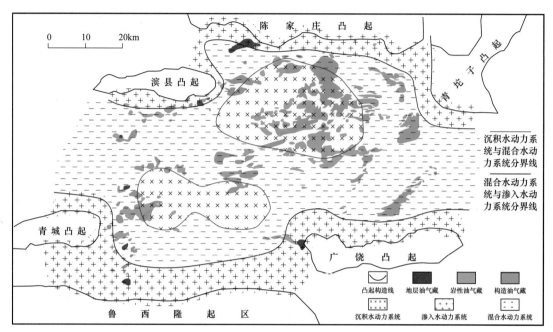

图 8-18　东营凹陷沙三段油田水动力系统与油气藏分布

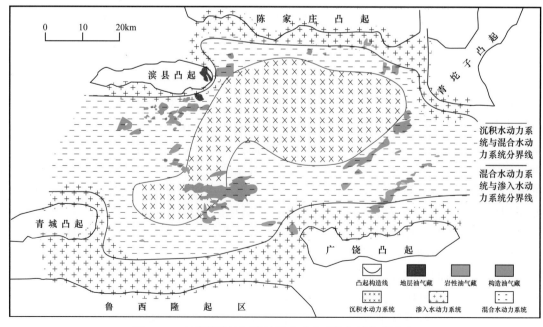

图 8-19　东营凹陷沙四段油田水动力系统与油气藏分布

另外，在渗入和沉积混合水动力系统，携带油气的沉积水与渗入水在此汇合，形成了交汇带。由于携带油气的沉积水在此带与渗入水相遇，导致沉积水的运移动力下降，运移受阻，油气很容易在此带聚集成藏。沙四段、沙二段和沙一段大部分油气藏均分布于交汇带，而沙三段除了自生自储的岩性油气藏外，大部分油气藏也分布于交汇带（图8-20）。

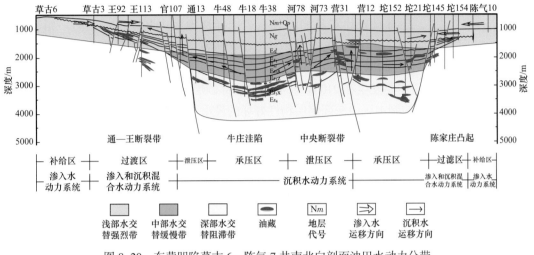

图8-20　东营凹陷草古6—陈气7井南北向剖面油田水动力分带

三、古流体演化与油气成藏

古流体演化与油气成藏的关系主要表现在流体—岩石相互作用对储层物性的影响、古流体动力演化与油气成藏模式两个方面。

1. 流体—岩石相互作用对储层物性的影响

在烃源岩演化的不同阶段，会有不同含量的有机酸和CO_2生成。这些物质随着烃源岩中流体的排出，将会与储层发生复杂的有机无机相互作用，如溶解其中的硅酸盐和碳酸盐等。东营凹陷油气充注主要有三期，分别对应于东营组沉积末期、馆陶组沉积时期和明化镇组—第四系沉积时期。油气生成和运移时期是有机酸的大量生成和活动时期，晚期还伴有大量H_2S的生成，因此，在排烃期地层水中酸性物质的浓度应比当前的测定值高得多。这些酸性地层水可对硅酸盐、碳酸盐和硫酸盐矿物产生溶解作用，并使孔隙度增加，同时形成晚期伊利石、绿泥石和黄铁矿等成岩矿物。异常高压带的存在有助于储层次生孔隙护孔作用的进行。古近系异常高压所产生的直接效果是原来由颗粒支撑的一部分地层负荷转移为由孔隙内的流体支撑，使得异常高压带内的流体压力超过静水压力，降低了砂岩中的有效应力，抑制了储层的机械压实和石英次生加大等成岩作用，从而对已有的孔隙起到了保护作用。

通过分析，影响储层物性的流体—岩石相互作用主要表现为改善物性和降低物性两种类型。

1) 改善物性

改善储层物性的流体—岩石相互作用，主要为各类格架矿物或胶结物的溶解作用。东营凹陷沙河街组砂岩中的溶解作用比较普遍，各种骨架颗粒和胶结物均有被溶的现象，最常见的主要为斜长石的溶解和碳酸盐沉淀物的溶解作用，其次是钾长石和长石质岩屑的溶解作用，石英也能见到溶解作用，但是不甚强烈。

铝硅酸盐矿物的溶解作用主要为斜长石溶解作用，其次为钾长石和长石质岩屑溶解作用。斜长石溶解作用主要是在 CO_2 和有机酸的作用下发生的，在浅部砂层该作用强度小，在中深层砂岩中作用强度大。如坨 713 井 2993.9m 处长石溶解作用强烈，被溶的斜长石多具有港湾状溶蚀边缘，有的沿解理缝进行溶解，形成齿状边缘，有的中部被溶去而残留下"外壳"，还有具聚片双晶的斜长石被选择性地溶去其中一组，另一组却基本未溶，被强烈溶解的斜长石可呈残骸状，甚至呈铸模状。钾长石溶解作用比较弱，且主要发生在 3200m 以下的深部储层中。

碳酸盐溶解作用主要发生在 2100m 以下的中深部砂层中，其中以铁方解石和铁白云石的溶解作用为主，为控制本区中深部储层物性好坏的最重要的流体—岩石相互作用之一。被溶的碳酸盐沉淀物往往呈港湾状溶蚀边缘，有的具有大量微孔隙，薄片中表现为油浸现象。

2）降低物性

降低储层物性的流体—岩石相互作用，主要包括各种矿物的沉淀和形成作用。

碳酸盐沉淀降低储层物性作用主要发生在同生期和早成岩 A 期，这两期碳酸盐沉淀作用本身对储层物性有一定的降低作用，但同时又可以抑制压实作用的进行。另外在晚成岩期的沙四段上亚段和沙三段中，可见铁白云石和铁方解石沉淀，并以胶结物的形式存在。该期碳酸盐沉淀作用较强，分布规模大，对储层物性构成重要的影响。

自生高岭石、自生绿泥石和自生伊利石等黏土矿物的形成作用也导致储层物性的降低。自生高岭石的形成作用主要发生在 2300m 以下深处，对储层物性构成重要影响，它不仅影响储层的孔隙度，而且能大大降低渗透率，使油层物性变差。自生伊利石和自生绿泥石形成作用主要发生在 2500m 以下深处，并且在埋深 3000m 以下作用强度大，它们的产生对该区深部储层物性构成重要的影响。

SiO_2 的沉淀作用也对储层物性产生不良影响。东营凹陷砂岩 SiO_2 沉淀和硅质胶结作用的主要表现为碎屑石英的次生加大，在东营凹陷发现了多处石英的多期次生加大现象，且加大边与石英碎屑颗粒之间可见碳酸盐矿物，其形成时间可能与粗晶铁方解石脉形成的时间大致相当。

2. 古流体动力演化与油气成藏

现代成烃理论表明超压环境下油气的生成、运移、聚集可能受到地层压力或超压不同程度的影响，因此与流体活动密切相关的地层压力演化对油气充注至关重要。而储集空间的分布特征直接影响烃类向储集空间的充注效率，并最终影响油气的运移聚集。砂岩的渗透率高，层内超压会很快传播，在流体势的驱动下，深部超压能量通过连通砂体、开启的断裂或不整合面等几乎可以无损失传递到浅部储层，东营凹陷许多油源断层很好的沟通了洼陷中深部沙四段上亚段—沙三段下亚段烃源岩和正向构造带上较浅层位的储层。在这些油源断层附近区域，洼陷中的含烃流体沿断裂向上运移的同时也使深部超压传递至浅部。比如纯化油田，在 2300m 左右压力系数就达 1.4 左右。

另外东营凹陷不同水动力系统的流体演化过程及其油气成藏模式不同。凹陷深部的沙四段上亚段、沙三段下亚段和沙三段中亚段下部地层处于异常压力系统内，为异常压力系统内成藏模式，沙二段以上地层则为异常压力系统外成藏模式。以下按照不同古流体演化时期阐述流体演化与油气成藏的关系。

1）东营组沉积以前

该时期东营凹陷为伸展断陷期，总体以沉积埋藏作用为主，随着埋深的增加，地层的温度不断上升，同时压实作用使得岩石的孔隙度、渗透率不断减小。当达到一定埋深时，开始发生成岩作用。根据这一阶段的岩石特征及埋藏历史，洼陷区在持续沉降阶段，沙四段上亚段—沙三段下亚段地层剩余压力一直增加，剩余压力最大超过17MPa，沙三段下亚段剩余压力较低，最大不超过10MPa，总体上看，在东营组沉积末期抬升前，沙三段以上地层的剩余压力总体较低，特别是沙二段，其剩余压力基本在2MPa以下。

沙三段下亚段、沙四段在不断增加的上覆地层压力及地层温度的作用下，饱含流体的疏松沉积物固结成岩、孔隙度降低，至东营组沉积末抬升剥蚀前，洼陷内高泥质含量的沙三段下亚段、沙四段埋深处于2000m至3000m之间，该时期盆地的持续沉积埋藏使得沙四段—沙三段烃源岩发生热演化并进入生烃门限，在这一过程中，含烃酸性流体的形成导致地层流体压力增高，产生剩余压力。该时期整体为油气生成阶段。

2）东营组沉积末期（距今24.6Ma）

该时期沙四段发育超压，烃源岩成熟度较低，沙三段中—下亚段为常压系统，在东营组沉积末期整体抬升剥蚀的构造背景下，沙四段超压随断层活动向上部层系发生压力释放，高矿化度沉积埋藏水携带低成熟度油气穿层越流至上部层位聚集成藏，油气成藏主要以洼陷区和北部断裂带为主。该时期地层抬升遭到剥蚀，上覆地层负荷应力减小，原有的平衡打破，发生以流体运移为主要形式的能量重新分配，高压区的压力向低压区传递，压力演化朝新的平衡方向进行。由于此时仅在洼陷深处的烃源岩处于成熟生烃阶段，高压区的范围也相对较小，油气的充注范围相对较小。

该时期洼陷区沙四段、沙三段处于相对封闭的超压流体动力环境，在异常压力下，烃源岩层向相邻储层垂向排烃，油气在储集体内发生较大规模的侧向运移，形成以厚层泥质烃源岩包裹的浊积砂体为主要储层的油气藏，具相对封闭和半封闭特征，为自源封闭型成藏动力学机制（图8-21）。

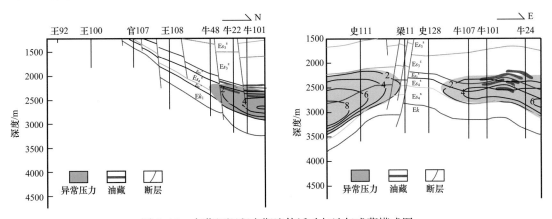

图8-21　东营组沉积末期流体活动与油气成藏模式图

3）馆陶组沉积时期（距今15—10Ma）

该时期东营凹陷各洼陷的沉积速率相对较低，甚至低于抬升前最低的沙二段和东营组沉积时期，洼陷内早期深湖、半深湖环境下沉积形成的沙四段上亚段和沙三段下亚段两套优质烃源岩埋深持续增大，地层温度升高，沙四段上亚段和沙三段下亚段烃源岩整体进入大量生烃阶段。生烃作用及其所引起岩石结构及地层流体性质的改变极大提高了孔隙的剩余压力，一方面，大分子沥青对孔隙喉道具有一定的封堵作用，同时生成的烃类物质占据一定孔隙体积，形成两相或三相流体，使水的有效渗透率下降，孔隙流体难于排出。另一方面，有机质由固体干酪根变成液态油，其体积发生一定的膨胀，同时，固体干酪根的转化还使烃源岩的岩体骨架发生一定的改变，使一部分由岩体骨架承受的上覆压力转移到由孔隙流体承担，使孔隙流体剩余压力升高，洼陷内的烃源岩岩体内均处于超压状态，一旦出现压力平衡状态打破的事件，超压流体（包括油气）发生排放和穿层运移，从而使油气富集于压力过渡带或浅部静水压力系统。超压体越大、超压越强，超压流体的排放能力越强。

对于烃源岩体内部的储层，储集体就包裹于烃源岩地层内或紧邻烃源岩地层，油气运移距离短，生成的油气可以直接进入储层，同时也将烃源岩层内的超压传递到储层中，对于储层中的邻源超压类型，其相邻泥岩的超压成因不同，对储层含油气性的影响不同。一方面，仅与周围泥岩压实相关形成的储层超压，不论其所处的构造位置，在主成藏期来临时若已形成超压，根据其超压强度不同程度地阻碍新生含烃流体的充注，因而造成储层含油气性的差别。另一方面，若周围泥岩存在生烃增压机制，这种生烃超压无疑是为烃源岩层内及紧邻地层中的油气运聚提供了最有效的直接动力来源，它对形成的储层超压贡献越大，储层内聚集油气量也越大。例如牛庄洼陷常压系统的油藏，其含油饱和度一般在55%～65%之间，很少超过65%，而对于超压（压力系数大于1.2）油气藏，油藏的含油饱和度一般大于65%，表明超压体系内的油藏具有较高的含油饱和度。

该时期一方面地层流体携带中等成熟度油气随离心流向洼陷边缘运聚，另一方面沙四段和沙三段异常压力范围再次扩大，为超压流体二次排放优势通道的形成提供了动力条件，断裂是超压体系卸压的重要渠道，超压的积累可以使处于静止期（呈封闭状态）的断裂开启，从而使在静水压力条件下起封闭作用的断层成为超压流体二次排放的优势通道，成为幕式排放的主要途径。该时期形成的洼陷区沙三段中亚段岩性油藏为超压封闭的成藏环境，断裂密集发育的中央断裂带区域的构造油藏则为常压开放的成藏环境（图8-22）。

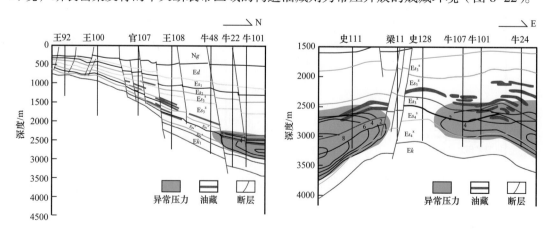

图8-22　馆陶组沉积时期流体活动与油气成藏模式图

4）明化镇组—第四系沉积时期（距今 6Ma 以后）

该时期烃源岩成熟—过成熟，超压范围进一步扩大，超压幅度进一步加强，地层流体携带高等成熟度油气随离心流向洼陷边缘运聚，或随超压释放导致的穿层越流向上部层位运聚。此时期形成的油藏主要分布在盆地边缘凸起和斜坡区，绝大多数形成的油气藏为开放的常压环境，主要为相对低势区成藏，同时沙四段和沙三段岩性油气藏和构造—岩性油气藏仍有大量的油气充注（图 8-23）。

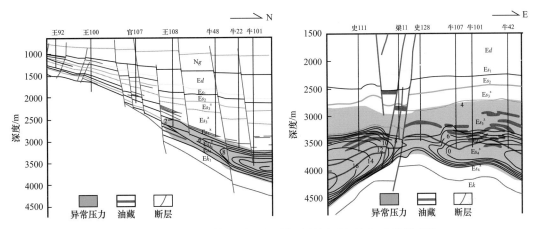

图 8-23 明化镇组—第四系沉积时期流体活动与油气成藏模式图

总之，古流体的演化过程也是地层水活动与油气成藏的动态作用过程，东营凹陷经历了东营沉积末期沙四段高矿化度沉积埋藏水携带沙四段型油气沿断层或裂缝向沙三段运移，馆陶组沉积期之后又经历了沙三段低矿化度沉积埋藏水携带沙三段型油气在离心流作用下继续充注，从而在牛庄洼陷区沙三段形成了低矿化度沉积埋藏水背景下的沙四段型、混源型油藏。

第三节　地　热　资　源

济阳坳陷地热资源十分丰富，地温梯度平均为 3.7℃/100m，最高达 6.06℃/100m，1000m 深处的温度可达 48～65℃，1500m 深处的温度可达 63～80℃，平均热流值为 1.58 热流单位，高于华北平原其他地区（华北平原平均值为 1.47 热流单位），形成了本区以中、低温热水型为主的层状热储型地热资源区（表 8-5）。

表 8-5　地热资源温度分级（GB/T 11615—2010）

温度分级		温度 t 界限 /℃	主要用途
高温地热资源		$t \geqslant 150$	发电、烘干
中温地热资源		$90 \leqslant t < 150$	工业利用、烘干、发电
低温地热资源	热水	$60 \leqslant t < 90$	采暖、工艺流程
	温热水	$40 \leqslant t < 60$	医疗、洗浴、温室
	温水	$25 \leqslant t < 40$	种植、养殖

一、地热成因

我国规定地温梯度超过 3.5℃/100m 为地热异常，地温梯度也称为地热增温率，指地球不受大气温度影响的地层温度随深度增加的增长率，通常用自恒温层以下每加深 100m 所升高的地温值（℃/100m）来表示（徐世光等，2009）。济阳坳陷地温梯度 3.4～4.2℃/100m，大部分地区属于地热异常区，地温梯度大于 4.0℃/100m 的区域主要分布于鲁西隆起、埕宁隆起及各个凸起区，洼陷区地温梯度较低，表明热储距离基岩越近，地温梯度越大，地热异常越明显。

中国位于环太平洋地热异常带，地热资源主要有现代活火山型、岩浆型、断裂型、断凹盆地型四种类型。济阳坳陷属于分布在断凹盆地中的水热型低温地热资源，水热型地热资源的热成因机制主要有两种，一种是沿断裂破碎带的冷热水对流形成的断裂带型成因机制，另一种是沿固体岩层传导形成的沉积盆地型成因机制。以下从该区的热源、热传导通道、热传递方式进行地热成因分析。

1. 热源

地热是主要地球物理场之一，地热能是地球的本土能源。地表热流由来自地球深部的热量和地壳岩石中放射性元素衰变产生的热量两部分构成，即地幔热流和地壳热流组成。济阳坳陷所属的渤海湾盆地整体处于环太平洋地热分布带，大地热流值在 $60mW/m^2$ 以上。大地热流包括地幔热流和地壳热流，其中地壳热流可以用地壳生热率与地壳厚度加权计算得到（地壳热流等于地壳平均生热率与地壳厚度的乘积），借用华北地区地壳岩石的放射性生热率数据 0.76～0.90μWm^{-3}（阎敦实等，2000），地壳厚度数据 31.5km，计算可得研究区地壳热流为 24～28mW/m^2，占该区大地热流的 34%～40%。地幔热流占整个大地热流的比例为 60%～66%，地幔热流贡献大于地壳热流，属于"热幔冷壳"，这是由于华北盆地中—新生代以来受东边太平洋板块的影响，使整个地幔受到扰动，地幔热流大量释放造成的。因此，济阳坳陷的热源主要为地幔热流。

2. 热传导通道

热传导通道主要包括断裂破碎带和沉积岩层两种类型。断裂型热传导通道一般是指活动性断裂，活动性断裂造成深部热水的上涌，从而形成断裂带型地热异常。岩层传导主要是依靠地质历史时期形成的岩层由地球深部向上传导，从而形成沉积盆地型地热资源（图 8-24）。前者主要以热泉的形式直接出露地表，可开发的地段限于在地表有地热显示及其相关构造分布的地区，其分布受地质构造的控制。后者埋藏于地下深处的各热储层中，地热由地球内部的热向外传导提供，岩层固体传导一般形成沉积盆地层状热储，地温场分布受区域构造背景控制。两者最大的区别在于是否存在活动性断裂带。

济阳坳陷经历了裂陷期、断陷期和坳陷期等不同的构造演化阶段，裂陷期、断陷期区内断裂活动十分频繁。至断陷末期东营组沉积时期，北部断层仍有较强的活动性，在东营组沉积时期之前的地质历史时期，可能存在由于断裂活动导致的冷热水对流型地热系统，但在经历了长达 25Ma 的新近系馆陶组—明化镇组和第四系沉积时期的构造演化之后，深大断裂的活动性大大减弱，已经不具备形成对流型地热系统的先天条件。根据济阳坳陷馆陶组地层水的地质年龄测定，馆陶组地层水与地层年龄接近，再结合之前东营凹陷流体成因的分析，地层水为沉积埋藏水，没有接受过年龄较新的大气水的补给，也表明研究区内不存在冷热水对流的地热成因机制。济阳坳陷的地温场分布特征也表明其地温梯度明显受区域构造背景的控制，断裂带对于地热异常基本没有控制作用，热传导通道为沉积岩层。

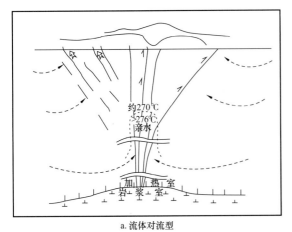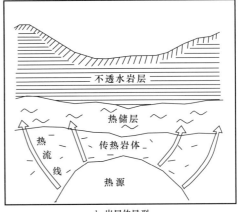

a. 流体对流型　　　　　　　　　　　b. 岩层传导型

图 8-24　水热型地热资源热传导通道类型

3. 热传递方式

与热传导通道相对应，地球内部的热量向外传递形成地热资源的过程中主要有两种热传递方式：热传导和热对流。热传导是指地球内部的热量沿岩层向上传导，一般形成沉积盆地型地热资源；热对流在山区常见，补给区接受大气降水补给，地面冷水渗入到储层中，经过深部循环被加热后沿断裂带上涌，形成热泉。济阳坳陷在裂陷和断陷地质历史时期，可能曾经具有沿活动断裂的热对流型传递方式，但在经历了断裂活动性大大减弱的新近纪—第四纪的构造沉积演化过程之后，热传递方式以热传导为主。

由此，济阳坳陷地热成因为岩层传导的沉积盆地型层状热储。

二、热储展布

济阳坳陷的地热资源主要分布于下古生界碳酸盐岩地层和古近系、新近系碎屑岩地层中，热储层状展布。热储的发育演化主要受控于郯庐断裂带的活动，经历了三叠纪褶皱隆升、侏罗纪—白垩纪块断抬升剥蚀、古近纪块断改造和新近纪整体坳陷掩埋四个阶段，在印支、燕山、喜马拉雅等多期构造挤压、拉张应力的作用下，形成了不同方向、不同类型的前古近系构造格局。后期的北东（北东东）方向的构造反转、叠置于前期的北西（北北西）方向的构造格局之上，形成了块断、断块、滑脱、残丘等多种覆盖型石灰岩潜山类型，为下古生界石灰岩潜山热储的形成奠定了基础。

新生代以来，济阳坳陷经历了裂陷期、断陷期、坳陷期等不同的构造演化阶段，形成了厚层的碎屑岩沉积，包括古近纪断陷期和新近纪坳陷期 2 个构造层。古近纪以来济阳坳陷主要表现为多组北东向断层的形成并控制沉积沉降，最终在东营、沾化、惠民、车镇凹陷内形成了多个小洼陷。古近纪末期，控凹边界断层基本停止活动，在凹陷内部沉积层中发育了大量浅层断层，使凹陷内部的沉降—沉积中心发生分散，断陷鼎盛时期凸洼相间的构造格局被破坏，地势相对平坦，此时济阳坳陷的沉降中心已经由南部各凹陷迁移至沾化—埕岛地区，再加上鲁西隆起东南部受走滑推挤而抬升形成剥蚀区，古近纪末期济阳坳陷东部的构造形态已不同于断陷鼎盛时期"北断南超"的箕状形态，整体表现为由南向北至埕北地区倾斜的单斜式构造，这种构造格局一直持续至新近纪馆陶组沉积时期，对古近系—新近系热储的形成具有重要影响。

1. 下古生界热储

济阳坳陷下古生界寒武系—奥陶系石灰岩热储形成于古生代时期鲁西地块沉降海相沉积，之后遭受多期块段抬升剥蚀构造运动，形成了现今复杂多样的单斜残丘潜山带、内幕褶皱块断潜山带等不同的覆盖型石灰岩潜山。由于多次构造抬升且出露地表时间较长，潜山顶部岩溶作用强烈，发育深度较大，在石灰岩潜山顶部形成风化壳淋滤型岩溶储层，明显好于内幕储层。

对于风化壳储层，北西向潜山带的主控断层在古近纪早期即停止活动，不再遭受抬升剥蚀，多由古近系覆盖，埋藏相对较深；而北东向的埕南、义和庄、广饶、埕东—埕南等潜山带则埋深较浅，如广饶石灰岩潜山顶板埋深为600～800m，陈家庄潜山带顶板埋深为900～1100m，且经历了包括古近系在内的多期风化淋滤作用，储层孔渗性相对北西向潜山带明显较好。而北东向潜山带内凹陷边部仅被新近系覆盖，受风化淋滤时间最长的凸起区内，储层孔渗性明显好于埋藏较深的被古近系—上古生界覆盖的斜坡区。

因此，济阳坳陷石灰岩热储主要分布在广饶凸起、陈家庄凸起、义和庄凸起、埕东凸起等四个潜山带，且以馆陶组直接覆盖下古生界碳酸盐岩之上的石灰岩潜山部分地热资源的可利用性较好。

2. 古近系—新近系热储

济阳坳陷东部在东营组沉积时期形成了整体由南向北不断推进的济阳三角洲沉积体系，之后地层抬升遭受剥蚀。进入馆陶组坳陷沉积时期，整体形成了沉积基准面不断上升的冲积扇—辫状河—曲流河沉积体系，该套砂体埋深浅、孔渗性好、有效盖层厚，是区域内较好的热储地层。另外由于东营组和馆陶组内部的热储类型不均一，为更好地进行资源评价，综合利用岩心、录井、测井、地震等资料，根据基准面沉积旋回，将东营组划分为东一段、东二段、东三段3套热储层，馆陶组划分为馆上段、馆下段2套热储层。东一段—馆下段及坳陷南部东二段以辫状河沉积为主，坳陷北部东二段及东三段发育三角洲沉积。热储以东一段—东三段辫状河—三角洲砂体、馆陶组曲流河—辫状河河道砂体为主。东一段—东三段热储层南薄北厚；馆下段在全区均有分布，厚度大于100m，受古地貌控制，仍表现出南薄北厚的沉积特征。

受沉积体系的控制，由鲁西—广饶凸起、垦东凸起向北沿物源方向发育三角洲及辫状河道砂岩厚度中心，受古地貌及凸起区—凹陷区抬升剥蚀程度不同的影响，济阳坳陷东部砂岩仍表现为洼陷区较厚、边缘凸起区较薄的特点，西部惠民、车镇凹陷砂岩厚度较大区域沿控凹断层继承性展布。总体来看，热储物性条件较好，砂岩孔隙度为15%～30%，大部分地区大于20%。

三、地热资源潜力

济阳坳陷中—低温层状热储适合采用热储法进行计算，热储法是通过计算储层孔隙体积内地热流体和热储岩石所含的热量来进行地热资源量的评价，计算过程中所需要取得的参数主要包括面积、砂岩厚度（石灰岩有效厚度）、孔隙度、岩石比热、温度、基础温度等。其中基准温度按照济阳坳陷恒温层温度14.75℃取值，其他对于岩石密度、水的比热和密度等参数的选取，直接选用国标经验值。

热储法计算公式：

$$Q_R = Ad\left[\rho_c C_c(1-\phi) + \rho_w C_w \phi\right](t_r - t_j) \tag{8-3}$$

式中　Q_R——地热资源量，kcal；

A——热储面积，m^2；

d——热储厚度，m；

ρ_c、ρ_w——分别为岩石和水的密度，kg/m^3；

C_c、C_w——分别为岩石和水的比热容，$kcal/(m^3 \cdot ℃)$；

ϕ——岩石的孔隙度，%；

t_r——热储温度，℃；

t_j——基准温度（即当地地下恒温层温度或年平均气温），℃。

通过计算，济阳坳陷地热总资源量为$738.8 \times 10^9 GJ$，折算标准煤$280.7 \times 10^8 t$，以低温热水（60～90℃）和低温温热水（40～60℃）为主，其中低温热水占总储量的55%，低温温热水占总储量的30%；层系上以馆陶组和东营组最为发育，地热资源分布广，潜力较大。

四、地热资源开发利用

1. 凸起区高地温异常带早期开发利用

草桥潜山构造带、陈家庄凸起、孤岛凸起与义和庄凸起，均是济阳坳陷的高地温异常带分布区，也是地热开发利用较早的区域。

1）草桥潜山构造带

位于广饶凸起北坡的草桥潜山构造带，寒武系、奥陶系石灰岩顶面埋深586～1900m，其上被新近系馆陶组、明化镇组、第四系平原组所覆盖，根据5口井的测温资料统计，本区平均地温梯度为4.36℃/100m，800m深度地温一般为47℃，最高49℃。地温等值线与该区主要构造线方向一致，与下伏基岩面的超覆变化相吻合，且有两处地温高点：通古5井高点和草2井高点。

草2井取水井段为奥陶系石灰岩，日自流量为$600m^3$，井口温度56℃，用静储量法计算储量（$K=125.6 \times 10^5 m^3$），按年用水量$21.9 \times 10^4 m^3$计算，可用57年。目前广饶县已在此井投资建成罗非鱼养殖场、温泉疗养院，收到了较好的经济效益。

2）陈家庄凸起

平均地温梯度为3.93℃/100m，属中温带。该凸起由泰山群、寒武系、奥陶系组成。新近系馆陶组直接覆盖在凸起之上。该区基岩段的地温梯度较低，盖层地温梯度高，最高者可达4.27℃/100m，1000m深处的地温平均为53.4℃。陈家庄凸起具有四套不同的含水系统：南侧基底泰山群花岗片麻岩含水层，矿化度较高，一般在11g/L左右，为$CaCl_2$型水；北侧沙河街组含水层，矿化度仅5.7～6.9g/L，为$NaHCO_3$型水；凸起高部位下古生界寒武系、奥陶系石灰岩岩溶发育，具有统一的水力系统，地下水矿化度9g/L，为$NaHCO_3$型水；馆陶组含水层孔隙度高，含水层颗粒粗，地下水储量大，矿化度高，为 11～14g/L，由 NaHCO$_3$ 型水过渡至 CaCl$_2$ 型水，地下水一般均具有自喷能力。

3）孤岛凸起

该凸起是一个被断层复杂化了的新近系披覆背斜，基底为古生界寒武系、奥陶系石灰岩。该凸起平均地温梯度为 3.64℃/100m，最高达 6℃/100m。其中古生界潜山地温梯度为 3.62℃/100m，而盖层馆陶组地温梯度为 4.05℃/100m，最高达 4.42℃/100m。孤岛凸起上大地热流量为高值区，如孤古 2 井平均热流量为 1.73HFU，超过沾化凹陷的平均值，使凸起形成高地温梯度、高热流量的地热异常区。

从钻遇的寒武系、奥陶系石灰岩井的资料来看，均发现有放空和漏失现象，说明石灰岩储水性好，为地下水的赋存创造了良好的条件。地下热水水化学成分相差较大，不同构造部位、不同井段具不同的水化学特征。潜山热水矿化度一般为 15.5g/L，水型以 CaCl$_2$ 型水为主，NaHCO$_3$ 型次之。

2. 碎屑岩热储采灌结合地热资源开发利用

济阳坳陷以中低温地热资源为主，在地热供暖、养殖等方面具有巨大的利用潜力。但济阳坳陷地层水多为沉积埋藏水，在地热井持续开采过程中，由抽水井向周边会形成水位降落漏斗，沉积埋藏水补给条件差，降落漏斗的形成会导致地层压力降低，抽水效果变差。因此为了保持地层压力，并且减少地面热污染和保证地热资源的绿色可持续利用，地热流体必须实施回灌。

地热回灌即对经过利用并降低了温度的地热流体通过回灌井重新注回热储，通过热储岩石对已降温的回灌水进行加热从而可以实现循环利用。地热回灌的关键问题是确定合理的采灌井网布局。在满足供热需求确定采水井数量的情况下，回灌井数量增多，可以降低回灌难度，但会造成回灌成本增高；采灌井距过大，会造成回灌压力和成本增加，采灌井距过小，则不能保证热储岩石对回灌水的加热效果。为确保采水井出水温度和出水量恒定，需要进行合理的采灌井网设计，以保证采出的地热流体能够顺利回灌并且保证不产生热突破。

目前胜利油田已经在华瑞小区、临盘宏祥小区、海洋采油厂厂区基地的地热供暖工程项目中进行了采灌式地热资源开发利用的实践。截至目前，海洋采油厂厂区基地深井地热供暖项目、华瑞深井地热供暖项目、临盘宏祥地热供暖项目在过去的五个供暖季实现了平稳运行，其中临盘宏祥地热供暖项目自 2015 年 11 月初投入运行以来，实现地热尾水无压连续回灌 136 天，回灌率 100%。

胜利油田目前已经规划了多个小区的深层地热利用项目。若按照胜利油区现有供暖面积 2528.3×10^{4}m^2 来看，如果 50% 采用地热供暖计算，参照胜利油田已经实施项目的综合经济效益，预计可减少二氧化碳排放 119.64×10^{4}t，实现油田年均收益 5.76 亿元，15 年收益 86.4 亿元，具有良好的经济效益和社会效益，济阳坳陷地热资源开发利用前景较好。

第九章 天然气地质

经过 50 多年的勘探开发，济阳坳陷在胜坨、平方王、永安镇等 36 个油气田发现了天然气藏（田），截至 2018 年底，共探明天然气地质储量 $2640.96 \times 10^8 m^3$，其中溶解气地质储量 $2271.57 \times 10^8 m^3$，气层气地质储量 $369.39 \times 10^8 m^3$，控制储量 $68 \times 10^8 m^3$。

截至目前，济阳坳陷天然气藏分布在明化镇组、馆陶组、东营组、沙河街组、孔店组、石炭系—二叠系和奥陶系（图 9-1），埋深范围 200～5000m。1964 年 4 月，东营凹陷永安镇地区钻探的永 21 井在 $E_{2-3}s_3$ 1848.6～1860.2m，9mm 油嘴测试获得日产 $19.27 \times 10^4 m^3$ 的工业气流。1991—1993 年，开始利用"亮点"技术对浅层天然气进行勘探，探明的天然气地质储量占总储量的 61%～90%。1994 年运用地震"亮点"技术在陈家庄凸起、三合村斜坡带、垦西断裂带等地区进行浅层天然气滚动勘探开发，累计新建产能 $150 \times 10^4 m^3/d$。1996 年先后在民丰—永安镇断裂带、高青—花沟断裂带等进行勘探部署，中层气勘探取得突破，丰气 1 井于沙二段 1601.8～1732m 发现气层 5 层 15.6m，在 1601.8～1606.5m 井段测试，7mm 油嘴日产气 90018m³；丰气斜 101 井于沙二段 1586.5～1593.21m 井段 3mm 油嘴日产气 $4 \times 10^4 m^3$。2000 年以后加大深层天然气勘探力度，先后在东营北部陡坡带、孤西断裂带发现了深层裂解气和煤成气。2001 年在东营凹陷北部陡坡带钻探的丰深 1 井于 4314.10～4495.4m 井段进行压裂测试，获得日产天然气 $7 \times 10^4 m^3$，日产轻质油 20t（为凝析气藏）。此后相继部署的丰深 3 井于沙四段下亚段测试日产天然气 $2.64 \times 10^4 m^3$，坨深 4 井于沙四段下亚段获得日产天然气 $1.8 \times 10^4 m^3$。2004 年完钻的孤北古 1 井在石炭系—二叠系 4020.65～4139.5m 井段 8mm 油嘴日产气 56202m³，进行二氧化碳压裂，6mm 油嘴，日产气达到 $11.67 \times 10^4 m^3$。

第一节 天然气成因类型

济阳坳陷发现的天然气类型较多，按天然气的产状可分为气层气、气顶气和夹层气；按天然气组分分为干气、湿气及混合气；按天然气成因类型可分为烃类气和非烃气。烃类气可进一步细分为油型气、偏腐殖型气及煤型气；非烃气可分为有机成因二氧化碳气和无机成因二氧化碳气。

甲烷碳同位素是天然气成因分析的重要参数。许多学者利用甲烷碳同位素确定无机成因甲烷（戴金星，1988，1992；张义纲等，1991；沈平等，1991；Hulston 和 McCabe，1962；Welham 和 Craig，1979；Abrajano 等，1988；Jenden 等，1993）。我国许多温泉中有无机成因的甲烷，例如云南省腾冲市澡塘河（戴金星，1988）、内蒙古克什克腾旗热水镇（宋岩和王大锐，1993）等。在新西兰许多地区、东太平洋北纬 21° 处洋中脊等也发现无机成因的甲烷（Hulston 和 McCabe，1962；Lyon 和 Hulston，1984）。划分无

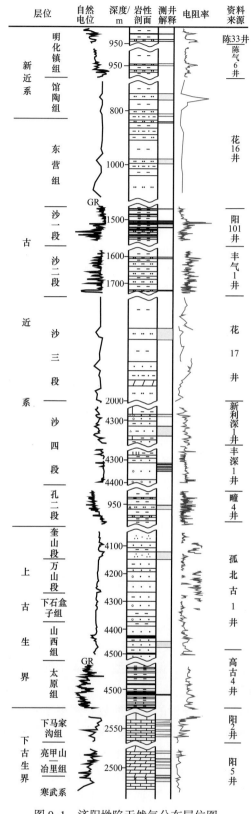

图 9-1 济阳坳陷天然气分布层位图

机成因和有机成因甲烷的 $\delta^{13}C_1$ 界限值主要有两个代表值,一个大于 –20‰,另一个大于 –30‰。济阳坳陷采用戴金星等(1997)无机成因和有机成因甲烷的 $\delta^{13}C_1$ 界限值为大于 –30‰。

一、烃类气

胜利探区发现的烃类气按成因类型分为油型气、煤型气及偏腐殖型气。

1. 油型气

按照有机质演化阶段的不同,油型气可分为细菌降解油型气、生物热催化过渡带气、原油伴生气及裂解气(图 9-2)。

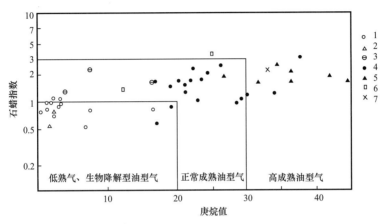

图 9-2 济阳坳陷油型气成熟度分类图

1—孤东、孤岛、单家寺、胜坨浅层;2—羊角沟、沧1井(黄骅);3—八面河;
4—东营凹陷、沾化凹陷沙河街组;5—桩西潜山;6—渤南沙四段;7—义132井

1)细菌降解油型气

细菌降解油型气是浅层天然气的主要类型,系指不同类型有机质在未成熟阶段由厌氧细菌的生物化学作用形成的天然气。在厌氧环境中,微生物通过复杂的生物化学作用使有机质转化为有机酸、二氧化碳和氢,再通过合成作用使二氧化碳和氢转变为甲烷。以孤岛、孤东油气田为主,由于天然气遭受细菌降解,致使甲烷、乙烷、丙烷及丁烷碳同位素值偏重 2‰~5‰,甲烷含量普遍大于 95% 以上。

2)生物热催化过渡带气

生物热催化过渡带气是中层天然气的重要类型,埋深为 1200~1500m,有机质演化 R_o 为 0.3%~0.45%,最高可达 0.58%。$\delta^{13}C_1$ 值为 –59.47‰~–51.07‰,平均值为 –55.24‰,济阳坳陷目前仅在阳信地区沙一段发现。

3)原油伴生气

原油伴生气是中浅层天然气的主要类型。烃源岩地层埋深在 2000~3500m,地温介于 50~90℃,R_o 为 0.5%~1.0%,有机质在热降解作用下生成天然气,有机质以生油为主,生气为辅。天然气 $\delta^{13}C_1$ 值为 –55‰~–40‰,永安镇地区永 66 井沙三段上亚段气藏、永 21 气藏天然气 $\delta^{13}C_1$ 值为 –45.2‰~–56.89‰,属正常原油伴生气。

4)裂解气

裂解气是深层天然气的主要类型。地层埋深大于 3500m,地温超过 150℃,R_o 为

1.0%～2.0%，有机质热催化和热裂解生成的天然气，$\delta^{13}C_1$ 值在 −44.66‰～−50.41‰，属于裂解气。东营凹陷丰深 1 井在沙四段 4316～4324m 发现的天然气 $\delta^{13}C_1$ 为 −44.66‰～−50.41‰，$\delta^{13}C_2$ 为 −30.05‰～−34.4‰，即为裂解气。

2. 煤型气

煤型气是煤系有机质（包括煤层和煤系地层中的分散有机质）热演化形成的天然气，按分布状态主要分为煤成气和煤层气（图 9-3）。

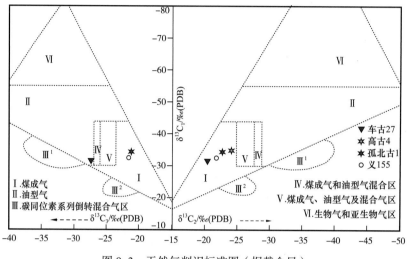

图 9-3　天然气判识标准图（据戴金星）

1）煤成气

煤系内有机质生成的天然气，包括煤层内呈富集状态的有机质和岩层（主要是暗色泥岩）内呈分散状态的有机质生成的天然气，属腐殖型气，其成分以甲烷为主。济阳坳陷中深层都发现了煤成气。曲古 1 井在沙二段发现煤成气，天然气 $\delta^{13}C_1$ 为 −32.64‰；义 155、孤北古 1 井在二叠系发现煤成气，天然气同位素分析 $\delta^{13}C_1$ 为 −35.9‰～−32.17‰，$\delta^{13}C_2$ 为 −23.1‰和 $\delta^{13}C_3$ 为 −21.98‰，甲烷及其同系物碳同位素普遍偏重。

2）煤层气

煤层气是指吸附于煤层本身内的煤层吸附气，成分以甲烷为主。惠民凹陷南斜坡的济古 1 井于埋深 602m 钻遇石炭系—二叠系煤系地层，发现煤层 4 层 4.8m，在未采取任何工艺措施的情况下测试日产天然气 115m³，属于典型的煤层气。

3. 偏腐殖型气

渤南地区沙四段深层天然气属于偏腐殖型气。天然气甲烷碳同位素值介于油型气与煤成气之间。渤深 5、义 112、义 115 井甲烷碳同位素值为 −38‰～−35.93‰，有 $\delta^{13}C_1 < \delta^{13}C_2 < \delta^{13}C_3 > \delta^{13}C_4$，即 $\delta^{13}C_3$ 和 $\delta^{13}C_4$ 发生倒转，为典型的腐殖型天然气的地球化学特征。

二、非烃气

济阳坳陷非烃气主要为二氧化碳气，分有机成因和无机成因两类（图 9-4）。烃源岩有机质在热演化过程中除了有油气等烃类物质生成外，还有一定量的二氧化碳气产生，由于二氧化碳气生气规模有限，难以独立成藏，因此不做详细讨论。

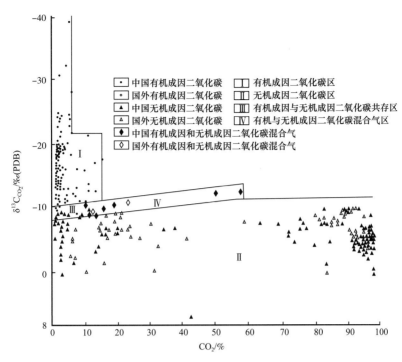

图 9-4   有机成因和无机成因 CO_2 鉴别图（据戴金星，1997 修改）

济阳坳陷已发现的二氧化碳气藏主要是无机岩石化学成因和来自地幔深处的二氧化碳气。平方王、阳信、高青—花沟地区均有发现，二氧化碳含量在 65% 以上，$\delta^{13}C_{CO_2}$ 为 $-3.14‰ \sim -5.36‰$，$^3He/^4He$ 值为 $3.0 \times 10^{-6} \sim 4.49 \times 10^{-6}$。平方王地区二氧化碳气主要是碳酸盐岩在岩浆烘烤下生成的岩石化学成因气，花沟地区花 17 井气藏主要为来源于深部地幔中的二氧化碳气。

第二节   天然气成藏条件

天然气成藏的主要地质条件包括烃源岩条件和保存条件。

一、烃源岩条件

济阳坳陷发育多套烃源岩，与生成天然气有关的烃源岩有石炭系—二叠系和古近系孔店组、沙四段、沙三段和沙一段烃源岩。

1. 石炭系—二叠系烃源岩

济阳坳陷有多口井钻遇石炭系—二叠系煤系地层，分析证实为一套较好的生气烃源岩。

1）烃源岩分布

济阳坳陷石炭系—二叠系含煤地层分为三个含煤组，即本溪组、太原组和山西组。本溪组厚度 30～80m，平均 45m 左右，含不稳定煤线和薄煤层 1～3 层；太原组厚度 150～220m，一般 170m 左右，煤层 8～20 层，单层厚度均不大，小于 1m 者居多，煤层总厚度 20m；山西组厚 60～160m，一般 90m 左右，含煤 2～4 层，单层厚度 2～3m，煤层总厚度约 10m。

太原组煤岩TOC分布区间主要有两个，一是25%～50%，占32%，另一区间为60%～80%，占68%；S_1+S_2也分布于两个区间，一个小于80mg/g岩石，另一个区间为100～200mg/g岩石，占61%；I_H主要分布于100～200mg/g区间，主要为Ⅲ型。山西组煤岩TOC主要分布于55%～75%区间；S_1+S_2略小于石炭系煤岩，为两个区间值，前一个区间值，S_1+S_2小于80mg/g岩石，占43%，第二个区间值为100～200mg/g岩石；I_H也主要分布于100～200mg/g之间，济阳坳陷煤岩为较好—好的烃源岩。

太原组泥岩有机碳大多小于4%，集中分布区间为0.6%～4%；S_1+S_2值小于3mg/g岩石占绝大多数，达88%，S_1+S_2为3～6mg/g岩石占3%，S_1+S_2大于6mg/g岩石占9%；I_H分布也主要在小于100mg/g之内，中等—好气源岩约为40%，整体评价为中—差气源岩。山西组泥岩与太原组泥岩有机碳分布特征相似；有机碳一般分布于小于4%以内，S_1+S_2一般小于4mg/g岩石，I_H分布一般小于100mg/g，整体评价为中—差气源岩。

2）烃源岩演化

根据181块样品分析，济阳坳陷石炭系—二叠系烃源岩镜质组反射率（R_o）主要为0.5%～1.3%，占总样品的73.3%，处于成熟阶段；部分样品R_o大于2.0%，达到过成熟阶段。从R_o的分布特征分析，不同地区存在较强的不均衡性（图9-5）。

纵向上，尽管R_o整体表现为随深度增加逐渐加大的趋势，但是相对分散，同一深度差异较大。烃源岩热演化特征的不均衡性与该套地层历经多次复杂的沉降和抬升有关，现今埋深已不能准确反映其热演化程度。

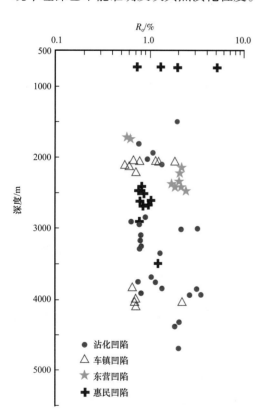

图9-5　济阳坳陷石炭系—二叠系煤系烃源岩
R_o随深度变化图

石炭系—二叠系煤系烃源岩自形成以来先后经历了印支运动、燕山运动、喜马拉雅运动等多期次改造，最终形成了目前的分布和热演化格局。依据该套烃源岩在凸起和凹陷的分布规律，结合埋藏演化史分析，生烃演化过程大致存在以下四种类型：第一类是在燕山和喜马拉雅期均处于隆起区，埋藏较浅，一般不超过2200m，尚未发生大规模生烃过程，如广饶—草桥潜山等，此类烃源岩仅在印支期发生过少量生烃过程，但生烃强度较低，而且由于天然气保存条件较差，不利于成藏；第二类为新生代隆起与中生代凹陷的重叠区，烃源岩在燕山期埋藏深度超过了2200m，较高的地温梯度和较大的埋藏深度使其经历早期生烃过程，但喜马拉雅运动抬升处于隆起区，其后埋藏深度未达到二次生烃门限，如青城凸起区及花沟地区；第三类为中生代隆起与新生代凹陷的重叠区，烃源岩在燕山期埋藏深度较浅，小于2200m，不具备生烃过程，喜马拉雅期由于新生界沉积厚度较大，埋深超过生烃门限值，开始大量生烃，如东营凹陷的石村构造带、惠民凹陷的阳信构造带等；第四类分布于新生代与中生代凹陷的重叠区，烃源岩在燕山期埋深已达到成熟门限并开始早期生烃过程，喜马拉雅期再次沉降，达到二次生烃门限，发生二次生烃过程，如沾化凹陷的孤西构造带、惠民凹陷曲堤地垒带及各凹陷的洼陷带。

石炭系—二叠系煤系来源气藏的有利勘探方向，第一类地区是中生界和新生界凹陷叠合单元，具备二次生烃条件，且石炭系—二叠系保存条件相对较好，是有利的增储领域，目前该类型已经为车古 27 等井的勘探所证实；第二类地区是中生界沉积较薄、新生界沉积较厚的洼陷带，同样具备二次生烃条件，可以形成"古生古储"型和"古生新储"型气藏；第三类地区可寻找燕山期生烃形成的古气藏以及后期调整形成的次生气藏。

2. 古近系烃源岩

济阳坳陷古近纪湖盆沉积厚度较大，烃源岩发育，厚度 1200～1900m，连续厚度可达 500～1000m。

1）烃源岩分布

古近系发育孔二段、沙四段下亚段、沙四段上亚段、沙三段和沙一段烃源岩。

（1）孔二段。东营凹陷东风 1、东风 10 井，惠民凹陷林 2 等井证实孔二段为淡水湖泊—沼泽相。东营凹陷孔二段厚度为 200～1000m，暗色泥岩厚度为 100～400m；有机碳为 0.17%～15.8%，平均 0.5%，氯仿沥青"A"平均 0.073%，干酪根类型为 II_2—III 型，还有少量的 I—II 型干酪根；成熟度 R_o 值最高达 4.2%。孔二段烃源岩有机质丰度较低—中等，综合评价属于中等生气为主的偏腐殖型天然气的烃源岩。孔二段埋藏较深，演化程度较高，该套烃源岩为济阳坳陷一套潜在的气源岩。

（2）沙四段下亚段。东营凹陷沙四段下亚段为间歇性盐湖—盐湖相沉积，主要由棕红色、灰色、暗灰色砂泥岩互层夹盐岩、石膏层和上覆的灰色厚层含盐沉积组成，以北坡的冲积扇—干盐湖体系及湖盆中心大面积分布的膏盐沉积为特征。东营凹陷北带沙四段下亚段从上到下发育三套盐膏层，盐膏层中间发育较厚的深灰色纹层泥岩、膏质泥岩、白云质泥岩等暗色泥岩。东营凹陷北带沙四段下亚段暗色泥岩一般集中在一盐膏集中段内，其次在二、三盐膏段内，厚度一般在 50～250m，占地层比例的 31%～48%，钻遇泥岩累积最大厚度 658m（新东风 10 井），形成东营凹陷北带一套重要的烃源岩层。该套盐膏层暗色泥质烃源岩 TOC 和氯仿沥青"A"含量均较高，TOC 最高为 1.76%，氯仿沥青"A"含量为 0.516%，有机质类型以 II_1 型和 I 型干酪根为主。该套优质烃源岩埋藏纵向跨度大，如丰深 2 井沙四段下亚段烃源岩埋深从 3900m 至 5700m，热演化 R_o 值从 0.93% 至 1.95%，从生油高峰的成熟演化阶段至高成熟、过成熟的裂解气演化阶段。东营凹陷北部沙四段下亚段烃源岩 R_o 高值区主要分布于利津洼陷和民丰洼陷，是深层天然气主要富集区（图 9-6）。

（3）沙四段上亚段。沙四段上亚段为咸水—半咸水湖相沉积，湖盆逐渐扩大，水体逐渐变淡。沙四段上亚段发育富含有机质的暗色泥岩，含少量油页岩，地层厚度 100～400m，暗色泥岩厚度 25～300m，以东营凹陷最为发育，残余有机碳含量 0.37%～7.89%。氯仿沥青"A"含量 0.0033%～2.855%，平均 0.459%。有机质类型以 I 型和 II_1 干酪根型为主，R_o 平均 0.89%。沙四段上亚段气源岩有机质丰度高、类型好、成熟度中等，以生油为主，生气为辅。

（4）沙三段。沙三段沉积时期是湖盆发育的鼎盛时期，水深而面积大，生物繁盛，包括以介形虫为主的淡水水生生物、以沟鞭藻类和疑源类为主的微体藻类和各类陆生植物的孢子花粉等为沉积有机质提供了极为丰富的物质基础。沙三段下亚段发育的油页岩和油泥岩及中亚段的暗色泥岩是沙三段最主要的烃源岩。由于后期湖盆范围缩小，水体变浅，沙三段上亚段烃源岩不发育。沙三段中亚段、下亚段埋深适中，R_o 值为 0.4%～0.7%，属成熟烃源岩，处于生油高峰期的油、气共生窗内，是济阳坳陷中浅层最好的气源岩。

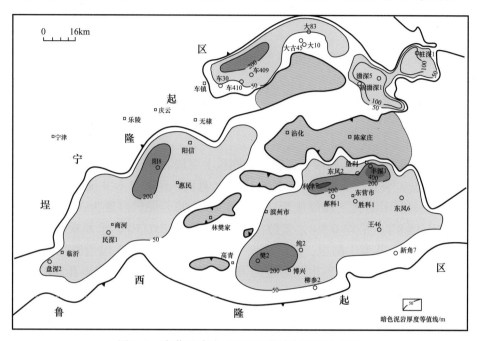

图 9-6　东营凹陷沙四段下亚段暗色泥岩分布图

（5）沙一段。沙一段厚 100～400m，以灰、深灰色泥岩、油页岩为主夹石灰岩。暗色泥岩厚 80～300m。沙一段为稳定开阔湖相沉积，气候温湿、生物繁茂、有机质丰富，残余有机碳含量 0.11%～7.02%。沾化和车镇凹陷沙一段有机质丰富，以 I 型干酪根为主。沙一段埋藏较浅，在东营凹陷一般 1100～2500m，惠民、沾化及车镇等凹陷一般为 1500～3200m，R_o 一般为 0.3%～0.45%，有机质成熟度低，以生成生物气为主。

2）烃源岩演化

据室内人工热演化生气试验所揭示的反应途径、产物和机理，以及济阳坳陷的地球化学资料，并参照前人的成果，对天然气的生成过程进行了垂向成因分带：有机质处于未成熟阶段（R_o 小于 0.25%，埋深小于 1000m），属于浅层生气带，在此阶段只能生成气态烃类；有机质进入生油门限后达到低成熟—成熟阶段（R_o 为 0.25%～0.81%，埋深为 1000～4000m），属于油气兼生以油为主的阶段；有机质达到高成熟阶段（R_o 为 0.87%～2.5%，埋深为 4000～7000m），液态烃生成量减少，气态烃生成量显著增加，气、油生成比由低成—成熟阶段的 0.6%～2.0% 增至 2.0%～2.5%；有机质达到过成熟阶段（R_o 大于 2.5%，埋深大于 7000m）以后，基本以生干气为主。

二、保存条件

天然气的保存条件主要包括盖层、储盖组合配置、压力及圈闭的有效性。

1. 盖层条件

盖层是天然气成藏的重要条件，济阳坳陷发育古生界、沙四段、沙三段、沙一段、馆陶组、明化镇组等多套有利盖层。

1）古生界

古生界发育较厚的泥岩，不仅可作为有效的烃源岩，还可作为石炭系—二叠系内部储层的盖层。

本溪组底部40～60m的紫红色含铁质页岩和铝土质泥岩，全区稳定发育，直接覆盖在下古生界储层之上，作为下古生界奥陶系石灰岩储层的有效盖层。

石炭系—二叠系是古生界油气藏的一套重要的局部盖层，岩性以灰色页岩、泥岩为主，夹薄煤层和致密砂岩。泥岩厚度占地层厚度的50%～70%，泥岩单层厚度一般为2～5m，最厚20m，是石炭系—二叠系煤成气藏成藏的优越盖层条件。

2）沙四段

沙四段沉积末期，气候干热，湖盆分割性强，凹陷中沉积了一套以各种扇体为主的砂砾岩及盐膏岩、灰质泥岩等陆源化学沉积物，埋藏深度大于3000m（图9-7）。泥岩的黏土矿物成分主要为伊利石和伊蒙混层矿物。平面上，洼陷中心部位主要为盐膏岩、膏泥岩分布区，但连续性较差，向斜坡带渐变为灰质泥岩和泥岩。盐膏岩、盐膏单层厚度较小，一般为3～5m，且多与灰质泥岩及砂岩呈不等厚互层。沙四段的盐膏岩及灰质泥岩所组成的盖层，是洼陷深部天然气的区域盖层。

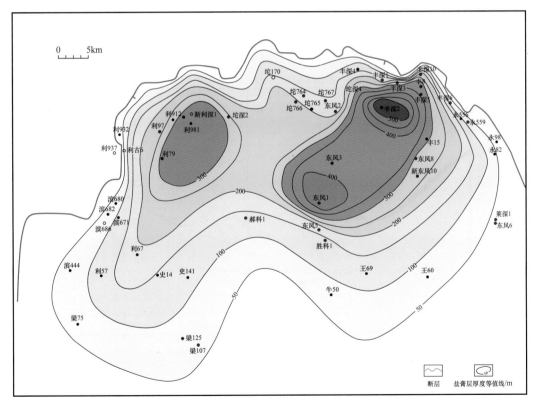

图9-7　东营凹陷沙四段下亚段盐膏层厚度图

3）沙三段

沙三段沉积初期，气候湿热，湖盆水域较前期进一步扩大，主要沉积了一套深湖相灰色泥岩和油页岩夹浊积砂体，泥岩叠合厚度在300m左右，最大叠合厚度在900m以上（东营地区），埋藏深度大于2000m，黏土矿物成分以蒙伊混层矿物为主。沙三段中亚段、下亚段砂岩含量少，是良好的中层气盖层。

4）沙一段

沙一段沉积时期，气候湿热，水域广阔，主要沉积了一套半深湖相的灰色泥岩，在湖盆边缘的斜坡、台地和水下隆起等地带，沉积了沙坝、生物粒屑灰岩滩。泥岩较纯，黏土矿物以蒙伊混层矿物为主。泥岩遍布于整个凹陷区，分布稳定，连续性好，砂岩含量仅占地层厚度的20%左右。

5）馆陶组和明化镇组

馆陶组和明化镇组主要发育河流相泛滥平原亚相的泥岩、含砂泥岩及砂岩的陆源沉积物。泥岩的黏土矿物成分以蒙皂石为主，少见伊蒙混层矿物，岩石呈塑性。在平面上，泥岩覆盖整个济阳坳陷，泥岩叠合厚度一般为400m左右，砂岩占地层总厚度的23%以下。馆陶组和明化镇组的泥岩是浅层天然气的区域性盖层。

2. 储盖组合

济阳坳陷发现的天然气主要分布在奥陶系、石炭系—二叠系、沙四段下亚段、沙三段、沙一段、馆一段、明二段。根据气源分布特点，从下至上主要分为以下五套组合。

1）古生界生储盖组合

石炭系—二叠系烃源岩侧向对接奥陶系石灰岩储层，上覆本溪组铝土质泥岩为盖层，形成古生界侧生中储的有利配置组合，以车古27井气藏为例（图9-8）。

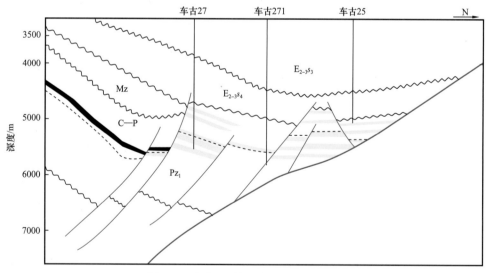

图 9-8　车古 27 井下古生界源储组合

2）石炭系—二叠系生储盖组合

以煤系地层为气源，石炭系—二叠系内部发育的砂岩、粉细砂岩为储层，上覆层系发育的泥岩为直接盖层的自生自储自盖的生储盖组合气藏。石炭系—二叠系大多为这类生储盖组合，以车古 27 井气藏为例（图 9-9）。

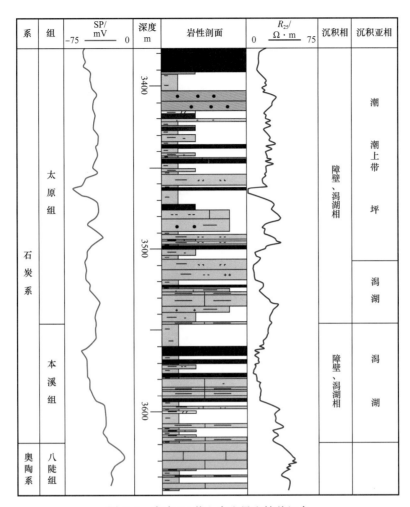

图 9-9　车古 27 井上古生界生储盖组合

3）沙四段下亚段生储盖组合

沙四段下亚段为烃源岩，本层砂岩、砾岩为储层，侧方的砂砾岩扇根为封堵层。东营凹陷北带砂砾岩体气藏以沙四段盐湖相烃源岩为烃源岩，扇三角洲平原和前缘砂为储层，扇根侧向封堵，如丰深 1 井气藏。此外还发育沙四段下亚段滩坝砂岩与烃源岩形成自生自储自盖的生储盖组合（图 9-10）。

4）沙三段生储盖组合

以沙三段暗色泥岩为烃源岩，沙三段中亚段三角洲砂岩为储层，上覆泥岩为盖层的自生自储自盖的生储盖组合，如东营凹陷永 21 井气藏。

5）馆一段、明化镇组储盖组合

沙河街组暗色泥岩为烃源岩，馆一段、明化镇组沉积的河流相砂岩为储层，馆一段、明化镇组沉积的泛滥平原泥岩为盖层的下生上储上盖组合（图 9-11）。

3. 异常高压

Hunt（1990）指出，大多数沉积盆地中有上下封隔层呈区域平板状，边部封隔带呈垂直的板块，构成流体封存箱，且往往具有异常地层压力，促进了气藏的形成。钻井及测试资料显示，东营凹陷沙四段下亚段以盐膏层为界，下部生成的天然气被上覆膏盐层封隔而形成异常高压气藏。东营凹陷北部民丰洼陷丰8井在位于盐膏层之下的4176.5m，压力为56.11MPa，压力系数1.37，呈现明显的异常高压。将沙四段下亚段的顶部巨厚膏层和暗色泥岩作为压力封存箱的顶界，中部和下部的巨厚膏盐层和暗色泥岩作为压力封存箱的底界。该套烃源岩生成的天然气，只能在其间发育的岩性或构造—岩性圈闭中成藏，对天然气起保存作用。

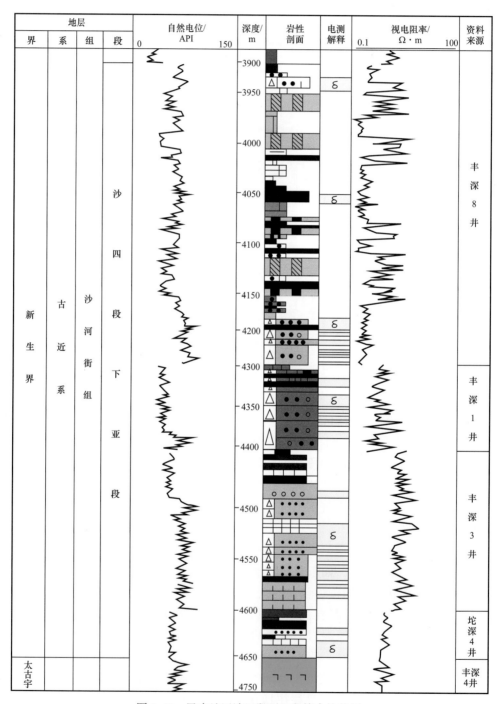

图9-10 民丰地区沙四段下亚段综合柱状图

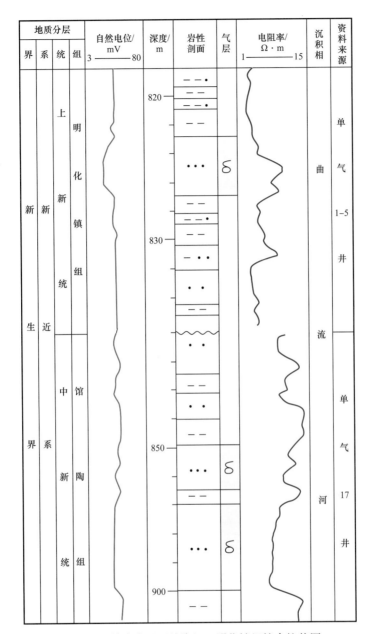

图 9-11　单家寺地区馆陶组—明化镇组综合柱状图

第三节　气藏分布规律及成藏模式

根据圈闭类型对气藏类型进行分类，结合天然气的分布规律，总结济阳坳陷浅层、中层及深层天然气的成藏模式。

一、气藏类型

济阳坳陷天然气藏类型十分丰富，按圈闭类型分类，济阳坳陷所发现的气藏分为构造圈闭气藏、地层圈闭气藏、岩性圈闭气藏和复合圈闭气藏四种类型（图 9-12）。

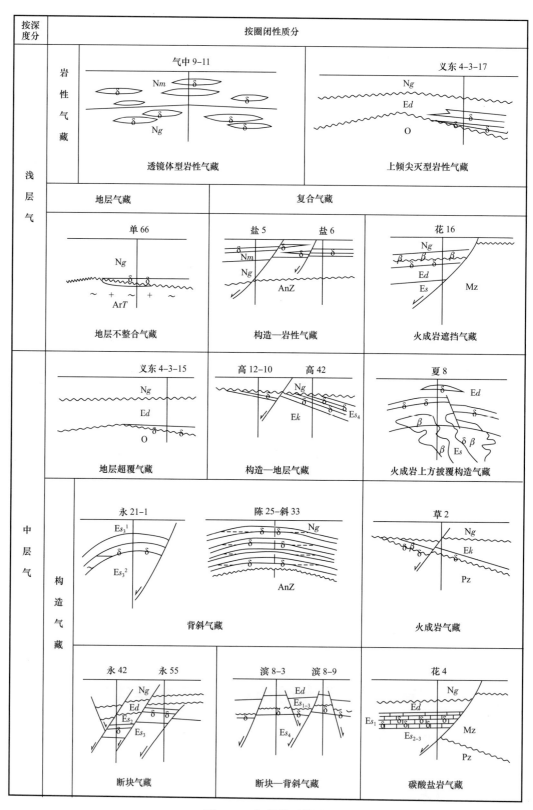

图 9-12　气藏类型简图

1. 构造气藏

构造气藏可分为背斜气藏、断块气藏及断块—背斜气藏。永21-1气藏为一完整的背斜（图9-13），以三角洲沉积的砂岩为储层，孔隙度22%～30%，渗透率5080mD；永55断块气藏以三角洲沉积的砂岩为储层，孔隙度25%，渗透率5200mD；滨8-3断块—背斜气藏，圈闭为一完整的背斜，中间被断层切割，形成断块—背斜圈闭气藏。

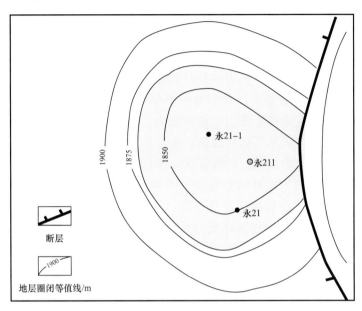

图9-13 永21-1背斜气藏

2. 地层气藏

地层气藏有地层不整合气藏，如单66气藏；地层超覆不整合气藏，如义东4-3-15气藏。

3. 岩性气藏

岩性气藏可分为砂岩透镜体岩性气藏和上倾尖灭型岩性气藏，济阳坳陷发现的气藏主要为岩性气藏。气中9-11井气藏为明化镇组河流相砂岩透镜体气藏。

4. 复合圈闭气藏

复合圈闭气藏包括构造—岩性气藏，如盐5、盐6气藏；构造—地层气藏，如高42气藏；火成岩遮挡气藏，如花16气藏；火成岩上方披覆构造气藏。

二、气藏分布规律

济阳坳陷天然气藏在宏观上有一定的分布规律，但深层裂解气及煤成气仅有少量发现。

1. 浅层气藏与稠油油藏共生

胜利探区有稠油油藏的地方，其上方或上倾方向都有浅层天然气藏存在。济阳坳陷浅层天然气与浅层油同源，属油型气，共生于同一油气源中。油气运移随深度变浅，温度压力降低，油气的分异作用和氧化作用增强，液态烃因轻质组分散失和遭受氧化等作用变得越来越稠，在圈闭中形成稠油油藏；伴随液态烃一起运移的气态烃，在运移过程中分离成次生气态烃，经过较长距离的运移，在封盖条件较好的圈闭中形成浅层天然气藏。济阳坳陷与稠油共生的浅层气藏有孤岛、孤东、义东、太平、陈家庄、单家寺、林樊家、金家、草桥等气藏。

2. 中浅层气藏围绕生油气凹（洼）陷呈环状（带）分布

济阳坳陷天然气藏呈明显的环带状分布。首先，就油气运移通道而言，处于拉张应力场下的块断活动所产生的断裂，多为正断层，即断面上倾方向指向洼陷边缘，沉积凹陷因古地形差异沉积的岩层层面和因上升剥蚀而产生的地层不整合上倾方向也是指向洼陷边缘；其次，就圈闭发育情况而言，生油气洼陷中除了发育岩性圈闭和潜山圈闭外，其他类型圈闭较少，在生油气洼陷边缘及凸起地区则广泛发育古近系断块、滚动背斜和新近系潜山披覆背斜等构造圈闭以及与地层不整合有关的地层超覆圈闭、潜山圈闭等。由于天然气易于扩散，在弹性膨胀力、热膨胀力、浮力、水动力作用下，地层层面、断层面和地层不整合面作为天然气运移通道，由洼陷中心向边缘，由深处向浅处运移，在遮挡条件较好的圈闭中聚集成藏。勘探证实，围绕四扣—渤南洼陷，太平、邵家、陈家庄、孤岛、长堤等油气田构成环状分布带；围绕垦西—孤南洼陷，垦西、孤岛、孤东、垦东、垦利等油气田或气藏构成环状分布带；围绕利津洼陷，平方王、尚店、单家寺、郑家、胜坨等油气田或气藏构成半环状分布带；围绕民丰洼陷，盐家、永安镇—东辛、胜坨等气田、油气田构成环状分布带；围绕牛庄—博兴洼陷，东辛、八面河、草桥、花沟等气田、油气田和气藏构成半环状分布带。

3. 中浅层气藏分布受断层控制

中浅层天然气大多分布在箕状凹陷陡坡带凸起边界、长期活动的同生大断层两侧及其与断层密切联系的新近系大型潜山披覆背斜构造上。

济阳坳陷是燕山运动以来形成和发展起来的中—新生代陆相箕状块断盆地，一直处在张扭性应力场中，箕状凹陷陡侧与凸起分割的边界断层异常活跃，基底落差大，断层直至新近纪末期才停止活动，如孤南—孤东、孤北、埕东—渤南、义东—义南、陈南、滨南、平南—高青、阳信西等大断层。这些大断层几乎切割至凹陷中所有油气源层，是油气运移的主要通道。同时，箕状凹陷陡侧边界大断层的长期活动，往往形成复式断裂带；由于断层的逆牵引作用，断层的下降盘易形成滚动背斜，上升盘形成反向屋脊构造（如孤南、陈南断裂带）。这些滚动背斜、反向屋脊断块构造以及与该断层密切联系的凸起上发育的新近系大型潜山披覆构造，成为最有利的聚气构造。现已发现的垦西、孤岛、埕东、义东、太平、陈家庄、盐家、胜坨、单家寺、林樊家、高青等浅层油气田的形成与上述大断层（即气源断层）密切相关。

三、成藏模式

1. 浅层气藏成藏模式

由于浅层气藏所处构造背景（或位置）不同，成藏模式各具特色，分为三种模式。

1）凸起型

新近系潜山披覆背斜构造型浅层气藏，如孤岛、埕东、义东、太平、盐家、孤东等气藏，成藏条件主要取决于凸起周围有无充足的气源，以及有无长期活动的同生断层、地层不整合面等油气运移通道和良好的盖层。

以孤岛油气田浅层天然气藏为例。浅层气与浅层油同源于毗邻的渤南、孤南、五号桩三个洼陷中的沙三段暗色泥岩，储层为馆陶组、明化镇组的河流相透镜状砂岩，馆陶组、明化镇组顶部泥岩为区域性盖层，位于凸起两侧的边界断层（为中生代—明代镇组沉积期长期活动的同生断层）是油气运移的重要通道。油气在上方封闭性较好的透镜状砂岩圈闭易聚集成藏（图9-14）。

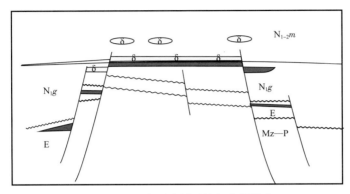

图9-14　凸起型浅层天然气成藏模式

2）凹陷型

与断裂活动有关的凹（洼）陷陡侧滚动背斜带型和凹陷中央断裂带型浅层气藏，包括凹（洼）陷陡侧滚动背斜带型的垦西、胜坨油气田胜三区气藏和凹陷中央断裂带型的东辛、临盘、玉皇庙油气田。

该类气藏近油气源，断层是油气运移的主要通道，油气以垂向运移为主，断层断至哪个层位，就可在哪个层位成藏。胜坨油气田胜三区浅层天然气与中层气同源于洼陷中沙三段暗色泥岩，储层为馆陶组、明化镇组河流相透镜状砂岩，岩性为粉砂岩、粉细砂岩，盖层为明化镇组泥岩。该类气藏成藏的主控因素是凹陷中的二、三级断层（图9-15）。

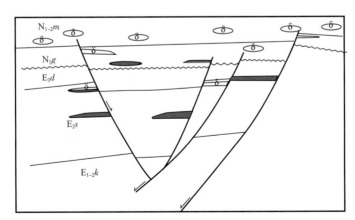

图9-15　凹陷型浅层天然气成藏模式

3）缓坡超剥型

超剥型气藏与地层不整合密切相关，已发现有金家、草桥等气藏。

草桥浅层天然气藏气源为博兴洼陷和牛庄洼陷斜坡沙四段低成熟暗色泥岩及灰质、

白云质泥岩，为低成熟油型气；储层为馆陶组河流相砂岩透镜体，岩性为粉砂岩；盖层为明化镇组泥岩；油气主要沿地层层面、地层不整合面和反向断层运移至此（图9-16）。

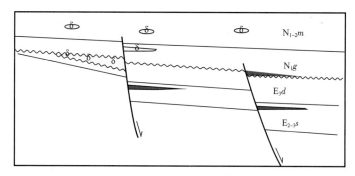

图9-16　缓坡超剥型成藏模式

2. 中层气藏成藏模式

济阳坳陷所发现的中层气藏主要分布在胜坨、永安镇、平方王、尚店、八面河、商河、玉皇庙、渤南、套尔河、曲堤等油气田和花沟气田。从成因来看，除平方王沙四段气藏为无机二氧化碳与有机油型气的混合气外，其余均为有机油型气。构造位置和圈闭类型主要有三种类型：一是位于箕状凹陷陡侧边缘台地上的与地层不整合面有关的地层—构造气藏，如平方王、尚店、桩11气藏；二是位于箕状凹陷陡侧与同生大断层相关、大断层下降盘滚动背斜带上的构造气藏，如胜坨一区、胜坨二区、永安镇、花4气藏（图9-17）；三是位于凹陷中央断裂带上的构造气藏，如玉皇庙、商12、渤南、套尔河气藏。

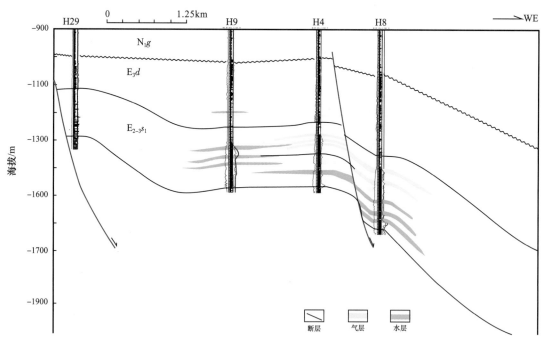

图9-17　中层气成藏模式图

3. 深层气藏成藏模式

济阳坳陷尚未发现深层气田，但已发现深层气藏，主要分布在东营凹陷沙四段下亚段及渤南洼陷沙四段的深层裂解气藏，另有孤北地区石炭系—二叠系煤成气藏。

1）深层裂解气藏

深洼陷中的沙四段暗色泥岩、含膏泥岩，既是气源岩又是良好的直接盖层；沙三段分布稳定的泥岩、油页岩是深层气的区域性盖层；夹在气源层中的砂砾岩体、灰质砂岩、含膏砂岩因岩性变化大而形成岩性圈闭，天然气从紧邻储层的气源岩中以气态方式沿裂缝和粒间孔隙就近运移到圈闭中，形成岩性或断层—岩性气藏。这类气藏在剖面上可能高低不一，自成体系，无统一的压力系统和气水界面。

民丰利津地区以铲式断裂背景上发育的近岸水下扇沉积作为储集空间，砂砾岩扇体物性较差的扇跟部位作为侧向封堵，盐膏层作为良好的盖层。深洼陷内烃源岩埋藏达5000m左右，烃源岩成熟度高，裂解程度高，有利于形成纯气藏。受地温（丰深1气藏185℃）的影响，自下而上依次形成纯气藏—凝析气藏序列（图9-18）。

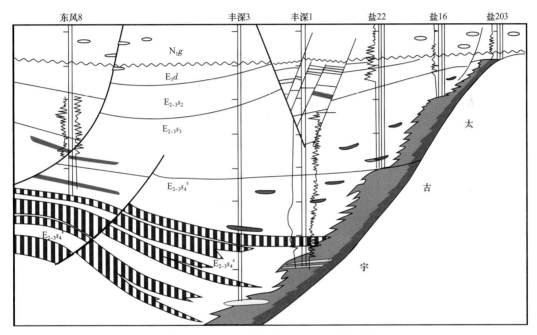

图9-18　民丰地区深层天然气成藏模式图

2）深层煤成气藏

以石炭系—二叠系煤系烃源岩生成的煤成气有两种成藏模式，一种为煤成气在石炭系—二叠系太原组、山西组或石盒子组砂岩中聚集成藏，形成自生自储的气藏（如高古4井气藏）；另一种就是以石炭系—二叠系煤系烃源岩生成的煤成气通过断层向上运移，再沿侧向运移到潜山内部储层而聚集成藏（如车古27井气藏）。

第十章 页岩油气

与常规油气藏有着很大的不同，页岩油气属于"连续型"油气成藏组合。页岩本身既是烃源岩，又可作为自生自储的储集体。20世纪70年代中期之前，页岩油气曾被归入非经济可采资源，随着油气开发技术的进步逐渐变为经济可采资源。

济阳坳陷早在以常规砂岩等油气藏为钻探目的层时，就发现多口井在页岩段见油气显示，对其中25口见强烈油气显示的页岩井段试油，均获得了工业油流，其平均日产油29.9t、日产气1066.5m³。河54井在沙三段下亚段2962~2964.4m页岩段中途测试，5mm油嘴放喷，获得日产油91.4t，日产气2740m³。自2007年开始，胜利油田分公司逐步展开针对页岩油气的科研攻关及勘探实践（王永诗等，2012，2013）。

2007—2013年为早期选区评价及专探井试验阶段，该阶段主要工作包括老井油气显示异常页岩段复查试油、针对页岩段系统钻探取心、页岩油水平井专探试验测试产能和常规油探井的页岩油发育段兼探。老井油气显示异常页岩段复查试油井包括东营凹陷的梁752、利912、樊163、官119、王76井和沾化凹陷的义283、渤深8等气测异常井，其中获工业油气流井4口，平均日产油49.8t、日产气18012.4m³。最高产能的新利深1井，在沙四段上亚段4271.21~4374m页岩发育段日产油99t，日产气25448m³。页岩段系统钻探取心井共4口，包括东营凹陷的牛庄洼陷牛页1井、利津洼陷的利页1井、博兴洼陷的樊页1井，以及沾化凹陷的渤南洼陷罗69井。4口井累计取心1010.26m，取准取全了页岩油发育段的地质资料，并开展了上万块次样品的分析测试，为下一步目标优选提供了翔实的资料（孙焕泉，2017）。页岩油水平井专探试验实施井探井4口，包括渤南洼陷的渤页平1井、渤页平2井、渤页平3和东营凹陷的梁页1-HF井，专探井水平井获得了日产油量2.3~9.48t的产能。页岩油兼探井共5口，分别为渤南洼陷的义182、义186、义187井和东营凹陷的梁758、牛52井，均获得了较高的产能，日产油量为5.81~154t。

2013年开始进入新一轮基础研究与先导试验阶段，该阶段依托国家973研究项目"中国东部古近系陆相页岩油富集机理与分布规律"、国家科技重大专项"济阳坳陷页岩油勘探开发目标评价"及集团公司重点项目等，开展济阳坳陷页岩油赋存规律、储集性特征、富集机制、可动性地质条件和可压裂性等系统研究工作，并针对济阳坳陷页岩特征开展压裂技术攻关，进行现场试验。在渤南洼陷义176、博兴洼陷樊159、东营凹陷南坡官斜26等井区优选老井开展先导试验。其中，义176井、樊159井、官斜26井等6口老井压裂均获得工业油流，试油日产油量6.3~44t，经过几个月的开采，产能整体稳定，取得了良好的效果。济阳坳陷新一轮的基础研究与先导试验取得初步成功，也进一步推进了济阳坳陷页岩油勘探进程。截至2018年底，已在66口井页岩发育段进行测试，其中40口井初产达到工业油气流标准，累计产油已超过11×10⁴t。

第一节　基本地质特征

济阳坳陷发育古近系沙河街组沙四段上亚段、沙三段下亚段和沙一段三套优质泥页岩，而成熟泥页岩主要为沙三段下亚段和沙四段上亚段，且大多处于生油为主阶段，仅局部地区进入高成熟生气或原油裂解成气阶段。因此，以下论述以沙三段下亚段和沙四段上亚段为主。

一、岩石特征

1. 矿物特征

1）矿物组成

泥页岩矿物成分主要为黏土矿物、方解石、石英等，其次有斜长石、钾长石、黄铁矿和菱铁矿等。东营凹陷泥页岩矿物含量变化范围大，沙三段下亚段和沙四段上亚段黏土矿物均值为 26% 和 24%，石英均值均为 29% 左右，方解石均值均为 34% 左右，长石均值分别为 4.2% 和 4.9%，白云石均值分别为 3.9% 和 7.8%，黄铁矿均值分别为 2.5% 和 2.3%（表 10-1）。

表 10-1　东营凹陷不同层系泥页岩全岩矿物组成统计表　　　　　单位：%

层位	黏土矿物	石英	长石	方解石	白云石	菱铁矿	黄铁矿
沙四段上亚段	3~73/24	0~66/28.5	0~42/4.9	0~89/33.9	0~87/7.8	0~12/0.3	0~14/2.3
	890	890	890	890	890	890	890
沙三段下亚段	8~54/26	6~50/29.1	0~35/4.2	1~68/34.1	0~72/3.9	0~3/0.3	0~13/2.5
	230	230	230	230	230	230	230

注：表中数据为最大值~最小值/平均值，样品个数。

总体来看，东营凹陷沙三段下亚段和沙四段上亚段页岩具有黏土矿物一般含量低于50%、普遍含砂、碳酸盐含量较高的特征。总脆性矿物（石英＋长石＋碳酸盐矿物）含量相对较高，一般在 50% 以上，与北美地区含油气页岩总脆性矿物含量具有较好的可比性（图 10-1）。

2）矿物产状

泥质矿物总体顺层定向产出，鳞片状结构；常常混含隐晶方解石等碳酸盐矿物，或与碳酸盐矿物呈互层状结构，构成泥质纹层—灰质纹层层偶。

方解石以隐晶结构为主，见显微—微晶、细晶等亮晶结构。隐晶方解石常常形成灰质纹层，或与泥质矿物混合在一起总体呈层状产出。亮晶方解石主要形成纹层或透镜体，常和富含有机质的泥质纹层伴生。镜下观察，见亮晶方解石晶体垂直于层面，呈针状、柱状或板状。

砂质矿物以粉砂（0.01~0.06mm）为主，少量极细砂等。分散分布为主，可见纹层状、条带状分布。成分以石英碎屑为主，其次为长石。

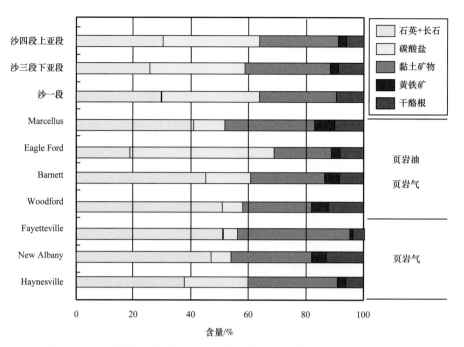

图 10-1 东营凹陷不同层位页岩矿物组成与北美含油气页岩均值对比图

白云石分布局限，以隐晶结构为主，少部分显微晶结构，多呈层状及纹层状产出，常混含泥质矿物。另见少量显微晶铁白云石，常富集在有机质纹层中，并见交代磷质或其他动物类有机质。

黄铁矿多呈球粒状，少量凝块状，也可见条带状、纹层状分布。黄铁矿在页岩或黑色、灰黑色和深灰色泥岩中相对富集。

2. 层理构造特征

泥页岩构造类型分为纹层状、层状和块状构造。

1）纹层状构造

纹层状构造水平层理密集产出，层厚多在 1mm 以下，且相邻层成分差异大。纹层成分主要由泥质纹层、富有机质泥质纹层和灰质纹层组成，偶见砂质纹层。薄片镜下观察纹层厚度常薄至小于 0.01mm，一般厚度在 0.02～0.20mm 之间，呈平直或微起伏形态（图 10-2a）。

2）层状构造

层状构造可细分为显层状构造和隐层状构造，前者水平层理在岩心上即清晰可见，厚度多在 1mm 以上（图 10-2b）；后者相邻层成分差异较小，故岩心观察仅隐约可见，而镜下观察则微观水平纹层发育，纹层成分主要为泥质纹层、灰质纹层、泥灰质或灰泥质，或由炭屑、介形虫碎片、有机质条带顺层定向产出显示层理。

3）块状构造

块状构造岩石成分均匀呈块状（图 10-2c），组分和结构不显纹层构造，为沉积物来不及分异形成。块状层理也可由沉积物重力流快速堆积形成。

3. 岩相分类及特征

从岩性和层理构造两个方面对泥页岩岩相进行划分。总共分为 6 类：纹层状泥质灰

樊120井，沙四段上亚段，3268.50m　　　　　利673井，沙四段上亚段，4047.05m

a.纹层状

牛38井，沙三段下亚段，3358.20m　　　　　牛38井，沙三段下亚段，3262.51m
b.层状

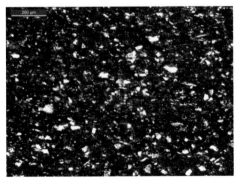

牛38井，沙三段下亚段，2905.00m　　　　　利89井，沙四段上亚段，3385.00m
c.块状

图 10-2　东营凹陷泥质岩主要层理构造类型（全岩薄片，偏光）

岩相、纹层状灰质泥岩相、层状泥质灰岩相、层状灰质泥岩相、块状灰质泥岩相和块状泥质灰岩相（刘惠民等，2012，2018）。主要的岩相特征分述如下。

1）纹层状泥质灰岩相

纹层状泥质灰岩相宏观表现为纹层状灰色页岩夹厚度不等、断续分布的片状或水平透镜状的白色方解石纹层，层面常见黄铁矿、磷质生物碎片、植物碎片和介屑。镜下观察泥质纹层含丰富的有机质，常表现为黏土纹层—有机质纹层层偶，方解石显晶结构为主，发育碳酸盐晶间孔、黏土矿物晶间孔及顺层裂缝等（图 10-3）。

2）纹层状灰质泥岩相

纹层状灰质泥岩相中的灰质纹层、泥质纹层或泥—灰混含纹层不均匀互层产出，总

图 10-3　纹层状泥质灰岩相（牛页 1 井，3297.00～3297.76m）

体呈纹层状，见较多炭屑，生物碎片基本顺层分布，具有一定的碳酸盐含量。有机质主要混含于泥质较富集纹层中，总体呈顺层状（图 10-4）。发育黏土矿物晶间孔、碳酸盐晶间孔及顺层裂缝等。

图 10-4　纹层状灰质泥岩相（牛页 1 井，3297.00～3297.76m）

3）层状泥质灰岩相和灰质泥岩相

层状泥质灰岩和灰质泥岩相的岩心发育微细水平层理，显微镜下观察，泥质定向性强，常含不等量碳酸盐矿物，陆屑含量少，见介形虫和磷质生物碎片和炭屑，有的见黏土—有机质纹层层偶（图 10-5）。发育粒状方解石晶间孔和黏土矿物微孔。

图 10-5　层状灰质泥岩和泥质灰岩相（牛页 1 井，3365.00～3366.00m）

4）块状灰质泥岩相和泥质灰岩相

颜色相对较浅，以灰色—蓝灰色为主，呈块状。可见波状层理、砂质团块和交错层理等（图 10-6）。隐晶方解石和泥质较均匀相混，常混含粉砂。有机质呈分散状分布。储集空间主要以黏土矿物微孔为主。

图 10-6　块状灰质泥岩和泥质灰岩相（牛页 1 井，3070～3076.5m）

二、油气生成条件

1. 有机质产状

泥页岩中有机质赋存状态主要分为顺层富集型、局部富集型和分散型。三者之间互有过渡。

1）顺层富集型

顺层富集型普见于沙三段下亚段和沙四段上亚段。有机质多平行或基本平行层理分布，呈连续或较连续条带状、丝状产出（图 10-7a、b）；常见产状为有机质纹层与富有机质黏土纹层互层产出，或者有机质、泥质与碳酸盐混合成纹层状产出。该类泥页岩一般具有较高的有机质含量。

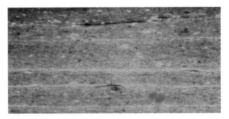

a.牛38井，沙三段下亚段，3357.8m　　　　　b.镇参1井，沙四段上亚段，1139.8m

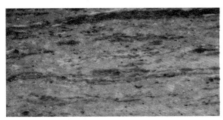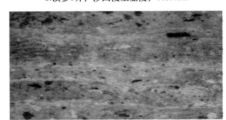

c.牛38井，沙三段下亚段，3232.5m　　　　　d.面4-5-16井，沙四段上亚段，1276.9m

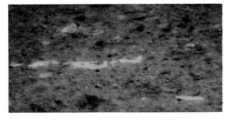

e.面20井，沙三段下亚段，1096.6m　　　　　f.面4-5-16井，沙四段上亚段，1296.0m

图 10-7　不同有机质产状类型图（全岩薄片，荧光）
a、b 有机质顺层富集型；c、d 有机质局部富集型；e、f 有机质分散型

2）局部富集型

局部富集型有机质从局部来看富集分布，但从宏观来看，有机质常呈斑块状分布，常见于沙三下段亚段和沙四段上亚段泥页岩中，而且常呈顺层局部富集型，这类泥岩有机质丰度一般为中等（图10-7c、d）。

3）分散型

分散型有机质呈碎屑或残体状分散于黏土或灰质基质之中，大多与泥质混杂在一起，泥质含有少量陆源粉砂，基本无定向或略具定向（图10-7e、f），连续性差，荧光较弱，这类泥岩有机质含量一般不高。

2. 有机质丰度

济阳坳陷沙四段上亚段泥页岩有机碳含量主体为1.5%～6%，最高10.24%。平面分布差异较大，其中东营凹陷有机碳含量最高，沾化凹陷和车镇凹陷的大王北和郭局子洼陷次之，两者有机碳含量均大于2%，惠民凹陷和车镇凹陷的车西洼陷有机碳含量一般低于2%。济阳坳陷沙三段下亚段泥页岩有机碳含量主体为2%～5%，最高16.7%，有机碳含量大于2%的泥页岩广泛分布。总体来看，沙四段上亚段和沙三段下亚段泥页岩有机碳含量均由次洼边部向洼陷中心逐渐变高。

与北美含油气页岩有机碳含量对比可见（图10-8），济阳坳陷沙四段上亚段和沙三段下亚段泥页岩有机碳含量较高，有机碳含量高值与平均值与北美地区含油气页岩具有较好的可比性。

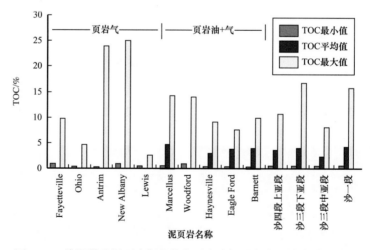

图10-8　济阳坳陷泥页岩与北美主要含油气页岩有机碳含量对比图

3. 有机质类型

1）显微组分特征

腐泥组主要源于低等的水生生物，是区内最为常见的组分，沙四段上亚段—沙三段下亚段相对含量一般达90%以上。对于低位体系域和高位体系域的泥岩，其相对含量虽有一定程度的降低，但一般仍高于50%。在富有机质纹层中常见腐泥组分富集产出。壳质组主要包括源于高等植物的孢子和花粉以及少量的角质体组分，属于外源组分，在区内泥页岩中属于次要组分，含量一般在10%以下，多分布在滨岸浅水带，以高位体系域最为常见。在烃源岩中多呈分散状分布，偶尔在一些层面上镜质组有少量的富集。镜质组和惰质组主要源于高等植物，属于外源组分。主要见于低位体系域和高位体系域的块状泥岩或粉砂质泥岩中，通常可占有形态组分的50%，而在湖侵体系的优质泥页岩中，含量较低，一般小于5%。这两类组分生烃能力较弱。

2）有机质类型

济阳坳陷沙四段上亚段和沙三段下亚段有机质丰度较高的泥页岩纹层状结构发育，主要以页岩为主，并以有机质富集层的形式存在，有机质均以Ⅰ型和Ⅱ₁型为主，富含藻类化石，是类型很好的湖相烃源岩。北美地区页岩油气产区均为海相地层，有机质类型均以Ⅰ型和/或Ⅱ₁型为主，岩石纹层状结构发育，因此，济阳坳陷沙三段下亚段和沙四段上亚段泥页岩在有机质类型方面与北美地区页岩油气产区的页岩具有可比性。

4. 成熟度

济阳坳陷沙三段下亚段和沙四段上亚段页岩的成熟度变化范围较宽，从未成熟到高成熟阶段均有分布，不同层系泥页岩镜质组反射率随埋深的增加而增大（图10-9），以 R_o=0.5% 为成熟门限、R_o=1.3% 为高成熟门限，济阳坳陷沙三段下亚段和沙四段上亚段页岩大部分镜质组反射率 R_o 在 0.5%～0.9% 之间，主体处于成熟演化阶段，部分进入高成熟演化阶段。

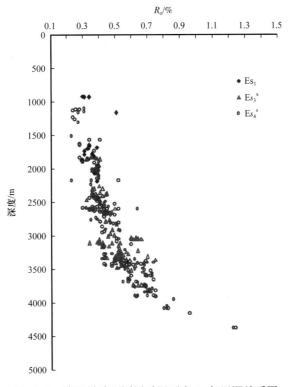

图10-9 济阳坳陷不同层系泥页岩 R_o 与埋深关系图

与北美含油气页岩实测镜质组反射率（R_o）比较（图10-10），济阳坳陷沙三段下亚段与埋藏较浅的低产泥盆系 Antrim、Ohio 和 New Albany 相当，沙四段上亚段泥页岩有机质成熟度略高，与油气共产的 Barnett、Eagleford、Woodford 页岩有机质成熟度有叠合的部分，但从图10-9中可以看出，济阳坳陷 R_o 大于 1.3% 时的埋藏深度已超过 4500m，北美地区页岩油气商业性开采一般以下限 4500m 为经济下限，因此，济阳坳陷各套泥页岩应该以勘探页岩油为主。

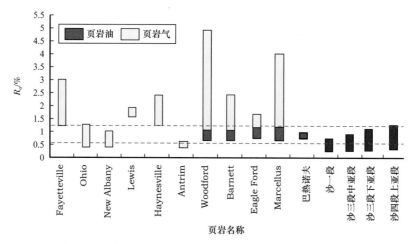

图 10-10　东营凹陷泥页岩实测 R_o 与北美含油气页岩对比图

三、储集条件

1. 储集空间类型

储集空间以孔隙型为主，其次为裂缝型。孔隙型主要为微孔隙，包括黏土矿物微孔、方解石溶蚀孔、黄铁矿晶间孔等；裂缝型主要包括层间微裂缝和构造裂缝等。

1）孔隙型

黏土矿物晶间孔：黏土矿物主要为伊蒙间层矿物和伊利石，定向性强，因此晶间孔均以片状为主，这类孔隙长度一般在 5～10μm，宽度通常不到 1μm（图 10-11a，b）。

方解石晶间孔：方解石是本层段主要矿物，隐晶结构为主，部分为显微—微晶结构，常构成灰质纹层或与泥质矿物相混产出，局部见方解石晶间孔，孔径最大可达 60μm 以上，大小多在 5μm 以下（图 10-11c，d）。

砂质粒间微孔：陆源砂质常分散于泥质之中或呈条带产出，见粒间不规则孔（图 10-11e）。该类孔隙类型和岩石成分密切相关，方解石含量高易于发育不规则状晶间孔，黏土矿物含量高则主要形成片状孔隙，泥级陆源碎屑矿物和黏土矿物共同形成不规则孔隙＋片状孔组合。

黄铁矿晶间孔：黄铁矿一般是还原环境下的自生矿物，常呈草莓状集合体分散产出，晶形完好，因此常发育微米以下级别的孔隙，扫描电镜下测量结果显示多在 10～100nm 之间（图 10-11f）。

2）裂缝型

按照成因，将泥页岩裂缝分为成岩微裂缝和构造微裂缝两类，前者主要包括层间微裂缝和超压微裂缝。总体看来，裂缝类型以顺层的微裂缝为主，其次为构造缝（王永诗等，2013；刘惠民等，2019）。

层间微裂缝常在不同成分纹层间发育，宽度较窄，均在 0.02mm 以下，但其重要意义在于发育潜在微裂缝而且容易顺层发生延续（图 10-12a）。

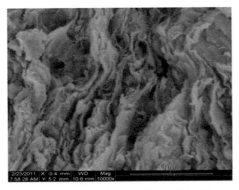

a.王161井，1911.69m，I/S呈层状分布及
小于0.3μm层间微裂隙较发育

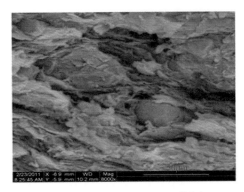

b.王35井，2005.00m，I/S呈层状分布，
混含长石，片状微孔隙发育

c.莱105井，2713.75m，方解石混含I/S，
1～4μm片状微孔隙发育，见7μm微裂缝

d.王7井，2640.60m，方解石充填分布并有
溶蚀现象，小于1μm微孔隙较发育

e.王584井，3610.00m，孔隙中充填石英，
小于1μm微孔隙较发育

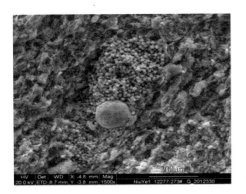

f.牛页1井，3385.63m，黄铁矿呈草莓状
分布，10～100nm晶间孔发育

图10-11 牛庄洼陷页岩孔隙电镜图版

超压微裂缝一般形成在页岩生烃增压演化过程中，页岩大量排水和各类阳离子，因此常常引起矿物溶解及再沉淀，表现为重结晶的方解石晶体充填于增压过程中产生的顺层残裂缝中，重结晶的晶体常发育晶间孔缝（图10-12a）。

构造裂缝为岩石在构造应力作用下形成的裂缝系统，岩心观察构造裂缝缝面较平直，常见纹层错断现象（图10-12b）。这些裂缝常常被方解石充填，但镜下观察可见充填残余孔隙，并见充填有黑色沥青质，为油气运聚的证据。

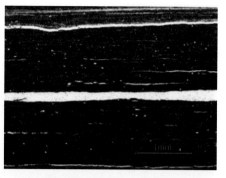
丰112井，3345.08m，层间裂缝

王31井，2622.70m，干缩缝

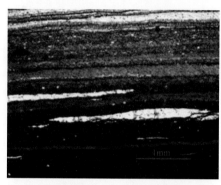
王580井，3097.75m，超压缝

樊120井，3239.75m，超压缝

a.成岩微裂缝

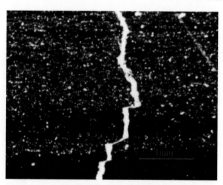
坨719井，3399.2m，构造缝

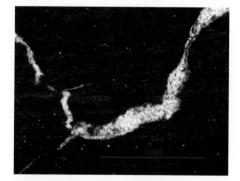
樊120井，3238.75m，构造缝被方解石完全充填

b.构造微裂缝

图 10-12　东营凹陷页岩裂缝类型图版

2. 物性特征

1）GRI 孔隙度

利用 GRI 法对东营凹陷 55 块沙四段上亚段和 30 块沙三段下亚段页岩样品进行 GRI 孔隙度分析测试。从结果来看，沙四段上亚段页岩样品 GRI 孔隙度分布为2.18%～31.7%；沙三段下亚段页岩样品 GRI 孔隙度分布为 3.7%～22.6%。沙四段上亚段页岩样品在 3000m 以上孔隙度随埋深的增加而减小，3000m 以下孔隙度随埋深增加规律性不强；沙三段下亚段页岩样品主要分布于 3200～3500m 之间，埋深相差不大的样品其孔隙度也具有较大的差异（张林晔等，2014）（图 10-13）。

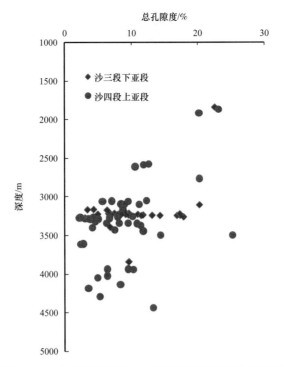

图 10-13　东营凹陷页岩 GRI 孔隙度随埋深变化关系图

已进入成熟演化阶段的沙三段下亚段页岩和沙四段上亚段页岩与北美地区含油气页岩总孔隙分布区间大致相同（图 10-14），表明东营凹陷沙三段下亚段、沙四段上亚段页岩具有较好的页岩油气储集条件。

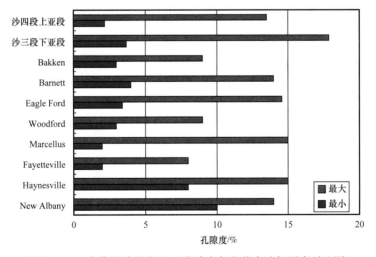

图 10-14　东营凹陷页岩 GRI 孔隙度与北美含油气页岩对比图

2）GRI 基质渗透率

沙四段上亚段页岩基质渗透率分布在 $1.14 \times 10^{-10} \sim 1.95 \times 10^{-3}$ mD，沙三段下亚段页岩基质渗透率分布在 $1.54 \times 10^{-10} \sim 1.2 \times 10^{-3}$ mD。页岩孔隙微细且连通性差，其基质渗透率普遍较低，且随埋深的增加而降低（图 10-15）。

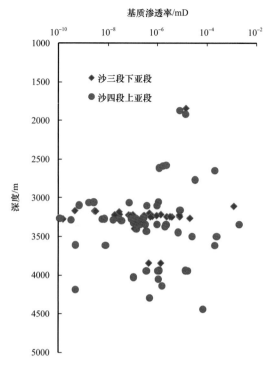

图 10-15　东营凹陷页岩基质渗透率与埋深关系图

与北美地区含油气页岩基质渗透率对比来看（图 10-16），东营凹陷已进入成熟演化阶段的沙四段上亚段、沙三段下亚段页岩基质渗透率相对较低，特别是在相同孔隙度的条件下，东营凹陷页岩基质渗透率低于北美地区页岩的基质渗透率，表明济阳坳陷沙三段下亚段、沙四段上亚段页岩基质中流体的流动性低于北美地区含油气页岩。

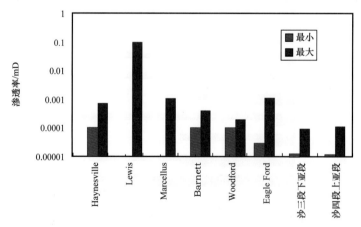

图 10-16　东营凹陷页岩基质渗透率与北美含油气页岩对比图

四、油藏特征

1. 发育层段及岩性

东营凹陷见工业油流的页岩油气主要产自沙三段下亚段和沙四段上亚段，沾化凹陷见工业油流的页岩油气主要产自沙三段下亚段和沙一段下部，车镇凹陷见工业油流的页岩油气主要产自沙三段下亚段，惠民凹陷见工业油流的页岩油产自沙三段下亚段。工业油气流井的储层岩性主要为泥岩、页岩、油页岩、灰（云）质泥岩、泥质灰（云）岩、泥页岩段中的薄夹层等，也有比较复杂的混合岩性。

2. 产能特征

济阳坳陷有多口以天然能量开采的页岩油井，产能均呈现出相似的3个周期：第1周期，初期天然能量足，产能较高，但随后产能快速降低直至关井；第2周期，初期产能较高，但递减较快；第3周期产能较低，且累计产油量较少。如沾化凹陷罗家地区罗42井，在第一周期初期的月平均产油量为50t/d，经过1年多的生产，月平均产油量降低为约4t/d；关井一段时间后开始第二周期的生产，开井初期月平均产油量约15t/d，随后迅速降低至不足1t/d，关井；第三周期，初期月平均产量为7t/d，后期衰减至月平均产量不足1t/d（图10-17）。该井累计产油量为13605t。第1、第2和第3周期的累计产油量分别为10322t、2547t和736t，第1和第2周期的累计产油量占总产油量的80%以上；三个周期累计产水量分别为441 m³、369 m³和736m³；综合含水率分别为4.0%、12.6%和26.7%。

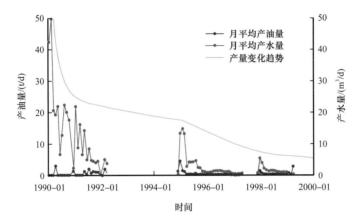

图10-17　渤南洼陷罗42井沙三段下亚段页岩油气月平均产量曲线

3. 压力场特征

从东营凹陷和沾化凹陷泥页岩中发现工业油气井段的地层压力与埋深关系图来看（图10-18），工业油气井段的地层压力普遍为高压特征，压力系数最高可达1.9以上，并且在一定的深度范围内，随埋深的增加压力系数有增大的趋势。一方面高压利于对泥页岩孔隙的保持，另一方面，高压与应力场共同作用易形成裂缝/微裂缝，从而增加了油气的储集空间。因此，高压是济阳坳陷页岩油气高产的重要影响因素。

4. 烃类流体物性特征

东营凹陷沙三段下亚段页岩油气主埋藏深度为2928～3508.3m，原油密度为0.8530～0.9154g/cm³，黏度为5.29～352mPa·s（图10-19），含蜡量为0.10%～1.12%，含硫量为0.15%～0.21%，主要为低硫、低蜡的正常原油；沙四段上亚段已发现的页岩油气流埋深2872～4448m，地面原油密度0.7450～0.9380g/cm³，黏度0.82～147mPa·s，分布范围较宽，既有轻质油、正常油，同时也有重质油的产出，含蜡量0.08%～0.88%，含硫量0.10%～0.30%，为低蜡、低硫原油。可以看出，随着热演化程度增高，所形成原油的分子量逐渐减小，对应所生成原油的物性也发生相应变化，从高黏度、高密度的重质油逐渐转变为低黏度、低密度的轻质油。

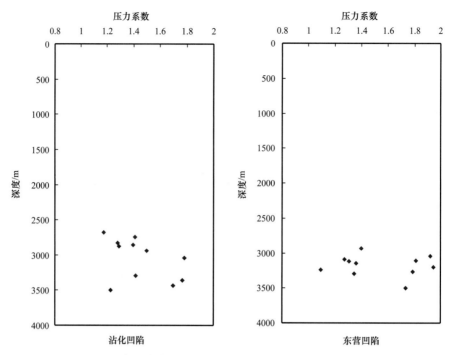

图 10-18 济阳坳陷含油气泥页岩发育段埋深与压力系数关系图

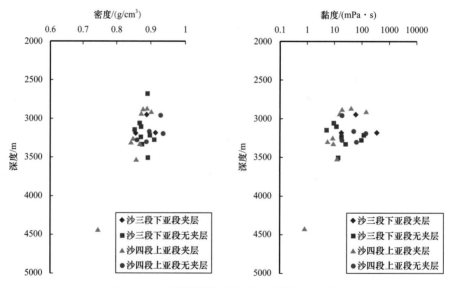

图 10-19 东营凹陷页岩油物性随埋深变化图

第二节 甜点要素评价

大段发育的沙三段下亚段和沙四段上亚段泥页岩具有优越的含油性及封盖条件，但在目前的技术条件下，大部分页岩油仍不具备经济开发条件，应优先勘探开发页岩油甜点区，其"甜点"的构成要素可以归为含油性、储集性、可动性和可压性四个方面。

一、含油性评价

1. 有机质丰度

有机质是页岩油气生成的物质基础，决定页岩的含油气丰度。有机质又可分为可溶有机质和不可溶有机质（干酪根）。有机碳含量表征岩石中的总有机质含量，而氯仿沥青"A"和热解"S_1"则近似代表岩石中可溶烃的含量。规模性分布的高有机质丰度页岩的存在是页岩油气富集的物质基础，不仅要有较高的总有机质含量，且需要具有较高的可溶有机质的含量。根据有机碳含量与热解 S_1、氯仿沥青"A"含量关系，将济阳坳陷沙三段下亚段和沙四段上亚段泥页岩划分为三个区间（表10-2）：（1）泥页岩中有机碳含量大于2.0%、热解 S_1 值大于2.0mg/g 岩石、氯仿沥青"A"含量大于0.5%时，泥页岩中滞留油量高于吸附油量，吸附油量已饱和，含有游离油，为有利资源，是目前页岩油气首选的评价和勘探对象；（2）有机碳含量在1.0%～2.0%、热解 S_1 值为0.5～2.0mg/g、氯仿沥青"A"含量为0.1%～0.5%的区间内，表现出部分泥页岩滞留油量高于吸附油量，存在游离油，又有一部分泥页岩滞留油欠饱和，属潜在页岩油资源分布区；（3）有机碳含量在0.5%～1.0%、热解 S_1 值小于0.5mg/g 岩石、氯仿沥青"A"含量小于0.1%，含油量少，滞留油量一般未满足吸附，基本上不含游离油，欠饱和，难以开发，属分散资源。

表 10-2 济阳坳陷沙三段下亚段和沙四段上亚段泥页岩含油性分类

级别	TOC/%	S_1/（mg/g）	氯仿沥青"A"/%
有利资源	>2.0	>2.0	>0.5
潜在资源	1.0～2.0	0.5～2.0	0.1～0.5
分散资源	<0.5～1.0	<0.5	<0.1

2. 成熟度

济阳坳陷工业性页岩油流一般埋深大于2200m，主要分布在2800m 以下，页岩油气流试油日产量随埋深增加有增大的趋势（图10-20）。

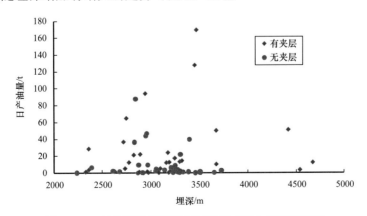

图 10-20 济阳坳陷页岩油气试油日产量与埋深关系图

从济阳坳陷几口既产油又产气的页岩油气井的气油比随深度关系可以看出（图10-21），随深度增加其气油比增加，气油比与页岩镜质组反射率随埋深的增加而增大有较好的一致性。在东营凹陷页岩埋藏深于4000m的利深101井，其4395.1～4448m页岩发育段试油过程中日产油4.29t、日产气46834m³，气油比可高达10917m³/t，而在沾化凹陷的渤深5井4491.89～4587.33m页岩发育段试油过程中只见气，日产气3530m³。这种现象表明，随着热演化程度提高，所形成原油的分子量逐渐减小，对应所产烃类中气油比逐渐增大。总的来说，有机质成熟度影响了页岩油气的量和相态，相对较高的有机质成熟度不仅可生成大量的烃类，利于油气的富集，且增加了流体的流动性，使烃类中气的比例增加。

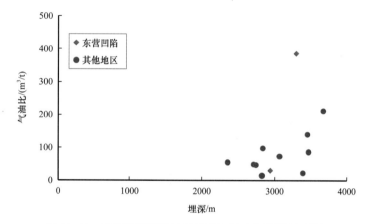

图10-21　济阳坳陷页岩油气试油气油比与埋深关系图

二、储集性评价

1. 岩相与工业油流关系

济阳坳陷泥页岩划分为6种岩相，不同的岩相具有不同的储集物性，纹层状泥页岩一般优于层状页岩，块状泥页岩相对较差。

纹层状泥页岩相具有相对较好的储集物性，这主要是由于该类岩相发育方解石和富含有机质泥岩的互层，其层间微孔隙和方解石矿物晶间孔发育，且方解石含量高、脆性大，易发育裂缝，可沟通孔隙形成有效的储集体（张善文等，2012）。目前，在济阳坳陷泥页岩发育段见工业油气流的30余口探井中，产层为纹层泥页岩（包括纹层状泥质灰岩、纹层状灰质泥岩）岩相的占22.9%，产层为层状泥页岩（包括层状灰质泥岩和层状泥质灰岩相）岩相的占8.7%，尽管产层为夹层碳酸盐岩、夹层砂条和夹层为碳酸盐岩与砂条混合的储层占68.4%，但这些页岩油夹层也均分布于纹层状或层状岩相中。

2. 不同岩相孔渗性特征

富有机质的纹层状岩相有机质、碳酸盐矿物多以富集条带状分布，在不同矿物之间存在接触面，这些接触面可作为流体保存的有利储存空间。而在部分纹层状页岩内，也存在着大量重结晶矿物，包括重结晶的白云石、铁白云石、方解石和铁方解石等，这些重结晶矿物对开启缝隙具有支撑作用。并且矿物之间也存在一定量的粒间孔，以微米级及超微米级储集空间为主，孔隙度分布于10.2%～17.7%之间，平均值为13.4%，孔隙主峰值在 10nm 以上，多尺度的孔隙处于连续分布状态，孔隙连通率较高，10nm 以上的孔隙连通率一般大于 50%，渗透率一般在 1～10mD 之间。层状泥页岩以方解石晶间孔和黏土矿物片间孔为主，孔隙度分布范围 5.9%～11.2% 之间，平均值为 7.9%，孔隙主峰值一般在 10nm 左右，孔隙呈不连续分布，孔隙连通率较低，10nm 以上的孔隙连通率一般为 20%～50%，渗透率一般在 0.1～1mD 之间。块状泥岩中有机质、黏土及碳酸盐矿物大多呈分散状分布，以介孔尺度的黏土矿物片间孔、收缩缝和有机质收缩孔为主，孔隙度最低，分布在 2.7%～4.5% 之间，平均值仅为 3.9%，孔隙主峰值在 10nm 以下，孔隙呈不连续分布，孔隙连通率差，10nm 以上的孔隙连通率一般小于 20%，渗透率一般小于 0.1mD。

3. 成岩作用

对于泥页岩储层，由于颗粒细小、黏土颗粒及矿物抗压性较弱，其原生孔隙保存的相对较少，但由于页岩在成岩过程中产生的异常高压、有机质的转化生烃作用和酸性流体的形成等均有利于原生孔隙的保持或次生孔隙的形成。在成岩过程中发育的次生孔隙带也是页岩油有利且重要的储集体。在东营凹陷的早成岩阶段，泥页岩埋深较小，热演化成熟度低，孔隙类型以基质孔隙为主。伴随着埋深加大，泥页岩主体进入中成岩阶段，演化成熟度增大（R_o 大于 0.5%），地层压力变大，储集空间组合类型为穿层缝—层间缝和基质孔隙，孔径主要为 10～20nm，孔隙度集中在 5%～8%。伴随着埋深增大，R_o 大于 0.7%，泥页岩进入中成岩阶段后期，地层压力系数大于 1.5。深洼带主要发育富有机质纹层状灰质泥岩及亮晶灰岩，储集空间类型为重结晶晶间孔、溶蚀孔及黏土矿物晶间缝，生烃超压作用酸性流体溶蚀匹配，在重结晶纹层内部形成溶缝（王永诗等，2012，2013），与其他孔隙形成有效的储集空间网络。

总体上，伴随着热演化成熟度增大，泥页岩进入中成岩演化阶段，地层压力系数增大，有机质生烃排酸能力增强，排酸量在中成岩阶段中期达到最高。多种增孔成岩机质匹配，使纹层状泥页岩这类优势岩相的储层物性、孔径和储集空间的连通性得到明显改善。

三、可动性评价

原油流动性的影响因素除了含油量、原油流体性质和页岩基质的孔渗性以外，还包括微裂缝、夹层和异常压力等的发育情况。

1. 微裂缝发育情况

页岩中微裂缝的存在一定程度上改善了储集有效性，极大地提高了页岩的渗流能力。页岩发育的多级次微裂缝网络体系，极大程度提高了页岩储集空间的连通性和页岩的压裂改善效果。页岩在成岩成烃过程中，构造应力、压实、脱水收缩、生烃增压、重结晶作用等诸多因素产生多类型、多级次微裂缝，包括纳米级的成岩收缩缝（缝宽主要为 20～800nm）、贴粒缝（缝宽主要为 10～1000nm）、微米级页理缝、异常压力缝（缝宽主要为 0.1～2μm）、溶蚀缝（缝宽主要为 0.5～10μm）、压溶缝（缝宽主要为 0.5～2μm）及毫米级的构造缝（缝宽一般大于 1mm）等。在特定的地质背景下，各类不同级别的微裂缝大量发育，与不同类型的孔隙组成复杂的孔缝网络体系，不仅为页岩油赋存提供储集空间，更重要的是连通各类储集空间，大大提高了页岩的渗流能力。

2. 夹层发育情况

页岩中的薄夹层是页岩油富集的场所，更是页岩油输导的重要通道。济阳坳陷页岩中的薄夹层主要包括2种类型：一类是碳酸盐岩薄夹层，主要发育在沙四段上亚段和沙一段烃源岩中；另一类是砂岩薄夹层，主要发育在沙四段上亚段和沙三段下亚段烃源岩中。碳酸盐岩薄夹层主要发育在东营、渤南地区的斜坡带，夹层厚度为0.5~2.5 m，薄夹层受后期交代、溶蚀成岩作用的影响，发育大量的白云石粒间孔、方解石溶蚀孔，物性好，平均孔隙度6.78%，平均渗透率8.36mD，一般油气显示良好，单井试油最高日产油156t（义182井沙三段下亚段3443~3495.5m），产能周期长，勘探潜力大。砂岩薄夹层在济阳坳陷分布较广，但单个发育规模小且连续性差，受成岩作用的影响，砂岩薄夹层储集空间相对较小，孔隙度相对较低，与相邻页岩差别不大，但渗透率却有数量级的差别，是油气运移及产出的顺畅通道。

3. 异常高压

济阳坳陷已发现页岩油气流的储层的压力系数普遍在1.2以上（图10-22），说明其具有高压体系特征（王永诗等，2017，2018），并且其试油日产量随压力增高而增大。高压异常的存在既是页岩中烃类初次运移的重要动力，也是增强页岩储集性能的重要因素。根据Snarsky的研究，当局部压力达到静水压力的1.4倍时，岩石便发生破裂形成微裂缝，为页岩油气赋存和流动提供了空间，因此，异常高压是页岩油气富集可动的重要影响因素。

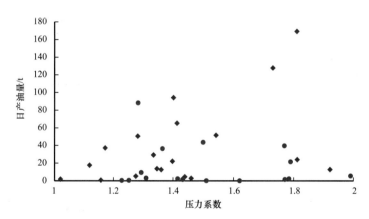

图10-22　济阳坳陷页岩油气流日产量与压力系数关系图

四、可压性评价

可压裂性是泥页岩地质特征的综合反映，其主要影响因素包括泥页岩的脆性矿物含量、天然裂缝、成岩作用、内部构造、地应力等因素。

1. 脆性矿物含量

脆性矿物含量是影响泥页岩基质孔隙和微裂缝发育程度及压裂改造方式等的重要因素。脆性矿物含量越高，岩石脆性越强，在构造运动或水力压裂过程中越易形成天然裂缝或诱导裂缝，从而形成复杂的网络有利于泥页岩油气的开采。石英是页岩储层的主要脆性矿物，除石英之外，长石、方解石和白云石也是泥页岩储层中的易脆组分。脆性矿物含量越高，泥页岩脆性越大，裂缝越发育，页岩可压裂性越好。

2. 成岩作用与黏土矿物转化

泥页岩在不同的成岩作用阶段，其矿物形态、黏土矿物组成以及孔隙类型都有不同，从而使页岩可压裂性不同。当 R_o 介于 0.5%～1.3% 之间时，页岩处于中成岩阶段 A 期，黏土矿物包含伊利石、绿泥石、伊/蒙混层，高岭石向绿泥石转化，页岩石英颗粒裂缝愈合，能见少量裂缝及粒内溶孔等次生孔隙，在 A 期后期，由于晚期碳酸盐岩胶结、交代作用，孔隙度下降；当 R_o 介于 1.3%～2.0% 之间时，页岩处于中成岩阶段 B 期，页岩中高岭石、伊/蒙混层含量减少，伊利石、绿泥石含量升高，储集空间以裂缝为主，含少量溶孔；当 R_o 介于 2.0%～4.0% 之间时，页岩处于晚成岩阶段，页岩储集空间以裂缝为主，不稳定的长石向稳定的正长石、斜长石和石英转化，蒙皂石、高岭石等塑性黏土矿物向伊利石、绿泥石转化，岩石矿物向脆而稳定的组分转化，脆性增强，有利于压裂；当 R_o 大于 4.0% 时，储层黏土矿物更稳定，裂缝发育更好，可压裂性较其他成熟度阶段更高。从有机质生烃的全过程来看，在成熟度较低阶段，页岩脆性主要受黏土矿物组成的影响，随着成熟度增加，在页岩矿物脆性增加的同时，由于生烃排烃，储层孔隙度增加，裂缝更加发育，因此可压裂性进一步提高，成熟度越高，可压裂性提高的速度越快。

3. 天然裂缝发育程度

岩石通常在地下受三个相互垂直且互不相等的主应力作用，一个垂向主应力，两个水平主应力。在构造运动或水力压裂过程中，当垂向主应力小于两个水平主应力时，岩石中容易形成水平裂缝；当垂向主应力大于两个水平主应力时，岩石中容易形成垂直裂缝。天然裂缝的存在是地应力不均一的表现，其发育区带往往是地层应力薄弱的地带，天然裂缝的存在降低了岩石的抗张强度，并使井筒附近的地应力发生改变，对诱导裂缝的产生和延伸产生影响。因此，储层天然裂缝越发育，可压裂性越高。

4. 应力各向异性

页岩储层最大与最小水平主应力差是体积压裂能否实现的关键因素。对页岩储层实施水平井压裂时，井筒的最有利方位为沿最小水平主应力方向，因而确定水平地应力的大小和方向至关重要。水平应力各向异性能够影响压裂裂缝的空间组合形态，一般来说，各向同性利于形成网状裂缝，而各向异性越强，则趋向于形成简单裂缝系统。

五、评价指标

在页岩油地质甜点要素研究的基础上，结合页岩含油性、储集性、可动性和可压性条件及国内外页岩油勘探实践，建立济阳坳陷陆相页岩油选区及甜点评价体系（表 10-3）。在该评价体系中，将页岩油有利资源分为三类，即Ⅰ类、Ⅱ类和Ⅲ类资源；甜点类型分为四类，分别为基质型、夹层型、裂缝型和复合型。在该评价体系指导下，先后部署的兼探井，包括渤南洼陷的义 182、义 186 和义 187 井等均获得了较高的产能。并且，在该评价体系指导下开展的优选老井甜点段压裂先导试验也取得了良好效果，选取的几口井，包括渤南洼陷义 176 井、博兴洼陷樊 159 井、东营凹陷南坡官斜 26 井等的压裂均获得了工业油流，试油日产油量 6.3～44t，经过几个月的开采，产能整体稳定。

表 10-3 济阳坳陷页岩油资源及甜点预测指标

评价要素	评价参数	参数标准			各类型页岩油参数下限			
		Ⅰ类	Ⅱ类	Ⅲ类	基质型	夹层型	裂缝型	复合型
含油性	R_o/%	>1.1	0.9~1.1	0.7~0.9	0.9	0.7	0.5	0.5
	S_1/（mg/g）	>3.0	2.0~3.0	1.0~2.0	>3.0	>2.0	>1.0	>1.0
	TOC/%	>4.0	2.0~4.0	1.0~2.0	>4.0	>2.0	>1.0	>1.0
	S_1/TOC	>100	50~100	<50	>100	>100	>100	>100
储集性	岩相	纹层状	层状	块状	纹层状	层状	块状	块状
	基质孔隙度/%	>8	5~8	<5	>5	>5	>2	>2
	夹层孔隙度/%	>8	5~8	<5		>8		
	TOC>1.0% 累计厚度/m	>40	30~40	<30	>30	>30	>30	>30
	面积/km²	>100	50~100	<50	>50	>50	>50	>50
可动性	原油密度/（g/cm³）	<0.82	0.82~0.87	0.87~0.92	<0.82	<0.87	<0.92	<0.92
	气油比	>100	10~100	<10	>100	>10	>10	>10
	压力系数	>1.4	1.2~1.4	1.0~1.2	>1.4	>1.2	>1.4	>1.2
	夹层发育程度	发育	较发育	不发育		发育		较发育
	裂缝发育程度	发育	较发育	不发育			发育	较发育
	渗透率/mD	0.1~1	0.04~0.1	<0.04	>0.1	>0.04	>0.04	>0.04
可压性	脆性指数	0.6~0.8	0.3~0.6	0.1~0.3	>0.3	>0.3	>0.3	>0.3
	脆性矿物含量/%	>60	50~60	40~50	>50	>50	>50	>50
	应力各向异性	1.1	1.3	1.5	1.1	1.1	1.1	1.1
	可压指数	0.62~0.82	0.36~0.58	0.18~0.32	>0.62	>0.62	>0.62	>0.62
	埋深/m	<3500	3500~4000	>4000	<4000	<4000	<4000	<4000
	构造背景	正向构造	斜坡	负向构造	斜坡	斜坡	斜坡	斜坡

第三节　有利区评价及资源潜力

一、有利区评价

1. 预测方法

页岩油有利区预测的对象为济阳坳陷的沙三段下亚段和沙四段上亚段的页岩。由于岩石的储集性和可压性影响因素较复杂，难以在整个坳陷范围内进行平面预测，因此，本次有利区的预测综合考虑TOC、S_1、R_o和压力系数。预测方法为：将有利区分为Ⅰ、Ⅱ、Ⅲ类，分类标准如表10-4所示。应用TOC大于1%的页岩厚度等值线图、R_o、S_1等值线图、地层压力等值线图根据表10-4分级标准叠合成图。

表10-4　页岩油有利区资源潜力分级评价标准

参数名称	Ⅰ类	Ⅱ类	Ⅲ类
TOC＞1.0% 累计厚度 /m	＞40	30～40	＜30
R_o/%	＞1.1	0.9～1.1	0.7～0.9
游离烃 S_1/（mg/g）	＞3.0	2.0～3.0	1.0～2.0
压力系数	＞1.4	1.2～1.4	1.0～1.2

2. 有利区分布

依据有利区评价标准，将济阳坳陷沙三段下亚段和沙四段上亚段TOC大于1%的页岩厚度、S_1、R_o、压力系数多参数叠合圈定了有利区。其中沙三段下亚段Ⅰ类有利区面积122.75km²，主要分布在沾化凹陷的渤南洼陷、车镇凹陷的车西洼陷和惠民凹陷的临南洼陷；Ⅱ类区面积420.75km²，分布于东营凹陷的利津洼陷和民丰洼陷，沾化凹陷的渤南洼陷和孤北洼陷，车镇凹陷的车西洼陷、大王北洼陷和郭局子洼陷，惠民凹陷的临南洼陷；Ⅲ类区面积1501km²，在各个凹陷均广泛分布（图10-23）。

和沙三段下亚段相比，沙四段上亚段页岩油有利区总体分布面积较少，主要分布在东营凹陷和沾化凹陷的渤南洼陷。其Ⅰ类面积130.5 km²，Ⅱ类面积275 km²，Ⅲ类面积1156.5 km²（图10-24）。

二、资源量计算

1. 资源量计算方法

1）页岩基质资源量计算

页岩中油的赋存状态包括吸附态和游离态，在现有的技术条件下，只有游离态页岩油才具有开采价值，因此，本次计算的页岩油资源量即为页岩中游离油资源量。在获取滞留油量和页岩对油的吸附潜量后，计算页岩的游离油量，游离油量为滞留油量与吸附油量的差值。

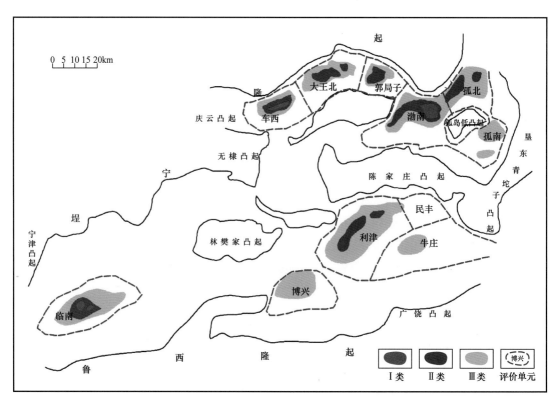

图 10-23　济阳坳陷沙三段下亚段页岩油有利区分布图

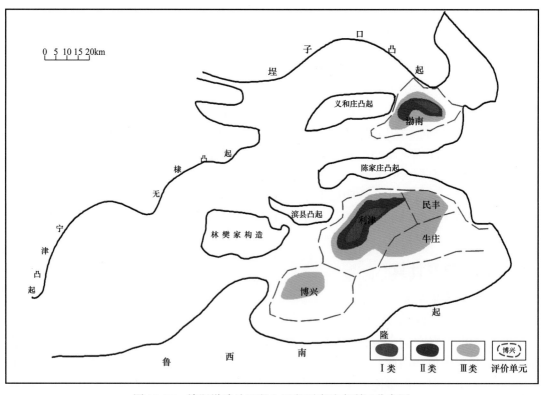

图 10-24　济阳坳陷沙四段上亚段页岩油有利区分布图

2）夹层资源量计算

发育在成熟页岩中的薄夹层一般具有优越的富集条件，其中也蕴藏着大量的页岩油资源，薄夹层岩性一般为砂岩和碳酸盐岩，本次计算资源量的夹层具有两个基本条件：（1）发育在基质页岩油有利区内的夹层；（2）夹层单层厚度小于3.0m，夹层累计厚度占层单元比例小于40%。夹层资源量计算采用含油饱和度法，该方法直接借鉴常规油气储量计算的思路，即用含油饱和度与孔隙度计算页岩油资源量。

2. 页岩油资源量

济阳坳陷沙三段下亚段和沙四段上亚段有利区页岩油总资源量为 $32.2 \times 10^8 t$，页岩中为 $25.9 \times 10^8 t$，夹层中为 $6.3 \times 10^8 t$。其中沙三段下亚段页岩油资源量、资源丰度高于沙四段上亚段；Ⅲ、Ⅱ类页岩油资源量、资源丰度高于Ⅰ类有利区；基质页岩油资源量高于夹层资源量（表 10-5）。各凹陷（洼陷）沙三段下亚段和沙四段上亚段有利区页岩油资源量如表 10-6 和表 10-7 所示。

表 10-5 济阳坳陷有利区页岩油资源量统计表

层系	级别	面积 / km²	页岩资源量 / 10⁴t	夹层资源量 / 10⁴t	总资源量 / 10⁴t	丰度 / 10⁴t/km²
沙三段下亚段	Ⅰ	122.75	8472	1477	9949	81
	Ⅱ	420.75	35888	7535	43423	103
	Ⅲ	1501	127021	24764	151785	101
	合计	2044.5	171381	33776	205157	100
沙四段上亚段	Ⅰ	130.5	5735	1480	7215	55
	Ⅱ	275	17750	3734	21484	78
	Ⅲ	1156.5	63802	23851	87653	76
	合计	1562	87287	29065	116352	74
总计		3606.5	258668	62841	321509	89

表 10-6 济阳坳陷沙三段下亚段有利区资源量统计表

层段	凹陷	评价单元	类别	页岩资源量 / 10⁴t	夹层资源量 / 10⁴t	总资源量 / 10⁴t	面积 / km²	丰度 / 10⁴t/km²
沙三段下亚段	东营凹陷	利津	Ⅱ	9998	2335	12333	96.75	127.47
			Ⅲ	39668	7812	47480	403.25	117.74
		博兴	Ⅲ	13502	5018	18520	178.25	103.90
		牛庄	Ⅲ	7811	2389	10200	94.5	107.94

层段	凹陷	评价单元	类别	页岩资源量 / 10^4t	夹层资源量 / 10^4t	总资源量 / 10^4t	面积 / km^2	丰度 / 10^4t/km^2
沙三段下亚段	沾化凹陷	渤南	I	2870	530	3400	38.75	87.74
			II	14800	1272	16072	97	165.69
			III	21186	623	21809	165.25	131.98
		孤北	II	3128	796	3924	63.25	62.04
			III	9440	927	10367	127	81.63
		孤南	III	5274	243	5517	79.75	69.18
	车镇凹陷	车西	I	1138	423	1561	17.25	90.49
			II	1986	592	2578	43.75	58.93
			III	3238	607	3845	66.25	58.04
		大王北	I	4046		4046	48.5	83.42
			II	651	87	738	9.25	79.78
			III	5815	291	6106	121.25	50.36
		郭局子	II	2248	1048	3296	42.25	78.01
			III	4029	1166	5195	50	103.90
	惠民凹陷	临南	I	418	524	942	18.25	51.62
			II	3077	1405	4482	68.5	65.43
			III	17058	5688	22746	215.5	105.55
	合计			171381	33776	205157	2044.5	100.35

表 10-7 济阳坳陷沙四段上亚段有利区页岩油资源量表

层段	凹陷	评价单元	类别	页岩资源量 / 10^4t	夹层资源量 / 10^4t	总资源量 / 10^4t	面积 / km^2	丰度 / 10^4t/km^2
沙四段上亚段	东营凹陷	利津	I	3398	1472	4870	97.5	34.85
			II	10709	3352	14061	188.25	56.89
			III	23105	7814	30919	390	59.24
		民丰	III	9758	2538	12296	203.25	48.01
		牛庄	III	14988	6906	21894	265.25	56.51
		博兴	III	11536	5799	17335	180	64.09
	沾化坳陷	渤南	I	2337	8	2345	33	70.82
			II	7041	382	7423	86.75	81.16
			III	4415	794	5209	118	37.42
	合计			87287	29065	116352	1562	55.88

第十一章 油气藏形成与分布

济阳坳陷为陆相断陷盆地，以构造复杂、断裂发育而著称，从而导致油气藏类型繁多、形态各异。油气赋存于各个地质时代不同类型岩石中，纵向上含油气层多层叠置，横向上成片分布，一些互有成因联系的不同层系、不同类型的油气藏可在三度空间中形成相应的油气复式聚集带。

第一节 油气藏形成的基本条件

鉴于本书前面章节已详述了构造、地层、沉积相与储层岩石类型和成岩作用以及生油层等，因此以下仅论述这些油气藏形成的基本地质条件和它们的配置关系，重点论述油气的成藏条件和不同类型的油气藏成藏特征、油气藏成藏主控因素、复式油气聚集带油气分布规律等。

一、油源条件

济阳坳陷发育多套烃源岩，自下而上分别为上古生界的太原组和山西组烃源岩，中生界烃源岩，古近系的孔店组、沙河街组沙四段、沙三段及沙一段烃源岩（李丕龙等，2004）。不同烃源岩在沉积环境、有机质丰度、类型、生烃演化和成藏贡献各个方面差异很大。其中沙四段中上部和沙三段下亚段优质烃源岩发育，是区内的主力烃源岩；沙一段也发育一套优质烃源岩，但由于成熟度较低，仅在局部地区具有一定成藏贡献；石炭—二叠系存在煤系烃源岩，其生成的天然气在孤北古1井、车古27井已基本得到证实；中生界也存在含煤沉积，但烃源岩整体品质较差。各烃源岩层系详细描述见第六章。

1.上古生界

上古生界烃源岩以煤系地层为主，集中发育于太原组和山西组，本溪组煤层厚度较薄且不稳定。各凹陷均有分布，其中沾化凹陷煤层最大残余厚度29m，最小1.7m，平均残厚14m。东营凹陷煤层平均残留总厚15.5m。惠民凹陷平均10m。

2.中生界

中生界沉积物多以陆相碎屑岩为主，局部地区夹有含煤沉积，具有一定的生烃能力，但由于形成的盆地多为分隔性强的小型盆地，湖相沉积物和湖相烃源岩多不发育。

3.古近系

古近系烃源岩是济阳坳陷主力烃源岩，孔店组、沙四段、沙三段以及沙一段均发育烃源岩，分布在各凹陷的洼陷带，如东营凹陷的利津洼陷、牛庄洼陷、博兴洼陷、民丰洼陷，沾化凹陷的渤南洼陷、四扣洼陷、孤南洼陷、孤北洼陷、桩东洼陷，车镇凹陷的车西洼陷、大王北洼陷、郭局子洼陷，惠民凹陷的临南洼陷、阳信洼陷等。开阔的箕状凹陷，主要油源区均分布在断层的下降盘，如东营凹陷的利津洼陷。分隔性强的箕状凹陷通常有几个主要油源区，例如沾化凹陷的四扣、孤北—桩西、孤南洼陷等。

孔店组沉积期是济阳坳陷古近系盆地的重要沉降阶段。济阳坳陷深层勘探过程中在沾化、东营、惠民等地区发现了厚度不等的孔店组暗色泥岩。

沙四段沉积早期和中期，部分凹陷存在盐湖和膏盐沉积，具有欠补偿盆地的特征，烃源岩分布比较局限。沙四段上亚段沉积时期，湖侵较为广泛，以东营凹陷为代表的部分凹陷存在深湖相沉积环境，形成一套深灰色湖相泥岩与灰褐色油页岩的不等厚互层，生油能力较强。沙四段沉积末期，湖泊萎缩，烃源岩的质量较差。

沙三段下亚段—沙三段中亚段沉积时期是济阳坳陷的深断陷阶段。在前期低洼地势的基础上，盆地很快形成广阔的深湖环境，湖扩展体系域非常发育，整个盆地表现出均衡补偿盆地的特征，沉积了一套富含有机质的深湖相泥岩、页岩和油页岩，为区内最重要的一套烃源岩层。

沙二段上亚段—东营组沉积时期为济阳坳陷断陷期的最后一个旋回，沉积物也经历了一个粗—细—粗的完整旋回。沙二段上亚段—沙一段沉积时期为过补偿盆地，其后的沙一段沉积时期总体为均衡补偿盆地，最后东营组沉积时期为过补偿盆地。烃源岩的发育集中在沾化凹陷、车镇凹陷的沙一段及滩海地区的东营组，形成富含有机质的泥、页岩沉积。但车镇凹陷的沙一段基本上属于未熟油，不提供油源。

二、储集条件

济阳坳陷整体上自下而上形成了13套储集岩层：即太古宇泰山群，古生界寒武系—奥陶系，石炭系—二叠系，中生界，新生界古近系孔二段，孔一段，沙四段，沙三段，沙二段，沙一段，东营组，馆陶组，明化镇组。各储层系详细描述见第七章。

1. 太古宇

太古宇变质岩系储集岩由片麻岩类、角闪岩、变粒岩等组成，混合岩化作用强烈变质岩系储集岩的储集空间由裂缝孔隙、溶蚀孔洞和微孔隙组成。

2. 古生界

下古生界碳酸盐岩储集岩储集空间类型繁多，可归纳为由裂缝（构造裂缝）、洞（由多期古岩溶作用形成的溶洞）及孔隙（粒间溶孔、粒内溶孔、白云石晶间孔、方解石晶内溶孔、基质溶孔）等储集空间组成。这些储集空间类型多是由成岩后生作用的不同阶段（同生期、成岩早期、成岩晚期、多期古风化壳岩溶期、多期断裂岩溶期）形成的，其中多期古风化壳岩溶期和多期断裂岩溶期对储集空间影响最大。

在碳酸盐岩储集空间类型中，以断褶山最为复杂，如桩西潜山桩古17井，在距潜山剥蚀面以下1300余米获得高产工业油流。经研究认为是深部溶蚀作用的产物，是由于该断褶山的向斜轴部靠近断层，形成下古生界石灰岩深部裂缝性溶蚀带储层。

上古生界碎屑岩以二叠系石英砂岩储层为主，储集空间是孔隙型。薄层海相石灰岩的储集空间是裂缝及孔隙。

3. 中生界

中生界储层由两大部分组成：砂、砾岩储层。储集空间为孔隙及裂缝；煌斑岩储层，储集空间是以构造裂缝为主，局部为溶孔。

4. 古近系

古近系储层以河流水系起主导作用，属河—湖相沉积体系，多物源、多沉积体系和多种砂岩体类型。主要分布在沙四段、沙三段、沙二段、沙一段、东营组等层系。边滩、低隆起带湖相碳酸盐岩等储集体主要分布在沙二段、沙一段等层系。

5. 新近系

新近系储层岩性多为河流相砂岩、砂砾岩，部分为冲积、洪积砂砾岩透镜体及席状砂体。此外，馆陶组底部的碱性玄武岩及火山碎屑岩亦为潜在的储集岩。如东营凹陷南坡单斜带的莱6—草14—草15井一带，馆陶组底部存在1～4层玄武岩；莱6井976.0～1007.0m井段，2层18m玄武岩微含油，2层8m见油斑，对976.09～984.6m井段测试后为含油水层。

三、封盖条件

封盖层是指位于储层之上或侧向能够封隔储层使其中的油气免于散失的岩层或断层。封盖性能控制油气的运移、聚集与保存。

1. 岩性遮盖

根据岩性的不同盖层可分为：泥质岩盖层、蒸发岩盖层、碳酸盐岩类及其他岩类盖层，又以泥页岩为最主要盖层。事实上，任何类型岩石均可以作为盖层，如美国阿巴拉契亚百英尺砂岩中的油藏和我国鄂尔多斯盆地上三叠统砂岩中的油藏，都是由渗透性极差的砂岩岩层作为盖层。又如，我国辽河盆地东部坳陷南部地区东营组油气藏的盖层为火山岩等。根据盖层的连通情况，可将盖层分为区域盖层、局部盖层和隔层。区域盖层分布面广，厚度大，横向稳定性好；局部盖层分布面积小，横向分布不稳定，厚度也小得多。盖层与储层之间的物性和排替压力差异是岩性封闭的主要机理（付广，2007）。

1）泥质岩类

泥质岩盖层包括泥岩、页岩、含砂泥岩、钙质泥岩等。其粒度细、致密、渗透性低，可塑性、吸附性和膨胀性强，是良好的盖层岩性，是油气田最常见的一类盖层。济阳坳陷大多数油气田的盖层均属此类。

2）蒸发岩类

蒸发岩类盖层主要包括盐岩和膏岩，是最佳盖层。世界上天然气储量的35%与盐岩和膏岩盖层有关。膏岩在很广的深度范围内都具有良好的封盖能力。如渤南洼陷沙四段上亚段沉积时期，气候干旱，湖盆地势经沙四段沉积早期的快速充填已有所变缓，湖盆范围变化不大，盆地与剥蚀区高差变小，碎屑物质供应明显不足，盆地呈现出欠补偿的饥饿状态，以化学岩和细粒沉积占绝对优势，在沙四段上亚段广泛发育盐膏岩地层。

3）碳酸盐岩类

碳酸盐岩类盖层主要包括含泥灰岩、泥质灰岩和致密灰岩，如济阳坳陷寒武系—奥陶系发育碳酸盐岩盖层。由于碳酸盐岩易被水淋滤、溶蚀形成缝洞，因此碳酸盐岩只能形成局部的盖层。

2. 断层封堵

油气在运移和聚集过程中常遇到断层，断层有时可作为油气运移的通道，有时又起遮挡作用，一般情况下断层活动期对油气具有输导作用。而静止期则对油气既可输导也可封闭。何时起输导作用何时起封闭作用主要是取决于断层与储层渗透性的配合。影响断层封闭性因素较多，主要因素有断层两盘的岩性对接程度、断裂带泥岩含量、断距、断裂带充填物、断裂带的胶结程度、断点处流体压力等（付广等，2001）。

完整的断裂结构包括断层泥、滑动破碎带、诱导裂缝带（图11-1）。断层泥是断层在形成过程中由固结泥岩沿断裂面涂抹形成的致密带。滑动破碎带位于断裂带的中心部位，表现为复杂的、成组的、交叉排列的断层滑动面和相应断层体的组合，以发育断层岩和伴生裂隙为主要特征。诱导裂缝带主要分布于断裂两侧有限区域或断层末端应力释放区，以断裂伴生的低级别及多次序裂隙发育为特征，岩石保留了原来母岩的基本特征，仅被纵横交错的裂缝切割。裂缝属于断裂派生的低级别破裂面，它的分布是由断层活动引起的次级构造应力场与岩石力学性质所决定的，其发育特征与局部受力方式和强度、各层段的岩石力学性质密切相关，其性质既有压性的，也有扭性和张性的。

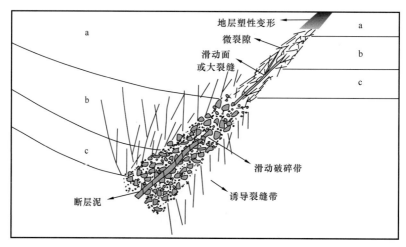

图11-1 断裂带内部结构模式图

从引起断层与相邻地层差异渗透的因素来看，断层封闭机制包括四大类：对接封闭、泥岩涂抹封闭、滑动破碎带封闭、成岩胶结封闭。

1）对接封闭

当断层不发育滑动破碎带时，两盘地层直接对置接触，断层一侧目的盘的排替压力小于另一盘地层排替压力则为对接封闭。利用地震剖面结合钻井资料编制"点"的岩性对置剖面和Allan断面剖面图是判断对接封闭较为有效的方法。

2）泥岩涂抹封闭

泥岩涂抹封闭是指断层上下盘泥岩层中的泥质沉积物进入断裂带中，并沿着断层面分布的泥岩薄膜，断层面上泥岩或黏土形成一个高排替压力层对油气形成封堵。早期对泥岩涂抹的描述主要针对生长断层，断裂变形深度不超过50m。断裂活动强度与断层两盘泥质含量影响泥岩涂抹的发育程度。具体研究过程中可采用SGR（泥岩涂抹系数）、CSP（泥岩涂抹势）、SSF（泥岩涂抹因子）等参数进行计算评价。

3）滑动破碎带封闭

滑动破碎带由原岩碎砾组成，呈条带状或透镜状平行于断层面展布，带宽由几毫米至数十米不等。滑动破碎带的碎块大小不一，排列杂乱无章，角砾碎块多带有棱角，但有时因挤压、滚动而圆化（如扭应力作用下），并有粗略的定向排列（如压性应力作用下），还可有裂缝和压扁现象，许多情况下滑动破碎带内高排替压力的断层岩、断层泥等对油藏可形成封堵。

目前国内常采用测井获得的电阻率（R_t）、三孔隙度（DEN、CNL、AC）特征建立判识断裂滑动破碎带，从而进一步判识其封闭性。

以埕古 19 井为例，该井在 2370m 钻遇断层（图 11-2），滑动破碎带测井曲线显示为声波时差值偏小，且相对稳定，补偿中子测井值偏小，密度测井值偏大；诱导裂缝带声波时差曲线产生周波跳跃现象或声波时差值增大，密度测井值整体偏小，且曲线呈窄尖峰状显示，补偿中子测井值偏大，电阻率测井曲线显示为视电阻率低值。

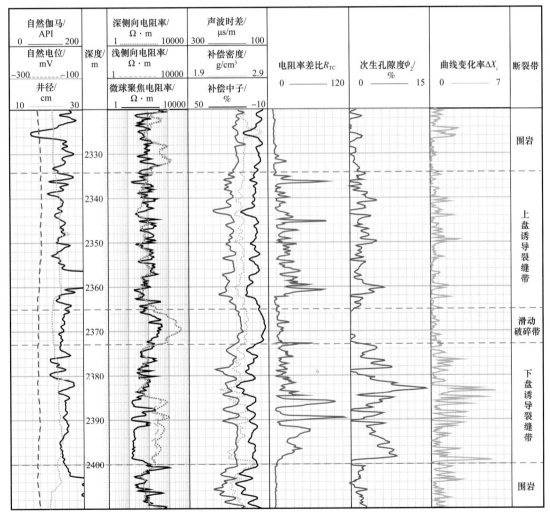

图 11-2　埕古 19 井钻遇断裂带处的测井响应特征

4）成岩胶结封闭

勘探实践表明，能够封堵油藏的断层两盘多数为砂泥对接，但也存在着砂砂对接封堵油气的现象。有些断层遮挡油藏其对盘砂岩百分含量很高，如东营凹陷的新立村油田永 8 块永 8-X4 油藏，该油藏是永 8-X4 断层遮挡的断块油藏，油藏埋深 1900～2100m，位于断层下盘，与其对接的断层上盘砂岩百分含量达 69.2%～93.4%（图 11-3），其封闭机理就是成岩胶结作用。断裂带内部各种伴生裂缝、诱导裂缝开启时是地下流体向地表运移和地表水向地层中渗漏的通道。在富含矿物质的地下流体沿其运移的过程中，由于物理环境的改变以及地下水与断层面上的物质发生物理化学反应，流体所携带的大量成岩物质会发生沉淀，造成裂隙被次生矿物不同程度的充填。最明显的是 $Si(OH)_2$ 迁移至浅处沉淀，导致石英增生；碳酸盐矿物迁移至深处沉淀，形成嵌晶状碳酸盐胶结。这些沉淀或胶结物严重者可堵塞裂隙，使其渗透性下降，丧失对流体的输导能力。

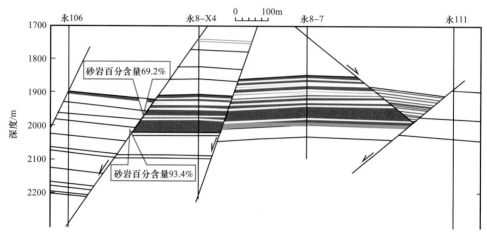

图 11-3　新立村油田永 8 块永 106—永 111 油藏剖面

3. 不整合面遮挡

不整合面是指上下两套不连续沉积的岩层之间的界面。其上为顶板岩层，平行或角度不整合覆盖在不整面之上，其岩层组合以风化带粗碎屑残积物在发生水进时接近原地沉积的产物为主，以及部分泥岩组成；其下是不整合面之下的风化带，以受长时间风化作用和构造作用改造的岩石为主，包括风化黏土层及半风化岩石。由于不整合形成条件的差异，有时会导致风化黏土层的缺失。根据风化壳及其内风化黏土层的发育程度，可以划分为三类：Ⅰ型结构、Ⅱ型结构、Ⅲ型结构（图 11-4）（隋风贵等，2006）。

1）Ⅰ型结构不整合

Ⅰ型不整合具有三层结构，包括风化黏土层、半风化岩石、未风化岩石，结构较完整。风化黏土层对油气起到遮挡作用。Ⅰ型不整合结构主要发育在一级不整合面，该不整合面经历了长时间的风化作用，沉积间断时间普遍大于 100Ma，使岩石有足够的时间遭受风化，有利于风化黏土层的形成。风化黏土层厚度一般为 0～4.5m；岩石类型主要为杂色泥岩、灰白色铝土质泥岩、红色（紫红色、棕黄色）泥岩等，部分泥岩中含石英质细砾岩。风化黏土层中的母岩结构、构造遭受完全破坏，与下部半风化岩石相比，岩心上呈较完整的块状，孔隙、裂缝不发育，岩石致密、性软、遇水膨胀、物性差，测井解释孔隙度一般小于 10%，渗透率为 1～7mD，风化黏土层对油气具有明显的遮挡作用。如太平油田的沾北 2 井沙一段与中生界的不整合之下发育不到 2m 的风化黏土层（图 11-5），对本区地层油藏的形成起到关键性作用。

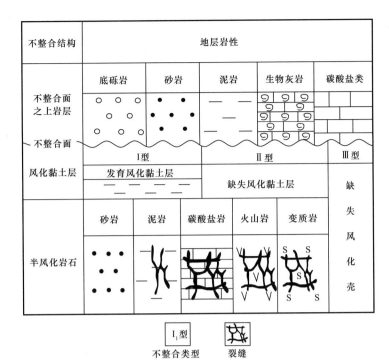

图 11-4 济阳坳陷不整合结构类型图

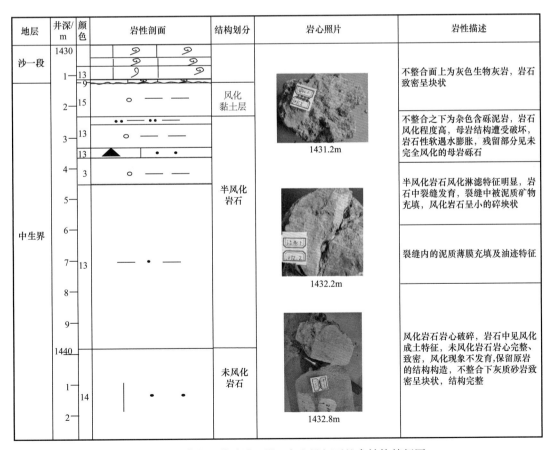

图 11-5 沾北 2 井（沙一段/中生界）不整合结构特征图

2）Ⅱ型结构不整合

Ⅱ型不整合结构是指不整合面下风化黏土层不发育，只存在半风化岩石的不整合。半风化岩石顶部已风化的裂缝如果被泥质、钙镁质充填，形成致密的"硬壳"岩层，对油气也可起到遮挡作用。如郑362井1216.2～1219m发育的太古宇片麻岩不整合，风化片麻岩疏松、裂缝发育，片麻岩被风化成角砾状，部分长石被风化成高龄石，裂缝发育方向杂乱，相互交集成网状，裂缝宽度一般1mm。裂缝内可见泥质沿裂缝壁成薄膜状充填，风化岩石深度较大，大于60m（图11-6）。对油气起到遮挡作用。

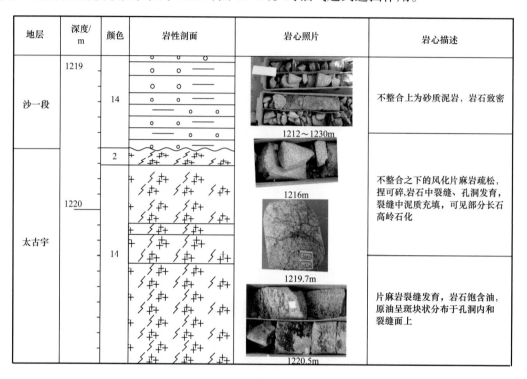

图11-6　郑362（沙一段/太古宇）不整合结构特征图

3）Ⅲ型结构不整合

Ⅲ型不整合结构是指不整合面风化壳不发育或现有手段难以识别的不整合类型。由于不存在风化壳，不整合面下岩石不具有风化特征，母岩较完整、呈块状，裂缝、溶孔不发育，岩石中原生构造、层理没有遭受破坏，岩石保持原始特征。例如，老8井沙一段与沙三段间的不整合（图11-7），不整合面下的岩石为泥岩、钙质泥岩，岩心完整成块状，岩石裂缝、溶蚀的孔洞均不发育，岩石中层理、构造明显，说明岩石没有遭受后期风化的痕迹，为正常沉积的泥岩。Ⅲ型结构不整合中正常沉积的致密岩性可以对油气起到遮挡作用，如泥岩类和碳酸盐岩类，而渗透性较好的砂岩则对油气难以起到遮挡作用。

四、生储盖配置

生储盖配置关系是油气藏形成的重要条件之一，根据生油层和储层在时空上的配置关系，可分为自生自储、古生新储、新生古储三种组合。

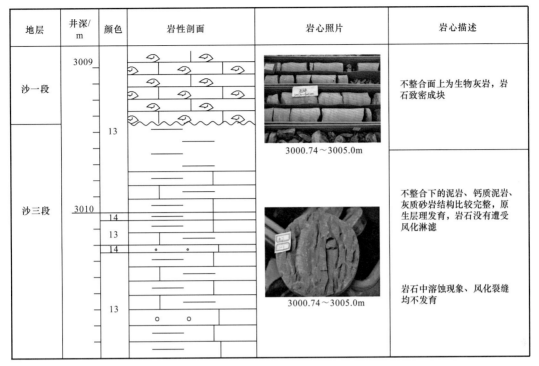

地层	井深/m	颜色	岩性剖面	岩心照片	岩心描述
沙一段	3009	13		3000.74～3005.0m	不整合面上为生物灰岩，岩石致密成块
沙三段	3010	14 13 14 13		3000.74～3005.0m	不整合下的泥岩、钙质泥岩、灰质砂岩结构比较完整，原生层理发育，岩石没有遭受风化淋滤 岩石中溶蚀现象、风化裂缝均不发育

图 11-7　老 8 井（沙一段／沙三段）不整合结构的岩心特征图

1. 自生自储组合

自生自储是指生油层和储油层均分布在相同的空间。如东营凹陷沙三段深湖—半深湖相的暗色泥岩、油页岩中发育的大量浊积砂体，油气从沙三段烃源岩排出后直接侧向进入砂体中，以其自身的泥岩作为封盖层形成自生自储油藏。该类型组合样式在各个凹陷中均有发育。如东营凹陷沙三段和沙四段、惠民凹陷沙三段、沾化—车镇凹陷沙三段、滩海地区东营组中都有该类组合油藏。

2. 古生新储组合

古生新储是指古地层生油，新地层储油。这种组合的储层位于生油层上方，与生油层并不直接接触，油气从生油层经断层、骨架砂体或不整合运移至储层中聚集而成。断层、不整合、致密岩性都可以成为其遮挡层，这种组合关系是济阳坳陷内重要的生储盖组合之一。沾化凹陷石油地质储量的 56% 分布于馆陶组储层内，其油源主要来自沙三段，其典型实例有陈家庄、太平、林樊家、埕东、孤岛、孤东及垦西等油气田含油层系。东营凹陷的胜坨、东辛、滨南、尚店、临盘等油气田的馆陶组油气藏及部分东营组油气藏亦属于这种类型。

3. 新生古储组合

新生古储指新地层生油，古地层储油。这种组合中绝大部分古储层与新生油层通过断层、砂体与烃源岩对接接触。断层、不整合、致密岩性可作为封盖层。这种组合在不开阔的、分割性强的箕状凹陷较为发育，济阳坳陷目前发现的潜山油藏均为该类型。

五、压力条件

压力是油气成藏动力系统的主要构成，是油气运移的主要动力（李明诚，1994）。

由于盆地结构、沉积演化的差异，断陷盆地压力分布不同，下面分别论述。

1. 东营凹陷

1）纵向特征

东营凹陷超压现象普遍。从压力—深度交会图（图11-8a）上可以看出，2200m以上地层压力基本保持在静水压力带附近，随埋深增加，地层压力逐渐偏离静水压力，低压和超压并存，但低压幅度很小，超压幅度渐增。从图11-8b上可看到，压力系数纵向上基本可分为两个带：2200m以上压力系数较集中于1.0附近，2200m以下压力系数开始集中在0.9~1.7，压力系数大于1.2的点逐步增加。

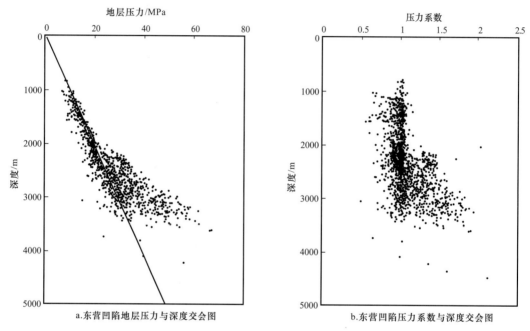

图11-8　东营凹陷压力与深度关系图

2）平面特征

从图11-9可以看出，沙三段上亚段北坡大部分区域呈现高压异常，南坡仅在樊2井东侧出现局部高压异常区，滨县凸起南部滨80井以北区域具有低压特征，全区仍是正常压力系统占主导地位。

沙三段中亚段压力场分布与沙三段上亚段基本相当。在陈南断层以南利津洼陷西部具高压异常特征，低压区仍主要分布在滨县凸起南部和纯10井东南部，大部分地区仍是常压环境。

沙三段下亚段基本处在高压异常控制之下。从图11-10可以看出，仅在凹陷西部存在低压现象，中部和东部局部存在常压区，其余地区全为高压环境。

沙四段普遍发育超压，除了南部斜坡带，大部分地区地层压力系数都达到1.2，其中利津洼陷及民丰洼陷压力系数都达到了2.0（图11-11）。

孔店组基本不发育超压，以常压为主，只是在北部陡坡带孔二段发育弱超压，压力系数一般不超过1.2。

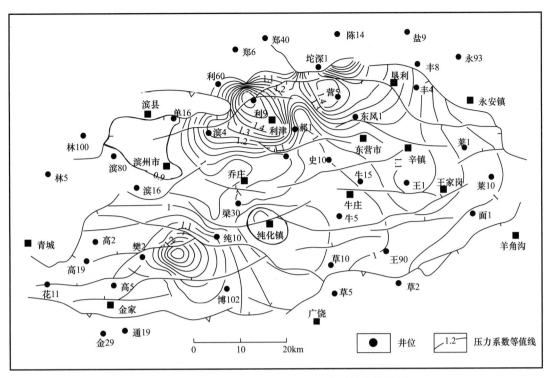

图 11-9　东营凹陷沙三段上亚段压力系数等值线图

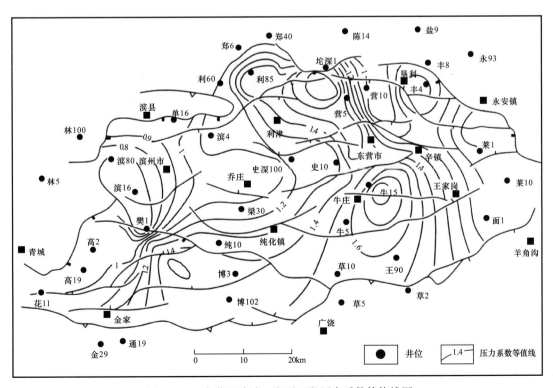

图 11-10　东营凹陷沙三段下亚段压力系数等值线图

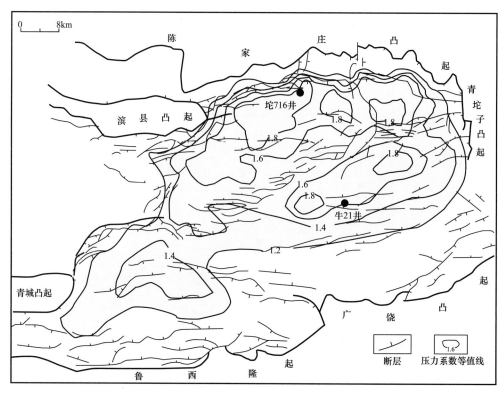

图 11-11　东营凹陷沙四段压力系数等值线图

2. 沾化凹陷

沾化凹陷 2000m 以下以超压为主要压力特征,高压区集中发育在渤南洼陷、孤南洼陷、孤北洼陷三个地区。渤南洼陷超压发育范围最广,最大压力系数可达 1.7,其次为孤北洼陷。以渤南洼陷为例分析沾化凹陷的压力特征。

1)纵向特征

渤南洼陷纵向上具有复合压力结构特征,发育三个异常压力发育带(图 11-12):沙四段上亚段、沙三段、沙一段。沙三段与沙四段上亚段之间被沙四段上亚段的膏岩层分隔为两个独立的压力系统;沙一段具有生烃能力,从 2400m 开始发育超压体系,压力系数一般为 1.1~1.3,为弱超压。沙三段为一个完整的"正常压力—过渡压力—异常高压"的压力体系,沙三段上亚段为常压体系,沙三段中亚段从 2800m 开始发育超压,至沙三段下亚段 3100m 左右压力系数达到 1.4,向下压力逐渐降低。沙四段上亚段膏岩层之下压力回弹,至 3500m 左右压力系数达 1.5。

2)平面特征

渤南洼陷沙三段地层压力平面分布具有北高南低的特点,高压主要分布在鼻状构造两翼的深洼带,在深度区间上分布局限,控洼断层附近及构造抬升区多为常压—弱超压(图 11-13)。北部埕南断裂带附近自沙三段下亚段至沙三段上亚段表现为常压特点,渤深 4 断裂带及南部的罗家—垦西斜坡带、罗家鼻状构造带均表现为常压—弱超压。总体上自盆地中心至盆地边缘,压力环境表现为异常高压—过渡压力—正常压力的有序分布。

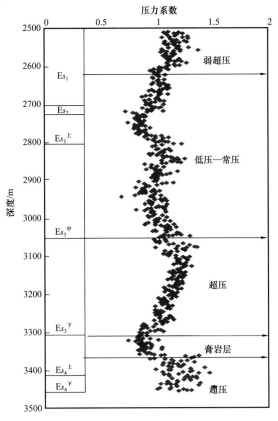

图 11-12 渤南洼陷地层压力系数与深度关系图

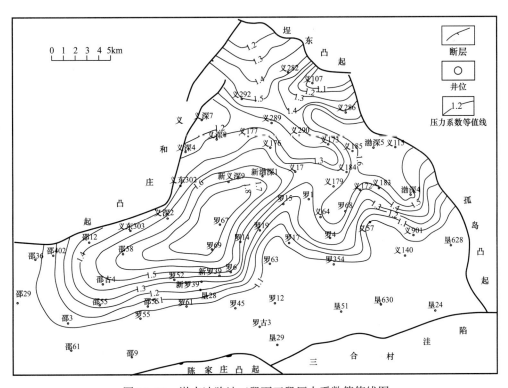

图 11-13 渤南洼陷沙三段下亚段压力系数等值线图

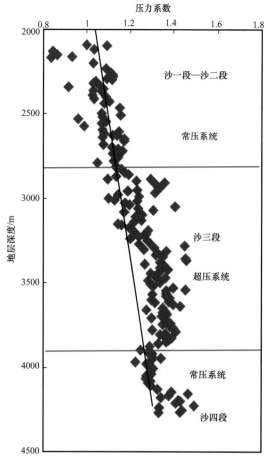

图 11-14 车镇凹陷车西洼陷地层压力系数与深度
关系图

3.车镇凹陷

1）纵向特征

车镇凹陷洼陷带 2800m 出现异常压力，层系上主要为沙三段的深湖相地层，地层压力随深度增加而逐渐增大，沙三段下亚段达到最强，最大压力系数达 1.5（图 11-14）。沙四段上亚段砂体发育，压力降低，逐渐恢复为常压地层。

2）平面特征

车镇凹陷超压层段主要局限在沙三段中亚段底部—沙三段下亚段。在超压层段内，地层压力呈现环状分布。沙三段中亚段沉积中心开始发育异常高压，地层超压幅度较低，处于常压—弱超压（压力系数为 1.0~1.27）范围。随着深度的增加，沙三段中亚段的异常高压逐渐增大，且在洼陷中心内超压幅度明显增大，至沙三段下亚段这一特征尤为明显（图 11-15）。超压主要分布在车西、大工北以及郭局子洼陷。在洼陷内，地层压力平面上呈环带状分布，洼陷边缘地区为常压环境，靠近洼陷中心，地层压力系数逐渐增大，洼陷中心地层压力系数最大，压力系数普遍大于 1.5，最高可达 1.8。

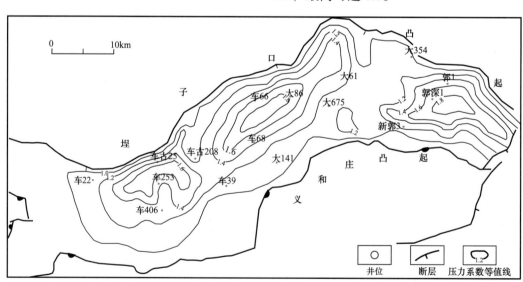

图 11-15 车镇凹陷沙三段下亚段地层压力系数等值线图

4.惠民凹陷

1）纵向特征

惠民凹陷地层压力在静水压力带附近较为集中（图 11-16），负压现象表现较明显，本区超压现象不明显。压力系数一般在 0.4～1.0 之间。从 1300m 开始压力系数出现小于 0.9 的点，随埋深增加，压力系数小于 0.9 的点继续增加，变化幅度也有所增加，但在静水压力带附近压力系数也较为集中。总之，本区表现为明显的低压现象。

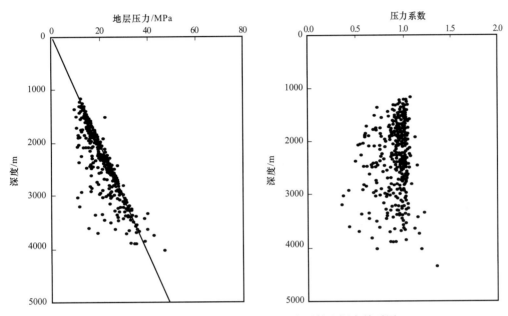

图 11-16　惠民凹陷地层压力、压力系数和深度关系图

2）平面特征

惠民凹陷压力整体表现为弱超压—低压—常压状态。超压主要发育在临南洼陷一带，压力系数最大为 1.3，表现为弱超压特征。低压主要集中在凹陷的中部偏北陡坡带和中央背斜带的西北缘，沿临邑断层一带较为发育（图 11-17）。

六、输导条件

油气输导体系是指油气从烃源岩到圈闭过程中所经历的所有路径网及其相关围岩，包括连通砂体、断层、不整合、裂缝及其组合。它是连接油源与圈闭的"桥梁和纽带"，不同输导体系及其输导能力决定着油气在地下如何运移、在何处成藏以及成藏类型等问题。

1.输导要素

1）骨架砂体

沉积盆地内粗碎屑砂体构成盆地充填中的骨架砂体，它们既是油气运移的主要通道之一，又是油气聚集的主要场所。骨架砂体如三角洲砂体、扇三角洲砂体、河道砂体等均具有良好的孔渗性能，是沉积盆地内发育的重要输导体。

牛庄王家岗地区是东营凹陷三角洲砂体发育的主体部位，三角洲主要出现于沙三段中亚段、沙三段上亚段的高位体系域中。沙三段中亚段沉积时期，由于盆地周围山地抬

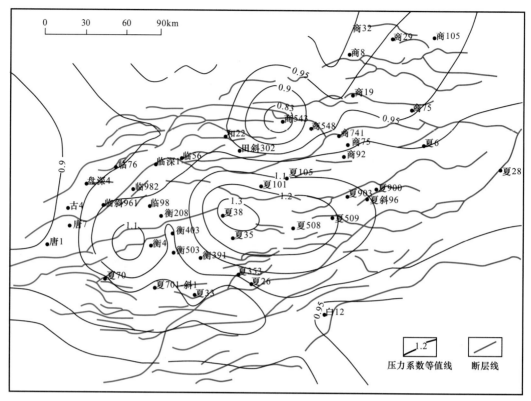

图 11-17 临南洼陷沙三段压力系数等值线图

升，碎屑物源充足，河流频繁注入，特别是沿凹陷轴线方向及东南部物源的大量供给，使该期三角洲的发育达到鼎盛时期，牛庄王家岗地区三角洲前缘砂体分布面积可达上千平方千米。三角洲砂体无论纵向上还是平面上都具有较好连续性，成为本区油气运移的主要输导体系。

2）断层

断层在油气的运移过程中既可能起通道作用，也可能起封堵作用。目前人们基本达成共识，无论断层性质如何，断层在活动期间多表现为开启状态，可作为油气垂向和侧向运移的通道（Hooper，1990），而静止期则往往表现为封闭状态，对油气起遮挡作用。国内外学者就断裂对油气输导与封闭性的机理及影响因素进行了大量的研究，从断裂的性质及活动强度、断层两盘岩性配置、泥岩涂抹、流体压力等方面分析了断裂在油气运聚中的作用（吕延防，2002；郝芳，2004）。就本质而言，断裂对油气的输导或封堵性主要取决于断裂带的物性特征（孔隙度、渗透率），而断裂带自身的内部结构特征及其物性变化决定了其在油气运聚过程中所起的作用。

3）不整合面

不整合对油气的输导作用主要体现在不整合之下的风化岩石对油气运聚的影响。当风化壳存在风化裂缝或孔隙时，油气可以沿风化壳内部的孔隙进行长距离的运移。这种风化壳往往发育于前新生界。而新生界内部不整合之下主要为砂岩与泥岩交互地层，风化作用可以作用几米至几十米，不整合之下的砂岩地层孔隙度相对于未风化岩层孔隙度和渗透率都相对有所增加，风化砂泥地层由于中间夹有泥岩，阻挡了部分地层的浸透，使得岩石的化学风化程度减弱，风化泥岩厚度则多小于3m。风化砂岩和原岩孔隙度相比较，其孔隙度增加值（$\Delta\phi$）最大可到17%，而风化泥岩孔隙度增加值（$\Delta\phi$）一般小于5%（图11-18）。并且随着后期地层埋深加大，地层本身的压实作用使得半风化岩石物性改善程度会有所降低。尤其是风化泥岩，岩石的塑性强，当埋深在1400～1900m时后期压实作用使风化裂缝逐渐闭合，物性基本上得不到改善。也就是说泥岩风化后也不能作为输导层而输导油气。正是砂泥岩地层不整合结构的特殊性，决定了以砂泥互层为主的陆相断陷盆地不整合横向输导油气范围存在较大局限性，不能作为油气长距离运移的通道（宋国奇等，2008）。

对济阳坳陷已探明新生界不整合油藏油气输导方式进行了分析统计，发现约有72%的不整合油藏其油气输导是由断层、骨架砂体、不整合来共同完成的，而且不整合对油气的输导往往只在局部范围内起作用；而其余近30%的不整合油藏其油气输导则是由断层、骨架砂体两者来完成，不整合不参与输导过程。

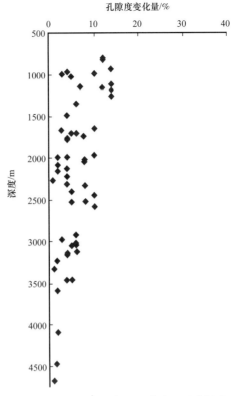

图11-18 新生界内部不整合之下风化泥岩物性变化情况图

4）裂缝

裂缝在油气藏的形成过程中起着非常重要的作用，裂缝不仅是油气从烃源岩中排出的通道，也是油气运移的重要输导体系之一。尤其对于洼陷带岩性油藏的成藏起到至关重要的作用。裂缝按成因分为构造裂缝、成岩裂缝、异常超压裂缝、垂向载荷裂缝、垂向差异载荷裂缝、变质收缩裂缝等6大类，其中以构造裂缝和异常超压裂缝为主。

裂缝的形成主要受构造应力和异常压力的控制，此外还受沉积相带、储层岩性、岩层厚度以及地层压力等因素影响。

2. 输导体系

在某一含油气系统中，油气从烃源岩到圈闭的运移过程中可能先后经历过不同类型的输导体系。输导体系往往是两种或几种基本类型的搭配组合，包括砂体—断层的简单组合、砂体—不整合面的简单组合、不整合面—断层的简单组合以及砂体—断层—不整合面的复杂组合。而这些也仅仅是最基本的组合形式。在地质空间中，它们之间的每一个构成要素都可以多次与其他构成要素进行任意组合，形成更复杂的油气运移的立体输导网络，使油气在地层中沿不同方向、以不同距离进行立体运移。

济阳坳陷南北构造分带特征十分明显，自南向北依次可分为缓坡凸起带、缓坡带、洼陷带、陡坡带、陡坡凸起带。不同构造带输导体系构成有明显的差异。由于济阳坳陷不同凹陷带剖面结构的对称性，从而决定了其输导体系的构成在剖面上也呈对称分布，并且不论在南北向剖面还是东西向剖面上均具有这种特征，导致不同凹陷带不同层位的输导体系构成在平面上呈环带状分布。从南部缓坡凸起带、缓坡带到洼陷及北部陡坡带、陡坡凸起带总体上输导体系的组合表现为砂体—局部不整合、断层—砂体、裂缝—控烃断层等多种组合（图11-19）。

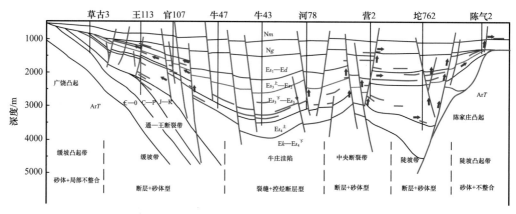

图11-19　东营凹陷油气运移剖面图

1）缓坡带输导体系

缓坡带由于埋藏浅，地层压力小，一般为正常压力系统，裂缝输导体系不发育。此外，缓坡带发育的地层不整合以新生界内部削蚀不整合为主，本书在前面不整合输导性能评价中已有论述，由于新生界以砂泥互层为主，风化作用对泥岩的物性改善不明显，导致新生界内部不整合的输导作用有限，不作为缓坡带的主要输导体系。但缓坡带盆倾断层和骨架砂体发育，输导体系主要是由断层和骨架砂体组成的阶梯状输导体系为主，油气沿断层和砂体由低势区向高势区运移，油气在骨架砂体中的侧向运移特征明显，来自洼陷带的油气沿断层和砂体组成的输导体系呈阶梯状运移到南坡，形成构造—岩性油藏、构造油藏、不整合遮挡油藏。

2）洼陷带输导体系

洼陷带以深湖—半深湖沉积体系为主，骨架砂体不发育，但发育油源断层和异常压力形成的裂缝，输导体系以油源断层和裂缝为主。控烃断层是使油气从烃源岩内向浅部运移的主要输导体系，裂缝是油气向位于泥岩中的砂岩透镜体运移成藏的重要输导体系。东营凹陷牛庄、胜坨地区发育砂岩透镜体，这些砂体有的直接与烃源岩接触，而有的则位于烃源岩之上，没有与烃源岩直接接触，油气从烃源岩排出后经油源断层进入砂体成藏。以裂缝为输导的岩性油藏仅限于泥岩裂缝发育区，而没有泥岩裂缝发育的区域，更多的是形成被油源断层切割的岩性—构造油藏，这些油藏输导体系以油源断层为主。

3）中央背斜带输导体系

中央背斜带以断层和砂体组成的"网毯式"输导体系为主（张善文，2006）。所谓

"网"，指体系下部的油气源通道网层（由切至油源层中的油源断裂网和不整合面组成）和上部的油气聚集网层（由次级断裂网连通的树枝状砂岩透镜体组成）；所谓"毯"，指呈"毯状"稳定分布的巨厚辫状河流相块状砂砾岩（称之为仓储层），以及通过油源断裂等输送上来的它源油气在其中的蓄积。由于油源断裂网的活动为幕式的，因此其向仓储层输送油气亦为多期次的。仓储层各期蓄积的油气可在仓储层中发散运移，也可沿次级断裂网进行汇聚式运移进入上部的油气聚集网层，再沿立体分布的砂体—断裂输导网络运移，在有圈闭条件的部位形成构造—岩性或构造油气藏。

4）陡坡带输导体系

陡坡带主要为断裂和砂体构成的 T 型输导组合。油气运移路线为烃源岩—主断层—两侧砂体—次级断层—砂体。其与单纯断裂型输导体系类似，但砂体起一定的运移通道作用。油气在下部以垂向运移为主，上部则以侧向运移为主，形成的油藏以岩性—构造油藏为主。

在陡坡带凸起边缘多为由砂体和局部不整合构成的 S 型输导组合。油气运移路线为烃源岩—砂砾岩体—基岩不整合面—潜山、砂体—次级断层—砂体，整个运移路线近于"S"形，形成的油藏类型以岩性构造、不整合超覆油藏为主。

七、圈藏匹配条件

济阳坳陷圈闭的有效性取决于圈闭形成时期与油气成藏期的匹配关系。在主要成藏期以前或与主要成油期同时形成的圈闭，对油气聚集最为有利。

济阳坳陷存在两个生油阶段、三期油气充注（李丕龙等，2004）。

第一个生油阶段是东营组沉积末期，这时沙四段烃源岩进入生油门限深度，生油区分布在主要生油洼陷，烃源岩中有机质进一步演化成熟。喜马拉雅运动东营幕的构造活动不但引起油气从烃源岩中排出，并运移、聚集、成藏，形成第一期油气运聚，而且造成东营组沉积后区域性隆起和广泛剥蚀，此时沙四段烃源岩埋深不仅没有增加，反而因覆盖层的剥蚀减薄而抬升变浅，致使第一个生油期中断。

第二个生油阶段是馆陶组沉积末期—明化镇组沉积期，盆地整体下沉进入拗陷阶段。随着馆陶组、明化镇组的沉积，沙三段中亚段、沙三段下亚段和沙四段上亚段烃源岩埋深加大，相继进入生油门限，到明化镇组沉积末期和第四纪，该阶段存在馆陶组沉积期和明化镇组沉积末期两次构造活动，相应发生了两次大规模的油气运聚。

由梁 25 井埋藏史分析可以看出（图 11-20），东营凹陷主生油期为第二生油阶段。沙三段烃源岩排烃门限在 3300m 左右、沙四段烃源岩排烃门限在 2700m 左右，时间上对应着馆陶组沉积期和明化镇组沉积期，因而凹陷成藏时间也主要对应于馆陶组沉积期和明化镇组沉积期。也就是说济阳坳陷存在两个生油期、三期油气充注，并且以后两期为主。

济阳坳陷在断坳转换之后，没有经历大的构造运动，油气主要成藏期济阳坳陷大部分圈闭已定型，圈闭的形成与成藏期具有很好的匹配关系。

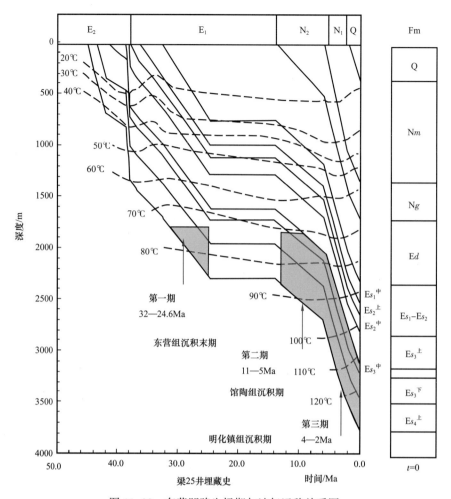

图 11-20 东营凹陷生烃期与油气运移关系图

第二节 油气藏类型

油气藏是含油气盆地中油气聚集的基本单元。一个油（气）田可以由数十个甚至数以百计的多种类型油（气）藏组成。济阳坳陷的油气聚集多受构造带所控制，而一个构造带总是由多层、多种类型、多个圈闭组成，因此，一个含油构造带往往是由多个含油层、多种类型及多个油气藏组成。

科学划分油气藏的类型，认识不同类型油气藏分布规律，对指导开拓新含油气领域具有重要的理论和实践意义。

一、油气藏分类

济阳坳陷主要依据圈闭的成因对油气藏类型进行分类，遵循以下两条基本原则：（1）充分反映圈闭的成因，反映油气藏形成的基本条件及赋存状态，反映不同类型油气藏之间的区别和联系；（2）能有效指导油气藏的勘探和开发，在勘探方法、勘探程序和相应的勘探技术上易于操作。依据上述分类的原则按圈闭的成因划分油气藏类型，按油气藏形成的基本条件划分油气藏亚类，按油气藏的特征划分油气藏种类。将济阳坳陷油气藏划分为构造油气藏、地层油气藏、岩性油气藏和复合油气藏、潜山内幕油气藏 5 类 11 亚类（表 11-1）。

表 11-1　济阳坳陷油气藏类型

类	亚类	种
构造油气藏	背斜油气藏	披覆背斜油气藏
		逆牵引背斜油气藏
		拱张背斜油气藏
	断块油气藏	反向断块油气藏
		断鼻油气藏
		同向断块油气藏
		复杂断块油气藏
地层油气藏	地层超覆不整合油气藏	
	地层削蚀不整合油气藏	
岩性油气藏	砂岩岩性油气藏	浊积砂体油气藏
		滩坝砂油气藏
		砂砾岩油气藏
		河道砂油气藏
	特殊岩性油气藏	泥岩裂缝油气藏
		火成岩油气藏
		石灰岩岩性油气藏
复合油气藏	构造—岩性复合油气藏	构造—岩性油气藏
		岩性—构造油气藏
	构造—地层复合油气藏	构造—地层油气藏
		地层—构造油气藏
	地层—岩性复合油气藏	地层—岩性油气藏
		岩性—地层油气藏
潜山内幕油气藏	变质岩潜山油气藏	残丘型潜山油气藏
		块断型潜山油气藏

类	亚类	种
潜山内幕油气藏	碳酸盐岩潜山油气藏	块断型潜山油气藏
		"滑脱"型块断潜山油气藏
		逆冲褶皱—块断潜山油气藏
		褶皱滑脱—断块潜山油气藏
		残丘型潜山油气藏

构造油气藏系指构造圈闭中的油气聚集，构造运动可以形成各种各样的构造圈闭，因此所形成的油气藏也就不同，但其共同特点是圈闭的成因均为构造运动的结果。构造油气藏又分为背斜油气藏、断块油气藏。济阳坳陷构造油气藏主要分布在各大断裂带、中央隆起带及背斜带附近。

岩性油气藏是指由于储层的岩性横向变化而形成的圈闭，油气在其中聚集而成藏。由于沉积条件的变化或成岩作用，使储层在纵向、横向上渐变成不渗透岩层。岩性油气藏又分为砂岩岩性油气藏和特殊岩性油气藏。砂岩岩性油气藏分为浊积砂体油气藏、滩坝砂油气藏、砂砾岩油气藏、河道砂油气藏4种。特殊岩性油气藏又分为泥岩裂缝油气藏、火成岩油气藏、石灰岩岩性油气藏。济阳坳陷的岩性油气藏主要分布在与深水浊积扇及三角洲有关的滑塌浊积砂体中。

地层油气藏是指油气在地层圈闭中的聚集，地层圈闭是指因储层纵向沉积连续性中断而形成的圈闭，即与地层不整合有关的圈闭，根据上下地层的接触关系可进一步分为地层削蚀不整合油气藏、地层超覆不整合油气藏。济阳坳陷的地层油藏主要分布在盆地的边缘附近。

复合油气藏是指由两种或两种以上因素相结合形成的复合圈闭，当某种单一因素起绝对主导作用时，可用单一因素归类油气藏；但当多种因素共同起作用时就成为复合圈闭。进一步可划分为构造—地层类复合油气藏、构造—岩性类复合油气藏、地层—岩性类复合油藏气。

潜山油气藏按潜山成因—结构类型可进一步划分为块断潜山油气藏、断块潜山油气藏、滑脱潜山油气藏、内幕褶皱潜山油气藏、残丘潜山油气藏等。潜山内幕油气藏主要分布在太古宇、古生界潜山地层中，分为太古宇变质岩潜山油气藏和碳酸盐岩潜山油气藏两个亚类。

二、油气藏类型分述

1. 构造油气藏

构造油气藏主要受构造活动如褶皱、断裂和底辟等作用控制，可划分为背斜油气藏和断块油气藏2个亚类7种，是盆地早期油气勘探的主要对象。在济阳坳陷发现的探明储量当中，构造类油气藏探明储量所占的比例约为56.9%。

1）背斜油气藏

背斜油气藏是在背斜圈闭中形成的油气藏。其数量众多，油气储量和产量所占比例较大，是济阳坳陷重要的油气藏类型。根据其成因和特点，可分为披覆背斜油气藏、逆牵引背斜油气藏、拱张背斜油气藏。

（1）披覆背斜油气藏。含油气盆地中较年轻的地层超覆披盖在基岩凸起、古隆起以及断块的翘升部位之上，在成岩过程中，由于差异压实作用，形成了披覆背斜圈闭。其形态多呈穹隆状，顶平翼陡，幅度下大上小。背斜形成时期有一定次序，通常盆地中部的披覆背斜形成早，而边缘的披覆背斜形成较晚，多为继承性构造，是油气运移和聚集的有利场所。

披覆背斜油气藏具有以下特点：① 紧邻或位于生油洼陷，生油岩层披覆或超覆在背斜之上，形成自生自储油气藏，生储盖层组合好；② 盆地中部的披覆背斜，储层时代较老、埋藏深度较大，砂岩的成岩后生作用较强，储油条件较差；③ 盆地边缘的披覆背斜储层时代较年轻，埋藏深度小，成岩后生作用较弱，储油物性好，原生孔隙发育，渗透性高；④ 若圈闭位于生油凹陷中，圈闭与生储盖层同步形成，早于油气生成期，油气以近距离运移为主，并直接从生油层向储层运移，油质较好；⑤ 如果圈闭位于盆地周缘，距生油凹陷较远，以下生上储成藏组合为主，圈闭形成期与油气大规模形成期一致，油气运移通道以不整合面和断层面为主，经水平或垂向运移形成油气藏，往往具有油重气轻的特征，如孤东和埕北等新生界油气藏；⑥ 油气分布完全受构造及其闭合高度控制，有统一的油（气）水界面；⑦ 油气藏的分布有一定规律性，凹陷中部发育渐新统—始新统披覆背斜油气藏，凹陷斜坡带分布渐新统上部披覆背斜油气藏，而凹陷边缘或凸起周缘则为新近系披覆背斜油气藏。

济阳坳陷孤岛、孤东和埕东是典型的以馆陶组含油为主的披覆背斜油气藏。孤岛披覆背斜位于沾化凹陷东部孤岛凸起。凸起南、北均为大断层，形成古地形陡崖。东西方向以古2井一带最高，向东、西逐渐下倾，沙河街组由东、西向顶部超覆，新近系全部覆盖整个凸起，形成大型披覆背斜。背斜圈闭面积约100km²，闭合高度110m，主要含油气层位和储层为馆陶组河流相砂岩，明化镇组下部泥岩层为区域盖层（图11-21）。油气分布南北方向受断层控制，东西方向受背斜形态控制。由于含油气段较长，储层横向变化较大，因而具有多套油水系统。

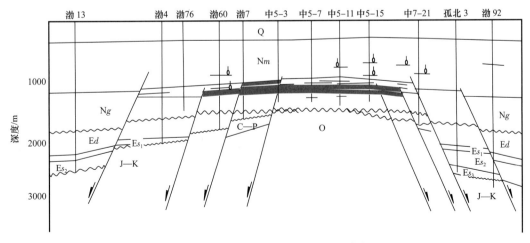

图11-21 济阳坳陷孤岛披覆背斜油气藏剖面

（2）逆牵引背斜油气藏。逆牵引背斜油气藏多分布在断陷盆地主要断裂带下降盘。在断块活动和重力滑动作用下，砂泥岩地层沿断层面下滑，产生次一级的水平挤压力，使塑性地层产生逆倾斜弯曲，形成逆牵引背斜圈闭。其形态多呈两翼不对称的宽缓状短轴背斜，中部地层构造幅度较大，深、浅层较小。高点由深到浅向断层面上倾方向偏移。构造走向与主要断层平行。该类油气藏常沿主断层呈串珠状分布。圈闭面积与主断层活动强度和规模密切相关。

逆牵引背斜油气藏的特点是：① 紧邻生油洼陷，三角洲砂体、湖底扇砂体和河流泛滥平原砂岩体与生油岩体配置关系好，具有良好生储盖组合；② 储油条件好，砂体厚度大，物性好；③ 逆牵引背斜属同沉积构造，其形成时期与大规模油气生成时期一致，有利于油气聚集；④ 油气分布受背斜圈闭规模和闭合高度控制，具有统一的油水界面；⑤ 主要分布在断陷陡坡带的二级主断裂下降盘，如东营凹陷的大芦家、坨庄、胜利村油藏；有的分布在缓坡带靠近洼陷的同生大断裂下降盘，如王家岗油藏，在断陷边缘大断裂下降盘也有分布。

形成这类背斜的主断层规模较大，沉积物的重力下滑幅度往往超过它的弹性限度。因此，这类背斜的顶部一般都有"Y"形断层发育，从而使背斜的完整性遭到破坏。如东营凹陷的胜坨背斜（图 11-22），该背斜紧邻东营凹陷的主要生油中心——利津洼陷，其储量丰度居济阳坳陷之冠。背斜具有沙三段、沙二段、沙一段、东营组、馆陶组、明化镇组等 6 套含油气层系。

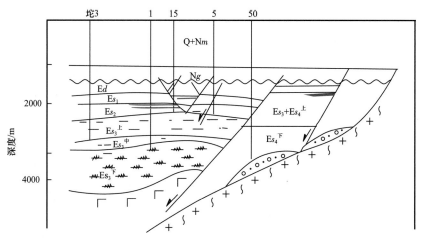

图 11-22　胜坨逆牵引构造油藏剖面图

（3）拱张背斜油气藏。拱张背斜油气藏一般分布在盆地或凹陷中心部位，因该部位沉积了厚层的岩盐、石膏和泥质岩等塑性地层，在上覆地层重力负荷和侧向水平压力作用下，使塑性膏岩或泥岩层蠕动拱升，形成底辟拱张背斜。此类圈闭常呈长轴背斜形态，轴部发育地堑式断裂系统，顶部陷落，两翼为断层复杂化的半背斜。构造幅度上大下小，晚期地层顶厚翼薄。

东营凹陷中央断裂背斜构造带，由于塑性层的拱张作用，上覆地层背斜顶部产生一系列"Y"形交切的断层，使背斜变得非常复杂（常为复式地堑结构），形成以断层圈闭为主的油气聚集带。如东辛油田的辛镇背斜油气藏（图 11-23）。其储油气圈闭是塑性拱张背斜圈闭为主要控制因素，断裂又将背斜复杂化形成Y形—花形复杂断块构造圈闭。纵向上含油层位较多，沙三段、沙二段、沙一段及东营组均有油藏分布。

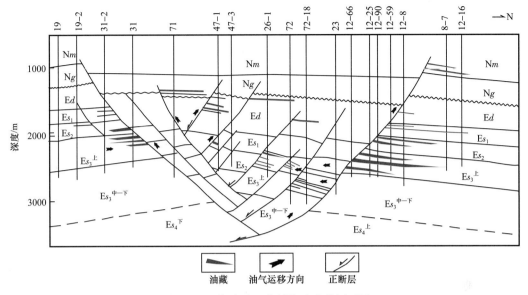

图 11-23 东辛油田背斜构造油藏剖面图

2）断块油气藏

所谓断层圈闭，是指储层上倾方向被断层切割，并被断层另一侧的不渗透层或断层泥等遮挡而形成的圈闭。当然，储层的上覆岩层必须是非渗透层，构造平面图上也必须是闭合的。

断层油气藏的形态多种多样，其复杂程度也千差万别，但归纳起来，不外乎反向断块油气藏、断鼻油气藏、同向断块油气藏和复杂断块油气藏4大类。

（1）断鼻油气藏。它是由断层与鼻状构造组成的圈闭及油气藏。在区域倾斜的背景上，鼻状构造的上倾方向被断层所封闭，在其中聚集了油气形成这种类型油气藏。如永安镇油田永12断块沙三段上亚段油气藏。该油藏储层为沙三段上亚段块状砂岩，呈一向北抬起的鼻状构造，被近东西向延伸的北掉断层切割，形成断鼻油气藏（图11-24）。由于油气源充足，储层物性好，断层封堵能力强，因而含油气层厚度大，最厚可达70m。

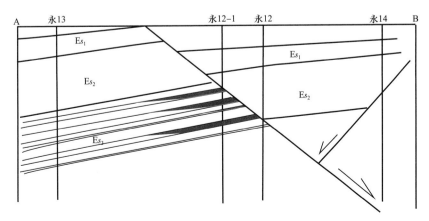

图 11-24 永安镇永 12 块油藏剖面图

（2）反向断块油气藏。反向断层系指断层面与地层倾向相反的断层。由一条或两条交叉反向断层与弯曲或单斜产状的储层构成"屋脊"式断层圈闭，圈闭内部一般没有或很少有其他断层发育。例如郝家油田河4断块（图11-25）、东辛油田营31、营14、辛23等断块和广利油田的莱1断块等。

反向断块油气藏常发育在盆地斜坡或大型构造带的单斜背景上，有一系列反向断层切割组合的屋脊断块圈闭，成带分布。每个屋脊断块自成一个油气藏，断块高部位油气层厚度大，不同断块有各自的油气水界面，如济阳坳陷东辛油田的辛109断块油藏。

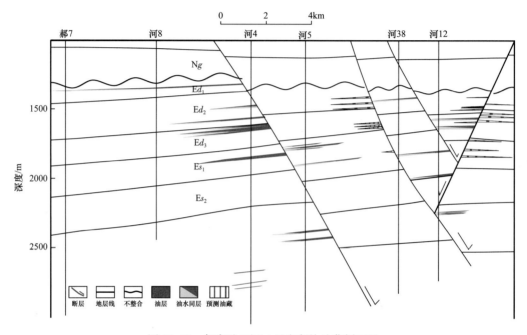

图 11-25　郝家油田河4反向断块油藏剖面图

（3）同向断块油气藏。同向断层是指断层面倾向与地层倾向相同的断层。一般来讲，这类断层的封闭性在很大程度上取决于断层面两侧相接触的岩性。只要下降盘储层与上升盘非储层接触，一般都可以形成遮挡。

坨103断块发育在东营凹陷胜北大断层下降盘的伴生鼻状构造上，沙三段上亚段大套泥岩中发育有一个小型冲积扇砂岩体，岩性为细砂岩，构造顶部砂岩厚度大，向翼部变薄。上倾方向为断层遮挡，形成同向断层遮挡的油藏（图11-26）。东营凹陷永安镇、义东、商河、小营油田等都有同向断层遮挡形成油气藏的例子。

（4）复杂断块油气藏。复杂断块遮挡油气藏一般是有两条以上的断层共同起作用，或者是一条主断层起主要封闭作用，圈闭破碎。油藏规模小，每一个小断块的含油气特点也不完全相同。一般说来，每一个独立含油断块的油藏面积很少大于 $0.5km^2$，而且多数仅为 $0.1 \sim 0.3km^2$。济阳坳陷东辛、现河庄、郝家、永安镇、滨南、临盘等油田，这类断层油气藏特别发育，因而称之为复杂断块油田。

临盘油田（图11-27）盘河构造是一个继承性构造。渐新世受临邑大断层剧烈活动的影响，这个构造急剧抬高遭受严重剥蚀，其顶部沙三段下亚段油页岩集中段以上的地层全被剥蚀，馆陶组直接覆盖其上，而且断层特别发育，众多的小断层将沙三段切割为

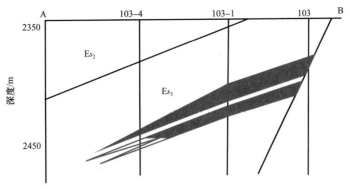

图 11-26　东营凹陷坨 103 断块油藏剖面图

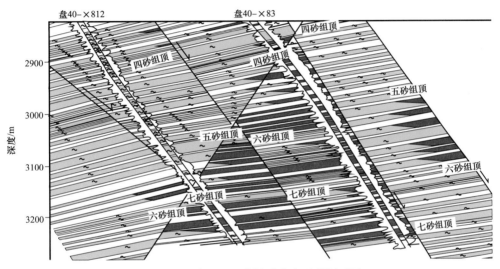

图 11-27　盘 40-80 断块南北向油藏剖面图

棋盘式的断块区。主要含油层为沙三段底部的盘河油层段。储层为河流—三角洲相前缘砂体，砂岩比较集中，油层厚度比较大，但断块间差异有时很悬殊，主要是小断层起了封隔作用。

在断陷盆地的凸起倾没部位，有倾向相反、向外侧断落的断层组合的地垒式断块圈闭。当储层厚度大、油气源充足时，可形成富集程度很高的油气藏。

2. 岩性油气藏

岩性油气藏是指由于岩性变化形成圈闭的油气藏。根据岩性圈闭成因和遮挡条件的差异，可分为砂岩岩性油气藏、特殊岩性油气藏两个亚类。其中砂岩岩性油气藏分为浊积砂体油气藏、砂砾岩油气藏、滩坝砂油气藏、河道砂油气藏 4 种；特殊岩性油气藏分为火成岩油气藏、石灰岩岩性油气藏及泥岩裂缝油气藏 3 种。本节重点论述砂岩类的岩性油气藏。

岩性油气藏具有以下特征：储集体往往穿插和尖灭在烃源岩中，油源充足，有良好的盖层条件；与储集岩同期形成，圈闭形成期早于油气生成和运移期；烃源岩于后期产生的裂缝带和溶蚀带，可形成岩性裂缝封闭油气藏；岩性油气藏分布与河湖沉积相带有关，具带状分布特征。勘探对象日趋隐蔽，岩性油藏是目前增储上产的主要油藏类型，在整个济阳坳陷发现的探明储量当中，岩性油藏探明储量所占的比例近3成。

1）砂岩岩性油气藏

（1）浊积砂体油气藏。浊积岩主要形成于深断陷期，断陷湖盆的陡坡带和洼陷带是浊积岩相对多发区。勘探实践表明，以浊积岩为储层的油气藏常常富集油气，例如东营凹陷牛庄、史南、梁家楼等油田，惠民凹陷江家店油田，沾化凹陷渤南油田、五号桩油田等，均在各类浊积砂体获高产工业油气流。

东营凹陷营11透镜状岩性油藏为一典型实例（图11-28）。营11断块位于东营凹陷中央断裂背斜带中段北侧的小向斜内。含油层位为沙三段中亚段底部，基本上是一个单砂体，砂体厚度最大为23.6m，为深水浊积砂岩体，岩性以粉细砂岩为主。砂岩主要发育于小向斜东半部，从向斜中心向西很快尖灭。该砂体除向斜最低部位外大面积含油，而且为高压油藏，油层原始压力系数1.57，是济阳坳陷已发现未被断层分割的单砂体岩性油藏中最大的一个。该类浊积砂体岩性油藏广泛发育于东营凹陷，如东辛油田、胜坨油田、现河庄油田、郝家油田、牛庄油田都有大量发现。牛庄油田基本上是由众多的岩性油藏组成的油田，但单个岩性油藏的规模都不大。

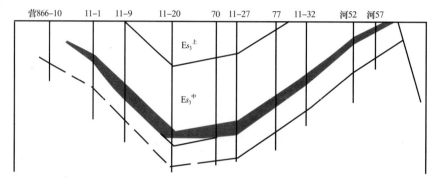

图 11-28　济阳坳陷营 11 岩性油藏剖面图

（2）滩坝砂油气藏。滩坝是滨浅湖地区常见的一种沉积体系类型。在断陷湖盆的扩张初期，湖泊面积大，湖岸地形平坦，浅水区所占面积大，滩坝砂体最为发育。此外，围绕断陷湖盆中的古岛（古隆起、古潜山）也可发育湖岸滩坝砂体，它们以透镜状及薄层席状砂的形式分布于古隆起周围。

济阳坳陷先后在纯化—小营、滨东、正理庄、王家岗、大王庄等地区发现了多个滨浅湖滩坝砂的含油气区。

受储层、构造、油气源、成藏动力等因素控制，滩坝砂油层分布也具有明显的规律性。纵向上，滩坝砂岩体往往多层叠置，但单层厚度小，横向上变化快，分布广。导致滩坝砂油层同样具有厚度薄，多层叠置（连通性较差），但大面积分布的特点。

根据正理庄、纯化、博兴、小营、乔庄等油田的温度压力资料，沙四段上亚段滩坝砂油藏属常温高压系统，显示为低渗透的特性。油层压力系数一般1.2～1.5，最大可达1.8。自构造底部位的生油洼陷区到洼陷边缘的构造高部位，随着油藏埋藏深度逐渐变浅，油藏压力系数逐渐减小，油藏由高压油藏逐渐过渡为低压和常压油藏。同时随着油藏埋藏深度逐渐变浅，原油油性有轻微变稠趋势，气油比逐渐降低。

东营凹陷的高894块为一典型滩坝砂油藏（图11-29）。该块位于正理庄油田的北部，处于东营凹陷博兴洼陷金家—正理庄—樊家鼻状构造带的中部。沙四段上亚段为湖侵体系域的滨浅湖相—半深湖相沉积，储层以滨浅湖相的滩坝砂岩为主，岩性组合特征表现为泥岩夹砂岩或砂泥岩互层。该油藏埋深2500~3300m，为纵向叠置、横向连片的高压构造—岩性油藏。构造背景与储层沉积相带控制油气富集成藏。

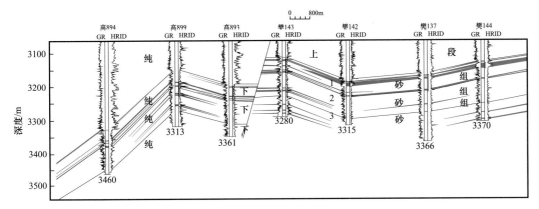

图11-29　正理庄油田高894井—樊144井东西向油藏剖面

（3）砂砾岩油气藏。济阳坳陷砂砾岩油藏主要分布在东营凹陷北带及车镇凹陷北带。东营凹陷北带砂砾岩油藏发育于陈南断层控制的陡坡构造带，南邻利津和民丰两个生油洼陷，勘探面积约1500km²。经过20多年的勘探，共发现滨南、单家寺、利津、王庄、宁海、胜坨、盐家、永安镇、新立村等9个油田。

典型油藏如盐22油藏。受古地貌背景、沉积作用和差异压实的共同影响，主体部位盐22块、永920块呈鼻状形态。该油藏扇中砾状砂岩或含砾砂岩物性好，为有效储层。油藏在纵向上存在分带性，随埋深增大，含油条带加宽，浅层边水明显，深层普遍非油即干（图11-30）。埋深大于3280m，扇根成岩作用强，封闭能力高，油气充满度高，以岩性油藏为主；埋深小于3280m，扇根成岩作用减弱，封闭能力降低，表现为油水混合结构，物性夹层形成油气的封堵层，构造对成藏的影响增强，以构造—岩性油藏为主。

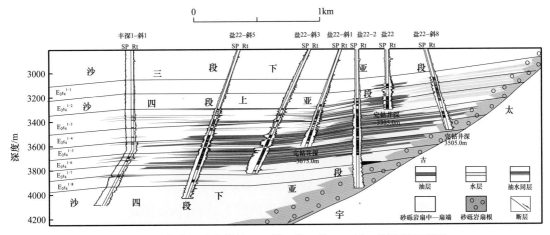

图11-30　东营凹陷北带盐22-斜5井—盐22-斜8井油藏剖面图

（4）河道砂体油气藏。济阳坳陷馆陶组上段到明化镇组广泛发育河流相的小型砂岩透镜体，构成岩性圈闭。这些砂岩透镜体在构造背景和网毯式输导体系控制下可形成河道砂岩性油气藏，以气藏为主。除孤岛外，孤东、垦东、埕岛、埕东、义和庄、陈家庄、滨县、林樊家、高青等地区都发现了这类浅层气藏。

典型油藏如老河口油田，该油田位于埕北洼陷南斜坡，发现于1986年，是钻探洼陷内新近系断鼻构造圈闭时发现的。该断鼻南部断层与古近系烃源岩沟通，可向上输导油气。在后期的开发过程中同，油藏的油水边界外仍钻遇了馆陶组的油气藏，这些油气藏没有与古近系烃源岩沟通的断层相接，属于岩性油气藏，网毯式油气成藏体系很好地解释了其成藏过程。

其中老河口油田的桩106块油藏是在埕东凸起北斜坡超覆沉积背景上形成的河道砂油藏，地层倾角0.5°～2°，南陡北缓，地层走向近东西向，馆陶组上段储层为河流相砂体，呈正韵律，河道宽300～500m，绵延长3km以上，储层埋深1330～1450m，油层沿古河道分布，主要受岩性控制，油层段集中，单井油层厚度6m左右（图11-31）。

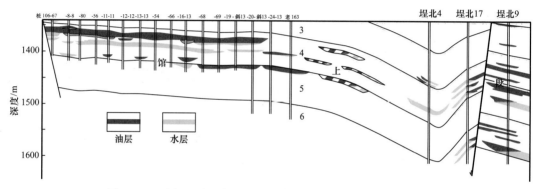

图11-31　老河口油田桩106块馆陶组曲流河道砂岩油藏剖面图

2）特殊岩性油气藏

（1）泥岩裂缝油气藏。泥岩裂缝油气藏是指以泥质岩类为基质，泥质岩中发育的裂缝和孔隙为主要储集空间和渗滤通道的特殊油气藏。与前几类油气藏相比，泥岩裂缝油气藏的隐蔽性更强，其成藏条件也具有某些特殊性。

济阳坳陷勘探的各个阶段都有泥岩裂缝油气藏发现，四个凹陷都有分布，以东营、沾化凹陷为多见，一般发育在异常压力带及构造应力集中带，代表井有现河庄油田的河54井（图11-32）、永安镇油田的永54井、大王庄鼻状构造的新郭3井、孤北地区的桩25井、罗家地区的罗42井、四扣洼陷义18井等。河54井测试日产原油91.3t，单井累计产量超万吨。

泥岩裂缝油气藏极不规则且规模较小。此类油藏油质轻，多具高异常压力。油层横向变化大，短距离内即可消失。与河54井相距400m的河55井，也解释了几层泥岩裂缝油层，电测解释在2928.0～2964.4m井段有油层5层10.4m，但试油不出油，测井显示其裂缝发育程度较河54井变差。

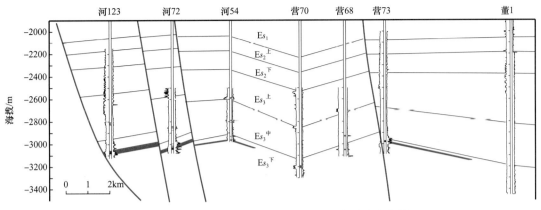

图 11-32　现河庄油田河 54 井—董 1 井泥岩裂缝油藏剖面

（2）火成岩油气藏。火成岩油气藏是指以火成岩为基质，火成岩中发育的裂缝和孔隙为主要储集空间和渗滤通道的特殊油气藏。以商河油田商 741 沙二段侵入岩油气藏为典型（图 11-33）。商 741 火成岩油藏位于惠民凹陷商河油田南部，赋存于沙三段下亚段—沙三段中亚段的辉绿岩侵入体，分布面积达 29.2km²，呈向北抬起的南北向舌状。

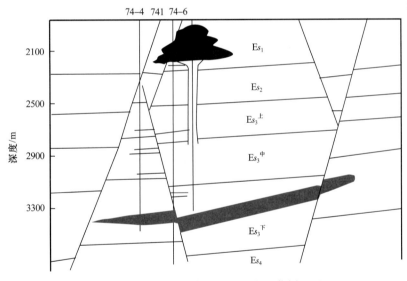

图 11-33　济阳坳陷商 741 火成岩油藏剖面图

区内共发育大小不等、方向不一的断层 59 条，断层的主要方向为近东西向，断层规模较小，延伸长 300~1600m，断距均小于 80m，局部地段弯曲成鼻状形态，钻遇最大厚度为 82.5m（商 743 井）。火成岩储集空间以裂缝为主、溶孔为次，裂缝发育段裂缝长度为 6~8m/m²，平均水动力宽度为 0.1mm 左右，裂缝密度为 2~5 条/m，裂缝中开启缝占 44%，半充填缝占 48%，水平收缩缝（充填缝）只占 4%，即绝大部分裂缝是开启的或半开启的。裂缝的发育受岩相（中心亚相、过渡亚相及边缘亚相）、断裂作用及岩层弯曲变形程度等多种因素的控制，裂缝密集发育处油藏富集高产。商 741 井在该侵入岩体中试油获 88t/d 的高产，油质轻，为常温常压油藏。

（3）石灰岩岩性油气藏。石灰岩岩性油藏是以石灰岩为基岩，石灰岩中发育的裂缝和孔隙为主要储集空间和渗滤通道的特殊油气藏。此类油气藏以平方王油田沙四段为代表（图11-34）。

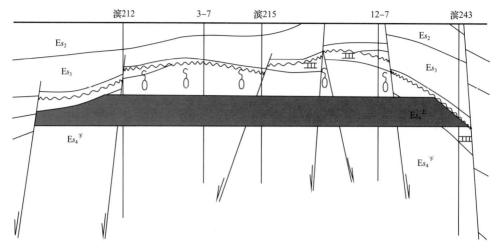

图 11-34　平方王油田沙四段生物礁油藏剖面图

平方王油田位于东营凹陷西部。前古近纪古地形为下古生界基岩凸起。新生代早期，首先沉积了孔店组和沙四段下亚段的砂砾岩和砂岩。沙四段沉积晚期，此处仍为一水下隆起，陆源碎屑较少，水域清澈，湿度和含盐量适中，龙介虫属和中国枝管藻等造礁生物大量繁殖，形成礁灰岩体（最大钻遇厚度42m）。沙四段沉积末期，该区再次抬升并露出水面，构造顶部礁核遭受剥蚀，导致残存部分经风化和后期白云岩化溶蚀孔隙极为发育（可连成蛛网状）。沙三段沉积时期，重新被湖水淹没，礁灰岩剥蚀面之上超覆沉积了沙三段湖相暗色泥岩，成为良好的盖层和圈闭。圈闭范围长8km，宽6km，面积31km²，闭合幅度150m以上。圈闭的东、南分别与利津、博兴两生油洼陷相邻，以高青—平南断层作为油气运移通道，形成一个大型气顶油藏。气顶气组分中，CO_2气含量约占70%。根据CO_2同位素分析，主要为无机成因。由于礁灰岩的储集性能极好，油层厚度大，故产能较高，曾出现4口日产1000t以上的高产油井。

3.地层油气藏

地层圈闭是指储层上倾方向直接与不整合面相切而被封闭所形成的圈闭，其中的油气聚集称为不整合油气藏。济阳坳陷发现的探明储量当中，地层油藏（潜山油藏除外）探明储量占的比例约为10%。

按照地层油气藏的特征，可分为地层超覆不整合油气藏和地层削蚀不整合油气藏（蒋有录等，2006）。

1）地层超覆不整合油气藏

地层超覆油气藏一般主要分布在超覆圈闭的较低部位，含油井段也较长，多以重质油为主，主要分布在盆地的斜坡带和潜山隆起或陡坡带。这类油藏以太平油田、乐安油田、王庄—宁海油田、单家寺油田、尚店油田、陈家庄油田等为代表。

太平油田位于济阳坳陷义和庄凸起主体部位的北侧，勘探面积400km²。自1972年钻探沾5井发现油藏以来，太平油田累计探明储量超千万吨。该区油气来源于沾化凹陷的四扣、渤南洼陷，油气沿断层砂体运移到馆陶组成藏。馆陶组从低部位向义和庄凸起逐层超覆，在各砂组地层尖灭线附近形成了在平面上呈条带状展布的地层超覆油藏（图11-35）。

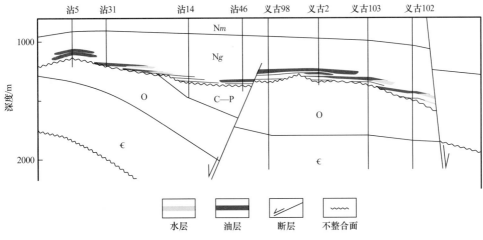

图 11-35　太平油田油气藏剖面图

2）地层削蚀不整合油气藏

地层削蚀不整合油气藏主要分布在盆地斜坡带的边缘，油气藏主要发育于新生界与前新生界不整合面之下。

这种类型的油气藏以金家、高青、单家寺、尚店等为代表。金家油田位于东营凹陷南坡剥蚀带西部的金家鼻状构造西部，北邻博兴洼陷，南接鲁西隆起，其古近系由南向北倾斜。馆陶组由北向南分别与东营组、沙一段、沙三段及沙四段呈角度不整合接触，馆陶组底有一连续厚度为10～50m的泥岩作纵向封堵层，形成不整合覆盖地层圈闭。它是由博兴洼陷沙三段所生的油气，沿储层或剥蚀面向南部抬高方向运移至该圈闭中，形成沙河街组不整合覆盖油气藏（图11-36）。油藏埋深800～1200m，原油遭受了细菌降解，成为稠油油藏，靠近鲁西隆起边缘局部形成天然气藏。

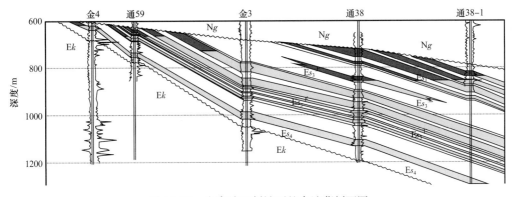

图 11-36　金家油田削蚀不整合油藏剖面图

4.复合油气藏

有些油气藏同时受几种因素的控制，而且很难确定哪一种因素为主导，因此将这类油气藏称之为复合油气藏。其特点是：油气分布受背斜、岩性、断层、不整合面等两个以上的因素控制；油气藏规模大小与圈闭大小或砂体大小有关；以层状油气藏为主，部分为块状油气藏。济阳坳陷发现的这类油气藏有构造—岩性油气藏、构造—地层油气藏、地层—岩性油气藏等三个亚类。

济阳坳陷孤北油田东营组—馆陶组的油气分布受构造、岩性双重因素控制，形成构造背景上的岩性油藏。东营组—馆陶组为河流相砂体，宏观上，油气分布受构造控制，高部位油层发育相对较好，低部位较差；微观上，油气富集主要受河道砂体的控制，砂体侧向尖灭成藏。同一构造部位，砂体的发育情况影响油层的发育，每个河道砂带具有相对统一的油水界面。砂体岩相、岩性横向变化大，油层连通性较差（图11-37）。

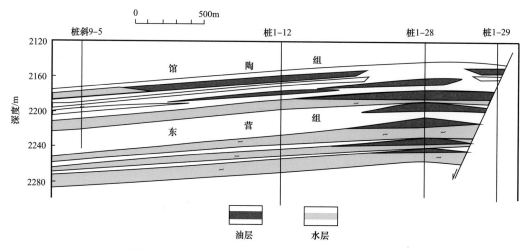

图11-37　孤北油田东营组—馆陶组复合油藏剖面图

5.潜山内幕油气藏

以盆地发育时期为标准，将盆地形成前的地层统称为"基岩"层。基岩层形成了各种古地貌高地，在盆地发育时期这些古地貌高地又为新沉积的地层掩埋，故此称之为潜山。济阳坳陷发现的探明储量中，潜山类油气藏探明储量所占的比例约为5%。

潜山油气藏油气源主要来自周缘的新地层烃源岩，储集体是潜山，组成新生古储成藏组合。烃源岩与潜山储集体表面直接接触，以断层面和不整合面为油气运移的主要通道。在盆地中部潜山带上，烃源岩与潜山储集体直接接触面积越大，油源越丰富，越有利于形成大型潜山油气藏。潜山储层有碳酸盐岩、砂岩、变质岩、火成岩和火山碎屑岩等，在一般情况下，潜山遭受风化、淋滤、溶蚀，可成为孔、洞、裂缝发育的储集体。

潜山油气藏按潜山成因—结构类型划分为块断潜山油气藏、断块潜山油气藏、滑脱潜山油气藏、内幕褶皱潜山油气藏、残丘潜山油气藏等；按油气藏在潜山的部位不同，可分为潜山风化壳油气藏和潜山内幕油气藏。以下主要依其储集体分类进行论述。

1）变质岩潜山油气藏

济阳坳陷已探明王庄、埕北30、桩西等三个太古宇变质岩潜山油藏，并于郑4、郑10、郑14井、郑4-6等四口井中喜获日产千吨的高产油流，位于桩西潜山的桩古10-3井自1985年10月自喷投产，用15mm油嘴生产至今，平均日产油近百吨。

济阳坳陷太古宇油藏可分为残丘潜山和块断潜山两种类型。

（1）残丘潜山油藏。王庄油田是残丘潜山油藏的典型代表。该油田位于东营凹陷陈家庄凸起西北部的郑家地区。在陈家庄凸起南斜坡的背景上，由于北西西向基底断层的发育和长期活动，使它与凸起主体分割开并沿断层下降形成二台阶。在此基础上，经过长期风化剥蚀形成残丘潜山。基底太古宇被上覆古近系层层超覆。古近系烃源岩生成的油气沿断层—砂体构成的阶梯状输导体系运移至变质岩潜山顶部形成残丘山油藏（图 11-38）。

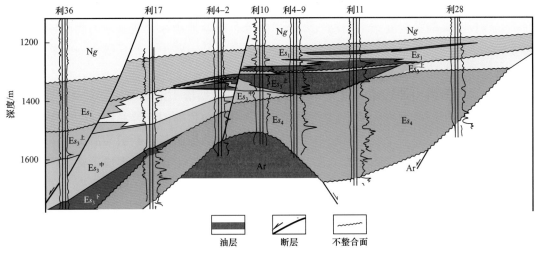

图 11-38　王庄油田太古宇潜山油藏剖面图

（2）块断潜山油藏。桩西潜山是一个大型的推覆体。印支构造运动的挤压，使下古生界产生挠曲、褶皱和逆断。在古生界主体部位和西南部产生了两个走向平行的挠曲—褶皱带，并产生了两条走向平行的逆断层，燕山构造运动早期的挤压又由东南向西北推覆，形成了大型逆冲推覆构造。中生代末期以来的拉张块断，受西边的埕东和南侧桩 23 两条边界大断层的共同作用，形成了总体向东北倾斜的极其复杂的桩西潜山构造。

该潜山的最底层为太古宇变质岩潜山圈闭，它由 NW 向的逆断层、南边的桩 23 成山断层和 NE 倾向的地层构成，寒武系底部泥质岩为盖层。太古宇潜山风化程度不如王庄潜山，但因经历三期构造运动，在原褶皱轴部的主断层附近裂缝比较发育，储层厚度也较大。桩古 10-3 井钻入太古宇 125m 发生井喷，且产油量持续稳定，说明储集性能良好。

桩西潜山南界桩 23 断层的强烈活动，不仅导致了潜山的形成，而且在其南侧还形成了孤北深洼陷，发育了沙四段上亚段—沙三段下亚段为主的烃源岩，地球化学分析结果，桩西潜山内幕的石油来自其南侧孤北洼陷沙三段烃源岩。桩 23 断层既是成山断层又是起到油源通道的作用，洼陷中生成的油气穿过断层直接进入潜山圈闭成藏。

2）碳酸盐岩潜山油气藏

碳酸盐岩潜山油气藏形成的地质条件具有普遍性规律，但其类型、发育程度、分布规律，则因各盆地地质条件的差异而不尽相同。以下论述的碳酸盐岩潜山油气藏，以下古生界碳酸盐岩潜山为圈闭条件，它不仅具有多油气藏类型，而且其圈闭内部的构造、储集空间类型及其发育和分布状况非常复杂。

按照潜山圈闭的成因分类，济阳坳陷下古生界碳酸盐岩潜山油气藏也相应地分为断块型潜山油气藏、"滑脱"型块断潜山油气藏、逆冲褶皱—块断潜山油气藏、褶皱滑脱—块断潜山油气藏、残丘型潜山油气藏。

潜山油气藏的分布与潜山分布具有一致性。除残丘型潜山油气藏外，其余各类潜山油气藏的分布都与强烈活动的基岩大断层有关。这些断层不仅控制了潜山的发育演化，也控制了生油洼陷的分布，还是油气运移的主要通道。生油洼陷周围的潜山往往被古近系泥岩覆盖，具有良好的保存条件，如济阳坳陷的埕岛、桩西、义和庄、垦利、富台等油田。残丘型碳酸盐岩复杂潜山油气藏则主要分布在盆地边缘，或盆地内隆起较高的凸起上。如济阳坳陷的郑家、平方王、孤岛等油田发现的一些小型残丘潜山油气藏，广饶的大型残丘潜山油气藏等。

（1）块断型潜山油气藏。以义和庄为代表的块断型潜山油气藏主要分布于凹（洼）陷的斜坡带，所以又被称为坡上山。义和庄复杂潜山由顶面的二叠系和侧面的中生界—孔店组组成统一的封盖系统，形成潜山圈闭。北西向的控山基岩断层与潜山带东侧的义东断层相交，东边四扣洼陷生成的油气通过义东断层向潜山运移，形成了义和庄复杂潜山油气藏。储层主要为不整合面岩溶系统和潜山内幕孔洞型两类，以风化壳"屋脊"断块块状油藏和潜山内幕层状油藏为主，各层、各块具有各自的油水界面（图11-39）。

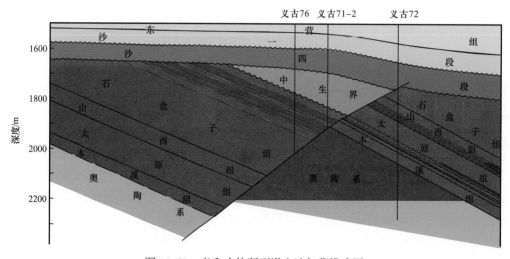

图11-39　义和庄块断型潜山油气藏模式图

（2）"滑脱"型块断潜山油气藏。以富台油田下古生界潜山油气藏为例。富台油田位于车镇凹陷车西洼陷北部陡坡带，前新生界边界基岩大断层——埕南断层以及与它近乎平行的次级伴生断层车57—车古201断层之间为二台阶上由前新生界基岩块体顺埕南断层滑脱形成。伴生断层落差500～1500m，在沙四段沉积时期基本停止活动，沙河街组超覆在潜山之上，并对潜山形成封盖。洼陷中生成的油气，通过这条断层向潜山圈闭运移，形成了潜山油藏。潜山由东西两个高点组成，东部高点为车古20潜山，西部高点为车57潜山，埋深比车古201潜山低约500m。车古20潜山总体为东陡西缓、近南北向的背斜构造，被潜山内部发育的多条断层复杂化。

潜山储层整体受二台阶断层的控制，除发育不整合面型储层系统外，最显著的特点是，二台阶断层附近构造裂缝受侧向溶蚀改造形成了较好的潜山内幕型储层，近断层处储集物性明显变好。1997年钻探的车古20井在奥陶系八陡组获工业油流。2000年钻探的车古201井在奥陶系八陡组和该井底部的冶里组—亮甲山组均获得高产油气流。该油气藏为典型的层状油气藏，有风化壳型和潜山内幕型两种类型（图11-40）。此外，在潜山顶部沙河街组披覆构造及深部的太古宇也发现了油气藏。它们共同构成了典型的复式油气田。

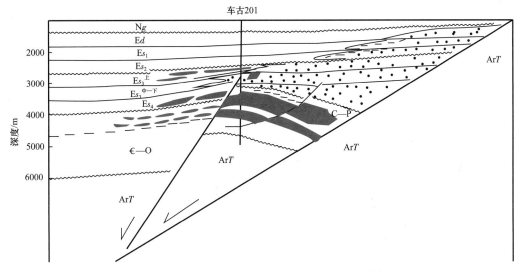

图11-40　富台油田车古201"滑脱"型潜山油气藏剖面图

（3）逆冲褶皱—块断潜山油气藏。以桩西下古生界潜山油气藏为例。它位于沾化凹陷东北部埕东、长堤突起的交会处，它是在逆冲褶皱推覆体背景上形成的块断潜山，是济阳坳陷最复杂的潜山构造。

桩西潜山发育36条断层，分为北西向、北东向、近东西向3组。它们将潜山的古生界切割成4排大小不同、高低各异的10余个断块。潜山顶面，古生界由西南向东北由老到新依次剥蚀出现寒武系、奥陶系和石炭系—二叠系。潜山内幕则由桩古13和桩古35两个北西走向的倒转褶皱组成。桩古13褶皱构成潜山的主体，其轴部在桩古10—桩古13-1井一线。西南部的桩古35构造褶皱更强烈，并被正、逆断层复杂化。

桩西潜山内幕以复杂褶皱、多组正断层与逆断层并存的复杂断裂系统为主要构造特色。油气主要来源于南部的沾化凹陷。潜山南界断层是主要的油源断层。潜山内幕发育裂缝型储层，形成典型的裂缝型油气藏。下古生界剥蚀面附近，不整合面型储层系统中岩溶和裂缝两种类型均非常发育，主要形成不整合面岩溶型断块油气藏，兼有裂缝—断块油气藏。潜山多层含油，但平面上和纵向上分割性强，贫富变化大。平面上油气主要沿褶皱轴部和断层附近的储集空间发育带富集高产，6口日产千吨和大部分日产百吨原油的高产井基本都位于这些部位（图11-41）。

（4）褶皱滑脱—断块潜山油气藏。以埕北30潜山油气藏为例（图11-42）。它位于渤海湾南部的浅海海域，渤南凸起西南倾没端与埕岛、桩西潜山的结合部。潜山南、北

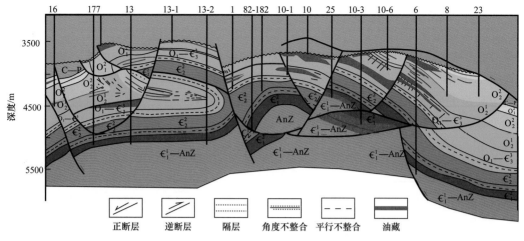

图 11-41　桩西逆冲褶皱—块断型潜山油气藏剖面图

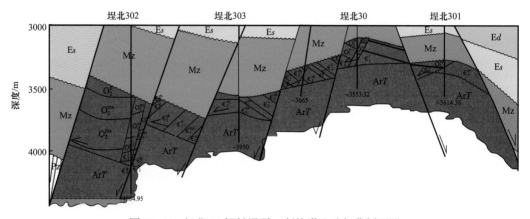

图 11-42　埕北 30 褶皱滑脱—断块潜山油气藏剖面图

分别以大的基岩断层与桩东凹陷和渤中坳陷相连。潜山由褶皱变形的下古生界沿滑脱断层自东北向西南滑动形成。潜山被北西西向断层切割成多个断块。虽然顶部都保留有下古生界，但各块均只残留其中一小部分。

受褶皱和滑脱断层的影响，潜山下古生界不整合面型储层发育，下伏太古宇也发育不整合面裂缝型储层，二者构成上下统一的储集体。来自南、北两个烃源区的油气，通过断层运移至潜山，形成太古宇与下古生界统一的大型潜山油气藏。

（5）残丘型潜山油气藏。残丘型潜山油气藏一般位于盆地内大型潜山带上，以广饶潜山油气藏为代表（图 11-43）。它处于东营凹陷南缘广饶凸起西端，自燕山运动末期以来长期隆升并遭受剥蚀，新生界非渗透层直接超覆在下古生界剥蚀面上，和潜山高部位寒武系致密层共同对奥陶系风化壳形成封闭。来自牛庄生油洼陷的油气主要沿前新生界顶剥蚀面运移至圈闭中，形成残丘型风化壳油气藏。油气藏的显著特点是：比较单一的不整合面岩溶型储层，非均质性明显；在潜山总体含油连片背景上，油气的分布和油层厚度受潜山风化程度控制，残丘处油层厚度大，残丘之间的鞍部油层厚度小；油藏埋藏浅（700～1000m），盖层薄，石油遭受强烈生物降解，为特稠油油藏，但自东南向西北，由浅到深，石油性质有逐渐变好的趋势。

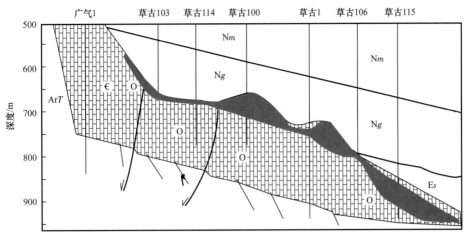

图 11-43 广饶残丘型潜山油气藏剖面图

第三节 油气成藏主控因素

济阳坳陷油气藏（特别是隐蔽油气藏）的形成与富集主控因素，除本章论述的油气成藏的基本条件外，还受控砂、输导和控藏的内在规律控制。胜利油田通过研究陆相断陷盆地断坡类型及其空间展布规律，预测隐蔽圈闭发育的几何学特征；研究陆相断陷盆地输导体系类型及其与油气成藏的关系，评价不同构造带和不同层系的输导体系分布；研究陆相断陷盆地油气成藏的主控因素，建立不同构造带和不同层系的油气成藏模式。总结形成了构筑隐蔽油气藏理论体系，即断坡控砂、复式输导和相势控藏。

一、断层—坡折控制砂体发育

沉积相（砂）形成和分布是油气藏形成和分布的基础。近年来，国内外对陆相湖盆层序地层，尤其是对构造活动盆地的层序地层分析取得了显著进展。断陷湖盆中构造演化的阶段性、沉降速率的幕式变化常控制着高级别层序和沉积体系的发育（Ravnas 等，1998）。长期活动的同沉积断裂形成的"构造坡折带"制约着盆地充填可容纳空间的变化，对沉积体系的发育和砂体分布起重要的控制作用，这一概念不仅在对构造活动盆地的层序地层分析的理论和方法上，而且在油气预测及勘探上具有重要意义。

坡折带是个地貌学概念，指地形坡度发生突变的地带。不论在沉积盆地中还是在剥蚀区都可能发育有坡折带。沉积盆地中的坡折带对层序和沉积的发育具有重要控制意义，往往使沉积相带和沉积厚度发生突变，在不同盆地演化阶段控制着特定的沉积相域和储集砂体的展布。在断陷湖盆中，规模较大的同沉积断裂（系）常构成坡折带。新生代断陷盆地断裂坡折带具有下列特点：（1）断裂坡折带是同沉积断裂活动产生明显差异升降和沉积地貌突变的古枢纽带，构成盆地内古构造单元和沉积区域的边界；（2）在湖盆发育区，断裂坡折带常构成从浅水或水上向深水或水下过渡的突变边界。

断坡带造成的可容纳空间变化常常表现为水深的变化。沉积物通过断坡带并发生沉积作用时，沉积类型可以产生重要的变化（图 11-44），这种变化常常成为隐蔽储层的成因之一。

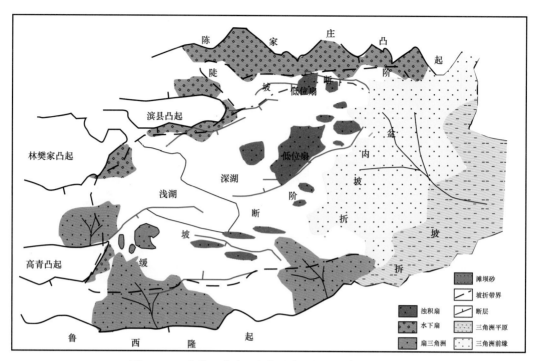

图 11-44　东营凹陷沙三段断坡类型与沉积体系关系图

　　以陡坡断阶带为主要类型的陡坡带控制了砂砾岩体的发育（图 11-45a）。如东营凹陷北部陡坡带，孔店组—沙四段沉积期，东段断层活动强度大，由东向西水体变浅，坡度变缓。相应地其沉积类型由较大型的冲积扇向扇三角洲过渡。沙三段沉积早中期，胜北地区深陷，发育了更大规模的三角洲扇体。沙三段沉积晚期，陡坡带水体由东向西变深，西部发育扇三角洲，而东部地区则广布三角洲体系。

　　以缓坡断阶带为主要类型的缓坡带主要控制辫状河三角洲或滨浅湖沉积体系（图 11-45b）。这个部位的扇体分布范围广，相带较宽，但厚度较薄。在湖盆深陷期，沿着缓坡构造断坡带发育特殊的沉积类型——缓坡浊积扇。在斜坡带上反向调节断层的发育可导致同沉积斜坡发生明显的变化，产生显著的差异沉降。低位期，湖平面下降，可导致近岸砂体的二次搬运，越过断坡断层入湖可形成低位扇。此时断坡带以上是剥蚀区，是下切河流的发育部位，而断坡带以下是斜坡扇撒开堆积的部位。东营凹陷南部斜坡带上，在沙四段上亚段和沙三段上亚段发育了一系列受断裂坡折控制的远源浊积扇。

　　以盆内坡折带为主要类型的中央注陷带受轴向水流控制，构造活动平静，发育三角洲—滑塌浊积体系（图 11-45c）。东营三角洲长期继承性发育，规模大，以进积作用为主，共发生了三期依次由东向西的推进，并造成多个叠合连片展布的浊积岩分布区。三期进积分别与沙三段下亚段、沙三段中亚段和沙三段上亚段三次构造脉动作用相对应；低位期和湖扩展期，构造活动强烈，可容纳空间增大；高位期，构造活动性减弱，三角洲进积充填盆地。

　　以凸缘坡折带为主要类型的凸起边缘部位断陷期发育冲积扇及河流相沉积体系（图 11-45d）。盆地发育的坳陷期，在大面积准平原化的古地貌背景上，济阳坳陷广泛发育了河流相沉积体系，从馆陶组沉积早期的冲积扇——辫状河沉积，到馆陶组沉积晚期的辫状河—低弯度曲流河沉积，明化镇组沉积期成为高弯度曲流河沉积。

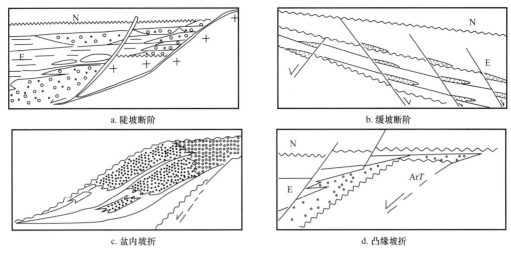

图 11-45 不同坡折带控制的砂体发育模式图

综上所述，断陷盆地不同时期，在不同的构造部位发育的不同断坡类型，控制了不同的沉积体系，形成不同的断坡控砂模式（图 11-46）。陡坡断阶控制了陡坡带砂砾岩体的发育，缓坡断阶控制了缓坡带低位扇体的发育，盆内坡折控制了三角洲及滑塌浊积岩体的发育，凸缘坡折控制了冲积扇及河流体系的发育。

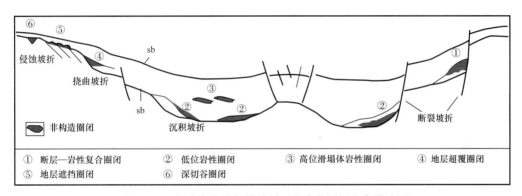

图 11-46 断陷湖盆坡折带控制下的隐蔽圈闭发育模式图

断陷湖盆隐蔽油气藏分布的控制因素中，不同成因类型、不同级别的断坡带起着重要作用。断坡带与隐蔽油气藏分布的关系表现为四个方面：断裂坡折带控制了岩性油气藏和断层—复合油气藏的发育；挠曲断坡带控制了地层和岩性油气藏的发育；沉积坡折带控制了岩性透镜体油气藏的发育；侵蚀坡折带上方一般形成深切谷油气藏和地层类油气藏。

二、输导体系控制油气运移和聚集

油气运移贯穿于油气藏的形成、调整和破坏的整个过程。油气在运移过程中，并非作三维空间等效的发散运移，而是被限制在一定的路径上进行运移聚集的，这就是所谓的油气输导体系。输导体系是指连接烃源岩与油气藏的油气运移通道的空间组合体，其静态要素主要包括：骨架砂体（储层）、不整合面、断层及裂缝。

断陷盆地多期次的构造运动形成了广泛分布、不同级次、不同组合样式的断裂网，断坡类型则控制了河流、三角洲、扇三角洲、近岸水下扇、湖底扇、滨浅湖滩坝、滨浅湖、半深湖—深湖等多种储集体，它们是相互依存、相互影响和相互补充，在地下形成一个纵横交错的运移通道，共同构筑了济阳坳陷油气成藏的复合输导体系。断层往往是油气垂向运移的重要通道，而储层和不整合面往往是油气侧向运移的重要通道。

根据断层、砂体、裂隙、不整合面等输导要素在空间和时间上的组合关系，可以划分为"网毯式""T—S"型、阶梯型、裂隙型等四种不同输导组合方式（图11-47）。断陷盆地不同阶段、不同的构造部位发育不同类型的输导体系。陡坡带以"T—S"型输导体系为主，中央背斜带以网毯式输导体系为主，洼陷带以裂隙型输导体系为主，缓坡带以阶梯型输导体系为主，它们共同组成了断陷盆地复式输导体系网络（图11-48）。

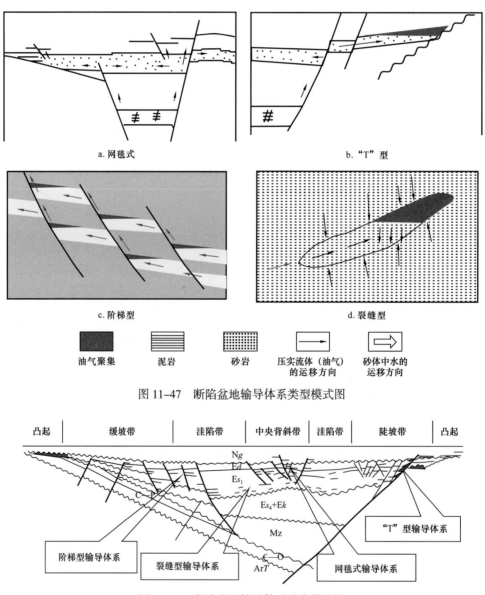

图 11-47　断陷盆地输导体系类型模式图

图 11-48　断陷盆地输导体系分布模式图

1. 网毯式输导体系

"网毯式输导体系"是指上部地层的油气来自下部地层的烃源岩或已形成的油气藏，油气通过断裂网络通道进入上部地层，首先在稳定分布的块状砂砾岩聚集，油气通过再次运移进入到上覆地层的各类圈闭中成藏。所谓"网"，指体系下部的油气源通道网层（由切至油源层中的油源断裂网和不整合面组成）和上部的油气聚集网层（由次级断裂网连通的树枝状砂岩透镜体组成）；所谓"毯"，指呈"毯状"稳定分布的巨厚辫状河流相块状砂砾岩，形状如"毯状"，可以作为油气沿油源断裂等输送上蓄积仓储层，各期蓄积的油气可在仓储层中发散运移，也可沿次级断裂网进行汇聚式运移，进入上部的油气聚集网层，再沿立体分布的砂体—断裂输导网络运移，在有圈闭的部位形成油气藏。

济阳坳陷馆陶组下段毯状砂体分布范围广、连通性好，馆陶组上段树枝状分布的透镜状砂体连通性差。当断裂不活动时，油气在馆陶组下段储层内沿不整合面和砂层呈发散式运移，可在储层边缘和斜坡带砂体上倾部位聚集；一旦断裂活动开启，油气运移就转为汇聚式，沿断裂快速向上注入油气聚集网层不同层段的砂体中。

馆陶组内部次级断裂与众多油源断裂是油气垂向运移的主要通道，不整合面与馆陶组下段砂层则是油气侧向运移的主要通道，它们共同构成油气运移立体网络。断裂的周期性活动导致油气在被其相连的砂体中不断运移，一般断裂活动到哪个层位，油气就能运移到哪个层位，只要具备较好的盖层及封堵条件，就有可能在有利部位形成油气藏。"网毯式输导体系"有效指导了沾化凹陷新近系油藏的勘探。

2. "T—S"型输导体系

"T—S"型输导体系是济阳坳陷大型不整合油藏形成的主要运移方式。"T"型（Transfer）为主的油气输导体系主要指烃源岩—活动性断层—骨架砂岩—油气藏构成的输导体系。"S"型输导体系油气运移路线为烃源岩—砂砾岩体—基岩不整合面—潜山 + 砂体，砂砾岩体和不整合面构成"S"型。"T"型输导是油气进入大中型地层油气藏的主要方式。油气自烃源岩中排出之后，沿开启性油源断层垂向运移，再沿骨架砂体横向运移，形成油气藏。"S"型输导体系路径是油气从烃源岩进入古近系砂砾岩体后与不整合面沟通，油气聚集在太古宇潜山储层中。也可通过不整合面运移过来的油气继续向上运移聚集在上部地层中成藏，该输导方式有效指导了断坳转换期地层油藏的勘探，如王庄—宁海地区、太平油田、陈家庄凸起、林樊家凸起和乐安油田等地区地层油藏的勘探。

3. 阶梯型输导体系

阶梯型输导体系是由断层和骨架砂岩组成的油气由低势区向高势区运移的连续输导系统。在砂泥岩层系中，横穿断层面的运移主要取决于断层两盘并置的岩性，如果砂岩层与泥岩层并置，那么横穿断层面的运移将很难发生，此时断层主要起封堵作用。如果断距比较小或是砂岩层很厚，断层两盘仍有砂岩层相通则有横穿断层面的二次运移（付广，1997）。正是由于断裂活动造成两盘不同岩性的地层对置，使油气发生横穿断层面和沿断层面的运移，结果形成了济阳坳陷新生界中油气呈"阶梯状"运移的模式。这种阶梯状运移、聚集在济阳坳陷各断陷盆地的斜坡带表现得最为明显。

4. 裂缝型输导体系

泥岩裂缝既可作为泥质岩类油气藏的主要储集空间，也可作为油气运聚的输导通道。可将其分为构造裂缝、成岩裂缝、异常压力裂缝和变质收缩裂缝。平面上，济阳坳陷泥岩裂缝主要分布于洼陷带斜坡与平缓底部过渡带间的异常压力相对发育区、缓坡带长期活动的同沉积断裂带、鼻状构造翼部、断阶构造带及其交会区等构造应力相对集中区。纵向上，泥岩裂缝主要分布于古近系沙三段下亚段、沙三段中亚段及沙一段等湖侵体系域的富含有机质及钙质的灰质油泥岩、油页岩中。

裂隙型输导体系是指油气从烃源岩向与其相邻的储层中运移，运移的途径主要有孔隙、微层理面和微裂隙。实验证明，只有当沉积达到一定深度，形成不连通孔隙，其中的流体形成高压，才能将这些不连通孔隙压裂形成微裂隙，流体排出，裂隙闭合，然后进入下一个循环过程（李明诚，1994）。

三、相—势耦合控制油气藏形成和富集

油气藏的形成和分布受"相"和"流体势"双重要素的联合控制，简称"相—势控藏"（庞雄奇等，2007）。宏观上，它们控制着油气藏的时空分布，微观上，控制着油气藏的含油气性。优相有利于油气的富集，低势有利于油气的保存。优相—低势控藏是相势控藏作用的基本特征。相—势控藏概念的提出解决了以浮力为动力学特征的构造油气藏成因理论不能解释隐蔽油气藏（岩性—地层油气藏）的形成机理和油气分布规律诸方面的问题。相—势控藏理论的提出从宏观上揭示了不同油气藏在时间和空间上分布的差异性与规律性，从微观上分析了不同类型油气藏含油气性的差异性及成因机理。

1. 相控作用

通俗地讲，"相"是指储集体类型及物性条件。在地质学应用中"相"是指在一定条件下形成的、能够反映特定环境或过程的产物。油气只有突破储层进/出口界面的突破压力，才能顺利进入储层介质。储层中突破压力为：

$$\Delta p = 2\sigma \cos\theta / r_e \tag{11-1}$$

式中 Δp——突破压力，Pa；

        σ——界面张力，N/m；

        θ——接触角，(°)；

        r_e——孔隙中油水界面曲率半径，m。

油气能否突破储层突破压力而进入储层中成藏取决于成藏动力与突破压力的相对大小。当成藏动力大于储层的突破压力时油气则可以进入储层中成藏，反之则难于成藏。物性好的储层，本身的突破压力一般较小，成藏动力一般易突破储层本身的突破压力而成藏。反之，物性较差的储层，油气成藏的动力则难于突破储层的突破压力而成藏。

2. 势控作用

油气运移过程中，流体的有效渗流和有效驱替能力来源于烃源岩排烃的剩余排替压力（流体的动能）和浮力。对于距烃源岩较远的储层，浮力是输导层中烃类运移的主要动力，那么：

$$\gamma=f(\Delta\rho gZ\cdot V)+f(m\cdot q^2/2)\qquad(11-2)$$

式中　γ——流体势，J；

　　　$\Delta\rho$——流体在深度 Z 处的密度差，kg/m³；

　　　g——重力加速度，m/s²；Z 为研究点到基准面间的距离，m；

　　　V——流体相对某点的距离，m；

　　　m——单位流体质量，kg；

　　　q——地层流体速度，m/s。

随着原油在输导体中运移，能量不断散失，轻质烃类组分越来越少，原油密度越来越大，浮力越来越小，同时烃源岩的剩余排替压力也逐渐降低。另一方面，油水界面张力越来越大，油气进入储层介质所受的毛细管阻力就越来越大，这使接纳油气的储层介质的临界渗透率和临界孔隙度逐渐变大。

3.“相—势”耦合作用

油气成藏过程中的“相—势”耦合作用就是运移流体克服储层介质突破压力的过程。只有满足临界条件的储层才能有效接纳运移而来的油气，油气成藏过程中，油气等流体选择性地进入储层介质。

济阳坳陷东营凹陷已发现油气藏的流体势与储层物性下限的关系表明（图 11-49），两者呈负相关关系。势能高，孔隙度下限低；势能低，孔隙度下限高。势能大小与沉积相带的耦合决定储层的含油性。即“相—势”耦合控制了不同类型油气藏的形成和分布。

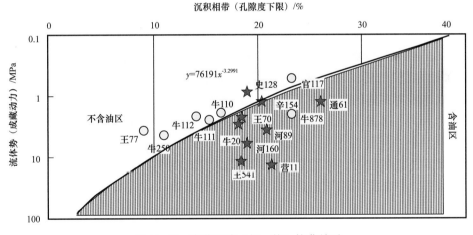

图 11-49　东营凹陷“相—势”控藏关系

不同埋藏深度条件下油气聚集成藏的模式存在差异。相势耦合控藏作用下，油气成藏可分为三个阶段：第一阶段，在埋藏较浅的情况下，油气成藏的基本条件是圈闭周边的界面势能较内部界面势能高 2 倍以上，此时由于埋藏较浅，接触带的毛细管压力差只需要大于油气进入圈闭后的毛细管阻力就能成藏；第二阶段，随埋藏深度增加，上覆地层压力逐渐增大，岩石的孔隙度逐渐减小，岩石颗粒间的比表面逐渐增大，油气所受成藏阻力也随之加大，要求圈闭周边的界面势能与圈闭界面势能的比值更大，低势区有利于油气的聚集；另一方面，随埋深增加过程中，碎屑岩的成岩作用加强，在压实作用下，砂岩和泥岩均遭受强烈的压实作用，孔隙度和渗透率急剧降低，导致二者的孔喉半径逐渐减少，圈闭周边的界面势能与圈闭界面势能的比值不足以克服成藏阻力，油气不能成藏，这是油气成藏演化过程中的第三阶段产生的结果。因此，在地史过程中，油气能否成藏，存在两个门限，一是有效储层聚烃初始门限，二是有效储层聚烃终结门限。

利用"相—势"耦合原理可以对不同类型圈闭成藏的可能性做出预判。一般来讲，随埋藏深度增加，地层压力增高，成藏势能增大，储层临界物性下限就可以降低。只要有油气来源和通道，在相对低势区就有油气聚集。

"相—势"控藏揭示了油气成藏的根本规律，油气藏分布归根结底取决于油气成藏期的"相—势"耦合关系，因此，恢复地质历史时期的"相""势"条件是油气成藏研究的根本。不同性质流体（正常油、稠油、天然气）成藏的"相""势"条件存在较大差异，应分别建立其"相—势"耦合关系。

第四节　油气分布规律

陆相断陷盆地断陷构造的分带性和河湖相沉积体系的多样性，导致其油气分布具有复式成藏、区带分布的特点。"复式油气聚集带"已广泛应用于中国东部陆相断陷盆地的勘探实践中。

复式油气聚集带是指具相同成因，或成因上有联系的多层系、多种类型的圈闭有规律地共生或出现在同一构造单元的不同部位，构成较大规模的复式圈闭带；在主要油源区的控制下处于油气运移指向，在聚集油气后即形成以一种油气藏类型为主，而以其他类型为辅的多种油气藏群体（李丕龙，2004）。它们在纵向上相互叠置，平面上相互连片，形成较大规模的复式油气聚集带。复式油气聚集带的类型不同，其成油条件亦各异。通常以洼陷为主体的复式油气聚集带成油条件最简单，其油藏类型也单一；而以潜山披覆构造带为主体的复式油气聚集带成油条件最复杂，既有"新生古储"，亦有"下生上储"与部分"自生自储"。按照断陷盆地内（处于油源区控制下的）构造单元的成因、形态及其所处的位置，可划分为六种类型的复式油气聚集带：陡坡油气聚集带，洼陷油气聚集带，中央背斜油气聚集带，缓坡油气聚集带，凸起油气聚集带和潜山披覆油气集聚带。

一、陡坡油气聚集带

陡坡带是断陷湖盆有利的复式油气聚集带。陡坡带断裂结构决定了储层发育规模和分布模式、主力含油层系、油气藏类型及分布。陡坡带各种成因砂砾岩体在沉积上有序地组合，构成了特殊的陡坡带复式油藏聚集模式（图11-50）：横向上，由洼陷向边缘依次是岩性油气藏—构造油气藏—地层油气藏。

东营北部陡坡带扇体油气藏分布具有强的规律性和普遍性。在西部的单家寺、滨南、利津、郑家—王庄等地区，油气环利津洼陷形成大面积分布，洼陷带形成以滑塌浊积砂为主的岩性油藏，如胜坨断层下降盘地区发育坨719、坨76自生自储岩性、构造—

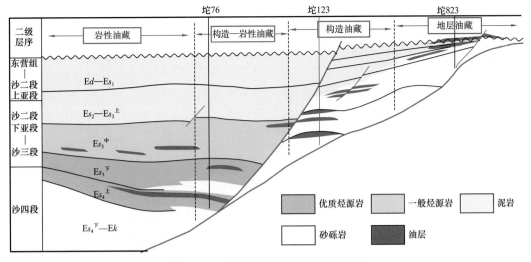

图 11-50　陡坡带岩性油藏分布模式图

岩性为主的高压油气藏，单个油气藏分布面积小，但产能高，丰度大。西部利津地区受陈南断层和利津断裂带控制发育利 988 浊积扇油藏及利 567、利 96 等水下扇油藏，断层上升盘则发育以微幅构造圈闭及扇根封堵为主的岩性构造及构造—岩性油气藏。油藏储层的物性差别较大，孔隙度 5%～43%，渗透率为 0.3～22674mD。油气藏分布面积大，产能较高、丰度也较大，如东营北部陡坡带东部的盐家—永北地区沙河街组发育了多期的砂砾岩扇体，形成了扇根遮挡、扇中富集的构造—岩性油藏。凸起带附近则发育常压地层油藏，以稠油和特—超稠油为主，如郑家—王庄地区馆陶组—沙三段—沙一段发育的地层油藏。

根据其断裂结构特征、沉积作用过程和沉积体特征以及基底产状，陡坡带划分为断蚀型和持续型两种类型。

断蚀型陡岸沉积是指在盆地边界基岩古断裂经风化剥蚀演化而成的陡坡上，发育了高低不平的断阶，产生了厚度不等的扇形沉积体系。如东营凹陷北部陡坡带，陈南断层控制了东营凹陷的发育演化，呈东西走向，延伸 80 余千米，东陡西缓。断层的持续活动，形成多个宽窄不一的断阶。断层古断剥面具有沟梁相间的古地貌特征。在这种构造背景下古近系发育了各种成因的砂砾岩体，自东向西形成了裙带状分布的扇体景观。胜北断层是陈南断层的主要伴生断层，近 NEE 走向，延伸 50～60km，由于其逆牵引作用，形成了胜利村和坨庄两大滚动背斜。

持续型是指在同一地点持续的断层活动，由于沉降速度大于或等于沉积速度，从而在断层的下降盘形成了长期发育的巨厚的水下扇沉积。

例如车镇凹陷的北部陡坡带，由济阳坳陷的北部边界断裂——埕南断裂及其伴生构造所构成，近东西向展布约 120km，断面产状陡，控制了车镇北部陡坡带的构造格局，在断层下降盘自西向东发育了车西洼陷、大王北洼陷和郭局子洼陷，形成了车 3 鼻状构造、大 65 鼻状构造和大 35 鼻状构造。由于埕南断层在同一地点持续的断层活动，在断层的下降盘形成了长期发育的巨厚水下扇沉积。

二、洼陷油气聚集带

洼陷是断陷盆地的基本构造单元——凹陷的重要组成部分，一般为生油中心，在有良好储层和圈闭配置的条件下，也可以成为油气聚集带。济阳坳陷大部分生油洼陷都具备形成油气聚集带的条件。断陷盆地的洼陷带易形成近岸浊积扇、湖底扇、滑塌浊积岩等砂岩体，这些砂岩体在深洼陷中被生油岩所包围，形成各种类型的岩性和构造—岩性圈闭，周围生油岩中的油气直接运移到其中聚集，形成岩性油气藏和构造—岩性油气藏，从而构成以洼陷为背景的油气聚集带。

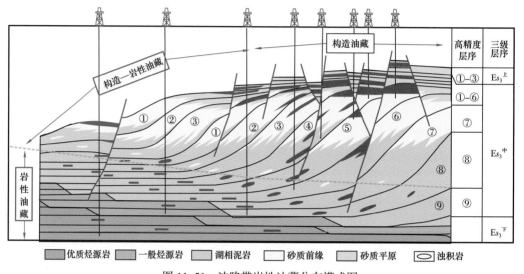

图 11-51　洼陷带岩性油藏分布模式图

洼陷带砂体纵向上成组，平面上叠合连片，形成"整洼含油"的局面，如渤南洼陷、牛庄洼陷、五号桩洼陷大王北地区等。其油气藏规模与洼陷及砂体大小有直接关系。大洼陷大砂体可形成大油田；小洼陷小砂体可形成小油田。例如，东营凹陷牛庄洼陷沙三段下亚段—沙三段中亚段发育众多滑塌浊积岩（图 11-51），埋深 2900～3350m，有含油砂体百余个，叠合含油面积超过 60km^2。同样，在沾化凹陷中部渤南洼陷发育了14 个浊积扇体，形成了渤南大油田，地质储量过亿吨。洼陷带成烃、排烃作用较强，在与正向构造带的过渡地带中易形成不同规模的泥岩裂缝油气藏（如新义深 8、郭局子、车 253、利 983 等油气藏）。

洼陷带砂体一般形成于油源丰富的洼陷中心，洼陷的构造条件比较稳定，都有良好的盖层。在生油岩不断被压实的过程中，圈闭内逐渐形成高异常压力，因而洼陷内的岩性油气藏和构造—岩性油气藏多为高压油气藏。这些油气藏的保存条件好，所以一般均含轻质油，气油比也较高。这类油藏在开采初期可自喷高产，随着油藏压力的降低，产量迅速递减。油藏多数埋藏较深（大于 3000m），储层物性较差，需压裂改造才能获得较高的产能并维持稳产。

三、缓坡油气聚集带

缓坡带在凹陷的整个发育历史中一致处于相对较高的位置，因此是油气运移的重要指向，油气从生烃洼陷沿阶梯型和不整合面型输导体系向缓坡带运移成藏（图 11-52）。

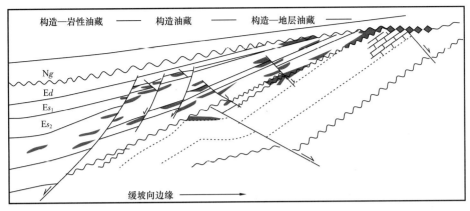

图 11-52　缓坡带油气藏分布模式图

块断翘倾的不均衡造成缓坡带基底的起伏，受基底产状的影响，继承性发育多个鼻状构造。例如沾化凹陷南部斜坡的罗镇鼻状构造和车镇凹陷的大王庄鼻状构造。由于广饶凸起和石村断层的发育，东营凹陷南部斜坡未形成统一的大型鼻状构造，但也形成了金家、草桥—纯化、王家岗和八面河等 4 个鼻状构造。每个鼻状构造都发现了油田，而且鼻状构造的规模与油田的规模成正比关系。如大王庄鼻状构造上的大王庄油田，罗镇鼻状构造上的罗家油田以及草桥—纯化、八面河—羊角沟等大型鼻状构造上的两个亿吨级规模的大油田——乐安油田和八面河油田等。

构造升降及湖盆水体变化导致的沉积间断首先在缓坡带上得到反映，故缓坡边缘不整合发育。如东营凹陷的缓坡带，除了新生界和基岩之间和古近系和新近系之间的不整合外，在古近系内部还发育多期不整合和沉积间断，形成了地层不整合占主导的多类型多层系含油圈闭，在奥陶系、中生界、孔店组、沙四段、沙三段、沙二段、沙一段、东营组、馆陶组都已发现了油气藏。车镇凹陷南部缓坡带已发现了奥陶系、上古生界、孔店组、沙四段、沙三段、沙二段、沙一段、东营组的油气藏。

缓坡带因靠近湖岸，水体浅而动荡，以发育扇三角洲和经湖浪改造形成的滩坝砂体为特点。储层单层厚度薄，但分布面积大。连片发育滩坝砂岩与缓坡带地质结构相匹配，形成构造和构造—岩性油气藏。如东营凹陷缓坡带沙四段上亚段发育大面积滩坝砂岩，面积超过 $1000km^2$，与地层压力、断层和构造背景相匹配，形成滩坝砂大型油藏，使西部 12 个油田滩坝砂岩油气藏整体连片含油。

缓坡带油气聚集条件有利，是一个多含油层系、多种油气藏类型的复式油气聚集带。主要发育构造—岩性油藏、构造油藏、构造—地层油藏、地层油藏等多种类型的油气藏。缓坡高部位（超剥带）紧邻凸起，发育众多大型斜坡冲积扇，存在多个地层不整合，是形成大中型地层油气藏的主要地区（如乐安、金家、罗家、草桥、八面河、太平等油田）；缓坡的中部断层发育，扇三角洲和河流相砂体最发育，多形成断层—岩性油气藏（如东风港、飞雁滩、老河口油田），还可发育滩坝砂岩、生物碎屑灰岩及粒屑灰岩储集体，形成地层—岩性、岩性—构造和岩性油气藏（正理庄、乔庄，王家岗、青南油田），此外还发育中小型潜山断块油气藏（如套尔河、垦利油田等）；缓坡低部位邻近沉降中心，盆倾断层发育，而且断层对沉积具有一定的控制作用，扇三角洲、低位扇体发育，形成中等规模的岩性—构造油气藏（如梁家楼、临南、河滩等油田）。

四、中央背斜油气聚集带

济阳坳陷发育两种类型的中央背斜构造带，分别为中央拱张背斜带、中央断裂背斜带。

中央拱张背斜带是由塑性地层流动形成的塑性拱张带或底辟构造带。顶部断裂形成地堑式断裂构造，次级地堑和次级断层的发育使其地质条件十分复杂。长期继承性断裂活动，造成油气运移—聚集—再运移—再聚集，呈多期性和不均衡性，导致了纵向上多套含油层系的发育，在平面上不同层系油气藏叠合连片。断层多、断块多、构造复杂、油气富集高产但贫富相差悬殊是塑性拱张中央背斜带油气复式聚集的特点（图11-53）。

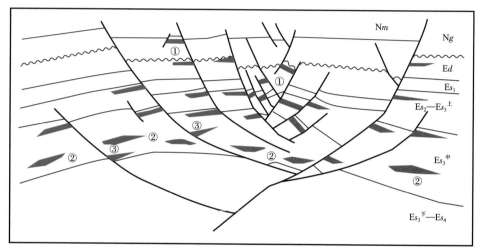

图 11-53 中央背斜带油气藏分布模式图
① 断块和次生断块油气藏；② 岩性油气藏；③ 构造—岩性油气藏

东营凹陷中央背斜带为一典型的拱张背斜带。背斜带面积600km²，构造幅度50～500m，定型于济阳坳陷主要聚油期之前，是油气运移的主要指向和油气聚集的有利地带。其为民丰、利津和牛庄生油洼陷包围，油源非常丰富。东营和永安镇三角洲的发育使新生界具有良好的生储盖组合条件。背斜带断裂发育，除控制整个构造带的主要二级大断裂外，还发育有大量的三四级和低序级断层。众多的断层不仅为油气垂向运移提供了通道，还形成了大量的断块圈闭，成为油气聚集的有利场所。东营中央拱张背斜带发育构造油藏、岩性油藏和复合油藏。该带先后发现了新立村、东辛、现河庄、郝家、史南等5个油气田，已累计探明石油地质储量超过 4×10^8 t。

中央断裂背斜带是伴随着凹陷内部同生断层的活动而产生的，该中央背斜带的形成不仅改变了原有的沉积格局，将单断式箕状凹陷分割形成多个次级洼陷，而且对油气藏的形成及分布具有明显的控制作用。因主断层具有同生性质，断层下降盘因逆牵引作用易形成被断层复杂化的滚动背斜和鼻状构造油气藏，同时由于断层断距大、活动时期长，有利于油气沿断层向上运移，并在上升盘构造高部位多套层系中聚集成藏，形成以复杂断块油气藏为主的多层系含油的复式油气富集区。

惠民凹陷中央背斜带为一典型的断裂背斜带，面积约800km²，构造幅度100～350m，紧临临南生油洼陷；盘河三角洲、基山三角洲等提供了良好的储层，新生界共发育 9 套储盖组合。惠民中央背斜带较东营中央背斜带断裂更加复杂，仅临盘油田及其附近 80km² 范围内就有各类断层 300 余条，形成棋盘式构造样式。临邑大断层将临南洼陷生成的油气运移至背斜带内不同的层系内聚集成藏，目前已发现了临盘油田和商河油田。

五、潜山披覆油气聚集带

潜山披覆构造带是断陷盆地重要的油气聚集带。披覆构造主要沿基底深大断裂带展布，多在北西向和北东向大断层交会处上升盘形成大型披覆构造。若潜山埋藏深度适中，披盖层层序较全，临近生油洼陷，多能形成大油气田。如济阳坳陷埕岛、孤东、孤岛等油田。

潜山披覆油气聚集带有以下特点：一是潜山披覆构造带的形成和发展都与长期活动的基岩断裂有关，这些基岩断裂控制了古近系主要生油深洼陷的发育，因此潜山披覆构造带多与主要生油洼陷相伴生，有比较丰富的油源。二是潜山披覆构造带多数具有较大的构造面积。在此背景上形成的圈闭不仅面积大，而且圈闭类型多。既有基岩断层圈闭、残丘圈闭和复杂的裂缝性圈闭，也有背斜圈闭、地层超覆圈闭；还可有与断层和岩性有关的圈闭。一般情况下，一个潜山披覆构造起主导作用的只有一种圈闭。三是潜山披覆构造带一般具有湖相及河流相储层，边缘还可发育规模较大的水下冲积扇砂岩体储层，基岩顶面及内部还可发育变质岩、碳酸盐岩及砂岩储层。四是控制潜山披覆构造带发育的大断层起到沟通生油层和潜山披覆构造带各层系各类圈闭的作用，是油气运移的主要通道。

潜山披覆构造带在不整合面的上、下形成披覆背斜油气藏和潜山油气藏（图 11-54）；在边部可以形成超覆、削蚀不整合油气藏和断层遮挡油气藏；在浅层可形成次生浅气藏。该类构造带面积大，埋深中等，储层物性好，极易形成亿吨级大油田，如济阳坳陷埕岛、孤东、孤岛、桩西等潜山披覆构造带。

六、凸起油气聚集带

凸起是断陷盆地较发育的一种构造形式，多发育于盆地边缘，呈单斜形态倾没于凹（洼）陷中，在盆地断陷期一直处于剥蚀区，坳陷期才接受沉积，形成披覆背斜构造。以区域不整合面为界，基底层长期出露地表，不仅形成凸凹不平、沟—梁相间的古地貌特征，而且控制着超覆—披覆层的构造形态。凸起带一般圈闭规模小、埋藏浅，但数量多、成群分布，断层不发育且规模小。

在风化、剥蚀、淋滤作用下，前古近系形成以溶蚀孔洞和裂缝为主的基岩风化壳储层，岩溶带沿风化壳广泛分布，新近系河流相储层发育受古地貌背景与沉积微相控制，埋藏较浅，为高孔隙度—高渗透率型储层。

边缘凸起带一般远离烃源岩，油气沿断层和不整合面运移至此形成油气藏。烃源岩、油气运移动力和输导体系决定了油气藏的丰度，运移距离决定了原油的性质。

油气藏对盖层的厚度要求不是很高，而盖层质量却显得尤为重要。若盖层条件良好，在不整合面的上、下可形成披覆背斜油气藏和古潜山油气藏，如济阳坳陷埕东凸起的埕东油田和广饶凸起的乐安油田；在边部可形成不整合超覆、不整合削蚀油气藏和断层遮挡油气藏，如济阳坳陷义和庄凸起的太平油田（图11-55）和林樊家凸起的林樊家油田；在浅层可形成次生油气藏，如济阳坳陷滨县凸起和陈家庄凸起的气藏等。

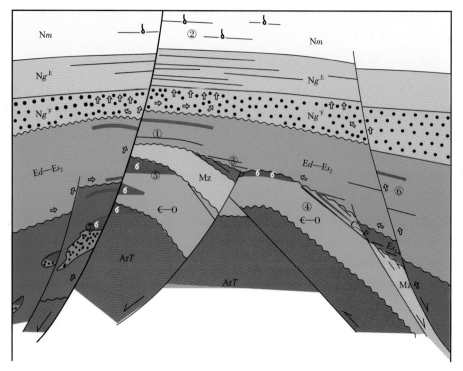

图 11-54　潜山披覆构造带油气藏剖面图

① 披覆油藏；② 河道砂油藏；③ 地层超覆油藏；④ 地层削蚀油藏；
⑤ 风化壳油藏；⑥ 断块油藏；⑦ 砂砾岩油藏

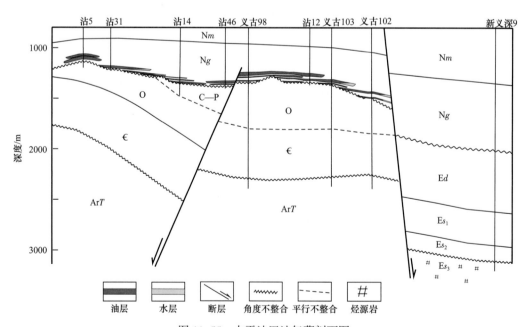

图 11-55　太平油田油气藏剖面图

第十二章　油气田各论

济阳坳陷油气田类型丰富多样。按照圈闭类型、岩石类型、构造形态、储层物性、原油性质等主要开发地质特征，分为整装构造油气田、复杂断块油气田、低渗透油气田、特殊岩性油气田、稠油油田。另外，在极浅海—浅海区域发现的油气田统称为海上油田。

整装构造油气田是指构造形态简单完整且较平缓、断层发育少、含油面积大的大型背斜构造油藏，主要有胜坨、孤岛、孤东、埕东等油田，储层以馆陶组和沙二段为主；高渗透复杂断块油气田是以断层多、断块小、断裂系统复杂、储层物性较好为特征的多层砂岩油藏组成，主要有东辛、现河庄、利津等油田，主力含油层系为沙二段；低渗透油田以储层孔喉细小、渗透率较低的油藏为主组成，主要有渤南、牛庄、纯化、大芦湖、盐家等油田，主力含油层系为沙三段、沙四段；特殊岩性油田是指除砂岩油藏以外的以碳酸盐岩、礁灰岩、变质岩、火成岩为储层的油田，主要有义和庄、套尔河、富台、平南等油田，纵向上主要分布在古近系及下古生界、太古宇潜山；稠油油田是指原油密度较大、黏度高、水驱动用程度差，甚至无法水驱动用的油田，主要有王庄、单家寺、乐安、金家、陈家庄、八面河等油田，主力含油层系为馆陶组及沙三段；海上油田是指在极浅海区域发现的油田，主要有埕岛、新北等油田，主力含油层系为馆陶组上段。

截至 2018 年底，济阳坳陷已投入开发 70 个油田（表 12-1），本章以各类油气田的 9 个典型案例，按油田基本情况、地质特征、开发历程和开发技术等方面进行论述。

表 12-1　济阳坳陷已动用投入开发油田基本情况表

序号	油田	油藏类型	序号	油田	油藏类型	序号	油田	油藏类型
1	孤岛	整装构造	11	王家岗	高渗透断块	21	新滩	高渗透断块
2	孤东	整装构造	12	史南	高渗透断块	22	老河口	高渗透断块
3	胜坨	整装构造	13	宁海	高渗透断块	23	长堤	高渗透断块
4	埕东	整装构造	14	利津	高渗透断块	24	飞雁滩	高渗透断块
5	东辛	高渗透断块	15	梁家楼	高渗透断块	25	滨南	中低渗透断块
6	永安	高渗透断块	16	孤南	高渗透断块	26	博兴	中低渗透断块
7	广利	高渗透断块	17	垦利	高渗透断块	27	渤南	中低渗透断块
8	新立村	高渗透断块	18	垦西	高渗透断块	28	纯化	中低渗透断块
9	郝家	高渗透断块	19	河滩	高渗透断块	29	大芦湖	中低渗透断块
10	现河庄	高渗透断块	20	红柳	高渗透断块	30	大王北	中低渗透断块

序号	油田	油藏类型	序号	油田	油藏类型	序号	油田	油藏类型
31	大王庄	中低渗透断块	45	小营	中低渗透断块	59	王庄	稠油断块
32	东风港	中低渗透断块	46	盐家	中低渗透断块	60	乐安	稠油断块
33	江家店	中低渗透断块	47	义北	中低渗透断块	61	单家寺	稠油断块
34	临南	中低渗透断块	48	青南	中低渗透断块	62	林樊家	稠油断块
35	临盘	中低渗透断块	49	义东	中低渗透断块	63	高青	稠油断块
36	罗家	中低渗透断块	50	英雄滩	中低渗透断块	64	金家	稠油断块
37	牛庄	中低渗透断块	51	玉皇庙	中低渗透断块	65	陈家庄	稠油断块
38	平方王	中低渗透断块	52	正理庄	中低渗透断块	66	太平	稠油断块
39	乔庄	中低渗透断块	53	桩西	中低渗透断块	67	八面河	稠油断块
40	曲堤	中低渗透断块	54	富台	特殊岩性	68	埕岛	海上
41	商河	中低渗透断块	55	平南	特殊岩性	69	新北	海上
42	尚店	中低渗透断块	56	套尔河	特殊岩性	70	桥东	海上
43	邵家	中低渗透断块	57	义和庄	特殊岩性		合计 70 个油田	
44	五号桩	中低渗透断块	58	郑家	特殊岩性			

第一节 胜 坨 油 田

在中国油气田开发史上，胜坨油田是由大庆油田开发模式转向渤海湾复杂油气区开发模式的第一个投入开发的多油层、储层非均质严重、油水系统复杂的油田。1963年10月25日，对在坨庄—胜利村构造上部署的营5井（后改称坨7井）沙二段下部进行试油，获日产油36t的工业油流，从而发现了济阳坳陷的最大油田——胜坨油田。

胜坨油田位于山东省东营市垦利区境内，紧临黄河。构造上位于济阳坳陷东营凹陷北部，东临民丰洼陷，西为利津洼陷，南接东营中央断裂背斜带，北面为胜北弧形大断层遮挡。至2018年底，胜坨油田已探明含油面积88.12km^2，探明石油地质储量51205.62×10^{4}t（图12-1）。

一、地质特点

1.地层发育

胜坨油田自下而上发育古近系沙河街组（沙四段、沙三段、沙二段、沙一段）、东营组和新近系的馆陶组、明化镇组。主力含油层系为沙二段，油藏埋深1820~2350m（表12-2）。

2.构造特征

胜坨油田的构造形态为一个被断层复杂化的穹隆背斜，构造平缓，地层倾角

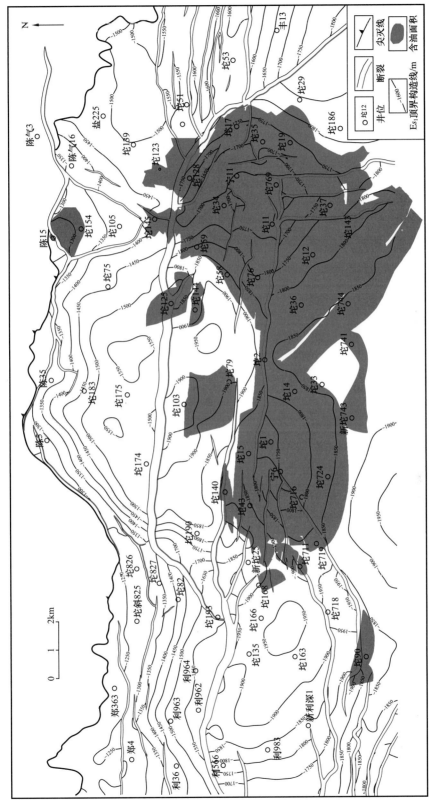

图 12-1 胜坨油田含油面积（沙二段顶面构造）图

1°～5°。区内断距大小悬殊，主要断层对油水分布有明显的控制作用（图12-1）。一级断层是东营凹陷坨庄—胜利村—永安镇二级构造带的主干断层，控制了胜坨构造的发生与发展；二级断层对油气分布有局部的控制作用，将油田切割分为14个区块，相对比较完整的区块为胜一区、胜二区和胜三区；三级断层使构造进一步复杂化。

3. 储层特征

胜坨油田主力含油层系沙二段为湖泊、河流—三角洲相沉积。储层岩性从粉砂岩到粒状砂岩，多呈正韵律或反韵律；油层物性好，孔隙度为26%～35%，渗透率为500～30000mD（表12-2），非均质性严重，平面渗透率级差一般为2～10，层间渗透率级差为20～100（图12-2）。

表12-2 胜坨油田地质油藏参数表

含油层系	古近系沙河街组、东营组和新近系馆陶组、明化镇组
油藏埋深 /m	1820～2350
孔隙度 /%	26～35
空气渗透率 /mD	500～30000
油藏温度 /℃	75～85
地面原油黏度 / (mPa·s)	100～1000
地面原油密度 / (g/cm³)	0.86～0.97
地层水矿化度 / (mg/L)	6000～50000
地层水水型	氯化钙型、氯化镁型为主
原始油层压力 /MPa	18.0～23.0
原油饱和压力 /MPa	6.5～15.6

4. 流体性质

胜坨油田地面原油黏度一般为100～1000mPa·s，地面原油密度为0.86～0.97g/cm³（表12-2）。同一油层平面上，原油性质顶稀边稠；纵向上自下而上原油密度、原油黏度逐渐增高。主力含油层系地层水矿化度一般为6000～50000mg/L，水型以氯化钙型、氯化镁型为主。主力含油层系天然气相对密度为0.57～0.80，甲烷含量57%～98%，天然气密度及重烃含量由下而上逐渐降低，甲烷含量呈逐渐上升的趋势。

5. 温度压力系统

胜坨油田主力含油层系沙二段原始油层温度75～85℃，地温梯度3.5℃/100m，属正常温度系统。沙二段饱和压力6.5～15.6MPa，地饱压差3.9～13.5MPa（表12-2），饱和压力低，地饱压差大，属低饱和油藏。原始地层压力18.0～23.0MPa，压力系数1.0～1.02，属正常压力系统。

6. 油水关系及油藏类型

由于断层的分割作用，胜坨油田无统一的油水界面。其油水界面的深度随油层深度的变化而变化，从沙二段到东一段，油水界面埋深为2350～1400m（图12-3）。胜坨油田主力含油层系的油藏类型是一个被断层复杂化的穹隆背斜构造油藏。

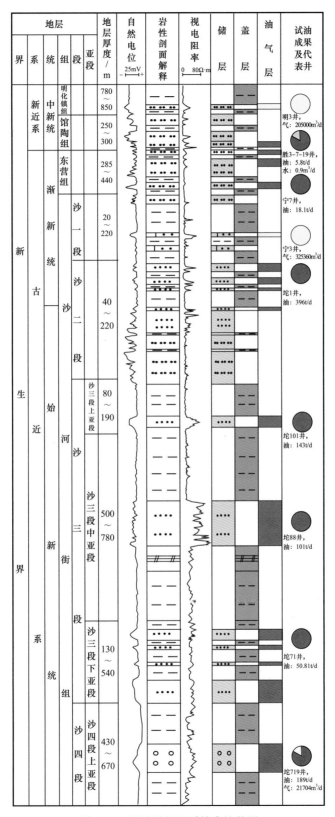

图 12-2 胜坨油田地质综合柱状图

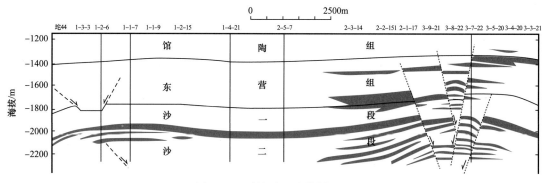

图 12-3　胜坨油田油藏剖面图

二、开发历程

自 1963 年 10 月发现以来，胜坨油田经历了开发准备、初建产能、调整扩建、高速开发、稳产开发和精细开发等六个开发阶段（图 12-4）。

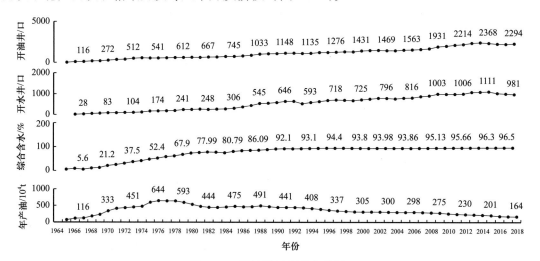

图 12-4　胜坨油田开发曲线图

1. 开发准备阶段（1963—1965 年）

1963 年 10 月，胜坨油田发现后，开发准备工作随即展开。1964 年初步发现馆陶组—东营组、沙一段、沙二段和沙三段等四套含油层系，其中沙二段油层广泛分布，油层厚度大，产量高，具备少井高产、高速开发的条件。1965 年 6 月，根据石油工业部"少井高产"的开发方针，部署实施沙二段基础井网，依靠天然能量试采。

2. 初建产能阶段（1966—1969 年）

1966 年 6 月，部署实施胜坨油田沙二段开发方案。胜一区于 1966 年 7 月最早投入注水开发，胜二区于 1966 年 11 月转注，胜三区于 1968 年到 1969 年陆续转注，基本上做到早期注水。该阶段建成年产油 $250 \times 10^4 t$ 的生产能力。

3. 调整扩建阶段（1970—1974 年）

1970—1971 年，细分调整层间干扰严重的胜二区沙二段 1～7 砂层组、胜三区坨 28 断块沙二段的开发层系，同时胜二区、胜三区沙一段和胜二区东三段投入开发。1972 年，细分调整胜二区、胜三区坨 7 断块、胜三区坨 28 断块的开发层系。该阶段建成年产油

550×10^4t 生产能力。

4. 高速开发阶段（1975—1979 年）

1975 年 8 月，根据石油化学工业部"坚持早期、内部、分层注水，保持压力，长期高产稳产"的开发方针，加强油田注水和注采调整，加密调整完善注采井网，提高产液能力，1976 年原油产量达到 643.74×10^4t，为历史最高水平。该阶段建成年产油 650×10^4t 的生产能力，保持采油速度 2% 以上的高速开发。

5. 稳产开发阶段（1980—1993 年）

该阶段进一步细分调整开发层系，加强注采调整，实施大泵（电泵）提液增油、层间接替挖潜等措施，东营组和新发现的断块油藏投入开发，年产油保持在 430×10^4t 以上，稳产开发 14 年。

6. 精细开发阶段（1994—2018 年）

该阶段调整完善韵律层井网，调整产液结构，开展聚合物驱油，开展多层砂岩油藏层系井网重组技术、层系井网矢量调整技术，在"胜坨"周边及深层滚动勘探开发隐蔽岩性油藏和复杂断块油藏，有效减缓了产量递减。产量综合递减率由 1994 年 10% 下降到 2018 年的 3.9%，自然递减由 1994 年 20% 下降到 2018 年的 8.4%，2018 年胜坨油田年产油量 164.4×10^4t。

三、开发技术

胜坨油田是国内投入开发的第一个多层砂岩油藏，在实践中形成了适应多油层、复杂油水系统、中高渗透砂岩油藏特点的多层砂岩油藏层系井网重组开发、厚油层韵律层细分挖潜开发等具有"胜坨"特色的油田开发技术，为同类油田开发积累了丰富的经验，为多层油藏的开发提供技术借鉴。

1. 多层砂岩油藏层系井网重组开发技术

层系经历多次调整后已基本细分到位，但多层砂岩油藏储层非均质性严重，层间动用状况仍存在较大差异，为充分发挥非主力层提高水驱动用程度的潜力，开展层系井网重组调整。2003 年编制完成坨七断块井网优化重组开发调整方案，开展多层砂岩油藏层系井网调整先导试验，将坨七断块 1～10 砂层组划分为七套开发层系，分别是坨七 1 主力、2～3 主力和 1～7 非主力，坨七下油组 8 主力、9 主力、10 主力和 8～10 非主力。调整后开发效果明显改善，日产油量由 538t 上升到 786t，含水由 96.3% 下降到 95.8%，自然递减率由 16.5% 下降到 6.8%。2003～2010 年推广应用于坨 28 沙二段 1～3 等 5 个单元，覆盖地质储量 0.66×10^8t，提高采收率 2.14 个百分点，增加可采储量 140.6×10^4t。

2. 厚油层韵律层细分挖潜开发技术

特高含水后期，反韵律层各韵律层段水淹程度差异较大，高渗段水淹严重，低渗段剩余油富集。为解决反韵律厚层内剩余油差异大的问题，在精细油藏描述和剩余油定量描述的基础上，开展韵律层细分调整。2003 年开展胜二区沙二段 8^{3-5} 韵律层细分挖潜。沙二段 8^{3-5} 为三角洲前缘相反韵律沉积，包括沙二段 8^3、8^4、8^5 三个小层。利用小层中的泥（灰）质隔夹层将三个小层细分为 11 个韵律层。主力韵律层采取强化老井措施，提高主力韵律层潜力部位储量动用程度；非主力韵律层以钻新井为主完善井网，提高水驱控制程度。调整后采收率提高了 1.6 个百分点，自然递减率控制在 7.1%。2003～2006 年推广应用于 5 个单元，覆盖地质储量 7711×10⁴t，提高采收率 1.9 个百分点，增加可采储量 143×10⁴t。

第二节 孤岛油田

孤岛油田是胜利油区第二大油田，是典型的大型整装油田，1968 年 5 月 17 日渤 2 井利用 3mm 油嘴试油，获得日产 13.4t 的工业油流，标志着孤岛油田的诞生。

孤岛油田位于山东省东营市河口区境内，黄河入海口北侧，东、北两面与河口区仙河镇相连，西接利津县汀罗镇，南与垦利区黄河口镇隔河相望。构造上位于沾化凹陷东部，为发育在古生界潜山之上的大型披覆背斜构造，近北东走向，南北两侧分别受孤南、孤北断裂的控制。至 2018 年底，孤岛油田已探明含油面积 99.90km²（图 12-5），探明石油地质储量 41258.37×10⁴t。

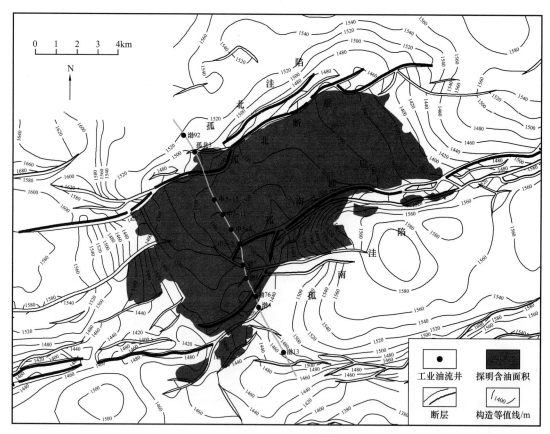

图 12-5　孤岛油田含油面积图

一、地质特点

1. 地层发育

孤岛油田自下而上钻遇的地层有太古宇；古生界寒武系、奥陶系、石炭系—二叠系；中生界侏罗系—白垩系；新生界古近系沙河街组、东营组；新近系馆陶组、明化镇组；第四系平原组。共有沙河街组、东营组和馆陶组 3 套含油层系。主要含油层系是新近系的馆上段 3~6 砂层组。油层埋深 1195~1450m（表 12-3）。

表 12-3 孤岛油田地质油藏参数表

含油层系	沙河街组、东营组和馆陶组
油藏埋深 /m	1195~1450
孔隙度 /%	32.1~35.1
空气渗透率 /mD	1083~3370
地温梯度 /（℃ /100m）	4.5
地面原油黏度 /（mPa·s）	<3000
地层原油黏度 /（mPa·s）	20~130
地层原油密度 /（g/cm³）	0.871~0.925
地层水矿化度 /（mg/L）	2000~15407
地层水水型	$NaHCO_3$ 型
原始油层压力 /MPa	12.3
原油饱和压力 /MPa	7.2~11.5

2. 构造特征

孤岛油田为潜山披覆背斜构造，构造简单，主体部分完整平缓。顶部为一平台，两翼西陡东缓，顶部地层倾角 30′~1°30′，翼部倾角 2°~3°。构造上有 23 条正断层，南北两条断层控制着沉积和油气聚集：北翼为孤北大断层，倾向北西，落差自东向西由小变大；南翼为孤南大断层，倾向南东，落差自东向西由大变小。

3. 储层特征

孤岛油田主力含油层段具有储层厚、物性好、埋藏浅、压实程度低、胶结疏松、易出砂、非均质、强亲水特点（图 12-6）。岩性以粉细—中细砂岩为主，粒度中值 0.10~0.25mm，储层有效孔隙度 32.1%~35.1%，空气渗透率 1083~3370mD（表 12-3），泥质含量 9.6% 左右，碳酸盐含量平均 1.46%。胶结类型主要为接触式、孔隙—接触式、接触—孔隙式，黏土矿物主要成分是蒙皂石，其次是高岭石、伊利石。

4. 流体性质

由于所处的构造部位、油柱高度及储层物性的差异，孤岛油田原油性质纵向上具有上稠下稀的特点，同一小层内原油性质随深度增加而变差；平面上顶稀边稠，构造边部存在着特稠油。馆陶组上段属于胶质 + 沥青质石油，地层原油相对密度 0.871~0.925，地层原油黏度 20~130mPa·s（表 12-3），平均 65mPa·s，蜡含量 4.9%~7.2%，胶质含量 27.0%~54.2%，沥青质含量 6.6%，构造顶部原油性质相对较好，地面原油黏度一般低于 3000mPa·s。

孤岛油田主要以低矿化度的 $NaHCO_3$ 型水为主，地层水矿化度一般为 2000~15407mg/L，具有自上而下矿化度不断升高的趋势。

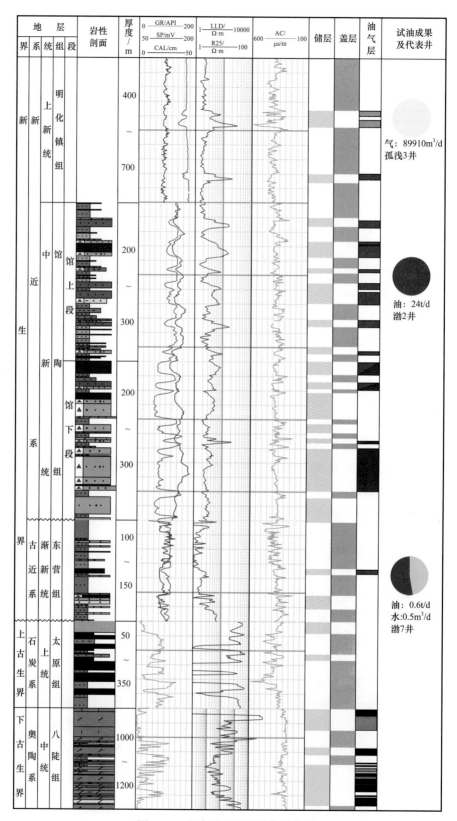

图 12-6　孤岛油田地质综合柱状图

孤岛油田天然气在馆陶组和明化镇组以气层气和气顶气为主，天然气相对密度0.556～0.61，甲烷含量87.1%～99.6%。

5. 温度压力系统

孤岛油田属于正常压力系统，原始地层压力为12.3MPa，压力系数为1.0。地温梯度为4.5℃/100m，属正异常。原油饱和压力为7.2～11.5MPa（表12-3），地饱压差1.5～3.5MPa，为高饱和油藏。

6. 油水关系及油藏类型

孤岛油田底水不活跃，天然能量弱，馆上段3～4砂层组油水界面在1270～1280m，5～6砂层组油水界面在1295～1315m。油藏为以披覆背斜构造为主的疏松砂岩常规稠油油藏（图12-7）。

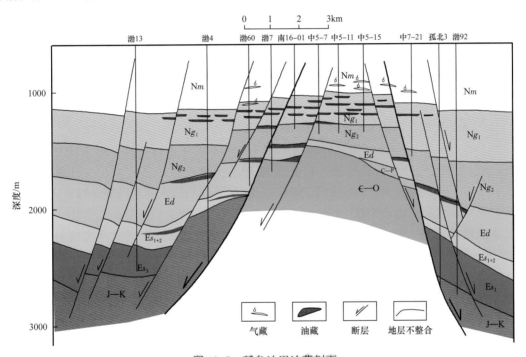

图 12-7　孤岛油田油藏剖面

二、开发历程

1966年开始勘探，1970年投入试采，1971年正式投入开发。孤岛油田主要经历了产能建设、注水全面见效、井网层系综合调整上产、强化注采高产稳产、转换方式产量递减等5个开发阶段（图12-8）。

1. 产能建设阶段（1971—1975年）

该阶段实施分区投产。1971年11月中一区开始投产获成功，此后六个区十个开发单元陆续投产。1972年中二区投产。1973年西区、南区投产。1975年东区和渤21断块投产。1975年产油量达到 300×10^4 t。

2. 注水全面见效阶段（1976—1981年）

为了恢复地层能量，1976年油田全面投入注水开发，注水全面见效，地层总压降由2.5 MPa回升到0.5MPa，采收率达到19.4%，1977年4月开始推广以滤砂管为主的防砂工艺，及时放大压差生产，使日产油水平回升到 10000t 左右，并全面推广中二南注采调配的经验，控制含水上升保持稳产。该阶段年产油稳定在 320×10^4t 以上，1981 年产油量为 338.6×10^4t。

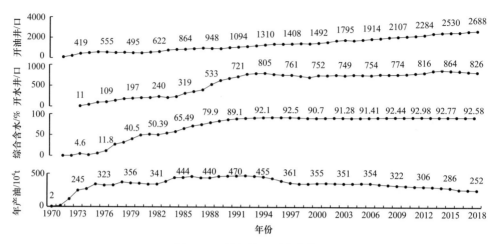

图 12-8　孤岛油田开发曲线

3. 井网层系综合调整上产阶段（1982—1985 年）

本阶段先后对中一区、中二区、西区的 7 个开发单元进行调整，除西区分为三套层系外，其他单元均分为两套层系，共细分为 13 个开发单元，各层系内主力油层由 4 个减少到 2 个。年产油量从 1981 年的 338.6×10^4t 上升到阶段末年产油量 444×10^4t。

4. 强化注采高产稳产阶段（1986—1994 年）

本阶段油田进入高含水期开发阶段，为了较大幅度地提高单井产液量保持稳产，先后对中一区馆陶组 3—4 砂层组、中一区馆陶组 5—6 砂层组、中二中、东区、南区、西区等区块单元强化注采调整。1992 年，孤岛油田年产油达到 474.3×10^4t 的历史最高纪录，连续 6 年保持在 450×10^4t 以上。

5. 转换方式产量递减阶段（1995—2018 年）

从 1995 年开始，油田产量开始递减，平均每年减少 26.69×10^4t，年平均总递减 6.44%。为确保油田高效开发，在特高含水期精细油藏描述的基础上，大面积推广应用化学驱开采技术，配套完善了稠油热采技术，同时开展了注采结构调整、水平井挖潜、稠油热采区块井间加密调整等综合挖潜工作，有效遏制了油田产量大幅度递减。至 2018 年底年平均递减率降低到 4.9%。

三、开发技术

开发建设以来，孤岛油田对常规稠油出砂油藏开发技术进行了大胆探索与实践，形成了细分加密开发、正韵律厚油层顶部水平井挖潜开发、聚合物驱提高采收率开发、聚驱后非均相复合驱提高采收率开发等技术，有效减缓了孤岛油田的产量递减。

1. 细分加密开发技术

孤岛油田地下原油黏度高（平均 65mPa·s）、流度小 [仅有 0.01～0.05D/（mPa·s）]、单井产量低，只有采用密井网才能得到较高的采油速度。针对孤岛油田开发存在的层间干扰严重、采液速度低等问题，开展了细分层系、井网加密强化注采系统等先导试验，在进行细分层系的同时，也进行了注采井网的调整，由于细分加密技术的实施，孤岛油田的采液速度由 1981 年的 3.44% 提高到 1992 年的 12.32%，单井日产液达到 110～150t。年产油由 1981 年的 338.6×10⁴t 上升到 1992 年历史最高值 474.3×10⁴t。

2. 正韵律厚油层顶部水平井挖潜开发技术

由于渗透非均质性及开发差异性的原因，在夹层上部的正韵律油层顶部区域水驱效果较差，剩余油比较富集，从而为厚油层顶部水平井调整奠定了物质基础。2002 年 10 月，中一区部署了先导试验井中 9 平 9 井，11 月投产，初期日产油达 33.5t，含水仅有 38.8%，峰值日产油 47t，含水 22.3%，在含水低于 60% 阶段连续生产了 7 个多月，已累计产油 2.4×10⁴t。随后正韵律厚油层剩余油富集区水平井挖潜整体部署，在特高含水期取得好效果。该技术已在孤岛、孤东等油田中推广应用。

3. 聚合物驱提高采收率开发技术

1990 年，在对世界范围内生产的 HPAM 进行评价优选和研究的基础上，在孤岛中一区馆陶组 3 砂层组开展了胜利油区 I 类油藏聚合物驱先导试验。先导试验区位于孤岛中一区馆陶组 3 区内中部，地层原油黏度 46.3mPa·s，原始油层温度 69.5℃，原始地层水矿化度为 3850mg/L，产出水矿化度为 5923mg/L。先导试验于 1992 年 9 月 28 日矿场实施，日产油水平由 122t 提高到 351t，综合含水由 90.3% 下降到 71%，见效率达到 100%。2005 年 12 月先导试验项目结束。实际累计增油 20×10⁴t，提高采收率 12%。通过该先导试验的成功探索，初步形成了聚合物驱配套技术，为同类型油藏高含水期提高采收率提供了技术支撑和宝贵经验，展示了化学驱提高采收率的广阔前景。

4. 聚驱后非均相复合驱提高采收率开发技术

聚合物驱油后采收率只能达到 50% 左右，仍有一半左右的剩余油滞留地下，需要进一步寻求提高采收率的方法。针对聚驱后油藏首次提出了"井网调整＋非均相复合驱"提高采收率方法。"驱油剂 B-PPG＋表面活性剂＋聚合物"固液共存的非均相复合驱油体系利用黏弹性颗粒 B-PPG 突出的剖面调整能力，协同二元驱超低界面张力带来的洗油能力和聚合物的加合增效作用，结合井网调整改变流线，可大幅度提高聚合物驱后油藏原油采收率。在孤岛中一区馆陶组 3 砂层组开展聚驱后井网调整非均相复合驱先导试验，2010 年 7 月新井投产投注，2010 年 10 月开始实施非均相复合驱。目前，试验区已取得显著效果，中心井日产油量由 3.3t 上升至 79t，见效高峰期综合含水由 98.2% 下降到 81.3%，最大下降 16.9%，中心井区已提高采收率 6.84 个百分点，数模预测最终可提高采收率 8.5 个百分点。

5. 低效水驱转热采开发技术

孤岛水驱稠油埋藏深、地层压力高，通过室内实验和矿场实践相结合，认识了稠油水驱后地下剩余油整体富集、局部集中、含水饱和度增幅小、对转热采影响小的特征，论证了低效水驱转热采可行性，以此指导中二区中部馆陶组 5 砂层组、渤 82—渤 76、东区馆陶组 3—4 砂层组等 7 个水驱区块转热采的实施，覆盖地质储量 1951×10⁴t，新建产能 37.0×10⁴t。孤岛中二区中部馆陶组 5 砂层组注水区为典型的低效水驱单元，地下原油黏度 300mPa·s，综合含水 90.9%，采出程度 23.6%，2009 年实施低效水驱转蒸汽驱以来效果显著，日产油由 144.3t 上升至 244.3t，含水由 90.9% 降至 88.6%，提高采收率 18.9 个百分点，最终采收率可达 47.9%。

第三节　孤　东　油　田

孤东油田是 20 世纪 80 年代中期我国发现的大型疏松砂岩常规稠油油气田，也是目前胜利油区四大主力整装油田之一。1984 年 7 月，孤东 3 井在井深 1096.8～1983.2m 首次发现明化镇组、馆陶组、沙河街组三套含油气层系，发现孤东油田。

孤东油田位于山东省东营市垦利区境内，地处黄河入海口北侧的滩涂地带。构造上位于沾化凹陷东北部桩西—孤东潜山披覆构造带的南端，东南靠垦东青坨子凸起，西南为孤南洼陷，西北为桩西洼陷，东北为桩东凹陷。是一个大型整装披覆背斜构造油田，也是胜利油区第一个围海建造开发的滩海油田。1986 年 5 月全面投入开发。至 2018 年底，孤东油田已探明含油面积 73.20km^2（图 12-9），探明石油地质储量 28483.04 × 10^{4}t。

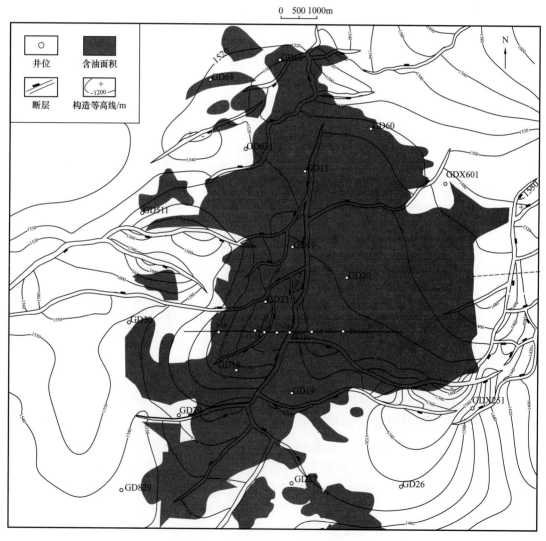

图 12-9　孤东油田含油面积图

一、地质特点

1. 地层发育

孤东油田自下而上发育中奥陶统，中生界上侏罗统—下白垩统，古近系沙河街组（沙三段、沙一段）及东营组，新近系馆陶组和明化镇组以及第四系平原组。馆上段为主要含油层系，其油层埋深 1195～1450m（表 12-4），厚度一般为 250～320m。按沉积旋回特征及标志层，将馆上段划分为 1-2、3、4、5、6 五个砂层组 29 个小层，馆 1-2 砂层组储量少，分布零散。馆 3、4 砂层组发育差，馆 5、6 砂层组发育较好，是主力含油砂层组。

表 12-4　孤东油田地质油藏参数表

含油层系	古近系沙河街组及东营组，新近系馆陶组和明化镇组以及第四系平原组
油藏埋深 /m	1195～1450
孔隙度 /%	33.3
空气渗透率 /mD	1568
地温梯度为 /（℃ /100m）	3.4
地层原油黏度 /（mPa·s）	50～130
地面原油黏度 /（mPa·s）	450～5000
地面原油密度 /（g/cm³）	0.93～0.97
地层水矿化度 /（mg/L）	2000～15407
地层水水型	$NaHCO_3$ 型
原始油层压力 /MPa	11.5～14.2
原油饱和压力 /MPa	9.9～13.2

2. 构造特征

孤东油田是一个完整的南北走向的被断层复杂化了的具有多层结构的披覆背斜构造（图 12-10）。该构造有三个构造层，即下古生界断块山组成的下构造层，中生界残丘山组成的中构造层以及以古近系和新近系披覆构造为主组成的上构造层。

上构造层是本区主要含油气构造层，它是在中—古生界潜山背景上发育起来的古近系和新近系披覆背斜。虽被断层切割，但构造主体部分背斜的形态仍较完整，为一个较简单的披覆背斜。构造走向近南北，两翼不对称，东翼平缓而简单，西翼陡、断层多而较复杂。

3. 储层特征

孤东油田馆上段储层为典型的河流相沉积，其中馆上段 3^1—5^3 细分为曲流河，馆上段 5^4—6^8 为辫状河（图 12-11）。储层岩性以细砂岩为主，其次为粉砂岩和含砾砂岩。由于埋藏浅，压实程度低，胶结物含量低，以接触式及孔隙—接触式胶结为主，胶结疏松；泥质胶结物中的黏土成分以蒙皂石为主，占 49.3%～65.2%，其次为高岭石、伊利石和少量的绿泥石。储层物性好，孔隙度大，渗透率高；平均孔隙度 33.3%，空气渗透率 1568mD（表 12-4），泥质含量 8.66%，碳酸盐含量 1.22%；非均质性较为严重，渗透率变异系数 0.56~1.60，突进系数 1.49~3.82，级差为 37.3~628。

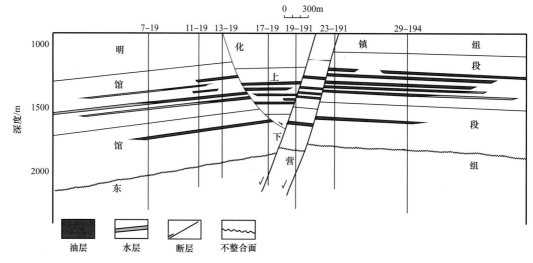

图 12-10　孤东油田油藏剖面图

4. 流体性质

由于所处的构造部位、油柱高度及储层物性的差异，孤东油田纵向上原油性质具有上稠下稀的特点，同一小层内原油性质随深度增加而变差；平面上顶稀边稠，构造边部存在着特稠油。馆陶组原油具有高黏度、低含蜡、低凝固点的特点，地面原油密度 0.93~0.97g/cm³，地面原油黏度 450~5000mPa·s，地下原油黏度 50~130mPa·s（表 12-4）。天然气馆陶组和明化镇组以气层气和气顶气为主，天然气相对密度 0.57~0.61。地层水以低矿化度的 $NaHCO_3$ 型为主，矿化度 2000~15407mg/L（表 12-4）。

5. 温度压力系统

孤东油田馆陶组为正常压力系统和地温梯度。原始地层温度 65℃，地温梯度 3.4℃/100m。原始地层压力 11.5~14.2MPa，压力系数 1.0，饱和压力 9.9~13.2MPa（表 12-4），属高饱和油藏。地饱压差仅 1.0~3.0MPa。

6. 油水关系及油藏类型

孤东油田馆陶组油藏为层状油藏，各断块自成系统。馆上段 4~6 砂层组在主要断块各自有一个主要的油水界面，二、三、四、六区油水界面大致在 1400m，七区大致在 1350m，八区大致在 1380m。九区未见有统一的油水界面。馆上段属高孔、高渗、储层结构疏松的构造—岩性层状油气藏。

二、开发历程

按照"储量一次动用、细分层系、高速开发"的原则，用不到两年的时间完成了大规模产能建设。自 1986 年投入开发至今，孤东油田经历了产能建设、注水见效高速稳产、层系井网调整持续稳产、控水稳油综合调整及产量递减精细挖潜 5 个开发阶段（图 12-12）。

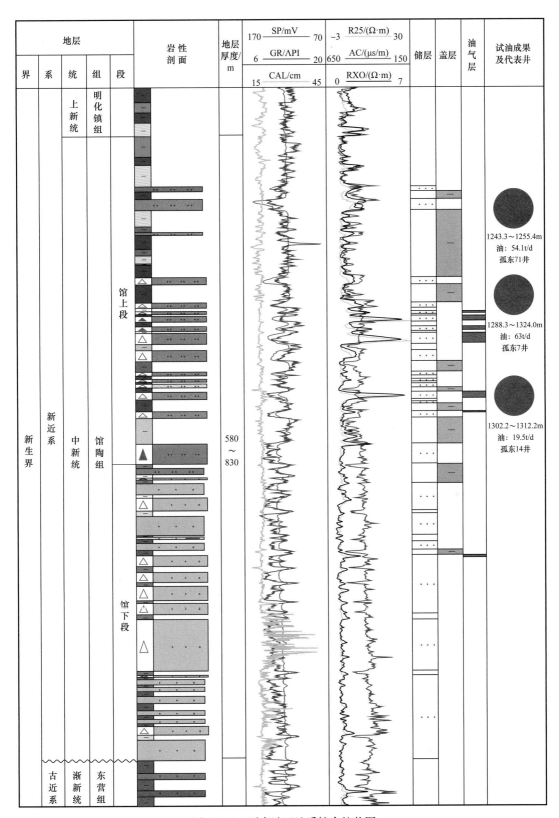

图 12-11 孤东油田地质综合柱状图

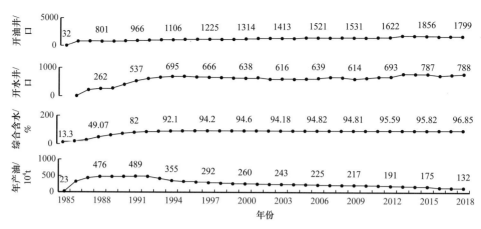

图 12-12　孤东油田开发曲线

1. 产能建设阶段（1986—1987 年）

1986 年完成总体开发方案，投产 880 口井，形成 17 个开发单元，当年产油 $323.8 \times 10^4 t$，年末综合含水 19.9%。1987 年组织了"121"防砂转注会战和二、六区新井投产防砂会战。1987 年底产油 $436.58 \times 10^4 t$。

2. 注水见效高速稳产阶段（1988—1989 年）

1987 年 5 月陆续转注，全面部署反九点面积井网，实施注水开发，注水储量 $1.9 \times 10^8 t$。在注水全面见效的情况下，针对孤东油田油层发育较差，注采对应率较低，油稠油层疏松出砂严重，含水上升快等特点，补打完善井，加强注采调配等油田稳产基础工作。1989 年年产油 $476.4 \times 10^4 t$，累计产油 $1736.3 \times 10^4 t$。

3. 层系井网调整持续稳产阶段（1990—1992 年）

该阶段针对孤东油田开发以来出现的含水上升快、油水井数比高、不适应高含水期稳产的需要，反九点面积井网对油层控制程度差等主要问题，分期分块进行了层系井网调整，进一步强化了注采系统，实现了持续稳产。阶段末含水 86.9%，年产油 $481.8 \times 10^4 t$。

4. 控水稳油综合调整阶段（1993—1997 年）

1993 年，油田稳产期结束，进入产量递减阶段。为减缓递减，采取了一系列的控水稳油措施，效果明显。含水上升也得到了有效控制，年含水上升率由 1992 年的 2.23% 下降到 1997 年的 0.15%。阶段末综合含水 94.2%，年产油 $292.2 \times 10^4 t$。

5. 产量递减精细挖潜阶段（1998—2018 年）

开展精细油藏描述，逐步扩大三次采油和稠油热采规模、开展厚油层顶部水平井挖潜、小砂体综合挖潜，实施单元分级分类管理和调整，产量递减明显减缓。阶段末，综合含水 96.8%，年产油 $132.1 \times 10^4 t$。其中化学驱增油和热采产油达到 $38.5 \times 10^4 t$，占产量的 29%。

三、开发技术

孤东油田开发建设是对陆上常规稠油整装大油田高速高效开发的大胆尝试。在多年的开发生产过程中，孤东油田研究和发展了早期注水和防砂、井网加密调整开发、二元复合驱提高采收率开发、水驱变流线开发等技术。

1. 控水稳油开发技术

针对层系单一、含水高、采出程度高、单井产液量高、水井日注水量高、油水井连通好、注采对应关系好的区块，制定以控制含水上升、提高油层水驱波及体积和驱油效率、改善单元开发效果的措施。控水稳油整体注采调配包括注水产液结构调整、高含水区块控水稳油措施、整体注采调配等。2001 年 8 月开始在综合含水 98% 的七区西 6^{3+4} 层系实施交叉斜三角不稳定注水，产量保持了稳定，当年减少注水量 $127.7 \times 10^4 m^3$，减少产液量 $60.5 \times 10^4 t$，节约注水费和污水处理费 600 万元。扩大了水驱波及体积，动用了层内剩余油，增加可采储量 $50 \times 10^4 t$。依据边水能量大小，分别实施了二区馆 6 砂层组、七区沙河街组、九区沙河街组间歇注水、孤东 18-7 块脉冲注水等方案。日产油由 502t 增加到 545t，增加 43t，含水由 94.4% 下降到 93.3%。

2. 小砂体有效开发技术

孤东油田在主力油层高含水（97.9%），高采出程度（43.2%）的情况下，加大了小砂体研究和挖潜的力度。小砂体具有平面展布系数小、多呈土豆状分布的特点，注采完善难度大，储量动用较差。2000 年以来，通过精细地质研究、优化技术政策、强化注水开发和配套工艺技术，小砂体开发见到明显成效。

根据目前的井距及井网形式，按照形成简单注采井网确定小砂体面积，形成了小砂体定量分类评判标准。按照形成一个最简单的一注一采井网的面积为 $0.045 km^2$，形成一个注采井组（反九点法）的面积为 $0.1 km^2$（$0.09\ km^2$），所以面积小于等于 $0.1 km^2$ 的砂体认定为小油砂体。通过对不同厚度、不同开采方式的优化研究，形成了小砂体开发技术政策界限研究技术，对不同面积种类的小砂体可以分别采用直井单井吞吐方式一注一采或一注二采的开采方式。

2010 年至 2011 年编制实施了以三、四区和七区西 4^1—5^1 单元小砂体为主的整体调整方案，投产新井 32 口，配套老井措施 52 口，新增可采储量 $54 \times 10^4 t$，新建产能 $8.25 \times 10^4 t$；累计增油 $8.9 \times 10^4 t$，增加矿产产品销售收入 3.8298 亿元（2011 年 12 月）。孤东油田有小砂体 997 个，地质储量 $1240 \times 10^4 t$，预计仍可推广 300×10^4~$350 \times 10^4 t$，预测采收率提高 10%，增加可采储量 $30 \times 10^4 t$，预计可增油 $25 \times 10^4 t$，增加矿产产品收入 8.837 亿元。小砂体有效开发技术可进一步推广应用于胜利油田河流相沉积类型油藏，预计覆盖地质储量近 $4000 \times 10^4 t$，另外对其他油田的小砂体开发也有借鉴意义和推广价值。

3. 二元复合驱提高采收率开发技术

为了探索研究化学复合驱油技术在胜利油田的应用与发展，开展了无碱体系的二元复合驱油体系研究。孤东油田七区西南馆 5^4—6^1 层二元复合驱先导试验区累计增油 $24.9 \times 10^4 t$，提高采收率 9.0%。鉴于单元较好的增油效果，2006 年 6 月将先导试验区扩大至六区西北二元区、三区及四区二元区等，二元驱累计增油 $351.8 \times 10^4 t$，占化学驱的 50.6%。二元驱扩能增储效果显著，为孤东油田主要的提高采收率技术。

4. 水驱转变流线开发技术

已进入特高含水后期，孤东油田主要存在注采流线长期固定，剩余油分布及驱替程度不均衡问题。为了解决特高含水后期的这些矛盾，开展"转流场强化弱驱"的现场试验研究，通过"转变流场"的方式，提高分流线及油井间驱油效率，以提高整个单元的采收率。七区西 $Ng5^{2+3}$ 单元井间 2 口新井钻遇较好，饱和度分别为 46.5%、49.5%，先导试验区实施变流线调整后，日产油水平由 4t 上升到 7t 左右，综合含水由 99.4% 下降至 99%，下降 0.4 个百分点，取得了明显增油效果。

第四节　东辛油田

东辛油田是中国华北地区发现最早的油田，也是中国陆上首先投入开发的大型复杂断块油田。1961 年，华北石油勘探处 32120 钻井队钻探的华 8 井，钻遇馆陶组油层，用 9mm 油嘴试油，获日产 8.1t 的工业油流，是发现东辛油田乃至胜利油气区的重要标志。东辛油田位于山东省东营市东营区境内，构造上处于东营凹陷中央背斜带东段。1968 年进入全面开发。至 2018 年底，东辛油田已探明含油面积 98.94km²，探明石油地质储量 28515.80×10⁴t（图 12-13）。

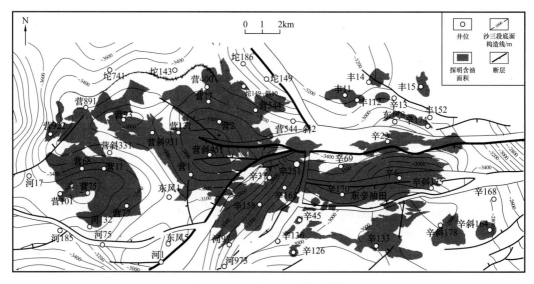

图 12-13　东辛油田含油面积图

一、地质特点

东辛油田是一个含油层系多、油水系统多、油气性质多变、油气相对富集的复杂断块油田。主要地质特点与其他油田有很大差别。

1. 地层发育

东辛油田纵向含油层系多，发现了明化镇组、馆陶组、东营组、沙一段、沙二段、沙三段及沙四段等七套含油气层系（表 12-5），共 43 个砂层组，140 多个含油小层。

2. 构造特征

油田构造包括西部东营穹隆背斜、东部辛镇长轴背斜和中间鞍部（过渡带）三部分（图 12-13）。南北两翼发育的两组四条近东西向二级断层将该构造反向切割成中间陷落的"堑式"背斜，地堑内外又被数百条次级断层切割。东营穹隆背斜断裂在平面上表现为放射状断裂体系，辛镇长轴背斜呈复杂的"卷心式"地堑断裂系统，过渡带断块破碎，四五级以下低序级断层广泛发育，构造极其复杂（图 12-14）。

表 12-5　东辛油田地质油藏参数表

含油层系	明化镇组、馆陶组、东营组、沙河街组
油藏埋深 /m	1500～3500
孔隙度 /%	21～38
空气渗透率 /mD	17～6000
油藏温度 /℃	72～127
地层原油黏度 /（mPa·s）	1.8～63.2
地面原油黏度 /（mPa·s）	4.92～5789
地面原油密度 /（g/cm³）	0.8411～0.9882
地层水矿化度 /（mg/L）	10～200
地层水水型	氯化钙型
原始压力系数 /MPa	1-1.73
原油饱和压力 /MPa	4～15

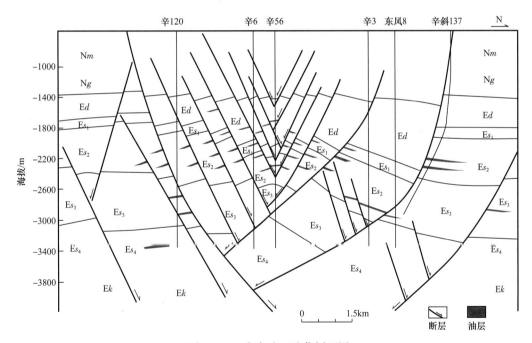

图 12-14　东辛油田油藏剖面图

3. 储层特征

东辛油田主力含油层系沙二段储层以中、高渗透为主，空气渗透率一般 1500～6000mD；东营组、沙一段以高渗透为主，一般为 2000～3500mD；沙三段油层渗透率低，一般为 17～150mD。沙一段、沙二段油层有效孔隙度在 26%～31%，沙三段有效孔隙度 21%～28%（表 12-5）（图 12-15）。

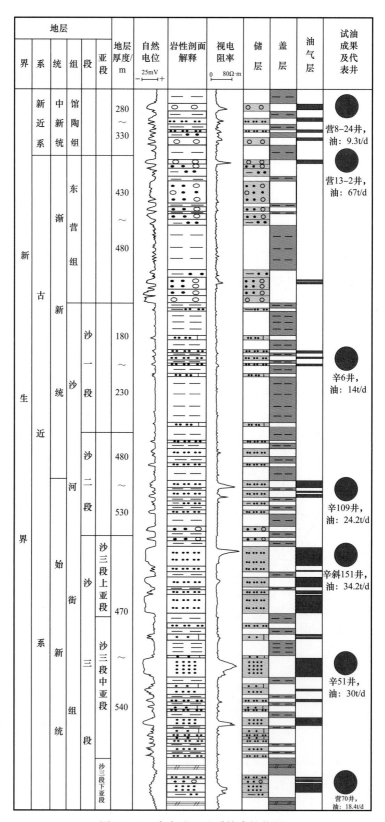

图 12-15　东辛油田地质综合柱状图

4. 流体性质

东辛油田流体性质差异大，地面原油密度 0.8411～0.9882g/cm³，地层原油黏度 1.8～63.2mPa·s，地面原油黏度 4.92～5789mPa·s（表 12-5），一般含蜡量 5%～22.6%，凝固点 12～40℃；地层水矿化度 10～200g/L，水型以氯化钙型为主。

5. 温度压力系统

东辛油田为常温常压系统。油层埋深一般 1500～3500m，油藏温度 72～127℃，地温梯度 3.8℃/100m 左右（表 12-5）。馆陶组—沙二段属正常压力系统，压力系数 1.0 左右；沙三段和沙四段油藏多为异常高压，原始压力系数一般为 1.24～1.73。原油饱和压力 4～15MPa，多属于低饱和油藏。

6. 油水关系及油藏类型

油水关系复杂，各个断块有独立的油水系统（图 12-14），东辛油田同一断块各含油砂层组无统一的油水界面。油藏主要受构造控制，以断块油藏为主，划分为封闭型断块、开启型断块、半开启型断块、中高渗透岩性、低渗透岩性等五种。

二、开发历程

东辛油田历经开发准备、初建产能、初期注水开发、滚动增储高速开发、综合调整稳产开发、精细开发减缓递减等六个阶段（图 12-16）。

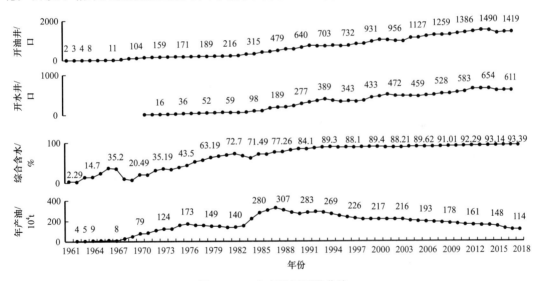

图 12-16　东辛油田开发曲线

1. 开发准备阶段（1961—1967 年）

根据营 2、营 6、营 8 等探井资料，逐步总结形成"整体设想、分批实施、及时调整、逐步完善"的复杂断块油田钻井程序，并基本实现对东辛油田的整带解剖。至 1967 年，共完钻探井 61 口，对营 8、辛 11、辛 10 富集区完成详探，发现断层 198 条、断块 174 个，初步探明含油面积 28.8km²、石油地质储量 6358.2×10⁴t（未正式上报）。

2. 初建产能阶段（1968—1974 年）

该阶段对不同类型油藏进行注水试验和分类开发，鉴于国内没有复杂断块油藏成熟开发经验，又不能照搬整装油田的开发程序和开发方式，为探索复杂断块的开发程序和合理开采方式，1968 年在辛 11 断块开展注水开发试验，1971 年 1 月，辛 11、营 8、辛 50 等首批 11 个断块或开发单元投入试验性注水开发。初期采用分层配水，注水效果明显。以自喷采油为主，油田建成年产油 130×10^4t 的生产规模。

3. 初期注水开发阶段（1975—1983 年）

该阶段对不同类型油藏采取不同注水方式，逐渐形成了较完善的注采系统，后采取部分细分层系调整，依靠"层间接替""井间接替"开发方式，油田实现稳产。根据东辛油田断块特点，技术人员因地制宜，区别对待，采取面积、内部点状、边内、边部、边外等不同注水方式，并利用断块小、油井少、注采关系相对简单的有利条件，动、静态资料结合，实施增加注水井点、注水井内迁、油水井层系互换等调整措施，逐渐形成了较完善的注采系统。1976 年，营 14 沙一段 3 砂层组等 11 个单元转入注水开发，注水储量 4248.24×10^4t，占动用储量的 73.6%。1978 年，根据石油工业部提高原油产量的指示，采取部分细分层系调整、增加注水井、提高注水强度和补孔改层进行"层间接替"等措施，实现油田的稳产。至 1981 年，"层间接替"和放大生产压差两项措施的增油量占油田年产油量的 15%～27%，油田年产油量基本稳定在 140×10^4t 以上。

4. 滚动增储高速开发阶段（1984—1987 年）

该阶段利用二维数字地震资料解剖三级构造、断层，滚动勘探获重大发现，开发采用加大新发现储量动用力度、电泵提液、定向斜井完善井网方式，东辛油田实现"储量、井数、产量"三个翻番，年产油量连续突破 200×10^4t 和 300×10^4t，成为 300×10^4t 级大油田。1987 年产油量 328×10^4t，达到历史最高水平。

5. 综合调整稳产开发阶段（1988—1993 年）

利用对四级断层认识的新成果指导老区开发，采取一次或两次细分层系、加密井网、补充完善井网等措施进行大规模综合调整。6 年间，除营 31 断块、营 13 东二段外，其他单元均进行了综合调整。其中，对辛 109、辛 1、辛 50、辛 10、辛 11 等 9 个单元细分层系开发，层系从 12 套细分为 35 套，钻新井 214 口，增加年产油能力 58.5×10^4t；对营 11 块加密井网调整，钻新井 33 口，增加年产油能力 16.35×10^4t；对辛 23 等 15 个单元进行补充完善井网调整。通过调整，除复杂断裂带和部分沙三段、稠油开发单元外，大部分单元注采井网完善或基本完善，油田注采对应率由 54.3% 提高到 74.4%。阶段末，年产油量 283.92×10^4t，综合含水 88.5%。

6. 精细开发减缓递减阶段（1994—2018 年）

该阶段综合应用勘探开发新技术，滚动寻找隐蔽油藏，精细油藏描述，利用人工边水驱、立体开发等挖掘剩余油潜力，加大细分层系后采油、注水工艺配套，完善分层注水管柱，优化增注工艺，相继在辛 47、辛 50、辛 109、辛 16 等 12 个断块区实施细分层系综合调整，减缓产量递减。断块水驱储量控制程度从 53.7% 提高到 72.7%，注采对应率从 66.1% 提高到 83.6%，增加年产油能力 56.9×10^4t，增加可采储量 355×10^4t，提高采收率 3.9%。产量递减由 1994 年的 17.2% 下降到 2018 年的 10.4%，阶段末年产油 114.1×10^4t。

三、开发技术

东辛油田开发建设以来，因其地质条件极其复杂，精细油藏描述技术逐渐深化了油田断裂系统及剩余油的认识，为挖掘剩余油潜力、减缓产量递减发挥了重要作用。在高含水期针对不同类型油藏，攻关形成了层系细分调整开发、人工边水驱开发、复杂小断块立体组合开发等具有"胜利"特色的复杂断块油藏开发技术。

1. 层系细分调整开发技术

随着开发深入，东辛油田各断块层间矛盾的问题开始逐步显现，1975年，针对东辛油田营8断块区沙二段7—15砂层组地层压力下降快、采油速度低、大井段合采层间矛盾突出等问题，进行了第二次层系细分调整；将沙二段7—15砂层组细分为沙二段7—9砂层组和沙二段10—15砂层组两套层系开发，部署并完钻调整新井6口。1979年，东辛油田营8断块继续实施以细分层系调整为主的综合调整，扩大生产能力，进行了第三次层系细分调整，将沙二段7—9砂层组细分为沙二段7—8³砂层组、沙二段8⁴—9砂层组两套层系。沙二段7—8³层系局部部署新井完善井网；沙二段8⁴—9砂层组采用四点法面积注水井网重新布井，井距500m。1988年，营8断块进行了第四次层系细分调整，将沙二段10—15砂层组细分为沙二段10砂层组、沙二段11砂层组、沙二段12—15砂层组三套层系。营8断块沙二段层系细分为七套，至1989年10月，综合含水由74.8%下降到59.7%，采油速度由0.7%上升到3.99%。1985—2018年，在东辛油田的多个区块进行了层系细分调整，沙二段1—15砂层组由2套层系细分为7～10套开发层系。

辛47块是细分层系开发的典型，通过4次细分后，2007年已进入特高含水开发阶段，层系内层间干扰依然严重、部分砂体井网完善程度较差，细分层系对开发效果的改善程度逐次降低。2007年，针对油藏开发中突出问题，实施纵向上层系重组、平面上井网完善的开发调整。依据小层分类原则，首先划分出在空间上并非相邻的Ⅰ类、Ⅱ类及Ⅲ类储层，在方案设计中将Ⅰ类及Ⅱ类层分别抽出，优化重组划分为七套层系，并分层系进行注采井网完善，加强注水工作，其中Ⅱ类层潜力较大作为下步调整的重点。重组后的层系为沙二段1—7砂层组的Ⅰ类层、1—7砂层组的Ⅱ类层、8—10砂层组的Ⅰ类层、8—10砂层组的Ⅱ类层、11—12砂层组的Ⅰ类层、11—12砂层组的Ⅱ类层、13—14砂层组共七套层系。至2007年12月，区块开发效果已得到明显改善。开油井40口，日产油水平161t，综合含水90.5%，开水井16口，日注水平1471m³。与调整前相比，单元日产油水平增加64t，增幅为66%，综合含水下降3.1%，新增原油生产能力2.34×10⁴t。

2. 人工边水驱开发技术

针对高倾角特高含水断块油藏剩余油难以高效动用的难题，利用"变边内注水为边外注水、变控制注水为强化注水、变连续注水为耦合注水"的技术对策，实现"均阻同进、升压扩容、变驱为汇"的机理，扩大了波及系数、提高了驱油效率。东辛油田辛1断块是一个受两条东西向南倾三级断层遮挡形成的条带状反向屋脊油藏。开发中面临地层能量下降较大、内部点状注水造成储量外溢的问题。2008年，设计实施人工边水驱方案，利用老井13口（油井5口，水井8口），注入水利用油田产出污水，实施边外注水进行人工边水驱开发。单元日产油从原来的0.4t/d最高上升至55.6t/d，含水由试验前的96.2%最低下降至61%，平均单井累计增油1.6×10⁴t，单元阶段累计增油8.1×10⁴t，提高采出程度7.0%，提高采收率7.5%，累计消化富余污水164×10⁴m³。截至2018年，胜利油田在29个区块单元采用人工边水驱开发，累计动用储量6412×10⁴t，提高采收率

4.3%，增加可采储量 275.7×10^4t。

3. 复杂小断块立体组合开发技术

针对复杂断块油藏剩余油"段、区、块"富集区规模小，单一断块剩余油富集区钻井经济效益差等。提出了以跨断块水平井、多靶点定向井为主要技术手段的立体注采模式，即利用复杂结构井将纵向上多个小碎块、平面上多个富集区优化组合开发的"立体组合优化开发"思路，实现储量动用与水驱控制最大化。辛68断块辛68-71小块沙二段13砂层组剩余可采储量 0.7×10^4t，单个小断块单独钻井不经济，因此该小块储量得不到有效控制。辛68-2沙二段1—6砂层组剩余可采储量为 0.9×10^4t，辛68-2主力层系沙二段8—9砂层组剩余可采储量 7.28×10^4t，现井网下采出程度低，失控储量大，仍有较大潜力。因此部署一口新井辛68-斜142控制辛68-2沙二段8—9砂层组的剩余可采储量，并兼顾上层系的沙二段1—6砂层组以及跨断块兼顾辛68-71小块沙二段13砂层组。结合井口、剩余油分布、构造特点、断层走向及轨迹要求等因素选择3个小层部署三个靶点，通过立体组合，一体设计，该井单井控制剩余可采储量可达 9×10^4t，实现小断块剩余油的有效开发。

第五节　临盘油田

临盘油田主体位于山东省德州市临邑县境内，部分油区在禹城市，矿区面积190.4154km^2。构造上位于济阳坳陷惠民凹陷中央隆起带西段，北临滋镇洼陷，南接临南洼陷，东到田家构造，西至唐庄构造。1964年10月6日对惠4井用10mm油嘴试油，日产原油53.08t，发现临盘油田。1964—1971年间共钻探井、评价井50口，探明了大芦家、盘河含油构造，1972年1月临盘油田正式投入开发，至2018年底，临盘油田已探明含油面积91.61km^2（图12-17），探明石油地质储量 17858.49×10^4t。

一、地质特点

受北东向和近东西向两组主要断裂活动影响，临盘油田形成了大芦家、临九、临十三、盘一、盘二、赵家、田家、临西八个断块区，具备典型的极复杂断块油田的地质特点。

1. 地层发育

纵向上含油层系多、含油井段长（图12-18）。含油层系多达12套：古近系沙河街组沙四段、沙三段下亚段、沙三段中亚段、沙三段上亚段、沙二段下亚段、沙二段上亚段、沙一段；东营组东二段、东一段；新近系馆陶组馆三段、馆二段、馆一段。含油井段1200～3800m。主力含油层系沙二段下亚段、沙三段下亚段。

2. 构造特征

断层多，断块小，构造复杂（图12-18）。临盘油田平均每口井钻遇断点3个（临41-11井钻遇断点11个），组合断层600多条，其中二级断层1条、三级断层11条、四级断层187条，其余为自然断块内部的更低级别小断层。这些断层将油田切割为362个自然断块，单块面积0.01～3.7km^2，平均0.225km^2。

图 12-17 临盘油田含油面积图

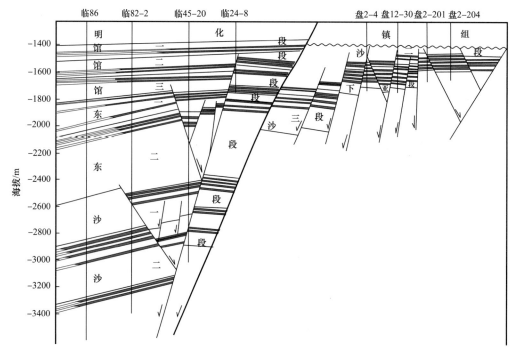

图 12-18 临盘油田油藏剖面图

3.储层特征

主力含油层系储层物性较好，但非均质性严重。临盘油田储层以湖泊三角洲相、河流相沉积的砂岩为主（图 12-19）。油层孔隙度 10%～36%，平均 26.3%，储层空气渗透率 1～3442mD（表 12-6），平均 551mD，有效渗透率 198mD。断块内层间渗透率级差 2～30 倍，主力含油层系渗透率变异系数 0.64～0.82。

表 12-6 临盘油田油藏地质参数表

含油层系	馆陶组、东营组、沙河街组
油藏埋深 /m	1200～3800
孔隙度 /%	10～36
空气渗透率 /mD	1～3442
油藏温度 /℃	65～120
地层原油黏度 /（mPa·s）	3.4～76.5
地面原油黏度 /（mPa·s）	5～8365
地层原油密度 /（g/cm³）	0.71～0.9
地面原油密度 /（g/cm³）	0.85～0.95
地层水矿化度 /（mg/L）	18000～70000
地层水水型	$CaCl_2$ 型
原始压力系数 /MPa	19.28
原油饱和压力 /MPa	11.62

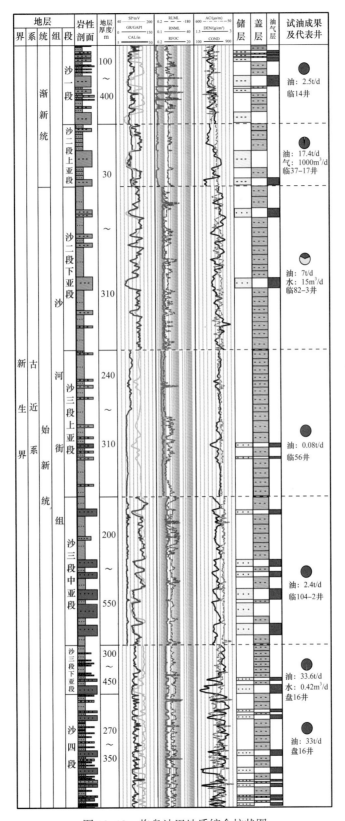

图 12-19　临盘油田地质综合柱状图

4. 流体性质

临盘油田原油性质在平面及纵向差异大。地面原油密度 0.85~0.95g/cm³，地面原油黏度一般为 5~8365mPa·s。地层原油密度 0.71~0.9g/cm³，地层原油黏度一般为 3.4~76.5mPa·s，平均 35mPa·s，地层水矿化度在 18000~70000mg/L（表 12-6）。

5. 温度压力系统

油层温度高，地层水矿化度高。临盘油田主力含油层系地层温度一般 65~120℃，地温梯度为 4.2℃/100m。低饱和油藏为主。油层压力系数 1.0，平均原始地层压力 19.28MPa，平均原油饱和压力 11.62MPa（表 12-6），地饱压差 7.66MPa。总体上是低饱和油藏，但各层系间存在差异。其中馆陶组、东营组地饱压差仅 1.2MPa，局部地区有气顶，为高饱和或过饱和油藏。沙一段至沙四段地饱压差 5~14MPa，为低饱和油藏。

6. 油水关系及油藏类型

由于受断块控制，临盘油田纵向上表现为多油水系统，几乎每个断块、同一断块的各含油砂层组均无统一的油水界面，甚至多数油砂体也具有独立油水系统。油田大多数断块为封闭性断块油藏，天然能量不足。仅在大芦家馆二段等少数断块有较活跃的边底水，占总动用储量的 9.5%。

二、开发历程

自 1972 年发现后，临盘油田经历了开发准备、全面开发、产量上升、产量下降及精细开发五个开发阶段（图 12-20）。

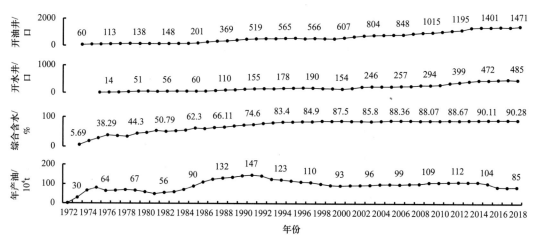

图 12-20　临盘油田开发曲线

1. 开发准备阶段（1972—1973 年）

1972 年，按照燃料化学工业部关于临盘油田"边勘探、边开发、边建设"的原则进行开发准备工作。1973 年 7 月基本完成开发准备工作。阶段末投产油井数 58 口，开井 33 口，日产油能力 1923t，平均单井日产油能力 58t，综合含水 2.5%。

2. 全面开发阶段（1974—1981 年）

根据燃料化学工业部提出的"少井高产、立足抽油、强化开采"的方针编制的"临盘油田'七一'日上 3000t 投产方案"的实施，探明储量逐步投入开发。本阶段前期主要靠弹性—溶解气开采，表现为地层能量下降快、油井产量递减快、含水上升快的特点，中期开展油田注水试验，1978 年全面进入注水开发。1979 年开始注水调整。由于对复杂断块油田构造的复杂性认识不足，注水效果不理想，含水上升率高达 12%，年产原油由 1978 年的 70×10^4t 降至 1981 年的 49×10^4t。

3. 产量上升阶段（1982—1992 年）

针对临盘油田复杂断块的地质特点，1982 年起在油田周边地区实施滚动勘探扩边连片、老油田内部开展了大规模的注采调整。期间，为实现原油上产，大搞增产性措施。年实施措施井次由 1982 年的 112 井次上升到 1986 年的 219 井次，当年增油量由 5.23×10^4t 上升到 10.7×10^4t，1991 年最高达到 14.8×10^4t。1987—1992 年是临盘油田持续高速开发期，年产油量均大于 120×10^4t，1991 年达到历史最高峰 147×10^4t。

4. 产量下降阶段（1993—1999 年）

1993 年以来，临盘油田工作量相对下降，加上老井套损、待大修井增多，油水井开井率下降，稳产基础减弱，油田年产油量逐年下降。由 1993 年的 125.1×10^4t 降到 1999 年的 94.5×10^4t。

5. 精细开发阶段（2000—2018 年）

"十五"初期制定了"五年大调整"的战略决策，针对不同类型油藏的特点，通过深化构造、储层、剩余油潜力的研究，千方百计增加和恢复注水储量，提高水驱控制和动用程度，增强油田稳产基础，提高采收率。实施整体调整单元 18 个，覆盖储量 7213×10^4t，技术改造单元 6 个，覆盖储量 2640×10^4t，新增产能 35×10^4t，水驱控制程度由 2000 年的 60.8% 增到 2005 年的 68.5%，油田稳产基础得到加强，开发形势逐步好转，自然递减率由 2000 年的 16.2% 降到 2005 年的 11.3%，油田年产量在 94.5×10^4t 稳产两年的基础上，于 2003 年升至 96.4×10^4t，2007—2015 年产油量稳定在 100×10^4t 以上，2016 年进行产量调整，2018 年底年产油量 84.6×10^4t。

三、开发技术

临盘油田在开发过程中除了应用复杂断块油田常规的水驱开发技术外，在开发调整中大规模应用水平井技术。在油藏精细描述的基础上，通过地质、油藏、工艺相结合，对水平井轨迹进行优化设计，临盘油田的水平井开发效果显著，形成了底水油藏水平井调整开发技术。由于厚层油藏注水开发后期油水重力分异形成了次生底水油藏，相应发展形成次生底水油藏水平井调整开发等技术。

1. 底水油藏水平井调整开发技术

在强化对馆二段、馆三段、东二段、田 18 单元馆二段等油藏地质认识的基础上，制定了临盘油田底水油藏推广应用水平井技术的方案。利用水平井技术挖掘馆陶组高含水、底水厚油层的潜力，取得好效果。例如大芦家馆二段底水油藏水平井调整，该油藏属于底水充足的油藏，面积 2.6km²，储量 516×10^4t，油层埋深 1390～1426m。馆二段为河流相沉积的厚层块状砂岩，砂层厚度 140～150m，仅在顶部 15～30m 处含油。油藏数值模拟计算底水水体体积是油体体积的 230 倍，边水体积只是油体体积的一倍，底水规模和作用远远大于边水。馆二段底水油藏的水锥半径 75～100m，原有常规直井井距为 150～200m，很难采出井间剩余油。通过类比分析，认为推广应用水平井技术是进一步提高油藏开发水平的最有力措施。根据剩余油分布和井网对剩余油的控制状况，优选 6 个剩余油富集区，编制大芦家馆二段水平井调整方案。主要在油藏腰部—边部及井距较大的井间进行水平井调整。设计水平井 8 口，当年单井年均日产量取 15t，8 口新井合计日产量 120t。增加年产油能力 4.02×10^4t。至 2013 年底投产 8 口，初增日产油能力 117t，初含水 18.2%，而且有 2 口井有后备层，相当于还有 2 口水平井待投。至 2015 年 12 月，大芦家馆二段投产油井 32 口，开井 32 口，日产液能力 4082t，平均单井日产液 127.6t，日产油能力 103t，综合含水 97.5%，平均动液面 306.6m，累计产油 105.91×10^4t，采出程度 22.46%，采油速度 0.72%。

2. 次生底水油藏水平井调整开发技术

大芦家临 2-6 块馆三段 3 砂层组为正韵律厚层块状（次生）底水砂岩油藏。1973 年 8 月投入开发，1996 年 8 月针对临 2-6 馆三段强水淹正韵律厚油层设计了临 2- 平 2 井。预计砂层厚度 14m，油层顶界 1577m、底界 1591m，油水界面 1588m，含油高度 11m，底水 3m。水平井轨迹设计在第一韵律段，距顶 2.5m 处，设计两个等深靶点。由于油层底部水淹，剩余油分布在油层顶部，要求井身平行于油层顶部穿过，水平段轨迹上下摆动不能超过 2m。1996 年 9 月 12 日完钻临 2- 平 2 井，钻遇油层 231m，基本达到了设计要求。1996 年 11 月 7 日防砂射孔投产 75m，下直径 70mm 长泵，控制自喷日产油 56t，含水 4.1%（临井临 2-6 日产油 4.0t，综合含水 94%，累计产油 22×10^4t。临 43 井日产油 5.7t，含水 94.6%，累计产油 11.7×10^4t；临 2- 斜 25 井日产油 6.9t，含水 90.8%，累计产油 3.2×10^4t）。至 2018 年 12 月，日产液能力 191.2t，日产油能力 3.2t，综合含水 98.3%，累计产油 5.901×10^4t。为进一步提高开发水平，"十一五"以来开展了水驱油规律及剩余油分布特征研究。通过研究认识到馆三段 3 砂层组正韵律厚油层，层（段）内较大的渗透率级差及层内两个较稳定夹层形成的三段式结构特征，控制着水驱油及剩余油分布规律。层内剩余油主要集中在上韵律段和中韵律段上部；平面剩余油分布一是受构造影响，在断层屋脊高部位、微构造高点区域剩余油富集段厚度大；二是受注采井网影响，注水井间、油井间的滞流区及井网较稀的构造腰部剩余油富集段厚度大，馆三段 3 砂层组上韵律段除注采井点周围小范围区域水淹外大面积未水淹。2005 年开展了第一轮水平井调整方案。挖掘构造高部位及直井井网控制不到的剩余油，新钻 6 口水平井，初期 4 口井自喷生产，日产油能力 83.6t，平均单井 13.9t，平均含水 23.7%，周围直井平均日产油仅 4.2t，综合含水 93.0%。通过进一步深化对该油藏剩余油的认识，开展了第二轮水平井调整方案，以挖掘边部和腰部剩余油为主。投产 8 口井，初期日产油能力 130.6t，平均单井日产油能力 18.7t，综合含水 24.2%。2009 年水平井日产油能力为 92.7t，平均综合含水 72.7%，累计产油 2.0502×10^4t。单元日产油能力由调整前的 42t 上升为 172t，采油速度由 0.46% 升至 1.53%，综合含水由 91.3% 降到 85.9%。经过两轮水平井调整，单元共增加可采储量 29×10^4t，平均单井增加可采储量 2.07×10^4t，是直井的 2 倍，采收率由 56.6% 提高到 65.3%。

第六节 渤 南 油 田

渤南油田是济阳坳陷的一个大型低渗透油田。1972 年底完成全面勘探，共完钻 33 口井，5 个断块（义 11、义 21-1、义 7、义 33、义 9）获得工业油流，渤南油区命名为渤南油田。

渤南油田位于山东省东营市境内，地跨河口区和利津县，构造上位于济阳坳陷沾化凹陷东北部的渤南洼陷，主要由渤北断裂带和渤海农场背斜带组成，东以孤西断层为界，东南与孤岛凸起相邻，南与罗家油田相邻，西部与四扣向斜相连，北面和埕东凸起相接。至 2018 年底，渤南油田探明含油面积 136.65km² （图 12-21），探明石油地质储量 19587.46×10^4 t。

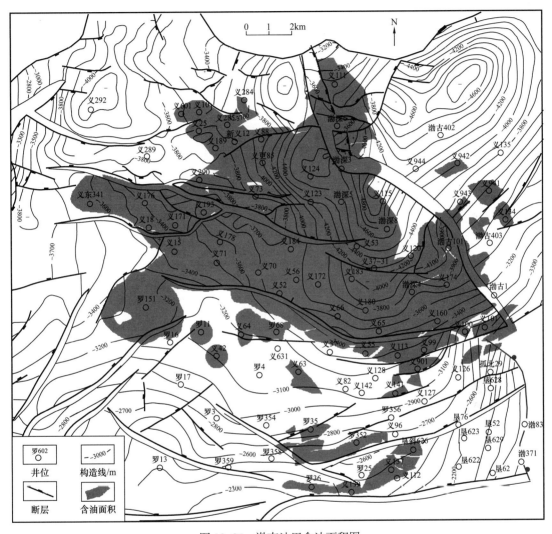

图 12-21　渤南油田含油面积图

一、地质特点

1. 地层发育

纵向上含油层系多、厚度大、井段长。渤南油田油气主要分布在古近系，从下到上为沙河街组沙四段油气层、沙三段油层、沙二段油层和东营组油层，中生界和古生界也发现少量油气分布。其中 80% 以上的储量集中在沙三段油层。

2. 构造特征

渤南油田是一个被断层复杂化的低渗透构造—岩性油藏（图 12-22）。主要断层有 6

条，北边埋东大断裂为一级断层，其余 5 条为二级断层，交错将油田分割成 11 个区 30 多个断块。

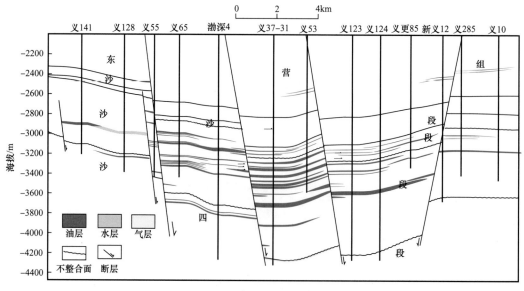

图 12-22　渤南油田油藏剖面图

3. 储层特征

主要含油层系沙三段为深湖—半深湖浊流沉积，储层以大的砂体为主，油层单层厚度大，一般 5～20m，岩性主要是粉细长石砂岩以及岩屑砂岩，空气渗透率平均 50mD，孔隙度平均为 17.6%（表 12-7）。沙四段储层空气渗透率低于 10mD，为特低渗透油藏，部分单元渗透率低于 1mD（图 12-23）。

4. 流体性质

渤南油田原油性质好，地面原油密度一般在 0.853～0.890g/cm³，地面原油黏度一般为 5～38mPa·s（表 12-7）。

表 12-7　渤南油田油藏地质参数表

含油层系	东营组、沙河街组
油藏埋深 /m	2780～3800
孔隙度 /%	17.6
空气渗透率 /mD	10～50
油藏温度 /℃	114～124
地面原油黏度 /（mPa·s）	5～38
地面原油密度 /（g/cm³）	0.853～0.890
原始气油比 /（m³/t）	47～163
原始压力系数 /（MPa/100m）	0.93～1.45

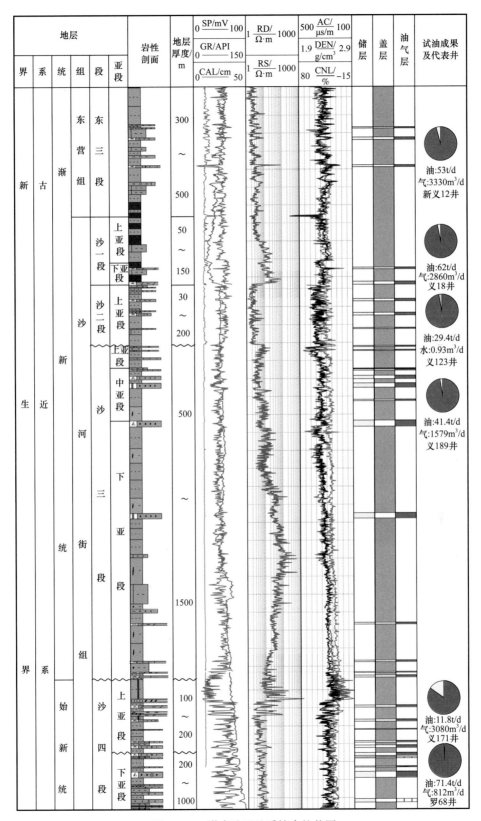

图 12-23　渤南油田地质综合柱状图

5. 温度压力系统

渤南油田主力含油层系沙三段油层温度114～124℃，地温梯度3.8℃/100m，为低饱和油藏，地饱压差较大。除沙一段外，含油层系一般为正常压力系统，压力系数0.93～1.03，局部为异常高压，压力系数1.2～1.45。原始气油比47～163m³/t（表12-7）。

6. 油水关系及油藏类型

低渗透油藏是渤南油田最主要的油藏类型，探明储量占总储量的67.8%，分布在9个区；只有一区为整装油藏，位于油田西南部，探明储量占总储量的12.6%；中高渗透复杂断块油藏分布在九区和十区，位于油田南部，埋藏相对较浅，探明储量占总储量的11.5%；特殊岩性油藏分布在十区，其中罗36块为石灰岩油藏，罗151块为火成岩油藏，探明储量占总储量的5.0%；潜山油藏仅分布在渤深6块，探明储量占总储量的3.1%。主要断层对油水分布具有明显的控制作用（图12-22）。

二、开发历程

渤南油田1975年开始试注水，1987年全面投入开发，1989年年产油186.8×10⁴t，达到最高水平。至目前，经历了初建产能、高速开发、产量递减、精细挖潜等四个阶段（图12-24）。

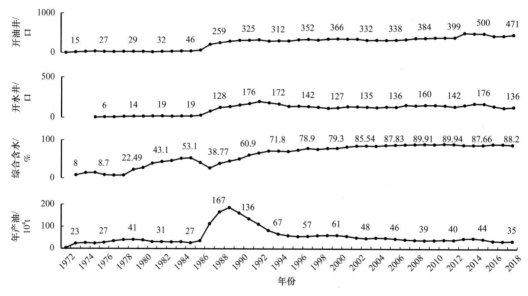

图12-24　渤南油田开发曲线

1. 初建产能阶段（1973—1986年）

1973年，部署实施渤南油田沙三段初步开发方案，以探井为基础，用800～1000m的大井距先后投入开发6个区块（一区、二区、三区、五区、六区、八区），动用含油面积46.5km²，动用地质储量6560×10⁴t。1975年8月，渤南油田转注第一口水井，一区转入注水开发，此后三区、五区分别于1978年5月、1978年6月投入注水开发。1976—1985年期间，先后编制三次开发方案，设计工作量均未完成，渤南油田一直没能实现全面开发，注采井网始终不太完善。1986年，针对渤南油田低渗透油层产能低的问题，开展了义65井组小井距强化开采试验，井距缩小到250m，油水井整体压裂投产投注，单井产能提高 60 多吨，试验区采油速度从 1.8% 提高到 10%。通过小井距强化开采试验，在注采井网设计、钻井工艺技术、压裂工艺技术、高压注水工艺、采油工艺五个方面取得突破，为渤南油田的全面开发奠定基础。该阶段共投产油井 85 口，注水井 37 口，1986 年年产油 $36.16 \times 10^4 t$。

2. 高速开发阶段（1987—1991 年）

通过一年滨海会战，1987 年累计建成生产能力 $160 \times 10^4 t$，当年产油 $113.2 \times 10^4 t$。该阶段，对老区实施了井网加密和调整，对新区加强了滚动勘探开发，实现了渤南油田的高速开发。渤南油田是国内投入开发最早的低渗透油田之一，当时没有成熟的开发经验可供借鉴，部署井网时没考虑地应力的影响，整体压裂后裂缝发育，油井含水上升快，渤南油田综合含水由 1987 年的 24.8% 上升到 1991 年的 60.9%，1990—1991 年，产量快速递减，每年下降 $25 \times 10^4 t$，1991 年年产油 $135.9 \times 10^4 t$。

3. 产量递减阶段（1992—1995 年）

针对含水上升快、产量递减快的不利局面，为寻找改善中高含水期渤南油田开发效果的途径，1992—1994 年，选择了五区沙三段 9 砂层组和三区沙三段 4 砂层组两个单元开展"中高含水期综合治理先导试验"。试验区采油速度分别提高了 0.15% 和 0.35%，含水上升率分别下降了 7.4% 和 8.2%，自然递减分别减缓了 24.9% 和 17%，水驱效果得到改善，采收率提高了 4.76 个百分点。由于治理单元储量和产量只占渤南油田的 10.6%、10.8%，其他大部分单元产量递减仍达到 20% 以上，渤南油田整体产量下降的势头没有得到遏制。年产液量由 1991 年的 $327 \times 10^4 t$ 下降到 1995 年的 $198 \times 10^4 t$，产液量年递减 8%～19%；年产油量由 1991 年的 $135.9 \times 10^4 t$ 下降到 1995 年的 $59 \times 10^4 t$，平均年下降 $19.22 \times 10^4 t$，自然递减在 21.7%～28.3%，油田递减在 12%～25.3%。

4. 精细挖潜阶段（1996—2018 年 12 月）

该阶段，利用渤南油田新三维地震资料，加强渤南周边及深层综合地质研究，新发现并动用义 112 块、义 941 块、罗 35-1 块、罗 36 块、罗 151 块、义 12-1 块、渤深 6 块等多个新区块，新增动用含油面积 $22.54 km^2$，储量 $2010 \times 10^4 t$，新建产能 $40.6 \times 10^4 t$。其中，罗 151 块为火成岩油藏，该块的发现是沾化凹陷火成岩勘探上的一个重大突破；渤深 6 块为深层复杂潜山油藏。新区块的投入开发，有效地减缓了油田产量递减速度。在老区，先后对 118 块、五区、六区和一区开展精细油藏描述及剩余油分布规律研究和老区调整，对四区、二区义 80 块、六区进行双低治理，针对油藏特点推广实施大炮弹射孔技术、长冲程低冲次深抽技术、复合酸酸化解堵技术等配套工艺技术，强化水井大修、增注、转注、不稳定注水等注水方面的工作，油田自然递减减缓到 2.7% 左右。

三、开发技术

渤南油田是国内最早投入开发的低渗透大油田，开发早期没有成熟的经验可供借鉴，在不断探索和实践中，创造并总结了低渗透油田注采完善、"小井距整体压裂高效注水开发"等一系列开发管理的经验，形成了仿水平井注水开发、致密油藏弹性开发等技术，为同类油藏开发具有重要的借鉴意义。

1. 仿水平井注水开发技术

针对低丰度、特低渗透油藏常规井网难以实现经济有效注水开发的难题，开展了仿水平井开发技术研究，确定了矩形井网井距排距计算方法以及裂缝长度参数优化技术，配套了定向高导长缝压裂技术，研制了油溶性双转向剂，增加人工遮挡应力3～5MPa，控制缝高，增加缝长；形成了三高、一低设计方法，优选高应力差（隔层）、高黏液（压裂液）、高排量、低滤失（暂堵剂）施工工艺，支撑半缝长由120m提高至200m。仿水平井将压裂由增产措施转变为开发技术，为特低渗透油藏有效注水开发提供了技术支撑。2010—2013年，渤南油田采用仿水平井开发技术先后动用义7-6、义441-1、义73-x20块等区块，动用特低渗透储量 353×10^4 t，新建产能 7.8×10^4 t。

2. 致密油藏弹性开发技术

长井段多级压裂水平井。渤南油田沙三段下亚段9砂层组由于埋藏深（埋深3100～3800m），物性差，个别单元渗透率小于3mD，义123-173块沙三段下亚段9砂层组砂体孔隙度14.2%，渗透率0.91mD，为致密油藏。该类油藏直井单段压裂弹性开采储量控制程度小、产能低、经济开发难度大。通过采用长井段多级压裂水平井扩大泄流半径，提高产能实现有效动用。2012—2013年在渤南油田义123-173块沙三段下亚段9砂层组致密砂岩油藏部署13口长井段多级压裂水平井，均取得较好开发效果。

长井段多级压裂直井开发。义171块沙四段上亚段含油井段为281m，钻遇油层65.4m/29层，单层最厚5.66m，最薄0.9m，单层平均为2.26m。针对层数多、薄层各层段渗透率差别大、笼统压裂导致分层改造不均衡、产能不理想，且单层逐级压裂费用高的问题，采用直井分段压裂技术实现储量的一次动用，有效提高了大跨度、多层系油藏开发效果。2013年编制了义171-1块沙四段产能方案，动用地质储量 236×10^4 t，新建产能 3.9×10^4 t，截至2018年12月，投产9口长井段多级压裂直井，平均单井累计产油超过 0.9×10^4 t。

第七节　牛庄油田

牛庄油田是投入开发较早的储量近亿吨的低渗透岩性油田，1965年，石油工业部副部长康世恩参与了预探井牛1井的井位部署论证。牛1井位于山东省广饶县牛庄西南550m处，1966年4月对沙三段3022.2～3062.2m井段1层14.0m油层试油，获得日产13.2t的工业油流，发现牛庄油田。

牛庄油田位于山东省东营市东营区境内。构造上位于济阳坳陷东营凹陷牛庄洼陷内，北临现河庄油田，南为王家岗油田，西为纯化油田，东为东辛油田。至2018年底，牛庄油田已探明含油面积96.46km²（图12-25），探明石油地质储量 9694.99×10^4 t。

一、地质特点

牛庄油田是一个以低渗透岩性油藏为主的油田，油藏具有埋藏深度较大、储层物性较差、勘探发现难度大、砂体描述难度大的特点。

1. 地层发育

主力含油层系突出，储量相对集中。油气分布在古近系沙河街组中，从上到下可分为沙二段、沙三段2套含油层系。其中沙三段为主力含油层系，油藏埋深3000～3500m（表12-8）。

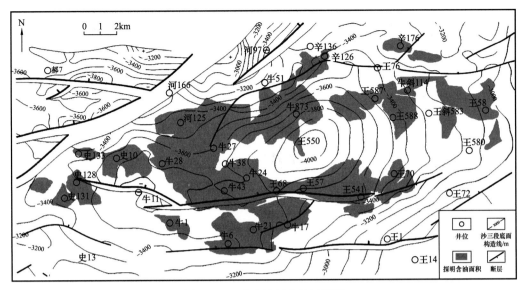

图 12-25　牛庄油田含油面积图

2. 构造特征

牛庄洼陷是东营凹陷的一个次级负向构造单元，近东西方向延伸，总体构造面貌比较简单，以向斜为主（图 12-26）。油田构造形态为一被 4 条近东西向断层切割的盆倾构造。断层落差 80～200m。

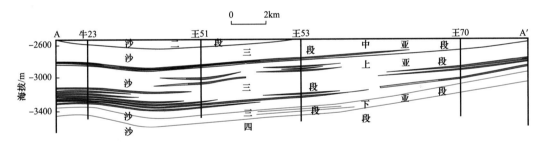

图 12-26　牛庄油田油藏剖面图

3. 储层特征

沙三段土力含油层系储层渗透率低，非均质性严重（图 12-27）。储层以砂泥岩互层的陆相碎屑岩为主，被巨厚的泥岩所包裹，岩性主要为细砂岩—粉细砂岩，储层孔隙度为 10%～23%，渗透率 12～50mD（表 12-8）。胶结类型以接触—孔隙式胶结为主，胶结物主要为泥质。

4. 流体性质

牛庄油田原油物性好。地面原油密度 0.85～0.89g/cm^3，黏度 11～69mPa·s。地层水矿化度高。沙三段地层水矿化度为 20735～289411mg/L（表 12-8）。

5. 温度压力系统

牛庄油田的油藏为常温系统，地层压力系数差异大。油层温度为 117℃，地温梯度为 3.2℃/100m。沙二段为正常压力系统，沙三段多为异常高压油藏，原始地层压力系数 1.0～1.49（表 12-8）。

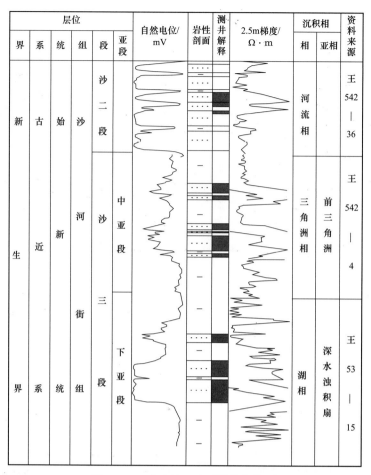

图 12-27　牛庄油田地质综合柱状图

表 12-8　牛庄油田地质油藏参数表

含油层系	古近系沙河街组
油藏埋深 /m	3000～3500
孔隙度 /%	10～23
空气渗透率 /mD	12～50
地温梯度 /（℃ /100m）	3.2
地面原油黏度 /（mPa·s）	11～69
地面原油密度 /（g/cm³）	0.85～0.89
地层水矿化度 /（mg/L）	20735～289411
原始地层压力系数	1～1.49

6. 油水关系及油藏类型

牛庄油田的油藏类型相对单一，天然能量差。沙三段为岩性油藏，沙二段为构造—岩性油藏，天然能量主要为弹性驱动或弱边水驱动。

二、开发历程

牛庄油田 1966 年 4 月发现，1988 年 12 月开始进行开发试验，1990 年正式投入开发，经历了初建产能（1985—1992 年）、扩建产能（2000—2005 年）、产量稳定（2006—2018 年）三个阶段（图 12-28）。

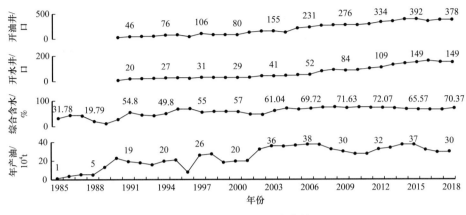

图 12-28　牛庄油田开发曲线

1. 初建产能阶段（1985—1992 年）

至 1987 年，油田共完钻探井 45 口，并进行试油、试采，相继发现了牛 20、王 70、牛 25 等区块。1988 年 12 月，开展牛庄油田沙三段油层开发可行性评价，制定了油田开发原则、开发经济技术政策、开发工作规划，并决定对牛 20 块进行开发试验。在开发试验成功的基础上，从 1990 年至 1992 年，陆续开发了牛 20、王 70、王 53 等 3 个区块，动用地质储量 1169×10^4t，建成年产 18.0×10^4t 的原油生产能力。

2. 扩建产能阶段（1993—2005 年）

1993—1999 年，先后开发了牛 25、王 68 等区块，动用地质储量 856×10^4t。2000—2005 年，在前期牛庄洼陷沙三段油气聚集规律研究的基础上，利用人机联作及三维地震综合解释技术、测井约束反演技术，成功地滚动开发了辛 154 和王 541 沙三段、王 543 沙二段、牛 879 沙二段等区块。动用地质储量 1469×10^4t，建产能 29.2×10^4t。老区先后开展了牛 20、王 53、王 70 等区块的开发调整，老区建产能 8.7×10^4t。

3. 滚动扩边、产量稳定阶段（2006—2018 年）

2006—2010 年，产量逐年递减；2011—2015 年，仿水平井注水开发技术取得突破，牛庄油田推广应用仿水平井，实现牛 35-20、牛 871、牛 106 等低丰度、特低渗油藏的开发动用，动用地质储量 1257×10^4t，建产能 19.5×10^4t，年产油量逐渐恢复，2018 年年产油 29.8×10^4t。

三、开发技术

牛庄油田在胜利油区低渗透油藏的开发过程中具有较重要的作用。开发中形成了低渗透油藏井排方向与地应力方向匹配和立足早期注水降低压敏效应的开发方案编制模式。初期采用反九点法，充分利用弹性能量开采，随生产需要逐步转为五点井网强化注水的开发模式。探索总结了"油藏描述是基础，优化注水是关键，压裂改造是手段，系统配套是保证"的一整套适合低渗透油田特点的配套开发技术和管理模式，形成了井网与地应力优化匹配注水开发、低渗透油藏水平井开发等技术，为国内低渗透油藏的成功开发提供技术和经验支撑。

1. 井网与地应力优化匹配注水开发技术

20世纪80年代末期到90年代初期，在理论研究及开发实践中逐步认识到，低渗透油藏渗透性差、注水困难、注水量低，需适当增加注水井数；压裂裂缝对注水开发效果的影响较大，注水井排方向应平行于最大主应力方向。

牛20块为透镜体状岩性低渗透油藏，发育沙三段中亚段一套含油层系，可分为A、B、C、D、E、F等6个砂层组；储层物性差，非均质性严重，储层孔隙度平均为18.3%；空气渗透率平均为33.2mD；压力系数1.2～1.62，为异常高压油藏。探明含油面积5.0km^2，地质储量849×10^{4}t。1988年9月，在勘探与试油、试采的基础上，采用边探明、边生产方针，1988年12月—1989年5月完钻新井3口，油层钻遇情况与预测基本吻合；钻探过程中发现沙三段中亚段的三个主力砂体（D、E、F）分布范围扩大，因此，1989年6月，实施牛庄油田牛20断块产能扩建。开发原则是：充分利用弹性能量，适时注水；根据地应力部署注采井网，注水井排与油层最大主应力的方向接近于平行，采用400m正方形五点法面积注采井网；实施整体压裂改造，配套小泵深抽；采用高压优质注水。方案设计采用一套开发层系投入开发，油井21口，注水井20口，其中新钻油井17口，新钻水井14口，新建年产油能力8.0×10^{4}t，采油速度1.03%，采收率15%，注采比1.0～1.2，地层压力保持在28～30MPa。至1990年4月，共完钻29口井，投产25口井，开井21口，日产液243t，日产油203t，平均单井日产油9.6t，综合含水16.5%，平均动液面783m。1990年4月，为探索牛20块注水开发方式可行性，掌握注水开发规律，指导牛庄油田低渗透油藏开发，编写了"牛20断块整体改造，优化注采试验"方案。试验于1992年5月完成。注水开发后与注水开发前相比，油井开井数由22口下降到20口，日产液水平由98t上升到321t，日产油水平由86t上升到283t，综合含水由11.9%下降到11.7%，采油速度由0.6%上升到1.90%，地层压力由23.0MPa上升到30.0MPa。

牛20块开发方案是第一个根据地应力方向部署注采井网的方案，同时也是第一个开展合理注水时机研究的方案，由此形成了低渗透油藏井排方向与地应力方向匹配、立足早期注水降低压敏效应的开发方案编制模式；形成初期采用反九点法，充分利用弹性能量开采，随生产需要逐步转为五点井网强化注水的开发模式。

2. 低渗透油藏水平井开发技术

随着胜利油田水平井技术的发展，在牛庄油田进行了水平井应用。2000年3月，直斜井与水平井兼顾，部署油井3口、注水井3口，动用含油面积1.1km^2、地质储量120×10^{4}t。2001年1月基本实施完毕，完钻直井5口，水平井2口，2001年2月该块转入注水开发。该块水平井的应用，为常规水平井在低渗透油层中的应用提供了借鉴，即低渗透油藏应加强储层研究，落实储层内非渗透性夹层的分布，开展储层平面物性分析和沉积相带描述，精确描述渗透率平面和纵向分布特征，在低渗透油藏中寻找相对高渗透储层和高渗透带，优选设计水平井的有利部位。在滚动开发王541区块沙三段低渗透油藏的过程中，在断层下降盘先后发现了沙二段7砂层组1号、2号、3号、4号4个含油砂体。该区沙二段7砂层组储层孔隙度为25.9%，有效厚度一般为2～6m，平均空气渗透率为 298.3mD；原始地层压力为 23MPa，压力系数为 1.04，具有一定的边水能量。由于油层薄，直井开发控制储量小，决定采用水平井开发，提高开发效益。

2002 年 4 月实施了"牛庄油田王 543 沙二段水平井开发方案"、2003 年实施"牛庄油田王 543 沙二段增建产能方案"，完钻投产新水平井 5 口，投产初期日产油 103t，建产能 4.0×10^4t。2003 年 8 月，王 543 沙二段 7 砂层组动用地质储量 67×10^4t，开井 11 口（其中水平井 7 口），日产液水平 306t，日产油水平 198t，综合含水 35.2%，采油速度 10.7%，实现高速高效开发。该块是胜利油田利用水平井整体开发薄油层的典型区块，促进了水平井轨迹优化设计和控制技术的发展，为水平井在薄油层中的挖潜提供了借鉴。

第八节　单家寺油田

单家寺油田是胜利油区第一个投入开发的稠油油田。1970 年，滨县凸起南翼的单 2 井发现沙三段、沙一段、馆陶组三套含油层系，从而发现了单家寺油田。后来勘探又发现了多套含油层系。

单家寺油田大部分地处山东省滨州市东北部，少部分在东营市利津县境内，在构造上位于济阳坳陷东营凹陷西北部、滨南—利津断裂带的西部，北依滨县凸起，南临利津洼陷，西靠林樊家构造，东与利津油田相邻。至 2018 年底，单家寺油田探明含油面积 26.78km^2（图 12-29），探明石油地质储量 10231.89×10^4t。

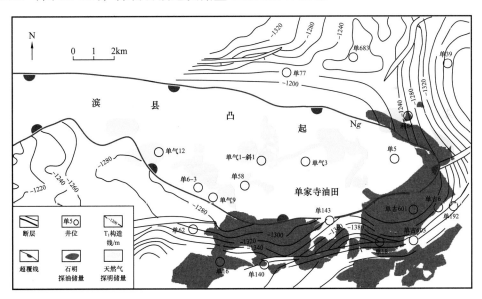

图 12-29　单家寺油田含油面积图

一、地质特点

单家寺油田是一个以稠油、特稠油为主的油田，油藏具有埋藏深度跨度大、储层物性差异大、非均质性明显的特点。

1. 地层发育

单家寺油田有五套含油层系（馆陶组、东营组、沙一段、沙三段、沙四段）（表 12-9），三套含气层系（明化镇组、馆陶组、前震旦系），含油气井段 1010～2288m，单井钻遇油层厚度最高达 115.7m。

表 12-9　单家寺油田油藏地质参数表

含油层系	馆陶组、东营组、沙河街组
油藏埋深 /m	1000～1200
孔隙度 /%	22～35
空气渗透率 /mD	355～5000
油藏温度 /℃	56～77
地面原油黏度 /（mPa·s）	8～100000
地面原油密度 /（g/cm³）	0.848～1.0086
地层水矿化度 /（mg/L）	7309～17152
地层水水型	氯化钙型
原始油层压力 /MPa	10.7～17.5
原油饱和压力 /MPa	4.8～13.2

2. 构造特征

单家寺油田断裂系统复杂（图 12-30）。区内断层发育，以近东西向和近南北向为主，断层的切割使局部构造复杂化，西部形成断阶带，东部断错成垒堑相间的构造格架，断层落差 20～100m。含油面积内 33 条断层分隔大小不同的 28 个断块，其中 13 个断块含油。

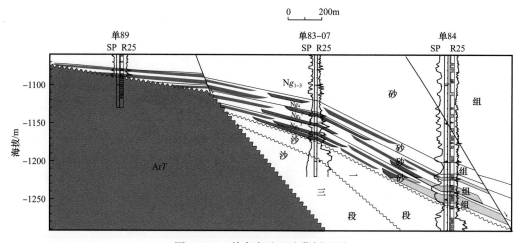

图 12-30　单家寺油田油藏剖面图

3. 储层特征

单家寺油田主要含油层系储层物性较好，但非均质性严重（图 12-31）。古近系沙河街组沙四段、沙三段、沙一段、东营组、新近系馆陶组储层以砂岩、砂砾岩为主，凸起边缘滨、浅湖沉积环境水下扇、河流相沉积体以中高孔、中高渗透油层为主。有效孔隙度 22%～35%，空气渗透率 355～5000mD，储层物性纵向上一般都具正韵律沉积特点，岩性下粗上细。平面上受沉积微相控制，物性差异大，非均质性明显。

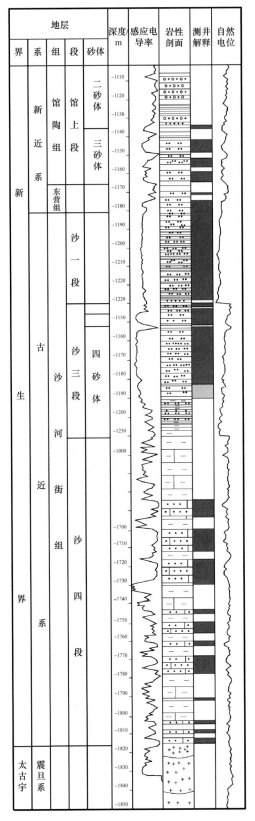

图 12-31 单家寺油田地质综合柱状图

4. 流体性质

单家寺油田原油物性变化较大，原油密度 0.848～1.0086g/cm³，地面脱气原油黏度 8～100000mPa·s（表 12-9），按原油黏度可划分为稀油、普通稠油、特稠油、超稠油。其中稠油原油密度 0.9575～0.9995g/cm³，地面脱气原油黏度 1208.5～100000mPa·s，温度敏感性强，稠油油藏地层水总矿化度 7309～17152mg/L，地层水水型以氯化钙型为主。

5. 油水关系及油藏类型

油藏类型多为地层超覆油藏和上倾尖灭地层油藏，以稠油、特稠油为主（图 12-30）。其中馆陶组、东营组、沙一段为稠油油藏，沙三段分别有浅层稠油及深层稀油，沙四段均为稀油油藏。单 2 断块沙三段、单 10 断块东营组—沙一段和单 6 断块馆陶组稠油油藏具有活跃的边、底水，天然能量充足。原始地层压力 10.7～17.5 MPa，原油饱和压力 4.8～13.2MPa（表 12-9）。

二、开发历程

单家寺油田以稠油开发为主，稀油开发为辅。稠油油藏经历了开发准备、产能建设、综合治理开发、产能扩建、调整稳产等 5 个开发阶段（图 12-32），逐步形成了具有特色的稠油开发管理模式，创新完善了油层保护、稠油防砂、提高注汽质量、井筒举升、原油集输及动态监测等配套开发工艺技术系列。

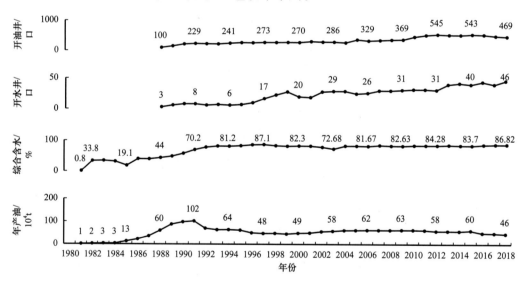

图 12-32　单家寺油田开发曲线

1. 开发准备阶段（1970—1983 年）

1970 年 8 月 7 日单 2 井见油气显示，经常规试油为稠油，常规工艺技术无法开采，该区稠油试采工作暂时中止。1982 年石油工业部昆山会议决定采用国际先进的注蒸汽热采技术开发我国稠油油藏，9 月确定"胜利油田单家寺地区单 2 井组蒸汽吞吐开采技术试验研究"为国家重点科研项目，1983 年实施"单 2 断块扩大热采试验方案"。至 12 月底，单家寺稠油试验区完钻油井 7 口，至此，胜利油田稠油开发准备工作基本就绪。

2. 产能建设阶段（1984—1991 年）

1984 年 6 月编制完成"单家寺地区单 2 断块稠油注蒸汽试验区地质方案纲要"，率先实施蒸汽吞吐试验。1984年10月3日，单2-1井蒸汽吞吐试验喜获成功，标志着稠油开发取得突破。截至1989年底，逐步完成了单2断块东部、单2断块西部、单10断块东营组—沙一段以及单10断块馆陶组产能新建，单家寺稠油油藏东区得到全面开发。1990年，针对单2断块基础井网井距大、单井控制储量偏大（25×10^4t/口）的状况，在油层纵向水淹厚度较小的主体部位实施井网加密调整。阶段末，单家寺油田稠油油藏油井总井数338口，年产油量102×10^4t，达到历史最高水平。

3. 综合治理开发阶段（1992—2000年）

随着主力区块吞吐轮次的增加，综合含水上升，周期产油量逐渐下降，稳产难度增大。为实现单家寺油田的稳产，本阶段实施了单家寺西区单6断块西部馆陶组新建开发、单家寺稠油蒸汽吞吐转蒸汽驱试验、稠油老区综合治理。

为了探索具有活跃边、底水厚层块状特稠油油藏开发方式，1992年3月，实施了"单2断块蒸汽驱先导试验转驱实施方案"和"试验监测方案"，并成立了蒸汽驱试验现场观察组。1992年4月4日、5月8日分别在单2断块单05-2井和单03-2井连续注汽，开始蒸汽驱试验。1992年12月与转驱前（1992年3月）相比，开井数由11口增加为12口，日产油量由56t上升为94t，综合含水由87.5%下降到83.8%，采油速度由1.51%上升到2.52%。此后，由于受采液速度低、驱替不均衡、水侵加剧的影响，蒸汽驱效果逐渐变差，1994年6月开井10口，日产油量下降到41t，汽驱阶段累计注汽20.30×10^4t，累计产油5.02×10^4t，累计油汽比0.25。阶段末油井总井数452口，综合含水83.6%，年产油量37.0×10^4t。

4. 产能扩建阶段（2001—2005年）

在单6断块中部03-2平台超稠油开采先导试验取得成功的基础上，形成了六项超稠油开采技术系列，应用该技术系列，自2001年到2003年，在单6东馆陶组超稠油油藏采用200m×141m反九点法正方形井网，进行了三期产能新建，共动用含油面积$2.2km^2$，地质储量873×10^4t，新钻井86口，新建产能28.5×10^4t。2001年2月单90斜1井、单83-3井蒸汽吞吐试采，平均峰值日产油能力53t，表现出单83块稠油热采开发较好的效果。2002年单83块采用283m×200m反九点法正方形井网进行新产能建设，2004年到2005年滚动开发了单83-014块和单83-014扩。本阶段还完成了单2断块西部沙三段、单10断块馆陶组完善调整，实现了单家寺稠油油藏产量的稳中有升，年产油量由2001年38.9×10^4t上升到2005年的51.69×10^4t。

5. 调整稳产阶段（2006—2018年）

一方面加大薄层油藏动用力度，利用水平井动用单2断块馆陶组、单2断块沙一段等薄层油藏，二是加大蒸汽驱技术推广应用。2006年优选了单83块馆陶组实施3个井组蒸汽驱先导试验，2009年开展了单56块超稠油蒸汽驱先导试验，共实施4个井组，2014年单83-014块转驱4个井组。2018年底，单家寺油田油井总井数801口，开井469口，综合含水86.8%，年产油45.8×10^4t，累计产油1968.4×10^4t。

三、开发技术

单家寺油田在开发实践中总结出的注蒸汽热采油藏工程研究方法、工艺技术和管理经验，为胜利油田"八五"热采稠油年产油量突破230×10^4t提供了有力的保障。

1992—1994 年在单家寺油田单 2 断块开展的蒸汽驱先导试验，获得成功，为稠油油藏转换开发方式、提高采收率积累了一定的经验。同时逐渐形成了蒸汽吞吐开发、蒸汽驱开发、特超稠油水平井二氧化碳降黏蒸汽（HDCS，Horizontal well Dissolver Carbon dioxide Steam）开发技术等稠油开发技术系列。

1. 蒸汽吞吐开发技术

单家寺油田单 2 断块位于东营凹陷与滨县凸起之间的过渡带上，主力含油层系为沙三段。1982 年 9 月确定"胜利油田单家寺地区单 2 井组蒸汽吞吐开采技术试验研究"为国家重点科研项目。第一口蒸汽吞吐试验井单 2-1 井射开 1140～1164.8m 油层井段，注汽 2519t 后放喷生产 31.8d，峰值日产油 122t，平均日产油 60.5t，阶段采油 1925t。周期生产 190d，周期产油 17010t，蒸汽吞吐取得成功。在开发实践中总结出的注蒸汽热采油藏工程研究方法、工艺技术和管理经验，为胜利稠油油藏的开发奠定了基础，后续又开发了单 56 块中深层超稠油等。

2. 蒸汽驱开发技术

单一的吞吐方式开采稠油，地下资源动用差，采出程度低，胜利油田单家寺稠油蒸汽吞吐预测采收率仅 20% 左右。为了充分动用地下稠油资源，最大限度地提高采收率，在蒸汽吞吐的基础上，1986 年 11 月"胜利油田单家寺油田蒸汽驱开采试验研究"正式列为"七五"国家重点科技攻关项目。1992 年 4 月 4 日和 5 月 8 日分别对单 05-2 井和单 03-2 井实施连续注汽，开始蒸汽驱试验，转驱后生产动态明显变好，1992 年 12 月与转驱前（1992 年 3 月）相比，开井数由 11 口增加为 12 口，日产油量由 56t 上升为 94t，综合含水由 87.5% 下降到 83.8%。试验持续至 1994 年 6 月底。通过两个井组蒸汽驱探索性的研究与实践，积累了稠油油藏转换开发方式、提高采收率的经验。

3. 特超稠油水平井二氧化碳降黏蒸汽开发技术

特超稠油水平井二氧化碳降黏蒸汽又称 HDCS，即 Horizontal well Dissolver Carbon dioxide Steam，它是一种采用高效油溶性复合降黏剂和 CO_2 辅助水平井蒸汽吞吐，利用其协同降黏、混合传质及增能助排作用，降低注汽压力、扩大波及范围，实现中深层、特超稠油油藏有效开发的技术。单 113 块位于单 6 块东部、单 2 块西部，油藏埋深 1170m，主力含油小层为沙三段上亚段 3^1，原油黏度平均 550000mPa·s，属于超稠油油藏。由于该块原油黏度大，一直未能有效动用。应用该技术进行方案设计并实施，至 2009 年 6 月，单 113 块完钻水平井 20 口，投产井 9 口，平均单井初产 17.6t/d，累计采油 $1.16×10^4t$，取得了很好的生产效果。单 113-P1 井 2008 年 3 月投产，初产油量 30.6t/d，峰值产油量 43.9t/d，到 2009 年 6 月已累计生产 414d，累计产油 7369t，第一周期油汽比 1.04，累计油汽比 0.65。

第九节 埕岛油田

埕岛油田是渤海湾地区投入开发的大型极浅海油田。1988 年 5 月埕北 12 井完钻，在馆上段和东营组钻遇油层 81.8m/16 层。同年 9 月东营组试油，10mm 油嘴日产油 87.5t，日产天然气 6004m³；馆上段试油，7mm 油嘴日产油 49t：标志埕岛油田的发现。

埕岛油田位于山东省北部渤海湾南部的极浅海海域（水深 2～18m），东南距黄河海港约 20km，距龙口港约 80km，北距天津港 80km，探矿权面积约 508km²。构造上处于济阳坳陷与渤中坳陷交会处的埕北低凸起的东南端，南临桩西地区，西以埕北大断层与埕北凹陷相连，向东和东南分别倾没于渤中凹陷和桩东凹陷，处于三个生油凹陷的包围之中。至 2018 年底，埕岛油田已探明含油面积 185.84km²（图 12-33），探明石油地质储量 44713.07 × 10⁴t。

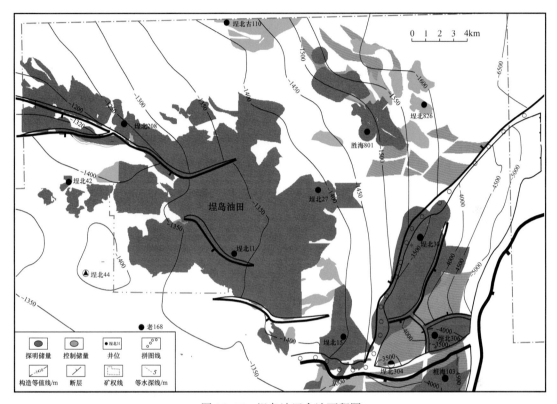

图 12-33　埕岛油田含油面积图

一、地质特点

1. 地层发育

埕岛油田基底为太古宇，超覆和披覆构造层主要为古近系东营组和新近系馆陶组。纵向上含油层系多、油层多、厚度大、井段长。油气集中分布在新近系馆陶组（表 12-10）。

2. 构造特征

埕岛油田是在太古宇、古生界、中生界潜山基础上接受新生界沉积而形成的继承性披覆背斜构造。披覆构造顶部缓，翼部陡，由于断层切割，古近系形成多个有利的断块、断鼻和滚动背斜构造圈闭，新近系披覆背斜构造比较完整，构造顶部缓，翼部陡。

3. 储层特征

埕岛油田主要含油层系储层物性好（图 12-34），但非均质性严重。主力层系馆上段为河流相沉积，储层大面积连片分布。上部储层以接触式和孔隙—接触混合胶结为主，下部储层以孔隙式胶结为主，胶结程度较疏松，分选中等，磨圆中等到差，平均有效孔隙度 33.8%，空气渗透率 2529mD，属高孔特高渗储层。

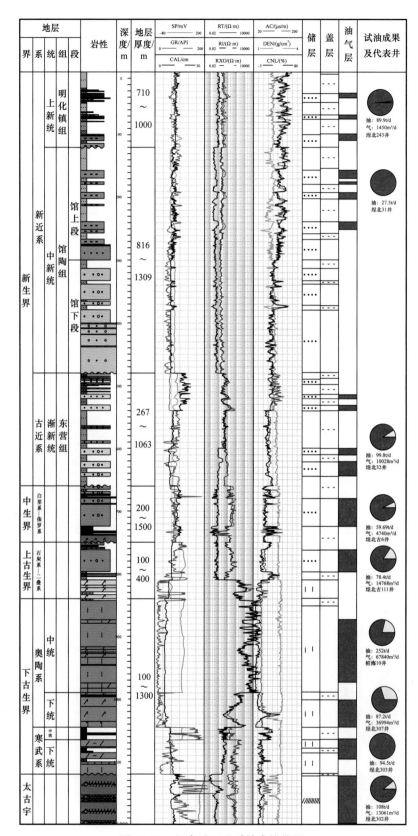

图 12-34　埕岛油田地质综合柱状图

4. 流体性质

埕岛油田原油性质差异大。在同一油层平面上，原油性质顶稀边稠；纵向上各含油层系自上而下由差变好，地面原油密度为 0.83～0.94g/cm³，地面原油黏度为 1.6～547mPa·s（表 12-10）。

表 12-10　埕岛油田油藏地质参数表

含油层系	古近系东营组和新近系馆陶组
油藏埋深 /m	1200～4000
孔隙度 /%	33.8
空气渗透率 /mD	2529
油藏温度 /℃	68～190
地层原油黏度 /（mPa·s）	33
地面原油黏度 /（mPa·s）	1.6～547
地面原油密度 /（g/cm³）	0.83～0.94
地层水矿化度 /（mg/L）	4679
地层水水型	碳酸氢钠型
原始气油比 /（m³/t）	17～70
原始油层压力 /MPa	13.6
原油饱和压力 /MPa	10.92

5. 温度压力系统

埕岛油田主力含油层系馆上段地层温度 68℃，地温梯度 4.5℃/100m，为高饱和油藏，原始油藏压力 13.6MPa（表 12-10），地饱压差 2.68MPa，压力系数 0.95～1.02，属正常压力系统，原始气油比 17～70m³/t。

6. 油水关系及油藏类型

埕岛油田油水关系较复杂。馆上段油水系统受岩性和构造双重因素控制，平面和剖面上有多套油水系统。埕岛油田为一典型的复式油气藏，油藏类型有岩性—构造油藏、构造—岩性油藏、潜山油气藏和构造油气藏（图 12-35）。

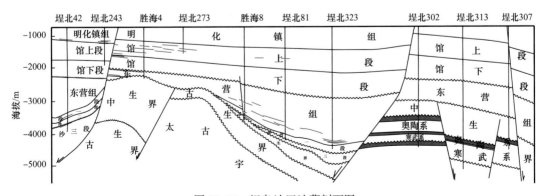

图 12-35　埕岛油田油藏剖面图

二、开发历程

埕岛油田历经开发建设初步探索、产量快速上升、注水开发稳产、综合调整四个开发阶段（图 12-36）。

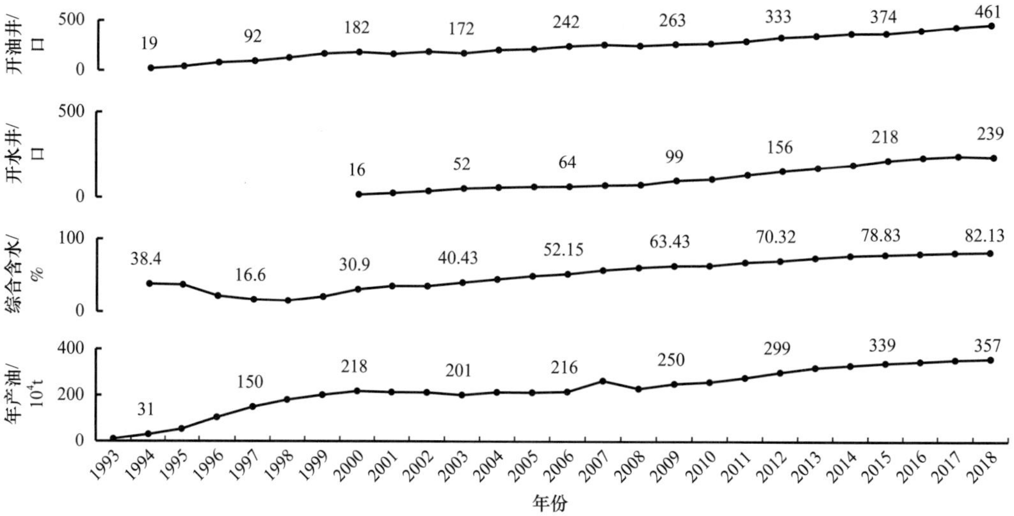

图 12-36 埕岛油田开发曲线

1. 开发建设初步探索阶段（1992—1994 年）

1992 年 11 月，埕北 151 井投入试采，利用油船拉出第一船原油。为高速高效开发埕岛油田，按照“先易后难、先高产后低产”的原则，优先动用了距岸较近、自喷能力强、小而肥的东营组、中生界油藏。该阶段动用埕北 11 区块东营组和中生界、埕北 35 区块东营组、埕北 151 区块东营组和埕北 21- 斜 101 区块东营组，建成了年产油能力 30×10^4t。

2. 产量快速上升阶段（1995—1999 年）

开展先导试验，主力层系馆陶组油藏全面开发建设，利用天然能量进行开采。截至 1994 年 12 月，埕岛油田馆陶组油藏探明石油地质储量占已探明石油地质储量的 91%，是主要含油层系。中国石油天然气总公司开发生产局决定在埕岛油田主体北部埕北 11—埕北 25 井区开辟先导试验区。1995 年初先导试验方案编制完成并实施。方案设计采用一套层系开发，250～400m 的三角形井网，部署 30 口油井、14 口注水井，设计年产油能力 55.3×10^4t。受气象海况、钻机能力的制约，先导试验区当年仅完钻开发井 32 口，投产 26 口，建成产能 35×10^4t。根据先导试验取得的认识，确定了馆陶组油藏整体划分一套开发层系，采用 500m 左右井距的三角形井网，按油砂体形态布井，滚动部署实施，初期充分利用天然能量开采，适时注水，立足机械采油、早期防砂的开发技术政策，初步形成了适应埕岛油田馆陶组开发建设的河流相储层预测、三维可视化地质建模、油层保护等配套技术体系，为馆陶组全面开发打下了坚实基础。1996 年编制完成埕岛油田百万吨产能建设方案，馆上段油藏进入全面开发建设实施阶段。截至 2000 年 6 月，埕岛油田馆陶组共动用石油地质储量 13106×10^4t，完钻投产开发井 184 口，阶段新建产能 217.5×10^4t。年产油量由 1995 年的 54×10^4t 上升到 2000 年的 217.7×10^4t。

3. 注水开发稳产阶段（2000—2006 年）

该阶段主力层系馆陶组油藏转入注水开发，新建产能区以隐蔽油藏、复杂断块油藏和潜山油藏为主。2000 年 7 月，埕岛油田开始注水开发。为完善老区注采井网，在埕岛主体馆陶组开发井网控制程度差的区块部署投产了 7 个井组 33 口井，建成产能 34.6×10^4t。该阶段由于埕岛油田主体馆陶组探明储量已基本动用，新建产能区块以古近系隐蔽油藏和潜山、复杂断块岩性油藏为主，产能建设难度加大，周期延长，规模减小。该阶段埕岛油田主体外围新区部署投产了 8 个区块，动用石油地质储量 6512×10^4t，投产油井 80 口，建成产能 75.2×10^4t。该阶段油井开井数、水井开井数增加，日产油水平基本稳定，综合含水上升，年产油量稳定在 200×10^4t 以上。

4. 综合调整阶段（2007—2018 年）

2006—2018 年，海上主体馆陶组产能建设基本完成，新区产能建设主要转向外围区块，主体老区实施井网加密细分综合调整。该阶段形成了"鱼骨状水平分支井地质设计"新技术，形成了窄河道薄砂体预测集成技术，关键开发技术政策优化技术，海上老区综合调整技术，精细油藏描述及油藏地质建模技术进一步提升。产油量随着调整逐渐上升，从阶段初年产油 263×10^4t 上升到阶段末年产油量达到 357.5×10^4t。

三、开发技术

胜利滩海油田海况复杂、油藏类型多、储量落实程度低、平台寿命有限、投资大、风险高。自投入开发以来形成了海上早期稀井高产开发、海上老区综合调整开发等具有胜利特色的海上油田开发配套技术。

1. 海上早期稀井高产开发技术

在埕岛油田开发初期，针对完钻井少、河流相砂体横向变化快、储层预测难等问题，研究形成了海上早期稀井高产技术，包括引进开发了测井约束地震反演、稀疏脉冲反演等新技术，实现了油砂体在地下三维空间的预测描述。率先引进了 EarthVision 三维可视化建模软件，建立三维地质模型，进行数值模拟研究，并直接用于储量计算和技术政策论证。探索形成了适应胜利海上特色的开发配套技术政策。该技术政策成功指导了油田的快速建产，为馆陶组全面开发打下了坚实基础。1993 年年产原油 10×10^4t，结束了海上只投入不产出的局面。1996 年编制完成埕岛油田百万吨产能建设方案，馆上段油藏进入全面开发建设实施阶段。

2. 海上老区综合调整开发技术

2006 年初，埕岛油田主体管网已经建成，部署新井的单井投资将大大降低、国际油价不断攀升，老区部署新井单井经济极限控制储量及单井经济极限初产界限降低。这些有利条件为埕岛油田馆上段细分层系、井网加密等综合调整提供了机遇。在形成建模数模一体化、开发技术政策优化、单井及方案实施跟踪程序等技术基础上，开始实施以"提高采油速度和采收率"为主旨的馆上段整体综合调整。截至 2018 年 12 月，共完成埕岛油田馆陶组主体 5 个区块、共 9 个方案的层系细分加密调整方案，部署调整井 433 口，完钻 380 口，完钻井单井钻井成功率达到 100%，投产投注 336 口，方案符合率达到 80%，新增年产油能力 268.8×10^4t。

第十三章　典型油气勘探案例

济阳坳陷是经过多期构造运动形成的拉张断拗型中—新生代内陆盆地。幕式构造运动造就了多物源、多沉积类型、多套生储盖组合、多期断裂活动、多次油气聚散平衡的成藏条件，由此形成了断陷盆地独具特色的复式油气聚集区，从洼陷至盆缘，各类油气藏总体上呈现"成藏连续，差异富集，有序分布"的特征。本章优选 7 个类型的典型油气田勘探案例，即陡坡带砂砾岩油藏（盐家油气田）、缓坡带滩坝砂岩油藏（乔庄油田）、洼陷带三角洲—浊积岩油藏（渤南油田）、超剥带地层油藏（王庄油田）、浅层河道砂体油藏（老河口油田）、典型复式油气聚集带（埕岛油气田）及新领域早生早排典型油藏（三合村油田），分别论述其发现发展过程，以期对类似探区的油气勘探有所启示。

第一节　埕岛油田复式油气藏勘探

埕岛油田是 20 世纪 80 年代末期在胜利油区浅海海域发现的一个大型油气田，位于济阳坳陷东北部的埕北低凸起带南高点埕岛凸起，水深 3～11m（图 13-1）。凸起分别被埕北、沙南、黄河口、渤中四个新生代生油凹陷所包围，具有优越的成藏条件。

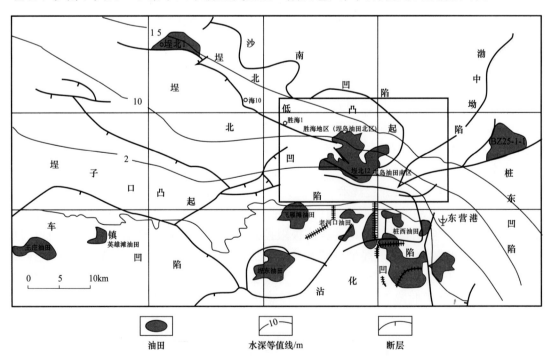

图 13-1　埕岛油田区域构造位置图

勘探研究与实践表明，埕岛油田存在两大构造单元（潜山构造单元与超覆—披覆构造单元）、五个构造层（按区域性角度不整合划分为太古宇、古生界、中生界、古近系和新近系），是一个大型潜山及披覆构造复式油气聚集区，主力含油层系为新近系馆陶组，油气富集于凸起主体，目前已探明 44200×10^4 t 的地质储量。回顾其勘探历程不难发现，坚持复式油气聚集理论指导下的地质研究与勘探实践，积极推广应用新技术，正确有序的勘探程序，是埕岛油田持续稳定发展、高效勘探开发的根本保障。

一、重磁电震联合解释，发现埕岛潜山披覆构造

1959 年地质矿产部完成了渤海地区 1：100 万比例尺的航空磁测。1965 年开始，石油工业部在渤海先后完成 1：20 万、1：10 万、1：5 万重磁力测量及区域模拟地震剖面，发现埕北凸起有北、中、南三个高点。1972 年，石油工业部海洋石油勘探局（塘沽）在埕北凸起北高点钻探海 7 井，于古近系东营组见到油气显示。此后在埕北凸起中高点钻探海 8 井，未见油气层。1979 年又在中高点钻探海 20 井，完钻井深 3400m，层位古生界，电测解释馆上段含油水层 4 层 34.5m，没有形成工业油气流。

20 世纪 60—80 年代，胜利石油管理局在沾化凹陷东部邻近埕岛地区的陆地上先后发现孤岛、埕东、孤东、桩西、五号桩等大、中型潜山披覆构造油气藏，推测陆地含油气带可能向海域延伸，埕岛地区成藏条件更为优越。为了证实这种观点，80 年代完成了 1km×1km 浅海二维地震剖面，查明埕岛凸起为一受基底断裂控制的潜山披覆背斜构造带，主要发育有 NW、近 EW 和 NE 向三组断裂系统（图 13-2）。边界断裂断距大、活动时间长，它们不仅控制古近系沉积和地层分布，而且由于长期活动使断层两侧岩体拉伸，下降盘伴生有滚动背斜、断块、断鼻等圈闭，上升盘则以潜山披覆构造为主，包括断鼻、断块等圈闭系列。上下两盘的圈闭均沿断层走向展布。

埕北断层是分隔埕北凹陷与埕岛潜山的边界断层，走向 NW310°～330°，倾角 40°～45°，倾向西南，新生界最大落差 2000m。该断层是由多条分支断层构成的断裂带，断层下降盘不仅形成和发育了一系列伴生构造，而且对上升盘的构造形态也产生了一定的影响，断层长期活动，并与源、储对接，成为油气运移的良好通道。

埕北 20 断层是在印支期背斜构造带的背景上发育起来的，走向北偏西，西倾正断层，倾角 70° 左右，向北延伸至 CFD23-1-1 井以北，向南与桩古 29 断层相交，活动始于印支期，结束于古近纪。早期以逆冲为特征，其上下两盘地层均发现褶曲、倒转现象；燕山幕拉张期活动剧烈，控制了中生代巨厚沉积，中生界现残留厚度大于 2700m；早侏罗世构造运动期，其拉张力于原冲断面释放，逆冲带前锋倾角相对较缓；燕山运动尾幕该断层又一次反转，右旋扭压应力呈北东向分布，导致中生界顶部褶曲及形成整体的向斜构造，断裂性质由扭张性向扭压性转变；新生代应力释放，其南北各段封堵性差异较大。

埕北 30 断裂系包括走向基本相同、倾向相反的埕北 30 北、埕北 30 南和埕北 31 三条断层，属扭张性正断层，断层落差大，最大达数千米，断面倾角 30°～40°，活动始于中生代末期，结束于第四纪。

受以上三组断裂的控制，太古宇—中生界自西向东形成三排潜山；新生界划分为主体和斜坡两大构造带，形成两套沉积构造单元，即披覆构造单元和超覆构造单元。披

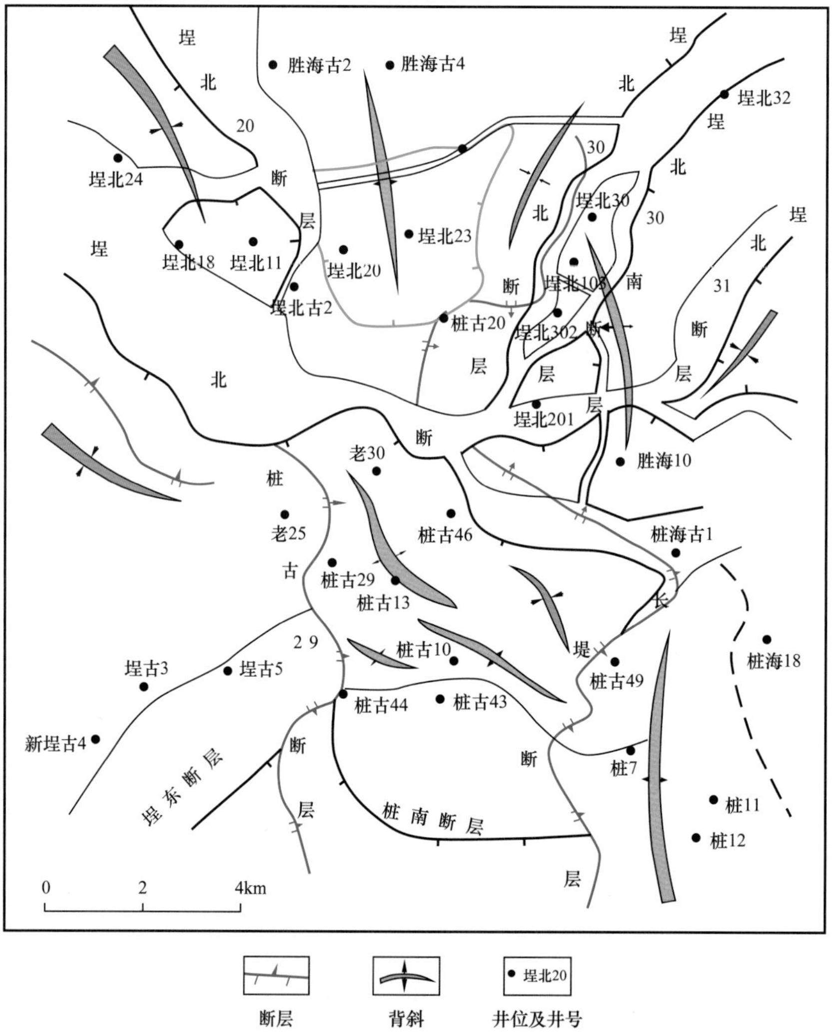

图 13-2　埕岛地区古生界顶构造纲要图

覆构造单元主要位于埕北断层和埕北 20 断层所夹持的主体部位，构造简单，北西走向，向西南抬高，向北西倾伏于沙南凹陷，基本形态呈不对称的半背斜构造，地层主要为新近系；超覆构造单元位于埕北 20 断层以东的斜坡带，地层向北东方向倾伏，倾角 5°～6°，受古地貌控制，发育了北东向展布的沟谷和高地，二者相间分布，主要的次级断层有近东西走向的埕北 8 断层、北西向的胜海 8 南、胜海 10 南断层和近北东走向的胜海 8 北断层，多为张性断层，十分有利于油气的运移和聚集，地层主要为沙一段和东营组。

二、借鉴邻区勘探经验，加大勘探力度，发现埕岛油气田

基于陆域孤岛、埕东、孤东、桩西、五号桩等潜山披覆构造成功的勘探经验，对埕岛地区地震反射特征、反射结构层次、凹陷与潜山之间的接触关系进行综合分析研究，初步认为埕岛潜山披覆构造带与上述潜山披覆构造带具有相似的成藏条件，极有可能发现更大的油气田。1984 年，在其东南部部署了桩古 20 井。该井于 1984 年 11 月 21 日

完钻，完钻井深3131.0m，层位中生界，测井解释沙河街组油层3层5.8m，用测试仪求产，串槽出水，仅带有油花而未获结果。此后，在渤南凸起西部倾没端，中国海洋石油公司渤海分公司利用1.0km×1.0km的二维地震资料部署CFD30-1-1井，完钻井深3665.0m（斜深），层位太古宇，该井在太古宇、下古生界、中生界、古近系均见油气显示，其中测试下古生界3545.0~3557.0m，测试仪求产，日产油10.0t。上述成就不仅为埕岛油田的发现提供了依据、奠定了基础，更重要的是为胜利油田积极探索该构造含油性带来信心。

1. 地震先行，探明构造形态

1985年，胜利油田加大该区勘探力度，完成二维地震测线1325.0km，构造主体部位测网密度0.3km×0.6km，其他部位0.6km×1.2km。对地震解释、钻井资料及区域地质资料综合分析，以区域不整合接触为划分原则，纵向上将该区划为基底构造层（太古宇）、下构造层（古生界）、中构造层（中生界）、上构造层（古近系）和顶构造层（新近系）五套构造层。基底构造层为强烈褶皱变质的前震旦系花岗片麻岩；下构造层古生界碳酸盐岩虽然保存不完整，但强能量平行反射特征极易识别；中构造层中生界岩性变化大，地震剖面表现为断续、中低频、较强振幅反射；上构造层古近系，以发育张性正断层和地层超覆为特征，地震剖面频率中等，连续性较好，可追踪；顶构造层新近系披覆其上，地震剖面表现为中高频，连续性较差。同时基本上明确了各构造层的平面形态，基底及古生界、中生界三排潜山三个构造层顶面构造形态整体为西南抬东北倾、西南高东北低，走向北西、北东，断块、断鼻构造发育；古近系与新近系顶面构造简单，埕岛主体新近系呈披覆半背斜构造形态，东部斜坡向东、北倾没于渤中及沙南凹陷。

2. 钻探构造圈闭，发现埕岛油气田

在各层构造图上发现多个构造圈闭，总圈闭面积79.7km²。依据油气成藏规律，按照构造圈闭优先预探的原则，在不同圈闭的高部位部署了6口预探井（埕北11、埕北12、埕北13（20）、埕北14、埕北15、埕北16井）进行多层系预探。其中，埕北11、埕北12、埕北13（20）、埕北14井部署在埕岛潜山披覆背斜构造主体南部最有利的构造位置上，以了解埕岛主体馆陶组、古近系以及中—古生界潜山的含油气情况；埕北15、埕北16井部署在埕北断层下降盘的两个滚动背斜构造上，重点了解古近系含油气情况。

1988年6月15日，胜利油田四号钻井平台首先完成了埕北12井的钻探。该井设计井深3200m，实际完钻井深2581.84m，层位中生界，测井解释馆陶组油层10层32.6m，东营组3层9.1m。测试东营组2142.3~2146.6m井段，日产油87.5t、气6004m³；测试馆陶组1409~1415.8m井段，日产油49.0t、气1660m³。从而发现了埕岛油田。

为扩大勘探成果，进一步明确区带含油气特征、控制油气藏形成的主导因素及主要圈闭类型，随后又补充了4口探井及取心井（埕北17、埕北18、埕北20-1、埕北23）对埕岛地区进行全面预探。

先后部署的10口预探井全部钻遇油层并获得工业油气流，发现了明化镇组、馆陶组、东营组、沙河街组4套含油层系，探明含油面积17.9 km²，石油地质储量4366×10⁴t。

三、复式聚集理论指导，一举拿下大油田

从 1988 年埕岛油田的发现到 1990 年间，勘探部署主要围绕埕岛凸起南部埕北断层上下两盘展开。断层上升盘即埕岛油田主体，以新近系为主；下降盘以古近系为主。两盘主力勘探层系不同，但都是以探构造为主。钻探取得了成功，认识到埕岛地区为一复式油气聚集区，应以复式油气聚集理论进行综合勘探（复式油气聚集理论认为渤海湾盆地是一个油气资源丰富、石油地质条件复杂的复式油气聚集区，具有多期成盆演化、多套主力烃源岩、多次油气运聚高峰、多套含油层系、多种油藏类型并存的复式油气聚集特征）。由此，针对埕岛复式油气聚集区的实物勘探和综合地质研究全面铺开，拉开了油田高效勘探开发的序幕。

1990 年开始对埕岛地区进行大规模三维地震勘探，面积 878 km²，为进一步落实构造特征提供了资料基础，使得构造解释更加合理、准确，埕岛油田不同层系构造面貌更加清晰，断裂更加明确。精准的构造解释为多层系的钻探部署提供了可靠的依据。

在埕岛油田北区，渤海石油公司 1992 年钻探 CFD29-1-1 井，完钻层位中生界，新近系发现油层 9 层 42.4m，测试其中 6 层均获成功，其中产量最高者为 1148~1219m 井段馆陶组油层 3 层 22m，泵抽日产油 129.5t，首次证实油田北区的含油性。胜利石油管理局相继钻探的埕北 22、埕北 25、埕北 26 井均获得工业油气流，含油气范围向北推进了 4km。埕岛油田东南部钻探的埕北 7 井也获得工业油气流，在向北扩大含油气面积的同时含油气面积向东南部也得到了扩大。同时，在埕北断层下降盘发现埕北 24 滚动背斜构造含油。

随着勘探实践及研究的不断深入，埕岛油田多层系、多类型叠合连片含油的格局更加明晰。在基本明确主力含油层系新近系油气富集规律的基础上，积极探索新层系、新区带。于 1995 年部署完钻的主探下古生界和太古宇潜山的埕北 242 和埕北 30 井均获成功，发现两个新的含油层系（下古生界、太古宇）。埕北 30 井，完钻井深 3553.32m，层位太古宇，在古近系、中生界、古生界、太古宇均见到良好油气显示。中生界 2976.3~3029.0m 井段 5 层 47.6m 合试，测试仪求产，折算日产油 9.3t，不含水；古生界 3065.52~3224.87m 井段，裸眼测试，8mm 油嘴日产油 97.3t，日产气 92279.0m³，不含水；太古宇 3340.20~3542.0m 井段，裸眼测试，10mm 油嘴日产油 88.9t，日产气 84714m³，不含水。此后，又相继部署了胜海古 1、胜海古 2、埕北 301、胜海古 3、埕北古 1、埕北 303、埕北古 4、埕北 302 等 13 口探井，除埕北古 401 等 2 口探井外，均获成功。

至 1999 年，埕岛油田共完钻各类探井 73 口，发现了太古宇、古生界（下古生界、上古生界）、中生界、古近系（沙河街组、东营组）、新近系（馆陶组、明化镇组）等五套含油层系，累计探明含油面积 121.7km²、石油地质储量 34486×10⁴t、可采储量 5641.9×10⁴t，迅速建成年产 200×10⁴t 的生产能力，实现油田高效勘探开发。

四、深化地质认识，地震技术助力，油田稳步发展

1. 基础研究全面跟进，地质认识不断提升

埕岛复式油气聚集区不同构造带的主力含油层系不同，成藏控制因素、油藏类型及富集程度存在差异。

1）潜山储层纵向相似，油源条件控制富集

埕岛地区潜山由太古宇、古生界、中生界三层结构组成。潜山地层残留厚度薄，在地质演化过程中经过褶皱、逆断以及后期的改造重组，是一极其复杂的地质体，储集空间以次生孔隙、裂缝为主，横向变化大，非均质性强。上古生界与中生界为碎屑岩沉积，储层物性普遍较差，储集条件不利，潜山油气藏主要分布在太古宇和下古生界。太古宇和下古生界储层在不同的构造位置纵向分布上具有相似性，油气能否成藏以及富集程度主要取决于油源条件。

（1）储层特征。太古宇为花岗片麻岩储层，岩性为浅灰、灰色花岗片麻岩夹墨绿色橄辉煌斑岩。花岗片麻岩以石英、钾长石和微斜长石为主，其次为黑云母和角闪石。储集空间以裂缝和微裂缝为主，长石被溶蚀现象常见，晶间微孔隙较发育。如埕北303井在花岗岩中见到直立构造缝以及低角度裂缝；埕古19井见到杂乱、不规则构造裂缝；桩古39井见不规则裂缝中充填残余特征。除构造裂缝外，埕北303井见粒间溶孔，埕古19井见不规则溶孔，埕古19井在煌斑岩、压碎岩中见粒间溶孔以及裂缝作用产生的碎粒状特征（图13-3）。在不整合面以下约200m范围内，储层厚度一般100～150m。

埕北303井，裂缝

桩古39井，不规则缝充填残余

埕古19井，构造裂缝

埕北303井，裂缝

图13-3　花岗岩类储集空间

下古生界储层是海相沉积环境的碳酸盐岩，包括各类白云岩、石灰岩。受后期多次构造运动的影响，次生变化作用导致储集空间具有更大的差异性、复杂性和多样性。据岩心、钻井、测井等资料分析，古生界主要有孔、洞、缝三类储集空间，形成孔隙型和裂缝型两种储集类型。孔隙型原生孔隙不发育，储集空间主要为次生孔隙、溶孔（洞）；裂缝型从成因上可划分为三类，即构造缝、风化破裂缝和压溶缝。下古生界具有风化壳和内幕两套储层，风化壳普遍发育较稳定的渗透带，厚度在100～250m，是形成高产油气藏的重要因素之一。根据埕北30等潜山钻探成果，风化壳储层主要发育在八陡组、马家沟组，内幕储层主要为冶里组—亮甲山组。

中生界主要发育碎屑岩和火成岩两种类型储层，以碎屑岩为主。碎屑岩储层砾石分选差，砂岩矿物成分中石英占32%，长石占30%，岩屑占38%，胶结物含量高达14%。不同类型的储层其储集空间特征不同。碎屑岩储层主要发育粒间孔，溶蚀孔隙以及裂缝也较发育。火成岩主要以裂缝、矿物晶间孔隙以及斑晶溶解孔隙为主。孔隙度5.2%～11.8%，平均6.7%。渗透率0.035～6.27mD，平均1.009mD。

（2）油气藏分布规律。潜山油气藏分布及富集规律主要受油源条件控制。中、西两排山为单一油源，尤其是西排山，地层倾向东北，构造高部位与埕北油源断层相接，不太利于油气的运聚，因此，西排山的含油性相对中排山及东排山要差一些。至2019年，西排山共完钻探井11口，探明地质储量411×10^4t；中排山完钻探井35口，探明地质储量1461×10^4t；东排埕北30潜山是受埕北30南、北断层夹持而形成的垒块，两条断层向东、东北延伸分别与黄河口和渤中凹陷烃源岩相接，二者均为油源断层，双元供烃，油源条件极为有利，潜山含油层系多，富集程度高（图13-4）。中生界、古生界、太古宇均含油，面积大，产量高（除前文所述的埕北30井外，埕北306井完钻井深4400m，完钻层位下古生界，在新生界、中生界和下古生界见到良好油气显示，古生界3929.17～4050m井段，裸眼测试，10mm油嘴日产油178t，日产气14826m^3，不含水；埕北307井完钻井深4464m，完钻层位下古生界，在古近系、中生界和下古生界见到良好油气显示，下古生界4169.3～4446.7m井段，裸眼测试，10mm油嘴日产油112t，日产气42717m^3，不含水）。东排山完钻探井27口，探明地质储量4166×10^4t。

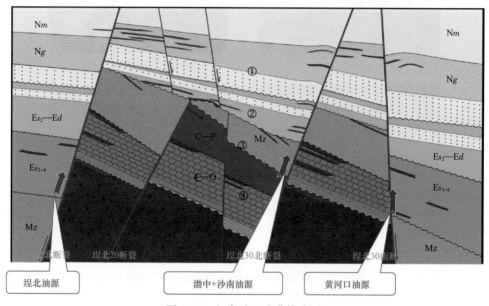

图13-4 埕岛油田成藏模式图

2）古近系沉积具旋回性，油藏类型多样

埕岛油田周围凹陷古近系为断陷湖泊沉积，纵向上发育有三个完整的沉积旋回，即沙四段、沙三段、沙二段—东营组。古近纪沙四段沉积期到东营组沉积早期，沉积范围由凹陷中心向潜山隆起区逐层超覆，直到东营组沉积中后期才开始覆盖整个潜山构造顶部。其内部有两次较大的沉积间断，第一次是沙三段与沙四段之间，第二次为沙二段与沙三段之间，两次沉积间断形成三个沉积旋回。后期由于喜马拉雅期东营幕的影响，导致古近系和新近系之间形成第三次大的沉积间断。受沉积间断地层超剥的影响，埕岛油气田所属区域古近系仅发育沙一段—东营组，且以东营组为主，二者形成一相对较完整的沉积旋回，自四周向潜山主体层层超覆最终形成披覆。沙一段底部发育生物灰岩储层，储集性能好，分布局限，岩相横向变化快，易于形成岩性类油气藏；东营组沉积类型具多样性，较深水浊积（水下）扇、滑塌浊积扇、辫状三角洲、低弯度曲流河—冲积平原等沉积体系均有发育。多样性沉积类型在不同的构造背景下发育多种类型的油气藏。如埕北15、埕北16、埕北24井滚动背斜油气藏，胜海7井断鼻油气藏，埕北81井构造—岩性油气藏，埕北323井岩性油气藏，胜海8井地层油气藏等（图13-5）。

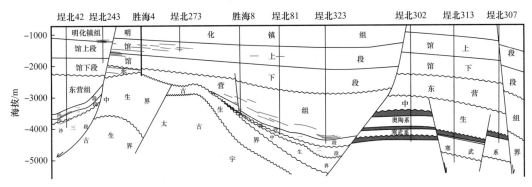

图13-5 埕北42—埕北307油藏剖面图

3）新近系河流相砂岩储集性能良好，馆上段油气最富集

新近系馆陶组和明化镇组均属河流相沉积。馆陶组分为上下两段，馆下段为辫状河沉积，馆上段及明化镇组为曲流河沉积。

馆下段辫状河沉积的砂岩厚度大，分布范围广，横向连通性好；泥岩夹层薄，横向展布不稳定。砂岩中石英含量大于40%，长石含量大于30%，岩屑含量大于20%。

馆上段和明化镇组沉积具有典型的河流相二元结构：下部以粗粒沉积为主，正韵律，具交错层理、平行层理并有泥砾等滞留沉积；上部为粉砂岩、粉砂质泥岩，见水平层理、碳化植物屑等。储层主要有细砂岩、粉砂岩，砂岩石英含量为38.4%~41.1%，长石含量为34.0%~36.5%，岩屑含量为22.4%~27.6%。岩石类型属岩屑质长石砂岩。颗粒磨圆以次棱角状为主，分选中等偏差，杂基含量在8.8%以上，具有成分成熟度和结构成熟度低的特点。孔隙度为34.4%~36.2%，最大39.7%，渗透率为2566~2789mD，最高可达6809mD，平均碳酸盐岩含量为0.06%，平均泥质含量为8.7%。

新近系馆上段储层发育程度适中，埋藏浅，物性好，储集条件有利；凸起三面环洼，具备良好的油源条件；主体部位四周断裂发育，馆下段辫状河砂岩横向连通，易于油气的横纵向输导；披覆半背斜的构造形态又为油气的聚集提供了良好的构造圈闭（图13-6）。埕岛油田主体部位新近系油层累计厚度大、含油井段长、油水关系简单，向翼部含油性逐渐变差，油水关系变复杂。含油面积占埕岛油田含油面积的66.5%，储量占埕岛油田的70.5%。

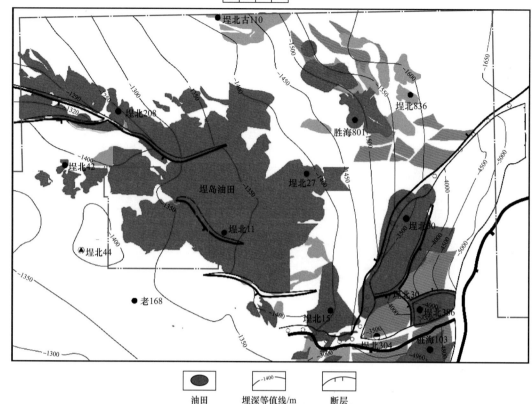

0 1 2 3 4km

埕北古10

埕北208

埕北836

胜海801

埕北42

埕岛油田

埕北27

埕北11

埕北30

埕北44

埕北30

埕北386

老168

埕北15

埕北304

桩海103

油田　　　埕深等值线/m　　　断层

图 13-6　埕岛油田油气分布平面图

2. 地震技术助力，油田稳步发展

随着勘探程度的不断提高，单纯的构造圈闭尤其是新近系稍有规模的都被发现殆尽，勘探难度越来越大。下部勘探方向在哪？勘探该如何进行？怎样才能保持油田持续稳定发展？经过深入思考，认为埕岛油田的勘探由构造类油气藏向岩性类油气藏转移的条件已具备，时机已成熟。首先在复式油气聚集理论以及"网毯式"体系概念的指导下，油气成藏规律更加明确；其次，岩性类油气藏储层预测技术已日臻成熟，随着 MIPS、SUN20、Landmark2003、Landmark R5000 工作站的推广应用以及埕岛—桩海三维地震资料连片处理，能够对不同沉积类型的储集砂体精雕细刻，地震储层追踪及油藏描述可靠性大大提高。充分利用这些有利条件，实现了构造带上由主体到侧翼再到斜坡，油藏类型上由构造类向岩性类的有序转变，逐步形成了一套以河流相地震储层描述技术系列为主、湖相砂岩地震储层描述技术为辅的技术系列，为后续勘探提供了强有力的支撑。

新近系馆上段曲流河河道砂体平面上互不连通，纵向上相互叠置，单一砂体往往又具有各自油水系统，因此，准确的河道砂体描述是馆陶组探井成功与否的关键。测井约束地震反演技术在 1995 年后广泛应用于油田的勘探开发中，到目前为止，在曲流河砂体的描述中已形成规范流程与技术系列，其通过曲流河砂体的强能量反射特征在地震剖面、时间切片及三维空间的展布来描述其构造特征，利用振幅、频率及波形三大类型地震属性分析来提高河道砂体描述的精度。实践证明，在1700m以上的深度内，在井约束的条件下，基本可以对大于5m的砂层进行追踪、预测和描述（图13-7）。

古近系以地震剖面上可识别的下切谷为基本线索，沟谷内的中—弱短轴双向尖灭反射，代表低可容纳空间旋回发育的储层，而连续稳定的反射波则代表高可容纳空间旋回发育的泥岩。上超尖灭线为储层分布的上边界。位于地层尖灭线以上的下切谷为侵蚀性河道。以此为原则，利用测井约束反演描述砂体形态。

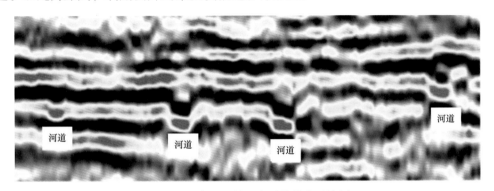

图13-7　埕岛地区馆上段测井约束反演剖面

潜山在地质演化过程中经过褶皱、逆断以及后期的改造重组，是一极其复杂的地质体，储集空间以次生孔隙、裂缝为主，横向变化大，非均质性强，单井产能高，变化大。对于这种复杂的地质体，首先是强化地质综合研究工作，建立概念模型，进而精细解释地震资料，落实断层，找准山头，再利用多参数储层预测等技术对储层进行预测描述。

各类地震储层预测描述技术在埕岛油田广泛应用，提高了储层预测的可靠性，以储层描述为依托的探井部署把握性更大，大大提高了探井的成功率。2000年至今，部署探井230余口，新增探明储量近10000×10^4t，保障了埕岛油田的持续稳定发展。

五、勘探启示

1.盆地内潜山披覆构造带是大型复式油气聚集的最佳区带

断陷盆地内潜山披覆构造带被生烃凹陷环绕，具多油源体系，是油气运移的最佳指向；披覆沉积单元形成时间晚、埋藏浅、成岩作用弱，储集物性好，储集条件有利；一侧或多侧发育控凹（注）断裂，为油气的纵向运移提供了良好的通道；披覆构造单元背斜或半背斜的构造形态又为油气的聚集提供了良好的构造圈闭。潜山、超覆、披覆三个构造单元均具有有利的成藏条件，易形成多层系含油、披覆最富集的复式油气聚集区。

截至2019年，埕岛油气田上报探明含油面积180.57km²、探明石油地质储量44200.16×10^4t（51409.05×10^4m³）、石油技术可采储量9182.52×10^4t（10718.32×10^4m³）；探明含气面积0.53km²、天然气地质储量2.32×10^8m³、天然气技术可采储量1.51×10^8m³；控制含油面积43.14km²、石油地质储量5522.75×10^4t。

2.遵循科学的勘探程序是埕岛油田持续发展的根本法则

油气勘探是一个实践—认识—再实践并不断深化的过程。在勘探实践中，遵循科学的勘探程序，明确不同的勘探阶段应解决的主要地质问题，达到相应目的。埕岛油气田的勘探正是严格遵循了这一原则。

勘探初期，主探大型构造圈闭，围绕成藏条件最为有利的埕岛凸起南部埕北断层上下两盘展开部署，上升盘以新近系为主，下降盘以古近系为主，预探取得成功，发现埕岛油气田；在初步明确埕岛地区为一复式油气聚集区的基础上，针对性的实物勘探和综合地质研究全面铺开，全层系高效勘探，储量、产量快速增长，迅速拿下大油气田；随着勘探程度的不断提高，勘探难度越来越大，新技术助力，加大隐蔽油气藏的勘探力度，实现了勘探上从易到难、从简单到复杂，即在构造带上是先主体后侧翼，油气藏类型上是先构造后隐蔽的合理、有效转变，油田勘探持续发展。

3. 不断创新完善勘探技术是埕岛油田高效勘探的保障

针对海上高投资、高风险的特点，在埕岛油田勘探中始终坚持了"经济高效为原则、勘探理论为指导、先进技术为支持"的指导思想和"精细的综合研究工作和不断创新的思维方式"的工作理念，取得了较好的经济效益。

针对不同含油层系、不同控制因素和油气分布特点，在加强石油地质综合研究的基础上，研发形成潜山、超覆、披覆三套油藏描述技术，大大提高了勘探成功率。新近系振幅、频率及波形三大类型地震属性分析精细描述河道，古近系测井约束反演描述砂体，前古近系地质建模找山头、多参数预测有效储层，针对性勘探技术创新完善为高效勘探提供了有利保障。近几年来，埕岛油田完钻探井测井解释油层率88.2%，工业油流率45.1%，其中百吨井5口。

第二节　老河口油田河道砂油藏勘探

老河口油田位于山东省东营市河口区仙河镇东北部的滩海地带（黄河故道入海口），北为渤海海域，勘探面积72km²（图13-8）。区域构造位置处于济阳坳陷沾化凹陷埕东潜山披覆构造带的北部斜坡带，东以埕东断层与桩西油田、孤北洼陷相接，西与飞雁滩油田相连，南为埕东油田，向北以单斜倾没于埕北凹陷。老河口油田具有多套含油层系，以馆陶组河道砂体构造—岩性油藏为主，探明储量占总探明储量的90%以上。

老河口油田是济阳坳陷河道砂油藏勘探的成功案例，是"网毯"成藏体系概念的诞生地。"网毯"成藏及运聚模式已在类似条件地区成功推广应用。老河口油田的发展大概经历了"打构造""寻岩性""网毯"体系指导全面增储上产阶段。

一、鼻状构造奉献优质储量，黄河故道诞生老河口油田

老河口地区于1978年开始进行二维地震勘探，测网密度600m×600m。构造解释表明，该地区构造简单，整体构造面貌为一向南抬升的被北西或近东西向一系列次级断层复杂化的单斜构造，地层倾角0.5°~2°（图13-9），走向近东西。在中生代古地貌高的背景上，新近系继承性发育了老河口、飞雁滩两个鼻状构造，其中西部的飞雁滩鼻状构造比较完整，两个鼻状构造间以鞍部相接，呈现沟梁相间的构造格局。

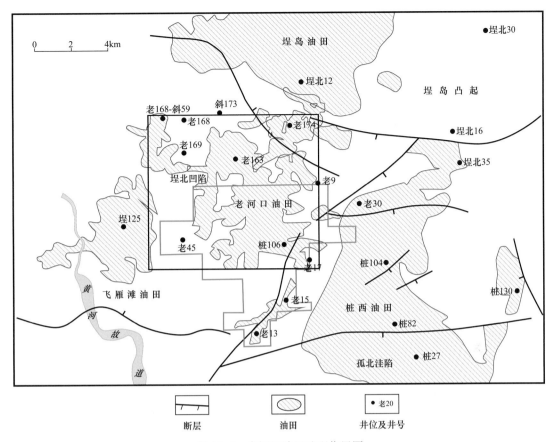

图 13-8　老河口油田地理位置图

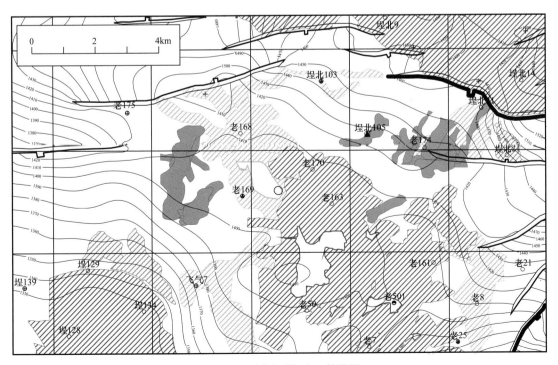

图 13-9　老河口油田 T_0 构造图

明确新近系构造形态后，借鉴邻区以馆陶组为主要目的层的孤岛（1968 年）、埕东（1970 年）、孤东（1984 年）成功勘探经验，以"打构造、占高点"为指导思想。1985年 11 月 5 日，在老河口鼻状构造东翼部署桩 105 井完钻，该井馆陶组储层发育，由于构造位置偏低，仅见到油气显示而没有钻遇油层，勘探未获成功。

1986 年，在鼻状构造东翼桩 105 井的高部位部署的桩 106 井钻遇馆上段油层 1 层6.3m，试油井段 1381.1～1387.4m，自溢，日产油 14.6t，不含水，1987 年 10 月 23 日开始试采，56mm 泵抽，11 月平均日产油 86.4t，不含水。因该油田位于黄河故道入海口处，得名老河口油田。桩 106 块 1988 年 3 月正式投入开发，1989 年上报探明含油面积3.7km²，探明石油地质储量 378×10⁴t，根据当时的资料情况判断为层状断块油藏（图13-10）。

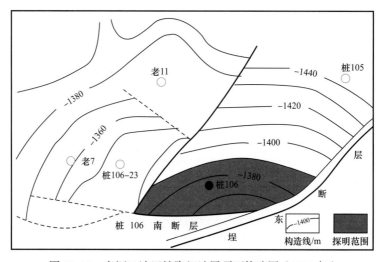

图 13-10　老河口油田馆陶组油层顶面构造图（1989 年）

二、新技术提升储层预测精度，助力油田增储上产

作为层状断块油藏的桩 106 块不断暴露出新的问题，同一断块发育多个砂体，单一砂体往往又具有各自油水系统，油水关系复杂。类型并非断块油气藏，而是构造背景下的岩性油藏。进一步分析认为，馆上段主要为曲流河沉积，河道砂体虽然储集性能有利，但是平面上互不连通，纵向上相互叠置。因此，对于这一构造—岩性油藏来说，储层预测准确与否是后续勘探成功的关键因素。传统的预测方法主要是根据地震相位的变化人工追踪，受多解性的影响，往往是工作量大而且准确性差，达不到探井部署的要求精度。为了适应后续勘探的需要，加大储层预测技术的研发力度，以层序地层学为指导建立地质模型，利用振幅、频率及波形三大类型地震属性分析来提高河道砂体描述的精度，逐步形成了一套以叠后地震信息为主的地震储层描述规范流程与技术系列。以精准砂体追踪为依据的勘探部署大大提高了探井的成功率。

1. 层序地层研究建立地质模型

1）馆下段辫状河砂包泥储层发育

馆下段为辫状河沉积，辫状河具有多河道、河床坡降大、宽而浅、侧向迁移迅速等特点。储层主要为河道亚相。砂体总厚度一般为 300～600m。砂岩单层厚度大而集中，砂体厚度一般在 30m 以上，粒度较粗。发育各种类型、大小不一的交错层理，砂体底部常见底部冲刷现象，并在冲刷面附近有 1～5mm 大小不等的泥砾。砂岩物性好，孔隙度在 30% 以上，横向连通性好。自然电位曲线多表现为箱形。

2）馆上段曲流河沉积储层发育适中

通过对多口井的岩心观察描述和粒度、薄片等资料分析，该区馆上段 I—V 砂层组沉积环境主要为河流冲积平原，普遍具有下粗上细的正旋回特点，自下而上为块状砂岩、大型交错层理砂岩、小型波状层理砂岩、水平层理泥岩及块状泥岩等。自然电位曲线呈钟形，垂向沉积层序具有明显的二元结构特征，属于典型的曲流河沉积（图 13-11）。馆陶组上段沉积时，河流发育，河道不断侧向迁移且经常决堤改道形成点沙坝、决口扇、河漫滩（泛滥平原）和牛轭湖或废弃河道等沉积微相。其中，点沙坝与牛轭湖沉积的砂岩厚度一般大于 5m，渗透率大于 1700mD，为该区馆陶组储层中最有利的相带。

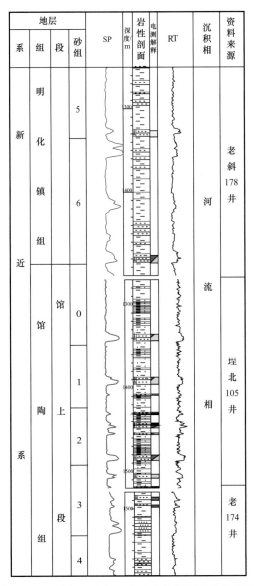

图 13-11 老河口油气田主力含油层段综合柱状图

2. 模型指导下的地震储层追踪及油藏描述成效显著

1994 年，随着 MIPS、SUN20 工作站的推广应用和老河口三维地震资料处理，为地震储层追踪及油藏描述提供了有利条件。经过科研攻关形成了一套以叠后地震信息为主的曲流河砂体地震储层描述规范流程与技术系列，主要是通过曲流河砂体的强能量反射特征在地震剖面、时间切片及三维空间的展布来描述其构造特征，利用振幅、频率及波形三大类型地震属性分析来提高河道砂体描述的精度。该套储层描述流程与技术系列在新近系曲流河砂体勘探中发挥了较大的作用。

河道砂体描述识别过程中，通常是采用正演确定识别标志、沿层切片预览河道砂体、三维可视化或种子点追踪等描述河道砂体、频谱分解确定厚度的方法系列。主要包括以下几个方面：首先明确河道砂体的地震响应，规模较大的河道砂体在地震剖面上外形多为顶平底凹或顶凸底凹的透镜体状，内部杂乱或无反射，或为上超式充填反射；规模较小的河道砂体，由于厚度小于地震分辨率，一般表现为短轴状的振幅异常。其次河道砂体预览，水平切片适用于岩层产状平坦的地区，沿层切片适用于岩层产状倾斜或变化较大的地区，该技术利用河道砂体的强地震反射特征预览河道（图 13-12）。种子点追踪技术受地层倾斜和断层影响较小，比水平切片技术更具优越性，可更有效地识别和追踪目标地质体，有些地区河道砂体不易识别，可采用相干技术进行描述。三是河道砂

图 13-12　水平切片技术识别河道砂体展布

体描述，三维立体解释技术是输入目的层段的三维数据体，通过低能量切除实现透视功能，从而将所描述的地质体在三维空间内显示出来。最后确定河道砂厚度，来自薄层的反射在频率域具有指示时间地层厚度的特征，频谱分解技术利用短时窗离散傅里叶变换，将地震数据由时间域转换到频率域，利用储层厚度变化在频谱上引起的调谐效应来计算储层的厚度（图13-13）。

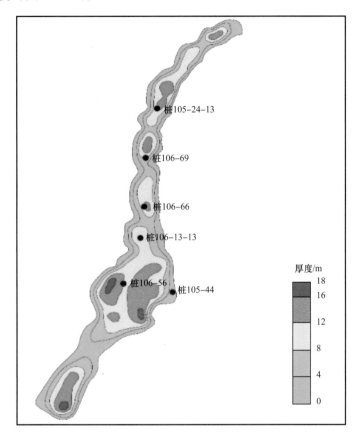

图 13-13　老河口油田河道砂体厚度等值线图

应用地震储层追踪技术，使得河道砂体描述更加准确，探井部署的成功率大大提高。依据"总体设想、分批滚动、跟踪研究、及时调整、逐步完善"的原则，桩106块一次部署10口更新完善井获得成功。1995年，向西部署的桩106-55井日产油25t，发现了馆陶组"人"形河道。1996年，开始对桩106块实施交叉滚动勘探。1997—1998年，在加强油藏综合研究同时，进一步完善地震储层预测技术，实现了桩106西部含油连片。1999年，在桩106-21-13井台部署10口开发井，进一步扩大了老河口油田海上含油范围。截至1999年底，共上报探明石油地质储量 $2421 \times 10^4 t$，展示了老河口中型油田的勘探潜力。

三、成就"网毯式"体系概念，拓宽油田勘探空间

1. "网毯式"油气成藏体系概念

因桩106井钻探成功而发现的老河口油田南部边界是断切古近系和新近系的桩106南断层，认为是该油田最重要的油源断层，但桩106井区含油下边界距该断层4.8km且

位于其下倾方向（图 13-14），油气从哪里来？如何来？低部位是否还有更大规模油藏？成藏机理如何？下步如何勘探等问题便摆在了勘探工作者面前，引起了勘探工作者的思考。通过对资料的深入分析，张善文等认为油气在沿油源断层大范围垂向运移的同时，沿馆下段储层的横向运移也在进行，且横向运移在成藏过程中的作用不容忽视。老河口油田油源是否主要来自北部而不是南部？1999 年，张善文等对老河口油田馆陶组勘探发表论文"沾化凹陷浅层勘探的思考"，初次提出"网毯式"油气成藏体系概念。根据老河口地区的勘探实践和对沾化凹陷的浅层河道砂体油气成藏的分析，结合物理模拟的印证，时隔四年，2003 年张善文等再次发表论文"网毯式油气成藏体系——以济阳坳陷新近系为例"，正式提出"网毯式油气成藏体系"。2008 年，在同名专著中，系统地论述了网毯式油气成藏体系的概念及分类、"网"与"毯"的特征、地球化学证据、物理模拟、运移机理及其成藏模式。

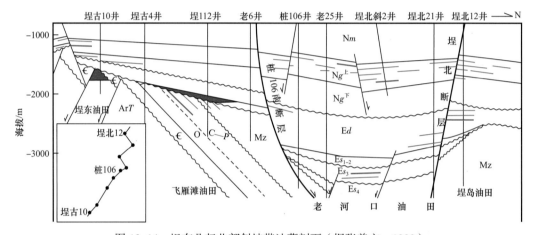

图 13-14　埕东凸起北部斜坡带油藏剖面（据张善文，1999）

网毯式油气成藏体系是指在含油气盆地内某一地区或层系中的油气藏是通过"网毯式运聚形式"而形成的油气藏或油气藏组合。"网毯式运聚形式"是指油气沿输导网以幕式供烃方式进入上覆稳定分布的仓储层形成油气毯，然后沿仓储层运移或沿上覆断裂输导形成油气藏（图 13-15）。所谓"网"，指体系下部的油源通道网层（由切至油源层中的油源断裂网和不整合面组成）和上部的油气聚集网层（由被次级断裂网连通的树枝状砂岩透镜体组成）；所谓"毯"，指稳定分布的巨厚辫状河流相块状砂砾岩（仓储层）呈毯状，以及通过油源断裂等输送上来的它源油气在其中的蓄积呈"毯状"。由于油源断裂网的活动为幕式，因此亦多期向仓储层输送它源油气。仓储层各期蓄积的油气可在仓储层中发散运移，也可沿次级断裂网汇聚式运移进入上部的油气聚集网层，再沿砂体—断裂三维输导网络运移，在有圈闭条件的部位形成油气藏。

网毯式体系可分为 3 个层次：一级为油气成藏体系，为独立的油气赋存单元，包含一个或多个油气成藏组合；二级是油气成藏结构级，自下而上由油源通道网层、仓储层和油气聚集网层组成；三级为成藏关键要素。每个层次各有自身特殊的控制因素及连接方式，各层次之间又相互作用及联系。

新近系油气来自古近系的烃源岩或已形成的油气藏，油源通道网层由古近系中的断裂和不整合面组成，其作用是为新近系提供油气，长期活动的油源断裂规模、活动期次及其与烃源岩的成烃期次匹配关系是新近系烃源充足与否的关键；仓储层由新近系馆陶组下段稳定分布的块状砂砾岩（俗称馆陶块砂，厚300～600m）组成，主要作用是暂时蓄积被油源断裂输送上来的古近系油气，如果其中有岩性圈闭，也可形成隐蔽油气藏；油气聚集网层为馆陶组上段——明化镇组，仓储层输送上来的油气以汇聚式方式运移，在被浅层断裂串通的砂岩透镜体中聚集，形成构造或构造—岩性油气藏（图13-16）。

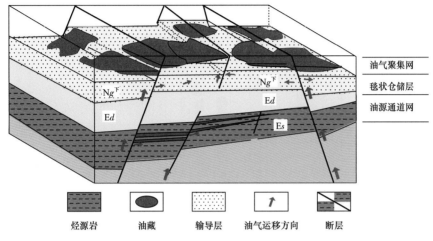

图13-15 网毯式油气运聚成藏模式图（据张善文，2003）

2. "网毯式"概念下的河流相勘探无禁区，老油田不断增储挖潜

在网毯体系的指导下，以储层描述技术为依托，老河口地区馆陶组的勘探全面展开并顺利进展。1999年之后，在桩106块西部、北部地区针对馆上段河流相岩性油藏先后部署的老168、老169、老163、老斜162、老170等一批探井均钻遇馆上段油层，试油分别获得17.8～62t/d。2002年钻探的老163井，钻遇馆上段3砂组1层6.6m的油层，含油井段1436.0～1442.6m，试油获得日产37.4t工业油流，由此发现老163块。老163块砂体控制含油面积4.91km²，石油地质储量344.24×10⁴t，2006—2007年新钻井30口，钻井成功率100%，均钻遇良好油层。位于老163井西北部3.4km处的老168井2004年2月完钻，钻遇馆上段0～3砂组油层5层21.5m，含油井段1307.8～1443.8m，分2层试油，分获日产62.1t、61.4t工业油流，当年上报控制含油面积17.1km²，石油地质储量2139×10⁴t。

1999年后，老河口油田新近系馆陶组新增探明石油地质储量2323×10⁴t。实现了埕岛油田和老河口油田的含油连片，通过海油陆采技术，迅速建成了年生产能力为35×10⁴t级的产能阵地。

四、勘探启示

油气勘探是一个多学科、多工种相结合的系统工程，必须依靠科学技术，并以正确的勘探理念指导勘探实践。理论的突破、新技术的开发与应用是油气勘探成功与否的保障，力争以较少的投入取得良好的经济效益。

1. 解放思想、转变思路是油田增储上产的原动力

1986年，以"打构造、占高点"为指导思想部署的桩106井钻探成功而发现老河口

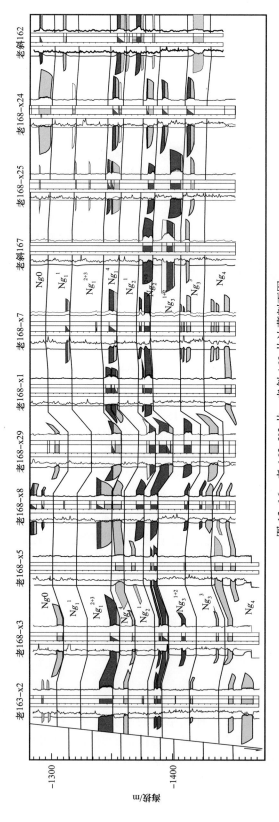

图 13-16 老 163-X2 井—老斜 162 井油藏剖面图

油田，根据当时的资料情况判断为构造类层状断块油藏。老河口油田构造很简单，仅为一北倾的鼻状构造，且构造带内断裂不发育，构造圈闭极少。后续按构造类油气藏进行部署，根据高部位的桩 106 井含油、低部位的桩 105 井含水分析，勘探潜力及储量规模都很小。随着桩 106 块的不断开发，发现同一断块不同的含油砂体油水关系复杂，认识到油藏类型应为在鼻状构造背景下的岩性油藏，后续工作应按构造—岩性油藏的思路进行部署。思路一变，目标一片，随后部署的多口探井均获成功，不仅使油田内部含油气范围叠合连片，也实现了埕岛油田和老河口油田的含油连片，储量及产量规模迅速上升。

2. 地震储层描述是河道砂油藏高效勘探开发的有力支撑

勘探的成功与否取决于勘探思路是否正确，同时新技术的开发与应用成为钻探成功率的保障。以馆陶组构造—岩性油气藏类型为主的老河口油田，曲流河河道砂体虽然储集性能有利，但是平面上互不连通，纵向上相互叠置，储层预测难度大。传统的预测方法主要是根据地震相位的变化人工追踪，受多解性的影响，往往是工作量大、时间长而且准确性差，达不到部署探井要求的精度。为了适应后续勘探的需要，加大储层预测技术的研发力度，以层序地层学为指导建立地质模型，利用振幅、频率及波形三大类型地震属性分析来提高河道砂体描述的精度，形成的一套以叠后地震信息为主的地震储层描述规范流程与技术系列，提高了储层描述的精度，为探井井位部署提供了强有力的支撑，加快了老河口油田的勘探进程。

3. "网毯式"成藏体系概念的提出及推广，为胜利老区挖潜增储做出重要贡献

在老河口油田的勘探实践过程中，勘探工作者不断思考、总结、提升而诞生了"网毯式"油气成藏体系概念。成藏体系概念不仅对老河口油田馆陶组从沉积到成藏进行了综合论述，而且进一步对油气运聚模式进行深入细致的完美刻画，极大地拓展了河流相砂岩的勘探空间。在网毯体系的指导下，老河口地区馆陶组的勘探全面展开并顺利进展的同时也得到了及时的推广应用。近年来，运用网毯式油气成藏体系的勘探思路，在义和庄凸起北坡、陈家庄凸起北坡、埕东凸起北坡、垦东地区、桩海地区、孤岛、孤东等大油田周围河流相的油气勘探中取得重大进展，2003 年之后新增探明石油地质储量 2.6×10^8t，取得了巨大的经济效益和良好的社会效益，为胜利油田的增储上产做出了重要贡献。

经过多年的勘探开发实践，截至 2019 年底，老河口油田馆陶组累计上报探明含油面积 41.59km²，石油地质储量 4754.13×10^4t（5077.63×10^4m³），溶解气地质储量 8.96×10^8m³；技术可采储量 1222.09×10^4t（1313.52×10^4m³），溶解气技术可采储量 2.53×10^8m³。

第三节　王庄油田地层油藏勘探

王庄油田位于山东省利津县王庄乡，构造上处于东营凹陷北部陡坡带西段，北部紧靠陈家庄凸起，东邻胜坨油田，西接郑家潜山，南为利津油田，勘探面积约 300km²（图 13-17）。主要发育沙一段、沙三段、馆陶组岩性—地层油藏和太古宇潜山等油藏，地层油藏是主要勘探类型。

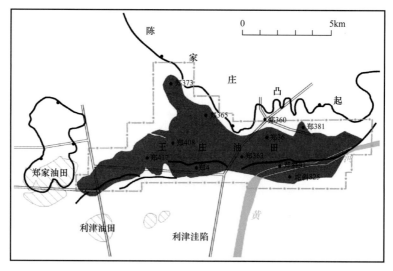

图 13-17　王庄油田地理位置图

王庄地区总体上为受基底断裂及凸起翼部古地貌起伏控制的凹陷陡坡地带，包括三个次级构造单元：西部的郑家潜山披覆构造、中部的王庄古冲沟和东部的宁海鼻状构造（图 13-18）。陈南断裂是东营凹陷的北部边界断裂，控制了南部郑南断层和胜北断层的产生和发育。陈南断裂在断陷后期活动性不断降低，受断裂剥蚀作用影响，断面逐渐演化为"沟—梁相间"的起伏地貌。其中，大的正向地貌逐步演化为郑家潜山构造和宁海鼻状构造；两个正向地貌之间为侵蚀谷地，即王庄古冲沟，控制了物源水系的汇聚。特殊的古地貌特征控制了古近系—新近系的充填式沉积，以凸起为物源沿沟谷沉积了扇三角洲、冲积扇为主的优质储集岩层。由于处于湖盆边缘和多次基底抬升，断陷晚期至拗陷初始期地层沉积上表现为由南而北层层超覆的特点，其间还存在多期沉积间断，超覆不整合和剥蚀不整合普遍存在。多期不整合结构与盆地边缘广泛发育的各种类型储集体配合，为地层油藏的形成创造了有利条件。

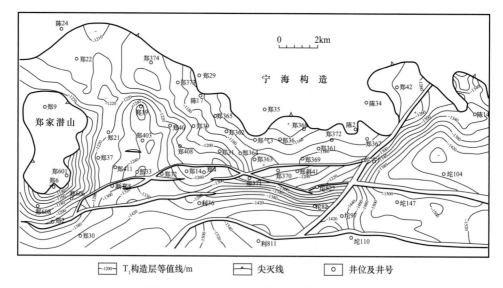

图 13-18　王庄地区地震 T_1 反射层构造图

20 世纪 80 年代初期,以大中型构造油气藏理论为指导在王庄地区进行构造普查,钻探沙河街组意外发现了太古宇潜山高产油藏。90 年代初岩性油藏描述技术开始应用和推广,此时陡坡带砂砾岩体"沟—扇对应"的认识形成,以此为指导在王庄古冲沟内开展油藏描述工作,发现了 6 个含油扇体,但油藏多为难以动用的超稠油,此后古冲沟内的勘探没有进展。2002 年以宁海三维出站为契机,转变勘探思路,摆脱"古冲沟外储层发育差"和"打构造高点"的认识,以地层圈闭为目标在 4 口空井之间部署郑 36、郑斜 41 井取得成功。在落实储量规模的过程中,总结出断—坳转换期地层油藏的"T—S"型油气运聚成藏规律,用于指导实践,使王庄油田一举拓展为亿吨级大油田。

一、主探未获预期,兼探千吨报喜

1. 主探沙河街组,太古宇潜山获高产

1965 年该区开始区域侦查,其后进行过断断续续的勘探工作,但未获有效成果。1980 年采用 12 次覆盖重新开展地震工作,1982—1984 年持续加密测线,累计完成覆盖剖面 120km,测网密度 300m×600m。当时的勘探目标是单家寺式的地层—构造油藏,1982 年开始以沙河街组为目的层陆续开展钻探,首钻郑 2 井在郑家潜山南部沙河街组见到油气显示(离高部位的含油范围仅差咫尺)。次年向郑家和王庄构造高点钻探郑 4、郑 5、郑 10 井,主探沙河街组,在沙河街组和太古宇发现油层。郑 4 井于 1983 年 7 月完钻,综合解释沙三段油水同层 3 层 14.2m,太古宇可能油气层 1 层 43.6m,录井含油级别为油迹、油斑,认为含油性差未立即试油。1984 年 3 月试探在郑 4 井太古宇潜山进行试油,获得 1095t/d 的高产油流,从而发现了王庄油田。随后进行了集中钻探,郑 10、郑 14 等井获得高产,并摸清了王庄潜山的构造情况,为凸起边缘被北西向古断层切割掉落的残丘山头,拿下了一个高产油田。1984 年底,上报太古宇探明含油面积 2.8km²,石油地质储量 750×10⁴t,并投入开发。

2. 沙河街组油稠产量低,未见甜点

太古宇油藏勘探的同时,也在沙一段、沙三段见到大量稠油层。郑 5 井在郑家潜山南部发现沙一段油水同层 20.5m。1984 年向高部位追踪的郑 6 井,钻遇沙一段生物灰岩 1 层 26m 油干间互层,对两口井沙一段试油不出,气举加洗井起油管分别带出 0.11t、6.6t 稠油。同年,郑 16、郑 34 井在王庄潜山上部发现沙一段、沙三段稠油层,对郑 16 井沙三段试油,酸化后获 1.26t/d 低产油流,对郑 34 井沙一段砂砾岩试油,酸化洗井见 0.069t/d 低产油流。

由于原油性质稠重,当时试油工艺难以奏效,仅将沙一段和沙三段以油层井外推 0.5~1km 计算了含油面积。合计计算含油面积 16.4km²,控制石油地质储量 2121×10⁴t。

二、地质研究跟进,油藏描述助力,地层—岩性油藏获突破

随着稠油开采技术的提高,从 1991 年开始对该区稠油再次投入较多的勘探研究工作,部署完成了三维地震,安排了稠油热试。这一阶段,以"复式油气聚集"和"沟—扇对应"等理论认识为指导,勘探工作集中在王庄中部的古冲沟内,鉴于砂砾岩体油藏的复杂性,1992 年开展了"郑家—王庄地区稠油油藏成藏条件及分布规律研究",并在沙三段推广应用了油藏描述工作,沙三段有较大发现。

1. 强化地质研究，搞清沉积规律，常规稠油获产

沙三段为近源快速堆积的厚层砂砾岩体沉积，多物源交织、叠覆。岩性变化大，由细砾岩、砾状砂岩及含砾不等粒砂岩、含砾泥质砂岩、中—细砂岩组成，总体具有粗细混杂、非均质性强的结构特点。

以多年来北带扇体勘探实践所形成的"沟—扇对应"经验认识为指导，开展沉积相和沉积体系研究，搞清了砂砾岩体的沉积规律。砂砾岩体为扇三角洲沉积形成的复合体，主要沉积在古冲沟内，其物源主要来自北西、北、北东三个方向，下游主要发育河口坝及浅湖席状砂体。扇体外形较平缓，横向上呈扇形或朵叶状，各个物源方向的砂砾岩朵叶体形成各自的厚度中心，并交互叠置、穿插呈厚层状大面积分布（图13-19）。

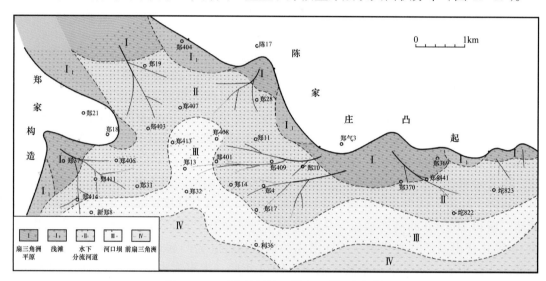

图13-19　王庄地区沙三段上亚段沉积相图

在研究期间，陆续部署钻探了郑401等13口井。郑408井在沙三段2层37.2m稠油层中气举求产，获日产油10.8t，突破常规稠油出油关。

2. 油藏描述攻关，解体复合扇体，含油范围扩大

在地质研究的同时，开展了地震油藏描述技术攻关。王庄地区当时有三维资料180km²，VSP测井2口，进行了400m×600m的道积分剖面处理和12条骨干连井剖面的Glog处理，健全了各井的测井、试油、分析化验数据库，为开展油藏描述攻关提供了物质基础。

具体做法为：对砂砾岩体顶底地震响应分析、合成记录标定、砂砾岩体横向追踪，将复合扇体分解为郑408、郑411等6个砂体；建立了道积分剖面层速度与砂体厚度的关系，对各个砂体的几何形态进行了描述；确定了每个砂体的油水界限，对郑408砂体进行了储量参数估值模型研究，计算了其高部位能获工业油流面积内的探明储量，其他含油砂体依据油藏描述结果进行了资源量的评估测算。

1994年底，对原油性质相对较稀的郑408砂砾岩体高部位进行了部分储量升级，上报探明含油面积3.9km²、石油地质储量769×10⁴t。剩余部分于2000年上报控制含油面积7.5km²、石油地质储量1998×10⁴t，但原油性质超稠，原油密度最高达1.0588g/cm³、黏度61229mPa·s（80℃），继续升级探明储量困难。

三、理论指导，试油工艺攻关，拿下亿吨稠油油藏

1. 转战宁海构造，首战失利

1995—1999 年，王庄地区的勘探推进缓慢。受沙三段勘探经验影响，当时认为沙一段扇体也分布在古冲沟内。依据钻井揭示，仅在古冲沟东北部发现沙一段一个小型扇体，郑11、郑34 等井见到稠油层，储层相对薄、物性差，郑34 井获低产油流。当时对沙一段的总体评价是"扇体发育规模小、储层物性差"，未作为主要目标层进行勘探研究。而据现今的沉积相认识，当时的郑11 等井仅揭示了沙一段扇体的外边缘（图13-20）。

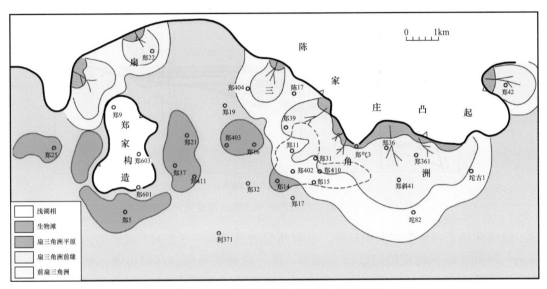

图 13-20　王庄地区沙一段沉积相平面图

2000 年，为了打开王庄地区的勘探局面，转向古冲沟外探索。以郑气 3 井电测解释油水同层和含油水层为依据，在东部的宁海鼻状构造进行预探，因对控藏因素和圈闭类型不明确，以占高点为原则部署的郑 35 井落空。

2. 岩性向地层转移，再战获得突破

1）地层界限厘定，油藏模式重建

2002 年初，以宁海三维处理完成为契机，再次勘探宁海构造。在郑 35 井落空原因分析基础上，对宁海鼻状构造的圈闭形成条件和构造—沉积体系进行了重新评价。首先重新进行了地层对比划分，发现部分探井层位划分有误，重新厘定了沙一段与馆陶组的界限，将郑气 3 井分层进行了修正，对油藏的认识也发生了大的转变（图 13-21）；然后系统分析了该区的地层结构，认识到该区沙一段/沙三段、沙一段/馆陶组地层超覆和削蚀不整合面普遍发育，地层圈闭应作为主要勘探类型，由此拉开了针对地层油藏勘探的序幕。

2）发现宁海构造大型超覆剥蚀富含油圈闭

通过对宁海鼻状构造精细解释，对地层超剥边界细致刻画，在地震 T₁、T₂ 反射层构造图上展现出大型地层圈闭。根据以往经验，储层发育程度是这些圈闭能否成藏的关

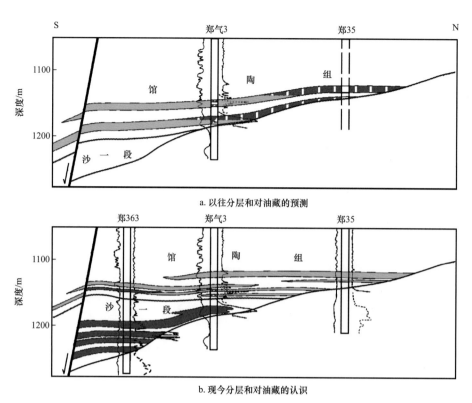

图 13-21 分层修正前后对郑气 3 井区油藏认识的对比

键，随即开展了古地貌控沉积分析。根据凸起边缘"沟—梁相间"的小型地貌特征和不同沉积时期古地貌坡度的陡缓作出预测：沙一段地貌平缓，凸起边缘小型扇体应该发育；沙三段地貌陡峭，依据古冲沟内扇体的地震特征进行了追踪描述，发现了一个大型扇体。综合以上工作，在郑 35、陈 2、坨古 1、坨 82 等 4 口空井之间先后部署了郑 36 井和郑斜 41 井，钻探后取得重大突破，揭示了馆陶组、沙一段、沙三段三套含油层系，发现了王庄东部受古地形控制的大型地层富含油构造。其中，郑斜 41 井在馆陶组和沙一段试油分别获 19.9t/d、13.5t/d 的工业油流，原油密度 0.97 g/cm³ 左右。该块于当年 10 月上报沙一段控制储量 2602 × 10⁴t，上报馆陶组、沙一段、沙三段预测储量 1667 × 10⁴t。

3．"断—坳转换""T—S"型运聚，大型地层油藏渐露真容

王庄地层油藏的突破带动了该区乃至济阳坳陷盆缘地层油藏的勘探。为了尽快拿下大油田，总结和研究了盆缘地区的成藏条件，发现湖盆断陷稳定期至坳陷初始期的地质条件特殊，有利于聚集大型地层油气藏，将这一特殊阶段定义为"断—坳转换期"。通过对各成藏要素进行匹配研究，建立地层油藏的"T—S"型运聚控藏模式，油气分布轮廓浮现。

1）剖析"断—坳转换期"构造沉积特点

通过对断—坳转换期构造活动、盆地结构、沉积充填方式等方面的研究，明确了盆缘地区大型鼻状构造带普遍存在，地层超剥是其特色，以扇三角洲和冲积扇为主的优质储集岩普遍发育。

断—坳转换期，受区域构造应力改变影响，王庄地区北西向断层减弱或消亡，北东

向及北东东向断层稳定发育。两组断裂的切割，使得基底断裂走向弯曲，在风化剥蚀作用下，基岩古地貌沟—梁转折呈"S"形状，凸出部位成为鼻状构造，后期的沉积作用和差异压实作用强化了鼻状优势。

断—坳转换期盆地沉降—回返，形成了两期大型不整合结构。沙三段至沙二段沉积早期，东营湖盆收缩变浅，沙二段下亚段遭受剥蚀，形成了一个分布广泛的不整合面；沙二段沉积末期—东营组沉积时期湖盆再次沉降接受沉积，地层在盆缘向凸起层层超覆、尖灭；古近纪末期的东营运动使济阳坳陷整体抬升，出现了持续约 11Ma 的沉积间断；新近纪由断陷转为坳陷，地层呈近水平产状超覆于所有老地层之上，形成角度不整合。构造转型造成了该区地层超覆和剥蚀广泛存在，为地层不整合及地层超覆圈闭的发育创造了有利条件。

断—坳转换时期充填型沉积更加发育，以陈家庄凸起为背景，王庄地区发育了扇三角洲、冲积扇—河流相为主的沉积类型。受基岩鼻状地貌和古冲沟地貌控制，不同部位沉积类型略有差异：沙三段沉积末期地形陡峭，发育多源大型复合扇体，分布在古冲沟内和宁海鼻状构造南翼；沙一段沉积时期地形平缓，围绕宁海鼻状构造形成裙边状小型扇三角洲沉积，在郑家鼻状构造南翼和西翼的台地上，陆源碎屑供给少，则发育滨浅湖生物滩坝沉积；馆陶组沉积时期围绕宁海鼻状构造发育冲积扇沉积，外围发育以埕宁隆起区为物源的广域的河流相沉积。

2）建立"T—S"型运聚控藏模式

通过对断—坳转换期大型圈闭形成条件、油气运聚条件和输导方式等方面的研究，论证了地层超剥带、大型鼻状地貌、优质储集岩、高效输导体系及其空间的有机配置是大中型地层油藏形成和分布的主要控制因素，建立了断—坳转换期地层油藏的"T—S"型运聚控藏模式，指出"烃源岩—活动断层—骨架砂岩构成的'T'型输导体系是油气进入大中型地层圈闭的主要方式""盆缘'S'型古地貌成为地层油藏分布的主要控制模式"；"S"型地貌背景和"T"型输导体系的有机结合，是大型地层油藏形成的关键因素（图 13-22）。

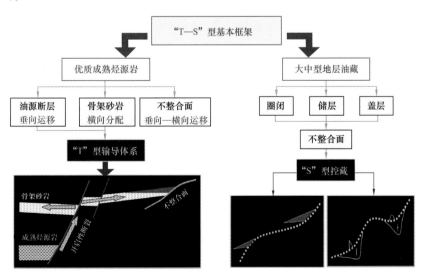

图 13-22　地层油藏的"T—S"型油气运聚模式图

地层油藏的"T—S"型运聚控藏模式在该区油藏的计算机三维数据模拟和有机地球化学分析中也得到印证。研究结果表明，王庄油田主要为利津洼陷沙四段并混有沙三段油源，王庄南部的郑南、胜北断层是重要的油源输导断层，油气在两条断层的"凸面"形成优势运移通道，沿不整合面上下的储层汇聚到鼻状构造前端及侧缘的圈闭中成藏，鼻状构造控制了油气运聚的位置和规模（图 13-23）。

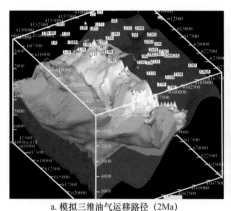 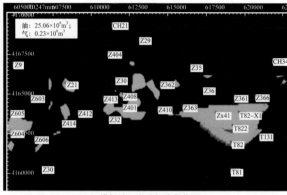

a. 模拟三维油气运移路径（2Ma）　　　　b. 模拟沙一段油气聚集位置

图 13-23　王庄地区油气运移聚集数值模拟成果图

3）"T—S"型运聚控藏模式下的油气分布

以"T—S"型运聚控藏模式为指导，对油气分布进行了研究。王庄地区地层油藏绝大多数发育在凹陷边缘的鼻状构造周围和活动断裂附近，存在三个明显的特点：其一，主要的油层分布在古近系与新近系不整合面附近；其二，鼻状构造高部位和地层超覆边界附近、活动性断裂附近油层更加发育；其三，在鼻状构造范围内，储集岩厚度与油层厚度有较好的相关性，古地貌坡折处油藏厚度大。

沙三段发育地层—岩性油藏。油层主要富集在王庄古冲沟内，与断坳期活动断层毗邻，扇三角洲前缘叶状体是含油主体，自西向东分别为郑 606、郑 411、郑 408、郑 14、坨 823 砂体。各砂体虽然相互穿插、叠置，但相互之间是孤立的、不连通的，在含油性、原油物性及油水关系上都不尽相同（图 13-24）。西北部的郑 411 砂体，南块油水界面在 -1425m 附近，基本满块含油，但有底水；东北部的郑 408、郑 14 砂体油水底界在 -1350m 附近，郑 14 砂体存在边水。

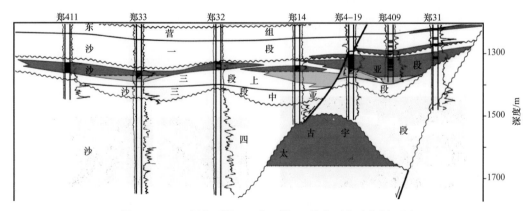

图 13-24　王庄油田郑 411 井—郑 31 井东西向油藏剖面图

沙一段发育地层不整合和断层—岩性油藏。油层主要分布于宁海鼻状构造主体，具有自下而上含油范围逐步变大的趋势，这与地层的逐层上超相吻合（图 13-24、图 13-25）。由于沉积环境、储集条件的差异，各砂组含油特征也明显不同。1 砂组储层物性好，含油范围广，油层累计厚度超过 20m，油层围绕宁海鼻状构造叠合连片分布，古地貌转折处油藏厚度大，油藏具有相对统一的油水系统，坨 822 井钻遇油层油水边界，在 -1250m 附近；2 砂组砂岩油藏为两个独立扇体含油，油层在宁海鼻状构造南缘和西侧郑 39 井区集中分布，局部发育生物灰岩油藏，受岩性和构造共同控制，在郑家构造南缘和宁海鼻状构造西南侧的郑 364 井区含油，油水界限分别为 -1220m 和 -1250m；3 砂组岩性粗、储集物性差，仅郑 409 等少数井见油层。

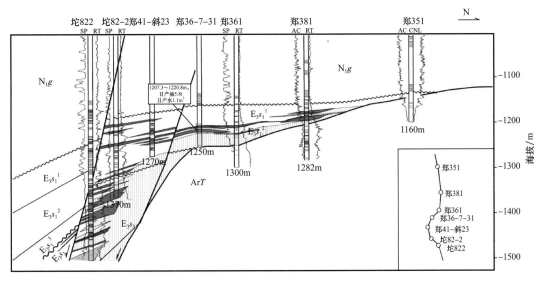

图 13-25　宁海鼻状构造南北向油藏剖面图

馆陶组油层主要分布于 T_1 不整合面之上，油气聚集规模较沙一段和沙三段小，油藏主要在宁海鼻状构造前端的断块内分布。

4. 稠化机理研究，试油工艺攻关，一举拿下大油田

在搞清油藏分布之后对地层油藏进行了整体部署，先评价中部，再向两翼拓展探查含油边界。2003 年，王庄地区新部署完钻探井 29 口，有 26 口井电测解释见油层。

在钻探的同时加强了稠油稠化机理研究，明确了原油稠化主要受底水氧化、细菌分解等因素影响，超稠油主要分布在沙三段砂体低部位的郑 411 块以及沙一段、馆陶组油藏的周边低部位。针对不同油质研究了相应的试油工艺，包括电热杆加绕丝筛管防砂、注蒸汽和加强油层保护等工艺。其中，针对郑 411 块原油密度大于 $1.0g/cm^3$、80℃黏度在几十万毫帕·秒的超稠油油藏，部署了郑科平 1 科研探井，该井采用临界压力锅炉注蒸汽吞吐、重力泄油工艺试油，获 19.4t/d 的工业油流，峰值产量 37t/d，为超稠油的储量升级提供了重要依据。

在研究和完善试油工艺的基础上，完成 23 口井的试油，有 20 口井获工业油流。2003 年底，王庄油田一举上报馆陶组、沙一段、沙三段探明石油地质储量 6119×10^4t。此后经过勘探挖潜和滚动开发，陆续发现郑 381 等含油区块，截至 2018 年，王庄

油田累计上报探明含油面积 35.01km²、石油地质储量 9354.88 × 10⁴t，累计控制储量 2392.41 × 10⁴t。

四、超剥带地层油藏勘探启示

1. 转变思路是勘探发现的基础

大中型构造油气藏、复式油气藏和砂砾岩扇体岩性油藏勘探理论的发展，带动了王庄油田的早中期勘探。尤其是岩性油气藏理论的成熟，以"沟—扇"对应认识为指导，在王庄古冲沟内发现众多沙三段地层—岩性油藏。沙三段部分探明之后，古冲沟内难有发现，勘探止步不前。

在油气复查研究之后，认识到宁海大型鼻状构造是油气大规模运移的指向部位，有利于油气的富集成藏。决定转变勘探思路，勘探方向由古冲沟转向宁海鼻状构造，勘探发现之旅开启。

2. 发现问题是勘探成功的一半

确定钻探宁海鼻状构造后，以郑气 3 井馆陶组见油气显示为依据，在其高部位部署了郑 35 井，但钻探落空。宁海鼻状构造发育什么油藏类型？主要位于哪个层位、哪个部位？下一步部署该向何处？

在宁海新三维处理完成后，对该区再次分析，确定宁海鼻状构造周围地层超覆、剥蚀关系，认为地层油藏应该是主要勘探类型。由于地层油藏含油条带窄，以打构造高点为依据部署容易落空。在分析郑 35 井落空原因后，通过层序精细划分对馆陶组 / 沙一段和沙一段 / 沙三段两个不整合面的地层圈闭进行精细解释，在 4 口空井之间部署钻探取得成功。

3. 认识提升是勘探突破的关键

郑 36 等井成功的同时也提出了新的问题，王庄宁海地区到底有多少储量规模？下一步部署方向和思路是什么？在勘探过程中开展了油气成藏和运移模拟工作，并结合沾化凹陷太平油田等地层油藏的勘探实践，提出了断—坳转换期形成的地质沉积构造是大中型地层油藏的主要发育空间、地层油藏遵循"T—S"型油气运聚控藏模式。该理论认识应用于勘探实践中不断取得成功，使王庄油田的含油面积不断扩大，升级为亿吨级大油田。

理论和技术的进步是油田勘探不断取得突破、获得好效益的基础。在胜利油田勘探实践上发展起来的复式油气聚集理论，较好地指导了早期大型整装油田的发现和勘探；近几年发展起来的隐蔽油藏勘探理论和技术也在断陷期和坳陷期岩性等油藏的勘探中获得了好的经济效益；断—坳转换期具有自身独特的地质结构、成藏条件和油气分布特点，在实践中总结的地层油藏的勘探理论认识，促进了济阳坳陷盆缘中浅层地层油藏的勘探进程。

第四节　盐家油气田砂砾岩油藏勘探

盐家油气田位于山东省东营市垦利区西张乡（图 13–26），区域构造属于东营凹陷北部陡坡带东段，勘探面积约 120km²。砂砾岩油藏是盐家油气田的最重要类型，其勘探历程可谓"一波三折"。20世纪90年代沙三段中浅层取得一些发现，之后的勘探却连遭挫败，"背斜成藏"的单一模式似乎无法打破，勘探一度停滞不前。2005年，以沙四段上亚段深层发现"扇根封堵"新类型油藏为突破口，适时转变勘探思路，深化砂砾岩储层差异演化、相—势控藏等研究，建立了"边界断裂控砂、扇根封堵控藏、横向连片、纵向叠置"模式，打破了"扇间储层不发育""构造控藏"的传统认识，在盐16、盐18古冲沟前方部署的盐22、永920井及盐227井均取得成功。在落实深层砂砾岩储量规模中，积极开展科研攻关，理论与技术不断创新，最终实现了整装油田的大发现。

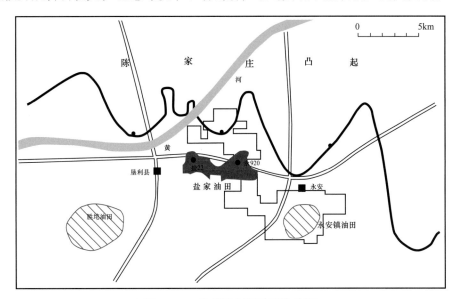

图13-26 盐家油气田地理位置图

一、初探构造未见油，偶遇浅层天然气

盐家地区的钻探工作开始于1968年。早期，以背斜油气藏理论为指导，勘探目标以大、中型背斜为主。1968—1988年，依据二维地震资料，盐家地区共完钻探井14口，由于缺少形成大型背斜圈闭的条件，勘探一直没有取得大的成果，虽有8口井（盐6、盐9、盐10、盐11、盐12、盐13、盐14、盐15井）在新近系馆陶组和古近系沙河街组见到油层或油水同层，但层薄油气显示级别低，且测试均为稠油无法投产；而其中7口井在新近系明化镇组电测解释气层，气层单井最大厚度10.8m，平均厚度7.5m，经试气5口井（盐5、盐6、盐7、盐13、盐15井）获工业气流，其中1984年钻探的盐5井，试气日产天然气$3.8 \times 10^4 m^3$，首次发现了浅层天然气藏。通过研究，明化镇组（T_0）构造为一被断层切割的披覆背斜构造，北东向和北西向两组断层把背斜切割成11个断块。明化镇组砂岩呈透镜状分布，受断层切割，形成构造—岩性气藏，盐5、盐6、盐7、盐15井即分别钻探了其中4个断块并获工业气流。1988年，盐家地区上报盐5、盐6断块明化镇组探明含气面积$2.6km^2$、探明天然气地质储量$2.31 \times 10^8 m^3$。之后，以浅层气为目标，又陆续对其他几个断块进行钻探，部署完钻了盐气1、盐气2等井，也获得工业气流。1993年，上报盐气1、盐气2断块明化镇组探明含气面积$0.7km^2$、探明天然气地质储量$0.87 \times 10^8 m^3$。此后，由于没有其他发现，勘探工作停止。

二、复式聚集理论引领，中浅层砂砾岩勘探喜忧参半

20 世纪 90 年代，随着勘探研究工作的深入，地质认识、理论水平等不断提升。这一阶段，复式油气聚集理论指导下的勘探领域不断拓展，三维地震资料日臻丰富并开始应用于储层预测，为一批岩性油藏的发现提供了契机。

1. "沟扇对应"找储层，"背斜成藏"打高点，砂砾岩获高产

东营凹陷北部陡坡带古近纪具有山高坡陡、沟梁相间的古地貌特征，自西向东发育 10 条规模较大的古冲沟，这些古冲沟发育大量砂砾岩体。砂砾岩与深湖相暗色泥岩直接对接，油气成藏条件极为有利。20 世纪 90 年代以后，沙三段下亚段砂砾岩油藏已陆续在东营凹陷陡坡带西段胜坨、郑家等地区被发现，因这些扇体多为小型背斜构造，钻探证实具有面积小、产量高的特点，当时被称为"小而肥"，尽管其储量在陡坡带西段规模逐年递增，但场面不大，而东段的盐家地区还是空白。

1992 年，民丰三维出站，对盐家地区陡坡带开展了沉积规律、扇体描述和油气成藏等一系列研究。以多年来陡坡带砂砾岩勘探实践所形成的"沟—扇对应"经验为指导，确认沙三段沉积早中期盐家两个大型古冲沟前方发育近岸浊积扇体，且扇体顶面具背斜形态，地震反射中可见明显的穹隆形态包络线（图 13-27），成藏背景极为有利。首先在西部扇体高部位部署了盐 16 井。盐 16 井在沙三段钻遇扇体油层 30.8m/7 层，油水同层 18.2m/3 层，射开 1994.4～2018.2m，获日产 109t 的高产油流，由此发现了盐家油田。随后，又在东部扇体部署了盐 18、盐 182 井，其中盐 18 井沙三段下亚段发现油层 22.8m/1 层，盐 182 井沙三段下亚段发现油层 84.5m/4 层，试油均获工业油流。

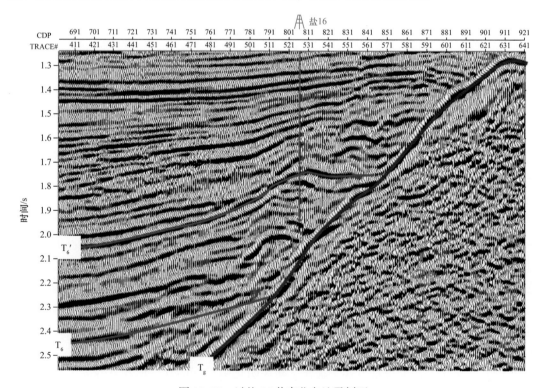

图 13-27　过盐 16 井南北向地震剖面

此后，以"沟—扇对应"的认识为指导，以地震相识别为手段，以大型古冲沟前方由差异压实形成的具有背斜形态的扇体为主要勘探对象，相继发现了永 921、永 922、永 924、永 925 等砂砾岩体油藏。到 1996 年底，盐家油田先后发现了盐 16、盐 18 和盐182 沙三段下亚段砂砾岩油藏和永 921 和永 925 沙四段上亚段砂砾岩油藏，上报沙三段下亚段、沙四段上亚段砂砾岩探明含油面积 4.1km²、探明石油地质储量 797×10⁴t。盐家地区砂砾岩勘探初战成果丰硕。

2. 既定"储层"、显形"构造"见底，砂砾岩勘探陷入瓶颈

然而，在砂砾岩勘探高歌猛进的同时，具背斜背景的砂砾岩油藏也逐渐减少。勘探类型逐渐由早期的有利背斜、断鼻、断块圈闭转向了探索砂砾岩上倾尖灭圈闭或高部位受断剥面遮挡的圈闭。由于对砂砾岩体成藏复杂性认识不足，探井成功率较低。1997—2004 年，7 年共上报探明石油地质储量 262×10⁴t。失利井主要存在两方面的问题：其一是储层不发育，如盐 161、盐 17 等井；其二是储层发育但上倾方向无遮挡层，不能形成有效圈闭，如盐 164、盐 165 及盐斜 184 等井。这一阶段，10 口探井钻探落空，砂砾岩勘探进入瓶颈期，勘探找不到突破口。

三、追根溯源，再探陡坡带，中深层砂砾岩捷报频传

1. 深层新类型带来启示，追根溯源，岩性圈闭获突破

2005 年，盐家油田永 921-斜 31 井在无构造背景下钻遇了沙四段上亚段砂砾岩油层，是否存在扇体侧向物性变差形成的扇根封堵油藏？为验证此观点，部署钻探了永921-斜 32 井，该井在沙四段上亚段再次钻遇砂砾岩油层，试采获日产油 21t。由此打破了以往砂砾岩必须依靠背斜构造才能成藏的单一模式，沙四段上亚段发现了新的油藏类型，陡坡带勘探迎来了新的转机。

在永 921-斜 32 井成功的基础上，针对中深层砂砾岩体沉积、储层及有效圈闭形成条件展开攻关研究。研究结果表明，盐家地区沙四段沉积期山高坡陡物源充足，砂砾岩体十分发育，其扇中亚相为有效储层，扇根亚相致密带侧向遮挡可形成岩性圈闭。根据这一认识，选择盐 16、盐 18 两大古冲沟，通过精细古地貌分析、扇体描述，在背斜脊部油气运移的优势通道，瞄准扇中以轴向打剖面的方式，部署了盐 22 井、永 920井。盐 22 井于 2005 年 6 月完钻，在沙四段上亚段发现各类油气显示 70.2m/18 层，测井解释沙四段上亚段油层 89.5m/7 层，中途测试获得日产油 14.94t，之后，永 920 井钻探也获得成功，解释油层 215.5m/15 层。在沉寂多年之后，盐家砂砾岩再次迎来新突破。2006 年，盐 22、永 920 块上报沙四段控制含油面积 11.85km²、石油地质储量2625.12×10⁴t。

2. "扇根封堵""扇间连片"，中深层砂砾岩展现含油大场面

盐 22 井和永 920 井勘探的成功，掀起了盐家砂砾岩新一轮勘探高潮。借助于古地形精细刻画技术和砂砾岩沉积水槽试验，发现在大型古冲沟内部及侧翼可发育多个小型古冲沟，其前方也可以发育较大规模的砂砾岩扇体，而且与古冲沟主体相比，侧翼及鼻状构造前方隔层更为发育，成藏条件十分有利。这一发现提升了对砂砾岩扇体多源性的认识，拓展了勘探空间。结合扇体期次包络面的描述，分析认为在盐 16 和盐 18 两个古冲沟结合部的扇间部位也应该发育一定数量的扇体，并且储层、成藏条件较好。在这一

认识指导下，相继在扇间部位部署了盐 222 井、盐 227 井及永 928 井 3 口探井，3 口井均获成功。其中，盐 222 井解释油层 372.3m/25 层，盐 227 井解释油层 258.3m/24 层，永 928 井解释油层 258.3m/24 层。主探扇间取得成功，打破了"扇间储层不发育"的传统认识，结束了以往扇体勘探"打沟不打梁"的勘探局面，实现了砂砾岩横向含油连片。2006—2008 年，盐 22—盐 227—永 920 井区连续 3 年上报控制储量，累计上报控制石油地质储量 $4883.79 \times 10^4 t$。

四、深化地质研究，破解技术难题，陡坡带砂砾岩上报整装储量

1. 探索规律建模式，储层相带识别，含油性量化评价

随着砂砾岩勘探向中深层转变，勘探面临着许多难点和问题：（1）沉积厚度大、多期叠置扇体等时地层对比难度大；（2）砂砾岩体岩性变化快，储集空间类型、孔隙结构与演化规律复杂，有效储层与封堵层的界限难以界定；（3）油水关系纵横向变化大，成藏模式不明确。这些问题影响了对该类油藏的认识，制约了勘探进程及储量的进一步升级。为此，自 2008 年开始胜利油田组织相应的攻关研究，逐步建立了陡坡带砂砾岩沉积模式、储层模式和成藏模式，为进一步优化勘探和储量升级提供了理论依据。

1）建立了"多旋回正序叠加有序组合"的沉积模式，明确了盐家砂砾岩沉积控制因素和纵横向展布特征

研究形成了"岩心成像作标定、曲线重构划旋回、井震结合定格架"的砂砾岩旋回划分对比技术。通过区域地层对比，建立了盐家地区的等时地层格架，将盐家地区沙四段上亚段砂砾岩体划分为 8 个中期旋回，每期砂砾岩体是一个自下而上由粗变细的旋回。扇体始终沿湖盆边缘紧邻山麓部位分布，随着湖水范围的扩大，扇体不断后退，从 8 砂组到 1 砂组，砂砾岩扇体总体呈退积样式（图 13-28）。

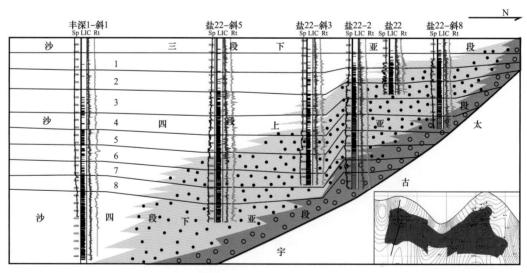

图 13-28　丰深 1- 斜 1—盐 22- 斜 8 井南北向地层对比图

研究认为，盐 16、盐 18 两个大型古冲沟发育的扇体规模大，早期内部多个扇体之间连通性好，泥岩隔层不发育；沿这两个古冲沟侧翼及扇间发育小型扇体，厚度相对较小，横向互不连通，分隔性好，分布范围广。砂砾岩具有"垂向正序叠加、横向迁移补

偿"的沉积特点。通过上述研究，明确了盐家砂砾岩沉积模式和纵横向发育展布特征，建立了砂砾岩精细地质模型。

2）建立了"多岩相差异演化"储层模式，明确了储层识别方法与有效储层的展布

深层砂砾岩体岩性圈闭是一种扇根亚相封堵的成岩圈闭。传统认识认为，在深部3500m以下储层孔隙度普遍小于10%，缺失优质储层发育区。然而伴随着盐22块深部优质储层的发现，打破了这一常识。

研究发现，不同相带间差异成岩作用是砂砾岩成岩圈闭形成的决定因素，"酸碱共控"的成岩环境是深部砂砾岩优质储层发育的主控因素。扇根和扇中由于岩相组构与成岩环境的差异，储层的成岩演化序列存在明显差异。扇根部位远离烃源岩，在持续压实作用及碱性环境作用下，碳酸盐胶结和重结晶作用使其物性迅速下降；扇中部位在酸碱交替环境下，胶结作用和溶解作用双重效应使其物性下降变缓。这种差异在中成岩阶段A2期最大，而此时期也是深部地层成岩圈闭大规模形成时期，对应埋深为3280m，从而明确了有效储层物性的垂向分布（图13-29）。

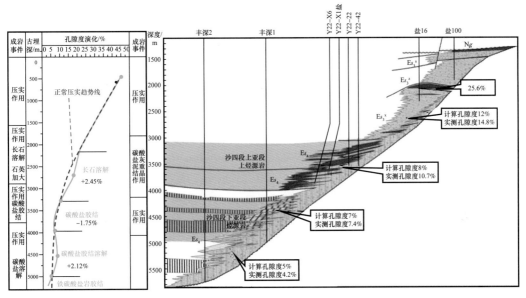

图13-29　东营凹陷陡坡带深部优质储层孔隙演化及分布特征

研究还表明，深部优质储层发育与膏盐岩/烃源岩发育层位密切相关。盐家沙四段下亚段共发育三套烃源岩和三套膏盐岩，沙四段上亚段发育大套烃源岩。压实作用虽使储层孔隙急剧减小，但在后期溶解作用下次生孔隙得以发育并保存。因此，盐家地区深层砂砾岩储层物性好于常规储层。

扇体不同相带差异演化新认识，使深层储层评价得到极大提升，打破了砂砾岩储层纵横向的限制，平面上沟谷或脊部，纵向上沙四段上亚段、下亚段均可发育优质储层，勘探空间进一步拓展。

3）建立了"扇根遮挡、扇中富集、含油分带"的砂砾岩多油藏相控分带成藏模式，实现了砂砾岩含油性定量评价

研究表明，盐家地区沙四段上亚段可作为一个独立的含油气系统，沙四段上亚段烃

源岩生成的油气在超压的作用下沿泥岩超压裂缝和扇缘裂缝性砂体侧向运移至扇中含砾砂岩、砂岩储层中，在扇根砾岩封堵和顶部泥岩或砾岩层封盖下形成油气藏。油藏充满度主要受控于扇根封堵能力，可分为低充满带、过渡带和高充满带（图13-30）。

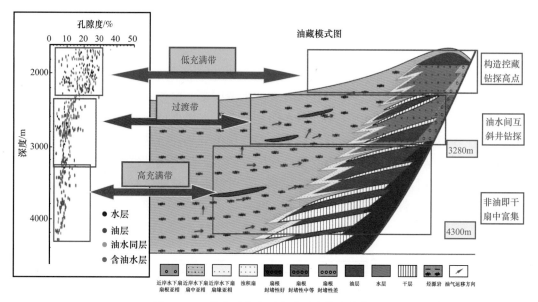

图13-30 盐家近岸水下扇砂砾岩体成藏模式

低充满带构造油藏模式：埋深1700～2300m，成岩作用处于早成岩阶段A期，扇根的封堵能力较差，油藏类型多为靠断层封堵的构造油藏，油气的充满度较低，水多油少，含油高度一般为10～70m，油藏的宽度200～1000m。

过渡带构造—岩性油藏模式：埋深2300～3280m，成岩作用处于早成岩阶段B期，扇根的封堵能力中等，油藏类型为构造—岩性或岩性油藏，油气充满度中等，油水间互，含油高度在20～90m之间，油藏的宽度一般为300～1500m。

高充满带岩性油藏模式：埋深3280～4300m，成岩作用处于中成岩阶段A期，扇根的封堵能力强，油藏类型为扇根封堵的岩性油藏，油气充满度高，油藏非油即干，含油高度在80～190m之间，油藏的宽度一般为600～2500m。

实际钻探过程中，对低充满带，落实构造圈闭，找构造高点；对过渡带，精细刻画岩性圈闭，占高点；对高充满带，准确落实有效储层发育区，钻扇中。

2．"四性定油层""三元圈面积"，盐家砂砾岩规模增储

在搞清油藏控制因素与模式之后，结合流体性质判识研究，对盐家油田进行了含油性评价和整体部署。纵向上"三带"有序分布，依据不同的成藏模式形成了相应部署思路，过渡带占高点、高充满带钻扇中，分带整体部署，拓展立体勘探空间。针对区块有效储层分布及含油分布范围，总结形成了"四性模板定油层""三元叠合圈面积"的评价方法确定成藏有利区，为盐家地区砂砾岩勘探部署提供了依据。

四性模板定油层：四性即岩性、电性、物性、含油性。砂砾岩油层因岩石骨架电阻率高，电性受流体影响小，含油性判识精度低。首先识别岩性，利用岩心和成像测井资料，标定区内重点井，筛选敏感测井曲线并进行重构，构建岩性识别曲线，确定岩性的电性识别模板，在此基础上，结合取心资料，明确含油砂体岩性及其含油性标准；储层

物性下限的研究采用孔隙结构法、正逆累计法、电性下限反算法、取心试油验证法，将4种方法进行对比分析、综合确定有效厚度物性下限；盐家地区盐22井区与永920井区地层水矿化度变化大，结合试油、试采资料，分别建立油层有效厚度电性标准。利用四性关系模板，对油层重新解释，解释结论与试油结果的符合率提高4%，为准确含油性评价和储量上报奠定了基础。

三元叠合圈范围：三元即扇根边界、有效储层边界、油藏宽度边界。首先基于沉积地质模型和成岩模式控制，利用"测试分析描结构、岩电结合划储层、地震约束定分布"的方法，明确砂砾岩扇中有利相带展布和扇根边界；有效储层的圈定采用地质统计与地球物理技术相结合的方法，通过多井多期统计，求得致密扇根宽度和深度的拟合公式，进而求得不同深度的致密扇根宽度，确定有效储层的发育范围；油藏宽度的确定，则是通过大量实钻井实测物性以及核磁测井，得出各岩石结构类型不同岩相的油驱水突破压力随深度的变化关系曲线，建立扇根与扇中不同岩相排替压力差图版，结合原油密度，形成扇根封闭油柱高度预测模板。在此基础上，利用扇体油藏顶面倾角，计算出油藏平面宽度。将上述扇根边界、有效储层边界、油藏宽度边界三者叠合，即为砂砾岩成藏有利区。

根据上述含油性预测方法，明确了成藏有利区，对盐家地区展开勘探部署工作。依据"探边界、补井控、求探明"的整体部署思路，"南北打剖面，东西探扇间"。2008—2009年，在盐22—永920区块部署了永935、永936、永928-斜1等6口评价井和滚动开发井，完钻后均获得好的钻探成果，加快了勘探开发进程。期间盐22、永920井区先后部署开发井网，试采井38口，累计产油 18.37×10^4 t，为探明储量上报奠定了基础。

通过以上的勘探工作，盐家地区已经基本具备整体升级探明储量的条件，但由于砂砾岩体储层岩性复杂、非均质性强等特点，给储量计算中关键储量参数的选取带来了困难。通过测井识别及评价的专项研究，运用多种资料和手段，在岩性识别、有效厚度解释标准的基础上，重点开展孔饱参数攻关，取得了新认识，为探明储量计算和上报提供了依据。

研究收集整理了盐家地区取心资料，经岩心归位后，采用岩心收获率大于80%、岩性均匀、测井曲线能读准的层建立孔隙度解释模型，综合岩心分析和测井解释物性得到合理有效孔隙度数值；综合利用岩电、水基泥浆取心井的残余水饱和度和相对渗透率实验资料，确定出该区含油饱和度的分布范围和解释模式，在此基础上，充分考虑岩性因素，综合多种资料对饱和度给出客观的选值，由此明确了关键参数的选取方法。在储量参数确定的基础上，明确了盐家地区沙四段上亚段砂砾岩油藏探明储量的上报方案。在上述工作的基础上，2009年，盐家油田沙四段上亚段砂砾岩油藏上报探明含油面积16.05km^2，探明石油地质储量 4167.16×10^4 t。

五、砂砾岩勘探步入科学程序，陡坡带稳步增储

在前期各项研究成果的基础上，陡坡带砂砾岩科学部署整装勘探。2010年开展了储量之外有利区的勘探评价工作。针对盐16古冲沟向西以及盐18古冲沟向东扩边的盐斜223井、永933井钻探失利原因展开分析研究，认为成岩圈闭形成受母源性质、成岩演化阶段

等因素的影响，北部陡坡带东西段圈闭非油即干的界限存在差异，圈闭封堵油气高度与埋深正相关，由此形成了"地质统计分析确定圈闭发育层段、有效储层刻画确定油干分布边界、封闭能力计算确定油气成藏规模"的量化评价方法及流程。在此基础上部署钻探的盐225 井、盐斜 226 井、永 937 井、永 938 井等获得成功。盐 225 井于 2010 年 12 月完钻，沙三段下亚段共解释油层 2.4m/1 层，压裂后 6mm 油嘴日产油 9.88t，水 5.28m³。2012 年 3 月完钻盐斜 226 井，沙四段上亚段测井解释油层 4.7m/2 层，压裂后自喷日产油 12.67t，日产水 5.88m³。2012 年，盐 225 和盐斜 226 井区上报沙三段下亚段和沙四段控制含油面积 2.9km²，控制储量 264 × 10⁴t；永 937 井和永 938 井上报沙四段控制含油面积 6.05km²，控制储量 579 × 10⁴t，储量面积在东西两个边界成功外扩（图 13-31）。

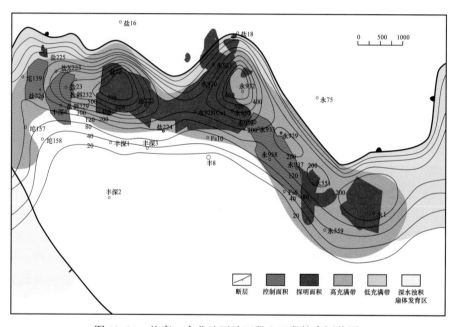

图 13-31　盐家—永北地区沙四段上亚段综合评价图

其后，2015 年 1 月，在盐家西翼完钻的盐斜 229 井在沙四段上亚段解释油层 99.5m/21 层，压裂后 5mm 油嘴放喷，日产油 43.5t，日产水 15.1 m³。同年 10 月，盐斜 229 块沙四段上报控制含油面积 2.93km²，控制储量 380 × 10⁴t。在盐斜 229 井区北部部署的盐斜 232 井于 2015 年 11 月 29 日完钻，测井解释沙四段上亚段砂砾岩体油层 41.5m/4 层，油水同层 128m/6 层，使盐斜 229 井沙四段上亚段的含油气范围继续向北扩大。永 559-2 井在 2016 年 1 月 4 日完钻，在沙四段下亚段解释油层 29.4m/6 层。盐斜 229 井、盐斜 232 井和永 559-2 井相继钻探成功，证实了深层砂砾岩仍然有较大勘探潜力。

盐家油田沙四段上亚段 10 余年来储量面积不断扩大，成为同类型油藏增储上产的典范。

六、陡坡带砂砾岩勘探启示

1. 解放思想、勇于实践，是砂砾岩勘探不断突破的重要前提

纵观盐家油气田的勘探史，从最初的寻找构造油藏转向岩性油藏，从岩性油藏转向复杂隐蔽岩性油藏，再由中浅层沙三段下亚段转向深层沙四段上亚段甚至沙四段下亚

段，每当勘探进入低谷期，都会促使勘探人员进行地质认识创新和勘探思路转变，而每次勘探思路的转变，都带动了储量发现由低谷转向高峰。实践证明，油气勘探是个反复实践反复认识的过程，需要大胆设想，勇于实践。对未经钻探地区或以往评价很差甚至久攻不克的地区，不能轻易否定轻言放弃，要坚信成熟老区不成熟，不断探索寻突破。

2. 打造利器，破解瓶颈，是砂砾岩高效勘探的有力支撑

在盐家砂砾岩体近 30 年的勘探实践中，形成了一套"沉积分析明相带，储层评价定下限，三元叠合找富集"的砂砾岩体油藏勘探部署思路。针对砂砾岩复杂扇体等时对比、有效储层评价及含油性评价等勘探难点，攻关形成了"岩心成像作标定、曲线重构划旋回、井震结合定格架"的砂砾岩旋回划分对比技术、"测试分析描结构、岩电结合划储层、地震约束定分布"的储层评价技术、"扇根遮挡、扇中富集、含油分带"的多油藏相控分带成藏模式。这些方法和技术，突破了深层砂砾岩扇体油藏勘探的技术瓶颈，保障了油气藏的规模钻探与整体发现，实现了勘探发展高效益。

3. 匹配的工程工艺技术，是砂砾岩勘探高质量运行的根本保障

针对陡坡带砂砾岩体储层的地质特点，对油藏工程关键技术攻关与完善，结合原有成熟工艺，形成了砂砾岩高效钻井新技术、压裂试油新技术、测井解释评价技术、"井工厂"开发模式等勘探工程技术系列，取得了显著效果。利用高效钻井新技术在盐家油田共完钻探井 10 余口，平均井深 4000m，平均钻井周期 86.63d，复杂情况发生率12.5%。与前期同类型探井相比，钻井周期节约 46d，复杂情况发生率减少 43.8%；压裂试油 10 井次，获工业油气流 7 层、获低产油气流 3 层，压裂工艺成功率 90%，压裂有效率 100%，平均压后增油 16.29 倍、增液 18.23 倍；测井解释结论与试油结果符合率达到90%，与以往相比提高了 17%；钻井、完井、投产多专业协同优化，"井工厂"模式运行，流水线作业平均单井压裂施工周期由 5.7d 降至 1.9d。正是这些工程工艺技术的进步，有力保障了勘探工作的高质量，为盐家砂砾岩体油气藏的探明与开发发挥了重要作用。

第五节　渤南油田洼陷带浊积岩油藏勘探

渤南油田位于山东省东营市河口区，区域构造属于沾化凹陷西北部的渤南洼陷中部，北面以埕南断层与埕东凸起相接，南面隔罗家油田与陈家庄凸起相邻，东靠孤岛潜山带，西连义和庄凸起，勘探面积约 600km²（图 13-32）。历经半个多世纪的勘探，渤南油田已发现古生界、中生界、沙四段、沙三段、沙二段、沙一段和东营组共七套含油层系。

渤南油田的勘探实践证明，地质理论的提升与地质认识的深化是勘探不断突破的原动力。勘探之初秉承"构造找油"的思路发现了渤南油田；在详探期，基于"复式油气聚集区"理论和浊积岩沉积认识，提出"跳出构造带，敢于下洼"的勘探新思路，渤南油田储量猛增，一举成为亿吨级大油田；到精细勘探期，在隐蔽油气藏理论指引下，沙三段油藏规模不断扩大，并发现沙四段规模储量；近年来，随着沙三段地质条件再认识及勘探流程的再优化，精细勘探进入新阶段，一个个储量空白区被填红，老油田焕发新活力！

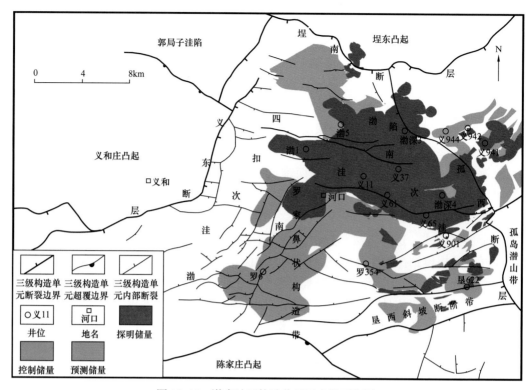

图 13-32　渤南油田构造位置及含油面积图

一、"找构造、占高点"，义 11 井沙三段获千吨，洼中诞生渤南油田

1958 年开始，针对渤南洼陷先后完成了重、磁力普查，发现洼陷内部存在局部构造高点，之后针对此类构造开展二维地震详查，测网密度 1.2km×1.2km。1964 年 2 月，胜利油田勘探会战指挥部在渤南洼陷构造图上发现了仅有几十米幅度的构造高，据此选定渤 1 井，该井 1964 年 2 月 28 日开钻，于沙河街组 2812.25～2889.5m 井段见 5 层 11.5m 油层，钻至井深 3200m 事故完钻，当年 8 月 13 日完井，渤 1 井的钻探未达预期，带给地质人员诸多困惑和疑虑，因此该区带油气勘探被迫暂缓。

20 世纪 60 年代，轰轰烈烈的胜利石油大会战是国家战略，根据胜利油区 1968 年大战沾化、车镇、临南的总体勘探部署，渤南洼陷腹地的勘探也被重新提上日程。在渤 1 井钻探失利时隔 5 年后，于 1969 年 4 月在渤 1 井东北部发现一新的构造圈闭，遂部署并完钻了渤 5 井，该井日产油 2.5t，坚定了地质人员的信心。于 1969 年 12 月在位于渤 1 井东南 5km 的另一构造高设计了义 11 井，在沙三段发现 17.9m 油层，1971 年 11 月，对义 11 井沙三段油层用 35mm 油嘴放产，日产原油 1161t、日产气 40000m³，宣告渤南油田发现。

渤南油田发现后，在"背斜成藏"油气聚集理论的指引下，不断在洼陷中探高点，同时加快油田扩边与建产，并由偶然碰到其他含油层系到开展主动勘探。至 1986 年，在渤南油田部署了探井 9 口、详探井 18 口，发现了沙四段、沙三段、沙二段、沙一段含油层系及义 37、义 61、义 65、义 85 等一批含油构造或区块，并不断钻探开发井进行扩边和投产，这一阶段探明石油地质储量 3796.0×10⁴t。

其后，随着洼内构造逐渐被打完，渤南油田的勘探再次步入滞缓，陷入困境，下一步的勘探该走向何方是摆在地质人员面前的难题。

二、复式成藏理论引领，脱离"构造"束缚，一举拿下浊积岩大油田

1. 全面"下洼""上坡"，洼陷带勘探走出困境

1986 年，济阳坳陷已全面进入"复式油气区"的勘探阶段，认为一个构造带上往往发育多种类型的油气藏，垂向上复合叠置，横向上连片成带，共同构成了一个复式油气聚集区（胡见义等，1986；刘兴材等，1998）。

这一时期的渤南洼陷依据不断丰富的二维、三维地震资料，结合钻井信息，认识到洼陷总体具有北断南超的构造格局，由北向南依次发育陡坡带、深洼带、斜坡带。陡坡带受控于埕南断层，发育断阶带、滚动背斜等次级构造；深洼区受控于东、西边缘的孤西和义东断裂带，中间又被罗家鼻状构造分割形成西部四扣、东部渤南等两个次洼；缓坡带上发育向北倾没的罗家大型鼻状构造和垦西斜坡断阶带，缓坡带坡度平缓，主要发育三段、四级调整性断层（图 13-33）。

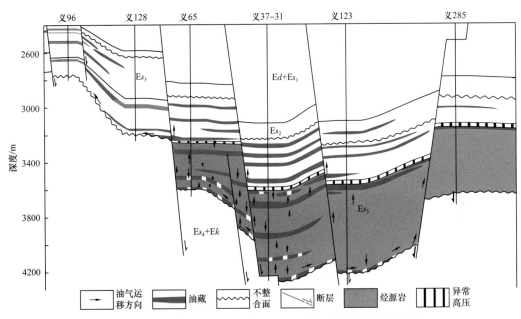

图 13-33　渤南洼陷过义 96 井—义 285 井近南北向油藏剖面图

在区域构造认识指导下，认为渤南油田所处的洼陷带是盆地的沉积中心，位于深湖沉积区，油气源充足，因四周被凸起环绕，洼陷中心应发育多物源、多类型储集体，可形成由砂岩透镜体油气藏、断层—岩性油气藏等油藏类型构成的洼陷带复式油气聚集带。这一认识下，树立了渤南油田为一个大的洼陷带复式油气聚集区的概念，油藏应叠合连片分布，同时，这一时期东营凹陷牛庄油田沙三段三角洲前缘浊积岩勘探如火如荼（林昌荣，1990），牛庄油田浊积岩在深洼带和斜坡带的勘探成功与"复式油气聚集"理论共同推动了渤南油田勘探思路的转变，由此油气勘探不再局限于正向构造，认为深洼带和斜坡带也具有较大勘探潜力，跳出了"构造带勘探"的框框，提出了"下洼、上坡"的勘探思路，渤南油田勘探由此开始走出困境。

2. 沉积序列认知提升, 沙三段浊积岩奉献亿吨储量

渤南油田"复式油气聚集"勘探阶段, 沙三段浊积岩的认识得到了极大提升。通过取心资料及当时沉积学领域的认知水平, 认为沙三段沉积时期, 渤南洼陷处于断陷发育的鼎盛时期, 缓坡发育扇三角洲沉积体系, 陡坡发育近岸水下扇和滑塌浊积扇体, 洼陷中部则发育了众多近、远岸浊积砂体和三角洲前缘滑塌浊积砂体等, 从盆地边缘到洼陷中心, 依次形成扇三角洲平原—扇三角洲前缘—浊积水道—深水浊积扇朵叶体沉积体系(图13-34)。渤南油田位于洼陷中心, 主力含油层系沙三段储集体为深水环境下的浊流沉积, 其物源区一是孤岛潜山带、二是陈家庄凸起(图13-34)。

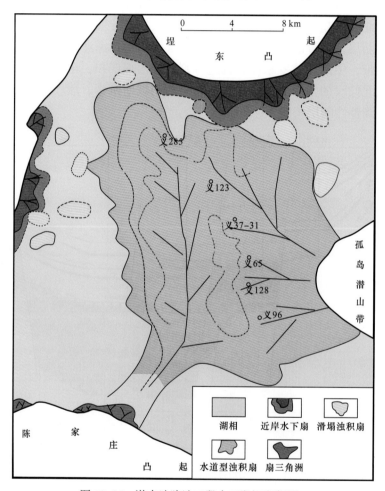

图 13-34　渤南洼陷沙三段中亚段沉积相图

基于浊积岩的沉积认识, 认为浊流沉积在沙三段各个沉积时期都有分布, 平面上叠合连片。因此在义37井区沙三段1~7砂层组进行开发井网建设时, 加深了一批井, 发现了沙三段8、9砂层组, 并认识到8、9砂层组从南部的义65井区向北延伸到义37井区, 砂层厚达100m以上, 而且含油。这两个新的发现表明渤南油田无论纵向还是横向上值得探索的领域都十分广阔, 应对整个洼陷进行重点评价研究。此时采取的勘探策略首先在深入滚动勘探开发过程中注重老油区扩边及新层系的发现, 其次坚定执行"下洼""上坡"的勘探方针, 并采取"追深层""填空白""打蔓延"的钻探方式, 相继探明了老油区周边一系列新的含油区块、沙三段1、4砂层组新的含油层系以及在远离油田主体的东部和南部地区发现新的含油区块，储量猛增。至1994年，渤南油田累计探明石油地质储量 $11887 \times 10^4 t$，其中沙三段贡献 $11042 \times 10^4 t$，一个亿吨级的大油田已经拿下。

3. 储层预测技术助力，浊积岩含油面积不断扩大

随着勘探程度的提高，渤南油田洼陷带"复式油气聚集带"易识别的圈闭逐渐被钻探，油气勘探进入"隐蔽油气藏"阶段。"隐蔽油气藏"勘探理论是胜利油田继"复式油气聚集区"理论后的又一大理论创新，其形成背景是随着勘探程度提高，勘探重心必然向岩性等不易识别的圈闭类型转移（肖焕钦等，2002；李丕龙等，2004；张善文等，2006），这一理论指导了胜利油田20世纪90年代末以来的油气勘探，至今仍具有重要意义。

这一阶段，渤南油田在基本探明情况下，以老油田扩边为增储主要手段，"隐蔽油气藏"勘探理论为储量区扩边服务，勘探工作重点转向沙三段岩性体的地震识别与边界刻画。渤南洼陷从1989年开始三维地震勘探，至1998年，渤南全区三维地震覆盖面积达 $1100 km^2$，在沙三段浊积岩地质模型建立基础上，利用高精度三维地震资料开展了浊积扇体描述与预测工作，并探索出地震剖面上判识浊积扇体的一套技术方法。据此推动了渤南油田主体老井试油和扩边工作，实现了规模增储。同时地震预测技术的提升带动了渤南洼陷东南部孤西斜坡带沙三段中亚段小型浊积扇体的勘探，先后部署探井7口，均在沙三段中亚段发现高产油层，自1998年发现了日产油50.2t的垦622井之后，至2015年12月，在洼陷东坡和南坡相继发现义941、义942、义944、义141、义901等含油区块，沙三段的含油面积不断扩大（图13-35），探明石油地质储量增加 $3161 \times 10^4 t$。

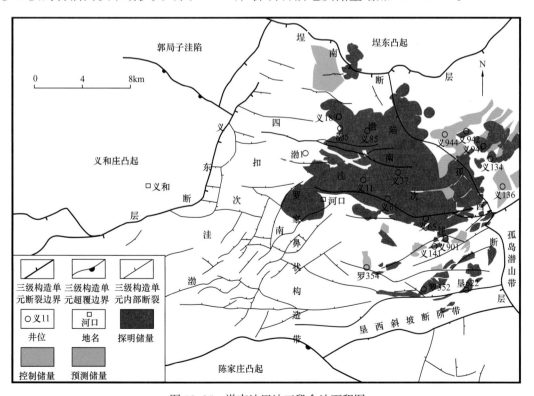

图13-35 渤南油田沙三段含油面积图

三、深化认识再实践，洼陷带深层再添整装优质储量

1. 沉积序列追根溯源，打开沙四段勘探局面

长期以来，渤南油田的主力勘探层系一直是沙三段，虽在勘探过程中偶然碰到深层油流，但并未引起足够重视。如 1987 年完钻的渤深 3 井与 1988 年完钻的渤深 4 井都在沙四段上亚段 4000m 左右的深层获得了工业油流，但当时认为沙四段上亚段普遍埋深大，储层展布复杂，同时钻探成本高，钻探风险大，没有投入足够精力跟进，勘探多年无进展。1997 年河口三维出站，利用新资料对渤南洼陷沙四段上亚段进行了重新评价，于 1998—2000 年在有利构造部位相继钻遇油层，沙四段上亚段深层油气勘探获得进展，2001 年上报渤深 4 块沙四段上亚段控制石油地质储量 2185×10^4t。这一阶段的钻探过程中，虽多数探井获得了油流，但仍面临着钻遇储层薄，达不到工业产能等问题，后续完钻的义 174 井甚至没有钻遇储层，沙四段上亚段勘探被迫暂缓。

针对储层展布规律不清的问题，深化了渤南洼陷沙四段上亚段沉积序列研究，认为沙四段上亚段是以湖相背景下的近源扇体沉积为主，四周凸起皆提供物源，其中以南部陈家庄凸起及北部埕东凸起供源形成的扇体范围最大，南部物源影响下在缓坡带形成扇三角洲、混积岩滩坝、石灰岩滩坝、砂岩滩坝，北部物源影响下在陡坡带和洼陷带形成近岸水下扇、砂岩滩坝，从而组成了从缓坡带到陡坡带依次分布扇三角洲—混积岩滩坝—石灰岩滩坝—砂岩滩坝—近岸水下扇的沉积序列（图 13-36）。由此认为渤南油田主体所处的洼陷带主要受北部埕东凸起物源区控制，位于北部近岸水下扇的前端，在沙四段上亚段沉积早期主要为砂岩滩坝沉积，晚期为近岸水下扇扇端沉积，储层厚度相对较薄，往北部靠近物源区方向储层厚度应逐渐增大。基于沉积规律的认识，2009 年利用孤西高精度三维对渤南洼陷沙四段上亚段开展了新一轮评价，首先在渤深 4 块控制石油地质储量区内寻找厚层砂体钻探，一举探明义 176、渤深 4 块断阶带沙四段上亚段 3、4 砂层组石油地质储量 3012.14×10^4t，同时分别往北探索北部物源区近岸水下扇扇中、往南探索南部物源区砂岩滩坝和石灰岩滩坝的含油气情况，相继在北部陡坡带近岸水下扇扇中探明义更 103 块石油地质储量 768.96×10^4t，控制义 178、义 282 块石油地质储量 3306.55×10^4t，在南部缓坡带砂岩滩坝中发现罗 6 井区预测石油地质储量 1173.91×10^4t，罗 351 井区预测石油地质储量 558.13×10^4t，在石灰岩滩坝中发现罗 53 块预测石油地质储量 1667.33×10^4t，使沙四段成为渤南油田沙三段之后的第二大含油层系（图 13-37）。

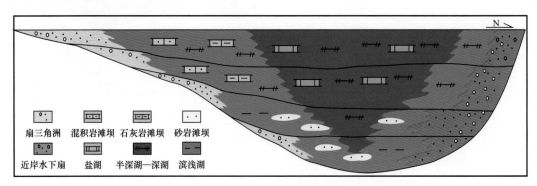

图 13-36　渤南洼陷沙四段上亚段沉积模式图

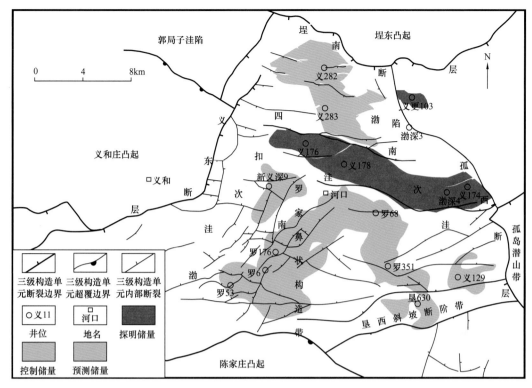

图 13-37 渤南油田沙四段上亚段含油面积图

2.破解优质储层成因机制，深化深层岩性油藏勘探

一直以来，渤南油田沙四段上亚段主要秉承岩性油藏的勘探思路，发现了规模储量，但探井产能差异大，究其原因，认为储层物性是产能高低的决定因素，但储层物性与埋深大小关系并不明显，例如深洼带埋深大于 3500m 的储层往往物性还能保持在 15% 左右，探井产能较高，而缓坡带砂岩滩坝中埋深 2500～3000m 的储层往往孔隙度低于 10%，探井产能较低，勘探实践展现出有利储层分布的复杂性，制约了沙四段上亚段的深化勘探。

针对油气勘探面临的问题，通过科研攻关，提出了咸化湖盆"酸碱共控"的深部优质储层成因机制创新认识（刘鹏，2016；孟涛等，2017）。认为渤南洼陷沙四段上亚段沉积期是一咸化湖盆，沉积有大量膏盐岩，膏盐岩在由石膏向硬石膏转化过程中产生碱性流体，碱性流体影响下大量碳酸盐岩胶结物产生并充填原生孔隙，使原生孔隙免于压实，孔隙骨架得以保存，当后期生排烃过程中伴生的有机酸进入时，早期充填在原生孔隙中的碳酸盐岩胶结物发生溶蚀，原生孔隙空间得以恢复，从而形成"酸碱共控"的成岩演化规律（图 13-38），这一规律控制下，咸化湖盆储集体在有机酸注入后发生大规模溶蚀的时间较晚，溶蚀孔隙大量出现的层位埋深较大，从而在深部形成次生孔隙发育的优质储层，而中浅层还多处于碱性流体胶结或酸性流体溶蚀的初始阶段，还未形成大规模次生孔隙。此认识对沙四段上亚段深层发育优质储层而中浅层优质储层匮乏的问题给出合理解释，同时对沙四段下亚段的油气勘探提供了指导，认为沙四段下亚段受"酸碱共控"影响发育优质储层，由此部署的罗 176 等井获得成功，于 2019 年上报沙四段下亚段罗 176 块预测石油地质储量 1873.73×10^4t。

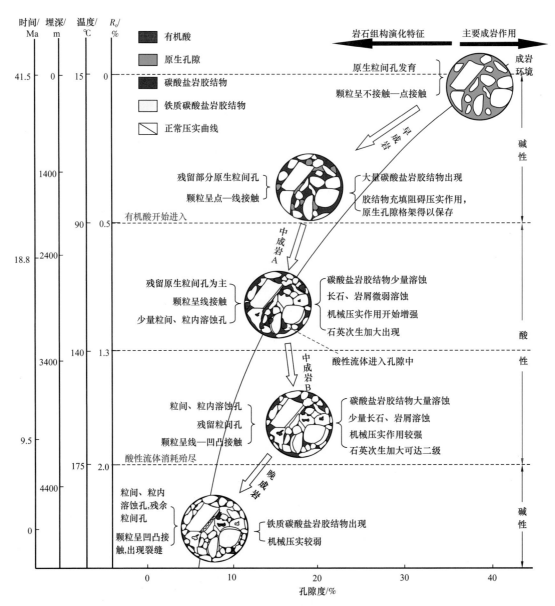

图 13-38 渤南洼陷沙四段深部优质储层形成模式与孔隙演化

四、优化勘探程序，主力油层不断扩边增储，老油田进入勘探新阶段

随着地质认识的不断进步和地震资料品质的不断提升，渤南油田这一老油区的勘探程度不断升高，勘探难度日益增大，尤其是面对油田主体南部的储量空白区，显得有些束手无策。储量空白区不缺储层，但厚储层难寻；不缺油气显示，但规模聚集难找。针对问题，近年来不断加大科研攻关力度，对渤南洼陷沙三段地质条件再认识、对成熟探区的勘探技术流程再优化，相继形成了砂质碎屑流沉积新认识以及精细勘探"七步走"的工作流程，在储量空白区的应用中屡有斩获，发现了一批储量，老油田焕发新生机。

沙三段储量空白区解剖过程中面临的主要问题是圈闭刻画。依据以往"浊积岩"的沉积认识，砂体叠合连片，缺少尖灭边界，在构造圈闭钻探完后很难刻画出岩性类圈闭。随着近年来深水砂岩沉积理论的提出（鲜本忠等，2014；操应长等，2017），对深水沉积砂岩的搬运机制和发育模式有了重新认识。有效指导了中国陆相湖盆深水区的油气勘探，也引发了对渤南洼陷沙三段沉积类型的再认识，最终形成了砂质碎屑流的沉积新认识。认为油田主体南部的储量空白区处于远源三角洲前缘，三角洲前缘砂体在一定触发机制下失稳，发生滑动、滑塌，继而形成砂质碎屑流和浊流砂体，渤南洼陷南部斜坡储量空白区南端以滑动—滑塌砂体为主，中北部以砂质碎屑流砂体为主，砂体呈条带状展布。在该模式指导下，砂体与断裂结合可形成大量岩性构造圈闭，从而在地质模型上解决了圈闭刻画问题。

此外，渤南油田沙三段成熟层系储量空白区岩性体小而薄，分布规律不清，预测难度大，同时断块小而碎，精细刻画困难，控藏作用不清，需要深化的工作千头万绪，工作的深入程度以及先后等问题也十分突出。鉴于此，建立了成熟层系精细勘探"七步走"的工作流程，并形成了"9图1表1过程"的工作规范。

"七步走"工作流程：第一步，资源再评价，预测剩余资源潜力；第二步，有序性指导，预测可能油藏类型；第三步，研究再深入，建立精细地质模型；第四步，油藏细剖析，明确成藏富集要素；第五步，失利井分析，厘定储量空白原因；第六步，针对性攻关，完善关键勘探技术；第七步，圈闭再刻画，预测有利勘探目标。

"9图1表1过程"的工作规范："9图"分别为主力含油砂层组顶面构造图和油层平面叠合分布图、主力含油层段沉积微相平面图和油层平面叠合分布图、主力含油层段储层物性平面图和油层平面叠合分布图、主力含油层段压力平面图和油层平面叠合分布图、穿过失利井和油层井的不同方向的油藏剖面图；"1表"为某一层系含油气情况或探井钻探情况与成藏要素关系统计表；"1过程"为主要目的层的油气成藏过程剖析。

在不断的地质再认识、流程再规范、技术再进步支撑下，渤南油田这一历经半个多世纪的老油田不断有新的发现，2016年上报义189块、义284-斜1块探明石油地质储量 $146.6 \times 10^4 t$，上报罗354块控制石油地质储量 $186.79 \times 10^4 t$。2018年上报义136块控制石油地质储量 $120.64 \times 10^4 t$，上报渤南油田十区沙三段预测石油地质储量 $852.76 \times 10^4 t$。

截至2018年12月底，渤南油田累计探明石油地质储量 $19587.46 \times 10^4 t$，控制石油地质储量 $6336.07 \times 10^4 t$，预测石油地质储量 $3431.31 \times 10^4 t$。三级石油地质储量近 $3 \times 10^8 t$。

五、洼陷带浊积岩岩性油藏勘探启示

1. 不断深化沉积序列认知是洼陷带油气勘探不断突破的根本保证

渤南油田的主体位于洼陷带，洼陷带由于远离物源区，储层相对匮乏，因此储层成因类型及展布规律是洼中油气勘探的关键所在。渤南油田的勘探实践证实，主力含油层系沙三段与沙四段沉积序列的深化认识是推动油田储量大发现的主要原因之一。首先，20世纪90年代深化沙三段沉积研究，从盆地边缘到洼陷中心建立起扇三角洲平原—扇三角洲前缘—浊积水道—深水浊积扇朵叶体的沉积序列，认为洼陷带广泛发育浊积岩，油气勘探遍地开花，一举探明亿吨浊积岩油藏，奠定了渤南油田大油田的地位；其次，进入21世纪后深化沙四段上亚段近源扇体沉积认识，建立了从缓坡带到陡坡带的扇三角洲—混积岩滩坝—石灰岩滩坝—砂岩滩坝—近岸水下扇的沉积序列，形成了岩性油藏近源探扇、远源探坝的勘探思路，发现了沙四段上亿吨储量规模；再者，2015年以来对沙三段浊流沉积序列开展再认识，树立了三角洲前缘砂体在一定触发机制下形成滑动—滑塌—砂质碎屑流—浊流砂体的新沉积序列，实现了缓坡带储量空白区的描红。沉积序列研究是油气勘探的基础，也是关键，对于远离物源区的洼中勘探而言尤其重要，渤南油田的勘探实践一次又一次证实了沉积序列的深化认识对洼中勘探的重要意义。

2. 咸化湖盆具备优质储层发育地质条件，断陷盆地深层具有广阔油气勘探空间

渤南洼陷沙四段上亚段为一咸化湖盆，咸化湖盆深层储集体在"酸碱共控"的成岩演化机制下往往发育优质储层，此理论不但对渤南油田沙四段深层发育优质储层的事实做出合理解释，同时推动了深层勘探的进程，其更大的意义在于对其他咸化湖盆深层油气勘探的指导意义。这一认识指导下，认为济阳坳陷沙四段膏盐岩普遍发育，膏盐岩在转化过程中形成的大量碱性流体使储集体在成岩早期发育大规模碳酸盐岩胶结物，为深层次生孔隙发育提供了可溶蚀改造的空间，加之咸化环境优质烃源岩可提供充足的油气供给，二者共同控制下，深层具有巨大的油气潜力和广阔的勘探空间。此外，我国各大盆地在不同沉积时期多有咸化湖盆发育，咸化湖盆深层是油气勘探的重要领域，"酸碱共控"的咸化湖盆深部优质储层成因理论必将继续发挥应有作用，为深层油气勘探助力。

第六节　乔庄油田滩坝砂油藏勘探

近年来，东营凹陷南部缓坡带（以下简称东营南坡）滩坝砂油藏勘探取得了丰硕成果，鉴于滩坝砂储层类型分布的特殊性，其勘探历程很难被任何单一油田孤立并单独论述。本节从乔庄油田出发，但勘探研究过程和成果将涉及整个东营南坡。

乔庄油田位于山东省博兴县乔庄村，区域构造位于东营南坡的西段，主体在利津洼陷西南斜坡，部分覆盖博兴洼陷小营—纯化构造带，勘探面积约500km²（图13-39）。主要含油层系为沙三段、沙四段，截至2018年，累计上报探明含油面积202.82km²、石油地质储量7144×10⁴t。沙四段滩坝砂岩是其主要勘探类型。

乔庄地区夹于平方王构造、中央断裂背斜带、纯化—小营鼻状构造三大正向构造之间，多构造带叠合使其构造背景相对复杂。中北部为利津洼陷南次洼，地形相对平缓；南部为中央背斜带河125断裂末端，断裂呈羽状组合向西撒开，北东东走向，主断层最大断距300m，次级断层断距多在50m左右。受小营—纯化构造抬升影响，地层整体西南高东北低，地层倾角5°～8°。沙四段沉积晚期，该区总体处于浅湖—半深湖环境，广泛发育了滩坝砂岩沉积，成为沙四段岩性油气藏的有利储集体；沙三段沉积中期，在洼陷和斜坡上发育了大型浊积扇体，被复杂断裂切割，为众多断块—岩性油气藏的形成奠定了基础。

乔庄油田早期构造普查发现沙三段含油断块，通过非背斜油气藏勘探查明沙三段

（梁家楼）浊积砂体。1986年沙三段基本探明正式投入开发，沙四段滩坝砂岩逐步成为勘探重点。基于当时的地质认识和地震资料分辨率的限制，认为这种储层厚度薄，分布规律不清，描述困难，初期还是以寻找构造圈闭为主，勘探局限在纯化—小营等大型鼻状构造周围。"十一五"以来，理论技术进步加快了滩坝砂岩的勘探进程。依据古地貌、古水动力、古基准面进行滩坝沉积模式的重建，提出了"三古控砂"的沉积认识，推进了滩坝砂岩有利沉积区的认识；应用有效储层、地层压力、构造背景三方面因素综合评价，建立了"三元控藏"的成藏模式，突破了滩坝油藏主要受构造和断层控制的传统认识，实现了勘探由构造向岩性、由斜坡向洼陷的重大转变；发展了属性分析、波形分类、波阻抗反演技术对滩坝砂岩分布进行精细描述，提高了探井成功率，保证了勘探效益。理论创新与技术进步推动了勘探向纵深发展，实现了该类型油藏勘探的历史性突破。

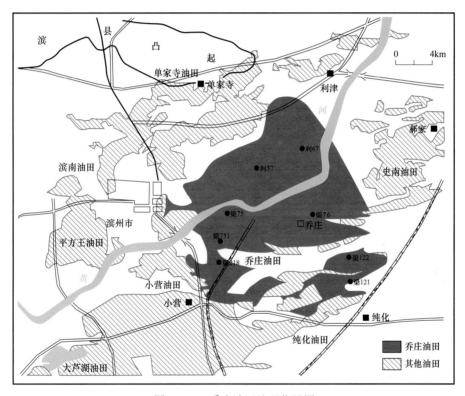

图 13-39　乔庄油田地理位置图

一、20世纪70年代找"三小"，80年代探岩性，沙三段有甜点，沙四段少发现

1. 找"三小"，发现含油小断块

乔庄地区自1965年开始地震工作，在背斜油气藏勘探阶段，由于缺乏大型正向构造，该区勘探发现较少，仅在1967年钻探通21井于沙四段见到油气显示，因储层差未解释油层。至1974年，寻找大型构造油气藏的高峰已过去，开始用勘探熟悉的技术和方法找"三小"（小滚动背斜、小断块、小潜山）。1975年钻探梁14井，于沙三段中亚段发现油层5层15.7m，1977年2月射开3128.30～3145.00m井段3层11.30m油层试油，

5mm 油嘴自喷日产油 42.50t，从而发现乔庄油田。

1978 年开始加密地震测网，重新落实 T_4（沙三段中亚段顶面）构造图，通过梳理断块钻探梁 21 等井，虽然工作很细致，储量发现却不多。

2. 探"岩性"，探明含油浊积扇

1981 年，开始尝试突破非背斜油气藏只能碰不能找的框框，总结了济阳坳陷非背斜油气藏的形成条件和分布规律，发展了一系列新的技术手段和找油观点。这个阶段，乔庄地区地震测网逐步由 600m 加密到 300m，应用地震地层学理论对该区沙三段开展地震—地质研究，逐步摸清沙三段发育一大型扇体（因扇主体位于梁家楼地区而命名为梁家楼砂体），其物源来自南斜坡，分布范围从南向北横跨了纯化、梁家楼、乔庄、郝家等地区，沉积类型为具有供给水道的大型深水浊积扇（图 13-40）。认识上的飞跃带来了油气勘探的突破，期间先后部署钻探梁 21 井、梁 22 井等 15 口探井，6 口井在沙三段中亚段试油获日产 5.00～92.10t 工业油流。1986 年 4 月梁家楼砂体基本探明正式投入开发，合计探明石油地质储量 602×10^4t。

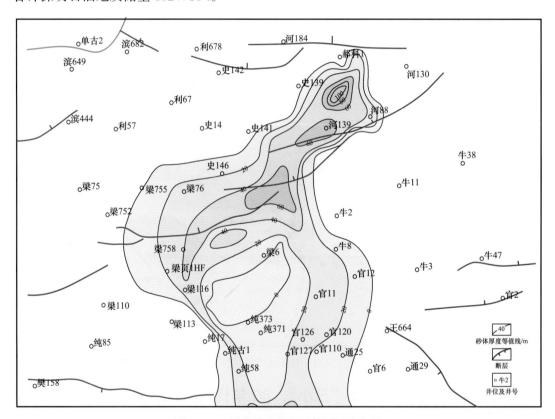

图 13-40　梁家楼浊积扇砂体平面分布图

该阶段岩性油气藏勘探方法有了大的进步，但限于当时的勘探手段，对沙四段的勘探仍以寻找构造圈闭为主。乔庄地区构造以平缓的斜坡为主，缺少大型构造背景，且沙四段储层薄、埋深大，综合评价认为成藏条件不利。长期以来，该区少有针对沙四段的探井部署，仅有 1989 年钻探梁 103 井，沙四段电测解释 2 层 5.6m 油层，试油获日产 1.4t 的低产油流。

二、20世纪90年代探沙四段，构造背景寻坝砂，缓坡带多点开花

早期钻探结果表明，滩坝砂岩在东营南坡分布普遍，但油气丰度小、多数井产能较低，导致以往的勘探工作时断时续，影响了勘探评价。20世纪90年代后期，针对这些问题加强了沉积规律的研究，一开始是各区块的单兵作战，之后从研究的系统性考虑，打破油田间的框框，对东营南坡滩坝砂岩进行整带研究。初步明确了滩坝砂岩的沉积规律，勘探目标为在构造背景周围寻找滩坝砂厚储层发育带。

研究表明，东营凹陷南部缓坡带在沙四段沉积晚期大部分地区处于滨浅湖—半深湖环境，有利于滩坝砂岩的广泛发育，其物源主要来自鲁西隆起和滨县凸起上的三角洲砂岩，经湖浪和沿岸流搬运再沉积而成。滩坝砂岩岩性剖面上表现为泥岩夹砂岩或砂泥岩互层，根据砂岩的形态和产状，可划分为坝砂和滩砂。坝砂岩性为中细砂岩夹粉砂岩，单层厚度大，一般大于3m，横剖面呈底平顶凸或双凸型的透镜体；滩砂围绕在坝砂周围呈席状分布，岩性为粉砂岩、泥质粉砂岩的互层，砂层多但单层厚度薄。

在古地形恢复的基础上分析了滩坝砂岩的分布规律。分析得出，滩坝砂岩的发育与古地形有着密切的相关性，一般在构造作用形成的正向构造带周围沉积较厚：（1）构造转折带（平方王潜山以及草桥潜山向洼陷倾没部位的滨东、梁家楼、博东地区）；（2）鼻状构造带（金家鼻状构造带侧翼的樊东地区）；（3）同沉积断层抬升形成的水下高地（平南、小营—纯化地区）。

该时期以构造背景周围的岩性油气藏为目标，重视产能高的厚砂岩的勘探，认为单层厚度大于3m的坝砂勘探效益好，并制作了东营南坡西段单层大于3m的砂岩分布图（图13-41）。通过部署研究，在乔庄油田外围的滨东、平南、樊东、梁家楼地区有发现，滨424、樊119、樊134、梁108等井陆续钻探取得成功，勘探呈现多点开花之势。但由于滩坝砂岩储层横向变化大，向外拓展困难，勘探推进缓慢，仅在滨东、梁家楼等地区上报了小块探明储量。

三、深化研究终突破，滩坝勘探上规模，展现含油连片大场面

进入21世纪，胜利油田加大了滩坝砂油藏的研究投入和勘探力度。2004年开始，针对滩坝砂岩埋深大、储层薄、渗透性低的勘探难点，在三维地震资料基础上，采用薄互层地震属性预测等新技术精雕细刻滩坝砂岩，并引进了大型压裂试油工艺。大型压裂试油首先在邻区正理庄油田取得突破，高89井在3000m以下获得日产11.5t的工业油流，当年上报预测石油地质储量 4196×10^4t。该成果极大地推动了滩坝砂岩的研究热潮，为深化滩坝砂岩的勘探，"十一五"期间开展了滩坝砂成因、成藏与勘探的攻关研究，并逐步建立了滩坝"三古控砂"沉积模式、"三元控藏"成藏模式以及相应的配套勘探技术，有力地指导了滩坝砂岩的勘探实践。缓坡带滩坝砂岩含油面积由斜坡向洼陷纵深发展，最终实现了滩坝砂岩整带含油连片。

1.沉积规律再认识，"三古控砂"找储层

依据沉积动力学，对已有钻井资料进行认真梳理，通过大量典型地质剖面深入解剖，并结合青海湖、潍坊市峡山水库现代沉积考察，对滩坝砂岩的沉积进行深入研究，总结规律，由此建立了陆相断陷盆地滨浅湖滩坝砂岩"三古控砂"的沉积控砂模式，指

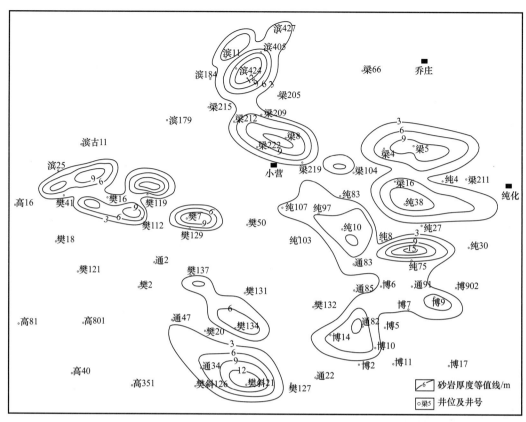

图 13-41　东营南坡西段沙四段上亚段 1 砂层组单层大于 3m 滩坝砂岩等厚度图（2001）

出古地貌、古水动力、古基准面决定了滩坝砂岩的沉积环境和空间展布。

古地貌背景控制滩坝砂体的平面展布。宏观大型缓坡背景是形成大规模滩坝的地形条件，微观古地形高地周缘有利于厚层滩坝沉积。沙四段上亚段沉积早期，东营南斜坡地形总体平缓，广阔的区域处于滨浅湖环境，有利于滩坝砂大面积发育；多构造带叠合致使水下断阶和水下高地发育，这些不规则的局部地貌，对波能具有幅聚作用，有利于沉积物的充分分选和再堆积，是物性好、厚度大的砂岩发育区，砂岩一般围绕水下高地呈条带或环带状展布。

古水动力决定滨浅湖环境沉积分异。湖盆的滨浅湖区主要的水动力为波浪和沿岸流，两者共同作用控制了滩坝沉积物的粒度分异和平面分布。波浪能量控制了沉积物的粒度分异，能量相对弱的区域粗碎屑搬运不到，能量相对较强的区域细碎屑沉不下。受波浪控制，东营南坡滩坝砂岩近洼陷区和近岸区为粒度相对较细的沉积物，粒度均值在 2ϕ 以上，峰值在 4ϕ 左右，中间区域粒度较粗，粒度均值小于 2ϕ，峰值在 3.5ϕ 以下。沿岸流控制了砂体的延伸方向，沿岸流的方向一般与滩坝砂体的长轴方向一致。如乔庄地区，沿岸流以东南方向为主，受其影响砂体多呈北西—东南方向展布。

古沉积基准面控制滩坝纵向发育。中长期沉积基准面持续上升有利于坝砂发育，短期基准面频繁震荡决定砂体的迁移和叠置样式。沉积基准面的变化反映了沉积期相对湖平面的升降，如果沉积基准面保持相对稳定，沉积区的岸线、水动力条件等也将保持相对稳定，这样就能使沿岸沙坝持续加大、加厚，规模逐渐扩大；相反，沉积基准面处于频繁升降变化状态，波浪和沿岸流控制下的沉积作用也将频繁地侧向迁移，导致沉积砂体厚度相对较薄，更多的形成滩砂沉积。沙四段上亚段沉积时期，东营湖盆为缓慢扩张，沉积基准面总体上处于相对稳定状态，因此该时期滨浅湖滩坝砂体发育，局部地区发育了相对较厚的坝砂沉积。而湖盆的缓慢扩张，致使纵向上砂体由湖向岸方向迁移，形成多排滩坝厚度中心，呈现坝外有坝的分布特点。

"三古控砂"沉积控砂模式有效地指导了东营凹陷大型滩坝砂岩油藏的勘探，对陆相断陷盆地具有普遍指导意义。研究得出，东营凹陷沙四段上亚段沉积时期缓坡带西段滨浅湖滩坝砂岩广泛分布，展布面积超过 $1200km^2$（图 13-42）。

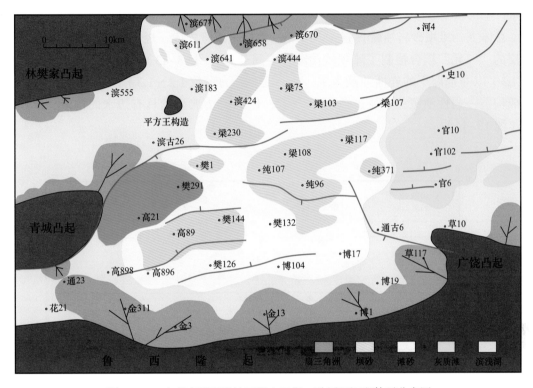

图 13-42　东营南坡西段沙四段上亚段 1 砂层组沉积体系分布图

2. 成藏要素再认识，"三元控藏"找富集

通过典型油藏解剖及相势匹配关系研究，明确了滨浅湖薄储层油气运聚成藏模式及主要作用机制。研究认为，滩坝砂成藏主要受断裂发育、有效储层分布、烃源岩超压等 3 个主要因素的影响，即"三元控藏"：断裂裂隙控制油气输导；有效储层决定成藏规模；烃源岩超压控制充满程度。

断裂裂隙控制了油气的输导。二级断裂分割成藏系统，可以将烃源岩完全分割开来，形成独立的成藏系统；三级断裂控制压力分区，滩坝砂油藏的压力分区往往是以三级断层为边界，如博兴断层南部油藏主要为常压油藏，而北部油藏压力逐渐增大；四、五级断层及裂隙控制油气富集，滩坝砂岩紧邻沙四段上亚段烃源岩，常规地震剖面无法识别的低级序断层及裂隙对油气输导极为重要。

有效储层决定成藏规模。一方面，有效储层下限决定了储层是否含油，大部分滩坝砂岩由于埋藏较深，薄互层表现出很强的非均质性，呈现"非油即干"的特点，有效储层的分布范围决定油层分布范围，有效储层的连片分布决定了油气成藏的规模。

烃源岩超压控制充满度。沙四段上亚段烃源岩生烃能力强，形成强超压，压力系数超过 1.4 以上，最大超过 1.7。异常高压是滩坝砂大面积成藏的主要动力，烃源岩广泛超压控制充满程度。统计表明，滩坝砂油藏含油饱和度与两方面因素有关：纵向上，距离烃源岩距离越近，含油饱和度越高，反之，越低；平面上，越靠近生烃超压中心油层越厚、充满度越高，靠近洼陷边缘，随着烃源岩压力的降低，油藏充满度降低，出现边底水。

总体上，滩坝砂岩油藏具有独特的相—势耦合成藏规律，烃源岩超压、断裂和有效储层的"三元"耦合控制了滩坝砂油藏的空间分布（图 13-43）：高压区（压力系数大于 1.3）以非油即干的岩性油藏为主；过渡区（压力系数 1.2~1.3）油、干、水层间互，形成构造—岩性油藏；常压区（压力系数小于 1.2）为典型的具有边水的构造、断块油藏（图 13-44）。

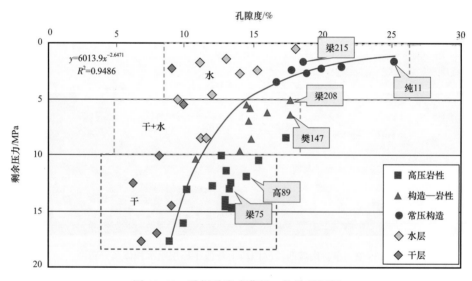

图 13-43　滩坝砂岩成藏相—势关系图版

3. 整体部署，有序勘探，滩坝砂规模增储

依据"三古控砂""三元控藏"认识，对滩坝砂岩油藏重新进行评价，确定东营南坡西段具有大规模含油连片的基础，同时还发展和完善了滩坝砂岩薄互层预测技术，探井成功率大大提高。按照"横向到边、纵向到底、整体部署、分步实施"的思路，从博兴洼陷—利津西坡进行了逐区有节奏的预探和评价，具体做法，以正理庄高 89 块为核心向小营—纯化、利津西坡逐步推进，评价老区的同时预探新区。

2005—2006 年，分步控制和探明正理庄高 89 块，实现探明石油地质储量 $3689.49 \times 10^4 t$。

2006 年对小营—纯化地区进行评价，同时对利津洼陷西坡的乔庄地区进行预探。其中在乔庄油田部署的梁 75 井，于沙四段上亚段 3413.8~3480.4m 井段测井解释油层 7 层

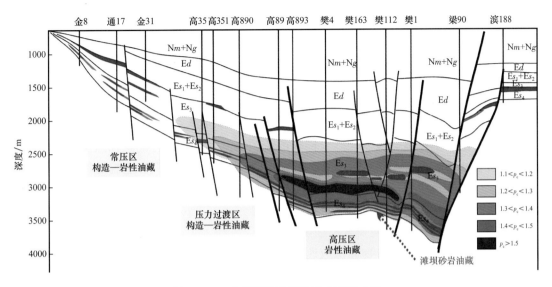

图 13-44 东营凹陷滩坝砂岩成藏模式图

7.7m，压裂后试油，获日产油 13.25t、水 2.53m³。当年上报梁 75 井区沙四段预测含油面积 150km²，石油地质储量 3594×10⁴t。

2007 年向利津洼陷腹地展开预探，史 14、梁 76、滨 444 等 9 口井均在沙四段上亚段钻遇油层。其中史 14 井沙四段上亚段解释油层 4 层 8.6m，油水同层 1 层 12.1m，压裂试油，日产油 10.17t。当年，梁 75 块上报控制石油地质储量 5334.36×10⁴t，梁 75 块东北部的梁 76 块上报新增预测石油地质储量 4990.62×10⁴t。

2008 年，对梁 76 块滩坝砂油藏继续展开评价，钻探利 67、梁 753 等 6 口井均钻遇沙四段滩坝砂油层，其中利 67 井沙四段上亚段解释油层 14 层 26.7m，对 4007.58～4092.00m 井段 1 层 8.4m 油层中途测试，日产油 83.4t、气 16690m³，不含水。当年梁 76 块升级控制石油地质储量 4907.52×10⁴t。

2009—2010 年，利津洼陷滩坝砂油藏继续实施探井 12 口井，均钻遇油层。其中利 672 井解释油层 9 层 10.9m，在 4125.3～4156.5m 井段 3 层 5.1m 压裂试油，日产油 16.2t，不含水。

2011 年，以乔庄油田为主体整体申报滩坝砂油藏含油面积 255.28km²，探明石油地质储量 8463.56×10⁴t（其中乔庄油田占 6429.49×10⁴t），成为胜利油田自隐蔽油藏勘探以来一次性探明整装大型岩性油藏规模之最。至此，东营凹陷沙四段滩坝砂岩基本探明，实现了近 1200km² 的滩坝砂岩分布区内 12 个油田的整体含油连片。

四、缓坡带滩坝砂岩勘探启示

1. 断陷湖盆缓坡带滩坝砂广泛发育，可形成整带含油大场面

东营南坡西段滩坝砂岩的勘探大致可分为三个阶段：（1）管中窥豹阶段——勘探早期认为滨浅湖滩坝砂岩单层厚度小、油层薄、分布局限，难以发现大油田；（2）窗中看景阶段——中期加强了沉积规律研究，认为构造背景侧缘坝砂储层发育，勘探多点开花，但未形成规模储量；（3）空中俯瞰阶段——不满足于小片发现，研究攻关建立了

"三古控砂"的沉积规律和"三元控藏"的成藏模式，俯瞰滩坝砂岩大面积含油的全貌，加速了油气勘探进程。

"十一五"以来，通过解放思想、开拓创新，突破了传统认识，实现了滩坝油藏勘探由构造向岩性、由斜坡向洼陷的重大转变，储量连年增长，累计探明石油地质储量 $1.61 \times 10^8 t$，实现了近 $1200 km^2$ 的滩坝砂岩分布区内 12 个油田的整体含油连片。

2. 滩坝砂储层薄，技术配套是高效勘探开发的根本保障

早期工艺技术难以适应滩坝砂岩勘探的需求，有了含油连片的宏伟蓝图，还要有相应的配套技术才能将储量拿到手。"十一五"以来，开展了沉积古地貌的精细恢复及岩相古地理重建，集成配套了薄互层储层综合预测、薄互层油层压裂改造等技术系列，实现了滩坝砂岩薄互层油藏勘探技术的工业化应用。

1）基于沉积学的古环境要素精细恢复技术

采用沉积学方法确定古物源供应速率和沉积速率，采用地层回剥与综合校正进行高精度古地貌恢复，采用波浪与湖流动力学方法确定古水动力分带，通过古沉积环境要素匹配预测滩坝砂岩有利发育区，落实滩坝砂岩叠合分布面积，突破了以前滩坝砂岩局限分布的认识。

2）基于控砂模式的薄互层储层综合预测技术

根据建立的地质模型，将滩坝砂分为高能滩、低能滩和坝砂 3 种。在储层正演模拟的基础上，分析不同岩性组合的地震振幅、波形等属性特征，总结各种属性与储层发育程度和岩性组合之间的对应关系，优化筛选出最优属性进而进行地震相划分及储层预测。通过属性预测成果图与古地貌图叠合进行控砂分析，实现对无井区域预测结果的准确性监控。

3）基于薄互层结构的深层滩坝砂岩油层压裂改造技术

针对滩坝砂岩油藏埋藏深、层薄致密、自然产能低、压裂稳产期短的特点，攻关形成了配套工艺技术：形成了多层合压的薄互层大规模压裂技术；研制了深穿透射孔弹，提高射孔穿深 15%～20%，有效提高了渗流能力；研制了复合防膨压裂液体系，耐磨蚀、防气锁压裂一体化泵和探井试油连续排液装置，降低了压裂对储油层的二次伤害；形成了 30～50 目和 20～40 目陶粒支撑剂以 3：1 的比例进行组合的加砂方式，最大限度提高了支撑剂铺置浓度的长期导流能力。该套技术的应用大幅度提高了滩坝砂岩油层的产能和稳产周期，平均单井日产油量由之前的不足 1t 提高到 10～25t，平均单井稳定日产油量 6～10t，最高日产油量达 83.4t（利 67 井）；实现了埋深达 4200m、单层厚度仅 1～1.5m 的滩坝砂岩油藏中的工业化应用，下拓有效勘探深度 1500m。

第七节　三合村油田勘探

三合村油田位于山东省东营市利津县，南邻东港公路，处于黄河故道附近。构造上位于孤岛凸起西南部倾没端，其北以孤南断层为界。与渤南洼陷主体相邻，南邻陈家庄凸起东段北翼，东为孤南洼陷，勘探面积 $150 km^2$（图 13-45）。

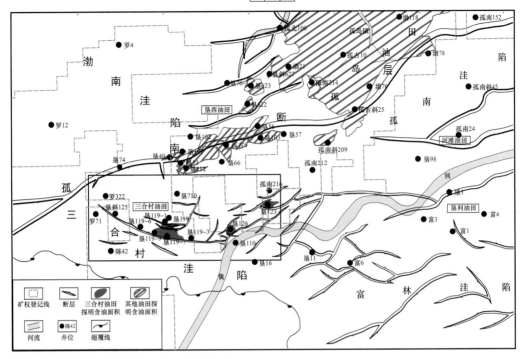

图 13-45　三合村油田地理位置图

三合村油田发育构造、岩性、地层等多类型油藏，其中新近系馆陶组主要发育构造和岩性油藏，古近系主要发育地层油藏（图13-46）。从油气纵向分布来看，主要集中在沙三段和馆陶组。沙三段油藏埋深2000～2550m，储层岩性以砾岩、粗砂岩为主，属于扇三角洲沉积，储集类型为孔隙型，孔隙度0.3%～28.2%，渗透率0.02～875.94mD，地面原油密度为1.065～1.075g/cm³，地面原油黏度为18906～22375mPa·s（80℃），地层水总矿化度6741～9372mg/L，水型为NaHCO₃。馆陶组油藏埋深1600～1700m，储层岩性以粉砂岩、细砂岩及含砾砂岩为主，储集类型为孔隙型，孔隙度28.9%～39.8%，渗透率595～6870mD，地面原油密度0.9174～0.9899g/cm³，原油黏度51.3～15900mPa·s（50℃），地层水矿化度7464～12860mg/L，水型为CaCl₂型。

前景光明、道路曲折，是三合村油田的真实写照，其发现历程可谓一波三折。由于该地区处于盆缘地带，自身不具备生烃能力，长期以来，一直认为该地区不会有大的勘探场面。近年来，通过重视早期成藏和油气复合运聚模式，发现了该油田。该油田的发现，带来了勘探思路的转变及勘探选区的拓展，对盆缘小洼陷的勘探具有重要的借鉴意义。

一、探索洼陷深部，寻找斜坡超覆，三合村初探失利

20世纪60年代，勘探人员在这里发现一个面积约100km²的浅层洼陷，根据地面村名命名为"三合村洼陷"。自该地区勘探以来，一直到20世纪80年代，勘探重点都在三合村洼陷北部孤南断层的上升盘。认为孤南断层断距较大，其北部的渤南洼陷（富

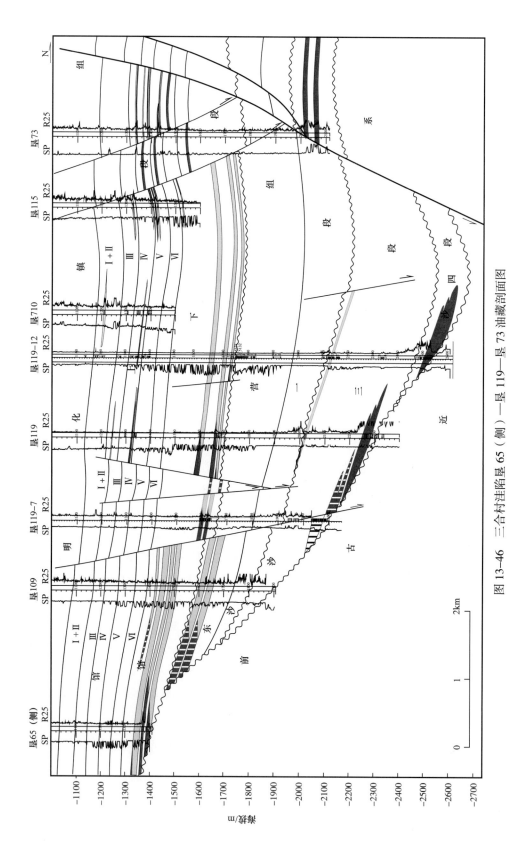

图 13-46　三合村洼陷垦 65（侧）—垦 119—垦 73 油藏剖面图

油洼陷）油气难以跨过断层向南运移到三合村洼陷。1988年，该地区被二维地震资料覆盖，基于小洼陷可能自身生烃、新生代地层超覆可形成岩性—地层油气藏的认识，勘探人员把井位部署在洼陷深部或斜坡高点。1988年4月在三合村洼陷南斜坡部署完钻了垦104井，该井在沙四段见到油斑1m/1层、油迹12m/3层，测井解释油水同层10.4m/1层，针对沙四段5m/1层（2489.1～2494.1m）试油，日产水1.14m³。1989年5月，该区完钻的垦108井沙四段见到油斑4m/1层、油迹6m/1层，解释油层3.2m/3层，对沙四段2220.1～2230m试油，日产油0.03t，日产水3.1m³，原油密度1.0684g/cm³，黏度19559mPa·s，属稠油。1990年又分别在垦108井南部的高部位及垦108井东边断层夹块中部署完钻了垦109井、垦110井，两口井均无油气显示。4口井的钻探证实，三合村洼陷古近系生油岩埋深浅（＜2800m），分布面积小，生油条件差。

由此认为该地区资源量少、勘探潜力小，且发现的油藏为稠油低产，不具备开发价值，因此三合村洼陷沙河街组勘探工作自20世纪90年代开始陷入停滞状态。

二、网—毯理论指导，重上三合村，新近系勘探效果不佳

2003年"网毯式油气成藏体系"理论的提出，为整个胜利探区新近系油气勘探提供了新的思路。网毯式油气成藏体系是指下伏层系的它源油气通过油源断裂网的运移、毯状仓储层的临时仓储及油气聚集网的纵横向再次运聚形成的次生油气藏组合。依据网毯式油气成藏体系可以将新近系勘探由披覆背斜延伸到凸起边部乃至盆内洼陷，从油源大断层拓展到局部小断层，这大大扩展了勘探领域，也实现了油藏类型从构造油藏到岩性、地层类油藏的转变。

20世纪90年代以来围绕除三合村以外的沾化凹陷南部新近系勘探，主要针对陈家庄凸起、罗家鼻状构造和孤岛南部鼻状构造馆陶组开展评价和部署，相继完钻的一大批探井获得成功。"网毯式油气成藏体系"理论是否适用于三合村地区？是否能打开该地区勘探新局面？分析认为孤南断裂为一条近东西走向的南倾正断裂，虽然断层断距较大，对油气输导具有一定的阻挡作用，但该断裂未能将该区馆下段厚层砂体整体错断，因此油气可通过断裂向浅层运移，再通过馆下段厚层砂体横向运移进行再分配聚集成藏。

在此认识指导下，该地区的勘探主要针对新近系两种不同类型圈闭。一类是洼陷南部馆下段岩性—地层圈闭，另外一类是馆上段岩性圈闭。

2003年12月，针对馆下段岩性—地层圈闭在洼陷南部部署完钻了垦69井，该井馆下段见稠油油斑显示8.1m/2层、稠油油浸显示7.1m/1层，解释含油水层4m/1层、油层8.2m/2层、油水同层8.1m/2层，试油（1327.9～1332m）日产油5.28t，日产水5.84 m³，属常规稠油。该井成功之后，2004年在洼陷的南部凸起高部位开展了集中探索，相继部署完钻了垦68、垦65、垦65（侧）、垦691、垦690、垦690（侧）等井，并于2004年9月上报垦69块馆下段控制含油面积12.72km²、控制石油地质储量982×10⁴t。虽然找到了油藏，但是总的来看馆下段岩性—地层油藏油层较薄，油水关系复杂，开发价值不高。

2004—2011年，针对馆上段岩性油藏相继部署了孤南216、垦710、垦16、垦692、

垦 114、垦 115、垦 116 等井，除孤南 216 井外，馆陶组都见到油气显示，其中垦 116 井解释油层 2.2m/1 层，针对 1323.8～1325m 试油，日产油 0.37t，日产水 41.2m³；其余井馆上段见显示井段基本都解释为含油水层或者气水同层，工程上裸眼完井未进行测试。

总的来看，馆上段微幅构造背景上的河道砂体油气充满度低，钻探效果并不理想，没有形成规模性可动用储量。此阶段三合村洼陷的勘探主要是针对馆陶组展开的，没有取得大的突破。

三、成藏要素恢复，重建运聚模式，三合村勘探获重大突破

可以说，在近 40 年的时间，三合村洼陷用频繁的油气显示"引诱"勘探人员不断深入，但多轮探索始终收获甚微。勘探工作在三合村洼陷的"迷雾"中徘徊不前，也留下诸多谜团。洼陷本身不生烃，却在多个层系见到了油气显示，原因何在？打到了油却不成规模，不能成"田"，"北面是渤南洼陷，东边是孤南洼陷，都是大油田，南边是陈家庄凸起，怎么会没油气聚集呢？"这是三合村洼陷的尴尬，也是勘探人员持之以恒的探索动力。

1. 成烃成藏再认识，奠定三合村成藏认识基础

1）咸化环境烃源岩再认识

随着近年来烃源岩新理论（张林晔等，2003，2005，2011；金强等，2006，2008）的发展，认识到咸化环境下的高盐度水体造成大量生活在低盐度或淡水中的生物死亡，湖盆中生物不断死亡堆积为其转化成油气奠定了雄厚的物质基础。此外，在有机质热演化过程中，咸化环境下发育的膏盐层具有良好的热传导作用，使其发育层段及上下地层温度产生异常高值，这对烃源岩热演化具有显著的促进作用，故同等埋深条件下咸化环境烃源岩往往到达了更高的热演化阶段，有利于有机质向油气的转化。不同烃源岩成烃模式有明显不同，淡水环境烃源岩在低成熟阶段可以生成少量的低成熟油气（图 13-47a），而咸化优质烃源岩在低成熟阶段即具有较高的降解率（图 13-47b），具有早生、早排、生排烃时期长、资源量大的特点。由此可见，烃源岩在某一演化阶段的生烃特征差异性是由特定沉积环境所造成的有机质组成、来源、类型、富集程度等因素共同决定的，该认识使咸化环境有效烃源岩的埋深上限拓展 500m。根据这一认识，结合济阳坳陷半咸化—咸化盆地的沉积有机相、烃源岩发育和演化特征对其 3 个主要凹陷的油气资源量进行了重新计算。从估算结果看，各凹陷资源评估结果都有较大增长，其中沾化凹陷石油资源量 35.24×10^8t，增长比例为 35%。

胜利油田提出了陆相断陷盆地优质烃源岩的概念，认为优质烃源岩是陆相断陷盆地油气的主要贡献者，是陆相断陷盆地油气富集的前提和基础。沙四段上亚段沉积时期，咸化湖泊环境形成的稳定盐度分层，使有机质得以有效保存，成为烃源岩富含有机质的关键因素。与淡水湖泊环境烃源岩只存在晚期成烃阶段相比，咸化湖泊环境烃源岩具有早生、早排、生烃周期长的认识确立了沙四段上亚段咸化湖泊烃源岩在济阳坳陷的主体地位。同时，沙四段上亚段咸化湖泊烃源岩高效生烃能力的研究成果为三合村地区的勘探取得突破奠定了资源基础。

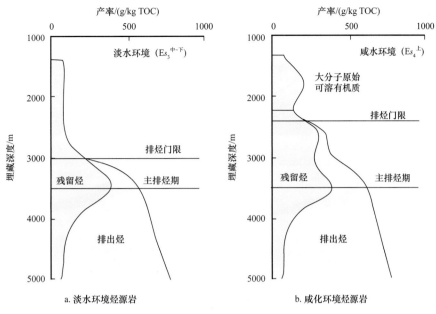

图 13-47　不同沉积环境下烃源岩生排烃曲线

2）早期成藏作用再认识

多位专家普遍认为渤南洼陷古近系存在东营组沉积期早期成藏（徐兴友等，2008；宋国奇等，2014）。但渤南洼陷古近系沙四段早成藏期的油气能否波及南部斜坡的罗家地区以及盆缘的三合村洼陷？前人研究没有给出确切答案或持否定态度！随着测试资料的不断丰富，流体包裹体荧光光谱及均一温度分析证实了渤南洼陷早期生成的油气可波及至盆缘的三合村洼陷，三合村洼陷存在早期成藏。这一新认识打破了传统观念下早期成藏生排油气量少、波及范围局限的认识，具有重要地质意义。首先，在此认识指导下发现早成藏期聚集在罗家地区的油气可顺畅运移至三合村洼陷，直接指导了三合村油田的发现；其次，该认识引起了对早期成藏作用的重视，从传统的以中、晚期成藏为主的认识，转变到早、中、晚三期成藏同等重要的新认识，从而建立了完整的油气成藏期次序列；最后，认识到早期成藏造成的岩石润湿性反转利于优势运移通道继承性发育，从而一旦确定了早期成藏的运移路径，将会为中、后期油气的运移方向预测提供指导；第四，认识到早期成藏伴随的有机酸充注利于储集空间发育，为寻找有利储层奠定基础。

3）油气运聚模式再认识

（1）早成藏期侧向运聚成藏模式。从现今构造情况来看，分隔渤南洼陷与三合村洼陷的孤南断层断距较大（图 13-48a），使三合村洼陷西侧缓坡沙三段扇体与北部渤南洼陷致密的中生界对接，来自渤南洼陷的油气在沙四段的砂体中向盆缘进行侧向运移，很难穿过负向构造区运移到三合村洼陷缓坡沙三段扇体中。通过构造演化史分析发现，早成藏期（东营组沉积期）孤南断层西支活动较弱，尤其是其西侧断距很小，不足以断开缓坡扇体，渤南洼陷生成的油气可沿统一砂体直接向三合村洼陷运聚，从而在三合村洼陷南部缓坡带形成有效的油气聚集（图 13-48b），罗 322 等井正是钻遇该套油层。

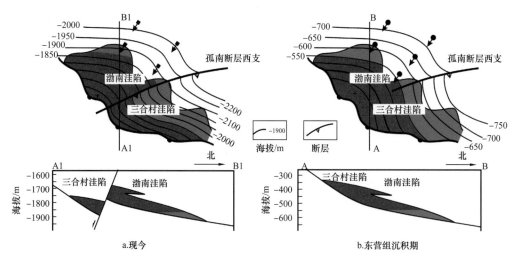

图 13-48　三合村洼陷早成藏期侧向运聚成藏模式图

（2）中晚成藏期复合运聚成藏模式。三合村洼陷新近系与古近系之间的不整合界面在油气运聚成藏中发挥了重要作用。此外，研究区在古近纪晚期发育了高角度的大型三角洲前积体，地层抬升剥蚀后，前积砂体与不整合面大角度斜交。后期发生的沉积拗曲变形，并未使这些朵叶体负向弯曲，仍然倾向北部陡坡断裂。边界断层与朵叶体构成了断—砂输导体系，油气沿油源断层纵向运移后，可直接进入下降盘砂体斜向向上运移。这些朵叶体或可与上升盘油藏侧接形成砂—砂输导体系，使北部上升盘聚集的油气直接沿不整合向南运移，从而实现了油气穿过负向构造运移。此外，三角洲前缘砂体与不整合面及上覆储集体还可构成复杂输导体系，使得进入三合村洼陷的油气能够进一步向南部缓坡带运移成藏（图 13-49）。

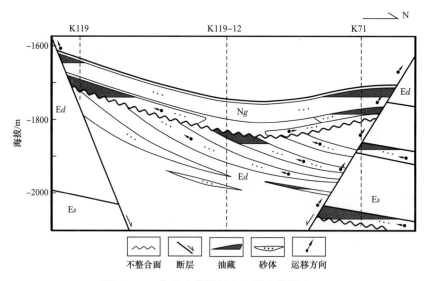

图 13-49　中晚成藏期复合运聚成藏模式

2.配套技术攻关，助力油田发现储量升级

1）成藏期构造恢复技术

在分析前人各种古构造恢复方法基础上，取长补短，应用地质与地震资料结合，探索出三合村洼陷相对完善的高精度古构造恢复技术。在现今构造图和残余厚度图、剥蚀厚度图等各种基本地质图件的基础上，对地层的压实作用做压实系数校正，差异构造校正后做背景校正，最终编制成藏时期的古构造图（图 13-50）。成藏期的古构造对油气运移起到控制作用，古构造恢复为研究油气成藏提供了可靠的依据。

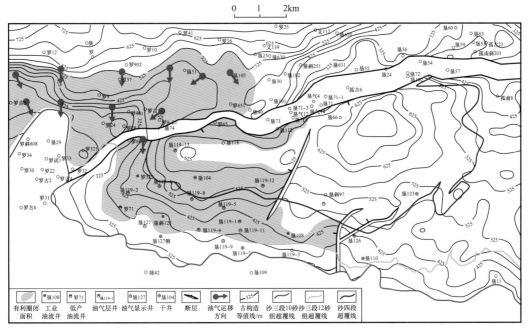

图 13-50　三合村洼陷成藏期古构造图

2）圈闭刻画技术

三合村洼陷沙三段下亚段为砂砾岩扇体沉积，砂砾岩储层在预测过程中面临以下 3 方面问题：（1）砂砾岩体多期叠置，优质储层分布变化快；（2）砂、泥岩中夹杂部分灰质岩性，缺乏有效剔除灰质干扰的储层识别方法；（3）缺少厚度小于 10m 的储层有效预测方法。针对存在的问题，探索出基于岩性—伽马敏感特征曲线重构的相控高分辨率反演技术。该技术将岩性信息数字化后与伽马曲线重构、标准化，得到新的伽马曲线，重构后的伽马曲线放大了砂岩储层与灰质岩性间的差异，从而有效剔除灰质岩性的干扰。在特征曲线重构基础上，结合研究区沉积环境、物源方向、地层对比、属性分析、已钻井细砂岩厚度等多项认识，建立了扇三角洲相的高分辨率变差函数模型，该模型既考虑到小规模扇体的展布特征又能兼顾到大规模扇体的推进距离。在以上研究基础上，建立了适合三合村洼陷沙三段储层精细描述的相控敏感曲线高分辨率反演技术流程，有效指导了砂砾岩体纵向期次划分。通过该反演方法，砂岩预测精度从研究前的 25m 精细到 5m 左右，实现了对三合村洼陷深层砂砾岩体的有效储层描述，为勘探部署和储量上报提供了技术支持。

3. 一体化运作，三合村油田高效勘探开发

在新的成藏模式和储层预测技术支撑下，对沙三段岩性—地层稠油油藏开展了新一轮评价和论证工作。2012 年 6 月部署完钻的罗 322 井突破了三合村洼陷沙三段稠油油藏的工业油流关，证实了盆缘负向构造区早期成藏的认识。以该井为基础，建立了三合村

洼陷完整的油气成藏期次序列，确定了以早期成藏层系勘探为主、兼探晚期成藏层系的勘探思路，掀起了三合村洼陷勘探开发的热潮。

同年 12 月，针对馆陶组设计的垦 119 井加深钻探至沙三段，在馆上段、馆下段、沙三段共解释油层 31.05m/9 层，其中沙三段解释油层 8.6m/2 层，2257～2266m 试油日产 5.51t。2013 年，结合该地区以前完钻的垦 108、罗 65 等井，沙三段上报预测含油面积 18.36km²、石油地质储量 2462.69×10⁴t。

上报预测储量之后，孤岛南三维地震资料出站更是让地质技术人员如虎添翼，同时在运行上实施勘探开发一体化工程，针对沙三段稠油油藏在罗 322、垦 119 的高部位分别部署了罗 71 和罗 119-7 井，低部位部署了垦 119-12、垦 119-13 井，扇体的结合部位部署了垦斜 125 井，同时开发逐步落实，在规划井网上部署评价井 10 口。上述各井均解释油层，除罗 71 井解释油层厚度较小外（5.2m），其余各井厚度均在 12m 以上，最大油层厚度可达 23.4m，平均油层厚度 16m。2014 年上报罗 322 块沙三段下亚段控制含油面积 12.46km²、石油地质储量 2371.31×10⁴t。

针对沙三段完钻的垦 119-12 井，虽然沙三段解释油层 1m，但沙四段解释油层 9.4m，扩大了三合村洼陷的含油层系。针对沙四段，又部署完钻了垦 119-13、垦 119-14 井，两口井均钻探成功，其中垦 119-13 井沙四段测井解释油层 72.5m/13 层，垦 119-14 井沙四段测井解释油层 28.6m/5 层，这些井的钻探成功也证实了三合村洼陷具有多层系含油的特点。2014 年，三合村洼陷沙四段上报预测含油面积 5km²、石油地质储量 504.94×10⁴t。

按照优先部署位于油气运移起始点前方的微幅构造脊所指向的构造圈闭的思路，先后在馆下段部署了垦 119、垦 123、垦 126 等 11 口探井，其中垦 123 井 1396.2～1705m 试油，日产油 13.7t，无水；垦 126 井 1646.5～1688m 试油，最高日产油 19.23t。开发上针对有利圈闭部署了评价井 7 口，均见油气显示，除垦 119-6 井外，其余 9 口井均解释油层，厚度 3.3～18.5m，平均单井油层厚度 10.5m。2014 年上报垦 119 块馆下段控制含油面积 5.43km²，石油地质储量 820.89×10⁴t。

正是凭借"心中有油，才能找油"的信念，从而在东部老区发现了胜利油田第 81 个油田——三合村油田。截至 2018 年底，三合村油田总共上报预测、控制及探明石油地质储量共计 4501.05×10⁴t。

四、三合村油田勘探启示

通过创新思维、精细研究，发现了一个近 5000×10⁴t 级别的储量阵地。这一东部老区油田的发现给盆缘小洼陷留下了许多的启示和思考。

1. 富油洼陷边缘小洼陷区是寻找中型油田的重要勘探领域

三合村地区从 20 世纪 80 年代以来，先后钻探了 10 余口探井，却没有大的发现，但是勘探工作者们始终没有放弃，这一信心来自北边的渤南洼陷和东边的孤南洼陷。这两个洼陷都具有雄厚的生烃实力。南边陈家庄凸起上也发现了陈家庄油田，探明储量 5270×10⁴t。三合村地区是渤南、孤南两大生油洼陷油气向陈家庄凸起运移的必经之路，因此应该具有较大的勘探潜力。通过不懈的努力，最终的勘探实践也证明了三合村地区具有"多层系含油、多油藏类型并存、叠置连片"的复式油气聚集特征，这也是对这一地区油气勘探思路最强力的验证。因此，富油洼陷边缘小洼陷区域是寻找中型油田的重要勘探领域。

2. 油气运聚体系认识的突破是勘探取得大发现的核心

三合村洼陷烃源岩埋藏浅，未进入生烃门限，自身不具备生烃条件，油气供给主要依靠渤南洼陷。孤南断裂为一条近东西走向的南倾正断裂，虽然断层断距较大，对油气输导具有一定的阻挡作用，但该断裂未能将该区馆下段块砂整体错断，因此油气可通过断裂向浅层运移，再通过馆下段块砂横向运移分配聚集。在此认识的指导下，以前勘探主要针对馆下段地层超覆圈闭及馆上段的构造—岩性圈闭，这也影响了整个三合村地区的勘探进程。

通过对油气运聚体系的重新认识，尤其是通过恢复成藏期古构造面貌，重新分析成藏期油气充注所能波及的有利范围，有效指导了三合村地区古近系的勘探。基于盆缘角度不整合及不整合下部地层的三角洲沉积特点共同控制的有利油气输导模式，馆下段勘探取得了大的突破。因此，油气运聚体系认识的突破是三合村油田发现的关键所在。

3. 多学科融合攻关是破解地质与技术难题的关键

在三合村地区油气勘探的过程中，针对生产实践中遇到的各类地质与技术问题，展开联合技术攻关。

地层—岩性油藏的勘探实践中，地质和地球物理结合，落实了地层超覆线的位置，明确了储层展布规律。在储层预测中，针对研究区沙河街组灰质岩性干扰储层识别的问题，建立了相控特色高分辨率反演技术。通过测井相与岩心观察分析，建立了沙三段扇三角洲砂体多期叠置、侧向迁移的沉积模式。在成藏研究过程中，地质与地球化学结合，建立了多洼多源的油气判识图版，通过油源对比，认为研究区沙三段原油为渤南洼陷沙四段烃源岩生成的成熟油。

馆下段的勘探中，地质与地球化学结合，明确了油源方向，有力地指导了井位部署。

此外，研究区砂砾岩体非均质性强，砾石之间充填细砂、灰质，为解决这一测井解释难题，在岩心观察、成像标定的基础上建立了基于常规测井的岩性识别标准，同时结合试油、试采等建立了含油性判识标准。

多学科联合攻关，为整体认识该区块奠定了基础。

4. 勘探开发工程一体化运行是高效拿下油田的保障。

在罗322井、垦119井钻探成功后，勘探团队在高部位部署了罗71井和垦122井，同时开发逐步落实，在规划井网上部署评价井11口，勘探部署的垦122井在开发井网中，后井号变为垦119-7井，节约了勘探投资。

过去开发井是不取心的，但在三合村，开发井却要连续取心，其目的就是让评价井、滚动井等开发井达到探井所需的目的。如垦119-2井等6口评价井，在预测阶段就做了大量工作，实现了勘探开发一体化的效果。同时，开发上认为风险大需谨慎实施的井就用探井解决。在开发井网的结合下部署了垦斜125井和垦119-8井，并且在低部位部署了垦121井和垦124井，勘探、开发井位部署的相互结合大大加快了储量上报和产能建设的步伐。

针对沙三段低渗特稠油，垦斜125井利用了高速通道压裂技术，这也是沾化凹陷第一口采用此技术的井，压裂后最高日产油 7.92t。同时本着以经济效益为核心的原则，油藏、工艺、地面一体化配套攻关，科学论证筛选配套工艺，采取 DCS、电加热、地面掺稀油等工艺，确保了沙三段低渗特稠油的稳产和效益动用。这也说明了整体部署、系统解剖、一体化运行是加快新区突破的重要法宝。

第十四章 油气资源潜力与勘探方向

为提高勘探成效，国内外都十分重视油气资源认识和勘探方向预测。济阳探区油气资源预测工作始于20世纪70年代。随着对探区烃源岩及生烃潜力认识的不断深入以及资评技术的进步，探区资源评价及潜力预测已深入到勘探实践的全过程。

第一节 资 源 评 价

1960年，华北石油勘探局在惠民凹陷沙河街构造上钻探华7井，发现沙河街组良好生油层（总厚度704m，其中泥质岩厚度501m），初步揭示出惠民凹陷乃至整个济阳坳陷优越的生油条件，拉开了济阳坳陷油气勘探的序幕。近60年的勘探实践，地质研究人员逐步明确了济阳坳陷古近系存在多个沉降旋回，发育孔二段、沙四段、沙三段和沙一段等多套烃源岩，并揭示了"低熟油成因""富集有机质成烃"和"咸化环境高效生排烃"等湖相烃源岩生烃演化的内在机制。这些认识不但丰富和发展了"陆相生油理论"，也为济阳坳陷资源潜力认识和评价奠定了基础。

一、资源评价概述

济阳坳陷石油资源评价大致可划分为四个阶段。每一阶段资源评价都是伴随着地质资料的增多、对烃源岩及生烃潜力认识的深入、分析化验技术及资源评价技术的进步而开展的，且每一次都带来了资源量的增长。

1. 第一轮资源评价（1960—1984年）

20世纪70年代末至80年代初，随着济阳坳陷大型构造油气藏基本已经找到，勘探陷入了"无整拾零"的不利局面。由于对济阳坳陷资源潜力认识不足，导致新增储量大幅减少。

根据1981年石油工业部在北京召开的全国油、气资源评价工作会议精神，胜利油田科委下达了"济阳坳陷石油资源评价"研究课题。充分利用济阳坳陷较丰富的钻井资料（各类探井1983口），引进了有机质热降解成油理论，编制了东营凹陷产烃率曲线，至1984年完成了第一次资源评价工作。本次资源评价是对油田20余年勘探实践的系统总结。

该时期勘探实践对烃源岩形成了三方面认识：一是沙三段有机质类型好，是主要生油岩，沙四段上部、孔二段地球化学指标差，是次要烃源岩；二是将烃源岩的生烃演化划分为未成熟、成熟、较高成熟三个阶段（王捷等，1984）；三是生油窗和生烃门限区间2200～2500m，主要排烃区间2200～2800m。

采用氯仿沥青"A"体积法、氯仿沥青"A"蒙特卡洛法、生储盖配置法、盆地数值模拟法等四种方法，对济阳坳陷资源量进行了测算。测算结果济阳坳陷资源量 $49.2 \times 10^8 t$。其中，沙河街组占主导，为 $42.2 \times 10^8 t$，其次为孔店组，仅 $5 \times 10^8 t$。地区上，东营凹陷最多，占 75.6%，其次为沾化、惠民凹陷，车镇凹陷相对较少。本次资源评价明确了济阳坳陷具有巨大的资源潜力，揭示了富油凹陷油气复式聚集的内在资源基础，为下一阶段油气聚集带的规模勘探指明了方向。

2. 第二轮资源评价（1985—1994 年）

至 1993 年底，济阳坳陷完钻探井 4129 口，进尺 $1020 \times 10^4 m$，电测解释油气层井 3199 口，探明 67 个油气田，探明石油地质储量 $31.58 \times 10^8 t$。按照第一轮资源评价结果，探明程度已达 64.2%。该阶段在勘探实践中发现了大量低熟油，其多与成熟原油相伴生，且有的形成了具工业生产规模的油藏，如八面河油田、草桥油田、渤南油田等。通过开展成因机制研究，提出了复合成烃理论，认为可溶有机质成烃是低熟油形成的主要机制，为低演化程度盆地找油提供了重要依据；提出了"有机质富集层"的概念，认为沙三段下亚段是"有机质富集层"，孔店组以Ⅲ型干酪根生气为主，资源量少。此外，随着计算机技术迅速发展，盆地模拟技术得到了快速提高。勘探实践的需求、烃源岩新认识、资料的丰富和技术进步，为开展新一轮资源评价创造了条件。

根据 1991 年 6 月中国石油天然气总公司科技局在杭州市石油科技交流中心召开的"全国油气二次资源评价课题成果交流会及论证"会议和 1992 年中油科字第 503 号"关于认真做好第二次全国油气资源评价研究工作的精神"，胜利石油管理局设立的"济阳坳陷及外围地区油气潜力暨资源评价"研究课题，于 1993 年 12 月 10 日完成。其以小洼陷为评价单元，确立了不同类型小洼陷烃源岩排聚系数；在评价层系上，划分了两大套评价层系，其中中—古生界（含孔店组）为本次新评价；评价方法上，开展了计算机盆地模拟研究，扩展了油型气和煤型气的评价系统，研发三维模拟软件，创建了一个全新的资源评价系统"SL3DBS"（杨申镳等，1994）。运用该系统计算的济阳坳陷石油资源量为 $65.3 \times 10^8 t$。此外，还采用数论布点法、翁式旋回法、特尔菲法、巴内托定律法、PETRIMES 资源评价法等多种方法进行了资源量计算，测算结果与三维盆地模拟是接近的。本次资源评价结果数据比全国第一次资源评价有了较大的提高。

本次资源评价指出断陷层系洼陷带、陡坡带、缓坡带及潜山带是重要的区带勘探方向，明确了地层、岩性等隐蔽油气藏为下一阶段勘探的重要油藏类型。

3. 第三轮资源评价（1995—2005 年）

至 2005 年，济阳坳陷完钻探井 5904 口，进尺 $1501.8 \times 10^4 m$，累计探明石油地质储量 $45.01 \times 10^8 t$，按照第二次资源评价结果（$65.3 \times 10^8 t$），探明程度达到 68.9% 以上。这一时期，深层、隐蔽油气藏逐渐成为勘探主要对象，原有的资源评价结果和对资源潜力的认识已不适应勘探要求。

本阶段，随着郝科 1、胜科 1 等一批了解深层烃源岩科学探索井的钻探，以及"济阳坳陷古近系沉积、构造、含油性"课题深入研究，形成了烃源岩的两个新认识：油页岩（富集有机质）生排烃优于块状泥岩（分散有机质）；主力烃源岩排烃门限为 2600～3000m。大幅提高了沙三段下亚段—沙四段上亚段的资源贡献（张林晔，2005）。

1999 年 6 月，"济阳坳陷古近系石油资源评价"专题正式启动。以济阳坳陷高精度层序地层学和有效烃源岩体等最新研究成果为基础，根据地质结构和流体压力特点，将济阳及滩海地区划分出 28 个"聚油气单元"，克服了"二轮资源评价"分注陷评价的局限性；加强盆地模拟相关参数尤其是聚集系数的研究，比较准确地求取了各"聚油单元"的资源量；通过风险分析、经济评价，最终从远景资源的角度指出今后油气勘探的有利单元和层系。2003 年完成资源评价工作。本次计算济阳坳陷古近系石油资源量 $83 \times 10^8 t$，东营凹陷、沾化凹陷及滩海地区的资源量较二次资源评价有较大幅度的提高，而惠民凹陷和车镇凹陷有一定减少。第三轮资源评价结果支撑了与烃源岩直接接触的沙三段下亚段浊积岩、砂砾岩体、沙四段上亚段缓坡滩坝砂与陡坡砂砾岩的勘探，指导了斜坡带和凸起带（义和庄凸起、陈家庄凸起、东营凹陷南部斜坡带）、洼陷带（渤南—孤北、临南等）的勘探。

2005 年，又组织开展了全国新一轮资源评价，在沿用第三次资源评价成果基础上，对济阳坳陷孔店组、石炭系—二叠系烃源岩进行了评价，计算的济阳坳陷资源量为 $102.6 \times 10^8 t$。

4. 近期资源潜力新认识（2006 年以来）

"十一五"期间，精细油源对比技术取得重要发展，发现东营凹陷已探明储量的 73.5% 源自沙四段上亚段咸化环境烃源岩，突破了前三次资源评价中沙三段是主力烃源岩层系的认识。2009 年以来陆续钻探的多口泥页岩井及长达 1000 多米的系统取心资料，为沙四段上亚段烃源岩研究奠定了丰富的资料基础。随着济阳坳陷沙四段上亚段及以上成熟层系勘探程度越来越高，勘探目标日趋碎小、隐蔽，深部层系资源潜力如何？能否成为规模增储阵地？

通过古近纪湖盆古盐度分类研究，认识到济阳坳陷沙四段下亚段为盐湖、沙四段上亚段为咸化湖盆的沉积环境，咸化环境中赋存的纹层状嗜盐藻类具有高生烃潜力，其非共价键有机质占 75%，活化能低于淡水环境 10～20kJ/mol，2500m 即可进入排烃门限。咸化环境烃源岩生烃、排烃效率分别是淡水环境烃源岩的 2 倍和 1.5 倍，具有早生、早排、生烃周期长的特点（金强等，2008；侯读杰等，2008）。济阳坳陷沙四段发育优质烃源岩。

2016—2018 年，在以上认识的指导下，胜利油田开展了新一轮的资源评价。综合利用成因法和统计法重新开展了资源评价，计算济阳坳陷资源量 $100.43 \times 10^8 t$；其中沙三段下亚段—孔店组咸化环境烃源岩资源量增加了 $30.41 \times 10^8 t$，沙四段—孔店组资源量增加了近 $6 \times 10^8 t$，沙三段中亚段淡水环境烃源岩资源量减少了 $7 \times 10^8 t$。这一认识促使济阳坳陷资源结构发生重大变化，沙四段烃源岩首次成为东营凹陷油气资源贡献的主体，指导了东营凹陷红层、青东凹陷等地区的勘探发现，取得的成果认识为即将展开的新一轮资源评价奠定了基础。

二、石油资源潜力

1. 区带资源潜力

济阳坳陷包括东营凹陷、沾化凹陷、车镇凹陷、惠民凹陷等四个主要凹陷和滩海地区。总体北断南超箕状断陷盆地的构造特征，决定了不同凹陷内部不同构造部位的沉积、成藏的差异性。如东营凹陷陡坡带沙四段上亚段主要发育砂砾岩体岩性、构造—岩性油藏，而缓坡带沙四段上亚段主要发育滩坝砂岩性、构造—岩性、构造油藏。综合考虑构造区带的统一性、沉积相带的完整性，将济阳坳陷划分出东营北带、东营洼陷带、东营南坡等 25 个构造岩相带。

在全国新一轮资源评价基础上，结合沙三段下亚段—沙四段咸化环境烃源岩分布范围，不同区带已上报储量情况及储量外探井"出油点"（探井"出油点"指探井试油获得油气流，但 3 年内未上报任何级别储量的圈闭含油层段或者位置点），对不同构造岩相带资源量进行了重新认识和评价，明确了不同构造岩相带资源潜力及剩余资源规模。从新评价结果来看，东营南坡、东营洼陷带、东营北带、渤南洼陷带、孤南—富林洼陷带、临南洼陷带、孤北洼陷带等区带新增资源量最多；从新评价剩余资源分布来看，剩余资源量亿吨级以上的还有 15 个（表 14-1），这些区带将是增储的重要阵地。

表 14-1 济阳坳陷构造带资源量及剩余资源分布表

凹陷	区带	探明储量 / 10^8t	资源量 /10^8t			资源探明程度 /%	
			全国新一轮	新评价资源量	剩余资源量	新一轮	新评价
东营凹陷	南部缓坡带	7.61	13	13.6	5.99	58.6	56.0
	洼陷带	7.71	11.2	11.32	3.61	68.8	68.1
	北部陡坡带	11.94	21.5	20.99	9.05	55.5	56.9
沾化凹陷	陈家庄北坡	0.54	1.4	1.2	0.66	38.3	44.7
	渤南洼陷带	2.62	3.9	6.84	4.22	67.3	38.4
	孤南—富林洼陷带	1.21	3.1	3.3	2.09	39.2	36.8
	孤岛构造带	4.13	5.1	4.45	0.32	80.9	92.7
	孤北构造带	1.44	2.9	3.52	2.08	49.6	40.9
	孤东—长堤构造带	3.22	5.2	5	1.78	62.0	64.5
	埕东构造带	1.59	4	3.8	2.21	39.6	41.7
	流钟洼陷带		0.3	0.2	0.20		
车镇凹陷	车镇南坡	1.36	3.6	3.58	2.22	37.9	38.1
	车镇北带	0.87	2.8	3.2	2.33	31.0	27.2
惠民凹陷	惠民南坡	0.33	2.1	0.76	0.43	15.6	43.2
	临南洼陷带	0.49	3.3	1.53	1.04	15.0	32.3
	中央隆起带	2.90	6	5.06	2.16	48.4	57.4
	阳信洼陷带		1.8	0.3	0.30		
	滋镇洼陷带		0.7	0.05	0.05		
	宁津—无棣凸起带		0.2				
	里则镇洼陷带		0.2	0.15	0.15		

凹陷	区带	探明储量 /10⁸t	资源量 /10⁸t			资源探明程度 /%	
			全国新一轮	新评价资源量	剩余资源量	新一轮	新评价
滩海地区	埕中凸起		0.2	0.1	0.10		
	埕岛凸起	4.47	7.1	7.1	2.63	63.0	63.0
	垦东凸起	0.91	1.6	2.98	2.07	56.8	30.5
	青东地区	0.13	1.2	1.2	1.07	10.6	10.6
	青坨子		0.2	0.2	0.20		
合计		53.48	102.6	100.43	46.95	52.1	53.3

2. 层系资源潜力

在全国新一轮资源评价基础上，根据不同层系与咸化环境烃源岩接触关系及油气早期成藏认识等，对济阳坳陷不同层系石油资源潜力进行了重新认识和评价。靠近咸化烃源岩的层系，具有"近水楼台"的先天优势，更易捕获咸化烃源岩生成的油气；有深大断裂沟通油源的地区或层系成藏也较为有利。评价结果东营组、沙一段、沙二段、沙三段、中生界、古生界、太古宇等层系资源量有所减少，明化镇组—馆陶组、沙四段上亚段、沙四段下亚段—孔店组等层系资源量则有较大幅度增加（表 14-2）。资源量评价结果变化，体现了对探区含油层系资源潜力认识的深化，而深层资源量的增加，提高了深部含油层系的勘探潜力，提振了深层勘探的信心。

表 14-2　济阳坳陷不同层系资源量及剩余资源量表

层系	探明储量 /10⁸t	资源量 /10⁸t		新评价剩余资源量 /10⁸t	资源探明程度 /%	
		全国新一轮	新评价资源量		新一轮	新评价
明化镇组—馆陶组	15.98	19.9	23.99	8.01	80.3	66.6
东营组	2.56	4.9	3.58	1.02	52.2	71.5
沙一段	2.62	6.8	4.98	2.36	38.5	52.6
沙二段	10.98	21.1	14.29	3.31	52.0	76.8
沙三段	10.26	21.5	20.6	10.34	47.7	49.8
沙四段上亚段	7.2	7.4	15.57	8.37	97.3	46.2
沙四段下亚段—孔店组	1.43	3.7	5.35	3.92	38.6	26.7
中生界	0.18	6	2.64	2.46	3.0	6.8
古生界	1.89	9.1	7.73	5.84	20.8	24.5
前震旦系	0.36	2.1	1.7	1.34	17.1	21.2
合计	53.46	102.6	100.43	46.97	52.2	53.3

评价结果表明，明化镇组—馆陶组、沙二段、沙三段、沙四段上亚段等成熟层系剩余资源规模仍然较大，仍是下步勘探重点层系；东营组、沙一段两套层系的上部、下部均为济阳坳陷探明储量发现较多的成熟层系，作为同样处于主力烃源岩之上的层系，应具有较大的剩余资源勘探潜力；沙四段下亚段—孔店组、中生界、古生界、太古宇资源探明程度总体较低，剩余资源规模较大，是下步重要的规模储量接替阵地。

成熟层系是指勘探程度相对较高（探井密度大于 0.2 口 /km²），探明程度高（达到 59.8%），生、储、盖、圈、运、保等石油地质特征认识相对清楚的含油气层系，如济阳坳陷沙四段上亚段、沙三段、沙二段、馆陶组。成熟层系内赋存的主要增储类型，一般称为成熟领域，如沙四段上亚段东营凹陷北带砂砾岩体、沙三段渤南洼陷带浊积岩、新近系河道砂岩油藏等。

三、天然气资源潜力

在编制大量基础图件的基础上，应用盆地模拟和氯仿沥青"A"等方法评价确定了济阳坳陷天然气的气层气、深层裂解气及煤成气资源量。其中浅层天然气资源量主要分布在东营、沾化及惠民凹陷（表 14-3）；裂解气主要发育在沙四段及孔二段，沙四段主要分布在东营凹陷、沾化凹陷，孔店组主要分布在东营凹陷和昌潍坳陷，资源量为 $3000 \times 10^8 m^3$（表 14-4）；煤成气主要发育在石炭系—二叠系煤系地层，济阳坳陷煤成气资源量为 $2112 \times 10^8 m^3$（表 14-5）。

表 14-3　济阳坳陷浅层天然气资源量

凹陷	资源量 /$10^8 m^3$	已探明储量 /$10^8 m^3$	探明程度 /%	剩余资源量 /$10^8 m^3$
东营	444	137.46	31	306.54
沾化	381	213.61	56	167.39
惠民	157	47.74	30	109.26
合计	1042	411	39	631

表 14-4　济阳坳陷裂解气资源量

地区	民丰	利津	渤南	潍北	合计
资源量 /$10^8 m^3$	1150	700	650	500	3000

表 14-5　济阳坳陷煤成气资源量

地区	埕东	车镇	孤南	临南	博兴南坡	合计
资源量 /$10^8 m^3$	253	351	375	551	582	2112

第二节　石油勘探方向

综合考虑济阳坳陷不同区带、层系勘探程度及剩余资源潜力差异，可将济阳坳陷勘探方向归纳为两个层次。一是高勘探程度区带，主要指东营、沾化、车镇、惠民、滩海地区等主力凹陷的沙四段上亚段及以上勘探层系，其剩余资源潜力仍然较大，仍是主力增储区带，但需精细勘探；二是低勘探程度层系及区带，主要指济阳坳陷主力凹陷的沙四段下亚段—孔店组、中生界、古生界、太古宇等低勘探层系，以及外围低勘探程度小洼陷及盆缘凸起区，其勘探及认识程度较低，需要加强研究与探索。近期勘探，一方面要精细评价高勘探程度区及层系，实现效益增储，另一方面要积极探索低勘探层系及区带，拓展勘探空间，寻找规模接替阵地。

一、高勘探程度区及层系

按照新评价资源结果，济阳坳陷沙四段上亚段及以上层系总体探明程度达到 59.8%，探井密度平均达到 0.2 口 /km² 以上，为高勘探程度区。其中沙四段上亚段、沙三段、沙二段、明化镇组—馆陶组为主探层系。虽然这些层系的勘探认识程度较高，但探明储量间还有大量的空白地带，具有较大的勘探潜力。勘探主要领域为陡坡带砂砾岩体、洼陷带三角洲—浊积岩、斜坡带滩坝、披覆带河道砂体；沙一段—东营组勘探认识程度相对较低，为兼探层系。

1.陡坡带砂砾岩体油藏

陡坡带砂砾岩体主要分布在东营凹陷北部陡坡带、沾化—车镇北部陡坡带。砂砾岩扇体油藏具有油层厚度大、丰度高的特点。陡坡带砂砾岩体勘探经历了 20 世纪 60—80 年代以大型构造勘探为主的摸索—兼探阶段、20 世纪 90 年代以背斜扇体勘探为主的发展—主探阶段及 21 世纪以来的以深层岩性油藏为主的深化—评价阶段等勘探开发历程。截至 2018 年底，陡坡带砂砾岩体累计探明石油地质储量 4.46×10^8t。砂砾岩体成因成藏研究及勘探实践表明，由深至浅，陡坡带砂砾岩扇体油藏依次发育深层凝析油气成岩圈闭油藏、常规油成岩圈闭油藏，中浅层构造、构造—岩性油藏，浅层稠油地层超覆油藏，整体具有分带富集、纵向叠置、有序分布的特点。以此认识为指导，东营北带、车镇北带砂砾岩体仍具有广阔的勘探空间和较大的剩余资源潜力。

1）东营北带

东营北带自西向东发现了尚店—平方王、滨县凸起周缘、利津、郑家—王庄、胜坨、盐家—永安镇等多个含油气构造带，发现了尚店、滨南、单家寺、胜坨、王庄等 12 个油气田。截至 2018 年底，东营北带累计探明石油地质储量 11.94×10^8t，其中砂砾岩体探明石油地质储量 3.92×10^8t，是东营北带重要的增储类型。各含油气构造带的主体部分勘探程度较高，构造带之间的过渡带及沙三段—沙四段上亚段深层勘探程度低。随着地震资料的改善、研究工作的精细，各构造带仍是发现规模储量的重要阵地；构造带之间的过渡带是拓展勘探与预探的重要方向。

（1）利津—胜坨地区沙三段—沙四段上亚段。利津—胜坨地区钻遇沙三段—沙四段上亚段探井 401 口，工业油气流井 167 口。探明石油地质储量 6309×10^4t，控制、预测石油地质储量超过 5000×10^4t。储量外还有较多的探井"出油点"。重点目标是沙三段下亚段—沙四段上亚段近岸水下扇及深水浊积扇岩性、构造—岩性油气藏。勘探关键是寻找优质储层发育带。预测剩余有利面积 $25km^2$，储量规模 2000×10^4t。

（2）盐家—永安镇构造带沙四段上亚段。盐家—永安镇构造带的主体已基本探明，下步重点目标是盐家油气田与胜坨油田之间的过渡带和盐家油气田与永安镇油田之间的过渡带。研究认为正向构造之间的转换带有利于砂砾岩扇体的较长距离搬运和改造，储层物性应更好。勘探关键是有效储层分布预测。预测砂砾岩体剩余有利面积 $20km^2$，储量规模 1600×10^4t。

2）沾化—车镇北带

沾化—车镇北带砂砾岩体探明石油地质储量 4932.16×10^4t，控制储量、预测储量超过 1×10^8t。与东营凹陷北部陡坡带相比较，埕南边界断裂坡度陡，二台阶不发育；扇体快速堆积，厚度大，物性较差。有效储层识别描述及稳定产能的工艺技术攻关是关键。在实现已有控制、预测储量评价升级基础上，继续拓展深层砂砾岩体含油气范围；精细研究构造圈闭，发现埋深较浅的高效储量区块。预测有利面积 $50km^2$，储量规模超过 7000×10^4t。

2. 洼陷带三角洲—浊积岩油藏

济阳坳陷洼陷带三角洲—浊积岩探明石油地质储量 6.49×10^8t，是济阳坳陷主要的增储领域之一。随着浊积岩主体发育区的逐步探明，大型沉积体系的侧翼或大型沉积体系之间的结合部等复杂岩相带以及受断裂切割而复杂化的复杂构造带成为勘探的重要方向。预测有利地区 3 个，有利面积 $100km^2$ 以上。

1）临商地区沙三段

临商地区处于临商帚状断裂带撒开端，勘探面积约为 $110km^2$。沙三段是主力含油层系，完钻探井 185 口，探明石油地质储量 6362×10^4t。沙三段下亚段、沙三段中亚段、沙三段上亚段均具有较好的成藏条件。勘探方向分别是沙三段不同亚段的三角洲砂体与断层匹配形成的构造—岩性圈闭。预测有利面积 $73km^2$，储量规模 3500×10^4t。

2）渤南洼陷沙三段

渤南洼陷沙三段探明石油地质储量 1.40×10^8t，主要分布在渤南油田的主体，多为岩性油藏。渤南油田主体的南部、北部还有较大的未上报储量区，这些地区断裂发育，沙三段浊积砂岩多受断层切割而复杂化。受断层切割形成的岩性—构造油藏是重要的勘探方向。预测沙三段浊积岩岩性—构造油藏含油面积 $23km^2$，储量规模 2000×10^4t。

3）牛庄洼陷沙三段

牛庄洼陷是东营凹陷主要的浊积岩岩性油藏发育区之一，已探明石油地质储量 8877×10^4t，集中在洼陷内部。南部斜坡带牛 100、牛 119、王 671 等井钻遇坡移扇，均见到良好显示，并获得工业油流。研究认为坡移扇油藏分布广泛。预测牛庄洼陷沙三段坡移扇有利面积 $20km^2$，储量规模 1500×10^4t。

3. 缓坡带滩坝砂油藏

济阳坳陷缓坡带滩坝在沙四段上亚段、沙三段、沙二段、沙一段、东营组等多个层系均有分布，以沙四段上亚段、沙二段为主，储层有碎屑岩也有碳酸盐岩。"十一五"

以来，加强滩坝砂储层发育及成藏规律研究，提出了"古物源、古地貌、古水动力"三古控砂，"压力、断裂、储层"三元控藏的认识，指出缓坡带滩坝砂岩大面积分布、大范围成藏，从洼陷到边坡依次发育岩性油藏、构造—岩性油藏、岩性—构造油藏、构造油藏、地层油藏。以此指导缓坡带滩坝勘探，共探明石油地质储量 2.66×10^8t。随着滩坝砂主体区逐步探明，过渡带、复杂断裂带成为重要勘探方向，预测有利区 4 个，有利面积近 60km²。

1）沾化南坡沙四段上亚段

沾化凹陷南坡沙四段上亚段探明石油地质储量 657×10^4t，预测石油地质储量超过 7000×10^4t，储量外还有多个"出油点"。主要发育砂质滩坝和石灰岩滩坝两种储层。预测有利面积 20km²，储量规模 2000×10^4t。

2）东营南坡东段沙四段上亚段

东营南坡沙四段上亚段主要发育滩坝沉积。其中，东营南坡西段已基本探明，东段沙四段上亚段是重要的勘探方向。其主要发育砂质滩坝和灰质滩坝。砂质滩坝主要分布在王家岗构造带与八面河构造带之间的过渡地带。滩坝储层与断层匹配，形成构造—岩性油藏。预测有利面积 17km²，储量规模 1500×10^4t。灰质滩坝主要分布于王家岗断裂带，开展碳酸盐岩有效储层及富集规律研究，预测储量规模 2000×10^4t 以上。

3）尚店—平方王沙四段上亚段

尚店—平方王沙四段上亚段主要发育礁灰岩，已探明石油地质储量 2053×10^4t，天然气地质储量 21.3×10^8m³。该地区断裂发育，平方王礁灰岩主体及周缘发育披覆背斜背景下的构造油藏，各断阶油水底界大致相当，最大含油底界 -1567m；尚店地区主要发育断块圈闭，不同断阶具有相对独立的油水系统，北部探明区滨 30 井区含油高度 50m，南部滨斜 315—滨 433 断阶带含油高度 80m。经精细构造解释、储层识别描述与油藏解剖，预测有利含油面积 11.5 km²，储量规模超过 1000×10^4t。

4）大王庄沙二段

大王庄钻遇沙二段探井 78 口，工业油流井数 24 口，探明石油地质储量 1247×10^4t。沙二段普遍发育滩坝砂岩储层，由洼陷向斜坡依次发育岩性油藏、构造—岩性、岩性—构造、构造油藏、地层油藏。其中洼陷带岩性油藏已基本探明，斜坡带构造—岩性、地层油藏是重要的勘探方向。通过精细落实构造特征、地层超覆线及储层描述，预测有利面积 17.8km²，储量规模 1600×10^4t。

4. 披覆带新近系河道砂油藏

济阳坳陷披覆带新近系河道砂探明石油地质储量 15.98×10^8t，探明程度 66.6%，是济阳坳陷探明程度最高的层系。储量主要分布在埕岛、孤东、孤岛、垦东等大型披覆构造带上，大型鼻状构造或低凸起也有分布，如罗家鼻状构造、广饶凸起、滨县凸起、林樊家凸起等。新近系河道砂具有"网—毯式"油气成藏特征。随着大型披覆构造带、鼻状构造带等正向构造带的主体基本探明，构造带翼部、盆缘区地层油藏成为下步重要勘探方向。预测有利区带 3 个，有利面积 55.3km²。

1）埕岛—桩海地区

埕岛—桩海地区新近系河道砂探明石油地质储量 34473×10^4t，控制、预测储量超过 2000×10^4t。河道整体呈近南北走向，油藏类型主要为构造—岩性或岩性油藏。受油源、储盖组合和成藏期断裂活动的差异控制，自西向东含油气层位差异明显，西部馆上段、馆下段均含油，含油层段长、叠合连片；向东含油层段单一，充满度降低。预测有利面积 17km²，储量规模 4000×10⁴t。

2）垦东北部

垦东北部新近系河道砂探明石油地质储量 2582×10⁴t，控制、预测石油地质储量超过 2000×10⁴t。馆上段为曲流河沉积，油气分布受构造和岩性双重因素控制，构造高部位油气显示层段长，含油性好；馆下段主要为辫状河沉积，油气分布受构造因素控制，一般构造高部位油气较富集，含油高度为 10～25m。预测馆上段有利面积 8.9km²，储量规模 1000×10⁴t；馆下段有利面积 6.8km²，储量规模 1700×10⁴t。

3）垦西断裂带

垦西断裂带新近系河道砂控制石油地质储量超过 1000×10⁴t。馆上段、馆下段均含油，其中馆下段以构造油藏为主，馆上段主要发育岩性油藏。应用砂体含油后高频能量衰减这一特征，开展含油性检测，预测有利面积 22.6km²，储量规模 2400×10⁴t 以上。

5. 沙一段—东营组

1）东营组

济阳坳陷东营组探明石油地质储量 2.56×10⁸t，探明程度 71.5%。还有大量的探井"出油点"。东营组沉积时期，济阳坳陷惠民凹陷以东地区由南到北整体为一单斜，发育来自鲁西隆起、青坨子凸起、垦东凸起的长轴辫状河三角洲；砂地比及成藏条件的差异，控制了三角洲体系自北部埕岛—沾化的洼陷区向南部东营凹陷及周边凸起区的油气成藏类型的差异有序分布，整体具有低砂地比岩性油藏、构造—岩性油藏、高砂地比岩性—构造油藏、构造油藏、盆缘地层油藏有序分布的特征。预测有利区带 4 个，面积 64km²（图 14-1）。

（1）陈家庄凸起北坡。陈家庄凸起北坡已在西段陈 22 井区和中段陈 40 井区探明储量 247×10⁴t，东段垦 69 井区钻遇稠油油藏。重点方向是探索东段地层油藏。通过对圈闭封堵条件的评价，预测有利面积 9.3km²，储量规模 1000×10⁴t。

（2）大王庄地区。大斜 38 井东营组试油获峰值日产气 51588m³，表明油气已运移至东营组。预测有利面积 6.7km²，天然气储量规模 6.7×10⁸m³。

（3）陈官庄—王家岗地区。主要发育受近东西向断层切割的三角洲前缘微幅岩性—构造和构造油藏。预测有利面积 8km²，储量规模 800×10⁴t。

（4）埕岛东坡。"十一五"重点针对埕岛东部断阶带、第一坡折带开展评价，东营组探明石油地质储量 1984×10⁴t。第二坡折带是下步评价重点。预测有利面积 40km²，储量规模超过 3000×10⁴t。

2）沙一段

济阳坳陷沙一段探明石油地质储量 2.58×10⁸t，探明程度 52.6%，控制、预测石油地质储量近 5000×10⁴t，存在大量探井"出油点"。主要发育碳酸盐岩、碎屑岩两类储层。大部分碳酸盐岩储量发现于"九五"以前，碎屑岩储量各阶段都有发现。碳酸盐岩分布广，单井产能较高，但有点无面，碎屑岩有规模，但分布相对局限。开展全区沉积储层发育规律及源—储对接关系研究，明确有效储层分布及有利成藏区。重点勘探方向为渤南—孤北地区、埕岛地区、惠民中央带（图 14-2）。

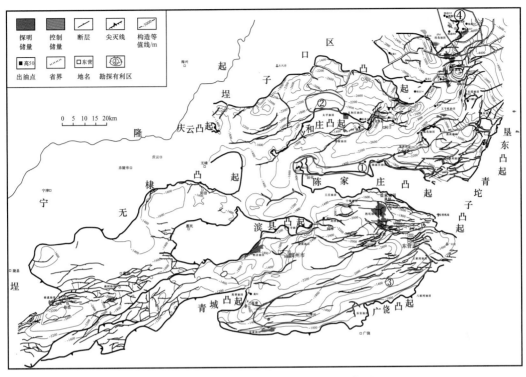

图 14-1　济阳坳陷东营组勘探方向示意图
①陈家庄凸起北坡；②大王庄地区；③陈官庄—王家岗地区；④埕岛东坡

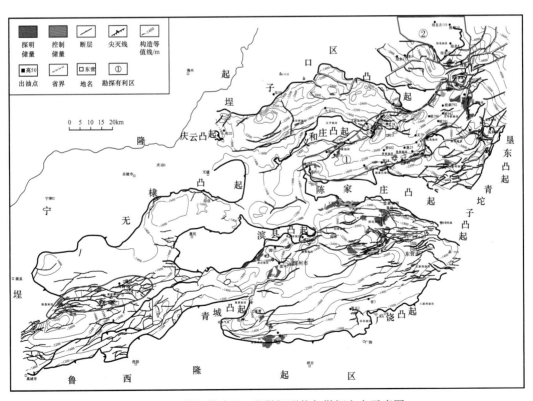

图 14-2　济阳坳陷沙一段勘探形势与勘探方向示意图
①渤南—孤北地区；②埕岛地区；③惠民中央带

（1）渤南—孤北地区。渤南—孤北地区沙一段探明石油地质储量 1964×10^4t，探井"出油点"多，且分布广泛。储层主要为碳酸盐岩。预测有利区块 5 个，含油面积 20km²，储量规模 2000×10^4t。

（2）埕岛地区。埕岛地区沙一段重点目标是沙一段生物灰岩岩性油藏及砂岩地层油藏。预测有利面积 15km²，储量规模 1500×10^4t。

（3）惠民中央带。惠民中央带沙一段探明石油地质储量 1663×10^4t。油藏类型主要为构造油藏。预测有利区块 4 个，含油面积 8km²，储量规模 1000×10^4t。

二、低勘探程度层系及地区

济阳坳陷低勘探程度层系及地区主要包括勘探程度、认识程度较低的层系、外围的小洼陷与盆缘凸起等地区。

1. 低勘探层系

济阳坳陷低勘探层系主要包括沙四段下亚段—孔店组、中生界、古生界、太古宇。已探明石油地质储量 3.64×10^8t，探明程度仅 22.1%。控制、预测储量过亿吨，存在多个探井"出油点"。

1）沙四段下亚段—孔店组

济阳坳陷沙四段下亚段—孔店组探明石油地质储量 1.43×10^8t，探明程度仅 26.7%。研究认为，沙四段下亚段—孔店组发育于断陷初始期，发育的咸化环境烃源岩具有较好的生油气条件；广泛分布的盐膏层，使其具有相对独立的含油气系统；烃源岩生烃产生的酸性流体与碱性流体的协同作用，使得深部发育有效储层；发育自源凝析油气藏、它源构造油气藏等多种油气藏类型。综合考虑油源、储层、输导条件，高青—平方王、东营南坡、东营北带、渤南洼陷、东营洼陷带 5 个区带为近期勘探重点，预测有利面积 190 km²。

（1）高青—平方王地区。高青—平方王地区勘探面积 160km²，其钻遇沙四段下亚段—孔店组探井 107 口，探明石油地质储量 4920×10^4t，储量外油气显示丰富。受近东西向、近南北向两组断裂控制，可划分为北部披覆带、中部断阶带和南部洼陷带。已发现油藏均为构造油藏，但平面、纵向成藏主控因素不同。地层产状控制了断阶带的油气富集。预测有利面积 10km²，储量规模 1300×10^4t。

（2）东营南坡。东营南坡沙四段下亚段—孔店组油气分布广泛，高 94 断阶带、纯化构造带、陈官庄—王家岗构造带均有储量发现，已探明石油地质储量 3528×10^4t。陈南断层以西以它源的构造油藏为主；以东以自源或混源的构造、岩性—构造油藏为主，油性较稠。低台阶的官斜 17 井试油获得工业油流，表明靠近洼陷带油性变好。重点评价方向为博兴南坡、王家岗构造带，预测有利区块 4 个，有利面积 50km²，储量规模 4500×10^4t。

（3）渤南洼陷。渤南洼陷钻遇沙四段下亚段—孔店组探井 129 口，20 口井测井解释油层，4 口井获工业油流，仅在罗 68、义 178 区块控制石油地质储量 1000×10^4t，均为构造油藏。渤南洼陷北东、北西和近东西向三组断裂与地层超剥线匹配，可形成构造、构造—岩性、地层等多种圈闭类型。预测有利面积 50km²，储量规模超过 5000×10^4t。

（4）东营北带。东营北带沙四段下亚段已探明石油地质储量 5573×10^4t。油藏埋深一般 3500m 以上，丰深 1 等井在 4300m 以深获得工业油气流，展示深层有效储层发育，油气丰富。盐家—永安镇地区、民丰洼陷、胜北断层下降盘、利津地区是有利勘探区，关键是有效储层的识别描述与油气层保护。预测有利面积 70km²，储量规模 6000×10⁴t 以上。

（5）东营洼陷带孔店组。东营洼陷带孔店组具有形成孔二段烃源岩供烃的凝析油气藏条件，预测有利面积 30km²，储量规模 3000×10⁴t 以上。

2）古生界

济阳坳陷古生界潜山是济阳坳陷富集高产层系，潜山百吨井 66 口，千吨井 10 口。已探明石油地质储量 1.89×10⁸t，探明程度 24.5%。古生界潜山具有北西向断层控带、北东向断层控山，潜山层与上覆断陷层构造格局相对呼应、从南坡到北带潜山类型有序分布的地质特征。储层以缝洞型为主，物性不受深度影响。古近系主力烃源岩、石炭系—二叠系煤系烃源岩均可为其供烃，处于油源对接窗口之上的潜山圈闭均有成藏条件。

烃源岩范围叠合潜山分布，落实高青—平方王地区、王家岗地区、车镇地区、义和庄地区、孤西—埕东地区、埕岛地区等多个重点勘探方向（图 14-3）。

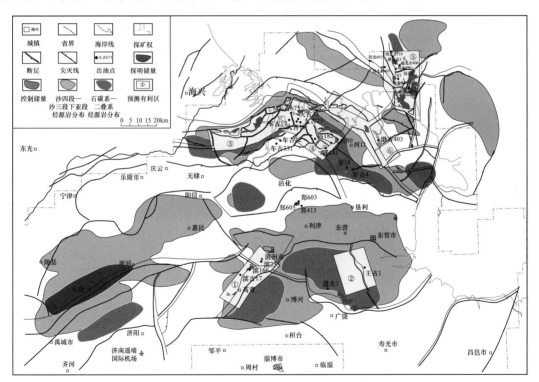

图 14-3 济阳坳陷古生界勘探形势与方向图
①高青—平方王潜山；②王家岗潜山；③车西潜山；④义和庄南部潜山；
⑤埕岛—桩海潜山；⑥埕东—孤西潜山

（1）高青—平方王地区。高青—平方王地区上古生界油藏埋深一般在 1700~2500m 之间，储层平均孔隙度 11%，平均渗透率 14.6mD，储层裂缝发育，储集物性很好，油藏为常温常压构造油藏。预测有利面积 9km²，储量规模 1000×10⁴t。

（2）王家岗地区。王家岗地区钻遇上古生界探井 19 口，其中 16 口见油气显示，王斜 99 井获工业油流。研究表明主要油气源为牛庄洼陷孔二段暗色泥岩，洼陷内以生气为主、斜坡带主要生凝析油气、油。受中生界 / 古生界、古近系 / 前古近系两期不整合及北西向、南北向、近东西向三组断裂的控制，区内发育构造、地层两类圈闭。北西向展布的王 66、王古 1 油源断层控制着油气分布。上古生界主要为构造油藏、地层油藏。预测地层圈闭有利面积 8.3km^2，储量规模 650×10^{4}t，构造圈闭有利面积 4.9km^2，储量规模 600×10^{4}t。

（3）车镇地区。车镇地区在富台、义和庄、大王庄、套尔河、东风港等油田发现古生界油藏，探明石油地质储量 6521×10^{4}t。研究认为古生界潜山整体具有南北分块、北西成带的特点，发育滑脱山、断块山和残丘山三类潜山。下古生界主要发育海相碳酸盐岩储层，上古生界以海陆交互相—三角洲相碎屑岩储层为主，裂缝发育，物性不受深度控制。下古生界发育风化壳型和内幕型潜山，上古生界发育构造油藏、地层油藏、构造—岩性油藏。烃源岩的最大埋深控制油藏的含油底界，实钻证实，车西洼陷烃源岩最大埋深达 5400m，5400m 之上的潜山有效圈闭均有可能成藏。预测上古生界有利面积 119km^2，储量规模 9100×10^{4}t；下古生界有利面积 35km^2，储量规模 3500×10^{4}t。

（4）义和庄南部。义和庄南部勘探面积 100km^2，钻遇上古生界探井 21 口，解释油层井 16 口，获工业油流井 8 口。古生界具有东厚西薄，中间厚两翼薄，出露层系由东到西，从中间到两翼，逐渐变老的特点。上古生界储层主要为河流相砂岩，多为厚层块状结构，储层物性好，下古生界为海相碳酸盐岩。三面环洼，油源条件充沛，断裂体系发育，为有利的油气运聚指向区。主要发育断层遮挡的反向屋脊断块油藏、地层剥蚀不整合油藏，含油高度一般 50～100m，贴近不整合面、靠近断层部位油气富集。预测上古生界有利面积 12km^2，储量规模 1200×10^{4}t；下古生界有利面积 6.3km^2，储量规模 1000×10^{4}t。

（5）埕岛—桩海地区。埕岛—桩海地区古生界潜山探明石油地质储量 6389×10^{4}t。受埕北、埕北 20 和埕北 30 断层控制，形成东、中、西"三排山"。西排山和中排山由高到低残留地层由新到老，东排山整体受埕北 30 北断层控制，向东地层整体减薄。下古生界潜山残留地层以奥陶系为主，厚度 100～800m。储集空间主要为次生孔隙，发育风化壳型和内幕型油气藏。油藏产能高，平均日产油 115t；原油物性好，油藏埋深 3100～4700m，地面原油黏度平均 3.21mPa·s，凝固点平均 11℃，为低密度、低黏度轻质油。埕岛—桩海地区四面环洼，油源丰富。与油源断层对接的烃源岩最大深度决定了成藏的底界，根据现有资料，与渤中坳陷的黄河口凹陷、桩东坳陷的最大对接深度均在 5000m 以上，推断 5000m 之上的潜山均有成藏可能。预测有利面积 30km^2，储量规模 5000×10^{4}t。

（6）埕东—孤西地区。埕东—孤西地区位于渤南—四扣洼陷与孤北洼陷的过渡带。受印支期郯庐断裂左旋挤压、燕山期郯庐断裂右旋拉张、喜马拉雅期北东、东西向断裂活动的控制，埕东—孤西地区古生界可划分为三大潜山带，北部为埕东潜山带，中部为孤北低潜山带及孤岛潜山带，南部为垦利潜山带。其中埕东潜山带、孤北—孤东潜山带是近期重点勘探方向，预测有利面积 30km^2，储量规模（油气当量）超过 3000×10^{4}t。

3）中生界

济阳坳陷中生界探明石油地质储量1768×10⁴t，探明程度仅6.8%。有效储层发育程度及成藏机制是制约勘探的关键。研究认为受沉积压实、流体改造、构造活动共同控制，发育浅埋表生型、深埋溶蚀型、致密型三种类型储层。烃源压力、有效储层、构造裂缝控制油气成藏与富集。由此建立了弱超压顶覆型地层不整合油藏、中超压侧接型地层不整合和构造油藏成藏模式。烃源岩生烃强度、烃源断层与有效储层分布匹配，明确了6个有利勘探区带，分别为高青断裂带、义和庄凸起带、孤东—长堤地区等凸起带侧接型区带，桩西地区、王家岗断裂带、孤西断裂带等斜坡带侧接型区带。

（1）高青断裂带。高青断裂带紧邻博兴洼陷，高青大断裂沟通博兴洼陷油源，油源及充注条件有利。中生界探明石油地质储量267×10⁴t。储层以砂岩为主，孔隙度10%～20%，平均14.6%，盖层主要为馆陶组或孔店组底部区域盖层，油藏埋深1000～2000m。主要油藏类型为地层不整合和内幕断块油藏。预测有利面积6km²，储量规模1000×10⁴t。

（2）义和庄凸起带。义和庄凸起带紧邻四扣洼陷，义东断裂沟通四扣洼陷油源，成藏条件有利，中生界探明石油地质储量503×10⁴t。储层主要为云煌岩，物性较好，孔隙度5.2%～23.2%，平均孔隙度为14.7%。盖层主要为三台组泥岩，油藏埋深1820m左右，油藏类型主要为反向断层遮挡形成断块圈闭。预测有利面积5km²，储量规模800×10⁴t。

（3）孤东—长堤地区。孤东—长堤地区中生界探明石油地质储量388×10⁴t，储层主要为碎屑岩。长堤地区储层孔隙度一般9.8%，油藏埋深1780～2000m，主要为地层—构造油藏，有利地区为桩205—桩202断阶带，预测有利面积7km²，储量规模700×10⁴t；孤东地区储层孔隙度一般11%～22%，油藏埋深2000～2900m，主要为断块构造油藏。有利地区为孤东5断阶带，预测有利面积5km²，储量规模1000×10⁴t。

（4）桩西地区。桩西地区潜山勘探面积41km²，钻遇中生界探井72口，见油气显示井25口，解释油层井11口，获工业油流井7口，低产油流井2口。按储层类型划分，该区发育火成岩岩性油藏和碎屑岩构造油藏两类油藏。其中碎屑岩构造油藏是近期重点勘探方向，预测有利面积11km²，储量规模1500×10⁴t。

（5）孤西断裂带。孤西断裂带中生界探明石油地质储量130×10⁴t，与渤南洼陷烃源岩直接侧向对接，油源条件有利。储层长期遭受风化剥蚀，储集物性较好。油藏埋深3000m左右，类型主要为风化壳潜山油藏、内幕断块潜山油藏。预测有利面积5km²，储量规模800×10⁴t。

（6）王家岗断裂带。王家岗断裂带中生界储层主要为碎屑岩，孔隙度3%～24%，平均11.3%，油藏埋深2000～4000m，地层不整合油藏和内幕断块油藏是主要的勘探类型。预测有利面积5km²，储量规模800×10⁴t。

4）太古宇

济阳坳陷太古宇探明石油地质储量3602×10⁴t，探明程度21.2%。"十一五"兴隆台内幕潜山勘探给济阳坳陷太古宇勘探较大启示，开展了太古宇内幕潜山探索和研究。埕古19、单古6、单古601、单古602、郑古1等探井揭示，济阳坳陷太古宇主要发育傲来山岩套二长花岗岩。储集空间存在裂缝、溶孔、溶洞等多种类型。构造活动、风化淋滤及成藏流体共同控制太古宇潜山内幕储层的发育部位。圈—源的有效匹配是油气成藏关键，有效烃源岩的最大埋深决定了潜山油藏成藏底界。储层、断裂、沙三段—沙四段上亚段主力烃源岩分布范围等条件相结合分析，明确了平方王—青城、滨南—郑家、盐家—永安、孤岛凸起、义和庄凸起、车西北部、埕东凸起及埕岛—桩西等8个潜山带是下步探索的有利勘探区带，预测资源量 $2.3 \times 10^8 t$（图 14-4）。

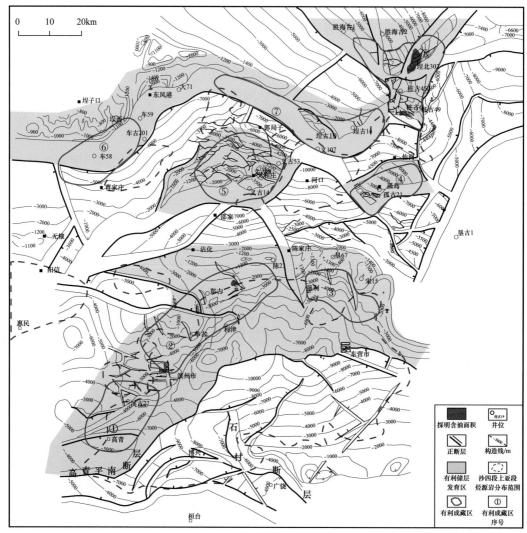

图 14-4　济阳坳陷太古宇潜山预测勘探方向分布图
①平方王—青城潜山带；②滨南—郑家潜山带；③盐家—永安潜山带；④孤岛凸起；
⑤义和庄凸起；⑥车西北部潜山带；⑦埕东凸起；⑧埕岛—桩西潜山带

2. 低勘探程度区

济阳坳陷低勘探程度区是相对于勘探程度较高的主力增储区而言的，这里主要指勘探程度及认识程度均较低的济阳坳陷盆缘凸起带或富油凹陷周缘相对独立的小洼陷。低勘探程度区是相对的、动态的，随着勘探程度和研究程度的提高，可以转变成中等或高勘探程度区。

1）盆缘凸起带

从南到北，济阳坳陷低勘探程度盆缘凸起带主要包括鲁西隆起区、青坨子凸起、宁津凸起、无棣凸起、庆云凸起、埕中凸起。按照资源认识，近期勘探重点为青坨子凸起和埕中凸起。

（1）青坨子凸起周缘。青坨子凸起勘探面积 $360km^2$，石油资源量 2000×10^4t。三维地震覆盖率42.2%，二维测网密度 $1.2km \times 1.2km$。东北部以鞍部与垦东凸起相接，北、东凸起边缘古近系向凸起超覆，馆陶组披覆其上。四周为青东凹陷、青南洼陷、民丰洼陷、富林洼陷所包围，具有良好的油源条件。发育基岩残丘、古近系地层超覆和新近系披覆背斜等多种类型圈闭。断层和不整合面为油气的运移通道，成藏条件较好。勘探重点方向为青坨子凸起西部、东部。

青坨子凸起西部的永123井沙三段首次获工业油流，青6-1侧井馆陶组钻遇稠油，证实民丰洼陷的油气已达青西地区，在超剥于青坨子凸起之上的沙河街组、馆陶组地层圈闭中成藏。预测有利面积 $13.5km^2$，储量规模 1600×10^4t。

青坨子凸起东翼与青东凹陷西部斜坡带相接。其中，青东凹陷西部斜坡带已有多口井钻遇油气层或获得油流。研究认为青坨子凸起东翼具有发育馆陶组微幅度构造油藏或者地层油藏的条件。预测馆陶组有利面积 $13km^2$，资源量 1000×10^4t。

（2）埕中凸起。埕中凸起位于济阳坳陷北部，勘探面积约 $1885km^2$，资源量 0.2×10^8t。井控程度 $104.7km^2/$口，三维地震覆盖程度48.7%，二维地震测网密度为 $1.0km \times 2.0km$，部分地区为 $0.6km \times 1.0km$。埕东11侧井获得工业油流。按地层分布情况，由南向北可划分为凸起主体、馆下段斜坡超覆带、古近系断阶超覆带。凸起主体主要发育馆上段披覆背斜构造，馆下段斜坡超覆带主要发育断鼻、断块或滚动背斜等局部构造，古近系断阶超覆带主要发育断块、断鼻及滚动背斜构造。北部沙南洼陷可提供油气。埕中4西三维区、埕东11井区是有利的勘探方向。

2）盆缘小洼陷

从南到北，济阳坳陷低勘探程度小洼陷主要包括禹城洼陷、滋镇洼陷、阳信洼陷、里则镇洼陷、流钟洼陷、富林洼陷、郭局子洼陷。按照资源认识、地面条件，勘探重点方向为富林洼陷、郭局子洼陷、阳信洼陷、里则镇洼陷、流钟洼陷。

（1）富林洼陷。富林洼陷为垦利断层、青坨子凸起、陈家庄凸起围限的负向构造，勘探面积 $263.52km^2$。完钻探井67口，工业油气流井22口，已探明石油地质储量 1768×10^4t。发现了中生界、沙四段上亚段、沙三段、沙二段、沙一段、东营组等6套含油层系，发现了垦利油田。发育自源（富林洼陷油源）和它源（孤南洼陷油源）两类含油气系统。重点勘探方向是中生界潜山、沙三段中亚段、东营组构造、地层油藏，预测有利面积 $16.8km^2$，储量规模 1700×10^4t。

（2）郭局子洼陷。郭局子洼陷位于车镇凹陷东北部，勘探面积 $195.8km^2$。三维地震基本覆盖，井控程度 $7.5km^2/$口。洼陷带沙三段发育优质烃源岩。北部陡坡发育砂砾岩体；南部缓坡发育沙二段、沙四段上亚段滩坝砂岩。重点方向是缓坡沙二段滩坝砂岩性油藏及北部陡坡砂砾岩体构造油藏。预测有利面积 $8km^2$，储量规模 1000×10^4t。

（3）阳信洼陷。阳信洼陷位于惠民凹陷北部，勘探面积 $919km^2$。三维地震覆盖程度

52.9%，井控程度为17.3km²/口，发现了阳信油田和八里泊气田，仅上报少量控制石油储量和天然气预测储量。阳信洼陷呈"三带两洼"的构造格局，即由北向南分别为陡坡带、洼陷带、斜坡带，从西向东为温家次洼和阳信次洼。烃源岩主要发育于沙三段和沙四段，其中沙三段为低成熟油，沙四段上亚段为成熟油。沙三段、沙四段上亚段发育了来自无棣凸起的大型（扇）三角洲沉积体系，发育背斜、断块、岩性等多种油气藏类型。有利勘探方向为近源沙四段构造及构造—岩性油藏、沙三段自源岩性油藏。预测有利含油面积30km²。

（4）里则镇洼陷。里则镇洼陷位于青城凸起和林樊家凸起之间。勘探面积266km²。区内三维地震覆盖率41.8%，井控程度26.6km²/口。里2井沙四段见油气显示，试油获得低产油流。勘探关键是油源条件。有利勘探方向是东南斜坡带沙四段上亚段地层、构造油藏，预测有利面积8km²。

（5）流钟洼陷。流钟洼陷位于沾化凹陷西南部，勘探面积821km²。除了局部三维地震覆盖外，大部分地区为二维测线，探井少，勘探程度极低。研究认为，流钟洼陷沙三段发育优质的生油层，且部分进入了成熟期。中生界与石炭系—二叠系埋藏较深，其暗色泥岩与煤层均可生成油气。有利勘探方向为断鼻构造、凸起边缘斜坡地层圈闭。

第三节 天然气勘探方向

浅层天然气、深层裂解气、煤成气是济阳坳陷重要的天然气勘探类型。其中浅层天然气勘探程度较高，是滚动建产的主要类型；深层裂解气、煤成气勘探程度、认识程度较低，是济阳坳陷未来重要的攻关和勘探方向。

一、浅层天然气

资源潜力表明，济阳坳陷浅层天然气主要分布在东营凹陷、沾化凹陷及惠民凹陷的凸起带、断裂带及斜坡带的馆陶组上段和明化镇组下段，根据成藏模式及资源潜力，济阳坳陷浅层天然气的勘探方向主要在以下两个区带：高青—平南—郑家—坨胜永断裂带，该区带紧临东营的富烃洼陷，烃类气以断裂和不整合面为通道，河流相沉积的有利储盖组合为该区提供了有利的成藏条件；桩西—长堤潜山带，该区带位于沾化凹陷东北部，紧临黄河口凹陷，气源充足，馆陶组—明化镇组河流沉积的有利储盖组合为该区提供了有利的成藏条件。

二、深层裂解气

依据济阳坳陷深层裂解气烃源岩构成，可划分为两类，一类为沙四段烃源岩，另一类为孔二段烃源岩。相应地形成以这两类烃源岩为深层裂解气勘探方向。

1.沙四段

济阳坳陷沙四段达到生成裂解气的烃源岩主要为东营凹陷及渤南洼陷，在东营凹陷及渤南洼陷钻探分别见到工业气流，证实为裂解气。由于渤南洼陷该层系面积有限，且已钻探多口井，故渤南洼陷潜力相对较小。而东营凹陷沙四段下亚段烃源岩已证实为有效烃源岩，在东营北带已获得工业油气流，且东营北带发育大量的厚层砂砾岩体，存在天然气有效储层，具有较好的成藏条件，故东营北带砂砾岩体是有利的勘探方向。另外，东营凹陷中央断裂背斜带沙四段也是下步裂解气的有利勘探方向。

2. 孔二段

济阳坳陷孔二段烃源岩主要分布在东营、惠民等地区，目前已在东营凹陷的柳参 2 和王 46 井、惠民凹陷的盘深 3 井发现了这套烃源岩。研究认为，东营凹陷孔二段最大视厚度可达 1400m，泥岩有机碳含量为 0.1%～0.99%，基本达到了中等烃源岩的标准。孔店组烃源岩有机显微组分以高等植物与低等水生生物混源为主，有机质类型为 II_1—III 型，以生气为主，预测孔二段天然气 $709.4 \times 10^8 m^3$。

从气藏的保存条件分析，应重点研究东营盐下和博兴洼陷，初步研究结果显示，东营盐下和博兴洼陷都发育大型构造圈闭，如现河庄构造和林樊家构造等，具有形成大型气藏的条件，预测两区潜力 300×10^8～$400 \times 10^8 m^3$。但由于深部圈闭及沉积相和储集条件等研究程度低，属于较长期的攻关方向。

三、煤成气

济阳坳陷煤系地层分布广泛，从煤层厚度、埋深、二次生气高峰分布范围及源储匹配关系分析来看，车镇南坡、罗家—邵家地区、东营南坡、博兴南地区、惠民凹陷南坡等是较为有利的勘探方向。

1. 车镇南坡

车镇南坡包括大王庄鼻状构造和车西鼻状构造。大王庄鼻状构造带石炭系—二叠系埋深大于 4000m 的烃源岩进入二次生气高峰区的面积为 $200 km^2$，有利勘探面积 $240 km^2$。区内主要发育近东西和南北向的次级断层，盆地模拟显示大王庄鼻状构造带东西两侧各发育一个上古生界生气中心，为煤成气运聚的指向区，预测资源量为 $80 \times 10^8 m^3$。

车西鼻状构造带石炭系—二叠系埋深大于 3850m 的烃源岩进入二次生气高峰区的面积为 $115 km^2$，有利勘探面积 $280 km^2$，构造带内受近东西和南北向次级断层的切割形成了较多的断块和断鼻构造圈闭，盆地模拟该带新近纪以来生气中心的生气强度已达 $50 \times 10^8 m^3/km^2$，预测资源量 $351 \times 10^8 m^3$。

2. 罗家—邵家地区

罗家和邵家两个大型鼻状构造与孤北鼻状构造带构成孤北—罗家—邵家构造带，成藏条件具有相似性。

受罗西、孤北和孤西断层的控制，罗家鼻状构造带内石炭系—二叠系分布广泛，埋深大于 3850m 的烃源岩进入二次生气高峰区的面积为 $90 km^2$，有利勘探面积 $150 km^2$，预测资源量 60×10^8～$80 \times 10^8 m^3$。

邵家鼻状构造带石炭系—二叠系埋深大于 3850m 的烃源岩进入二次生气高峰区的面积为 $150 km^2$，有利勘探面积 $320 km^2$，预测资源量 30×10^8～$40 \times 10^8 m^3$。

3. 东营南坡

东营南坡石炭系—二叠系煤系广泛分布，埋深大于 4000m 的烃源岩进入二次生气高峰区的面积为 $890 km^2$，有利勘探面积 $790 km^2$。次级断层主要是北东及北西向断层，盆地模拟东营南坡地区煤系地层生烃强度最大可达 $70 \times 10^8 m^3/km^2$，预测资源量 $200 \times 10^8 \sim 300 \times 10^8 m^3$。

4. 博兴南地区

博兴以南地区石炭系—二叠系埋深大于 4000m 的烃源岩进入二次生气高峰区的面积为 480km²，有利勘探面积 540km²，区内次级断层主要为北东—南西向断层和南北向断层，预测资源量 $580 \times 10^8 m^3$。

5. 惠民凹陷南坡

惠民凹陷南坡有多口井钻遇上古生界，曲古 1 井于古近系沙二段 1514～1520m 获日产 41347m³ 的煤成气流，曲古 3 井在上古生界中有异常高的气测异常和气泡显示。钻井揭示地层厚度 825m，地震解释区内最大地层厚度 1050m，煤系地层分布广泛，煤层厚度 10～15m。地层最大埋深 6500m，埋深大于 4100m 的烃源岩进入二次生气高峰区的面积为 310km²，有利勘探面积 590 km²，预测资源量 $551 \times 10^8 m^3$。

第十五章 外围地区

济阳坳陷外围区域主要包括昌潍坳陷、临清坳陷以及辽东东探区。受资源潜力的影响，外围探区勘探程度存在着较大差异。昌潍坳陷内的潍北凹陷勘探程度最高，三维地震连片，而且探井数量多，发现并基本探明了潍北油气田；辽东东探区是胜利油田位于渤海湾东部的浅海海域的新探区，通过胜顺1等井的钻探发现了胜顺油气田，在油田范围内实现了三维覆盖；临清坳陷胜利探区资源潜力小，勘探程度低，仅见到孤立出油点或油气显示，尚无发现油气田。

第一节 昌 潍 坳 陷

昌潍坳陷位于山东省中北部，东以潍河、胶莱河为界，西至青州市—广饶县城，南起青州市—昌乐县城南一线，北临渤海莱州湾。所属行政区划包括潍坊市的昌邑、寿光、青州、昌乐、潍县等市（县）。

区域构造上，昌潍坳陷处于鲁西隆起、鲁东隆起和郯庐断裂带三大构造单元的交会处，东以郯庐断裂带的昌邑—大店断裂与鲁东隆起分隔，西南部以益都断裂与鲁西隆起为界，南部东段以断裂与汞丹山凸起为邻、西段为鲁西隆起的北倾部分，北部以近东西走向的广南断裂、古城—潍河口等断层分别与广饶凸起和昌北凸起分界。区内包括潍北、侯镇、牛头镇、潍坊、朱鹿、昌乐等6个凹陷和潍县、朱留店、寿光3个凸起（图15-1），总面积为 $4420km^2$，其中凹陷面积 $3410km^2$。

一、勘探概况

昌潍坳陷区域地质普查工作始于1959年，油气勘探工作始于1970年，主要在潍北凹陷。至2018年底，在潍北凹陷共完成各类二维地震 10654.5km、三维地震 $920km^2$；完钻各类探井122口，探井总进尺 22.6×10^4m；发现了孔一段、孔二段、孔三段（玄武岩段）等三套含油气层系；发现并探明了潍北油气田，探明含油面积 $30.16km^2$、石油地质储量 1217.45×10^4t，探明含气面积 $5.3km^2$、天然气地质储量 $5.79 \times 10^8m^3$。

勘探历程可分为三个阶段。

1. 普查阶段（1970—1982年）

在潍北凹陷实施光点记录地震、模拟单次或多次覆盖地震，测网密度达 1.2km×1.2km，普查落实了凹陷的基本构造格局。1972年底完钻昌参1井，证实潍北凹陷具有良好的生、储、盖组合。1973年4月底完钻昌参2井，在孔二段发现9m厚的油层，试油获工业油流，潍北凹陷首次发现油气。同年10月完钻的昌3井获得日产百吨高产，潍北凹陷油气勘探拉开序幕。该阶段共完钻探井26口，上报三级储量 4688.49×10^4t。

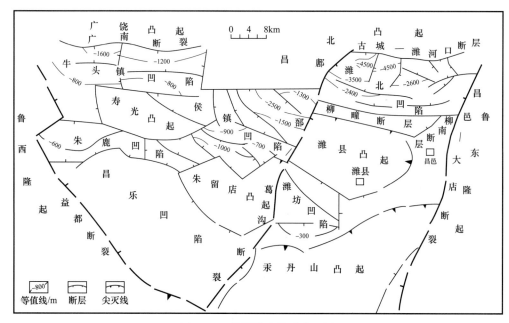

图 15-1 昌潍坳陷构造分区图

昌乐凹陷位于潍坊市的昌乐、青州两县（市）境内。凹陷东部边缘以断层与郯庐断裂带为界，西南部以益都断层与鲁西隆起分界，东北部以断层与朱留店凸起为邻，西北部以断层与朱鹿凹陷分隔（图 15-1）。昌乐凹陷是昌潍坳陷中最大的一个凹陷，其面积约 1000 km²。1974 年在该凹陷进行地震工作。1975 年钻了乐参 1 井（井深 2871.10m，孔店组未穿），全井未见油气显示，但钻遇孔二段生油层 960m。这套地层主要为深灰、灰、灰白色泥岩和砂岩，其地质时代与潍北凹陷始新统孔店组孔二段相当。综合评价生烃潜力小，且实钻未有发现，故勘探处于停滞状态。

侯镇凹陷位于潍坊市所属寿光和潍县两县境内，东部为郯庐断裂带，西部是寿光凸起，南部是朱留店凸起，北部为昌北凸起（图 15-1）。凹陷面积为 590km²。1973 年开展地震普查工作，1974 年钻有侯 2、侯 3 两口探井均未见油气显示，两口井都钻至白垩系完钻。侯 2 井钻遇始新统孔店组孔二段生油层 791.5m，而侯 3 井孔二段生油层很薄，几乎尖灭。说明该凹陷分割性较强，面积又较小，对生油不利。因凹陷生烃能力有限，综合评价无勘探价值，勘探中止。

2. 详查阶段（1983—1994 年）

为进一步查明潍北凹陷的油气地质特征，1983—1984 年，展开了以数字二维地震为标志的地震详查，二维地震测线密度达到 0.6km×0.6km。1985 年起步入三维地震勘探时期，先后实施三维地震面积 420km²，覆盖了潍北油田主体，推动了潍北油田的勘探开发。至 1994 年底，共完钻探井 52 口，累计上报探明天然气地质储量 2.22×10⁸m³。同时，对牛头镇凹陷也进行了详查。

牛头镇凹陷是昌潍坳陷的次级构造单元之一，为四周被凸起环绕的东西向凹陷（图 15-1），面积 300km²，属于典型的小断陷盆地。凹陷可进一步划分为北部洼陷带和南部斜坡带两个次级构造单元。1987 年在牛头镇凹陷新做数字地震剖面 442.2km。1988 年钻探镇参 1 井。从揭露地层情况看，新近系属于一套氧化到弱氧化环境下的冲积平原相沉积，古近系中下部是一套红色的砂泥岩地层，中生界为一套火山岩，均不具备生油条件。该凹陷与侯镇、昌乐凹陷有着不同的石油地质特征，潍北凹陷发育的大套孔店组生油岩系在该凹陷相变为一套红色砂泥岩为主的地层，并直接与青山组火山岩不整合接触，缺失孔三段；发育东营凹陷作为生油层的沙河街组，该套暗色泥岩为主的地层主要属于沙三段下亚段底部到沙四段上部，厚度180～200m，在凹陷中的分布面积最大140km^2，最大埋深1500m，明显低于生油门限。从烃源岩的分析结果来看，虽然有机质丰度较高，类型较好，但生油面积小，埋藏浅，烃源岩演化程度低，生油能力有限。

3. 勘探开发并行阶段（1995—2018年）

1995年始，在对潍北凹陷老区灶户鼻状构造带主力含油层系孔一段、孔二段进行精细勘探开发的同时，还加大了北部砂砾岩体及孔三段火成岩的勘探。另外，管理模式也发生了变化，勘探开发由东胜精攻石油开发集团有限公司负责，范围以潍北油田为主体。

2004年以来，勘探区域逐渐向北部和西部扩大，并对孔三段火成岩油藏进行了系统评价。先后针对北部扇体完钻昌48井、针对沙四段完钻昌47井、针对瓦城断阶带部署完钻昌58井。这3口井虽未获得工业油气流，但对认识凹陷北部和西部地区的含油气性有重要的意义。

本阶段共完钻各类探井44口，上报探明石油地质储量1413.45×10^{4}t。

二、石油地质特征

昌潍坳陷在潍北、侯镇、牛头镇、昌乐四个面积及新生界沉积厚度相对较大的凹陷内进行了普查及详查，仅在潍北凹陷发现油气田，其他几个凹陷均未见到油气显示。因此，昌潍坳陷的勘探、开发及研究等方面的工作主要围绕潍北凹陷展开，以下主要针对潍北凹陷的石油地质特征进行论述。

1. 地层简述

潍北凹陷钻井揭露的地层自下而上有白垩系王氏组、古近系孔店组和沙河街组、新近系馆陶组和明化镇组、第四系平原组（图15-2）。

1）白垩系

钻遇厚度201.5m，岩性为棕红色与紫红色泥岩、泥质粉砂岩夹灰、灰白色砂砾、含砾砂岩。化石很少，仅见女星介化石。通过与邻区地层岩性对比，该套地层为白垩系上统王氏组。

2）古近系

（1）孔店组在潍北凹陷分布广泛，根据岩性、电性及化石组合，自下而上分为三段。

① 孔三段为一套中基性喷发岩，钻穿厚度713m，地震资料解释的最大厚度可达到1600m。岩性主要为灰黑、灰绿、暗紫色及杂色玄武岩、安山玄武岩，中部夹多层暗色泥岩、灰白色砂岩，在火山岩中伴随有气孔、杏仁及裂缝构造。喷发岩最多可达到20余层，每层厚度不等，厚者达到36m。该套地层化石稀少，仅于昌潍坳陷昌8井见有少量的蒙古金星介 *Mongolocypris distributa*、五图真星介 *Eucypris wutuensis*、河南金星介 *Cypris henanensis*。与下伏地层呈角度不整合接触。

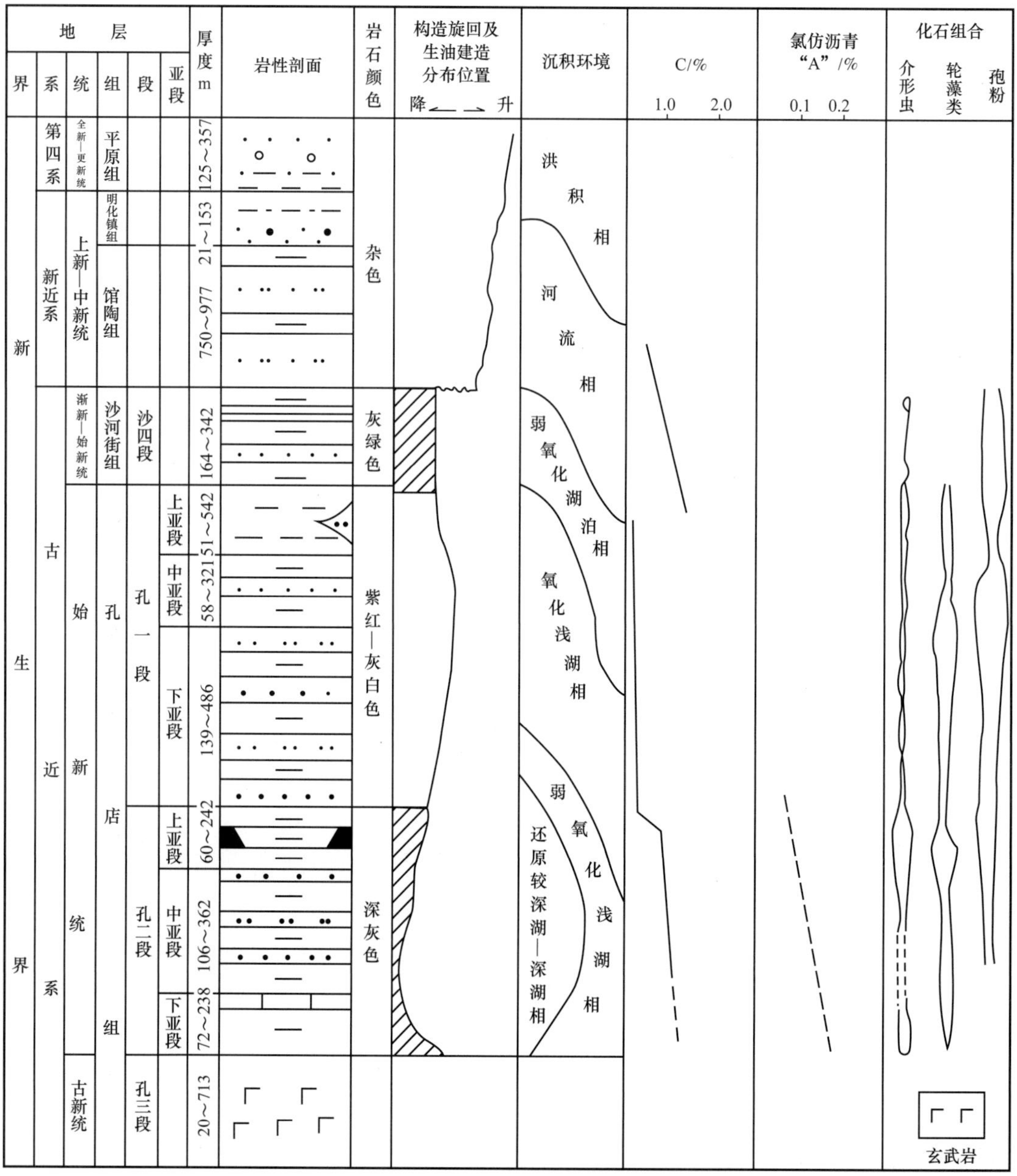

地层						厚度 m	岩性剖面	岩石颜色	构造旋回及生油建造分布位置 降←→升	沉积环境	C/% 1.0 2.0	氯仿沥青"A"/% 0.1 0.2	化石组合 介形虫 轮藻类 孢粉
界	系	统	组	段	亚段								
新生界	第四系	全新—更新统	平原组			125~357				洪积相			
	新近系	上新—中新统	明化镇组			21~153		杂色		河流相			
			馆陶组			750~977							
	古近系	渐新—始新统	沙河街组	沙四段		164~342		灰绿色		弱氧化湖泊相			
			孔店组	孔一段	上亚段	151~542		紫红—灰白色		氧化浅湖相			
					中亚段	58~321							
					下亚段	139~486							
				孔二段	上亚段	60~242		深灰色		弱氧化浅湖相 还原较深湖—深湖相			
					中亚段	106~362							
					下亚段	72~238							
		古新统		孔三段		20~713							玄武岩

图 15-2　潍北凹陷地层综合柱状图

② 孔二段为凹陷扩张期沉积，沉积环境主要为深湖—浅湖相，南薄北厚，横向变化大，钻遇地层厚度 238～842m，地层解释最大厚度大于 2000m。岩性以暗色泥岩为主，夹有砂岩及碳质泥岩、油页岩，是凹陷内最主要的生油岩发育层段。孔二段又可三分：孔二段下亚段为深灰色厚层泥岩，夹薄层泥质粉砂岩及泥质灰岩，砂岩不发育，只在凹陷西南部发育少量薄层砂岩，呈砂、泥岩互层。以半深湖相为主，电阻曲线为低阻，自然电位曲线平直，钻遇厚度 80～240m。孔二段中亚段以深灰色泥岩、向上部渐变为砂、泥岩互层，砂岩较发育，局部分布有黑色泥岩、碳质泥岩及薄煤层，煤层单层厚 1.5m 左右。下部泥岩段电阻曲线为低电阻，自然电位曲线平直；上部为含砾砂岩及

砾质砂岩，为一套半深湖相为主的沉积环境，电阻显示为尖峰状高阻、自然电位负异常明显，曲线形状呈箱状或指状。钻穿厚度100～240m，最大厚度700m。孔二段上亚段以灰色泥岩为主，夹薄层砂岩。底部有一层碳质泥岩、油页岩集中段，这一组特殊岩性段分布稳定，是较好的地层对比标志，也是良好的地震反射层（T$_8$）。该特殊岩性段在电阻曲线上呈一组密集尖峰状高阻、自然电位负异常不明显。上部是灰色泥岩夹透镜状砂岩，钻穿厚度25～100m，最大厚度约300m。孔二段主要化石有：五图真星介 *Eucypris wutuensis* 组合；五图培克轮藻 *Peckichara wutuensis* 组合；昌乐滴螺 *Physa changleensis* 组合；副桤木粉属 *Paraalnipollenites*—褶皱桦粉属 *Betulaepollenites plicoides*—鹰粉属 *Aquilapollenites* 组合及脊榆粉属 *Ulmoideipites*—拟榛粉属 *Momipites*—三角孢属 *Deltoidospora* 孢粉组合。

该段是凹陷中的主要生油层，其中部分砂岩又是重要的储层。

③孔一段为凹陷扩张期—萎缩期沉积，为浅湖—湖湾相砂泥岩地层，岩性为棕红、紫红色砂泥岩，自下而上由粗变细，砂岩为泥质、灰质、钙质和白云质胶结，与下伏孔二段连续沉积。按照岩性和电性特征，可以划分为下、中、上三个亚段。

孔一段下亚段主要岩性为紫红、棕红及灰绿色泥岩与浅灰色砂岩互层，为一套浅湖沉积。这套地层在凹陷内分布稳定，砂岩发育，砂岩占地层厚度的35%～45%，最高达56%。砂岩呈层状分布，单层厚度一般2～3m，单层最大厚度10m左右，砂岩总厚度最大达270m，是凹陷内最为重要的储层。砂岩岩性较细，一般为粉砂岩，分选较好，主要为长石砂岩，胶结以泥质为主，也有灰质，孔隙式胶结。该亚段电阻曲线呈低阻锯齿状，自然电位负异常明显，呈密集指状。钻遇厚度139～486m。

孔一段中亚段为红色泥岩夹浅灰色砂岩，砂岩较孔一段下亚段明显减少，一般占地层厚度的10%～12%，砂岩单层厚度1～2m，最大4m。砂岩以长石砂岩为主，孔隙式、孔隙—基底式胶结；电阻曲线呈低阻，自然电位负异常幅度较低。顶部有一组灰质砂岩，电阻呈尖刀状高阻，自然电位负异常呈低值。这组灰质砂岩分布较稳定，是区内地层对比的标志层，也是地震反射层。钻穿厚度58～321m。

孔一段上亚段保存不全，厚度变化较大。岩性为红色泥岩夹少量薄层灰绿色粉砂岩及泥质粉砂岩，为浅湖相沉积。

孔一段化石主要见孢粉化石组合，为希指蕨孢属 *Schizaeoisporites*—无口器粉属 *Inaperturopollenites*—三孔沟类 *Tricolporites*—杉粉属 *Taxodiaceaepollenites* 组合，介形类缺乏，轮藻多为孔二段延续的属种。

（2）沙四段仅在凹陷的西北部钻遇，其展布面积约400km^2，岩性为一套灰、灰绿色泥岩、粉砂岩及砂岩，夹有少量石灰岩和油页岩。地层电阻曲线显示低值，呈锯齿状，在油页岩、灰质岩部分呈尖峰状高阻，自然电位负异常明显，呈指状或筒状。沙四段属剥蚀残留地层，与下伏孔一段为不连续沉积。

沙四段所见化石：火红美星介 *Cyprinotus igneus* 组合，光滑南星介 *Austrocypris levis* 组合，标志化石为火红美星介 *Cyprinotus igneus*，还有淡水至半咸水的真星介属、金星介属和拟星介属的分子；新店扁球轮藻潜江变种—江陵滨海轮藻（*Gyrogona xindianensis* var. *qianjiangica*—*Lamprothamnium jianglingensis*）组合；凤尾蕨孢属 *Pterisisporites*—破隙杉粉 *Taxoidiaceaepollenites hiatus*—麻黄粉属 *Ephedreapites*—小榆

粉 Ulmipollenites minor 孢粉组合。

3）新近系

馆陶组厚度 750～977m，主要岩性为灰绿、灰白色砂岩、含砾砂岩夹棕红、灰绿色泥岩，为河流相沉积。该组地层缺乏化石。电性特征为低电阻，自然电位负异常幅度大，呈指状或箱状，与下伏地层为不整合接触。

明化镇组厚度 70～230m，主要岩性为棕黄、棕红色砂岩、含砾砂岩夹薄层灰白色泥岩，胶结疏松，成岩性差。与下伏馆陶组为假整合接触。

4）第四系

第四系为浅棕黄色砂砾岩及黏土层，与下伏明化镇组为不整合接触，厚150～230m。

2. 构造特征

中生代末期，北部古城—潍河口断层强烈活动，造成前中生代基底发生快速北掉南抬，同时伴有大量的次级断裂和火山活动，开始了潍北凹陷的发育。新生代早期古城—潍河口断层持续、强烈活动，凹陷北部大幅度沉降，南部逐步抬升，盆地内沉积了巨厚的古近系孔店组，并且在沂沭断裂带和古城—潍河口断层活动期间，由于基底南抬北掉派生的应力集中于盆地中部，造成盆地内调节断层发育，除少数控制沉积的二级断层外，发育大量的三、四级断层，形成了北北东向、北西向和北西西向三组断层，构成潍北凹陷独特的构造格局。

潍北凹陷的发育具有明显的阶段性。凹陷形成初期为断裂—火山活动阶段，形成了全区的玄武岩地层，并基本造就了凹陷的构造格局；中期为快速断陷扩张期，湖水迅速扩大、变深，形成了还原环境为主的沉积，也是区域生油岩发育期；后期为缓慢断陷萎缩期，虽然湖盆面积在缓慢扩张，但水深已明显变浅，盆地趋于消亡。经沙河街组沉积期短暂的活化后，最终完全消亡。

根据盆地内断层的发育和展布特征，可将潍北凹陷分为 3 个次级构造单元，即北部洼陷带、南部斜坡带和中部断裂带。其中，南部斜坡带断裂不发育，呈狭窄带状；中部断裂带是凹陷发育过程中派生应力集中区，发育了大量的断层，受局部构造的控制，东西又有差异，东部为灶户断鼻构造，断层复杂，多组交错，西部为瓦城断阶带，以近东西向平行断裂为主，形成断阶构造，该带南界为控制盆地沉积的柳疃断层；北部洼陷带位于昌 51—昌 14 井断裂以北，古城—潍河口断层以南，面积约 195km^2，洼陷是盆地沉积沉降中心，由于靠近昌北大断层，应力不易集中，断层不发育。

1）断裂特征

断裂平面展布方向为北东、北西和近东西向三组。东部以北东和北西向断层为主，南部近东西向断裂发育，围绕深洼陷呈环带状分布。剖面上多呈高角度顺向或反向正断层。

根据断层活动规模及其对地层控制作用的大小，将断层分为四级：一级断裂有 3 条，分别为东（昌邑—大店断裂）、西（鄌郚—葛沟断裂）边界断层及北部边缘古城—潍河口断层（东、西断裂应划为更高级别），上述三条断层，其最大落差超过万米，它们是长期继承性活动的、控制凹陷发展的断层；二级断层有 2 条，为柳疃和西利—渔北断层，该组断层落差为 100～500m（T$_8$），发育规模不大；三级断层有 22 条，是划分断块区的断层；其余皆为四级断层，是划分断块的基本断层（图 15-1）。

2）构造带划分

凹陷内断层虽多，但多为三、四级小断层，二级断层仅有 2 条，且都发育在南部，而潍北凹陷本身是一个小凹陷，因此，要划分构造带相对比较困难。按凹陷构造发育特点，划分为北部洼陷带，南部泊子单斜带，中部分别为灶户鼻状构造带及瓦城断阶带等四个次级构造单元（图 15-3）。

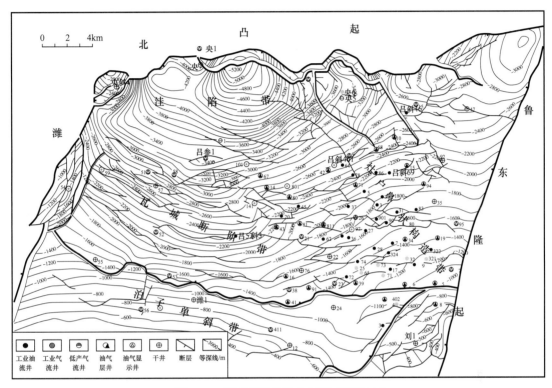

图 15-3　潍北凹陷构造分区图（底图 T_8）

（1）泊子单斜带位于凹陷南部边缘，北以柳疃断层为界，南至凹陷边缘，东西为两条一级边界断层所限。构造简单，为一由南向北倾斜的单斜带，面积 110km²。

（2）瓦城断阶带位于柳疃断层以北，西利—渔北断层以南，西边界为凹陷边界断层，东界逐渐过渡到灶户鼻状构造带，面积约 200km²。该带是在区域性北倾的背景上，被东西向三条次级断层切割成台阶，在较大断层下降盘形成一系列小滚动构造。

（3）洼陷带为瓦城断裂带以北至北部控凹断裂古城—潍河口断裂所夹持的区域，是沉积、沉降的中心地带，断裂不发育，西部主要受近南北向断裂控制，东部则以北西西向断裂为主。

（4）灶户鼻状构造带位于凹陷东部灶户一带，是一个在古地形背景上长期发育的继承性鼻状构造。其轴向东南抬起，向西北倾伏，北北东、北西和近东西向三组断层切割，形成众多断块，使断鼻破碎严重，面积约 150km²。

3. 沉积及储层

1）沉积特征

潍北凹陷沉积类型具多样性，发育有（扇）三角洲、滩坝、低位扇、近岸水下扇及湖泊等沉积体系。

孔三段为一套中基性喷发岩，岩性主要为灰黑、灰绿、暗紫色及杂色玄武岩、安山玄武岩，中部夹多层暗色泥岩、灰白色砂岩，在火山间歇期发育扇三角洲—滨浅湖沉积体系。

孔二段主要发育扇三角洲、滩坝、近岸水下扇、湖泊沉积。岩性为灰色砂岩和灰色、紫色泥岩互层，可见波状层理、斜层理、前积层理等。岩石中可见丰富的虫孔搅浑构造和植物碎屑等，自然电位以指状或齿化钟形为主。该沉积时期湖盆基本形成，边界附近的水下扇和扇三角洲日益发育，并已成相当规模。

孔一段主要发育三角洲、滩坝、湖泊沉积。三角洲沉积主要分布于凹陷西部、西北部和北部边缘部位。滩坝沉积则主要分布于凹陷南部、东南部和东北部近湖盆中央。湖泊相则只发育于凹陷东南部及东北部边缘。

沙四段残留为弱还原条件下的扇三角洲和滩坝沉积。扇三角洲分布受控于南北两个物源体系，沿南北盆缘构造带分布；滩坝沉积则基本位于湖盆中心。

2）储层特征

潍北凹陷孔店组储层包括碎屑岩和火成岩两类。火成岩主要分布在孔三段，孔一段、孔二段及沙四段为碎屑岩沉积。

（1）碎屑岩储层特征。

① 岩石学特征。潍北凹陷碎屑岩储层主要为砂岩、粉砂岩和砾岩。砂岩以岩屑长石砂岩和长石岩屑砂岩为主，另有长石砂岩、岩屑砂岩以及少量的凝灰质硬砂岩。碎屑一般为次棱角状，分选中等到差，以点接触为主，少量为线接触，大多为孔隙式胶结。南部岩性疏松，北部岩性相对致密。砂岩中填隙物主要为黏土杂基和方解石胶结物，其次有次生加大的石英、蛋白石、硬石膏、重晶石、黄铁矿、自生黏土矿物、次生加大的（或自生的）长石等。

② 储集空间类型。根据潍北凹陷沙四段、孔店组砂岩孔隙发育的特点，采用孔隙产状分类法，可将砂岩孔隙分为粒间孔、粒内孔、填隙物内孔和裂缝四种类型。粒间孔按粒间填隙物充填方式和形态有三种形式：一是未被充填物充填的粒间孔，这种粒间孔相对少见；二是充填剩余粒间孔隙，这种粒间孔隙相对发育；三是粒间超大孔属粒间孔，它是在充填剩余粒间孔隙的基础上，碎屑颗粒或早期充填的粒间碳酸盐胶结物或杂基全部被溶蚀而形成的孔隙。粒内孔是碎屑颗粒在成岩演化过程中，水介质性质发生变化，部分或全部溶解而形成的孔隙。填隙物孔是碎屑颗粒间充填的早期碳酸盐胶结物部分溶解而成的溶蚀孔隙或自生黏土矿物把原粒间孔隙（粒内孔）分割成晶片间微小孔隙。裂缝孔隙是由于构造运动或压溶作用，砂、泥岩及碳酸盐岩由于应力作用产生破裂形成裂缝孔隙，可进一步细分为构造裂缝和压溶裂缝。

以上按产状划分的几种孔隙类型，其中粒间孔和部分填隙物孔在成因上属原生孔隙。粒间超大孔、粒内孔及部分填隙物孔在成因上属于次生孔隙。储集类型虽具多样性，但储集空间以粒间孔和裂缝为主。

③ 储层物性特征。各层段砂岩的物性特征分析结果表明，孔隙度在各亚段分布相对集中，渗透率分布相对分散。其中，孔二段中亚段孔隙度最小，一般为15%～25%，但小于10%的孔隙度占很大的比例，孔一段中亚段和孔一段下亚段的孔隙度相近，一般

为20%～30%，大部分大于15%。孔一段下亚段的渗透率最好，分布在100～500mD区间的占优势，孔二段中亚段渗透率小于10mD占很大的比例。随着深度的增加，孔隙度与渗透率逐渐变小。3500m以下的深层孔隙度分布范围为0.5%～19.2%，渗透率为0.01～74mD，表现为中孔低渗储集特征。

（2）火成岩储层特征。潍北凹陷共有59口井钻遇孔三段火山岩。根据岩心观察、录井资料和薄片鉴定分析，岩性主要为安山玄武岩、玄武岩、安山岩和极少量的火山角砾岩，其中玄武岩是分布最广泛的岩石类型。储集空间类型分为三类：① 原生孔隙，主要是指玄武岩和安山玄武岩中的原生气孔，为杏仁状内孔；② 次生孔隙，主要是斑晶与基质内溶蚀孔隙、杏仁体内矿物的次生溶蚀孔隙；③ 裂缝，主要包括构造裂缝、节理裂缝、冷凝收缩缝、风化破裂缝等。

火山岩储层的孔隙度和渗透率与深度没有明显的变化规律，孔隙度和渗透率高值与低值差异较大，孔隙度最高值可达50%，最低值仅有0.1%。渗透率最高值达10000mD，最低仅为0.001mD。这种差异说明火山岩储层非均质性强。虽然如此，火山岩储层孔隙度和渗透率还是存在一个相对的集中段，孔隙度集中于10%～20%之间，渗透率集中于10～100mD之间，具备较好的储集性能。

4. 生储盖组合

1）烃源岩条件

潍北凹陷烃源岩主要赋存在孔二段的暗色泥岩、油页岩、灰质泥岩中，据地震资料推测该段地层最大厚度可达3000m。油页岩、灰质泥岩作为典型的有机质富集层，其有机质丰度远远好于暗色泥岩，前者是后者的5～10倍。油页岩的有机碳高值区主要分布在凹陷中北部，其丰度最大可达20%；灰质泥岩的分布面积最广，有机碳大于5%的灰质泥岩基本遍布在整个凹陷周缘，其中高值区主要分布在北部洼陷带及灶户构造带局部，有机碳数值可达20%。整体上优质烃源岩主要分布在孔二段上、中亚段，孔二段下亚段烃源岩生烃潜量及有机碳含量普遍较低，属于差—中等烃源岩。

从显微组分和干酪根元素分析可知，本区孔二段的有机质类型以Ⅱ和Ⅲ型为主，Ⅰ型有机质主要分布在孔二段上亚段烃源岩，比例接近40%，孔二段中亚段仅占10%。孔二段的镜质组反射率在0.4%～1.61%之间，平均0.84%，烃源岩进入成熟演化阶段。总体上评价孔二段烃源岩是一套较好—好的烃源岩。据估计潍北凹陷孔二段烃源岩总资源量为1.49×10^8t，天然气203.58×10^8m^3。这些生烃量为油气藏的形成提供了丰富的物质基础。

2）储层条件

从目前的钻探资料来看，潍北凹陷内孔三段玄武岩、孔二段中亚段含砾砂岩、孔二段上亚段砂岩、孔一段中—下亚段层状砂岩中均已获得工业油流。

孔三段遍布整个潍北凹陷，为一套中基性喷出岩，中间夹有多层薄层砂岩、泥岩。主要的储集空间有原生孔隙、风化裂缝、构造裂缝、晶间孔隙、溶蚀孔隙等，其中以气孔和构造裂缝为主要的储集空间，气孔发育不规则，大小悬殊。据多块样品分析，平均孔隙度11.3%，平均渗透率6.6mD；昌39井1536.1～1568.57m井段，平均孔隙度为20.8%，平均渗透率为3.1mD，玄武岩储层物性变化较大。

孔二段中—上亚段储层主要为扇三角洲沉积环境，横向变化大，分布不稳定。储层岩石物性以中、细不等粒岩屑砂岩、砂质砾岩、砾岩为主，岩屑含量较高，平均48%，粒度中值0.25mm，以泥质充填为主，分选系数2.33，属中等分选。储层以孔隙式胶结为主，平均孔隙度18%，平均空气渗透率95.0mD，单层厚度最大12m，一般2～3m。本段储层在扇三角洲前缘亚相的砂体储集性能最好。

孔一段内部砂岩厚度占地层厚度的25%～50%，孔一段下亚段的大套层状砂岩，层数多，但单层厚度不大，一般为2～3m，最大厚度不超过10m，分布广泛、稳定。岩性以长石细砂岩、粗细粉砂岩、粉砂岩为主，泥质胶结，泥质含量为8.8%，孔隙度为20%～30%，最高可达41%，平均孔隙度为25%，平均空气渗透率224mD。平面上分布于凹陷中部及南部地区，该类砂体为本区主力含油砂体。

3）生储盖组合类型

潍北凹陷油气生成于孔店组，该组发育两套稳定的泥岩，形成二套区域盖层，以这两套盖层为基础，构成了三套生储盖组合类型。

（1）新生古储新盖型。孔三段玄武岩风化壳与上覆孔二段生油层组成的生储盖组合。玄武岩在凹陷中分布广泛，又经历了风化剥蚀，形成一些残丘山，被孔二段暗色泥岩包围，以玄武岩的风化孔隙及裂缝作为储集空间，孔二段暗色泥岩既是生油层，又是良好的盖层，这套储盖组合目前已见到良好的显示或油层，是下部勘探的目的层段之一。

（2）自生自储自盖型。孔二段自生自储的生储盖组合。孔二段是一大套厚层泥岩夹有砂岩及砂岩透镜体的组合，如在湖盆边缘部位，特别是湖盆陡岸大断层下降盘，发育有一系列的水下扇体，这些扇体砂岩发育，并直接插入生油岩中，对油气的聚集得天独厚的条件，只要有好的构造圈闭，即可形成油气富集。此外，凹陷南部的河道砂体、小型扇体及小型三角洲砂岩体，以及凹陷内的浊积砂岩体都是油气聚集的有利场所。因此，孔二段这套生储盖组合是潍北凹陷重要的勘探目的层之一。这套组合已见到工业油气流，并获得了高产。

（3）古生新储新盖型。孔二段生油、孔一段中下部砂岩储油、上部泥岩作为盖层的生储盖组合。孔一段中下部的砂岩具有分布广、厚度大、储集物性好的特点。其下部孔二段是全区分布的生油层。孔一段中下部的砂岩直接覆盖在孔二段生油层之上，而砂岩之上又有孔一段上部厚层泥岩为盖层，这套泥岩盖层同样是大面积分布。即便在湖盆东南边缘孔一段上亚段遭受剥蚀的区域，仍残存较厚的泥岩可作为盖层。所以，这套生储盖组合也是凹陷内最重要的勘探目的层之一，目前也已见到工业油气流。

三、含油气特征

1. 油气藏类型

潍北凹陷油气藏类型多样，构造、地层、岩性和复合圈闭等四大圈闭类型均有发育，以构造为主。

1）构造类油气藏

潍北凹陷目前已发现油藏多为构造油藏，以小断块为主，属多油水系统的薄层呈牙刷状油藏。孔一段、孔二段均有发育，油气藏内砂体分布稳定，连续性好，上倾方向受断层遮挡，油气聚集受断层控制，同一局部储盖组合具有相对统一的油气水界面（图15-4）。

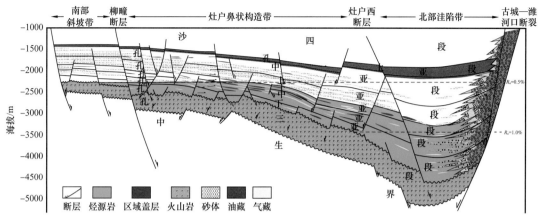

图 15-4 潍北凹陷油藏类型及分布

反向断层控制的构造圈闭是油气聚集的最有利部位，顺向断块也可以成藏，但断距相对要大一些。对于孔二段中亚段储层，由于其上下都为厚层暗色泥岩，正、反向断层都易形成砂泥岩有效对接封堵，同时，正向断层也能形成孔一段下亚段砂岩与孔二段上亚段泥岩对接有效圈闭。对于孔一段储层，唯大型反向断层才能控制形成多层系的有效圈闭和油气聚集。孔一段上亚段的巨厚泥岩对油气的运移与成藏起着重要的封盖作用，是凹陷内难以逾越的区域性压力隔层。

2）岩性类油气藏

岩性油气藏主要分布在北部洼陷带孔二段。多物源、岩性变化大是其形成的主要原因，北部深层断裂相对不发育，也是深部岩性油气藏得以保存的重要条件。北部洼陷带孔二段储层相对致密，但是属于凹陷的沉积沉降中心，烃源岩发育，具备良好的油气源条件，薄层砂岩与烃源岩间互发育，易形成自生自储岩性油气藏（图 15-4）。央 6 井在 3365.5～4025m 井段裸眼测试，在储层孔隙度平均 7.7%、渗透率只有 3.63mD 的情况下，仍日产气 15631m³；昌 64 井在 2471.4～2517.3m 井段试油，获日产气 26540m³。

另外，北部陡坡带发育相带较窄的近岸水下扇，沉积相带由近岸水下扇扇中亚相变为扇根亚相时，导致储层的孔隙度和渗透率变差而形成岩性圈闭，就近聚集了来自孔二段的油气，从而形成了岩性油气藏。

3）复合类油气藏

构造—岩性复合油气藏主要分布在灶户鼻状构造带孔二段中亚段（图 15-4），上倾方向由断层及储层相变遮挡，内部有多套油水系统。孔二段为扇三角洲沉积环境，灶户鼻状构造带物源主要来自盆地东北部，主要储层为夹于泥岩中的大套砂砾岩体，本段储层横向变化大，分布不稳定，砂岩自东北向西南方向减薄，岩性由粗变细，可分为扇三角洲平原、扇三角洲前缘、前扇三角洲三个亚相。北部砂岩厚，被断层遮挡，主要形成构造油气藏；南部砂岩减薄主要受岩性控制，在灶户鼻状构造的两翼存在一定规模的构造—岩性油气藏。

2. 油气分布规律

潍北地区大部分油藏现今属于常压油藏，成藏时为弱超压油藏。而弱超压油气系统的油气主要靠浮力驱动成藏，骨架砂体和断层是主要的油气输导通道。继承性发育的断鼻是油气运移的最佳指向。油气分布受储层、断层、构造特征等方面影响。

1）成藏控制因素

（1）储层。潍北地区储层较为发育，主要为西部、东部发育的大型扇三角洲和北部发育的近岸水下扇扇体。尤其是近岸水下扇扇体前端延伸至生烃洼陷，与烃源岩呈指状穿插接触，直接沟通油源的骨架砂体可作为油气运移的通道，油气在浮力驱动下主要以横向运移为主。与断层输导相比，骨架砂体分布范围较广，对油气的输导更为直接，油气在运移过程中遇到有利岩性圈闭或断层与砂体相互配置的构造—岩性圈闭中可聚集成藏。

（2）断层。潍北凹陷内部断层较为发育，是油气纵向运移的通道，不同断层或同一断层不同位置（走向上、倾向上）对油气输导、封闭性的差异是导致油气优势运移路径选择和油气藏分布差异的一个重要因素。断层一方面沟通源、储，成为油气纵向运移的通道；另一方面也可以作为侧向封堵条件，使得油气在断层两侧形成富集。如：在古地形基础上长期继承发育的灶户鼻状构造，轴向北西，向东南抬起，被北东、北西、近东西向众多断层切割使构造复杂化，断块破碎，易于油气运移聚集，昌3、昌4、昌25等几个主力含油断块都在此处。

（3）构造。灶户鼻状构造带为古地形控制继承性发育的、由北至南贯穿整个凹陷的大型正向构造带，是油气运移、聚集的最佳指向。而目前大多数油气富集在这个微构造脊附近，表明油气自洼陷带生成之后，在断层和砂体的输导下，向构造高部位，即构造脊方向运移并聚集成藏。另外，在瓦城断阶带沿昌67井至昌81井一线为一低幅度的鼻状构造带，是中部油气运移、聚集的另一重要指向。而西部仅为简单断阶带，油气聚集相对较差。

2）纵向分布特征

潍北凹陷共发育孔三段、孔二段中亚段、孔二段上亚段、孔一段下亚段和孔一段中亚段等5套主要含油层系。其中，孔一段中亚段和孔二段中亚段油藏分布范围最广、钻遇井数最多，累计解释油层最厚，且最为富集高产，为潍北地区的主力含油层系，其次为孔二段上亚段和孔一段下亚段。潍北凹陷内油气藏的纵向分布与生储盖组合关系密切。

3）平面分布特征

潍北凹陷油气分布存在明显的规律性，油气分布表现出分区性。已发现油气多分布在东部的灶户鼻状构造带上，而瓦城断阶带和北部深洼带仅见少量油气显示，南部斜坡带存在少量油气藏。由北向南油气藏埋深变浅，沿断层走向呈条带状分布：北部主要为孔二段油气藏，埋深较大；中部主要为孔二段中、上亚段和孔一段下亚段油气藏，南部主要为孔一段中、下亚段油气藏，埋深一般小于1000m。

另外，油藏类型的分布也存在明显的规律性（有序性分布），呈环带状分布。具体来说，北部深洼带已发现油气藏多为岩性油气藏，而灶户鼻状构造带多为断层类油气藏和构造—岩性复合类油气藏，其中构造的作用越发明显；而到了南部斜坡带则出现了地层油气藏，不整合的遮挡作用越来越重要。

3. 流体性质

1）原油物性特征

潍北凹陷原油具有低密度、低黏度、低含硫和高凝固点的特点。原油凝固点一般在30～40℃，最高可达52℃；地面原油密度一般在0.80～0.90g/cm³之间，多为轻质—中质原油；原油黏度大部分小于 52mPa·s，具有低黏度的特征；含硫量一般都小于 0.5%，具有陆相原油特征。

各个区带油源、运移距离及油藏保存条件的不同，导致不同区带、不同层系的原油性质具有较大差异。北部洼陷带和西部地区埋深较大，原油物性较好。密度为 0.78～0.89g/cm³，平均密度为 0.83g/cm³；原油黏度为 1.81～42.1mPa·s，平均黏度为 12.96mPa·s。东部地区埋深较浅，原油物性相对较差。原油密度为 0.81～0.95g/cm³，平均密度为 0.85g/cm³，原油黏度为 3.42～176.1mPa·s，平均黏度为 40.5mPa·s。南部地区以天然气为主，原油的密度和黏度受埋深影响较小，原油物性普遍较好。

2）地层水特征

潍北凹陷地层水型绝大部分为 $CaCl_2$ 型，含少量的高矿化度的 Na_2SO_4 型和低矿化度的 $NaHCO_3$ 型地层水。地层水矿化度普遍较高，多数大于 20g/L，矿化度随深度增加而逐渐增大。

四、前景分析

1. 剩余资源量分析

根据三次油气资源评价结果，潍北凹陷石油资源量为 1.0×10^8t、天然气资源量为 175×10^8m³。到目前为止，发现和探明了潍北油气田，探明含油面积 30.16km²，累计探明石油地质储量 1217.45×10^4t；探明含气面积 5.3km²，探明天然气地质储量 5.79×10^8m³。探明程度只有 14.3% 和 3.3%，还有相当的石油地质储量和天然气地质储量尚待发现。

潍北凹陷主要油藏类型为构造油气藏、构造—岩性油气藏和岩性油气藏，根据分析评价，在灶户鼻状构造带、瓦城断阶带、北部洼陷带等区块仍是寻找构造—岩性油气藏和岩性油气藏的有利地区。

2. 潜力分析

按照近源寻藏的思路，通过潍北凹陷烃源岩的系统评价，首先明确潍北凹陷生排烃中心，生排烃中心所在的区带将是首选最为有利的勘探部署区带。

通过对潍北凹陷孔二段烃源岩的分类，发现潍北凹陷北部地区灶户鼻状构造带还存在一个次级生烃中心。其孔二段厚度大，且全区分布，钻遇累计厚度已达 1044m，地震预测洼陷区厚度在 2500m 以上。烃源岩分布范围广，总面积可达 670km²，沉积厚度大，而洼陷区的暗色泥岩厚度则更大。

孔二段烃源岩在 1300～1400m 进入低成熟阶段，1900m 左右进入成熟阶段，以此确定低成熟烃源岩的分布范围，主要包括灶户鼻状构造带及瓦城断阶带东部地区。

从构造格局上看，潍北凹陷可分为四个区块，分别是北部洼陷带、灶户鼻状构造带、瓦城断阶带及南部斜坡带，各个区块的储盖组合条件和圈闭发育条件有一定差异性，也决定了各个区块发育不同的油藏类型及油气富集层系。

北部洼陷带孔二段、孔一段早期发育近岸水下扇砂体，为有利储层发育区，孔二段上亚段、孔一段上亚段储层发育较少，为良好的区域盖层，形成了有利的储盖组合，故本区主力的含油层系应为孔二段中—下亚段和孔一段中—下亚段；另外，本区断裂发育相对简单，构造圈闭较少，为岩性油藏有利发育区。岩性圈闭面积约 20km²，天然气圈

闭资源量约 $150 \times 10^8 m^3$。洼陷带孔二段埋藏深度较大，薄层砂岩与烃源岩交互沉积，成岩作用较强，为致密砂岩油气藏发育区，预测圈闭资源量 $1200 \times 10^4 t$，具有一定的勘探潜力。

灶户鼻状构造带孔二段扇三角洲前缘构造—岩性、岩性圈闭面积约 $45 km^2$，石油圈闭资源量约 $1500 \times 10^4 t$，孔一段中—下亚段、孔二段中—上亚段和孔三段构造圈闭石油资源量约 $3200 \times 10^4 t$，总体来看，灶户鼻状构造带具有 $4700 \times 10^4 t$ 的圈闭资源量，具有良好的勘探前景。

瓦城断阶带孔二段扇三角洲平原规模较大，扇三角洲前缘有利相带目前无井钻遇，推测相带较窄。此外，在北台阶断层附近，断层上升盘前古近系可直接对接下降盘的生烃层系，油气可通过断层直接进入对接层系，形成潜山构造油藏，具有形成油气富集高产的条件。

第二节 临清坳陷东部

临清坳陷地处华北平原中部，跨越晋、鲁、豫三省，总勘探面积约 $21500 km^2$。境内地势平坦，交通发达。构造位置处于渤海湾盆地西南收敛端，北接济阳、黄骅、冀中三大坳陷，南至内黄隆起，西邻太行山隆起，东为鲁西隆起。临清坳陷西部归属中原油田，而东部归属胜利油田。

一、勘探概况

临清坳陷东部是指胜利油田登记的位于临清坳陷东部的勘探区块，总勘探面积 $4369.764 km^2$，包括武城—馆陶凸起以东、鲁西隆起以西、宁津凸起以南、南乐凸起以北的坳陷区，呈北东向展布。地质构造单元包括高唐—堂邑凸起、德州凹陷、莘县凹陷三个次级单元，走向与坳陷基本一致（图 15-5）。

自 1955 年在该区开展油气勘探工作以来，临清坳陷东部已有 60 多年勘探历史。截至 2015 年底，总计完成二维数字地震测线 13050km，测网密度达 0.6km×1.2km，局部为 1.2km×1.2km 或 0.6km×0.6km。完成三维地震共计 551km²。共完钻各类探井 70 余口，其中低产油流井 2 口（德 1 井、贾 2 井）、低产气流井 3 口（梁古 1 井、高古 4 井、高古 5 井）、工业气流井 1 口（高浅 1 井）。目前该区已发现煤成气、低熟油、CO_2 气三种油气资源（位于高唐—堂邑凸起上的高浅 1 井发现地幔源 CO_2 气）。

勘探历程可以概括为"勘探起步较早，但勘探难度大，油气发现程度较低"，大体可以分为以下四个阶段。

1. 区域概查阶段（1955—1970 年）

该阶段在全区完成 1:100 万，1:20 万重力、磁力、电法普查，在堂邑凸起、德州洼陷构造带钻探华 1、华 4、德参 1、德参 2 等探井，其中华 4 井见油气显示。后因济阳坳陷华 8 井出油，勘探重点东移，本区勘探趋向低潮。

2. 区域详查阶段（1971—1985 年）

该阶段中后期开展了大规模地震普详查工作，地震测线实现连片，测网密度达 0.6km×1.2km。随着济阳坳陷的油气发现，该区勘探重点转向古近系，期间共完钻探井

13口，广泛分布在凹陷中的各个次级洼陷周围。对本区构造格局、沉积层分布、地震反射层序、生储盖条件、圈闭类型、油气资源均有了初步评价。其中，德参1、德参2等井在古近系沙三段、沙四段发现一定厚度的生油层，为进一步评价洼陷古近系生油潜力打下基础。

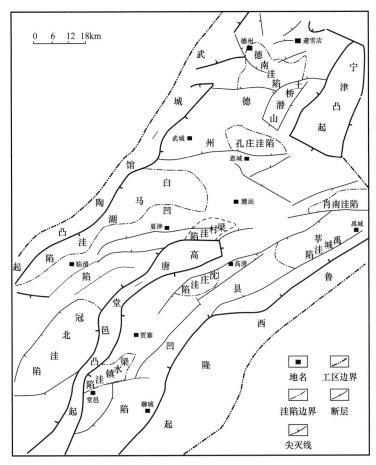

图15-5 临清坳陷东部构造单元划分

3. 古近系油气综合勘探阶段（1986—1999年）

在资源评价的基础上，重点选取德南、禹城、梁水镇洼陷进行深化评价。完成数字地震测线3663.4km、三维地震144.0km²、地面化探56km²、高精度航磁1000km²。针对古近系烃源岩形成的油气藏在生烃潜力、成藏地质条件、成藏规律等方面进行了深入的分析，逐步对该区古近系油气成藏地质条件及勘探部署有了较为清晰的认识：该区古近系小洼陷具有"洼多、洼小、洼浅"等特征；受区内地温梯度低的影响，生成原油以低熟油为主，具有"高含蜡、高凝固点"等特征；原油运移距离相对较短，需"围绕生油中心近源勘探"。期间共完钻探井31口，解释油层井7口。其中贾2井、德1井（图15-6）获得低产工业油流，上报预测石油地质储量91.27×10⁴t、70.01×10⁴t（2008年储量套改数据）。

4. 煤成气综合勘探阶段（2000—2017年）

该阶段以2000年梁古1井获得CO_2工业气流作为起点。临清坳陷早期的探井也发现过天然气，但未引起足够重视。在渤海湾盆地其他坳陷（黄骅、冀中、济阳）煤成气获得重大发现的启发下，该区同期开展了煤成气专探工作，以古生界自生自储型煤成气藏为勘探对象。2007年部署贾寨三维地震406km²。

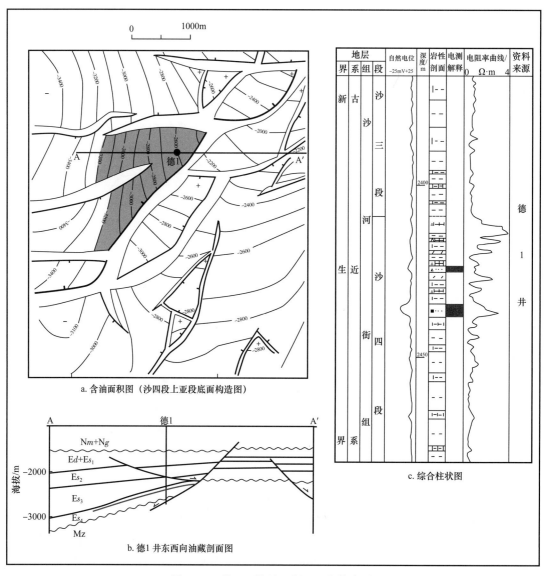

图15-6　德1区块沙四段上亚段综合图

该区目前钻探至古生界的井有17口，其中14口井见到不同级别油气显示，隆起带、斜坡带均有井钻探。先后钻探煤成气专探井6口（梁古1井、德古2井、德古4井、高古7井、高古4井、高古5井），其中2007年完钻的高古4井实现煤成气勘探重大突破。

典型含气圈闭介绍（图15-7）：

堂古1圈闭位于堂邑凸起，是受两条断层控制的断块圈闭。该凸起是一个在喜马拉雅早期发育，于喜马拉雅晚期定型的继承性发育的隆起带，其上缺失古近系。堂古1井位于凸起的南部，中途测试寒武系—奥陶系见少量天然气，井口可燃火焰高达0.5m。同样位于该凸起的堂古4井、康古4井中途测试见少量气，可燃。

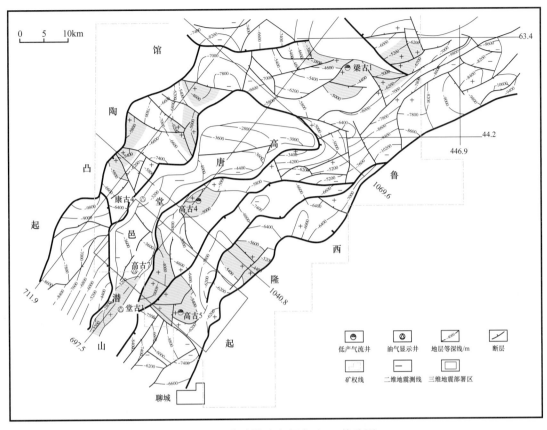

图15-7 临清坳陷东部南区T_{g1}构造图

高古4圈闭位于堂邑东斜坡构造带，是受北东、北西方向两条断层控制的断鼻圈闭。高古4井是在"近源勘探"思路指导下的第一口煤成气专探井，实现了工业煤成气突破。石炭系太原组4514～4525m采用CO_2增能压裂测试煤成气峰值产量22256m³/d，油30m³/d，储层为浅灰色灰质细砂岩。

高古5圈闭位于堂邑东洼陷构造带，是发育于洼陷带内的受三条断层控制的断块圈闭。高古5井于2008年12月开钻，2009年8月完钻，钻探时间近9个月。钻探过程中在奥陶系、石炭系—二叠系太原组、下石盒子组等5套储层中见到较好显示，是该区所有煤成气专探井中显示层位最多、显示效果最好的一口井。其中下石盒子组4524.0～4529.5m进行CO_2增能压裂测试获天然气峰值产量7216m³/d。

二、地质特征

本区是渤海湾盆地的一部分，为多期叠合的中—新生代盆地，具有渤海湾盆地的一般特征，并与邻区济阳坳陷在构造演化、地层沉积等方面具有相似性。

1.地层简述

根据钻井揭露、地震分析和区域对比，确认本区除上奥陶统、志留系—泥盆系和下石炭统出现区域性缺失外，地层发育较为齐全（表15-1）。

表 15-1 临清坳陷地层发育特征

界	系	统	组	代号	岩性特征	厚度 /m
新生界	第四系		平原组	Qp	未固结黄土层	200~450
	新近系		明化镇组	Nm	棕黄色、棕红色泥岩夹棕黄色粉砂岩	800~900
			馆陶组	Ng	灰色含砾砂岩、砂岩夹绿色、紫色泥岩	300~900
	古近系		东营组	Ed	灰色、灰绿色泥岩与砂岩、含砾砂岩互层	700~1000
			沙河街组	Es	深灰色泥岩、灰白色砂岩夹碳酸盐岩、油页岩	>2000
			孔店组	Ek	下部为灰色砂泥岩互层夹碳质泥岩和煤层，上部为棕红色与紫红色砂岩、泥岩	1000~1500
中生界	白垩系			K	紫色、杂色砾岩、含砾砂岩、砂岩与泥岩夹灰色安山岩和紫色砂泥岩	1000~3000
	侏罗系	上统		J_3	杂色含砾砂岩与灰色砂岩、灰绿色泥岩互层	
		中—下统		J_{1+2}	浅灰色砂泥岩互层，底部为杂色底砾岩	1000~2000
	三叠系	中—上统	聊城组	T_{1+2}	暗紫色与灰白色泥岩与砂岩互层，含砾石层	>1000
古生界	二叠系	上统	上石盒子组	P_2sh	上部紫红、棕红、灰紫色泥岩与浅紫色砂岩，下部黄绿色厚层砂岩及紫色、灰色泥岩、砂岩	0~600
		下统	下石盒子组	P_1x	灰色及灰绿色泥岩、砂岩夹薄煤层	110
			山西组	P_1s	灰色泥岩、碳质泥岩与石英砂岩夹煤层	60~90
	石炭系	上统	太原组	C_3t	灰色泥岩、碳质泥岩与砂岩夹石灰岩及煤层	160~180
		中统	本溪组	C_2b	杂色铁铝岩、铝土岩、灰色泥岩夹石灰岩	40~50
	奥陶系	中统	八陡组	O_2b	深灰色块状灰岩、灰色泥质白云岩	60~260
		下统	上马家沟组	O_1sm	黄色角砾状泥灰岩、豹皮灰岩夹白云岩	280~300
			下马家沟组	O_1xm	黄色角砾状灰岩、豹皮灰岩夹白云岩	200
			亮甲山组	O_1l	灰、浅灰色结晶白云岩，底部为燧石结核白云岩	90~120
			冶里组	O_1y	灰、浅灰色结晶白云岩，底部为竹叶状白云岩	

界	系	统	组	代号	岩性特征	厚度/m
古生界	寒武系	上统	凤山组	$\epsilon_3 f$	浅灰色结晶白云岩、泥质条带灰岩	200～310
			长山组	$\epsilon_3 c$	灰色泥质条带灰岩、竹叶状灰岩夹绿色页岩	
			崮山组	$\epsilon_3 g$	疙瘩状灰岩、泥质条带灰岩夹黄绿色页岩	
		中统	张夏组	$\epsilon_2 z$	灰色鲕状灰岩及显微晶灰岩	120～190
			徐庄组	$\epsilon_2 x$	灰绿色、紫色页岩夹石灰岩，含海绿石砂岩	240～340
			毛庄组	$\epsilon_2 m$	下部石灰岩，上部暗紫色、红色页岩、砂岩	
		下统	馒头组	$\epsilon_1 m$	灰色隐晶白云岩及紫红色页岩	
中—新太古界				ArT	多种片麻岩为主，其次为闪长角闪岩、角闪岩	>10000

1）古生界

古生代，整个华北地区为稳定克拉通型沉积。下古生界以海相碳酸盐岩为主，上古生界以近海含煤沉积为主。原始沉积厚度较稳定，本区残留分布广泛。

（1）寒武系—奥陶系。除普遍缺失早寒武世早期的沉积外，寒武系发育较完整，化石丰富，以碳酸盐沉积为主，岩相厚度稳定，原型盆地属陆表海。奥陶系沉积时，盆地原型为受限陆表海，滩较发育。中奥陶世后期地壳上升，奥陶系遭受不同程度的侵蚀，造成上奥陶统缺失。

（2）石炭系—二叠系。晚古生代（C—P）华北是一种大型近海复合型沉积盆地。大致由三种盆地单型构成：受限内表海聚煤盆地，沉积本溪组—山西组；近海内陆河流—湖泊盆地，沉积上石盒子、下石盒子组；内陆冲积—河流湖泊盆地，沉积石千峰组。本区上古生界基本继承了下古生界特点，基底平缓，层位厚度稳定（800～1100m）（图15-8）。

本溪组底部为杂色铁铝岩、灰色铝土岩，与下古生界奥陶系"八陡组"分界，同时也是本溪组的标志层。其上发育2～3层石灰岩，煤层不发育。

太原组与本溪组的分界为一套灰白色中粗粒砂岩之底界，5～7层石灰岩与煤层的组合是太原组的典型特征。

山西组以单纯的煤层发育为特征，缺少石灰岩。其与太原组分界为：太原组顶部石灰岩之上灰色泥岩和灰色、浅灰色中、细砂岩之间，砂岩厚度3～7m，该套砂岩从鲁北的沾化到聊城，直到鲁南的济宁、邹县、莒县等地均有分布，横向稳定性较好。

下石盒子组以碎屑岩为主，底部夹薄煤层或煤线，其底部以一套中—粗粒长石石英砂岩与山西组暗色泥岩分界。

上石盒子组以黄绿色、灰白色厚层砂岩为主，夹黄绿色、紫色泥岩、泥质粉砂岩，其底部以一套灰色铝土岩与下石盒子组分界。

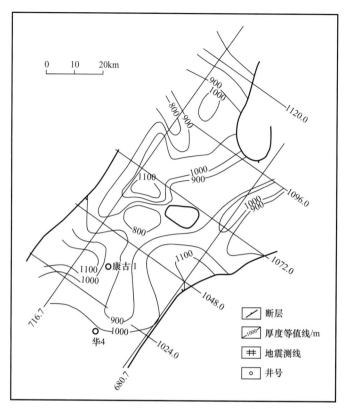

图 15-8　临清凹陷东部石炭系—二叠系残余等厚图

2）中生界

通过对钻井和物探资料的分析，中生界在全区分布广泛，仅在高堂凸起北部、土桥潜山局部缺失，地震解释最大视厚度 3000m，厚度中心位于德州、冠北和梁水镇等地。三叠系主要分布于研究区南部聊城、堂邑等地，堂古 3 井、康古 1 井、华 4 井钻遇该套地层，其中堂古 3 井钻遇 1134m 中—下三叠统，下部为暗紫色、灰白色泥质砂岩，上部为紫红色、棕色泥岩与砂岩、粉砂岩、少量含砾砂岩呈不等厚互层。区内山东星孔轮藻、卵形直轮藻、聊城楔轮藻等均可与陕北三叠系对比，另外刺面圆形孢、瘤面圆形孢、观音座莲科孢等也为三叠系的标准分子。

侏罗系—白垩系全区厚度变化比较大，残存厚度一般在 1000～2000m 之间。中—下侏罗统为浅灰色、灰色砂泥岩互层，为中生界烃源岩主要发育层段，底部有 10 余米的杂色底砾岩层，与下伏地层呈角度不整合接触；上侏罗统—白垩系为棕红色、紫红色砂泥岩互层，夹灰质页岩，伴有厚层火山岩喷发体，以安山岩、玄武岩、辉绿辉长岩为主。

3）新生界

新生界是渤海湾盆地和本区的主要沉积盖层。其中，古近系是重要的含油气岩系。通过钻井和地震勘探证实，本区新生界层系发育齐全、分布普遍。

（1）古近系。自下而上有数千米厚的孔店组—沙河街组—东营组湖相沉积，主要为暗色砂泥岩夹油页岩、生物灰岩及岩盐、碳质页岩等，含大量的腹足类、介形虫和轮藻等化石。

孔店组划分为三段。自下而上岩石颜色大体上呈红—灰—红，粒度有粗—细—粗的特征，反映了其沉积环境有氧化—弱还原—氧化的演化过程。孔三段是一套粒度较粗的红色岩性组合，主要为棕、紫红色砂泥岩夹砾岩、火成岩沉积。孔二段主要为湖泊沼泽相碳质泥岩和粒度较细的灰色、灰绿色泥岩与灰白色粉砂岩、细砂岩呈不等厚互层，夹浅棕色泥岩、黄褐色油页岩。孔一段对应粒度较粗的岩性组合，主要岩性为棕、棕红色粉砂岩、细砂岩与浅棕、紫红色泥岩呈不等厚互层，夹杂色含砾砂岩，局部夹有玄武岩、凝灰岩。

沙四段基本上属于浅湖沉积。下部是一套紫、灰色砂泥岩夹砾岩；中部为灰色、灰绿色泥岩与灰白色粉砂岩、细砂岩呈不等厚互层；上部为棕、棕红色粉砂岩、细砂岩与浅棕、紫红色泥岩呈不等厚互层，夹杂色含砾砂岩。

沙三段下部以中粒砂岩—粉砂岩夹薄层泥岩为主，属于扇三角洲前缘或者辫状三角洲前缘沉积，厚度通常仅数十米；中部为灰色泥岩、砂质泥岩夹极少量薄层砂岩，为开阔湖沉积，整体厚度较薄，只在沈庄洼陷比较厚，白马湖洼陷、禹城洼陷、冠北洼陷、德南洼陷、沈庄洼陷都发育比较厚的生物碎屑灰岩，在梁水镇洼陷发育薄层泥岩夹薄层粉砂岩互层；上部以厚层状、块状粉砂岩为主，夹少量泥岩，有些井见有生物滩坝，为扇三角洲前缘或者辫状三角洲前缘沉积，德南洼陷、白马湖洼陷发育辫状河三角洲，禹城洼陷、冠北洼陷、沈庄洼陷、梁水镇洼陷发育扇三角洲。

沙二段为浅湖沉积的灰色泥岩夹粉砂岩，可分为上下两部分：下部以灰色、暗灰色泥岩、砂质泥岩夹少量薄层粉砂岩的浅湖沉积为主，属于扇三角洲前缘或者辫状三角洲相，在白马湖洼陷、沈庄洼陷、德南洼陷都比较薄，而在禹城洼陷、冠北洼陷、梁水镇洼陷比较厚；上部以厚层泥岩为主，属于开阔湖相，整体厚度较薄，只在禹城洼陷、冠北洼陷、梁水镇洼陷相对较厚。

沙一段为含有大量生物碎屑灰岩与细粉砂岩互层沉积，属于滨浅湖相和三角洲前缘相，德南洼陷、沈庄洼陷、白马湖洼陷厚度相对较大。德南洼陷、白马湖洼陷、禹城洼陷发育很厚的生物碎屑灰岩。德南洼陷和白马湖洼陷中发育辫状河三角洲，其他洼陷发育扇三角洲。德南洼陷梁古1井中出现明显的正粒序，可能属于扇三角洲平原沉积，而在其他井中属于三角洲前缘沉积。

东营组由下而上也可以划分为三部分：下部为厚薄不等的细砂岩夹泥岩，为扇三角洲前缘相；中部为薄层细砂岩夹厚层泥岩，为湖泊沉积相；上部为厚层细砂岩夹厚层泥岩，为三角洲沉积相。

（2）新近系。新近系主要为浅棕红色砂泥岩，属氧化条件下的浅湖—河湖相沉积，下部为馆陶组，上部为明化镇组。馆陶组和明化镇组是盆地坳陷期统一的河流相产物。沉积物粒度细而厚度分布均匀，是临清坳陷东部各含油气岩系重要的区域性盖层。其中，馆陶组为灰色含砾砂岩、砂岩夹绿色、紫色泥岩；明化镇组为棕黄色、棕红色泥岩夹棕黄色粉砂岩。

（3）第四系。第四系分布较广，主要为未固结的黄土层。全新世剥蚀作用较为强烈，造成全新统与下伏地层之间广泛出现不整合接触，堆积河流冲积砂砾层和次生黄土。

2. 构造特征

1）构造单元

根据磁性基底和深大断裂反映的基底面貌，将临清坳陷东部分为德州凹陷和莘县凹陷等两个负向构造单元和高唐—堂邑凸起一个正向构造单元。两凹陷又可进一步分为九个洼陷（图15-5）。

（1）鲁西隆起。鲁西隆起是燕山期发育、喜马拉雅早期定型的大型中—新生代隆起，对区域地层展布及相邻区块岩性岩相带发育分布具有明显制约作用。隆起区普遍缺失中生界和古近系，仅在隆起肩部的局部区域有其分布。

（2）宁津凸起。宁津凸起为埕宁隆起的南端部分，轴向北东，属于受埕西、兰聊断裂制约的燕山期发育、喜马拉雅早期定型的中—新生代隆起。

（3）武城—馆陶凸起。武城—馆陶凸起属于沧县隆起向西南方向的倾没段，武城—馆陶断裂（沧东断裂南段）制约凸起的演化发育。隆起区见有古生界分布，局部因后期剥蚀缺失。古生界普遍缺失志留系、泥盆系，但上、下古生界产状近于平行，说明两者间存在基本统一的构造变形环境。中生界向隆起区具有上超沉积特征，古近系向凹陷区呈楔状加厚，隆起北部区带缺失。张性正断裂向洼陷区呈台阶状逐渐降低。综合这些地质现象，认为武城—馆陶凸起（沧县隆起）同样是燕山期发育、喜马拉雅早期定型的中—新生代隆起。

（4）莘县凹陷。莘县凹陷是一受兰聊断裂、堂邑东断裂所围限的中—新生代凹陷。凹陷整体呈一北东走向的向东发散的长条形，面积约 $2540km^2$。凹陷内主体构造及断裂带走向与兰聊断裂延展方向近于一致，显示兰聊断裂对其演化发育的制约作用。其内可进一步细划为禹城次凹、聊城次凹、堂邑东次凹等多个负向构造单元和凤凰集断裂构造带、贾寨断裂构造带、姜店断裂构造带等多个正向构造单元。凹陷区下古生界最大厚度约 $1200m$、上古生界 $800m$、中生界 $3500m$、古近系 $3400m$。

（5）德州凹陷。德州—冠县凹陷位于武城—馆陶凸起和高唐—堂邑凸起之间，北东向带状展布，面积 $3250km^2$。因夏津—腰站横向断裂构造带的切截，其北侧为德州凹陷，其南为冠县凹陷。南部受武城—馆陶东和堂邑西断裂的控制，构造带多呈北东向展布，而北侧则受夏津—腰站横向断裂的影响较大，构造带多呈北北东或近东西向展布。凹陷区下古生界最大厚度约 $1400m$、上古生界 $800m$、中生界 $3800m$、古近系 $3500m$。

（6）高唐—堂邑凸起。高唐—堂邑凸起位于莘县凹陷、冠县凹陷之间，是由堂邑东和堂邑西断裂所围限的狭长凸起，显示凹中凸起的特征，周缘断裂控制其形成与演化。凸起总体呈北东向展布，面积 $510km^2$。其上缺失古近系，基岩顶面最大埋深 $5000m$，最小埋深 $3000 m$。

2）盆地结构

临清坳陷东部主要发育 NE、近 EW 和 NW 向三组断裂。NE 向断裂数量多、分布广，其走向范围在 NE20°～80° 之间，绝大多数为 NE40°～60°，是盆地演化的主控断裂；近 EW 向断裂主要分布于盆地的中部高唐凸起及以北地区，是控制南北分区的主要断裂，其走向范围为 NE70°～90°；NW 向断裂数量少，在盆地演化过程中处于从属地位。根据断层平面组合关系，可以将区内断层分为三个断裂体系：北部为北东向断层与东西向断层斜交，构成斜格断裂体系；东部一直延伸到惠民凹陷，为由西向东断层由北东向、近东西向撒开的帚状断裂体系；南部为北东向断层为主的平行断裂体系。

本区总体上为双断式盆地，两侧发育主干边界断层，盆地形态呈近对称的"凹"型或"凹—凸"相间型（图 15-9）。东部边界兰聊大断层发育于燕山期，主要活动时期为 Es_3—Es_2 期，现今部分段仍有活动；西部边界武城—馆陶东断层形成于 Ek 沉积期，强烈活动于 Es_3—Es_2 期；中部 Ek 期受堂邑东、堂邑西断层控制形成高堂—堂邑凸起，把盆地分割成东、西两个次凹，分别是莘县凹陷和德州凹陷，成为新生代地层的沉积中心，沉积了较厚的 Ek—Es_4、Es_3—Es_2。

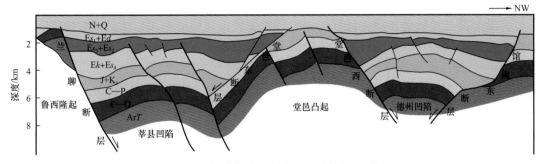

图 15-9　临清坳陷东部盆地地质结构剖面图

3）演化特征

（1）演化阶段。临清坳陷的形成和演化大体上可以划分为四个阶段，即古生代克拉通盆地原型阶段、早中生代前陆盆地原型阶段、晚中生代断陷盆地原型阶段和新生代断陷盆地原型阶段。

古生代克拉通盆地原型阶段：在古生代克拉通盆地原型阶段早期的寒武纪—奥陶纪，华北地区长期处于浅海之中，沉积了 1000～2000m 以碳酸盐岩为主夹少量泥质岩和蒸发岩的海相地层。中奥陶世末，受加里东运动的影响，本区整体抬升，经历了长期的风化淋滤作用，缺失了上奥陶统到下石炭统的大套地层。从晚古生代的中石炭世开始，克拉通盆地再次发育，沉积了 1000 多米的石炭系—二叠系含煤海陆交互相和滨海沼泽相地层，其与下伏中奥陶世地层呈平行不整合（假整合）接触关系。

早中生代前陆盆地原型阶段：随着华北古陆与华南、西伯利亚板块的碰撞拼合，强大的挤压作用使渤海湾盆地大范围上隆，研究区正好位于大型隆起的向斜部位，沉积了约 2000～3000m 的三叠系（TTI 法恢复的原始厚度），印支运动末期，隆起进一步加剧，华北陆块开始解体，兰聊断层及腰站断层逐渐形成，鲁西隆起显现雏形，至燕山运动早期（早侏罗世），兰聊、腰站断层继续活动，腰站断层以南三叠系得以局部保存，除邻近断层的低洼处继续接受沉积，其他地区三叠系继续接受剥蚀。

晚中生代断陷盆地原型阶段：随着燕山运动的发展（中—晚侏罗世至早白垩世），大陆裂陷作用加剧，本区内除兰聊及近东西向老断层继续活动外，几条北东向的基底主干断层也陆续产生，使盆地基底差异沉降进一步增大，凸起部分继续遭受剥蚀，而凹陷内则沉积了较厚的中—上侏罗统至下白垩统。从地震剖面分析，存在两个比较明显的沉降中心：一个位于德参 1 井附近，最大视沉积厚度达 2700m；另一个位于禹城附近，最大视沉积厚度达 2100m。本区除南北差异继续存在外，东西分带、凸凹相间的构造格局已经形成。晚白垩世，盆地整体抬升，致使凸起和凹陷斜坡部位遭受剥蚀。该期的构造运动经历了弱—强—弱的演化过程。

新生代断陷盆地原型阶段：古近纪，东部的郯庐断裂带由于北向推力减弱而由左行变为右行，断裂带西部区域应力场相应由右旋挤压变为左旋拉张，本区乃至周围的广大区域出现优势拉张（伸展），开始了新生代箕状断陷盆地发育阶段。

（2）演化特点。临清地区为多原型盆地并列叠加的复合产物，又处于黄骅坳陷、济阳坳陷、沧县隆起、埕宁隆起等四个构造单元的结合部位，构造演化更趋复杂化。沉降中心的多期次迁移和断裂构造的多次反转，不仅造成地层厚度分布的不协调，而且产生了许多逆断层。

在渤海湾盆地的整体演化过程中，与其他主要负向构造单元相比，临清坳陷东部具有两个较突出的特点：一是在古近纪的破裂伸展过程中，作为拉张应力释放带的伸展主断层不断交替，造成沉降中心不断迁移，总体沉降幅度不大；二是构造反转活动相对较强，表现为新生代沉降中心附近的中生界较薄和沙四段与沙三段之间的明显角度不整合。

新生代各断陷旋回的沉降中心有明显的差异，主要表现在主控断层的变化和断块掀斜方向不同和沉降中心的位置变化。沉降中心的迁移南部比北部明显，而构造反转北部比南部强烈。临清坳陷东部在裂陷期的构造迁移（沉降中心迁移）可能是基底断裂活动不能持续发展的结果。从表面看，是由于没有形成大规模的主控边界断层；而从本质看，可能是该区的构造应力场和应变场经常改变，导致基底断裂活动不能朝某个方向持续发展。

临清坳陷东部构造演化的另一个特点，是同一条断层（或断裂带）在不同地段和主要活动时期活动强度有较大的差别。西部沉降区表现为北强南弱，东部沉降区表现为南北强中间弱，总体主要活动时期为北早南晚。这种在断层差异活动作用下的沉降区不断迁移和频繁的构造反转活动，充分说明临清坳陷的构造位置具有明显的过渡性质。以粗碎屑沉积为主，近物源、深湖相不发育的沉积特征也表明了这一点。

三、含油气特征

临清坳陷东部主要发育石炭系—二叠系煤系烃源岩，沙四段上亚段灰质泥岩、油泥岩，沙三段油页岩、暗色泥岩等多套烃源岩，具有古生界煤成气生储盖组合和古近系油气生储盖组合。

1. 古生界煤成气

从层位上看，出气层位主要是太原组、下石盒子组等近源薄层砂岩，储层单层厚度一般 2～5m，压裂后获得较低产量，而储层物性最好的上石盒子组奎山段、万山段未见油气显示或气测异常；从构造位置看，获低产油气流的井分别位于斜坡带和洼陷带，具有油气显示的井在隆起带、斜坡带、洼陷带均有分布。

1）生储盖特征

烃源岩为石炭系—二叠系煤系，储层主要为石炭系—二叠系砂岩，盖层为石炭系—二叠系内部泥岩。另外一种类型是下古生界石灰岩储盖组合或者奥陶系风化壳作为储层，石炭系—二叠系煤系地层及致密灰岩作为盖层的组合。

（1）气源层。该套煤系地层在地震剖面上呈现 2～3 个强反射轴，具有强振幅、中频、连续性好等特点。钻井资料揭示，煤系地层全区分布稳定，厚度差异不大，累计厚度 100～250m，其中泥岩厚度 100～200m（表 15-2），煤岩厚度 10～25m，碳质泥岩厚度 10～30m。纵向上，煤层主要赋存于太原组，其次为山西组，本溪组一般为薄煤层或煤线；暗色泥岩主要赋存于太原组，其次为山西组和本溪组。

表 15-2　临清坳陷东部石炭系—二叠系泥岩厚度统计表

井号	本溪组 /m	太原组 /m	山西组 /m	累计厚度 /m
德古 2	21.5	99.6	47.2	168.3
德古 4	0.0	80.7	19.0	99.7
禹古 1	43.5	108.7	44.1	196.3
康古 1	20.0	91.5	59.5	171.0
康古 2	40.0	78.0	42.5	160.5
高古 7	16.7	64.9	32.3	113.9
高古 4	23.0	97.5	20.5	141.0

该区石炭系—二叠系煤的有机碳含量为 41.16%～81.93%，煤系泥岩的有机碳含量为 0.03%～13.42%，并以较高的热解生烃潜量和氢指数为特征。山西组和太原组有机质丰度高于本溪组和石盒子组，有机质类型以 II_2—III 型为主，为一套中—好气源岩。

石炭系—二叠系煤系烃源岩的 R_o 值分布范围较大，为 0.50%～5.40%，主要分布在 0.8%～1.3% 之间，R_o 大于 2.0% 的区间次之。分析认为，R_o 值大于 2.0% 的样品主要受到火成岩的影响（禹古 1 井石炭系—二叠系煤系烃源岩 R_o 值为 4.91%～6.74%，梁古 1 井石炭系—二叠系煤系烃源岩 R_o 值为 2.80%～5.40%，二者均处于火成岩发育区）。排除火成岩对本区烃源岩成熟度的影响，临清坳陷东部地区石炭系—二叠系煤系烃源岩主体处在成熟演化阶段。

（2）储层。上古生界石炭系—二叠系砂岩比较发育。堂古 4 井薄片鉴定结果：黏土杂基占 3%～10%，碳酸盐和硅质胶结，碎屑颗粒主要是石英，少量的长石和燧石岩屑，成熟度高，岩性以中—细砂岩为主。石炭系—二叠系砂岩经历了相当复杂的成岩过程。机械压实、石英次生加大、碳酸盐胶结、自生矿物的生长等作用使砂岩的原始孔隙减少直至消失成为致密岩石；但另外一些作用，如溶蚀作用（长石）对砂岩起到改造作用，风化壳和淋滤带砂岩就是改造后的较好储层。高岭石化砂岩以微孔隙为主，对石油来说可能不是很好的储层，但由于连通性好，可以作为天然气的良好储层，康古 1 井 1650～2705m、康古 4 井 2633.5～2641.5m 以及华 4 井 1837～2141m 井段砂岩均属于这类储层，主要分布在上、下二叠统古潜山带附近，严格受古风化壳深度限制。德古 2、德古 4 和禹古 1 等 3 口井岩心物性分析数据多集中于太原组和山西组，孔隙度平均为 3.96%，最大 13.2%，渗透率一般为 0.01～0.03mD，最大 1.64mD，为差—较差储层。大量普通薄片、铸体薄片和扫描电镜观察分析表明，该区石炭系—二叠系砂岩大量的原生孔隙几乎消失殆尽，其储集空间类型主要为次生粒间溶孔、颗粒溶孔及裂缝等。

下古生界碳酸盐岩储层主要存在五种储集空间类型，即孔隙型、溶蚀型、裂缝型、裂缝—溶蚀型和裂缝—孔隙型。孔隙型储层多见于中奥陶统八陡组藻团粒白云岩和微晶白云岩中，储集空间有白云石晶间孔、晶间溶孔、晶内溶孔、粒内溶孔等，其中藻团粒白云岩粒间溶孔发育；溶蚀型储层以洞穴堆积储层为主，由于堆积物受到洞壁的支撑而形成欠压实带，保存大量的微孔隙；裂缝型储层多见于马家沟组的泥晶灰岩中，如梁古1井3518.8~3537.0m井段裂缝型储层，高角度裂缝和低角度裂缝网状交错，形成良好的储层；裂缝—溶蚀型储层多见于中奥陶统豹皮状泥晶灰岩中，储集空间以各种缝隙为主，有裂缝、溶洞及晶洞等储集空间组成，梁古1井3880.0~3888.0m井段就属于此类储层；裂缝—孔隙型储层多见于八陡组的藻团粒白云岩中。

（3）盖层。临清坳陷煤成气盖层主要分为两类，即区域盖层和局部盖层。区域性盖层指全区展布的上石盒子组孝妇河段泥岩和分布在本溪组的铝土岩；局部盖层指分布在石炭系—二叠系内部的各类泥岩。

参考前人有关石炭系—二叠系泥岩盖层的评价标准，本书将泥岩盖层分为三类：Ⅰ类最好，泥岩厚度一般大于200m，突破压力大于10MPa；Ⅱ类较好，泥岩厚度一般为100~200m，突破压力为3~10MPa；Ⅲ类最差，泥岩厚度一般小于100m，突破压力小于3MPa。

根据临清—济阳地区所做石炭系—二叠系的泥岩突破压力（表15-3）统计可以看出，在没有裂缝的情况下饱含煤油突破压力为9~14MPa，其每米泥岩可封盖住近百米气藏高度。由上述分类可以看出，临清东部石炭系—二叠系内的泥岩具有较强的封盖能力。

2）生烃演化特征

表15-3　临清—济阳地区石炭系—二叠系泥岩突破压力统计表

井号	井深/m	层位	岩性	泥岩物性		饱和煤油突破压力/MPa	裂缝发育程度	分级
				测井孔隙度/%	测井渗透率/mD			
义135	4847.2	下石盒子组	泥岩			9	无	Ⅱ
义136	3773.8	山西组				1	微	Ⅲ
	3852.3					11	无	Ⅱ
渤930	4143.2	上石盒子组		2.9	0.10	8	无	Ⅱ
高古5	4337.0	奎山段		4.3	0.10	11	无	Ⅱ
	4332.0~4337.3			5.1	0.26	14	无	Ⅰ

临清东部地区印支运动以前统一于整个华北克拉通盆地演化过程，因而古生代到中三叠世末工区内沉降和沉积变化不大，上古生界烃源岩热演化程度横向差异不大，略呈北高南低的趋势。上古生界底界成熟度值在0.5%~0.7%，基本进入生烃门限。

印支期末三叠系开始遭受剥蚀，兰聊断层及腰站断层开始活动。早侏罗世块断作用不明显，兰聊、腰站断层继续活动，邻近断层的低洼处接受沉积，其他地区三叠系遭受剥蚀。燕山运动中期（中—晚侏罗世至早白垩世）块断活动与断裂活动加剧，凸起上继续遭受剥蚀，凹陷内沉积了较厚的中—上侏罗统和下白垩统，形成德参 1 井附近和禹城洼陷两个沉积中心，侏罗系—白垩系原始沉积厚度较大，可达 2000～3000m，且大地热流值在此时期较高，使石炭系—二叠系烃源岩进入二次生烃过程。燕山晚期（晚白垩世）应力场由拉张转为挤压，盆地整体抬升，致使凸起和凹陷斜坡部位遭受剥蚀，剥蚀厚度在 400～800m。

古近纪开始了裂陷扩张箕状断陷盆地发育阶段，主断裂进一步活动、伸展、掀斜，加剧了东西分带、垒堑相间的构造格局。此阶段，各凹陷区沉积了 1500～3000m 的地层，虽然大地热流值降低，但大部分地区达到了补偿石炭系—二叠系烃源岩在中生代抬升所引起的生烃停滞而进入了再次生烃过程。各凹陷区石炭系—二叠系烃源岩埋深可达 4000～8000m，除了堂邑凸起外，其他地区或多或少发生了再次生烃过程。

渐新世晚期，在喜马拉雅二幕的作用下，本区挤压抬升，遭受剥蚀。新近纪断层活动趋弱至基本停止，全区进入拗陷阶段，地层厚度差别不大，一般为 900～1150m。明化镇组沉积末期，在喜马拉雅三幕构造运动作用下，再次抬升遭受剥蚀。第四纪再次下降接受沉积，厚度 200～350m。现今石炭系—二叠系煤系烃源岩普遍进入了成熟—高成熟阶段，部分地区进入过成熟演化阶段，各凹陷深凹区烃源岩的 R_o 可达 4.0% 以上。其中，莘县凹陷 R_o 增幅大于 2% 的范围要明显大于其他两个凹陷，这也表明了古近纪莘县凹陷的断陷作用要比其他两个凹陷强烈。堂邑凸起在 0.8%～1.2% 之间，与中生代末基本上没有变化。

3）成藏主控因素

（1）二次生烃。受复杂的构造运动影响，该区煤系地层具有"二次生烃"的复杂生烃演化过程。该区现今地温梯度整体偏低（2.85℃/100m），使得煤系地层演化程度整体偏低（4500m R_o 值在 1.1% 左右），根据生烃模拟累计气态烃转化率曲线可知，其气态烃转化率为 15% 左右，刚刚开始进入二次生烃。当累计气态烃转化率为 50%～80%，煤系地层进入二次生烃高峰期，对应 R_o 为 2.1%～3.4%，相应深度值为 6000～7500m。综合分析认为，区内埋深大于 4500m 的区域为现今有利二次生烃中心，即堂邑西、堂邑东、禹城、恩城、避雪店等 5 个有利二次生烃中心。

高古 4 井区、高古 5 井所处的堂邑东斜坡带煤系地层现今埋深普遍大于 4500m，但埋深处在二次生烃高峰期的面积较小，整体生烃量略显不足。这正是高古 4 井区、高古 5 井区没有形成大的油气场面的重要原因。

（2）近源圈闭。高古 7 井位于堂邑潜山带，德古 4 井位于武城凸起，二者圈闭均位于隆起构造带，但是从钻探结果来看，二者均在古生界中见到荧光显示却没有成藏，其原因何在？堂邑潜山带、武城凸起的煤系地层由于整体埋深较浅，没有进入二次生烃门限，不能成为有效生烃中心，煤成气应该由深部的堂邑东斜坡带、武城斜坡带的煤系地层生成，向高部位运移聚集成藏。但是煤成气运移过程中首先要克服煤系地层的吸附；其次由于石炭系—二叠系成岩作用强，煤成气在石炭系—二叠系中的横向运移阻力较大，层间运移不畅；并且由于该区二次生烃时期晚（馆陶组沉积期至今），此时断层活动相对较弱，断层纵向运移能力不是很好。因此高古 7 井区、德古 4 井区未成藏的主要原因是圈闭距离生烃中心太远，煤成气运移不畅所致。由以上分析可知，煤成气运移应该以近距离为主。

（3）保存条件。该区奎山段—万山段砂岩储层由于粒度粗、岩性好具有良好的储集条件，但该区在该层位一直没有获得突破，分析其原因主要是由于断层"侧向封堵"不利造成。以高古4井为例，控制高古4圈闭的断层落差是400m左右，使得该井上升盘奎山段—万山段砂岩储层与下降盘中生界下部地层对接，对接地层以砂岩沉积为主，砂体单层厚度大、粒度粗、物性较好，对上升盘奎山段—万山段目的层没有形成良好侧向封堵，未成藏。鉴于天然气的易扩散性，"保存条件"是煤成气成藏的又一个关键因素。

如何评价圈闭的保存条件主要从以下三个方面考虑：圈闭的垂直封盖能力、断层的侧向封堵能力、断层的活动性与生烃期的匹配关系。

一般而言，古生界圈闭由于成岩作用强，根据前面已做的盖层定量评价可知，在没有裂缝的情况下饱含煤油的泥岩突破压力为9～14MPa时，每米泥岩可封盖住近百米气藏高度，因此圈闭的泥岩盖层普遍具有较好的垂直封盖能力。

断层的侧向封堵能力主要依据断层两侧的岩性对接关系，即砂泥对接形成封堵，否则不封堵。据该区石炭—二叠系各个组段的地层厚度、岩性进行普遍意义上的推测认为：对于反向断层控制的圈闭，断层落差在150～250m之间为最佳，此时奎山段—万山段砂岩与下降盘孝妇河段泥岩对接，八陡组风化壳与煤系地层对接，两套储层均形成良好侧向封堵；对于顺向断层，圈闭位于断层下降盘，断层落差在250～450m为最佳，此时奎山段—万山段砂岩与上升盘煤系地层对接，八陡组风化壳与马家沟组致密灰岩对接，两套储层均形成良好侧向封堵。当然，如果断距足够大，与古近系泥岩对接封堵性更好。

一般认为，控制圈闭的断层在活动时期对圈闭的聚集成藏是不利的，因此断层的活动时期早于煤成气的聚气期（成藏期）时，断层一般具有封堵作用，相反如果断层的活动时期晚于煤成气的聚气期时，断层一般不具备封闭作用。

2. 古近系油气

1989年部署的贾2井在沙三段首次突破了临清坳陷的古近系出油关，1990年德1井在沙四段常规求产获日产12.9t工业油流。多年勘探实践对该区油气成藏地质条件逐步有了清晰的认识。

1）沉积演化特征

孔店组—沙四段沉积时期，区内除兰聊断层、宁津西断层继续活动外，堂邑东、堂邑西、武城—馆陶东等控凹断层及大部分控注断层及次级断层开始活动，沿下降盘发育有多个沉积、沉降中心。冠北洼陷、白马湖洼陷、孔庄洼陷、德南洼陷、肖南洼陷、禹城洼陷、沈庄洼陷、梁水镇洼陷等各个洼陷开始形成，洼陷内最大沉积厚度超过2000m，由于堂邑东、堂邑西断层部分段未开始活动，因此在高唐—堂邑凸起部分地区发育有孔店组—沙四段。

沙三段—沙二段沉积时期为本区断层活动最为强烈的时期，区内各次级洼陷进一步发展，但整体沉积厚度略小于孔店组—沙四段沉积期，南部较北部沉积厚度大，冠北洼陷最大沉积厚度大于1600m。由于沙三段—沙二段沉积时期堂邑东、堂邑西断层部分段表现为同沉积断层性质，因此在堂邑凸起局部地区发育有沙三段—沙二段。

沙一段—东营组沉积时期，各断层活动性普遍降低，并有多条断层停止活动，因此沉积格局表现为在对前期格局继承的基础上整体具有披覆性的特点。地层沉积厚度相差不大，一般为 400～600m，沉积、沉降中心数量较前期减少，规模变小。堂邑凸起上沙一段—东营组分布范围较沙三段—沙二段沉积期有所扩大。

新近纪—第四纪，整个渤海湾盆地进入裂后拗陷发育阶段，水平拉张应力场消失，断层垂向运动停止，地层沉积具充填—披覆式特征，横向厚度相对稳定。

2）生储盖特征

本区以沙三段下亚段、沙四段上亚段烃源岩为主，自下而上形成多套较为有利的储盖组合：沙四段上部砂岩为储层，上覆泥岩作盖层；沙三段砂岩、泥岩储盖组合；沙一段上亚段、沙二段砂岩为储层，泥岩及生物灰岩、白云岩作盖层；馆陶组下部的砂岩为储层，馆陶组上部及明化镇组泥岩作盖层。

（1）烃源层特征

区内各洼陷均为小型断陷湖盆，面积在 140～350km^2，沙三段最大埋深 4400m。具有洼多、洼小、洼浅、油源分散的特点。沙三段为好烃源岩，沙四段为中等—较好烃源岩（表 15-4）。沙三段中亚段、沙三段下亚段有机质类型以 Ⅰ、Ⅱ$_1$ 型为主，沙四段以 Ⅲ 型为主。从各洼陷看，德南、禹城洼陷为好烃源岩，梁水镇洼陷为较好烃源岩。沙三段烃源岩埋深最大的是梁水镇洼陷，最大可达 4400m，随后是禹城、德南洼陷，埋深范围在 3400～3800 m。厚度最大为禹城洼陷，最大厚度约 320m，其次为德南洼陷，约 100～300m，梁水镇、沈庄洼陷约 100～200m，白马湖洼陷最薄，约 100m。

区内古近系各层段烃源岩的氯仿沥青"A"族组分总体上具有"两高两低"的特征，即饱和烃（平均 8.63%～40.3%）和非烃（平均 26.9%～57.66%）含量高，而芳香烃（平均 5.7%～18.3%）和沥青质（平均 2.0%～23.45%）含量低。总烃含量（饱和烃 + 芳香烃）平均 17.67%～58.6%，饱/芳比平均 0.95～4.72，非/沥比平均 1.1～10.4。各层段 90% 以上样品饱/芳比大于 1，从另一个角度说明了本区腐泥型母质占优势；而非/沥比值高则反映出这里的烃源岩成熟度偏低。

表 15-4　临清坳陷东部各洼陷古近系烃源岩地球化学指标表

洼陷名称	层位	TOC/%	S_1+S_2/mg/g	氯仿沥青"A"/%	R_o/%	类型	评价
德南	Es$_3$	0.48～6.15 2.02	0.58～29.61 9.66	0.0070～0.3543 0.08	0.24～0.49 0.35	Ⅰ—Ⅱ$_1$ 型	好
	Es$_4$	0.05～3.26 1.21	0.01～0.20 0.06	0.0022～0.1200 0.06	0.34～0.56 0.41	Ⅰ 型为主	好
白马湖	Es$_3$	0.35～2.14 0.91	0.33～0.56 0.44	0.0074～0.0690 0.03	0.46～0.49 0.48	Ⅲ 型为主	较差
	Es$_4$	0.38～3.53 1.42	0.75～38.82 19.77	0.0076～0.1412 0.05	0.48～1.51 0.49	Ⅰ 型为主	好
沈庄	Es$_3$	0.13～5.66 1.72	0.09～39.87 8.20	0.0038～0.1621 0.06	0.39～0.56 0.49	Ⅰ—Ⅱ 型	好
	Es$_4$	0.07～0.70 0.28	0.06～0.81 0.32	0.0042～0.0245 0.01	0.60～0.91 0.76	Ⅲ 型为主	较差

洼陷名称	层位	TOC/%	S_1+S_2/mg/g	氯仿沥青"A"/%	R_o/%	类型	评价
梁水镇	Es_3	0.35~2.13 1.15		0.0015~0.0698 0.02	0.42~0.77 0.56	Ⅱ—Ⅲ型	较好
	Es_4	0.40~1.66 1.03		0.0380			较好
禹城	Es_3	0.18~8.41 2.10	0.13~73.27 12.62	0.0037~0.6386 0.17	0.43~0.77 0.60	Ⅰ—Ⅱ型	好
	Es_4	0.11~7.08 1.02	0.03~16.81 1.85	0.0040~0.7571 0.10	0.45~0.90 0.73	Ⅱ—Ⅲ型	好

（2）储盖层特征

储层物性统计结果表明，本区古近系砂岩储层物性变化较大（表15-5）。从纵向上看，沙一段、沙二段物性最好，沙三段、沙四段次之；平面上主要受控于沉积体系（表15-6），其中以扇三角洲、冲积扇储集物性最好，其次是三角洲前缘砂、河道砂、滨浅湖席状砂和沿岸沙坝。湖相各类泥岩是良好的盖层。

表15-5 临清坳陷东部储层物性统计表

地层		莘县凹陷		德州凹陷	
		孔隙度/%	渗透率/mD	孔隙度/%	渗透率/mD
沙河街组	Es_1	20.60	4.1	18.9	167.0
	Es_2	14.59	1.7	18.8	5.8~10.7
	Es_3	15.29	2.4	13.5	1.9
	Es_4	8.74	< 0.2	10.8	0.3
孔店组		8.40	< 0.2	6.4	< 0.05

表15-6 临清坳陷东部沉积相带储层物性统计表

沉积相	孔隙度/%	渗透率/mD	层位	代表井
河道砂	12.4~17.2	0.20~2.60	Ek	莘参1
三角洲前缘砂	12.1~21.9	32.00~169.00	$Es_3{}^{中}$	禹参2
扇三角洲砂体	10.5~16.9	1.00~80.00	Es_4	禹9
浊积砂	4.8~8.2	0.08~0.77	$Es_3{}^{下}$	禹参2
滨浅湖席状砂	11.4~17.2	29.00~88.00	$Es_3{}^{上}$	莘2
沿岸沙坝	3.6~19.5	0.04~2.00	Es_4	德6
冲积扇	24.0~25.9	426.14~3156.80	Es_3	德3

3）油气成藏特征

新生界构造演化及沉降沉积演化的规律决定了本区古近系具有"洼多、洼浅"特征，洼陷之间分割性不强，因此油气成藏具有特殊性。

（1）烃源岩成熟度。区内地温梯度低，沙三段、沙四段烃源岩处于低成熟—成熟演化阶段（图15-10），烃源岩生排烃晚，相对应的断裂活动较弱，不利于油气的长距离运移。经实测地温统计，梁水镇地区平均地温梯度为 2.6～3.1℃/100m。

（2）原油性质。本区原油以低熟油为主，含蜡高（37.67%～46.96%），凝固点高（已发现的油气凝固点都在50℃以上），黏度大（表15-7）。这决定了油气只能近距离运移。

（3）成藏特点。该区的油气藏具有近源成藏的特点：德1井、贾2井所获原油性质属于高含蜡、高凝固点低熟油，因此其流动性差，油气运移距离短；由沉积埋藏史看，

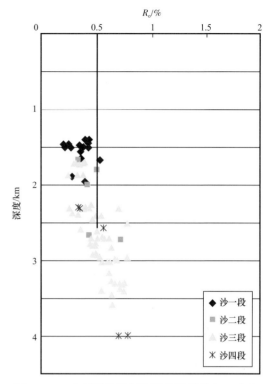

图15-10 临清坳陷沙河街组烃源岩现今 R_o 分布

烃源岩主要的生烃期在明化镇组沉积早期，排烃期为明化镇组沉积期和第四纪，生排烃期均较晚，相对应的断裂活动较弱，不利于油气的长距离运移。另外，德南地区实测地层异常孔隙流体压力结果显示，油气缺乏远距离运移的动力。

表 15-7 临清坳陷东部原油性质统计表

井号	德 1	贾 2	禹 8	肖 2
深度 /m	2434.4～2438.3	2680.6～2691.8	3388.6～3390.9	2690.4～2697.0
层位	Es_4	Es_3	Es_3	Ek
压力 /MPa	27.11			
压力系数	1.09			
密度 /（g/cm³）	0.8683	0.8587	0.9319	0.9127
黏度 /（mPa·s）	10.80	5.98	20.70	
凝固点 /℃	50	54	54	64
含蜡量 /%	37.67	46.96		
含硫量 /%		0.20	0.45	0.12
胶质 /%	20.67	14.48		
沥青质 /%	1.50	1.41		
初馏点 /℃	169	114		158

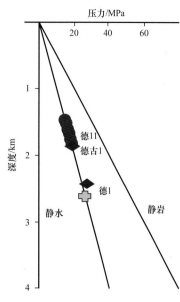

图 15-11 临清坳陷实测地层异常孔隙流体压力

对于低成熟烃源灶来说，生、排烃有限，运移过程中又要消耗掉或散失一部分油气，运移距离就显得尤其重要。在运移指向方向上，油气的富集原则是先充满附近的圈闭，然后再向远处的圈闭富集。对于低成熟烃源灶而言，运移距离是圈闭中油气富集程度的关键因素，随距烃源灶距离增加，勘探风险增加。

由于临清地区压力梯度近于静水压力梯度，压差很小，导致排烃动力不足（图 15-11）。有限的排烃动力决定了富集油气的有效圈闭位置通常在烃源岩的生油中心附近（图 15-12）。

临清坳陷古近系油气成藏主要以近源成藏为主，近邻生烃洼陷的自生自储型最有利于成藏，目前已经发现工业油流的德 1 井、贾 2 井以及发现油花的禹 8 井均是如此，而远离生烃中心的井，例如德 3、德 11、禹 4、禹参 1 等井均未获油气显示。

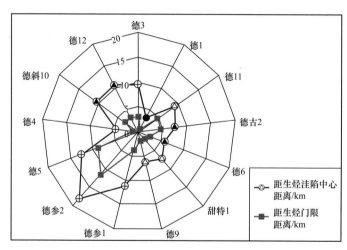

图 15-12 德南洼陷探井与生烃关系图

四、勘探前景

1. 古近系油气勘探方向

相对而言，德南、梁水镇和禹城洼陷比较有利于古近系油气成藏。利用 IES 盆模技术对各洼陷生烃量进行了模拟计算，结果显示，按层位排序沙三段占 83.95%，随后为沙一段、沙四段、孔店组和沙二段。资源量大小按洼陷的排序为禹城（$9568 \times 10^4 t$）、梁水镇（$3850 \times 10^4 t$）、德南（$3000 \times 10^4 t$）、白马湖洼陷（约 $2196 \times 10^4 t$）。古近系油气总资源量为 $1.86 \times 10^8 t$。

梁水镇、禹城洼陷具备形成中小型油气田的资源条件。该区烃源岩在明化镇组沉积早期进入生烃门限，明化镇组沉积末期进入排烃阶段。与生排烃期相匹配的构造期活动弱，不利于垂向运移。地层压力近于常压，原油性质稠（含蜡高、凝固点高），流动性差，不利于油气的远距离运移。据此提出了"源内或近源岩性、构造岩性目标"作为勘探突破方向的部署思路。最具有成藏意义的近洼岩性圈闭，为低位体系域中的盆底扇或深切谷型圈闭，其次是高位体系域中的扇三角洲和辫状三角洲型圈闭。

2. 煤成气勘探方向

渤海湾盆地已发现的煤成气藏主要分布在斜坡带或保存条件较好的中央隆起带上。这主要是因为相对稳定的凹陷斜坡带比较有利于形成煤成气藏，在深凹陷内由于深度太大不利于勘探，而高凸起的构造活动又相对较强烈而不利于保存（图 15-13）。

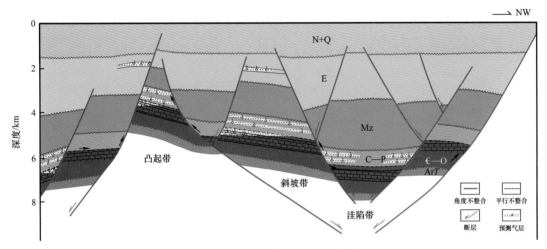

图 15-13　临清坳陷东部地区煤成气成藏模式示意图

临清坳陷东部的构造迁移与反转作用是有利于煤成气藏勘探的，因为这种作用可以造成石炭系—二叠系大面积进入了二次生烃门限，而埋藏又不至于太深。据此认识，围绕有利二次生烃中心进行有利区带及勘探目标的选择时应该考虑以下地质因素：现今埋深较大、生烃面积较大及资源丰度较好的区带；具有古隆起等良好的成藏背景；邻近二次生烃中心的可靠圈闭条件；良好的保存条件。

根据以上区带及目标选择标准，认为堂邑东斜坡带、堂邑西斜坡带、禹城北斜坡带、恩城构造带、避雪店鼻状构造带是煤成气成藏的有利区带。

第三节　辽东东探区

胜利辽东东探区位于渤海湾东部的浅海海域（图 15-14），水深 0～30m。区域构造位于辽东湾坳陷、渤中坳陷东部、营口隆起西缘，属于渤海湾盆地渤东凹陷及庙西凹陷东部向胶辽隆起延伸过渡的盆缘构造带。

一、勘探概况

辽东东区块首立时间为 2002 年 12 月 16 日，勘查面积为 5596.516km²。当时勘查单位为中国石油化工上海分公司，2003 年矿权变更，勘查单位为中国石油化工胜利油田分公司。该区块勘探程度非常低，2003 年底以前仅有 1∶20 万的重、磁力普查和 1∶300 万的航磁测量，2003—2005 年胜利油田在探区南部分别实施了 874km 的二维地震和

700km² 的三维地震，并实施了探井钻探。

2005 年底，因区块北部勘查无潜力，面积变更为 4983.189km²。2006 年下半年，出于勘查需要，将已有的勘查区块（5328.178km²）与庙西凹陷（363.055km²）合并，勘查面积变更为 5691.191km²。2012 年，因国土资源部严格执行勘查投入不足缩减面积管理规定，退出部分勘查区块，保留勘查面积 2835.351km²，并一直延续至今。

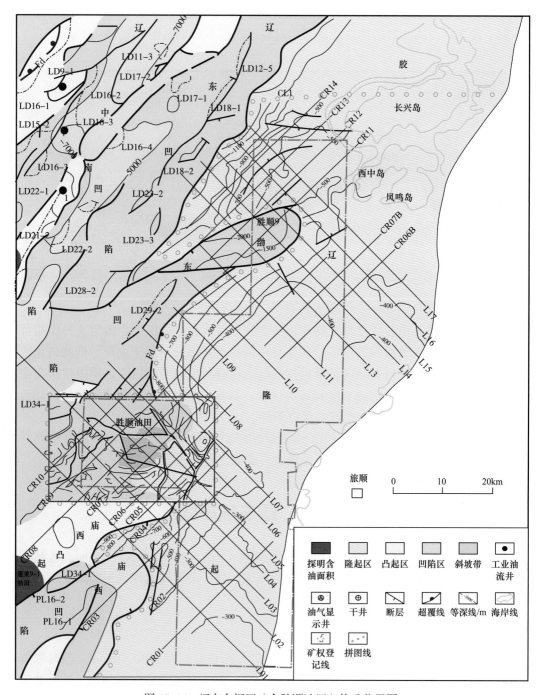

图 15-14　辽东东探区（含胜顺油田）构造位置图

1—凹陷区为古近系底面构造图；2—隆起区为沙四段—孔店组顶面构造图；3—三维区内储量面积为叠合含油气面积

截至 2018 年，共完钻探井 10 口（胜顺 1、胜顺 100、胜顺 2、胜顺 4、胜顺 5、胜顺 6、胜顺 7、胜顺 701、胜顺 8、胜顺 9），4 口井见油气层。其中，胜顺 1 井于馆下段电测解释油层 6 层 40.4m，气层 2 层 2.8m，测试 976～984m 井段，油层 1 层 8m，获日产油 75.7t、气 876m³ 工业油气流；东营组电测解释油层 6 层 19.8m，气层 2 层 4.2m，测试 1183～1187m 井段，油层 1 层 4m，获日产油 80.3t、气 1603m³ 的较高产工业油气流。胜顺 1 井的钻探成功，实现了辽东东区块油气勘探的突破。

二、石油地质特征

1. 地层简述

与渤海湾海域的地层发育相似，辽东东探区在太古宇结晶变质岩之上发育了中—新元古界、古近系、新近系及第四系四套沉积岩系，区域缺失古生界、中生界。区内构造变动强烈，各套地层之间发育了多期、多级次的角度不整合面，古近系整体表现为剥蚀残留特征。孔店组—沙四段"底超顶剥"，呈现现今构造高部位残留厚度大的构造反转的特点；沙三段整体缺失，东营组"底超顶剥，西厚东薄"；新近系自西向东逐层上超，西厚东薄。简而言之，辽东东探区为"走滑作用主导，多期构造反转"的盆缘构造带。

辽东东探区存在多个区域或局部不整合面，其中新生界存在三个区域不整合面，分别为沙四段与沙三段、东营组与馆陶组、明化镇组与第四系的分界面。不同时期的构造运动对地层的沉积及残留起着较大的控制作用。古近系、新近系分别从坳陷至凸起沿斜坡逐层超覆于前古近系之上。受斜坡带地形的影响，古近系超覆带地层倾斜较大，顶部被强烈削蚀，与馆陶组形成大角度的不整合。馆上段与明化镇组之间、第四系与明化镇组之间也存在着局部角度不整合，明化镇组明显超覆于馆上段之上，第四系超覆于明化镇组之上，这种特征与济阳坳陷该套地层接触关系有着很大的不同。盆缘构造带多期构造反转影响和控制了胜利胜顺探区在内的辽东地区地层的发育与分布。

1）发育特征

钻井揭示辽东东探区自下而上发育中—新元古界、古近系、新近系以及第四系四套沉积岩系，缺失中生界、古生界（图 15-15）。

（1）中—新元古界超覆在太古宇—古元古界的结晶基底之上，与下伏地层呈角度不整合接触。岩性为灰色、浅灰色、灰黄色灰岩、泥灰岩、泥质灰岩及灰黑色、灰绿色、灰褐色、绿灰色辉绿岩、辉长岩、灰黄色、灰绿色、紫红色闪长玢岩夹深灰色泥岩、灰绿色、灰黑色变质岩。自然伽马曲线呈现尖峰状高值，上部石灰岩段受较高泥质含量的影响，自然伽马值较高，下部石灰岩段明显低值；视电阻率曲线尖峰状，起伏变化大。

（2）古近系包括孔店组—沙四段、沙一段和东营组三套地层。

① 孔店组—沙四段超覆在中—新元古界基底之上，与下伏地层呈角度不整合接触。岩性为安山岩、凝灰岩、玄武岩夹紫红色砾岩、泥岩及薄煤层。上部岩性以棕红色、浅灰色泥岩、含砾泥岩为主夹薄层杂色砾岩、浅灰色砾状砂岩、含砾粗砂岩、浅灰色含膏泥岩、深灰色凝灰质泥岩，下部岩性为浅灰色泥岩、白云质泥岩与浅灰色、灰黄色泥质白云岩不等厚互层，局部夹黑色煤层、碳质泥岩、紫红色泥岩薄层。其测井响应具"三低两高"的特征，即低自然伽马、低中子孔隙度、低声波时差、高密度、高电阻率，自然电位曲线平直（图 15-15）。古生物特征：被子植物花粉略占优势，裸子植物花粉次

之，蕨类孢子较低；被子植物中喜温的具孔花粉占优势，如桦粉属、拟桦粉属、混杂异常桤木粉、桤木粉属、副桤木粉、莫米粉属、杨梅粉属、山核桃粉属、胡桃粉属、黄杞粉属、榆粉属、脊榆粉属等；三沟和三孔沟类花粉含量不高，除了栎粉属稍多外，还有椴粉属、芸香粉属等；古老被子植物花粉，如鹰粉属有一定含量；裸子植物以具气囊的松科花粉为主，还有少量古老的双囊类花粉参与，如雏囊粉属等；蕨类孢子以水龙骨单缝孢属为主，桫椤孢属、三角孢属、凤尾蕨孢属等少量。

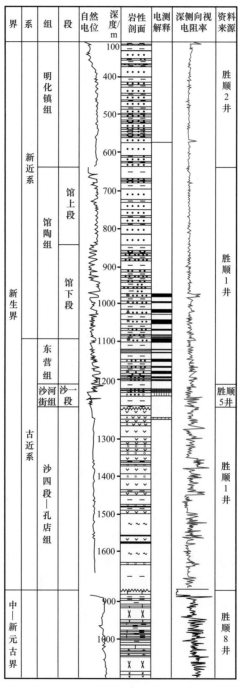

图 15-15　辽东东探区综合柱状图

② 沙一段底部与下伏孔店组—沙四段呈角度不整合接触。岩性为灰色泥岩、棕褐色碳质页岩与浅灰色细砂岩、灰质细砂岩、粉砂岩不等厚互层。砂岩粒级细，成分以石英为主，长石次之，次圆状，分选好，泥质胶结。自然电位曲线基本呈平直基线，自然伽马曲线在泥岩段呈现高值；视电阻率曲线起伏变化大，呈剪刀状（图15-15）。

③ 沙一段仅分布在探区西部边界小范围区域，大部分区域表现为东营组底部与孔店组—沙四段呈角度不整合接触。东营组岩性为含砾砂岩、粗砂岩、细砂岩与泥岩互层，下部砂岩含砾，向上砂岩变细，砂岩含量减少。中下部含砾砂岩、粗砂岩、细砂岩组成明显的退积式正旋回，中上部厚泥岩加薄层砂岩。自然伽马曲线具有高自然伽马值特点。东营组内部自然伽马值由下向上依次增大，中下部呈反漏斗形，反映正韵律沉积特征；中上部自然伽马值维持高值基本不变（图15-15）。古生物特征：以被子植物花粉为主，裸子植物花粉次之，蕨类孢子较少，藻类化石较少；被子植物花粉以胡桃粉属和榆粉属为主，胡桃科主要为山核桃粉属和胡桃粉属，桦科中桤木粉属和拟桦粉属含量较高，还见有栎粉属、椴粉属、岑粉属等；裸子植物花粉以单、双束松粉属为主，云杉粉属常见，杉粉属较少量；蕨类孢子仅见水龙骨单缝孢属；藻类见较多盘星藻属和个别光面球藻属和粒面球藻属等。

（3）新近系包括馆陶组和明化镇组两套地层。

① 依据济阳坳陷馆陶组地层划分，将本区馆陶组划分为馆陶组下段和馆陶组上段。

馆下段底部与下伏东营组呈角度不整合接触。岩性为细砂岩、粉砂岩与泥岩不等厚频繁互层，具有典型的"二元结构"特征，整体自下而上砂岩岩性变细，厚度减薄，泥岩增多，单个砂体一般呈向上变细的正韵律特点。自然伽马曲线上，馆下段底部的低自然伽马值与东营组顶部的高自然伽马值呈突变接触。下部由三个自然伽马由低到高的反漏斗状响应组合成一个较大的反漏斗状响应特征，上部呈加积旋回特征。古生物特征：桦科—菱粉属组合见于馆陶组下段，各类孢粉的分异度高但含量不高，尤其被子植物花粉类型繁多。特征是：被子植物花粉占优势，裸子植物花粉次之，蕨类孢子较少；被子类主要为胡桃科、榆粉属、桦科所组成，胡桃科则以胡桃粉属为主，次为山核桃粉属和枫杨粉属，桦科除桤木粉属、拟榛粉属和桦粉属外，拟桦粉属、枥粉属常见；草本植物花粉蓼粉属含量较高；小菱粉少量见到；裸子植物花粉以单、双束松粉属为主，次为杉粉属，铁杉粉属连续出现；蕨类孢子以粗肋孢属为主，水龙骨单缝孢属、三角孢属等个别见到；藻类化石见有较多的小弗罗姆藻和葡萄藻属，卵形藻属、对裂藻属少量见到。

馆上段底部与下伏馆下段呈整合接触。岩性为巨厚的细砂岩夹薄层红、绿色泥岩，砂岩含量高，顶部发育较厚层泥岩。自然伽马曲线上无明显的韵律性特征，馆上段低自然伽马值与馆下段顶部的高自然伽马值呈突变接触。古生物特征：粗肋孢属—伏平粉属—枫香粉属组合见于馆陶组上段。其特征：被子植物花粉以榆科和胡桃科为主，桦科比下伏组合减少，蓼粉属含量明显升高，菱粉属含量进一步降低；裸子植物花粉双囊类减少，杉粉属含量也有所降低；蕨类孢子明显减少。

② 明化镇组为中粗砂岩、含砾砂岩、细砂岩夹红、绿色泥岩。古生物特征：榆粉属—草本花粉—菱粉属组合见于明化镇组中、下段，主要特征：被子植物花粉占优势，裸子植物花粉次之，蕨类孢子较少；被子类主要为胡桃科、榆粉属、桦科所组成，草

本植物花粉增加，与木本含量接近；草本植物花粉见蓼粉属、禾本粉属、藜粉属和蒿粉属等；小菱粉个别见到；裸子植物花粉见有单、双束松粉属、杉粉属和铁杉粉属等；蕨类孢子见少量粗肋孢属和水龙骨单缝孢属；藻类化石见有少量的微刺藻和细刺藻等。蓼粉属—藜粉属—粗肋孢属组合见于明化镇组上段：草本被子植物花粉猛增，以蓼粉属为主，藜粉属、禾本粉属、蒿粉属含量也较高，木本植物榆科、胡桃科和桦木科为主，还见有少量山核桃粉属、枫香粉属和伏平粉属等；蕨类孢子仍以粗肋孢属为主，还见有水龙骨单缝孢属和凤尾蕨孢属等；藻类化石连续出现，主要是小弗罗姆藻、细刺藻和微刺藻等。

2）分布特征

辽东东探区最高部位位于其东北部的隆起区，隆起区顶部遭受强烈剥蚀，出露的地层为元古宇或太古宇，古近系、新近系被剥蚀殆尽，第四系披覆其上。古近系与新近系向隆起区层层超覆，形成大型地层超覆沉积单元。

（1）前新生界。据重、磁、地震资料及露头区的地层情况分析，探区内无中生界及古生界，前新生界包括有太古宇泰山群、中—新元古界。

太古宇泰山群是本区最古老的基底岩层，为强变质岩系，岩石普遍受到强烈的混合岩化和花岗岩化作用，组成隆起的核部。

中—新元古界超覆在太古宇—古元古界的结晶基底之上，与下伏地层呈角度不整合接触。其残留具有"中部薄，两翼厚"，特别是在走滑断层的下降盘厚度大的特点。

（2）古近系孔店组—沙四段地层倾斜较大，与下伏地层呈角度不整合接触，顶部遭受强烈剥蚀，三维区内残留地层厚度0～2200m。沙三段为深湖—半深湖沉积，主要发育于渤东断层下降盘，探区内无井钻遇，从地震剖面推测，该区沙三段沉积时期发育了水下扇砂砾岩扇体，可形成良好的储层。这一时期断层明显控制了该区的沉积。沙一段—东营组与下伏地层呈明显角度不整合接触，三维区内地层厚度0～2000 m，主要分布于隆起翼部—凹陷区，部分断层对沉积有一定的控制作用。在二维及三维区内，南北方向上两边厚中间薄、东西方向上西厚东薄，西部最厚处可达2000m左右，南部凸起上厚度仅为几十米，在胜顺8井—胜顺7井一线处尖灭。

（3）新近系与下伏地层呈不整合接触，地层厚度0～1500m，全区分布。晚期断层发育，断层基本不控制沉积。在二维及三维区内，南北方向上馆下段两边厚中间薄，东西方向上西厚东薄。

（4）第四系在三维区内与下伏地层呈不整合接触，为海相沉积，砂岩含量高，地层厚度500m左右，全区分布。

2. 构造及演化特征

1）断裂及构造样式

（1）断裂特征。该区古近系主要发育北东、北北东、北西西和近东西不同走向的断裂。依据断层的性质、活动强度及活动时间等特征，大致分为以下4种（图15-16）。

第一种是前古近纪及孔店组—沙四段沉积时强烈活动、新近纪停止活动的断层，属于郯庐断裂的一支，其控制了探区内孔店组—沙四段的沉积，断层下降盘沉积了巨厚的孔店组—沙四段，最大厚度约1600m。胜顺6断层属于该类断层。

图 15-16　辽东东探区三维区馆下段底部构造图

　　第二种是自前古近纪至新近纪持续活动的走滑断层，这类断层延伸距离远，持续活动时间长，由于郯庐断裂带右旋走滑应力场的作用，形成了北东向、北西向两组共轭的走滑断裂。北东向的走滑断裂控制沉积，古近纪孔店组—沙四段沉积时期活动强烈，落差最大可超过 1000m。该类断层倾向西倾，控制了探区内古近系的沉积。北北东走向的庙西凸起西断层、北西西向胜顺 1 断层即为此类。庙西凸起西断层为郯庐断裂的另一支，前古近纪至新近纪持续活动，其控制了古近系的沉积，断层下降盘古近系地层全、厚度大，而上升盘仅保留古近系孔店组—沙四段及东营组，孔店组—沙四段较厚，东营组较薄。该断层平面上呈 "S" 形展布，剖面上呈铲形。

　　第三种是古近纪以来受郯炉断裂带右旋走滑影响形成的北东向、北西向两组共轭走滑断裂的伴生断裂，这类断层延伸距离远，自古近纪晚期以来持续活动，东营组沉积期活动较强，馆陶组沉积期活动减弱，落差一般在 50～100m 之间，这类断层在斜坡带非常发育，形成斜坡断阶带，在其下降盘易形成滚动构造。三维区里的北西西向、北东向及近东西向的断层即为此类断层。

　　第四种是受新构造运动（渤海运动）及郯庐断裂带在新近纪—第四纪右旋走滑等强烈构造活动的影响产生的走滑伴生断层。这些断裂主要为北东向呈雁行状排列，也有少量北西向及近东西向断层。断层往往延伸不远，且互不连通。这些浅层断层剖面上往往与古近系同沉积断层组成 "Y" 形或形成似花状构造，属于后期活动的次级断层。这类断层断距一般较小，在 20～50m 之间，但一直可活动至明化镇组沉积期末，甚至第四纪。受走滑断裂的影响，不同的部位分别受到走滑断层的拉张及挤压，使局部地层加厚及减薄，局部地层产状突变，形成角度不整合面，并可见到明显的削截现象。其中，北东向的断裂系统为该斜坡地带的主要断裂系统，平面上呈雁行排列。北东向断层的走向与构造线呈斜交或直交，在断层的两盘局部可形成小型的断鼻构造。在三维区的北部、南部，受右旋走滑的影响，各发育一组呈北西走向的断裂带，与北东向断层相交，剖面上呈"Y"形。北东向与北西向断层交会，可形成一系列断鼻、断块构造，是油气聚集的有利场所。

辽东东三维区一些断层在剖面上与拉张断层有很大的差别，表现为断层两盘地层厚度的差异、地层产状的改变，断距较小甚至没有断距等，具走滑特征。如何识别走滑断层及平面上如何组合，成为能准确识别构造样式及分布的关键。

（2）构造样式。受郯庐断裂带的控制和影响，渤海海域新生代的构造应力场表现为右旋张扭特征。渐新世以来，郯庐断裂以右行走滑活动为主，但其活动强度具有明显的阶段性。渐新世以及上新世—第四纪，郯庐断裂的右行走滑活动较强，而中新世郯庐断裂活动明显较弱。受此影响，辽东东探区断层也主要在两个时期形成：早期在渐新世或渐新世以前，形成的断层有NNE向和NWW向两组，NNE向断层为与郯庐断裂的主干断层平行的同向走滑断层，NWW向断层为与郯庐主干断裂活动垂直的反向走滑断层，此时期形成的断层规模相对较大，切割也较深，它们常切割到基底，这类断层的继承性好，具有长期发育的特点；上新世—第四纪，受右行走滑活动的影响，形成了胜顺油田主要的小规模断层系统，它们在平面上呈雁列式，在剖面上呈花状构造、半花状构造、羽状排列等组合形式。特殊的动力学背景，使得该区构造样式主要表现为走滑构造样式和雁列褶皱。

① 走滑构造是指在水平剪切应力作用下形成的各种构造组合，包括走滑断裂及其伴生构造。它们主要表现为：断层产状陡，落差小；平面上断层呈明显的雁列式排列；剖面上断层呈（负）花状构造或半花状构造，它们是张扭应力作用下形成的产物（图15-16、图15-17）。

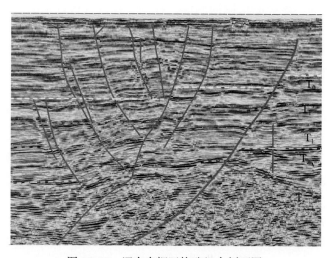

图15-17 辽东东探区构造组合剖面图

② 沿扭动带中的雁列褶皱是最重要的和最有油气远景的构造。在背斜带可形成半背斜或断背斜圈闭，庙西凸起即为此类。在斜坡带，扭动断层的上下两盘可形成断块、断鼻圈闭，如胜顺1断块。

2）构造演化

辽东东探区新生代构造演化与渤海海域具有一致性，为"走滑作用主导、多期构造反转"的盆缘构造带。该区新生代的构造运动可以划分为4期（图15-18）。

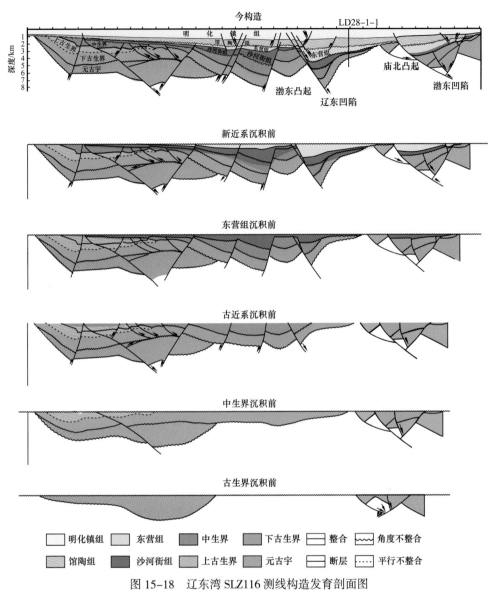

图 15-18 辽东湾 SLZ116 测线构造发育剖面图

（1）孔店组—沙四段沉积期。发育在前古近纪古地貌构造形态的基础上，属于填平补齐阶段，郯庐断裂分支断层下降盘沉积了巨厚的孔店组—沙四段，地层倾斜较大，与下伏前古近系呈角度不整合接触，地层从东西两翼向中部超覆，中部薄两翼厚。受区域构造运动的影响，沙四段沉积后期该区整体抬升，遭受剥蚀，与上覆地层形成了角度不整合接触关系。

（2）沙三段—东营组沉积期。渤海湾盆地处于断陷期，沉积了巨厚的沙三段—东营组，且沉积中心逐渐转移到渤中凹陷。东营组沉积末期，受渤海湾区域构造运动的影响，辽东东地区区域抬升，遭受剥蚀，形成了与上覆地层呈角度不整合的接触关系。西部构造运动强烈，断层发育，且控制古近系沙河街组、东营组的沉积，东部断层活动弱，对地层的控制作用较弱，地层逐层超覆于前古近系基底之上。整体上缺失了沙河街组的上部。

（3）馆陶组—明化镇组沉积期。辽东东地区形成了以走滑断裂伴生构造为主的构造格局。平面上，主要呈北东东向及北西向两组，剖面上，成典型的花状构造或似花状构造及"Y"形构造，地层横向减薄、剥蚀作用明显。特别是受走滑断层的影响，在古近系内部沿地层走向形成了多条沟谷，在沟谷的翼部地层削截现象明显，在局部地区可见到明显的地层角度不整合。

（4）第四纪。辽东东地区继承了以走滑断裂伴生构造为主的构造格局，但发生了构造反转，地层横向由东向西超覆减薄。

3. 沉积及储层

1）沉积特征

通过岩心观察、钻—测—录井资料、地震相综合分析，参考渤海海域的研究成果，在辽东东地区新生界识别出三角洲、冲积—泛滥平原、湖泊（滨浅湖和半深湖）等沉积相类型（图 15-19）。

（1）三角洲主要发育在东营组沉积时期，以发育三角洲前缘为主。三角洲前缘主要发育有分流河道、河口坝及席状砂微相。胜顺 100 井东营组 1251.24m 井段，岩性以砂岩、粉砂岩为主，分选差到中等，分选系数大于 1.2，粒度概率曲线由两个粒度总体即悬浮总体和跳跃总体组成，显示明显的双峰、两段型，且以跳跃总体为特征，其分布范围在 1.75ϕ～3ϕ 之间，占 70% 以上，悬浮组分含量小于 30%，其概率图形式与河流沉积相近似，C—M 图上则表现为"S"形（图 15-20、图 15-21）。

（2）冲积—泛滥平原沉积发育在拗陷期的馆陶、明化镇沉积时期。发育辫状河和曲流河两种类型。辫状河岩性为厚砂岩夹薄层泥岩沉积，砂岩含量高，测井曲线（Gr、Sp）呈齿化箱形；曲流河岩石组合为细砂岩、粉砂岩与泥岩不等厚频繁互层，具有典型的"二元结构"特征，整体自下而上砂岩岩性变细，厚度减薄，泥岩增多，单个砂体一般呈向上变细的正韵律特点，储地比为 40%，上部呈加积旋回特征，测井曲线（Gr、Sp）呈箱形、钟形。

（3）湖相包括滨浅湖和半深湖—深湖亚相。滨浅湖相岩性以灰绿色、灰色泥岩为主，局部夹粉砂岩、泥质粉砂岩或粉砂质泥岩薄层，自然电位为低幅平滑或锯齿状。较深水湖相一般由质纯、厚层深灰色、褐色泥岩、油页岩组成，局部发育有灰质泥岩，自然电位曲线低幅平直，电阻率曲线低幅齿状或刺刀状高阻（图 15-15）。湖相泥岩在地震剖面上一般为中—高振幅、中—高连续、平行反射结构。

2）储层特征

储层自下而上主要有中—新元古界碳酸盐岩、古近系过渡相砂岩和火山岩、新近系河流相砂岩等。

中—新元古界碳酸盐岩储层主要为震旦系显微—隐晶灰岩、泥灰岩及泥质灰岩。孔隙度 3.998%～13.74%，平均孔隙度 11.3%，渗透率 0.1～4.27mD，平均渗透率 3.5mD。

孔店组—沙四段火山岩储层为安山岩、火山碎屑岩，储集空间类型以溶蚀孔洞和裂缝为主。在胜顺 100 井 1338m 岩心中见到气孔 80 个，最大孔径 10mm×25mm，一般 1mm×3mm，大部分孔洞有被溶蚀的现象，约 5% 的孔洞被方解石充填，其他充满原油（图 15-22）。岩心上可观察到近垂直的高角度裂缝和斜裂缝，均为开启性裂缝，缝面见结晶方解石，裂缝多充填黑褐色稠油（图 15-23）。溶蚀孔洞多为溶蚀缝及微细裂缝沟通，具有一定的储集性能。

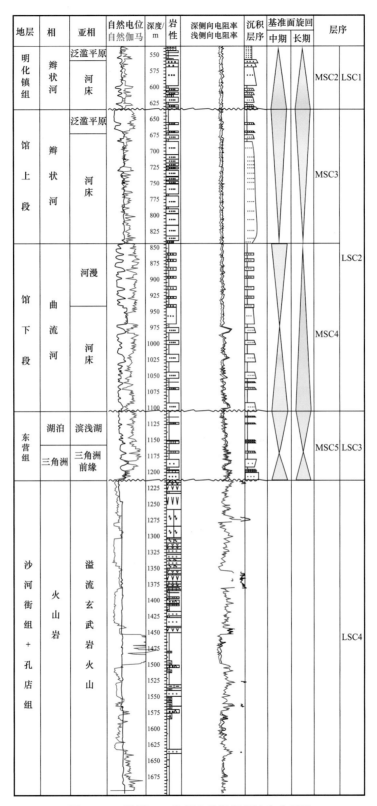

图 15-19 胜顺 100 井新生界沉积相综合分析图

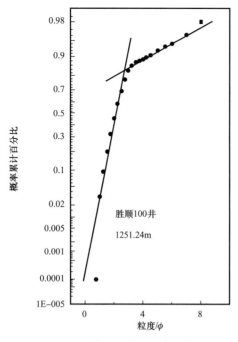

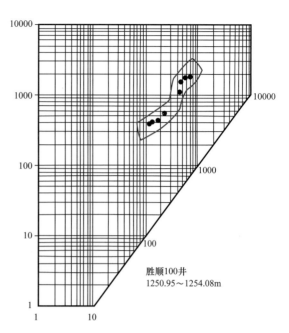

图 15-20 分流河道的粒度概率图

图 15-21 三角洲平原分流河道沉积 *C—M* 模式图

图 15-22 胜顺 100 井孔店组玄武岩溶蚀孔洞

图 15-23 胜顺 100 井孔店组孔洞稠油

　　东营组储集砂体类型为三角洲前缘的水下分流河道砂体和水下河口沙坝，孔隙度一般为 15%～26%，渗透率一般在 0.1～145mD，平均 28mD，为中孔、低渗砂岩储层。

　　馆下段储层类型为曲流河砂体，孔隙度一般在 14%～34%，平均 25%，渗透率一般在 9～762mD，平均 536mD，为高孔、中渗疏松砂岩储层；馆上段砂岩含量高，孔隙度一般为 10%～35%，平均 25%，渗透率一般为 10～840mD，平均 609mD，为高孔、中渗疏松砂岩储层。

　　明化镇组为辫状河砂体，砂岩含量 62%～91%，储集物性好，测井孔隙度为 23.4%～37.5%，平均孔隙度 32.6%，渗透率 568.2～4459.8mD，平均渗透率 2605.3mD，为高孔、高渗疏松砂岩储层。

三、含油气特征

1. 油气藏类型

辽东东探区油气显示井段及油层段主要分布在馆下段、东营组的砂泥岩互层段，主要发育构造、地层（超覆、削蚀）、岩性油气藏三种类型。

1）构造类油气藏

胜顺1井、胜顺100井已钻遇该类油藏。该类油气藏圈闭充满度高达80%以上（图15-24）。胜顺1块东营组的圈闭幅度120m，油藏高度100m，构造高部位含油井段长（82m）、油气层厚（24m），向低部位油层逐渐变薄（油水同层4.2m）；馆下段圈闭幅度60m，油藏高度45m，构造高部位含油井段长（129m）、油气层厚（43.2m），向低部位油层逐渐变薄（油水同层44.9m/4层）。

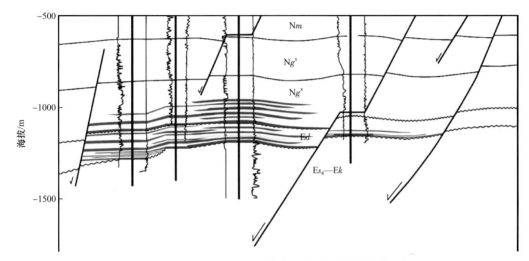

图15-24 胜顺油田胜顺100井—胜顺2井油藏剖面图

2）岩性类油气藏

辽东东探区馆上段及明化镇组发育了大套的砂砾岩，其平均储地比可达67%。受新构造运动的影响，这种河流相的砂砾岩体既可作为油气的横向输导层，也可受遮挡层的控制而自身形成圈闭成藏。胜顺1井明化镇组钻遇的气层及胜顺2井钻遇的油层均为岩性油藏（图15-24）。

3）地层类油气藏

受多期次构造运动的作用，辽东东探区存在多个区域性不整合面，不整合面之上超覆，之下剥蚀。古近系、新近系分别沿斜坡逐层超覆于前古近系之上，可形成地层油气藏。胜顺100井东营组底部已钻遇该类油藏（图15-24）。该井在东营组钻遇含油水层11m/2层，侧向对接的是沙四段—孔店组，含油高度小于50m。

2. 成藏控制因素及分布模式

1）控制因素

辽东东三维区油气分布主要受构造、岩性和侧向封堵条件控制，不同层位、不同类型油气藏控制因素不同。

（1）孔店组—沙四段。胜顺探区孔店组—沙四段本身不生油，属源外供烃。对于该层段，断层的封堵性成为油气能否成藏的第一控制要素。该区主要发育两组断裂，北东向为走滑断裂，输导能力差、封堵性好；近东西向断裂反旋向剪切、拉张，具有较好的输导性。另外，储层的有效性为控藏的第二要素。以上二者的配置决定了油气能否成藏。

（2）东营组。构造（圈闭）是控制该区东营组油气成藏的最主要因素。胜顺1井东营组为背斜构造，油层16.3m/6层，气层4.2m/2层，日产油75.5t、气876m^3，而与其相邻的胜顺100井东营组为单斜构造，油水同层16.4m/3层，含油水层11m/2层，含油气程度明显低于胜顺1井（图15-24）。再如，胜顺1井东营组圈闭幅度120m，油藏高度100m，油层具有构造高部位含油井段长、油气层厚，向低部位油层变薄的特征，而胜顺5井过断层进入下盘，位于圈闭溢出点，导致东营组仅见含油水层16.3m/6层（图15-24），显示出构造对油气富集的主控作用。

此外，岩性条件亦很大程度上控制了东营组的成藏，胜顺5井、胜顺4井、胜顺2井东营组油层比较少，多为干层。例如胜顺4井东营组含油水层4.5m/1层，干层5.5m/3层，胜顺2井东营组油层3.8m/1层，干层9.5m/4层，其主要原因在于胜顺5井东营组上部及胜顺4井、胜顺2井东营组储层不发育（表15-8）。

表15-8　辽东东探区东营组砂体统计表

井号	层位	地层厚度/m	砂岩厚度/m	储地比	砂岩最大单层厚度/m
胜顺1	Ed	97.5	22	0.22	10.0
胜顺2	Ed	95	16	0.17	3.5
胜顺100	Ed	145.5	35.5	0.24	6.0
胜顺4	Ed	165	18	0.11	3.5
胜顺5	Ed	175	12	0.15	3.0

（3）馆陶组。胜顺1井和胜顺100井在相当层位都钻遇储层，但胜顺1井馆下段储层中油气富集，含油井段长，而比胜顺1井构造位置低的胜顺100井馆下段全部为水层。显示出构造对油气富集的控制作用。

侧向封堵条件是影响该区特别是馆陶组油气成藏的又一个重要因素。胜顺2东断层在成藏期不具有封堵性（图15-24），是造成胜顺2井馆下段未钻遇油气的重要原因。胜顺2井馆下段钻遇一条断层，断层落差11m，断层封堵因子0.45，封堵性差，同时胜顺2井馆下段单砂体最大厚度已达到12m，造成砂与砂对接，断层未断开储层，侧向封堵不好，导致油气沿断层两侧对接的储层向构造高部位运移，从而造成胜顺2井馆下段储层圈闭条件差而未成藏。

此外，岩性条件亦很大程度上控制了馆陶组的成藏。胜顺6井馆下段全部为泥岩，有效储层不发育是造成胜顺6井失利的重要原因之一。

2）分布模式

地质统计与物理模拟表明，走滑断层整体上垂向输导性差、横向输导性好。但受岩性组合及与应力场关系的控制，在不同时期、不同方向上的输导性（或封闭性）有所差异。剖面上，断层两盘为馆下段及其以下层位对接的断层涂抹因子大，封堵性好；剖面上断层走向发生转变处，封闭性差、输导性好，且自西向东断层的封闭性逐渐变差。众多的断距小、延伸短、仅切割新近系的断层多利于油气运移。

成藏要素的配置控制形成了三种油气藏类型：以胜顺1井区钻遇的馆下段、东营组为代表的构造油藏；以胜顺100区东营组为代表的地层超覆油藏；以胜顺2井区明化镇组为代表的岩性油藏。不同层系、不同类型的油藏主控因素不同，其中馆下段油藏发育主要受构造和侧向封堵的控制，东营组油藏发育主要受构造和岩性控制。由渤东凹陷生成的油气沿古近系砂体和不整合面侧向运移，遇断层发生垂向运移至新近系，在新近系沿新构造运动形成的次级断层作垂向运移，沿馆下段砂体作横向运移并聚集成藏（图15-25）。北北西向的胜顺4井—胜顺3井方向为优势输导方向，在优势输导方向上，上倾方向非断层遮挡的构造圈闭（背斜、断鼻等）和地层不整合圈闭、岩性圈闭是有效圈闭。

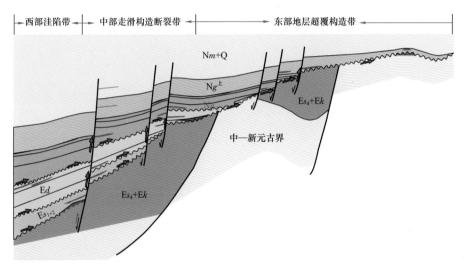

图15-25　辽东东探区油气成藏模式示意图

四、前景分析

截至2018年，该区共部署了探井12口，完钻10口井。馆下段控制含油面积2.09km^2、储量1490×10^{4}t；东营组控制含油面积3.38km^2、储量652×10^{4}t。馆下段预测含油面积4.1km^2、储量2927×10^{4}t；东营组预测含油面积4.8km^2、储量923×10^{4}t。南部预测馆陶组圈闭面积2.2km^2、储量1569×10^{4}t；预测东营组圈闭面积3.9km^2、储量752×10^{4}t。三维区内走滑断裂带的断鼻、断块圈闭预测资源量3600×10^{4}t，超覆带＋岩性圈闭资源量1.32×10^{8}t，总计预测圈闭资源量1.68×10^{8}t。

从目前资料分析，辽东凹陷、渤东凹陷为辽东东区块主要供油凹陷。

根据辽东东区块所处的位置，可以粗略地估算以上各凹陷的贡献值。如果按渤东凹陷30%、辽东凹陷25%贡献值计算，辽东东区块油气资源量可达6.06×10^{8}t。因此，辽东东探区具备丰厚的物质基础。按地质类比及供油范围等估算，辽东东探区具有7.75×10^{8}t的资源潜力，值得进一步探索。

辽东东探区的勘探可分战术、战略两个阶段进行。战术部署主要围绕辽东东三维区及其东部二维区开展工作。就三维区而言，除构造圈闭外，东营组、馆下段、馆上段的地层超覆圈闭、孔店组—沙四段的地层剥蚀圈闭及东营组、馆下段的岩性圈闭为有利勘探方向，圈闭资源量 1.68×10^8 t；战略准备主要围绕三维区外东北方向开展工作，旅大28-2东两个重力高值区及其缓坡带是重要的勘探领域。

参考文献

《中国地层典》编委会，2000. 中国地层典·石炭系［M］. 北京：地质出版社.

B.K. 加弗里什，1988. 深断裂在石油及天然气运移和聚集中的作用［M］. 北京：石油工业出版社.

Mcclay，2000. 反转断裂系几何形态和运动学特征：对类比模拟研究的评述 // 胡望水，等. 正反转构造与油气聚集［M］. 北京：石油工业出版社.

安太庠，张放，向维达，等，1983. 华北及邻区牙形石［M］. 北京：科学出版社.

毕思文，2001. 新概念地质力学［M］. 北京：地质出版社.

蔡希源，宋国奇，2004. 陆相盆地高精度层序地层学——隐蔽油气藏勘探基础、方法与实践［M］. 北京：地质出版社.

蔡希源，王同和，等，2001. 中国油气区反转构造［M］. 北京：石油工业出版社.

操应长，王健，刘惠民，等，2009. 东营凹陷南坡沙四上亚段滩坝砂体的沉积特征及模式［J］. 中国石油大学学报（自然科学版），33（6）：5-10.

操应长，王思佳，王艳忠，等，2017. 滑塌型深水重力流沉积特征及沉积模式：以渤海湾盆地临南洼陷古近系沙三中亚段为例［J］. 古地理学报，19（3）：419-432.

曹国权，等，1996. 鲁西前寒武纪地质［M］. 北京：地质出版社.

曾溅辉，2000. 东营凹陷第三系流体物理化学场及其演化特征［J］. 地质论评，46（2）：212-219.

查明，1997. 压实流盆地油气运移动力学模型与数值模拟——以东营凹陷为例［J］. 沉积学报，15（4）：86-90.

查明，1997. 断陷盆地油气二次运移与聚集［M］. 北京：地质出版社.

车自成，姜洪训，1987. 大地构造学概论［M］. 西安：陕西科学技术出版社.

陈发景，汪新文，陈昭年，等，2004. 伸展断陷盆地分析［M］. 北京：地质出版社.

陈国达，1988. 中国东部后地台造山带新生代盆地成因一解［J］. 大地构造与成矿学，12（1）：1-4.

陈荷立，1995. 油气运移研究的有效途径［J］. 石油与天然气地质，16（2）：126-131.

陈建平，赵长毅，何忠华，1997. 煤系有机质生烃潜力评价标准探讨［J］. 石油勘探与开发，24（1）：1-5.

程裕淇，1994. 中国区域地质概论［M］. 北京：地质出版社.

戴金星，1997. 各类天然气的成因鉴别［J］. 中国海上油气（地质），（1）：11-19.

戴金星，等，1995. 中国东部无机成因气及其气藏形成条件［M］. 北京：科学出版社，92-105.

单怀广，李经荣，姚益民，等，1997. 山东北部晚第三纪古生物群［M］. 北京：石油工业出版社.

邓起东，等，1978. 中国构造应力场特征及其与板块运动关系［M］. 北京：地震出版社.

邓运华，1999. 渤海湾盆地凹陷—凸起油气聚集的差异性［J］. 中国海上油气（地质），（6）：13-17，27.

丁文龙，张博闻，李泰明，2003. 古龙凹陷泥岩非构造裂缝的形成［J］. 石油与天然气地质，24（1）：50-53.

付广，付晓飞，2001. 断裂输导系统及其组合对油气成藏的控制作用［J］. 世界地质，20（4）：344-349.

付广，庞雄奇，姜振学，等，1996. 欠压实地层古地层压力恢复的统计模拟法及其在松辽盆地中的应用［J］. 沉积学报，（1）：69-79.

付广，2007. 泥岩盖层的超压封闭演化特征及封气有效性［J］. 大庆石油学院学报，31（5）：8-9.

高振家，陈克强，高林志，等，2014. 中国岩石地层名称辞典（上、下册）［M］. 成都：电子科技大学出版社.

关德范, 徐旭辉, 李志明, 等, 2008. 成盆成烃成藏理论思维与有限空间生烃模式 [J]. 石油与天然气地质, (6): 709-715.

国景星, 刘媛, 2008. 济阳坳陷新近系层序地层构型 [J]. 中国石油大学学报(自然科学版), 32(1): 1-4.

郝芳, 邹华耀, 姜建群, 2000. 油气成藏动力学及其研究进展 [J]. 地学前缘, 7 (3): 11-21.

郝雪峰, 2006. 陆相断陷盆地沉积相律与油藏类型序列类比分析 [J]. 油气地质与采收率, 13 (5): 1-6.

何会强, 2002. 临清坳陷东部石炭—二叠系煤成烃成藏作用研究 [D]. 北京: 中国地质大学.

何绍勋, 1999. 雁行断裂带内的"中继构造"综述 [C]// 马宗晋. 构造地质学——岩石圈动力学研究进展. 北京: 地震出版社.

侯读杰, 张善文, 肖建新, 等, 2008. 济阳坳陷优质烃源岩特征与隐蔽油气藏的关系分析 [J]. 地学前缘, 15 (2): 137-146.

侯贵廷, 钱祥麟, 等, 1998. 渤海湾盆地形成机制 [J]. 北京大学学报, 34 (4): 503-509.

胡见义, 等, 1990. 中国油气藏研究 [M]. 北京: 石油工业出版社.

胡见义, 黄第藩, 1991. 中国陆相石油地质理论基础 [M]. 北京: 石油工业出版社.

胡见义, 徐树宝, 童晓光, 1986. 渤海湾盆地复式油气聚集区(带)的形成和分布 [J]. 石油勘探与开发, (1): 1-8.

胡见义, 徐树宝, 童晓光, 1986. 渤海湾盆地复式油气聚集区(带)的形成和分布 [J]. 石油勘探与开发, (1): 1-8.

黄汝昌, 等, 1996. 中国凝析气藏的形成与分布 [J]. 石油与天然气地质, 17 (3): 237-242.

姜秀芳, 2010. 济阳坳陷沙四段湖相碳酸盐岩分布规律及沉积模式 [J]. 油气地质与采收率, 17 (6): 12-15.

姜秀芳, 2011. 济阳坳陷湖相碳酸盐岩沉积主控因素 [J]. 油气地质与采收率, 18 (6): 23-27.

蒋有录, 查明, 2006. 石油天然气地质与勘探 [M]. 北京: 石油工业出版社.

金强, 朱光有, 王娟, 2008. 咸化湖盆优质烃源岩的形成与分布 [J]. 中国石油大学学报(自然科学版), 32 (4): 19-23.

李春光, 1994. 东营凹陷断裂系统对油气藏分布的控制 [J]. 石油与天然气地质, 15 (1): 87-93.

李德生, 等, 2002. 中国含油气盆地构造学 [M]. 北京: 石油工业出版社.

李鸿业, 1993. 两极挤压学说 [M]. 北京: 科学出版社.

李明诚, 李剑, 万玉金, 等, 2001. 沉积盆地中的流体 [J]. 石油学报, 22 (4): 13-17.

李明诚, 1994. 石油与天然气运移 [M]. 北京: 石油工业出版社.

李丕龙, 庞雄奇, 等, 2004. 陆相断陷盆地隐蔽油气藏形成——以济阳坳陷为例 [M]. 北京: 石油工业出版社.

李丕龙, 张善文, 宋国奇, 等, 2004. 断陷盆地隐蔽油气藏形成机制——以渤海湾盆地济阳坳陷为例 [J]. 石油实验地质, 26 (1): 3-10.

李丕龙, 2000. 断陷湖盆油气聚集模式及其动力学特征 [J]. 石油大学学报, 24 (4): 26-29.

李丕龙, 2004. 济阳坳陷"富集有机质"烃源岩及其资源潜力 [J]. 地学前缘, 11 (1): 317-322.

李丕龙, 等, 2003. 陆相断陷盆地油气地质与勘探·卷四·陆相断陷盆地油气成藏组合 [M]. 北京: 石油工业出版社, 地质出版社.

李丕龙, 等, 2003. 陆相断陷盆地油气地质与勘探(卷一): 陆相断陷盆地构造演化与构造样式 [M].

北京：石油工业出版社，地质出版社．

李守军，原丽媛，殷天涛，等，2015.山东淄博太原组有孔虫及石炭系与二叠系界线［J］.高校地质学报，21（2）：196-202.

李伟，李小地，1996.应用油田水地球化学及流体势追踪油气运聚途径［J］.石油勘探与开发，23（6）：34-38.

李伟，吴智平，刘华，2009.中、新生代渤海湾盆地区演化与上古生界煤成气成藏［J］.油气地质与采收率，16（1）：13-16.

李伟，吴智平，周瑶琪，2005.济阳坳陷中生代地层剥蚀厚度、原始厚度恢复及原型盆地研究［J］.地质论评，51（5）：507-516.

李文涛，曹忠祥，1999.济阳坳陷浅层气藏综合勘探技术及应用［M］.北京：地质出版社，27-37.

李文涛，2009.民丰洼陷深层天然气地球化学成因分析［J］.油气地质与采收率，12（2）：42-45.

李孝军，李文涛，张海君，2005.济阳坳陷裂解气成藏分析及勘探方向［J］.油气地质与采收率，12（1）：42-45.

李学田，等，1992.天然气盖层质量的影响因素及盖层形成时间的探讨［J］.石油实验地质，14（3）：282-290.

李亚文，韩蔚田，1995.南海海水25℃等温蒸发实验研究［J］.地质科学，30（3）：233-239.

林昌荣，1990.牛庄油田沙三段砂体成因类型及其形成机理探讨［J］.石油勘探与开发，（1）：39-46.

刘传虎，韩宏伟，2012.济阳坳陷古近系红层沉积成藏主控因素与勘探潜力［J］.石油学报，33（S1）：63-70.

刘传虎，2006.华北盆地构造特征与构造样式［M］.北京：石油工业出版社．

刘宏伟，2002.东濮凹陷泥岩裂缝油气藏形成条件［J］.内蒙古石油化工，28：186-187.

刘惠民，于炳松，谢忠怀，等，2018.陆相湖盆富有机质页岩微相特征及对页岩油富集的指示意义——以渤海湾盆地济阳坳陷为例［J］.石油学报，39（12）：1328-1343.

刘惠民，张守鹏，王朴，等，2012.沾化凹陷罗家地区沙三段下亚段页岩岩石学特征［J］.油气地质与采收率，19（6）：15-19，115-116.

刘惠民，张顺，包友书，等，2019.东营凹陷页岩油储集地质特征与有效性［J］.石油与天然气地质，40（3）：66-77.

刘剑平，汪新伟，江新文，2004.临清坳陷变换构造研究［J］.地质科技情报，23（4）：51-54.

刘鹏，2016.渤南洼陷沙四段上亚段成岩演化规律特殊性分析［J］.油气地质与采收率，23（03）：1-7.

刘庆，张林晔，沈忠民，等，2004.东营凹陷富有机质烃源岩中顺层微裂隙的发育与油气运移［J］.地质论评，50（6）：593-597.

刘兴材，杨申镳，1998.济阳复式油气区大油田形成条件及分布规律［J］.成都理工学院学报，（2）：170-178.

刘雅利，刘鹏，伊伟，2014.渤南洼陷沙四上亚段沉积相及有利储集层分布［J］.新疆石油地质，33（1）：39-44.

楼章华，朱蓉，金爱民，等，2003.东营凹陷地下水动力场的形成与演化［J］.地质科学，38（1）：85-96.

卢焕章，范宏瑞，倪培，等，2004.流体包裹体［M］.北京：科学出版社．

鲁国明，2011.济阳坳陷碳酸盐岩油藏储集层评价及有效厚度研究［J］.石油实验地质，33（2）：155-

159.

陆克政，2002. 含油气盆地分析［M］. 东营：石油大学出版社.

吕延防，付广，付晓飞，等，2013. 断层对油气的输导与封堵作用［M］. 北京：石油工业出版社.

孟涛，刘鹏，邱隆伟，等，2017. 咸化湖盆深部优质储集层形成机制与分布规律——以渤海湾盆地济阳坳陷渤南洼陷古近系沙河街组四段上亚段为例［J］. 石油勘探与开发 .44（6）：896-906.

潘立银，倪培，欧光习，等，2006. 油气包裹体在油气地质研究中的应用——概念、分类、形成机制及研究意义［J］. 矿物岩石地球化学通报，25（1）：19-28.

潘元林，李思田，等，2004. 大型陆相断陷盆地层序地层与隐蔽油气藏研究——以济阳坳陷为例［M］. 北京：石油工业出版社.

潘钟祥，1983. 不整合对于油气运移聚集的重要性［J］. 石油学报，4（4）：1-10.

潘忠祥，1986. 石油与天然气地质学［M］. 北京：地质出版社，225-232.

庞雄奇，陈冬霞，李丕龙，等，2003. 砂岩透镜体成藏门限及其控油气作用机理［J］. 石油学报，24（3）：38-41.

庞雄奇，李丕龙，金之钧，等，2003. 油气成藏门限研究及其在济阳坳陷中的应用［J］. 石油与天然气地质，24（3）：204-208.

庞雄奇，李丕龙，张善文，等，2007. 陆相断陷盆地相—势耦合控藏作用及其基本模式［J］. 石油与天然气地质，28（5）：641-654.

漆家福，等，2003. 渤海湾地区的中生代盆地构造概论［J］. 地学前缘，（8）：199-206.

漆家福，陆克政，等，1995. 渤海湾盆地区新生代构造与油气的关系［J］. 石油大学学报（自然科学版），19（增刊）：7-13.

漆家福，张一伟，等，1995. 渤海湾新生代裂陷盆地的伸展模式及其动力学过程［J］. 石油实验地质，（4）：316-323.

漆家福，2004. 渤海湾新生代盆地的两种构造系统及其成因解释［J］. 中国地质，31（1）：15-22.

邱桂强，2007. 东营凹陷古近系成岩层序特征与储集差异性分析［J］. 沉积学报，25（4）：915-922.

沈修志，陆克政，张恺，1989. 石油构造地质学［M］. 北京：石油工业出版社.

胜利油田石油地质志编写组，1993. 中国石油地质志·卷六·胜利油田［M］. 北京：石油工业出版社.

石油化学工业部石油勘探开发规划研究院，中国科学院南京地质古生物研究所，1978. 渤海沿岸地区早第三纪孢粉［M］. 北京：科学出版社.

石油化学工业部石油勘探开发规划研究院，中国科学院南京地质古生物研究所，1978. 渤海沿岸地区早第三纪腹足类［M］. 北京：科学出版社.

石油化学工业部石油勘探开发规划研究院，中国科学院南京地质古生物研究所，1978. 渤海沿岸地区早第三纪沟鞭藻类和疑源类［M］. 北京：科学出版社.

石油化学工业部石油勘探开发规划研究院，中国科学院南京地质古生物研究所，1978. 渤海沿岸地区早第三纪介形类［M］. 北京：科学出版社.

石油化学工业部石油勘探开发规划研究院，中国科学院南京地质古生物研究所，1978. 渤海沿岸地区早第三纪轮藻［M］. 北京：科学出版社.

石油化学工业部石油勘探开发规划研究院，中国科学院南京地质古生物研究所，1978. 渤海沿岸地区早第三纪有孔虫［M］. 北京：科学出版社.

宋国奇，陈涛，蒋有录，等，2008. 济阳坳陷第三系不整合结构矿物学与元素地球化学特征［J］. 石油大学学报，5（32）：7-11.

宋国奇，郝雪峰，刘克奇，2014.箕状断陷盆地形成机制、沉积体系与成藏规律——以济阳坳陷为例
　　［J］.石油与天然气地质，35（3）：303-310.

隋风贵，赵乐强，2006.济阳坳陷不整合结构类型及控藏作用［J］.大地构造与成矿学，30（2）：161-
　　167.

孙焕泉，2017.济阳坳陷页岩油勘探实践与认识［J］.中国石油勘探，22（4）：1-14.

孙玉梅，郭乃燕，1998.莺歌海盆地 CO_2 气成因探讨［J］.中国海上油气（地质），12（3）：159-1638.

孙镇诚，杨藩，张枝焕，等，1997.中国新生代咸化湖泊沉积环境与油气生成［J］.北京：石油工业出
　　版社.

万天丰，2001.中国新生代构造应力场与环境变化［M］// 卢演俦，等.新构造与环境.北京：地震出
　　版社.

王秉海，钱凯，1992.胜利油区地质研究与勘探实践［M］.东营：石油大学出版社.

王钧，黄尚瑶，黄歌山，等，1990.中国地温分布的基本特征［M］.北京：地震出版社.

王敏，王永诗，朱家俊，等，2017.济阳坳陷上古生界石英砂岩有效储集层下限确定［J］.地质论评，
　　63（S1）：75-76.

王善书，1990.中国石油地质志.卷十六：沿海大陆架及毗邻海域油气区（上册）［M］.北京：石油工
　　业出版社.

王涛，等，1997.中国东部裂谷盆地油气藏地质［M］.北京：石油工业出版社.

王廷栋，王海清，李绍基，等，1989.以凝析油轻烃和天然气碳同位素特征判断气源［J］.西南石油学
　　院学报，4（3）：1-15.

王文林，2007.东营凹陷古近系深层凝析气藏形成条件［J］.油气地质与采收率，14（3）：55-57.

王燮培，费琪，张家骅，1990.石油勘探构造分析［M］.武汉：中国地质大学出版社.

王新洲，宋一涛，王学军，1995.石油成因与排油物理模拟［M］.东营：石油大学出版社.

王学军，郭玉新，王玉芹，等，2016.盆地覆盖区太古宇岩石类型综合判识方法——以济阳坳陷太古宇
　　为例［J］.中国石油勘探，21（5）：26-32.

王艳忠，操应长，葸克来，等，2013.碎屑岩储集层地质历史时期孔隙度演化恢复方法［J］.石油学报，
　　34（6）：1100-1111.

王永诗，巩建强，房建军，等，2012.渤南洼陷页岩油气富集高产条件及勘探方向［J］.油气地质与采
　　收率，19（6）：6-10.

王永诗，郝雪峰，胡阳.2018.富油凹陷油气分布有序性与富集差异性——以渤海湾盆地济阳坳陷东营
　　凹陷为例［J］.石油勘探与开发，45（5）：41-50.

王永诗，李政，巩建强，等，2013.济阳坳陷页岩油气评价方法——以沾化凹陷罗家地区为例［J］.石
　　油学报，34（1）：83-91.

王永诗，刘惠民，高永进，等，2012.断陷湖盆滩坝砂体成因与成藏——以东营凹陷沙四上亚段为例
　　［J］.地学前缘，19（1）：100-107.

王永诗，邱贻博，2017.济阳坳陷超压结构差异性及其控制因素［J］.石油与天然气地质，38（3）：
　　430-437.

王永诗，王伟庆，郝运轻，2013.济阳坳陷沾化凹陷罗家地区古近系沙河街组页岩储集特征分析［J］.
　　古地理学报，15（5）：657-662.

王永诗，张守春，朱日房，2013. 烃源岩生烃耗水机制与油气成藏［J］. 石油勘探与开发，40（2）：242-249.

王震亮，陈荷立，1999. 有效运移通道的提出与确定初探［J］. 石油实验地质，21（1）：71-75.

鲜本忠，安思奇，施文华，2014. 水下碎屑流沉积：深水沉积研究热点与进展［J］. 地质论评，60（1）：39-51.

鲜本忠，王永诗，周廷全，等，2007. 断陷湖盆陡坡带砂砾岩体分布规律及控制因素——以渤海湾盆地济阳坳陷车镇凹陷为例［J］. 石油学报，34（4）：429-436.

向立宏，赵铭海，郝雪峰，等，2016. 济阳坳陷东营组沉积体系新认识［J］. 油气地质与采收率，23（3）：8-13.

肖焕钦，陈广军，李常宝，2002. 陆相断陷盆地隐蔽油气藏分类及勘探［J］. 特种油气藏，（5）：10-12，105.

肖焕钦，刘震，赵阳，等，2003. 济阳坳陷地温—地压场特征及其石油地质意义［J］. 石油勘探与开发，30（3）：68-70.

修申成，姚益民，陶明华，等，2003. 中国北方侏罗系（VI）华北地层区［M］. 北京：石油工业出版社.

徐世光，郭远生，2009. 地热学基础［M］. 北京：科学出版社.

许化政，周新科，高金慧，等，2005. 华北早中三叠世盆地恢复与古生界生烃［J］. 石油与天然气地质，26（3）：329-336.

阎敦实，于英太，2000. 京津冀油区地热资源评价与利用［M］. 武汉：中国地质大学出版社.

杨克绳，2006. 中国含油气盆地结构和构造样式地震解释［M］. 北京：石油工业出版社.

姚超，等，2004. 中国含油气构造样式［M］. 北京：石油工业出版社.

姚益民，梁鸿德，蔡治国，等，1994. 中国油气区第三系（IV）渤海湾盆地油气区分层［M］. 北京：石油工业出版社.

袁静，袁凌荣，杨学君，等，2012. 济阳坳陷古近系深部储集层成岩演化模式［J］. 沉积学报，30（2）：231-239.

翟光明，王善书，1996. 中国石油地质志（总论）［M］. 北京：石油工业出版社.

张博全，1992. 压实在油气勘探中的应用［M］. 武汉：中国地质大学出版社.

张林晔，包友书，李钜源，等，2014. 湖相页岩油可动性——以渤海湾盆地济阳坳陷东营凹陷为例［J］. 石油勘探与开发，41（6）：641-649.

张林晔，李学田，1990. 济阳坳陷滨海地区浅层天然气成因［J］. 石油勘探与开发，17（1）：1-7.

张林晔，刘庆，张春荣，等，2005. 东营凹陷成烃与成藏关系研究［M］. 北京：地质出版社.

张鹏飞，刘惠民，曹忠祥，等，2015. 太古宇潜山风化壳储集层发育主控因素分析——以鲁西—济阳地区为例［J］. 吉林大学学报（地球科学版），45（5）：1289-1298.

张琴，钟大康，朱筱敏，等，2003. 东营凹陷下第三系碎屑岩储集层孔隙演化与次生孔隙成因［J］. 石油与天然气地质，24（3）：281-285.

张善文，王永诗，石砥石，等，2003. 网毯式油气成藏体系——以济阳坳陷新近系为例［J］. 石油勘探与开发，30（1）：1-10.

张善文，王永诗，张林晔，等，2012. 济阳坳陷渤南洼陷页岩油气形成条件研究［J］. 中国工程科学，14（6）：49-55，63.

张善文，张林晔，李政，等，2012. 济阳坳陷古近系页岩油气形成条件［J］. 油气地质与采收率，19（6）：

1—5.

张善文, 2006. 济阳坳陷第三系隐蔽油气藏勘探理论与实践 [J]. 石油与天然气地质, 27 (6): 731—740, 761.

赵澄林, 等, 1996. 渤海盆地早第三系陆源碎屑岩相古地理学 [M]. 北京: 石油工业出版社.

赵澄林, 张善文, 袁静, 1999. 胜利油区沉积储集层与油气 [M]. 北京: 石油工业出版社.

赵文智, 何登发, 2000. 中国复合含油气系统的概念及其意义 [J]. 勘探家, 5 (3): 1—11.

赵文智, 张光亚, 王红军, 2005. 石油地质理论新进展及其在拓展勘探领域中的意义 [J]. 石油学报, (1): 1—7, 12.

赵延江, 王艳忠, 操应长, 等, 2008. 济阳坳陷中生界碎屑岩储集层储集空间特征及控制因素 [J]. 西安石油大学学报 (自然科学版), 23 (1): 12—16.

郑乐平, 等, 1997. 济阳坳陷非烃类气藏的成因探讨 [J]. 南京大学学报, 1 (1): 76—81.

周立宏, 李三忠, 刘建忠, 等, 2003. 渤海湾盆地区前第三系构造演化与潜山油气成藏模式 [M]. 北京: 中国科学技术出版社.

周立宏, 刘国芳, 1996. 利用泥岩声波时差估算地层压力 [J]. 石油实验地质, (2): 195—199+154.

周毅, 等, 1997. 渤中、渤东凹陷结构及有利勘探方向 [J]. 中国海上油气地质, (6): 48—54.

周章保, 汪新文, 陶国强, 2002. 临清坳陷东部新生代盆地变换构造分析及与油气关系 [J]. 海洋地质与第四纪地质, 22 (4): 91—98.

朱华银, 李剑, 李拥军, 2006. 天然气运聚影响因素研究 [J]. 石油实验地质, 28 (2): 152—154.

朱岳年译, 1995. 喀尔巴阡盆地地表岩浆成因的二氧化碳 [J]. 国外油气勘探, 20 (3): 211—215.

邹才能, 陶士振, 袁选俊, 等, 2009. "连续型"油气藏及其在全球的重要性: 成藏、分布与评价 [J]. 石油勘探与开发, (6): 669—683.

Bordenave M L, 1993. Applied Petroleum Geochemistry [M]. Editions Technip, Paris. 79—80.

Carroll A R, Bohacs K M, 1999. Stratigraphic classification of ancient lakes: Balancing tectonic and climatic [J] controls. Geology, 27 (2): 99—102.

Cooles G P, Mackenzie A S and Quigley T M, 1986. Calcuation of petroleum masses generated and expelled from source rocks [J]. Org. Geochem., 10, 235—245.

Hunt J M, 1990. Generation and migration of petroleum from abnormally pressured fluid compartments [J]. AAPG Bulletin, 74: 1—12.

Jeffery A W A, I R Kaplan, 1988. Hydrocarbons and inorganic gases in the Graberg-1 well. Siljan Ring, Sweden [J]. Chem.Geol, 71: 237—255.

Larter S R, 1988. Some pragmatic prospective in source rock geochemistry [J]. Marine and Petroleum Geology, 5: 194—204.

Leythaeuser D, Littke R, Radke M, et al, 1988. Geochemical effects of petroleum migration and expulsion from Toarcian source rocks in the Hils syncline area, NW-Germany [J]. Org. Geochem., 13 (1—3): 489—502.

Littke R, Baker D R, Leythaeuser D, 1988, Microscope and sedimentologic evidence for the generation and migration of hydrocarbons in Toarcian source rocks of different maturities [J]. Org. Geochem., 13 (1—3): 549—559.

Matthews M D, 1996. Migration—a view from the top. In: D Schumacher and M A Abrams (eds.),

Hydrocarbon migration and its near—surface expression [J] . AAPG Memoirs, 66: 139–155.

Schmoker J W, 1994. Volumetric calculations of hydrocarbons generated. In : Magoon L B and Dow W G (eds) . The petroleum system—from source to trap [J] . AAPG Memoir 60, 323–326.

Smith, 1989.The effect of CO_2 on the viscosity of silicate liquids at high pressure [J] . Geochim. Cosmochim. Acta, 53 (10): 2609–2616.

Sursam R C, Jiao Z S and Heasler H P, 1997. Anomalously pressured gas compartments in Cretaceous rocks of the laramide basins of Wyoming : a new class of hydrocarbon accumulation. In Surdam R.C.(ed.), Seals, Traps, and the Petroleum System [J] . AAPG Memoir, 67: 199–222.

Talukdar S, Gallango O, Vallejos, Ruggiero A, 1987. Observations on the primary migration of oil in the La Luna source rocks of the Maracaibo Basin, Venezuela [M] //Brigitte Doligea. Migration of hydrocarbons in sedimentary basins. Editions Technip, Paris. 59–77.

Tissot B P & Welte D H, 1984. Petroleum formation and occurrence [M] . Springer–Verlag, 340–345.

Vernik L, 1994. Predicting lithology and transport properties from acoustic velocities based on petrophysical classification of siliciclastics [J] . Geophysics, 59: 420–427.

附录 大事记

1955 年

是年　国家决定对华北平原地区展开区域性石油普查，地质部成立了华北石油普查大队（又称 226 队），担负华北平原的地球物理勘探和周围山区的地质调查、填图工作。

1956 年

10 月 26 日　位于河北省南宫市华北平原的第一口基准井——华 1 井开钻，1957 年 11 月 30 日完钻，完钻井深 1936.7m，完钻层位为寒武系，取心收获率 18.32%，由新近系明化镇组进入中奥陶统石灰岩，钻探结果表明沧县重、磁力异常高带是一个由下古生界石灰岩组成的大隆起。

是年　成立全国石油地质委员会，推测华北平原之下可能有海相中—新生代地层。

1958 年

5 月 1 日　位于山东冠县的华 3 井开钻，同年 8 月 7 日因事故完钻，完钻井深 1809.28m，完钻层位白垩系。

8 月 18 日　位于河南开封的华 2 井开钻，同年 11 月 7 日因发生事故而完钻，完钻井深 2108.44m。

12 月 18 日　位于山东堂邑县的华 4 井开钻，1959 年 10 月 30 日因发生井漏卡钻事故而完钻，完钻井深 2908.5m，完钻层位奥陶系，在二叠系—石炭系和奥陶系的岩心中见油迹、油斑，首次在华北平原石油探井中见到油气显示。

是年　成立山东省石油普查队和有关省市的石油普查队，组建中原石油物探大队。

1959 年

3 月 28 日　位于河南尉氏县的华 5 井开钻，同年 11 月 4 日完钻，完钻井深 2494.82m，完钻层位寒武系，钻探表明新生界之下为古生界。

1960 年

5 月 24 日　在惠民凹陷商河县施工的华 7 井开钻，同年 11 月 11 日完钻，完钻井深 2713.56m。该井取心进尺 1691.07m，岩心长 458.59m。该井是华北地区首次发现良好的生油层——新生界古近系沙河街组。

10 月 11 日　位于临清坳陷堂邑县的华 6 井开钻，同年 12 月至井深 2117m 因事故而完钻。

是年　对华北平原内深井揭露的新生代地层进行了划分对比及地层命名，将华北平原新生界自上而下划分并命名为第四系平原组（华 1 井发现）、新近系明化镇组（华 1 井发现）和馆陶组（华 3 井钻遇）、古近系沙河街组（华 7 井发现）和孔店组（大港油田发现）。

1961 年

4 月 16 日　在东营村附近钻探的华 8 井，首次见到工业油流，日产原油 8.1t，这是华北地区和胜利油田的发现井，宣告了渤海湾油区的诞生，也是继松辽油区发现后的又一重大发现。当年 7 月，石油工业部决定集中优势兵力对东营凹陷进行重点勘探。

1962 年

9 月 23 日　在东营构造上钻探的营 2 井，获日产 555t 的高产油流，这是当时全国日产量最高的一口油井。胜利油田始称"九二三厂"由此而来。

1963 年

10 月 25 日　营 5 井（后改称坨 7 井）试油获日产 36t 的工业油流，从而发现了济阳坳陷最大的油田——胜坨油田。

12 月 7 日　第一辆满载原油的汽车，挂着毛泽东主席画像，驶出"胜利门"。

1964 年

1 月 25 日　国家正式批准组织华北石油勘探会战，从大庆、玉门、青海、四川、北京调集一万多人，标志着胜利油田勘探会战和开发建设的正式开始；制定了"区域展开、重点突破、各个歼灭"的勘探方针。

6 月 12 日　胜利油田第一个采油队（现东辛采油厂采油一队）成立。

1964—1966 年　组织了围歼坨庄、胜利村，"大战通（滨镇）—王（家岗）—惠（民）"战役及分区歼灭永安镇、滨南战役，发现并探明了胜坨、东辛、永安镇、现郝、纯化、滨南、尚店、平方王等 8 个油田。

1965 年

2 月 18 日　在胜利村构造上钻探的坨 11 井日产原油 1134t，这是中国第一口千吨井，"胜利油田"始得名。

3 月 10 日　在胜 1 井采用水泥砂浆人工井壁防砂，这是胜利油田第一口防砂井。

7 月　32128 钻井队赴朝鲜执行援外钻井任务，这是我国成建制钻井队第一次走出国门。

8 月 20 日　九二三厂第一座变电站——35 千伏坨二变建成投入运行。

是年 8 月　地震 207 攻关队研制成功我国第一台 DZ-651 型模拟磁带 24 道地震仪和回放仪，陆续装备各地震队。

12 月 14 日　我国第一条大口径长距离输油管道东营至辛店胜利炼油厂（现齐鲁石化公司炼油厂）输油管道竣工投产，这是国内第一次在盐碱腐蚀地区建设的大管径原油管道。

12 月 19 日　通 17 井进行酸化施工，这是胜利油田第一口酸化施工井。

1966 年

2 月　胜坨油田 1 区陆续开始投入注水开发，这是胜利油田最早的注水开发。

7 月 15 日　华 8 井使用 219 号酚醛树脂堵水剂堵水获得成功，这是胜利油田第一口堵水施工井。

10 月　牛 1 井进行压裂施工，这是胜利油田第一口压裂施工井。

1967 年

5 月 16 日　胜利油田第一口水力活塞泵井在胜坨油田 3—6—22 井投入生产。

1968 年

5 月 17 日　在孤岛凸起顶部钻成第一口探井——渤 2 井，获日产 13.2t 工业油流，从而发现了济阳坳陷的第二大油田——孤岛油田。

9 月 13 日　国 4001 钻井队在东风 1 井用我国自己设计的第一部深井钻机完成钻井进尺 4400m，创当年全国深井最高纪录。

10 月　"九二三厂"测井站在国内首次试制成功 ZH71 型综合测井仪。

1970 年

10 月 6 日　单 2 井获日产 0.47t 工业油流，发现单家寺油田，这是在胜利油田发现的第一个特超稠油油田。

1971 年

5 月 24 日　孤岛油田开发建设会战全面展开。11 月 1 日，地面建设第一期工程完成，取得了当年设计、当年开发、当年建设、当年投产的成就。

6 月 11 日　中共山东省委同意将"石油工业部九二三厂"更名为"胜利油田"。12 日，4001 钻井队用国产 4000m 钻机打成我国第一口 5000m 超深井——东风 2 井，完钻井深 5005.95m。

7 月 22 日　胜利采油指挥部采油一队职工自己设计、制造、安装了我国第一口"双管分采"油井——营 8-2 井，单井日产量提高了一倍。

10 月　开展河口石油大会战。义 11 井日产原油 1161t，从而发现了渤南油田。新沾 4 井获日产 2.1t 工业油流，发现义东油田。

1972 年

8 月　中共山东省委将"胜利油田革命委员会"更名为"胜利油田会战指挥部"。

10 月 18 日　在义和庄凸起东部斜坡古潜山上，沾 11 井首次在古生界奥陶系石灰岩中喷出高产油气流，日产原油 935t、天然气 18700m³，这是山东境内第一口古生界潜山高产油井。

1973 年

是年　胜利油田原油年产量首次突破千万吨级大关，原油产量达到 1083.51×10^4t，生产天然气 4.53×10^8m³，探明石油地质储量 2663.4×10^4t。

1974 年

9 月 29 日　新华社首次公开报道：在中国渤海湾地区建起又一个大油田——胜利油田。

1975 年

1 月 9 日　王 11 井进行了我国第一次喷射钻井综合试验，创造了大型钻机班进尺 1131.2m，日进尺 1695.65m 的胜利油田钻进最高纪录。

8 月　胜利地质调查指挥部组成了第一个浅海地震队。

1976 年

5 月 20 日　黄河西河口截流改道工程竣工，黄河水改由清水沟入海，新河道较原河道缩短流程 37km，为此后孤东油田的开发创造了有利条件。

11 月　胜利油田第一条海堤工程——桩西五号桩圈闭堤竣工，围堤全长 6.34km。

1977 年

4 月 9 日　全国第一座地下水封石洞油库在黄岛建成投产。

5 月 18 日　当时全国最大的污水处理站——坨四污水处理站及回注系统正式投产，日处理污水量 $4 \times 10^4 m^3$。

1978 年

11 月 22 日　胜利油田第一口浅海探井——埕中 1 井完钻，井深 1218m。

是年　胜利油田生产原油 $1945.69 \times 10^4 t$，为中国原油年产量突破 $1 \times 10^8 t$ 做出了贡献。境内累计找到 46 个油田，原油产量跃居全国第二位。

1979 年

5 月　桩 82 井获日产 31.4t 工业油流，发现桩西油田。

1981 年

1 月　召开 20 世纪 80 年代第一次地质论证会，确定了 80 年代打稳产仗和发展仗的战略部署，自此年年召开地质论证会。

9 月　油田自行设计的浅海钻井船——"胜利一号"在莱州湾浅海区打成青东 5 井，试油日产 4.1t，首次在该海区发现油流。

10 月 15 日　东营市成立庆祝大会在胜利油田胜利会场举行。

1984 年

1 月 25 日　胜利油田勘探开发建设会战 20 周年，累计为国家生产原油 $2.09 \times 10^8 t$，天然气 $124 \times 10^8 m^3$。

2 月 11—13 日　中共中央总书记胡耀邦视察胜利油田，并为石油职工题写了气势磅礴的诗句："一部艰难创业史，百万覆地翻天人——题赠石油战线同志。"

3 月 8 日　桩古 10 井古生界日初产（放喷）原油 3635t、天然气 $36 \times 10^4 m^3$。这是我国当时单井日产原油最高的井。15 日，郑 4 井太古宇获千吨高产工业油流，发现王庄油田。

是年　胜利油田生产原油 $2301.77 \times 10^4 t$，比上年增产 $464 \times 10^4 t$，占全国增产原油的一半以上。11 月 19 日胜利油田原油年产量突破 $2000 \times 10^4 t$ 大关。

1985 年

3 月 4 日　6054 钻井队和美国帕克钻井公司合作的孤北 1-l 井开钻，11 月 4 日完钻，完钻井深 4970m，垂直深度 4500.07m，井底水平位移 1596.03m，创当时国内定向井最深、水平位移最大等"七个第一"，是胜利油田和国外合作的第一口井。

6 月 6 日　孤东油田围堤一期工程完工，对确保孤东油田勘探开发顺利进行起到重要作用。

10 月 "渤海湾盆地复式油气聚集（区）带勘探理论与实践——以济阳等坳陷复杂断块油田的勘探开发为例"获国家科技进步特等奖，指出陆相断陷盆地具有多期成盆、多套烃源岩、多期成藏、多类油藏的特征；济阳坳陷重点勘探滨海地区、积极拓展老油区，富烃洼陷多油藏类型齐头并进，油气勘探进入高速发展阶段。

是年　胜利油田生产原油 2703.16×10^4t，比 1984 年增长 401×10^4t，占全国超产原油的 40%，居全国各油田年增原油产量的第一位。生产天然气 $11.42 \times 10^8m^3$，探明石油地质储量 27053×10^4t。

1986 年

3 月 21 日—9 月 21 日　胜利油田组织开展孤东会战。会战当年生产原油 323×10^4t，累计建成原油生产能力 420×10^4t，这是胜利油田会战史上规模最大、开发建设效益最好的一次会战。

6 月 25 日　"胜利一号"钻井平台钻探的垦东 12 号井，日产原油 22.6t，这是胜利油田在浅海勘探中获得工业油流的第一口探井。

1987 年

2 月 16 日　油田组织开展为期 3 年的滨海会战，累计增产原油 1646×10^4t，建成并配套完善了孤东油田，开发了渤南油田，发现了埕岛油田。

12 月 14 日　胜利油田原油年产量突破 3000×10^4t 大关。

1988 年

8 月　胜利四号平台钻探的埕北 12 井获得工业油流，发现埕岛油田，它是我国第一个年产油量达到 200×10^4t 级的浅海大油田。

9 月 19 日　胜利油田在青岛举行"胜利二号"钻井平台下水试验，该平台步行速度为每小时 60～100m，是世界上第一座极浅海步行式石油钻井平台。

1989 年

5 月 25 日　胜利油田河 50 丛式井组建成投产。该井组是胜利油田第一个丛式井组，由 42 口定向斜井组成，是全国钻井口数最多、面积最大的陆地平台。获 1989 年国家科技成果一等奖。

8 月 1 日　中国石油天然气总公司决定，"胜利油田会战指挥部"更名为"胜利石油管理局"。

1990 年

7 月 22 日　胜利三号钻井船赴辽东湾，为辽河油田钻探第一口浅海探井，这是胜利油田第一次承包外油田海上打井任务。

1991 年

1 月 13 日　埕科 1 井完井，这是胜利油田第一口水平先导科学探井，也是我国第一口长半径水平井。

是年　胜利油田原油产量达到 3355.19×10^4t 的历史最高水平。

1992 年

6 月 12 日　胜利油田举行胜利开发一号浅海试采试验平台下水仪式。该平台于 11 月 9 日正式投产，是胜利油田自行设计的我国第一艘海上活动式采油平台。

1993 年

4 月 10 日　全国石油系统首家股份制企业胜利油田大明（集团）股份有限公司成立。

是年　胜利浅海埕岛油田生产原油 10×10^4t。乐安油田年产油 115.18×10^4t，成为胜利油田第一个年产过百万吨的热采稠油油田。

1994 年

1 月 25 日　胜利油田会战 30 周年，找到 64 个油（气）田，投入开发 56 个，累计产油 5.2×10^8t，占新中国原油总产量的 1/5。

5 月 14 日　由胜利油田钻井工艺研究院设计的我国第一座固定式单井采油平台，通过国家海监处评审。

10 月 12 日　我国石油系统从国外引进的第一套石油开发计算机系统在胜利油田地质科学研究院投产。

12 月 30 日　胜利作业二号平台竣工，该平台是我国第一座自行设计施工的大型浅海钢质坐底式移动作业平台。

1995 年

2 月 14 日　我国第一座高性能抽油机营 1 丛式井组全部开井投产。

4 月 29 日　埕岛中心一号自升平台在埕北 11C 井组投产，这是我国浅海海域第一座组合式采油平台。

1996 年

3 月 10 日　我国第一口定向开窗侧钻水平井草 20–12– 侧平 13 井在草桥油田完钻。

6 月 6 日　胜利油田大明（集团）股份有限公司公开发行股票，为我国首家公开发行股票的石油股份制企业。

12 月 14 日　埕岛油田年生产原油突破 100×10^4t，这是我国浅海第一个百万吨级油田。

1997 年

11 月 30 日　胜利油田施工的我国第一口"单井蒸汽驱重力辅助泄油式"水平井草南 SWSD– 平 1 井完钻，创出水平位移与垂深之比 1.01∶1 的国内陆上水平井钻井新纪录。

1998 年

6 月 1 日　胜利石油管理局由原中国石油天然气总公司划转中国石油化工集团公司管理。

7 月 11 日　胜利石油管理局第一口水平位移超 2000m 的高难度海油陆探大位移延伸定向井——桩斜 314 井完钻。

12 月 26 日　胜利油田第一口中层天然气专探井丰气 1 井钻探成功，沙二段获得日产气 54563m³。

1999 年

6 月　胜利油田第一口高难度四靶点三阶段双阶梯式水平井临 2- 平 7 井完钻，获日产 57.6t 的高产工业油流。同月，由采油工艺研究院主持完成的国内第一口海上复合防砂井 CB22D-2 井完成防砂施工。

8 月 30 日　管理局第一套带地质导向参数、20 世纪 90 年代国际最先进的无线随钻系统 FEWD，在桩 1- 平 5 井首次应用获得成功。

12 月 21 日　油田第一口欠平衡水平井商 741- 平 1 井完钻。

是年　胜利油田总结老河口油田馆陶组成藏特征，建立了"网毯式"油气成藏模式，推动了新近系油气勘探的快速发展。

2000 年

4 月 14 日　胜利油田累计生产原油 7×10^8t。

5 月 2 日　我国陆上第一口超过 3000m 的海油陆采大位移水平井埕北 21- 平 1 井完钻交井。

11 月 16 日　车古 201 井古生界试油获得日产 124t 高产油气流，发现富台油田，开启了多样性潜山勘探阶段。

12 月　"实施集约化开发管理建设我国浅海最大油田"获国家级管理创新成果二等奖，这是油田首次获得国家级管理创新奖。

是年　太平油田在勘探停滞 15 年后，钻探的义古 74 井于馆下段获日产油 7.73t，开启了太平油田新一轮勘探增储高潮。

2001 年

1 月 8 日　胜利油田承担的伊朗 Zavareh—Kashan 区块风险勘探服务合同在伊朗正式签订，这是中国石化第一个国外风险勘探项目。

2002 年

8 月 9 日　胜利油区海上最深探井桩海 10 井完钻，完钻井深 4806m，于古生界获日产油 311m³、天然气 67840m³ 的高产油气流。

是年　在滩坝砂体成因、成藏与勘探技术攻关研究基础上，在东营凹陷纯化构造翼部钻探梁 108 井，该井在沙四段获得日产油 40.4t 的高产油流，初步展示了滩坝砂体岩性油藏良好的勘探潜力。2004 年，滩坝砂体的勘探开始由盆缘边坡向洼陷腹地拓展，在博兴洼陷腹地实施的高 89 井获得 11.5t 的工业油流，拉开了滩坝砂岩性油藏大规模勘探的序幕。

2003 年

是年　胜利油田完成的"断陷盆地多样性潜山带成因、成藏与勘探配套技术"获国家科技进步二等奖。提出断陷盆地多期次、多方式构造运动的叠加，盆地内部古潜山具有类型多样性、发育分带性、时空展布期次性和成藏差异性的分布规律。

是年　胜利油田建立了断陷盆地断—坳转换期地层油藏"T—S"型运聚成藏模式，

指导了东营凹陷王庄地区的勘探实践，王庄油田馆陶组、沙一段、沙三段整体探明储量 $6119 \times 10^4 t$。

2004 年

是年　胜利油田完成的"陆相断陷盆地隐蔽油气藏形成机制与勘探"获国家科技进步一等奖，提出"断坡控砂、复式输导、相势控藏"的认识，实现了对隐蔽油气藏勘探由"碰"到"找"的转变，由"定性预测"到"定量评价"的质的飞跃。

是年　东营凹陷王 46 井钻遇孔二段暗色泥岩，厚度 150m，地球化学分析认为，该套暗色泥岩沉积环境为还原的微咸—半咸水环境，具有一定生油能力。

2005 年

5 月 21 日　胜利油田化学驱三次采油累计增油达到 $1000 \times 10^4 t$。

8 月 28 日　中国石油化工股份有限公司决定将"胜利油田有限公司"改制为"胜利油田分公司"。

是年　丰深 1 井在沙四段下亚段钻遇较高成熟度的优质烃源岩，拓宽了沙四段下亚段—孔店组的勘探空间。

是年　辽东地区胜顺 1 井馆下段测试，日产油 75.7t、气 876m³，东营组测试，日产油 80.3t、气 1603m³，发现胜顺油田。

2007 年

4 月 4 日　由黄河钻井总公司 70175 队施工的胜科 1 井于井深 7026m 电测成功，标志着我国东部最深的科学探索井顺利完钻。

7 月 4 日　新利深 1 井顺利完钻，沙四段下亚段获得日产 128.6m³ 原油和 $25 \times 10^4 m^3$ 天然气的高产工业油气流，成为胜利油田勘探史上单井日出气量最高的探井。

是年　胜利油田提出深层砂砾岩体"扇根封堵、扇中富集、纵向叠置、横向连片"成藏新认识，在东营北带盐家地区钻探盐 222 井，该井沙四段上亚段测井解释油层 4 层 283.73m，日产油 17.7t，突破了构造控藏、扇间储层不发育的传统认识。

是年　按照"横向探边、纵向到底、由易到难、滚动部署"的勘探思路，探索东营凹陷利津深洼带滩坝砂岩油藏勘探潜力，钻探的梁 76 井于沙四段上亚段获日产油 7.5t，突破了 3500m 以深储层不发育的传统认识，滩坝砂岩油藏埋深向下拓展了 1000m。

2008 年

9 月 3 日　济阳坳陷青东凹陷带的青东 12 井试油，沙四段获日产 51.1t 的工业油流，标志青东凹陷勘探获得突破。2009 年，发现了桥东油田。

2009 年

1 月 15 日　罗家高密度采集项目实施（中国石化重点先导项目），是世界第一块陆地井炮全数字超万道三分量高密度采集项目。

是年　东营北带盐家沙四段砂砾岩油藏新增探明石油地质储量 $4167.16 \times 10^4 t$，成为中国陡坡带砂砾岩岩性油藏一次上报规模最大的储量区块。

2010 年

是年　加强页岩油基础研究，沾化凹陷渤南洼陷罗 69 井在沙河街组沙三段中亚段、沙三段下亚段和沙四段上亚段系统取心 221.36m。

2011 年

9 月 28 日　页岩油气勘探首口水平井——渤页平 1 井顺利开钻，2011 年 12 月 12 日完钻，完钻井深 4335m，水平井段 1225m。

6 月　位于青南洼陷的莱 87 井于沙四段获日产油 31.3t 的工业油流，之后部署的莱 871 井、莱斜 90 井和莱 92 井都获得了日产 10～36t 的工业油流，基本明确了青南洼陷滩坝砂的储量规模，2013 年发现青南油田。

是年　东营凹陷梁 75 块—梁 76 块沙四段滩坝砂岩新增探明含油面积 253.23km²，新增探明石油地质储量 8463.56×10⁴t，是进入隐蔽油气藏勘探阶段以来单块上报探明储量区块最大一块。

是年　"中国东部成熟探区新增 17 亿吨探明储量油气成藏新认识及勘探新技术"获国家科技进步二等奖，提出了中国东部断陷盆地具有"成藏要素相似性、油藏分布有序性和油气富集差异性"的认识。

2012 年

6 月　罗 322 井于沙三段获得日产油 5.77t 的工业油流，证实了济阳坳陷具有东营组早期成藏的过程，加快了盆缘负向构造区的勘探步伐；在该认识指导下，通过成藏期地质要素恢复和评价钻探，2014 年发现三合村油田。

是年　针对东营凹陷页岩油系统取心，牛庄洼陷牛页 1 井在沙三段下亚段和沙四段上亚段系统取心 185.22m，博兴洼陷樊页 1 井在沙三段中亚段、沙三段下亚段和沙四段上亚段系统取心 403.63m，利津洼陷利页 1 井在沙三段下亚段和沙四段上亚段系统取心 200.05m。

2013 年

3 月 22 日　胜利油田举行高效勘探 30 年总结表彰大会。胜利油气区从 1983 年探明储量 1.1×10⁸t 开始，已经连续 30 年探明储量年均 1×10⁸t、累计达 35×10⁸t，30 年共找到油气田 35 个。实现从 2003 年开始连续 10 年年均探明、控制、预测储量各 1×10⁸t。

2015 年

12 月　依靠叠前深度偏移资料，高青地区花古斜 101 井于二叠系获日产油 34.1t，东营凹陷二叠系首获工业油流。

2016 年

10 月　车镇凹陷风险探井车古 27 井在古生界煤成气获日产量 76412m³。

2017 年

4 月　埕岛地区埕北 313 井在下古生界获日产油 325t、气 10823m³，推动潜山勘探向低部位迈进。

2018 年

1 月　埕岛东坡埕北 826 井在东营组获日产油 64.69m³，是目前东坡获得工业油流最深的探井，展示了埕岛东坡古近系深层岩性油藏的良好勘探前景。

是年　针对探区现状和发展需求，提出"重新认识资源潜力、重新认识复杂构造、重新认识沉积储层、重新认识成藏规律"为核心的"四个重新认识"，推动新一轮思想解放和勘探工作的深入。

2019 年

6月　东营凹陷丰深斜 101 井在沙四段下亚段获日产气 30550m³、油 17.0m³，地球化学指标证实油气源自沙四段下亚段烃源岩，揭示深层的良好勘探潜力。

8月　探索渤南页岩油的义页平 1 井开钻，11月完钻，水平段 943m，解释页岩油 I 类层 6 层 89m，II 类层 17 层 169.9m，III 类层 25 层 168.4m。

是年　根据"加大国内油气勘探开发力度"的要求，提出打好"老区保卫战、新区突破战、页岩油攻坚战"的部署思路，实现了河道砂岩、砂砾岩体、洼内岩性油藏等成熟类型勘探稳定增储，沙四段下亚段—孔店组和古生界潜山等三新领域勘探获得突破、页岩油气勘探彰显出良好的潜力。

《中国石油地质志》

（第二版）

编辑出版组

总　策　划：周家尧

组　　　长：章卫兵

副 组 长：庞奇伟　　马新福　　李　中

责任编辑：孙　宇　　林庆咸　　冉毅凤　　孙　娟　　方代煊

　　　　　王金凤　　金平阳　　何　莉　　崔淑红　　刘俊妍

　　　　　别涵宇　　邹杨格　　潘玉全　　张　贺　　张　倩

　　　　　王　瑞　　王长会　　沈瞳瞳　　常泽军　　何丽萍

　　　　　申公昰　　李熹蓉　　吴英敏　　张旭东　　白云雪

　　　　　陈益卉　　张新冉　　王　凯　　邢　蕊　　陈　莹

特邀编辑：马　纪　　谭忠心　　马金华　　郭建强　　鲜德清

　　　　　王焕弟　　李　欣